SolidWorks® práctico II

Complementos

Sergio Gómez González

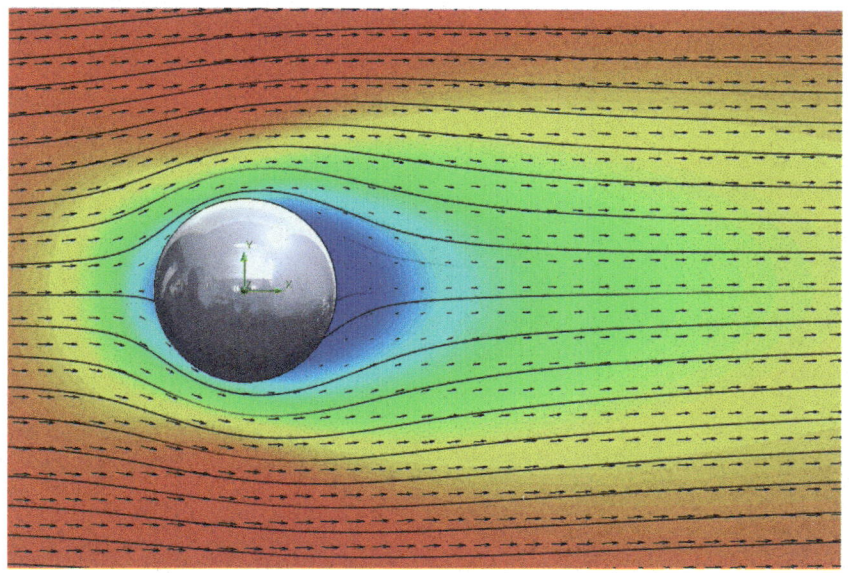

SolidWorks® práctico II. Complementos

Primera edición, 2012
Segunda edición, 2024

© 2024 Sergio Gómez González

© 2024 MARCOMBO, S. L.
www.marcombo.com

Diseño de cubierta: ENEDENÚ DISEÑO GRÁFICO
Ilustración de cubierta: Sergio Gómez
Corrección: Nuria Barroso
Directora de producción: M.ª Rosa Castillo

ISBN: 978-84-267-3837-0
DL: B 12310-2024

Impreso en Servicepoint

Printed in Spain

Libro ecológico
Impreso con papel procedente de bosques gestionados
de manera eficiente, libre de cloro

A Benilde, Víctor e Inés

Información sobre SolidWorks Corporation

SolidWorks Corporation, una empresa de Dassault Systèmes S. A. (Nasdaq: DASTY, Euronext París: n.º 13065, DSY.PA), desarrolla y comercializa *software* para el diseño mecánico, el análisis y la gestión de datos de producto. Es el principal proveedor de *software* de diseño mecánico en 3D del mercado. SolidWorks es líder del mercado en número de usuarios en producción, satisfacción del cliente e ingresos. Si desea conocer las últimas noticias o bien obtener información o una demostración en línea en directo, consulte la página web de la empresa (www.solidworks.es) o bien llame al número de teléfono 902 147 741.

Prólogo

Bienvenido al segundo y último volumen de la serie "SolidWorks Práctico" (Volumen II: Complementos). Este libro es una recopilación de ejercicios prácticos que he desarrollado y utilizado en mis clases con estudiantes de ingeniería y alumnos de Formación Profesional. Su objetivo principal es introducir conceptos, herramientas y filosofía de diseño, así como validar productos mediante el uso de SolidWorks y sus complementos.

Este segundo volumen contiene más de 80 tutoriales prácticos enfocados en los complementos de SolidWorks. Encontrarás ejercicios sobre SolidWorks Routing (Piping) para el diseño de tuberías, ingeniería química y cableado, SolidWorks Motion para comprender la cinemática de conjuntos mecánicos, SolidWorks FlowSimulation y Simulation para simular fluidos y el comportamiento mecánico y térmico de piezas y ensamblajes, así como DFMXpress, una herramienta útil para evaluar la fabricabilidad de un diseño, entre otros (chapa metálica, moldes, importación y exportación de ficheros, PhotoView 360, eDrawings, etc.).

Cada ejercicio incluye un enunciado, el tiempo estimado para su resolución y los objetivos planteados. El texto se presenta de manera visual, con una lectura fácil y rápida, acompañada de numerosas imágenes a color. Además, junto con el libro se proporcionan contenidos digitales que incluyen la solución de todos los ejercicios. También se ofrece un curso en vídeo gratuito donde podrás ver la resolución de diferentes problemas no incluidos en el libro.

En resumen, este libro es una guía práctica y directa que te ayudará a comprender y utilizar correctamente los complementos de SolidWorks, permitiéndote diseñar y validar productos de manera más eficiente, segura y económica.

Sergio Gómez González

Cómo acceder a los contenidos adicionales, al curso *online* gratuito y a la prueba gratuita de SolidWorks

Entre en www.marcombo.info con el siguiente código para descargar gratis tanto los ejercicios desarrollados en el libro y las prácticas propuestas, como las credenciales de acceso al *Curso de SolidWorks Simulation, FlowSimulation y otros complementos*. También encontrará las instrucciones de acceso a la prueba gratuita de SolidWorks.

Código: **SDWPII**

ÍNDICE

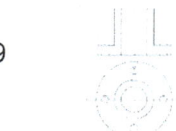

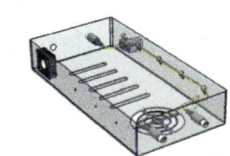
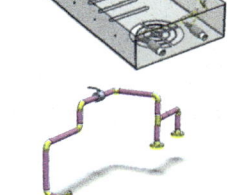

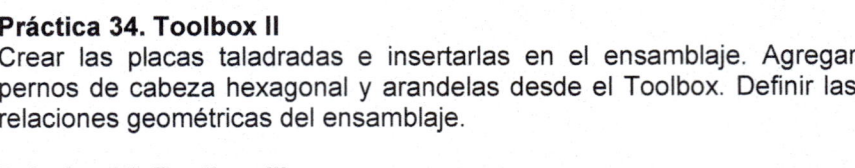

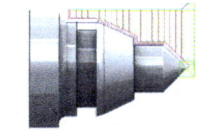

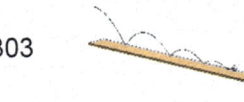

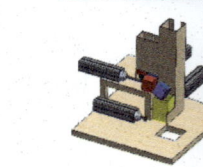

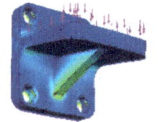

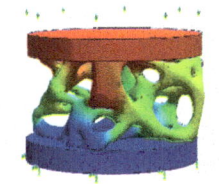
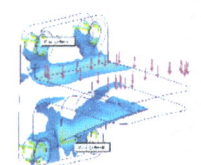
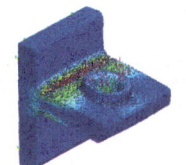
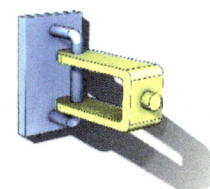

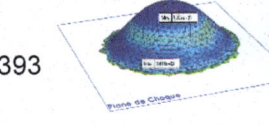
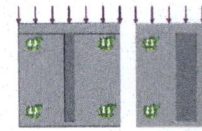

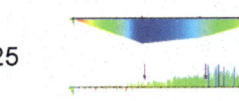
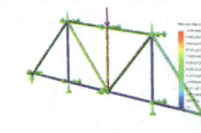
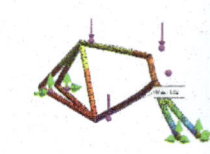
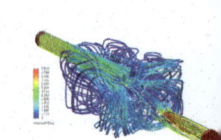
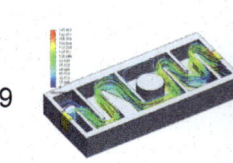

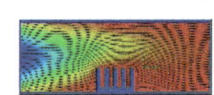
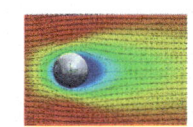
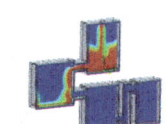

SolidWorks y sus complementos

SolidWorks es un *software* de diseño tridimensional (3D) que integra un gran número de funciones avanzadas para facilitar el modelado de sólidos en 3D y superficies avanzadas, crear grandes ensamblajes, generar planos, así como otras funcionalidades que permiten validar, gestionar y comunicar proyectos de forma rápida, precisa y fiable.

SolidWorks se caracteriza por su entorno intuitivo y por disponer de herramientas de diseño fáciles de utilizar. Todo integrado en un único programa de diseño con más de 45 aplicaciones complementarias para facilitar el desarrollo de cualquier producto, desde el concepto hasta su validación final.

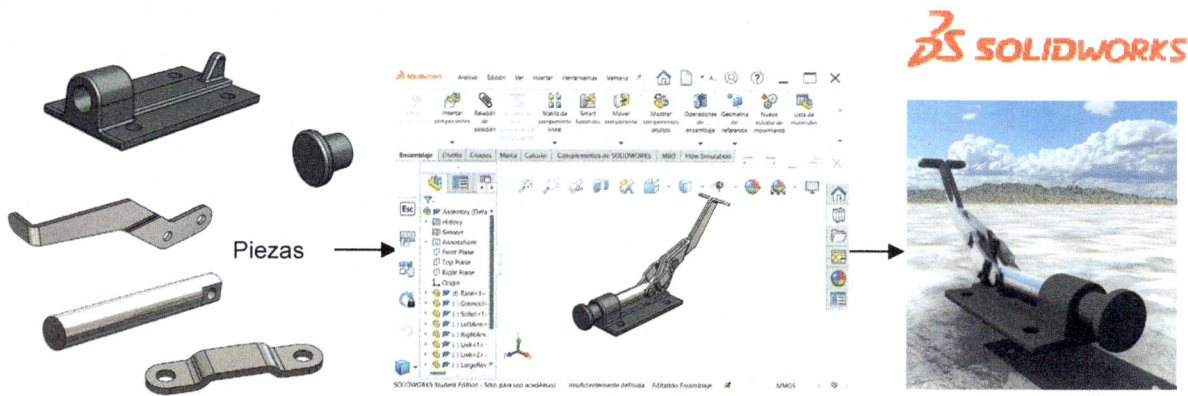

Piezas

La característica que hace que SolidWorks sea una herramienta competitiva, ágil y versátil es su capacidad de ser paramétrico, variacional y asociativo, además de usar las **Funciones Geométricas Inteligentes** y emplear un **Gestor de Diseño (FeatureManager)** que permite visualizar, editar, eliminar y actualizar cualquier operación realizada en una pieza de forma bidireccional entre todos los documentos asociados (pieza, ensamblaje y plano).

La definición de parámetros clave, la **Asociatividad**, las **Funciones geométricas inteligentes** y el **Gestor de Diseño**, son las principales características de SolidWorks.

Las herramientas básicas de SolidWorks son el módulo de pieza, ensamblaje y el de planos.

Pieza

El **Módulo de Pieza** constituye un entorno de trabajo donde puede diseñar modelos mediante el empleo de herramientas de diseño de operaciones ágiles e intuitivas. Su facilidad de uso se debe al empleo de un entorno basado en **Microsoft Windows®** y en el uso de funciones clásicas como arrastrar y colocar, cortar y pegar o marcar y hacer clic con el ratón.

El conjunto de funciones disponibles permite crear modelos tridimensionales (3D) partiendo de geometrías de croquis (2D) y obtener sólidos, superficies, estructuras metálicas, piezas de chapa, piezas multicuerpo, etc. El **Módulo de Pieza** está totalmente integrado con el resto de los módulos y complementos de forma que cualquier cambio en su modelo 3D se actualiza en el resto de los ficheros asociados (**Ensamblajes**, **Dibujo**, etc.) de forma bidireccional.

Ensamblaje

El **Módulo de Ensamblaje** está formado por un entorno de trabajo preparado para crear conjuntos o ensamblajes mediante la inserción de los modelos 3D creados en el **Módulo de Pieza**. Los ensamblajes se construyen por el ensamble de sus piezas a partir de la definición de sus **Relaciones Geométricas**.

La creación de ensamblajes permite analizar las posibles interferencias o choques entre los componentes móviles insertados, así como simular su cinemática mediante motores lineales, rotativos, resortes y gravedad y evaluar la correcta cinemática del conjunto.

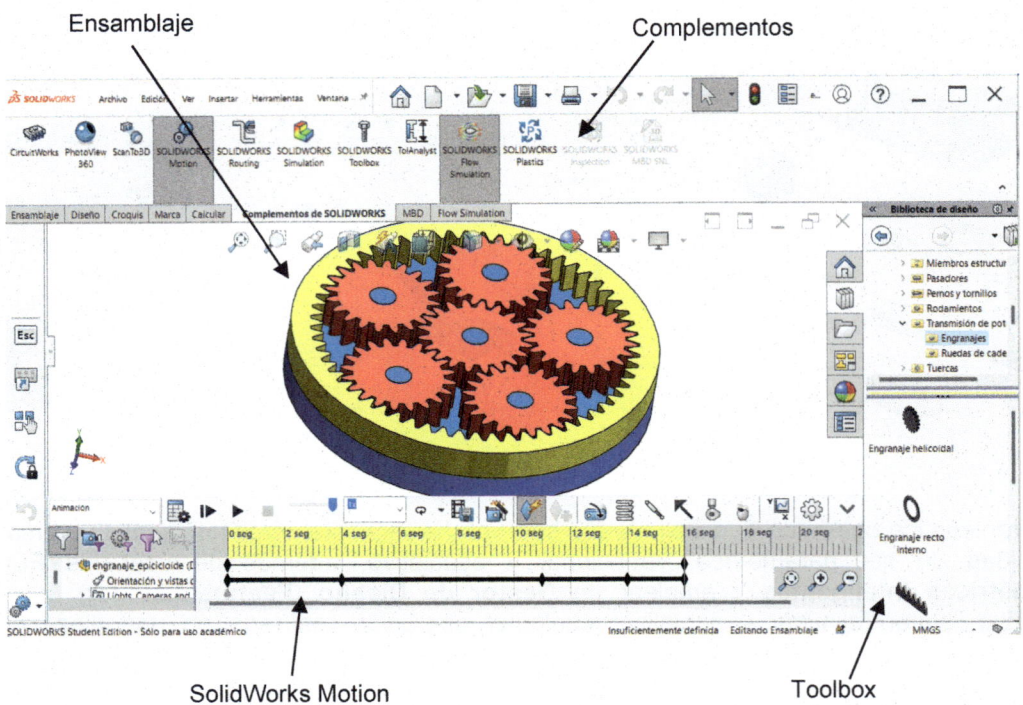

Ensamblaje · · · Complementos · · · SolidWorks Motion · · · Toolbox

Plano o dibujo

Es el tercer módulo integrado en SolidWorks. Permite crear planos con las vistas de las piezas o ensamblajes de forma automática y en muy poco tiempo. La obtención de las vistas, alzado, planta y perfil requiere únicamente pulsar sobre un icono o arrastrar la pieza 3D hasta la ventana del dibujo.

El **Módulo de Dibujo** permite obtener proyecciones ortogonales (**Vistas Estándar**), **Secciones y Cortes**, **Perspectivas**, **Acotación**, **Lista de materiales**, **Vistas Explosionadas**, entre otras. Los documentos de dibujo están totalmente asociados a las piezas y ensamblajes de forma que cualquier cambio en ellas se actualizan en tiempo real en sus planos, sin tener que modificarlos de forma manual. La asociatividad es bidireccional (el cambio en el 3D modifica el plano y el cambio en el plano, modifica el 3D).

SolidWorks Complementos

Además de la funcionalidad básica de creación de piezas, ensamblajes y dibujos, SolidWorks permite realizar otro tipo de operaciones variadas que facilitan el proceso de diseño, simulación y gestión de proyectos. Bajo el nombre de complementos se presentan algunas funcionalidades o herramientas que facilitan el proceso de diseño y validación del producto.

De entre las funciones disponibles se estudian las referentes a la visualización de ensamblajes, chapa metálica, creación de moldes, importación y exportación de geometría, SolidWorks Design Checker, Ecuaciones, SolidWorks Toolbox, piezas soldadas, TolAnalyst, Sustainability, PhotoView 360, SolidWorks SimulationXpress, SolidWorks FloXpress, DFMXpress, SolidWorks Utilities, SolidWorks Costing, DimXpert, SolidWorks Plastic, SolidCAM, Motion, FlowSimulation, Simulation, entre otros.

PhotoView 360 | ScanTo3D | SOLIDWORKS Motion | SOLIDWORKS Routing | SOLIDWORKS Simulation | SOLIDWORKS Toolbox | TolAnalyst | SOLIDWORKS Flow Simulation | SOLIDWORKS Plastics

Visualización de ensamblajes

Es una herramienta muy útil en la gestión de grandes ensamblajes. Permite ver y ordenar de distintas formas las piezas que forman un conjunto asignando valores de propiedad o distintos colores en función de las propiedades de cada pieza contenida.

Chapa Metálica

El módulo de chapa metálica incluido en SolidWorks es un conjunto de algo más de 20 funciones agrupadas en una misma Barra de Herramientas que facilita el diseño de piezas de chapa de forma rápida y eficiente.

En el diseño puede partir de un sólido 3D y convertirlo en Chapa o diseñar la Chapa directamente desde su estado desplegado a través de **Extrusión lámina** o **Brida Base**. Además, puede visualizar el modelo diseñado directamente en 3D o en el estado desarrollado para determinar las dimensiones finales del mismo.

 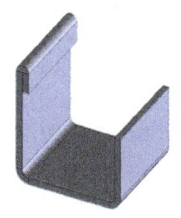   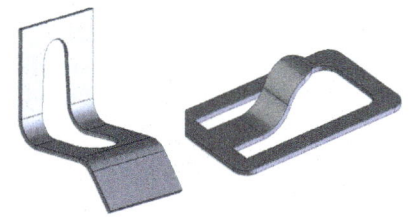

Algunas de las funciones incluidas son: **Base lámina**, **Agregar paredes a base lámina**, **Brida Base/Pestaña**, **Caras a inglete**, **Insertar pliegues** y **Dobladillos**, **Doble Pliegue**, **Desdoblar/Doblar**, **Rasgaduras**, creación de **Respiraderos**, entre otras. En la Biblioteca de diseño se tienen las operaciones normalizadas de corte y deformación del **Forming Tools**.

Piezas soldadas

La funcionalidad de **Piezas soldadas** consta de un conjunto de herramientas que permiten diseñar estructuras metálicas soldadas como una única entidad de pieza a partir de la definición de **Miembros estructurales** normalizados.

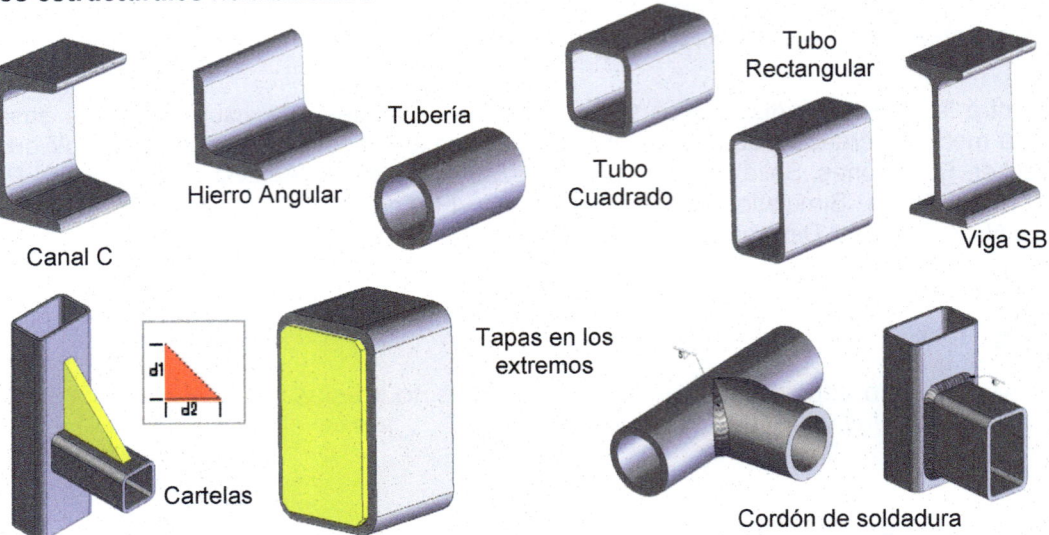

Para su creación debe dibujar un croquis 2D o 3D que defina la estructura básica y a continuación seleccionar el tipo de perfil normalizado que desea utilizar en su construcción. Durante el proceso de diseño estructural puede insertar y crear entidades como tapas en los extremos, cartelas, elementos esquineros, etc. Además, los miembros estructurales creados pueden ser soldados y admiten configuraciones distintas a las normalizadas.

Estudio de movimiento

La aplicación **Estudio de movimiento (SolidWorks Motion)** es un conjunto de herramientas útiles para definir movimiento en los componentes de un ensamblaje y evaluar el correcto funcionamiento del mecanismo. Permite simular el movimiento a partir de la creación de **Motores rotativos** y **lineales**, **Contactos**, **Gravedad** y **Resortes**, así como **Grabar** la animación para poderla visionar en formato de vídeo **AVI**.

Las simulaciones físicas realizadas con **Estudio de movimiento** y **Movimientos basados en eventos** dependen no solo del tipo de efecto agregado al ensamblaje, sino también de las **Relaciones geométricas de posición** y de la **Cinemática de colisiones físicas**. Los resultados de las simulaciones son muy útiles para validar el comportamiento del mecanismo y para definir las cargas y las condiciones de contorno en los ensayos del comportamiento mecánico con **Simulation**.

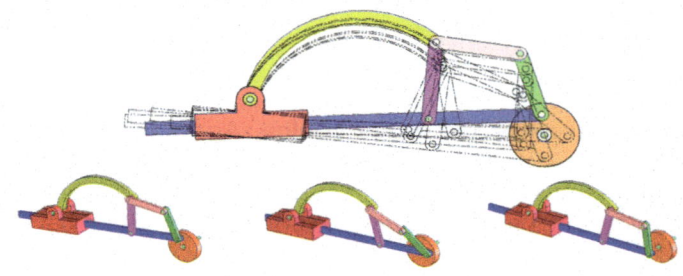

SolidWorks Toolbox

SolidWorks Toolbox es un complemento que incluye una biblioteca de piezas estándar normalizadas perfectamente integrada en SolidWorks. Su empleo permite insertar elementos normalizados en los ensamblajes de forma rápida. Tan solo debe seleccionar la norma, el tipo de normalizado a insertar, definir sus características y arrastrar el componente hasta el ensamblaje.

Toolbox admite estándares internacionales: ANSI, AS, GB, BSI, CISC, DIN, GB, ISO, IS, JIS y KS. Puede insertar elementos normalizados como: pernos, levas, engranajes, tuercas, rodamientos, engranajes, pasadores, arandelas, etc.

SolidWorks Plastics

Herramienta de validación de Análisis por Elementos Finitos (FEA) que simula el proceso de inyección de un termoplástico en la cavidad de un molde. Permite seleccionar el tipo de material, la ubicación del punto de inyección, la temperatura del frente de flujo y la temperatura del molde. Ayuda a identificar y tratar defectos en las piezas inyectadas a partir de la modificación de la geometría o del proceso. También es posible definir la refrigeración y los ramales de colada con moldes multicavidad.

 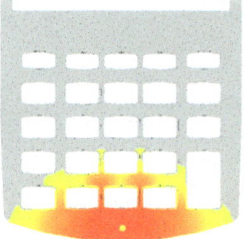 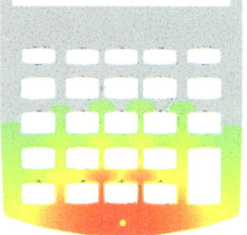 

SolidWorks Design Checker

Es una herramienta muy útil en la confección de planos porque ayuda a conocer los elementos que no cumplen con los estándares definidos. Es una aplicación de gran ayuda en la revisión de los planos antes de enviarlos a un cliente.

Ecuaciones

Define las cotas mediante variables globales y funciones matemáticas para crear relaciones entre dos o más cotas en piezas y ensamblajes.

ScanTo3D

Permite importar una nube de puntos escaneados para convertirlos en superficies o sólidos editables en SolidWorks.

SolidWorks Utilities

Comprende un conjunto de herramientas que ayudan a conocer, analizar, simplificar, examinar y comparar la geometría y las operaciones de los modelos de pieza. Incluye las funcionalidades de comparar documentos, operaciones, geometría, simplificar, análisis de geometría, análisis de espesor, comprobar simetría, entre otras.

- **Comparar documentos, operaciones, geometría y LDM**. Compara las propiedades entre dos documentos o dos piezas o dos operaciones sólidas o listas de materiales (LDM) e indica las diferencias entre ellas.

- **Copiar operación**. Copia parámetros de operación como tamaño, profundidad, etc., de una a otra operación.

- **Buscar y reemplazar en anotaciones**. Busca y reemplaza un texto en documentos de pieza, ensamblaje y dibujo.

- **Buscar/Modificar**. Permite buscar ciertas operaciones en una misma pieza que cumplen requisitos previamente definidos para, posteriormente, editarlas.

- **Análisis de geometría**. Analiza la geometría de piezas y ensamblajes para detectar problemas posteriores en aplicaciones como el modelado de elementos finitos o el mecanizado asistido (CAM) a partir del reconocimiento de aristas cortas, aristas y vértices vivos, etc.

- **Simplificar**. Crea una configuración de una pieza o ensamblaje simplificado. En la simplificación puede eliminar taladros, redondeos, chaflanes y otras operaciones. El objeto final es reducir la complejidad de una pieza o ensamblaje.

- **Análisis de espesor**. Determina las regiones del modelo con distinto espesor (regiones finas, gruesas).

- **Comprobar simetría**. Comprueba piezas para caras que son geométricamente simétricas.

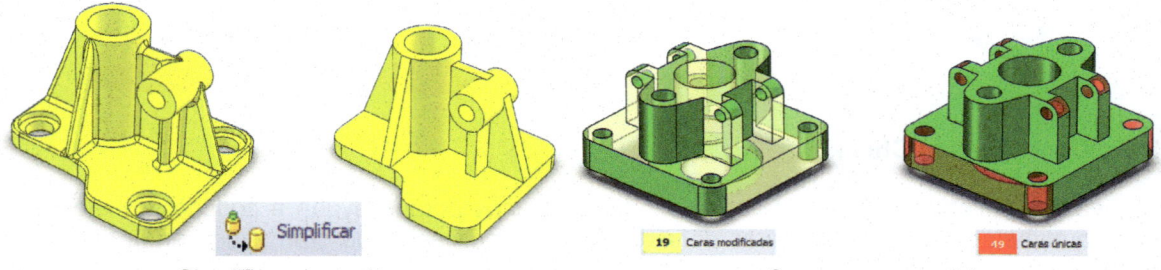

Simplificar operaciones   Comparar geometría

FeatureWorks

Herramienta que permite el reconocimiento de operaciones en modelos de piezas 3D importadas a SolidWorks con formato IGES, STL, parasólido, etc. De esta forma, es posible obtener el árbol de operaciones de piezas 3D creadas en otras aplicaciones como AutoCAD, CATIA o Siemens NX.

Puede reconocer operaciones como: Extrusiones, Ángulos de salida, Revoluciones, Taladros, Redondeos, Chaflanes y Nervios.

DimXpert

DimXpert es un conjunto de herramientas que facilita el proceso de acotación y definición de tolerancias dimensionales según los requisitos definidos por ASME Y14.41-2003 e ISO 16792:2006.

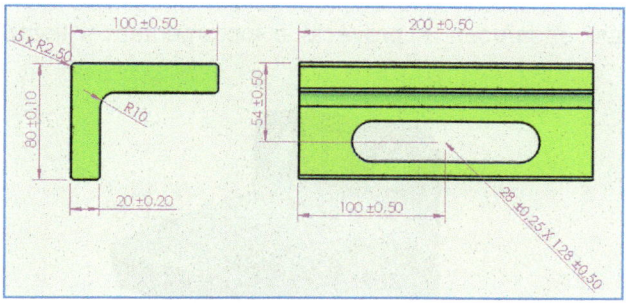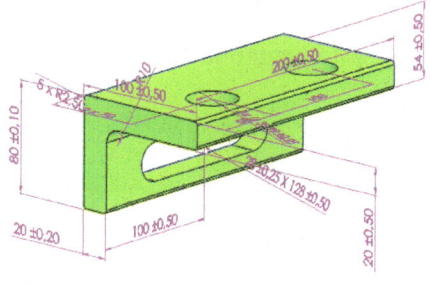

TolAnalyst

TolAnalyst es una herramienta que permite realizar un análisis de las tolerancias insertadas y determina los efectos que tienen las cotas sobre piezas y ensamblajes. Para su empleo es recomendable usar inicialmente DimXpert para acotar e introducir las tolerancias en las piezas que conforman el ensamblaje y, posteriormente, utilizar TolAnalyst para realizar el análisis.

Sustainability

Herramienta que evalúa el impacto medioambiental que comporta el diseño, fabricación y distribución de un producto a lo largo de su ciclo de vida. Permite comparar el impacto ambiental de varios diseños, el empleo de distintos materiales, así como los procesos empleados en la fabricación del producto. El objeto de **Sustainability** es asegurar que los diseños creados son sostenibles (con el menor impacto medioambiental).

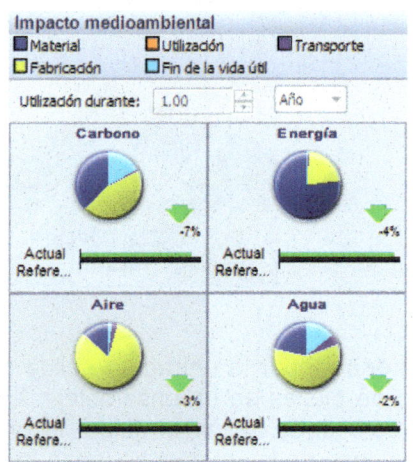

SimulationXpress

La herramienta básica **SimulationXpress** es una herramienta de validación de diseño que permite predecir, mediante el **Análisis por Elementos Finitos** (FEA), el comportamiento mecánico de una pieza por análisis de esfuerzo (*Stress* análisis). Ayuda a conocer los efectos de las fuerzas aplicadas sobre el modelo de pieza y descubrir si la pieza se llegará a romper o cómo se deformará. También es posible optimizar la relación resistencia/peso sin necesidad de hacer prototipos físicos y pruebas de campo que encarecen el proyecto e incrementan el tiempo de lanzamiento del producto.

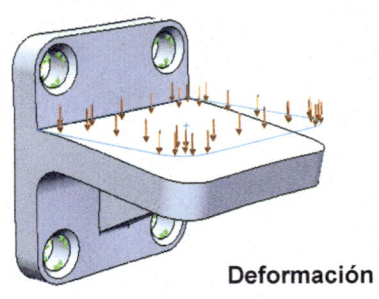
Deformación

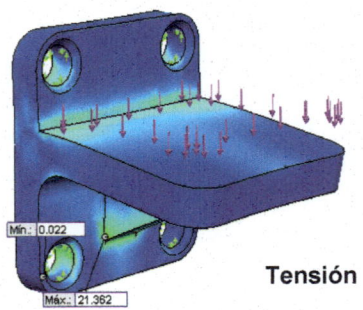
Tensión

La aplicación del análisis de esfuerzos se realiza mediante un proceso rápido en cinco etapas. Debe seleccionar el tipo de Material, las Sujeciones de movimiento y las Cargas, Ejecutar la simulación y finalmente visualizar los Resultados.

SolidWorks FloXpress

SolidWorks FloXpress es una nueva herramienta básica de simulación de fluidos capaz de calcular el flujo de aire o agua a través de piezas o ensamblajes. Las simulaciones obtenidas permiten conocer la velocidad del fluido en las distintas regiones de paso y ver las zonas críticas del modelo.

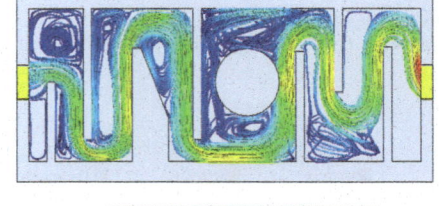

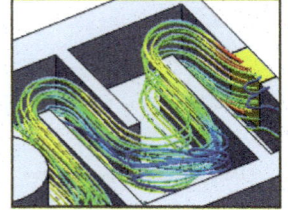

Para su uso debe seguir cuatro etapas. En la primera debe tapar la entrada y salida (aperturas) por donde va a circular el fluido a partir de la creación de piezas en un ensamblaje. La segunda etapa es una verificación de la geometría y en la tercera debe definir el fluido, la entrada y la salida, las condiciones de presión y temperatura. En la última de las etapas se lanza la simulación y se obtienen los resultados con la posibilidad de generar un informe.

Diseño de moldes

SolidWorks dispone de una Barra de Herramientas con un conjunto de 19 operaciones destinadas a diseñar moldes. Las herramientas permiten analizar los ángulos de salida del modelo de pieza diseñado y crear el núcleo y la cavidad del molde teniendo en cuenta la contracción sufrida por el plástico durante el proceso de enfriamiento. Además, tiene otras herramientas útiles en la creación de moldes como la Escala, Mover cara, modelado de Superficies planas y Superficie cosida, entre otras.

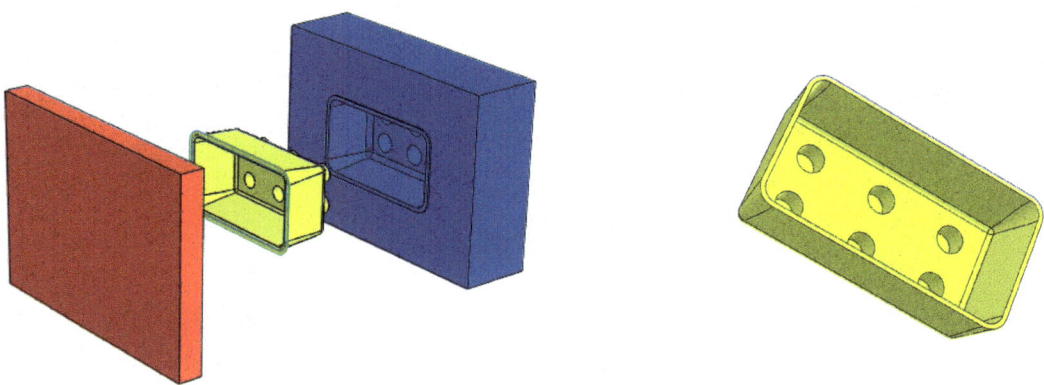

Las herramientas de análisis también identifican áreas de la pieza difíciles de expulsar (**Análisis de corte sesgado**) y analiza la transición entre los distintos ángulos de salida positivo y negativo (**Análisis de línea de separación**).

PhotoView 360

PhotoView 360 es una herramienta que permite renderizar los modelos de pieza y ensamblaje creados con SolidWorks para crear imágenes fotorrealistas. El proceso de renderizado se realiza a partir de la definición de las apariencias del modelo, la iluminación del entorno, la escena y la inserción de calcomanías incorporadas. PhotoView 360 está disponible en las versiones SolidWorks Professional o Premium.

DFMXpress

DFMXpress® es una herramienta de validación de diseño muy útil para comprobar la fabricabilidad de la piezas diseñadas y conocer aquellas operaciones de fabricación imposibles de realizar por su dificultad o coste.

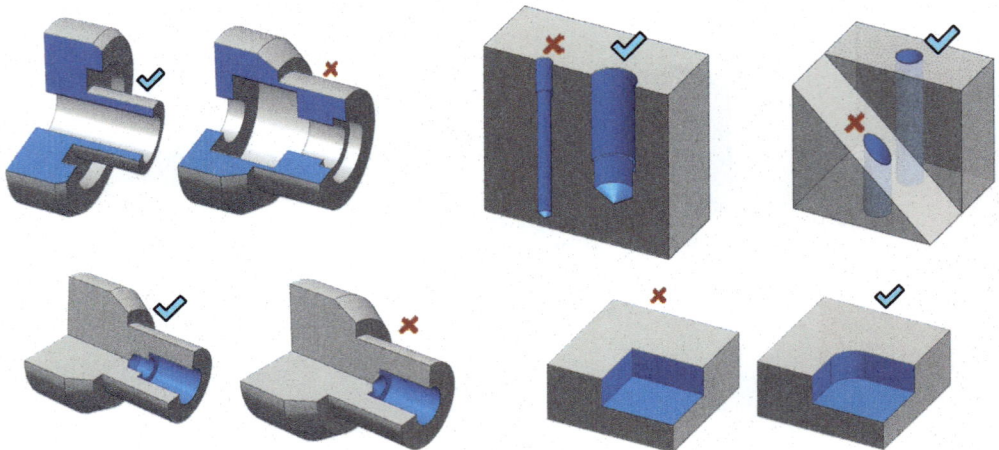

La herramienta de validación de diseño DFMXpress® compara el modelo tridimensional proyectado con un conjunto de reglas de diseño previamente definidas. En el caso de la mecanización, las reglas definen operaciones como el perforado, fresado, torneado y la aplicación de tolerancias, entre otras. El uso de DMFXpress permite conocer las reglas no cumplidas, el problema y la operación a la que hace referencia. De esta forma pueden diseñarse productos fabricables a precios razonables. Incluye operaciones como perforado, fresado, torneado, conformación de chapa metálica y moldeo por inyección.

3DContentCentral

Repositorio gratuito en línea (www.3dcontentcentral.es) que permite descargar modelos en 2D y 3D de componentes, elementos normalizados y conjuntos de los principales proveedores y fabricantes. El servicio, además de ser gratuito, permite buscar, configurar, visualizar y descargar los modelos CAD de una base de datos con más de 100 catálogos de proveedores y más de un millón de modelos certificados por los propios fabricantes. Puede descargarse desde un robot industrial a un F-15. Otro repositorio destacable es **Grabcad**.

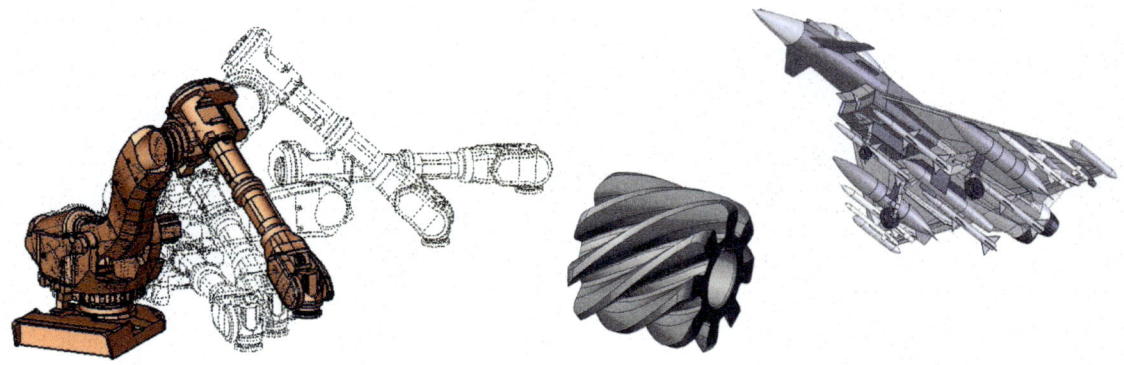

SolidWorks Costing

SolidWorks Costing es una herramienta de cálculo que permite estimar el coste de fabricación de las piezas diseñadas y elaborar un informe con los resultados obtenidos. La aplicación estima el coste de las piezas que requieren mecanizado (**Machining Costing**) o deformación y corte de chapa metálica (**Sheet Metal Costing**) en su proceso de fabricación. La estimación del coste se puede realizar a medida que va diseñando la pieza por lo que cada cambio en el diseño modifica el coste del producto en tiempo real.

En la confección del presupuesto de fabricación, **SolidWorks Costing** utiliza plantillas configurables en las que se especifican los costes de los materiales empleados (aceros, aleaciones de aluminio, titanio, etc.) y los costes de los procesos de fabricación (láser, flexión, fresado, etc.). Las plantillas pueden ser personalizadas para adaptarlas a las necesidades del diseñador tanto de materiales como de operaciones de fabricación.

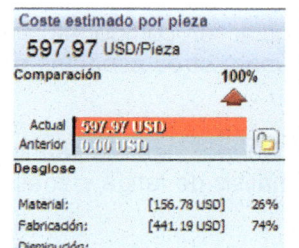 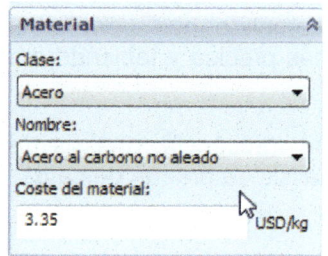 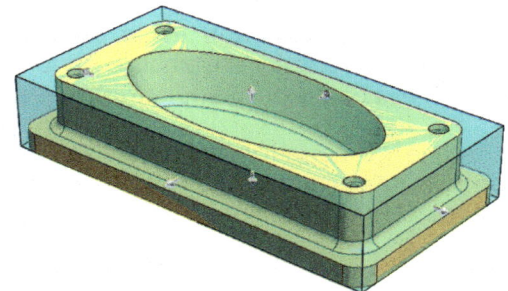

Importación/Exportación

SolidWorks permite importar y exportar ficheros creados en una gran cantidad de formatos CAD/CAM/CAE. De entre ellos destacan algunos como: CADKEY, DXF/DWG, Mechanical Desktop, Parasolid, Pro/ENGINEER, Rhino 3D, ScanTo3D, Solid Edge, STEP, STL, Siemens NX, VDAFS, VRML, entre otros. Los modelos pueden ser importados como croquis 2D (boceto), 3D (Pierza) o como plano, reconocer operaciones, capas y editarse desde SolidWorks.

SolidCAM

Complemento que permite obtener ficheros NC tanto de torno como de fresa donde se especifican las trayectorias de las herramientas de corte requeridas para la mecanización de una pieza. El complemento está completamente integrado en SolidWorks. Contiene una gran base de datos de máquinas, herramientas y funciones de simulación de mecanizado y detección de colisiones de herramientas.

 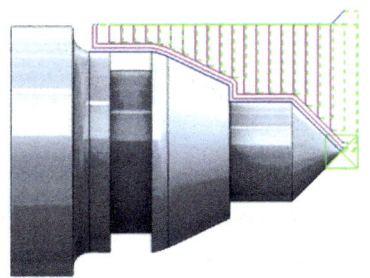 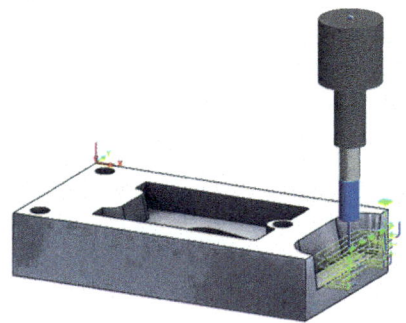

SolidWorks Routing

Complemento incluido en la versión Premium de SolidWorks con el que se puede automatizar el proceso de enrutamiento de cableado y tuberías de forma rápida y con elementos automáticos.

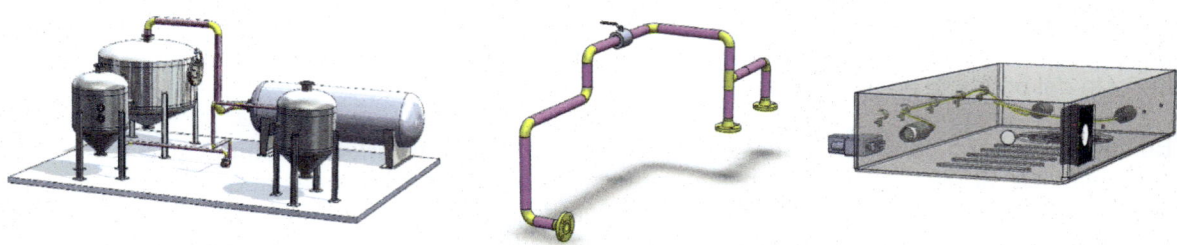

SolidWorks Simulation

SolidWorks Simulation es la aplicación completa que permite estudiar el comportamiento mecánico de pieza y ensamblaje de forma más precisa y teniendo en cuenta otros aspectos que no son evaluados por **SimulationXpress**.

Dispone de herramientas para el análisis de frecuencia, análisis de pandeo, análisis térmico, análisis de optimización, análisis no lineal, análisis de prueba de caída, análisis de fatiga y análisis de respuesta dinámica.

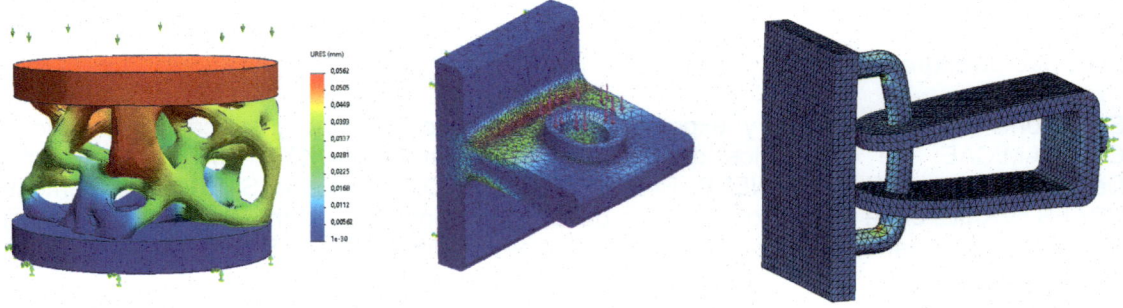

SolidWorksMotion

Es el complemento idóneo para estudiar las condiciones de funcionamiento de un ensamblaje por la simulación del movimiento de sus partes integrantes. Combina el movimiento basado en las condiciones físicas con las restricciones geométricas y contiene una gran variedad de herramientas de visualización de resultados: aceleración, vector de fuerza, colisiones, etc. Es una herramienta adecuada para crear prototipos virtuales y validar su funcionamiento.

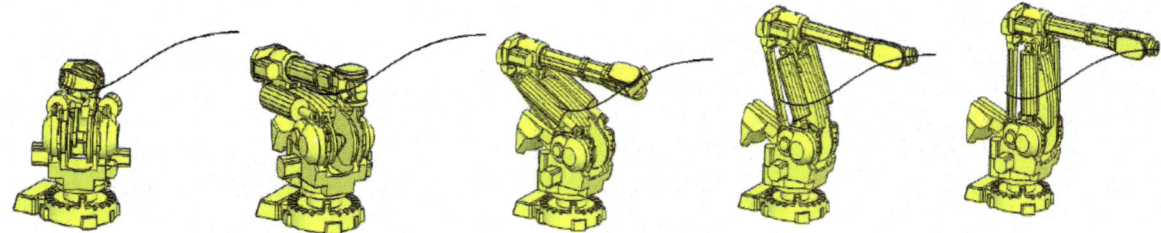

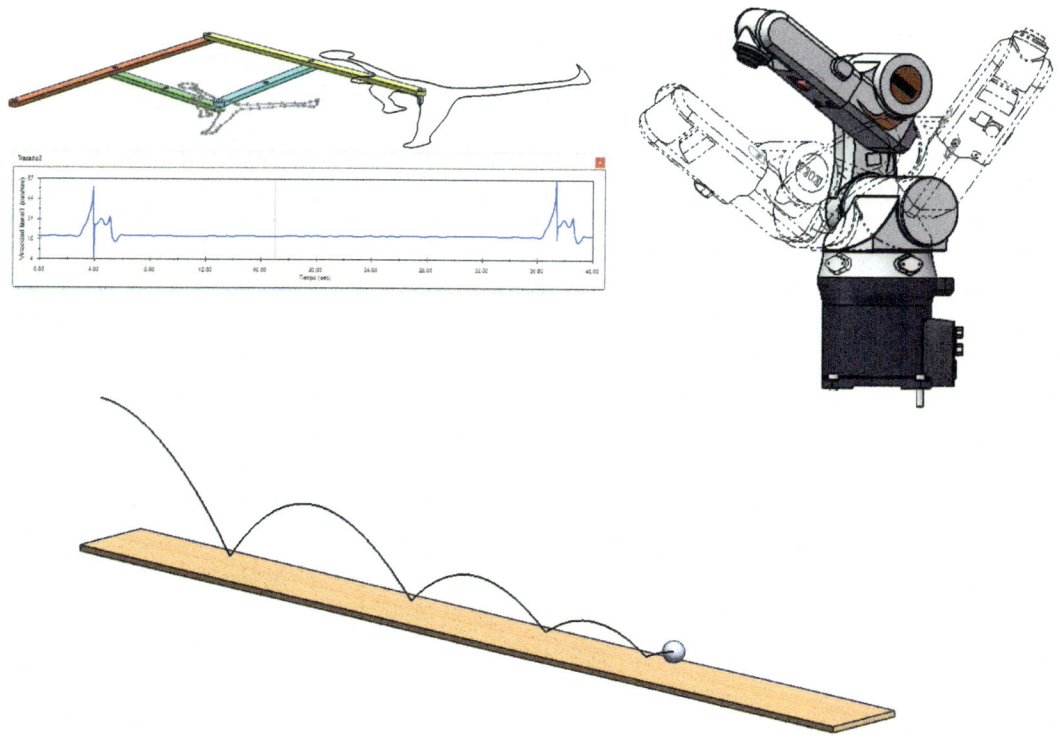

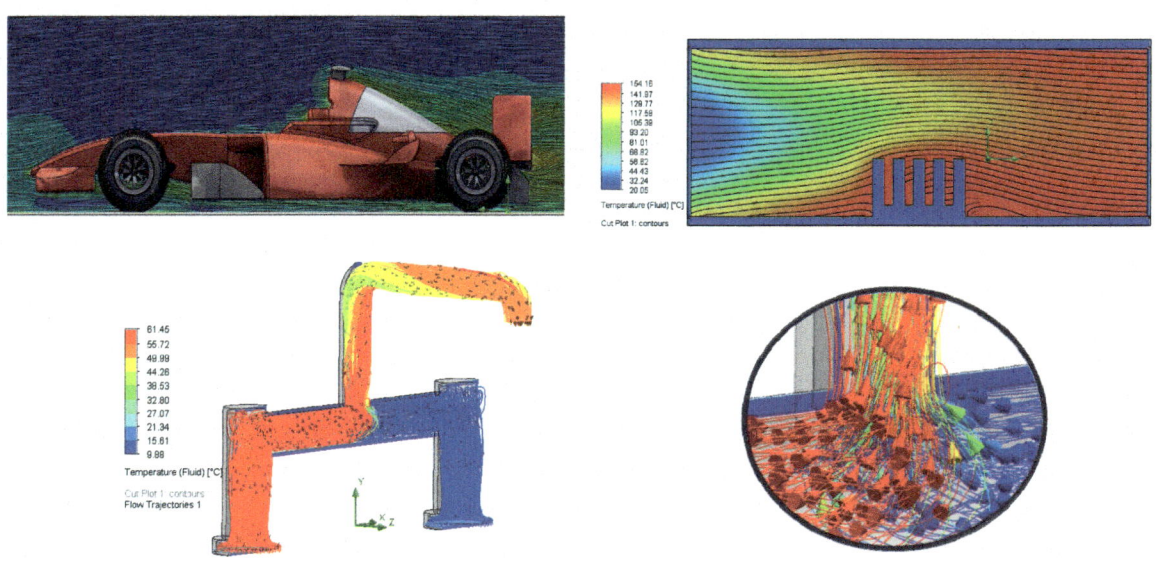

FlowSimulation

Herramienta de dinámica de fluidos que permite simular transferencia de calor, flujos compresibles, subsónicos y supersónicos, mezcla de gases, cavitación, entre otras.

La aplicación está totalmente integrada en SolidWorks ofreciendo un entorno de trabajo y unos cuadros de diálogo intuitivos y familiares. Funciona mediante un asistente que facilita la configuración del análisis y la resolución del problema de forma rápida y sencilla.

Práctica 1. Visualización de ensamblajes

Abra el documento de ensamblaje que acompaña el libro y utilice la herramienta de visualización de ensamblajes para ver y ordenar las piezas que lo componen en función de sus propiedades.

⧗ 15 minutos

Visualización
de
ensamblajes

Objetivos del tutorial

- Ver y ordenar las piezas que forman el ensamblaje.

- Visualizar el ensamblaje por cantidad de piezas o por su masa.

- Estudiar la barra de valores y agregar nuevas propiedades.

- Visualizar y ocultar piezas de ensamblaje. Visualizar por gradiente de color.

Visualización de ensamblajes

En la Barra de Herramientas **Calcular** puede encontrar un icono con el nombre de **Visualización de ensamblajes** (también desde el Menú de persiana **Herramientas**, **Evaluar**). Es una herramienta muy útil en la gestión de grandes ensamblajes para ver y ordenar de distintas formas las piezas que forman un conjunto.

Con la herramienta **Visualización de ensamblajes** puede ocultar piezas, ordenar piezas en función de sus propiedades (peso, volumen, superficie, coste, etc.), editar valores de propiedad o asignar distintos colores en función de las propiedades de cada pieza contenida. Es una herramienta muy útil en la gestión de grandes ensamblajes.

Abrir el modelo de pieza

1. Pulse la opción **Abrir** del Menú persiana **Archivo** o sobre el icono **Abrir**. Seleccione el fichero del ensamblaje que acompaña el libro.

2. Pulse sobre **Visualización de ensamblajes** desde la Barra de Herramientas de **Calcular**. En el Gestor de Diseño aparece el **Visualizador de ensamblajes**. Observe como las piezas contenidas en el ensamblaje se encuentran ordenadas alfabéticamente según su nombre. La barra azul sobre la etiqueta del nombre representa el valor relativo de la masa de cada pieza en relación con el total. En las siguientes dos columnas aparece la **Cantidad** de piezas contenidas en el ensamblaje y la **Propiedad** (masa de cada una de ellas).

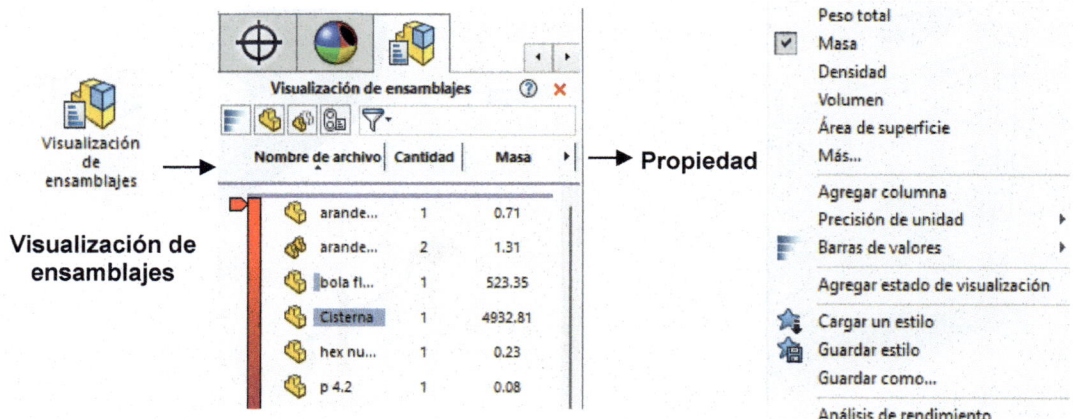

3. En **Mostrar/ocultar barra de valores** puede hacer aparecer una barra de color azul que representa el valor de la propiedad seleccionada. En la figura la barra representa el valor de la masa en cada una de las piezas. Así, por ejemplo, la Cisterna tiene una masa de 4918 gramos y la Bola flotante 523 gramos.

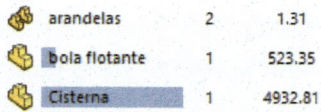

 Widge de ordenación
Es el triángulo que aparece en la parte inferior de la propiedad a mostrar. Su dirección representa el orden de clasificación: Ascendente (▲) o descendente (▼). Pulse sobre el triángulo para invertir el orden.

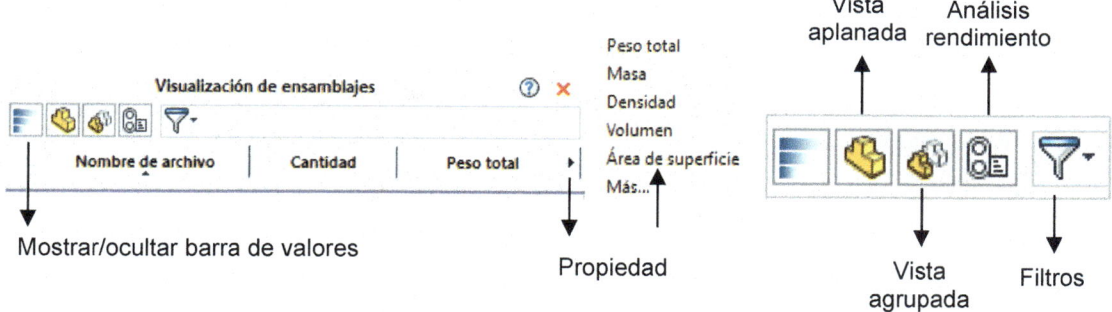

Vista aplanada

Análisis rendimiento

Mostrar/ocultar barra de valores

Propiedad

Vista agrupada

Filtros

 Las propiedades de **Sustainability** pueden ser visualizadas para conocer cómo cada pieza del ensamblaje afecta al impacto ambiental.

4. En la columna **Cantidad** aparecen el número de piezas iguales existentes en el ensamblaje. Pulse sobre **Peso total** y visualice el resto de las propiedades que pueden ser seleccionadas (masa, densidad, volumen, área de superficie, etc.). Pulse sobre **Más...** para seleccionar propiedades específicas del **SolidWorks Sustainability** (impacto ambiental).

5. Además, puede **Agregar una nueva columna** con otra propiedad, definir el número de decimales en **Precisión** y activar o desactivar la **Barra de valores**. Pulse sobre **Guardar como** para exportar la tabla definida a Microsoft Excel o a un archivo de texto (txt).

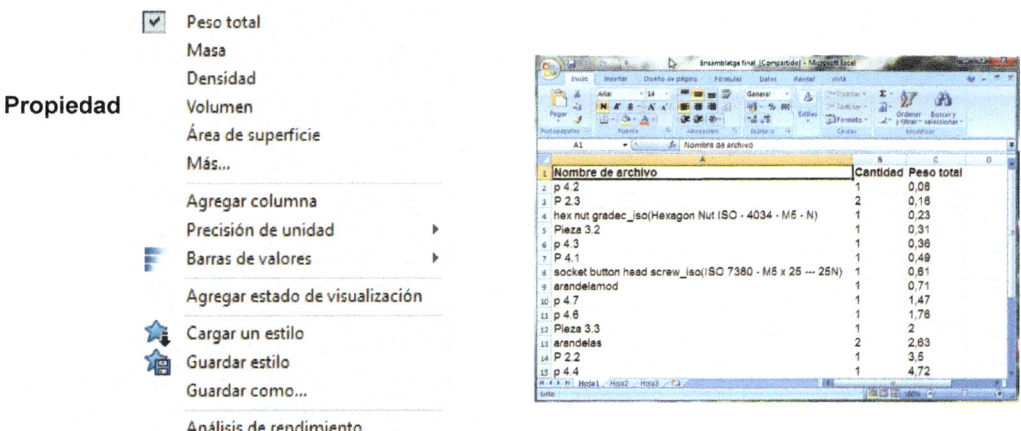

Visualización por gradientes de colores

La visualización por gradiente permite asignar a cada una de las piezas que conforman el ensamblaje un color distinto que represente una propiedad numérica como el volumen, la masa o la densidad. En función del valor de la masa, las piezas son representadas con un color u otro. Así, por ejemplo, el color azul se emplea en las piezas más pesadas mientras que el rojo en las más ligeras. Para activar o desactivar el color pulse con el botón izquierdo en la barra vertical del espectro. El color indica el valor de la propiedad relativa de cada pieza.

6. Pulse sobre la última de las columnas y seleccione **Masa**. Observe como las piezas se ordenan en función de su masa. Pulse en la barra vertical izquierda del panel del FeatureManager y observe como las piezas adquieren tonos azules y rojos.

7. Las piezas azules son más pesadas que las rojas. Para incrementar la resolución debe agregar un nuevo color al espectro definido en la barra derecha del FeatureManager. Pulse con el botón izquierdo del ratón en la zona blanca a la izquierda de la barra vertical y seleccione el color amarillo de la lista. Pulse **Aceptar** y observe como las piezas cambian de color en la Zona de Gráficos.

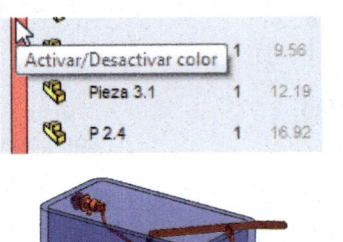
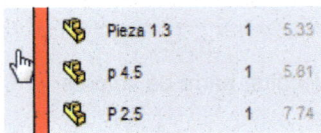

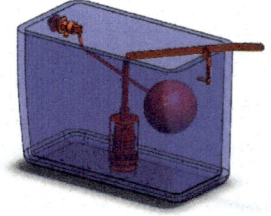
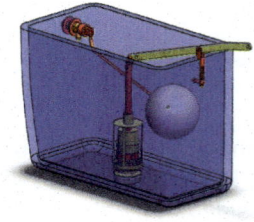

i Puede desplazar el control deslizante hacia abajo y hacia arriba para modificar el espectro. Además, si pulsa sobre el control deslizante con el botón derecho del ratón, puede cambiar o eliminar colores. Seleccione **Restablecer todo** si desea volver a la distribución de colores originales.

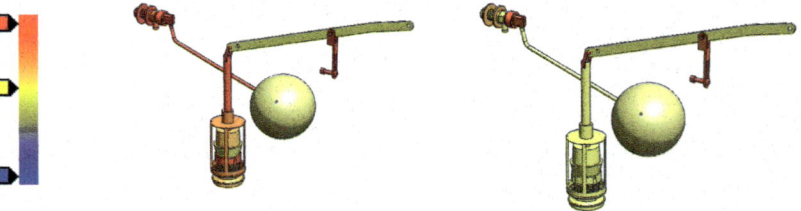

Ocultar componentes del ensamblaje

8. Para ocultar componentes del ensamblaje arrastre la barra horizontal (barra de retroceder) hacia abajo o hacia arriba (si es la superior o la inferior, respectivamente). El nombre de las piezas aparece en gris y se ocultan en la Zona de Gráficos. Arrastre la barra horizontal y oculte las piezas P2.4, bola flotante y cisterna. Para restaurar la posición de la barra de retroceso a su posición iniciar pulse con el botón derecho del ratón y seleccione **Avanzar al principio** o **Avanzar al final**.

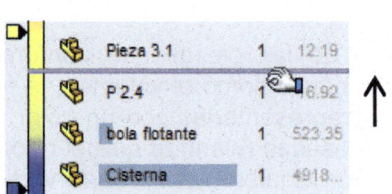
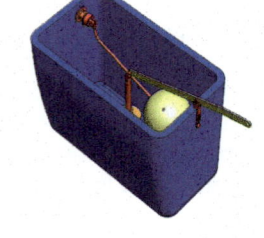

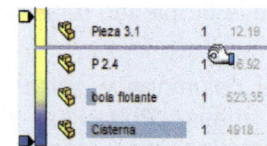
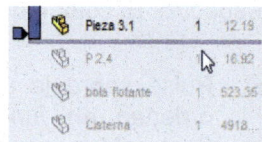

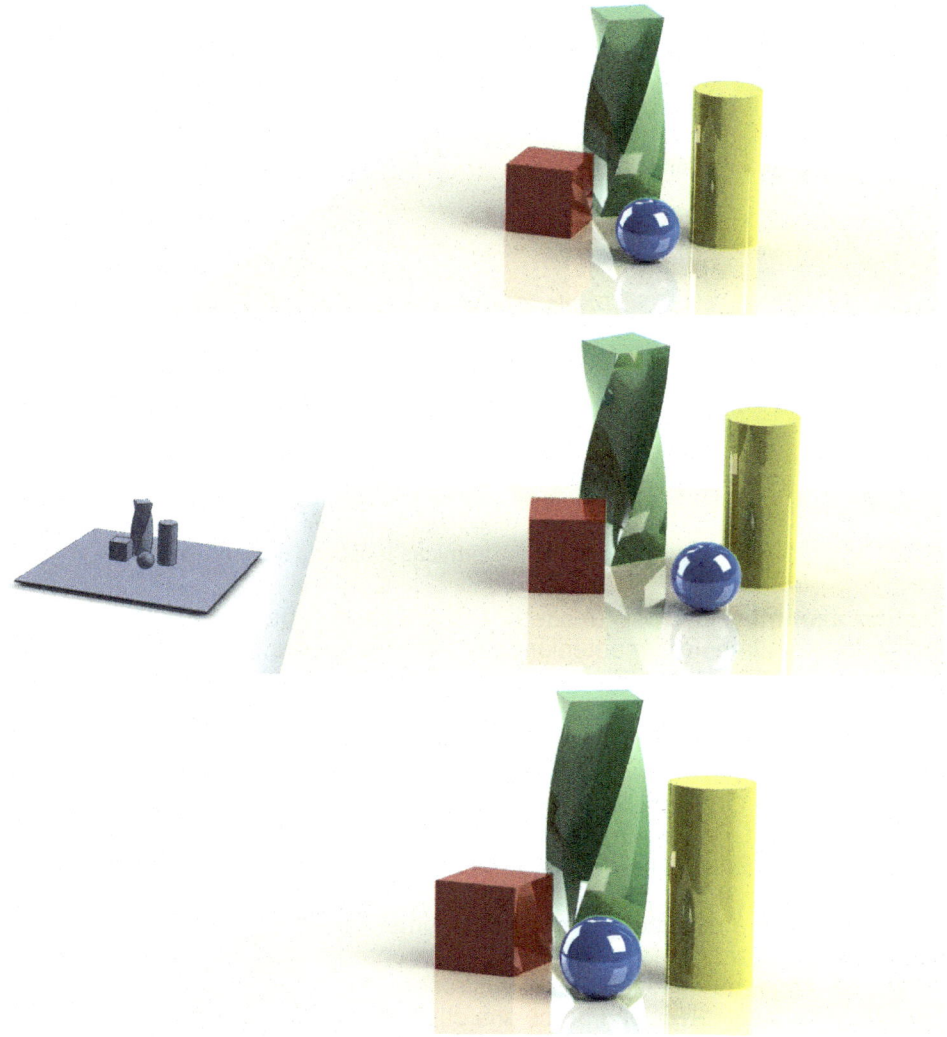

Práctica 2. PhotoView 360 I

Abra el ensamblaje e inserte apariencias y renderice la escena para obtener una imagen realística del conjunto. Emplee PhotoView 360.

⏳ 10 minutos

PhotoView
360

Objetivos del tutorial

- Abrir documento de ensamblaje y activar el complemento de PhotoView360.
- Estudiar el DisplayManager para definir apariencias y escena.
- Estudiar la calidad del renderizado y renderizar la escena.

Abrir el modelo de ensamblaje y crear apariencias (asignar materiales)

1. Pulse la opción **Abrir** del Menú persiana **Archivo** o sobre el icono **Abrir**. Localice el modelo de ensamblaje que acompaña el libro. Active el complemento **PhotoView** desde el Menú de persiana **Herramientas**, **Complementos**. Pulse **Aceptar**.

2. Pulse sobre el **DisplayManager** desde el Gestor de Diseño. Observe los tres iconos (**Apariencia**, **Calcomanías** y **Escenas, luces y cámara**). En **Apariencias** aparece un mensaje que indica la ausencia de texturas o materiales asignados a las piezas. Para insertar apariencias a cada una de las piezas del ensamblaje pulse sobre **Abrir Biblioteca de apariencias**.

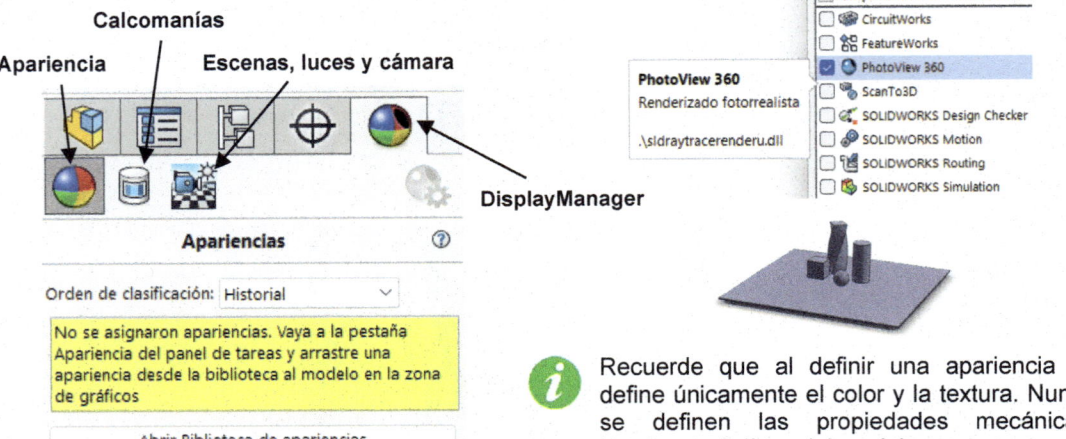

Recuerde que al definir una apariencia se define únicamente el color y la textura. Nunca se definen las propiedades mecánicas, térmicas u ópticas del modelo.

3. Seleccione **Plástico azul muy lustroso** desde la **Biblioteca de apariencias (Plástico, Muy lustroso)** y arrástrelo hasta la esfera manteniendo el botón izquierdo pulsado. Suelte el botón izquierdo cuando el cursor esté encima del modelo 3D. De entre todos los iconos que aparecen en la ventana emergente seleccione el de pieza para asignar la apariencia a todo el modelo. Observe como la esfera adopta el color azul y como en el **DisplayManager** aparece la apariencia asociada a la pieza. Para asignar el material también puede pulsar sobre el modelo 3D desde la Zona de Gráficos con el botón derecho y seleccionar **Apariencias**. Puede asignar el material a una cara, operación, cuerpo (*body*) o a la pieza entera. Seleccione Esfera y observe la activación de la **Biblioteca de apariencias**. Seleccione el material deseado.

4. Repita el mismo proceso para el resto de las piezas contenidas en el ensamblaje (cubo, cilindro, base y torsión). A cada una de ellas asigne distintos tipos de plásticos muy lustrosos (rojo, amarillo y verde). Para la base seleccione porcelana china desde la carpeta (Piedra, Gres, Porcelana china).

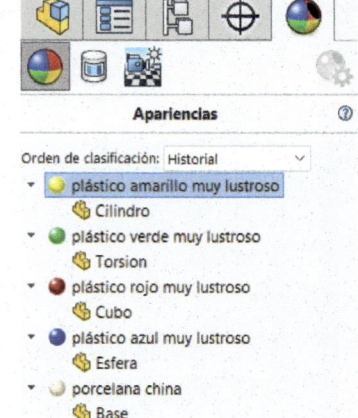

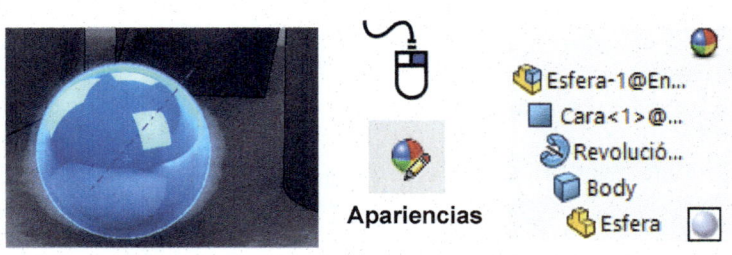

Apariencias

plástico azul muy lustroso   plástico amarillo muy lustroso   plástico verde muy lustroso   plástico rojo muy lustroso

5. Para realizar el renderizado y obtener una imagen fotorrealística del conjunto pulse sobre el Menú de persiana **PhotoView 360** y seleccione la opción **Vista preliminar integrada**. El renderizado en modo borrador se realiza en la Zona de Gráficos.

Opciones de PhotoView 360

Configuración de la imagen resultante

☐ Ayuda dinámica

Tamaño de imagen resultante:

Personalizar

2048

1536

1.333 : 1

☑ Cociente de aspecto fijo

☑ Usar cociente de aspecto de fondo

☐ Oclusión de ambiente resultante

Formato de imagen:

JPEG

Ruta predeterminada de la imagen:

C:\Users\sgome\Pictures

Examinar...

6. Seleccione **Opciones** desde el Menú de persiana **PhotoView 360** para definir las características del renderizado. En **Tamaño de imagen resultante** seleccione 1150 y 707 (ancho y alto de la imagen, respectivamente). Active la casilla **Cociente de aspecto fijo** y en **Formato de imagen** seleccione **JPEG**. Para indicar la ruta donde desee guardar las imágenes obtenidas pulse en **Examinar** y localice la carpeta. Para obtener una buena calidad de imagen seleccione **Máxima** en **Calidad del renderizado final** y en **Gamma** indique un valor de 1.6.

El **Efecto Bloom** genera un brillo en los modelos renderizados. Un valor más pequeño en **Valor establecido de bloom** provoca que el nivel de brillo se aplique a más elementos. En **Alcance del efecto bloom** se define la distancia de irradiación del efecto bloom desde el origen. Varíe los índices para conocer los efectos.

La opción de **Renderizado de contornos** crea un contorno con un **Grosor de línea** definido en los modelos renderizados. Seleccione un valor de 1 y un color blanco.

7. Renderice el modelo de ensamblaje pulsando sobre **Renderizado final** desde el Menú de persiana **PhotoView 360**. El tiempo de cálculo depende de la calidad de la imagen.

Calidad de renderizado

Vista preliminar de renderizado:

Satisfactoria

Calidad de renderizado final:

Satisfactoria

☐ Configuración de renderizado personalizada

Gamma:

1.6

☐ Efecto bloom

Renderizado de contornos/dibujos animados

☐ Causticidad directa

☐ Renderizado en red

☐ Descargar renderizado

Carga de trabajo del cliente:

200%

☑ Enviar datos para trabajo en red

Directorio compartido en red:

C:\Users\sgome\AppData\Local\Temp

Examinar...

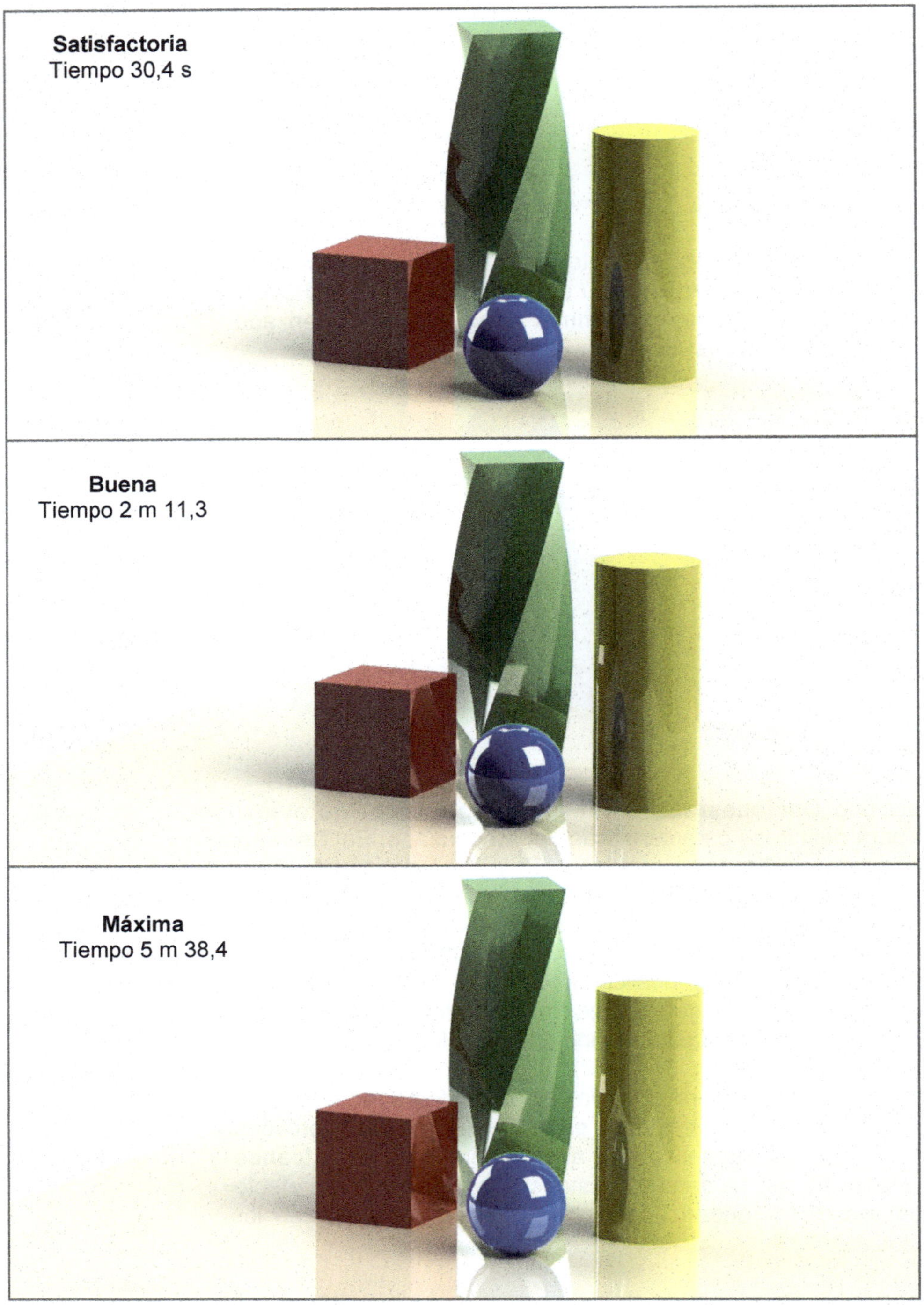

Satisfactoria
Tiempo 30,4 s

Buena
Tiempo 2 m 11,3

Máxima
Tiempo 5 m 38,4

Número de reflexiones. Define el n.º de reflexiones de un objeto respecto de otro (máximo 32).

Número de refracciones. Se producen cuando la luz atraviesa un objeto (cristal). Máximo 32.

El **renderizado máximo**: Calidad antisolapamiento (128), n.º de reflexiones (10), n.º de refracciones (10) y rayos indirectos (2048).

Práctica 3. PhotoView 360 II

Obtenga la imagen sintética del modelo de ensamblaje adjunto a partir de la definición de las apariencias, calcomanías, luces y escena con la aplicación PhotoView.

⏱ 15 minutos

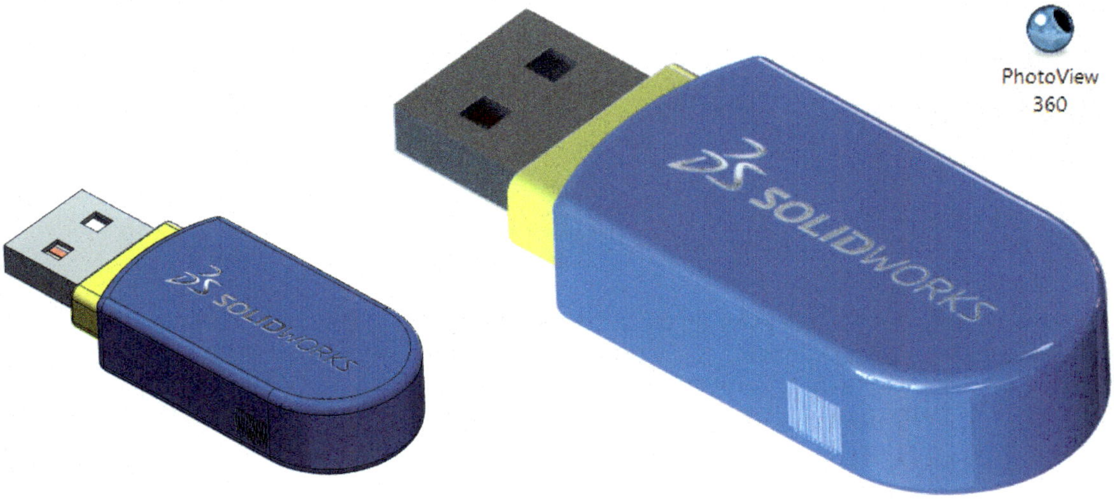

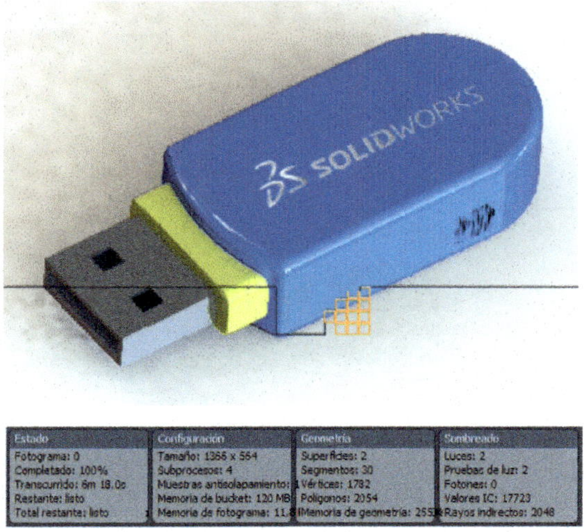

PhotoView
360

Estado	Configuración	Geometría	Sombreado
Fotograma: 0	Tamaño: 1366 x 554	Superficies: 2	Luces: 2
Completado: 100%	Subprocesos: 4	Segmentos: 30	Pruebas de luz: 2
Transcurrido: 6m 18.0s	Muestras antisolapamiento: 1	Vértices: 1782	Fotones: 0
Restante: listo	Memoria de bucket: 120 MB	Polígonos: 2054	Valores IC: 17723
Total restante: listo	Memoria de fotograma: 11.8	Memoria de geometría: 2553	Rayos indirectos: 2048

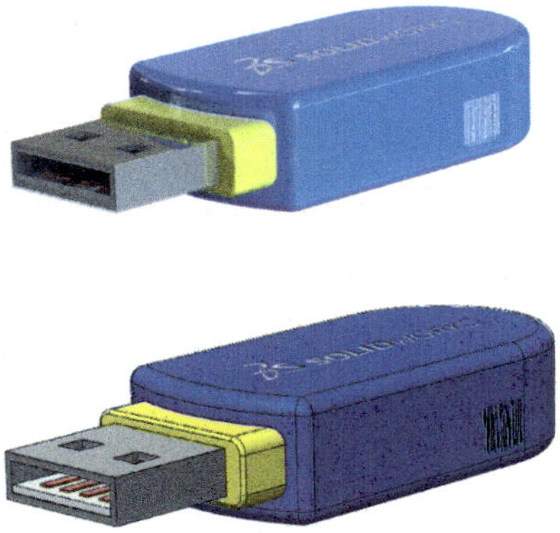

Objetivos del tutorial

- Abrir documento de ensamblaje y activar el complemento **PhotoView**.

- Definir **Apariencias**, **Calcomanías**, **Escenas**, **Luces** y **Cámara.**

- **Renderizar** el modelo.

Abrir el modelo de ensamblaje y asignar Apariencias

1. Pulse la opción **Abrir** del Menú persiana **Archivo** o sobre el icono **Abrir**. Localice el modelo de ensamblaje que acompaña el libro. Observe cómo las 4 piezas que forman el ensamblaje que define el USB no tienen ni colores ni texturas. Active **PhotoView** desde el Menú de persiana **Herramientas**, **Complementos**. Pulse **Aceptar**.

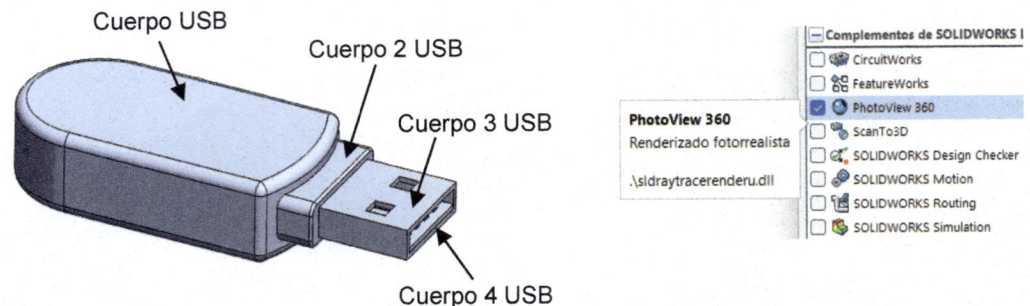

2. Pulse sobre el **DisplayManager** desde el Gestor de Diseño. Observe los tres iconos (**Apariencia**, **Calcomanías** y **Escenas, luces y cámara**). En **Apariencias** aparece un mensaje que indica la no presencia de texturas o materiales asignados a las piezas. El mismo mensaje aparece en la etiqueta de **Calcomanías** y en **Escenas, luces y cámara**.

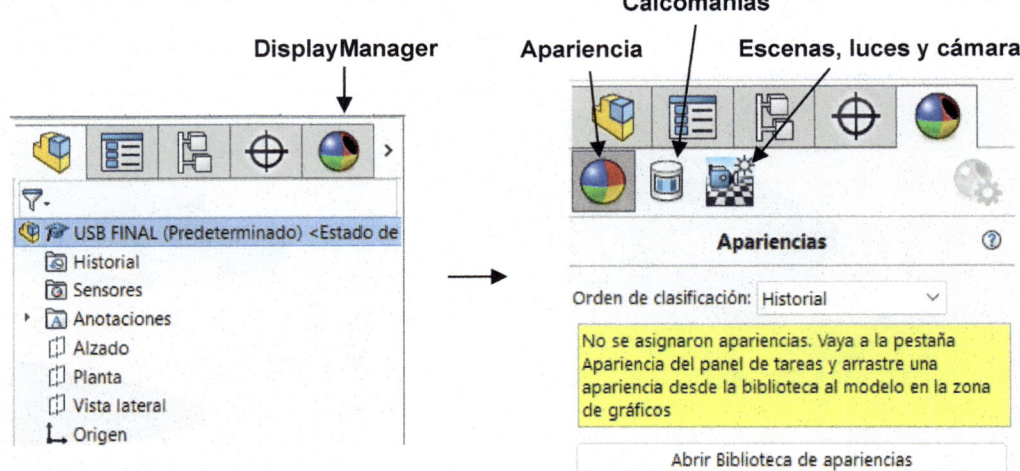

3. Para asignar las distintas apariencias (texturas o materiales) a las piezas que conforman en USB pulse sobre cada una de ellas con el botón derecho del ratón desde la Zona de Gráficos o desde el Gestor de Diseño y seleccione **Apariencias**. Puede asignar el material/apariencia a una cara, operación, cuerpo (*body*) o a la pieza entera. Seleccione la pieza entera para asignar los materiales desde la **Biblioteca de apariencias**.

4. Seleccione **Plástico azul muy lustroso** para asignarlo al cuerpo del USB. En el **DisplayManager** aparece una etiqueta con la apariencia asignada. Repita el mismo proceso para el resto de las piezas que lo conforman (amarillo muy lustroso, cromo y cobre pulido).

5. Para realizar un renderizado de la pieza pulse sobre el Menú de persiana **PhotoView 360** la opción **Renderizado final**. Después de unos segundos observe el resultado.

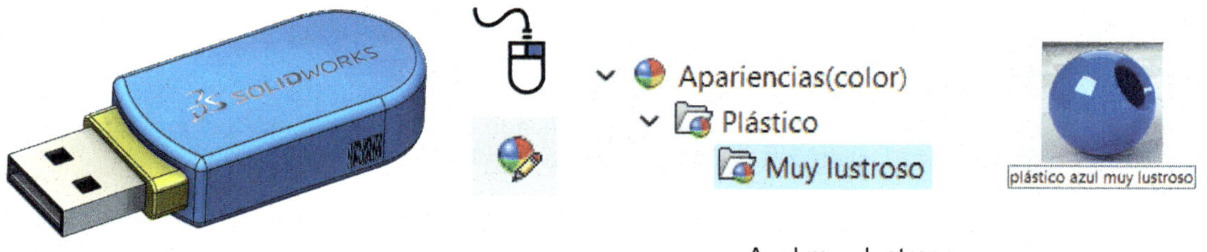

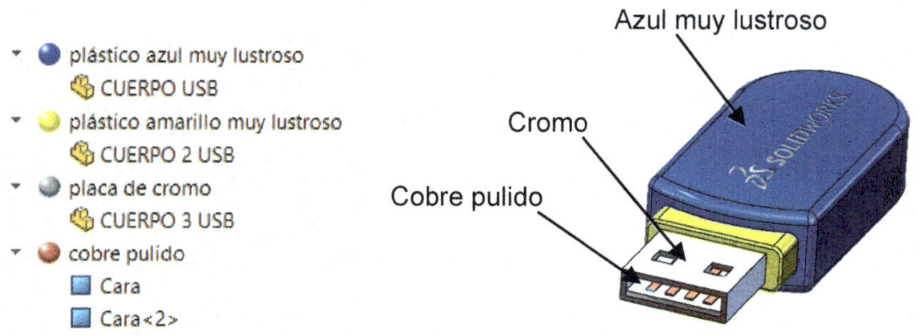

Apariencias(color)

Plástico

Muy lustroso

plástico azul muy lustroso

plástico azul muy lustroso
CUERPO USB

plástico amarillo muy lustroso
CUERPO 2 USB

placa de cromo
CUERPO 3 USB

cobre pulido
Cara
Cara<2>

Azul muy lustroso

Cromo

Cobre pulido

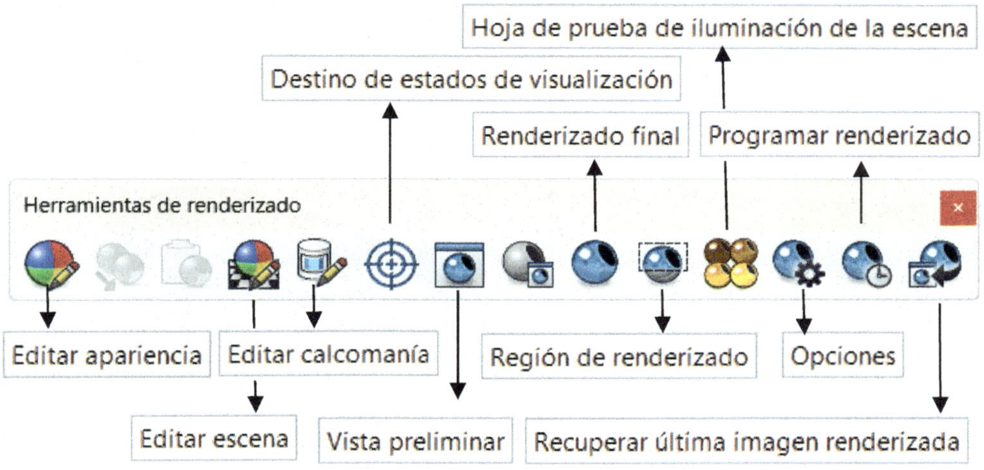

Hoja de prueba de iluminación de la escena

Destino de estados de visualización

Renderizado final   Programar renderizado

Herramientas de renderizado

Editar apariencia   Editar calcomanía   Región de renderizado   Opciones

Editar escena   Vista preliminar   Recuperar última imagen renderizada

i Las imágenes renderizadas son más realistas y de mejor calidad cuando se renderiza la escena activando la vista en perspectiva o creando una vista de cámara.

Gráficos RealView

i La aplicación **RealView** ofrece la posibilidad de representar los modelos de pieza y ensamblaje de forma real y dinámica en pantalla sin necesidad de renderizarlos. Además, puede editarlos en tiempo real. Crea reflexiones del entorno, acabado de superficies, sombras procedentes de la primera luz direccional, sombras genéricas y reflexiones del suelo que permiten generar representaciones más realistas.

Para su uso debe tener una tarjeta gráfica compatible. Puede consultar en la web de SolidWorks las tarjetas más adecuadas en:

www.solidworks.com/ pages/services/videocardtesting.html.

Calidad y rendimiento del renderizado

SolidWorks ofrece algunas sugerencias para mejorar el rendimiento durante el proceso de renderizado.

- La calidad del renderizado puede ser ajustada desde el PropertyManager **Opciones de PhotoView**. Defina una calidad de renderizado final al nivel más bajo posible.

- Si trabaja con luces direccionales, puntuales y/o concentradas puede definir la **Calidad de sombra** desde el PropertyManager de **PhotoView**. Cuanto menor sean los valores, menor será el tiempo requerido para crear el renderizado.

En **Calidad final de renderizado** puede definir cómo de bueno desea que sea el renderizado aplicado. Recuerde que las imágenes con calidad superior requieren de mayor tiempo para su procesado. En la tabla se indican las características de los distintos tipos de calidades.

	Satisfactoria	Óptima	Buena	Máxima
Calidad de antisolapamiento	8 muestras	16 muestras	32 muestras	128 muestras
Número de reflexiones	1	4	8	10
Número de refracciones	4	8	8	10
Rayos indirectos	128	512	1024	2048

Satisfactoria

Máxima

Práctica 4. PhotoView 360 III

Inserte apariencias a cada una de las piezas del ensamblaje que conforma el modelo de la figura. Defina la escena, luces y cámaras. Emplee PhotoView 360.

⏳ 20 minutos

PhotoView
360

Estado	Configuración	Geometría	Sombreado
Fotograma: 0	Tamaño: 1366 x 524	Superficies: 96	Luces: 3
Completado: 100%	Subprocesos: 4	Segmentos: 1973	Pruebas de luz: 3
Transcurrido: 1m 5.1s	Muestras antisolapamiento: 8	Vértices: 141071	Fotones: 0
Restante: listo	Memoria de bucket: 7.76 MB	Polígonos: 137220	Valores IC: 19661
Total restante: listo	Memoria de fotograma: 10.9 MB	Memoria de geometría: 9.84 M	Rayos indirectos: 128

Objetivos del tutorial

- Abrir documento de ensamblaje e insertar **Apariencias** a cada pieza.
- Definir la **Escena**, **Luces** y **Cámaras**.
- Agregar un **Paseo animado** y **Renderizar** vídeo e imagen.

Abrir el modelo de ensamblaje y asignar apariencias

1. Pulse la opción **Abrir** del Menú persiana **Archivo** o sobre el icono **Abrir**. Localice el modelo que acompaña el libro.

2. Active **PhotoView** desde el Menú de persiana **Herramientas**, **Complementos**. Pulse **Aceptar**.

3. Pulse sobre el **DisplayManager** desde el Gestor de Diseño. Observe los tres iconos (**Apariencia**, **Calcomanías** y **Escenas, luces y cámara**). En **Apariencias** aparece un mensaje que indica la no presencia de texturas o materiales asignados a las piezas. El mismo mensaje aparece en la etiqueta de **Calcomanías** y en **Escenas, luces y cámara**.

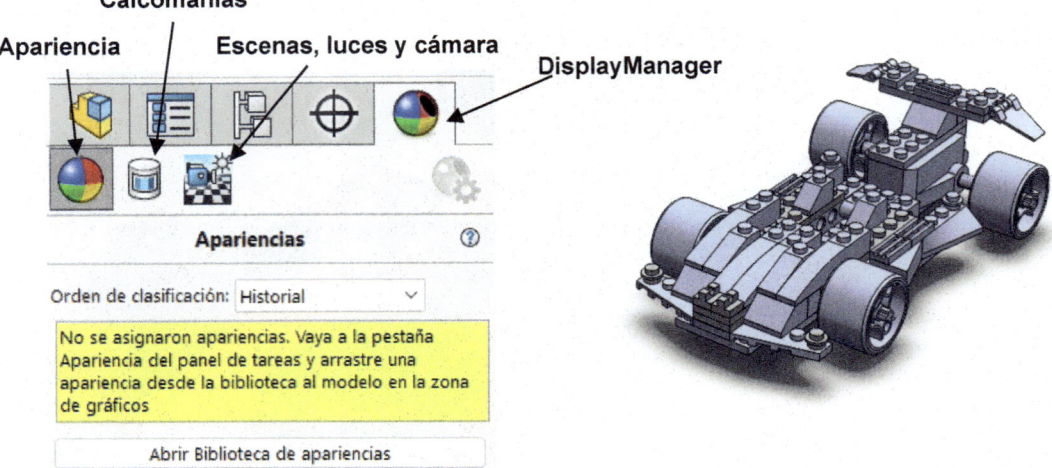

4. Pulse sobre el **DisplayManager** desde el Gestor de Diseño. En **Apariencias** pulse **Abrir Biblioteca de apariencias**. Seleccione **Plástico azul ABS pulido**. Para asignarlo a la pieza realice un doble clic con el botón izquierdo del ratón sobre la apariencia. Pulse **Aceptar** desde el **DisplayManager**. Observe como la pieza adquiere la tonalidad azul seleccionada. En el **DisplayManager** aparece una etiqueta con la apariencia asignada. Repita la misma operación para el resto de las piezas que componen el ensamblaje con las apariencias indicadas en la figura.

plástico azul muy lustroso

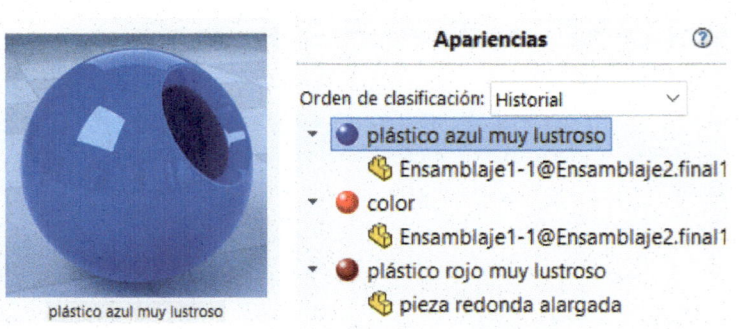

plástico azul muy lustroso

> *i* Recuerde que las apariencias permiten dar un aspecto realista a los modelos de pieza y ensamblaje diseñados, pero a diferencia de los materiales, las apariencias no definen propiedades físicas.

Definición de Escena, Luz y Cámara

5. Pulse con el botón derecho del ratón sobre **Escena** desde el **DisplayManager** del Gestor de Diseño y seleccione **Editar escena**. En la carpeta **Escenas de estudio** seleccione **Suelo reflectante de damas**.

Escenas de estudio

Suelo reflectante de damas

6. Maximice la carpeta **Luces** del **DisplayManager** para ver las luces que iluminan la escena actual. Pulse con el botón derecho del ratón sobre **Luces** y seleccione la opción **Mostrar luces** para conocer la localización de las luces direccionales. Vuelva a pulsar sobre **Luces** con el botón derecho del ratón y seleccione la opción **Agregar luz puntual**.

7. Seleccione la pestaña **Básico** desde el Gestor de Diseño y defina el **Ambiente** (0,33), la **Luminosidad** (0,3) y la **Reflexión especular** (0,5). Es recomendable que varíe los valores y renderice la escena para ver cómo cada una de ellas afecta a la escena. En **Posición de la luz** seleccione el sistema de coordenadas **Cartesiana** e indique los valores de posición (50, 40, 80) mm.

8. Seleccione la pestaña **PhotoView** de la luz puntual y defina los valores de **Sombras** indicados en la figura. No active la casilla **Niebla**. Pulse **Aceptar** para crear la luz.

Arrastre tríodo

9. Para crear una cámara que enfoque a la escena y genere imágenes más reales pulse sobre **Cámara** con el botón derecho del ratón desde **DisplayManager**. Seleccione la opción **Agregar cámara**. Observe como la pantalla de visualización se divide en dos. Mueva la cámara a partir de su arrastre del tríodo (punto amarillo) para enfocar el modelo.

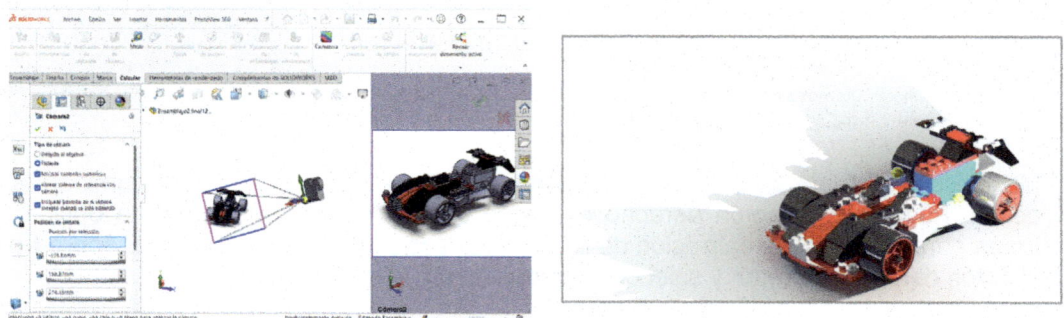

10. Pulse con el botón izquierdo sobre la ventana derecha (punto de vista de la cámara) y, desde el Menú de persiana **Photoview360**, seleccione la opción **Renderizado final**. Observe la creación de sombras como consecuencia de la localización del punto de luz.

Agregar un paseo animado

11. La opción **Paseo animado** crea una animación a partir de la definición de una trayectoria por donde se va a desplazar la cámara creada.

12. Pulse sobre **Iniciar paseo animado**. Observe en la pantalla las instrucciones básicas para crear el paseo animado.

13. Puede utilizar las flechas del teclado, la rueda central del ratón y el botón izquierdo para crear los giros.

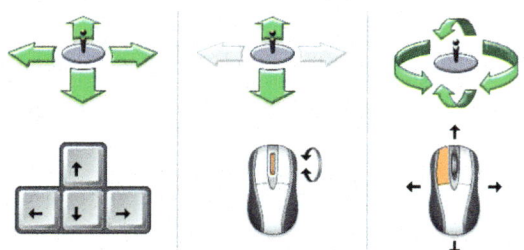

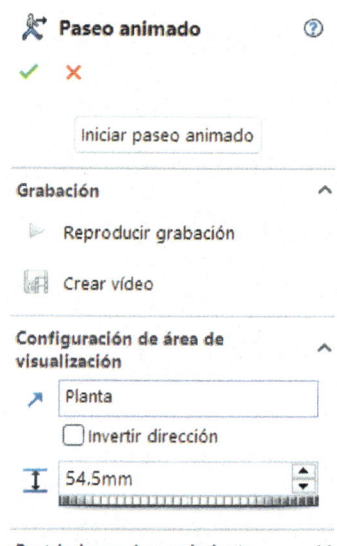

14. Pulse sobre **Alternar grabación** y a continuación sobre **Rec** para comenzar la grabación. Emplee los cursores y cree el movimiento animado. Al finalizar pulse **Aceptar**. En **Grabación (Rec)** puede visualizar el paseo animado y grabarlo en formato de vídeo.

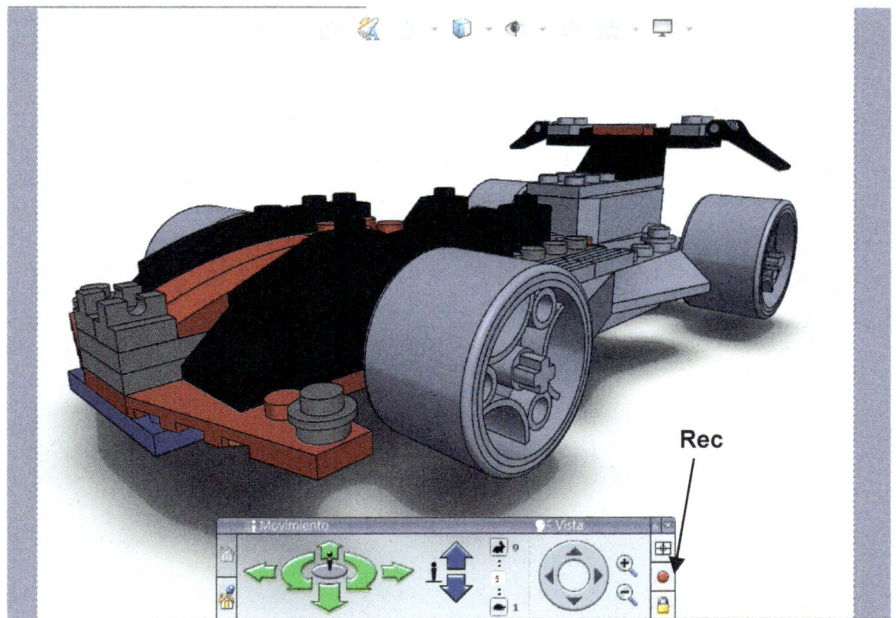

Rec

ℹ️ Utilice las **teclas +** y **–** para aumentar y disminuir la velocidad de desplazamiento de la cámara. La **tecla R** inicia la grabación del vídeo y la **barra espaciadora** permite pausarlo. La **tecla Esc** cancela el proceso de grabación.

Inicia la grabación.

 Hace una pausa la grabación. Haga clic nuevamente para reanudar la grabación.

 Guarda y vuelve al PropertyManager. Los botones **Reproducir paseo animado** y **Crear vídeo** quedan disponibles en el PropertyManager. Utilice el botón **Reproducir paseo animado** para reproducir los vídeos que cree. Haga clic en el botón **Crear vídeo** para especificar una ubicación para guardar vídeos.

 Cancela y vuelve al PropertyManager.

 Apunta la cámara hacia arriba, hacia abajo, a la izquierda o a la derecha. La posición de la cámara no cambia. Haga clic en el centro para restablecer la vista en la dirección del desplazamiento.

 Acerca el zoom.

 Aleja el zoom

 Gira la cámara a la izquierda.

 Gira la cámara a la derecha.

 Mueve la cámara hacia adelante.

 Mueve la cámara hacia atrás.

 Mueve la cámara a la izquierda.

 Mueve la cámara a la derecha.

 Mueve la cámara hacia abajo.

 Mueve la cámara hacia arriba.

 Establece la velocidad del movimiento de la cámara.

 Bloquea o desbloquea la cámara a una restricción. Seleccione una restricción haciendo clic en la flecha abajo o pase por las restricciones utilizando las flechas izquierda y derecha.

 Muestra u oculta la ventana del mapa.

Flechas	Mover hacia adelante o atrás, girar a la izquierda o a la derecha.
Mayús + flechas	Mover hacia arriba, abajo, izquierda o derecha.
Control + flechas	Mover hacia arriba o abajo.
Alt + flechas	Observar arriba, abajo, izquierda o derecha.
Inicio	Restablecer la dirección de la "vista".
Z, Mayús + Z	Aplicar el zoom para acercar o alejar la imagen.
+, -	Aumentar o disminuir la velocidad.
1 - 9	Establecer la velocidad.
Bloq Despl	Bloquear a restricción.
Re Pág	Siguiente restricción.
Av Pág	Restricción anterior.
R	Grabar.
Espacio	Pausa.
Esc	Cancelar.
M	Alternar vista de mapa.

Práctica 5. PhotoView 360 IV

Inserte calcomanía en el modelo de taza, defina la escena y cree la iluminación. Emplee PhotoView 360.

⏳ 15 minutos

PhotoView 360

Objetivos del tutorial

- Abrir modelo de taza 3D e insertar **Apariencias**.
- Crear **Calcomanía**, **Editar escena** y crear **Iluminación**.
- **Renderizar** el modelo.

Abrir el modelo de pieza y asignar apariencias

1. Pulse la opción **Abrir** del Menú persiana **Archivo** o sobre el icono **Abrir**. Localice el modelo de taza que acompaña el libro. Active **PhotoView** desde el Menú de persiana **Herramientas**, **Complementos**. Pulse **Aceptar**.

2. Pulse sobre el **DisplayManager** desde el Gestor de Diseño. Observe los tres iconos (**Apariencia**, **Calcomanías** y **Escenas, luces y cámara**). En **Apariencias** aparece un mensaje que indica la no presencia de texturas o materiales asignados a la taza. El mismo mensaje aparece en la etiqueta de **Calcomanías** y en **Escenas, luces y cámara**.

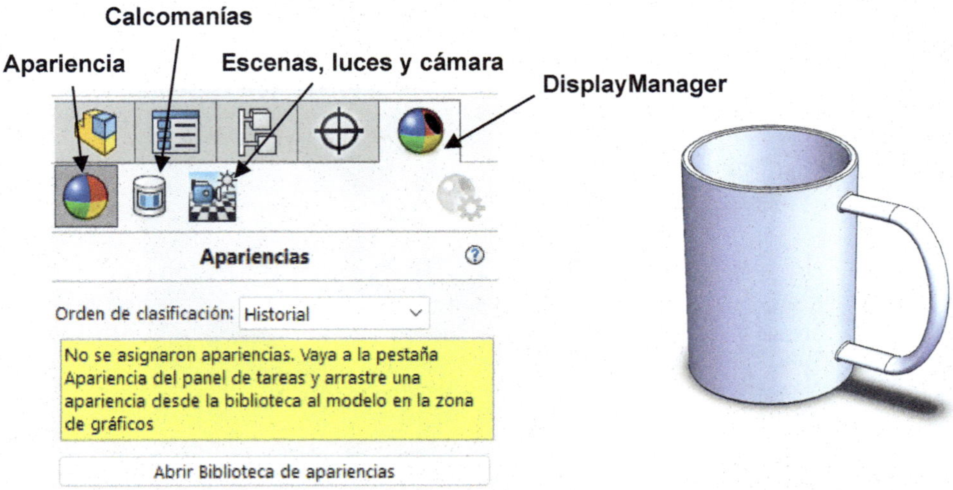

3. Pulse sobre el **DisplayManager** desde el Gestor de Diseño. En **Apariencias** pulse **Abrir Biblioteca de apariencias**. Seleccione **Plástico azul muy lustroso**. Para asignarlo a la pieza realice un doble clic con el botón izquierdo del ratón sobre la apariencia. Observe como la pieza adquiere la tonalidad azul seleccionada. En el **DisplayManager** aparece una etiqueta con la apariencia asignada.

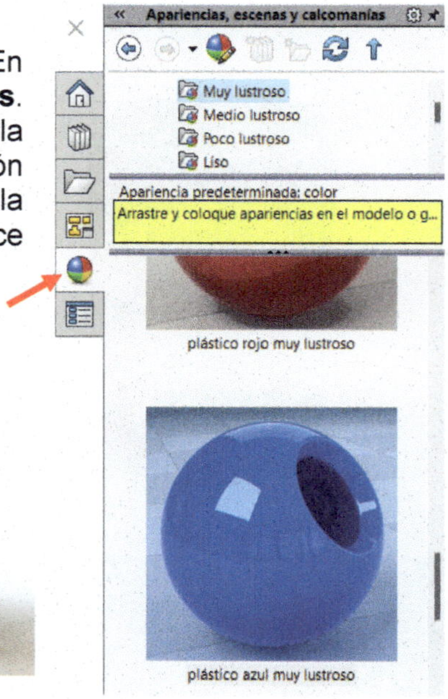

4. Para realizar un primer renderizado y ver como la textura del material se adapta al modelo 3D pulse sobre el Menú de persiana **PhotoView 360** y seleccione la opción **Vista preliminar integrada**. Después de unos segundos vea el resultado. Pruebe con otro tipo de material y textura y observe los resultados obtenidos.

5. Recuerde desactivar la opción de rederizado **Vista preliminar integrada** desde el Menú de persiana **PhotoView 360**.

Insertar calcomanía

6. Vuelva a pulsar sobre **DisplayManager** desde el Gestor de Diseño y seleccione **Calcomanías**. Pulse con el botón derecho sobre **Calcomanías (Taza)** y seleccione la opción **Agregar calcomanía**. El mensaje que aparece en el **DisplayManager** informa de la posibilidad de seleccionar una calcomanía desde una imagen de disco o desde el Panel de tareas donde se tienen algunas ya predefinidas. Pulse sobre **Examinar** y localice la imagen imagen1 que acompaña el libro. Pulse con el botón izquierdo del ratón sobre la cara circular exterior de la taza. Observe como la imagen se adapta a la forma cilíndrica.

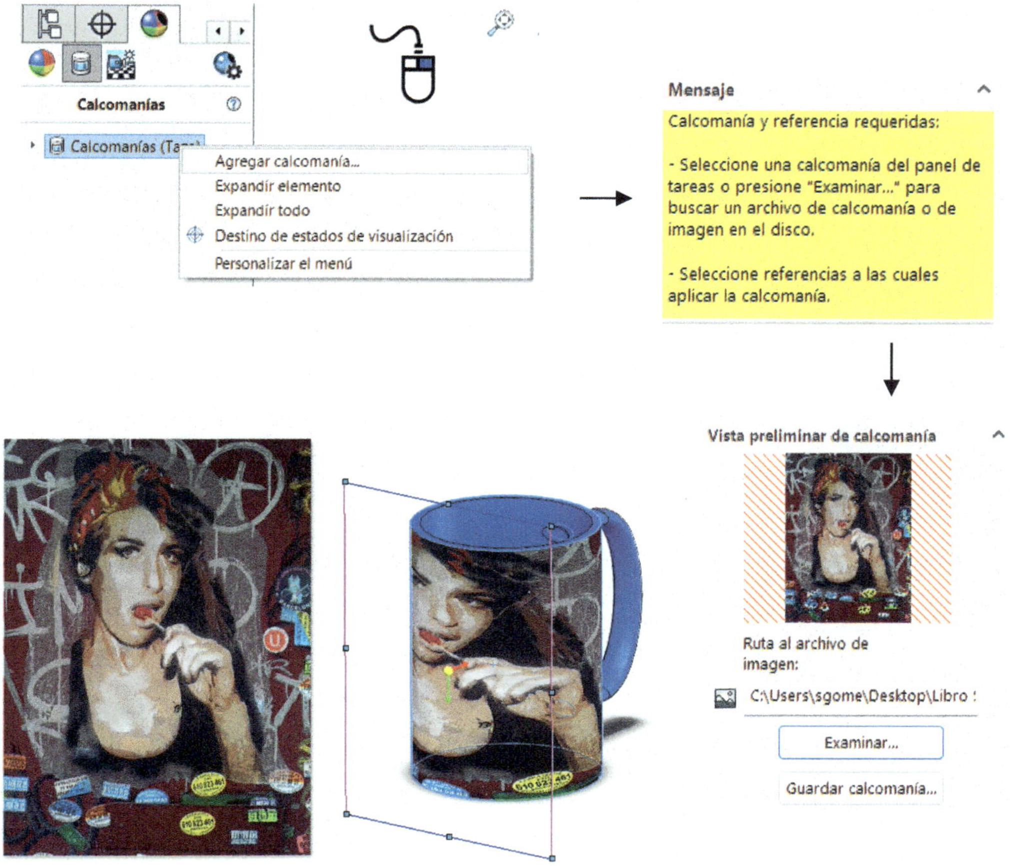

La opción **Guardar Calcomanía** en **Vista Preliminar de Calcomanía** guarda la imagen seleccionada en la carpeta de Calcomanía del **Panel de tarea** y permite seleccionarla en cualquier otro momento.

7. Pulse sobre la pestaña **Asignación** desde el **DisplayManager** para definir el tamaño y la orientación de la calcomanía. Asegúrese que tiene seleccionada la Cara<1> del modelo de taza. En **Asignación** seleccione **Cilíndrica**, **Referencia seleccionada** (Cara <1>). En **Respecto al eje** indique 0.00º y en **A lo largo del eje** indique 20.00 mm. En **Tamaño/Orientación** indique los valores de la figura adjunta. Pulse **Aceptar** para finalizar.

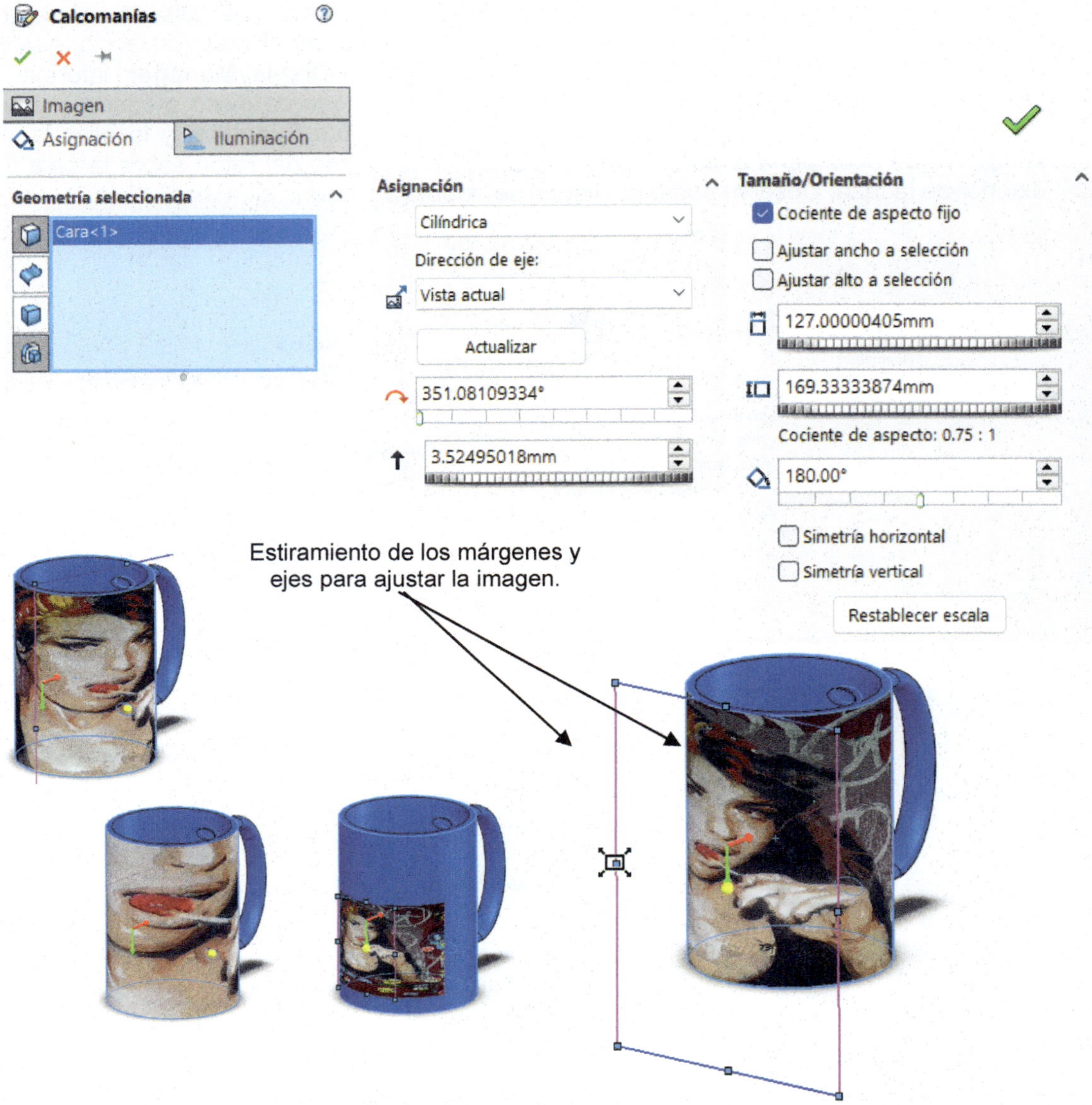

Estiramiento de los márgenes y ejes para ajustar la imagen.

Si desea ajustar el tamaño y la orientación de la imagen sobre el modelo puede arrastrar o girar desde la Zona de Gráficos los ejes (rojo y amarillo) y el cuadro exterior.

8. Vuelva a seleccionar **Calcomanías** desde el **DisplayManager**. Gire el modelo de taza y visualícelo desde la parte inferior. Pulse con el botón derecho sobre **Calcomanías (Taza)** y seleccione la opción **Agregar calcomanía**. Desde el **Panel de tareas** seleccione la carpeta **logotipo** y localice la imagen "*DS SolidWorks Let's go design*". Realice un doble clic con el botón izquierdo del ratón para su selección.

9. Desde **Vista preliminar de calcomanía** del **DisplayManager** puede visualizar la imagen seleccionada. Pulse sobre la pestaña **Asignación** y seleccione la cara plana inferior de la taza. Observe como la imagen se adapta a la cara. Regule su tamaño y orientación de forma que ocupe el espacio de forma holgada.

10. Para eliminar el fondo blanco de la calcomanía seleccione la pestaña **Imagen** de máscara y active la casilla **Archivo de máscara de imagen**. Pulse **Aceptar**.

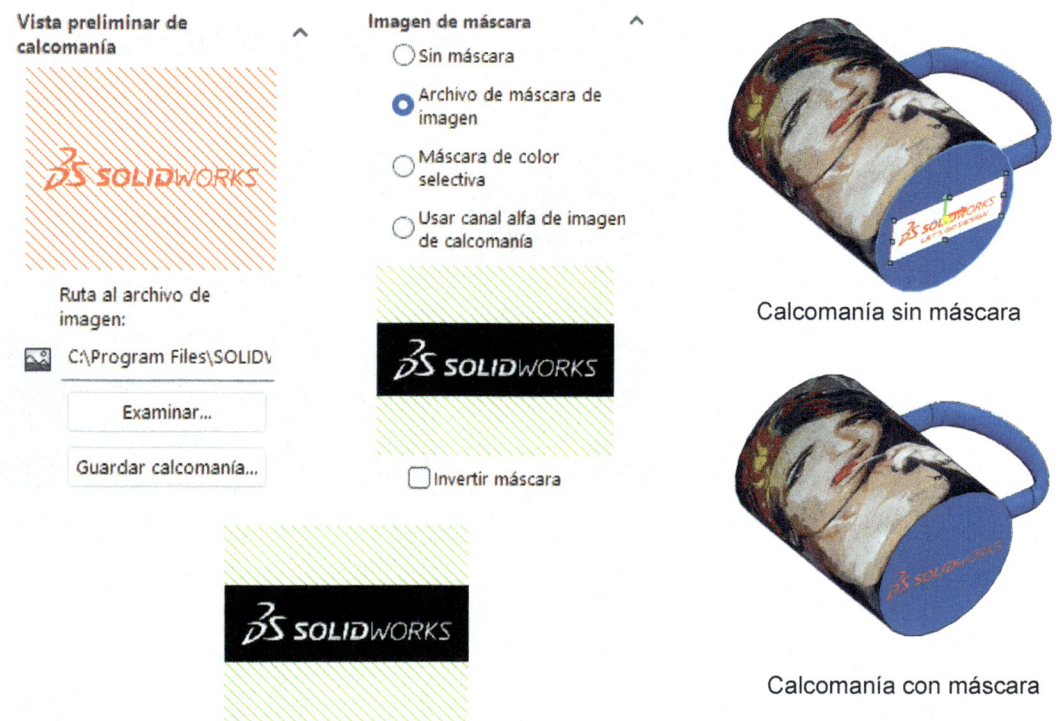

Calcomanía sin máscara

Calcomanía con máscara

Definir escenas, luces y cámaras

11. Seleccione **Escenas, luces y Cámaras** desde el **DisplayManager**. Pulse con el botón derecho del ratón sobre **Escena** y seleccione la Opción **Editar escena**. Desde el **Panel de tareas** seleccione la escena **Básica** (**3 puntos apagados**).

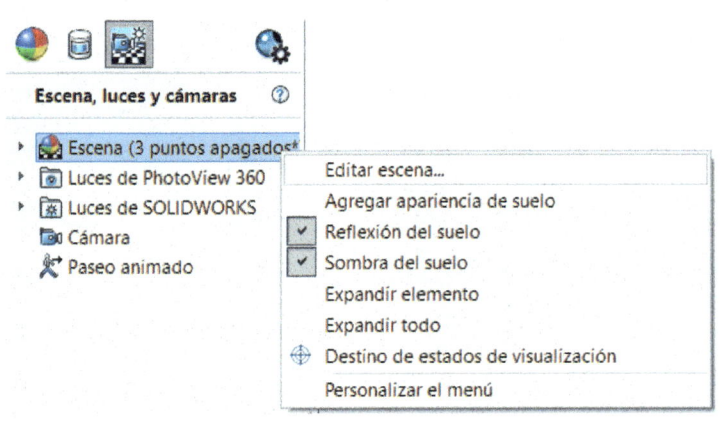

3 puntos apagados

12. Edite las luces pulsando sobre las mismas con el botón derecho del ratón. Observe los distintos tipos de efectos que puede llegar a conseguir.

Luz ambiental. Ilumina la escena de forma uniforme desde todas las direcciones.

Luz direccional. Crea una fuente de luz que ilumina la escena desde un punto alejado y en una única dirección (como la luz solar).

Luz puntual. Ilumina la escena a partir de una fuente luminosa que emite en todas las direcciones localizadas en una coordenada específica en el espacio. Es algo parecido a una bombilla.

Luz concentrada. Tipo de iluminación basada en un foco que emite en forma de haz siendo el punto más brillante del mismo su centro. Se emplea para definir luces en lámparas.

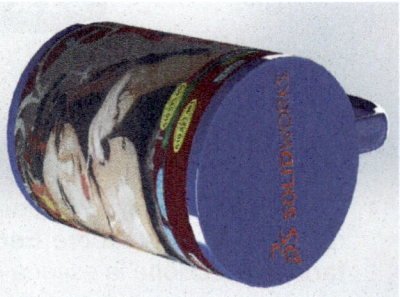

Práctica 6. PhotoView 360 V

Cree una imagen renderizada de imitación al acabado de las piezas imprimidas en 3D con la tecnología FDM (Deposición fundida de material). Emplee PhotoView 360.

⏳ 20 minutos

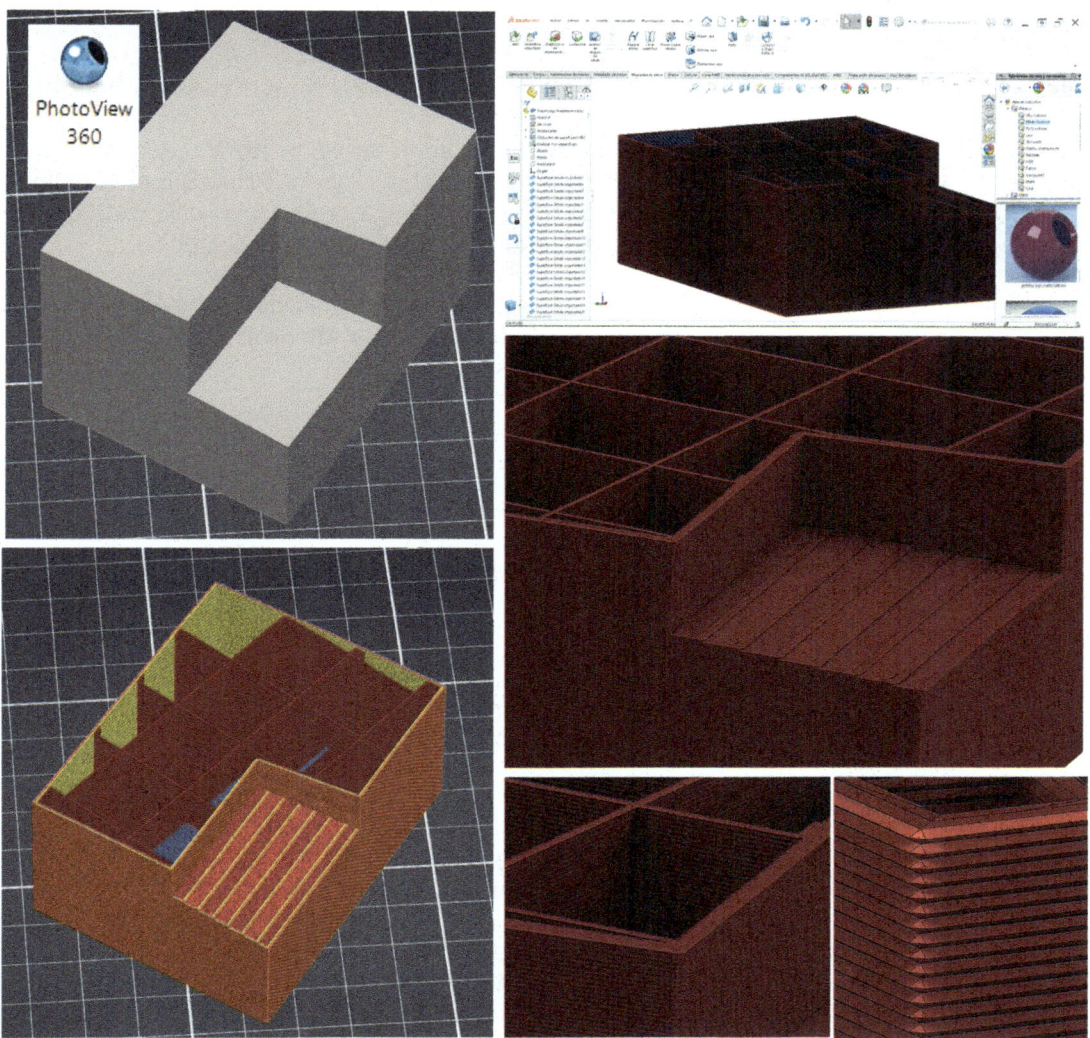

Objetivos del tutorial

- Crear el G-Code con el rebanador **PrusaSlicer** y exportar los movimientos como OBJ.
- Importar movimiento como OBJ a **SolidWorks**.
- Insertar apariencias desde el DisplayManager de SolidWorks (**PhotoView**).

Creación del G-Code y renderizado con PhotoView de SolidWorks

PrusaSlicer es un laminador o *software* de corte, desarrollado por 3D Prusa basado en la solución de código abierto Slic3r. PrusaSlicer puede utilizarse en impresoras 3D FDM y SLA. La herramienta contiene todas las funciones necesarias para exportar los archivos para impresión 3D y, además, dispone de una herramienta de exportación de movimientos que puede ser utilizada para crear imágenes fotorrealistas de piezas impresas en 3D (FDM). El objetivo de esta práctica es definir cómo puede realizarse este tipo de imágenes casi reales que simulan las piezas imprimidas con la tecnología FDM.

Creación del G-Code en PrusaSlicer, Exportación trayectorias y renderizado en SolidWorks

1. Pulse la opción **Abrir** del Menú persiana **Archivo** o sobre el icono **Abrir**. Localice el modelo que acompaña el libro. Guarde como STL y expórtelo al rebanador **PrusaSlicer**. Configure la impresora y los parámetros de impresión (altura de capa, relleno o *infill*, estructuras de soporte, etc.). Una vez finalizado, lamine el modelo 3D para obtener el G-Code.

2. Después de crear el laminado (G-code), exporte las trayectorias de las herramientas como OBJ desde el Menú de persiana **Archivo**, **Exportar**, **Exportar Movimientos como OBJ**... del rebanador PrusaSlicer.

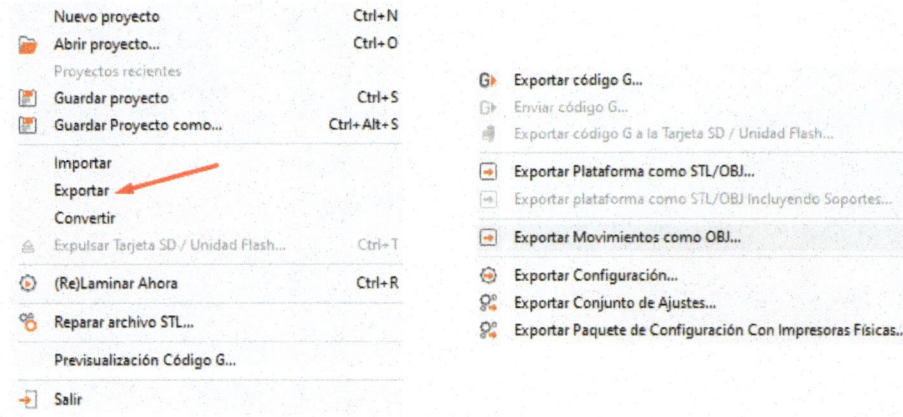

3. Abra el fichero OBJ creado con PrusaSlicer en SolidWorks. Cargue el complemento de **PhotoView** desde el Menú de persiana **Herramientas**, **Complementos**.

4. Pulse sobre el **DisplayManager** desde el Gestor de Diseño. En **Apariencias**, pulse **Abrir Biblioteca de apariencias**. Seleccione **Plástico rojo muy lustroso**. Para asignarlo a la pieza realice un doble clic con el botón izquierdo del ratón sobre la apariencia. Observe como la pieza adquiere la tonalidad seleccionada. En el **DisplayManager** aparece una etiqueta con la apariencia asignada. Desde el Menú de persiana **Photoview360** seleccione la opción **Renderizado final**.

El renderizado final obtenido muestra el filamento depositado capa a capa incluyendo también el relleno o **Infill** utilizado. Las imágenes obtenidas tienen un elevado realismo y simulan a la perfección el acabado de las piezas imprimidas con la tecnología FDM.

Práctica 7. PhotoView 360 VI

Cree una imagen renderizada de un vaso con zumo y un par de copas de vino, una de ellas derramada. Utilice las geometrías 3D adjuntas. Emplee PhotoView 360.

⏳ 20 minutos

PhotoView 360

Objetivos del tutorial

- Abrir documento de ensamblaje y activar el complemento de **PhotoView360**.
- Estudiar el DisplayManager para definir apariencias y escena.
- Estudiar la calidad del renderizado y renderizar la escena con cámara.

Abrir el modelo de ensamblaje y definir la Apariencia (asignar materiales)

1. Pulse la opción **Abrir** del Menú persiana **Archivo** o sobre el icono **Abrir**. Localice el modelo de ensamblaje que acompaña el libro. Active **PhotoView** desde el Menú de persiana **Herramientas**, **Complementos**. Pulse **Aceptar**.

2. Pulse sobre el **DisplayManager** desde el Gestor de Diseño. Observe los tres iconos (**Apariencia**, **Calcomanías** y **Escenas, luces y cámara**). En **Apariencias** aparece un mensaje que indica la no presencia de texturas o materiales asignados a la pieza. El mismo mensaje aparece en la etiqueta de **Calcomanías** y en **Escenas, luces y cámara**.

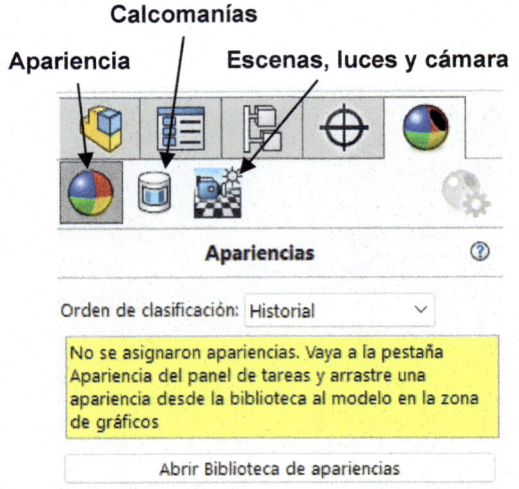

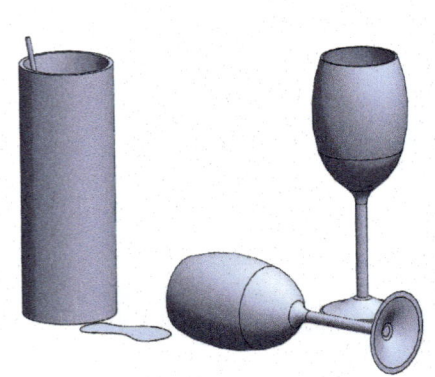

3. Desde la Zona de Gráficos pulse sobre una de las copas con el botón izquierdo del ratón. Sobre la ventana emergente seleccione **Apariencias**. Puede asignar una apariencia a la cara seleccionada, la operación (revolución), al cuerpo (*body*) o a la pieza. Pulse sobre Revolución (pieza). Observe como se activa **DisplayManager** y se abre la **Biblioteca de apariencias**. Seleccione **Vidrio claro** desde la carpeta de **Vidrio lustroso**. Observe como la copa adquiere el color y transparencia del vidrio seleccionado. En el **DisplayManager** aparece una etiqueta con la apariencia asignada. Repita la misma operación para el vaso y para la otra copa. Puede utilizar el mismo material.

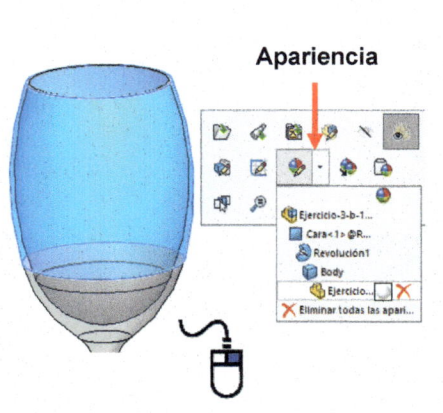

4. Para asignar la apariencia de vino a las operaciones Saliente extrusión_1 de la pieza Ejercicio-3 y a la pieza Vino repita el mismo procedimiento descrito en el apartado 3. Debe hacerlo de forma independiente con cada uno de ellos. Para la pieza Vino pulse sobre la misma con el botón izquierdo y asigne la apariencia de **Vino tinto** desde **Orgánico**, **Líquido** de la **Biblioteca de Apariencias**.

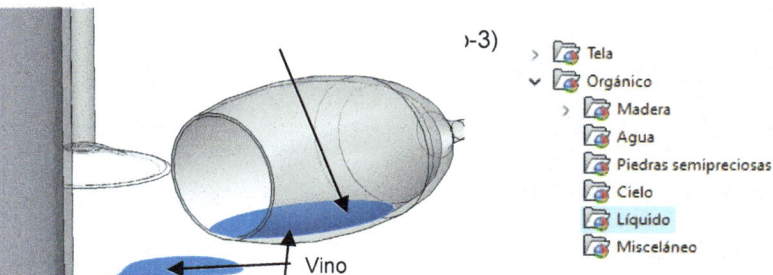

vino tinto

5. Para asignar el zumo de naranja repita las mismas operaciones, pero ahora asigne el material (zumo de naranja) desde la **Biblioteca de Apariencias** (Orgánico, Líquido, zumo de naranja). Debe asignar la apariencia a la operación Revolución 2 de la pieza Zumo <1.

6. Finalmente debe asignar la apariencia a la pajita (Revolución7) de la pieza Zumo-1. Puede seleccionar un **Plástico muy lustroso** de color azul desde la carpeta **Plástico**, **Muy lustroso**.

zumo de naranja

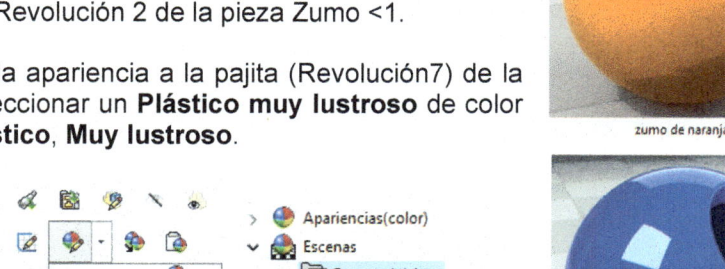

plástico azul muy lustroso

7. Para crear la escena seleccione, desde la **Biblioteca de apariencias, escenas y calcomanía** la **Escena básica 3 puntos apagados**. Pulsando con un doble clic con el botón izquierdo del ratón se asigna automáticamente la escena. La escena refleja los objetos y crea superficies brillantes de aspecto plástico.

8. El último paso consiste en renderizar la escena. Antes de hacerlo, desde **Opciones** del Menú de persiana **Photoview 360**, incremente la **Calidad del renderizado** de **Satisfactoria** a **Buena**. Pulse **Aceptar**.

3 puntos apagados

9. Desde el Menú **Photoview 360** seleccione **Renderizado final**. Antes de iniciar el proceso de renderizado se pregunta si desea insertar una cámara. Responda de forma afirmativa. Mueva el objetivo de esta para enfocar la escena según la imagen de la página siguiente. Una vez enfocado, pulse **Renderizar**. Después de unos minutos obtendrá la imagen renderizada de toda la escena. Recuerde que usar perspectiva o vista de cámara genera imágenes más realistas.

Práctica 8. Diseño paramétrico I

Dibuje el modelo de pieza 3D indicado en el plano y defina una tabla de diseño con Microsoft Excel para crear distintos diseños variacionales.

⧗ 20 minutos

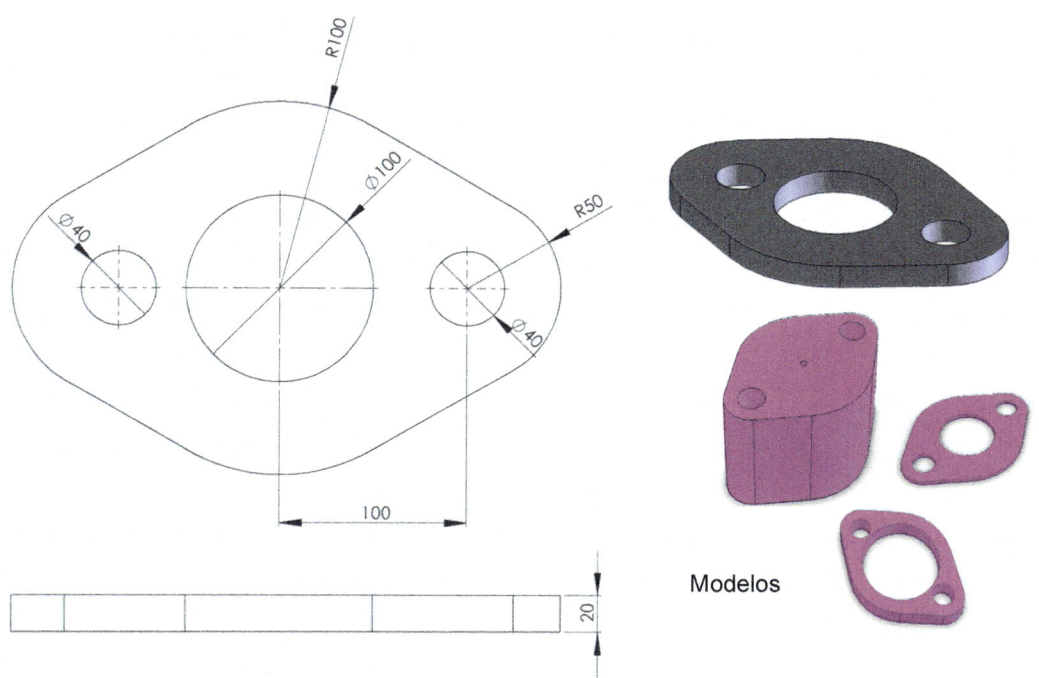

Modelos

	Mod 1	Mod 2	Mod 3	Mod 4
D1@Croquis1	100	100	120	100
D2@Croquis1	100	100	120	100
D1@Croquis2	100	100	120	100
D1@Croquis4	40	60	90	20
D2@Croquis4	40	60	90	20
D1@Extruir1	20	40	5	2
D1@Cortar-Extruir1	20	40	5	2
D1@Cortar-Extruir2	20	40	5	2

Objetivos del tutorial

- Crear modelo 3D a partir de la definición del croquis y su acotación.
- Creación de una **Tabla de diseño** con **Microsoft Excel**.
- Conocer el funcionamiento del **ConfigurationManager**.

Diseño paramétrico y variacional

Una geometría 3D se construye a partir de la definición de dimensiones (cotas) y formas (relaciones de posición). La modificación de las cotas (de croquis o de operación) genera modelos geométricos distintos. Es posible crear una tabla de Excel donde se identifiquen las cotas y se establezcan distintos valores para crear una familia de piezas.

Creación del modelo 3D

1. Pulse la opción **Nuevo** del Menú persiana **Archivo** o sobre el icono **Nuevo**. Seleccione **Pieza** y pulse **Aceptar**.

2. Seleccione el **Plano de Trabajo Planta** del **Gestor de Diseño** y pulse sobre **Normal a:** para visualizarlo en verdadera magnitud.

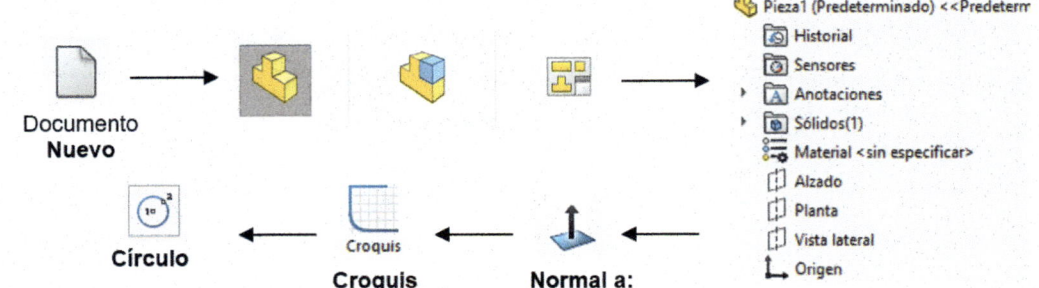

3. Pulse sobre el icono de **Croquis** y seleccione la Herramienta de croquizar **Círculo**. Dibuje un **Círculo** de diámetro 100 en el origen de coordenadas y otro de diámetro 80 sobre el mismo eje horizontal desplazado 100 mm a la derecha. El primer **Círculo** queda perfectamente definido con la coincidencia respecto del origen y por su acotación. El segundo **Círculo** (azul), todavía no está completamente definido.

4. Seleccione el centro de cada uno de los dos círculos manteniendo la **Tecla Ctrl** pulsada y agregue la **Relación Horizontal** desde el **PropertyManager**. De esta forma, el centro del segundo **Círculo** se mantiene a la misma altura que el primero. Acote la distancia entre centros 100 mm.

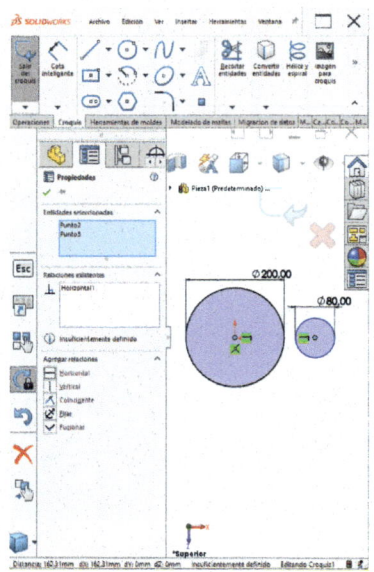

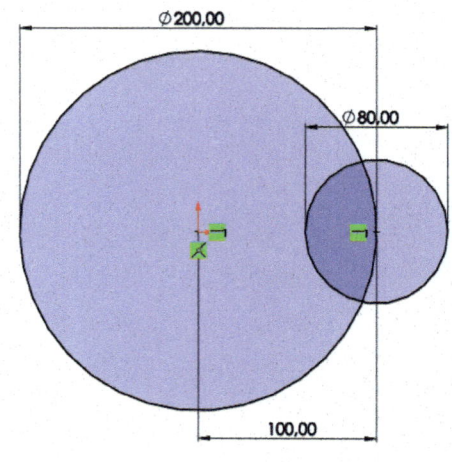

5. Croquice dos **Líneas** que sean aproximadamente tangente exterior a cada uno de los dos **Círculos**. Con la **Tecla Ctrl** pulsada seleccione una de las **Líneas** (línea 1) y uno de los **Círculos** (arco1). Agregue la relación de **tangencia** desde el **PropertyManager**. Repita el proceso con el otro **Círculo** y con la otra **Línea** (línea 2).

6. Seleccione **Línea constructiva** y dibuje la **Línea vertical de simetría** de la geometría bidimensional.

7. Seleccione la orden **Recortar entidades** y elimine las partes interiores del croquis dejando únicamente el contorno exterior derecho.

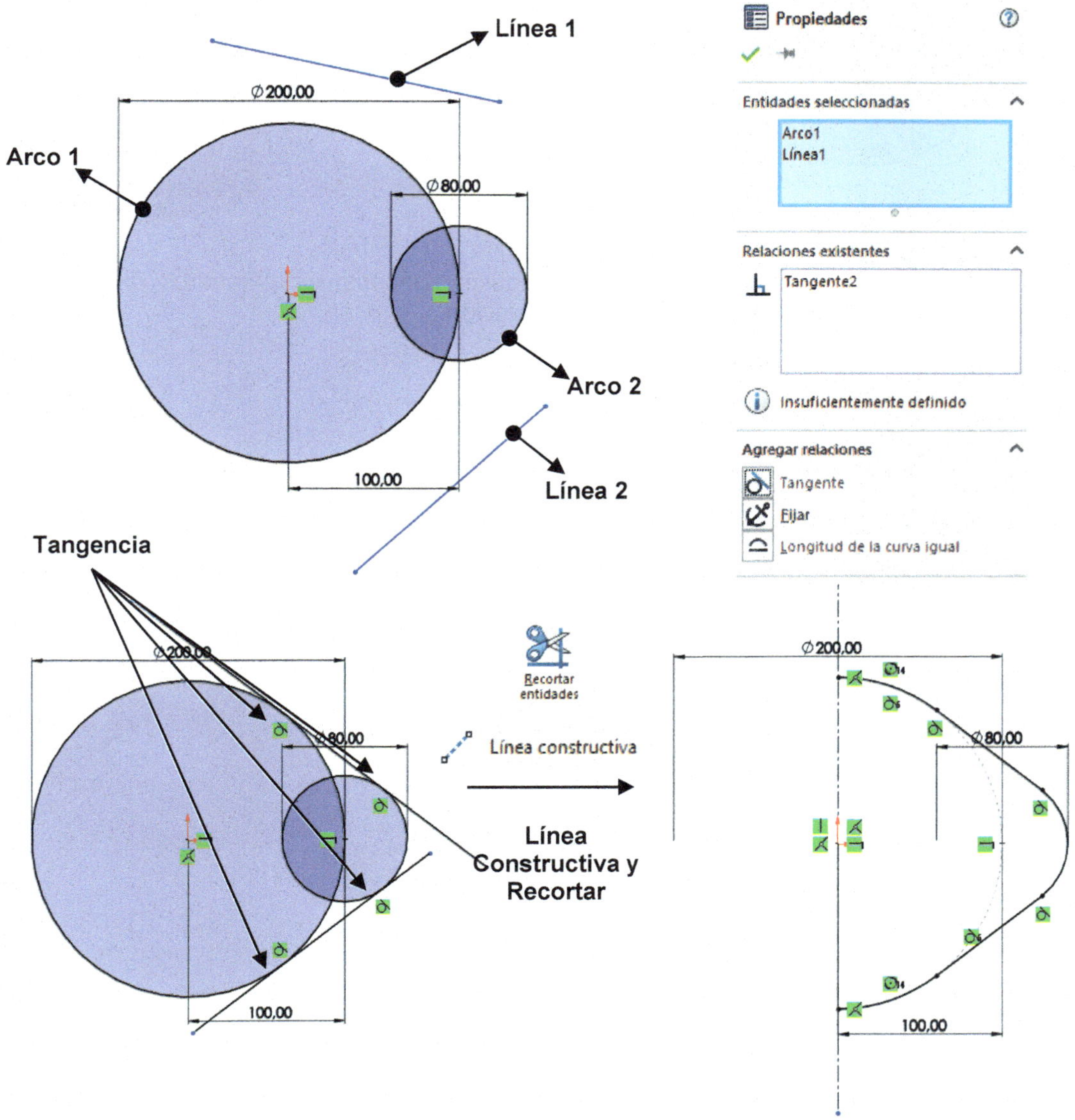

8. Seleccione todas las entidades mediante una ventana y pulse el icono **Simetría**. Elimine el **eje constructivo** creado y pulse sobre la operación de **Extrusión-Saliente** de la Barra de Herramientas **Operaciones**. Seleccione **hasta altura especificada** e indique 20 mm.

9. Sitúese sobre la cara superior del modelo y croquice un **Círculo** de diámetro 100 mm en el centro de esta. Seleccione la Herramienta **Extruir-cortar** de la Barra de Herramientas **Operaciones** y corte la pieza **Por todo.**

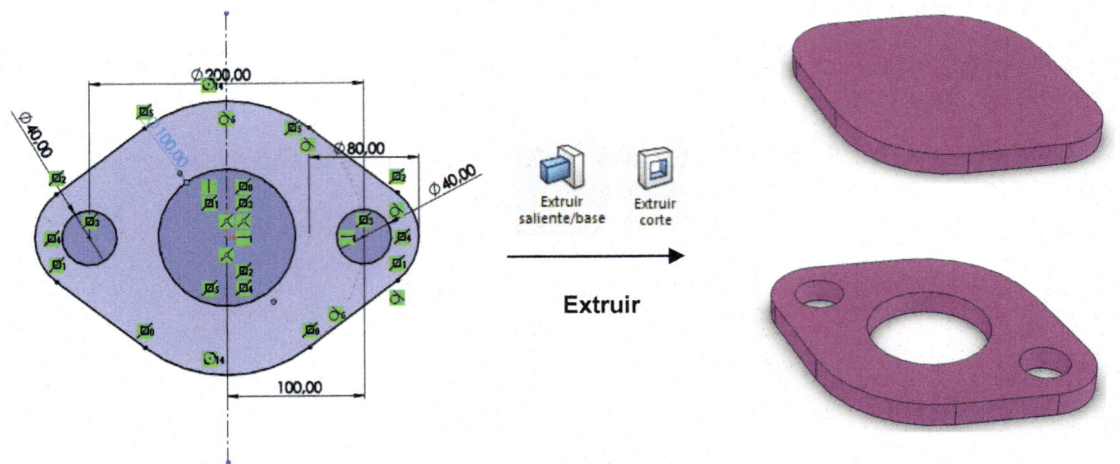

10. Repita la misma operación con los dos círculos concéntricos exteriores de diámetro 40. Efectúe la **Extrusión-corte** en una misma operación.

Definición del nombre de las operaciones

11. Pulse en el **FeatureManager** la raíz de la pieza con el botón secundario de ratón y seleccione la opción **Configurarion Publisher**. Aparece una nueva ventana en la que le pregunta si desea crear una Tabla automática (**Confirmar crear automáticamente**). En ese momento aparece el nombre asignado a cada una de las cotas.

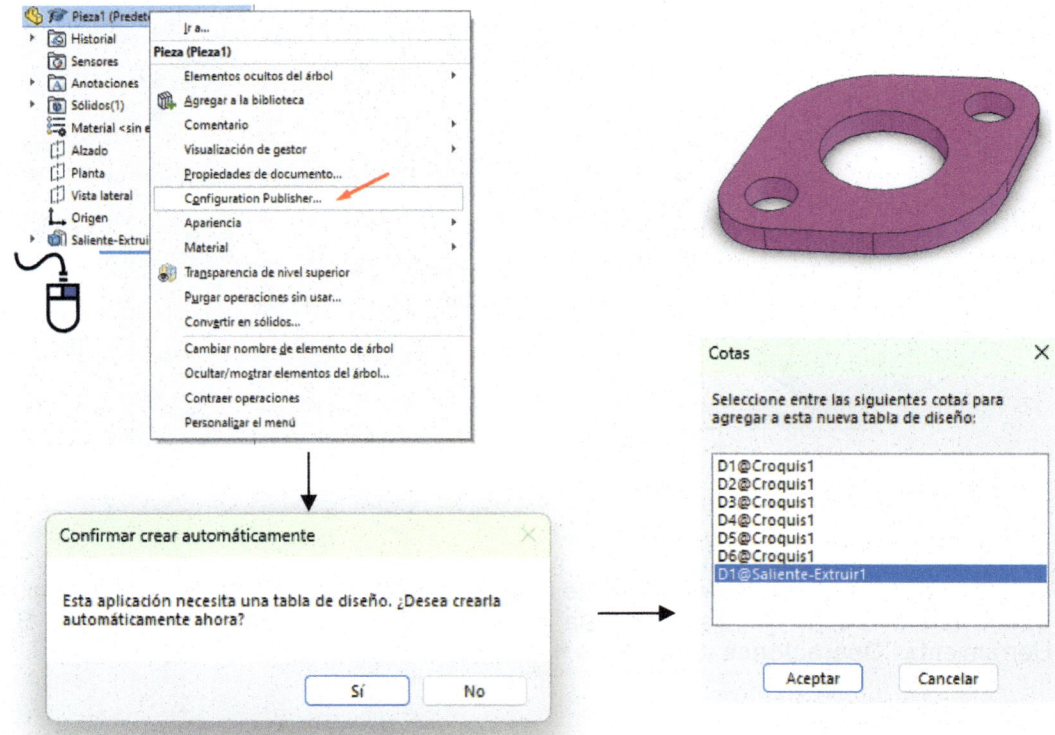

Creación de la Tabla de Diseño e inserción en SolidWorks

12. Abra **Microsoft Excel** y cree un **Nuevo** documento. Escriba en cada **columna** el nombre de las operaciones y en cada **fila** el nombre de los modelos que desee crear. Rellene el valor de cada una de las operaciones para cada uno de los modelos y guarde el documento.

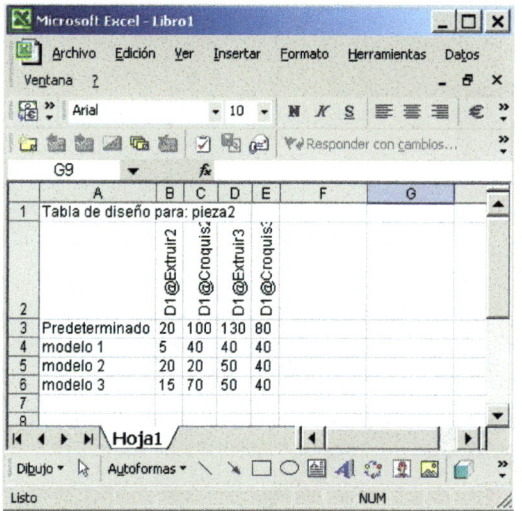
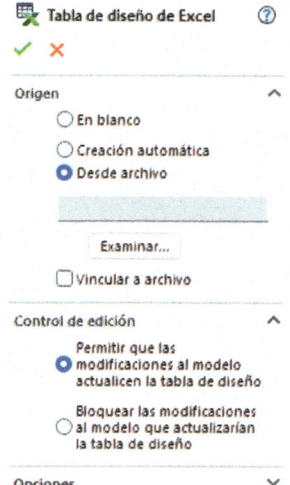

13. Seleccione **Tabla de Diseño** del Menú de persiana **Insertar**, **Tablas**, **Tabla de Diseño**.

14. Seleccione **Desde Archivo** y localice su fichero generado en **Microsoft Excel**. Abra la **Tabla de diseño** y pulse **Aceptar**. En la parte superior izquierda de la **Zona de Gráficos** aparece la **Tabla de Diseño** creada.

15. Pulse sobre **ConfigurationManager** y seleccione cada uno de los modelos con un doble clic con el botón izquierdo del ratón. El modelo inicial cambia para previsualizar el modelo seleccionado.

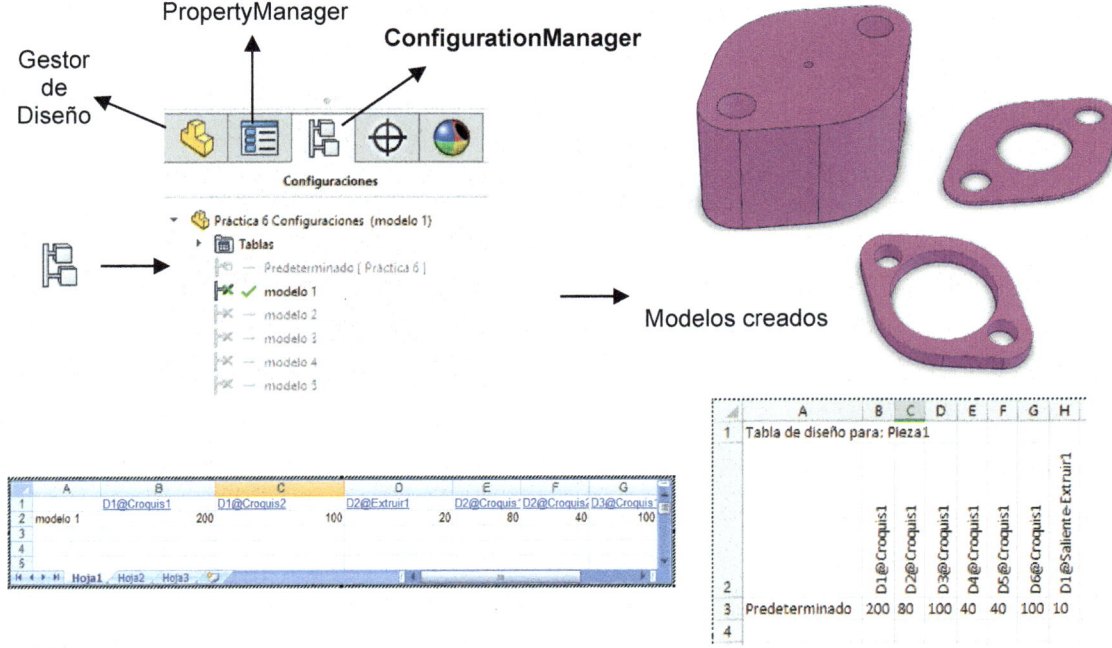

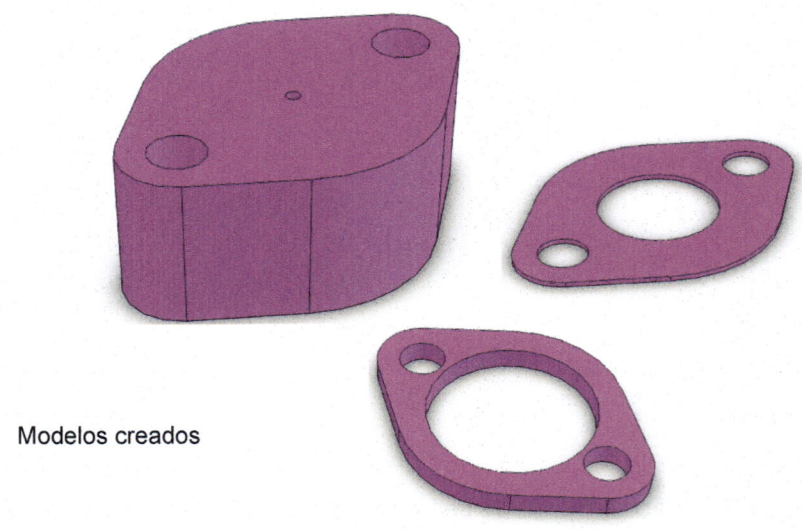

Modelos creados

Tablas de diseño en SolidWorks

Recuerde que puede crear una Tabla de diseño de tres formas distintas:

a. A partir de la inserción de una nueva **tabla de diseño en blanco**. En este caso debe definir las variables del modelo y sus valores. Después de su definición se crean los modelos de forma automática. Para conocer el nombre de las variables seleccione la opción **Configuration Publisher** desde el Gestor de diseño del FeatureManager.

b. Por **creación automática** desde SolidWorks. Esta opción crea una tabla de diseño con todas las variables y los valores asociados a la pieza o al ensamblaje.

c. A partir de la **inserción de una hoja cálculo previamente creada**. En la hoja de cálculo debe definirse las variables y sus valores.

Práctica 9. Diseño paramétrico II

Cree una familia de muelles a partir de la definición de la hélice y el barrido de una sección hexagonal empleando la creación automática de tablas de diseño.

⏳ 20 minutos

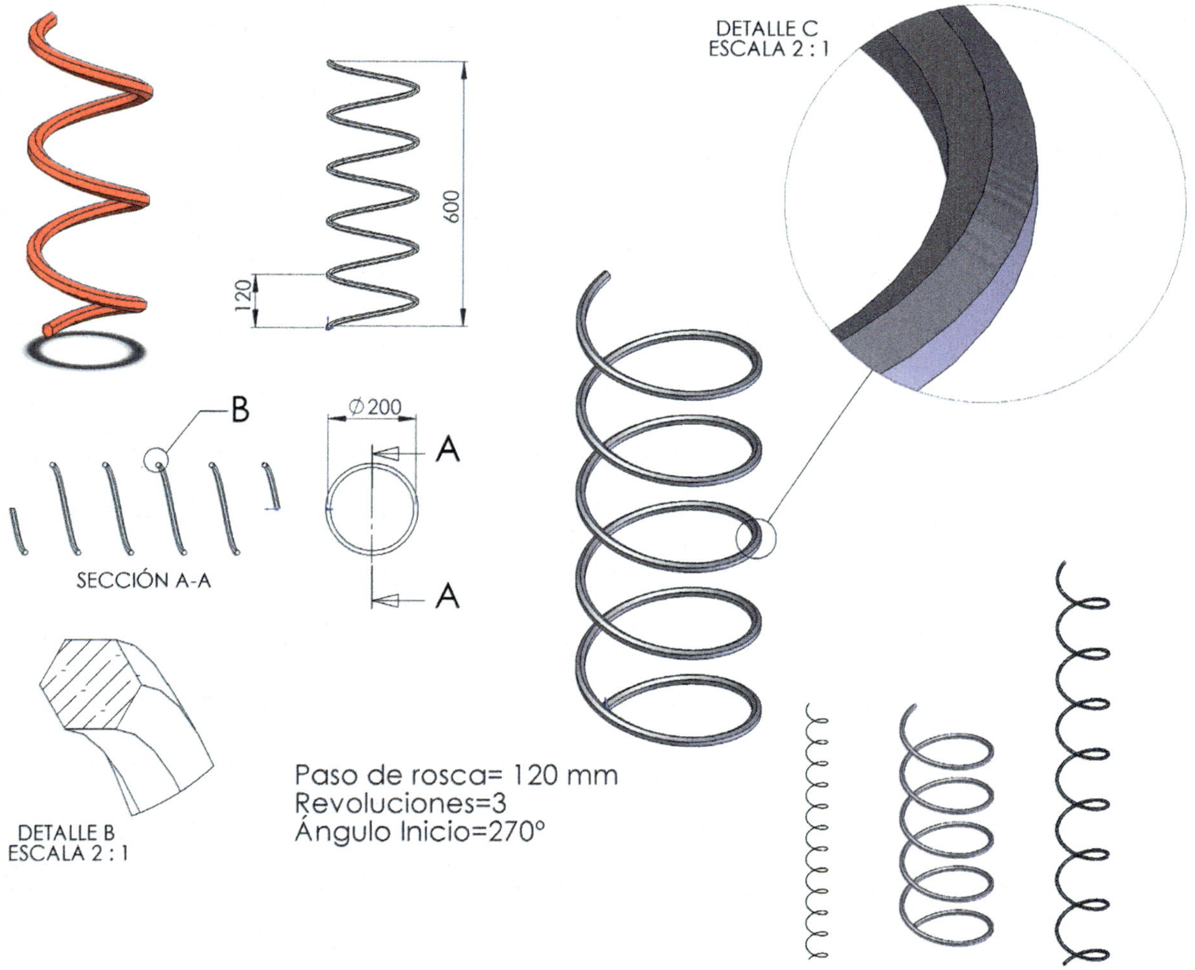

DETALLE C
ESCALA 2 : 1

600

120

B

SECCIÓN A-A

⌀200

A

A

DETALLE B
ESCALA 2 : 1

Paso de rosca= 120 mm
Revoluciones=3
Ángulo Inicio=270°

Objetivos del tutorial

- Definir **Hélice/espiral** y operación 3D de **Barrido** para crear el muelle.

- Crear **Tabla de diseño** para modificar el paso, las revoluciones y la sección.

- Gestionar el **ConfigurationManager**.

Creación del modelo 3D

1. Pulse la opción **Nuevo** del Menú persiana **Archivo** o sobre el icono **Nuevo**. Seleccione **Pieza** y pulse **Aceptar**.

2. Seleccione el **Plano de Trabajo Alzado** del **Gestor de Diseño** y pulse sobre **Normal a:** para visualizarlo en verdadera magnitud.

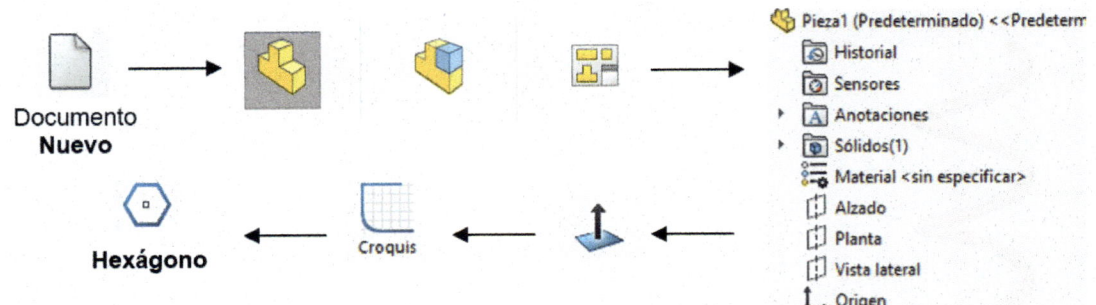

Para realizar el muelle de sección hexagonal debe dibujar el **Perfil** (hexágono) y el **Trayecto** o camino (**Hélice**). Cada uno de los croquis deben pertenecer a operaciones de croquis diferentes y diferenciarse en el **Gestor de Diseño**.

3. Pulse sobre el icono de **Croquis** y seleccione la herramienta de croquizar **Polígono**. Dibuje un hexágono inscrito de diámetro 30 en el origen de coordenadas. Pulse **Reconstruir (Ctrl+B)** para dejar el perfil en el **Gestor de Diseño** preparado para realizar la operación de **Barrido**.

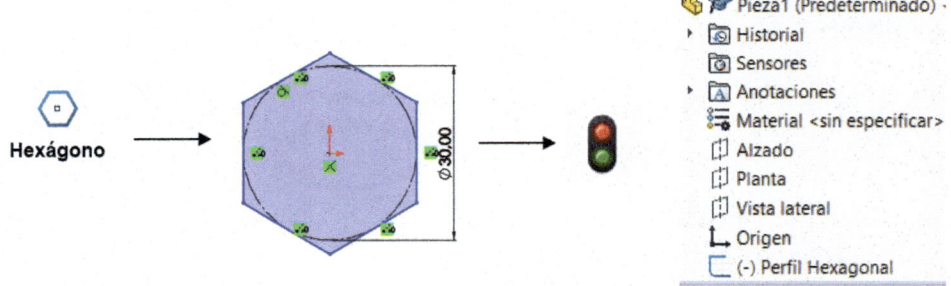

4. Cambie el nombre del croquis creado y renómbrelo como **Perfil hexagonal**. Debe seleccionar el croquis desde el **Gestor de Diseño** y pulsar **F2**.

5. Para dibujar la **Hélice** seleccione la **Planta** y **Normal a**. Croquice un **Círculo** de diámetro 100 mm con el centro a 50 mm del origen de coordenadas y centro del hexágono (ver figura).

6. Seleccione el **Círculo** y a continuación pulse **Hélice/Espiral** de la Barra de Herramientas **Curvas** o desde el Menú de persiana **Insertar**, **Curva**, **Hélice/Espiral**.

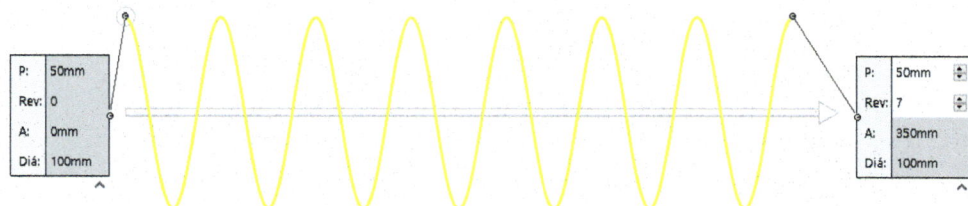

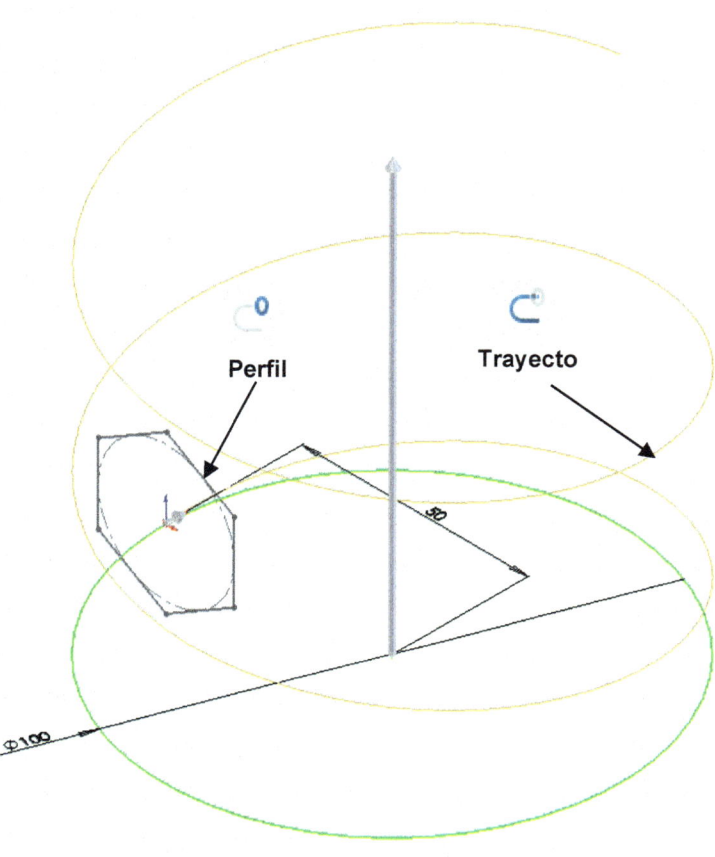

Perfil

Trayecto

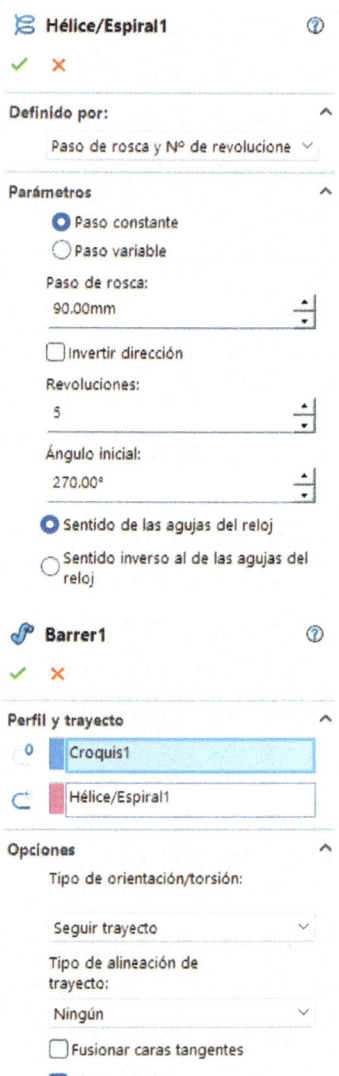

Hélice/Espiral1

Definido por:

Paso de rosca y Nº de revolucione

Parámetros

○ Paso constante
○ Paso variable

Paso de rosca:

90.00mm

☐ Invertir dirección

Revoluciones:

5

Ángulo inicial:

270.00°

● Sentido de las agujas del reloj
○ Sentido inverso al de las agujas del reloj

Barrer1

Perfil y trayecto

Croquis1

Hélice/Espiral1

Opciones

Tipo de orientación/torsión:

Seguir trayecto

Tipo de alineación de trayecto:

Ningún

☐ Fusionar caras tangentes
☑ Vista preliminar

7. Defina el **Paso de la rosca** (120 mm), 3 **Revoluciones** y **Ángulo inicial** 270°. El ángulo inicial define el inicio del camino de la hélice. Coincide con el lugar donde se encuentra croquizado la sección hexagonal.

8. Pulse **Aceptar** para crear la **Hélice**.

9. Seleccione **Barrido** de la Barra de **Operaciones** o desde **Insertar**, **Base/Saliente**, **Barrido**.

10. Seleccione el **trayecto** o camino del **Barrido** (**Hélice**) y el **Perfil** o sección del barrido (hexágono). Pulse **Aceptar** para crear el resorte en 3D.

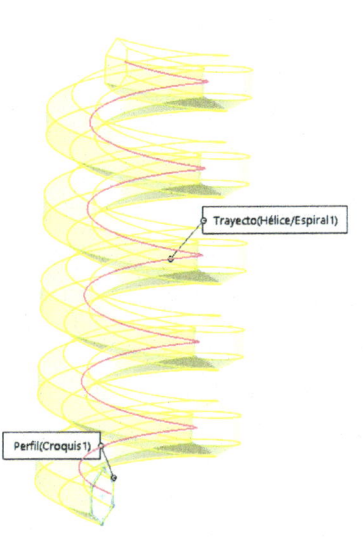

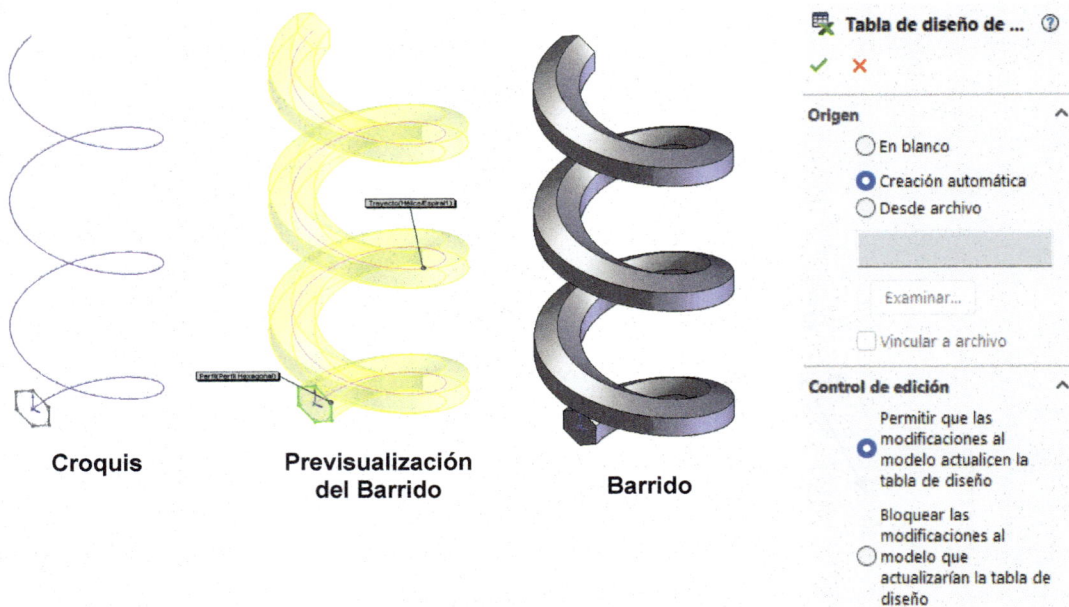

Croquis	Previsualización del Barrido	Barrido

Creación automática de la Tabla de Diseño

11. Seleccione **Tabla de Diseño** del Menú de persiana **Insertar**, **Tablas**, **Tabla de diseño** o desde la Barra de Herramientas de **Tabla**.

12. Seleccione **Creación automática** desde el Menú **Origen**. Seleccione la opción **Permitir que las modificaciones al modelo actualicen la Tabla de diseño**. De esta forma, los cambios en operaciones 3D y croquis actualizan la tabla y viceversa (cambios bidireccionales). Active **Nuevos parámetros**, **Nuevas configuraciones** y **Advertir al actualizar la Tabla de Diseño** desde la pestaña de **Opciones**.

13. Pulse **Aceptar** y seleccione las cotas que desee agregar a la **Tabla de Diseño**. SolidWorks crea una **Tabla de Diseño** de forma automática a partir de las cotas, operaciones y configuraciones existentes en el resorte de sección hexagonal.

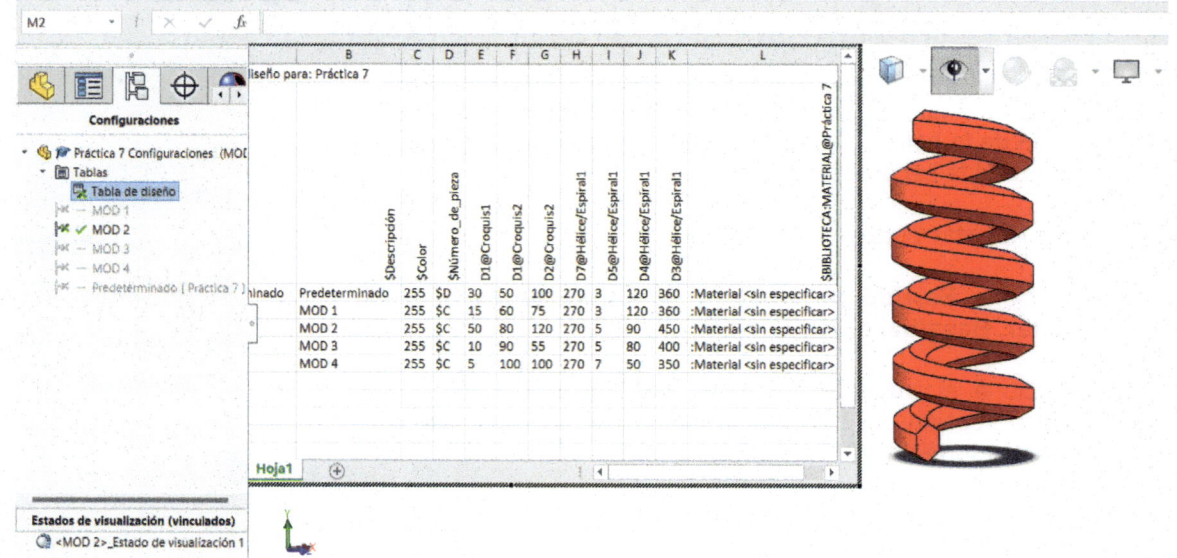

14. Rellene la Tabla con varios modelos asignando a cada uno de ellos un valor de operación distinto (ver tabla).

Visualización de la familia de piezas creadas

15. Visualice los resultados de los modelos creados en el **ConfigurationManager**. Seleccione cada uno de los modelos con un doble clic con el botón izquierdo del ratón. El modelo inicial cambia para previsualizar el modelo seleccionado.

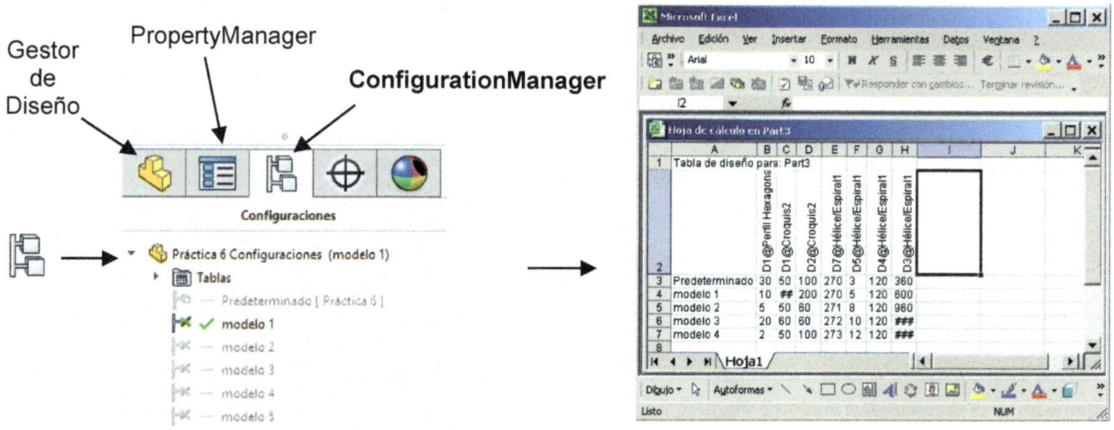

Gestor de Diseño   PropertyManager   **ConfigurationManager**

Familia de piezas creadas

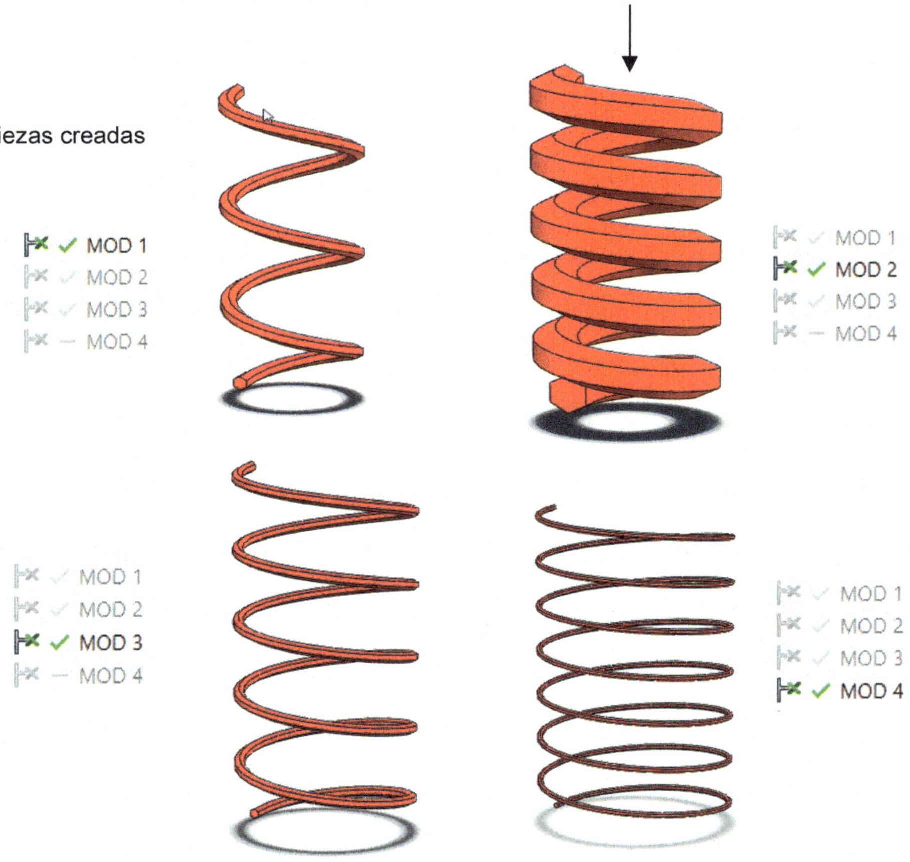

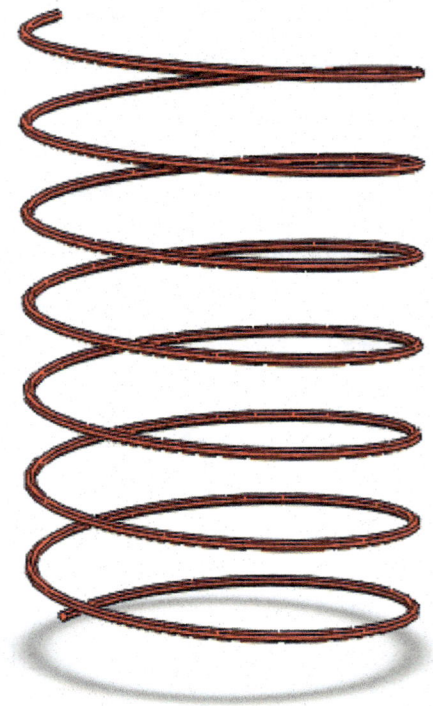

Tablas de diseño en SolidWorks

Mediante las **Tablas de Diseño** puede controlar los siguientes aspectos de piezas y ensamblajes:

Piezas

- Cotas, valores de taladros realizados con el asistente de taladros y el estado de supresión de las operaciones.
- Relaciones de croquis, comentarios, propiedades personalizadas y las propiedades de configuración.

Ensamblajes

- Estado de supresión, posición fija o flotante de componentes de un ensamblaje.
- Cotas genéricas de ensamblaje.
- Relaciones de posición (distancia y ángulo).
- Ecuaciones, relaciones de croquis, propiedades personalizadas, comentarios, estados de visualización, etc.

Práctica 10. Ecuaciones

Emplee el sistema de ecuaciones para crear un cubo (Práctica A) y un engranaje recto (Práctica B) a partir de sus medidas normalizadas: Z (número de dientes) y m (módulo).

⏳ 20 minutos

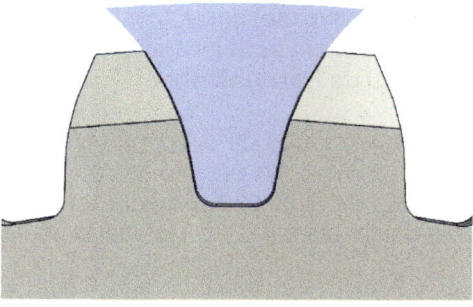

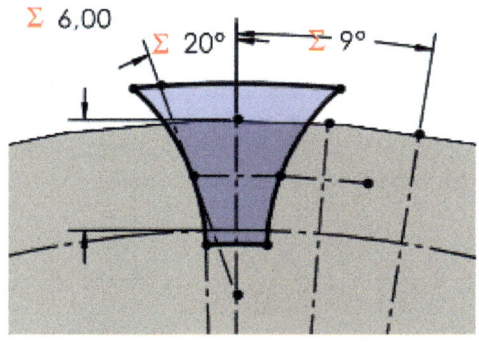

$h_1 = m$ Altura de la cabeza de diente.
$h_2 = 1,25m$ Altura del pie de diente.
$h = 2,25m$ Altura total del diente.
$p_c = \pi m$ Paso circular
$d_1 = m_{z1}$ Diámetro primitivo
$d_{e1} = d_1 + 2m$ Diámetro exterior
$d_{i1} = d_1 - 2,5m$ Diámetro interior
$b = 10m$ Longitud del diente

🌐 "M" = 3mm
🌐 "Z" = 40mm
🌐 "pressure angle" = 20

Objetivos del tutorial

- Definir ecuaciones para parametrizar las cotas de un modelo.
- Crear variables y ecuaciones.
- Administrar las ecuaciones.

Ecuaciones

La práctica introduce el uso de **Ecuaciones** como método de definición paramétrica de modelos a partir de dos prácticas. En la primera se va a crear un cubo cuyos lados se definen con las variables A y B (con un valor de 100 mm). El valor puede ser modificado en cualquier momento. La altura de extrusión se define por la ecuación suma de las variables A+B. En la segunda práctica se propone la realización de un engranaje recto a partir del módulo (m) y del número de dientes (Z).

Primera práctica (Cubo)

1. Pulse **Nuevo** desde el Menú de persiana **Archivo** o pulse sobre el icono **Nuevo** desde la Barra de Menús. Seleccione **Pieza** y pulse **Aceptar**. Seleccione la función **Ecuaciones** desde el Menú de **Herramientas**.

2. Desde el cuadro de diálogo pulse sobre **Vista de ecuación** y sobre **Agregar variable global**. En la primera fila escriba "A" e indique un valor de 100. En **Comentarios** puede señalar que se trata de un lado del cuadrado. Pulse la tecla **Tab** y repita la misma operación, pero en este caso escribiendo "B" e indicando un valor de 100. Pulse **Aceptar** para finalizar.

Nombre	Valor/Ecuación	Equivale a	Comentarios
− Variables globales			
"A"	= 100	100	
"B"	= 100	100	
Agregar variable global			

3. Croquice un cuadrado con las herramientas de croquis y con Cota inteligente acote la primera distancia. En el valor de cota indique ="A". Repita el mismo procedimiento para la segunda cota (="B"). En este caso, las distancias del cubo se definen en función de las **Variables globales** definidas inicialmente.

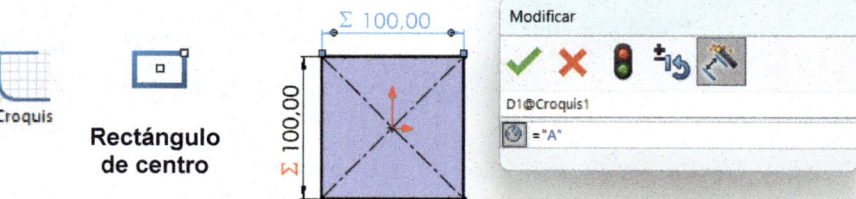

4. Realice una operación de **Extrusión saliente**. En el valor de la altura de extrusión indique ="A"+"B" y pulse **Aceptar**.

5. Observe que en el Gestor de Diseño aparece una etiqueta con el nombre de **Ecuaciones**. Pulse sobre la misma con el botón derecho y seleccione la opción **Administrar ecuaciones…** Observe en el cuadro las ecuaciones asociadas a la definición del modelo. A partir de ahora cualquier modificación en las **Variables globales** (cotas A y B) produce su actualización en la cota que define la operación de extrusión D1@Saliente-Extruir1="A"+"B".

Nombre	Valor/Ecuación	Equivale a	Comentarios
− Variables globales			
"A"	= 100	100	
"B"	= 100	100	
Agregar variable global			
− Operaciones			
Agregar supresión de operación			
− Ecuaciones			
"D1@Croquis1"	= "A"	100mm	
"D2@Croquis1"	= "B"	100mm	
"D1@Saliente-Extruir1"	= "A" + "B"	200mm	
Agregar ecuación			

Práctica 86 (Predeterminado)
- ▸ Historial
- Sensores
- ▸ Anotaciones
- ▸ Sólidos(1)
- ▾ Ecuaciones
  - "A"=100
  - "B"=100
- Material <sin especificar>
- Alzado
- Planta
- Vista lateral
- Origen
- ▸ Saliente-Extruir1

Segunda práctica (Engranaje)

1. Repita los pasos 1 y 2 de la primera práctica. En **Variables globales** defina las indicadas en la tabla. Las variables definidas hacen referencia al Módulo (M=3), Número de dientes (Z=40) y ángulo de presión (20º).

Nombre	Valor/Ecuación	Equivale a
– Variables globales		
"M"	= 3mm	3mm
"Z"	= 40mm	40mm
⚠ "pressure angle"	= "20deg"	20

2. Croquice un círculo con el diámetro exterior ((Z+2)*m=126) y de diámetro primitivo (M*Z=120). Realice una extrusión de 20 mm.

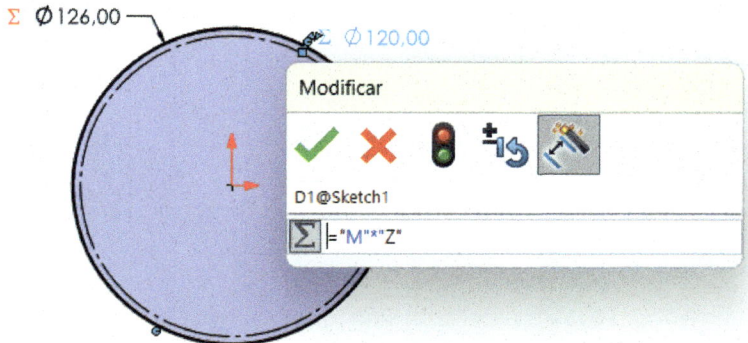

3. Para definir el perfil del diente croquice sus medidas a partir de las cotas indicadas en la figura y la tabla de ecuaciones.

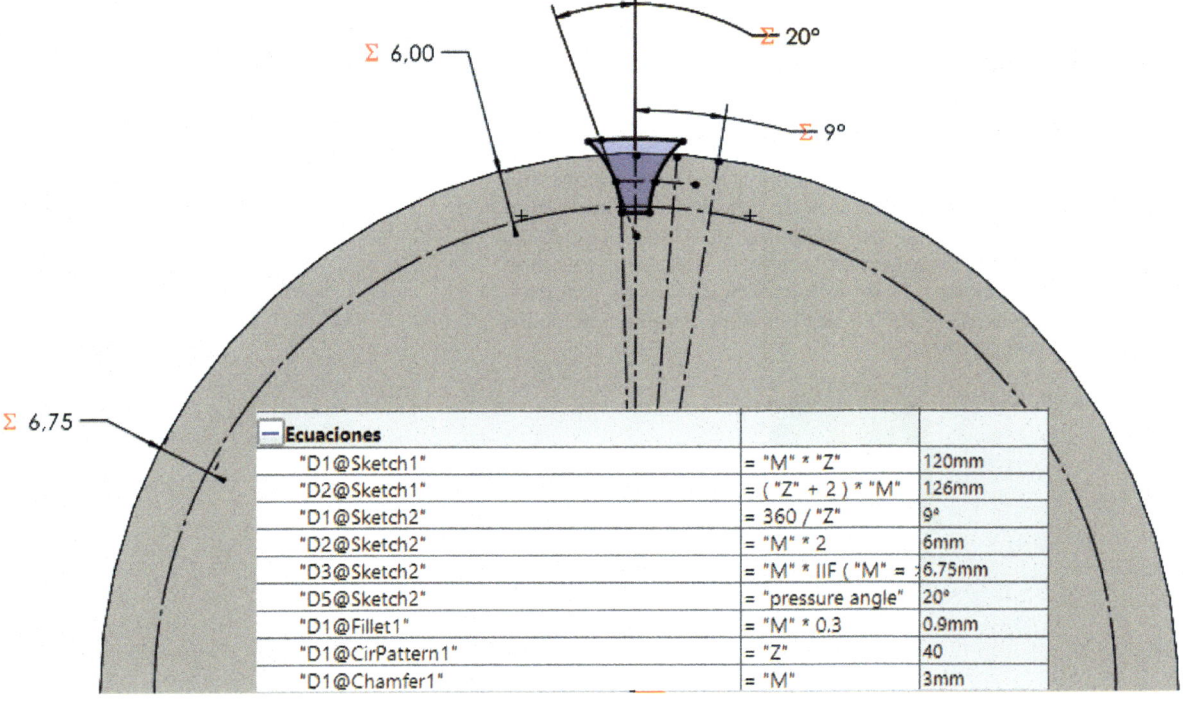

– Ecuaciones		
"D1@Sketch1"	= "M" * "Z"	120mm
"D2@Sketch1"	= ("Z" + 2) * "M"	126mm
"D1@Sketch2"	= 360 / "Z"	9º
"D2@Sketch2"	= "M" * 2	6mm
"D3@Sketch2"	= "M" * IIF ("M" = …	6.75mm
"D5@Sketch2"	= "pressure angle"	20º
"D1@Fillet1"	= "M" * 0.3	0.9mm
"D1@CirPattern1"	= "Z"	40
"D1@Chamfer1"	= "M"	3mm

4. Redondee las aristas interiores con un radio constante = M*0.3 y ejecute un chaflán en la arista con el valor del módulo (M). Para finalizar, cree una matriz circular de la operación corte y redondeo de separación igual en los 360º y con Z=40 número de unidades.

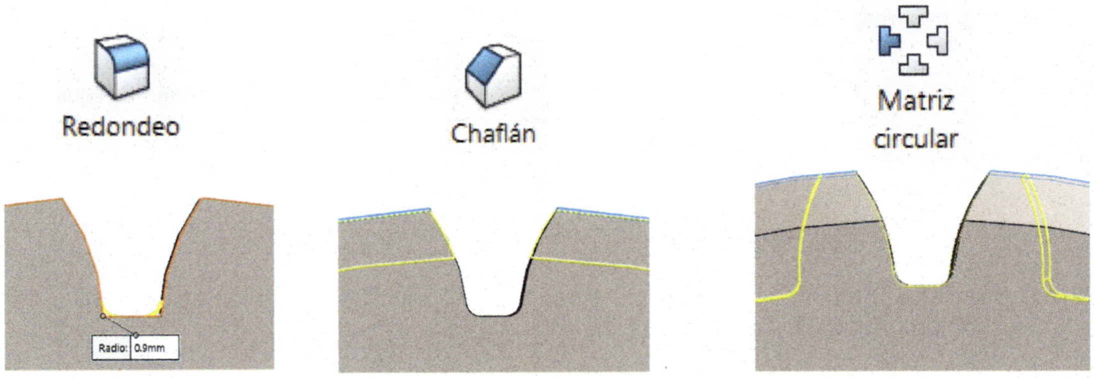

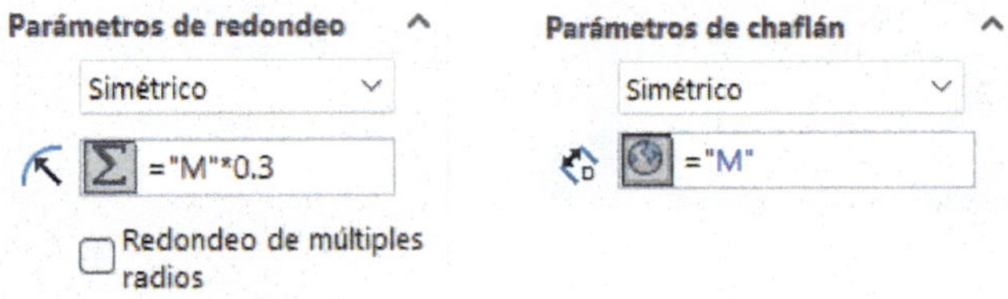

Redondeo

Chaflán

Matriz circular

Parámetros de redondeo

Simétrico

$\sum$ = "M"*0.3

☐ Redondeo de múltiples radios

Parámetros de chaflán

Simétrico

= "M"

CirPattern1

Dirección 1

Cara<1>

○ Separación de instancia
● Separación igual

360.00°

= "Z"

☐ **Dirección 2**

☑ **Operaciones y caras**

Cut-Extrude1
Fillet1

Ecuaciones en los elementos normalizados del Toolbox

Recuerde que con el complemento de Toolbox de SolidWorks puede crear prácticamente cualquier elemento normalizado (revise las prácticas 33, 35 y 36). Todos los elementos normalizados se definen a partir de ecuaciones y variables de diseño. Para estudiar cómo se implementan puede crear un engranaje recto a partir de la definición de su número de dientes (Z) y del módulo (m). Una vez creado, seleccione **Ecuaciones** desde el Menú de persiana **Herramientas**. Observe la definición de las variables y la definición de las ecuaciones establecidas para crear el engranaje.

"Module@HoldingSke" = 6.35
"Num_teeth@HoldingSke" = 12
"Ap@HoldingSke" = 20
"Width@HoldingSke" = 0.5 * 25.4
"Hub_dia@HoldingSke" = 1 * 25.4
"Overall_len@HoldingSke" = 1.0 * 25.4
"Bore@HoldingSke" = 0.75 * 25.4

"Pitch@HoldingSke"	= 1 / "Module@Hol	0.5mm
"Overcut_dia@TooCutSke"	= ("Num_teeth@H	44.051mm
"Pitch_dia@TooCutSke"	= "Num_teeth@Ho	40mm
"Base_dia@TooCutSke"	= "Num_teeth@Ho	37.588mm
"Root_dia@TooCutSke"	= ("Num_teeth@H	34.998mm
"Half_ang@TooCutSke"	= 180 / "Num_teeth	9°
"Half_CT@TooCutSke"	= "Num_teeth@Ho	1.452mm
"Flank_rad@TooCutSke"	= "Num_teeth@Ho	8mm

Práctica 11. Chapa metálica I

Cree el modelo de chapa metálica indicado en la figura a partir de operaciones como Brida Base, Brida de arista y Pliegue Croquizado, entre otras.

⏳ 30 minutos

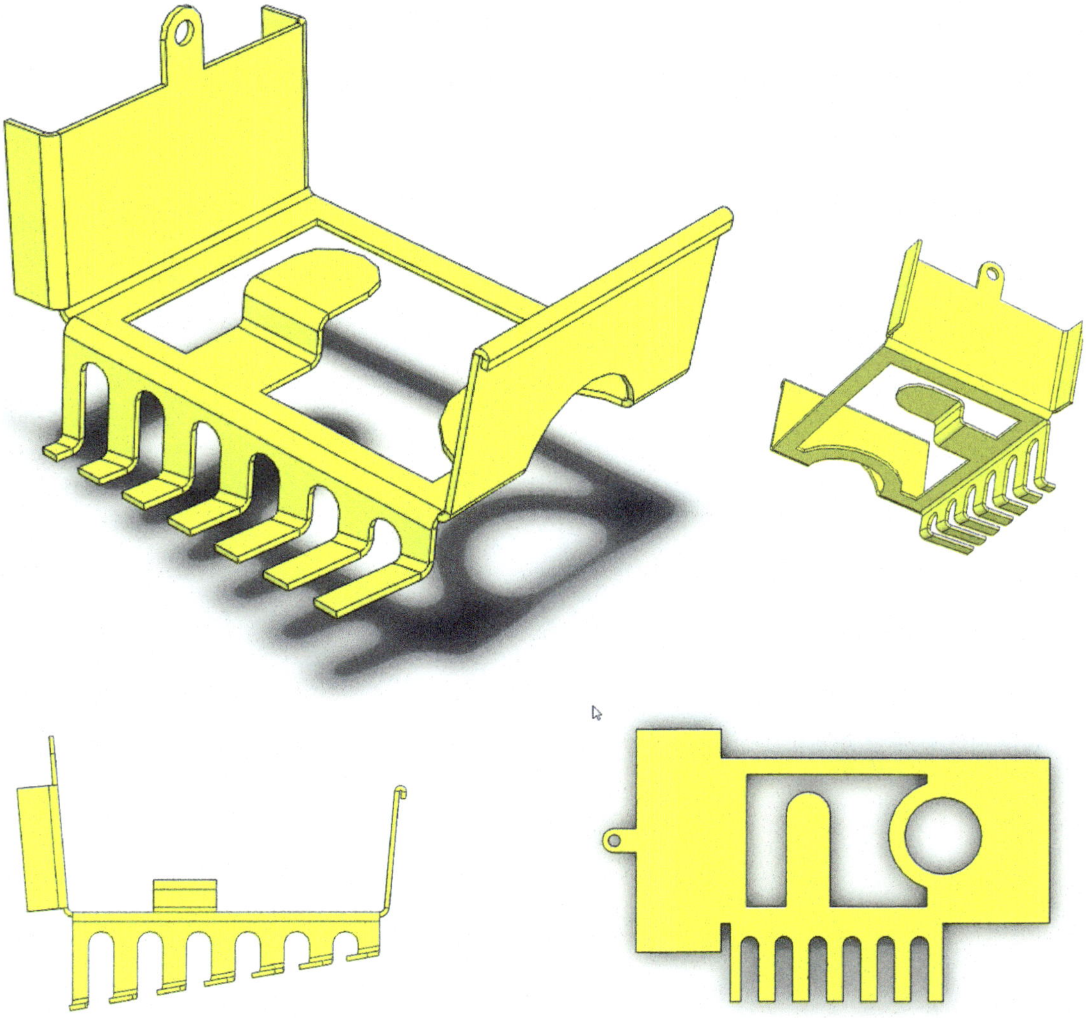

Objetivos del tutorial

- Crear una **Brida Base** y **Desdoblar** la chapa metálica.
- Emplear **Doble Pliegue**, **Dobladillo** y **Brida de Arista**.
- Crear **Pliegue Croquizado** y **Desplegar** chapa metálica.

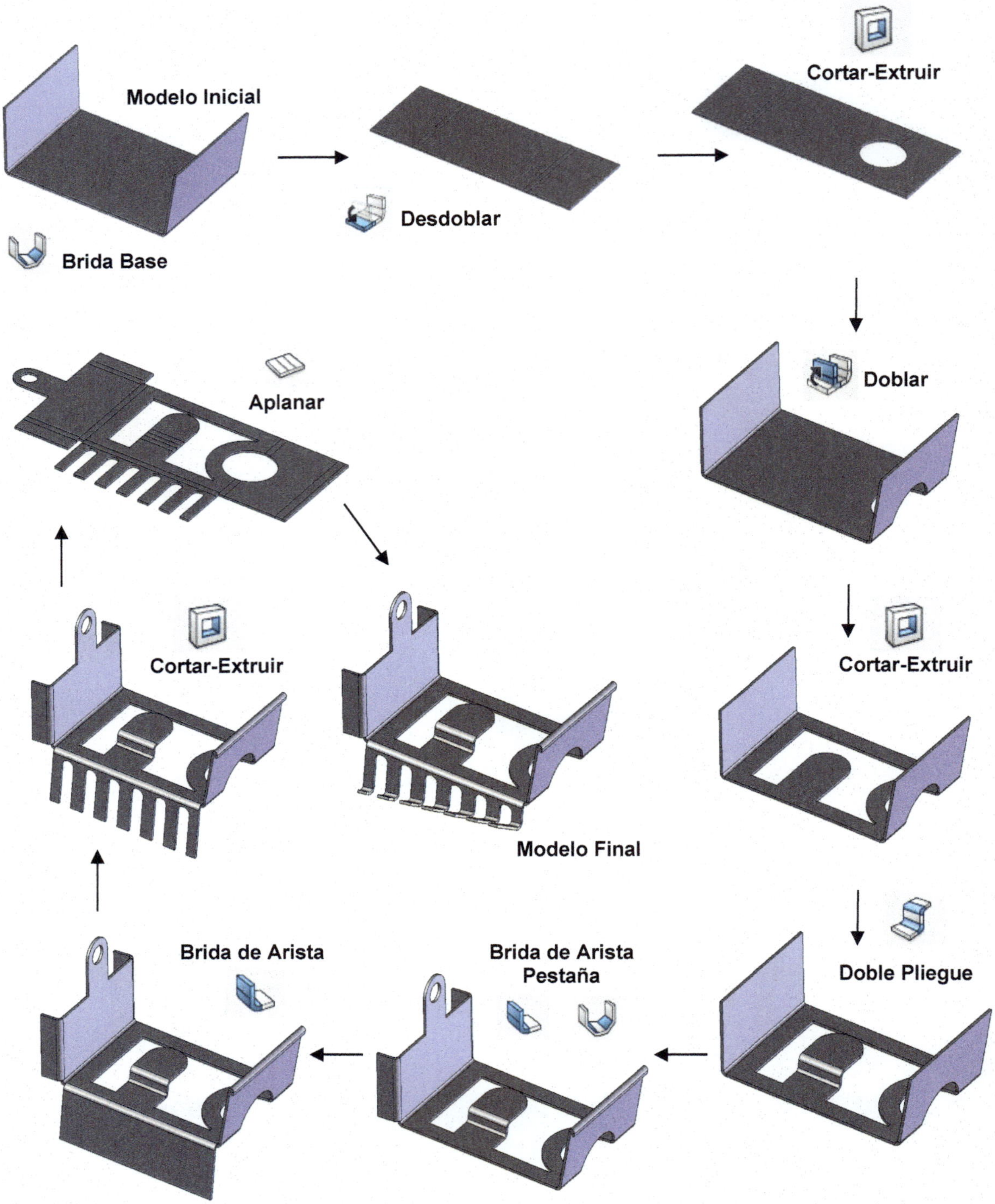

Modelo Inicial

Desdoblar

Cortar-Extruir

Brida Base

Aplanar

Doblar

Cortar-Extruir

Cortar-Extruir

Modelo Final

Brida de Arista

Brida de Arista Pestaña

Doble Pliegue

Es recomendable que extraiga la Barra de Herramientas de **Chapa Metálica**. Para ello, pulse sobre cualquier icono con el botón derecho del ratón y seleccione la opción **Barras de herramientas**.

Creación de la Brida Base

1. Pulse la opción **Nuevo** del Menú persiana **Archivo** o sobre el icono **Nuevo**. Seleccione **Pieza** y pulse **Aceptar**.

2. Seleccione el **Plano de trabajo Alzado** del **Gestor de Diseño** y pulse sobre **Normal a:** para visualizarlo en verdadera magnitud.

3. Croquice el perfil de la **Brida Base** del modelo de **Chapa Metálica** según las medidas indicadas en la figura.

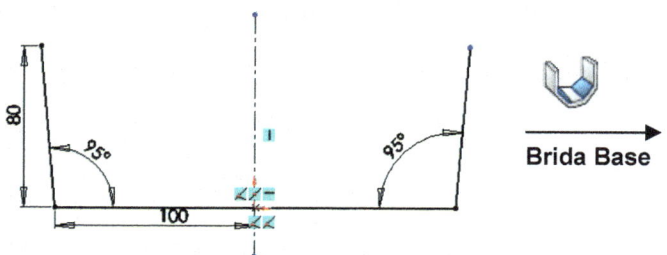

4. Pulse **Brida Base** desde la Barra de Herramientas de **Chapa Metálica** o desde el Menú de persiana **Insertar**, **Chapa Metálica**, **Brida Base**. Defina la **Profundidad** (150 mm), el **Espesor** (3 mm) y el **Radio de pliegue** (3 mm). Pulse **Aceptar**.

5. Acceda a la operación **Desdoblar** desde la Barra de Herramientas de **Chapa Metálica** o desde el Menú de persiana **Insertar**, **Chapa Metálica**, **Desdoblar.**

   Seleccione la **Cara fija** e **Incluir todos los pliegues**. Una vez desdoblado, croquice un círculo de 70 mm de diámetro en el punto medio del pliegue. Corte la Chapa con **Extrusión-corte** y pulse **doblar** para volver al estado 3D. Observe como el corte efectuado se adapta al pliegue cortado.

6. Croquice la forma interior de la Chapa con las medidas indicadas en la figura y realice una extrusión-corte.

7. Croquice una línea para la operación **Doble Pliegue** y pulse **Reconstruir** (vea la figura en la página siguiente).

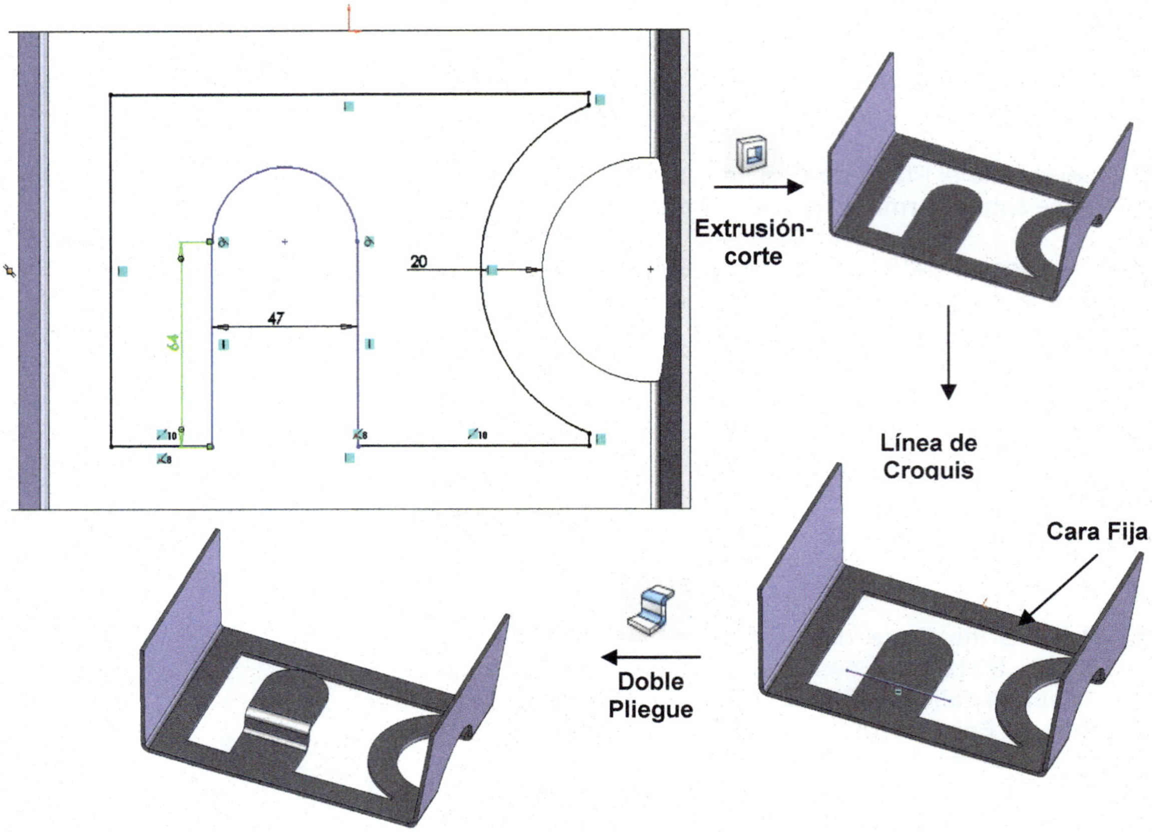

Extrusión-corte

Línea de Croquis

Cara Fija

Doble Pliegue

Creación del doble pliegue y dobladillo

8. Pulse **Doble Pliegue** desde la Barra de Herramientas de **Chapa Metálica** o desde el Menú de persiana **Insertar**, **Chapa Metálica**, **Doble Pliegue.** Seleccione la cara base como **Cara Fija**, una **cota total con Equidistancia** de 20 mm y fije la **longitud proyectada**. Seleccione **Pliegue Exterior** para definir la **Posición del Doble Pliegue** e indique un **ángulo** de 90º. Pulse **Aceptar** para crear el **Doble Pliegue**.

9. Pulse **Dobladillo** desde la Barra de Herramientas de **Chapa Metálica** o desde el Menú de persiana **Insertar**, **Chapa Metálica**, **Dobladillo** y seleccione la arista superior derecha del modelo. Seleccione **Material interior, dobladillo abierto** de **longitud** 8 mm y **distancia de separación** 1,30 mm. Pulse **Aceptar.**

10. Pulse **Brida de Arista** desde la Barra de Herramientas de **Chapa Metálica** o desde el Menú de persiana **Insertar**, **Chapa Metálica**, **Brida de Arista** y seleccione las aristas superiores del ala izquierda. Seleccione **Radio Predeterminado** 3 mm y **Distancia de Separación** 1 mm. **Ángulo** 90º. **Longitud de Brida** 23 mm e **Intersección Virtual Interna**. Seleccione **Material Exterior** en la **Posición de la Brida** y **Fibra Neutra Factor-K**.

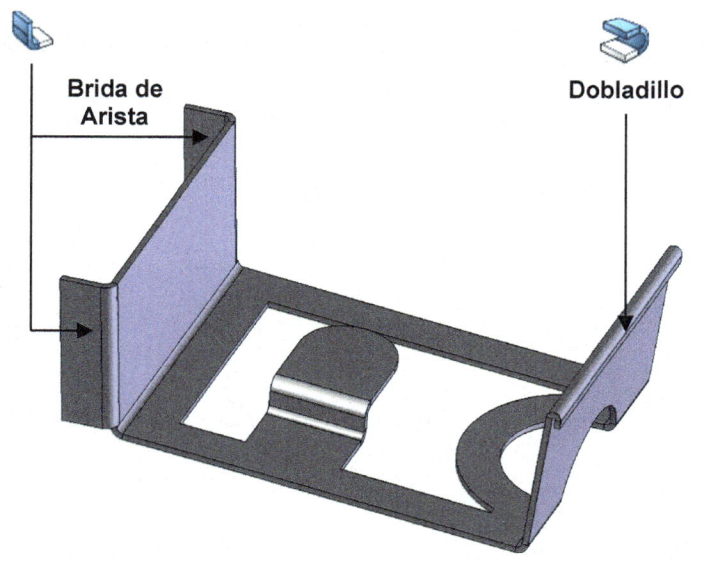

Brida de Arista

Dobladillo

Dobladillo

Aristas
- Arista<1>
- Editar anchura de dobladillo

Tipo y tamaño
- 8.00mm
- 1.30mm

Fibra neutra de pliegue pe...
Factor-K
K 0.50

Tipo de desahogo personal...
Rasgado

Creación de la Brida Base/Pestaña, Arista y Pliegue Croquizado

11. Pulse **Brida Base/Pestaña** desde la Barra de Herramientas de **Chapa Metálica** o desde el Menú de persiana **Insertar**, **Chapa Metálica**, **Brida Base/Pestaña** para dibujar la **Pestaña** en el punto medio del ala izquierda del modelo. Croquice la forma de la **Pestaña** y pulse **Aceptar**. La pestaña dibujada toma el **Espesor** de la Chapa base.

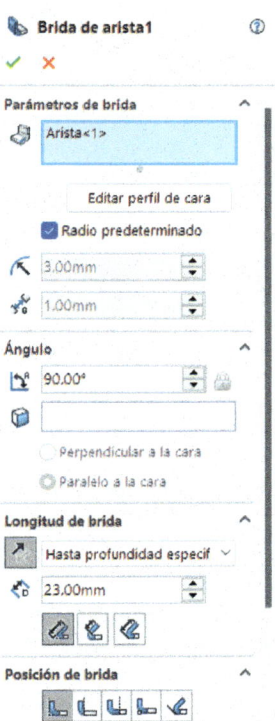

Brida de arista1

Parámetros de brida
- Arista<1>
- Editar perfil de cara
- ☑ Radio predeterminado
- 3.00mm
- 1.00mm

Ángulo
- 90.00°
- ○ Perpendicular a la cara
- ○ Paralelo a la cara

Longitud de brida
- Hasta profundidad especif
- 23.00mm

Posición de brida

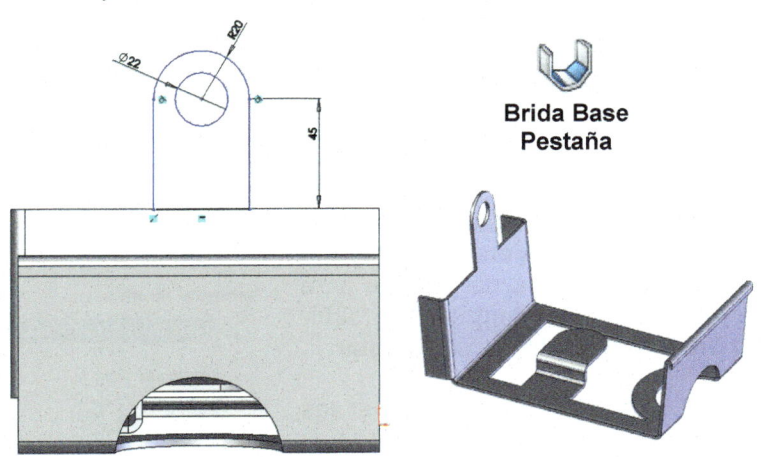

Brida Base Pestaña

12. Pulse **Brida de Arista** desde la Barra de Herramientas de **Chapa Metálica** o desde el Menú de persiana **Insertar**, **Chapa Metálica**, **Brida de Arista** y seleccione la arista del ala horizontal. Seleccione **Radio Predeterminado** 3 mm y **Distancia de Separación** 1 mm. **Ángulo** 90°. **Longitud de Brida** 68 mm e **Intersección Virtual Interna**. Seleccione **Material Exterior** en la **Posición de la Brida** y **Fibra Neutra Factor-K** (ver figura página siguiente).

13. Croquice la forma a cortar indicada en la figura y pulse **Extrusión-corte** para eliminar el material croquizado. Pulse **Desdoblar** y croquice la **recta** con inclinación de 10º indicada en la figura para crear el **Pliegue Croquizado**. También puede dibujar la recta seleccionando la cara y croquizando sobre la misma (sin necesidad de desdoblar).

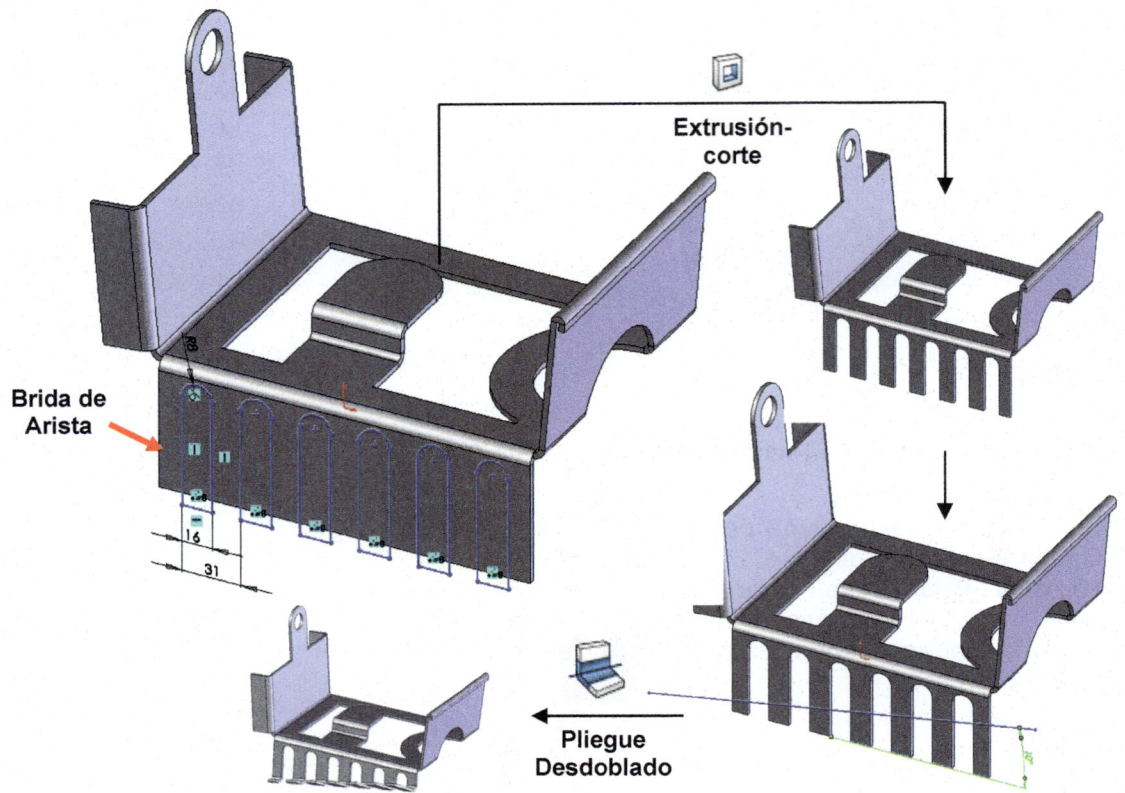

Extrusión-corte

Brida de Arista

Pliegue Desdoblado

14. Seleccione la línea de croquis y pulse **Pliegue Croquizado** desde la Barra de Herramientas de **Chapa Metálica** o desde el Menú de persiana **Insertar**, **Chapa Metálica**, **Pliegue Croquizado**. Seleccione **Línea constructiva de pliegue** para definir la **Posición del Pliegue** y un **Ángulo** de 120º. Seleccione la opción **Radio predeterminado**. Pulse **Aceptar**.

15. Pulse **Aplanar** para visualizar el modelo aplanado y ver las líneas de pliegue creadas.

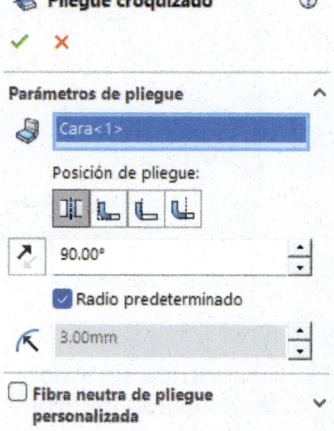

Pliegue croquizado

Parámetros de pliegue

Cara<1>

Posición de pliegue:

90.00º

☑ Radio predeterminado

3.00mm

☐ Fibra neutra de pliegue personalizada

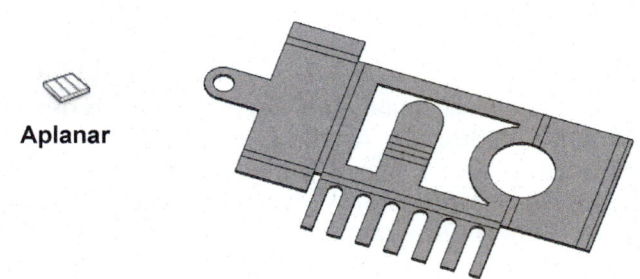

Aplanar

Práctica 12. Chapa metálica II

Cree el modelo 3D de chapa metálica indicado en la figura a partir de las operaciones convertir en chapa metálica, respiradero y las operaciones de Forming Tools. Obtenga los planos 2D del modelo.

⧗ 15 minutos

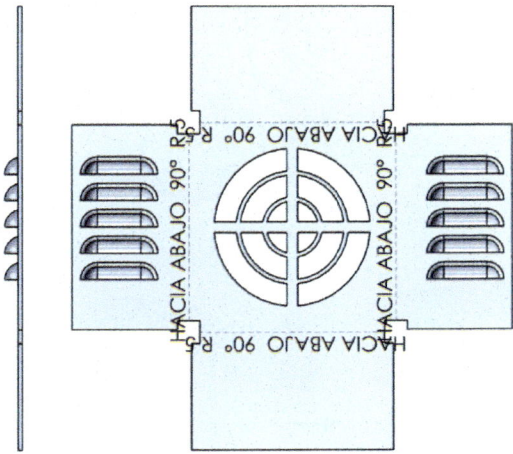

Objetivos del tutorial

- Convertir en chapa metálica un modelo sólido de extrusión.

- Emplear operaciones como **Desdoblar**, **Rasgaduras** y **Respiradero**.

- Emplear las operaciones de **Forming Tools**.

- Obtener un plano 2D del modelo desplegado.

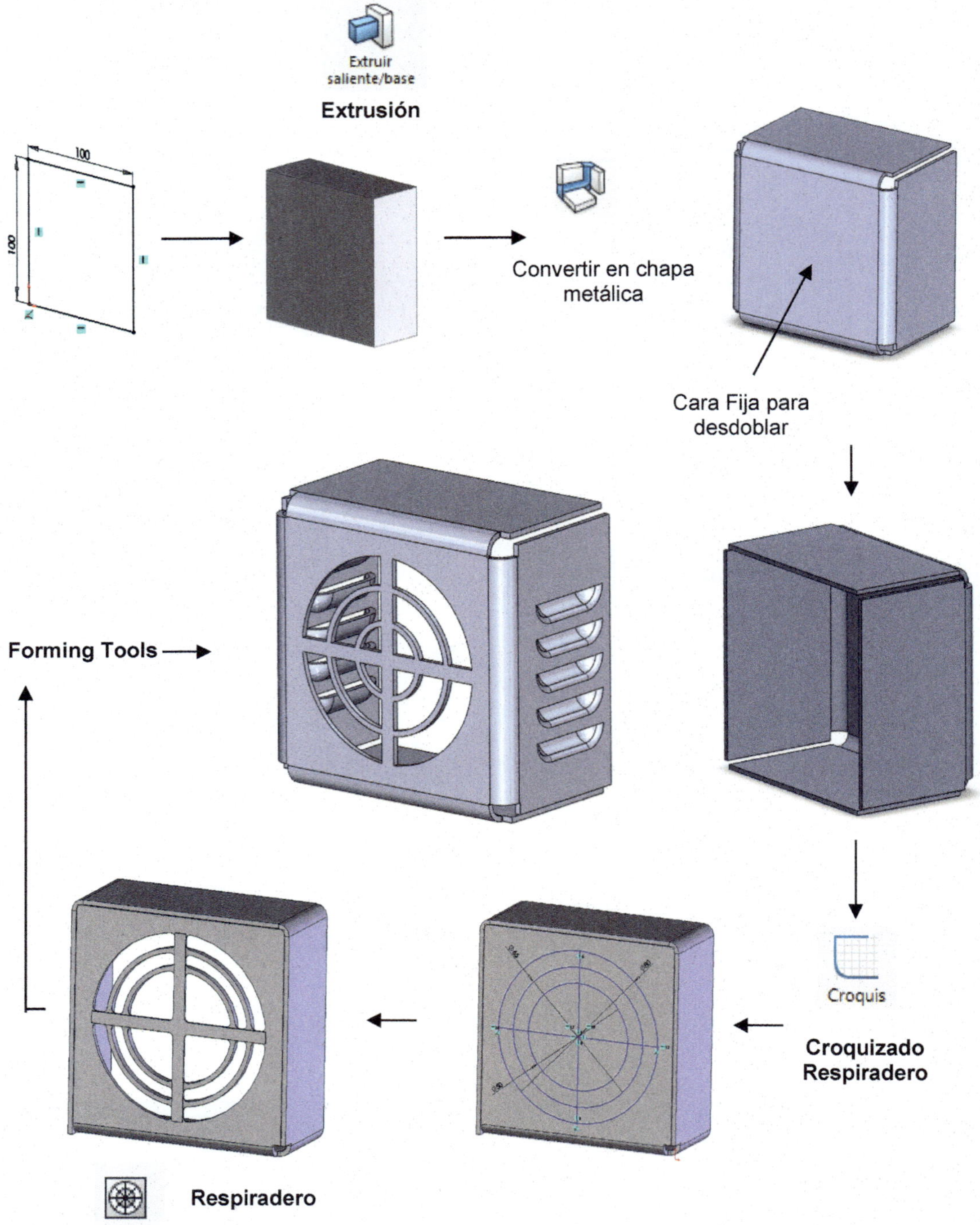
Extruir
saliente/base
Extrusión
100
100
Convertir en chapa
metálica
Cara Fija para
desdoblar
Forming Tools
Croquis
Croquizado
Respiradero
Respiradero

Convertir sólido en chapa metálica

1. Pulse la opción **Nuevo** del Menú persiana **Archivo** o sobre el icono **Nuevo**. Seleccione **Pieza** y pulse **Aceptar**. Extraiga la barra de **Chapa Metálica**.

2. Seleccione el **Plano de trabajo Alzado** del **Gestor de Diseño** y pulse sobre **Normal a:** para visualizarlo en su verdadera magnitud.

3. Croquice un cuadrado de 100×100 mm con centro en el origen. Pulse **Extrusión** desde la Barra de **Operaciones** o desde el Menú de persiana **Insertar**, **Operaciones**, **Extruir**. Realice una extrusión de 80 mm. Pulse **Aceptar**.

4. Seleccione la operación **Convertir en chapa metálica** desde la Barra de Herramientas de **Chapa Metálica**. En **Parámetros de chapa metálica** seleccione la **Cara** que desee que quede inmóvil. Indique un **Espesor de chapa** de 2 mm y un **Radio predeterminado para pliegues** de 5 mm. A continuación, seleccione, desde la Zona de Gráficos, las aristas que delimitan la cara de la entidad fija antes seleccionada (Arista <2>, <3>, <4> y <5>) en **Pliegues de arista**.

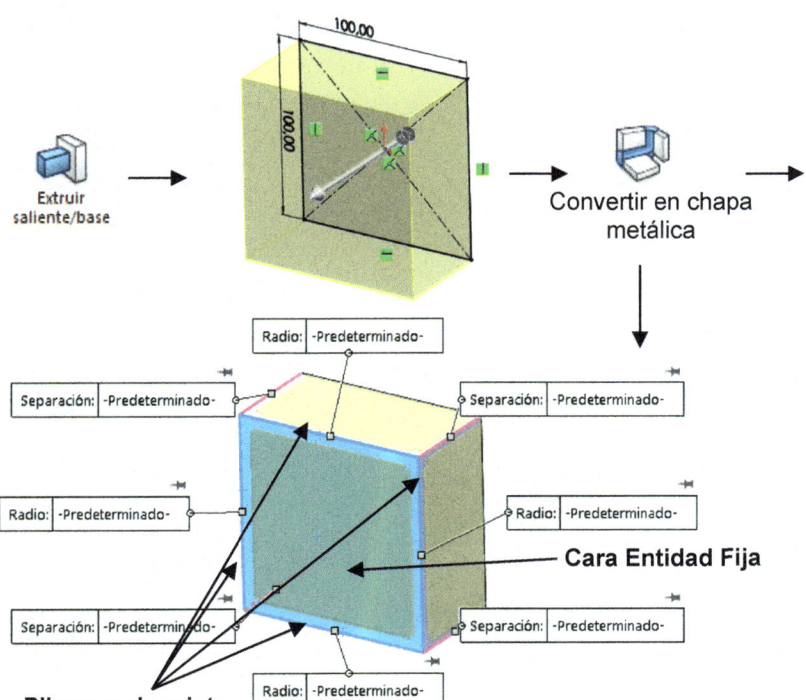

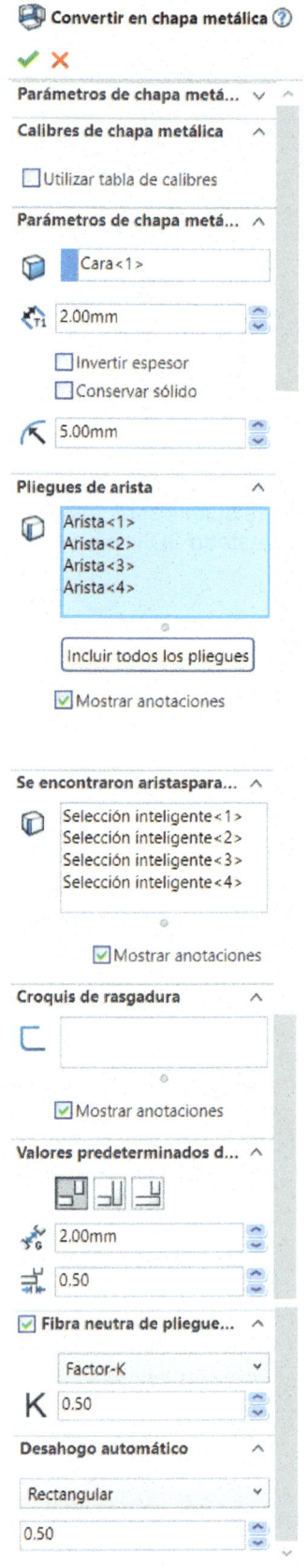

Finalmente, defina los **Valores predeterminados de esquina**. Seleccione **Esquina abierta** e indique un valor de 2 mm de **Separación de todas las rasgaduras** y 0,5 mm en **Coeficiente de superposición**. En **Factor-K** establezca una relación de desahogo de 0,5. Pulse **Aceptar**.

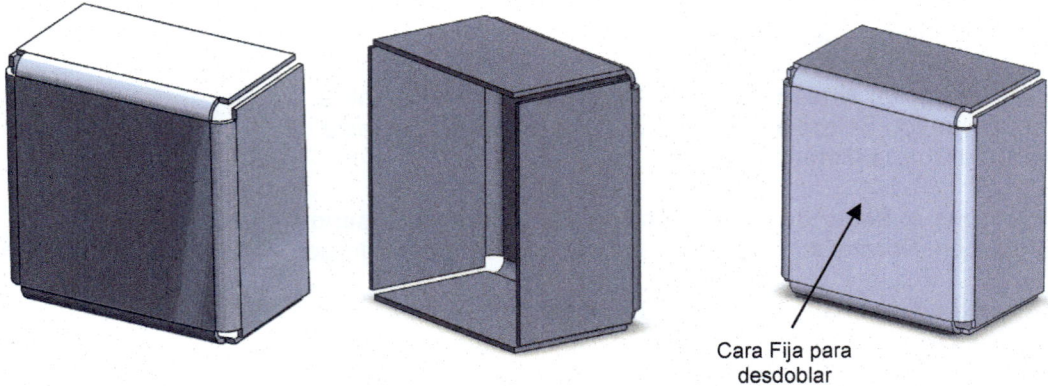

Cara Fija para
desdoblar

Crear el respiradero

5. Pulse **Desdoblar** para verificar las **Aristas** de **Rasgadura** realizadas. Seleccione la **Cara principal** como **Cara fija** y pulse sobre **Incluir todos los pliegues**. Compruebe que su modelo desdoblado tiene el aspecto indicado en la figura. A continuación, pulse **Doblar** (siguiendo el mismo procedimiento descrito anteriormente) para devolver el modelo a su estado 3D inicial.

Desdoblar   **Doblar**

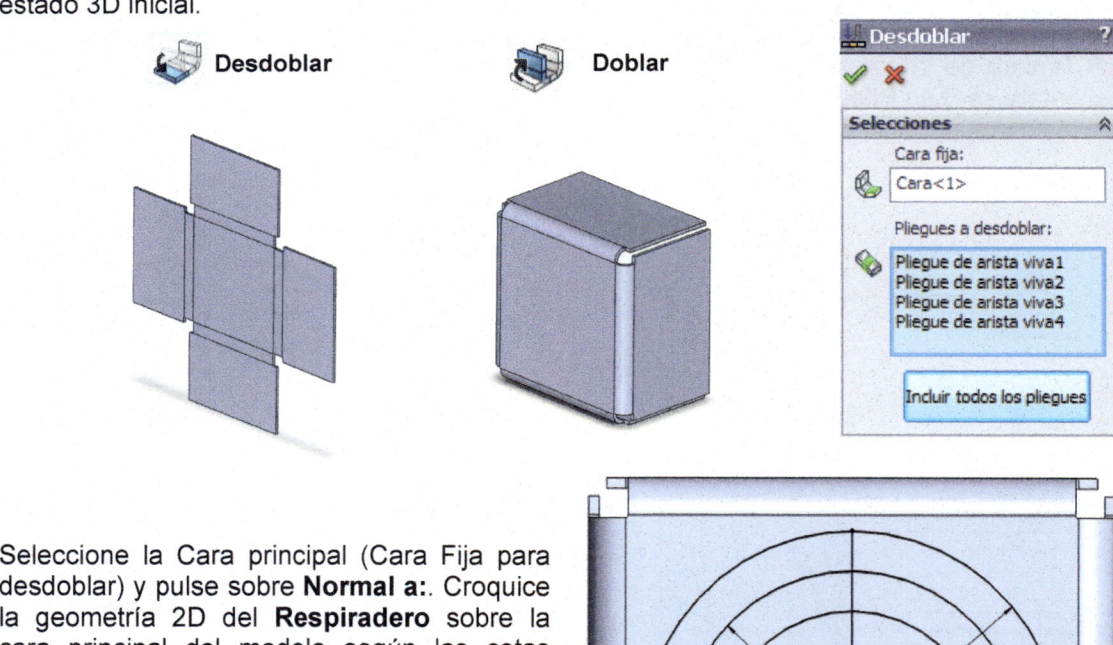

6. Seleccione la Cara principal (Cara Fija para desdoblar) y pulse sobre **Normal a:**. Croquice la geometría 2D del **Respiradero** sobre la cara principal del modelo según las cotas indicadas en la figura (Ø50, Ø65 y Ø80).

7. Pulse **Respiradero** desde la Barra de Herramientas **Operación de cierre** o desde el Menú de persiana **Insertar**, **Operación de cierre**, **Respiradero**.

Respiradero

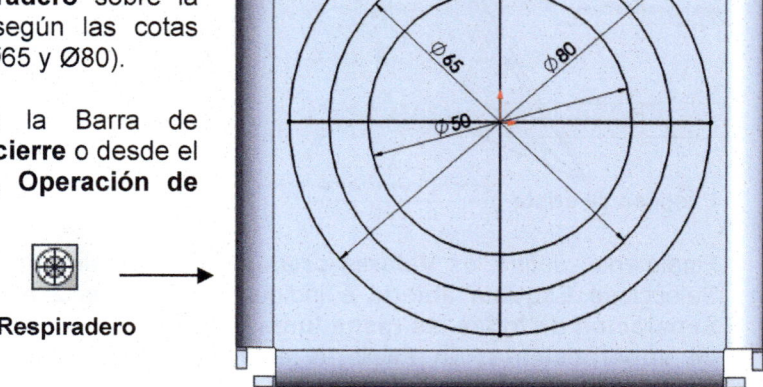

Límite Exterior del Respiradero
Circulo Ø 80

Cara Principal
Cara <1>

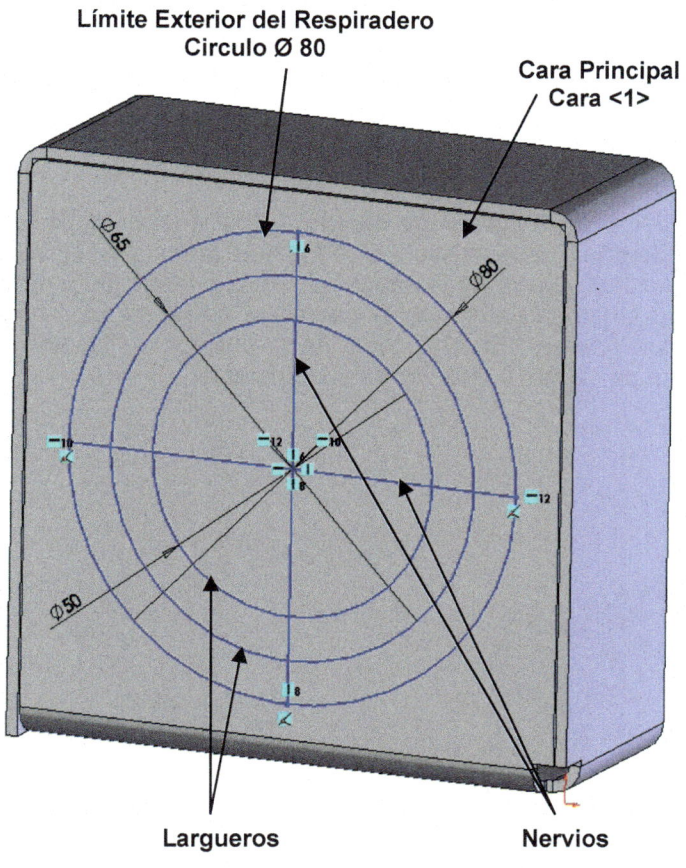

Largueros

Nervios

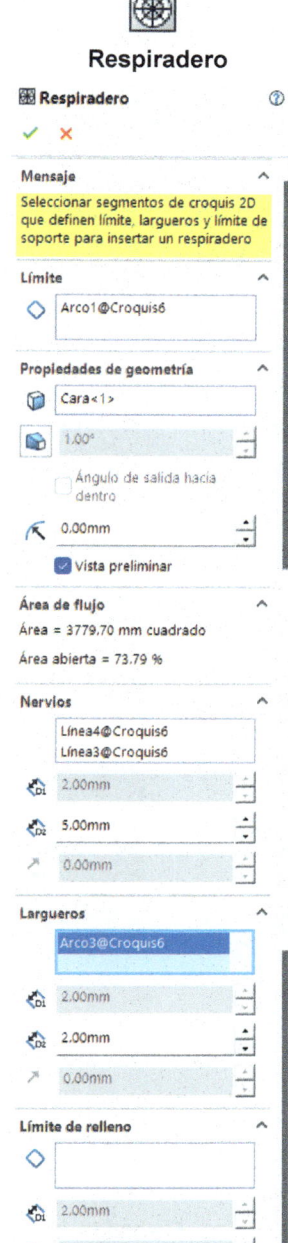

Respiradero

🌀 Respiradero ⑦

✓ ✗

Mensaje ∧

Seleccionar segmentos de croquis 2D
que definen límite, largueros y límite de
soporte para insertar un respiradero

Límite ∧

◇ Arco1@Croquis6

Propiedades de geometría ∧

⬡ Cara<1>

⬢ 1.00°

☐ Ángulo de salida hacia
dentro

↖ 0.00mm

☑ Vista preliminar

Área de flujo ∧

Área = 3779.70 mm cuadrado

Área abierta = 73.79 %

Nervios ∧

| Línea4@Croquis6 |
| Línea3@Croquis6 |

⬡ 2.00mm

⬡ 5.00mm

↗ 0.00mm

Largueros ∧

Arco3@Croquis6

⬡ 2.00mm

⬡ 2.00mm

↗ 0.00mm

Límite de relleno ∧

◇

⬡ 2.00mm

↗ 0.00mm

8. Seleccione el **círculo exterior** (círculo de Ø 80 mm) como **Límite
del Respiradero** y la **Cara principal (Cara<1>)** como lugar a
colocar el **Respiradero**. Indique 2 mm como **Radio de
Redondeo**. Active la casilla **Vista preliminar** para poder
visualizar cómo evoluciona el modelo durante su definición.

En la pestaña de **Nervios** seleccione la **línea vertical** y
horizontal e indique las distancias 2 mm para definir el **Ancho**.

En **Largueros**, seleccione los círculos de Ø 65 y Ø 50 y defina un
Ancho de los largueros de 2 mm.

Pulse **Aceptar** para crear el **Respiradero** en la cara seleccionada.

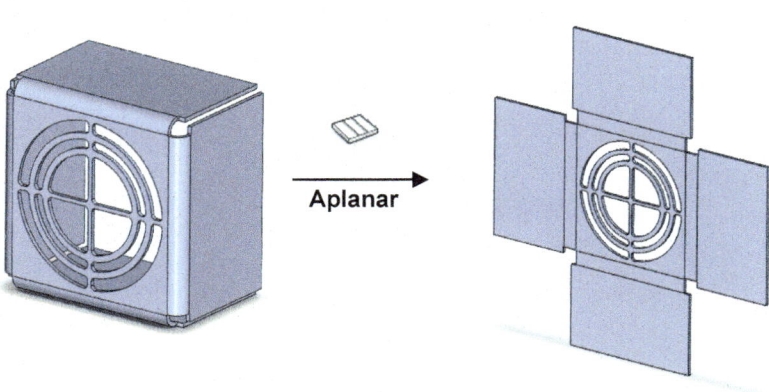

Aplanar

Insertar operaciones de Forming Tools de la Biblioteca de diseño

La herramienta de **Forming Tools** de la **Biblioteca de diseño** permite insertar operaciones de corte y deformación en piezas de chapa metálica. Para su empleo debe activar el **Toolbox Library** desde el menú de **Herramientas**, **Complementos**.

9. Una vez activado puede acceder a la **Biblioteca de diseño** desde la derecha de la Zona de Gráficos. En la **Biblioteca de diseño** puede seleccionar e insertar algunos de los modelos ya creados. Para insertar la operación **Louvers** de la imagen arrástrela desde la librería hasta el lugar de colocación. Del menú emergente, localice la operación por acotación y defina sus parámetros. Pulse **Aceptar** para finalizar. En el modelo de la práctica se ha realizado una matriz lineal con una separación de 12 mm y una simetría de operación.

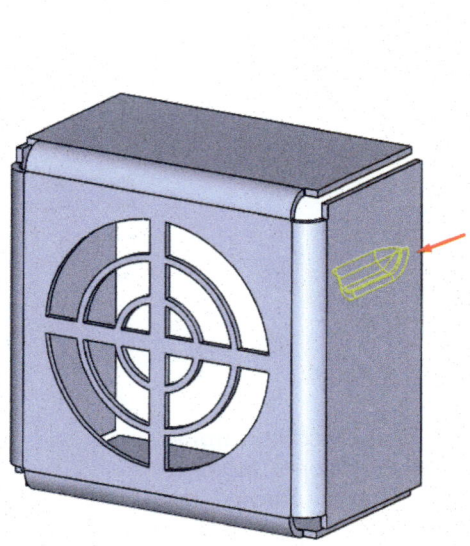

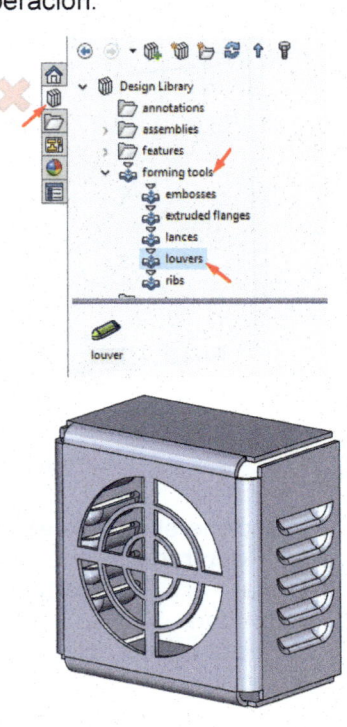

Desplegar y obtener plano

10. Pulse **Desplegar** desde la Barra de Herramientas de **Chapa Metálica** o desde el Menú de persiana **Insertar**, **Chapa Metálica**, **Desplegar.** Para volver a la situación inicial pulse de nuevo el mismo icono.

11. Pulse **Guardar documento** y cree un **documento nuevo de dibujo**. En vista estándar seleccione **Chapa Desplegada**. Pulse **Aceptar**. Observe que es posible obtener una vista del modelo desplegado en la que se indican los ángulos de plegado y sus direcciones.

Vista del Modelo

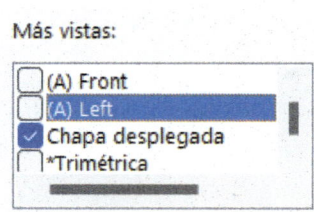

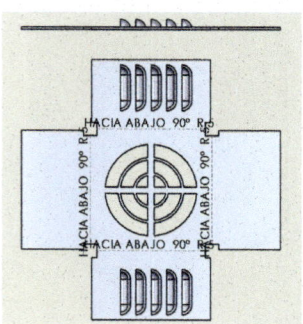

Práctica 13. Chapa metálica III

Cree el modelo de chapa metálica adjunto a partir de la operación Pliegue recubierto.
Obtenga el modelo desdoblado.

⏲ 5 minutos

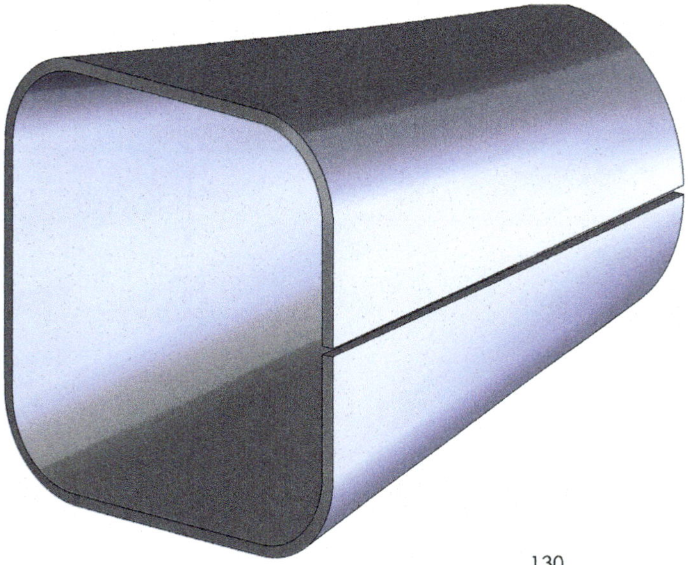

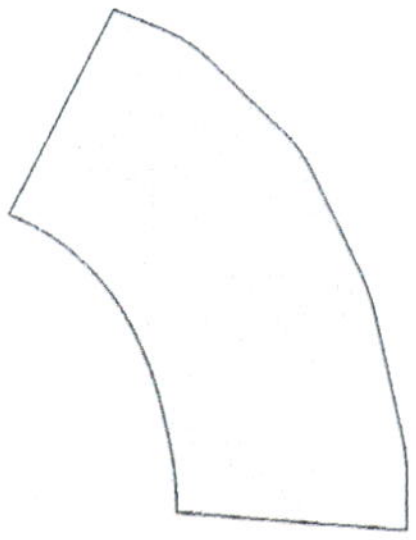

Chapa metálica desplegada

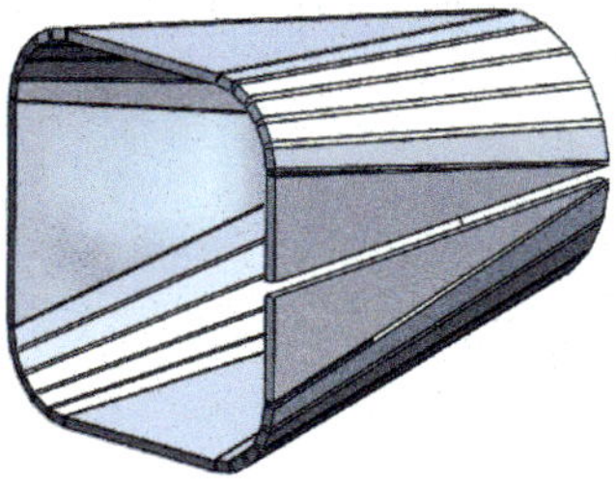

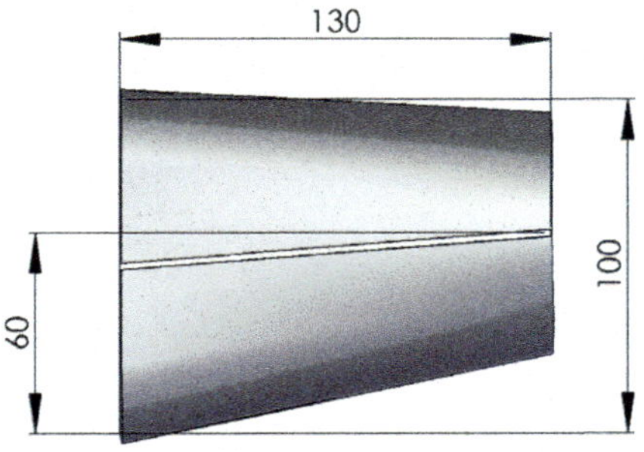

130

100

60

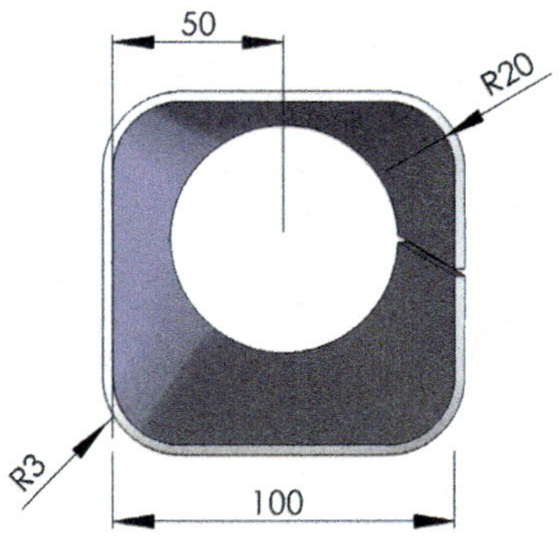

50

R20

R3

100

Objetivos del tutorial

- Emplear la operación **Pliegue recubierto**.
- **Desplegar** modelo de chapa metálica.

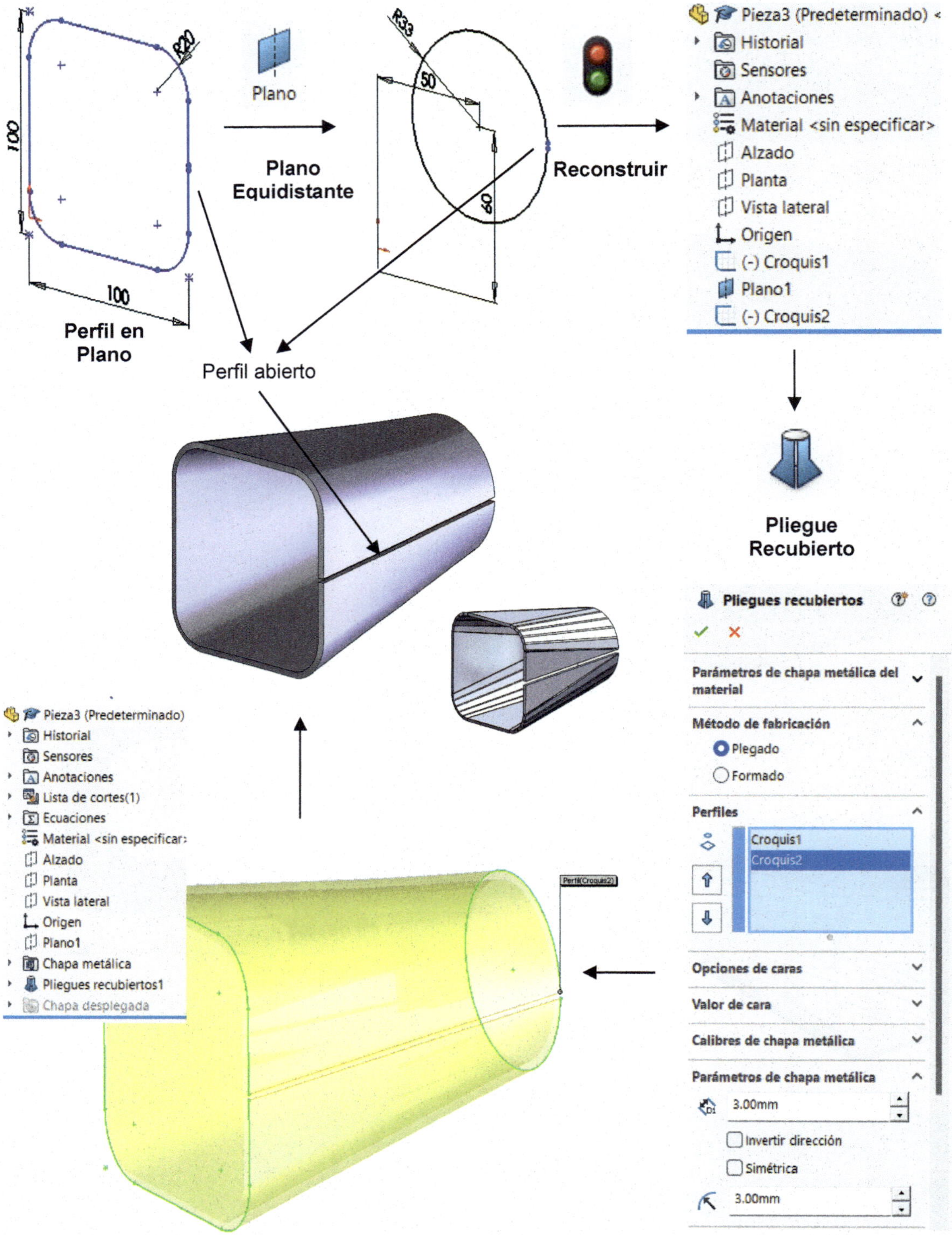

Perfil en Plano

Plano Equidistante

Plano

Perfil abierto

Reconstruir

Pieza3 (Predeterminado) <
- Historial
- Sensores
- Anotaciones
- Material <sin especificar>
- Alzado
- Planta
- Vista lateral
- Origen
- (-) Croquis1
- Plano1
- (-) Croquis2

Pliegue Recubierto

Pieza3 (Predeterminado)
- Historial
- Sensores
- Anotaciones
- Lista de cortes(1)
- Ecuaciones
- Material <sin especificar>
- Alzado
- Planta
- Vista lateral
- Origen
- Plano1
- Chapa metálica
- Pliegues recubiertos1
- Chapa desplegada

Perfil(Croquis2)

Pliegues recubiertos ⟡ ⓘ
✓ ✗

Parámetros de chapa metálica del material ⌄

Método de fabricación ⌃
- ⦿ Plegado
- ◯ Formado

Perfiles ⌃
- Croquis1
- Croquis2
- ⬆
- ⬇

Opciones de caras ⌄

Valor de cara ⌄

Calibres de chapa metálica ⌄

Parámetros de chapa metálica ⌃
- 3.00mm
  - ☐ Invertir dirección
  - ☐ Simétrica
- 3.00mm

Crear Pliegue recubierto

1. Pulse la opción **Nuevo** del Menú persiana **Archivo** o sobre el icono **Nuevo**. Seleccione **Pieza** y pulse **Aceptar**.

2. Seleccione el **Plano de trabajo Alzado** del **Gestor de Diseño** y pulse sobre **Normal a:** para visualizarlo en verdadera magnitud.

3. Croquice el **primer perfil** del modelo de **Chapa Metálica** según las medidas indicadas en la figura. Deje uno de los extremos abiertos con una separación de 2 mm. Puede utilizar la operación recortar. Es importante que el extremo se encuentre abierto para que la chapa final pueda ser desplegada. Pulse **Reconstruir (Ctrl+B)** para ascender el Croquis1 en el **Gestor de Diseño**.

4. Pulse **Crear Plano** desde la Barra de Herramientas **Geometría de Referencia**. Seleccione el **Plano Alzado** del **Gestor de Diseño** y defina un plano paralelo al primero a una separación de 130 mm.

5. Seleccione el nuevo plano creado y pulse **Normal a:** para visualizarlo en su verdadera magnitud.

6. Croquice el segundo perfil formado por un **Círculo** de radio 33 mm. Pulse **Reconstruir** para ascender el Croquis1 en el **Gestor de Diseño**. También debe dejar el extremo abierto de 2 mm.

7. Pulse **Pliegue Recubierto** desde la Barra de Herramientas de **Chapa Metálica** o desde el Menú de persiana **Insertar**, **Chapa Metálica**, **Pliegues Recubiertos**.

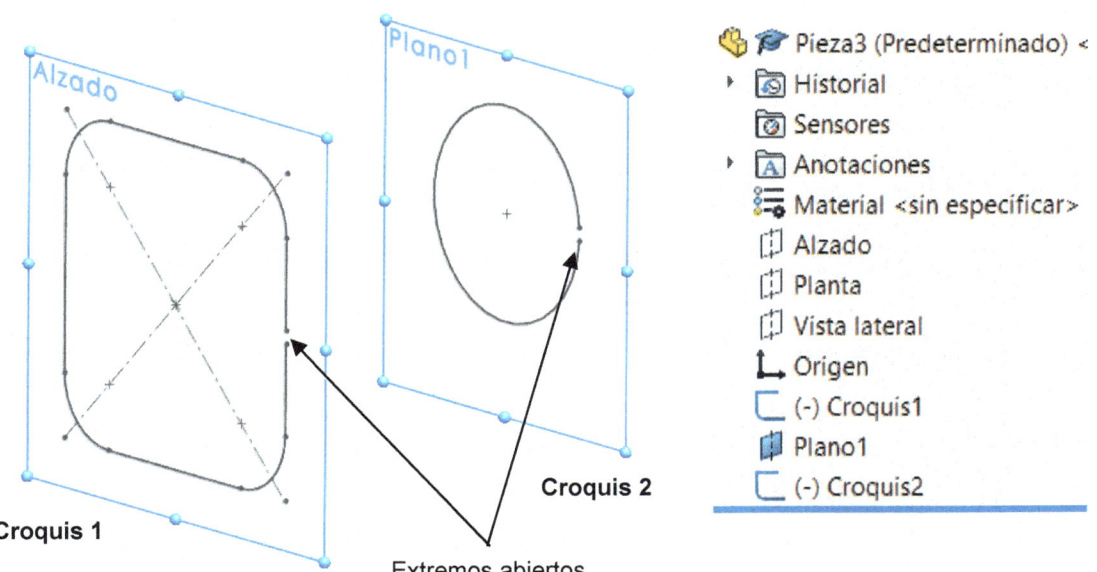

Croquis 1

Croquis 2

Extremos abiertos

8. Seleccione los dos croquis desde la **Zona de Gráficos**, defina el **Espesor** del **Pliegue Recubierto** (3 mm). Pulse **Aceptar**.

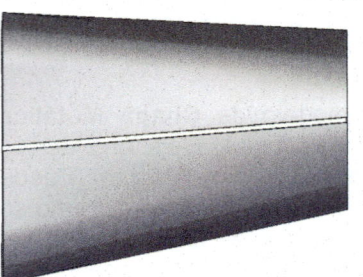

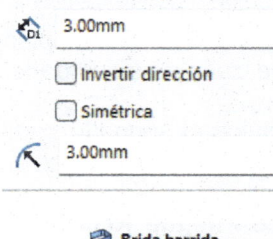

Pliegues recubiertos

Parámetros de chapa metálica del material ⌄

Método de fabricación ⌃
- ● Plegado
- ○ Formado

Perfiles ⌃
- Croquis1
- Croquis2

Opciones de caras ⌄

Valor de cara ⌄

Calibres de chapa metálica ⌄

Parámetros de chapa metálica ⌃
- 3.00mm
  - ☐ Invertir dirección
  - ☐ Simétrica
- 3.00mm

9. Pulse **Desplegar** desde la Barra de Herramientas de **Chapa Metálica** o desde el Menú de persiana **Insertar**, **Chapa Metálica**, **Desplegar**. Para volver a la situación inicial vuelva a pulsar el mismo icono.

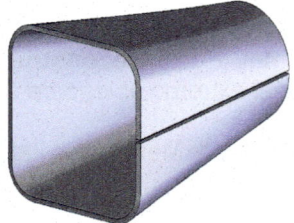

Brida Barrida

La nueva herramienta **Brida Barrida** permite crear piezas de chapa metálica con pliegues compuestos. La herramienta es muy parecida a la empleada en la creación de barridos sólidos o de superficies. Es necesario un perfil de croquis que actúa como sección y un trayecto o camino que debe ser abierto.

Para crear una **Brida Barrida** pulse sobre el icono correspondiente desde la Barra de Herramientas de **Chapa Metálica** o pulse **Insertar**, **Chapa Metálica**, **Brida Barrida** desde el Menú de persiana. Desde el Gestor de Diseño seleccione el perfil y, a continuación, el trayecto de la brida y pulse **Aceptar**.

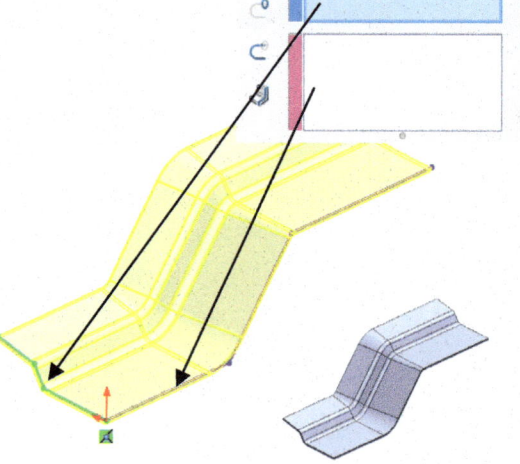

Brida barrida

Mensaje ⌄

Perfil y trayecto ⌃

Práctica 14. Chapa metálica IV

Cree el codo a 90º y 3 milímetros de espesor de chapa metálica de la figura a partir de una operación de Barrido (operación lámina).

⏳ 20 minutos

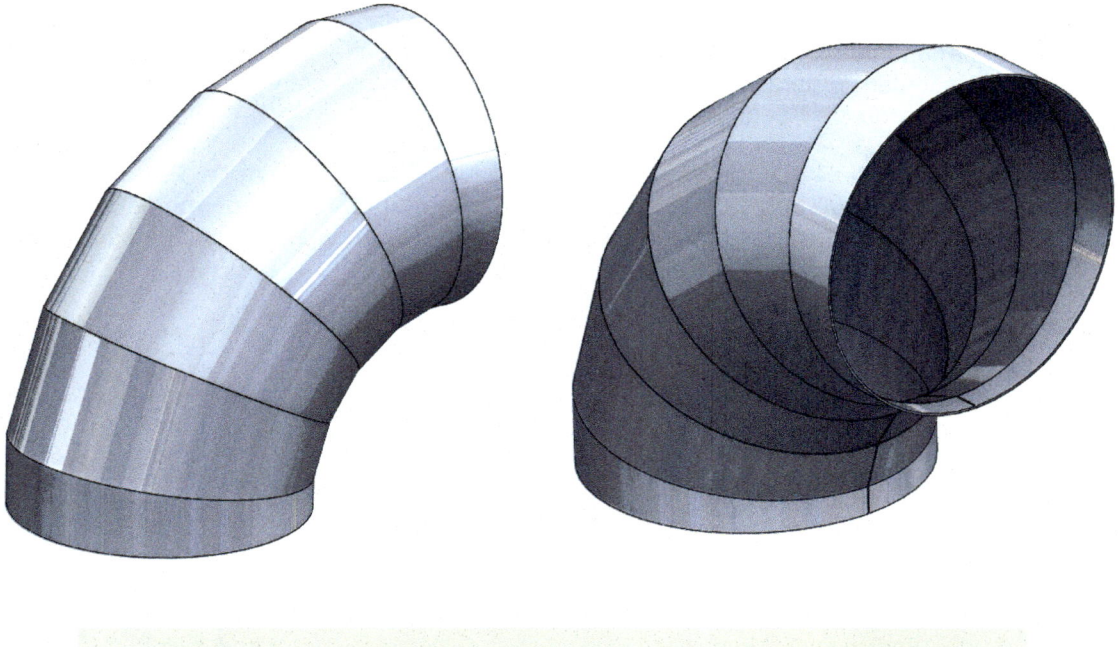

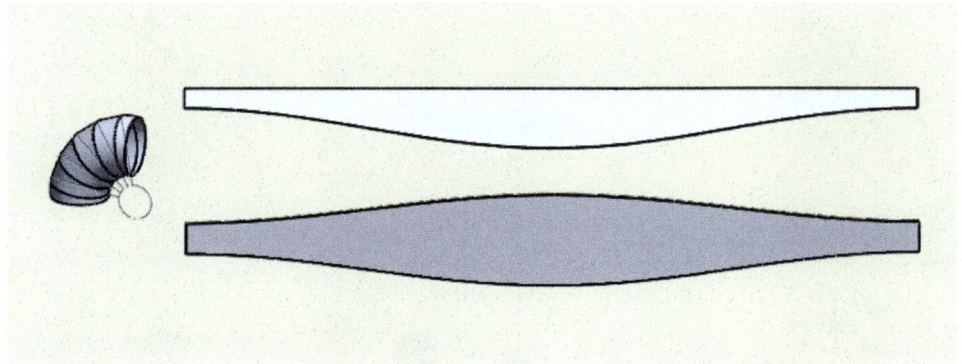

Objetivos del tutorial

- Crear una operación de **Barrer con perfil circular** y con **Operación lámina**.

- Utilizar la operación **Partir** para cortar la chapa metálica en cinco partes individuales.

- Emplear **Insertar pliegues** y **Aplanar**.

- Exportar los perfiles aplanados a DXF para el corte con láser.

Creación de la estructura metálica

1. Pulse la opción **Nuevo** del Menú persiana **Archivo** o sobre el icono **Nuevo**. Seleccione **Pieza** y pulse **Aceptar**.

2. Seleccione el **Plano de trabajo Alzado** del **Gestor de Diseño** y pulse sobre **Normal a:** para visualizarlo en verdadera magnitud. Croquice un círculo de 1000 mm de diámetro y cree las dos líneas (vertical y horizontal). Seleccione las entidades creadas y pulse sobre **Geometría constructiva** para transformarlas en línea de construcción (trazo y punto). Croquice los 7 segmentos indicados en la figura y defina una relación de **Tangente** entre ellos y el círculo. Seleccione uno de los segmentos y, manteniendo pulsada la **Tecla Ctrl**, seleccione un segundo segmento para establecer la relación de **Igual** entre ellos. Repita el mismo procedimiento con los 7 segmentos.

3. Pulse sobre **Barrer**. Seleccione el croquis creado y active la casilla **Perfil circular**. En **Diámetro** indique 500 mm. Active la casilla **Operación lámina**, un **Espesor** de 3 mm y defina la extrusión hacía dentro para garantizar que el perfil de chapa tenga un diámetro exterior de 1000 mm. Pulse **Aceptar** para crear la estructura de chapa.

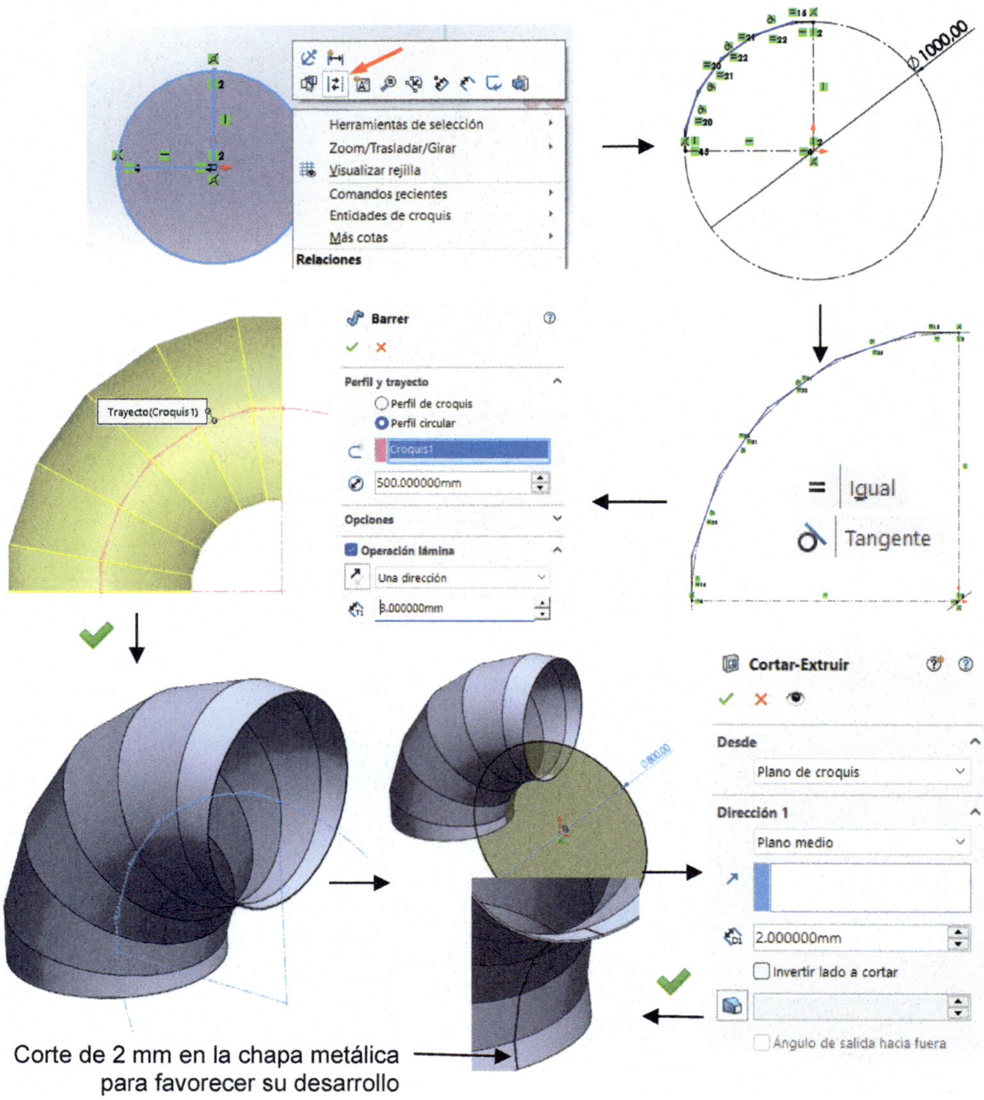

Corte de 2 mm en la chapa metálica
para favorecer su desarrollo

4. Cree un círculo de diámetro 800 mm en el plano alzado y utilícelo para realizar un corte de 2 mm de la chapa metálica. De esta forma podrá aplanarse la chapa (ver figura página anterior).

Partir la estructura

5. En el Plano alzado dibuje el croquis de la figura haciendo que cada una de las líneas sean coincidentes en los puntos indicados en la figura. Transforme el círculo en una **Geometría constructiva** (ver apartado 2) y recorte las líneas tomando como límite el círculo.

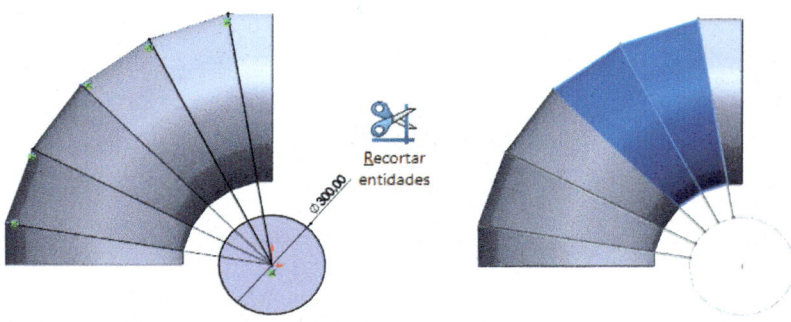

6. Desde el Menú de persiana **Insertar**, **Operaciones** seleccione la opción **Partir**. La herramienta de recorte será el croquis dibujado. Seleccione cada uno de los 5 sólidos resultantes que aparecen en el listado y desactive las casillas de **Reemplazar configuración predeterminada**. Indique dónde se van a guardar los sólidos creados y pulse **Aceptar**. Observe cómo se crean 5 sólidos.

7. Pulse sobre **Sólidos (5)** con el botón derecho del ratón y seleccione la opción **Guardar sólidos**. Active la casilla para cada uno de los sólidos (virolas) y pulse **Aceptar**.

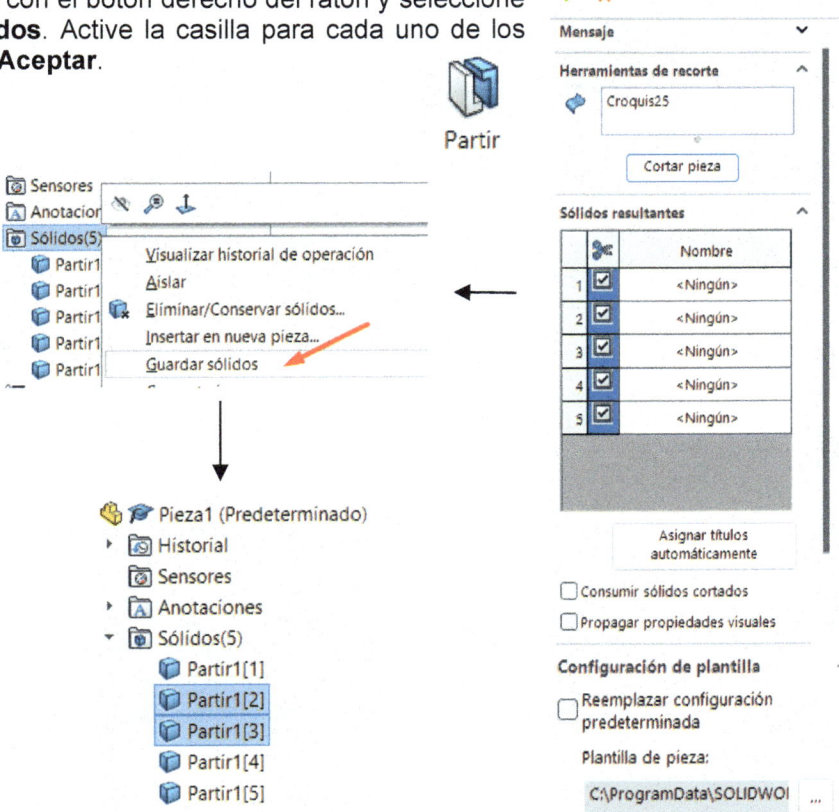

8. Antes de la creación de las piezas aparece el mensaje preguntando si **Desea cambiar la unidad de medida de la pieza derivada**. Indique que **Sí**. Repita la misma operación con el resto de las piezas. Desde el ensamblaje seleccione una de las piezas y active la opción de edición para poder desplegar cada una de las virolas de forma independiente.

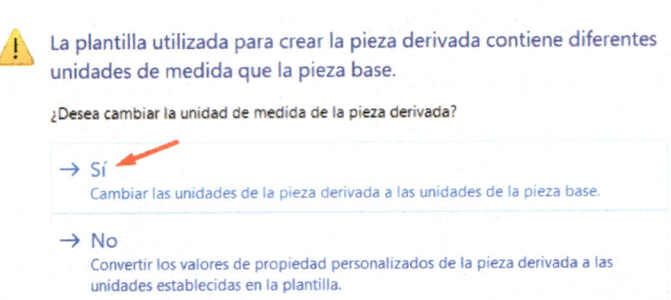

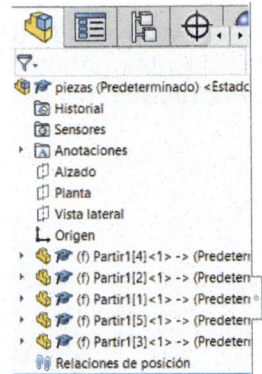

9. Pulse **Pliegues** desde el menú **Insertar**, **Chapa Metálica** y marque la arista exterior (ver figura). Defina un radio de 1,5 mm y pulse **Aceptar** para crear la chapa metálica. Pulse **Aplanar** desde **Insertar**, **Chapa Metálica** para ver el modelo desarrollado.

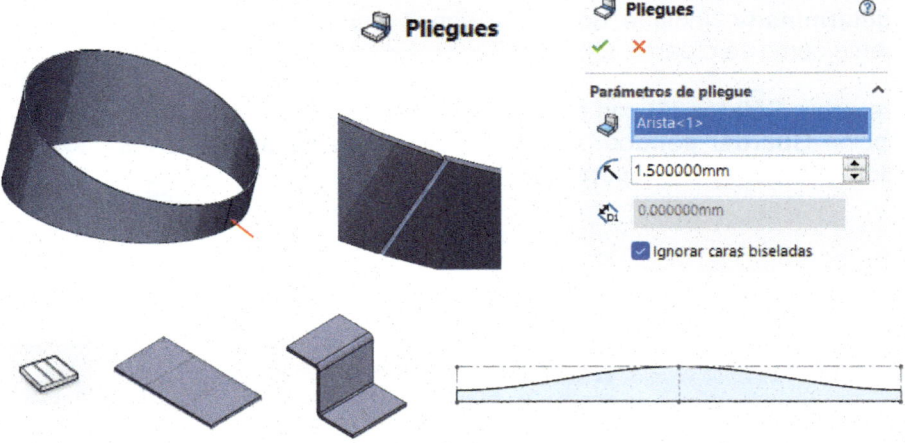

10. Repita el proceso con el resto de las virolas. Una vez las tenga todas aplanadas puede crear un plano para guardarlo en DXF y enviarlo a una máquina de corte por plasma, láser o chorro de agua.

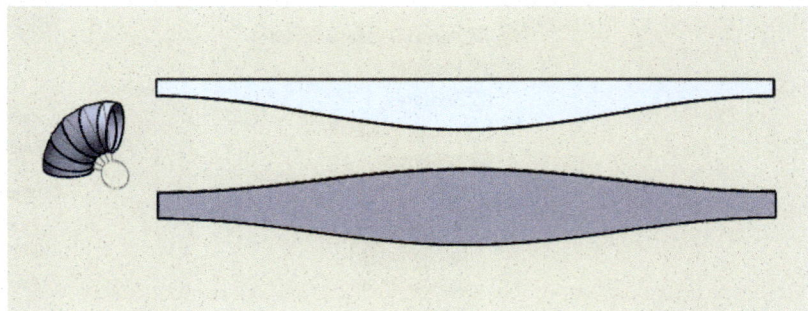

Práctica 15. Piezas soldadas I

Cree el modelo de estructura metálica de la figura a partir del empleo de la Barra de Herramientas de Piezas Soldadas.

⌛ 20 minutos

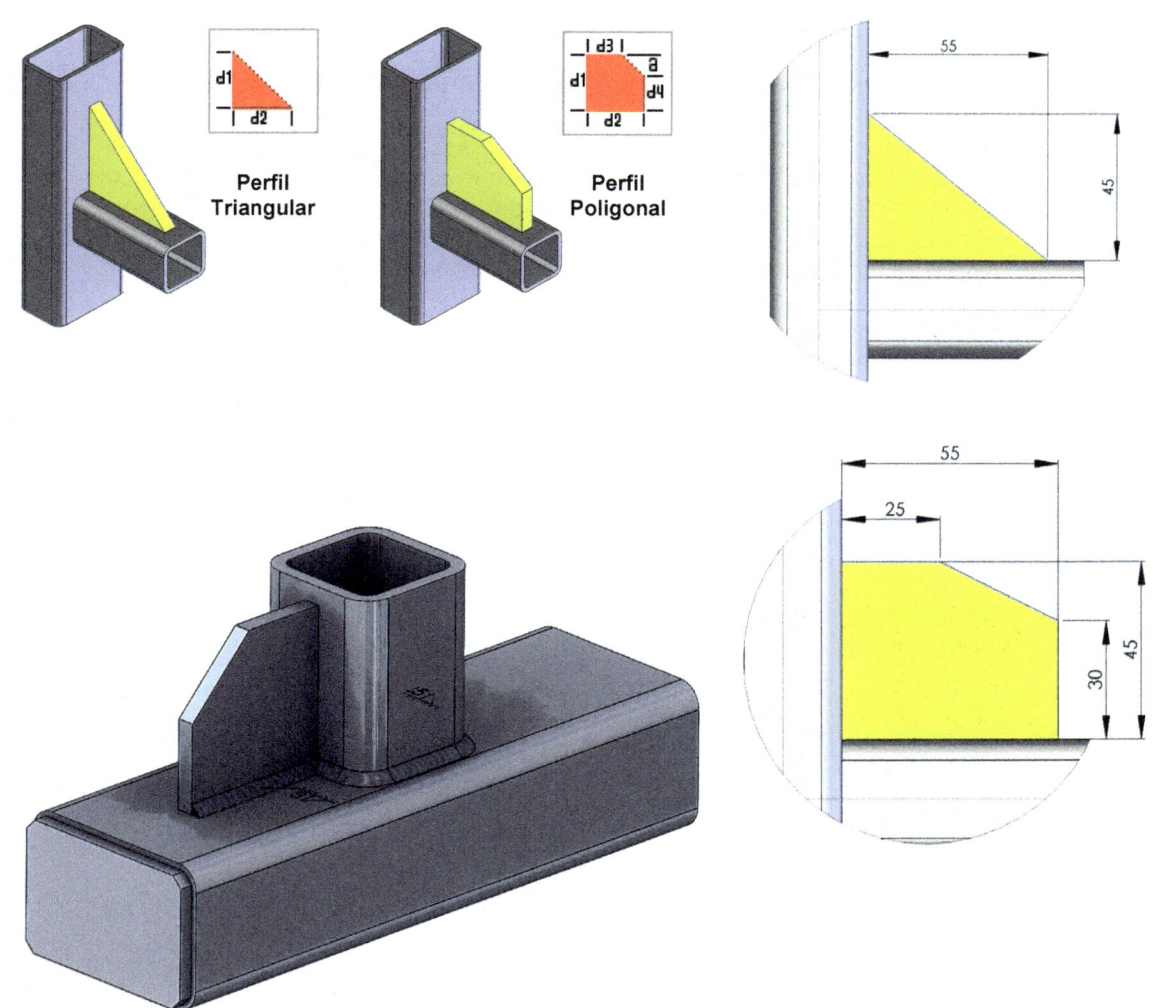

Perfil Triangular

Perfil Poligonal

Objetivos del tutorial

- Abrir la Barra de Herramientas de **Piezas soldadas**.
- Conocer las herramientas de **Miembro estructural**, **Cartela** y **Recortar/Extender**.
- Aplicar **Cordones de soldadura** a la estructura.

Piezas soldadas

La Barra de Herramientas de **Piezas soldadas** está formada por un conjunto de iconos cuya funcionalidad permite crear estructuras metálicas a partir de un croquis 2D o 3D que define el camino. La posibilidad de agregar tapas, cartelas y soldadura facilita la creación de estructuras de cierta complejidad en tiempos breves.

Activar la Barra de Herramientas de Piezas soldadas y dibujo de la estructura

1. Pulse sobre el Menú de persiana **Herramientas** y seleccione la opción **Personalizar**. Desde la pestaña **Barra de Herramientas** active la casilla de **Piezas soldadas**. Observe como aparece la Barra de Herramientas flotante de **Piezas soldadas**. Arrastre la barra de iconos hasta uno de los bordes de la Zona de Trabajo. También puede activarla pulsando con el botón derecho del ratón sobre cualquier icono y seleccionando **Piezas soldadas**.

2. Para dibujar el miembro estructural debe crear un croquis con el recorrido. Seleccione el plano de trabajo **Vista lateral** y pulse sobre **Normal a:** para visualizarlo en su verdadera magnitud. Croquice una línea de croquis de 150 mm centrada en el origen de coordenadas. Pulse **Reconstruir** o **Ctrl+B**.

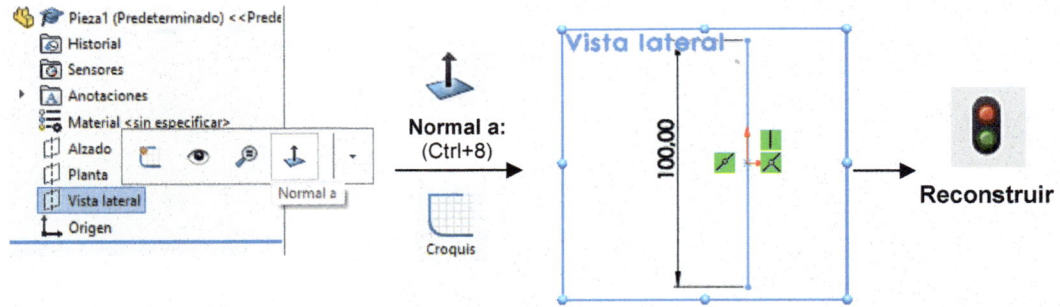

Creación del Miembro estructural

3. Pulse **Miembro estructural** desde la pestaña de **Piezas soldadas**. Seleccione el croquis creado pulsando sobre el mismo con el botón izquierdo del ratón. Observe el PropertyManager de **Miembro estructural**.

4. En **Estándar** seleccione **iso**. En **Tipo**, Tubo rectangular. En **Tamaño**, 60×40×3.2. Pulse **Aceptar** para crear el tubo rectangular.

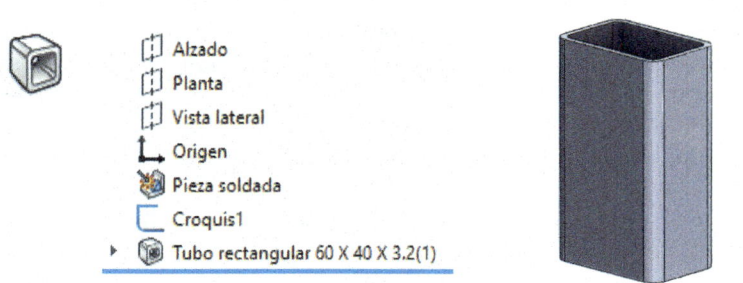

5. En el Gestor de Diseño aparece la operación creada con el nombre de Tubo rectangular 60×40×3.2 y contiene el plano, el croquis y el miembro creado. Cualquiera de estos elementos puede ser editado pulsando sobre ellos con el botón derecho del ratón.

6. Desde el Gestor de Diseño seleccione **Planta** y pulse **Normal a:** para visualizar el plano en su verdadera magnitud. Pulse sobre **Croquis** y croquice una **Línea** partiendo del origen de coordenadas con una longitud de 70 mm. Pulse sobre **Reconstruir** o **Ctrl+B**.

7. Repita el procedimiento descrito en el paso 3 pero en este caso seleccione un miembro estructural **Cuadrado**. En **Estándar** seleccione **iso**. En **Tipo**, **Tubo cuadrado**. En **Tamaño**, 40×40×4. Pulse **Aceptar** para crear el tubo cuadrado.

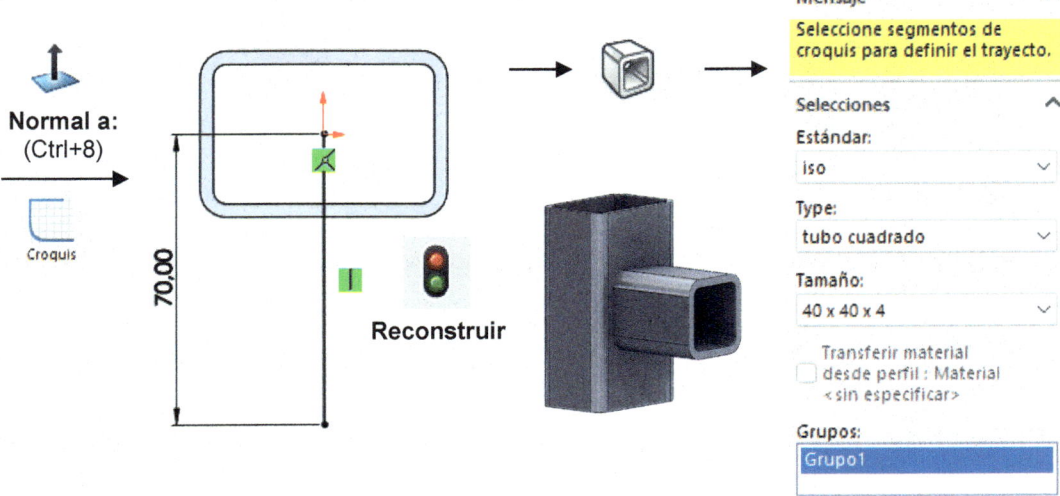

8. Observe que el miembro estructural creado se extiende desde el origen de coordenadas, por lo que debe ser recortado a partir de los límites definidos por el miembro estructural de sección rectangular previamente creado.

Edición de la estructura (Recortar/Extender) y creación de la Cartela

9. Seleccione la función **Recortar/Extender** desde la pestaña de **Piezas Soldadas**. Pulse con el botón izquierdo del ratón sobre la pestaña **Sólidos a recortar** y seleccione, desde la Zona de Gráficos, el segundo miembro estructural creado (sección cuadrada). Active la pestaña **Permitir extensión**. En **Límite de recorte** active la casilla **Sólidos** y seleccione, desde la Zona de Gráficos, el primer miembro estructural creado (perfil rectangular). Active la casilla **Vista preliminar** para ver la forma en la que va a producirse el recorte. Pulse **Aceptar** para crear el recorte.

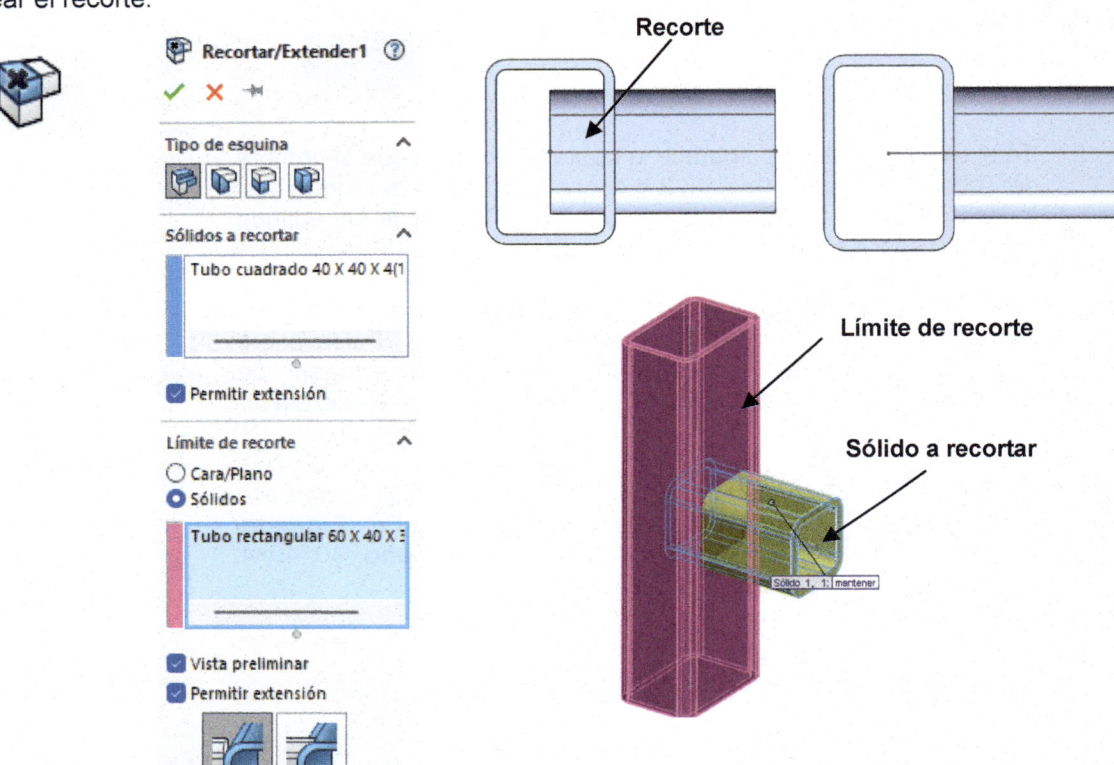

10. Pulse sobre el icono de **Cartela** desde la Barra de Herramientas de **Piezas soldadas**. En **Caras portadoras** del PropertyManager seleccione las caras <1> y <2> dónde desee localizar la cartela.

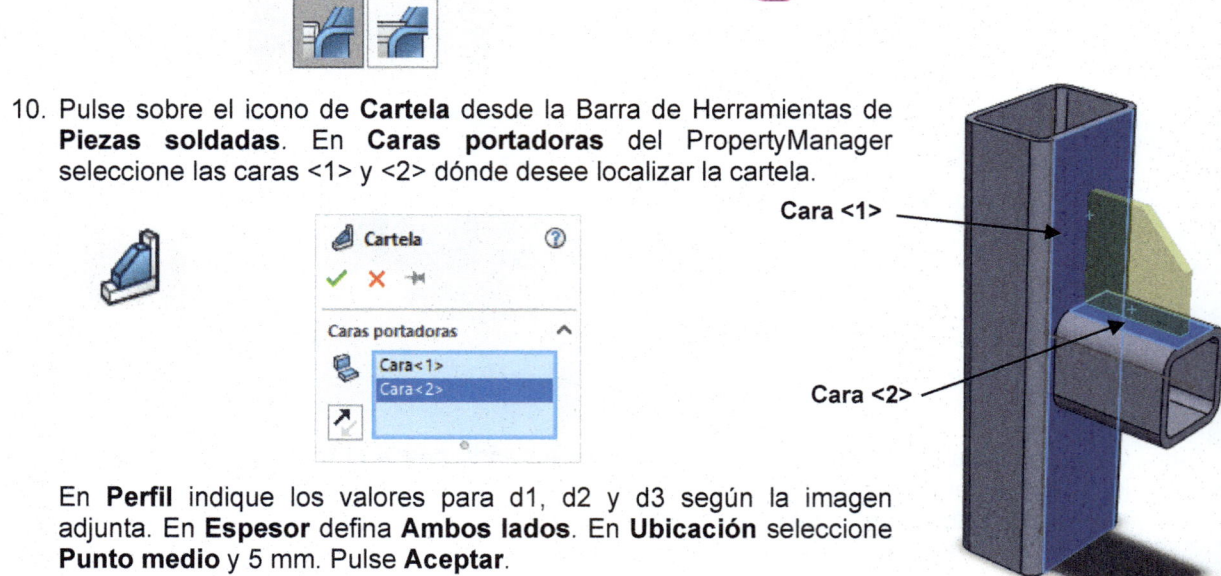

En **Perfil** indique los valores para d1, d2 y d3 según la imagen adjunta. En **Espesor** defina **Ambos lados**. En **Ubicación** seleccione **Punto medio** y 5 mm. Pulse **Aceptar**.

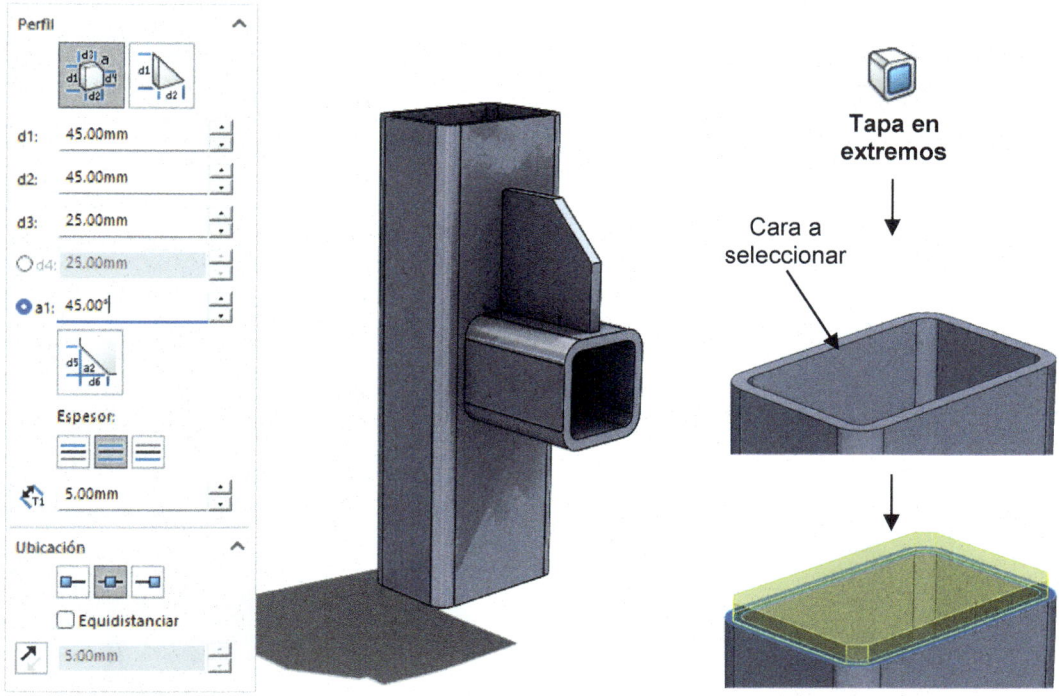

Tapa en
extremos

Cara a
seleccionar

Creación de las Tapas y Cordones de soldaduras

11. Seleccione la herramienta **Tapa en extremos** desde la Barra de Herramientas de **Piezas soldadas**. Desde la Zona de Gráficos seleccione la cara plana del borde del miembro estructural. En **Dirección de espesor** active la casilla **Hacia fuera** e indique un valor de 4,0 mm. En **Equidistancia** marque la casilla **Utilizar relación de espesor** (0,5) y **Esquinas de chaflán** (3,0 mm). Pulse **Aceptar** para crear la tapa.

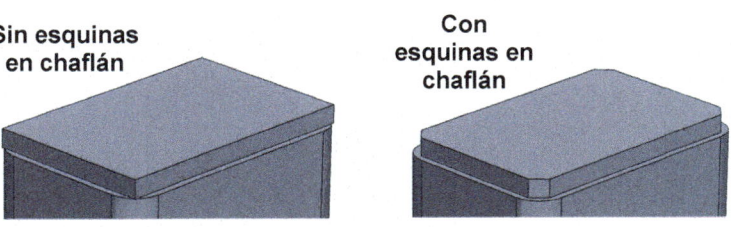

Sin esquinas
en chaflán

Con
esquinas en
chaflán

12. Para crear los cordones de soldadura seleccione la operación **Cordón de soldadura** desde la Barra de Herramientas de **Pieza soldada**. En **Configuraciones** seleccione, desde la Zona de Gráficos, las dos caras del modelo donde desee localizar el cordón de soldadura (ver figura). Active la casilla **Ambos lados** para crear los dos cordones de soldadura en la misma operación. Pulse **Aceptar**.

13. Repita el paso 12 para crear los dos cordones de soldadura intermitente. Active la casilla **Soldadura intermitente** desde el PropertyManager y active **Paso de rosca y longitud**. En **Longitud** (2,24 mm) y en **Paso de rosca** (2,688 mm). Pulse **Aceptar**.

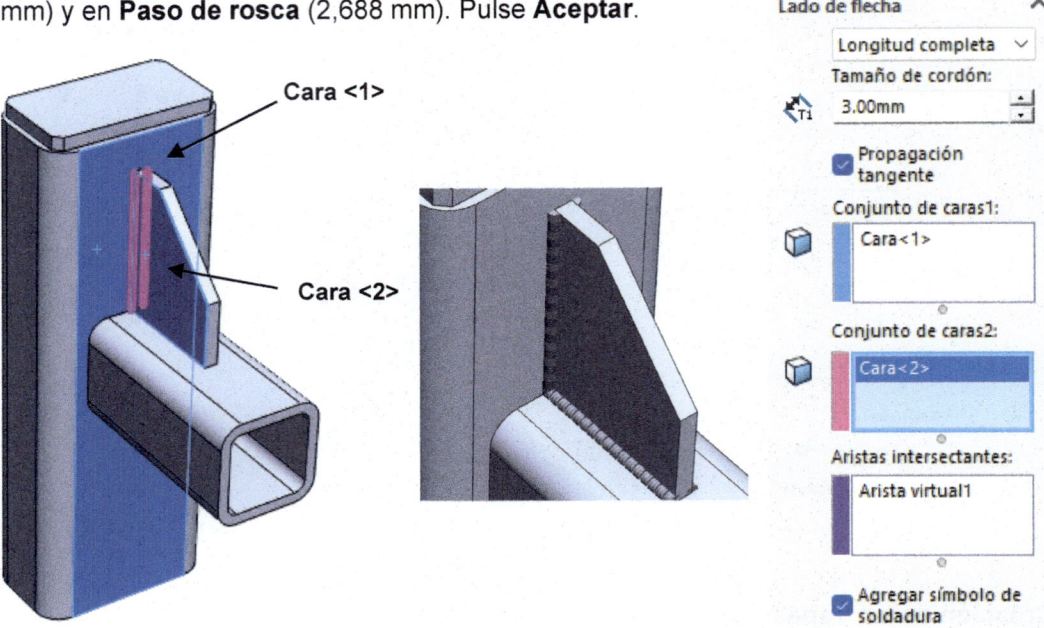

14. Para visualizar los cordones de soldadura pulse sobre **Cordón de soldadura** desde el Menú de persiana **Ver**.

15. Para editar los cordones de soldadura pulse sobre el **+** en la **Carpeta de soldadura** desde el Gestor de Diseño y pulse con el botón derecho del ratón sobre **Cordón de soldadura 7**. Seleccione **Editar operación** y defina un tamaño del cordón de soldadura de 3 mm.

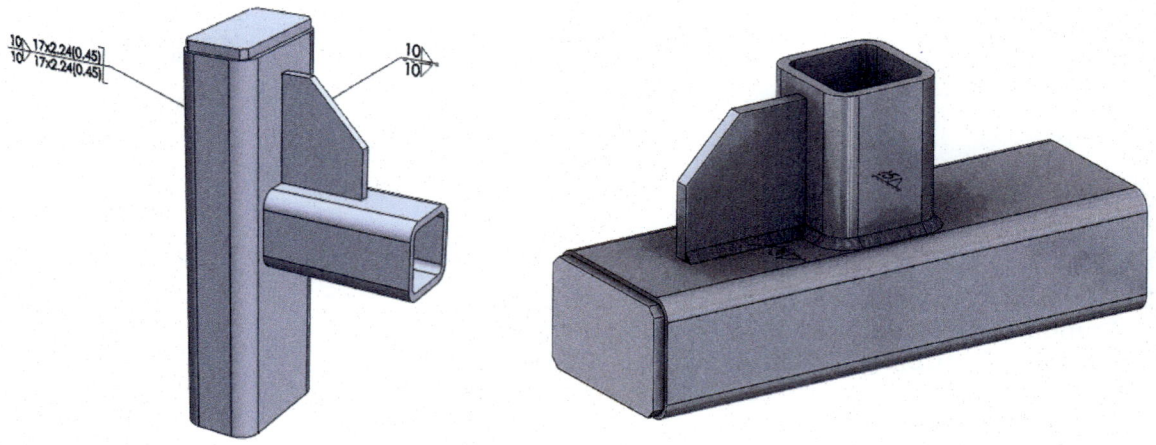

Observe como en el Gestor de diseño aparece una carpeta con el nombre de **Lista de cortes**. En esta carpeta se tienen las cartelas, tapas y recortes efectuados en el miembro estructural. Si desea editarlos debe pulsar con el botón derecho del ratón sobre la operación y modificar los valores de su definición.

Práctica 16. Piezas soldadas II

Diseñe el banco adjunto en la figura a partir del miembro estructural y empleando cartelas y soldadura.

🕐 25 minutos

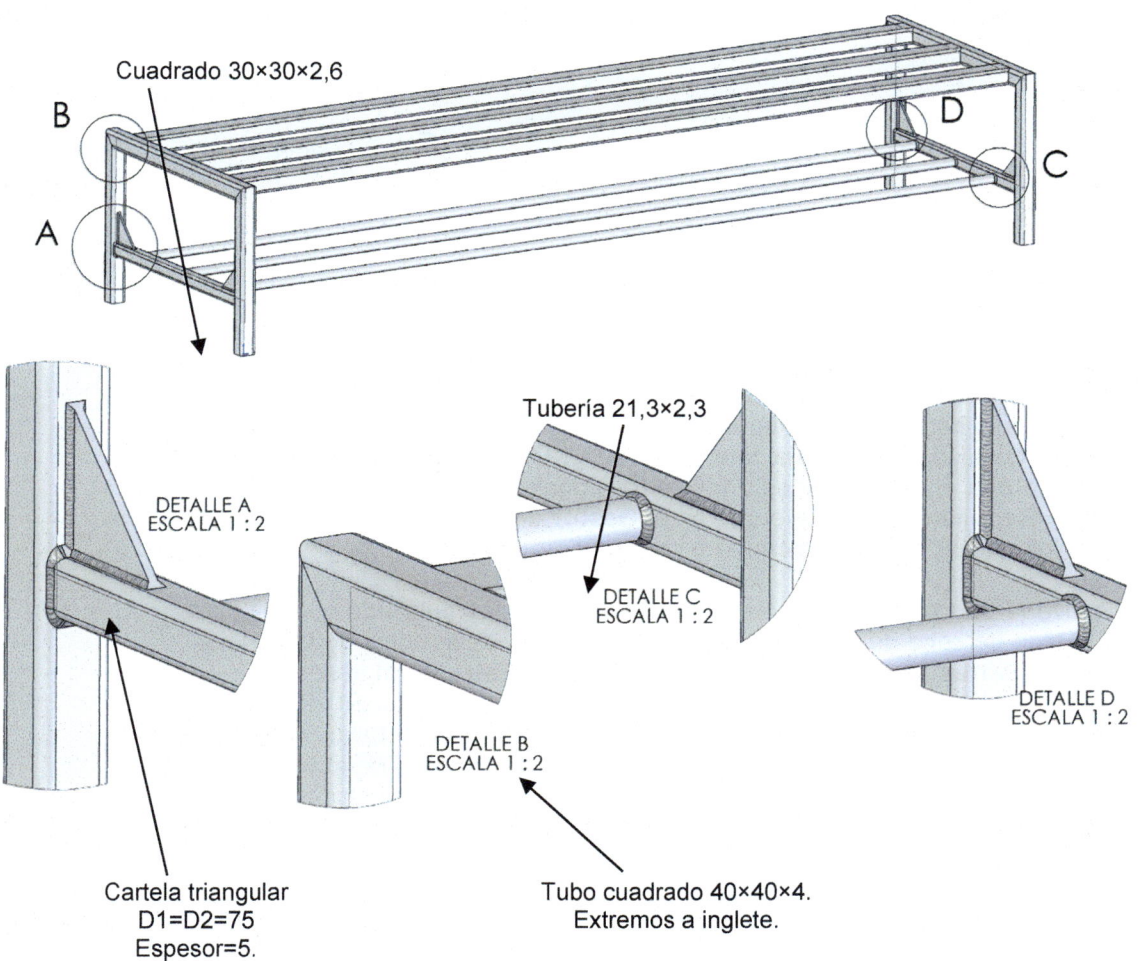

Cuadrado 30×30×2,6

B

A

D

C

Tubería 21,3×2,3

DETALLE A
ESCALA 1 : 2

DETALLE C
ESCALA 1 : 2

DETALLE B
ESCALA 1 : 2

DETALLE D
ESCALA 1 : 2

Cartela triangular
D1=D2=75
Espesor=5.

Tubo cuadrado 40×40×4.
Extremos a inglete.

Objetivos del tutorial

- Crear la estructura del banco a partir de **Miembro estructural**.
- Emplear **Recortar/Extender**, **Cordón de redondeo** y **Cartela**.

Modelado de la estructura

1. Pulse la opción **Nuevo** del Menú persiana **Archivo** o sobre el icono **Nuevo**.

2. Seleccione **Pieza** y pulse **Aceptar**.

3. Seleccione el plano de trabajo **Vista lateral** del **Gestor de Diseño** y pulse sobre **Normal a:** para visualizarlo en verdadera magnitud. Croquice el contorno de una de las alas del banco según las medidas indicadas en la figura. Pulse **Reconstruir (Ctrl+B)** para ascender el croquis realizado en el **Gestor de Diseño**.

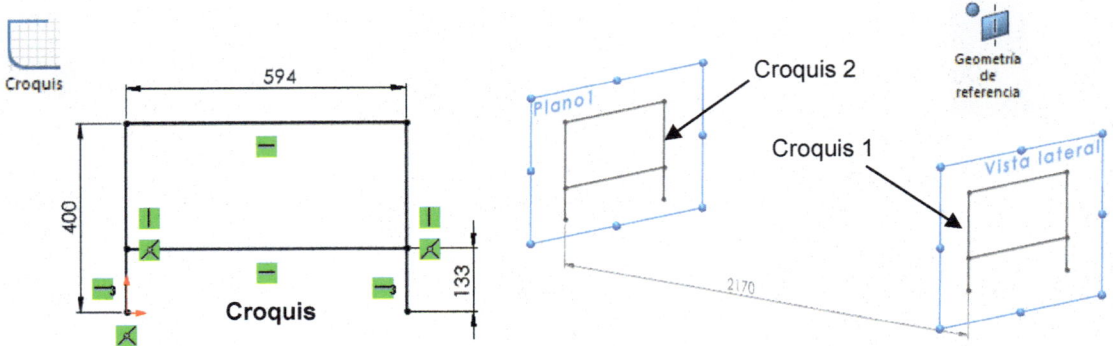

4. Pulse **Plano** desde la Barra de Herramientas **Geometría de Referencia** para crear un **Plano Nuevo equidistante**. Seleccione el **Plano** definido por la **Vista lateral** desde el **Gestor de Diseño** e indique una equidistancia de 2170 mm. Croquice el mismo perfil y pulse **Reconstruir**. Observe que en el **Gestor de Diseño** aparecen los dos croquis creados (croquis1 y croquis2).

5. Active la barra de herramientas de **Piezas soldadas** pulsando con el botón derecho del ratón sobre cualquier icono y seleccionando la opción **Barras de herramientas**. Pulse **Miembro Estructural** desde la Barra de Herramientas **Piezas soldadas** o desde el Menú de persiana **Insertar**, **Piezas soldadas**, **Miembro Estructural** y seleccione las líneas que conforman los **Segmentos del Trayecto** (parte exterior del perfil definido por el croquis1). A continuación, indique **Iso**, **Tubo cuadrado** de **Tamaño 40×40×4** y defina los **Extremos a inglete**. Pulse **Aceptar**.

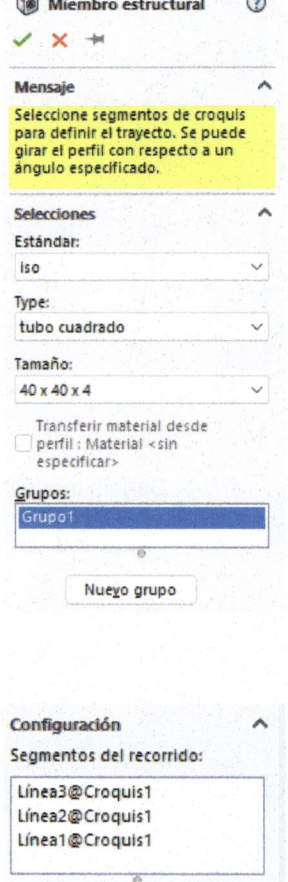

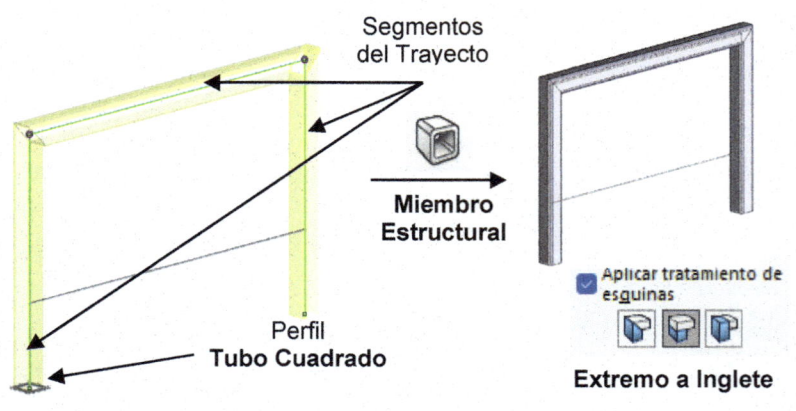

6. Vuelva a seleccionar la operación **Miembro Estructural** y repita el proceso para el segmento intermedio, pero ahora seleccione un perfil de **Tubo cuadrado Iso** de **Tamaño** 30×30×2.6. Pulse **Aceptar**.

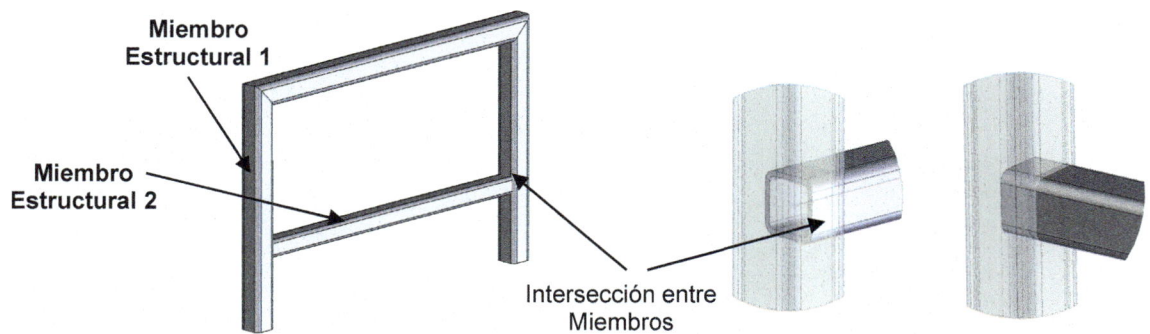

Miembro Estructural 1

Miembro Estructural 2

Intersección entre Miembros

7. Observe como el **Miembro Estructural** creado penetra en el primer Miembro produciendo una intersección entre ambos. Para eliminar la intersección pulse **Recortar/Extender** desde la Barra de Herramientas **Piezas soldadas** o desde el Menú de persiana **Insertar**, **Piezas soldadas**, **Miembro Estructural**. Seleccione el **Miembro Estructural2** como **Sólido a Recortar** y el **Miembro Estructural1** como **Límite de Recorte**. Active **Vista Preliminar** para visualizar el corte. Pulse **Aceptar**. Observe como el tubo cuadrado es recortado por los extremos coincidiendo con los límites de recorte.

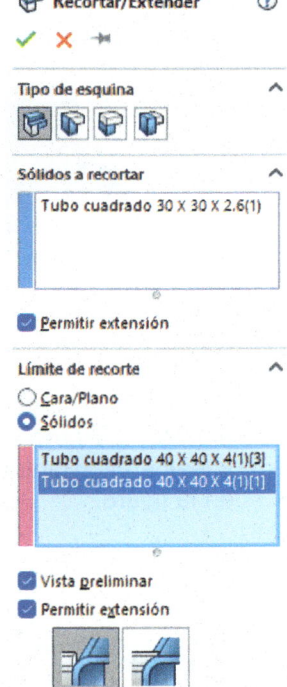

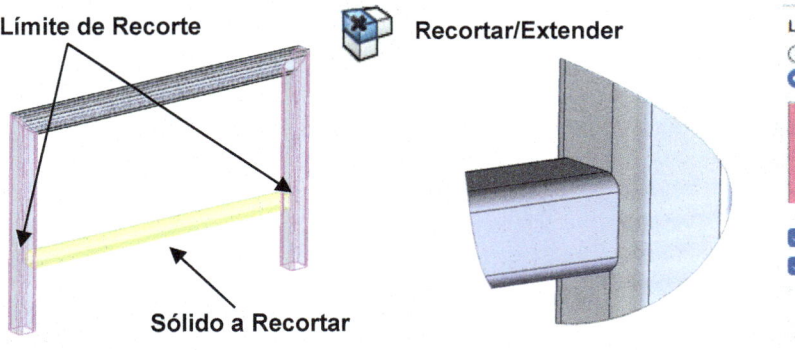

Límite de Recorte

Recortar/Extender

Sólido a Recortar

Creación del Cordón de soldadura y las Cartelas

8. Para insertar los cordones pulse **Cordón de soldadura** desde la Barra de Herramientas **Piezas soldadas** o desde el Menú de persiana **Insertar**, **Piezas soldadas**, **Cordón de Redondeo**.

Seleccione el **Conjunto de Caras** que deban compartir las aristas donde desee ubicar el **Cordón de soldadura**. Defina un cordón del **Tipo Longitud Completa** y **Tamaño** 5 mm. Active **Propagación tangente** para propagar la creación del cordón entre las caras tangentes seleccionadas. Pulse **Aceptar** para crear el cordón. Repita la operación en el extremo opuesto del **Miembro Estructural**. El cordón de soldadura también puede crearse a partir de la definición del cordón mediante su croquizado en **Trayectoria de soldadura**.

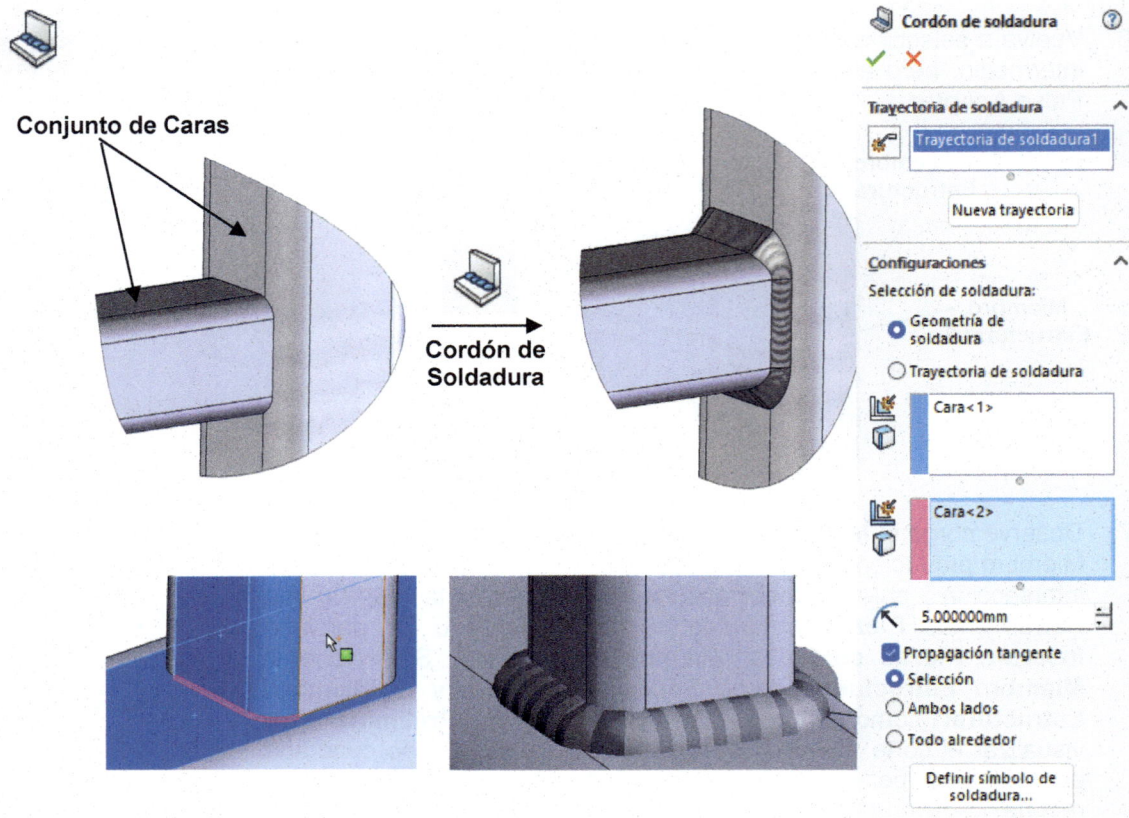

Conjunto de Caras

Cordón de Soldadura

Cordón de soldadura ⑦

Trayectoria de soldadura ⌃

Trayectoria de soldadura1

Nueva trayectoria

Configuraciones ⌃
Selección de soldadura:

◉ Geometría de soldadura

○ Trayectoria de soldadura

Cara<1>

Cara<2>

5.000000mm

☑ Propagación tangente
◉ Selección
○ Ambos lados
○ Todo alrededor

Definir símbolo de soldadura...

9. Repita el proceso desde el paso 5 al 8 para el **croquis2** creado en el plano equidistante.

10. Pulse **Plano** desde la Barra de Herramientas **Geometría de Referencia** y cree un **Plano** paralelo al **Plano Planta** que pase por el punto medio del Miembro Estructural2. Croquice tres líneas equidistantes a 180 mm situando la primera de ellas en el centro tal y como se muestra en la figura.

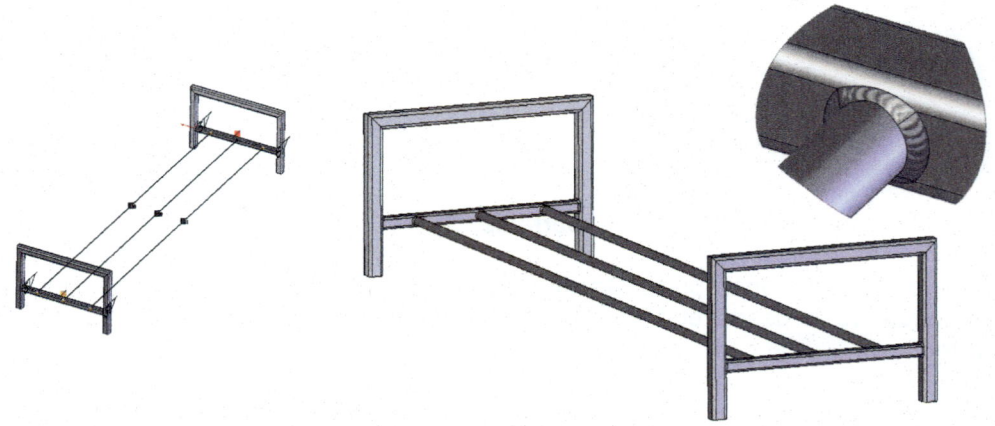

11. Pulse **Miembro Estructural** y seleccione **Tubería de Tamaño 21,3×2,3**. Pulse **Aceptar**. **Recorte** los extremos y cree un **Cordón de soldadura** de 3 mm de espesor. Pulse **Aceptar**.

12. Para crear los nervios pulse **Cartela** desde la Barra de Herramientas **Piezas soldadas** o desde el Menú de persiana **Insertar**, **Piezas soldadas**, **Cartela**. Seleccione el **Perfil Triangular** y las **Distancias D1** y **D2** de 75 mm. **Espesor** 5 mm. Pulse **Aceptar**.

13. Seleccione **Cordón de Redondeo** de **Longitud Completa** y **Tamaño** 3 mm e indique el conjunto de **Caras** a uno y otro lado de la **Cartela**. Pulse **Aceptar**.

14. Repita el proceso de creación y de **Soldadura** de cada una de las **Cartelas** del modelo.

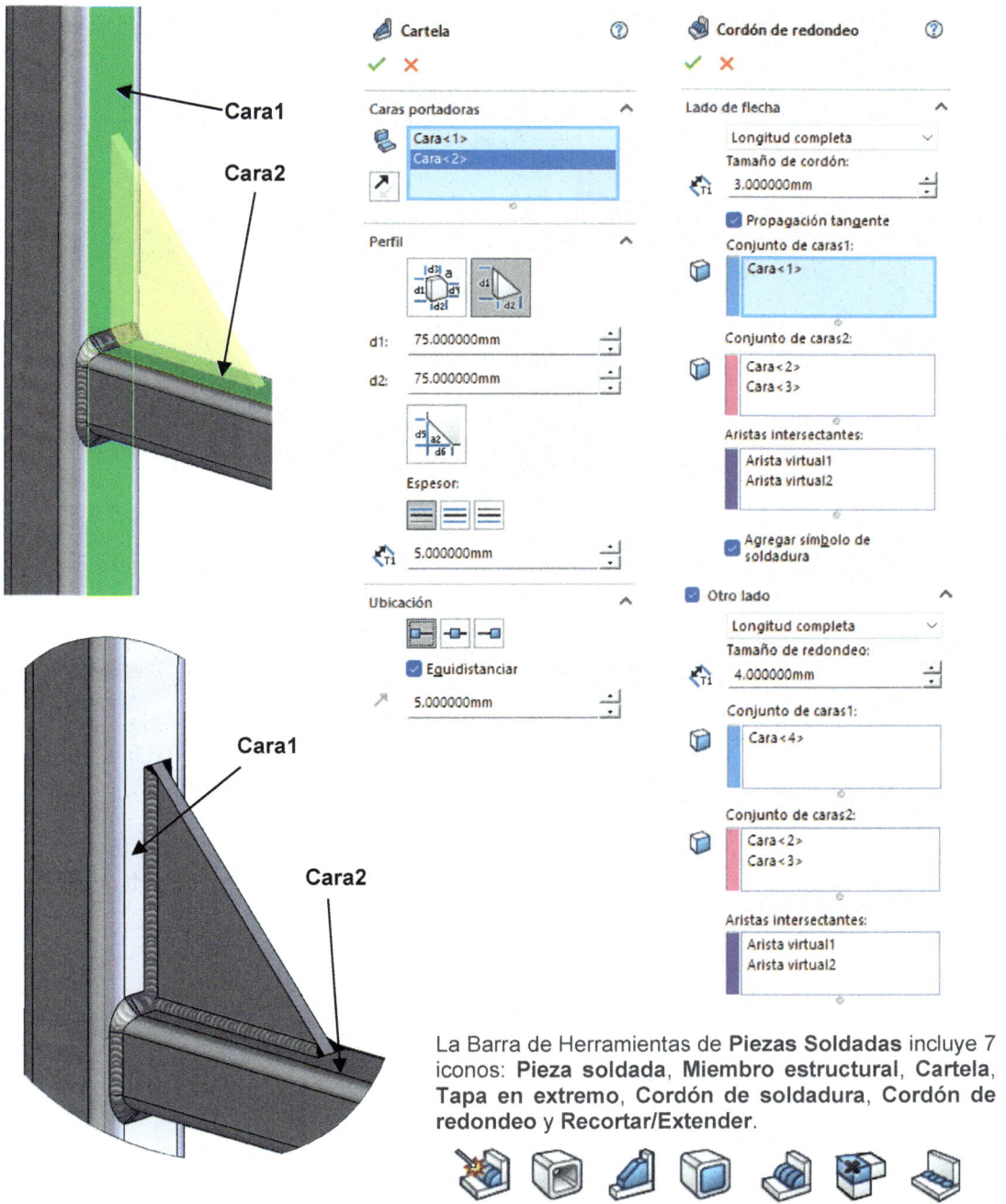

La Barra de Herramientas de **Piezas Soldadas** incluye 7 iconos: **Pieza soldada**, **Miembro estructural**, **Cartela**, **Tapa en extremo**, **Cordón de soldadura**, **Cordón de redondeo** y **Recortar/Extender**.

Características de los cordones de soldadura

El PropertyManager de la función **Cordón de redondeo** (**Insertar**, **Piezas soldadas**, **Cordón de redondeo**) permite definir: el tipo de cordón y la penetración (parcial y completa), además de la propagación tangente (fuente: SolidWorks).

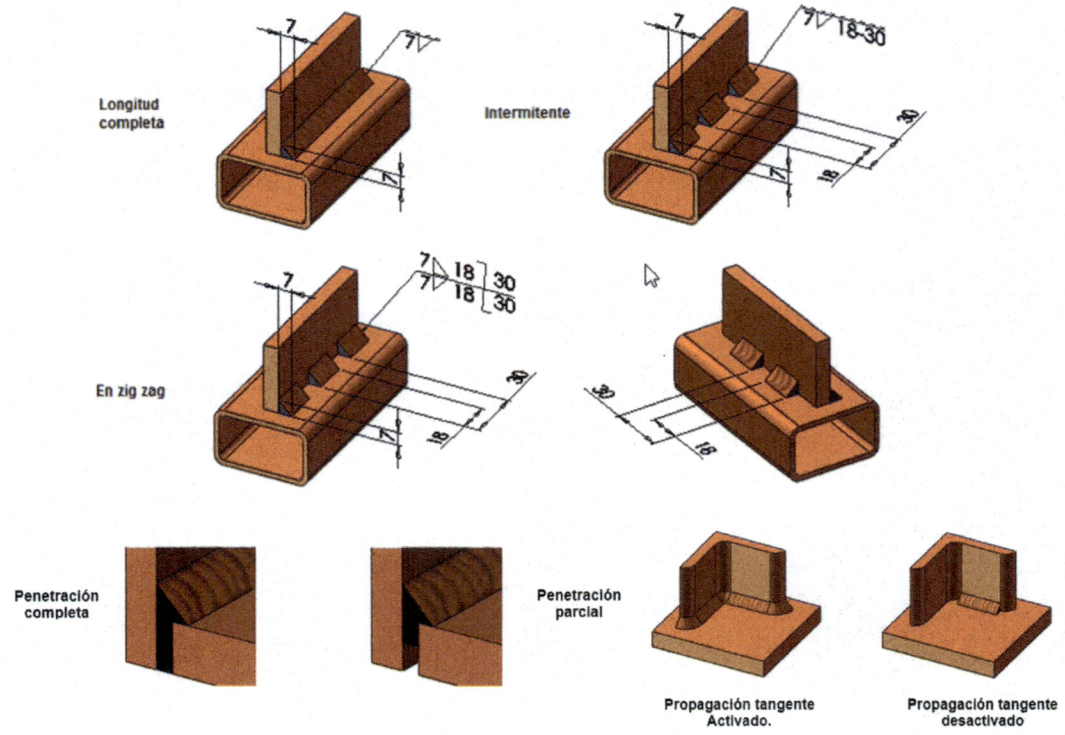

Al crear un **Miembro Estructural** puede definir el tipo de tratamiento de las esquinas: **A inglete**, **A Tope1**, **A Tope2** o **Sin tratamiento**.

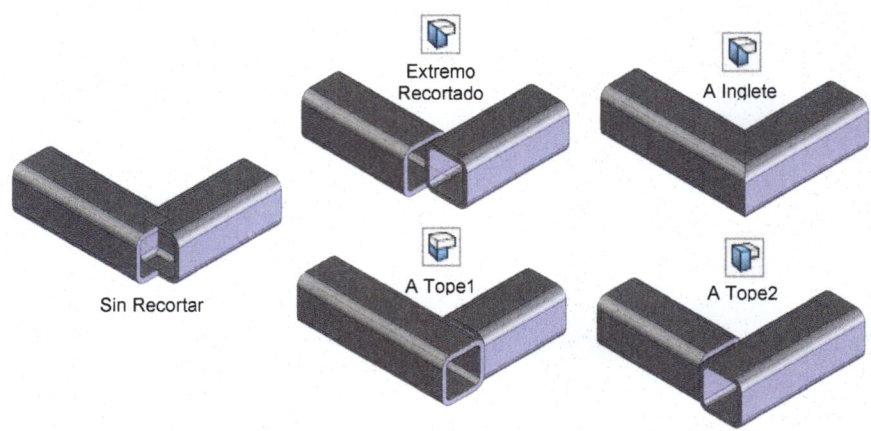

Práctica 17. Piezas soldadas III

Cree el modelo de silla adjunto a partir de miembro estructural (Tuberías ISO).

⏳ 25 minutos

Tubería ISO 33,7×4

Tubería ISO 26,9×3,2

Tubería ISO 26,9×3,2

Objetivos del tutorial

- Crear el croquis 2D y 3D.
- Crear el modelo a partir de **Miembro estructural**.
- **Recortar/Extender** la estructura tubular.

Modelado de la estructura

1. Pulse **Nuevo** del Menú persiana **Archivo** o sobre el icono **Nuevo**.

2. Seleccione **Pieza** y pulse **Aceptar**. Extraiga la Barra de Herramientas de **Piezas soldadas** pulsando con el botón derecho sobre cualquier icono y seleccionando **Barra de Herramientas**.

3. Seleccione **el Plano de Trabajo Planta** desde el **Gestor de Diseño** y pulse sobre **Normal a:** para visualizarlo en su verdadera magnitud.

4. Pulse sobre el icono de **Croquis** y seleccione la Herramienta de croquizar **Línea**. Croquice el perfil de la pata de la silla tal y como se indica en la figura adjunta.

5. Pulse **Miembro Estructural** desde la Barra de Herramientas **Piezas soldadas** o desde el Menú de persiana **Insertar**, **Piezas soldadas**, **Miembro Estructural**. Seleccione **Tubería Iso** de **sección 33.7×4.0 mm** y pulse **Aceptar**.

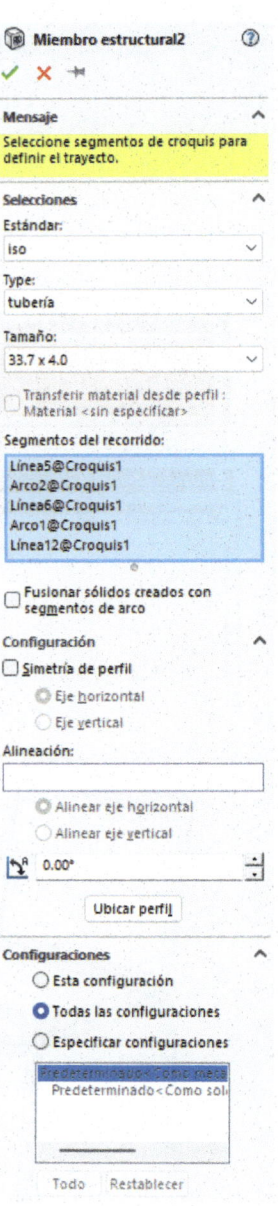

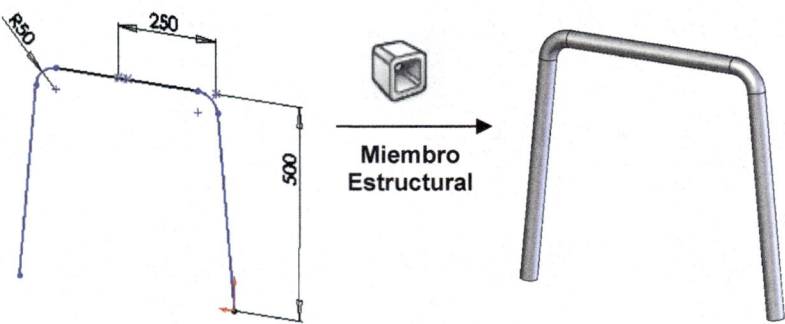

Miembro
Estructural

6. Cree un **Plano equidistante** al primero y que diste 600 mm y repita la misma operación con la segunda pata. También puede crear una matriz lineal de operación.

7. Cree un segundo **Plano** que diste 600 mm del plano **Planta** para dibujar los largueros horizontales de la estructura de la silla. Empiece la línea de croquis justo en la línea que define las patas de la silla. Una vez croquizados, pulse **Miembro Estructural** y seleccione una **Tubería Iso** de **26.9×3.2** mm de sección.

8. Pulse **Recortar/Extender** y seleccione las estructuras de las patas como **Sólidos a recortar** y las dos tuberías horizontales como **Límite de recorte**. Pulse **Aceptar** para **Recortar/Extender**.

9. Pulse **Croquis 3D** desde la Barra de Herramientas de **Piezas soldadas** y croquice la forma exterior de la base y el respaldo de la silla siguiendo las dimensiones aproximadas indicadas en la figura. Una vez croquizados pulse **Miembro Estructural** y seleccione una **Tubería Iso** de **33.7×4.0 mm** de sección.

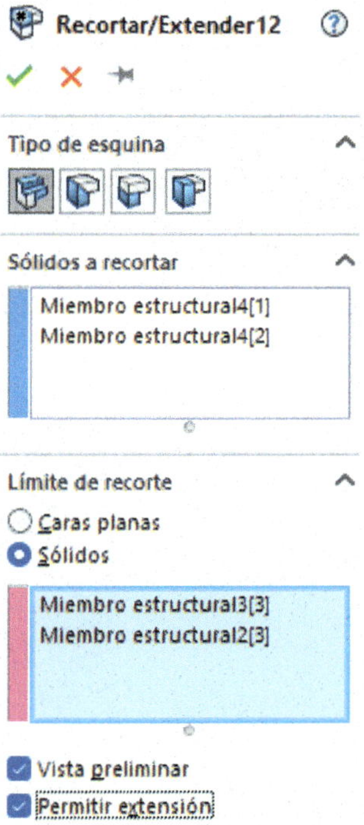

Sólidos a Recortar

Límite de Recorte

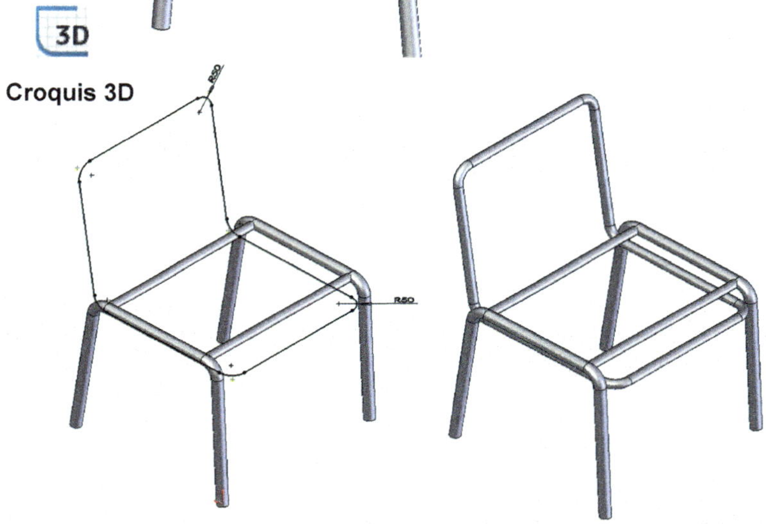

Recortar/Extender12 ⑦

✓ ✕ ⟶

Tipo de esquina ⌃

Sólidos a recortar ⌃

Miembro estructural4[1]
Miembro estructural4[2]

Límite de recorte ⌃

○ Caras planas
◉ Sólidos

Miembro estructural3[3]
Miembro estructural2[3]

☑ Vista preliminar
☑ Permitir extensión

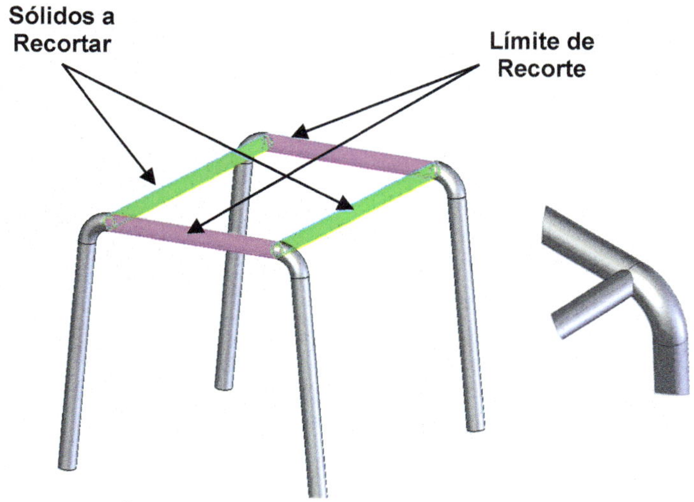

3D

Croquis 3D

10. Repita la misma operación para crear la estructura del respaldo empleando una **Tubería Iso** de **26.9×3.2 mm** de sección circular.

11. **Recorte/alargue** el resto de los **Miembros Estructurales** de la misma forma que lo hizo en la etapa 8 del tutorial.

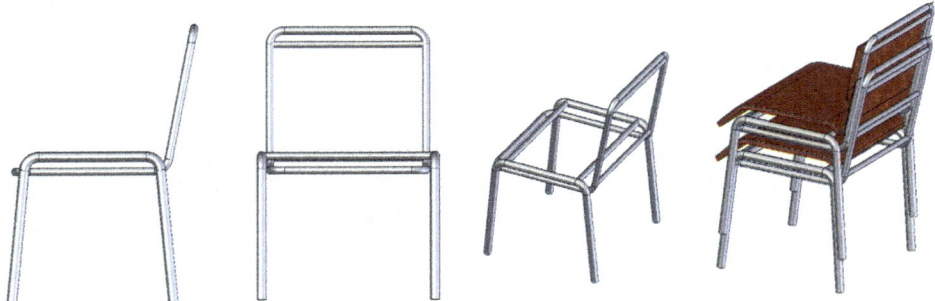

ⓘ No olvide que en los materiales digitales de soporte que acompaña el libro puede descargar el modelo ya creado.

Si desea insertar un miembro estructural con dimensiones distintas a las normalizadas puede modificar el croquis de uno de los perfiles ya existentes. Pulse con el botón derecho del ratón sobre **Croquis** en **Miembro Estructural** desde **Gestor de Diseño** y seleccione **Editar Croquis**. Modifique las dimensiones. Para crear perfiles personalizados cree el perfil y guárdelo en la carpeta:

<directorio_instalación>\data\weldment profiles

Croquis a modificar

La opción **Selección inteligente de soldadura** permite arrastrar el cursor sobre las caras por donde desee crear el cordón de soldadura. Recuerde que para crear cordones de soldadura debe seleccionar **Insertar, Piezas soldadas, Cordón de soldadura** para el caso de una pieza e **Insertar, Operación de ensamblaje, Cordón de soldadura**, para un ensamblaje.

Práctica 18. Piezas soldadas IV

A partir de las coordenadas X, Y, Z que definen los puntos de la estructura del marco de la bicicleta, cree el modelo con miembros estructurales normalizados. Utilice el complemento ScanTo3D y Piezas soldadas.

⏳ 25 minutos

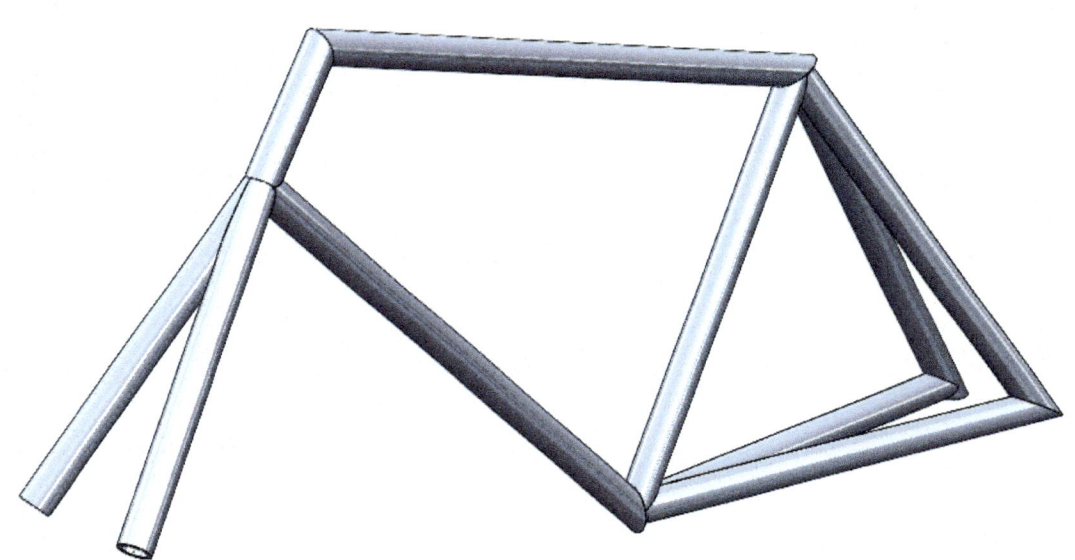

Coordenadas X, Y, Z

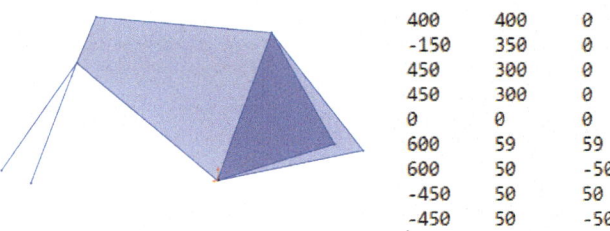

X	Y	Z
400	400	0
-150	350	0
450	300	0
450	300	0
0	0	0
600	59	59
600	50	-50
-450	50	50
-450	50	-50

ScanTo3D es un complemento de SolidWorks que permite importar datos de nubes de puntos y mallas escaneadas en 3D para su posterior procesamiento y conversión en modelos CAD sólidos o superficies paramétricas.

Objetivos del tutorial

- Crear puntos de la estructura metálica a partir de sus coordenadas con **ScanTo3D**.

- Unir puntos con **Croquis** y **Croquis 3D**.

- Crear **Miembro estructural** y recortar entidades con **Piezas soldadas**.

Creación de documento nuevo y exportación coordenadas con ScanTo3D

1. Pulse **Nuevo** del Menú persiana **Archivo** o sobre el icono **Nuevo**. Seleccione **Pieza** y pulse **Aceptar**. Active el complemento **ScanTo3D** desde el Menú de persiana **Herramientas**, **Complementos**. El complemento permite importar puntos definidos por coordenadas X, Y, Z. Active también la Barra de Herramientas de **Piezas soldadas**. Puede hacerlo pulsando con el botón derecho sobre cualquier icono y seleccionando la opción **Barra de Herramientas**.

2. Pulse **Abrir** desde el Menú de persiana **Archivo**. En el filtro de tipo de archivo seleccione **Archivos ScanTo3D PointCloud** y abra el fichero puntos.txt adjunto con el libro.

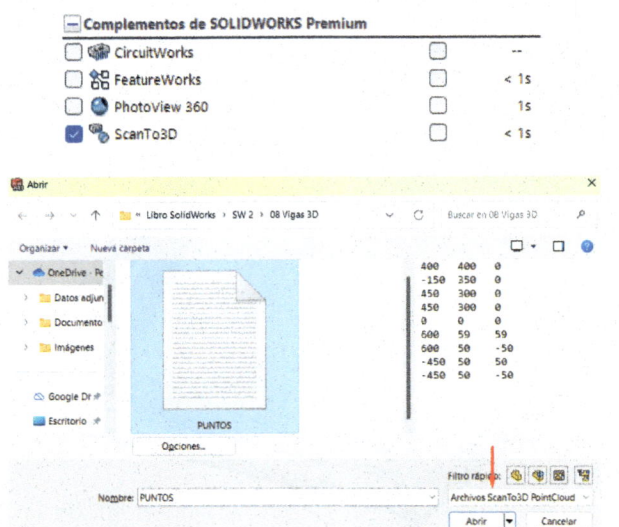

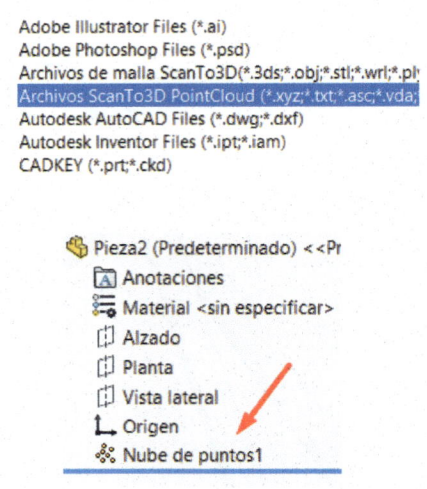

3. Observe cómo se ha importado una nube de puntos a partir de las coordenadas definidas en el fichero .txt. Pulse sobre **Croquis 3D** y seleccione **Línea**. Una, mediante una línea, cada uno de los puntos importados (ver figura adjunta). Pulse **Aceptar** para finalizar.

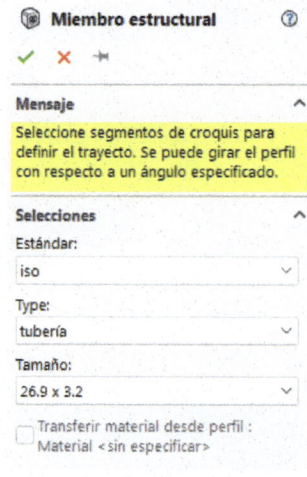

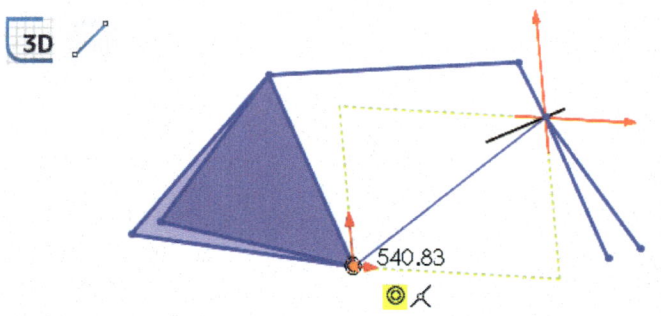

4. Pulse **Miembro Estructural** desde la Barra de Herramientas **Piezas soldadas** o desde el Menú de persiana **Insertar**, **Piezas soldadas**, **Miembro Estructural**. Seleccione **Tubería Iso** de **sección 26.9×3.2 mm**.

5. Seleccione las líneas 1, 2, 3 y 4. Observe cómo se crea una previsualización con la estructura del tubo. Pulse **Nuevo grupo** (Grupo 2) y seleccione las dos líneas (5 y 6) indicadas en la figura. Repita el mismo proceso para los grupos 3 y 4. Pulse **Aceptar** para finalizar.

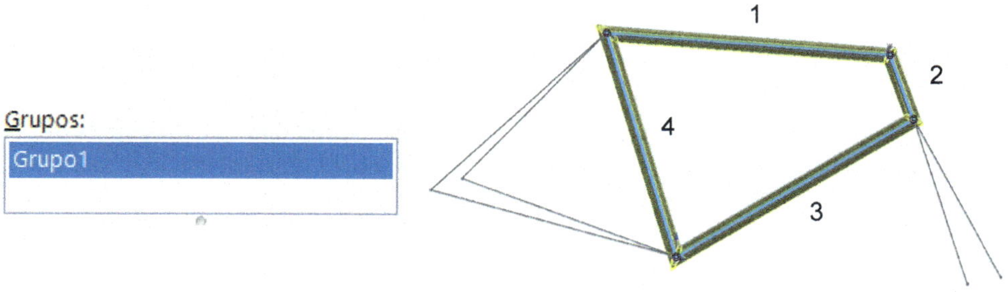

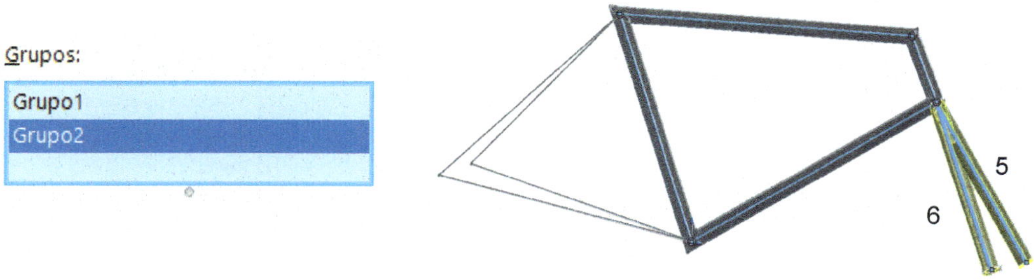

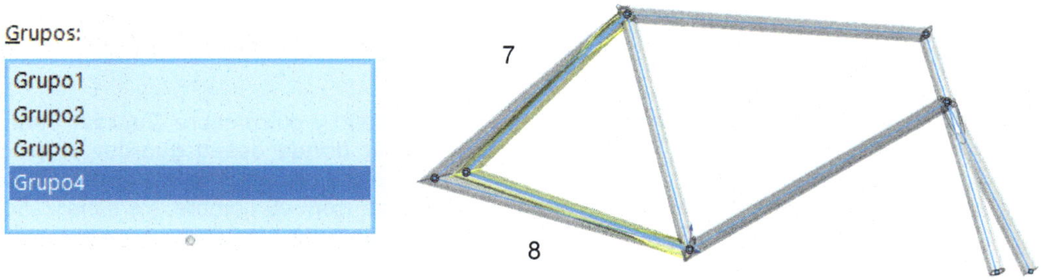

Grupos:

| Grupo1 |

Grupos:

| Grupo1 |
| Grupo2 |

Grupos:

| Grupo1 |
| Grupo2 |
| Grupo3 |
| Grupo4 |

6. Observe cómo en el Gestor de Diseño se incluyen, dentro de la operación Tubería, cada uno de los 10 tubos que se han creado. Mediante el botón derecho sobre la operación de tubería puede editar la operación (**Editar operación**).

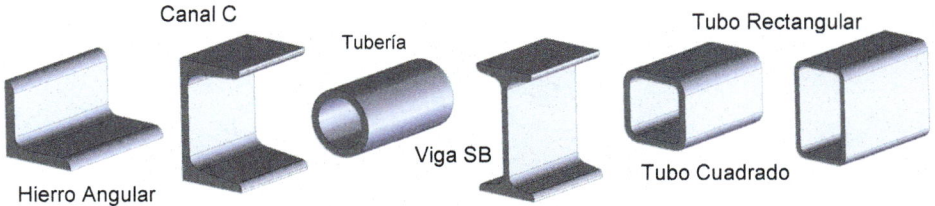

Canal C

Tubería

Tubo Rectangular

Viga SB

Tubo Cuadrado

Hierro Angular

ℹ️ Recuerde que con la operación **Miembro Estructural** puede crear perfiles normalizados (**ISO**, **ANS**I **pulgadas)** previamente definidos: **Canal en C**, **Hierro angular**, **Tubo cuadrado**, **Tubo rectangular** y **Viga SB**.

7. **Recorte/alargue** el resto de los **miembros Estructurales** de la misma forma que lo hizo en la etapa 8 del tutorial 16.

ℹ️ **¿Cómo crear perfiles personalizados para piezas soldadas?**

Es posible generar un perfil personalizado propio para utilizarlo en la creación de miembros estructurales de pieza soldada. Los pasos que debe seguir en su creación son:

1. Cree un nuevo fichero de pieza y croquice el perfil personalizado. El origen de coordenadas (0,0,0) será el punto de inserción del perfil creado (punto de perforación). Pulse **Aceptar** y cierre el croquis.

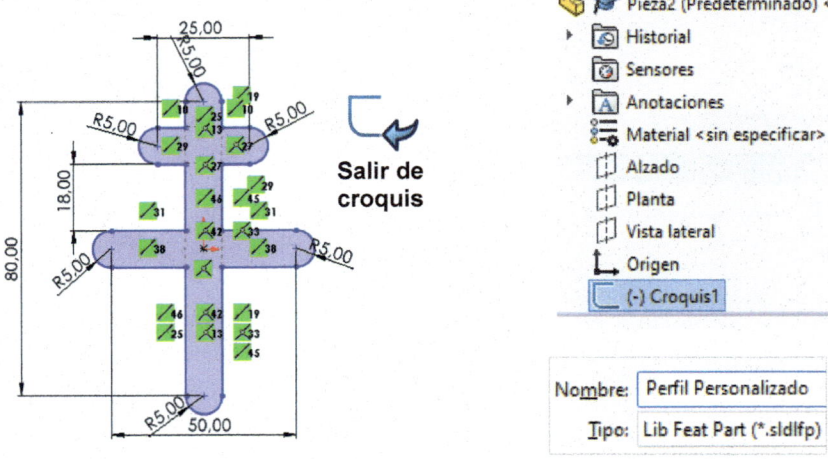

2. Seleccione el croquis desde el Gestor de Diseño y pulse sobre **Guardar como**, desde el Menú de persiana **Archivo**. **Indique el lugar donde desea guardar el croquis:** en el cuadro de diálogo: *install_dir\SolidWorks\lang\spanish\weldment* profiles\. Es conveniente que en ese directorio se cree una carpeta con el nombre Personalizado. En **Tipo**, seleccione **Lib Feat Part (*.sldlfp)**. Escriba un nombre para el archivo (Perfil personalizado). Pulse sobre **Guardar**.

3. Ahora, cuando acceda a **Miembro Estructural**, en **Tipo** debe aparecer la etiqueta con el nombre del perfil creado y puede insertarlo de forma automática.

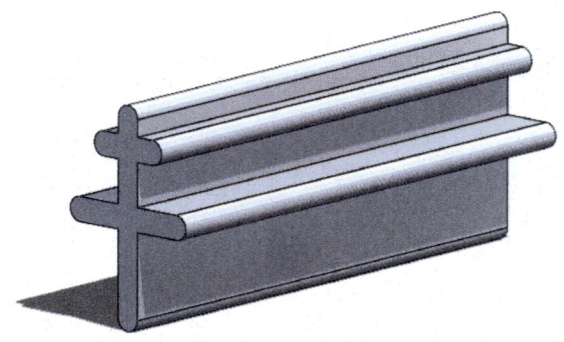

Práctica 19. Herramientas de moldes

Cree las cavidades del molde a partir de los modelos de la figura (A y B) que acompaña el libro.

⏳ 30 minutos

Práctica A

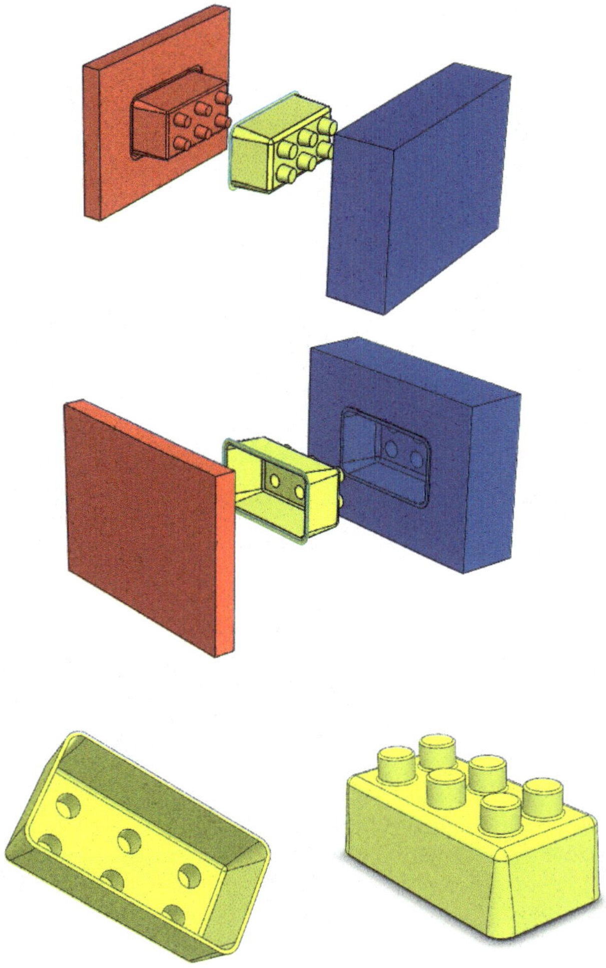

Práctica B

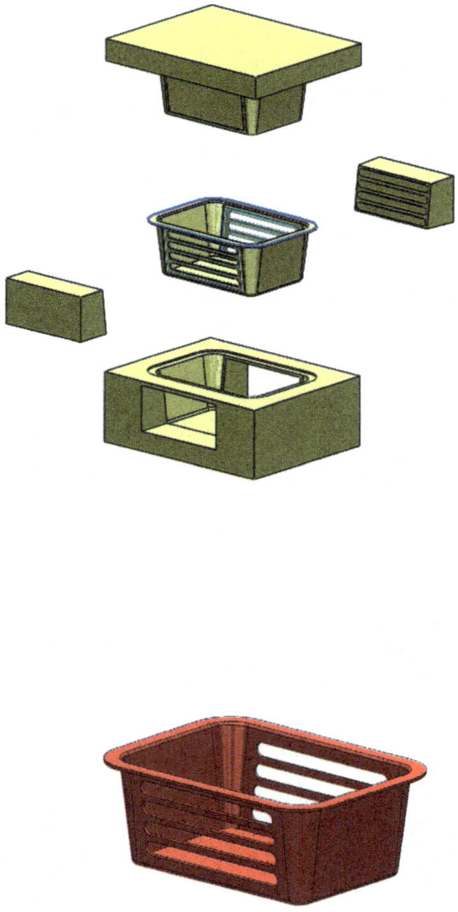

Objetivos del tutorial

- Evaluar el **Ángulo de salida** del modelo de pieza.
- Aplicar **Factor de escala** y crear **Líneas de separación**.
- Creación y separación del **Núcleo/cavidad**.
- Crear postizos negativos a partir de **superficies desconectadas** y **Núcleo**.

Diseño de cavidades para un molde de inyección de plástico (Práctica A)

A partir del diseño de una pieza de plástico es posible realizar un estudio de los ángulos de salida y crear el núcleo y la cavidad del molde de forma rápida y sencilla. Para ello SolidWorks dispone de una Barra de Herramientas específica para el diseño de moldes que incluye 20 operaciones.

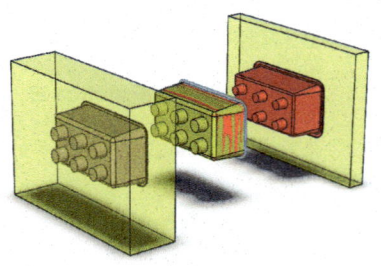

Abrir el modelo de pieza de plástico

1. Pulse la opción **Abrir** del Menú persiana **Archivo** o sobre el icono **Abrir**. Localice el modelo de pieza de plástico que acompaña el libro.

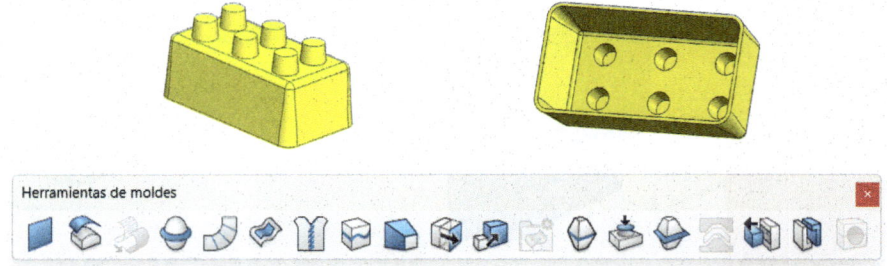

2. Pulse sobre cualquier icono con el botón derecho del ratón. Seleccione **Herramienta de moldes** para cargar la Barra de Herramientas de moldes.

Evaluar el ángulo de salida

Antes de empezar con el proceso de creación de la cavidad debe evaluar el ángulo de salida. Su análisis es necesario para comprobar que la pieza tiene la conicidad adecuada para facilitar su expulsión después del conformado en molde.

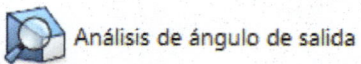

Análisis de ángulo de salida

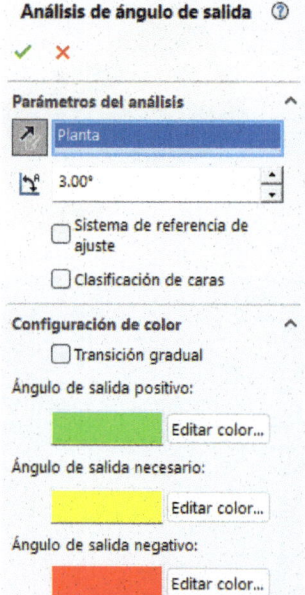

3. Pulse sobre el icono **Análisis de ángulo de salida** contenido en la Barra de Herramientas de **Moldes**. En **Dirección de desmoldeo** seleccione el plano **Planta** desde el Gestor de Diseño y en **Ángulo de salida** 3.0º. Observe que las caras interiores tienen un ángulo de salida negativo (rojo) y las exteriores uno positivo (verde). No aparecen caras de color amarillo, por lo que puede afirmarse que el análisis efectuado es correcto. La pieza puede desmoldearse sin problemas. Pulse **Aceptar**.

Ángulo de salida negativo:

Ángulo de salida positivo:

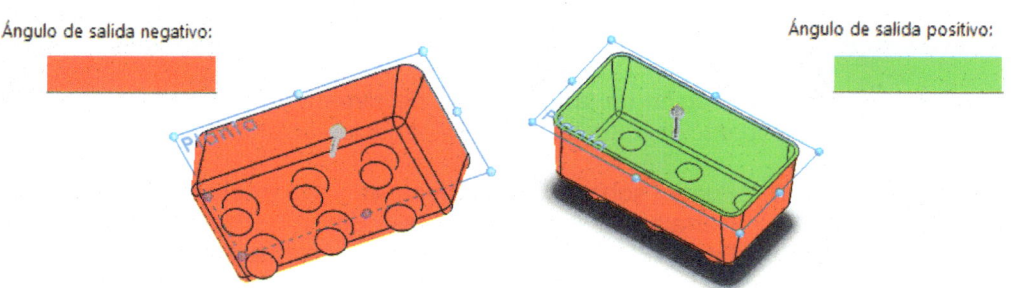

i Si activa la opción **Clasificación de caras** desde **Parámetros de salida** SolidWorks calcula y enumera el número de caras con ángulo negativo, positivo y caras con ángulo necesario. Además, puede verlas de forma individual.

Factor de escala y creación de las líneas de separación

Los plásticos sufren cierta contracción durante el enfriamiento después de ser expulsados del molde. Por esta razón, la cavidad debe escalarse teniendo en cuenta el plástico empleado. La contracción suele ser de entre un 1 y un 2% en la mayoría de los plásticos. Para el caso estudiado se aplica un factor de escala de 1,05, uniforme y en el centro de gravedad.

4. Pulse sobre **Escala** desde la Barra de Herramientas de **Operaciones**. En **Ajustar con respecto a:** seleccione **Centro de gravedad**. Active **Escala uniforme** e indique un factor de escala de 1,05. Pulse **Aceptar**.

5. Pulse sobre el icono de **Líneas de separación** contenido en la Barra de Herramientas de **Moldes**. En **Dirección de desmoldeo** seleccione el plano **Planta** desde el Gestor de Diseño. Pulse **Invertir dirección** para garantizar que la flecha apunta hacia fuera. En **Ángulo de salida** indique 0.5º y pulse **Análisis de ángulo de salida**. Observe que en Líneas de separación aparecen las aristas que definen la superficie de separación del molde. Pulse **Aceptar**.

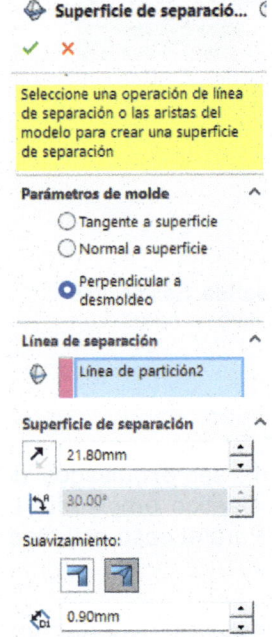

Creación de superficie de separación y del núcleo/cavidad

La creación de la **Superficie de separación** es necesaria para definir la separación entre la cavidad y el núcleo del molde.

6. Pulse sobre **Superficies de separación** desde la Barra de Herramientas de **Moldes**. En el PropertyManager seleccione **Perpendicular a desmoldeo** en **Parámetros de moldes**. En **Superficie de separación** indique 21.80mm. En **Opciones** seleccione **Coser todas las superficies** y **Vista preliminar**. Pulse **Aceptar**. Se crea una superficie exterior de 21,8 mm de ancho.

7. Para crear el núcleo y la cavidad pulse sobre el icono **Núcleo/Cavidad** contenido en la Barra de Herramientas de **Moldes**. Observe como se abre un croquis y aparece un mensaje que le indica la necesidad de seleccionar un plano o cara para croquizar las placas del núcleo y de la cavidad.

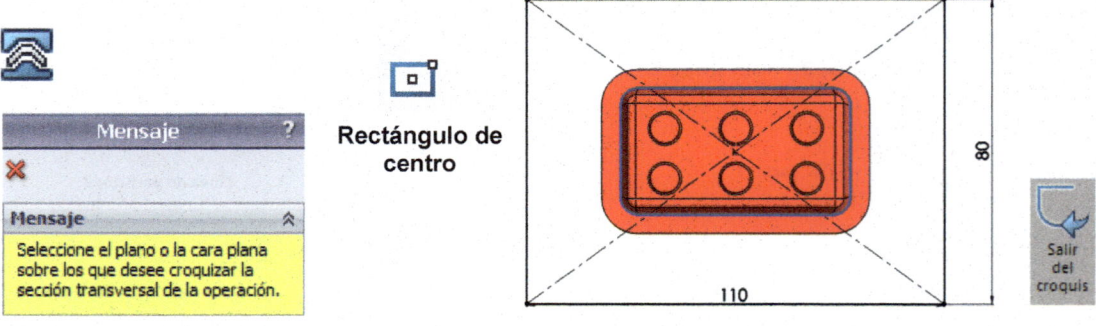

Rectángulo de centro

8. Seleccione el plano **Planta** desde el árbol de operaciones y pulse sobre el icono **Rectángulo de centro** contenido en la Barra de Herramientas de **Croquis**. Pulse en el origen de coordenadas y croquice un rectángulo con las dimensiones (110×80) mm. Al finalizar el croquis del rectángulo seleccione **Salir del Croquis** desde la Barra de Herramientas de **Croquis** y observe como en el Gestor de Diseño aparece el PropertyManager de **Núcleo/Cavidad**.

3D ContentCentral

 Recuerde que puede descargar portamoldes diseñados por usuarios y empresas del repositorio en línea **3D ContentCentral**. Además, dispone de elementos normalizados de los principales fabricantes de portamoldes.

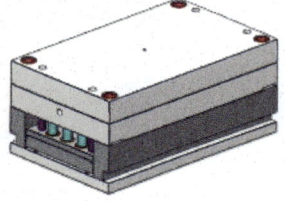

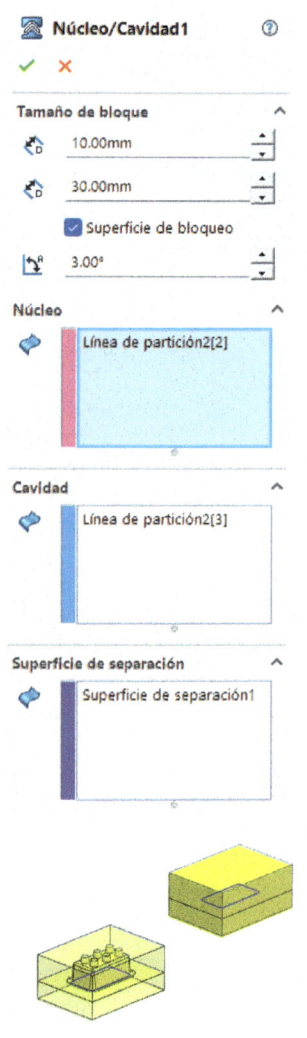

Núcleo/Cavidad1

Tamaño de bloque

10.00mm

30.00mm

☑ Superficie de bloqueo

3.00°

Núcleo

Línea de partición2[2]

Cavidad

Línea de partición2[3]

Superficie de separación

Superficie de separación1

9. En el PropertyManager de **Núcleo/Cavidad** aparecen definidos el **Núcleo** (Línea de partición 1[2]), la **Cavidad** (Línea de partición 1[3]) y la **Superficie de separación**. Active la casilla de **Superficie de bloqueo**.

10. Defina los valores del **Tamaño del bloque**. En **Profundidad en dirección 1** indique 10 mm y en **Profundidad en dirección 2** indique 30 mm. Pulse **Aceptar**. De esta forma se crean las dos cavidades.

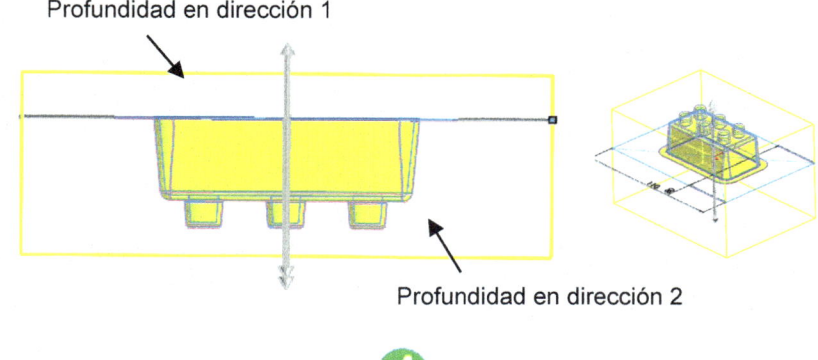

Profundidad en dirección 1

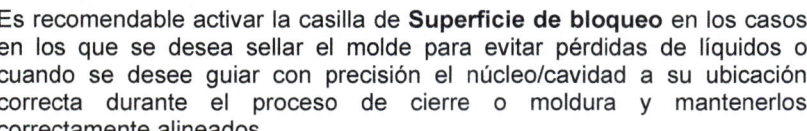

Profundidad en dirección 2

Es recomendable activar la casilla de **Superficie de bloqueo** en los casos en los que se desea sellar el molde para evitar pérdidas de líquidos o cuando se desee guiar con precisión el núcleo/cavidad a su ubicación correcta durante el proceso de cierre o moldura y mantenerlos correctamente alineados.

Las superficies de bloqueo rodean el perímetro de las superficies de separación del modelo de forma casi perpendicular.

Separación del núcleo y de la cavidad

11. Para separar la pieza, el núcleo y la cavidad de forma que actúen como sólidos independientes pulse sobre **Mover/Copiar sólidos** desde la Barra de Herramientas de **Moldes**. En **Sólidos para mover** seleccione, desde la Zona de Gráficos, Núcleo/Cavidad4[1].

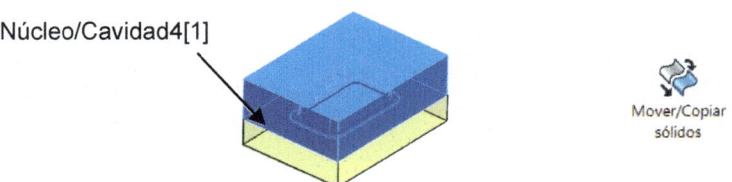

Núcleo/Cavidad4[1]

Mover/Copiar sólidos

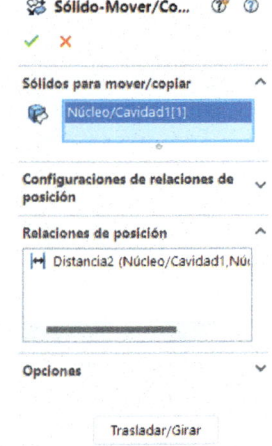

Sólido-Mover/Co...

Sólidos para mover/copiar

Núcleo/Cavidad1[1]

Configuraciones de relaciones de posición

Relaciones de posición

Distancia2 (Núcleo/Cavidad1,Nú

Opciones

Trasladar/Girar

12. En **Configuraciones de relaciones de posición** seleccione los vértices del Núcleo/Cavidad (Placa superior e inferior) (ver figura). Defina una distancia paralela de 110 mm. Pulse **Aceptar**.

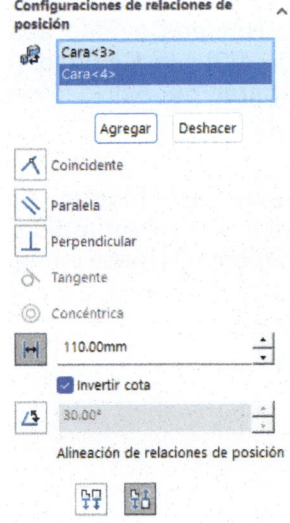

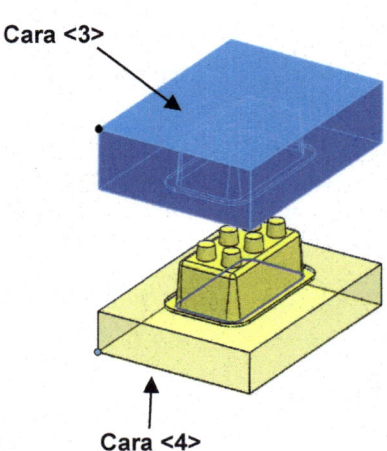

Cara <3>

Cara <4>

13. Repita la misma operación, pero ahora para separar la pieza de plástico de la cavidad inferior del molde (Núcleo/Cavidad 4[2]).

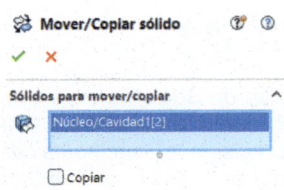

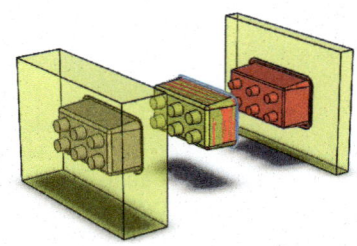

Guardar las placas en ficheros separados

14. Maximice la carpeta **Sólidos** pulsando sobre el **+** desde el Árbol de operaciones del Gestor de Diseño. Observe que la carpeta contiene (Línea de partición, Sólido-Mover/Copiar1 y Sólido-Mover/Copiar2). Pulse con el botón derecho del ratón sobre Sólido-Mover/Copiar1 y seleccione la opción **Insertar en una nueva pieza**. Guarde como Placa superior.

15. Repita la misma operación para Línea de partición y Sólido-Mover/Copiar2. Ahora, cada una de las placas están disponibles en ficheros diferentes.

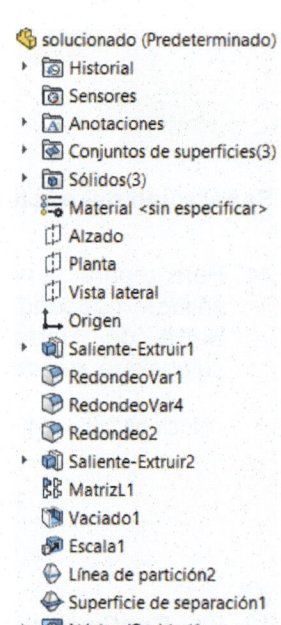

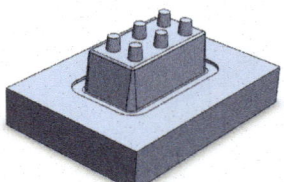

Sólido-Mover/Copiar1   Línea de partición   Sólido-Mover/Copiar2

Diseño de cavidad de un molde con negativo (Práctica B)

Se introducen dos nuevas funcionalidades necesarias para la creación de postizos (**Superficies desconectadas** y **Núcleo**). La primera de las operaciones parchea la superficie con el objeto de cerrar las perforaciones pasantes. La operación **Núcleo** crea el postizo con el negativo.

- 🖐 🗲 Molde_2 (Default) <<Default>>.
  - ▸ 🗐 History
  - 🗐 Sensors
  - ▸ 🛆 Annotations
  - ▸ 🗗 Conjuntos de superficies(19)
  - ▸ 🗐 Sólidos(3)
  - 🎝 Material <sin especificar>
  - 🞖 Front Plane
  - 🞖 Top Plane
  - 🞖 Right Plane
  - ⌊ Origin
  - ▸ 🗍 Boss-Extrude1
  - 🗍 Shell1
  - ▸ 🗍 Boss-Extrude2
  - 🗍 Fillet2
  - ▸ 🗍 Cut-Extrude1
  - 🗍 MatrizL1
  - 🗍 Redondeo2
  - 🗍 Simetría1
  - 🗍 2% Contracción
  - 🞖 Línea partición

Superficies desconectadas

Crea superficies desconectadas para moldes al crear un parche de superficie a lo largo de una línea de partición o las aristas que forman un bucle continuo. De esta forma, se evitan taladros pasantes en los cuerpos de superficies de la cavidad o el núcleo.

Núcleo

Extrae la geometría de un sólido de herramienta para crear una operación de núcleo. Especifique la dirección de extracción y las opciones (el ángulo de salida, las condiciones finales y las tapas en los extremos). También puede crear levantadores y espigas eyectoras recortadas.

Abrir el modelo de pieza

1. Pulse la opción **Abrir** del Menú persiana **Archivo** o sobre el icono **Abrir**. Localice el modelo de la práctica y pulse abrir. Observe que ya se han creado todas las operaciones hasta **Línea de partición**. Ahora debe crear las **Superficies desconectadas**. Para ello, seleccione la operación de la Barra de Herramientas de moldes y seleccione las aristas donde es necesario crear el parche. Active la casilla **Vista preliminar** para ver la superficie de parche que se creará. Pulse **Aceptar** para finalizar.

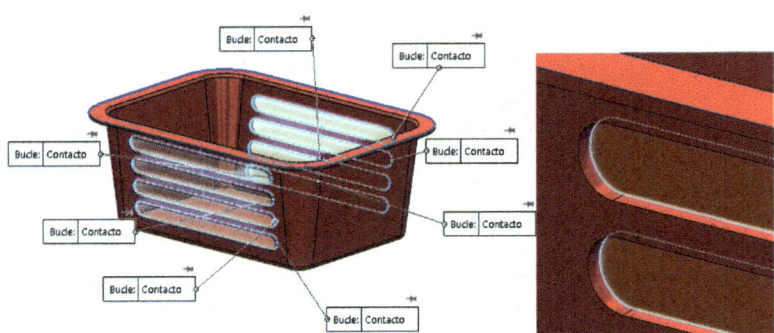

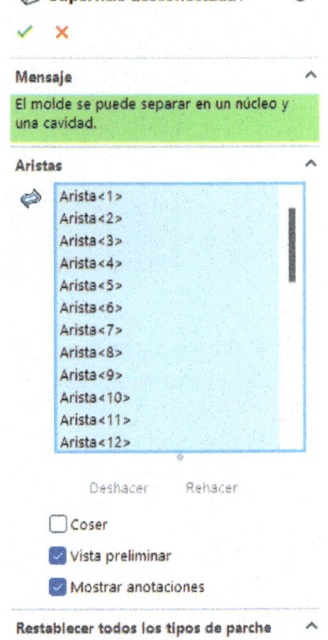

2. Cree la **Superficie de partición** y defina el **Núcleo/Cavidad** para crear el molde siguiendo los apartados 6 a 10 de la práctica anterior.

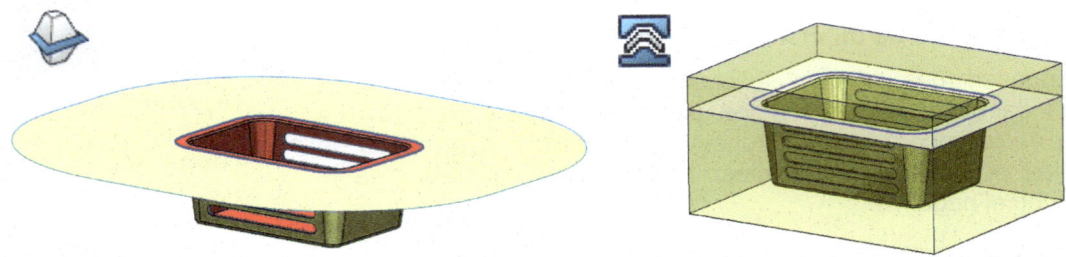

3. Croquice un rectángulo de croquis en la cara exterior de la cavidad del molde con las cotas indicadas en la figura. Pulse sobre **Reconstruir** con **Ctrl+B**.

4. Pulse sobre **Núcleo** desde la Barra de Herramientas de moldes y seleccione el croquis creado en el apartado anterior (3). En parámetros indique 2.00º de desmoldeo, **Por todo** y active la casilla **Tapas en extremos**. Previsualice la forma del negativo y pulse **Aceptar**. Repita los apartados 3 y 4 con el otro lado (en este caso, no es posible hacer una simetría de operación).

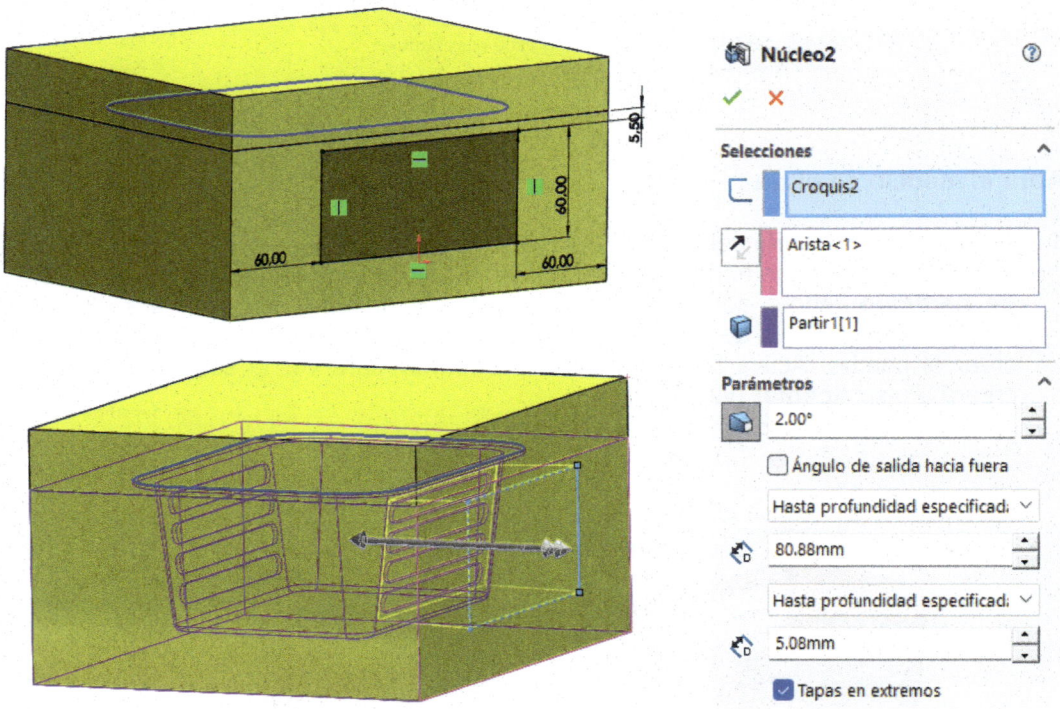

5. Para separar las partes que conforman el molde utilice **Mover/Copiar sólidos** desde la Barra de Herramientas de **Moldes**. Siga los mismos pasos indicados en la práctica anterior.

6. Cada una de las 8 piezas generadas aparecen en la pestaña **Sólidos** del Gestor de Diseño. Para guardar cada una de ellas como modelos 3D independientes pulse cada uno de ellos con el botón derecho del ratón y seleccione **Insertar en una nueva pieza**. Puede activar la casilla **Propagar propiedades visuales** para mantener el color. Pulse **Aceptar** para finalizar. Se abre una nueva ventana con la pieza 3D seleccionada después de asignarle un nombre al fichero.

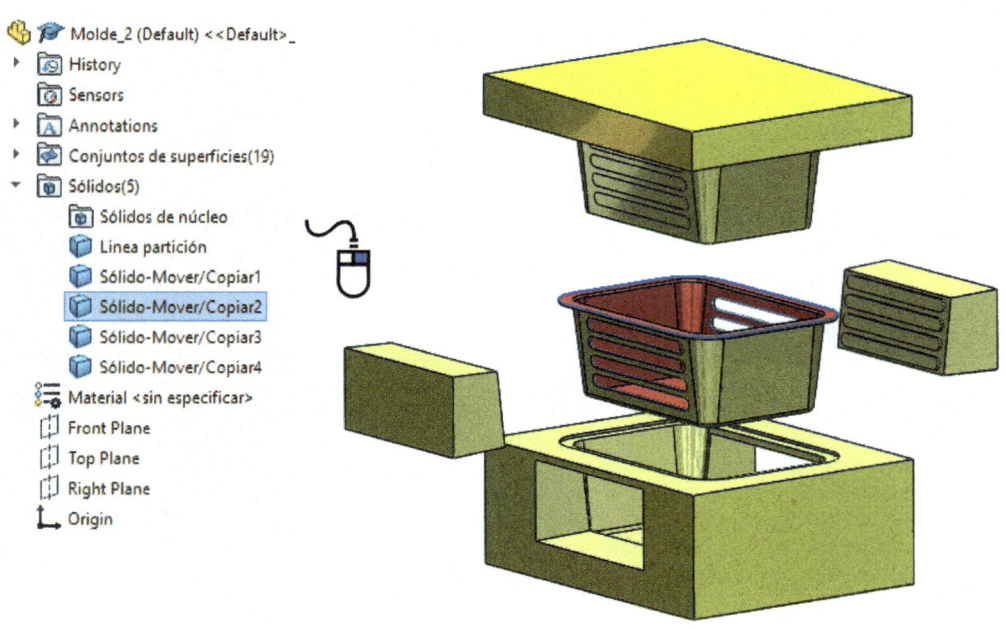

Molde_2 (Default) <<Default>_
- History
- Sensors
- Annotations
- Conjuntos de superficies(19)
- Sólidos(5)
  - Sólidos de núcleo
  - Linea partición
  - Sólido-Mover/Copiar1
  - Sólido-Mover/Copiar2
  - Sólido-Mover/Copiar3
  - Sólido-Mover/Copiar4
- Material <sin especificar>
- Front Plane
- Top Plane
- Right Plane
- Origin

Insertar en nueva pieza

Mensaje

Seleccione conjuntos de sólidos/superficies de la zona de gráficos. Las propiedades de la lista de cortes de varios conjuntos de sólidos seleccionados sólo se pueden transferir a las propiedades de la lista de cortes de la pieza de destino.

Transferir

Conjunto de

Sólido-Mover/Copiar3

Nombre

Propagar propiedades visuales

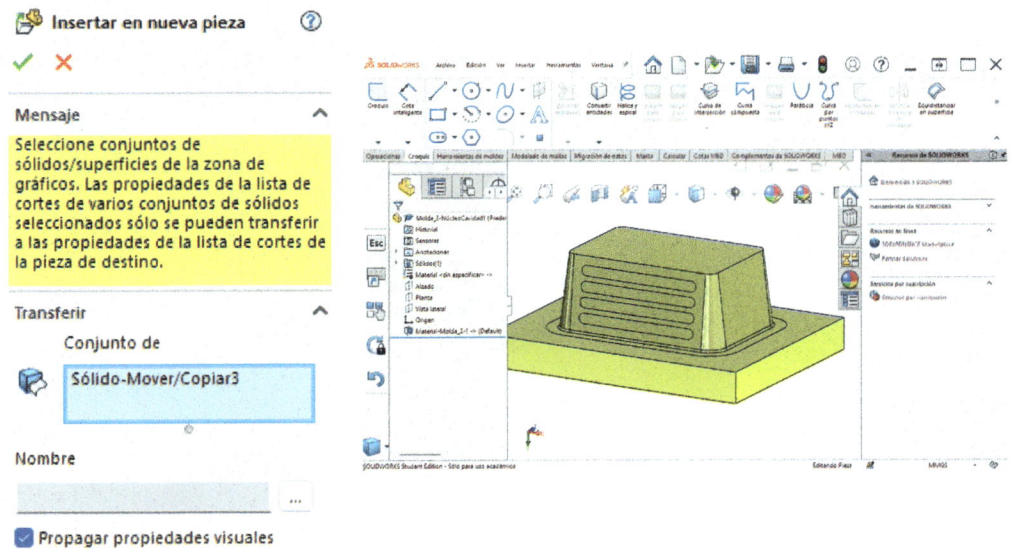

En la **Biblioteca de diseño** puede acceder a la carpeta **Assemblies, Mold base** donde tiene un molde de inyección de plásticos. Recuerde que puede guardar en la librería de diseño otros elementos normalizados. En **Toolbox** puede encontrar elementos normalizados, y **3D ContentCentral** dispone de elementos normalizados de los principales fabricantes de portamoldes. Además, puede encontrar ejemplos de moldes diseñados por usuarios o empresas.

SolidWorks Plastics® es una herramienta de simulación del proceso de llenado de moldes de inyección de plásticos. El funcionamiento es semejante al de otras herramientas de simulación existentes en el mercado. Inicialmente se requiere de una geometría de la cavidad mallada con superficie o sólido (Shell o Solid). El mallado consiste en dividir el cuerpo o geometría de la pieza en múltiples partes de pequeño tamaño llamadas "Elementos". Sobre cada uno de los elementos se aplican las ecuaciones reológicas que finalmente determinan los tiempos de llenado, las presiones, temperaturas o velocidad de cizalla. Sobre cada uno de los nodos se representan después de un postprocesado, a partir de una gama de colores, el gradiente de presiones, temperaturas, etc. Una vez mallado se deben definir las condiciones de contorno que describen las características del proceso. Debe indicarse el tipo de polímero a utilizar y especificar los parámetros del proceso (tipo de máquina de inyección, temperatura de fusión, temperatura de moldeo, tiempo de inyección, etc.). Posteriormente, debe definirse el punto de inyección o los ramales de colada y lanzar la simulación. En función de la complejidad y del tipo de mallado, el tiempo de proceso es más o menos largo. Los resultados obtenidos permiten conocer si la pieza puede ser llenada con las condiciones definidas y los principales problemas asociados como, por ejemplo, atrapamientos de aire, líneas de soldadura, llenado insuficiente, etc. Ver práctica 20.

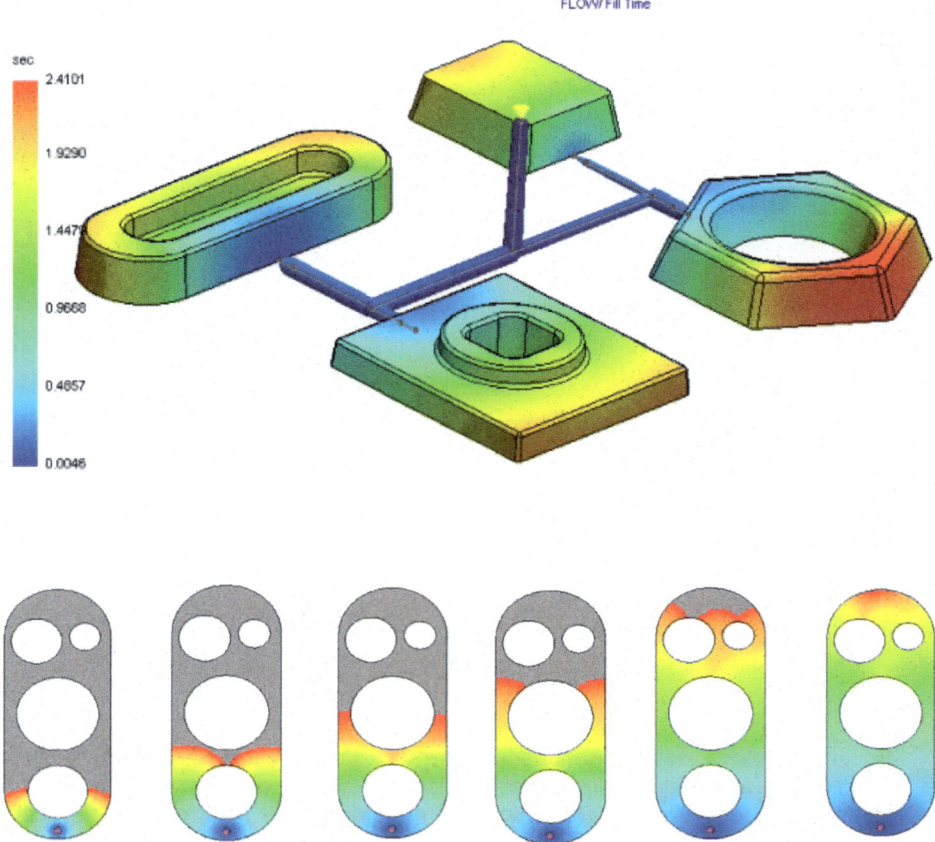

Práctica 20. SolidWorks Plastics

A partir de la pieza que acompaña el libro estudie los ángulos de desmoldeo, cree los ramales de colada de sección circular indicados en la figura y realice un estudio de llenado y empaquetado para un molde de cuatro cavidades. Las Condiciones de procesamiento (Temperatura de fusión, Temperatura de moldeo y Tiempo de inyección) empleadas en el proceso se indican en la figura adjunta.

⧗ 35 minutos

SOLIDWORKS
Plastics

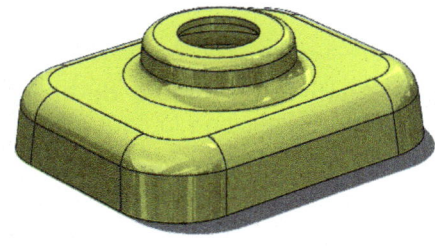

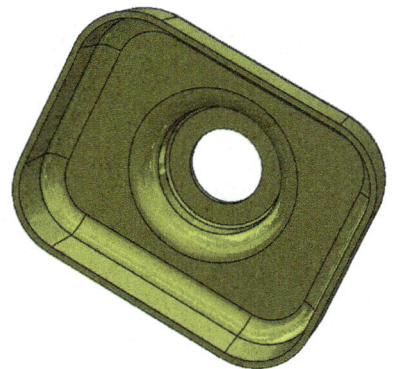

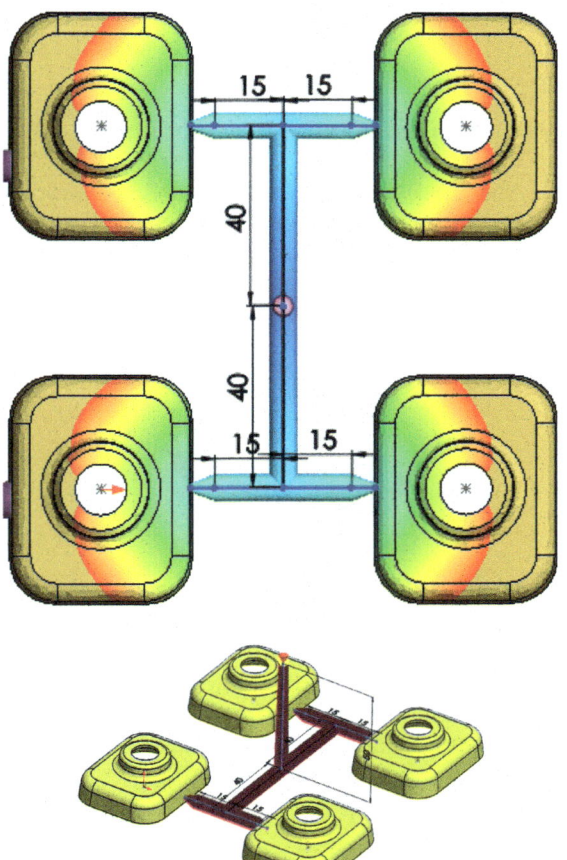

Polímero: ABS
Tiempo de llenado: Automático
Temperatura de fusión 230 ºC
Temperatura de moldeo de 50 ºC

Objetivos del tutorial

- Conocer las etapas básicas en la validación del proceso de inyección de piezas de plástico.

- Evaluar el ángulo de desmoldeo de las piezas a inyectar.

- Crear los ramales de colada.

- Interpretar los resultados del **Análisis de Llenado y Empaquetado**.

Abrir documento y evaluar el ángulo de desmoldeo

1. Pulse la opción **Abrir** desde el Menú de persiana **Archivo**. Localice el fichero que acompaña el libro. Antes de realizar el estudio de inyección es conveniente evaluar la geometría de la pieza. El ángulo de desmoldeo debe ser el adecuado para facilitar su extracción.

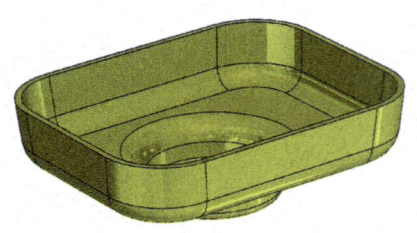 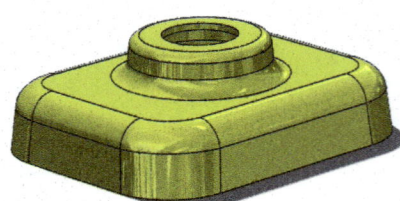 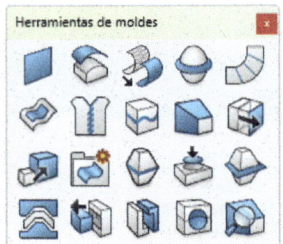

Evaluación del ángulo de desmoldeo

2. Abra la Barra de Herramientas de Moldes y seleccione **Análisis de ángulo de salida**. En **Parámetros del análisis** defina la **Dirección de desmoldeo**. Seleccione la cara superior del modelo y observe la dirección establecida. Para verificar el modelo defina 3.00º como **Ángulo de salida**. Pulse **Aceptar** para finalizar.

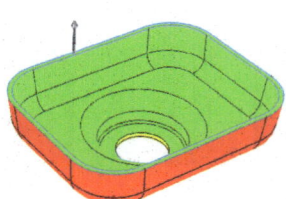 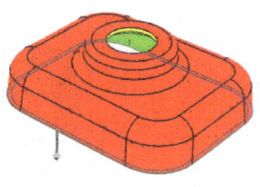

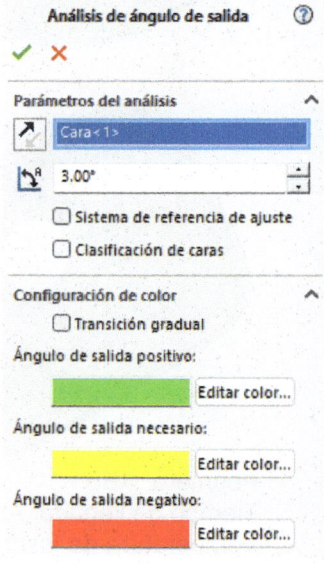

3. Observe los colores marcados sobre el modelo. Las superficies de color verde indican que tienen un ángulo de salida positivo. Las amarillas requieren definir un ángulo de salida por ser inferior al definido (3º). Finalmente, las caras marcadas con el color rojo son las que tienen un ángulo de salida negativo. Para modificar la región con color amarillo edite la operación de extrusión corte y defina una conicidad de 3.00º.

Matriz lineal para la creación de las cuatro cavidades

4. Para crear las cuatro cavidades se puede utilizar la **Matriz conducida por croquis**. Para ello es preciso croquizar los tres puntos que definen el centro de cada una de las cavidades. A partir de los planos adjuntos se deduce que las distancias son de 80 mm en X y 80 mm en Y, respectivamente.

5. Pulse sobre **Matriz conducida por croquis** desde la Barra de Herramientas de **Operaciones**. En **Croquis de referencia** seleccione el croquis que definen los centros de las cavidades. Active la casilla **Centro de gravedad**. En **Sólidos para crear la matriz** pulse sobre el modelo desde la Zona de Gráficos.

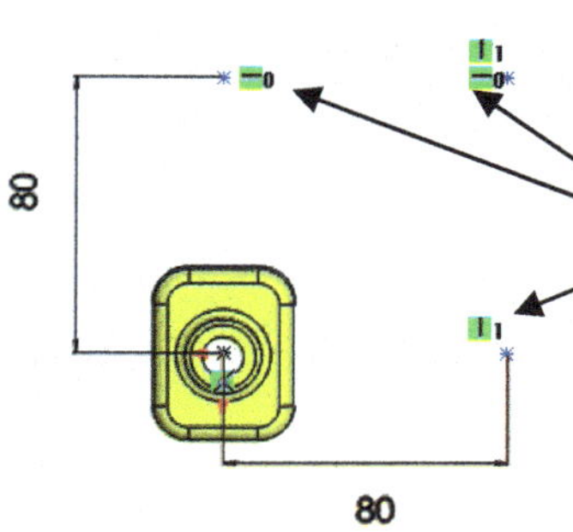

Matriz de croquis1 ⑦

Selecciones ∧

Croquis8

Punto de referencia:
● Centro de gravedad
○ Punto seleccionado

☐ Operaciones y caras ∨

☑ Sólidos ∧

Cortar-Extruir3

Opciones ∧

☑ Propagar propiedades visuales

ⓘ

El croquis que conecta el ramal de colada con la cavidad debe ser una línea de croquis distinta porque define una entrada tipo capilar donde el diámetro en contacto con la cavidad es el menor posible.

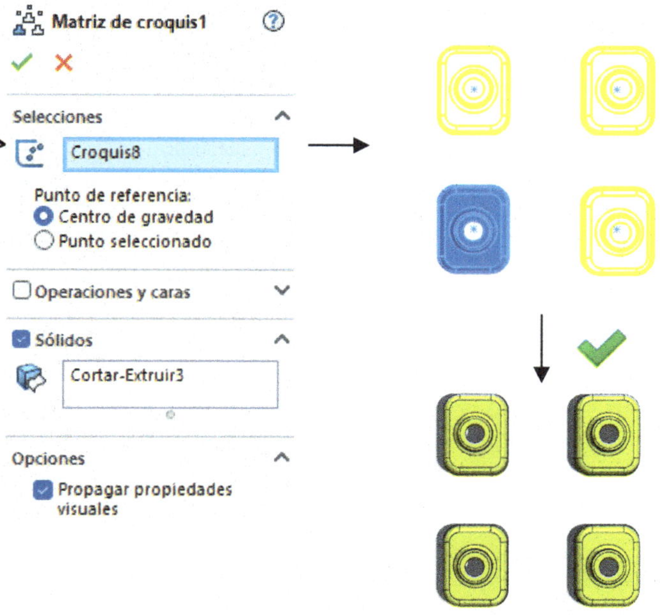

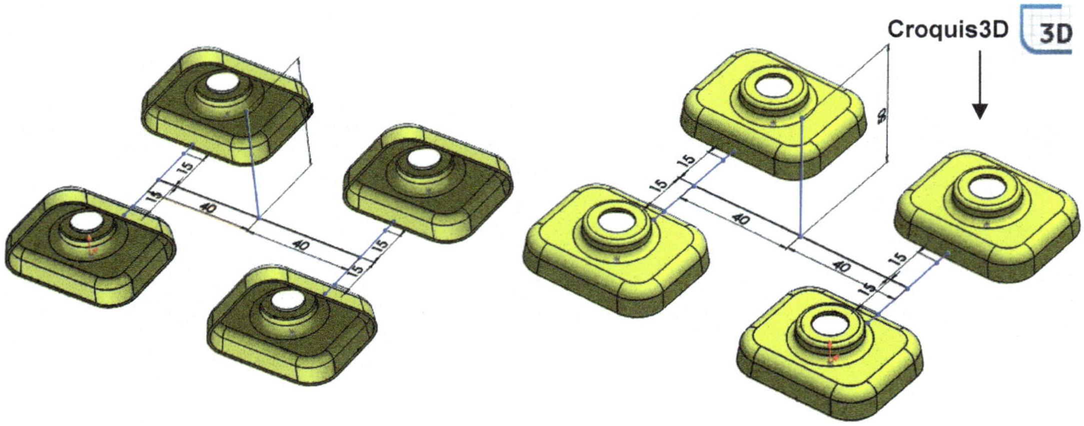

80

80

Croquis3D **3D**

SolidWorks Plastic (Complemento)

6. Asegúrese de que el módulo se ha cargado previamente desde el Menú **Herramientas**, **Complementos**. Pulse sobre **Nuevo estudio**. Indique el nombre de su estudio y seleccione el tipo de inyección de plásticos que va a estudiarse (**Material único**). En **Procedimiento de análisis** seleccione **Sólido**. Pulse **Aceptar**.

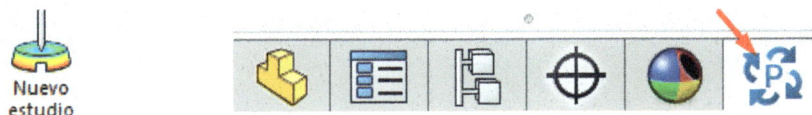

Nuevo estudio

7. Pulse sobre el **DisplayManager** para iniciar el módulo de **SolidWorks Plastic**. Empiece por definir el tipo de simulación. Pulse con el botón derecho sobre **Tipo de simulación** y marque las casillas de **Llenado** y **Empaquetado**.

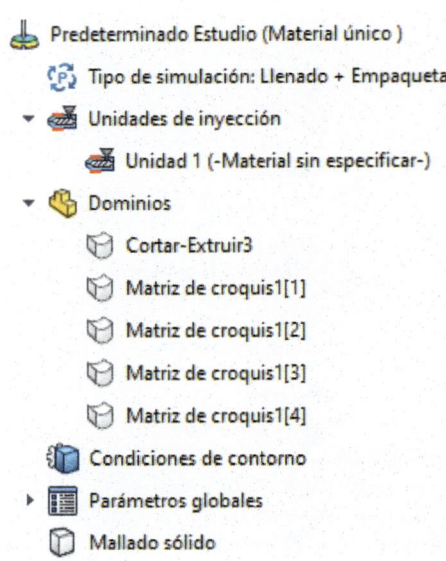

Predeterminado Estudio (Material único)

- Tipo de simulación: Llenado + Empaqueta
- Unidades de inyección
  - Unidad 1 (-Material sin especificar-)
- Dominios
  - Cortar-Extruir3
  - Matriz de croquis1[1]
  - Matriz de croquis1[2]
  - Matriz de croquis1[3]
  - Matriz de croquis1[4]
- Condiciones de contorno
- Parámetros globales
- Mallado sólido

8. En **Unidades de inyección**, pulse con el botón derecho sobre **Unidad1**. Seleccione el material a inyectar. En **Aplicar/Editar polímero** seleccione un ABS genérico. En **Ajustes**, se definen, en función del material seleccionado, la temperatura del material, la temperatura del molde, las propiedades del llenado y otros parámetros como la temperatura del material (230 °C) y la temperatura del molde (50 °C). Pulse **Aceptar**.

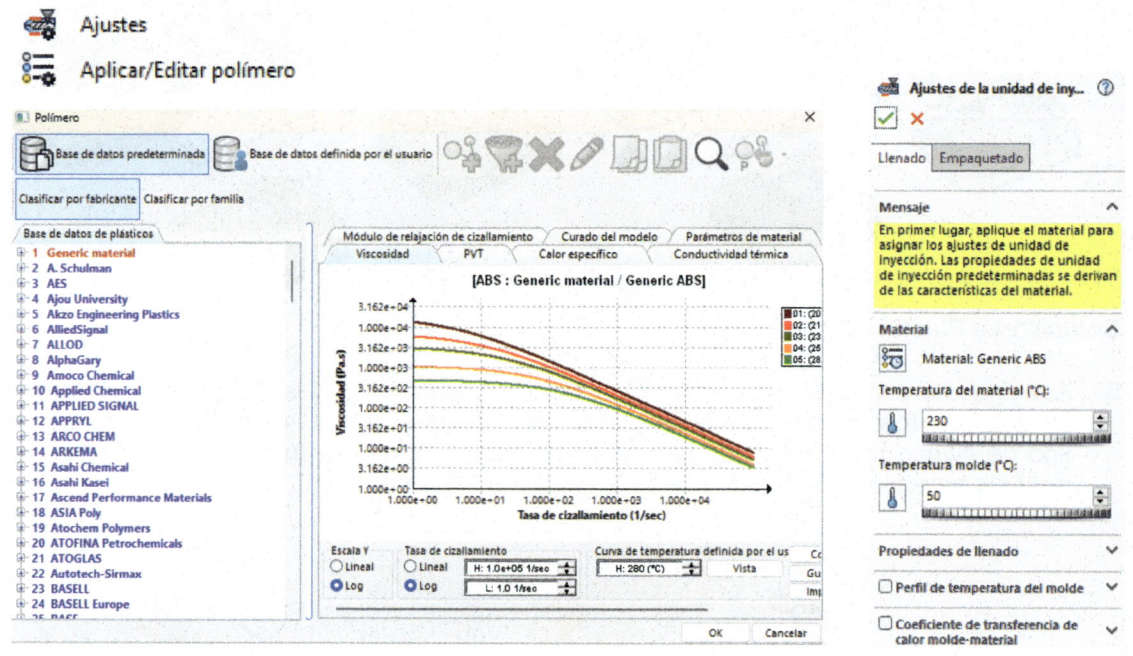

9. Para definir el sistema de coladas (ramales de entrada del ABS en cada una de las cavidades) y las cavidades que participan en la simulación primero debe seleccionar y activar cada una de estas. Para ello, pulse con el botón derecho del ratón sobre Matriz de croquis 1 y seleccione **Cavidad**. Repita el proceso con el resto de las cavidades.

10. Una vez definidas las cuatro cavidades ahora debe pulsar, con el botón derecho, sobre **Dominios**. Seleccione **Sistema de colada**. Primero se definirá el bebedero de entrada de sección circular para que tenga un diámetro inicial de 8 mm y final de 10 mm (ver figura). De la misma forma se definen los ramales de derivación. Seleccione las líneas de croquis de las derivaciones (son todas las líneas de croquis excepto las de entrada a las cavidades). Ahora, y antes de **Aceptar**, cambie los diámetros (**Primer parámetro del perfil** = 10 mm y **Segundo parámetro de perfil** = 8 mm). Repita el proceso para los tramos que definen la inyección con un perfil inicial de 8 mm y uno final de 2 mm. Pulse **Aceptar**.

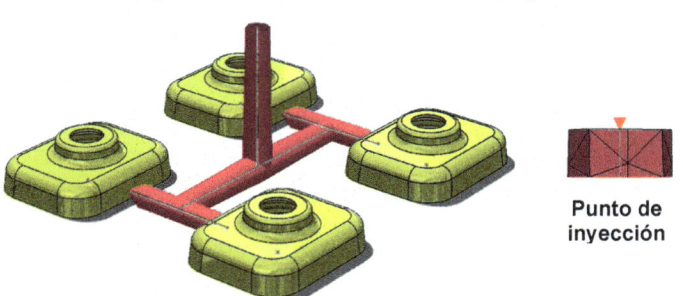

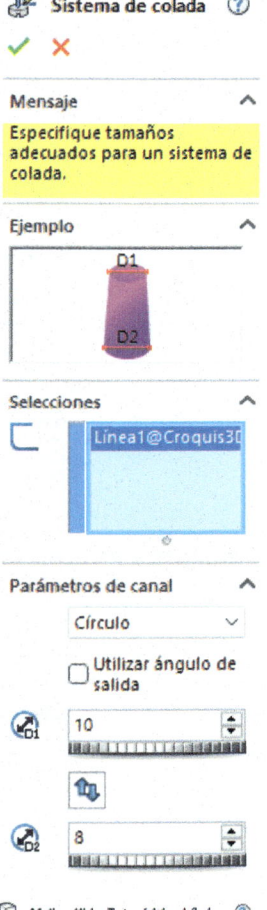

Punto de inyección

11. Para definir el punto de inyección pulse con el botón derecho del ratón sobre **Condiciones de contorno** y seleccione **Punto de inyección**. Seleccione el bebedero de entrada para su localización.

12. En **Parámetros globales** puede definir el límite de la **Fuerza de cierre** (que depende del modelo de máquina a utilizar), la temperatura ambiente y la **Dirección descendente de gravedad para llenado**. Deje los valores establecidos y pulse **Aceptar**.

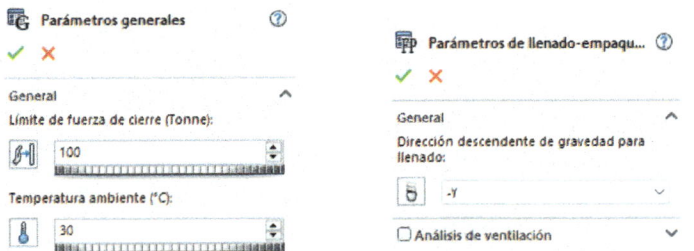

13. Finalmente, defina el mallado pulsando con el botón derecho del ratón sobre **Mallado sólido**. En **Tipo de mallado** seleccione **Tetraédrico** y seleccione **Crear malla**. Cree una malla uniforme más o menos fina.

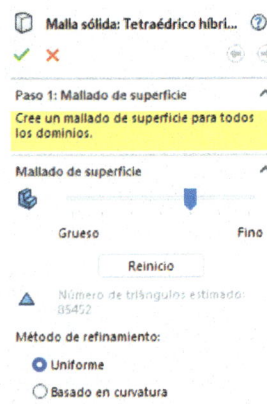

14. Para iniciar la simulación pulse con el botón derecho del ratón sobre el nombre del estudio desde el PlasticManager. Mientras se va calculando puede consultar el tiempo de inyección, la presión, temperatura y fuerza de cierre.

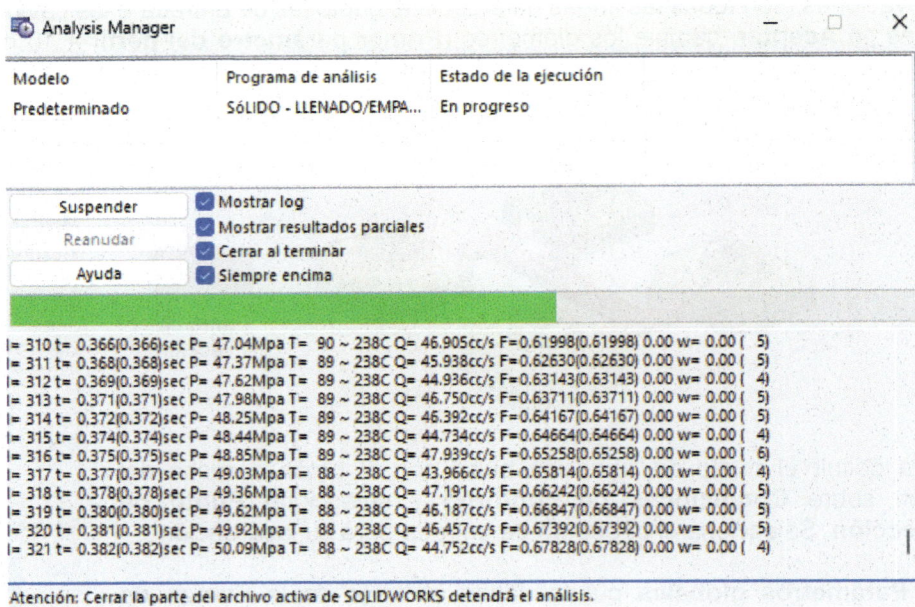

Análisis e interpretación de los resultados

15. Después de unos minutos termina el proceso de análisis y se activa la ventana de **Recomendaciones** donde se confirma que las piezas se llenarán correctamente durante el proceso de inyección. También puede ver los **Resultados** con todos los trazados disponibles. El trazado activo muestra el tiempo de llenado.

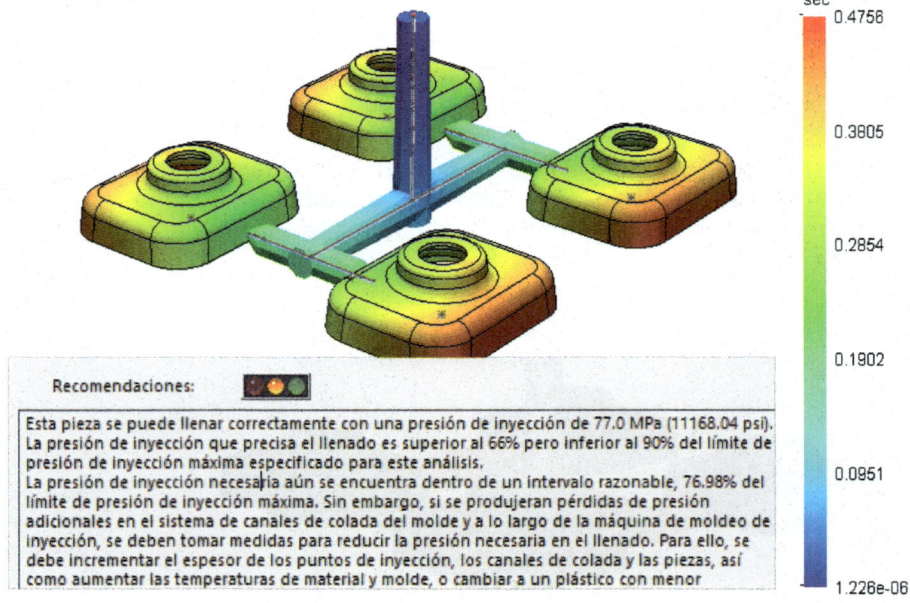

16. Pulse sobre cada uno de los trazados de llenado desde **Resultados** para visualizarlos en la Zona de Gráficos. Active las casillas para determinar las **Líneas de unión** y los **Atrapamientos de aire**.

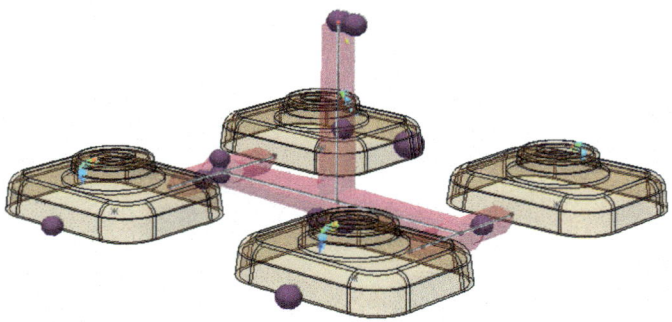

Atrapamiento de aire y líneas de soldadura

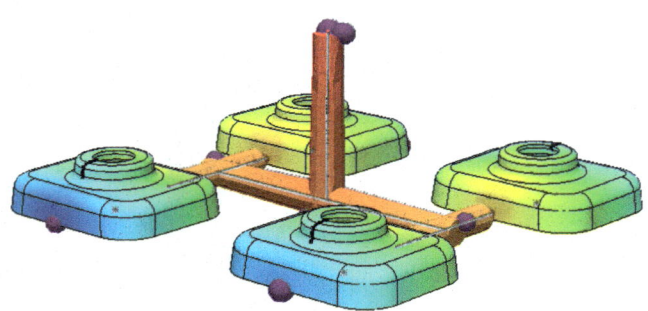

Presión al final del llenado (MPa)

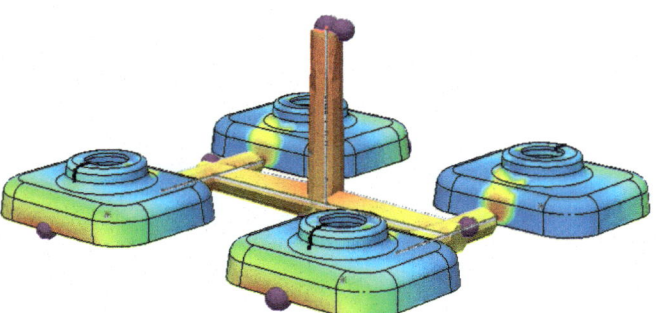

Temperatura al final del llenado

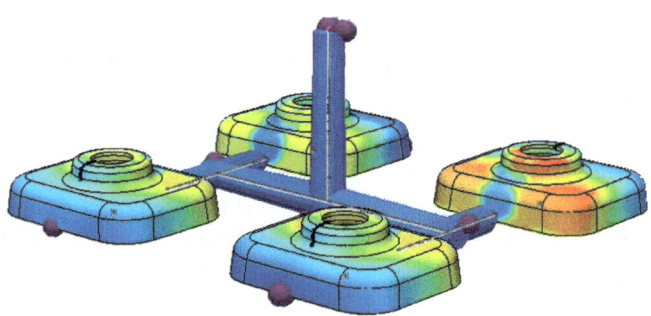

Tensión de cizalla al final del llenado

Secuencia de llenado

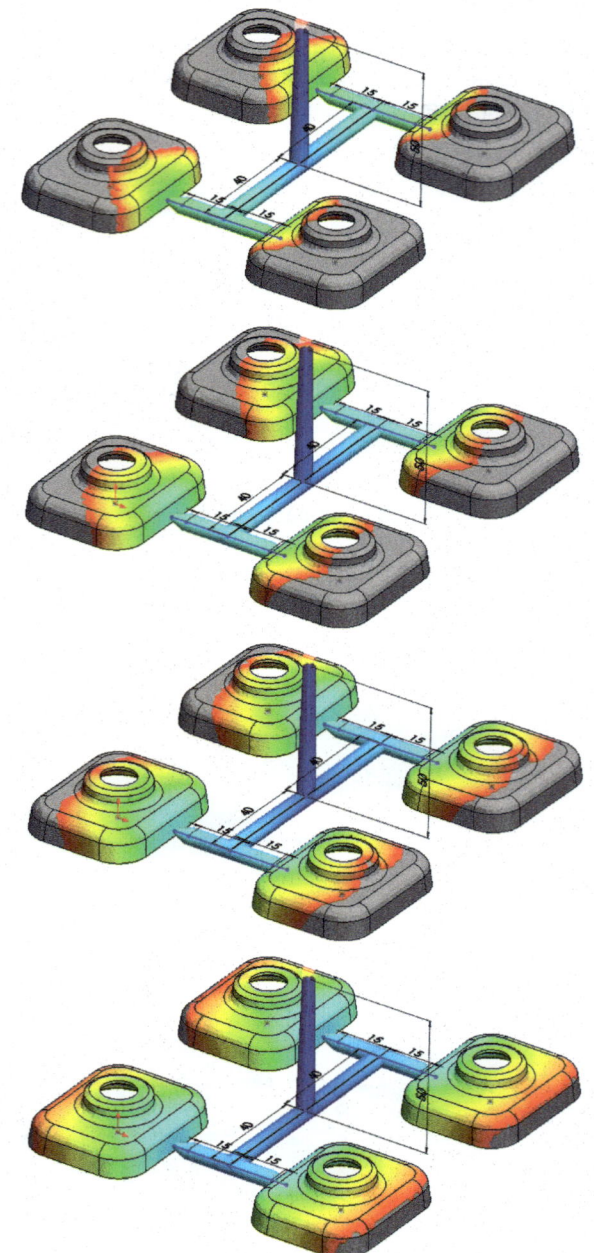

Tiempo de llenado (Fill time). El estudio de tiempos determina, sobre cada uno de los nodos de la pieza, el tiempo que tarda en llegar el frente plástico desde el inicio del proceso de inyección hasta el final. Las líneas de contorno que lo definen son las denominadas isócronas. La separación de estas indica la velocidad de flujo. Así, contornos muy espaciados representan flujos plásticos rápidos y lo contrario sucede con los contornos muy juntos. Los contornos espaciados causados por elevadas velocidades de flujo se producen en las regiones de gran espesor o en zonas donde la temperatura es más alta de lo normal, facilitando el movimiento del flujo plástico. En la figura se presenta el diagrama de tiempo de llenado. La gama de colores define el tiempo. El color amarillo y el rojo indican las últimas zonas en llenar con tiempos mayores a 0,4 segundos.

Práctica 21. FeatureWorks

Importe un modelo 3D dibujado en formato STL (AutoCAD, Rhinoceros 3D, etc.) y modelos DWG/DXF de AutoCAD y reconozca las operaciones mediante FeatureWorks.

⏳ 10 minutos

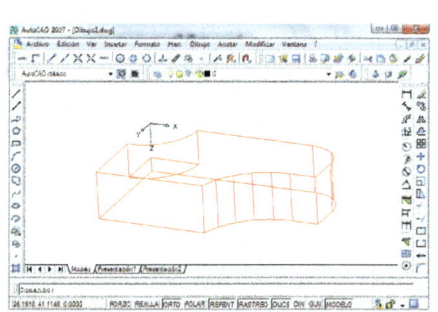

Pieza 3D AutoCAD (Predetermina
- ▶ 🔲 Historial
- 🔲 Sensores
- ▶ 🅰 Anotaciones
- ▶ 🔲 Sólidos(1)
- 🔲 Material <sin especificar>
- 🔲 Alzado
- 🔲 Planta
- 🔲 Vista lateral
- ⌐ Origen
- 🔲 Plano1
- ▶ 🔲 Saliente-Extruir1
- ▶ 🔲 Cortar-Extruir1
- ▶ 🔲 Cortar-Extruir2

Objetivos del tutorial

- Importar un fichero 3D en formato STL a SolidWorks como sólido.
- Reconocer las operaciones con **FeatureWorks**.
- Definir las **Opciones** del **FeatureWorks**.

Importar modelo 3D desde AutoCAD

Los modelos en 3D creados en AutoCAD con extensión DWG o DXF pueden ser reconocidos en SolidWorks al igual que los formatos STL. En la práctica se va a importar un fichero STL para convertirlo en un sólido y, posteriormente, reconocer sus operaciones para poder editarlos. Puede ser editado tanto el croquis como la operación 3D.

Importar el modelo 3D en formato STL

1. Pulse la opción **Abrir** del Menú persiana **Archivo** o sobre el icono **Abrir**. Localice el modelo 3D realizado con AutoCAD que acompaña el libro (Pieza 3D AutoCAD.STL). Para localizarlo seleccione la extensión *.STL. También puede abrir cualquier otro fichero con formato STL que haya sido creado con cualquier otro aplicativo 3D.

2. Antes de abrir pulse sobre **Opciones** y asegúrese que la casilla Importar como **Conjunto de sólidos está activada**. Pulse **Aceptar** y **Abrir**.

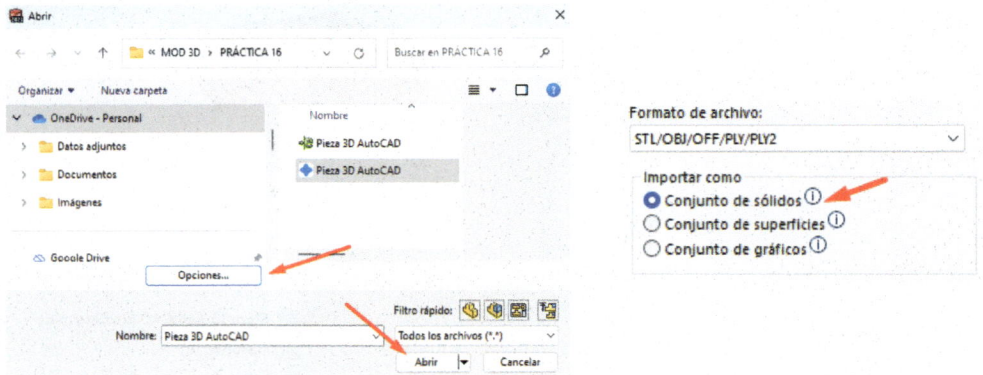

3. El fichero 3D es procesado y abierto como un Sólido importado. El modelo 3D admite operaciones booleanas de unión, intersección y diferencia.

4. Para reconocer las operaciones debe activar la herramienta **FeatureWorks**. Pulse sobre el Menú de persiana **Herramientas**, **Complementos** y active **FeatureWorks**.

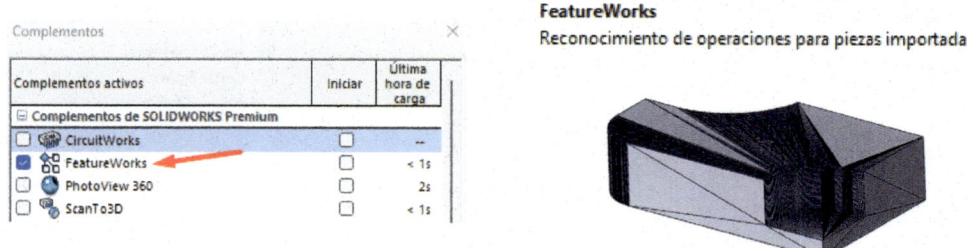

5. Pulse con el botón derecho del ratón sobre **solidoimportado1** desde el Gestor de Diseño del **FeatureManager**. Seleccione **FeatureWorks**, **Reconocer operaciones**.

6. En la ventana emergente seleccione **Automático** en **Modo de reconocimiento**. En **Operaciones estándar** active las operaciones indicadas en la figura. Pulse **Siguiente** y **Aceptar**.

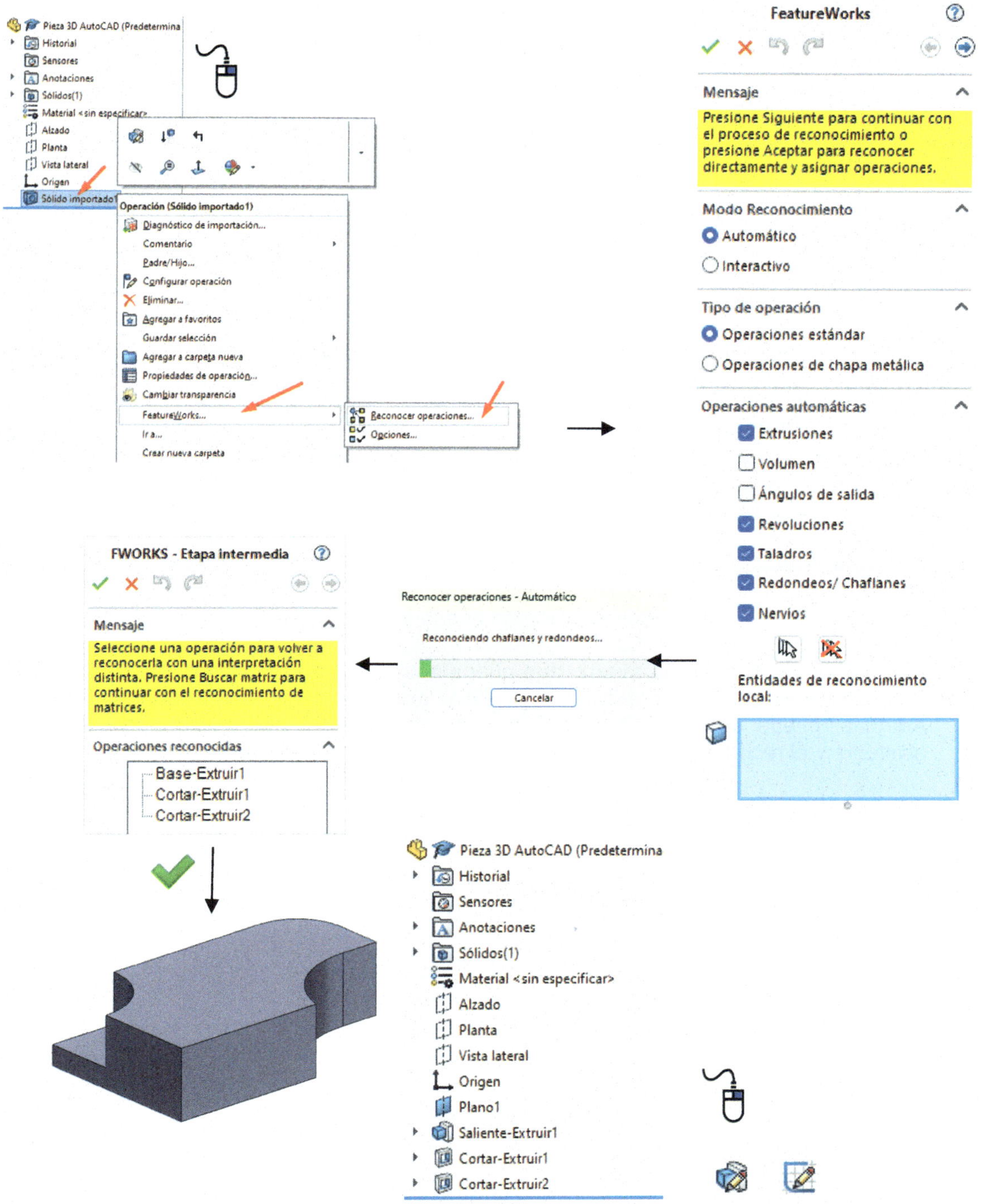

FeatureWorks   ⑦

✓ ✗ ↺ ↻   ◀ ▶

Mensaje   ⌃

Presione Siguiente para continuar con
el proceso de reconocimiento o
presione Aceptar para reconocer
directamente y asignar operaciones.

Modo Reconocimiento   ⌃

⦿ Automático

◯ Interactivo

Tipo de operación   ⌃

⦿ Operaciones estándar

◯ Operaciones de chapa metálica

Operaciones automáticas   ⌃

☑ Extrusiones

☐ Volumen

☐ Ángulos de salida

☑ Revoluciones

☑ Taladros

☑ Redondeos/ Chaflanes

☑ Nervios

Entidades de reconocimiento
local:

🎓 🅿 Pieza 3D AutoCAD (Predetermina
▸ 🗐 Historial
  🗐 Sensores
▸ 🅰 Anotaciones
▸ 🗐 Sólidos(1)
  🗐 Material <sin especificar>
  🗐 Alzado
  🗐 Planta
  🗐 Vista lateral
  📐 Origen
  🗐 Sólido importado1

Operación (Sólido importado1)

🗐 Diagnóstico de importación...
  Comentario   ▸
  Padre/Hijo...
🗐 Configurar operación
✗ Eliminar...
🗐 Agregar a favoritos
  Guardar selección   ▸
🗐 Agregar a carpeta nueva
🗐 Propiedades de operación...
🗐 Cambiar transparencia
  FeatureWorks...   ▸   🗐 Reconocer operaciones...
  Ir a...   🗐 Opciones...
  Crear nueva carpeta

FWORKS - Etapa intermedia   ⑦

✓ ✗ ↺ ↻   ◀ ▶

Mensaje   ⌃

Seleccione una operación para volver a
reconocerla con una interpretación
distinta. Presione Buscar matriz para
continuar con el reconocimiento de
matrices.

Operaciones reconocidas   ⌃

─ Base-Extruir1
─ Cortar-Extruir1
─ Cortar-Extruir2

Reconocer operaciones - Automático

Reconociendo chaflanes y redondeos...

[Cancelar]

🎓 🅿 Pieza 3D AutoCAD (Predetermina
▸ 🗐 Historial
  🗐 Sensores
▸ 🅰 Anotaciones
▸ 🗐 Sólidos(1)
  🗐 Material <sin especificar>
  🗐 Alzado
  🗐 Planta
  🗐 Vista lateral
  📐 Origen
  🗐 Plano1
▸ 🗐 Saliente-Extruir1
▸ 🗐 Cortar-Extruir1
▸ 🗐 Cortar-Extruir2

---

7. Después de unos minutos **FeatureWorks** reconoce 3 operaciones (Saliente-Extruir, Cortar-Extruir1 y Cortar-Extruir2). Pulse con botón derecho sobre cualquiera de las tres operaciones creadas para editar el croquis o la propia operación. En piezas más complejas el proceso de reconocimiento de operaciones puede durar mucho más tiempo.

Definir las opciones del FeatureWorks

8. Pulse sobre el Menú de persiana **Insertar**, **FeatureWorks** y seleccione **Opciones**. Desde el cuadro de diálogo de **Opciones** puede definir las características que definen el reconocimiento de las operaciones.

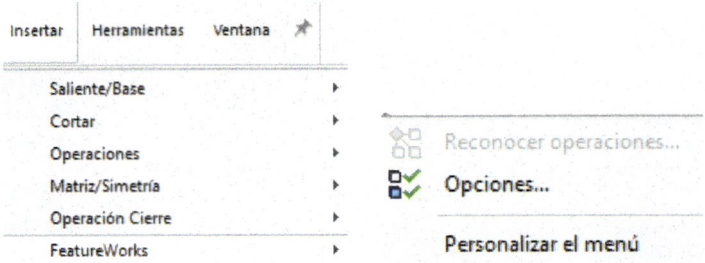

9. En la pestaña **General** puede seleccionar la opción para que se sobrescriba el archivo reconocido (**Sobrescribir archivo existente**) y reemplace al ya existente o cree un nuevo documento de pieza en otro archivo distinto (**Crear nuevo archivo**). Además, puede activar una opción que le avisará cada vez que importe un modelo 3D que requiera un reconocimiento de operaciones (**Avisar para el reconocimiento de operaciones al abrir**).

10. En **Cotas/Relaciones** puede definir que se indiquen las cotas automáticamente en las operaciones reconocidas (**Activar acotación automática de croquis**). En **Herramienta Ajustar tamaño** puede definir el orden en el que se reconocen las operaciones.

11. Finalmente, en **Controles avanzados** puede activar las herramientas de diagnosis (**Permitir fallo en creación de operación** y/o **Realizar comprobación de diferencia entre sólidos**). Además, puede definir el **Rendimiento**, el reconocimiento de taladros como taladros del asistente y el reconocimiento automático de redondeos y chaflanes.

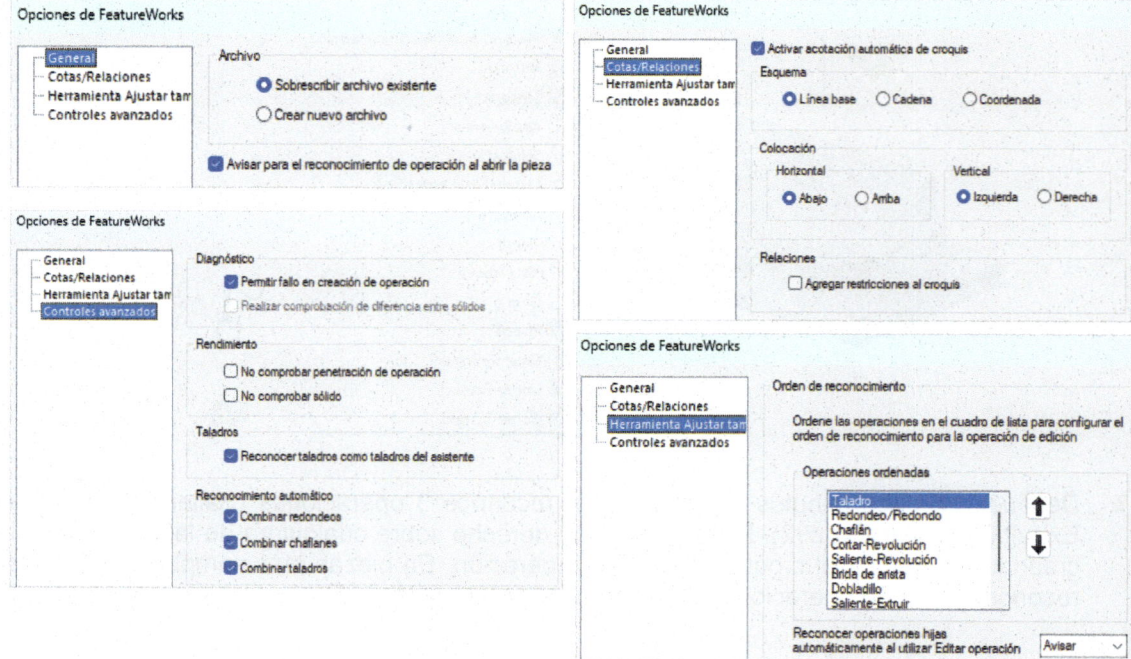

Práctica 22. ScanTo3D

Importe un modelo 3D en formato STL de Thingiverse (https://www.thingiverse.com/) y cree un sólido mediante Scan3D.

⌛ 15 minutos

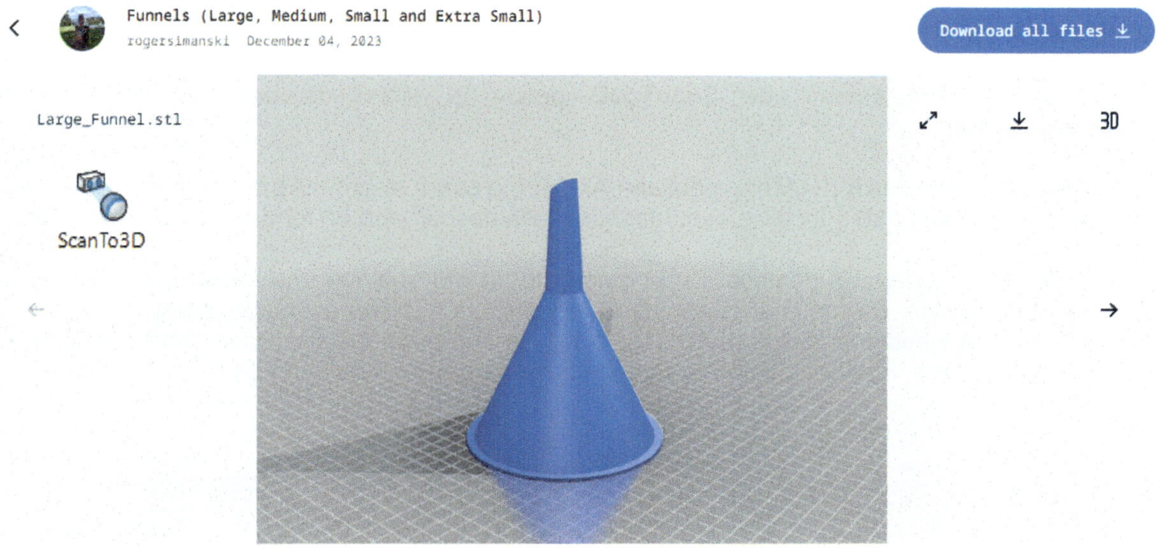

Funnels (Large, Medium, Small and Extra Small)
rogersimanski December 04, 2023
Download all files
Large_Funnel.stl
ScanTo3D
3D

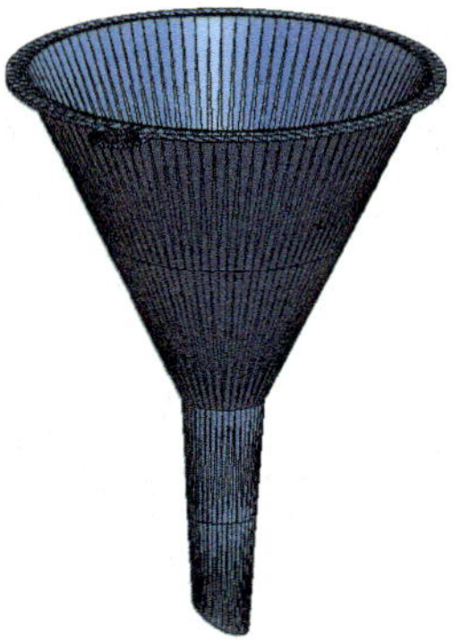

Malla STL

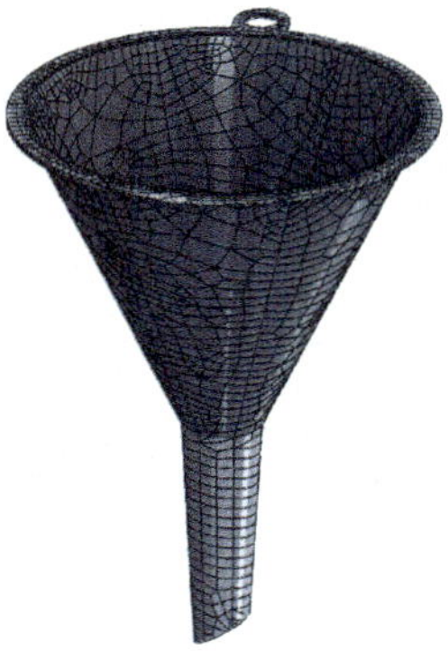

Sólido creado

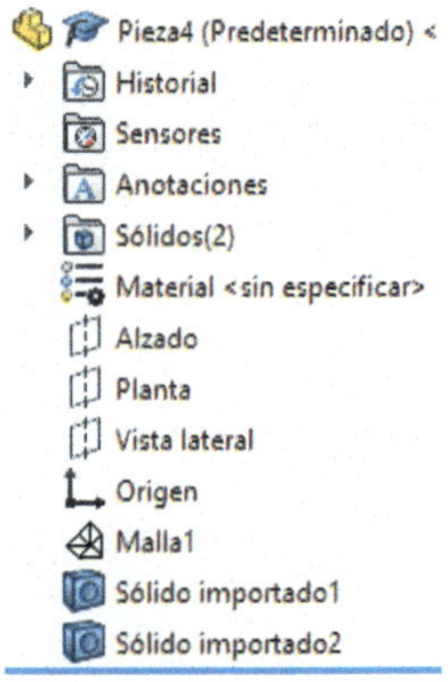

Pieza4 (Predeterminado) <
Historial
Sensores
Anotaciones
Sólidos(2)
Material <sin especificar>
Alzado
Planta
Vista lateral
Origen
Malla1
Sólido importado1
Sólido importado2

Objetivos del tutorial

- Importar fichero STL a SolidWorks como sólido a partir de **ScanTo3D**.
- Crear sólidos o superficies de forma manual o automática.

Scanto3D de SolidWorks

Scanto3D es un complemento de SolidWorks que permite la importación y manipulación de datos de nubes de puntos y mallas (STL, OBJ, etc.) obtenidos a través de escáneres 3D u otros dispositivos de captura de datos. El complemento convierte datos de escaneo en modelos CAD paramétricos que pueden ser editados (ingeniería inversa).

Descargar modelo STL de Thingiverse, activar el complemento y abrir el modelo de malla

1. Desde Thingiverse (https://www.thingiverse.com/) descargue un modelo en formato STL. En la práctica se ha descargado el embudo descrito en el enunciado.

2. Active el complemento de **ScanTo3D** desde el Menú de persiana **Herramientas**, **Complementos**.

3. Pulse la opción **Abrir** del Menú persiana **Archivo** o sobre el icono **Abrir**. Seleccione **Archivos de malla ScanTo3D** y localice el modelo de malla descargado en formato STL. Pulse **Abrir**.

4. Observe el modelo en pantalla. En el gestor de diseño aparece una única operación Malla1. Se corresponde con la malla importada. El embudo es representado como una serie de triángulos conectados. Estos triángulos forman la superficie del embudo. Cada triángulo está definido por sus vértices (puntos en el espacio) y las conexiones entre ellos.

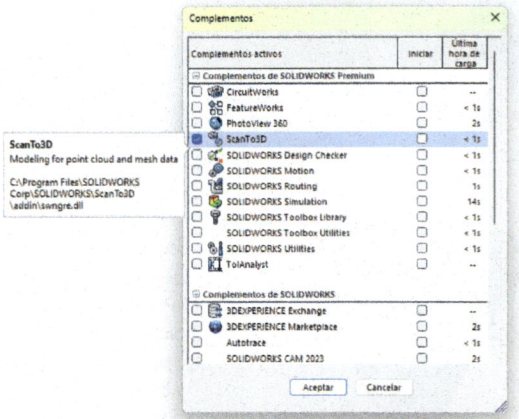

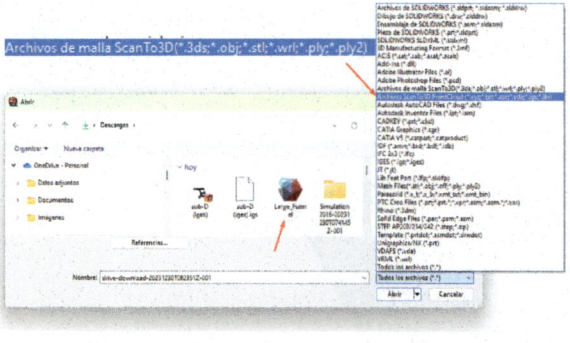

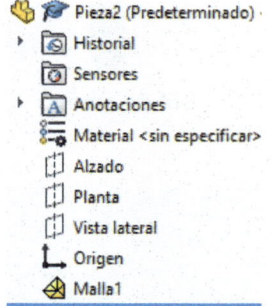

STL (*Standard Tessellation Language* o *Stereo Lithography*). Formato CAD 3D utilizado en impresión 3D que describe una forma volumétrica a partir de una colección de pequeños triángulos conectados entre sí. Estos triángulos forman una malla que define la superficie del modelo.

Asistente de preparación de malla

5. Seleccione la función **Asistente de preparación de malla...** desde el Menú de persiana **Herramientas**, **ScantTo3D**.

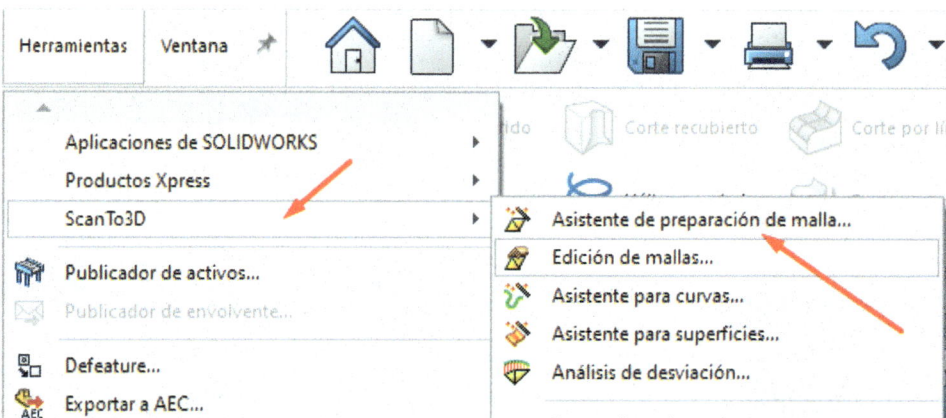

6. Defina cada una de las etapas del asistente. En la primera etapa, **Bienvenida**, seleccione, desde la Zona de Gráficos, la malla a importar. Aparece indicado el número de caras. Pulse **Siguiente** (vea las figuras de la página siguiente).

7. En **Orientación de la malla** puede ubicar y girar el modelo importado (malla o nube de puntos) de forma automática, seleccionando referencias o datos numéricos. Pulse **Ninguna** y **siguiente**.

8. En **Eliminación de ruido**. Se emplea cuando se importa una nube de puntos y desea eliminar puntos que se encuentran fuera de la distribución promedio. Pulse **Siguiente**.

9. **Remoción de datos extraños**. Puede seleccionar parte de la malla o de la nube de puntos que desee eliminar. Pulse **Siguiente** sin eliminar nada.

10. **Simplificación**. Permite reducir el número de vértices en las mallas o el número de puntos en operaciones de nube de puntos. Puede hacer la reducción a partir de un porcentaje total de reducción (**Simplificación total**) o reducir regiones determinadas (**Simplificación local**). Pulse **Siguiente** sin reducir.

11. **Suavizado**. Permite suavizar la malla o nube de puntos de forma global o de forma local a partir de la selección previa de la región. Debe tener cuidado con realizar una suavizado profundo porque puede llegar a eliminar operaciones pequeñas. Pulse **Siguiente** sin suavizar.

12. **Creación de sólidos/superficies**. La última operación permite crear un sólido a partir de la malla de forma automática o manual (Guiada). La opción **Creación guiada** es útil cuando la geometría de malla tiene forma que puede ser reconocida mediante operaciones (cilindro, caras, esfera, etc.). En caso contrario, se recomienda utilizar la opción **Creación automática**.

13. Para la **Creación automática** siga los pasos indicados en la figura adjunta.

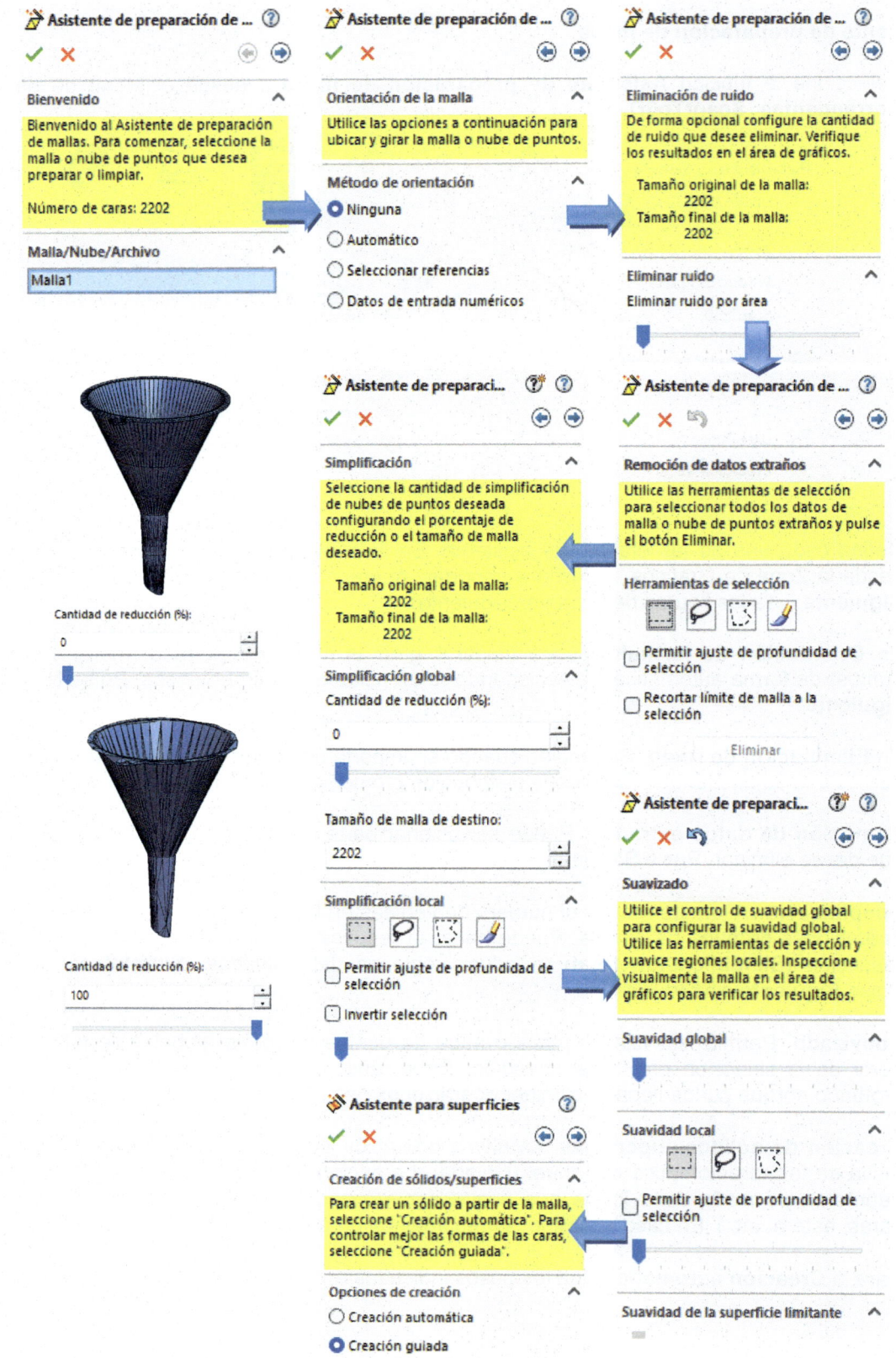

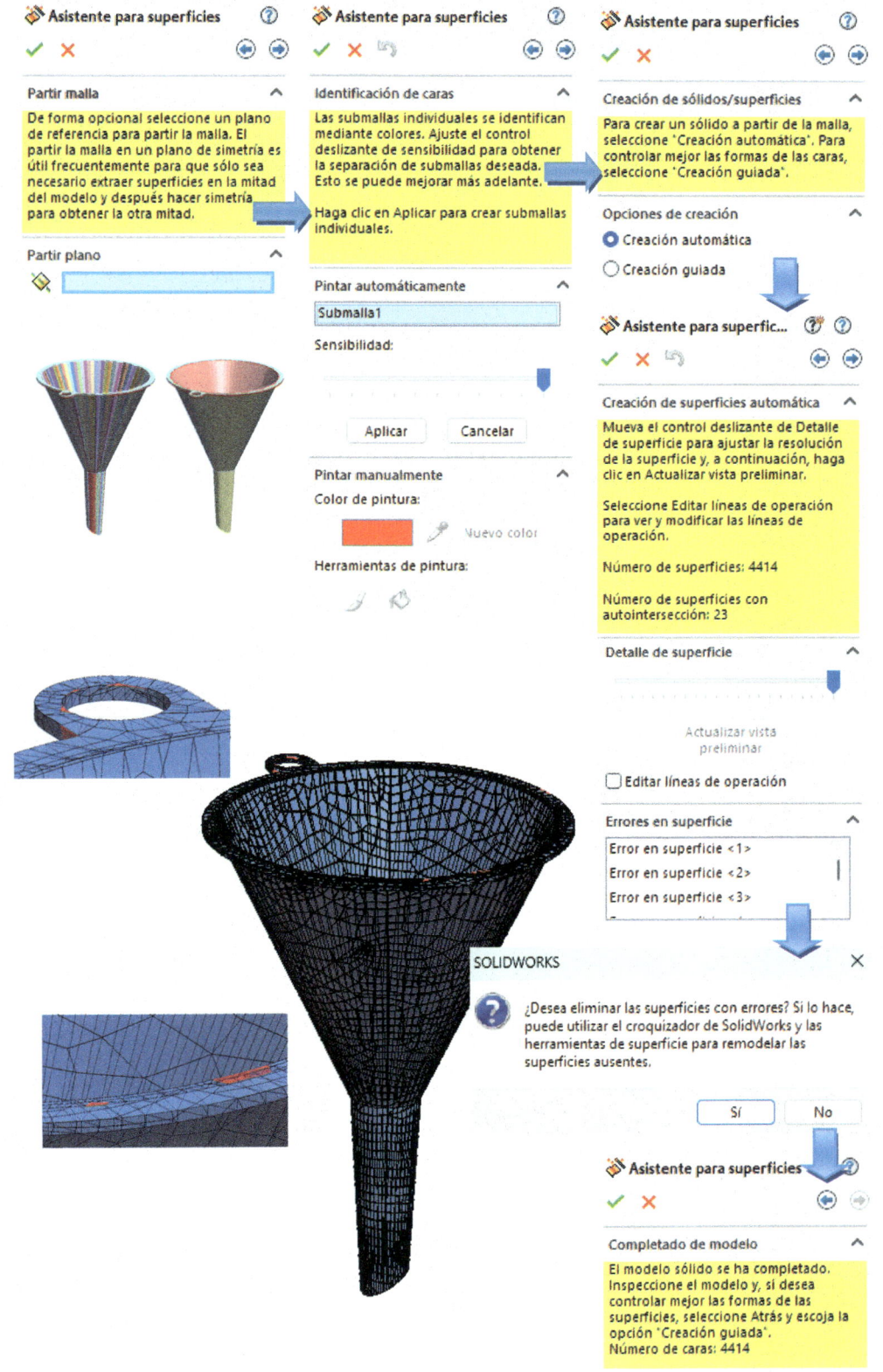

Creación automática

Asistente para superficies ⑦
✓ ✗ ⬅ ➡

Partir malla ∧

De forma opcional seleccione un plano de referencia para partir la malla. El partir la malla en un plano de simetría es útil frecuentemente para que sólo sea necesario extraer superficies en la mitad del modelo y después hacer simetría para obtener la otra mitad.

Partir plano ∧
◇ [   ]

Asistente para superficies ⑦
✓ ✗ ⬑ ⬅ ➡

Identificación de caras ∧

Las submallas individuales se identifican mediante colores. Ajuste el control deslizante de sensibilidad para obtener la separación de submallas deseada. Esto se puede mejorar más adelante.

Haga clic en Aplicar para crear submallas individuales.

Pintar automáticamente ∧
[Submalla1   ]

Sensibilidad:
├───────────────────────▼──┤

[Aplicar]   [Cancelar]

Pintar manualmente ∧
Color de pintura:
[■]   🖊 Nuevo color

Herramientas de pintura:
🖌 ✎

Asistente para superficies ⑦
✓ ✗ ⬅ ➡

Creación de sólidos/superficies ∧

Para crear un sólido a partir de la malla, seleccione 'Creación automática'. Para controlar mejor las formas de las caras, seleccione 'Creación guiada'.

Opciones de creación ∧
◉ Creación automática
○ Creación guiada

Asistente para superfic... ⑦ ⑦
✓ ✗ ⬑ ⬅ ➡

Creación de superficies automática ∧

Mueva el control deslizante de Detalle de superficie para ajustar la resolución de la superficie y, a continuación, haga clic en Actualizar vista preliminar.

Seleccione Editar líneas de operación para ver y modificar las líneas de operación.

Número de superficies: 4414

Número de superficies con autointersección: 23

Detalle de superficie ∧
├─────────────────────▼───┤

Actualizar vista preliminar

☐ Editar líneas de operación

Errores en superficie ∧
[Error en superficie <1>]
[Error en superficie <2>]
[Error en superficie <3>]

SOLIDWORKS ✗

❓ ¿Desea eliminar las superficies con errores? Si lo hace, puede utilizar el croquizador de SolidWorks y las herramientas de superficie para remodelar las superficies ausentes.

[Sí]   [No]

Asistente para superficies ⑦
✓ ✗ ⬅ ➡

Completado de modelo ∧

El modelo sólido se ha completado. Inspeccione el modelo y, si desea controlar mejor las formas de las superficies, seleccione Atrás y escoja la opción 'Creación guiada'.
Número de caras: 4414

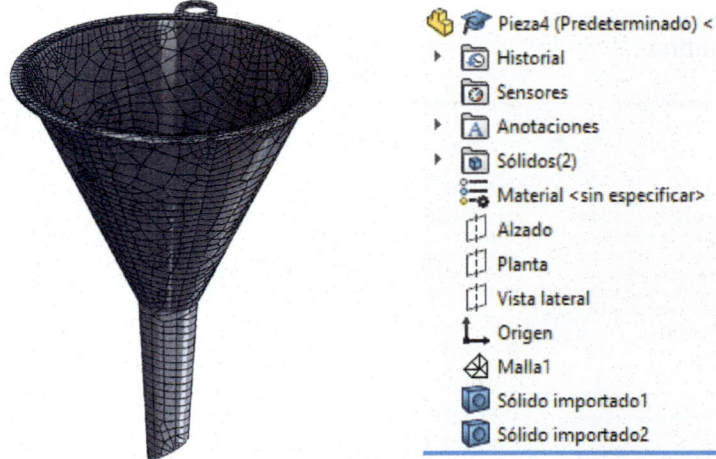

Creación guiada

14. Para la **Creación guiada** siga los pasos indicados. Puede extraer todas las caras de forma global o mediante la opción de **Configuración de caras**. Esta segunda opción permite asignar formas a las regiones importadas.

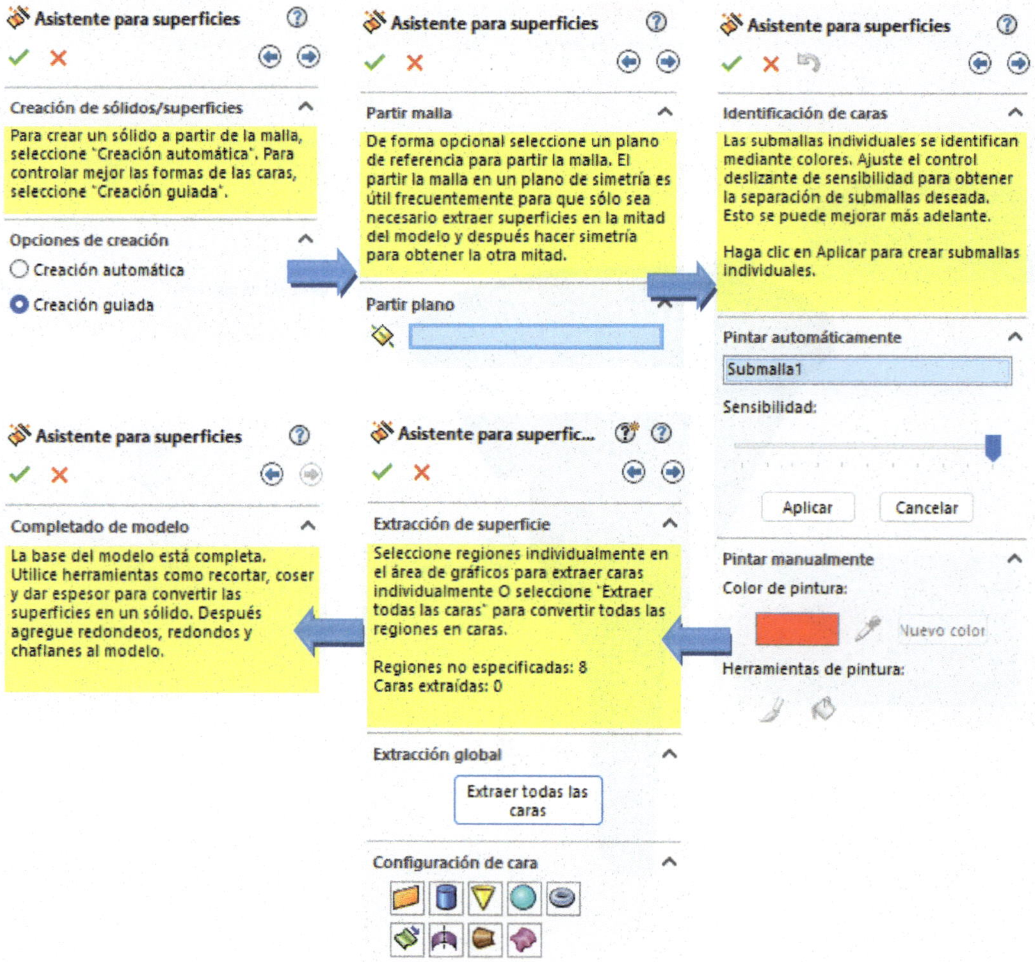

Asistente para superficies

Creación de sólidos/superficies

Para crear un sólido a partir de la malla, seleccione 'Creación automática'. Para controlar mejor las formas de las caras, seleccione 'Creación guiada'.

Opciones de creación

○ Creación automática
● Creación guiada

Asistente para superficies

Partir malla

De forma opcional seleccione un plano de referencia para partir la malla. El partir la malla en un plano de simetría es útil frecuentemente para que sólo sea necesario extraer superficies en la mitad del modelo y después hacer simetría para obtener la otra mitad.

Partir plano

Asistente para superficies

Identificación de caras

Las submallas individuales se identifican mediante colores. Ajuste el control deslizante de sensibilidad para obtener la separación de submallas deseada. Esto se puede mejorar más adelante.

Haga clic en Aplicar para crear submallas individuales.

Pintar automáticamente

Submalla1

Sensibilidad:

Aplicar   Cancelar

Pintar manualmente

Color de pintura:

Nuevo color

Herramientas de pintura:

Asistente para superficies

Completado de modelo

La base del modelo está completa. Utilice herramientas como recortar, coser y dar espesor para convertir las superficies en un sólido. Después agregue redondeos, redondos y chaflanes al modelo.

Asistente para superfic...

Extracción de superficie

Seleccione regiones individualmente en el área de gráficos para extraer caras individualmente O seleccione 'Extraer todas las caras' para convertir todas las regiones en caras.

Regiones no especificadas: 8
Caras extraídas: 0

Extracción global

Extraer todas las caras

Configuración de cara

Práctica 23. FeatureWorks II

Importe el modelo 3D con formato de parasólido creado en AutoCAD®. Obtenga el modelo sólido en SolidWorks a partir del reconocimiento del árbol de operaciones del Gestor de Diseño. Incremente el radio de Redondeo2 de 10 a 20 mm.

⧖ 25 minutos

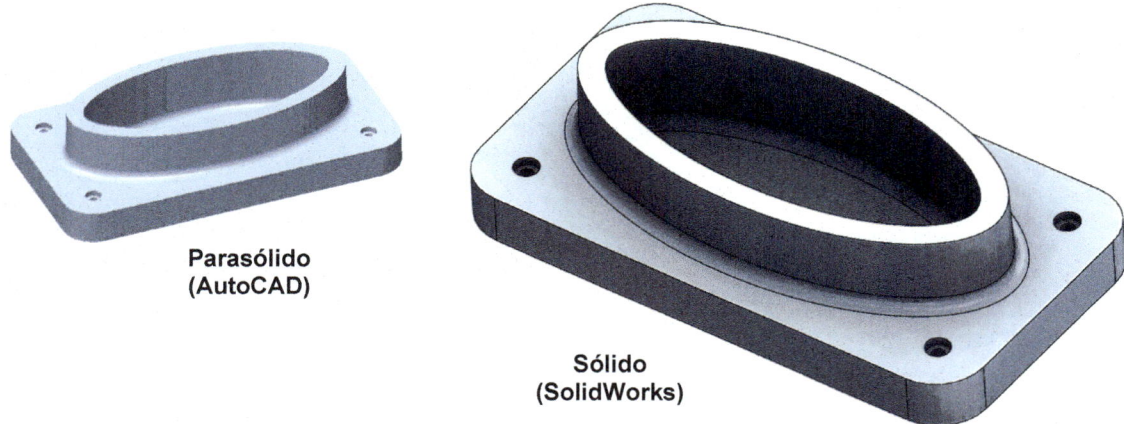

**Parasólido
(AutoCAD)**

**Sólido
(SolidWorks)**

🐞 🖈 Pieza (parasolido) (Predet
   📷 Historial
   📷 Sensores
 ▸ 🄰 Anotaciones
 ▸ 📷 Sólidos(1)
   ▤ Material <sin especificar>
   ⌷ Alzado
   ⌷ Planta
   ⌷ Vista lateral
   ↳ Origen
   📷 Sólido importado1

   ↳ Origen
   📷 Sólido importado4
   ⌷ Plano1
 ▸ 📦 Saliente-Extruir1
 ▸ 📷 Cortar-Extruir1
 ▸ 📷 Refrentado para perno
   📦 Redondeo1
   📦 Redondeo2

Objetivos del tutorial

- Activar la Herramienta **FeatureWorks** e importar el modelo de pieza (parasólido).
- Ejecutar el **Diagnosis de importación** de la pieza y reconocer operaciones.
- Editar operaciones reconocidas.

Importar el modelo 3D parasólido

1. Pulse **Abrir** del Menú persiana **Archivo** o sobre el icono **Abrir** y seleccione la **Extensión parasólido**. Localice el archivo que acompaña el libro. Al abrir el modelo importado puede ver como SolidWorks no reconoce las operaciones en el Gestor de Diseño. Tan solo aparece Sólido importado1.

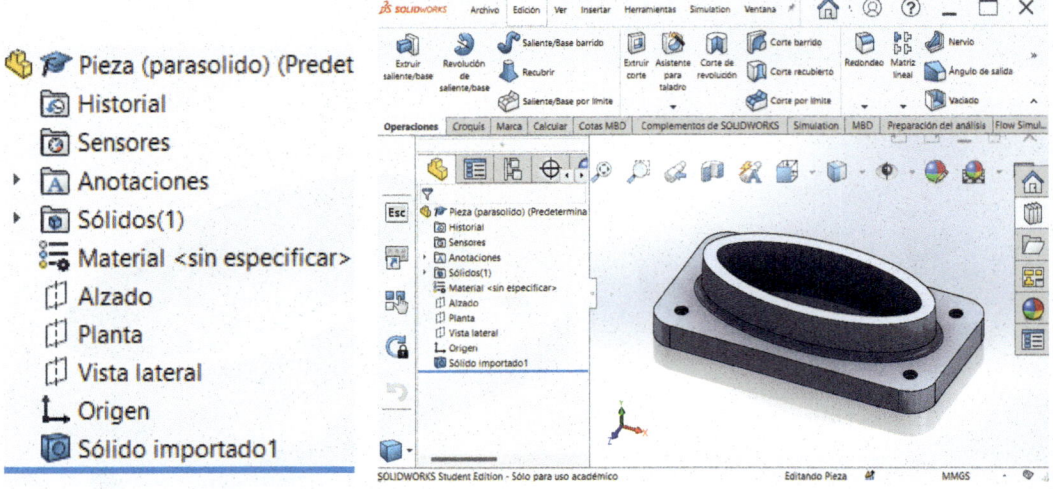

Activar FeatureWorks y realizar el Diagnosis de importación

2. Para reconocer las operaciones del modelo debe ejecutar el complemento **FeatureWorks** que no está cargado de forma predeterminada. Para activar la herramienta pulse sobre el Menú de persiana **Herramientas**, **Complementos**. Active la casilla que hace referencia a **FeatureWorks**. La activación de la casilla de la izquierda permite ejecutar la aplicación en la sesión de trabajo actual. Si activa la casilla de la derecha podrá ejecutar **FeatureWorks** en sesiones distintas después de cerrar la aplicación.

3. Cierre el modelo importado y vuelva a abrirlo. Recuerde seleccionar la extensión parasólido para localizarlo en el material que acompaña el libro.

4. Al tratar de abrir el modelo 3D con extensión parasólido, SolidWorks ejecuta, de forma automática, la aplicación de **Diagnosis de importación**. Responda afirmativamente a la cuestión (**¿Desea ejecutar el Diagnóstico de importación en esta pieza?**) y observe como, para el modelo de pieza importada, no quedan caras ni separaciones defectuosas en la geometría. Pulse **Aceptar** para confirmar y finalizar.

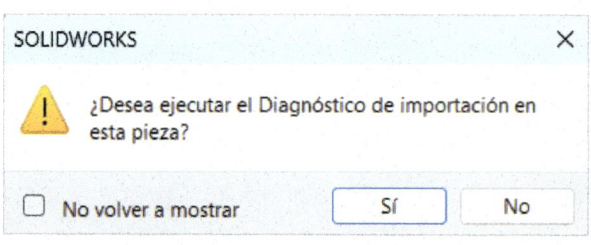

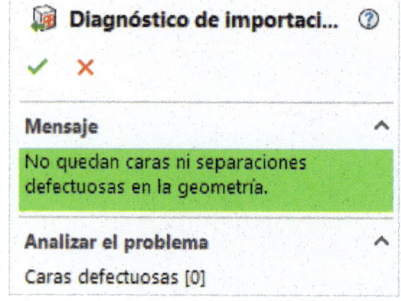

Configuración del FeatureWorks

5. Pulse sobre **Opciones de FeatureWorks** (Barra de Herramientas **Operaciones**) desde el Menú de persiana **Insertar**, **FeatureWorks**, **Opciones**.

6. En el cuadro de diálogo, para **General**, seleccione **Sobrescribir archivo existente**. En el cuadro de diálogo, para **Cotas/Relaciones de croquis**, en **Relaciones**, seleccione **Agregar restricciones al croquis** para definir el croquis completamente. Finalmente, en el cuadro de diálogo, para **Controles avanzados** seleccione **Permitir fallo en creación de operaciones** para permitir la creación de operaciones que tengan errores de reconstrucción (en **Diagnóstico**). Pulse **Aceptar**.

Reconocimiento de operaciones con FeatureWorks

7. Observe la aparición de una nueva ventana en la Zona de Gráficos que pregunta si desea ejecutar la aplicación **FeatureWorks** para reconocer las operaciones del modelo importado. Responda **Sí**. En caso de no aparecer automáticamente esta ventana pulse sobre el Menú **Insertar, FeatureWorks, Reconocer operaciones.**

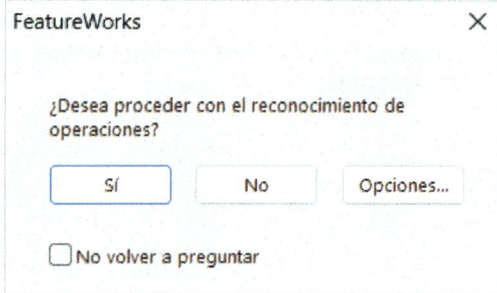
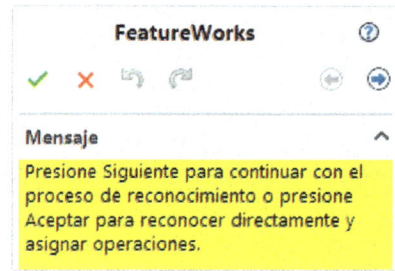

8. En el Gestor de Diseño aparece el PropertyManager de **FeatureWorks**. En modo de reconocimiento, seleccione **automático**. En **Tipo de operación**, seleccione **Operación estándar** y active las casillas **Extrusiones**, **Ángulos de salida**, **Revoluciones**, **Taladros**, **Redondeos**, **Chaflanes** y **Nervios**. Pulse **Siguiente**.

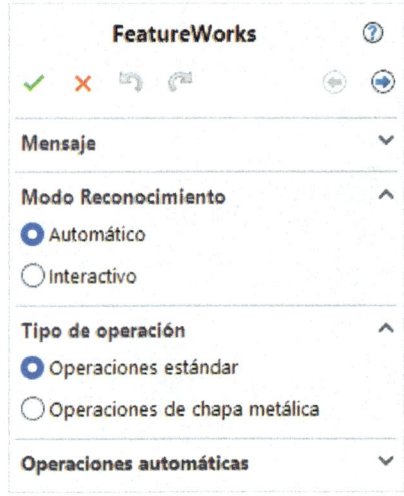
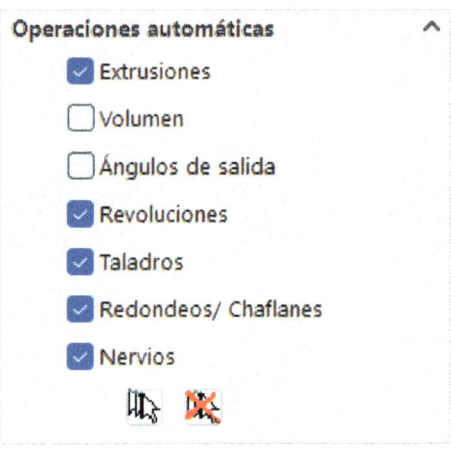

9. Después de unos segundos aparecen las operaciones reconocidas. Las operaciones pueden ser seleccionadas y visualizadas en la Zona de Gráficos. Pulse **Aceptar** para finalizar.

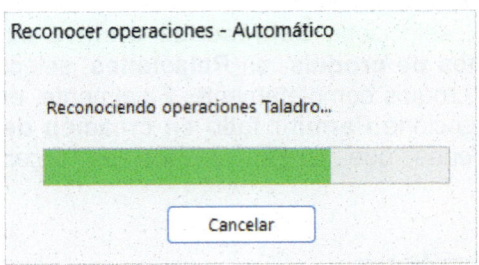

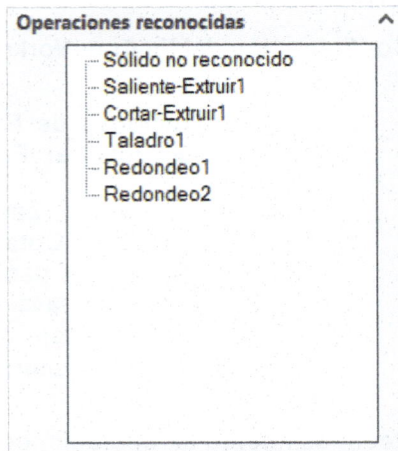

10. Observe como se crea el árbol de operaciones en el Gestor de Diseño y puede editar cualquiera de las operaciones reconocidas.

Editar operaciones del modelo importado

11. Pulse con el botón secundario sobre Redondeo2 y seleccione **Editar operación**. Cambie el radio de redondeo de 10 mm a 20 mm. Pulse **Aceptar**.

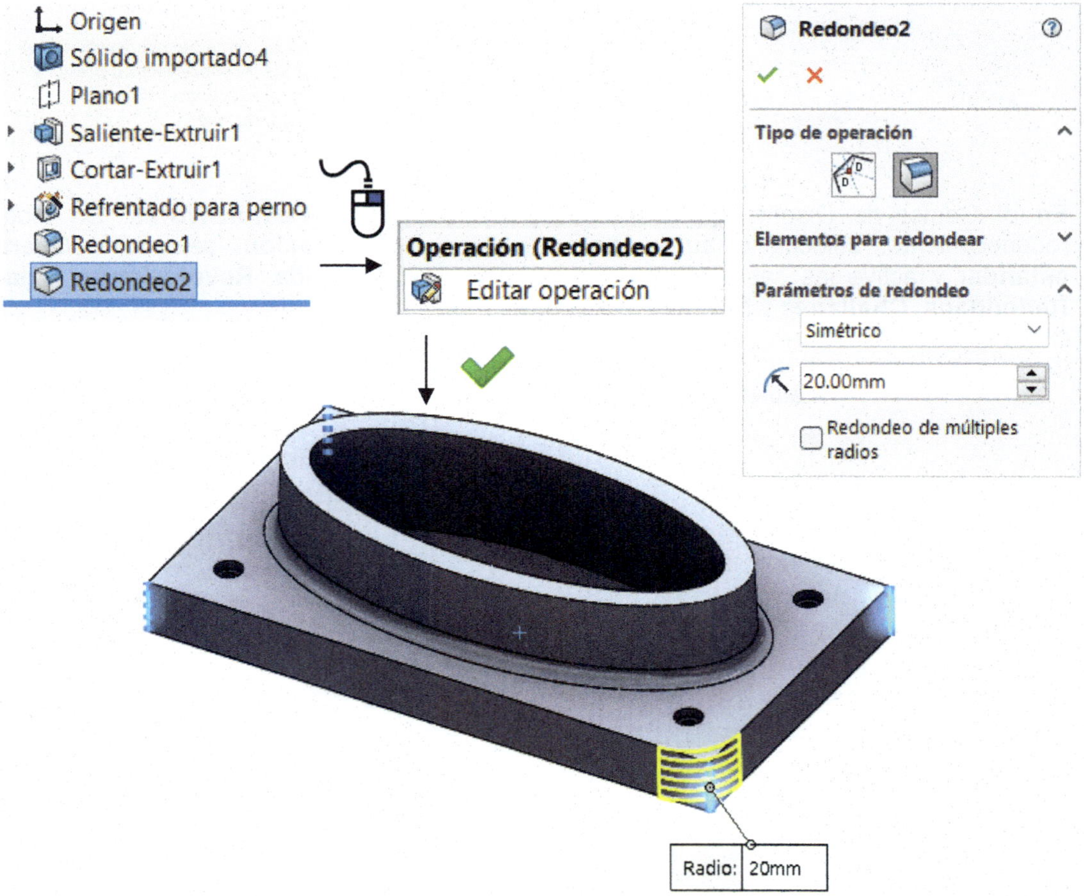

Práctica 24. Del 2D de AutoCAD al 3D de SolidWorks

Obtenga un modelo de pieza en 3D a partir de vistas en 2D dibujadas e importadas desde AutoCAD.

⏳ 20 minutos

plano 2D autoCAD
Dibujo de AutoCAD
DWG 47,0 KB

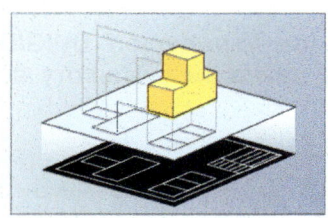

Se importa como croquis 2D

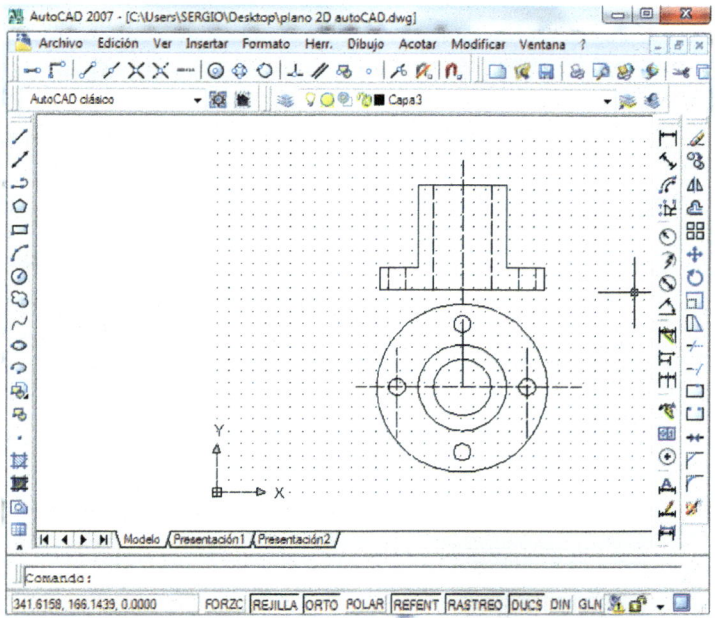

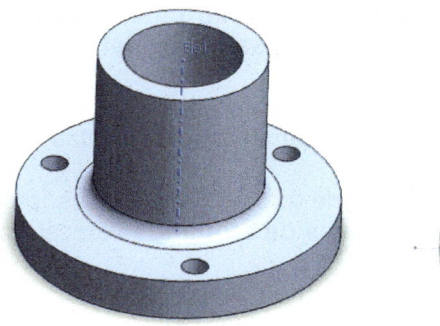

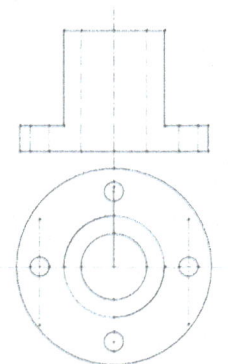

Objetivos del tutorial

- **Importar** dibujo de AutoCAD 2D a SolidWorks como croquis.

- Modelar la pieza en 3D a partir del croquis importado.

- Crear un **Redondeado** de croquis, **Eje** y **Matriz Polar**.

Importar modelo AutoCAD 2D a SolidWorks como croquis

A partir de un plano 2D dibujado en AutoCAD (DWG) es posible obtener un modelo de pieza en 3D directamente en SolidWorks. Para su modelado debe importar el dibujo 2D de AutoCAD (.dwg) como una nueva pieza (Croquis 2D) y a partir de sus contornos crear el modelo 3D. Es la forma de actualizar los modelos de pieza y pasar de las 2D a las 3D.

Importar el modelo 2D de AutoCAD como croquis

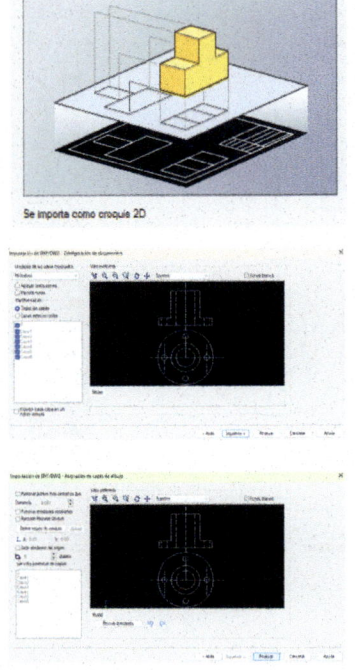

Se importa como croquis 2D

1. Pulse la opción **Abrir** del Menú persiana **Archivo** o sobre el icono **Abrir**. Localice el modelo 2D realizado con AutoCAD que acompaña el libro. Para localizarlo seleccione la extensión *.DWG.

2. Observe la ventana emergente de **Importación DWG/DXF**. Active la casilla **Importar a una nueva pieza como** y active **Croquis 2D**. Pulse **Siguiente**.

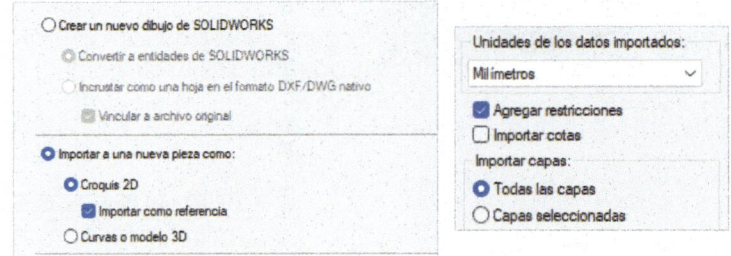

3. En la nueva ventana seleccione **Milímetros** y active **Agregar restricciones** y **Todas las capas**. Desactive la opción de **Importar cotas** puesto que en el plano 2D no se han creado. Pulse **Siguiente**.

4. Desactive la casilla **Fusionar puntos más cercanos**. Pulse **Finalizar** y **Aceptar**. El dibujo 2D es importado y aparece una Barra de Herramientas denominada 2D a 3D.

5. Para ver las relaciones de croquis importadas pulse sobre el Menú de persiana **Ver**, **Ocultar/Mostrar**, **Relaciones de croquis**. Aparecen todas las relaciones de croquis definidas en AutoCAD.

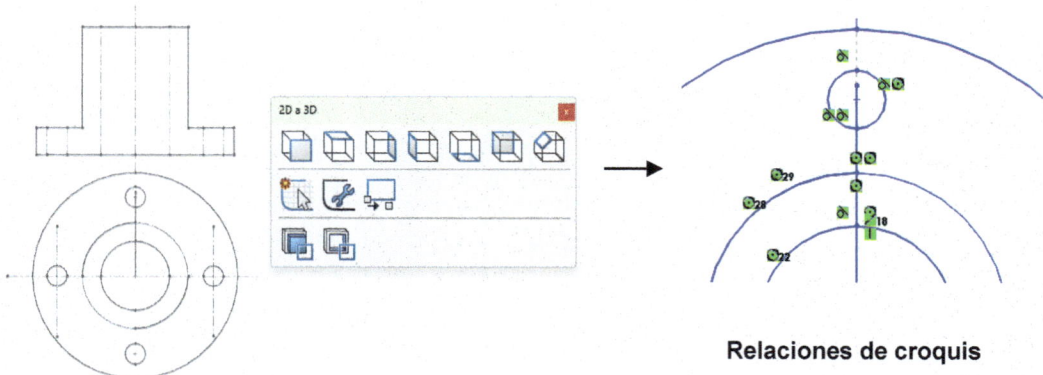

Relaciones de croquis

Modelado 3D a partir del croquis

6. Pulse con el botón derecho sobre **Model** desde el Gestor de Diseño y seleccione la opción **Editar Croquis**. Con las herramientas de **Borrar** (Tecla Supr), **Recortar** y **Alargar** elimine el croquis 2D y deje únicamente el contorno a revolucionar.

7. Pulse sobre el icono de **Cota inteligente** desde la Barra de Herramientas **Cotas/Relaciones** y acote el perfil de revolución. Asegúrese de que las unidades predefinidas son milímetros (**Opciones**, **Propiedades de documento**, **Unidades**).

8. Pulse **Redondeo** de croquis desde la Barra de Herramientas de **Croquis** y redondee la esquina exterior con un radio de 10 mm.

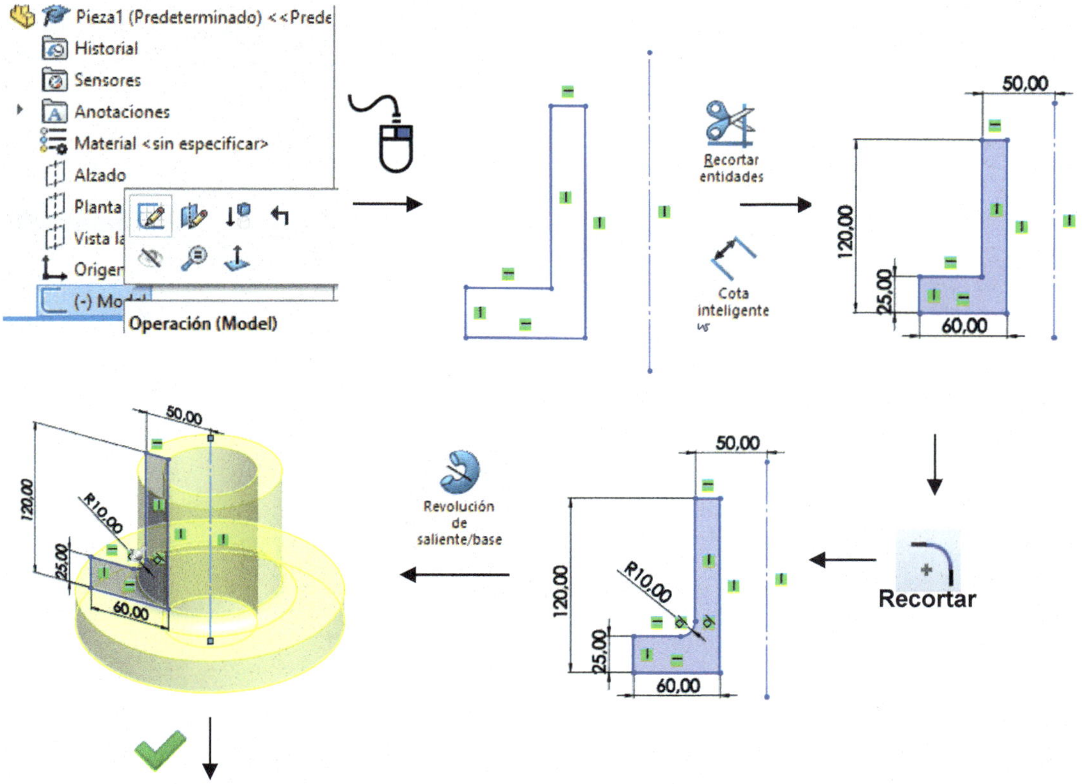

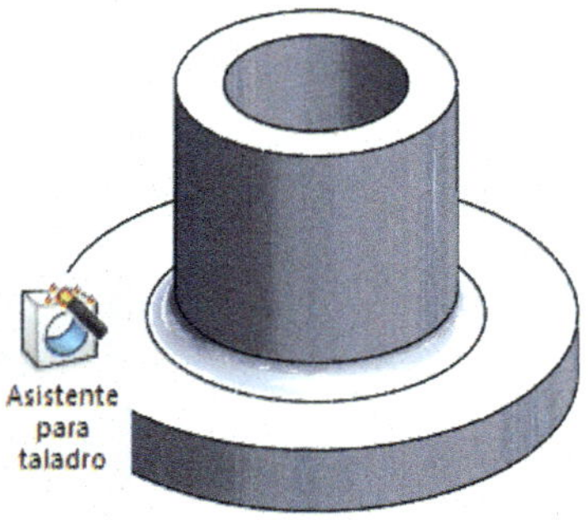

9. Pulse sobre la pestaña **Operaciones** y seleccione **Revolución de saliente/base**. En **Eje de revolución** seleccione la Línea 26 (línea de revolución). En **Ángulo dirección 1** seleccione 360º. Pulse **Aceptar.**

10. Para crear los cuatro taladros pulse sobre **Asistente para taladros** desde la Barra de Herramientas de **Operaciones**. Desde la pestaña **Posiciones** indique el punto donde debe ir centrado el taladro. Acote su localización mediante **Cota inteligente**.

Especificación de taladro

Tipo | Posiciones

Favorito

Tipo de taladro

Estándar:
ISO

Tipo:
Márgenes de tornillo

Especificaciones de taladro
Tamaño:
M6

Normal

Mostrar ajuste de tamaño personalizado

11. En la pestaña **Tipo** seleccione **Taladro**, **ISO**, diámetro M16. En **Condición final** seleccione **Por todo**. Pulse **Aceptar** para crear el taladro.

12. Para crear el resto de los taladros debe realizar una **Matriz Polar**, por lo que previamente debe hacer un **Eje**. Pulse sobre **Eje** desde la Barra de Herramientas **Operaciones**, **Geometría de referencia**, **Eje**. En **Selecciones** indique la cara interior de revolución pulsando sobre ella, desde la Zona de Gráficos, con el botón izquierdo. Pulse **Aceptar**.

13. Para terminar, pulse sobre **Matriz Circular** desde la Barra de Herramientas de **Operaciones**. En **Eje** para la matriz seleccione el eje1 recién creado. En **Ángulo** 360º y en **Número de instancias** 4. En **Operaciones para la matriz** pulse el taladro de diámetro 16. Pulse **Aceptar** para crear la matriz.

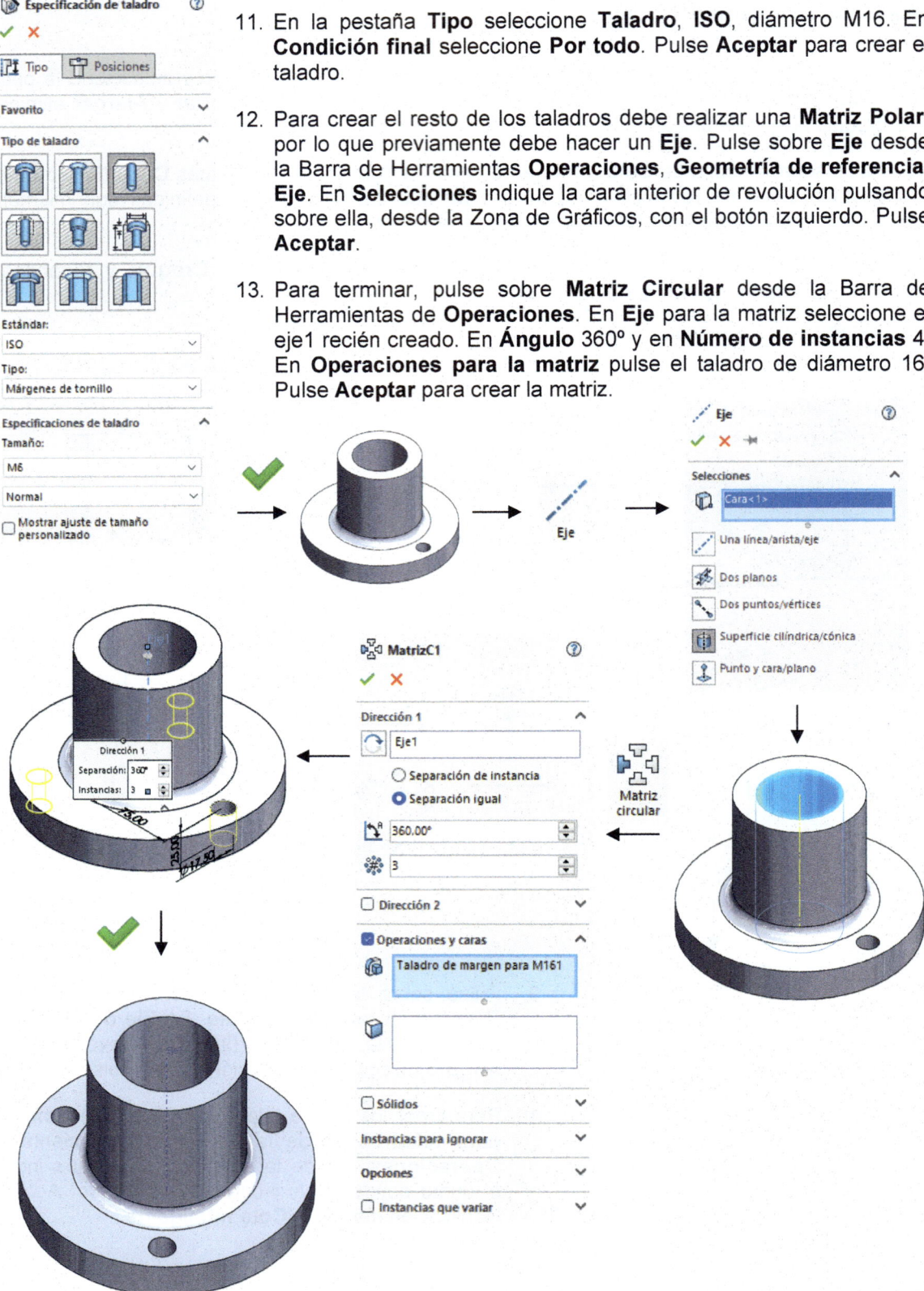

Práctica 25. Superficies avanzadas y Autotrace

Cree el modelo de superficies a partir de la inserción de las vistas en los planos (Alzado, Planta y Vista lateral). Complemento Autotrace y vectorización de imágenes.

⧖ 300 minutos

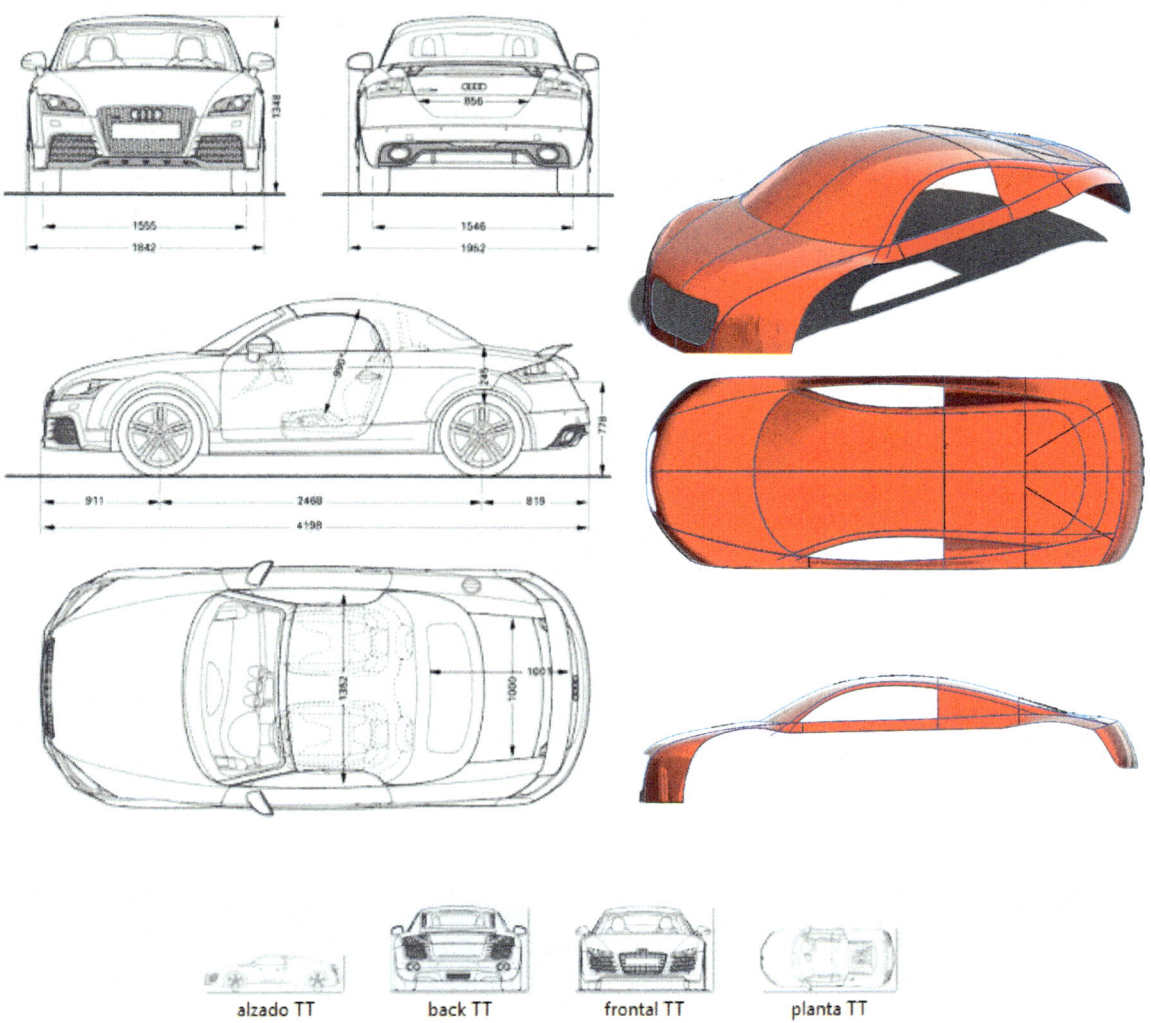

alzado TT   back TT   frontal TT   planta TT

Objetivos del tutorial

- Insertar imágenes en los planos proyectantes (**Imagen de Croquis**).

- Copiar curvas maestras y definir superficies.

- Estudiar el complemento **Autotrace** para vectorizar contornos a partir de imágenes.

Modelado de superficies y Autotrace

La forma más fácil de crear modelos de superficie como aviones, coches y otros semejantes es a partir de las imágenes que definen sus proyecciones ortogonales. SolidWorks tiene una herramienta que permite insertar las vistas en los distintos planos (Alzado, Planta y Vista lateral). A partir de la copia de sus perfiles puede crear y editar sus superficies para obtener el modelo final.

Desde muchas páginas de Internet puede descargar, de forma gratuita, las vistas de modelos de coches, aviones, tanques de combate, barcos, motocicletas, etc. Una de las más completas es www.the-blueprints.com, con más de 100 000 modelos descargables.

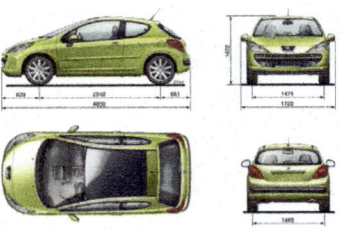

Inserción de las vistas en los planos

1. Pulse la opción **Nuevo** del Menú persiana **Archivo** o sobre el icono **Nuevo**. Seleccione **Pieza** y pulse **Aceptar**.

2. Seleccione los planos **Alzado**, **Planta** y **Vista lateral** desde el Gestor de Diseño con el botón izquierdo del ratón. Una vez seleccionados, pulse el botón derecho y active **Mostrar**. De esta forma, los planos de trabajo son visibles en todo momento.

3. Seleccione el Plano de trabajo **Planta** del **Gestor de Diseño** y pulse sobre **Croquis**. A continuación, seleccione **Imagen de croquis** desde el Menú de persiana **Herramienta**, **Herramienta de croquizar**, **Imagen de croquis**. Localice y seleccione el fichero planta TT.jpg desde el contenido adicional descargable. En el PropertyManager de **Imagen de croquis** defina el **Ancho** y el **Alto** de la imagen en función de la acotación indicada en el plano. Pulse **Aceptar** y salga del croquis pulsando sobre el icono **Salir de croquis**. Repita la misma operación para el plano **Alzado** (alzado TT.jpg). Ajuste la imagen hasta hacerla coincidir con la planta. Es importante que el ancho y el alto sea el mismo en las distintas imágenes insertadas.

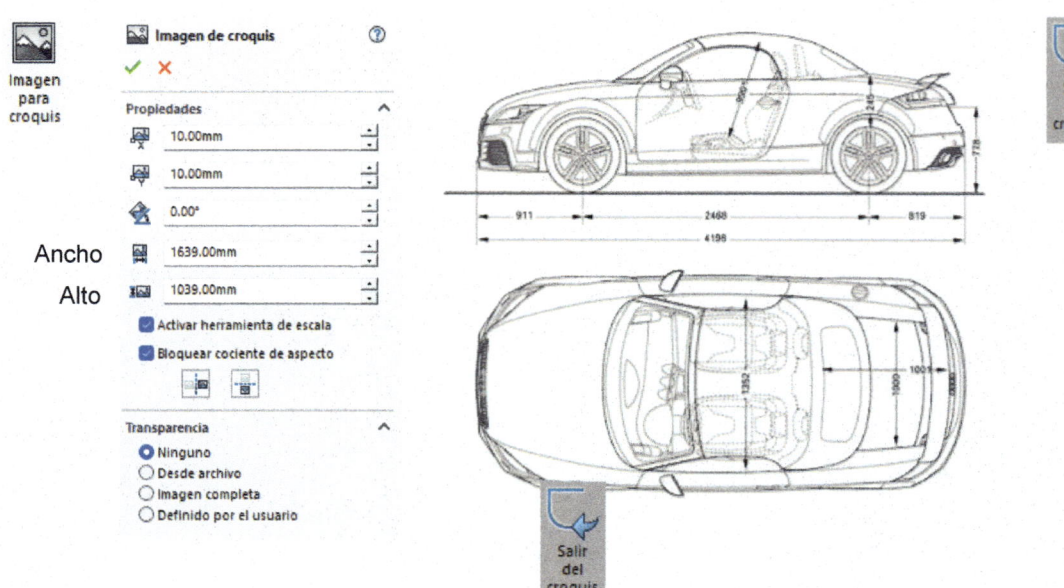

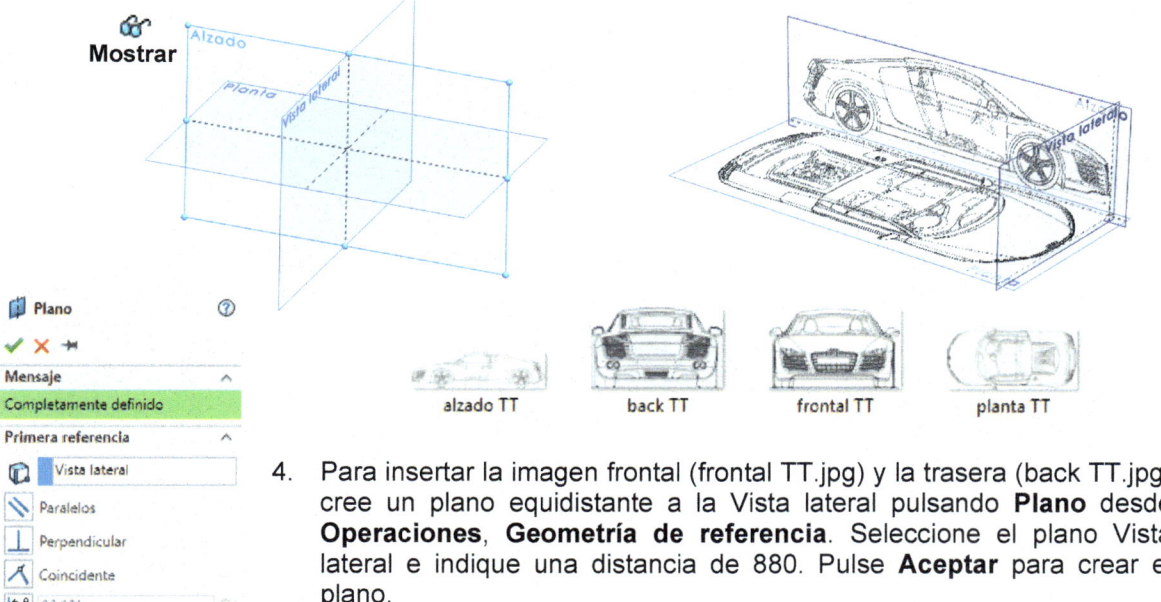

Mostrar

Plano

Mensaje

Completamente definido

Primera referencia

Vista lateral

Paralelos

Perpendicular

Coincidente

90.00°

880

☐ Invertir equidistancia

1

☰ Plano medio

Transparencia

◉ Ninguno
○ Desde archivo
○ Imagen completa
○ Definido por el usuario

| alzado TT | back TT | frontal TT | planta TT |

4. Para insertar la imagen frontal (frontal TT.jpg) y la trasera (back TT.jpg) cree un plano equidistante a la Vista lateral pulsando **Plano** desde **Operaciones**, **Geometría de referencia**. Seleccione el plano Vista lateral e indique una distancia de 880. Pulse **Aceptar** para crear el plano.

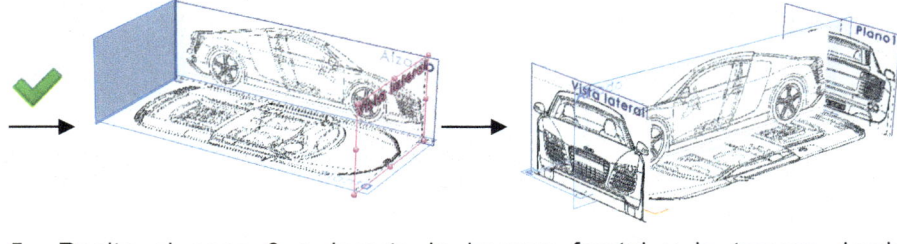

5. Repita el paso 3 e inserte la imagen frontal y la trasera desde **Herramienta**, **Herramienta de croquizar**, **Imagen de croquis**.

 Desde el PropertyManager de **Imagen de croquis** puede hacer que las imágenes insertadas sean transparentes y facilitar la visualización de otros planos.

Copiar las curvas maestras

6. Seleccione un plano de trabajo y, a partir de la herramienta **Spline**, copie los contornos adaptando la curva a los distintos planos de proyección. Para ello, es recomendable calcar con la herramienta **Spline** (Barra de Herramientas **Croquis**) un contorno y, a continuación, cambiar de plano, haciendo que el contorno calcado se adapte a la curva de la otra vista. Desde **Escala de curvatura** del PropertyManager de **Spline** puede ver la curvatura de las curvas croquizadas.

Spline/Spline de estilo

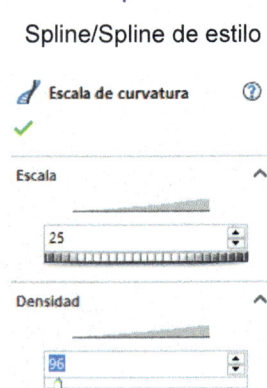

Escala de curvatura

Escala

25

Densidad

96

Spline   Spline de estilo

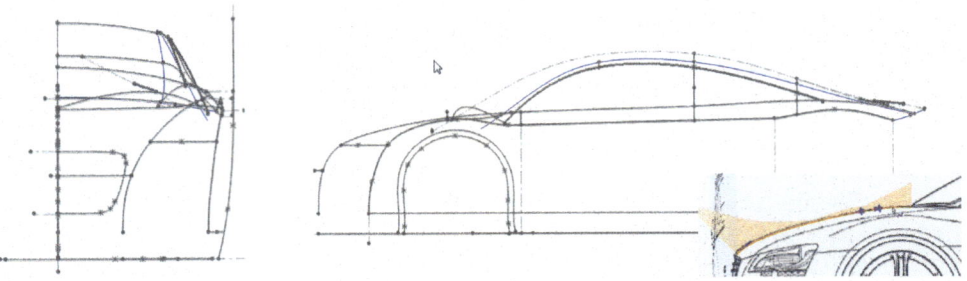

7. Use la herramienta **Proyectar curva** desde la Barra de Herramientas **Curvas** para obtener la proyección en 3D a partir de dos croquis (Croquis1 y 2, en la figura). La curva proyectada puede utilizarse como camino y una segunda curva como perfil en la obtención de una superficie **Barrida**.

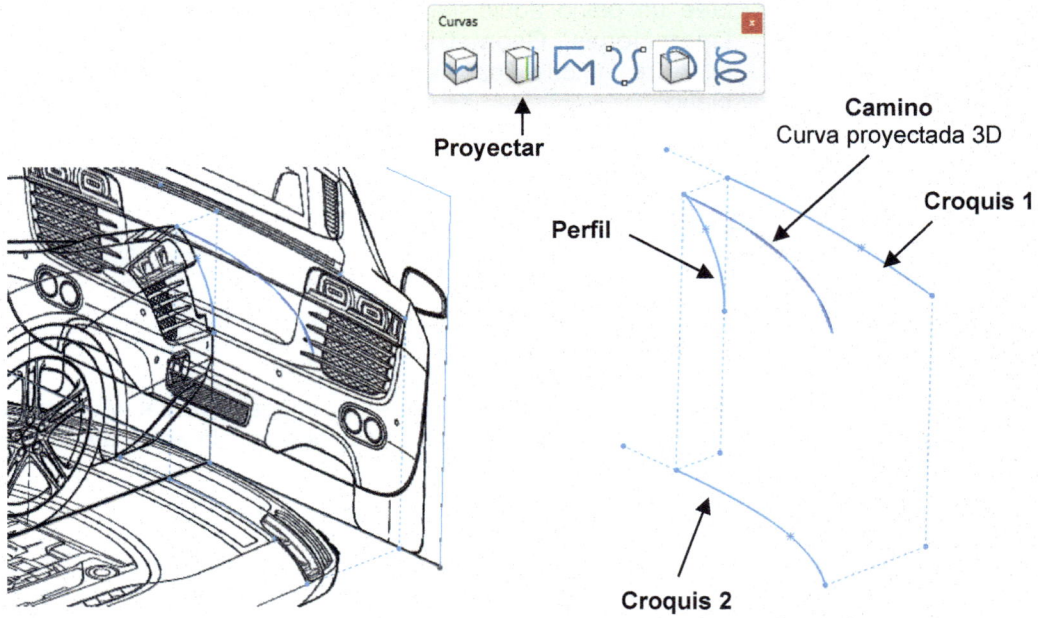

8. Utilice las herramientas de **Recortar**, **Alargar**, **Proyectar curva**, **Barrer**, **Recubrir**, **Coser**, etc., para ir conformando las superfices que definen el coche.

Tratamiento de las imágenes (vectorización)

La vectorización de una imagen es la transformación de sus píxeles en curvas compuestas por vectores. Existen muchas aplicaciones de inteligencia artificial en línea que permiten la transformación rápida de imágenes a partir de procesos de vectorización muy eficientes. Sin embargo, en algunos casos, las imágenes de partida con las que trabajamos tienen muy baja resolución y el proceso de vectorización crea curvas deficientes.

La página web (https://dgb.lol/) permite incrementar la resolución de una imagen para después poder vectorizarla con éxito. El proceso requiere de un tiempo más o menos largo, pero los resultados obtenidos son muy aceptables. Después de su transformación puede descargar la imagen desde la web.

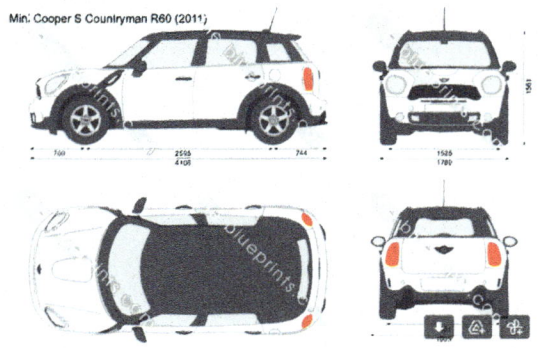

La vectorización de imágenes puede realizarse con muchas aplicaciones en línea. La web https://vectorizer.ai/ es una de ellas. Convierte la imagen de forma automática en un archivo de vectores, y el resultado es muy satisfactorio siempre que la imagen de partida tenga una buena resolución. Otra herramienta es https://convertio.co/es/jpg-dxf/. En este caso, se pide la imagen en formato JPG y es transformada a DXF. Para abrir un fichero DXF en SolidWorks pulse en **Abrir** (Barra de Herramientas Estándar) o en **Archivo**, **Abrir**, y en el cuadro de diálogo seleccione la opción DXF o DWG. Seleccione el archivo y pulse Abrir.

Imagen
para
croquis

Autotrace

La función **Imagen para croquis** y la activación del complemento **Autotrace** permiten vectorizar el contorno de una imagen importada y crear un croquis de forma automática desde SolidWorks. Los croquis creados pueden ser usados con cualquier operación (extrusión, revolución, barrido, etc.) o pueden ser exportados a ficheros DXF/DWG. Para activar **Autotrace** pulse sobre el Menú **Herramientas**, **Complementos** y active la casilla **Autotrace**.

Autotrace puede ser utilizado para copiar contornos complejos en ingeniería inversa. A modo de ejemplo, se pueden tomar fotografías del modelo que se quiere rediseñar (alzado, planta y perfil) e insertarlas como Imagen para croquis (Croquis, **Imagen para croquis**). Pulse **Siguiente** y, después de definir los **Ajustes**, pulse sobre **Iniciar trazo**.

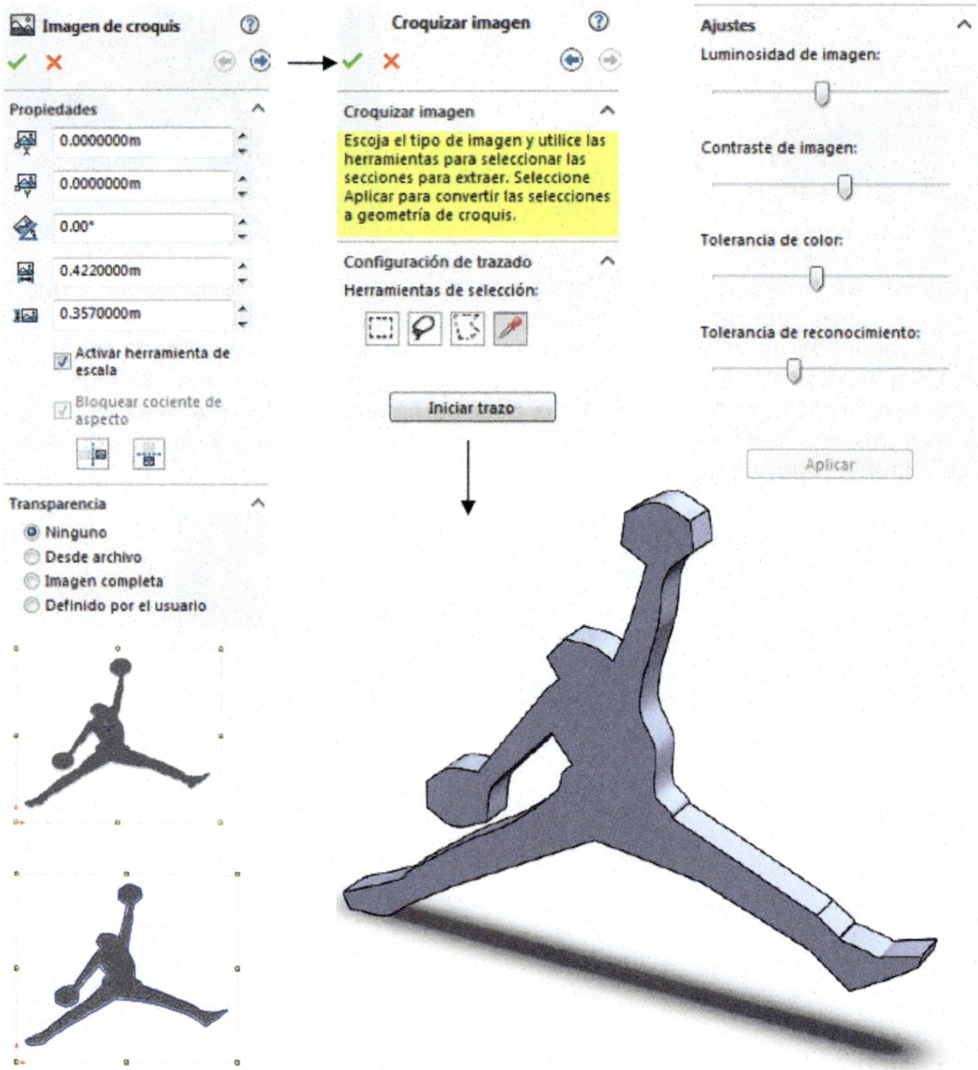

Práctica 26. SolidWorks Routing Eléctrico

Abrir el documento de pieza de chapa metálica 3D que acompaña el libro e inserte los elementos normalizados y cree el recorrido automático del cableado. Utilice el complemento SolidWorks Routing.

⧗ 25 minutos

SOLIDWORKS
Routing

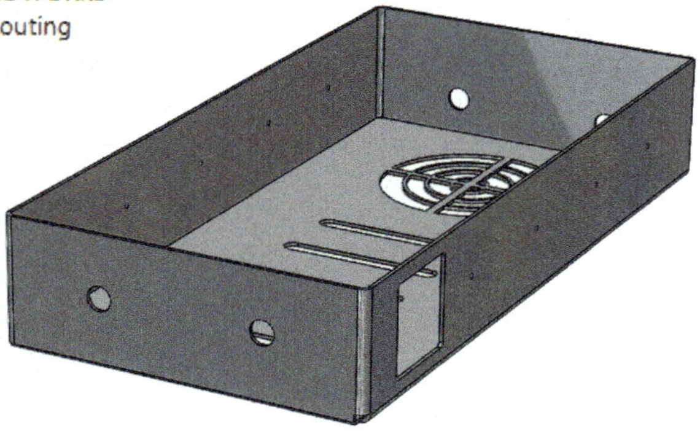

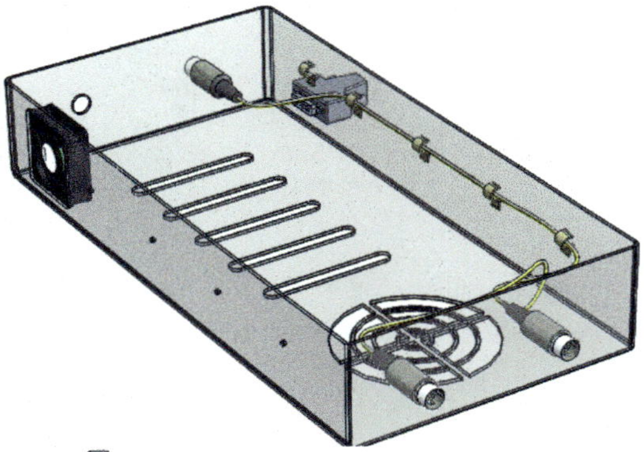

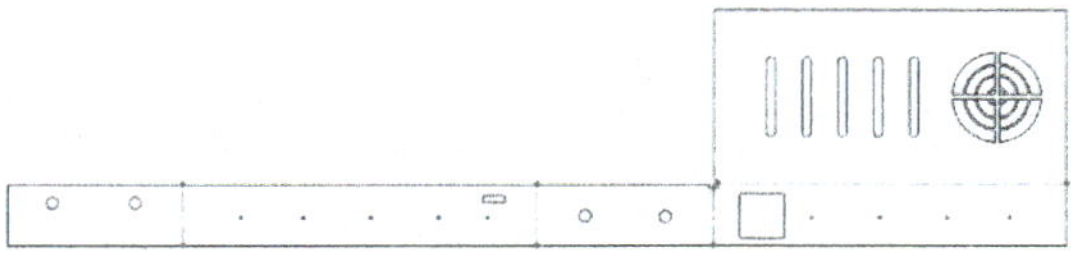

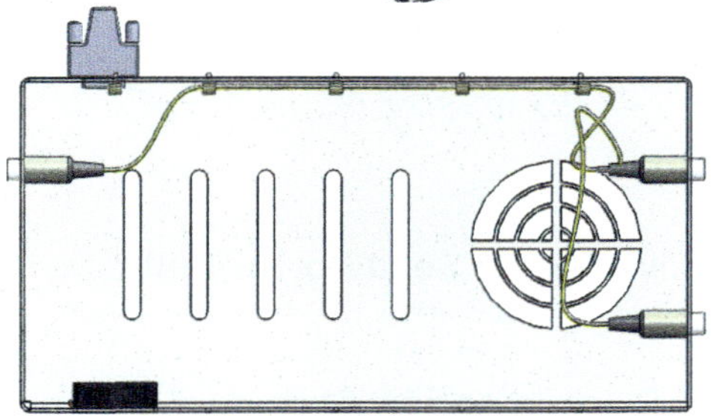

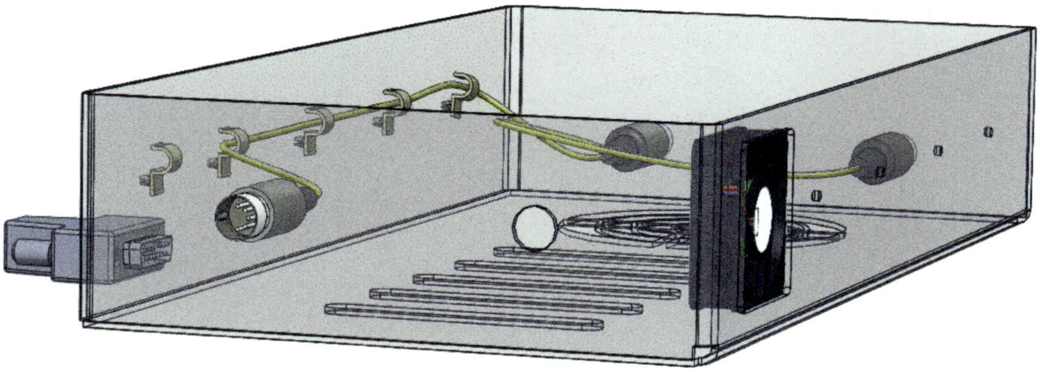

Objetivos del tutorial

- Activación de **SolidWorks Routing** e Inserción de elementos normalizados.
- Definición de recorridos automáticos y tipo de cables.
- Inserción de abrazaderas y bifurcación de cables.

SolidWorks Routing Eléctrico

El complemento de **SolidWorks Routing Eléctrico** permite modelar cables como sistemas de recorridos e insertar conectores, abrazaderas y otros elementos normalizados.

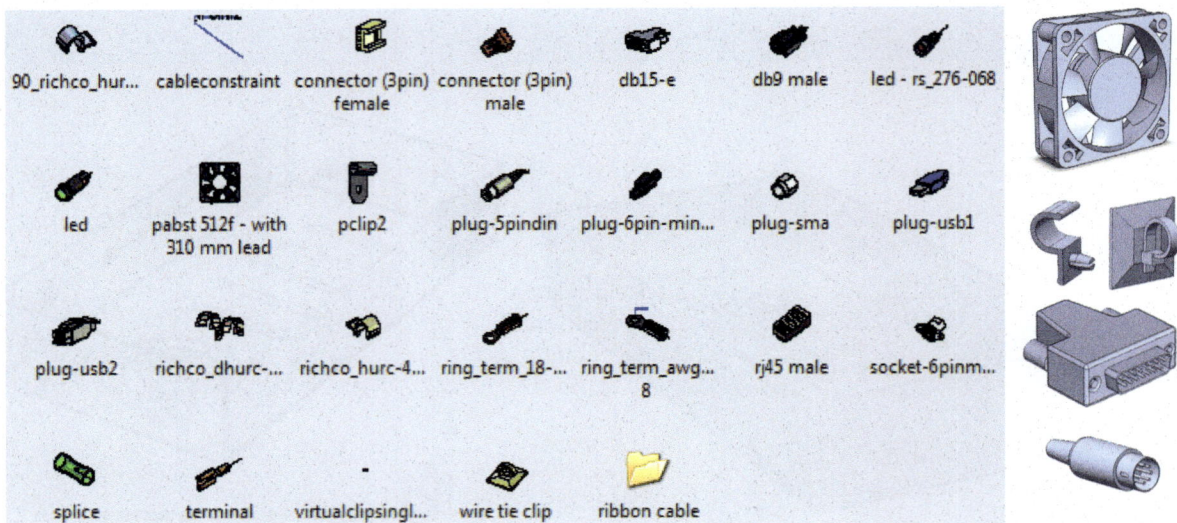

Activación de SolidWorks Routing e Inserción de elementos normalizados

1. Pulse la opción **Abrir** del Menú persiana **Archivo** o sobre el icono **Abrir** y seleccione el modelo de ensamblaje que acompaña el libro.

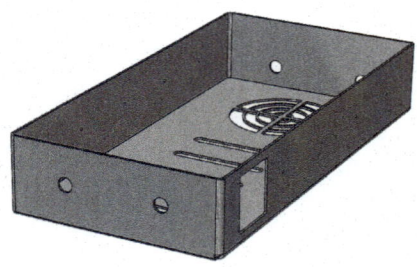

2. Active el complemento **SolidWorks Routing** desde el Menú de **Herramientas**, **Complementos**. En el **Administrador de comandos** aparecen tres nuevas etiquetas: **Componentes eléctricos**, **Sistema de tuberías** y **Tuberías**.

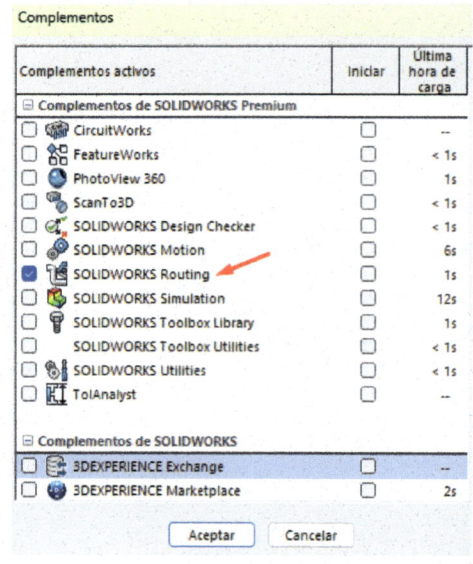

3. Antes de empezar debe configurar las opciones de recorrido. Para ello pulse sobre **Opciones** desde el Menú de Herramientas Estándar y seleccione **Recorrido**. En **Configuración general de sistema de recorrido**, desactive **Extender recorrido automáticamente al colocar abrazaderas** y pulse **Aceptar**. En **Ubicaciones de archivos** pulse sobre **Abrir Routing Library Manager**. Seleccione las **Unidades** en milímetros (mm) y pulse sobre **Guardar configuración**. Pulse **Aceptar**.

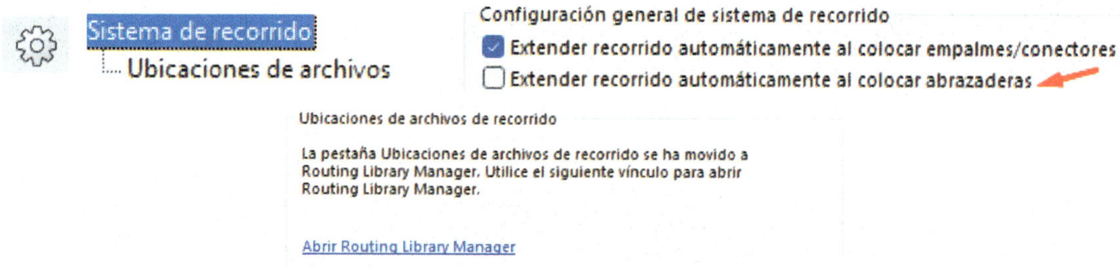

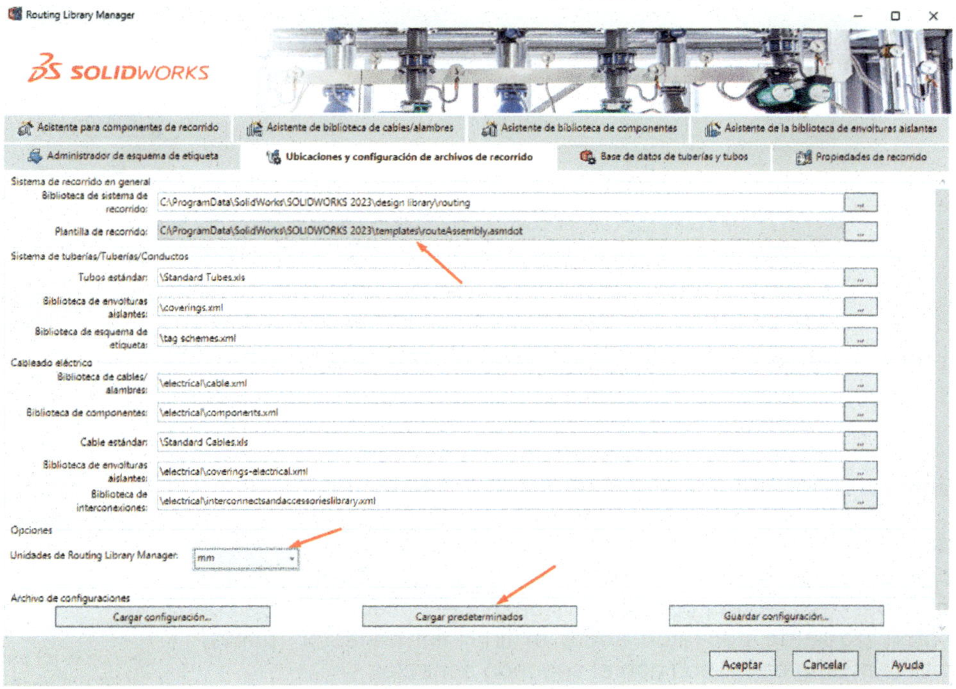

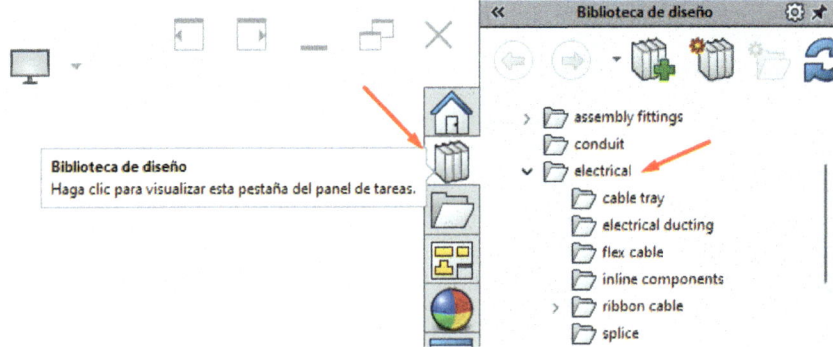

4. Visite la **Biblioteca de diseño** y observe que se han cargado los elementos normalizados de **Routing electrical**.

5. Desde el **Panel de tareas** seleccione la pestaña de **Biblioteca de diseño**, **Routing**, **Electrical** y arrastre el componente **plug-5pindin** hasta la Zona de Gráficos. Agregue las relaciones de concentricidad entre el componente y los taladros. Si acerca el componente hasta el taladro la relación de posición se establece de forma automática. **Inserte** un segundo conector según se indica en las figuras. Pulse **Aceptar**.

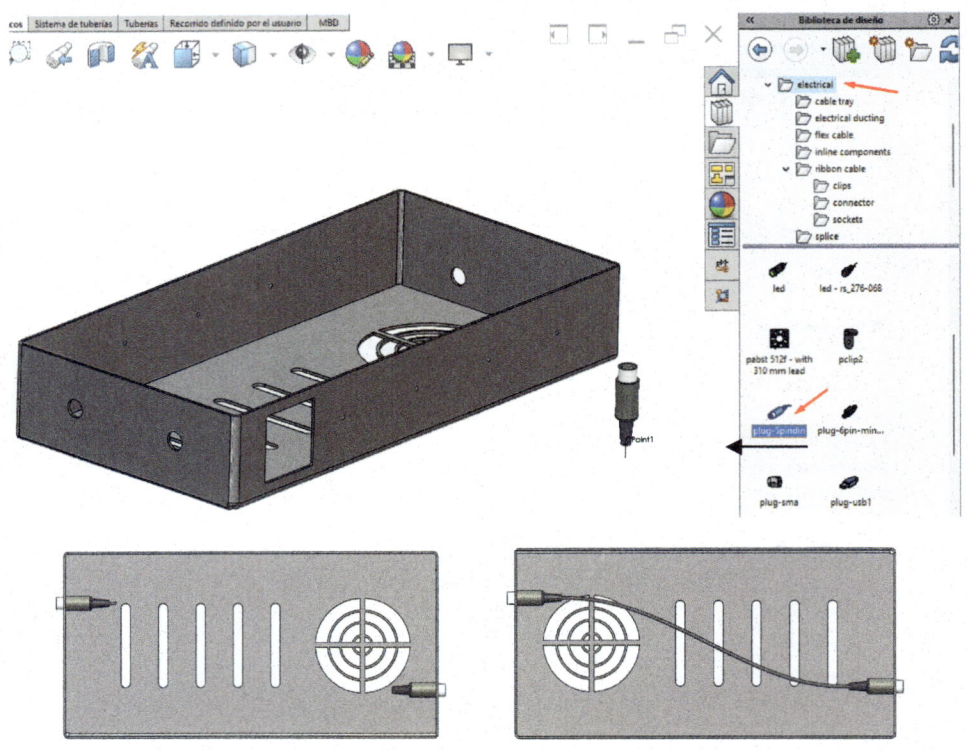

Definición del recorrido automático y del tipo de alambre

6. Para dibujar el conductor entre los conectores seleccione **Recorrido automático** desde la pestaña **Componentes eléctricos**. Realice un Zoom para visualizar el conector. Pulse con el botón izquierdo del ratón sobre el final del conector (punto). Repita la misma operación con el segundo conector.

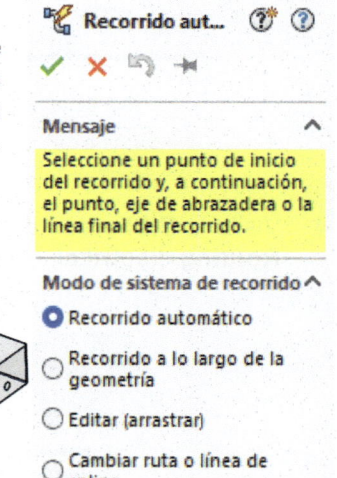

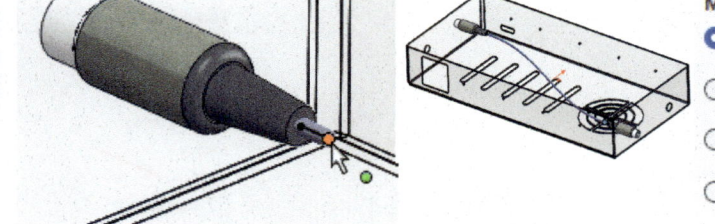

Observe como se crea el recorrido, con la distancia más corta, del conductor entre los dos conectores. Pulse **Aceptar**.

7. Para especificar el tipo de alambre pulse sobre **Editar alambres** desde la Barra de Herramientas de **Componentes eléctricos**. Desde el PropertyManager seleccione **Agregar alambre** y pulse con un doble clic sobre **20g Yellow**. Pulse **Aceptar**. En el cuadro de diálogo de Editar alambre debe indicar la ubicación del primer componente y su pin y la localización del segundo componente. Pulse **Aceptar** y salga del croquis. Desde el PropertyManager de **Editar alambres** pulse sobre **Seleccionar trayecto**. Desde la Zona de Gráficos seleccione el conductor dibujado. Pulse **Reordenar** y **Aceptar**. Observe cómo cambian las características del conductor.

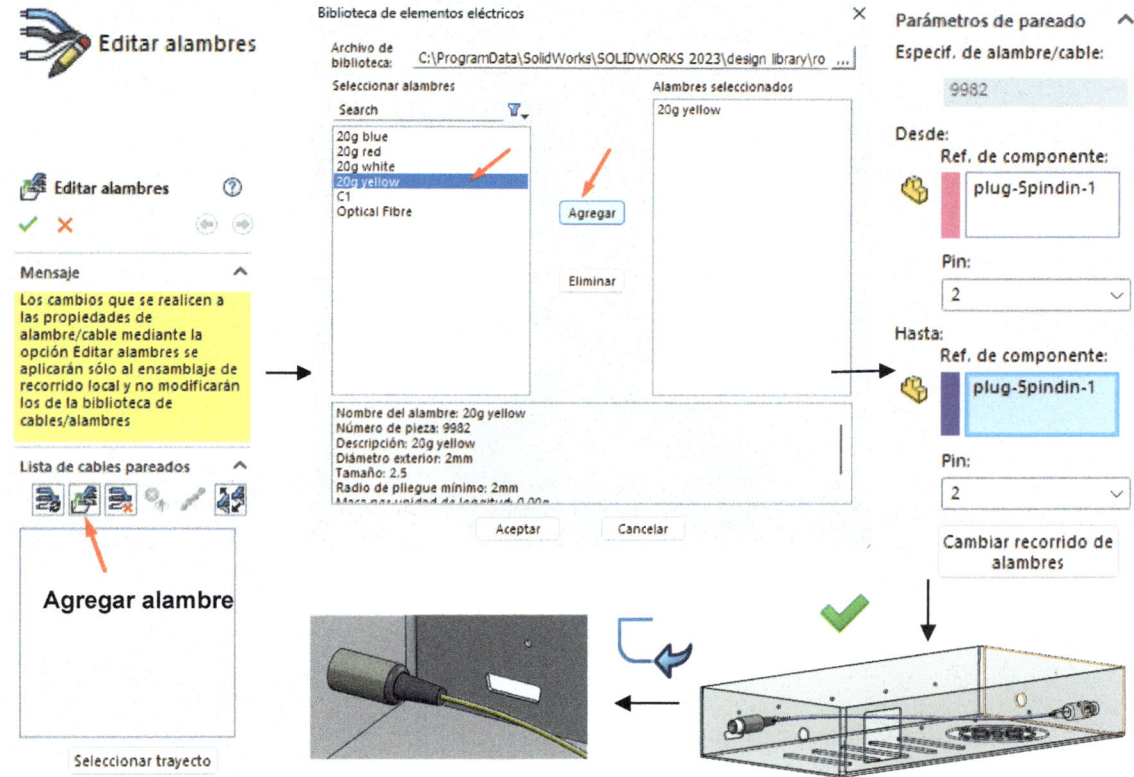

Insertar abrazaderas y crear un recorrido a su través

8. Para insertar las abrazaderas de plástico que ordenen la disposición del cable pulse sobre el componente denominado **90_richco_hurc-4-01** desde la carpeta eléctrica de la **Biblioteca de diseño**. Seleccione el modelo estándar y arrástrelo hasta cada uno de los 4 taladros. Observe que al acercar el componente se establece la relación de posición de forma automática (Concentricidad). Pulse el botón derecho del ratón para finalizar. Seleccione **Mover componente** desde la Barra de Herramientas de **Ensamblaje** y oriente la abrazadera.

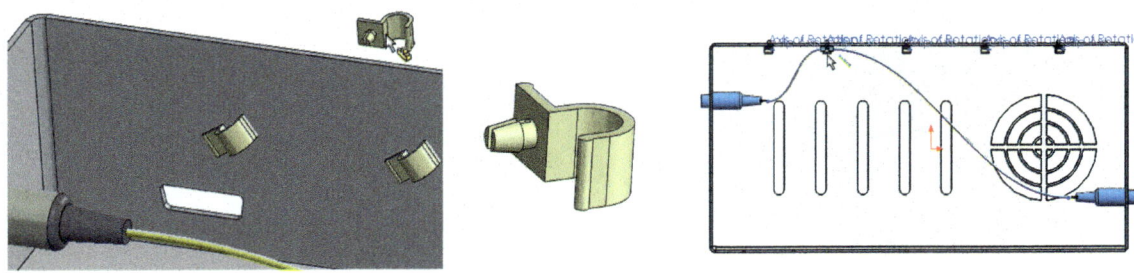

9. Para conseguir que el cable pase por cada una de las abrazaderas creadas pulse sobre **Editar recorrido** desde la Barra de Herramientas de **Componentes eléctricos**. Seleccione la operación **Crear/editar Recorrido a través de la abrazadera** desde la Barra de Herramientas de **Sistema de Recorrido**. Desde la Zona de Gráficos seleccione el conductor y vaya pulsando sobre la superficie interna de cada una de las abrazaderas. Observe como el cable se coloca a su través. Pulse **Aceptar** para finalizar.

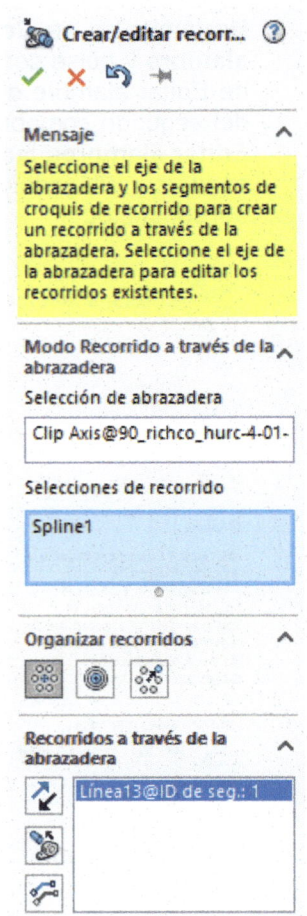

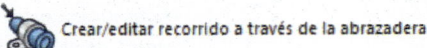
Crear/editar recorrido a través de la abrazadera

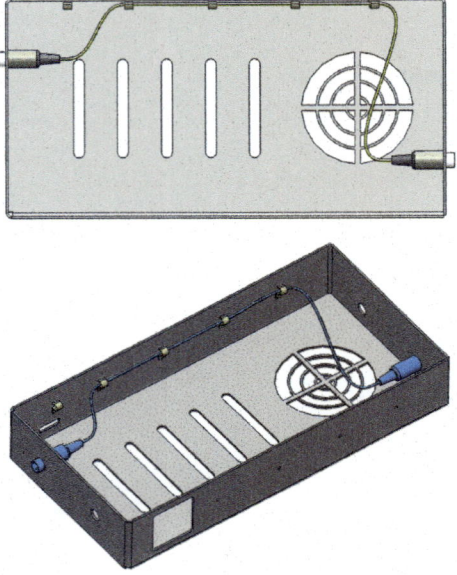

Insertar ventilador y nuevos conectores

10. Desde la carpeta **Electrical** de la **Biblioteca de diseño** arrastre un ventilador (**pabst 512f**) y dos conectores (**db15** y **plug-5pindin**). Ubíquelos según se indica en la figura.

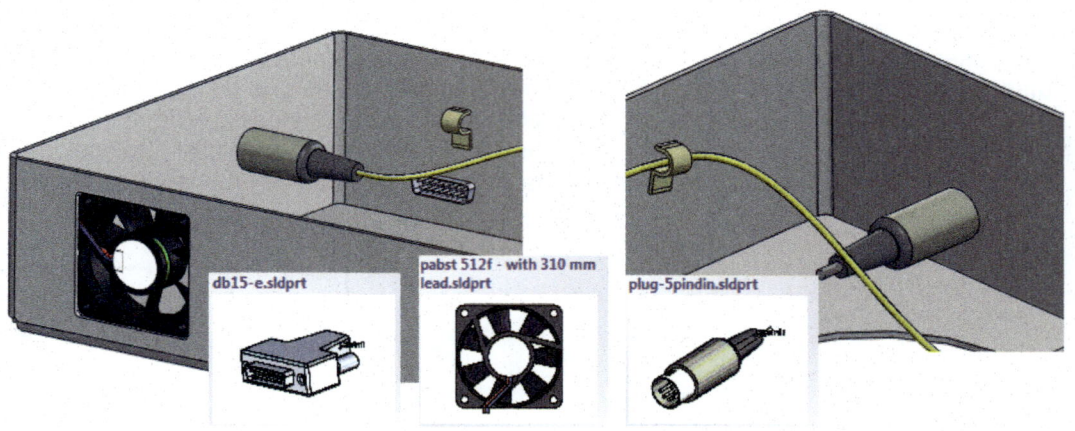

Bifurcar cable

11. Para hacer una bifurcación en un cable que alimente a dos conectores primero se debe insertar otro conector tipo **plug-5pindin**. Una vez insertado debe indicar el punto del cable donde se producirá la bifurcación. Para ello, pulse sobre **Partir recorrido** desde la Barra de Herramientas de **Sistema de recorrido**. Aparece el PropertyManager de **Editar recorrido**. Pulse con un doble clic sobre el conductor a editar. Observe cómo cambia el cursor. Pulse con el botón izquierdo del ratón sobre el tramo en el que se bifurca el cable. Pulse sobre **Salir de croquis** y sobre **Editar componente**. También puede pulsar sobre **Reconstruir**.

12. Pulse sobre **Editar recorrido** desde la Barra de Herramientas de **Componentes eléctricos**. Pulse con un doble clic sobre el conductor. Seleccione **Recorrido automático** e indique los puntos inicio y fin del conductor. Si el cable tiene un radio muy pequeño y se producen nudos como los mostrados en la figura puede suavizarlos estirando los puntos de arrastre de la *spline*.

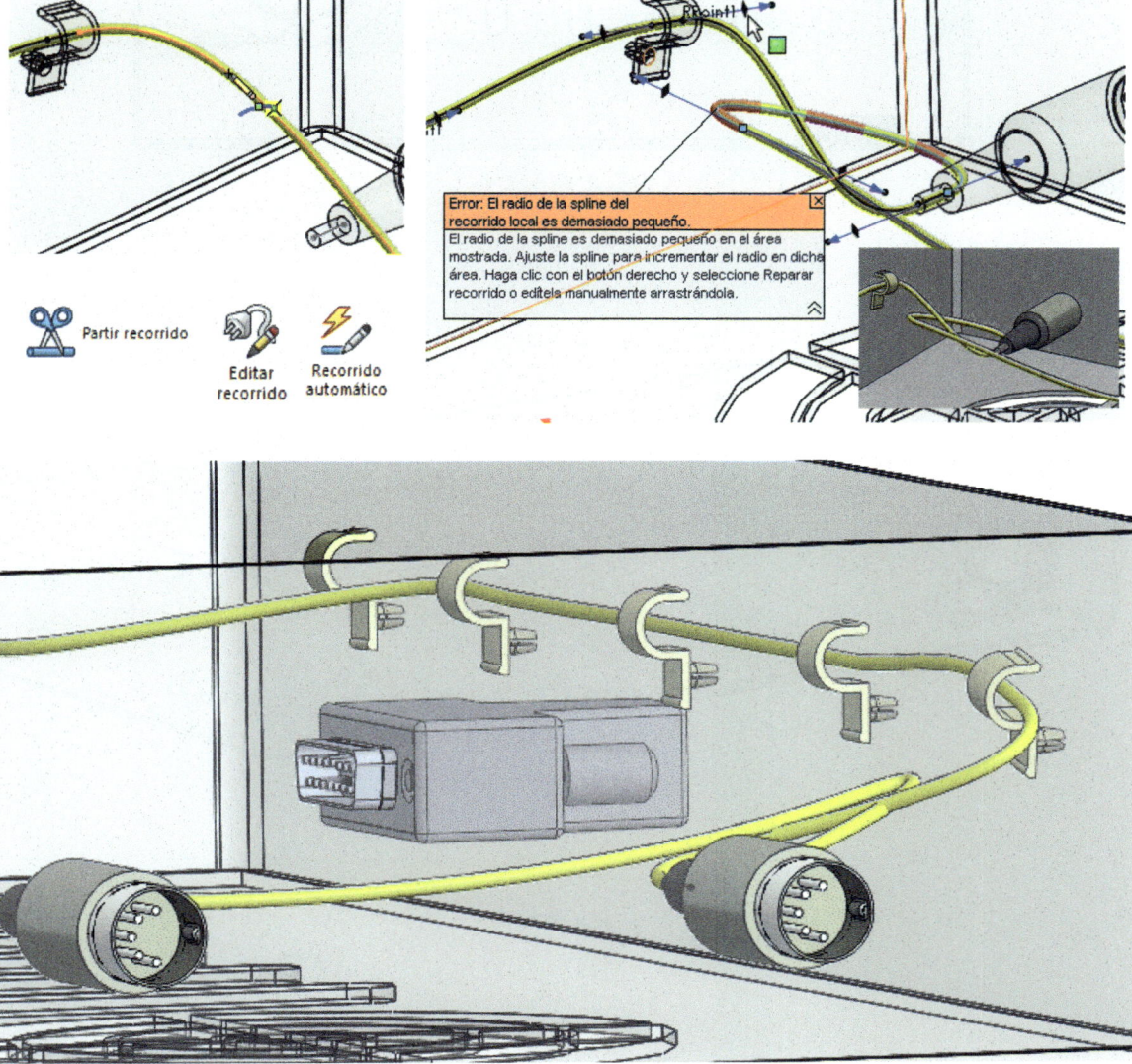

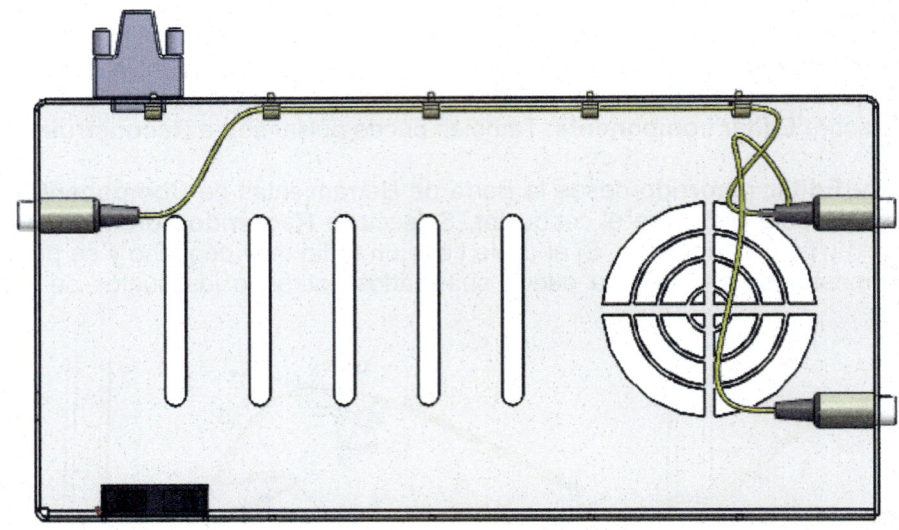

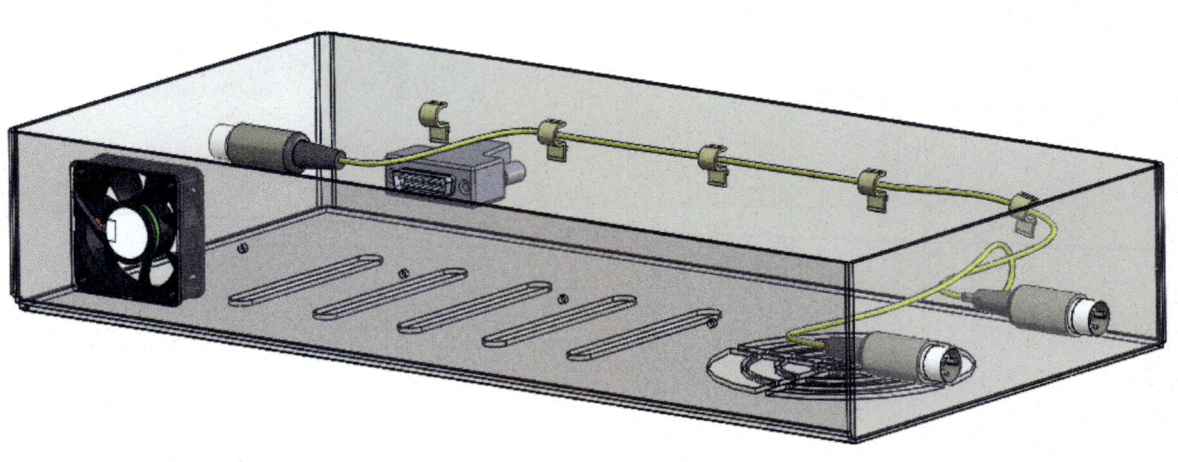

Práctica 27. SolidWorks Routing Piping I

Diseñe el ensamblaje indicado en la figura a partir de la inserción de tuberías, tubos, conectores, válvulas y empalmes desde la Biblioteca de diseño de SolidWorks Routing.

⏳ 20 minutos

SOLIDWORKS
Routing

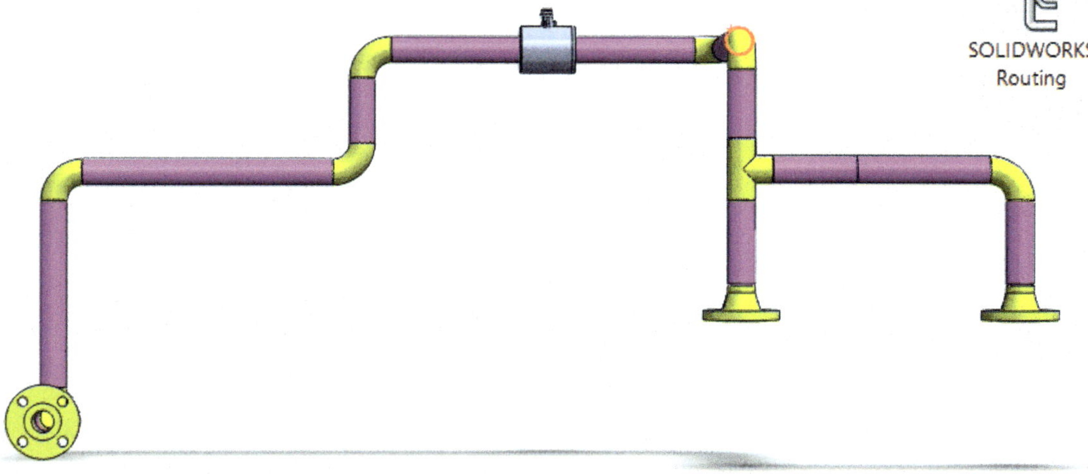

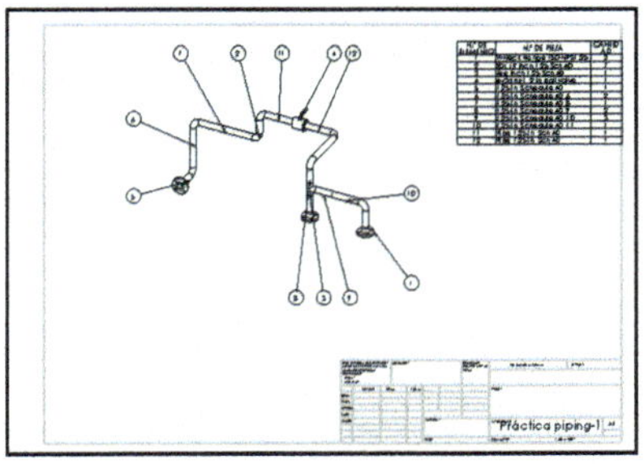

Objetivos del tutorial

- Activar el complemento **Routing** y crear el **Sistema de Tuberías**.

- Editar el recorrido e insertar complementos.

- Obtener **planos 2D**, **listas de materiales (LDM)** y **distribución de globos**.

SolidWorks Routing

Es un complemento de SolidWorks que permite diseñar ensamblajes especiales que contienen tuberías, tubos, conectores, válvulas, empalmes, cables eléctricos y otros componentes normalizados de forma ágil y dinámica.

Para su creación deben insertarse los componentes a partir de la **Biblioteca de diseño** y definir su recorrido. Se dispone de tres tipos de componentes:

- Empalmes y conectores

- Tuberías, tubos y componentes eléctricos

- Recorrido formado por un croquis en 3D

SolidWorks Routing facilita la creación rápida de complejos sistemas de tuberías y permite obtener planos en 2D con la lista de los componentes empleados. Su rediseño es inmediato y todos los documentos asociados se actualizan automáticamente.

Activación del complemento y creación del sistema de tuberías

1. Pulse **Nuevo** desde el Menú de persiana **Archivo** y seleccione **Ensamblaje**. En el PropertyManager de **Empezar ensamblaje** pulse sobre la cruz roja de **Cancelar**.

2. Active el complemento **SolidWorks Routing** desde el Menú de **Herramientas**, **Complementos** y siga los apartados 3 y 4 de la práctica anterior (Práctica 26). Seguir esos apartados permite cargar las librerías con los componentes de **Piping**, **Tubing** y otros.

3. Observe el **Administrador de comandos**. Ahora incluye tres nuevas etiquetas: **Componentes eléctricos**, **Sistema de tuberías** y **Tuberías**.

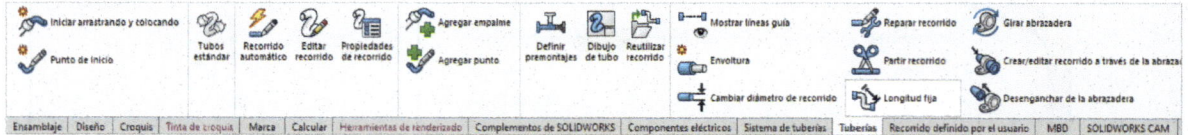

4. Desde el **Panel de tareas** seleccione la pestaña de **Biblioteca de diseño**, **Routing**, **Piping**. En esta última carpeta se tienen componentes normalizados como empalmes, conectores, tuberías, tubos, componentes eléctricos, entre otros.

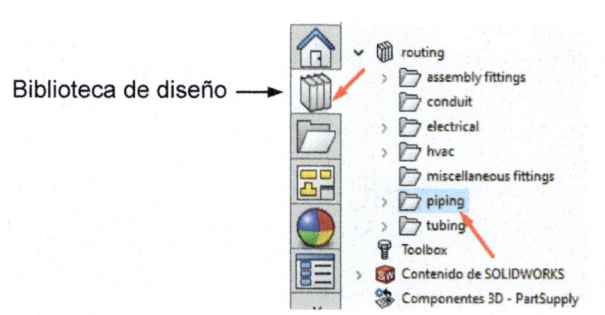

Biblioteca de diseño ⟶

Piping

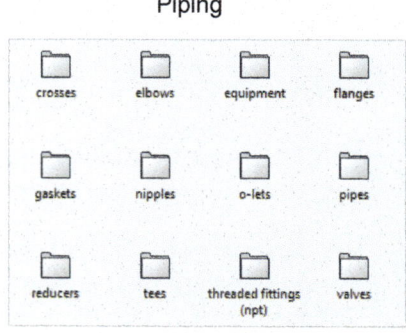

5. Seleccione el componente Brida **(Welding neck Flange)** desde **Routing**, **Piping**, **flanges**. Pulse sobre el icono del componente desde la **Biblioteca de diseño** y arrástrelo a la Zona de Gráficos. Seleccione la configuración **150-NPS 1.25** y pulse **Aceptar**. Si no ha guardado el ensamblaje antes aparece una ventana en la que se recomienda guardar el ensamblaje. Guarde el ensamblaje con el nombre de práctica Piping-1. Acepte la configuración predefinida del PropertyManager de **Propiedades de recorrido** y pulse **Aceptar**.

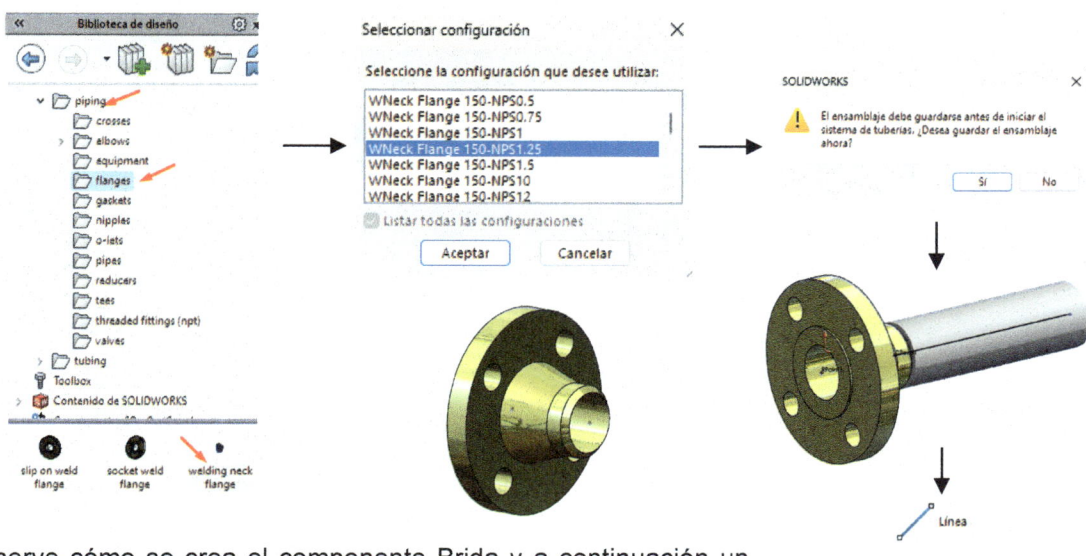

6. Observe cómo se crea el componente Brida y a continuación un sistema de tubería (recorrido). Para proseguir con el diseño de la tubería pulse sobre la pestaña **Sistema de tubería** del **Administrador de comandos** y seleccione la herramienta **Línea**. Pulse con el botón izquierdo del ratón sobre el punto final de la línea que define la tubería y croquice el recorrido en 3D indicado en el plano. Recuerde usar la combinación de teclas **Ctrl+Tabulador** para cambiar de plano. De esta forma puede ir agregando distintos segmentos de tubería. Cuando cambia de dirección el codo incorpora un radio que es editable.

7. Para acotar el sistema de tuberías dibujado pulse sobre la pestaña **Diseño del Administrador** de comandos y seleccione el icono de **Cota inteligente**. Acote las longitudes de los tramos y los codos según se indica en los planos.

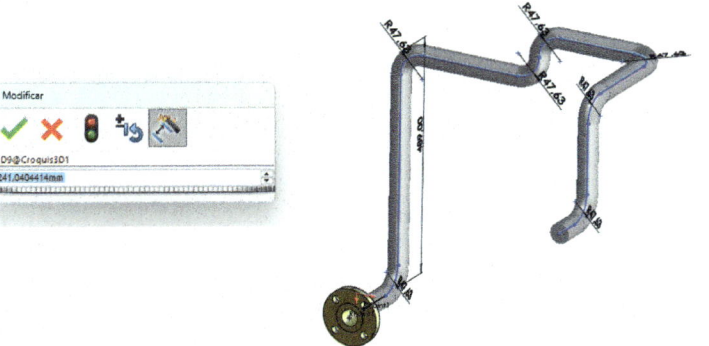

8. Vuelva a seleccionar el componente Brida **Welding Neck Flange** desde **Routing**, **Piping**, **flanges** y arrástrelo hasta el final del sistema de tuberías creado. Seleccione la configuración ya usada **150-NPS 1.25** y pulse **Aceptar**.

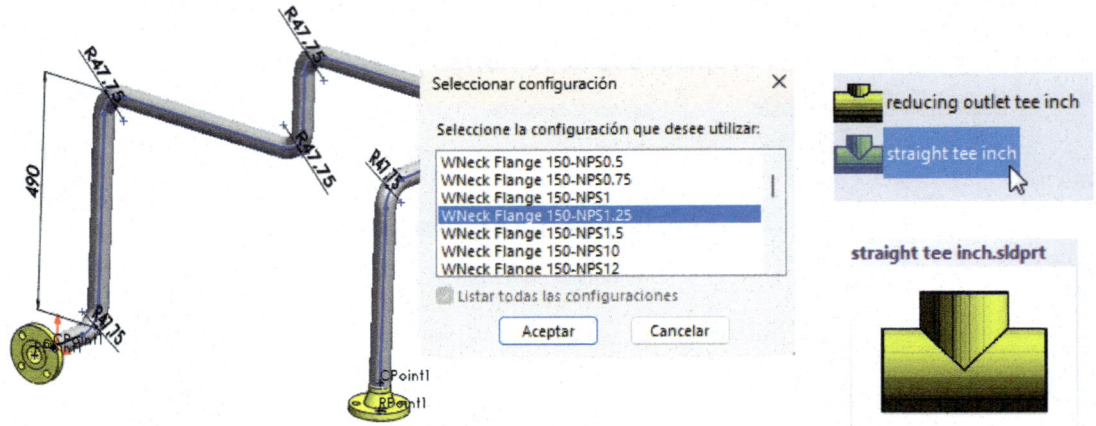

Editar el recorrido y añadir un empalme en T

9. Para añadir un empalme en forma de T debe editar previamente el recorrido de la tubería. Para su edición pulse sobre **Editar recorrido** desde la Barra de Herramientas de **Sistema de Tuberías**. Observe que aparece el croquis 3D del sistema de tuberías diseñado. Pulse sobre el icono **Agregar empalme** que puede encontrarlo en la Barra de Herramientas de **Croquis**. Pulse con el botón izquierdo del ratón el lugar donde desee partir la entidad. Aparece una carpeta de ficheros normalizados de routing. En la carpeta **Piping** puede encontrar una subcarpeta con el nombre de **tees**. Acceda a ella y seleccione **Straight tee inch** y pulse **Abrir**. Seleccione el normalizado **1.25 Sch40** y pulse **Aceptar**. Observe como se crea una derivación de la tubería.

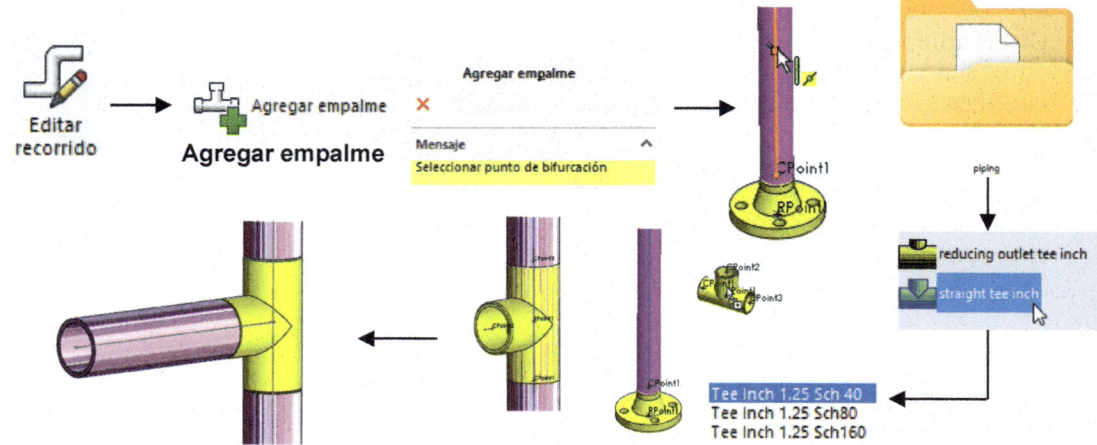

10. Acceda nuevamente a la **Biblioteca de diseño (Tees, Straight tee inch)** y arrastre el empalme en forma de T según el plano indicado en el enunciado. Pulse la tecla **Tab** para girar el empalme y cambiar su orientación. Si no puede insertar el componente revise si el ensamblaje está siendo editado, en caso negativo pulse sobre el mismo con el ratón y repita la operación de arrastre.

11. Para continuar con el diseño de la tubería pulse sobre la pestaña **Sistema de tubería** del **Administrador de comandos** y seleccione la herramienta **Línea**. Croquice el recorrido en 3D indicado en el plano del enunciado. Al final de este inserte una nueva brida.

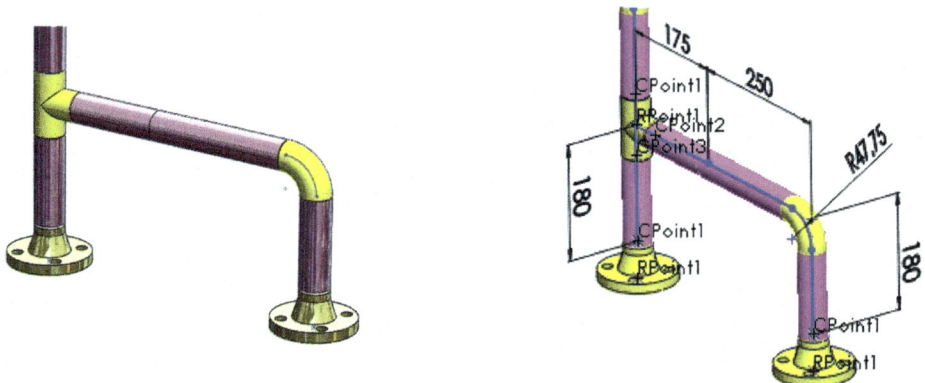

Añadir una válvula de bola y acotar el conjunto

12. Repita el procedimiento descrito en el apartado 9 para insertar la válvula de bola. Pulse sobre el icono **Agregar empalme** que puede encontrarlo en la Barra de Herramientas de **Croquis**. Pulse con el botón izquierdo del ratón el lugar donde desee insertar la válvula. Aparece una carpeta de ficheros normalizados de routing. En la carpeta **Piping** puede encontrar una subcarpeta con el nombre de **valves**. Acceda a ella y seleccione **sw3dps-1.2 in ball valve** y pulse **Abrir**. Seleccione el normalizado **Pipe 2 in, Scg 40** y pulse **Aceptar**. Observe cómo se crea la válvula en el punto seleccionado.

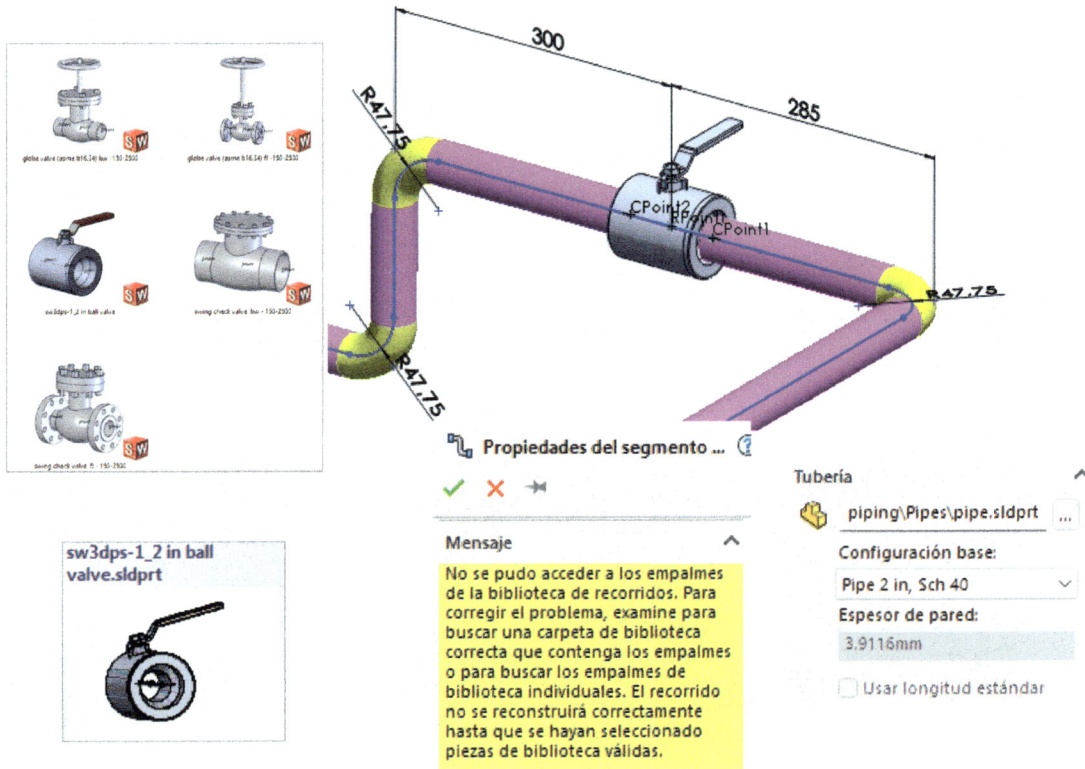

13. Pulse sobre **Cota inteligente** desde la Barra de Herramientas de **Croquis** y acote el sistema de tuberías según se indica en los planos.

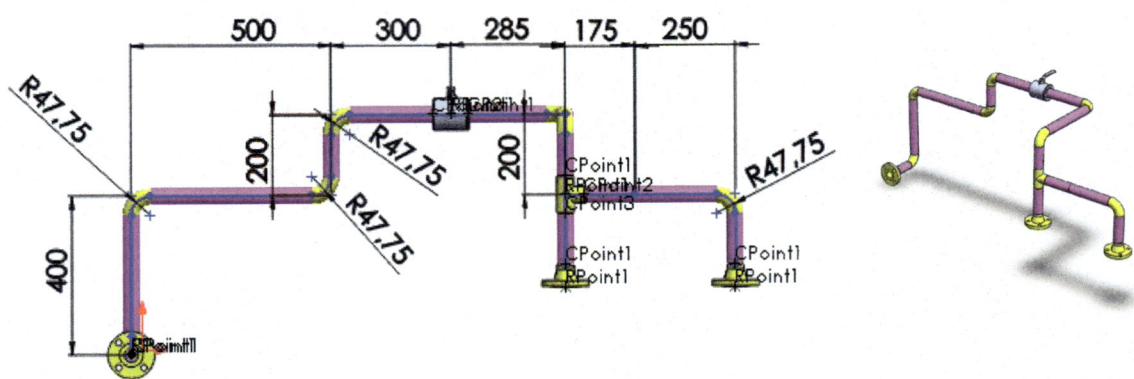

Obtención de planos, lista de materiales (LDM) e inserción de Globos automáticos

14. Pulse Nuevo desde el Menú de persiana Archivo. Seleccione **Nuevo documento de SolidWorks**, pulse **Dibujo** y seleccione en **Tamaño de hoja estándar** un formato A2. Pulse **Aceptar**.

15. Observe el PropertyManager. En **Pieza/Ensamblaje para insertar**, seleccione el ensamblaje del sistema de tuberías creado. Cree una vista isométrica del conjunto y pulse **Aceptar.**

16. Pulse **Lista de materiales** desde la Barra de Herramientas **Tabla**. En **Tipo de LDM** seleccione Solo piezas. Pulse **Aceptar**. Localice la esquina superior derecha del plano para insertar la tabla.

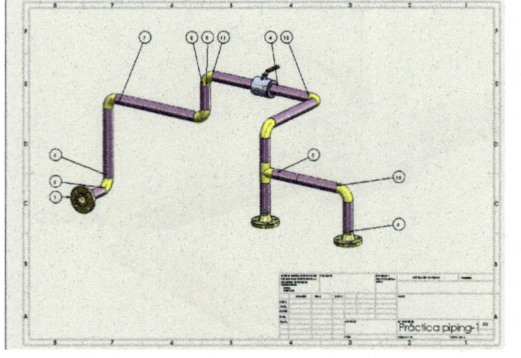

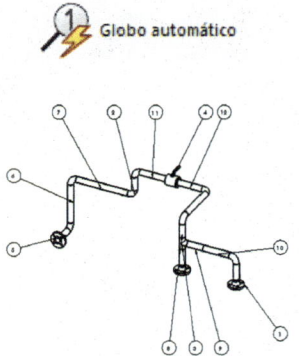

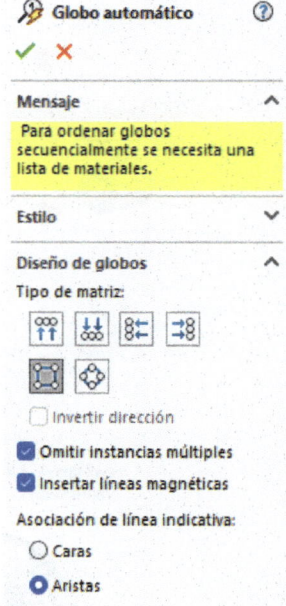

17. Seleccione la vista isométrica del sistema de tuberías y pulse sobre el icono **Globo automático** desde la Barra de Herramientas **Anotaciones**. En el PropertyManager seleccione **Cuadrada**, **Omitir instancias múltiples** y **Aristas de globo** y pulse **Aceptar**.

18. Para guardar el plano en formato PDF pulse sobre **Guardar como** desde el Menú de persiana **Archivo** y, en **Tipo**, seleccione la opción PDF. Pulse **Guardar**.

Práctica 28. SolidWorks Routing Piping II

Diseñe el conjunto indicado en la figura a partir de la inserción de equipos, tuberías y empalmes desde la Biblioteca de diseño de SolidWorks Routing.

⏳ 20 minutos

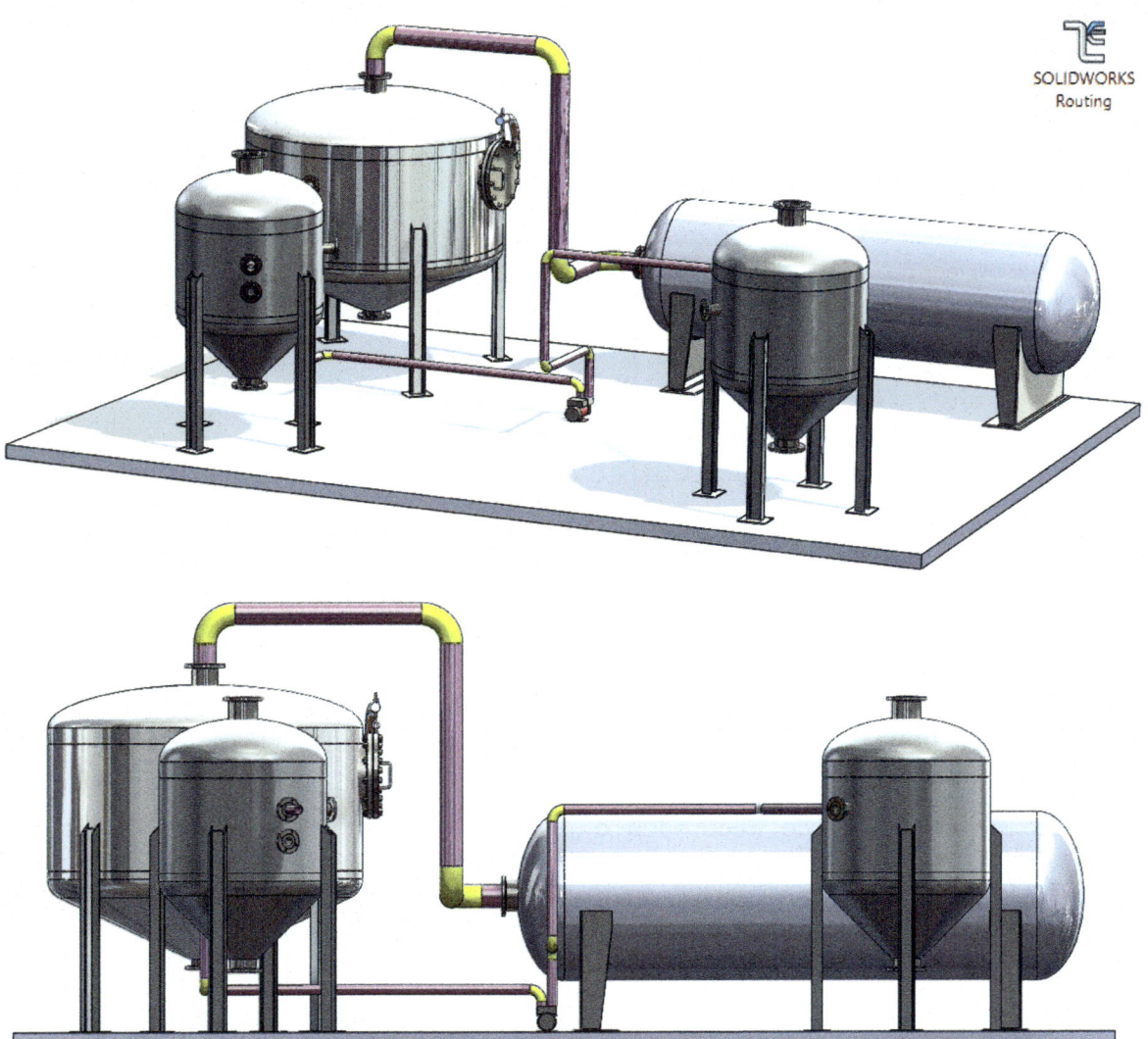

SOLIDWORKS
Routing

Objetivos del tutorial

- Activar el complemento **Routing** e insertar los equipos y sus recorridos.
- Crear y editar recorridos automáticos.

Activación del complemento y creación del sistema de tuberías

1. Pulse **Abrir** desde el Menú de persiana **Archivo** y seleccione el ensamblaje base. En el PropertyManager de **Empezar ensamblaje** pulse sobre la cruz roja de **Cancelar**.

2. Active el complemento **SolidWorks Routing** desde el Menú de **Herramientas**, **Complementos** y siga los apartados 3 y 4 de la práctica anterior (Práctica 26). Seguir esos apartados permite cargar las librerías con los componentes de **Piping**, **Tubing** y otros.

3. Observe el **Administrador de comandos**. Ahora incluye tres nuevas etiquetas: **Componentes eléctricos**, **Sistema de tuberías** y **Tuberías**. En el **Panel de tareas** aparece, además de la **Biblioteca de diseño**, dos iconos nuevos: **Tuberías e instrumentos** y **Resaltar búsqueda**.

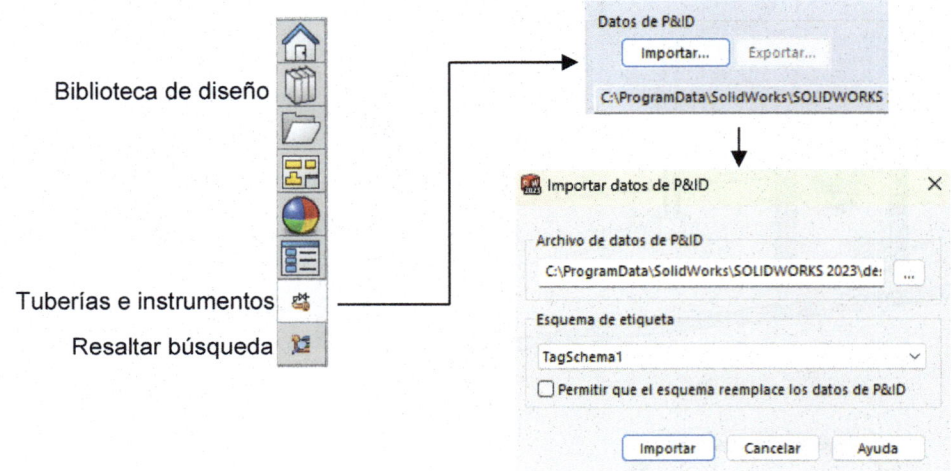

4. Pulse sobre **Tuberías e instrumentos** desde el **Panel de tareas**. En **Datos de P&ID** seleccione **Importar**. En la ventana emergente seleccione TagSchema1 desde **Esquema de etiqueta**. Pulse **Importar**.

5. Seleccione **Equipo** desde **Recorridos o equipo**. Puede encontrar bloques de distintos tanques o recipientes empleados en Ingeniería Química denominados **Tank** y **Pump**. Para cada uno de estos equipos puede ver la información sobre los mismos y los recorridos necesarios. Seleccione **Tank3** y pulse **Insertar todo el equipo**.

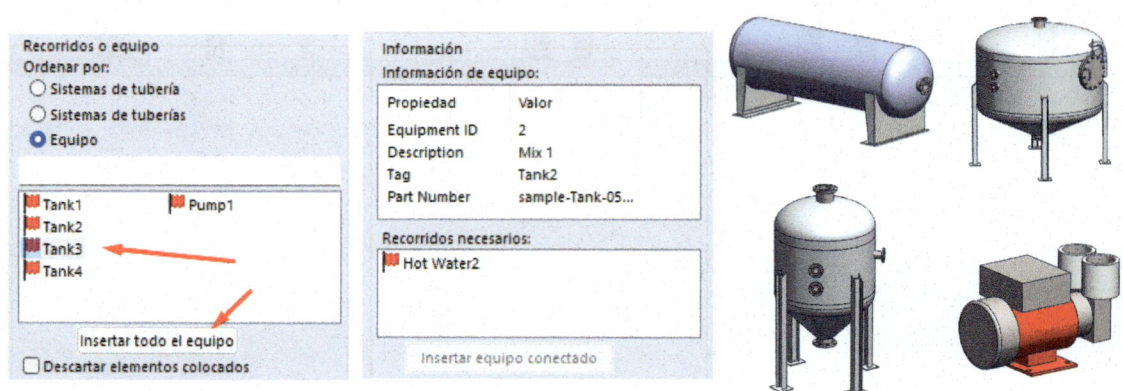

6. Desde el PropertyManager de **Insertar componente** seleccione Pump1 y arrástrelo hasta el lugar de la Zona de Gráficos donde deba insertarlo. Observe como el componente tiene marcado los tres ejes del sistema de referencias (X, Y y Z). La tecla **Tab** permite invertir el componente mientras que la **tecla Mayús + teclas del cursor** gira el componente. Al posicionar el componente sobre la base debe seleccionar alguna de las referencias de posición indicadas (coincidente, bloqueado, distancia, etc.). Seleccione **Coincidente** en todos los casos y pulse **Aceptar**. Realice la misma operación con Tank 1, 2, 3 y 4. Pulse **Actualizar**.

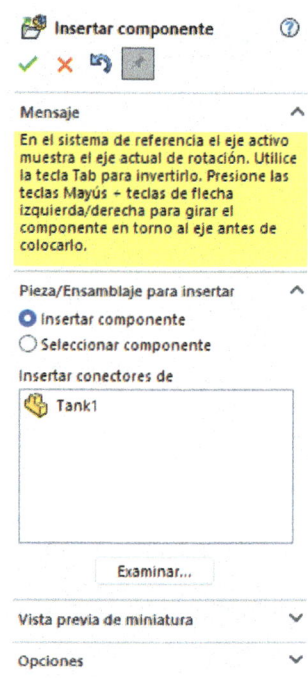

Pump1

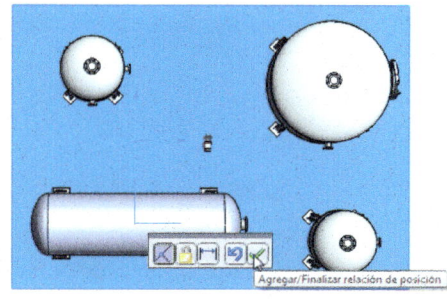

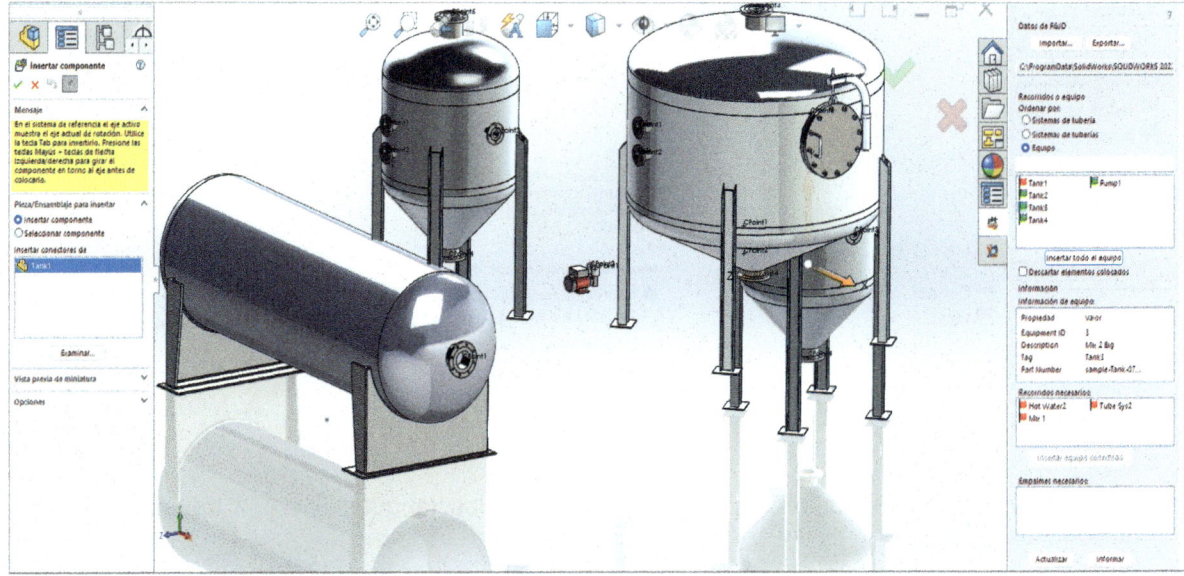

7. Desde el mismo PropertyManager seleccione **Mix 1** en **Sistemas de tubería** desde **Recorridos o equipo**. En la misma ventana puede ver los equipos a conectar (Tank3 y Tank4) y la información del recorrido efectuado. Además, puede insertar nuevos equipos pulsando sobre **Insertar equipo conectado**. Pulse sobre **Procesar tubería**. En el PropertyManager de **Propiedades de recorrido** active **Siempre utilizar acodados** y la configuración base indicada en la figura. Pulse **Aceptar**.

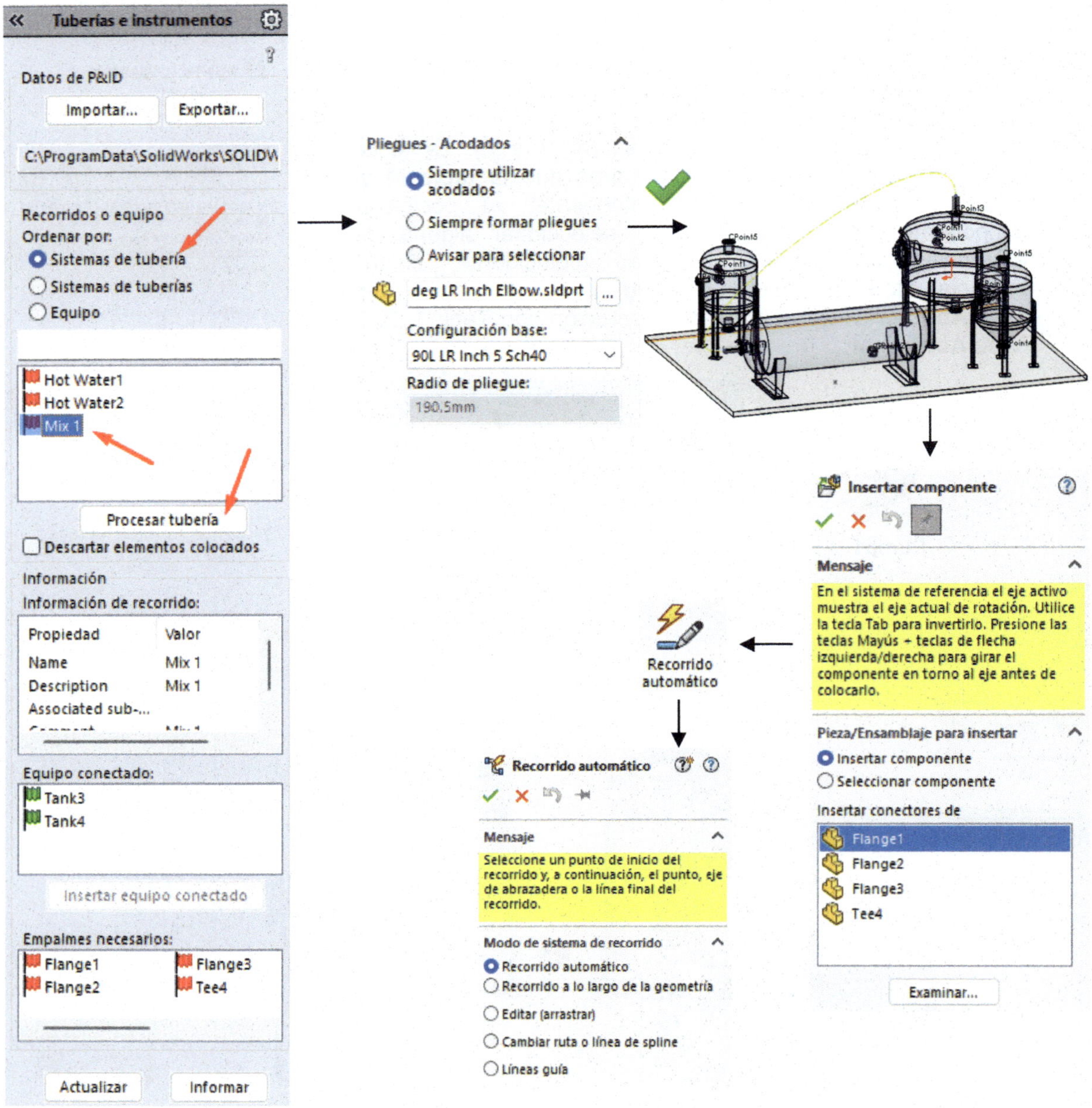

Tuberías e instrumentos

Datos de P&ID

[Importar...] [Exportar...]

C:\ProgramData\SolidWorks\SOLIDW

Recorridos o equipo
Ordenar por:
- ○ Sistemas de tubería
- ○ Sistemas de tuberías
- ○ Equipo

- Hot Water1
- Hot Water2
- Mix 1

[Procesar tubería]
☐ Descartar elementos colocados

Información
Información de recorrido:

Propiedad	Valor
Name	Mix 1
Description	Mix 1
Associated sub-...	
Comment	Mix 1

Equipo conectado:
- Tank3
- Tank4

[Insertar equipo conectado]

Empalmes necesarios:

Flange1	Flange3
Flange2	Tee4

[Actualizar] [Informar]

Pliegues - Acodados

- ○ Siempre utilizar acodados
- ○ Siempre formar pliegues
- ○ Avisar para seleccionar

deg LR Inch Elbow.sldprt

Configuración base:
90L LR Inch 5 Sch40

Radio de pliegue:
190,5mm

Insertar componente

Mensaje

En el sistema de referencia el eje activo muestra el eje actual de rotación. Utilice la tecla Tab para invertirlo. Presione las teclas Mayús + teclas de flecha izquierda/derecha para girar el componente en torno al eje antes de colocarlo.

Pieza/Ensamblaje para insertar
- ○ Insertar componente
- ○ Seleccionar componente

Insertar conectores de
- Flange1
- Flange2
- Flange3
- Tee4

[Examinar...]

Recorrido automático

Recorrido automático

Mensaje

Seleccione un punto de inicio del recorrido y, a continuación, el punto, eje de abrazadera o la línea final del recorrido.

Modo de sistema de recorrido
- ○ Recorrido automático
- ○ Recorrido a lo largo de la geometría
- ○ Editar (arrastrar)
- ○ Cambiar ruta o línea de spline
- ○ Líneas guía

---

8. En la previsualización puede ver como se conectan los tanques 3 y 4 a través de la línea discontinua amarilla.

9. Desde el PropertyManager de **Recorrido automático** marque la casilla **Recorrido automático** y seleccione, desde la Zona de Gráficos, los puntos de inicio y fin del recorrido. Observe la previsualización del sistema de tuberías. Pulse **aceptar**.

Recorrido automático

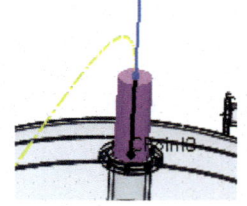

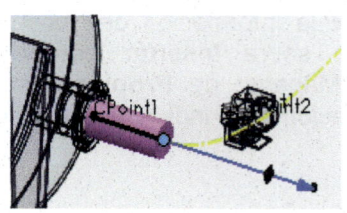

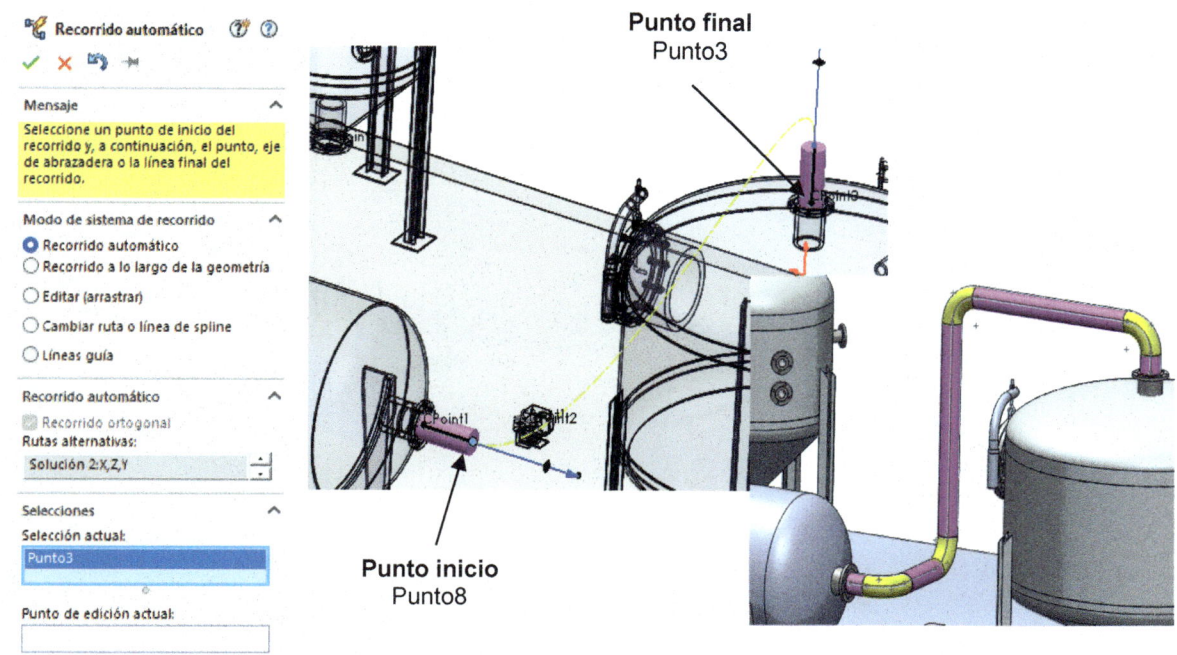

Punto final
Punto3

Punto inicio
Punto8

10. Para insertar nuevas tuberías pulse sobre pulse sobre **Tuberías e instrumentos** desde el **Panel de tareas**. Seleccione **HotWater1** y pulse sobre **Procesar tubería**. Pulse **Aceptar** en el PropertyManager de **Propiedades de recorrido** y pulse **Aceptar** en la nueva ventana, **Insertar componente**.

11. Vuelva a seleccionar **Recorrido automático** y seleccione, desde la Zona de Gráficos, los puntos de inicio y fin del recorrido. Pulse **aceptar** para crear la tubería de agua caliente. Desde el PropertyManager de **Recorrido automático** puede **Editar (arrastrar)** el recorrido que define la tubería.

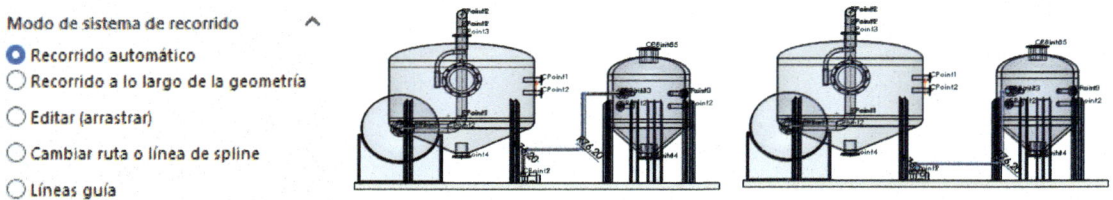

12. Repita los mismos pasos, pero ahora seleccione **HotWater2** desde **Tuberías e instrumentos**. Recuerde que puede introducir nuevos componentes, codos, reductores de sección, válvulas, etc.

Práctica 29. SolidWorks Design Checker

Active SolidWorks Design Checker y establezca requisitos y normas para la definición de planos 2D. Compruebe el documento de plano adjunto en los contenidos digitales que acompaña el libro.

⧗ 15 minutos

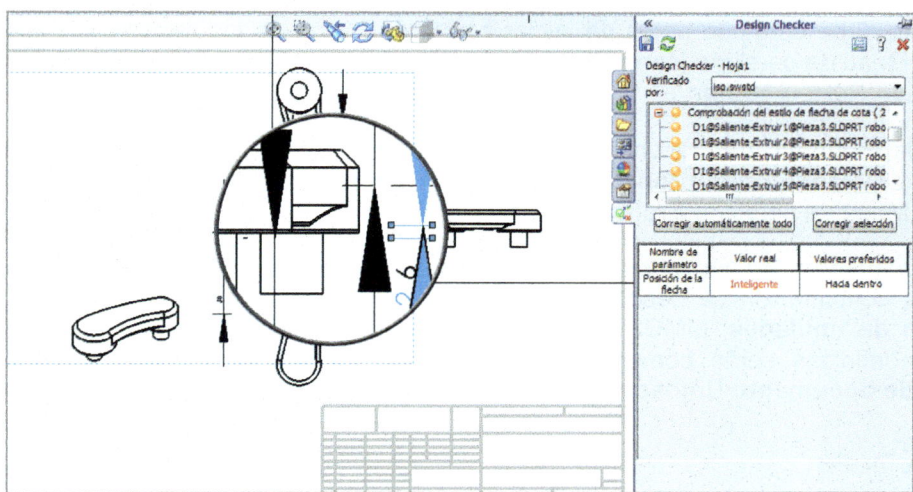

Revisar
documento
activo

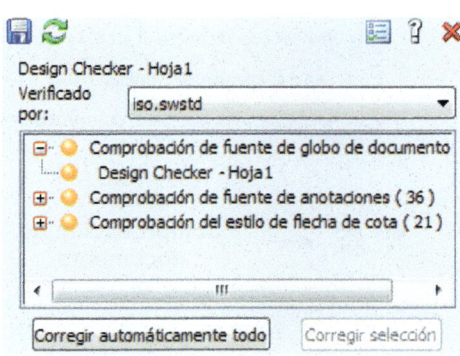

Objetivos del tutorial

- Activar SolidWorks **Design Checker** y definir los requisitos y normas.
- Comprobar documento de plano 2D.
- Corregir los errores.

SolidWorks Design Checker (SDC)

SDC es un complemento que permite verificar y corregir normas de acotación, fuentes de materiales y croquis para garantizar que el documento elaborado cumple con la normativa o requisitos preestablecidos.

El empleo de **Design Checker** se realiza en dos etapas. En la primera se definen los requisitos y normas deseadas (**Generar comprobaciones**). En la segunda etapa se evalúa el documento (**Comprobar documento activo**) con el objeto de determinar los errores y subsanarlos.

Activación el complemento SolidWorks Design Checker y definición de requisitos

1. El complemento debe cargarse antes de iniciar con la definición de los requisitos. Para ello pulse sobre el Menú de persiana **Herramientas**, **Complementos**. Active la casilla **SolidWorks Design Checker**. Pulse **Aceptar**.

2. Para definir los requisitos del documento pulse sobre el Menú de persiana **Herramientas**, **Design Checker**, **Generar comprobaciones**. Cierre la ventana de presentación emergente y pulse sobre el Menú de persiana **Archivo**, **Nuevo (Ctrl+N)**.

3. Pulse sobre la primera de las pestañas **Comprobaciones de documentos**. Rellene los campos que a continuación se describen. En **Estándar de acotación** seleccione ISO. En **Configuración de unidades**, MMGS (milímetro, gramo, segundo). Estas características de comprobación definidas serán comparadas con las definidas en el Menú **Herramientas**, **Propiedades de documento Unidades**.

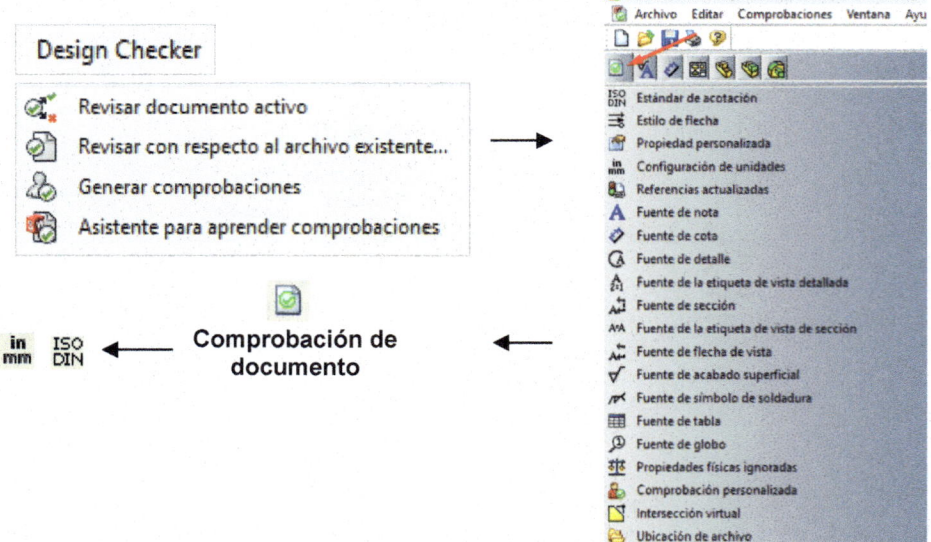

4. Pulse sobre **Comprobaciones de cota** y seleccione **Configuración de unidades**. Active **Utilizar configuración de documento**.

5. En **Comprobaciones de documentos de dibujos** sobre **Plantilla estándar**. Localice una plantilla en formatos de hoja.

6. Defina el **Estilo de flecha** desde **Comprobaciones de anotaciones** o el **Estilo de fuente** desde **Comprobación de cota**. Defina otro tipo de características como anotaciones, Pulse **Guardar** e indique el nombre mi-estándar. Cierre la ventana.

Comprobación de documento

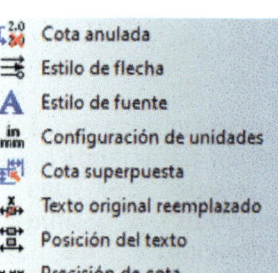

ISO/DIN Estándar de acotación

Estilo de flecha

Propiedad personalizada

in/mm Configuración de unidades

Referencias actualizadas

A Fuente de nota

Fuente de cota

Fuente de detalle

Fuente de la etiqueta de vista detallada

Fuente de sección

A-A Fuente de la etiqueta de vista de sección

Fuente de flecha de vista

Fuente de acabado superficial

Fuente de símbolo de soldadura

Fuente de tabla

Fuente de globo

Propiedades físicas ignoradas

Comprobación personalizada

Intersección virtual

Ubicación de archivo

Comprobación de cota

2.0 Cota anulada

Estilo de flecha

A Estilo de fuente

in/mm Configuración de unidades

Cota superpuesta

Texto original reemplazado

Posición del texto

x.xx Precisión de cota

Comprobación de anotaciones

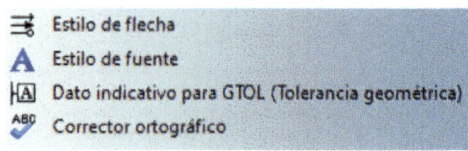

Estilo de flecha

A Estilo de fuente

A Dato indicativo para GTOL (Tolerancia geométrica)

ABC Corrector ortográfico

Comprobación de documentos de dibujo

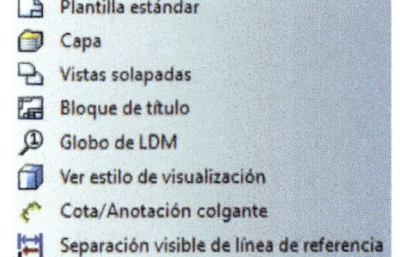

Plantilla estándar

Capa

Vistas solapadas

Bloque de título

Globo de LDM

Ver estilo de visualización

Cota/Anotación colgante

Separación visible de línea de referencia

Chequeo de un documento de dibujo

7. Pulse la opción **Abrir** del Menú persiana **Archivo** o sobre el icono **Abrir**. Localice el modelo de la práctica que acompaña el libro.

8. Observe las vistas y la acotación del modelo de dibujo abierto. Ahora se comprobará si dichas vistas y acotación se corresponden con los requisitos definidos en los pasos previos (mi-estándar.swstd). Para ello, pulse sobre **Herramientas**, **Design Checker**, **Revisar documento activo**. Desde la pestaña **Design Checker** del Panel de tareas pulse sobre **Agregar estándares** y seleccione el estándar creado (mi-estándar.swstd). Pulse **Abrir**.

9. Pulse sobre **Revisar documento**. Después de unos segundos observe el informe de errores donde se indican las **Comprobaciones no pasadas**. Estas pueden ser organizadas en función de su valor (**Crítico**, **Alto**, **Medio** y **Bajo**). En el caso de no asignar ningún nivel a las comprobaciones aparecen con un nivel **Alto**.

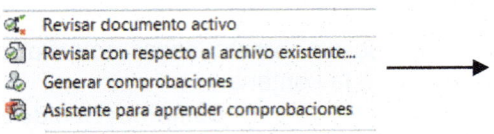

10. Pulse sobre una de las entidades que ha fallado y observe los parámetros y valores del error. De esta forma puede ver las **Comprobaciones de configuración de unidades de cota** y las **Comprobaciones de plantilla estándar de documento de dibujo**. Observe desde la Zona de Gráficos el error cometido.

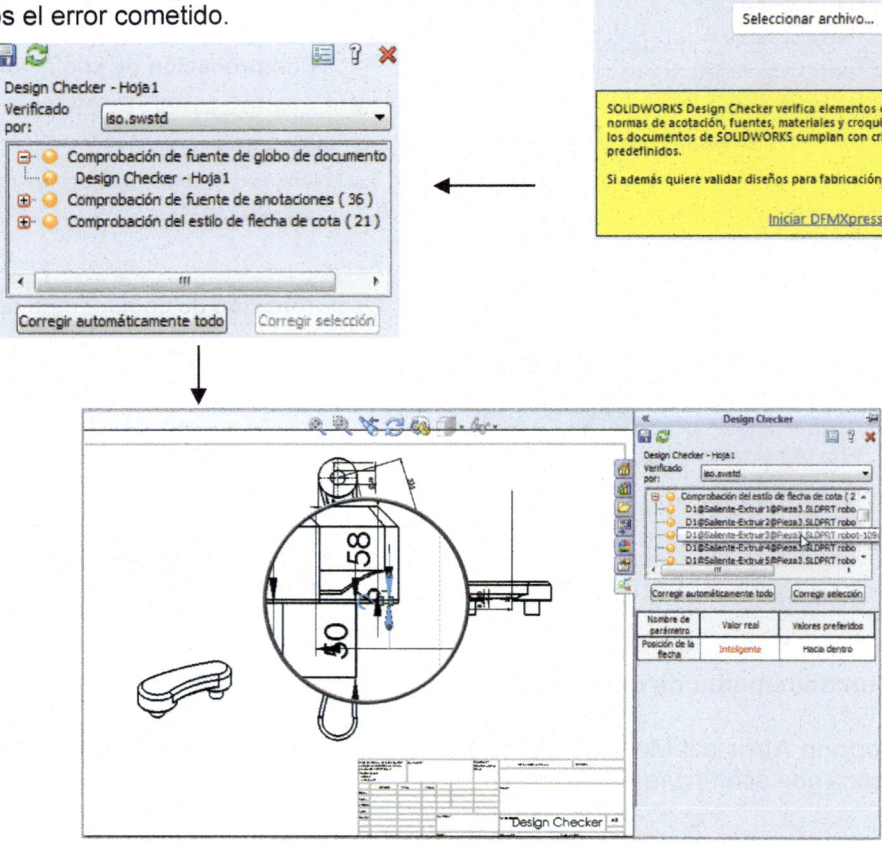

Corrección de los errores observados

11. Después de identificar cada uno de los errores del documento de dibujo pulse **Corregir automáticamente todo** para solucionar los errores detectados y hacer que el documento cumpla los requisitos.

12. Antes de finalizar pulse sobre **Volver a revisar el documento** para asegurarse de que el documento es correcto. Pulse **Cerrar todo** para finalizar. Si desea generar un informe pulse sobre **Guardar informe**.

Práctica 30. SolidWorks Utilities I

Compare las operaciones y la geometría de los dos modelos 3D de pieza que acompaña el libro. Utilice la función Comparar de SolidWorks Utilities. Realice un informe con los resultados.

⏳ 10 minutos

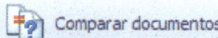 Comparar documentos

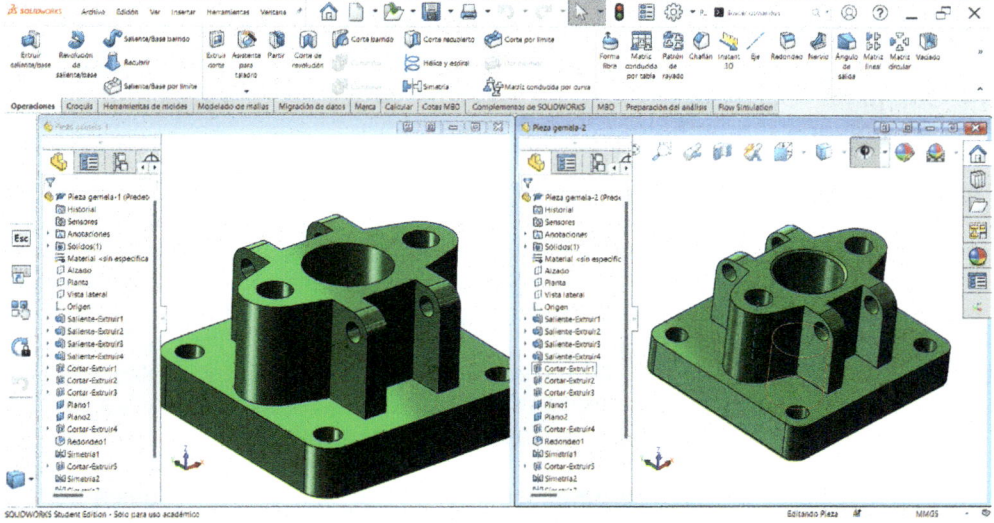

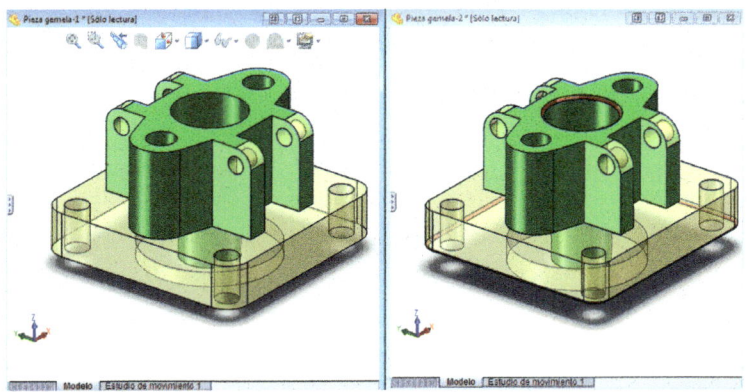

Objetivos del tutorial

- Emplear la función **Comparar** (operaciones y geometría).

- Interpretar los resultados.

- Guardar un informe con los resultados obtenidos.

Comparar

La herramienta **Comparar** forma parte de **SolidWorks Utilities**. Permite comparar dos modelos o documentos con el fin de determinar diferencias en su geometría de operación, de croquis, listas de materiales y/o propiedades generales del mismo.

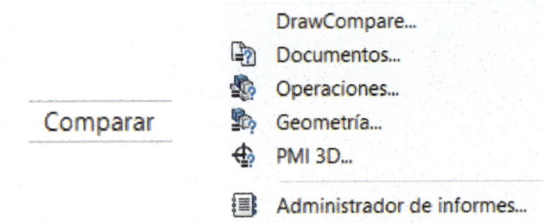

Para acceder a la herramienta **Comparar** pulse sobre el Menú de persiana **Herramientas** y seleccione **Comparar**. Desde la pestaña del Panel de tareas también puede acceder pulsando sobre el icono **Comparar documentos**.

Abrir el modelo de pieza y comparar operaciones

1. Pulse la opción **Abrir** del Menú persiana **Archivo** o sobre el icono **Abrir**. Localice el modelo pieza gemela-1 que acompaña el libro. Repita la misma operación, pero con la pieza gemela-2. Las dos piezas son muy parecidas, pero no son iguales.

2. Pulse sobre **Comparar** desde el Menú de persiana **Herramientas**. Seleccione **Comparar operaciones** para identificar las diferencias entre las operaciones sólidas y las propiedades de apariencia (color, óptica y textura) en los dos modelos de piezas.

3. En la ventana emergente de **Comparar** localice los ficheros de los modelos de piezas que desee comparar. En **Documento de referencia** seleccione Pieza gemela-1 y en **Documento modificado** Pieza gemela-2. Compruebe que la casilla **Operaciones** se encuentra seleccionada en **Elementos para comparar**. Pulse la pestaña **Comparar**.

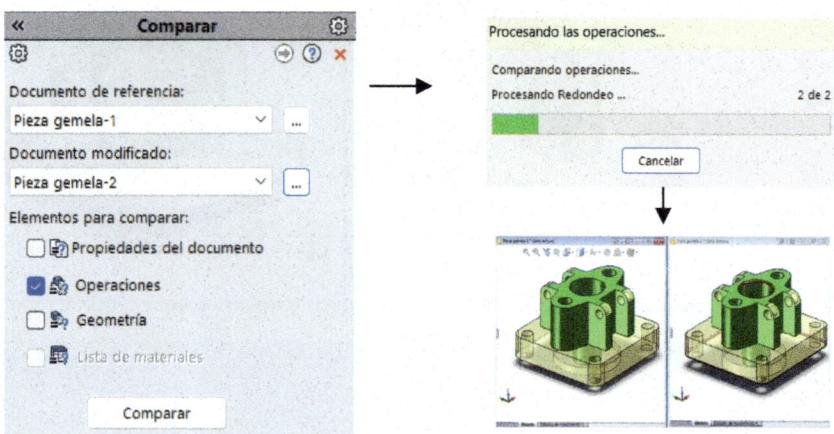

4. Observe como la Zona de Gráficos se divide en dos ventanas horizontales en las que se presentan los dos modelos de pieza. El color de las piezas se mantiene igual que el original en las operaciones que son iguales (**Operaciones idénticas**).

El color **amarillo** transparente se emplea para identificar mismas operaciones, pero con distintas medidas (**Operaciones modificadas**). Finalmente, las operaciones marcadas en **rojo** ponen de manifiesto operaciones existentes en un modelo, pero ausentes en el otro (**Operaciones exclusivas**).

La Zona de Gráficos se divide en dos ventanas. Si realiza un **Zoom** o gira cualquiera de los dos modelos para cambiar su orientación en pantalla puede comprobar cómo la otra pieza gira de la misma forma. Este tipo de orientación permite poder comparar fácilmente los dos modelos de pieza.

En el modelo de la práctica puede comprobar cómo la pieza gemela-2 tiene dos operaciones (chaflán y redondeo) que no presenta la pieza gemela-1. Además, las operaciones marcadas en amarillo transparente representan mismas operaciones, pero con distintas medidas (de operación o de croquis).

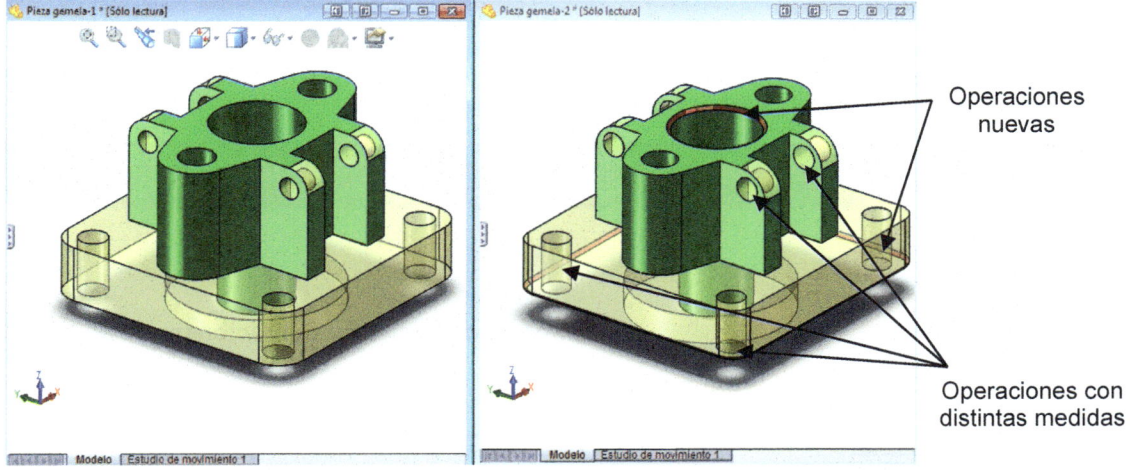

Pieza gemela-1   **Pieza gemela-2**

5. Observe el cuadro de diálogo de **Resultado de comparar operaciones**. En él aparecen todas las operaciones que diferencian a una pieza de otra. Seleccione la operación Saliente-Extruir2 de la pieza gemela-1. En **Parámetro**, **Referencia** y **Modificado** puede ver las diferencias entre ellas. En el caso de la práctica indica que la **Profundidad** del saliente extrusión ha pasado de 5 mm a 8 mm y que no hay ninguna modificación en la **Geometría de croquis**.

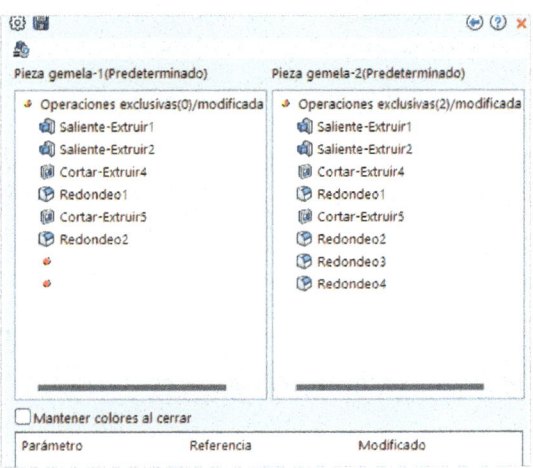

6. Pulse sobre **Guardar informe**. En **Nombre de la carpeta del informe** escriba Informe práctica. En **Ruta de acceso a la carpeta del informe** pulse sobre **Examinar** y seleccione una carpeta donde guardar el informe. Active la casilla **Visualizar informe al guardar** y pulse sobre **Guardar**.

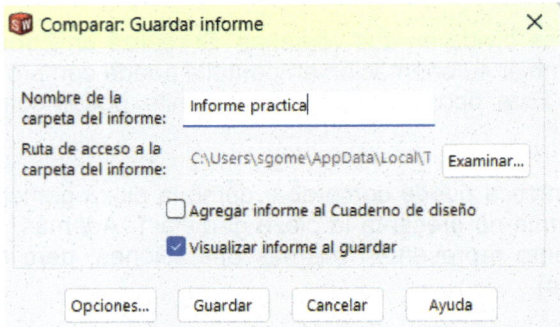

7. Consulte el informe generado en formato html. Puede acceder a los distintos apartados (**Título**, **Resultados**, **Operaciones exclusivas**, **Operaciones modificadas**, **Detalles** y **Vistas del modelo**) pulsando sobre cada una de las etiquetas.

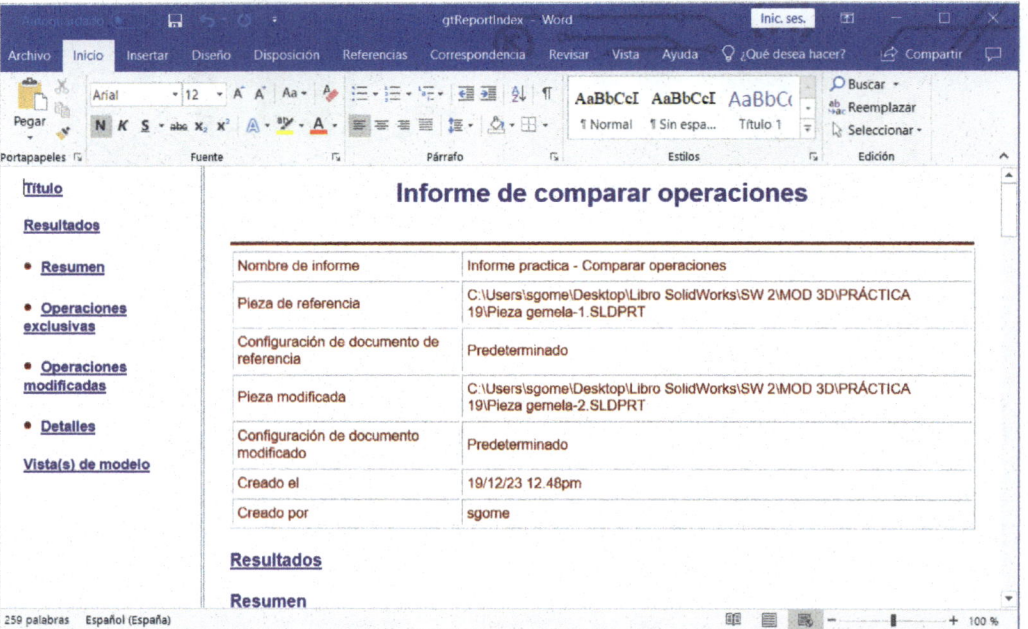

Abrir el modelo de pieza y comparar geometría

8. Repita el paso 1 y el paso 2 de esta misma práctica.

9. En la ventana emergente de **Comparar** localice los ficheros de los modelos de piezas que desee comparar. En Documento **de referencia** seleccione Pieza gemela-1 y en **Documento modificado** Pieza gemela-2. Compruebe que la casilla **Operaciones** y **Geometría** se encuentran seleccionadas en **Elementos a comparar**. Pulse la pestaña **Comparar**.

La opción **Comparar geometría** identifica las diferencias existentes entre los dos modelos de pieza a partir de la comparación de las caras y volúmenes. En el caso anterior se comparaban únicamente las **Operaciones**. Con esta opción puede ver las caras modificadas y únicas resaltadas con distintos colores, además de poder conocer el volumen de material eliminado, el agregado o el volumen común.

10. Pulse en **Comparar**. Después de unos segundos de cálculo se comparan los dos modelos de piezas (volúmenes y de caras). Cada uno de los colores asociados al **Material eliminado**, **Material agregado**, **Volumen común**, o **Caras no modificadas**, **Caras únicas** o **Caras modificadas**, se indica sobre el modelo en la Zona de Gráficos.

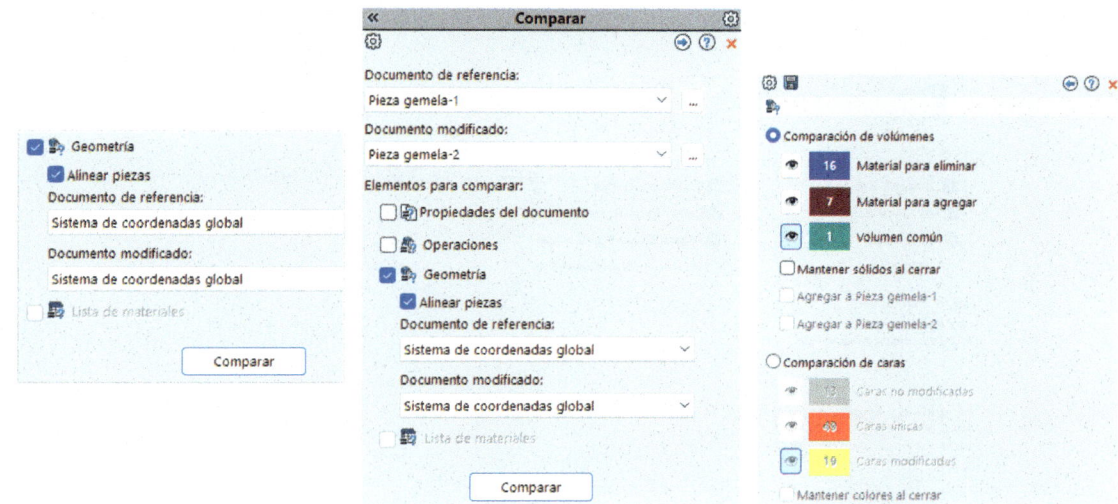

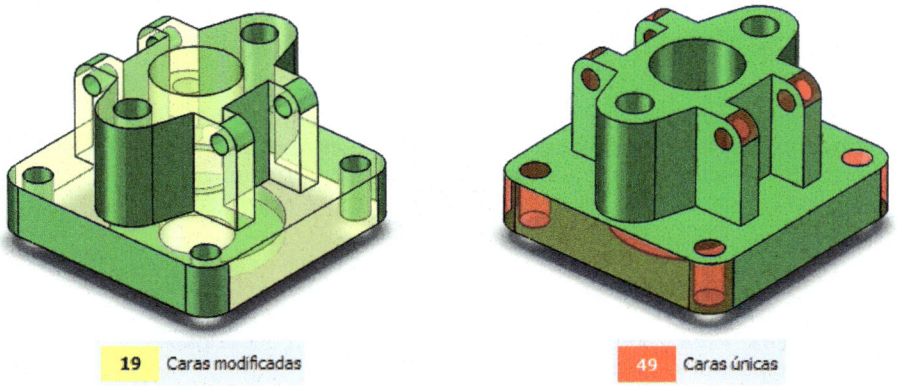

| 19 | Caras modificadas |

| 49 | Caras únicas |

Las caras modificadas son resaltadas en colores diferentes mientras que las caras idénticas conservan su color original. Los volúmenes comunes, el material eliminado o el material agregado se presentan en colores distintos.

 Comprobar

 La herramienta **Comprobar entidad (Herramientas, Calcular)** permite verificar la geometría de la pieza y detectar geometrías no deseadas. Puede comprobar sólidos y superficies y detectar problemas como **Caras y Aristas inválidas**, **Aristas cortas**, **Radio mínimo de curvatura**, **Separación máxima de arista** y **Separación máxima de vértice**. Después de su ejecución se indica el número de errores encontrados, así como las superficies abiertas. Los resultados aparecen en la **Lista de resultados**.

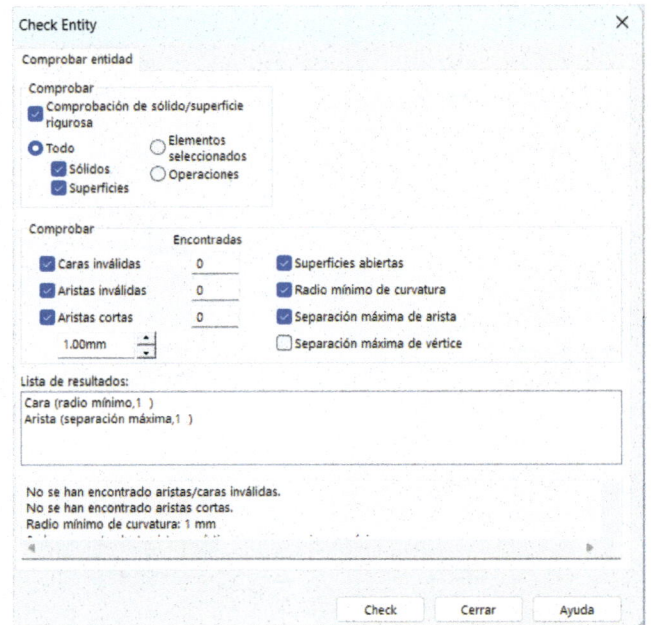

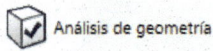 Análisis de geometría

 La herramienta **Análisis de geometría (Herramientas, Análisis de geometría)** ayuda a conocer las entidades geométricas de la pieza que pueden producir errores cuando sean utilizadas en otras aplicaciones como el mecanizado asistido por ordenador (CAM) o la aplicación de elementos finitos (FEA).

El **Análisis de geometría** identifica: caras pequeñas, aristas cortas, aristas y vértices vivos (nítidos) y aristas y caras discontinuas. Para cada uno de los casos debe introducir los valores de control admisibles.

Después de ejecutar la orden en el PropertyManager de **Análisis de geometría** aparecen los resultados.

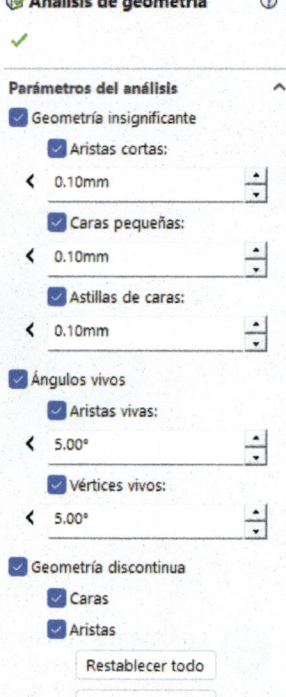

Práctica 31. SolidWorks Utilities II

Emplee la operación Simplificar en el modelo de pieza y ensamblaje adjunto. Operación importante en la preparación de geometrías para ser evaluadas con simulación numérica (FEA o CFD).

⏳ 15 minutos

🔩 SOLIDWORKS Utilities

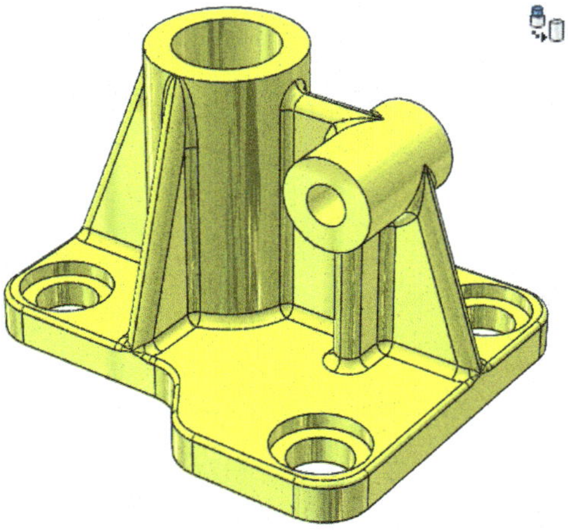

📦 Simplificar...

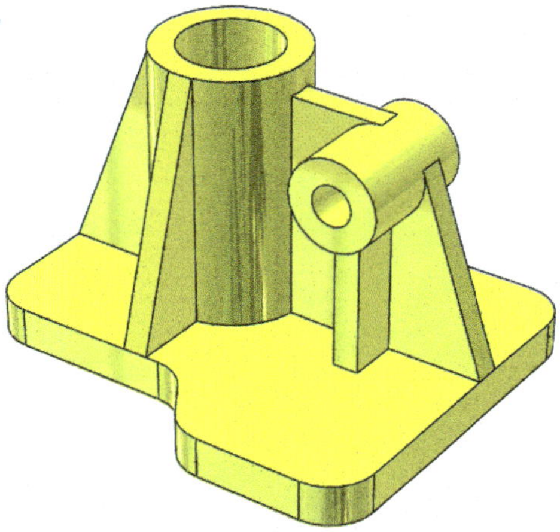

Objetivos del tutorial

- Abrir documento de pieza y ensamblaje.
- Aplicar la operación **Simplificar** en la pieza y en el ensamblaje.
- Guardar los modelos simplificados.

Simplificar piezas y ensamblajes

La herramienta **Simplificar** forma parte de **SolidWorks Utilities**. Elimina ciertas operaciones de un modelo 3D con el fin de simplificarlo y obtener un modelo mucho más sencillo. Es una herramienta muy útil para preparar modelos que deban ser analizados con SolidWorks **Simulation** o **FlowSimulation**. Las operaciones que pueden simplificarse son Chaflanes, Extrusiones (saliente, saliente delgada, corte, corte delgado), Redondeos (simple, radio múltiple, cara y variable), Taladro (Sencillo y Asistente para taladro) y Revoluciones.

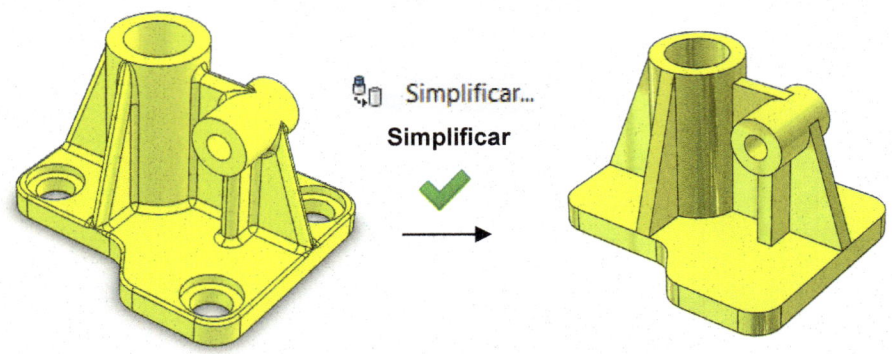

La operación **Simplificar** se encuentra en el Menú de persiana **Herramientas**, **Buscar/Modificar**, **Simplificar**.

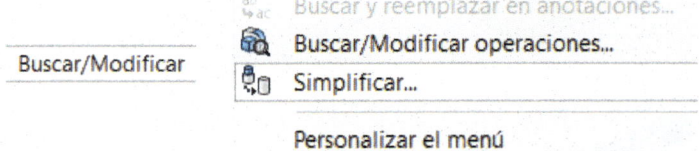

Abrir el modelo de pieza

1. Pulse la opción **Abrir** del Menú persiana **Archivo** o sobre el icono **Abrir**. Localice el modelo que acompaña el libro.

2. Observe el gran número de redondeos y taladros. Para **Simplificar** el modelo pulse sobre **Simplificar** desde el Menú de persiana Herramientas, **Buscar/Modificar**. Observe la ventana emergente de **Simplificar**. En **Operaciones** active la casilla **Todo** para simplificar todas las operaciones incluidas en la herramienta (Redondeos, Chaflanes, Taladros y Extrusiones). Active **Parámetro de operación** y pulse sobre **Buscar ahora** para que la función **Simplificar** reconozca todas las operaciones que pueden ser simplificadas.

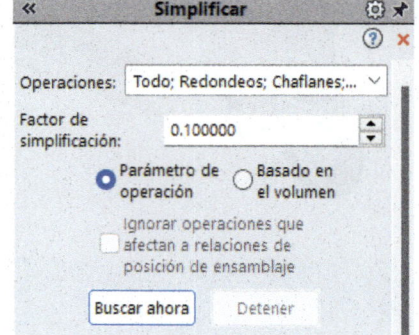

3. Observe los resultados obtenidos. Se han localizado 14 posibles operaciones a simplificar. Pulse con el botón izquierdo del ratón sobre cada una de ellas para reconocerlas en la Zona de Gráficos.

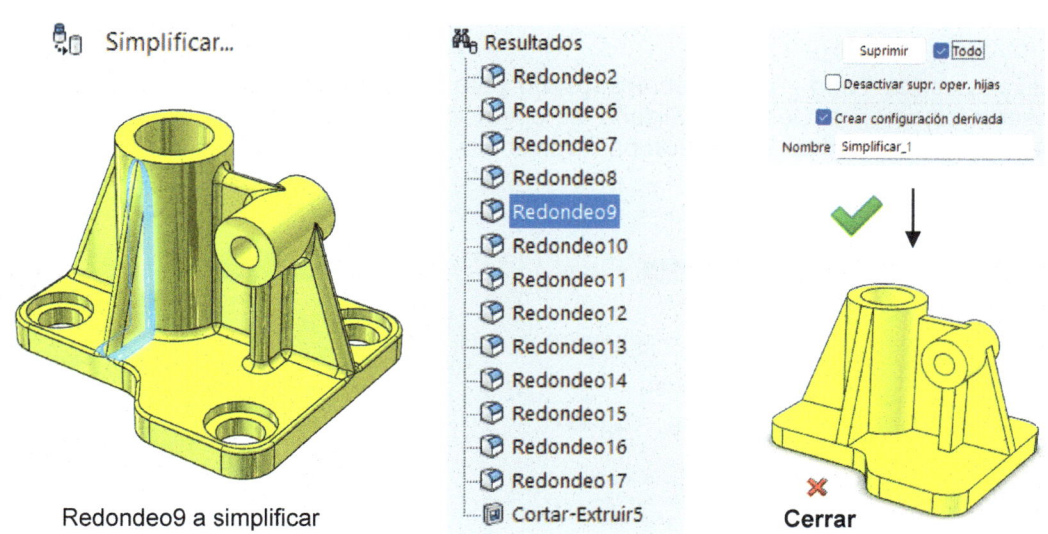

Redondeo9 a simplificar | Cerrar

4. Active la casilla **Todo** y pulse sobre **Suprimir**. Observe como en el Gestor de Diseño las operaciones de redondeo aparecen suprimidas y dejan de verse. Pulse de nuevo sobre **Desactivar supresión** para volver a la situación inicial.

5. Pulse sobre **Cerrar** para finalizar.

Simplificar operaciones en ensamblajes

6. Pulse la opción **Abrir** del Menú persiana **Archivo** o sobre el icono **Abrir**. Localice el modelo de ensamblaje que acompaña el libro.

7. Observe la cantidad de detalles que contiene el patinete. Muchas de las operaciones no son necesarias tenerlas en cuenta en simulación del comportamiento mecánico (FEA).

8. Para **Simplificar** operaciones en las piezas que lo conforman pulse sobre **Simplificar** desde el Menú de persiana **Herramientas**, **Buscar/Modificar**. Observe la ventana emergente de **Simplificar**.

9. En **Operaciones** active la casilla **Todo** para simplificar todas las operaciones incluidas en la herramienta (Redondeos, Chaflanes, Taladros y Extrusiones). Active **Parámetro de operación** y pulse sobre **Buscar ahora** para que la función **Simplificar** reconozca las operaciones que pueden ser simplificadas en todas las piezas del patinete.

10. Active la casilla **Todo** y pulse sobre **Suprimir** para eliminar las 53 operaciones identificadas. Observe como en el Gestor de Diseño las operaciones suprimidas dejan de verse. Vuelva a pulsar sobre **Desactivar supresión** para volver a la situación inicial.

11. Pulse sobre **Cerrar** para finalizar.

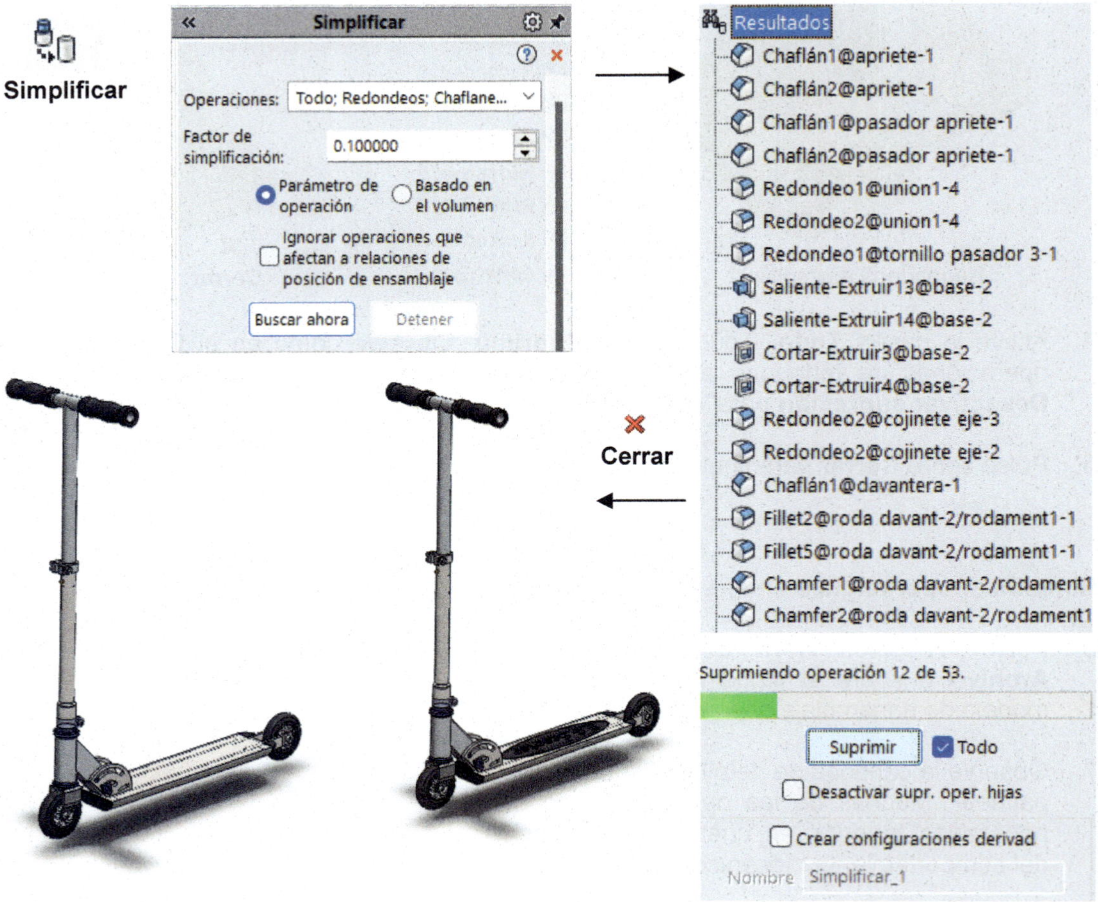

Simplificar

	Simplificar	
Operaciones:	Todo; Redondeos; Chaflane...	
Factor de simplificación:	0.100000	

○ Parámetro de operación ○ Basado en el volumen

☐ Ignorar operaciones que afectan a relaciones de posición de ensamblaje

Buscar ahora Detener

Cerrar

Resultados

- Chaflán1@apriete-1
- Chaflán2@apriete-1
- Chaflán1@pasador apriete-1
- Chaflán2@pasador apriete-1
- Redondeo1@union1-4
- Redondeo2@union1-4
- Redondeo1@tornillo pasador 3-1
- Saliente-Extruir13@base-2
- Saliente-Extruir14@base-2
- Cortar-Extruir3@base-2
- Cortar-Extruir4@base-2
- Redondeo2@cojinete eje-3
- Redondeo2@cojinete eje-2
- Chaflán1@davantera-1
- Fillet2@roda davant-2/rodament1-1
- Fillet5@roda davant-2/rodament1-1
- Chamfer1@roda davant-2/rodament1
- Chamfer2@roda davant-2/rodament1

Suprimiendo operación 12 de 53.

Suprimir ☑ Todo

☐ Desactivar supr. oper. hijas

☐ Crear configuraciones derivad

Nombre Simplificar_1

ⓘ La herramienta **AssemblyXpert** (**Herramientas, Evaluar, Evaluación de rendimiento**) analiza el rendimiento de un ensamblaje y sugiere acciones para mejorarlo. Las pruebas de rendimiento verifican las relaciones de posición, la velocidad de visualización, la demora en la reconstrucción de un ensamblaje, entre otras muchas. Puede indicar a SolidWorks que efectúe los cambios en el ensamblaje para mejorar el rendimiento.

Una vez efectuado el estudio se describe el estado de cada una de las pruebas de rendimiento efectuadas y se proponen las acciones adecuadas para cada caso.

Icono	Estado	Acción
✔	**Aprobado**	No es necesaria ninguna acción.
⚠	**Advertencia**	Revise la información y efectúe cambios apropiados en el ensamblaje.
ⓘ	**Sólo información**	No es necesaria ninguna acción.

Práctica 32. Toolbox I

Dibuje una Rueda de $z_2=38$ y un Piñón $z_1=20$ de módulo m=3, anchura de cara 20 mm y diámetro del eje nominal 10 mm usando el complemento Toolbox. Compruebe que las principales dimensiones que definen las medidas de la rueda y el piñón coinciden con los cálculos teóricos (altura del diente, altura de la base, paso circular, diámetro primitivo, ancho del hueco, circunferencia de cabeza y circunferencia de base). En la práctica B se propone diseñar un reductor epicicloidal.

⏳ 25 minutos

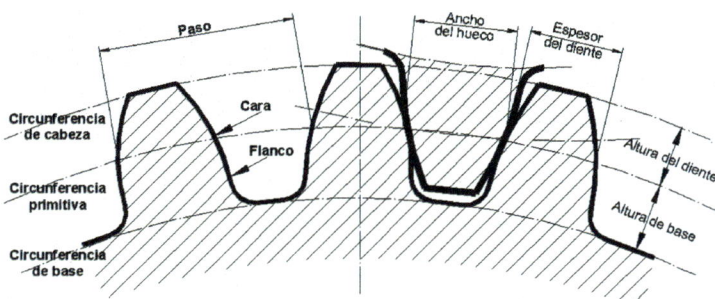

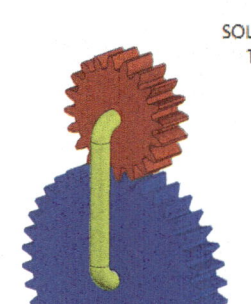

SOLIDWORKS
Toolbox

Piñón	
$h_1=m$	Altura de la cabeza de diente
$h_2=1,25m$	Altura del pie de diente
$h=2,25m$	Altura total del diente
$p_c=\pi m$	Paso circular
$d_1=mz_1$	Diámetro primitivo
$d_{e1}=d_1+2m$	Diámetro exterior
$d_{i1}=d_1-2,5m$	Diámetro interior
$b=10m$	Longitud del diente
Rueda	
$h_1=m$	Altura de la cabeza de diente
$h_2=1,25m$	Altura del pie de diente
$h=2,25m$	Altura total del diente
$p_c=\pi m$	Paso circular
$d_2=mz_2$	Diámetro primitivo
$d_{e2}=d_2+2m$	Diámetro exterior
$d_{i2}=d_2-2,5m$	Diámetro interior

Práctica A

Práctica B

Objetivos del tutorial

- Crear el modelo de unión entre el piñón y la rueda a partir de operación de **Barrido**.

- Insertar engranajes rectos desde el **Toolbox**.

- Definir las relaciones de posición desde el ensamblaje.

- Crear un reductor epicicloidal (Propuesta práctica B).

Dibujo de la pieza que une la Rueda y el Piñón

Para dibujar la pieza que une la Rueda y el Piñón es necesario conocer la distancia entre los centros de los engranajes. La distancia entre los centros es la mitad de la suma de los diámetros primitivos del Piñón y de la Rueda. Con el módulo (m) y el número de dientes (z) puede calcular los diámetros primitivos según:

Cálculo de los elementos que definen al Piñón:

$$d_1 = m \times z_1 = 3 \times 20 = 60,0 mm \text{ Cálculo del diámetro primitivo.}$$

$$d_{e1} = d_1 + 2 \times m = 60,0 + 2 \times 3 = 66,0 mm \text{ Cálculo del diámetro exterior.}$$

$$d_{i2} = d_1 - 2,5 \times m = 60,0 - 2,5 \times 3 = 52,5 mm \text{ Cálculo del diámetro interior.}$$

De la misma forma se calcula la Rueda, dónde d_1=114 mm d_{e1}=120 mm y d_{i2}=106,5 mm. Por último, puede calcular la distancia entre centros como:

$$L = \frac{d_1 + d_2}{2} = \frac{m \times z_1 + m \times z_2}{2} = \frac{3 \times 38 + 3 \times 20}{2} = 87 mm$$

1. Pulse la opción **Nuevo** del Menú persiana **Archivo** o sobre el icono **Nuevo**.

2. Seleccione **Pieza** y pulse **Aceptar**.

3. Seleccione el **Plano de trabajo Planta** del **Gestor de Diseño** y pulse sobre **Normal a:** para visualizarlo en su verdadera magnitud.

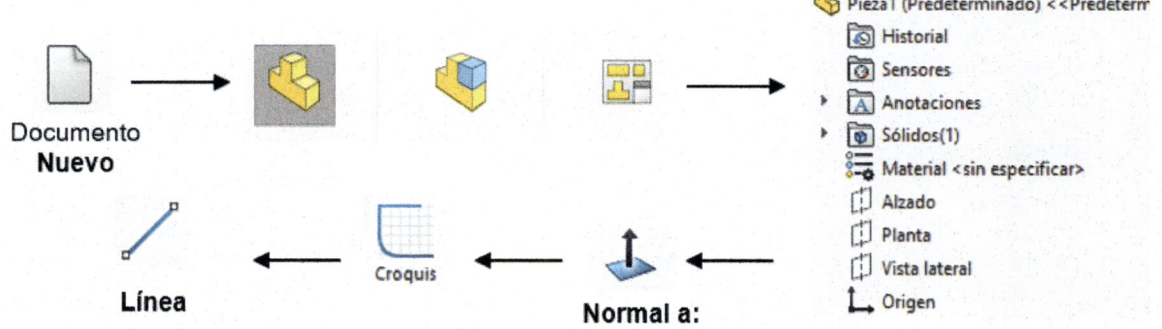

4. Pulse sobre el icono de **Croquis** y seleccione la Herramienta de croquizar **línea**.

5. Croquice en el **Plano Planta** una **línea** en forma de "C" con la distancia entre los extremos de 87 mm y el lado más pequeño de 30 mm. Empezando uno de los extremos por el origen de coordenadas. Haga un **Redondeo** de radio 10 mm en las esquinas. Pulse **Reconstruir** para dejar el croquis listo para la operación de **Barrido**.

6. A continuación, dibuje el **Perfil** o sección circular para realizar el **Barrido**. Seleccione el **Plano Vista lateral**, perpendicular a la **Planta** y croquice en el origen de coordenadas un **Círculo** de radio 10 mm. Pulse **Reconstruir (Ctrl+B)**.

7. Seleccione la operación **Barrido** de la Barra de Herramientas de **Operaciones** o desde el Menú de persiana **Insertar**, **Operaciones**, **Barrer**.

8. Seleccione el croquis con forma de "C" para indicar el **trayecto** y el círculo para la **sección** o perfil. Pulse **Aceptar** para realizar el **Barrido**.

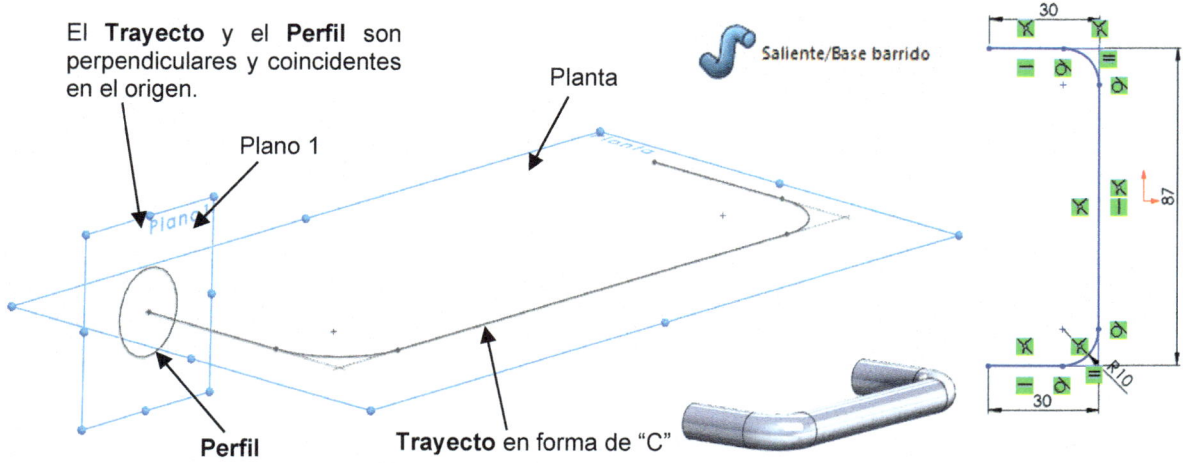

El **Trayecto** y el **Perfil** son perpendiculares y coincidentes en el origen.

Plano 1

Planta

Saliente/Base barrido

Perfil

Trayecto en forma de "C"

9. Guarde la pieza con el nombre pieza1. El modelo 3D de pieza se incluye en los contenidos digitales que acompañan el libro.

Creación del ensamblaje: Inserción de la pieza1, Rueda y Piñón

10. Cree un documento **Nuevo** de ensamblaje pulsando **Nuevo** desde el Menú de persiana **Archivo**.

11. **Inserte** la *pieza1* en el ensamblaje (**Insertar componente**). La pieza insertada adquiere la propiedad de **Fija (f)**, por lo que tiene restringido su movimiento. Si tiene el documento de pieza1 abierto aparece su nombre en la ventana de **Pieza/Ensamblaje** a insertar. En caso contrario seleccione **Examinar** para buscar la pieza1.

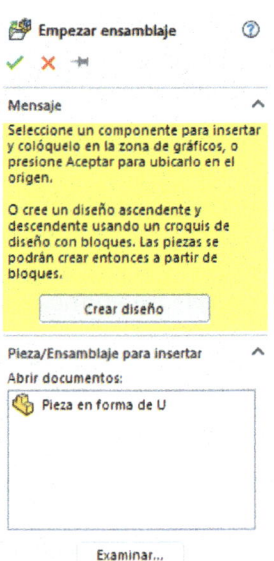

Empezar ensamblaje ⓘ

Mensaje

Seleccione un componente para insertar y colóquelo en la zona de gráficos, o presione Aceptar para ubicarlo en el origen.

O cree un diseño ascendente y descendente usando un croquis de diseño con bloques. Las piezas se podrán crear entonces a partir de bloques.

Crear diseño

Pieza/Ensamblaje para insertar

Abrir documentos:

Pieza en forma de U

Examinar...

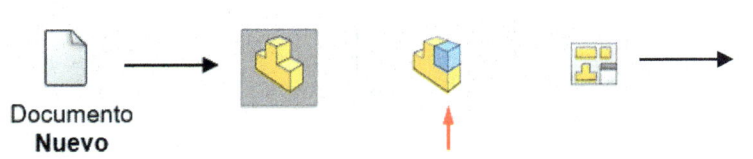

Documento **Nuevo**

12. Para crear el **Piñón** e insertarlo en el ensamblaje pulse sobre **Biblioteca de diseño**. Seleccione **Toolbox**, **Normas ISO**, **Elementos de transmisión de fuerza**, **Engranajes**.

ⓘ Recuerde que el complemento **Toolbox** debe ser activado desde el Menú de persiana **Insertar**, **Complementos**.

Biblioteca de diseño → ISO → Transmisión de fuerza → Engranajes → Engranaje recto

Configurar...
Insertar en ensamblaje...

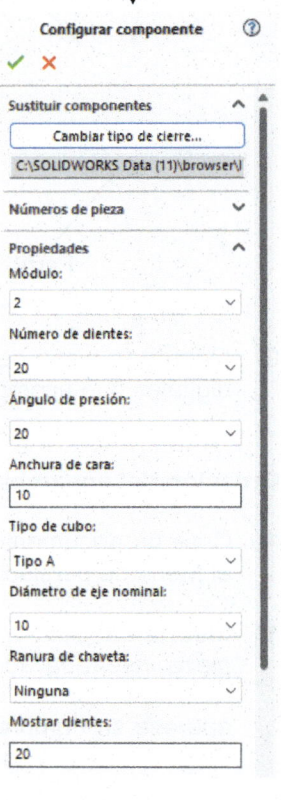

Configurar componente

Sustituir componentes
Cambiar tipo de cierre...
C:\SOLIDWORKS Data (11)\browser\

Números de pieza

Propiedades
Módulo:
2

Número de dientes:
20

Ángulo de presión:
20

Anchura de cara:
10

Tipo de cubo:
Tipo A

Diámetro de eje nominal:
10

Ranura de chaveta:
Ninguna

Mostrar dientes:
20

13. Pulse con el botón secundario del ratón sobre **Engranaje Recto** y seleccione la opción **Insertar en ensamblaje** o arrastre el icono con el botón izquierdo pulsado sobre la **Zona de Gráficos**. Cualquiera de las dos formas permite insertar y definir un engranaje recto o cualquier otro elemento normalizado en el ensamblaje.

14. Aparece una previsualización del engranaje en la **Zona de Gráficos** y un cuadro de diálogo en el **PropertyManager** que permite definir las características del **Piñón**.

15. Defina el engranaje. **Módulo** (3), **Número de dientes** (20), **Anchura de cara** (20 mm) y **Diámetro del eje nominal** (10 mm). El diámetro del eje nominal coincide con la sección de la operación de **Barrido** de la pieza1.

16. Pulse **Aceptar** para crear el **Piñón**.

17. Repita los pasos 12-16 para insertar la **Rueda**. **Módulo** (3), **Número de dientes** (38), **Anchura de cara** (20 mm) y **Diámetro del eje nominal** (10 mm). Pulse **Aceptar** para crear la **Rueda**.

Agregar relaciones entre las piezas

18. Observe que la pieza1 es fija **(f)** y el **Piñón** y la **Rueda** son flotantes **(-)**.

19. Seleccione la **cara** definida por el eje nominal de la Rueda y la **Cara cilíndrica** corta de la **pieza1** manteniendo pulsado la **Tecla Ctrl**. Pulse sobre **Agregar Relaciones** y seleccione **Concéntrica**.

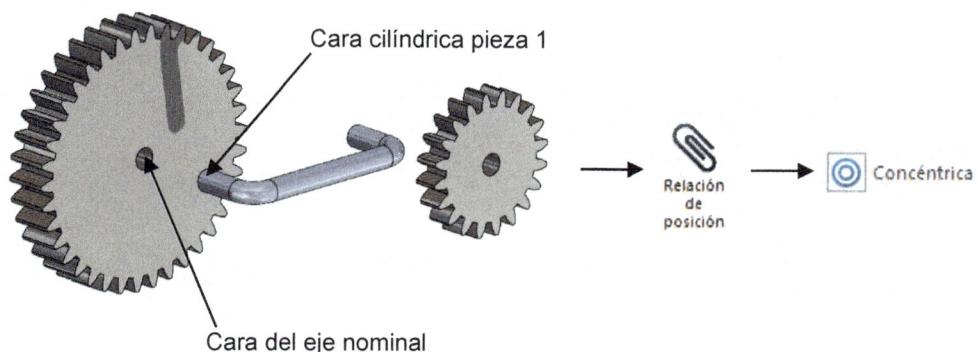

Cara cilíndrica pieza 1

Cara del eje nominal

Relación de posición → Concéntrica

20. Seleccione la **Cara** recta de la **Rueda** y la interna de la pieza1 y agregue la relación de **Coincidencia**. Repita las mismas operaciones para el **Piñón**.

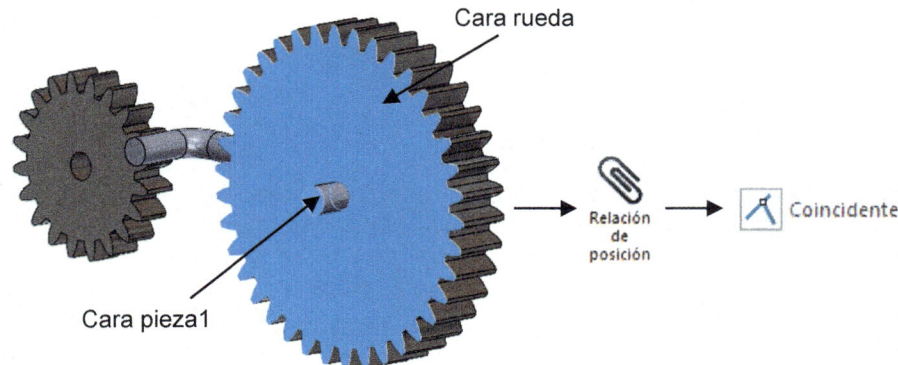

Cara rueda

Cara pieza1

Relación de posición → Coincidente

21. Verifique el resto de las medidas: **Paso circular**, **Altura**, **Espesor** y **Longitud del diente** y **Distancia entre los centros del Piñón y la Rueda**. Para ello pulse el icono **Medir** o **Medir** del Menú de persiana **Herramientas**. Las dimensiones obtenidas deben coincidir con las calculadas.

$$P_c = \pi \times m = 3,14 \times 3 = 9,424mm \quad \text{Cálculo del paso circular.}$$
$$h = 2,25 \times m = 2,25 \times 3 = 6,75mm \quad \text{Cálculo de la altura del diente.}$$
$$e = P_c / 2 = 9,424 / 2 = 4,71mm \quad \text{Cálculo del espesor del diente.}$$
$$b = 10 \times m = 10 \times 3 = 30mm \quad \text{Longitud del diente.}$$

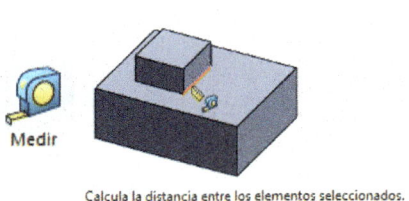

Medir

Calcula la distancia entre los elementos seleccionados.

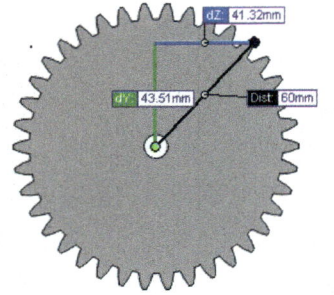

Distancia: 60.00mm
Delta X: 0.00mm
Delta Y: 43.51mm
Delta Z: 41.32mm

Toolbox

 Toolbox se ordena por carpetas a partir de estándares, categorías y tipos, además de otras carpetas que pueden ser personalizadas por el usuario. Pulse con el botón derecho del ratón en el panel izquierdo para Cortar y pegar archivos, conservando los nombres de archivo, Copiar y pegar archivos, Eliminar archivos, Insertar nuevas subcarpetas y Agregar nuevos archivos.

Además, mediante un doble clic en los nombres de archivos o carpetas para renombrarlos.

Práctica B

Aplicando los conceptos aprendidos, cree un reductor Epicicloidal a partir de la definición de los engranajes satélites ($Z_{SAT}=20$), solar con distinto número de dientes ($Z_{S1}=20$, $S_{Z2}=30$, $S_{Z3}=40$) y la corona ($ZC=60$), todos con un módulo=2. Igual que en la práctica A empiece por calcular las distancias entre los centros de los engranajes rectos y dibuje la pieza donde encajan los engranajes.

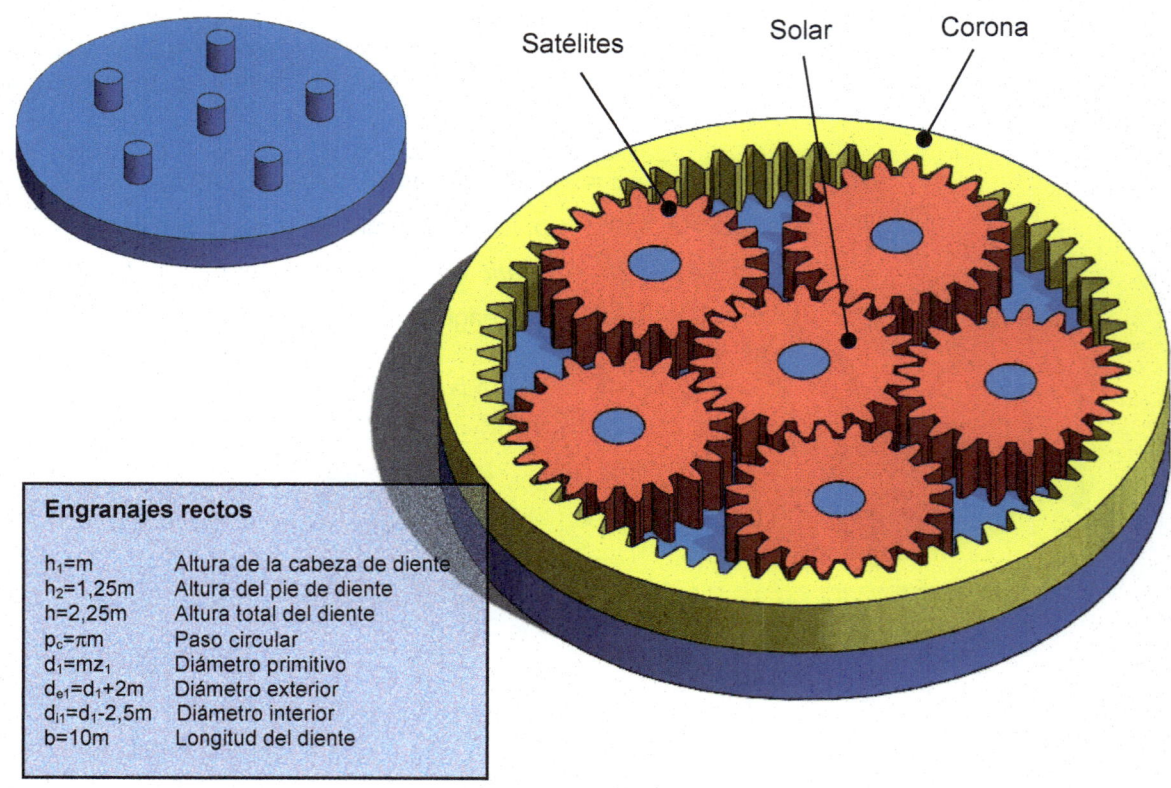

Satélites Solar Corona

Engranajes rectos

$h_1=m$	Altura de la cabeza de diente
$h_2=1{,}25m$	Altura del pie de diente
$h=2{,}25m$	Altura total del diente
$p_c=\pi m$	Paso circular
$d_1=mz_1$	Diámetro primitivo
$d_{e1}=d_1+2m$	Diámetro exterior
$d_{i1}=d_1-2{,}5m$	Diámetro interior
$b=10m$	Longitud del diente

Reconocimiento de piezas normalizadas del Toolbox en ensamblajes

En algunos casos puede ocurrir que no se reconozcan las piezas normalizadas creadas con **Toolbox** en un ensamblaje cuando se abran en distintos ordenadores. En estos casos, el ensamblaje se termina abriendo con la ausencia de estas piezas o se abren con errores de tamaño. Para evitar esta situación debe desmarcarse la casilla "**Convertir esta carpeta en la ubicación de búsqueda predeterminada para componentes Toolbox**" localizada en **Opciones del sistema**, **Asistente para taladro/toolbox** y guardar el ensamblaje con **Empaquetar dependencias (Pack and Go...)** desde el **Menú Archivo**.

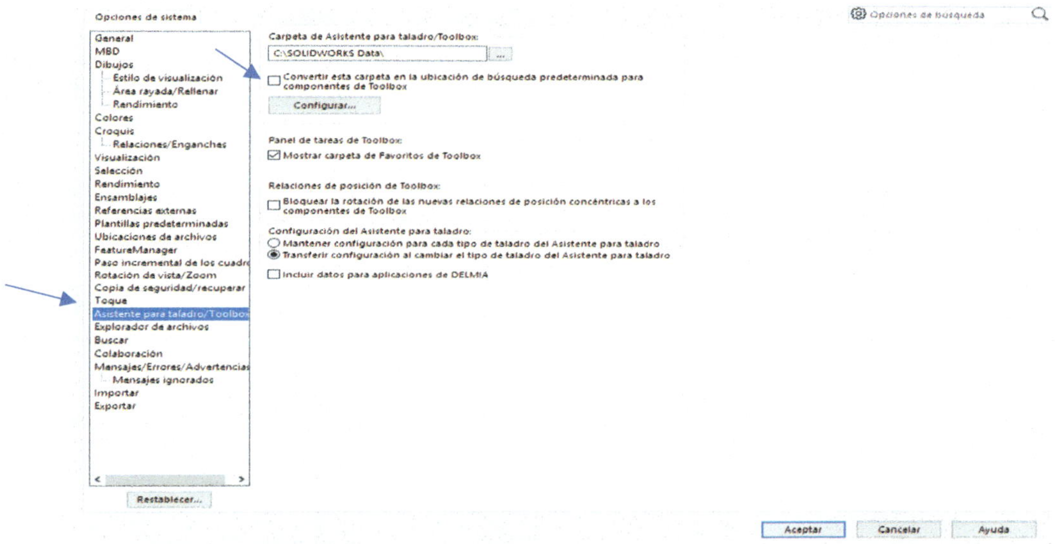

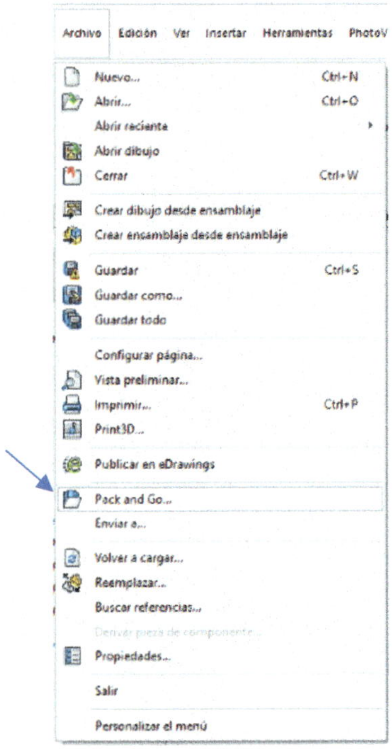

Pack and Go...

Con **Empaquetar dependencias** puede seleccionar los archivos desea incluir: dibujos, componentes del **Toolbox**, componentes suprimidos, resultados de simulación y calcomanías, apariencias y escenas. También es posible cambiar el nombre de un archivo. Para ello, pulse con un doble clic en la columna en la que se indican los nombres y modifíquelo. La opción **seleccionar/reemplazar** permite cambiar un modelo por otro sin problemas.

Para guardar el ensamblaje puede designar una carpeta o guardarlo como un fichero comprimido en formato ZIP. También es posible agregar prefijos y sufijos a los nombres de los archivos.

Finalmente, la opción **Enviar por correo electrónico después de empaquetar** envía un mensaje de correo electrónico con el archivo ZIP adjunto a una dirección indicada.

Guardar los ensamblajes con **Pack and Go** es la solución para evitar problemas cuando se comparten en ficheros con terceros.

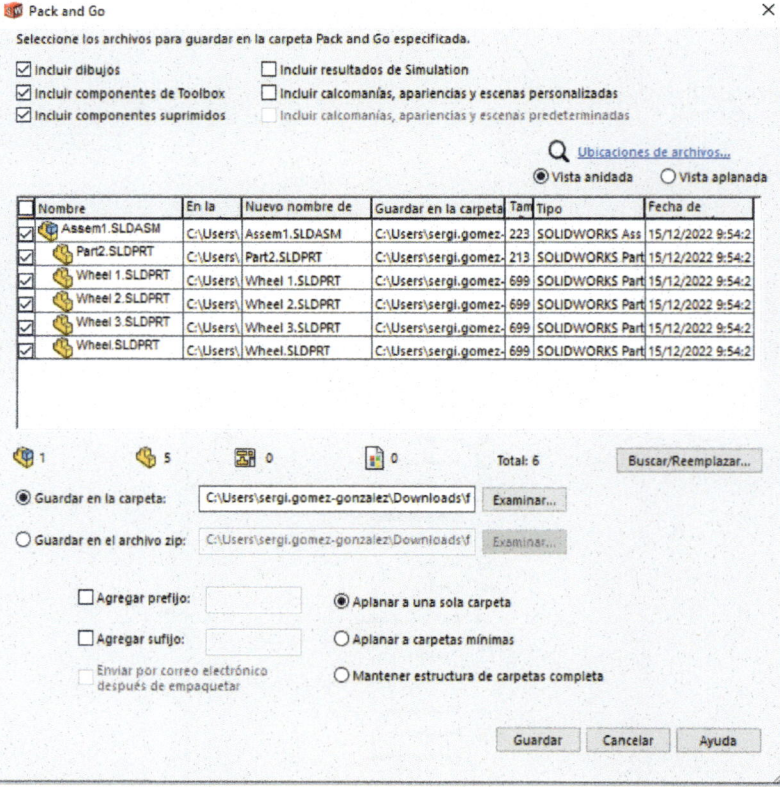

Práctica 33. Impresión 3D (Modelado por deposición fundida)

Exporte las piezas (STL) que conforman el reductor epicicloidal realizadas en la práctica anterior para su impresión 3D con PLA mediante la tecnología de Modelado por Deposición Fundida (FDM). Cree el G-Code con un rebanador (slicer) tipo Cura.

⏳ 25 minutos

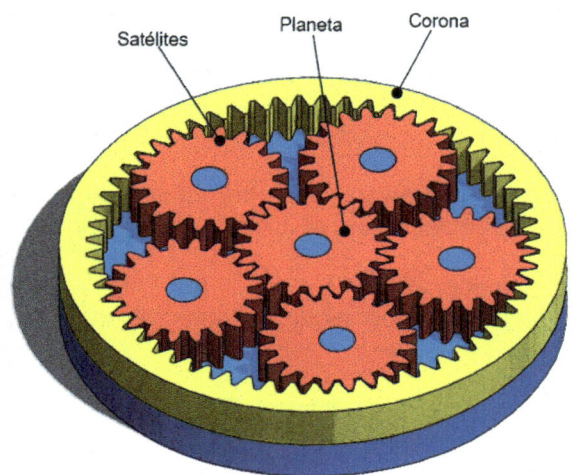

Satélites Planeta Corona

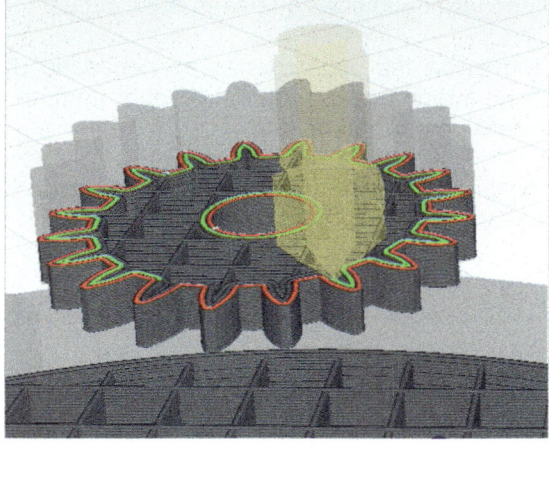

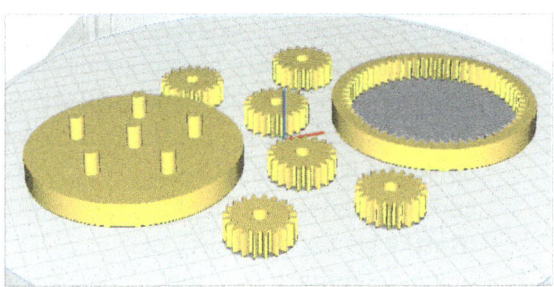

Objetivos del tutorial

- Definir el ajuste de las piezas para su impresión 3D.

- Exportar las piezas como ficheros STL para su impresión 3D.

- Definir los parámetros básicos de impresión 3D mediante un Slicer tipo Cura.

Impresión 3D con tecnología FDM (Modelado por deposición fundida)

A partir de cada una de las piezas que conforman el engranaje epicicloidal debe crear un fichero en formato STL. Los ficheros STL son utilizados por los rebanadores (*slicing*) para definir el proceso de impresión que finaliza con la creación del fichero G-Code (conjunto de instrucciones basadas en una programación ISO).

Los ficheros STL están formados por un conjunto de coordenadas X, Y y Z que definen los vértices de las caras de los polígonos de la malla. Esta información es insuficiente para imprimir el modelo 3D. Para su impresión, debe definir el lugar por el que debe pasar el extrusor depositando el filamento fundido. Los rebanadores, tal y como indica su nombre, se encargan de cortar el modelo STL en capas o rebanadas finas horizontales y definir las trayectorias por las que se debe pasar el extrusor para depositar el material en su construcción capa a capa. La resolución de la impresión dependerá de lo finas que sean esas capas.

Además de las coordenadas es necesario otro tipo de información: altura de capa, patrón de relleno interior, porosidad del relleno, número de capas compactas en el inicio y fin (base y top), número de perímetros, etc.

A continuación, se describe el procedimiento paso a paso que debe seguir en la impresión de las piezas:

1. Obtener el **modelo 3D**. En formato STL. Antes de crear los ficheros STL debe tener en cuenta los ajustes y las tolerancias para asegurarse que las piezas encajan perfectamente.
2. **Escalar o girar** el modelo para ajustarlo sobre la plataforma de impresión. También se pueden copiar varios modelos para crear una impresión múltiple. El escalado es imprescindible en polímeros que experimentan contracción.
3. **Reparación o corrección de malla** con aplicativos como **Netfabb** o **MeshLab**. Puede reducir el número de elementos o su complejidad y reparar errores. En el caso de guardar las piezas desde SolidWorks no deberían producirse errores en el mallado.
4. **Rebanado o Slicers** para obtener el fichero G-Code con las instrucciones necesarias para imprimir el modelo 3D (**Cura**, **Slic3r**, **Skeinforge**, **KISSlicer**, etc.) y en línea. La mayoría están disponibles en todas las plataformas (Windows, Linux y Mac). Con ellos de debe definir la altura de la capa, el número de perímetros exteriores, el grosor y número de capas superiores e inferiores, el porcentaje de relleno y su patrón, los soportes, la balsa (**Raft**) y las faldas (**Skirt**), etc.
5. Envío del **fichero G-Code** a la impresora vía USB, Wi-Fi, tarjeta SD o MicroSD, etc.
6. **Calibración de la impresora**.
7. **Impresión**.
8. **Acabado**. Una vez imprimida la pieza se debe separar de la plataforma de impresión. Posteriormente, separar la Balsa, Brim y/o las estructuras de soporte con la ayuda de un cúter o similar.

En la práctica se describe el proceso de impresión 3D a partir de un modelo de ensamblaje creado con SolidWorks.

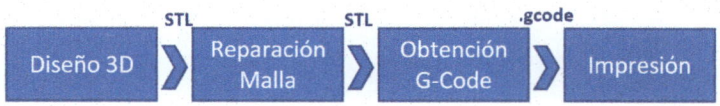

Ajuste piezas (ejes-agujeros)

1. El filamento al imprimirse capa a capa sufre expansión y contracción durante su calentamiento y posterior enfriamiento creando pequeños cambios dimensionales. Esa variación dimensional puede provocar que el diámetro de un agujero o eje no sea el proyectado (CAD). La variación dimensional de los agujeros también está influenciada por el tipo de filamento, por espesor de cada capa utilizado en la impresión y por su orientación (agujeros imprimidos en horizontal o vertical). Las siguientes ecuaciones muestran una aproximación genérica del cambio dimensional que experimenta una pieza al imprimirse con tecnología FDM. Las ecuaciones presentan las dimensiones de los agujeros (taladros) definidos en CAD (variable Y) y el valor del agujero real obtenido (variable X). Estas ecuaciones tienen en cuenta si el agujero es vertical (el eje es paralelo al eje Z de la impresora) u horizontal (el eje del agujero es paralelo con X o Y). Para un taladro de 10 mm se obtiene, según la expresión, un diámetro de 9,62 mm (vertical) y 9,73 mm (horizontal).

2. Las piezas diseñadas deben incluir una tolerancia de entre 0,1 mm a 0,3 mm para impresión con PLA. Es conveniente realizar algunas pruebas de ajuste antes de imprimir las piezas a una escala más pequeña para verificar que el ajuste es correcto. Para definir el ajuste holgado entre los ejes y los agujeros del reductor epicicloidal imprimidos con PLA se ha optado por establecer una diferencia de 0,2 mm en el diámetro.

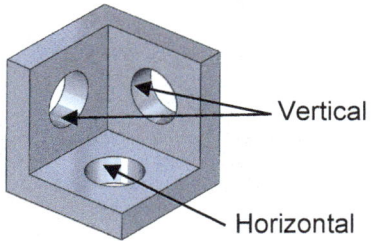

Vertical

Horizontal

$Y = 0,28 + 1,01X$ verticales
$Y = 0,36 + 0,99X$ horizontal

 Print 3D de SolidWorks

3. Seleccione **Print3D** desde el Menú de persiana **Archivo**. La aplicación permite imprimir los prototipos en 3D de sus modelos digitales si tiene una impresora 3D conectada en red y si el fabricante de la impresora 3D utiliza la API de impresión en 3D de SolidWorks. Si es así, al abrir **Print3D** puede definir los principales parámetros de impresión e imprimir.

4. En el PropertyManager de **Print3D** seleccione la impresora, la orientación de impresión, la escala y defina los principales parámetros de impresión.

5. En **Imprimir ubicación de lecho** y **Escala** puede orientar y escalar el modelo dentro del volumen de impresión definido por la impresora seleccionada.

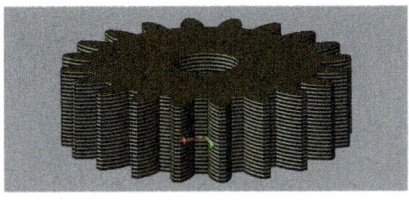

Print3D	⑦
✓ ✗	

Configuración | Vista preliminar

Mensaje ∧

Compruebe las cotas del volumen de impresión.

Seleccione un plano para definir la cara del modelo que descansará en lecho de impresión (la vista preliminar muestra la extensión del volumen de impresión).

A continuación, defina las opciones de impresión 3D.

Impresora ⌄

Imprimir ubicación de lecho ⌄

Escala ⌄

Opciones ⌄

Guardar en archivo ⌄

6. Para orientar la pieza seleccione la cara que define el **Plano inferior del modelo** (perpendicular al eje Z de la impresora). Puede desplazar y orientar la pieza para ajustarla a la zona de impresión.

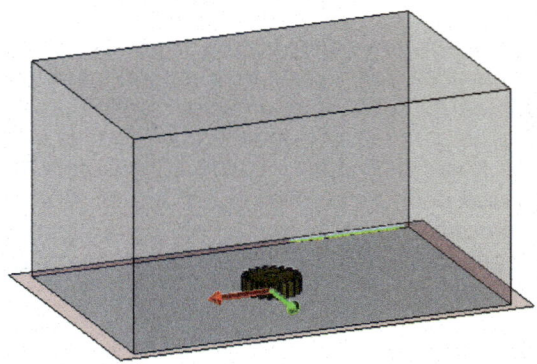

7. En **Opciones de impresión** puede definir la **Calidad de impresión** (representa la altura de capa), el **Porcentaje de relleno** (densidad), los soportes y/o los elementos lineales de bajo orden.

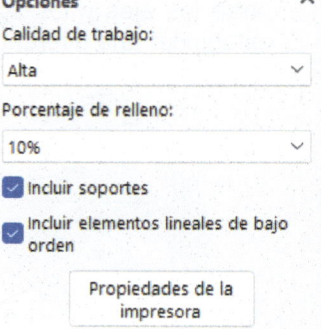

8. **Guardar el archivo** permite guardar el modelo 3D en formato STL, 3mf o amf. (formatos para la impresión 3D).

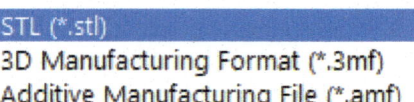

9. Desde la pestaña **Vista Preliminar** puede realizar un **Análisis de construcción** para conocer las regiones del modelo que requiere soportes de impresión por estar en voladizo. También es posible definir la **Altura de capa** y **Generar cortes para exportar en formato 3MF**.

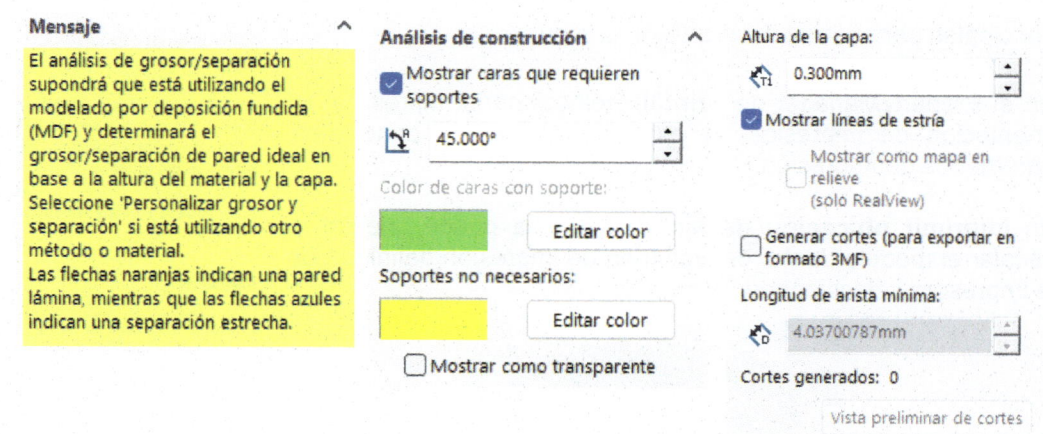

Definición de la impresión con un rebanador tipo Cura

10. Si no tiene la impresora conectada en red con SolidWorks lo más recomendable es exportar la geometría STL de cada una de las piezas a un rebanador (*slicer*). Para ello, pulse sobre el Menú de persiana **Archivo**, **Guardar Como**. En **Tipo de archivo** seleccione STL y en **Opciones** active la pestaña **Alta calidad** (**Resolución**). Pulse **Aceptar** y **Guardar**.

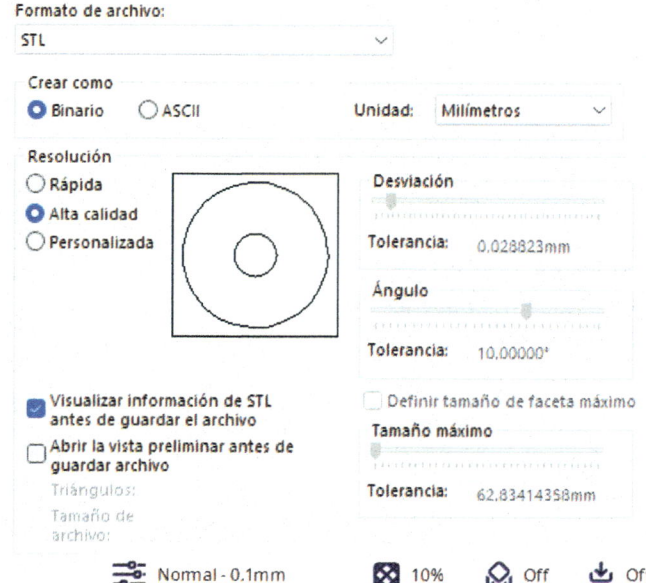

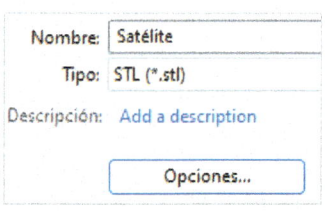

11. Abra el rebanador (*slicer*) tipo **Ultimaker Cura** (https://ultimaker.com) o cualquier otro e inserte las piezas STL creadas del rebanador (1). Seleccione su impresora (2). Escale, gire y localice las piezas para facilitar la impresión múltiple de todas ellas (3 y 4). Indique el filamento, PLA (5). Y, finalmente, defina los parámetros de impresión más importantes (altura de capa, relleno o *infill*, estructuras de soporte y/o construcción de plataformas para mejorar la adhesión).

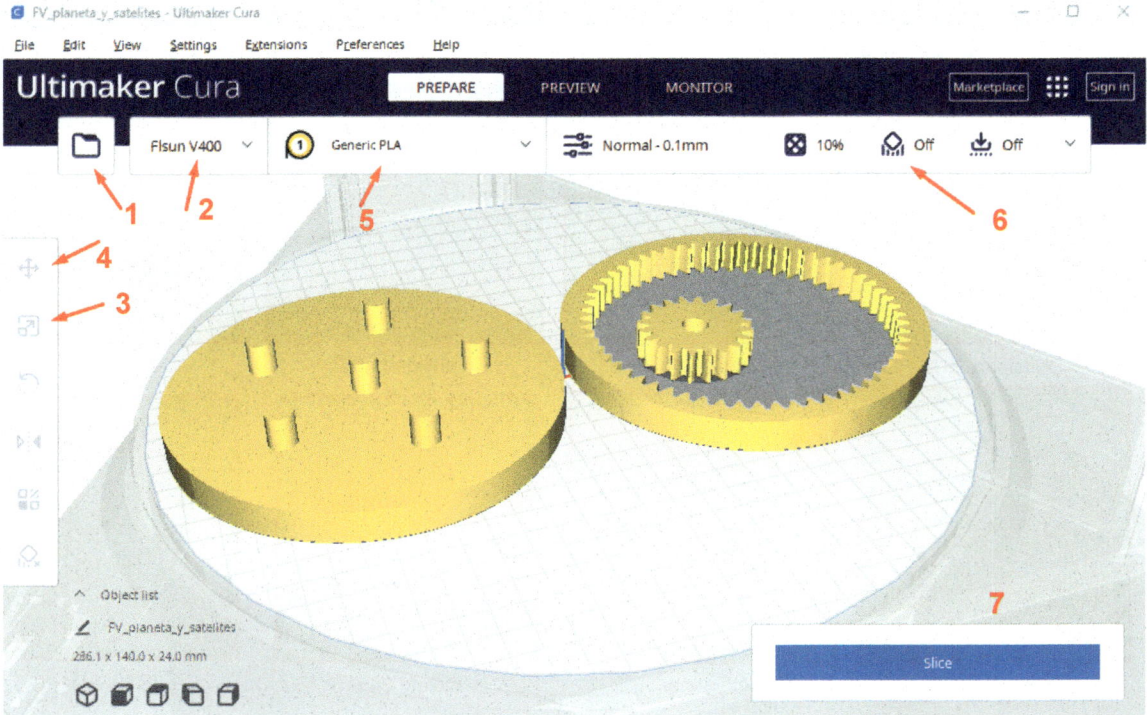

Altura de capa (Layer Height). Define la altura de cada una de las capas. La menor altura de capa crea modelos con mejor resolución, pero requiere de mayor tiempo de impresión. Es el primer parámetro en el que se debe pensar antes de decidir el resto.

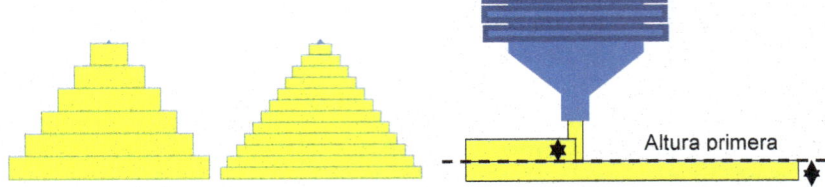

Altura primera

Altura de la primera capa (First layer height). Define el espesor de la primera capa que es depositada. El espesor de capa más pequeño facilita la adherencia de la primera capa y evita que se despegue.

Grosor de la pared o perímetros (Perimeters). Es el grosor de la pared o el número de vueltas que se da alrededor del perímetro de la sección de la pieza a imprimir. El grosor (mayor número de perímetros) genera piezas más rígidas y resistentes, pero más pesadas y además requiere de mayor tiempo de impresión (figura).

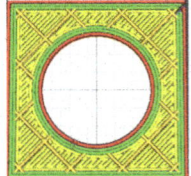
Grosor 1 mm

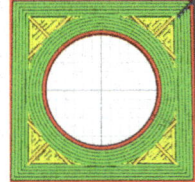
Grosor 2 mm

Tipo de Relleno (Infill pattern). El relleno permite definir el patrón y la densidad/porosidad con los que se va a rellenar la parte interna de la pieza a imprimir. Puede no seleccionar ningún patrón e imprimir la pieza completamente vacía por dentro. El tiempo de impresión será rápido, pero sus propiedades mecánicas serán muy pobres. Es posible definir un patrón geométrico de relleno y su porosidad o densidad.

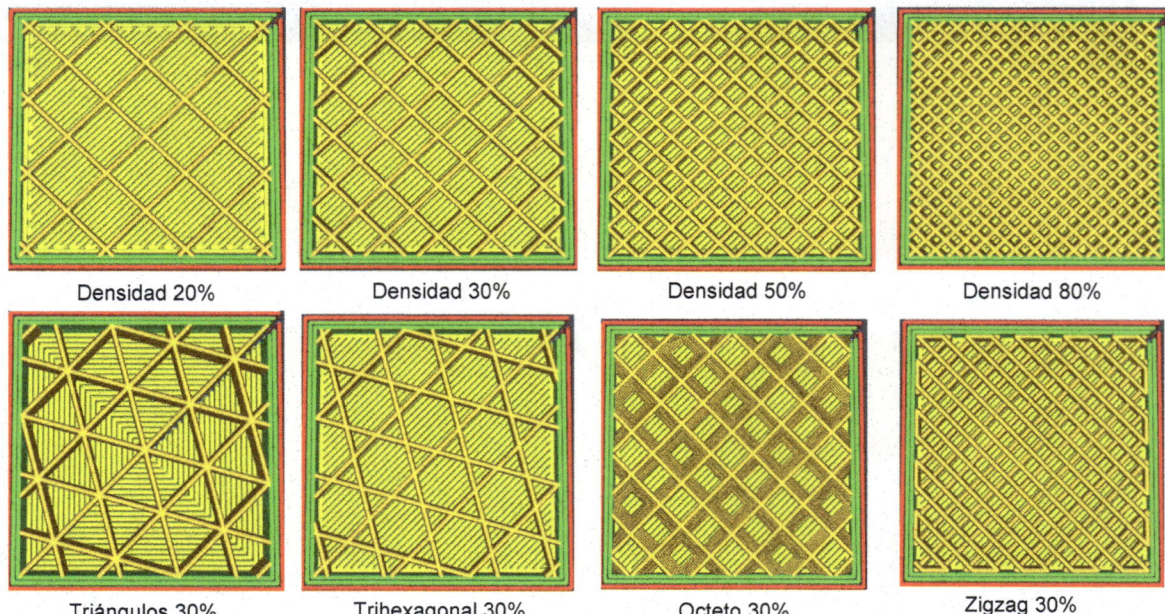

Densidad 20% Densidad 30% Densidad 50% Densidad 80%

Triángulos 30% Trihexagonal 30% Octeto 30% Zigzag 30%

Densidad de relleno (Fill density). Define la densidad o porosidad del relleno. Mayor densidad crea piezas más resistentes y pesadas, pero requiere de mayor tiempo de impresión.

Estructuras de soporte (Support material). Las estructuras de soporte facilitan la impresión de las zonas con voladizo (>45°). En piezas muy complejas se recomienda imprimir las estructuras de soporte con materiales hidrosolubles (tipo PVA) que puedan ser eliminados con facilidad (disueltos en agua).

Balsa (Raft). Para las piezas que no son completamente planas y no se apoyan perfectamente en la plataforma de impresión es recomendable crear una cama de material que sustenta la base y mejora la adherencia (ver figura).

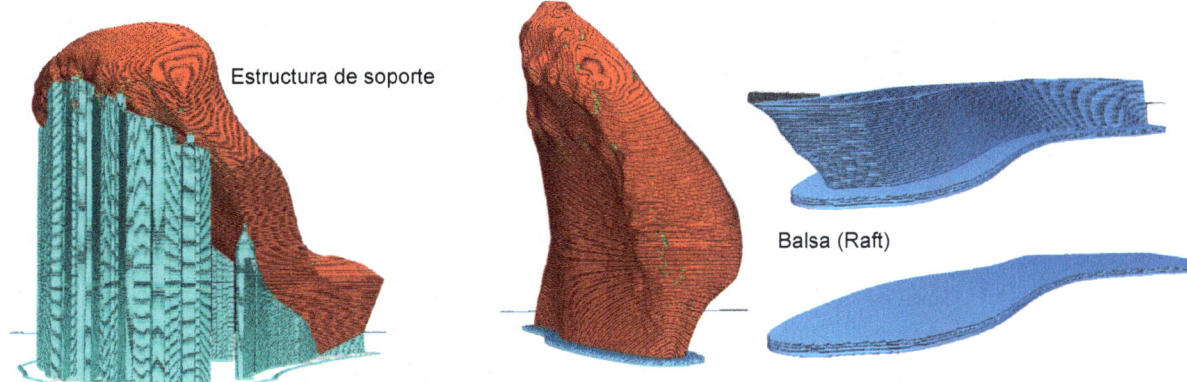

Estructura de soporte

Balsa (Raft)

Falda (Skirt). Líneas o perímetros externos que se imprimen alrededor del modelo sin estar conectado con este para eliminar o purgar el material de la boquilla.

Borde (Birm). También denominado vueltas (Loops). Perímetros externos que son imprimidos alrededor de la pieza para facilitar el pegado y mejorar la adherencia a la base de impresión.

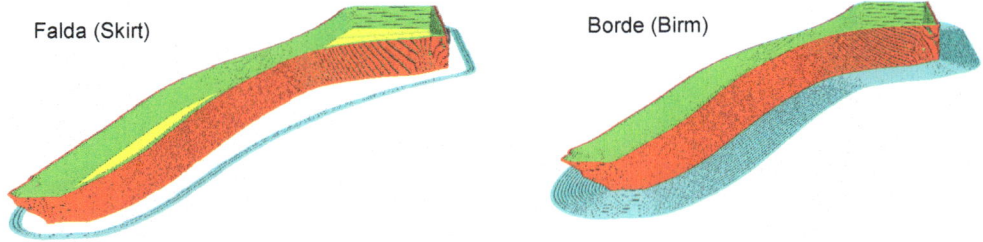

Falda (Skirt)

Borde (Birm)

Retracción. Es el movimiento de retroceso del filamento que fuerza el extrusor para evitar el goteo del material cuando no se requiere su deposición durante los desplazamientos en vacío. En la mayoría de rebanadores puede definirse la velocidad de retracción, la distancia de retracción y la elevación en Z. Esta última opción es útil en piezas con muchos detalles y se recomienda indicar la misma altura que la altura de capa.

Velocidades. Puede regular la velocidad de la impresión de los perímetros (40 mm/s), el relleno o Infill (40-80 mm/s), los soportes (40 mm/s) o los desplazamientos rápidos o desplazamientos que hace la boquilla para ir a una zona (90-130 mm/s).

Temperaturas de impresión. Establece la temperatura del extrusor en función del tipo de material a imprimir. El valor de referencia debe ser el indicado por el fabricante y viene marcado en la propia bobina de impresión.

Temperatura de la cama (Bed). Es la temperatura a la que debe configurarse la cama de la impresora para facilitar la adherencia de las primeras capas. Depende del tipo de material (PLA=40 ºC y ABS=100 ºC).

Enfriamiento (Cooling). Configura el funcionamiento de los ventiladores externos para enfriar el filamento depositado.

12. Los parámetros básicos para definir son la **Altura de capa** (Normal 0,1 mm), el **Relleno** o Infill (10 %) y se desactivan las **Estructuras de soporte** y los **Elementos de adhesión** a la plataforma. Pulse sobre **Slice** (7) para iniciar el rebanado.

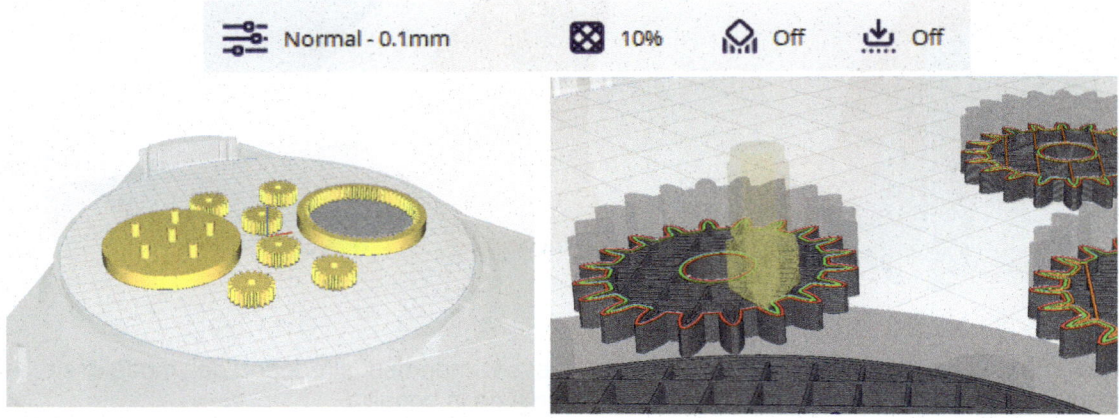

13. Al finalizar el proceso de rebanado aparece la información sobre el tiempo requerido de impresión, los gramos y longitud de filamento requerido y se activa la opción de previsualización (**Preview**). Previsualice la simulación de la impresión para comprobar que el proceso de impresión capa a capa es el correcto antes de guardar el fichero NC (**Save to disk**). Envíe el fichero a la impresora (USB, por red o web) para su impresión.

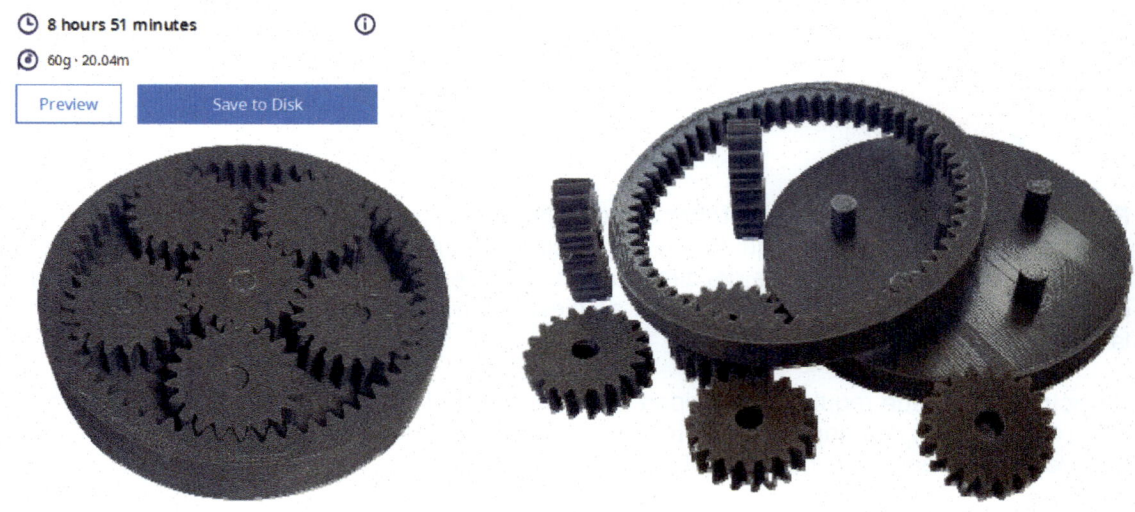

Práctica 34. Toolbox II

Cree el modelo de la figura a partir de la definición de las dos placas, su ensamblaje, la inserción de pernos de cabeza hexagonal y sus arandelas usando el complemento Toolbox.

⌛ 25 minutos

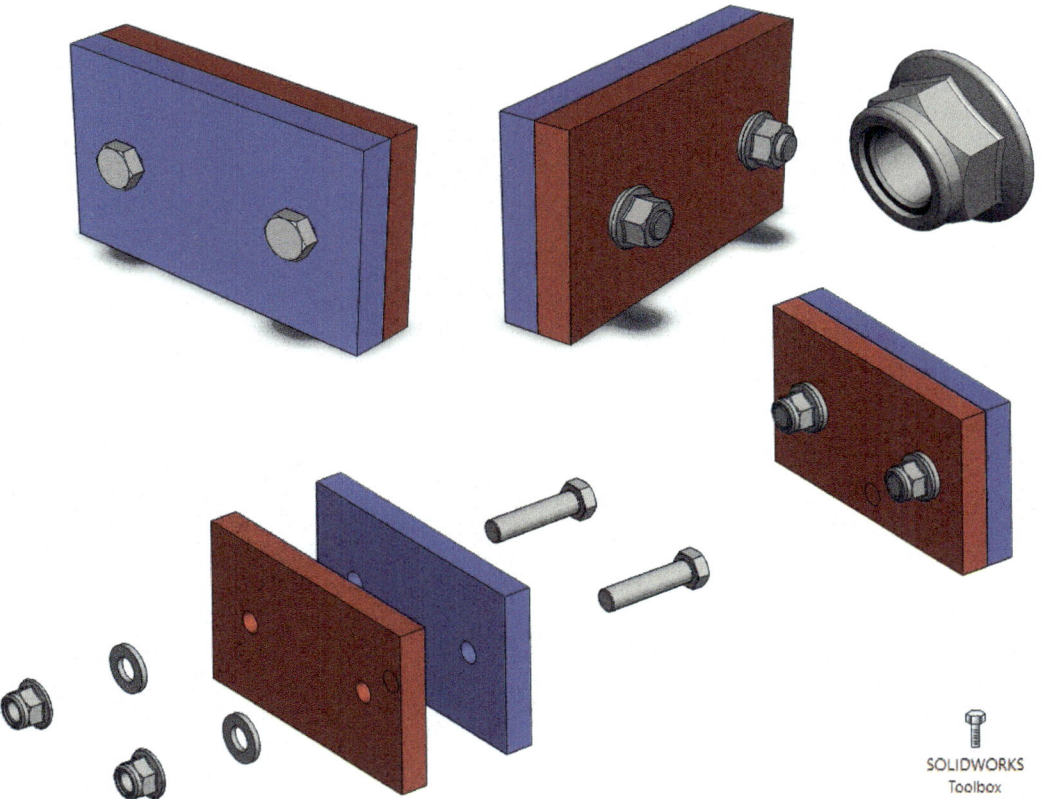

SOLIDWORKS
Toolbox

SolidWorks Toolbox es una biblioteca de piezas estándar paramétricas formadas por **Rodamientos**, **Tornillos**, **Tuercas**, **Engranajes**, **Levas**, **Pernos**, entre otros. La biblioteca permite seleccionar el componente normalizado adecuado, definir sus parámetros y dimensiones normalizadas e insertarlo en el ensamblaje. Los componentes contenidos en la biblioteca admiten **Normas Internacionales** como **ANSI**, **BSI**, **CISC**, **DIN**, **ISO** y **JIS**.

Objetivos del tutorial

- Crear las placas taladradas e insertarlas en el ensamblaje.
- Agregar pernos de cabeza hexagonal y arandelas desde el **Toolbox**.
- Definir las relaciones geométricas del ensamblaje.

Creación de las placas

1. Pulse **Nuevo** desde el Menú de persiana **Archivo** o pulse sobre el icono **Nuevo** desde la Barra de Menús.

2. Seleccione el **Plano de Trabajo Planta** del **Gestor de Diseño** y pulse sobre **Normal a:** para visualizarlo en su verdadera magnitud.

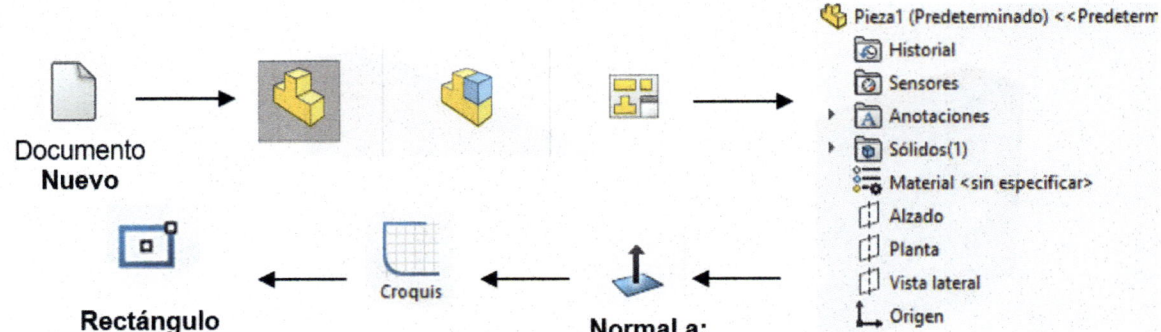

3. Pulse sobre el icono de **Croquis** y seleccione la Herramienta de Croquizar **Rectángulo de centro**.

4. Croquice el rectángulo pulsando con el botón izquierdo en el origen de coordenadas en la Zona de Gráficos. Suelte el botón izquierdo del ratón y desplace el cursor alejándose del origen. Pulse con el botón izquierdo nuevamente para indicar una de las esquinas del rectángulo. En esta primera etapa no se tienen en cuenta las medidas ni tan siquiera las proporciones del rectángulo. Pulse **Aceptar** para finalizar el croquis.

5. Seleccione **Cota inteligente** desde la Barra de Herramientas de **Croquis**. Pulse con el botón izquierdo del ratón sobre uno de los lados. Se activa la ventana de definición dimensional. Acote los lados 120×200 mm. Pulse **Aceptar**.

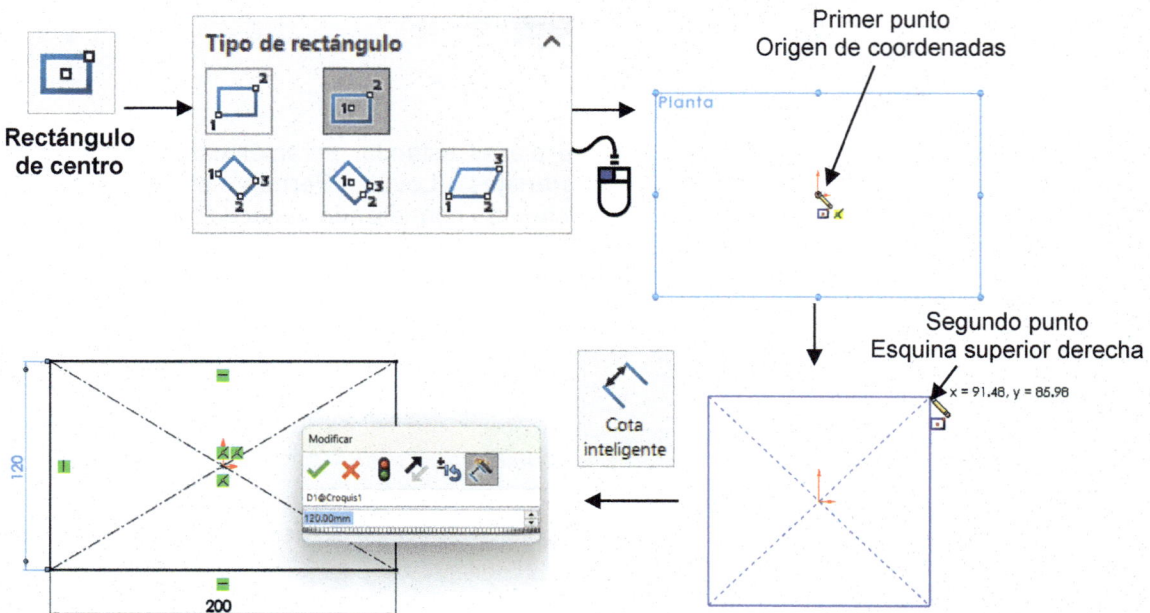

6. Una vez definido el croquis pulse sobre el icono **Extruir-Saliente** desde la Barra de Herramientas de **Operaciones** o desde el Menú de persiana **Insertar**, **Saliente/Base**, **Extruir**. En la parte izquierda de la Zona de Gráficos se activa una ventana denominada Gestor de diseño donde debe definir las características de la operación. En **Dirección 1** seleccione **Hasta profundidad especificada**. En **Profundidad**, 20 mm. Pulse **Aceptar** para finalizar.

7. Pulse sobre **Asistente de taladro** y seleccione la cara del modelo extruido. Pulse sobre la pestaña **Posiciones** e indique, pulsando con el botón izquierdo y desde la Zona de Gráficos, los centros de los taladros. Acote su distancia respecto a los lados 40 y 60 mm con la ayuda de **Cota inteligente** (ver figura).

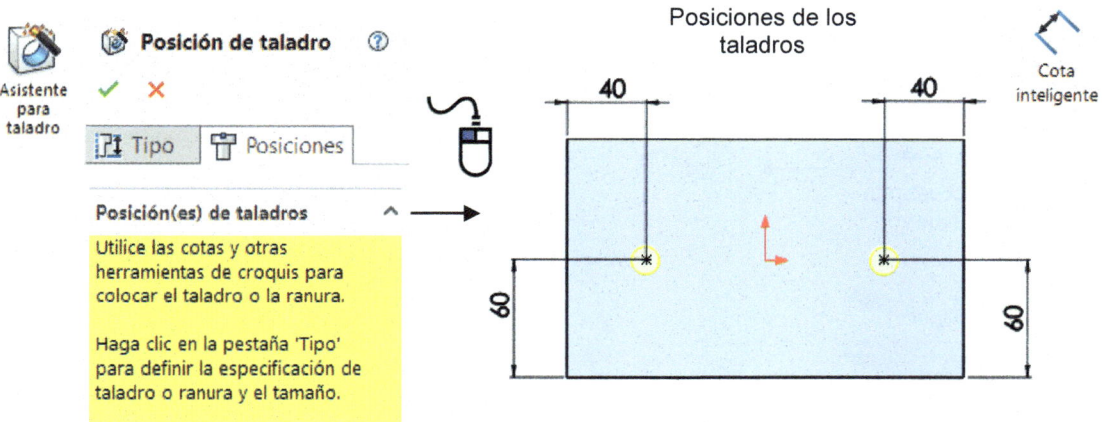

8. Pulse sobre la pestaña **Tipo** para definir el taladro y sus características. En **Tipo de taladro** indique (Taladro), en **Estándar** (ISO), en **Tipo** (Tamaños perforados), en **Tamaño** (Ø16), en **Condición final** (Por todo) y en **Opciones** acepte los valores predeterminados. Pulse **Aceptar** para crear los dos taladros pasantes.

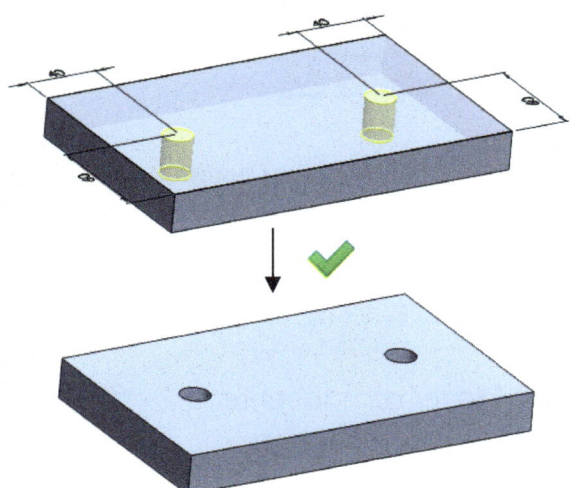

9. Pulse en el Menú de persiana **Archivo** y seleccione la opción **Guardar como**. Guarde la pieza con el nombre de pieza1.

Creación del ensamblaje

10. Pulse **Nuevo** desde el Menú de persiana **Archivo** o pulse sobre el icono **Nuevo** desde la Barra de Menús. Seleccione **Ensamblaje** y pulse **Aceptar**.

11. Pulse **Insertar componentes** desde la Barra de Herramientas **Ensamblaje**. En **Pieza/Ensamblaje para insertar** del **PropertyManager** pulse **Examinar** y localice la pieza Pieza1 recién creada. Pulse **Aceptar**. Repita la operación de Insertar componente y vuelva a seleccionar la Pieza1. Observe que ahora en el Gestor de Diseño aparece dos veces la inserción de la pieza1. En los dos casos la etiqueta de <f> aparece incluida. Elimine una de las dos **Fijaciones** pulsando con el botón derecho del ratón sobre la pieza y seleccionando la opción **Flotar** (-). La pieza con la anotación (f) es fija e inamovible mientras que la pieza con la anotación (-) es flotante y puede ser desplazada (mover y girar).

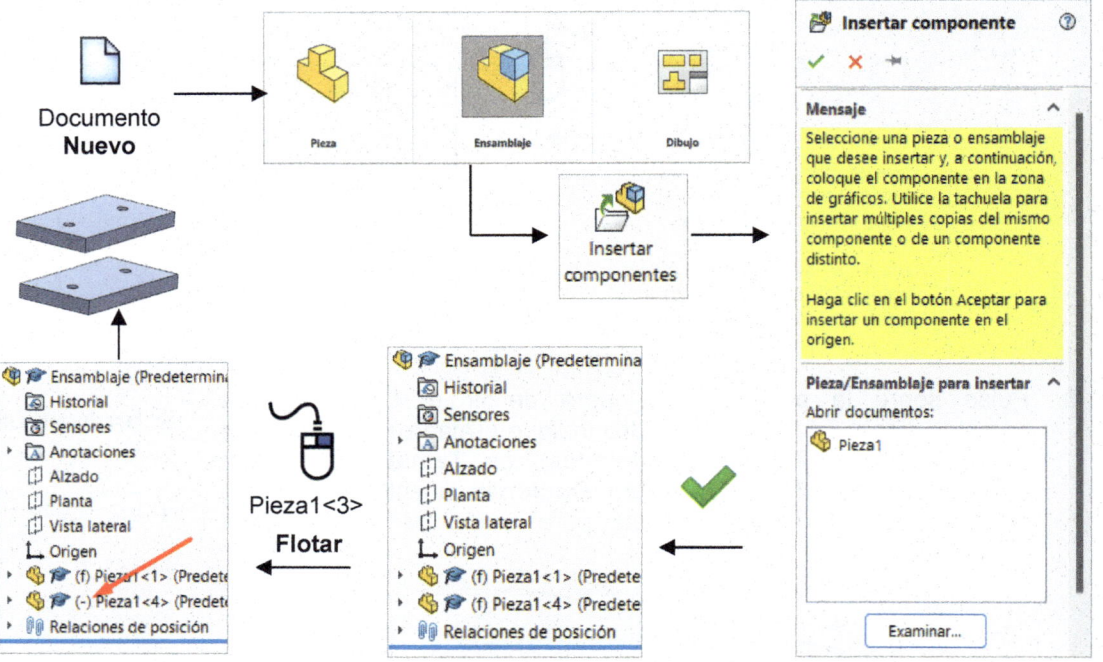

12. Utilice las herramientas de **Mover componente** y **Girar componente** para ubicar una de las placas sobre la otra.

13. Desde el **Panel de Visualización** del Gestor de Diseño cambie el color de las dos piezas insertadas para su diferenciación. Una de color rojo y la otra azul.

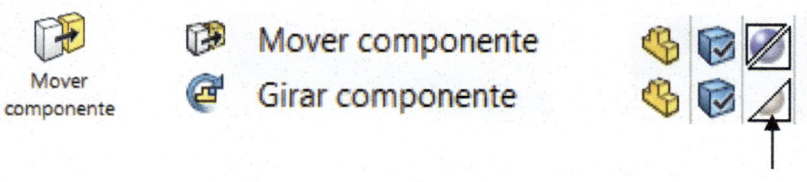

Cambio de color

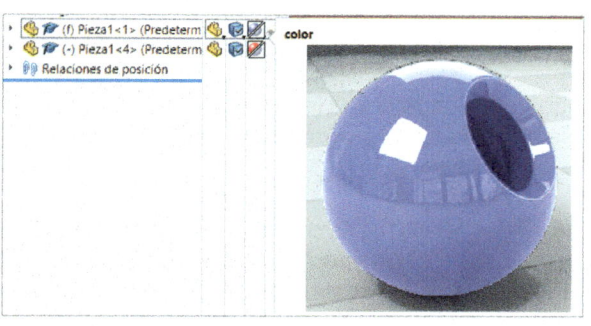

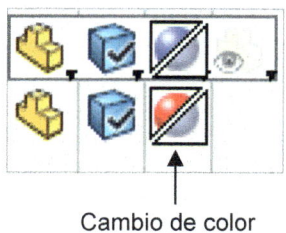

Cambio de color

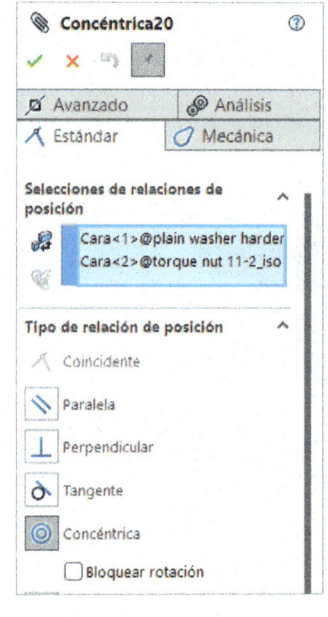

14. Pulse **Agregar Relaciones de posición** desde la Barra de Herramientas **Ensamblaje** o desde el Menú de persiana **Insertar, Relación de Posición**. Seleccione las **Caras internas de los taladros** de cada una de las placas. Pulse **Concentricidad** y observe como las piezas se orientan hasta hacer coincidir los taladros. Repita el proceso con el segundo taladro.

15. Vuelva a pulsar sobre **Agregar Relaciones de posición** y seleccione las dos caras interiores de las placas. Pulse sobre **Coincidencia** para que las dos caras estén en contacto directo. Pulse **Aceptar**.

Concéntrica

Coincidente

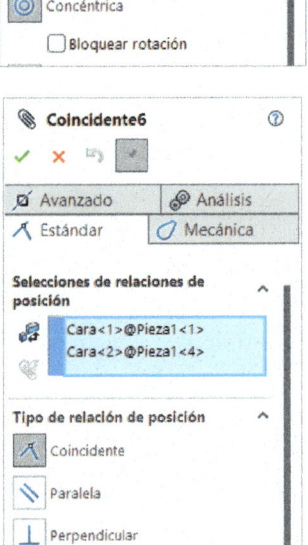

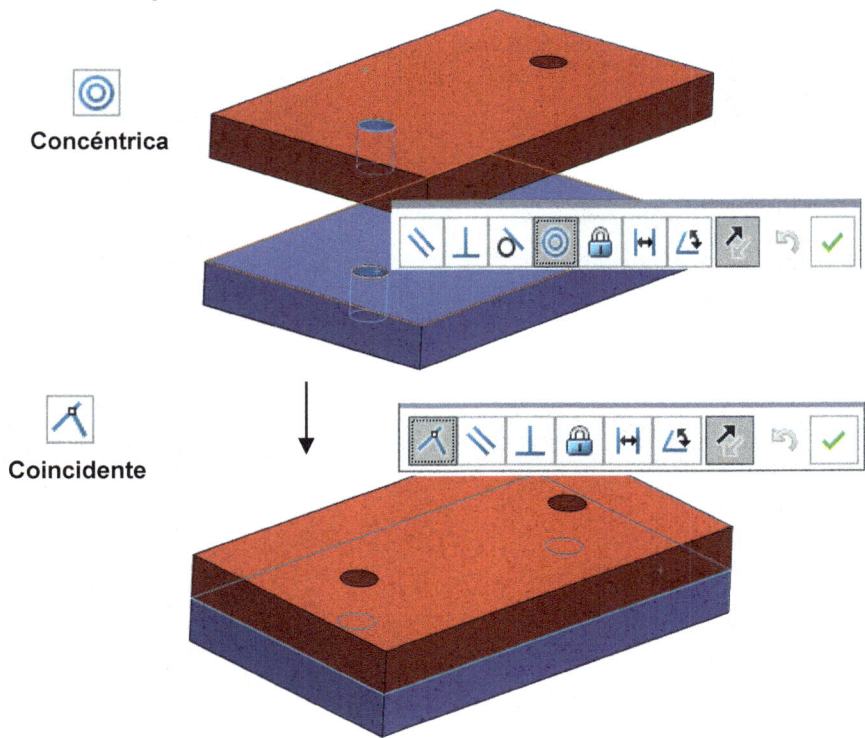

16. Pulse sobre el Menú de persiana **Archivo** y guarde el ensamblaje con el nombre de Ensamblaje1 pulsando sobre **Guardar como**.

Activar Toolbox y agregar los pernos de cabeza hexagonal

17. Para insertar los pernos en los taladros realizados debe activar la Herramienta **Toolbox**. Pulse sobre el Menú de persiana **Herramientas** y seleccione **Complementos**. Active **SolidWorks Toolbox** y pulse **Aceptar**.

18. Pulse sobre **Biblioteca de diseño**. Seleccione **ISO**, **Pernos y tornillos**, **Pernos y tornillos hexagonales**. Pulse con el botón derecho del ratón sobre **Tornillo hexagonal de calidad AB ISO 4014** seleccione **Insertar en ensamblaje** y defina las características indicadas en la figura (Tamaño M16×1.5, Longitud 65 mm, Longitud de rosca 65).

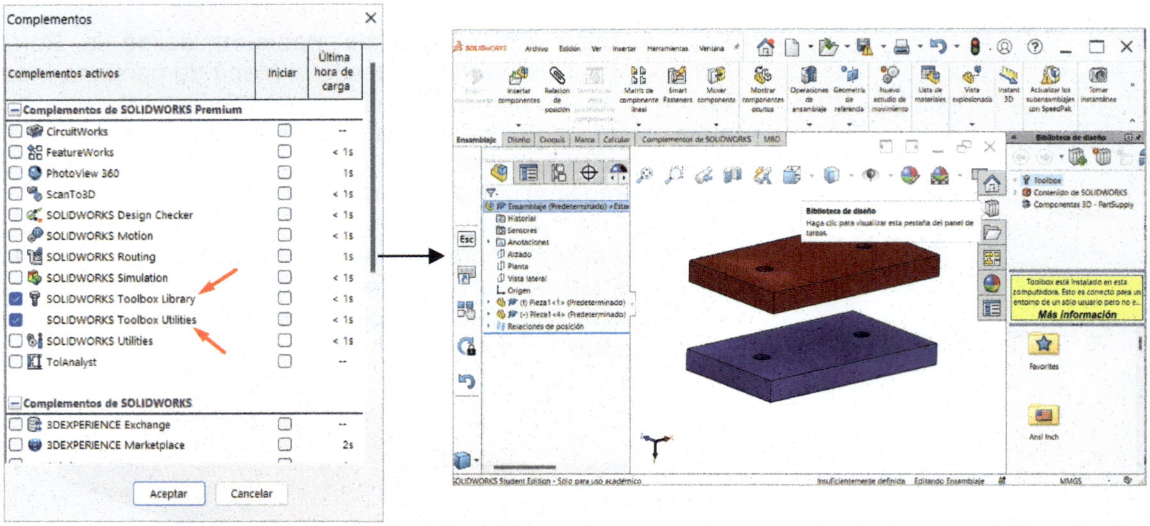

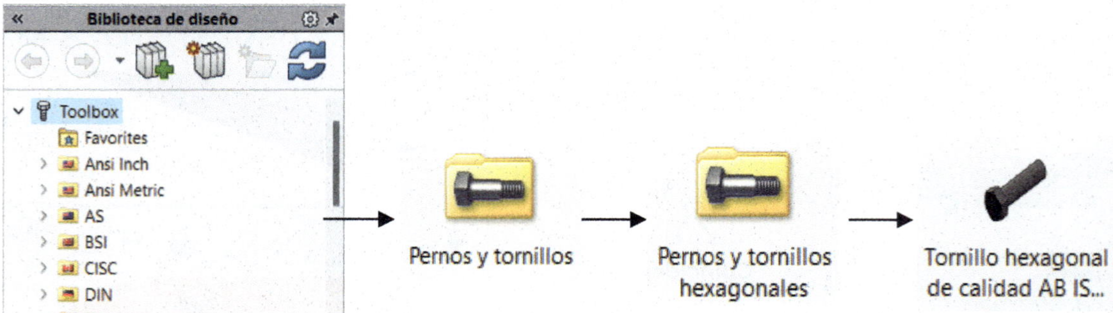

Pulse sobre Configurar para definir de forma más completa los elementos normalizados. Observe la aparición del cuadro de diálogo del **Toolbox**.

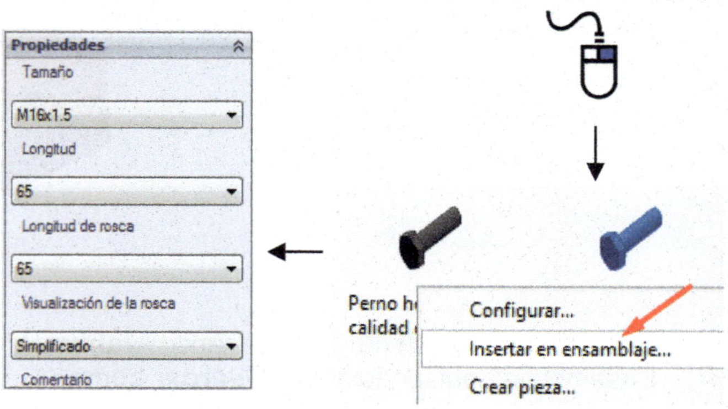

La opción **Insertar en ensamblaje** permite seleccionar un elemento, definir sus propiedades normalizadas (para un perno: tamaño, longitud, longitud de rosca, tipo de visualización de la rosca y designación) y Agregar un número de pieza o descripciones para la lista de materiales.

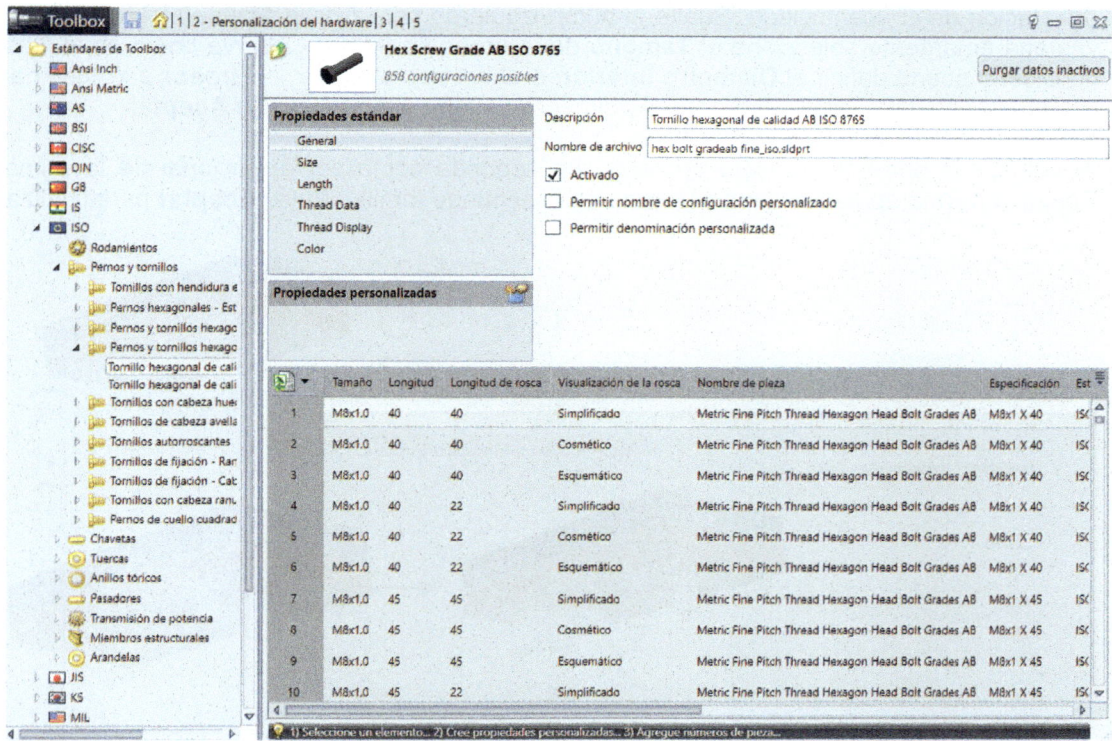

19. Otra forma de insertar los pernos y evitar definir las relaciones de posición entre estos y los taladros (concentricidad y coincidencia) es mediante su inserción por arrastre. Para insertar los pernos y definir su relación de posición respecto de los taladros arrastre el perno desde la **Biblioteca de diseño**, manteniendo el botón izquierdo del ratón pulsado, hasta el mismo taladro. Observe cómo se orienta y termina por introducirse de forma automática. Repita el mismo proceso para el segundo perno.

Perno arrastrado

Mensaje

Haga clic en la zona de gráficos para agregar copias adicionales del componente. Las relaciones de posición se agregan automáticamente si existe una combinación de referencias de relación de posición válida. Presione la tecla Esc o cierre el PropertyManager cuando haya terminado.

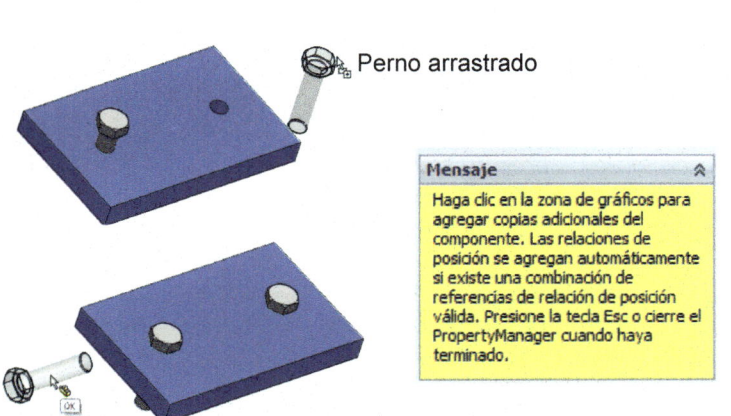

20. Para insertar las arandelas vuelva a pulsar sobre **Biblioteca de diseño**. Seleccione **ISO**, **Arandelas, Arandelas simples - Endurecidas (ISO 7415)**. Pulse con el botón izquierdo sobre el pictograma de la arandela y arrastre, manteniendo el botón pulsado, hasta la Zona de Gráficos. Observe como al acercarse al tornillo la arandela se adapta al mismo y adquiere la orientación de concentricidad. Suelte el botón izquierdo para fijar la arandela al tornillo. En la ventana emergente seleccione el **Tamaño** de la Arandela (M16). Observe como en el Gestor de Diseño puede definir el **Diámetro interior**, el **Diámetro exterior**, el **Grosor** e incluso hacer un comentario del mismo. Mantenga las dimensiones por defecto y pulse **Aceptar**.

21. Al colocar la primera arandela aparece una segunda como copia adicional de la primera. Repita la misma operación para colocarla en el segundo tornillo. Pulse **Aceptar** para finalizar.

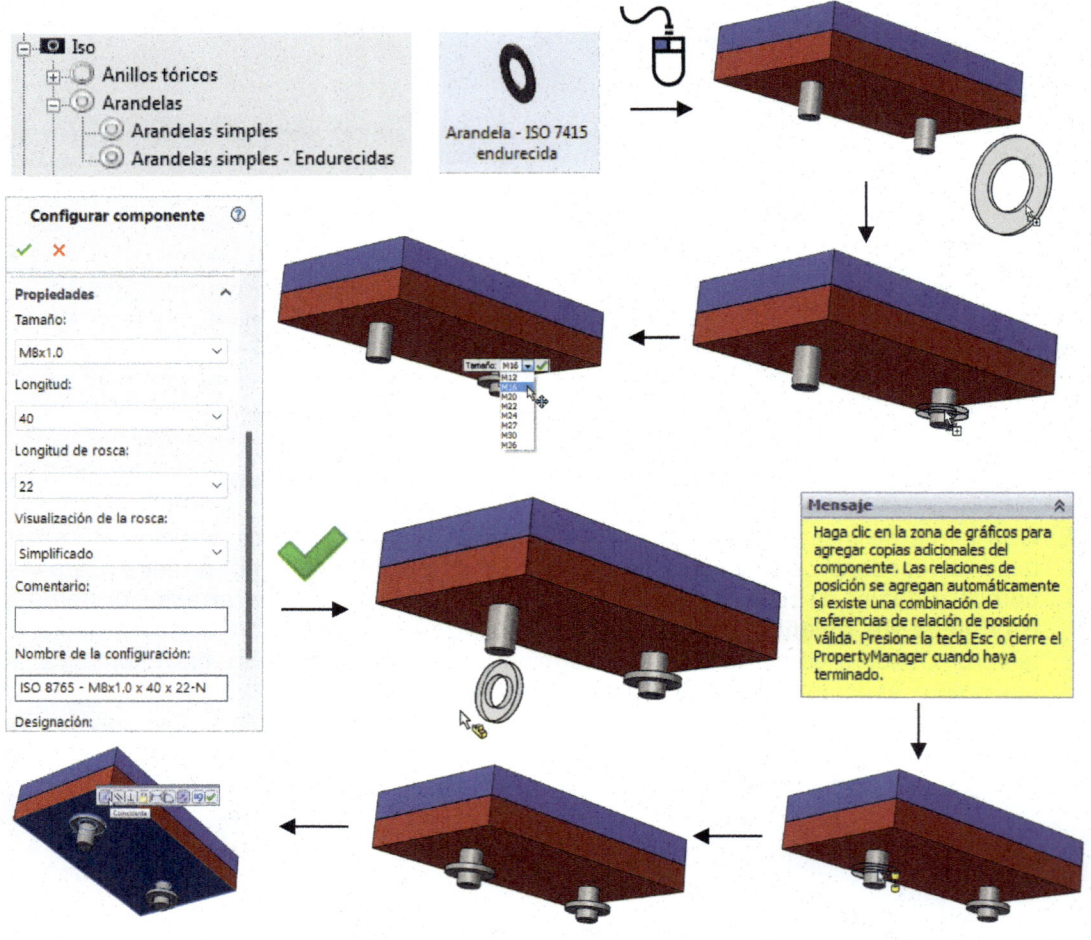

22. Para finalizar con la inserción de las arandelas pulse **Relación de posición** desde Barra de Herramientas de **Ensamblaje** y seleccione, desde la Zona de Gráficos, la cara plana interior de la arandela y la cada plana de la placa de color rojo. Las dos caras seleccionadas aparecen en **Selecciones de relaciones de posición**. En **Relación de posición estándar** aparece marcada la opción **Coincidente**. Pulse **Aceptar** para crear la relación. Repita la misma operación para la segunda arandela.

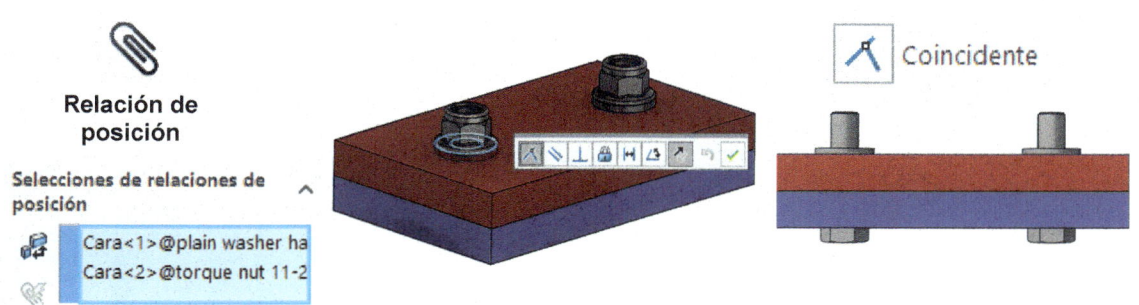

Relación de posición

Selecciones de relaciones de posición ︿

Cara<1>@plain washer ha
Cara<2>@torque nut 11-2

Coincidente

23. Repita los tres últimos pasos (20, 21 y 22) e inserte dos **Tuercas brida de par dominante – ISO 12125 de M16×1.5**.

Tuerca brida de par dominante - ISO 12125

Tamaño: M16x1.5

Propiedades ︿

Tamaño:

M16x1.5

Visualización de la rosca:

Simplificado

Comentario:

Nombre de la configuración:

ISO 12125-M16x1.5-N

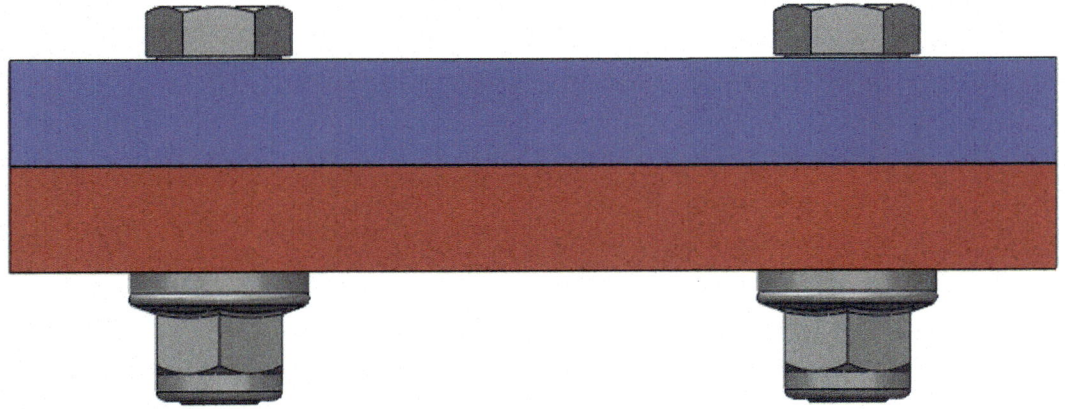

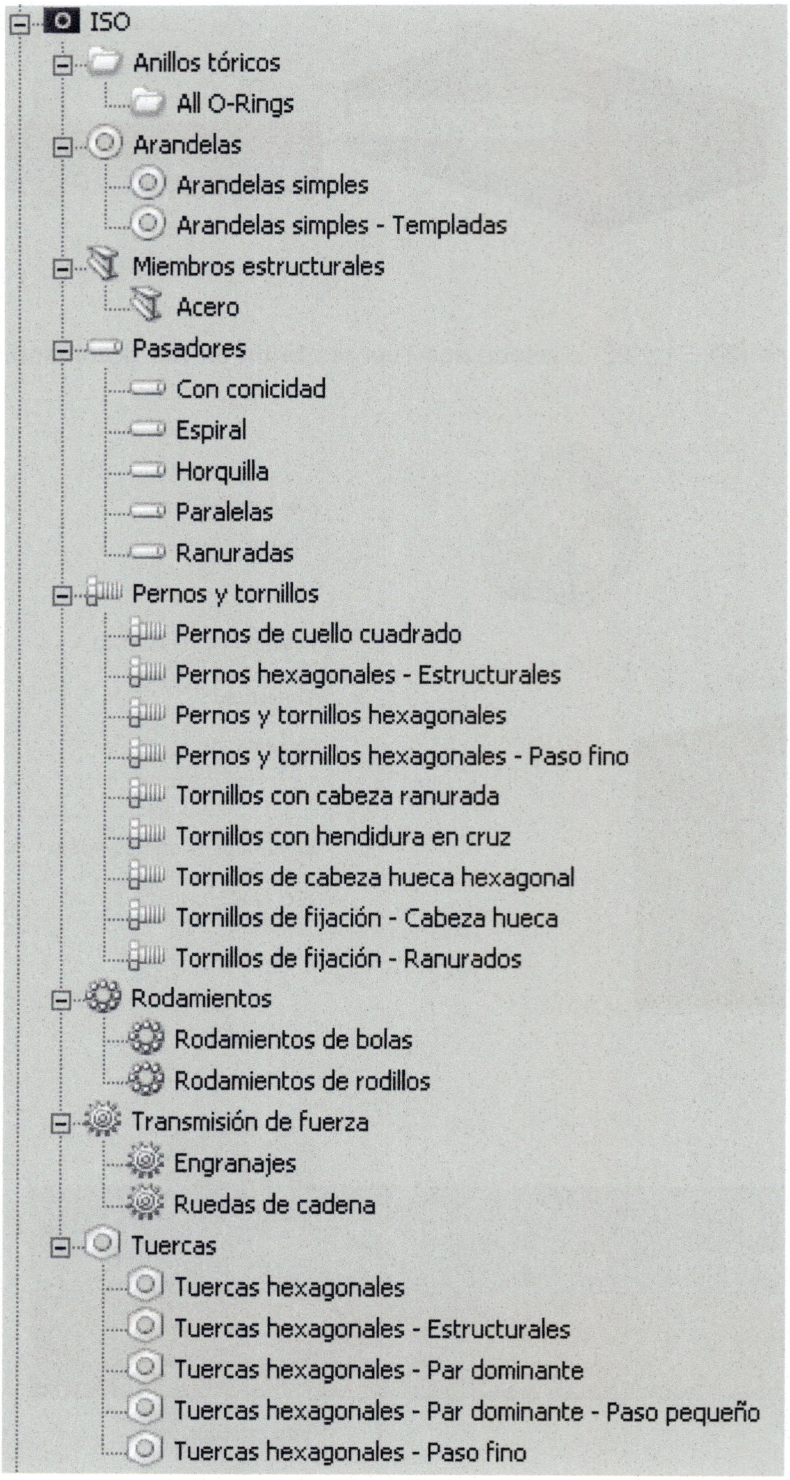

- ISO
  - Anillos tóricos
    - All O-Rings
  - Arandelas
    - Arandelas simples
    - Arandelas simples - Templadas
  - Miembros estructurales
    - Acero
  - Pasadores
    - Con conicidad
    - Espiral
    - Horquilla
    - Paralelas
    - Ranuradas
  - Pernos y tornillos
    - Pernos de cuello cuadrado
    - Pernos hexagonales - Estructurales
    - Pernos y tornillos hexagonales
    - Pernos y tornillos hexagonales - Paso fino
    - Tornillos con cabeza ranurada
    - Tornillos con hendidura en cruz
    - Tornillos de cabeza hueca hexagonal
    - Tornillos de fijación - Cabeza hueca
    - Tornillos de fijación - Ranurados
  - Rodamientos
    - Rodamientos de bolas
    - Rodamientos de rodillos
  - Transmisión de fuerza
    - Engranajes
    - Ruedas de cadena
  - Tuercas
    - Tuercas hexagonales
    - Tuercas hexagonales - Estructurales
    - Tuercas hexagonales - Par dominante
    - Tuercas hexagonales - Par dominante - Paso pequeño
    - Tuercas hexagonales - Paso fino

Engranaje helicoidal

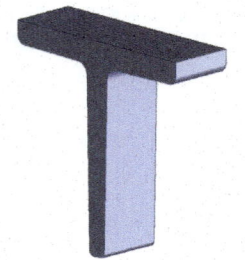

Perfil de acero

Ejes

Rodamiento de rodillos

Tuerca hexagonal

Práctica 35. Toolbox III

Dibuje una Viga SB (200×27) de un metro de longitud y modifique las dimensiones: Ancho de ala (BF)=120 mm, Radio cordón 12 mm y Espesor del alma (TW)=10 mm. Utilice el complemento Toolbox.

⧗ 5 minutos

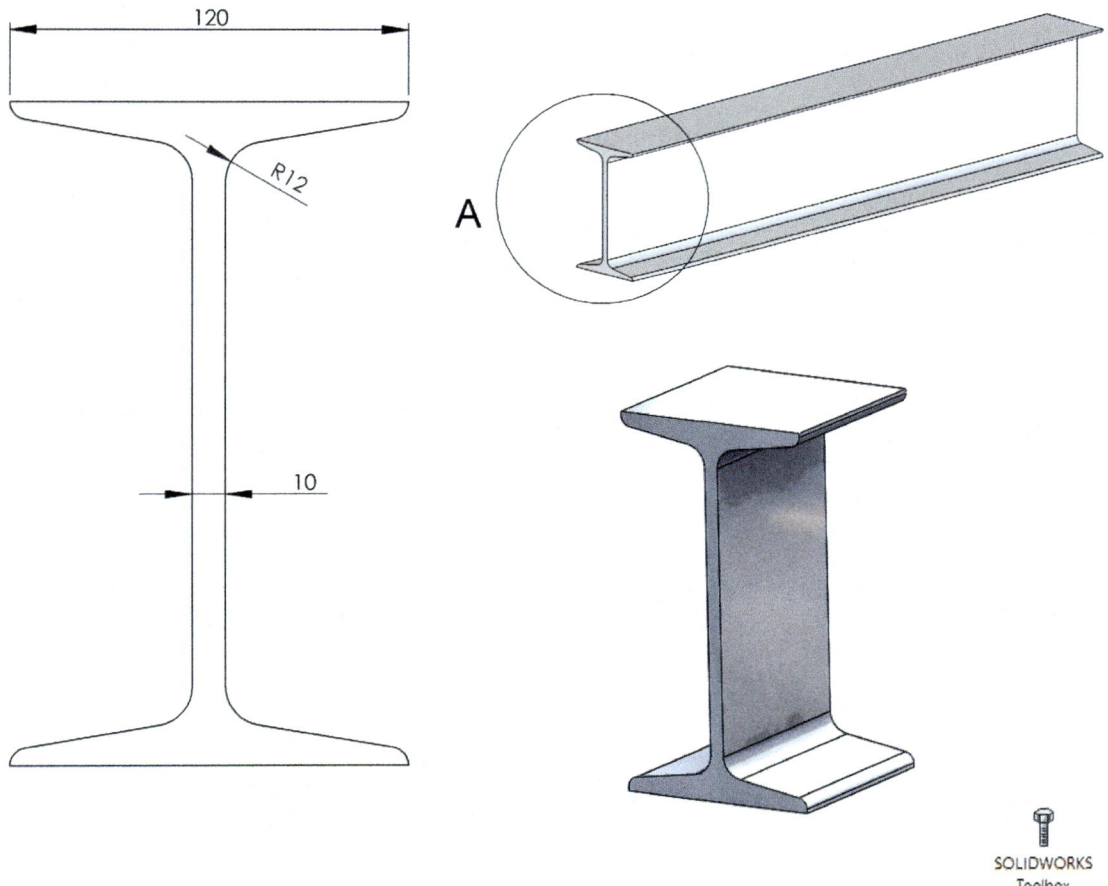

SOLIDWORKS
Toolbox

Objetivos del tutorial

- Crear el perfil de **Viga SB** a partir de la aplicación de **Acero Estructural** del **Toolbox**.
- Extruir el perfil 2D.
- Modificar el croquis normalizado.

Definición del miembro estructural

1. Antes de empezar con la práctica debe cargar el complemento **Toolbox**. Para ello pulse sobre el Menú de persiana **Herramientas** y seleccione **Complementos**. De la ventana emergente marque las casillas **SolidWorks Toolbox Library** y **SolidWorks Toolbox Utilities**. Pulse **Aceptar**.

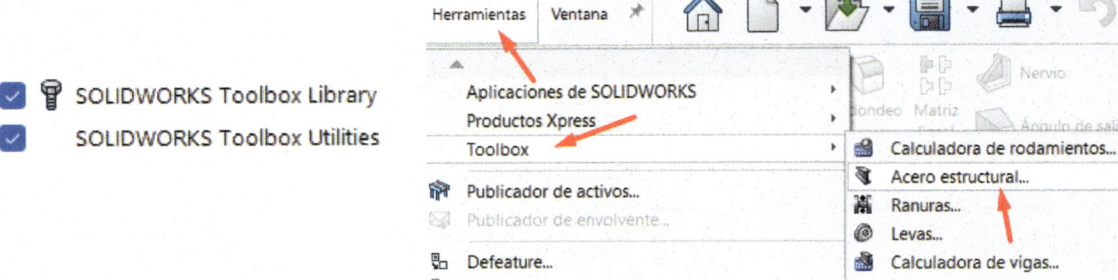

2. Desde el Menú de persiana **Herramientas**, **Toolbox**, seleccione **Acero estructural** del Menú o desde la Barra de Herramientas de SolidWorks **Toolbox**. Asegúrese de que no esté editando ningún croquis.

3. Seleccione el **Plano de Trabajo Alzado** y pulse **Norma a** para visualizar el perfil en su verdadera magnitud.

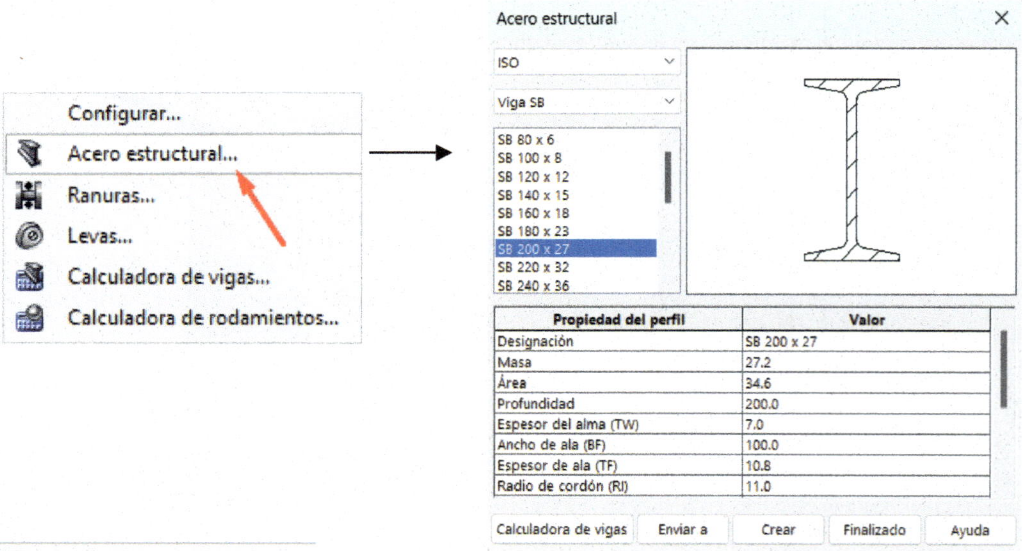

Definición del perfil Viga SB

4. Seleccione la **Norma ISO** y el tipo de **Viga SB** (200×27) del cuadro de diálogo.

5. Observe el valor normalizado para cada una de las dimensiones de la viga. El **Ancho del ala (BF)** es de 10 mm, el **Radio de cordón** (12 mm) y el **Espesor del alma (TW)** es de 7 mm.

6. Pulse **Crear** para croquizar el perfil de la **Viga SB**. Pulse **Finalizado**.

Modificación del perfil

7. Seleccione el croquis desde el **Gestor de Diseño** y **Edite** las cotas. Modifique **Ancho del ala (BF)** de 10 a 12 mm, el **Radio de cordón** de 12 a 14 mm y el **Espesor del alma** (TW) de 7 a 10 mm.

8. Pulse **Saliente-Extruir** e indique una profundidad de extrusión de 1000 mm.

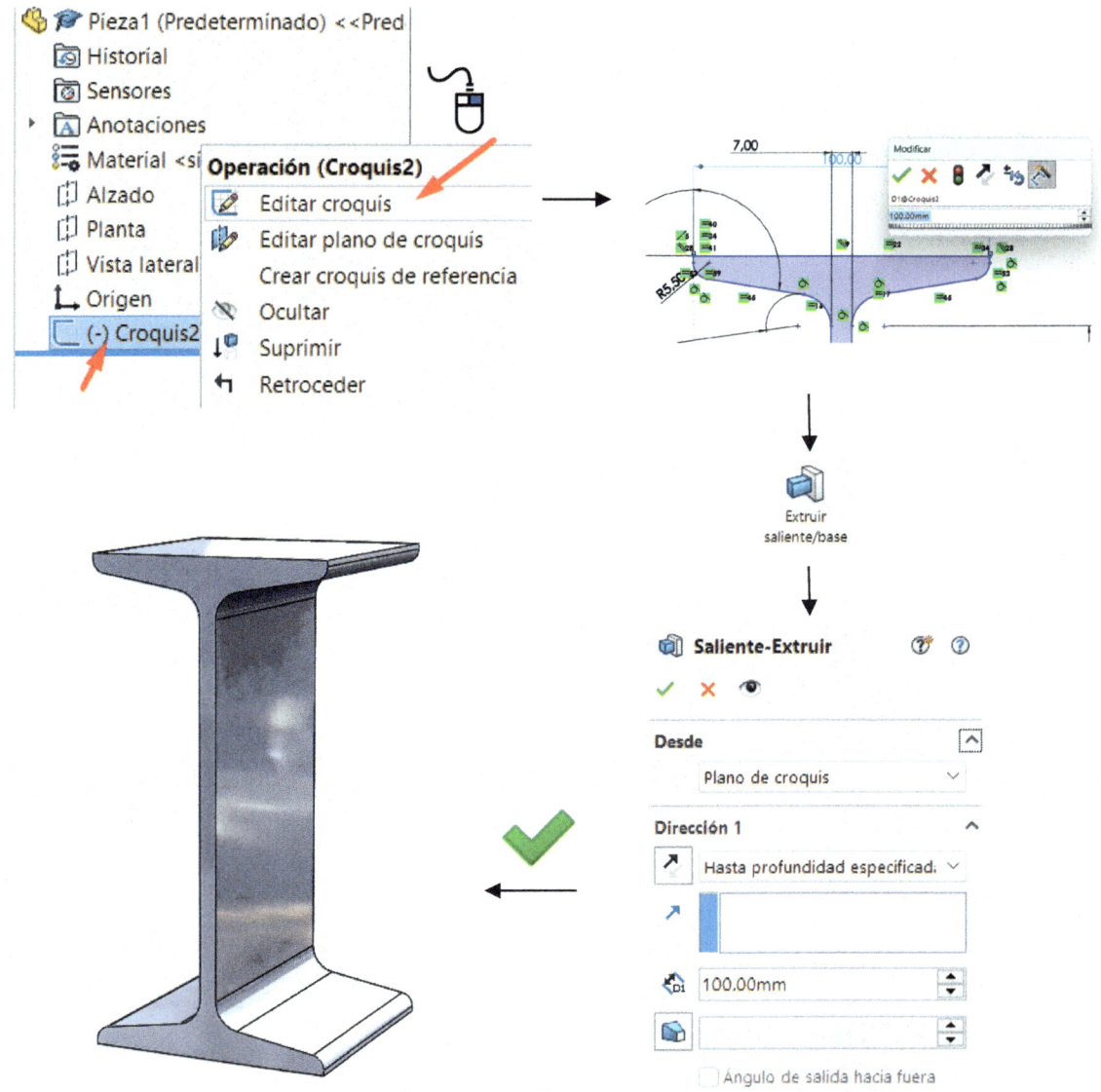

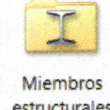

Miembros
estructurales

SolidWorks **Toolbox** incluye otras herramientas como una **Calculadora de vigas** capaz de determinar el esfuerzo y la deflexión o una **Calculadora de rodamientos**, útil en la determinación de la capacidad y vida de un rodamiento, entre otras aplicaciones.

Elementos y perfiles normalizados del Toolbox

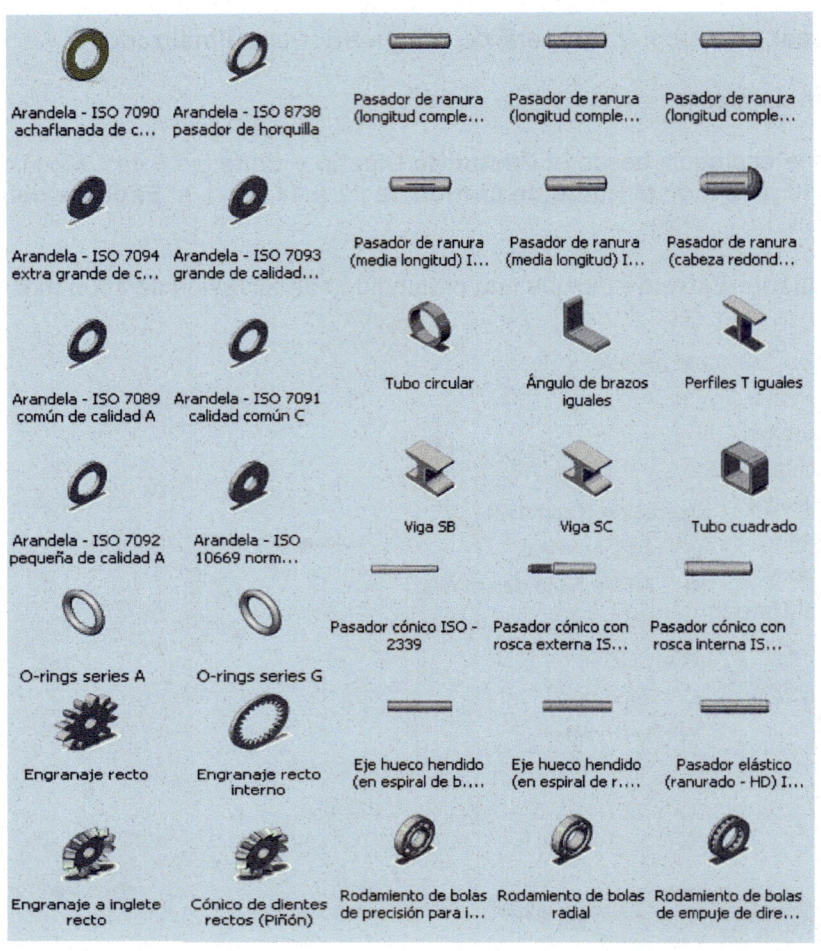

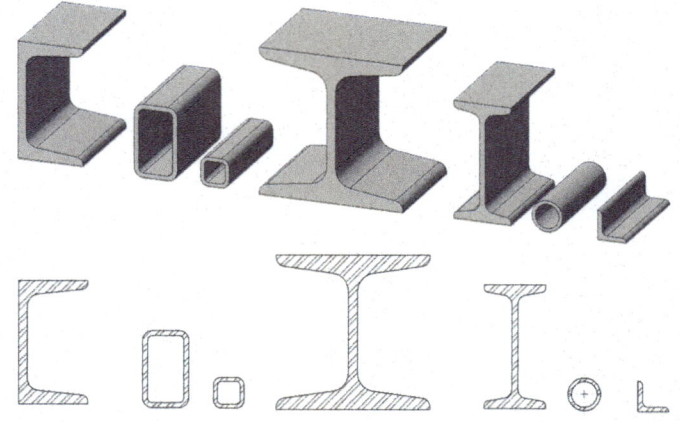

Práctica 36. Operaciones de Biblioteca

Cree una operación de extrusión corte para la biblioteca e insértela en una nueva pieza.

⏳ 15 minutos

Operaciones de biblioteca

Objetivos del tutorial

- Conocer las ventajas de la biblioteca de componentes.
- Crear una operación 3D para la **Biblioteca de SolidWorks**.
- Insertar la operación de la biblioteca de diseño a una pieza.

Operaciones de biblioteca

Las **operaciones de biblioteca** están asociadas a una operación base (operación anterior que actúa como padre). Las operaciones de biblioteca pueden ser extrusiones y cortes que se practican, como operaciones, sobre otras ya creadas. Su uso acelera el proceso de diseño al eliminar la necesidad de recrear constantemente elementos comunes. Además, reduce errores porque las operaciones ya creadas están probadas y verificadas. Tan solo debe insertarlas en el nuevo diseño.

En la práctica se va a crear una operación de biblioteca (extrusión corte). La operación se guardará en la Biblioteca de operaciones y será utilizada en un nuevo diseño de pieza.

Creación de las operaciones para la biblioteca

1. Pulse la opción **Nuevo** del Menú persiana **Archivo** o sobre el icono **Nuevo**. Seleccione **Pieza** y pulse **Aceptar**. Seleccione el **Plano de trabajo Alzado** del **Gestor de diseño** y pulse sobre **Normal a:** para visualizarlo en verdadera magnitud. Croquice un cuadrado de 100×100 mm con centro en el origen. Pulse **Extrusión** desde la Barra de **Operaciones** o desde el Menú de persiana **Insertar**, **Operaciones**, **Extruir**. Realice una extrusión de 50 mm. Pulse **Aceptar**.

2. Para **crear la operación corte para la biblioteca** croquice un rectángulo de 25×25 mm a 10 mm de la esquina inferior derecha e izquierda. Realice una operación **de Cortar-Extruir** con una profundidad de 10 mm y conicidad de 2º.

Guardar la operación en la Biblioteca de diseño

3. Acceda a la **Biblioteca de diseño** desde el panel lateral derecho (**Panel de tareas**). Cree una carpeta con el nombre de sus operaciones (MIS OPERACIONES) en la Biblioteca de diseño pulsando sobre **Nueva carpeta**.

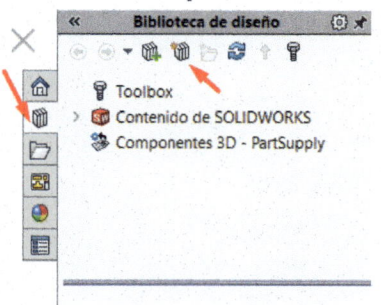

4. Pulse con el botón derecho del ratón sobre la operación **Cortar-Extruir** en el árbol de diseño y arrastre la operación hasta la carpeta creada en la Biblioteca de diseño. En el gestor de diseño aparece el cuadro de diálogo **Añadir a librería**. Indique un nombre descriptivo de la operación a guardar. Pulse **Aceptar**. Observe previsualización de la operación creada.

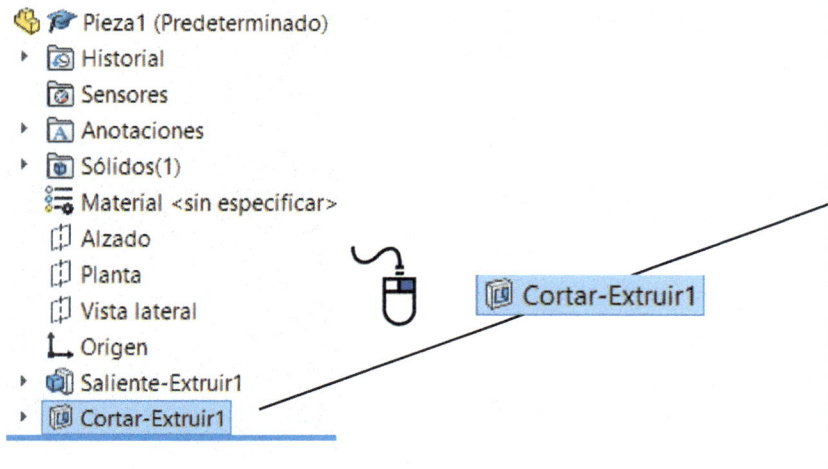

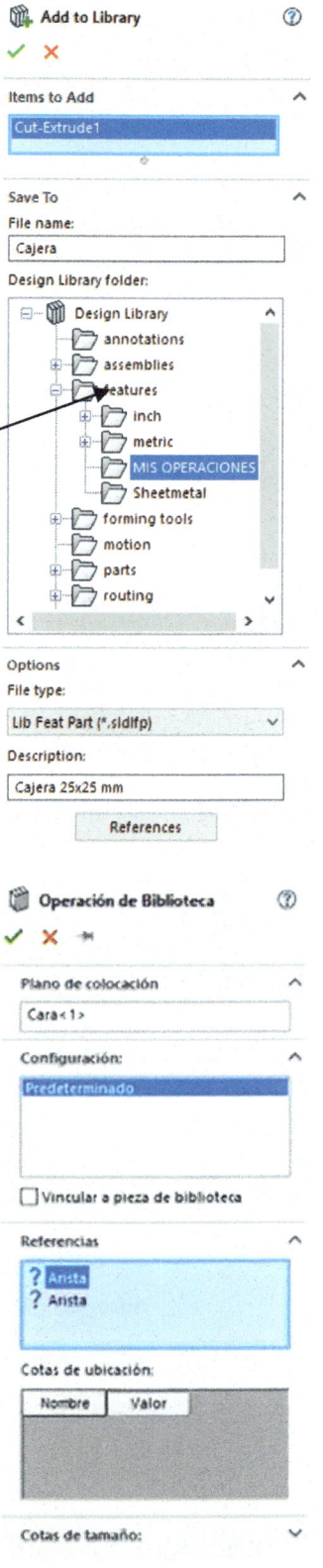

Insertar la operación de la biblioteca de diseño a una pieza

5. Para insertar la operación creada en un modelo 3D tan solo debe seleccionarla de la biblioteca de diseño y arrastrarla hasta la cara dónde desee insertarla. En **Referencias** aparecen las dos aristas que debe seleccionar para referenciar la localización de la cajera. También aparece las dimensiones de la operación que pueden ser editadas. Pulse **Aceptar** para insertar la operación.

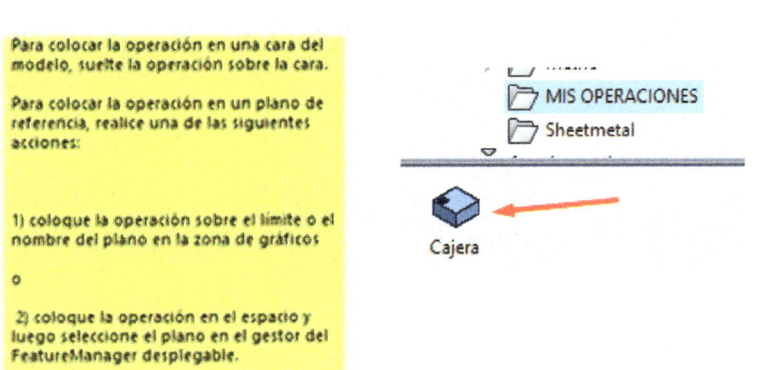

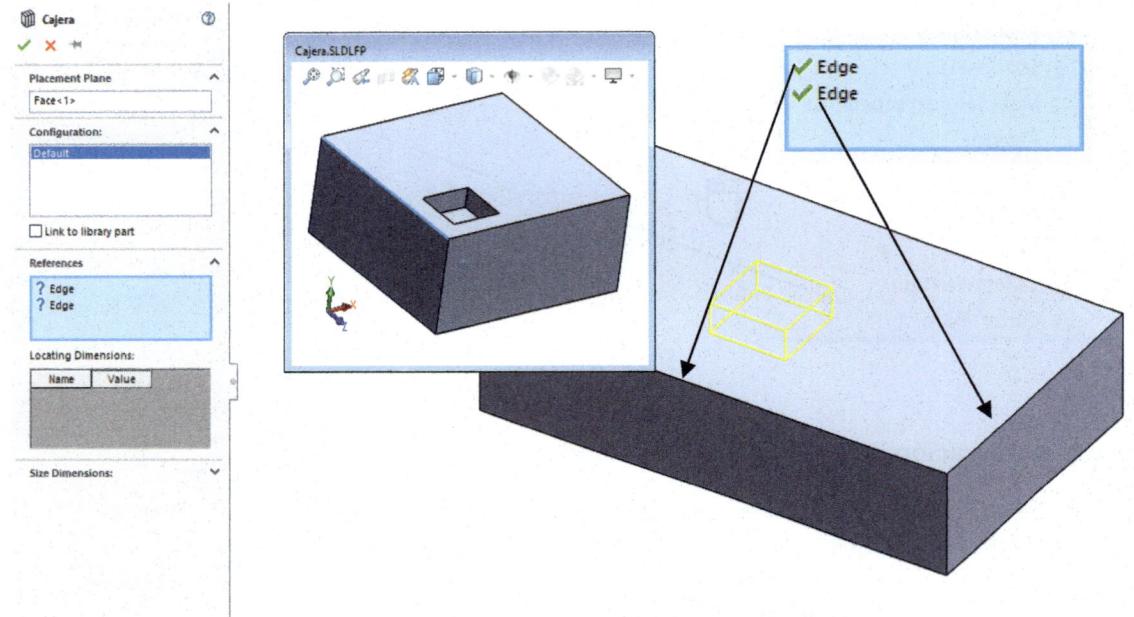

Name	Value
D1	10mm
D1	25mm
D2	25mm
D4	10mm
D3	10mm

Para crear una operación de biblioteca sin tener las referencias, cree la operación de biblioteca sin cotas ni tampoco ninguna relación con la pieza base. En lugar de utilizar referencias puede editar el croquis de la operación de biblioteca y referenciarlo respecto al modelo donde se inserta.

Además de operaciones, también pueden ser arrastrados a la Biblioteca de diseño piezas y ensamblajes. También es posible arrastrarlos desde una carpeta a otra de la Biblioteca de diseño o del explorador de archivos de Windows.

🗄	**Agregar a la biblioteca**	Agrega contenido a la Biblioteca de diseño
🗄	**Agregar ubicación de archivo**	Agrega una carpeta existente a la Biblioteca de diseño
🗂	**Crear nueva carpeta**	Crea una carpeta en el disco y en la Biblioteca de diseño

Práctica 37. DimXpert

Cree e inserte tolerancias dimensionales en el modelo de pieza adjunta mediante DimXpert. Obtenga los planos acotados.

⧗ 20 minutos

Esquema
de
acotación
automática

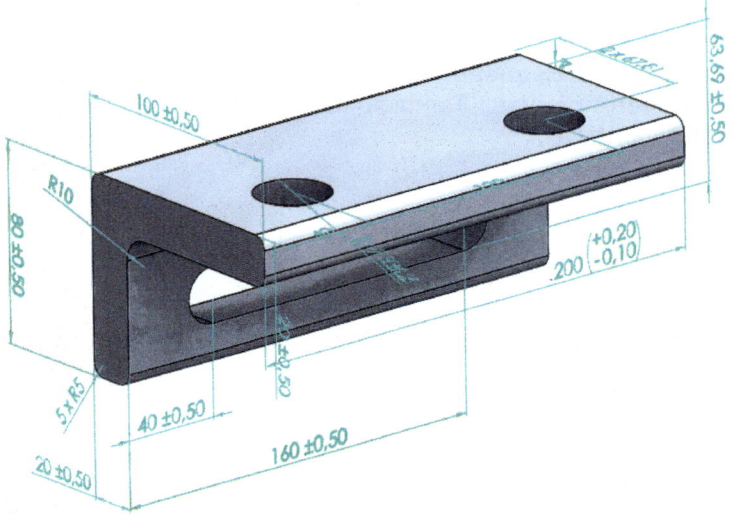

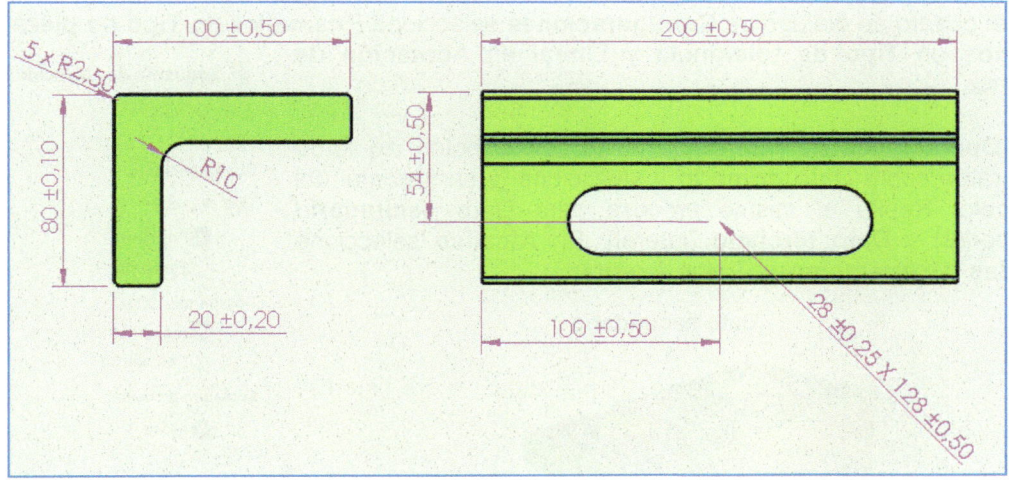

Objetivos del tutorial

- Crear las cotas del modelo de pieza a partir de **DimXpert**.
- Crear las vistas de dibujo del modelo acotado.

DimXpert

DimXpert es un conjunto de herramientas que facilitan y ayudan en el proceso de acotación y definición de tolerancias dimensionales según los requisitos definidos por ASME Y14.41-2003 e ISO 16792:2006.

Abrir el modelo de pieza

1. Pulse la opción **Abrir** del Menú persiana **Archivo** o sobre el icono **Abrir**. Seleccione el fichero de pieza.

2. Seleccione la opción **Esquema de acotación automática** desde **MBD Dimension** del Menú de persiana **Herramientas**. También puede acceder desde la Barra de Herramientas de **DimXpert** (**Cotas MDB**).

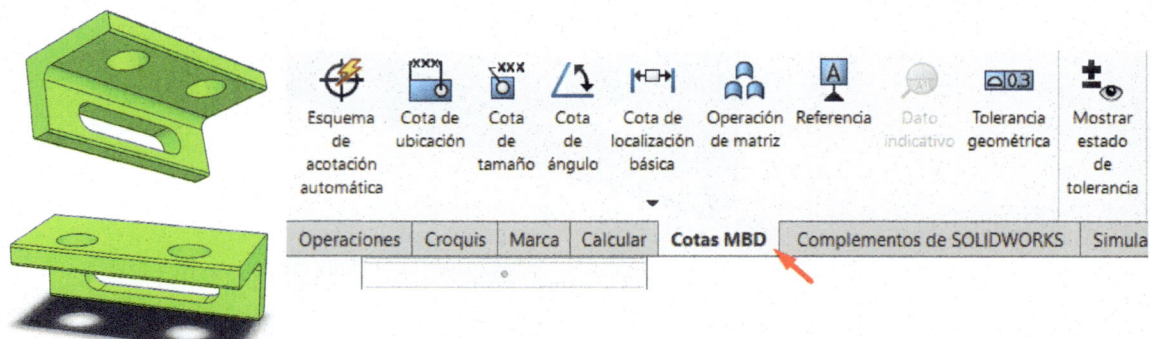

3. En el cuadro de diálogo de **Configuraciones** seleccione **Prismática** en **Tipo de pieza**, **Más y Menos** en **Tipo de tolerancia** y **Lineal** en **Acotación de matriz**.

4. En **Operaciones de referencia** pulse con el botón izquierdo del ratón sobre **Dato primario** y seleccione la cara frontal del modelo. Repita el mismo proceso para **Dato secundario** (superior) y **Dato terciario** (lateral). En **Alcance** seleccione **Todas las operaciones**. Pulse **Aceptar**.

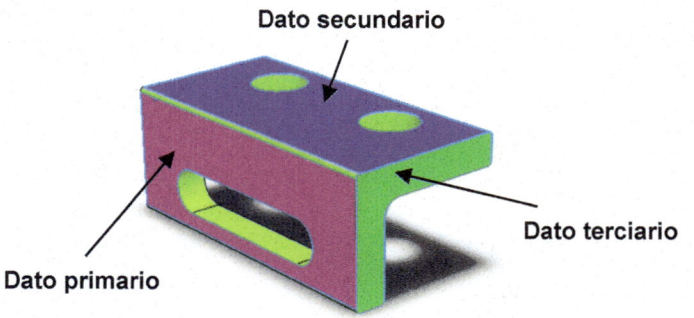

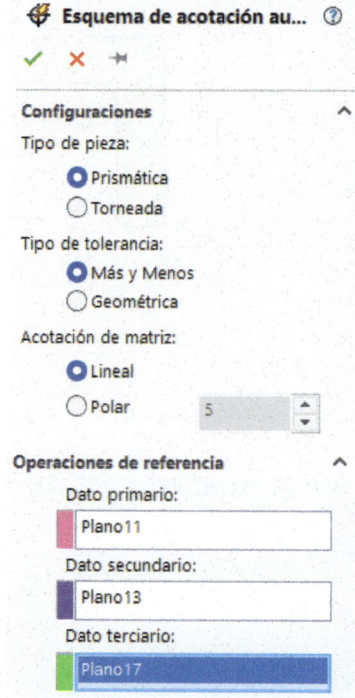

5. Desde la Zona de Gráficos puede ver el modelo con las tolerancias creadas. Pulse sobre **vista Frontal**, **Lateral** y **Superior** y observe el modelo y las tolerancias creadas.

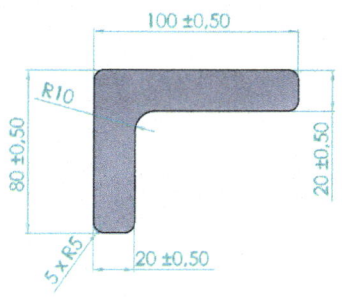

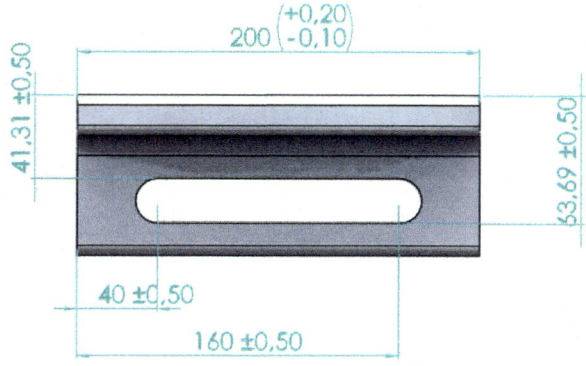

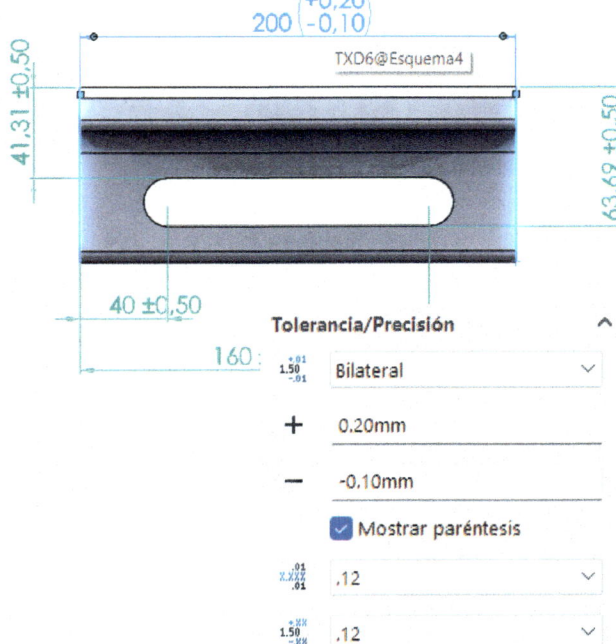

6. Para definir las características de la acotación pulse en **Opciones** desde el Menú de persiana **Herramientas** y seleccione desde la pestaña **Propiedades de documento**, **DimXpert**.

7. Si desea modificar la tolerancia de una de las cotas del modelo pulse con el botón izquierdo sobre la misma desde la Zona de Gráficos y desde el Gestor de Diseño **DimXpert** edite la tolerancia. En **Operaciones** de referencia se indican los límites de la cota (Plano 3 y 4). En **Tolerancia/Precisión** puede definir el tipo de tolerancia (Bilateral, Límite, Simétrico, etc.).

Opciones de DimXpert

Estándar de dibujo

⊞ Anotaciones
⊞ Cotas
··· Intersecciones virtuales
⊞ Tablas
⊟ DimXpert
··· Cota de tamaño
··· Cota de ubicación
··· Cota en cadena
··· Tolerancia geométrica
··· Controles de chaflán
··· Opciones de visualización

Estándar general de dibujo

ISO

Estándar básico de DimXpert

ISO 1101 ⌄	2017 ⌄

Métodos

○ Tolerancia de bloque   ● Tolerancia general   ○ Tolerancia de bloques general

Tolerancia de bloque

Cotas de unidad de longitud

	Decimales:	Valor:
Tolerancia 1:	2	0.01mm
Tolerancia 2:	3	0.014mm
Tolerancia 3:	4	0.0025mm

Cotas de unidad de ángulo

Tolerancia: 0.01°

Tolerancia general

Clase de tolerancia: Medio ⌄

Tolerancia de bloques general

Tolerancia de longitud: 0.50mm

Tolerancia de ángulo: 0.50°

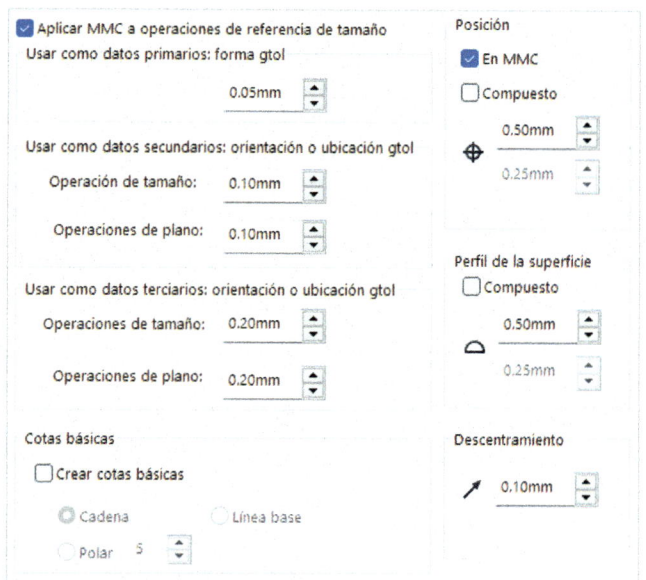

☑ Aplicar MMC a operaciones de referencia de tamaño
Usar como datos primarios: forma gtol

0.05mm

Usar como datos secundarios: orientación o ubicación gtol

Operación de tamaño: 0.10mm

Operaciones de plano: 0.10mm

Usar como datos terciarios: orientación o ubicación gtol

Operaciones de tamaño: 0.20mm

Operaciones de plano: 0.20mm

Cotas básicas

☐ Crear cotas básicas

○ Cadena   ○ Línea base

○ Polar   5

Posición

☑ En MMC

☐ Compuesto

⊕ 0.50mm

0.25mm

Perfil de la superficie

☐ Compuesto

⌓ 0.50mm

0.25mm

Descentramiento

↗ 0.10mm

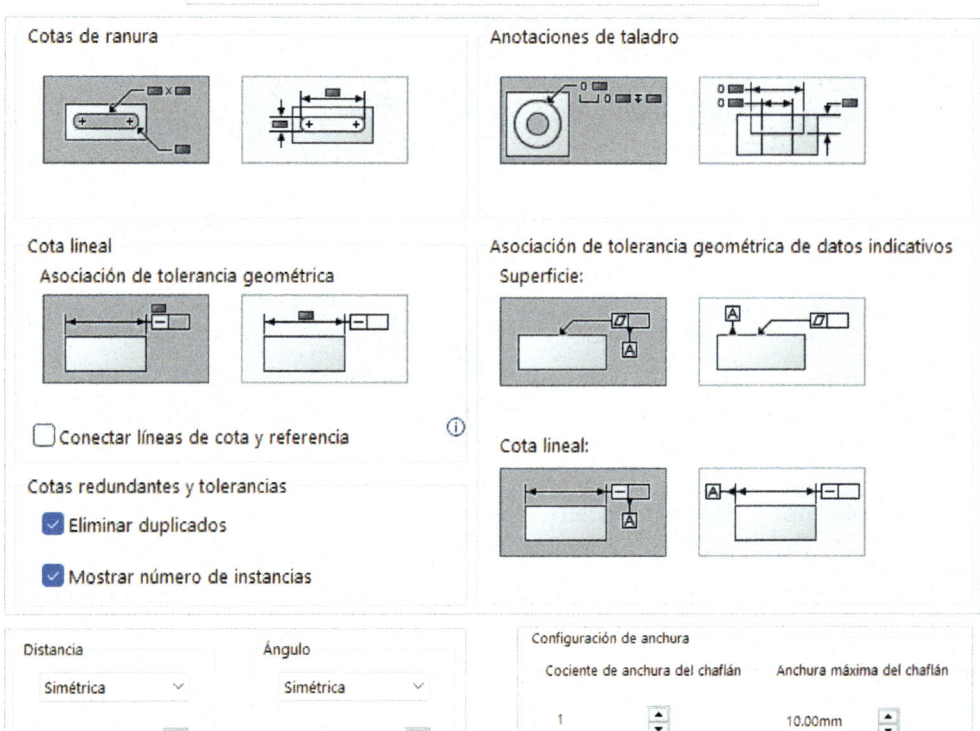

Cotas de ranura

Anotaciones de taladro

Cota lineal
Asociación de tolerancia geométrica

☐ Conectar líneas de cota y referencia   ⓘ

Cotas redundantes y tolerancias

☑ Eliminar duplicados

☑ Mostrar número de instancias

Asociación de tolerancia geométrica de datos indicativos
Superficie:

Cota lineal:

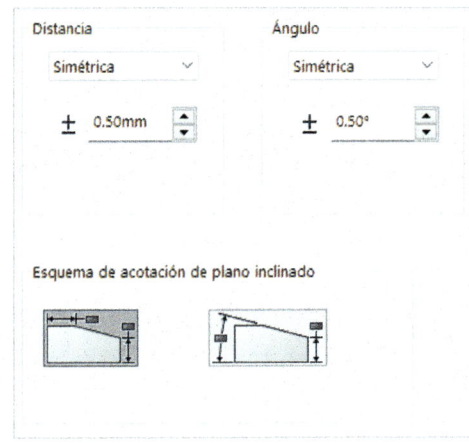

Distancia

Simétrica   ⌄

± 0.50mm

Ángulo

Simétrica   ⌄

± 0.50°

Esquema de acotación de plano inclinado

Configuración de anchura

Cociente de anchura del chaflán

1

Anchura máxima del chaflán

10.00mm

Configuración de tolerancia

Distancia

Simétrica   ⌄

± 0.50mm

Ángulo

Simétrico   ⌄

± 0.50°

Creación de planos con tolerancias importadas de DimXpert

8. Para crear las vistas del modelo con las tolerancias dimensionales establecidas pulse sobre **Nuevo** desde el Menú de persiana **Archivo**. Seleccione **Crear Dibujo** y pulse **Aceptar**. Pulse con el botón derecho del ratón sobre la pestaña de **Hoja1** que se encuentra en la parte inferior izquierda de la Zona de Gráficos. Seleccione **Propiedades**. Establezca una **Escala** de 1:2, el **Tipo de proyección Tercer ángulo** y el **Tamaño de hoja personalizado** a 297 mm (Anchura) por 210 mm (Altura). Pulse **Aceptar**.

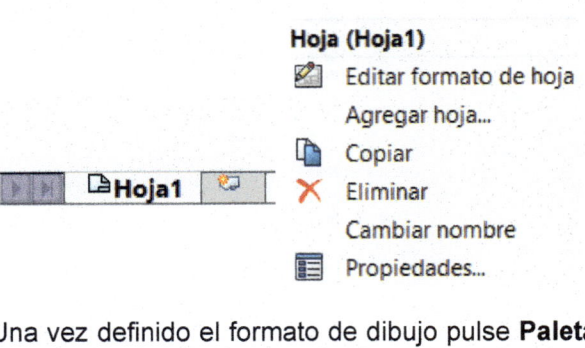

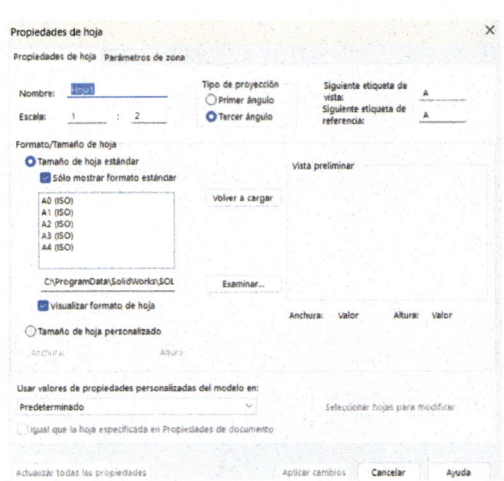

9. Una vez definido el formato de dibujo pulse **Paleta de visualización**. En **Opciones**, seleccione **Importar anotaciones**: **Anotaciones de DimXpert** e **Inicio automático de vistas proyectadas**.

10. Desde las **Paleta de visualización** arrastre la vista **Frontal** hasta la Zona de Gráficos. Repita la operación con la vista **Superior** del modelo.

    Observe cómo se crean las vistas con las cotas y sus tolerancias dimensionales ya definidas.

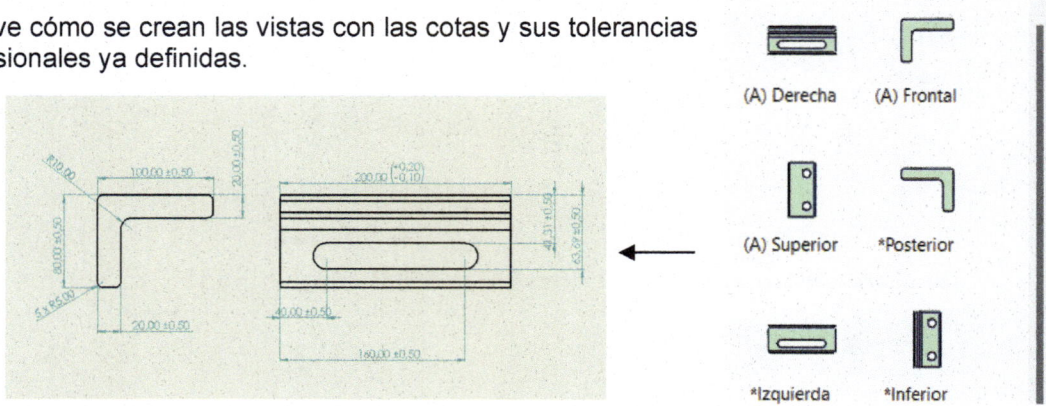

Práctica 38. SolidWorks Costing

Determine el coste de fabricación de la pieza adjunta y elabore un presupuesto empleando Machining Costing de SolidWorks Costing.

⧖ 15 minutos

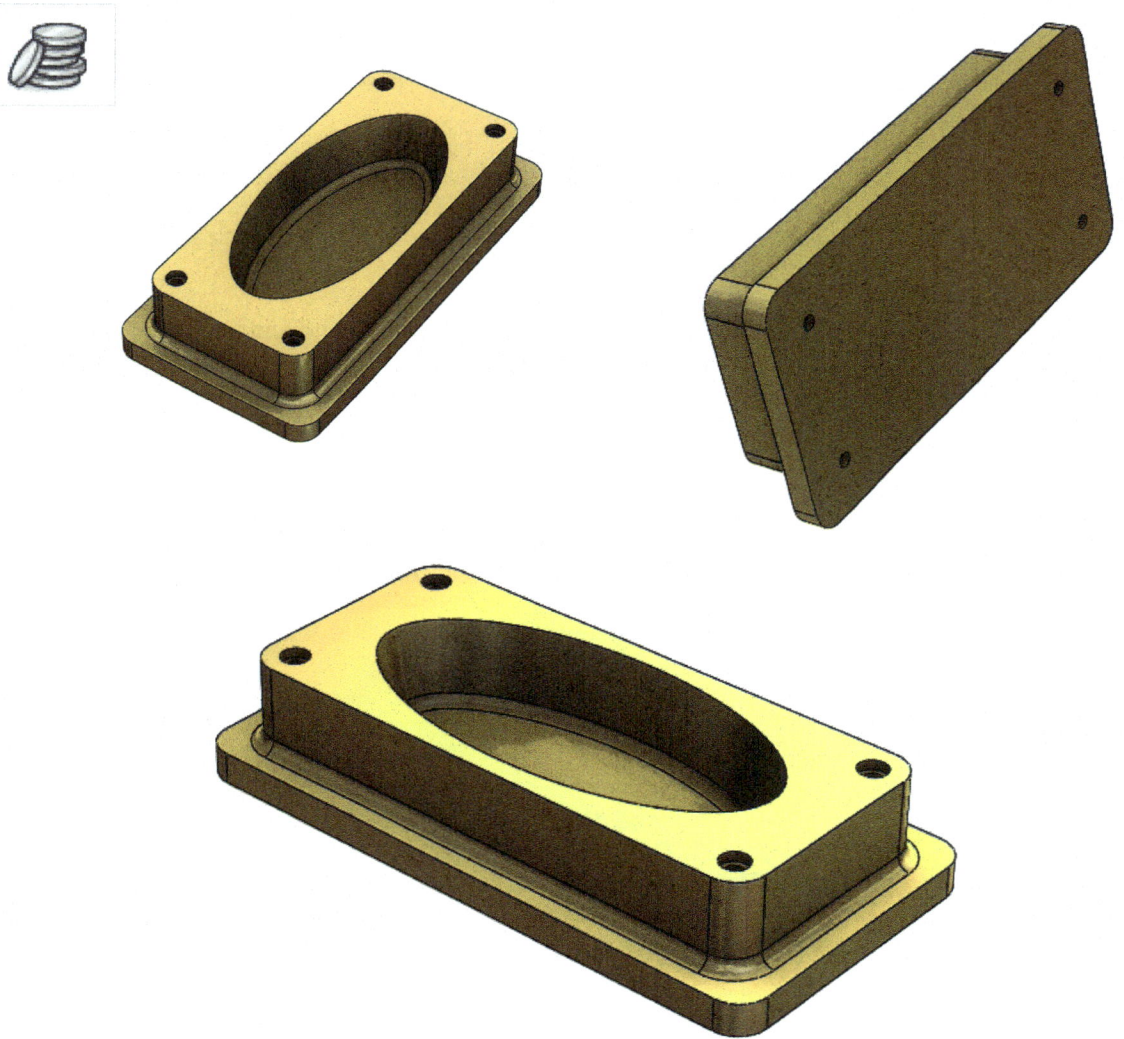

Objetivos del tutorial

- Abrir documento de pieza y activar la herramienta **SolidWorks Costing**.
- Conocer las plantillas de **Costing** y su editor.
- Configurar operaciones, selección de material, elaboración del coste e informe.

SolidWorks Costing

SolidWorks Costing es una herramienta que permite estimar el coste y elaborar un presupuesto de la fabricación de piezas mecanizadas (**Machining Costing**) o de chapa metálica (**Sheet Metal Costing**). La estimación del coste puede realizarse a medida que se diseña la pieza, por lo que cada cambio efectuado en el diseño modifica el coste del producto final.

En la confección del presupuesto de fabricación SolidWorks emplea plantillas en las que se especifica el coste de los **materiales empleados** (aceros, aleaciones de aluminio, titanio, etc.) hasta el coste de los **procesos de fabricación** (láser, flexión, fresado, etc.). Las plantillas pueden ser personalizadas para adaptarlas a sus necesidades tanto de materiales como de operaciones de fabricación del propio diseñador.

En esta práctica se va a confeccionar un presupuesto de una pieza que debe ser mecanizada a partir de un bloque de acero sólido con operaciones de fresado, taladrado, escariado, etc. Antes de ejecutar la aplicación se definen las plantillas de costes asociados al mecanizado.

 Los costes obtenidos dependen en gran medida de los datos indicados en las plantillas por lo que se recomienda personalizarlas previamente y actualizar el coste de materiales y procesos de fabricación antes de empezar a trabajar con **Maching Costing** o **Sheet Metal Costing**.

Abrir el modelo de pieza

1. Pulse la opción **Abrir** del Menú persiana **Archivo** o sobre el icono **Abrir**.

2. Seleccione el fichero de la práctica que acompaña el libro.

Configuración de la ubicación del archivo

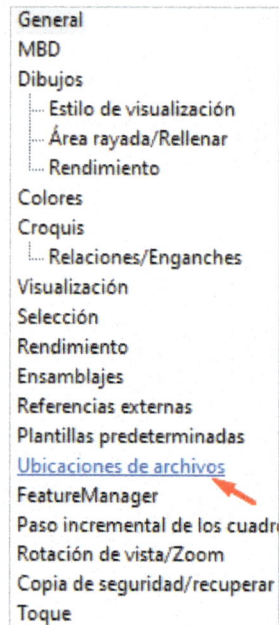

3. Pulse **Opciones** desde el Menú de persiana **Herramientas**. Seleccione la pestaña **Opciones del Sistema** y pulse **Ubicaciones de archivos**. En **Mostrar carpetas** seleccione **Plantillas de Costing**. Pulse sobre **Agregar** y localice el fichero **Costing** ubicado en la carpeta de instalación de SolidWorks\samples\whatsnew\costing.

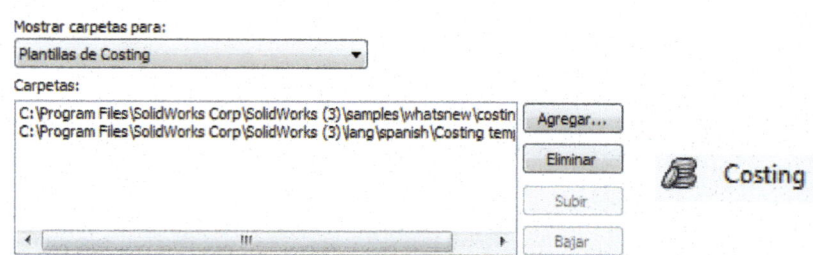

Evaluación del coste de una pieza

4. Pulse sobre **SolidWorks Costing** desde el Menú de persiana **Herramientas, Aplicaciones de SolidWorks**. Seleccione la opción **Costing**. En **Plantilla de Machinig** seleccione **default template (metric units)**.

5. Pulse sobre **Iniciar el Editor de plantillas**. En **General** puede definir el tipo de moneda, los costes de máquina y mano de obra de taller (euros/hora) y el tipo de acabado superficial predeterminado en todas las operaciones de fresado (desbaste). Seleccione € como moneda y 120 euros/hora el coste de máquina. En **Acabado superficial**, Semiacabado.

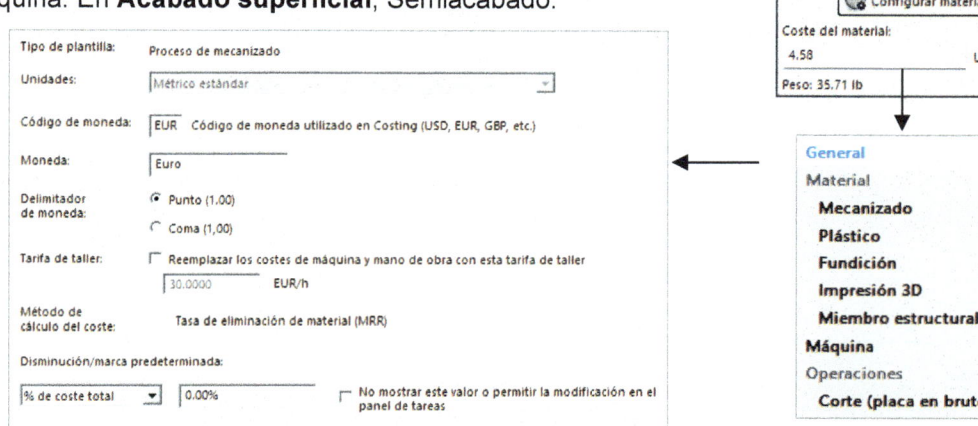

6. En **Material** seleccione un **Acero al carbono no aleado**. Observe que puede usar filtros de selección (Aceros y Bloque). El precio indicado en la plantilla es de 3,35 euros/kg. Puede modificar el coste cambiando el valor de la tabla. Recuerde **Grabar como** cada vez que realice un cambio.

Filtros

	Clase	Material de SolidWorks	Material personalizado	Tipo de material en bruto	Grosor (mm)	Coste (eur/kg)
	Acero			Bloque		
1	Acero	AISI 4340 Acero recocido	AISI 4340 Acero recocido	Bloque		15.4300
2	Acero	Acero al carbono no aleado	Acero al carbono no aleado	Bloque		3.3500
3	Acero	AISI 304	AISI 304	Bloque		16.0900
4	Acero			Bloque		

7. Pulse sobre **Costes de configuración** para definir la distribución de costes de configuración.

	Configuración	Distribución de costes de configuración (eur)	Coste	Unidades	Incluir siempre
1	Inspección	Aplicar 1 vez por pieza	5.0000	eur/Pieza	Sí
2	Fresado	Dividido entre el tamaño del lote	20.0000	eur/lote	No
3	Perforado	Dividido entre el tamaño del lote	10.0000	eur/lote	No
4	Chorro hidráulico	Dividido entre el tamaño del lote	20.0000	eur/lote	No
5	Láser	Dividido entre el tamaño del lote	20.0000	eur/lote	No
6	Plasma	Dividido entre el tamaño del lote	10.0000	eur/lote	No
7	Haga clic para agregar				

En **Inspección** seleccione **Incluir siempre**. Observe como en la fila 7 (ver figura) puede hacer clic para agregar nuevas configuraciones.

Configuración de operaciones

8. En **corte (placa en bruto)** puede seleccionar el tipo de máquina predefinida para realizar el corte de la placa en bruto. Las máquinas incluidas son chorro de agua (hidráulico), Plasma y Láser. Junto con los procesos de corte se incluyen el coste/hora de la máquina y el coste de la mano de obra (euro/hora). En la parte inferior puede seleccionar el material, el tipo de máquina, el grosor de la placa a cortar y definir el tiempo por longitud de corte (seg/mm).

	Predeterminado	Máquinas	Coste de máquina (eur/h)	Coste de mano de obra (eur/h)
1	⦿	Chorro hidráulico	20.0000	25.0000
2	○	Plasma	10.0000	25.0000
3	○	Láser	20.0000	25.0000
4		*Haga clic para agregar*		

9. Puede definir lo mismo para el caso del **Fresado** y del **Taladrado**.

	Máquinas	Coste de máquina (eur/h)	Coste de mano de obra (eur/h)	RPM máx. (rev/min)
1	Fresado	10.0000	20.0000	15000.00
2	*Haga clic para agregar*			

D: Diámetro de la herramienta (mm)
Fr: Avance (mm/rev)
S: Velocidad superficial (m/min)
d: Profundidad de corte (mm)
r: Radio de esquina de la herramienta (
MRR: Tasa de eliminación de material (m

$$MRR = S*(Fr/1000)*(d/1000)$$

Filtros

	Clase	Material personalizado	Máquina	Tipo de herramienta	Acabado superficial	D (mm)	Fr (mm/rev)	S (m/min)	d (mm)	r (mm)
1	Acero	AISI 4340 Acero recocido	Fresado	Fresa plana	Acabado	9.5000	0.0254	51.8160	0.2540	1.0160
2	Acero	AISI 4340 Acero recocido	Fresado	Fresa plana	Acabado	12.5000	0.0254	51.8160	0.2540	1.0160
3	Acero	AISI 4340 Acero recocido	Fresado	Fresa plana	Acabado	16.0000	0.0254	51.8160	0.2540	1.0160
4	Acero	AISI 4340 Acero recocido	Fresado	Fresa plana	Acabado	19.0000	0.0254	51.8160	0.2540	1.0160
5	Acero	AISI 4340 Acero recocido	Fresado	Fresa plana	Acabado	25.5000	0.0254	51.8160	0.2540	1.0160
6	Acero	AISI 4340 Acero recocido	Fresado	Fresa plana	Desbaste	9.5000	0.1270	45.7200	1.5240	1.0160
7	Acero	AISI 4340 Acero recocido	Fresado	Fresa plana	Desbaste	12.5000	0.1270	45.7200	1.5240	1.0160
8	Acero	AISI 4340 Acero recocido	Fresado	Fresa plana	Desbaste	16.0000	0.1270	45.7200	1.5240	1.0160
9	Acero	AISI 4340 Acero recocido	Fresado	Fresa plana	Desbaste	19.0000	0.1270	45.7200	1.5240	1.0160
10	Acero	AISI 4340 Acero recocido	Fresado	Fresa plana	Desbaste	25.5000	0.1270	45.7200	1.5240	1.0160
11	Acero	AISI 4340 Acero recocido	Fresado	Fresa plana	Semiacabado	9.5000	0.0508	51.8160	0.5080	1.0160
12	Acero	AISI 4340 Acero recocido	Fresado	Fresa plana	Semiacabado	12.5000	0.0508	51.8160	0.5080	1.0160
13	Acero	AISI 4340 Acero recocido	Fresado	Fresa plana	Semiacabado	16.0000	0.0508	51.8160	0.5080	1.0160
14	Acero	AISI 4340 Acero recocido	Fresado	Fresa plana	Semiacabado	19.0000	0.0508	51.8160	0.5080	1.0160
15	Acero	AISI 4340 Acero recocido	Fresado	Fresa plana	Semiacabado	25.5000	0.0508	51.8160	0.5080	1.0160
16	Acero	AISI 4340 Acero recocido	Fresado	Fresa de planear	Acabado	40.0000	0.0254	51.8160	0.2540	1.0160
17	Acero	AISI 4340 Acero recocido	Fresado	Fresa de planear	Acabado	50.0000	0.0254	51.8160	0.2540	1.0160
18	Acero	AISI 4340 Acero recocido	Fresado	Fresa de planear	Acabado	62.5000	0.0254	51.8160	0.2540	1.0160
19	Acero	AISI 4340 Acero recocido	Fresado	Fresa de planear	Desbaste	40.0000	0.1270	45.7200	1.5240	1.0160

10. Pulse sobre **Guardar como** para guardar los cambios efectuados y crear una plantilla personalizada.

 Puede **copiar** (Ctrl+C) y **pegar** (Ctrl+V) datos numéricos en el **Editor de plantillas** de Costing.

Selección del material

11. Pulse sobre **Material**. En **Clase** seleccione Acero. En **Nombre**, Acero al carbono no aleado. Observe el corte asociado al material (3,35 euros/kg). Recuerde que el coste definido en la plantilla (punto 6) puede ser modificado.

12. En **Sólido en bruto** defina las dimensiones del material base según se indica en la figura (400×75×200 mm). Active la casilla **Ver material en bruto**. Se previsualiza el tocho de material de forma semitransparente. Recuerde que el excedente adicional permite realizar operaciones de acabado en la pieza a mecanizar.

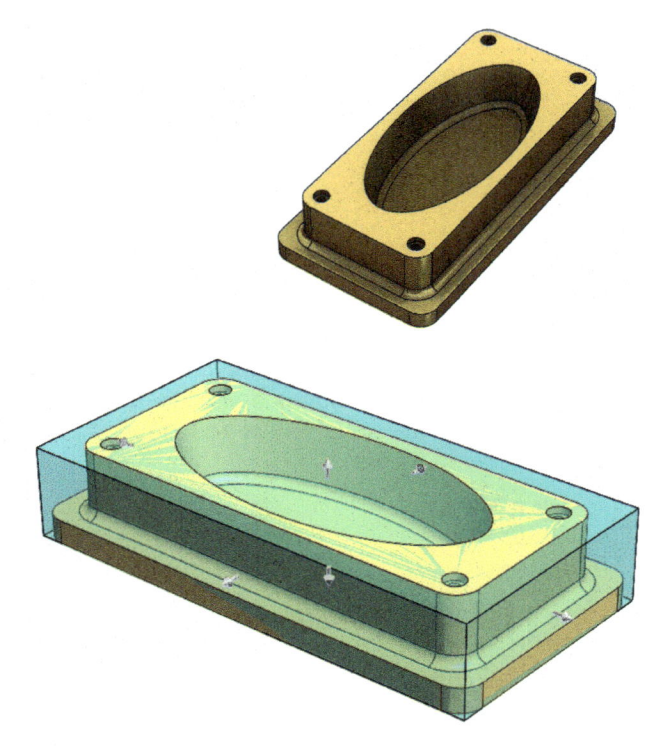

13. En **Cantidad**, indique 100 en **N.º total de piezas** y 50 en **Tamaño de lote**. En **Tarifa de taller**, 30 € y en **Aumento/disminución**, 0% del coste total.

14. Una vez definido el material y su coste, el tipo de bloque y sus dimensiones, el número de piezas a fabricar (lote) y la tarifa de taller, pulse sobre **Comenzar estimación de coste** para continuar.

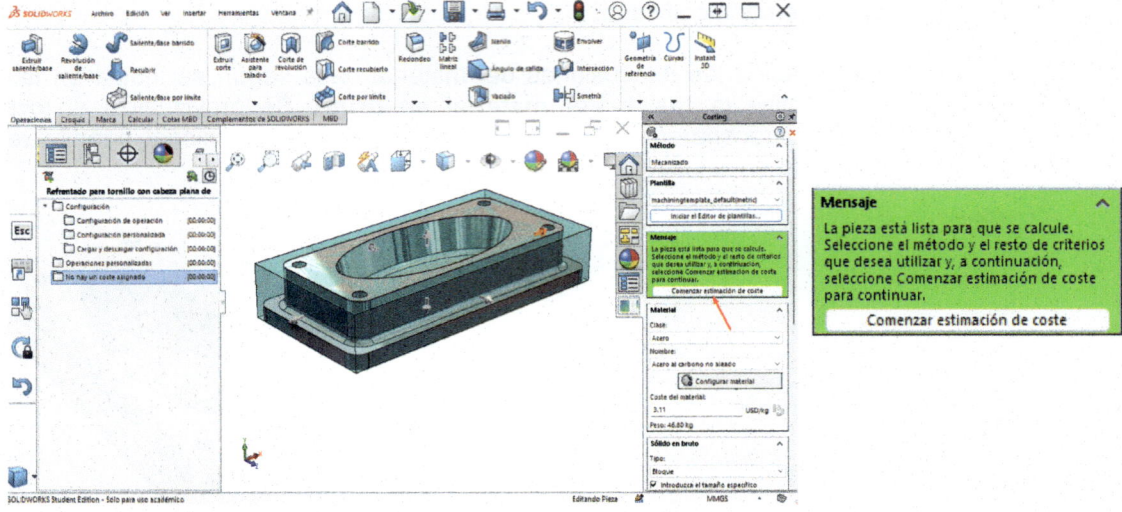

15. En **Coste estimado por pieza** puede ver el coste unitario para una fabricación de 100 unidades con las condiciones definidas. En su caso, el coste es de 285.95 USD/pieza. El coste del material supone un 51% y el de la fabricación un 49%.

  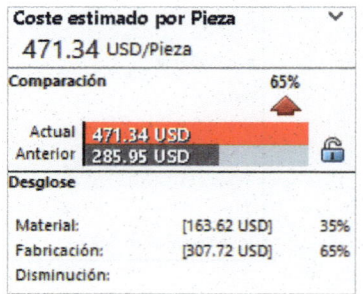

16. Modifique el material. Seleccione una aleación de aluminio (6061). Observe como el precio unitario aumenta un 65%, hasta los 471.34 USD. En este caso, el 35% del coste es debido al material y el 65% a su fabricación.

17. Para ver los costes asociados a la fabricación observe el **Machining Costing Manager** en el Gestor de Diseño. Puede seleccionar mostrar **Coste** o **Duración de la operación de mecanizado**. Además, puede seleccionar las operaciones y visualizarlas en la Zona de Gráficos. Seleccione la operación Cajera1 desde el **Machining Costing Manager**. Observe el coste asociado a la operación de mecanizado (1566,44 USD). El área marcada en azul hace referencia a la zona mecanizada.

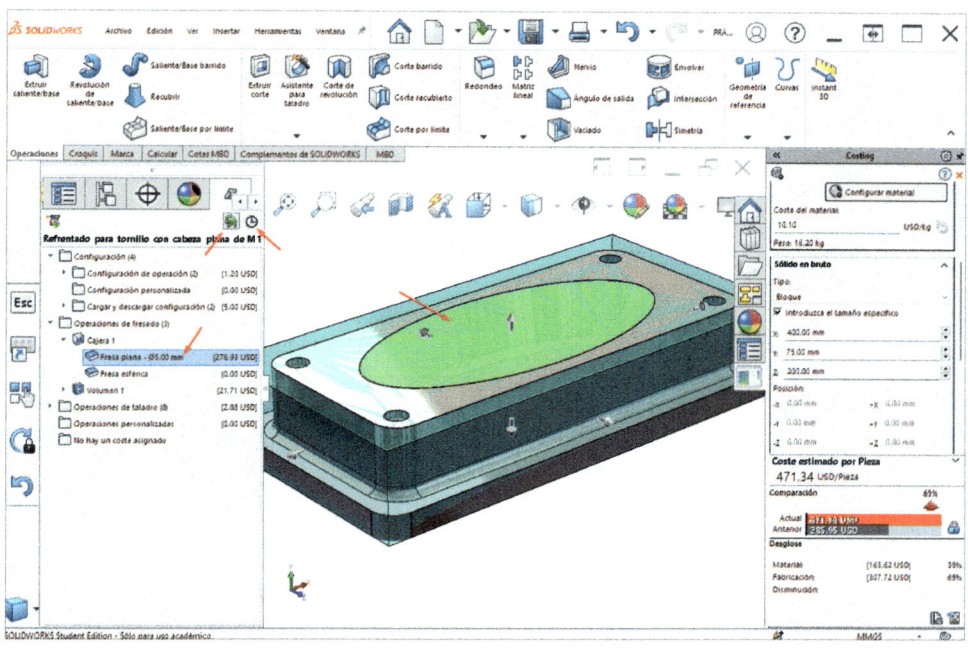

18. Pulse sobre ▼ en Cajera1 para ver las operaciones de mecanizado asociadas a la operación. Observe que puede ver el tiempo de mecanizado y el coste asociado a cada una de las operaciones. Además, puede seleccionar el tipo y diámetro de la herramienta de corte empleada.

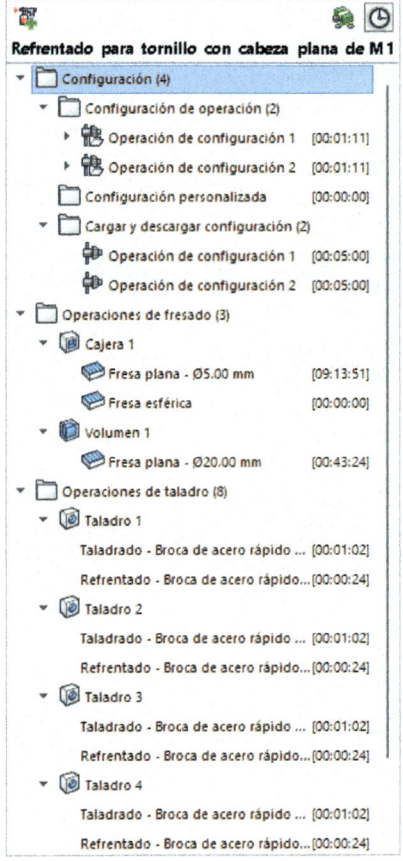

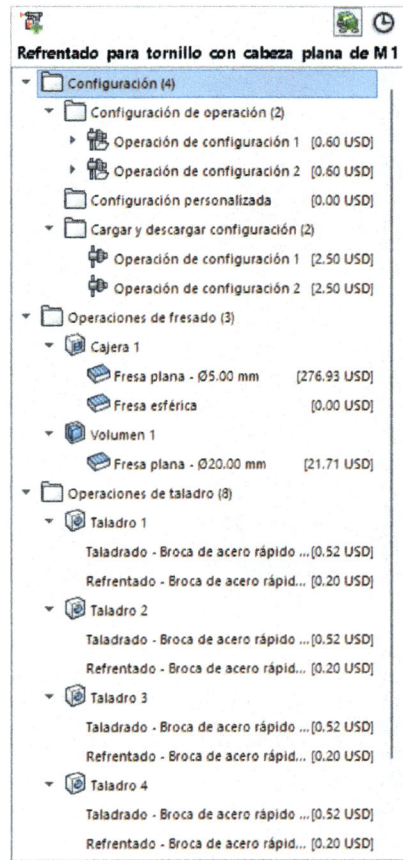

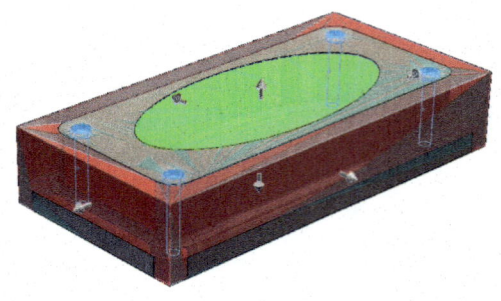

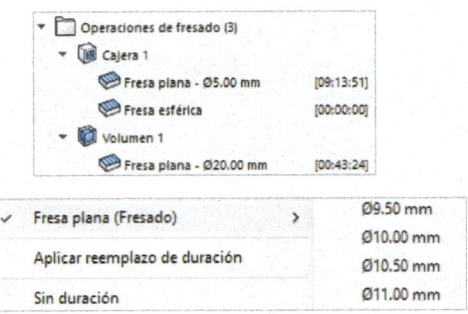

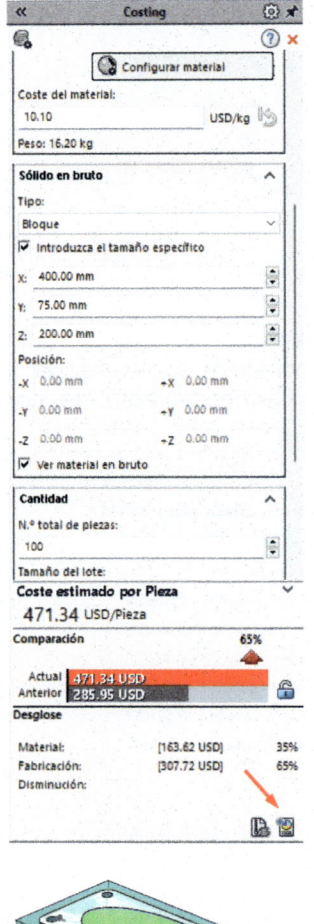

19. Para crear un informe en formato Word con el presupuesto pulse sobre **Generar informe** desde **SolidWorks Costing**. Pulse **Opciones del Informe**, desde la parte inferior del menú de Costing (vea la figura). Indique si desea un informe detallado y rellene la información sobre la empresa. Pulse **Publicar** para crear el documento DOC. Debe tener instalado el editor de texto Word.

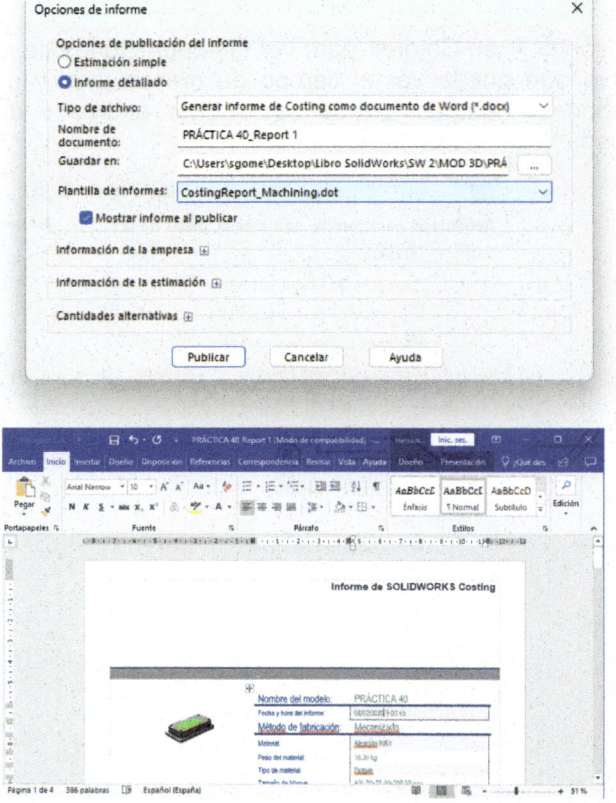

ℹ️ Recuerde que la aplicación **Costing** también puede ser usada en piezas de chapa metálica (**Sheet Metal Costing**). La aplicación tiene en cuenta las operaciones de corte de chapa desplegada (corte por láser, chorro de agua y plasma), y otras operaciones como punzonado, pliegues, pintado, anodizado, etc.

Práctica 39. DMFXpress

Compruebe la fabricabilidad de la pieza obtenida por mecanización mediante la aplicación de DMFXpress.

⏳ 25 minutos

DFMXpress

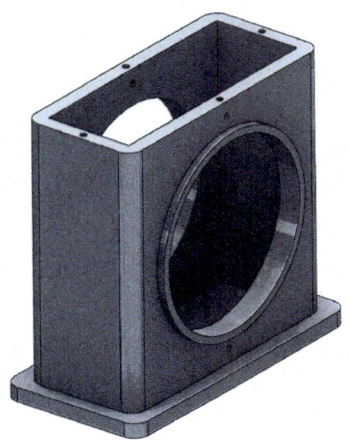

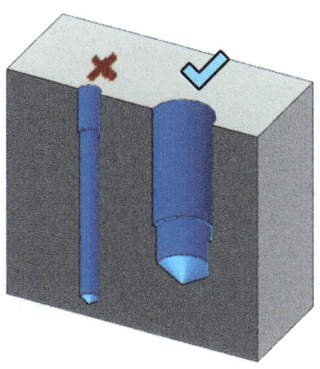

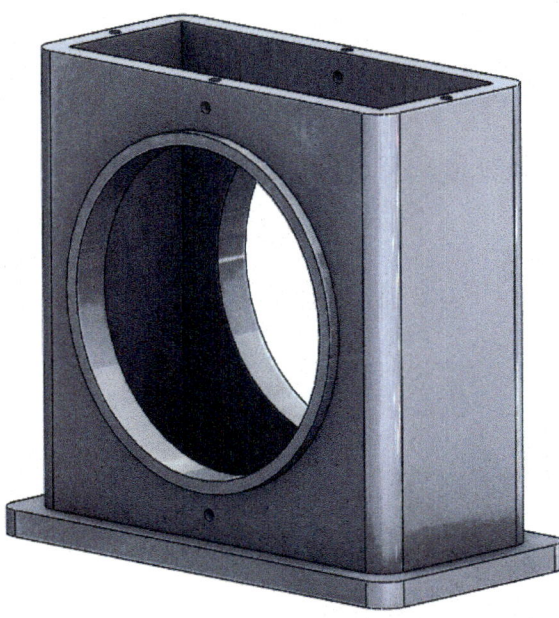

Objetivos del tutorial

- Activar la herramienta **DFMXpress** y configurar el proceso de fabricación.

- Ejecutar **DFMXpress** y visualizar las reglas cumplidas y no cumplidas.

- Conocer las reglas básicas de fabricabilidad.

DFMXpress

DFMXpress es una herramienta de análisis que permite comprobar la fabricabilidad de la piezas a medida que son diseñadas. Su apliación puede ayudar a conocer, durante el proceso de diseño, aquellas operaciones que son imposibles de fabricar, costosas o difíciles de ejecutar por perforado, fresado, torneado, conformación a partir de chapa metálica o por moldeo por inyección.

La herramienta de validación de diseño DFMXpress® compara el modelo tridimensional proyectado con un conjunto de reglas de diseño previamente definidas o configuradas. Las reglas incluyen las principales operaciones de mecanización (perforado, fresado, torneado y la aplicación de tolerancias). Su aplicación permite conocer las reglas no cumplidas en el modelo analizado, el problema y la operación a la que hace referencia.

Abrir el modelo de pieza y configurar DFMXpress

1. Pulse la opción **Abrir** del Menú persiana **Archivo** o sobre el icono **Abrir**.

2. Seleccione el modelo 3D a evaluar que acompaña el libro.

3. Seleccione la opción **DMFXpress** desde el Menú de persiana **Herramientas**, **ProductosXPress**, DFMXpress.

4. Pulse sobre **Config…** para seleccionar el **Proceso de fabricación** y los **Parámetros de reglas**. Deje el ratón inmóvil sobre cada uno de los parámetros para leer la explicación del mismo.

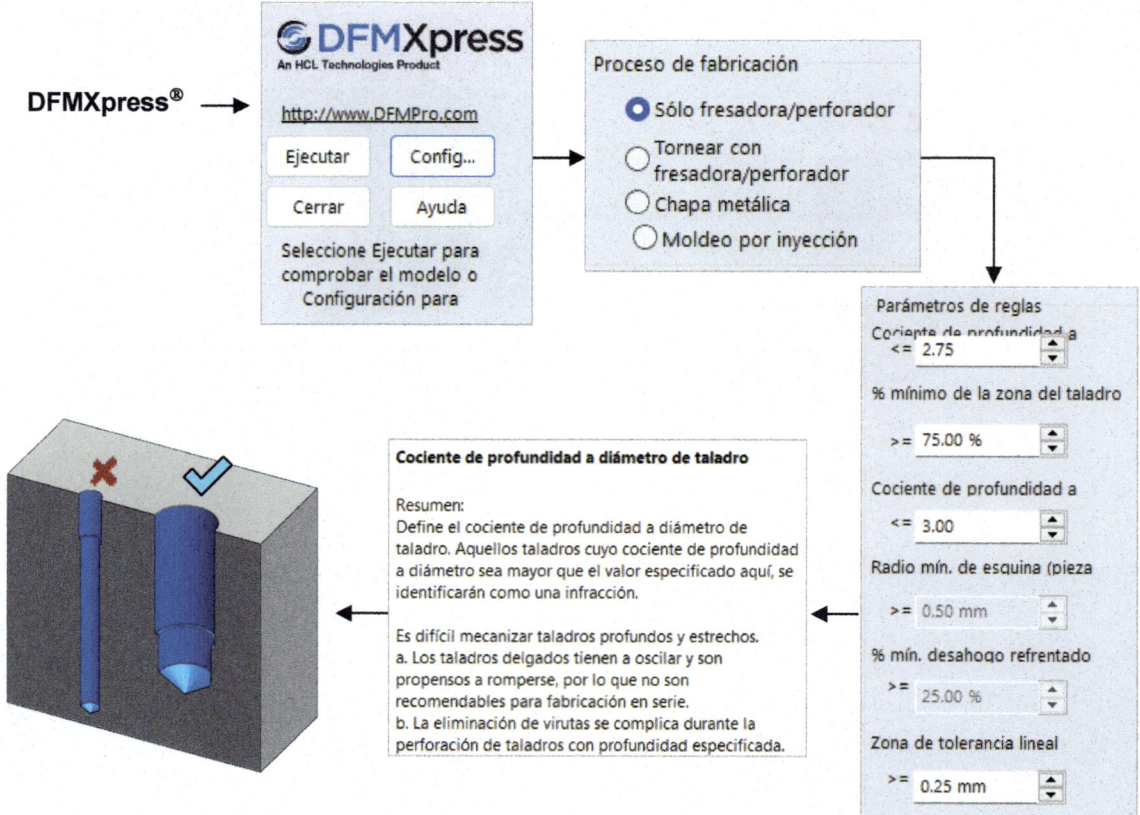

5. En **Proceso de mecanización** seleccione **Solo fresadora/perforador**. En **Parámetros de reglas** defina las siguientes características: **Cociente de profundidad a diámetro de taladro** (2,75), **% mínimo de la zona del taladro dentro de la pieza** (75 %), **Cociente de profundidad a diámetro de fresadora** (3,0), **Zona de tolerancia lineal** (0,25 mm) y en **Zona de tolerancia angular** (1,0 grados). En **Tamaños de taladro** seleccione **Métrica** y en **Tolerancia de validación** 0,01 mm. Pulse **Aceptar**.

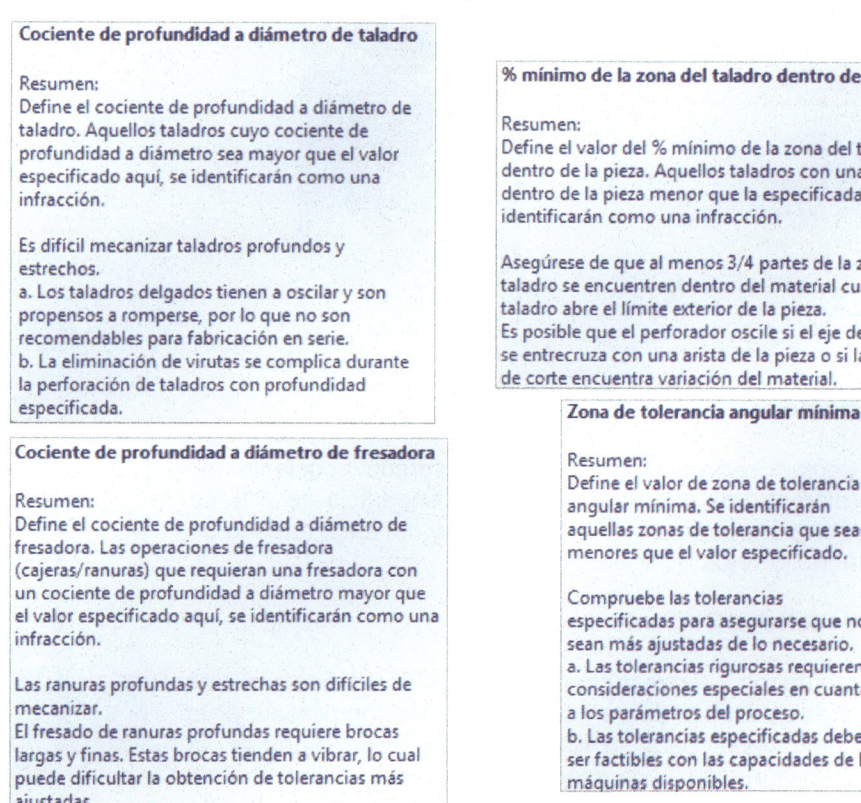

Cociente de profundidad a diámetro de taladro

Resumen:
Define el cociente de profundidad a diámetro de taladro. Aquellos taladros cuyo cociente de profundidad a diámetro sea mayor que el valor especificado aquí, se identificarán como una infracción.

Es difícil mecanizar taladros profundos y estrechos.
a. Los taladros delgados tienen a oscilar y son propensos a romperse, por lo que no son recomendables para fabricación en serie.
b. La eliminación de virutas se complica durante la perforación de taladros con profundidad especificada.

Cociente de profundidad a diámetro de fresadora

Resumen:
Define el cociente de profundidad a diámetro de fresadora. Las operaciones de fresadora (cajeras/ranuras) que requieran una fresadora con un cociente de profundidad a diámetro mayor que el valor especificado aquí, se identificarán como una infracción.

Las ranuras profundas y estrechas son difíciles de mecanizar.
El fresado de ranuras profundas requiere brocas largas y finas. Estas brocas tienden a vibrar, lo cual puede dificultar la obtención de tolerancias más ajustadas.

% mínimo de la zona del taladro dentro de la pieza

Resumen:
Define el valor del % mínimo de la zona del taladro dentro de la pieza. Aquellos taladros con una zona dentro de la pieza menor que la especificada aquí se identificarán como una infracción.

Asegúrese de que al menos 3/4 partes de la zona del taladro se encuentren dentro del material cuando el taladro abre el límite exterior de la pieza.
Es posible que el perforador oscile si el eje del taladro se entrecruza con una arista de la pieza o si la arista de corte encuentra variación del material.

Zona de tolerancia angular mínima

Resumen:
Define el valor de zona de tolerancia angular mínima. Se identificarán aquellas zonas de tolerancia que sean menores que el valor especificado.

Compruebe las tolerancias especificadas para asegurarse que no sean más ajustadas de lo necesario.
a. Las tolerancias rigurosas requieren consideraciones especiales en cuanto a los parámetros del proceso.
b. Las tolerancias especificadas deben ser factibles con las capacidades de las máquinas disponibles.

Ejecución de DFMXpress

6. En **DMFXpress** pulse **Ejecutar**. Después de reconocer las operaciones SolidWorks indica las **Reglas no cumplidas** y las **Reglas cumplidas**. Pulse sobre **+** para verlas de forma individual. Para cada una de las reglas no cumplidas **DMFXpress** muestra la operación de la pieza donde no se cumple y propone una solución. En el caso del taladro, indica que los taladros muy profundos con pequeño diámetro son difíciles de mecanizar.

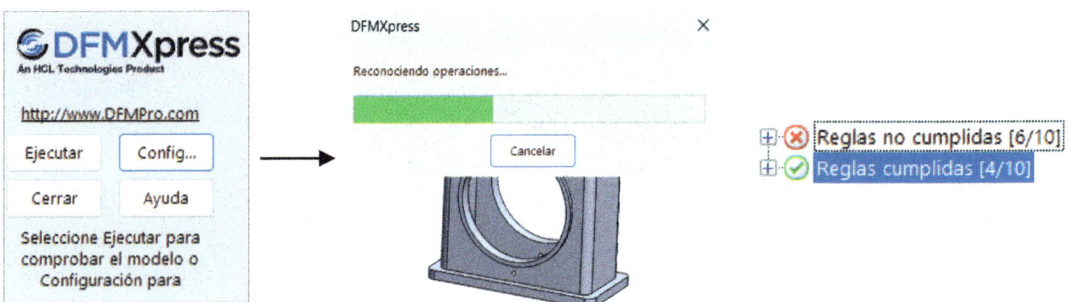

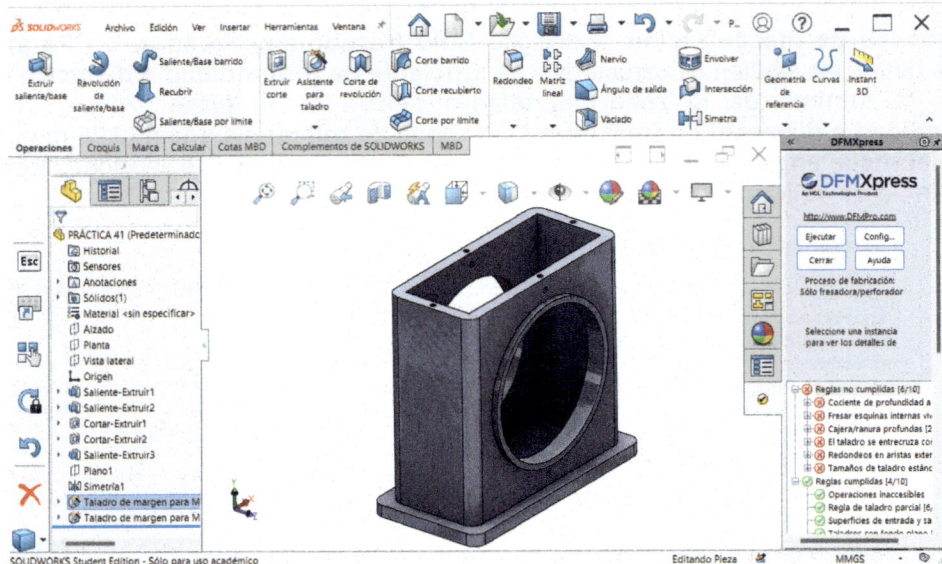

Reglas de perforado

Incluye seis reglas relacionadas con el perforado: cociente de profundidad a diámetro de taladro, fondo plano, superficie de entrada y salida del taladro, entrecruzamiento de taladro y cavidad, tamaño de perforador estándar y regla de taladro parcial.

Profundidad de taladro/Cociente de diámetro

Los taladros profundos y estrechos son difíciles de mecanizar. Las brocas largas y delgadas tienden a oscilar y pueden romperse, por lo que no es recomendable para su fabricación en serie. Además, la evacuación de la viruta se hace más difícil durante el proceso de taladrado.

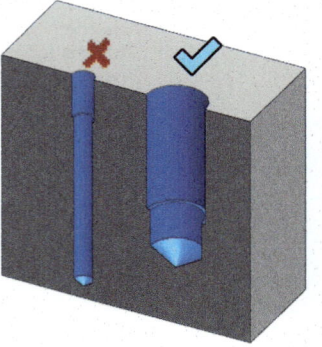

DFMXpress® verifica que los taladros realizados en el modelo tengan diámetros mayores a 7 cm (2,75 pulgadas) o taladros excesivamente profundos con pequeños diámetros que dificultan la evacuación de la viruta durante su mecanizado.

Superficie de entrada y salida del taladro

La superficie de entrada y salida de un taladro debe ser perpendicular a la superficie de contacto para que las rebabas generadas sean iguales alrededor de la circunferencia del taladro de salida y se facilite su evacuación.

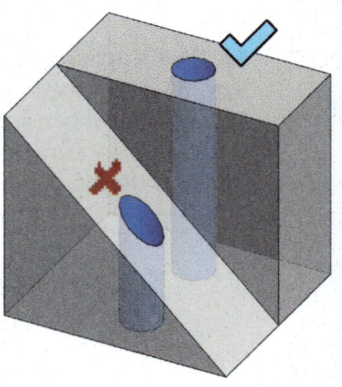

El taladro se entrecruza con una cavidad

Debe evitar que los taladros perforados se entrecrucen con las cavidades. El eje del taladro debe proyectarse fuera de la cavidad.

Cumplir con los tamaños de perforador estándar

El empleo de taladros no estándar exige el uso de brocas no normalizadas e incrementan el coste de fabricación. Emplee tamaños normalizados de brocas de herramientas para los taladros.

Cajera/ranura profundas

El mecanizado de ranuras o cajeras profundas y estrechas son difíciles de realizar por ser necesario el empleo de fresas largas y finas que tienden a vibrar y pueden llegar a romper. Es recomendable diseñar áreas de fresado que tengan cocientes de longitud a diámetro de la fresadora menor a 3:1. Además, debe evitar las esquinas largas con radios largos.

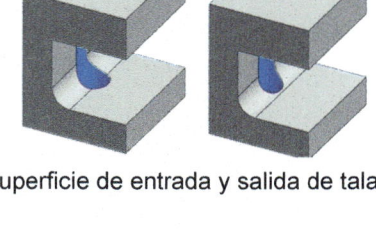

Superficie de entrada y salida de taladro

Operaciones inaccesibles

En el diseño de sus modelos debe tener en cuenta aquellas operaciones o zonas que pueden ser inaccesibles para su mecanizado con técnicas habituales. En caso de realizar operaciones inaccesibles debe emplear herramientas y procedimientos de mecanizado especiales que incrementan el coste de su pieza.

Fresar esquinas internas vivas

Con el fresado tradicional no pueden mecanizarse esquinas vivas. Diseñe sus modelos empleando radios adecuados a las herramientas de fresado disponibles. Los radios de empalme mayores permiten emplear radios de herramientas de fresado más grandes y reducir el tiempo de mecanizado.

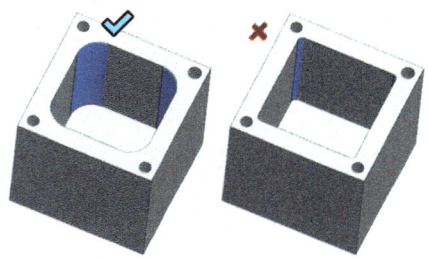

Cajera/Ranura profunda

Redondeos en aristas externas

Es recomendable emplear chaflanes externos en lugar de radios de empalmes. Estos requieren el empleo fresas de cabeza esférica (bola) que incrementan el coste de fabricación y alarga los tiempos de mecanizado.

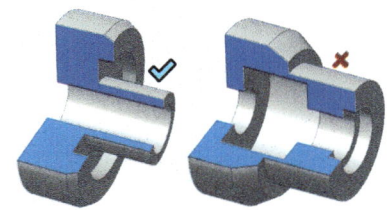

Operaciones inaccesibles

Regla de tolerancia lineal y angular

Las tolerancias empleadas en su modelo no deben ser ajustadas más de lo necesario. Las tolerancias rigurosas requieren herramientas y procesos de mecanizado especiales para su fabricación.

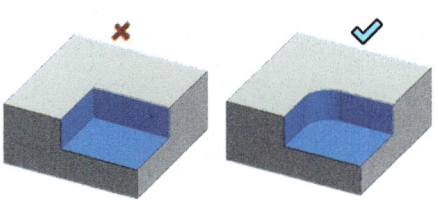

Fresado de esquinas internas vivas

Desahogo de refrentado para piezas torneadas

Debe proporcionar a sus diseños un desahogo para los fondos de taladros de refrentado hasta la profundidad especificada.

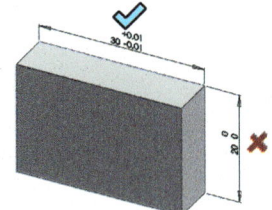

Tolerancia lineal y angular

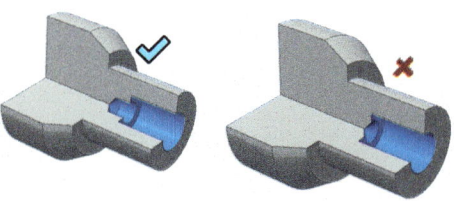

Desahogo de refrentado para piezas torneadas

Se pueden importar archivos a SolidWorks desde otras aplicaciones. También se pueden exportar documentos de SolidWorks a un gran número de formatos distintos para utilizarlos en otras aplicaciones. En la siguiente tabla se indican las posibilidades de exportación e importación de SolidWorks para piezas, ensamblajes y dibujos.

Aplicación	Piezas		Ensamblajes		Dibujos	
	Importar	Exportar	Importar	Exportar	Importar	Exportar
3D XML		X		X		
Autodesk Inventor	X		X			
CADKEY	X		X			
De gráficos CATIA	X	X	X	X		
Archivos DXF/DWG	X		X		X	X
DXF 3D	X		X			
SolidWorks eDrawings		X		X		X
IGES	X	X	X	X		
Mechanical Desktop	X		X			
Parasolid	X	X	X	X		
Pro/ENGINEER	X	X	X	X		
Rhino	X					
Solid Edge	X		X			
STEP	X	X	X	X		
STL	X	X	X	X		
U3D		X		X		
Unigraphics	X		X			

Práctica 40. SolidWorks Sustainability

Evalúe el impacto ambiental del modelo de pieza a partir de la aplicación SolidWorks Sustainability.

⏳ 20 minutos

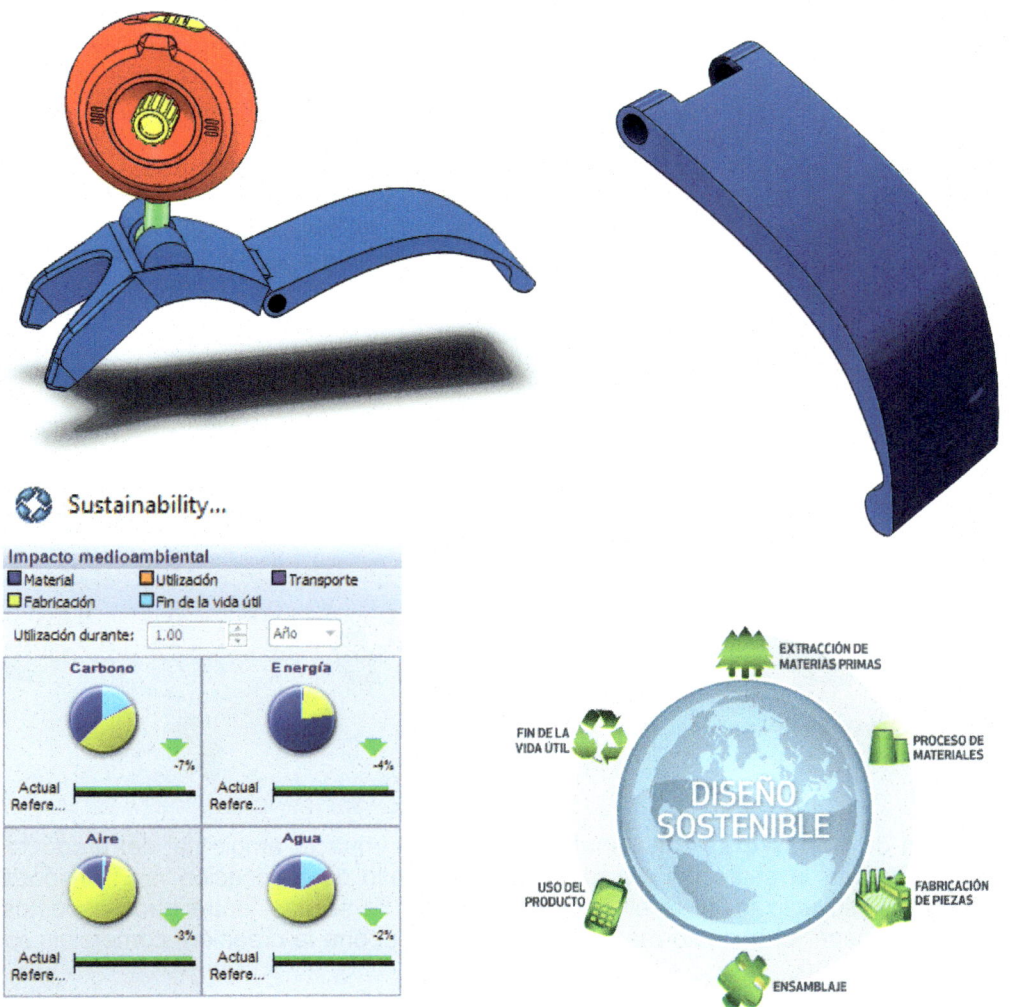

Objetivos del tutorial

- Abrir el modelo de pieza 3D y activar el complemento **SolidWorks Sustainability**.
- **Comparar materiales** desde el punto de vista medioambiental.
- Crear un **Informe** con los resultados obtenidos.

SolidWorks Sustainability

SolidWorks Sustainability es una aplicación de SolidWorks que ayuda a evaluar el impacto ambiental de los modelos diseñados (pieza y ensamblaje) para conocer su sostenibilidad. Para ello evalúa la huella de carbono, el consumo de energía, la acidificación atmosférica y la eutrofización del agua teniendo en cuenta el material utilizado, el proceso de fabricación y ubicación geográfica de la fabricación, la utilización del producto, el transporte y la eliminación después de su vida útil.

- **Huella de carbono**. Establece la cantidad de dióxido de carbono (CO_2) y derivados (Co_x) liberados en el proceso de combustión durante la fabricación del producto.
- **Consumo de energía**. Indica la energía consumida no renovable en todo el ciclo de vida del producto desde su fabricación hasta su eliminación.
- **Acidificación atmosférica**. Define las emisiones ácidas (óxidos nitrosos, NO_x y dióxido de azufre, SO_2) que se producen durante el proceso de fabricación del producto y durante todo su ciclo de vida. La acidificación atmosférica es la responsable de la lluvia ácida.
- **Eutrofización del agua**. Determina la contaminación del agua como consecuencia de aguas residuales y fertilizantes (exceso de nutrientes).

La aplicación de **SolidWorks Sustainability** evalúa el impacto ambiental del producto diseñado teniendo en cuenta la selección del material, el proceso de fabricación, su transporte hasta el punto de venta, su utilización, la eliminación después de su uso, entre otros aspectos. De esta forma puede conocer el impacto medioambiental que supone la creación, comercialización, uso y reciclado del producto.

Abrir modelo 3D y la aplicación SustainabilityXpress

1. Pulse la opción **Abrir** del Menú persiana **Archivo** o sobre el icono **Abrir**. Localice el modelo de pieza contenido en el libro. La pieza forma parte de una Webcam para el ordenador.

2. Pulse sobre el Menú de persiana **Herramientas**, **Aplicaciones de SolidWorks**, **Sustainability**. Aparece una pequeña pantalla de presentación con la descripción del ciclo de vida de un producto. Pulse **Continuar**.

Selección del material de referencia

3. En la pestaña de **Material**, del Gestor de diseño de **Sustainability**, seleccione Plásticos en la pestaña **Clase** y ABS (copolímero: acrilonitrilo butadieno estireno) en **Nombre**. Observe cómo calcula automáticamente el peso del modelo (19,79 g) y el porcentaje de contenido reciclado. En la parte inferior puede visualizar el Panel de tareas donde se informa del impacto medioambiental del modelo diseñado. Pulse sobre **Establecer referencia** para poderlo comparar con otros plásticos de la base de datos.

4. Pulse con el botón izquierdo del ratón sobre **Carbono**, **Energía**, **Aire** o **Agua** desde el Panel de control de Impacto medioambiental para conocer la influencia del material, la fabricación, la utilización, el fin de la vida útil y el transporte en el impacto ambiental. Para volver a la pestaña anterior (Impacto ambiental) pulse sobre el icono de **Inicio**.

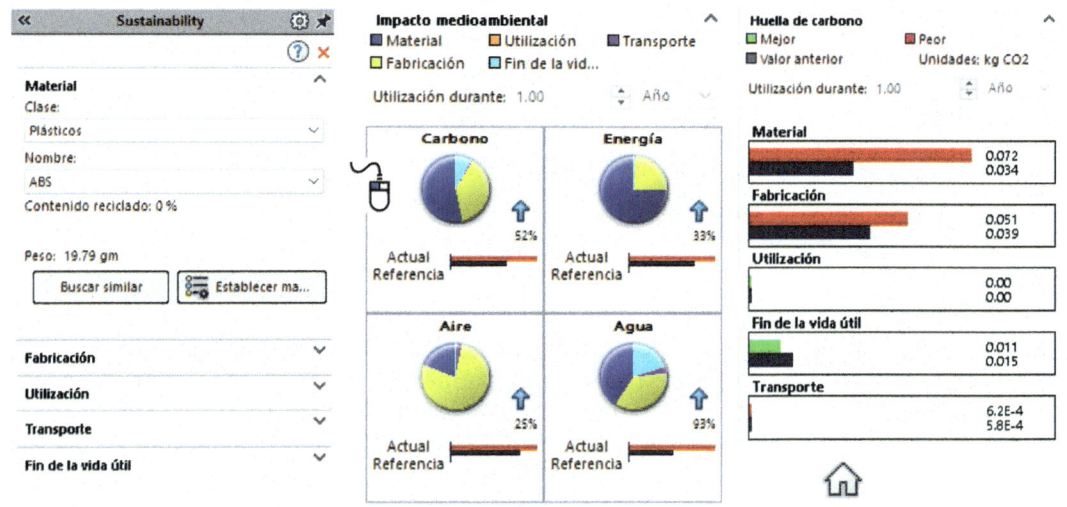

Búsqueda de un plástico semejante y comparación con el de referencia

5. Para buscar un plástico semejante al de referencia (ABS) pulse sobre **Buscar similar**. Defina en tipo de material y sus propiedades mecánicas. En nuestro caso debe seleccionar un plástico que tenga mayor modulo elástico (*Elastic Modulus*) y mayor resistencia (*Tensile Strength*). El resto de las propiedades parecidas (~). Pulse sobre el icono **Buscar similar**.

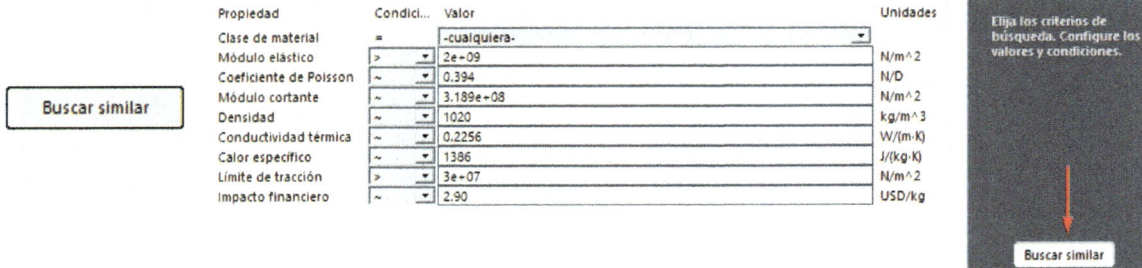

6. Observe que aparece una nueva ventana con el listado de materiales que cumplen con esas características. Pulse con el botón izquierdo del ratón sobre **PVC Rígido** (el último de la lista) y observe que se compara el impacto ambiental con el material anterior de referencia (ABS). La barra verde indica que el impacto ambiental (Carbono=0,060, Energía=1,3, Aire=1,5E-4 y Agua=2,0E-5) del material seleccionado es menor que el plástico tomado como referencia (ABS). Pulse **Aceptar** para seleccionar el plástico.

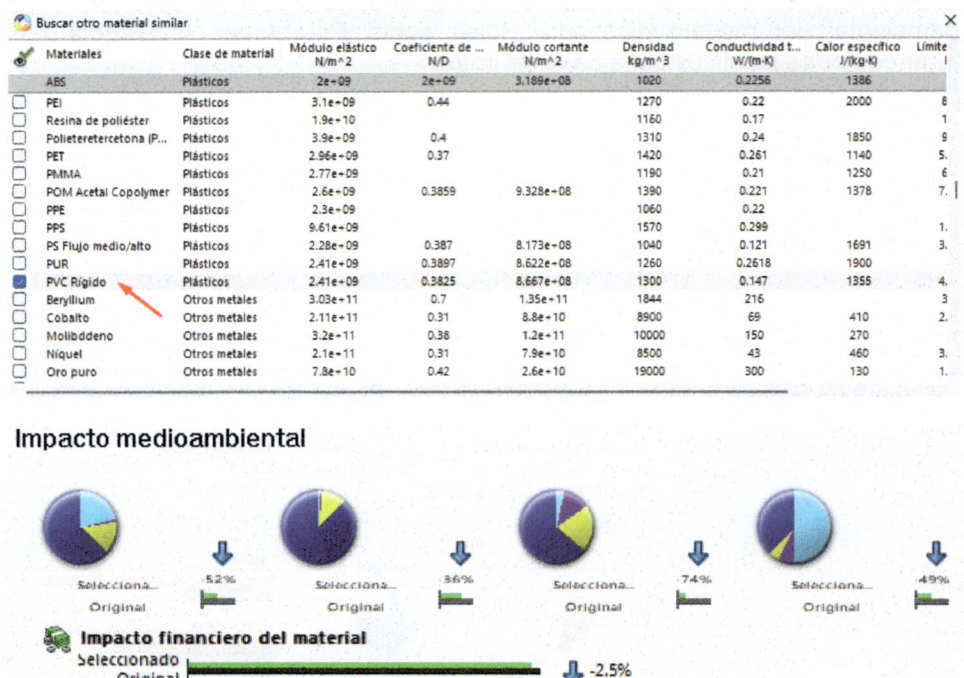

7. Observe cómo los dos plásticos son comparados. El nuevo material reduce en un 26% el impacto ambiental por el **Carbono**, un 16% en la **Energía**, un 67% en el **Aire** y un 1% en el **Agua**. Pulse con el botón izquierdo del ratón sobre alguno de ellos para conocer cómo varía el **Material**, la **Fabricación**, la **Utilización**, el **Fin de la vida útil** y el **Transporte**. En la figura aparece la comparativa para la **Huella de carbono**. Pulse sobre **Inicio** para volver a la pantalla anterior.

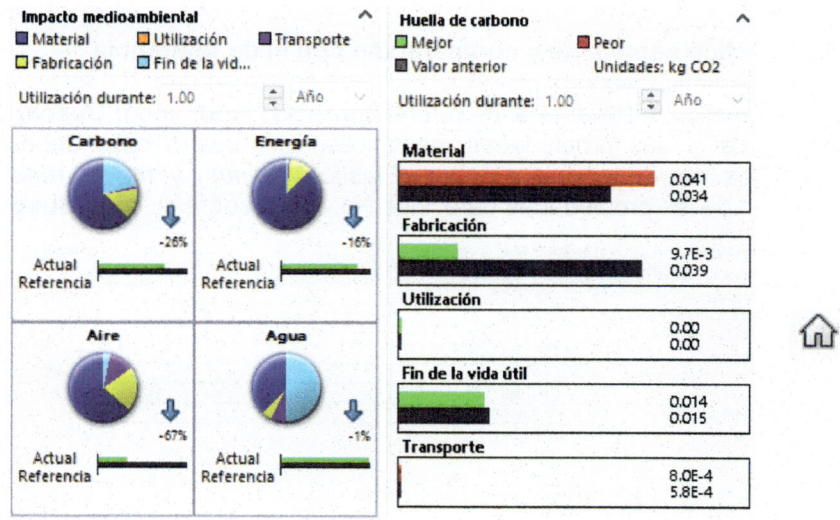

Material

Clase:

Plásticos

Nombre:

PE Alta densidad

Contenido reciclado: 0 %

Peso: 18.48 gm

[Buscar simil...] [Establecer ...]

Fabricación

Región:

Asia

Construido para durar:

1.00 Año

Proceso:

Personalizado

Utilización

Región:

Norteamérica

Transporte

Fin de la vida útil

33.00 %

13.00 %

54.00 %

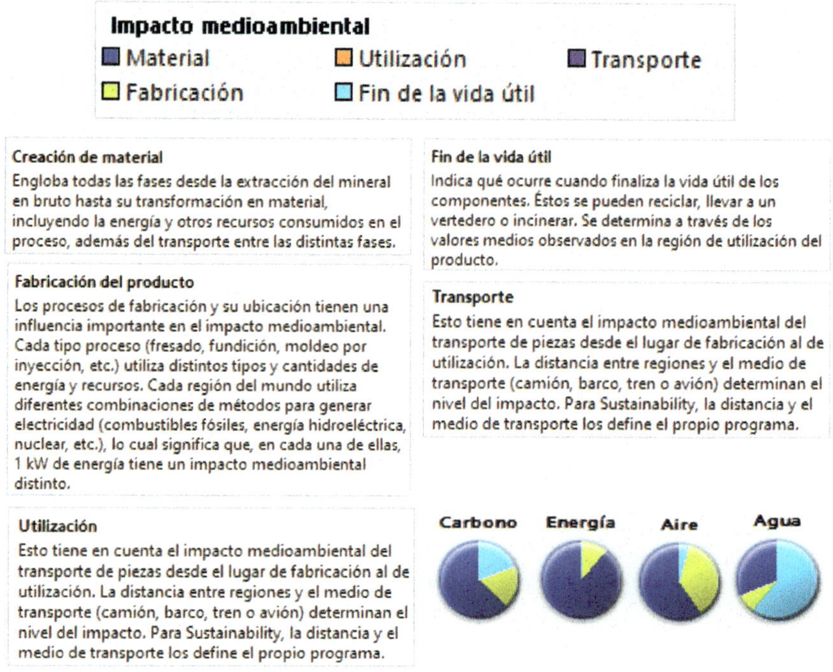

Impacto medioambiental

- ■ Material
- □ Fabricación
- ■ Utilización
- □ Fin de la vida útil
- ■ Transporte

Creación de material

Engloba todas las fases desde la extracción del mineral en bruto hasta su transformación en material, incluyendo la energía y otros recursos consumidos en el proceso, además del transporte entre las distintas fases.

Fabricación del producto

Los procesos de fabricación y su ubicación tienen una influencia importante en el impacto medioambiental. Cada tipo proceso (fresado, fundición, moldeo por inyección, etc.) utiliza distintos tipos y cantidades de energía y recursos. Cada región del mundo utiliza diferentes combinaciones de métodos para generar electricidad (combustibles fósiles, energía hidroeléctrica, nuclear, etc.), lo cual significa que, en cada una de ellas, 1 kW de energía tiene un impacto medioambiental distinto.

Utilización

Esto tiene en cuenta el impacto medioambiental del transporte de piezas desde el lugar de fabricación al de utilización. La distancia entre regiones y el medio de transporte (camión, barco, tren o avión) determinan el nivel del impacto. Para Sustainability, la distancia y el medio de transporte los define el propio programa.

Fin de la vida útil

Indica qué ocurre cuando finaliza la vida útil de los componentes. Éstos se pueden reciclar, llevar a un vertedero o incinerar. Se determina a través de los valores medios observados en la región de utilización del producto.

Transporte

Esto tiene en cuenta el impacto medioambiental del transporte de piezas desde el lugar de fabricación al de utilización. La distancia entre regiones y el medio de transporte (camión, barco, tren o avión) determinan el nivel del impacto. Para Sustainability, la distancia y el medio de transporte los define el propio programa.

Carbono   Energía   Aire   Agua

Definición del resto de características

8. Para el material seleccionado puede definir:

    - La región de fabricación (Norteamérica, Europa, Asia, Japón, Sudamérica, Australia y la India).

    - La duración de la pieza durante su ciclo de vida.

    - La energía necesaria para el proceso de ensamblaje (a partir de la definición del tipo de combustible: electricidad o gas natural).

    - La región en la que se utilizará el producto.

    - Las necesidades energéticas requeridas a lo largo de la vida útil (puede seleccionarse electricidad, gas natural, diésel, gasolina, queroseno o fuel ligero).

    - El transporte y la distancia recorrida (tren, camión, barco o avión).

    - El fin de la vida útil (se muestra los porcentajes predeterminados según los valores de los materiales recogidos en la base de datos: reciclado, incinerado o vertedero).

A partir de la definición del material y del resto de características de fabricación, transporte y reciclado final se calcula su impacto ambiental (carbono, energía, aire y agua).

Creación del informe (Word y Excel)

9. Puede crear un informe que describa el impacto medioambiental de la pieza diseñada. Para ello pulse con el botón izquierdo del ratón sobre **Guardar como** desde el Panel de tareas. En **Tipo de Archivo** puede seleccionar: **Informe** (Word), **hoja de cálculo** (Excel) o **archivo BaBi**. Seleccione la primera opción para generar un informe en Microsoft Word con toda la información contenida en el estudio. Al final de este se incluye un pequeño glosario de términos.

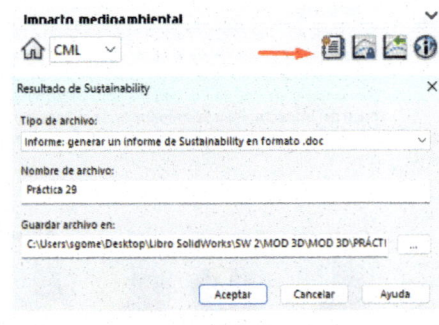

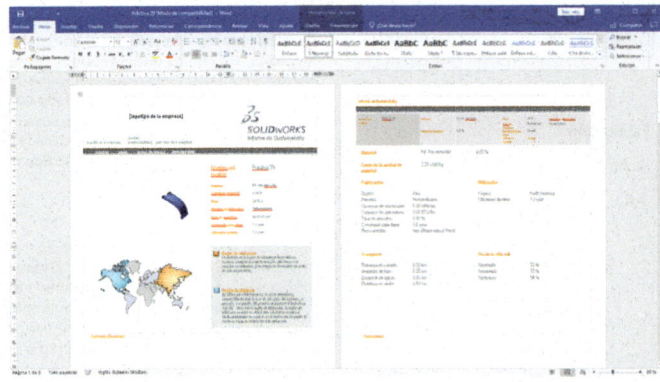

 Para crear un informe debe tener cerrado Microsoft Word.

Glosario

Acidificación atmosférica: Las emisiones ácidas, como el dióxido de azufre y el óxido de nitrógeno, incrementan la acidez del agua de lluvia que, a su vez, acidifica suelos y lagos. Estos ácidos contaminan la tierra y el agua, y son tóxicos para la flora y fauna acuática. La lluvia ácida también puede disolver lentamente materiales fabricados por el hombre, como el hormigón/concreto. Normalmente, este impacto medioambiental se mide en unidades de kg equivalentes de **dióxido de azufre (SO_2) o en moles equivalentes de $H+$**.

Huella de carbono: El dióxido de carbono y otros gases generados por la combustión de combustibles se acumulan en la atmósfera, que producen un incremento en la temperatura media de la Tierra. La huella de carbono es un indicador de un factor de impacto global conocido como potencial de calentamiento global (GWP). El calentamiento global es responsable, entre otros, de problemas como la desaparición de glaciares, la extinción de especies y la aparición del cambio climático.

Energía total consumida: Medida expresada en megajulios (**MJ**) de las fuentes de energía no renovables asociadas con el ciclo de vida de la pieza. No solo incluye la electricidad y los combustibles utilizados durante el ciclo de vida del producto, sino también la energía necesaria para obtener y procesar dichos combustibles, y la energía incorporada en los materiales y consumida en la combustión. La energía total consumida se expresa como el valor calorífico neto de la demanda de energía obtenida a partir de recursos no renovables (petróleo, gas natural, etc.). Se tienen en cuenta las eficiencias obtenidas al convertir la energía (electricidad, calor, vapor, etc.).

Eutrofización del agua: La eutrofización se produce al agregar un exceso de nutrientes en un ecosistema acuático. El nitrógeno y fósforo de aguas residuales y fertilizantes agrícolas generan una abundancia de algas que agota el oxígeno del agua y aniquila la flora y fauna. Normalmente, este impacto medioambiental se mide en **fosfato equivalente a kg (PO_4) o en nitrógeno equivalente (N)**.

Evaluación del ciclo de vida (LCA): Método para evaluar cuantitativamente el impacto medioambiental de un producto a lo largo de todo su ciclo de vida, desde la extracción de materias primas, pasando por la producción, la distribución, la utilización, la eliminación y el reciclaje del mismo.

Práctica 41. SolidWorks eDrawings

Guarde el modelo de pieza o ensamblaje en formato eDrawings desde SolidWorks y estudie sus principales herramientas de visualización, gestión y comunicación. Conecte las gafas de Realidad Virtual para ver el modelo.

⏳ 15 minutos

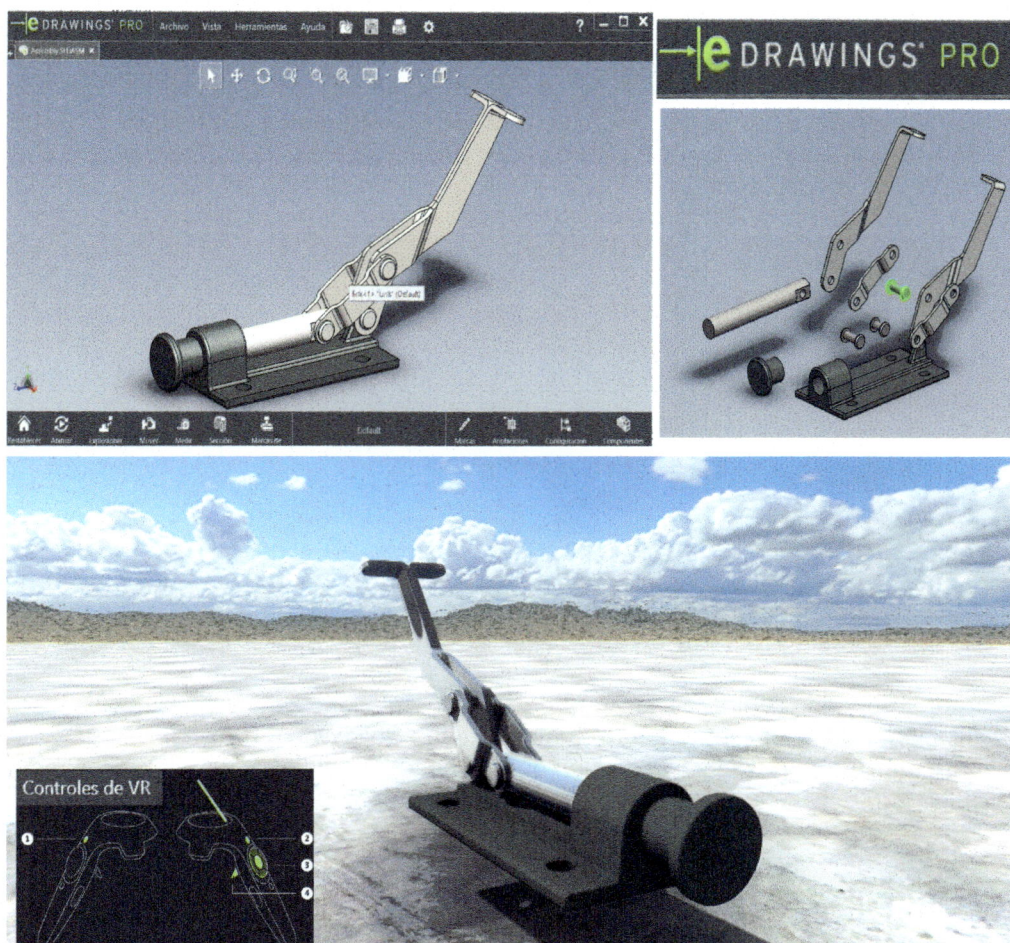

Objetivos del tutorial

- Guardar ensamblaje en formato **eDrawings** desde **SolidWorks**.

- Estudiar las herramientas de visualización y gestión de **eDrawings**.

- Enviar ficheros a otros usuarios a través de Internet mediante **eDrawings** y visualizarlos mediante gafas de **Realidad Virtual (VR)**.

eDrawings® y la Realidad Virtual (RV)

SolidWorks eDrawings® es una aplicación de SolidWorks que permite crear, visualizar y compartir modelos de piezas, ensamblajes y dibujos en 2D con clientes y proveedores de forma rápida, ágil y sin necesidad de tener conocimientos avanzados de diseño. Además, a partir de la versión 2023 pueden visualizar los modelos mediante gafas de Realidad Virtual (RV).

Abrir un modelo desde eDrawings®

1. Ejecute la aplicación de **eDrawings** contenida en la carpeta de instalación de SolidWorks. Pulse **Abrir** del Menú persiana **Archivo**. Seleccione **archivos de ensamblaje** y localice el ensamblaje adjunto en los contenidos que acompañan el libro. En esta primera parte de la práctica se trabajará la visualización normal. En la segunda se introduce el concepto de Realidad Virtual. Una vez abierto el fichero de ensamblaje es recomendable guardarlo como archivo de eDrawings (.easm).

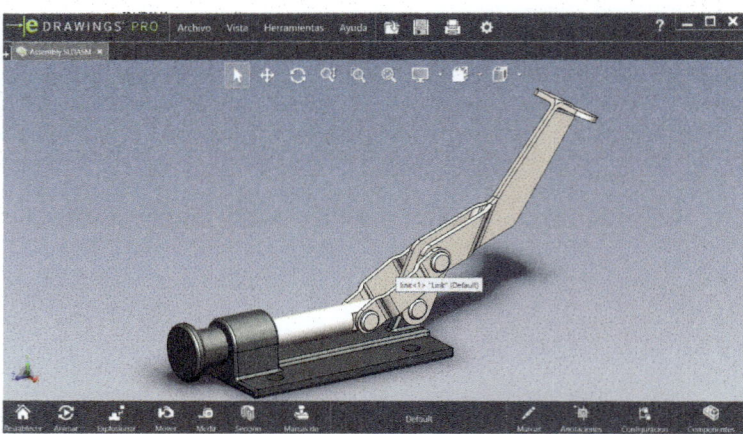

2. En la parte superior central de la Zona de Gráficos dispone de las herramientas usuales de visualización. Puede encontrar las mismas que tiene SolidWorks (trasladar, girar, zoom, zoom encuadre, ajustar, perspectiva y oclusión de ambiente, orientación de vista y, finalmente, estilo de visualización). El modo de uso es el mismo.

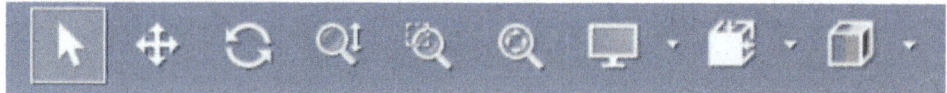

3. En la parte inferior se disponen de otras herramientas (**Mover**, **Animar**, **Explosión**, **Sección**, **Medir** y **Marcar**). Pulse **Mover** para mover una pieza del ensamblaje y llevarla a una ubicación distinta de la original. La herramienta **Restablecer** devuelve la posición de las piezas del ensamblaje al estado inicial. **Animar** permite crear una animación en pantalla en la que se va mostrando el ensamblaje desde distintas orientaciones predefinidas. **Explosionar** crea un explosionado automático del ensamblaje. Pulse **Restablecer** para volver a la configuración colapsada o montada. Con **Sección** puede visualizar el ensamblaje seccionado a partir de la definición de un plano de corte.

4. Puede marcar un archivo con la herramienta **Marcas**. En el marcado puede usar un texto, una nube, elementos geométricos (líneas y círculos) y cotas. En todos los casos puede introducir un comentario. Para insertar un comentario pulse **Marcas** y seleccione **Nuevo comentario**. Indique el nombre del comentario y a continuación seleccione **Etiqueta** para introducir un comentario. Seleccione la referencia de la pieza a la que debe referirse el comentario y redacte el texto. Pulse **Aceptar**. El comentario aparece registrado con fecha y hora de forma que cualquier otro usuario puede leerlo y contestarlo.

5. Con la herramienta **Medir** puede conocer distancias y áreas del modelo. Con **Mass** puede conocer la densidad del material, la masa, su volumen y el área superficial. La herramienta **Marcas de fecha y hora** puede insertar las marcas de: aprobado, confidencial, borrador, entre otras.

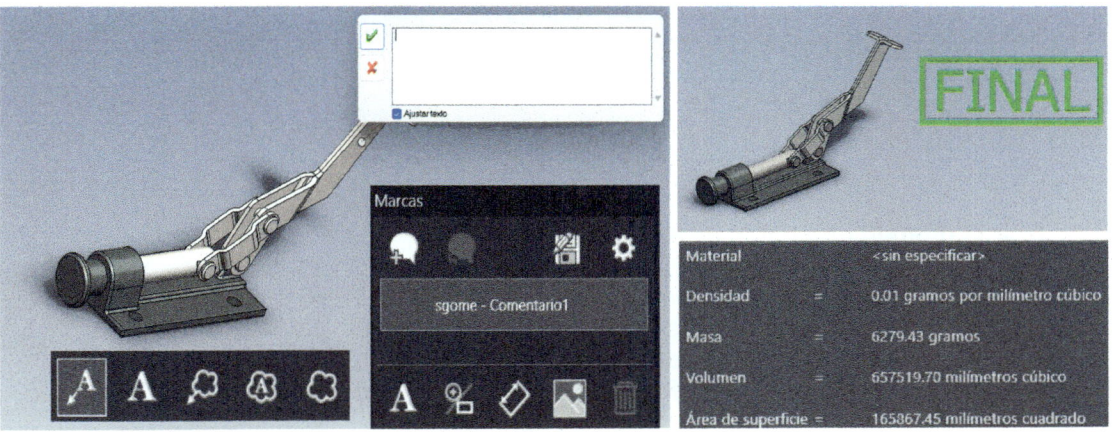

Guardar un modelo de pieza o ensamblaje para eDrawings desde SolidWorks

6. Pulse sobre **Publicar en eDrawings** desde el Menú de persiana **Archivo**. Pulse sobre **Opciones** y active todas las casillas disponibles. De esta forma permitirá que el modelo pueda ser medido desde eDrawings además de ser exportado como geometría STL. También se conservan las propiedades de archivo. Pulse sobre **Contraseña** para indicar una contraseña para poder abrir el modelo desde eDrawings. Pulse **Aceptar** y **Guardar**. De esta forma se crea un único documento eDrawings con las piezas de todo el ensamblaje.

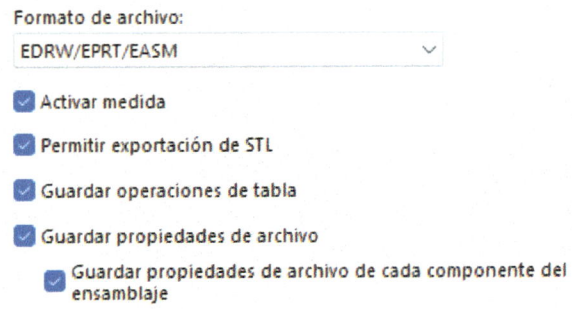

Guardar en ZIP o HTML desde eDrawings

7. Pulse sobre **Archivo, Guardar como…** en eDrawings. Puede activar las casillas **Medir** y **Permitir exportación de STL.** Con la primera se permite que puedan tomarse medida del modelo 3D y con la segunda se tiene el modelo en formato STL.

8. En **Tipo de archivo**, puede seleccionar ZIP, exe, html y htm. Las dos primeras opciones generan un fichero que puede ser descomprimido (ZIP) o ejecutado (exe) para extraer todos los ficheros. En los dos casos se incluye el visor eDrawings para poder visualizar las piezas. Son procedimientos muy recomendables para enviar por correo electrónico a otro usuario que no tiene el visor de eDrawings. La opción htm y html crea una página web con el modelo 3D. En la web podrá visualizar el modelo de la misma forma que lo hace con el visor de eDrawings. También está recomendado para usuarios que no tengan el visor.

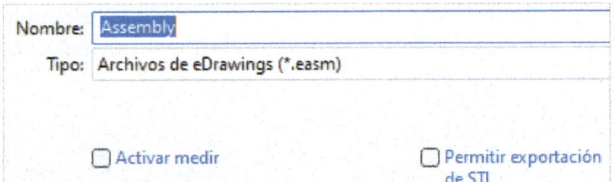

Archivos zip de eDrawings de 64 bits (*.zip)
Archivos ejecutables de eDrawings de 64 bits (*.exe)
Archivos HTML web de eDrawings (*.html)
Archivos HTML de eDrawings ActiveX (*.htm)

Visualizar el modelo con gafas de Realidad Virtual (VR)

9. Ejecute eDrawings y pulse sobre **Abrir en VR** desde el Menú de persiana **Archivo**. Una vez abierto el modelo de ensamblaje, en **Entorno**, puede definir el **Cielo**, el **Suelo**, la **Intensidad de la luz**, el **Desenfoque del horizonte** y las **Sombras**.

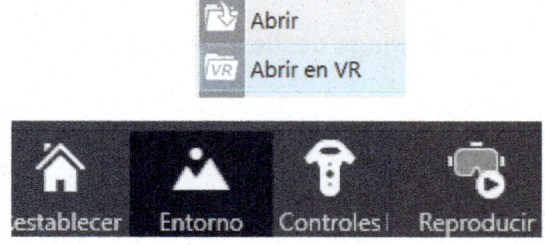

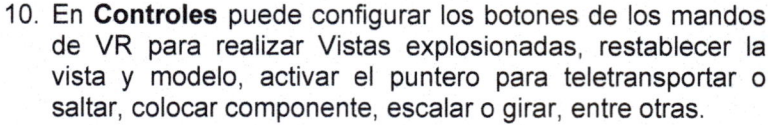

10. En **Controles** puede configurar los botones de los mandos de VR para realizar Vistas explosionadas, restablecer la vista y modelo, activar el puntero para teletransportar o saltar, colocar componente, escalar o girar, entre otras.

11. En **Reproducir** se inicia la conexión con las gafas de VR. Augúrese de conectarlas antes de activar la función de **Reproducir**.

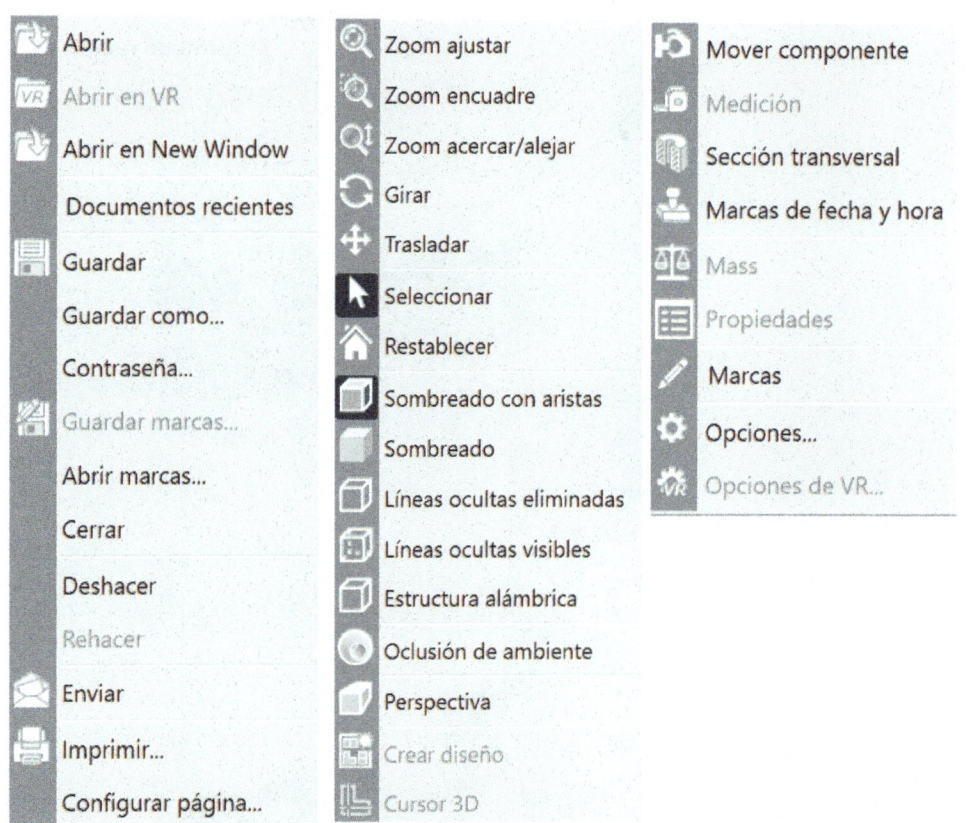

Operación de eDrawings	Aplicación CAD						
	SOLIDWORKS	AutoCAD	Autodesk Inventor Series	CATIA V5	NX/ Unigraphics	Pro/ENGINEER	Solid Edge
Dibujo de hojas múltiples	✔	✔		✔	✔	✔	
Animar vistas	✔		✔	✔	✔	✔	✔
Crear diseño	✔		✔	✔	✔	✔	✔
Opciones de exportación	✔		✔	✔	✔	✔	✔
Propiedades personalizadas	✔						
Propiedades físicas	✔		✔	✔	✔	✔	✔
Girar	✔		✔	✔	✔	✔	✔
Vistas etiquetadas	✔						
vista sombreada	✔		✔	✔	✔	✔	✔
Vistas de anotaciones	✔						
Trazados de resultados de SOLIDWORKS Plastics	✔						
Datos de simulación	✔						
Explosionar/Colapsar	✔				✔	✔	
Configuraciones	✔					✔	
Crear animaciones	✔						
Vistas de dibujo vinculadas	✔						

 Con **eDrawings** también se pueden visualizar resultados de simulación (**Simulation** y **FlowSimulation**) y trazados de resultados de **SolidWorks Plastics**.

Entorno de realidad virtual

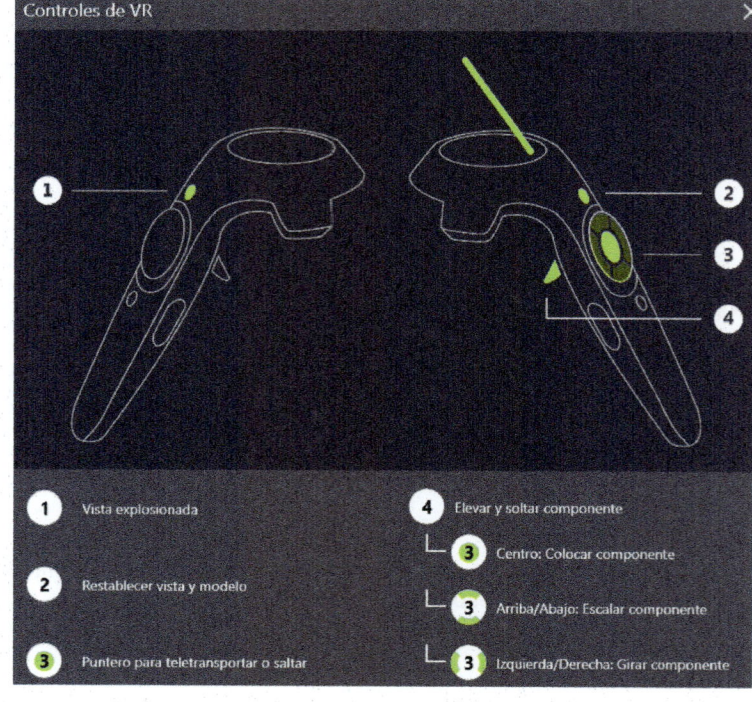

Controles de VR

1. Vista explosionada

2. Restablecer vista y modelo

3. Puntero para teletransportar o saltar

4. Elevar y soltar componente
   - 3 Centro: Colocar componente
   - 3 Arriba/Abajo: Escalar componente
   - 3 Izquierda/Derecha: Girar componente

Práctica 42. GrabCAD Library

Cree una cuenta en GrabCAD y descargue modelos en 3D.

⏳ 15 minutos

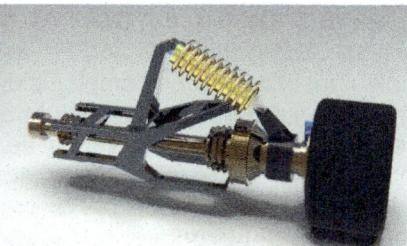

Ariel Atom full scale design

G. M. Saad
November 26th, 2023

Designed in Solidworks 2023
Rendered in Keyshot and Solidworks

⬇ **Download files**

👍 Like 　 📤 Share

⬇ 269 　 👍 60
Downloads 　 Likes 　 Comments

Files (39)

Ariel Atom full scale design /

ariel atom.12.jpg	jpg	November 26th, 2023
ariel atom 500 v8.SLDASM	sldasm	November 26th, 2023
ariel atom.21.jpg	jpg	November 26th, 2023
ariel atom.13.jpg	jpg	November 26th, 2023
ariel atom.14.jpg	jpg	November 26th, 2023
back.jPG	jpg	November 26th, 2023
ariel atom 500 v8d.jPG	jpg	November 26th, 2023
ariel atom.15.jpg	jpg	November 26th, 2023

Details

Uploaded:	November 26th, 2023
Software:	SOLIDWORKS, Rendering
Categories:	Automotive, Hobby, Machine design
Tags:	car design, ariel atom, solidworks 2023

👍 **60 Likes**

More by G. M. Saad

Comments (1)

Share your thoughts, add a comment

Post comment 　 + Attach a file

Objetivos del tutorial

- Crear una cuenta en **GrabCAD Library** y acceder a la web.
- Descargar modelos.

GrabCAD Library

GrabCAD Library es un repositorio en línea que sirve como una extensa biblioteca de archivos CAD y modelos 3D creados por ingenieros y diseñadores de todo el mundo. Su principal objetivo es compartir recursos digitales relacionados con el diseño de productos. Algunas de las ventajas de su uso son el ahorro de tiempo, la colaboración global entre profesionales de todo el mundo, la actualización continua de recursos y la verificación de calidad de los modelos subidos.

Funciones de GrabCAD Library

- **Repositorio Global de Diseños**: Es un repositorio global con una amplia variedad de archivos CAD y modelos 3D. Estos archivos pueden abarcar desde piezas y componentes simples hasta conjuntos complejos de productos.
- **Compartir y Colaborar**: Facilita la colaboración entre profesionales al permitir compartir sus creaciones y acceder a diseños de otros. Esto fomenta la creatividad y el intercambio de conocimientos en la comunidad global de diseño e ingeniería. Además, ahorra tiempo y esfuerzo al evitar la necesidad de crear diseños desde cero.
- **Aceleración del Proceso de Diseño**: Al aprovechar los modelos disponibles en la GrabCAD Library, los diseñadores pueden acelerar el proceso de desarrollo al utilizar componentes preexistentes y adaptarlos según sus necesidades específicas.
- **Búsqueda Eficiente**: Ofrece herramientas de búsqueda avanzadas que facilitan la localización de modelos específicos. Los usuarios pueden filtrar por categorías, etiquetas y otros criterios para encontrar rápidamente el recurso que están buscando.
- **Actualizaciones y Mejoras Continuas**: La comunidad activa de GrabCAD garantiza una actualización constante de la biblioteca con nuevos diseños y mejoras. Esto asegura que los profesionales siempre tengan acceso a las últimas tendencias y avances en el diseño de productos.
- **En múltiples formatos o extensiones**. Los modelos CAD 3D están disponibles en muchos formatos compatibles con ArchiCAD, AutoCAD, Inventor, Maya, Revit, CATIA, FreeCAD, Rhino, SolidWorks, Top Solid, etc.

Registro (creación de la cuenta)

1. Para crear un nuevo usuario visite la web de GrabCAD (https://grabcad.com/library). Para registrarse pulse sobre **Log in** y **Created Account**. Rellene los campos con sus datos y pulse **Sign up**. Con el usuario y contraseña ya puede acceder al repositorio de modelos 3D.

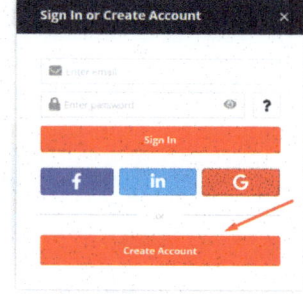

Búsqueda y Descarga de modelos 3D de piezas y ensamblajes

2. Para buscar un modelo indique un nombre en la barra de **Search**. Puede establecer filtros para descargar en función de la opinión de los usuarios, por categoría o por *software*. En este último caso, si indica SolidWorks, las geometrías mostradas en la búsqueda serán completamente compatibles y podrán ser editadas en SolidWorks. Una vez que encuentre el modelo deseado, pulse sobre **Download files**, para descargar el modelo en un fichero comprimido.

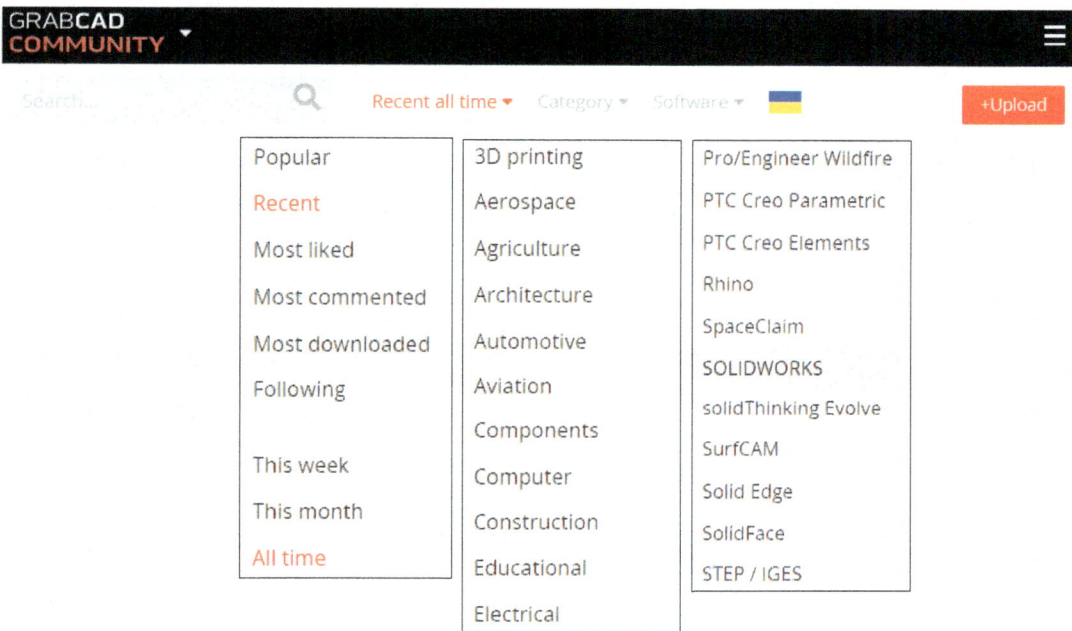

3. Observe que en la pantalla aparece una previsualización con las imágenes del modelo. El nombre del autor y la fecha en la que se subió el recurso. Los ficheros adjuntos (con sus extensiones) y la clasificación de la categoría a partir de sus *tags* o etiquetas. Además, se incluyen los *likes* y los comentarios de otros usuarios. Puede compartir el recurso con otros usuarios (Share), visualizar las veces que se ha descargado, los *likes* que ha acumulado y los comentarios totales que tiene. En la parte inferior de la ventana podrá ver otros modelos creados y compartidos por el usuario.

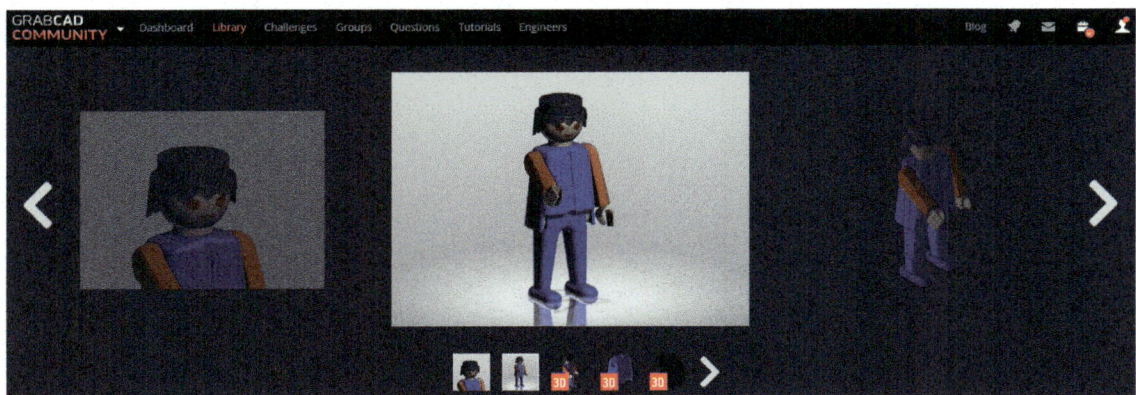

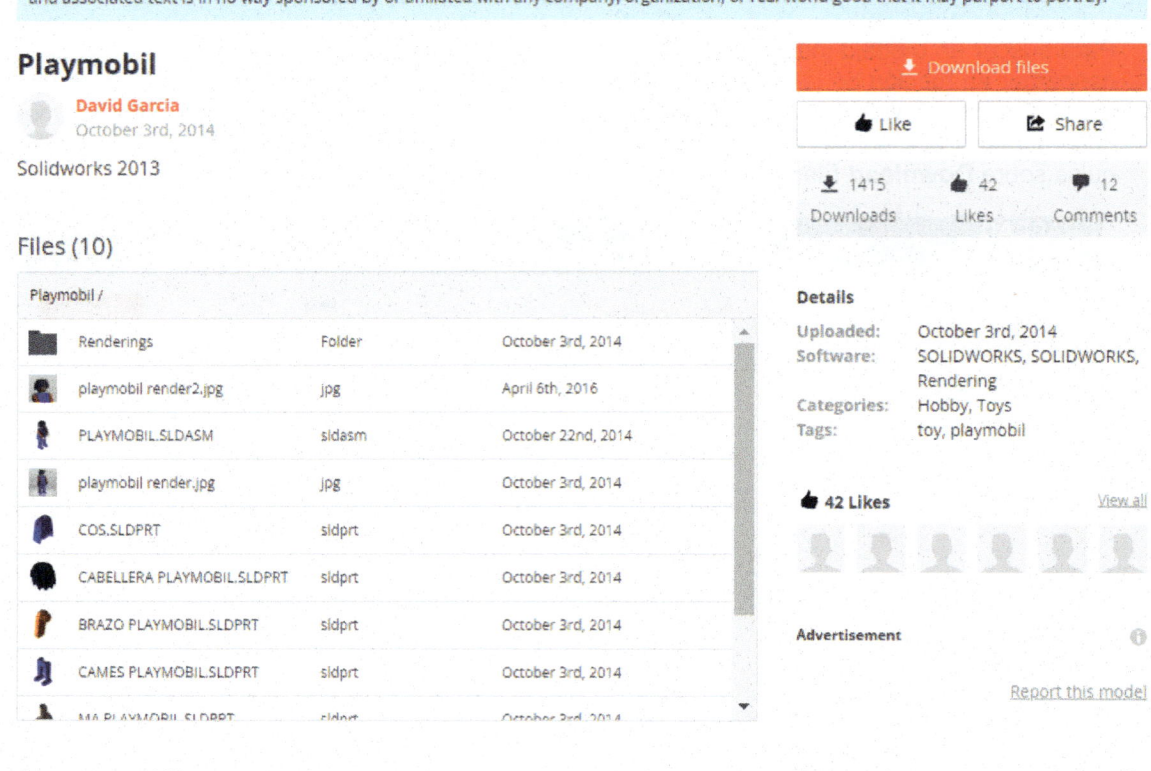

Otras funciones

Como usuario, además de bajar modelos, puede subir los suyos y colaborar con comentarios o sugerencias de mejora de los ya existentes. En **Tutorials** dispone de un buscador donde puede localizar tutoriales específicos para SolidWorks. También puede encontrar tutoriales de otros aplicativos CAD como Inventor, Catia, Rhinoceros 3D, Siemens NX, etc. La mayoría de los tutoriales aparecen con soporte de vídeo, por lo que es una fuente de aprendizaje fantástica.

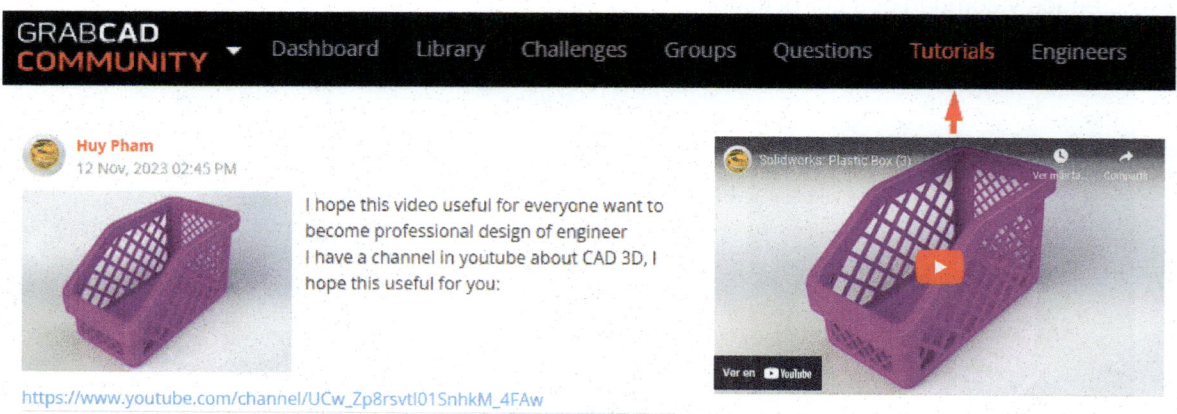

Práctica 43. 3D ContentCentral I

Cree una cuenta en 3DContent Central y descargue modelos de piezas, dibujos y ensamblajes.

⏳ 15 minutos

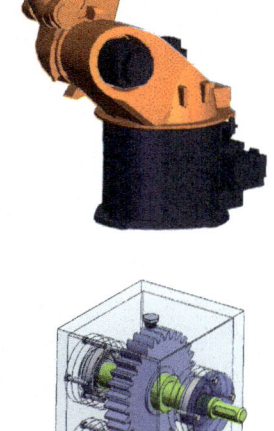

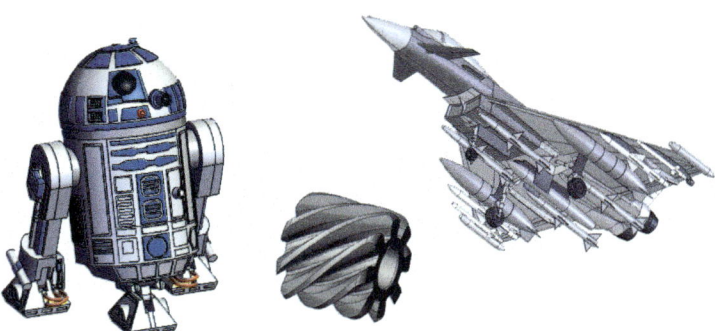

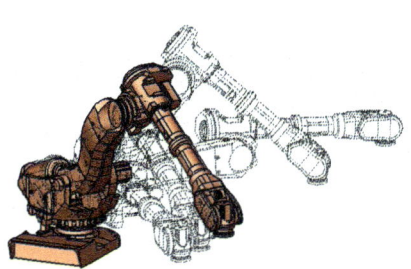

Objetivos del tutorial

- Crear una cuenta en **3D ContentCentral** y acceder a la web.
- Descargar modelos.

3DContentCentral

Repositorio gratuito en línea que permite descargar modelos en 3D y en 2D de componentes, elementos normalizados y conjuntos de los principales proveedores y fabricantes. El servicio permite buscar, configurar, visualizar y descargar en modelo CAD de una base de datos con más de 100 catálogos de proveedores y más de un millón de modelos certificados por los propios fabricantes.

> Acerca de **3D CONTENT**CENTRAL
>
> 3D ContentCentral® es un servicio gratuito para ubicar, configurar, descargar y solicitar piezas y ensamblajes en 2D y 3D, bloques en 2D, operaciones de biblioteca y macros. Únase a una comunidad activa de más de **2.676.040** usuarios CAD que comparten y descargan piezas y ensamblajes en 2D y 3D, bloques en 2D, operaciones de biblioteca y macros proporcionados por usuarios y proveedores certificados.

Para su uso debe registrarse previamente y de forma gratuita en la web: www.3dcontentcentral.es.

Acceso y registro

1. Acceda mediante su navegador a la web www.3dcontentcentral.es. En la parte superior izquierda de la web pulse sobre **Registrar**. En la ventana emergente rellene los campos obligatorios indicando su **Correo electrónico** y la **Contraseña**. Una vez registrado recibirá un correo electrónico con la confirmación.

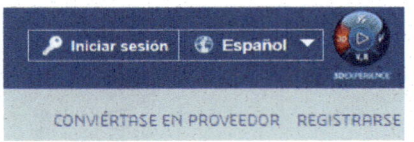

2. Para descargar modelos pulse sobre **Inicio de sesión** desde la parte superior izquierda de la web. Introduzca su **Correo electrónico** y la **Contraseña** anteriormente definida.

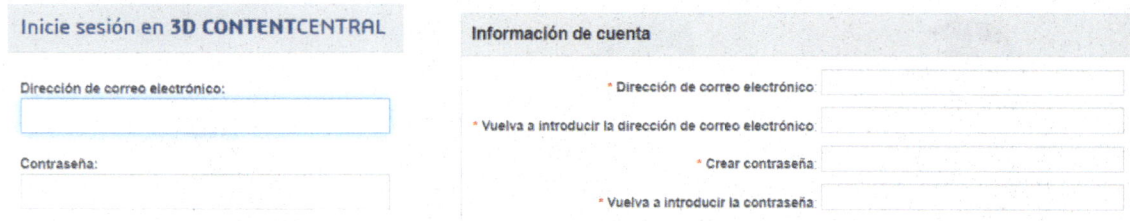

Búsqueda y descarga de modelos

3. Una vez iniciada la sesión puede buscar y descargar modelos de pieza, ensamblaje y dibujo desde el **Buscador** localizado en la parte superior derecha de la web. La búsqueda puede hacerla simple o avanzada. En esta última puede incluir frases, palabras, definir categoría o proveedor, entre otras. Escriba *Star Wars* y pulse **Buscar**. Ordene **Mejor coincidencia** y observe los modelos encontrados.

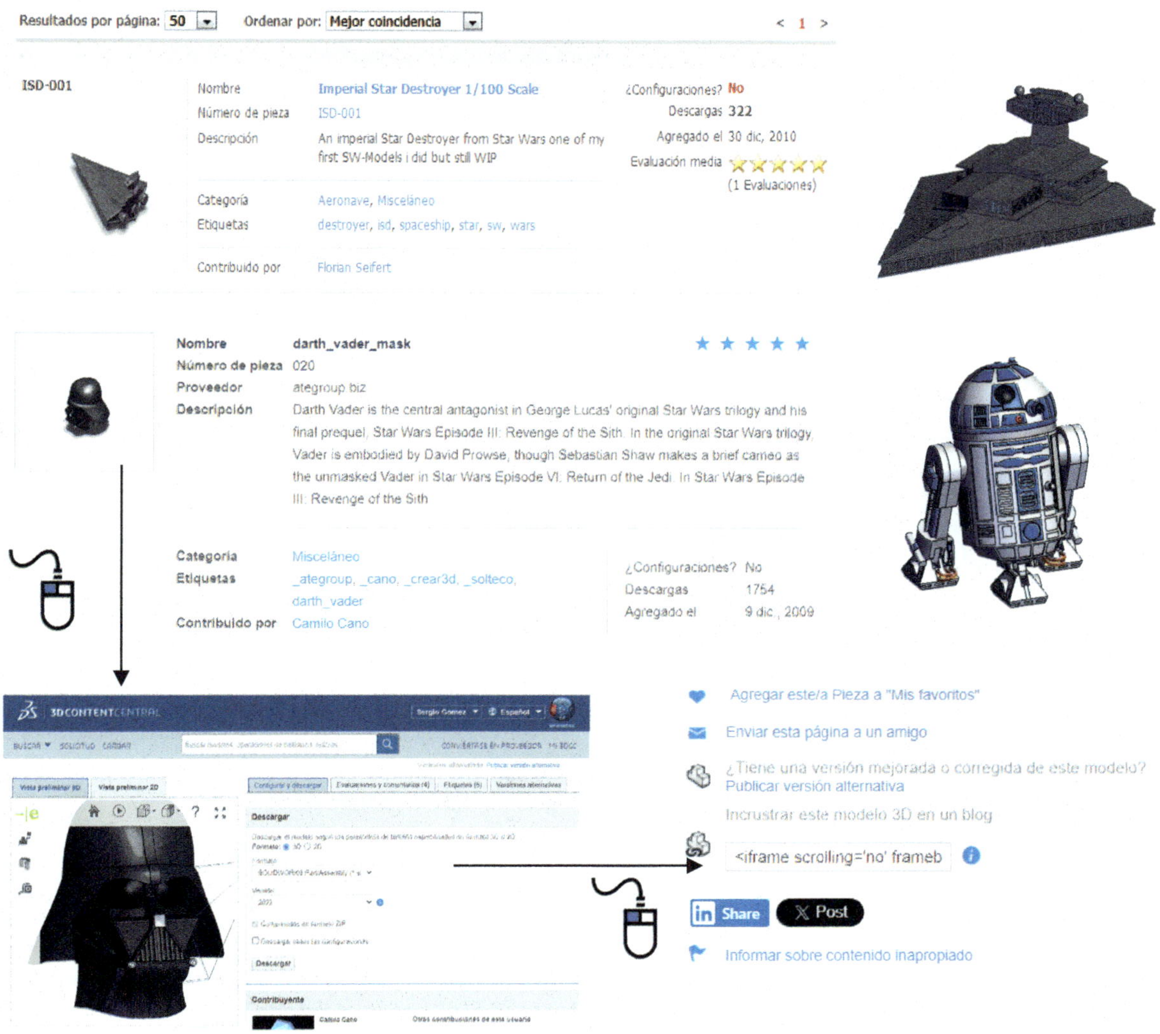

Resultados por página: **50** ▾   Ordenar por: **Mejor coincidencia** ▾   ‹ 1 ›

ISD-001

Nombre	Imperial Star Destroyer 1/100 Scale	
Número de pieza	ISD-001	
Descripción	An Imperial Star Destroyer from Star Wars one of my first SW-Models I did but still WIP	
Categoría	Aeronave, Misceláneo	
Etiquetas	destroyer, isd, spaceship, star, sw, wars	
Contribuido por	Florian Seifert	

¿Configuraciones? **No**
Descargas **322**
Agregado el 30 dic, 2010
Evaluación media ★★★★★
(1 Evaluaciones)

Nombre	darth_vader_mask
Número de pieza	020
Proveedor	ategroup.biz
Descripción	Darth Vader is the central antagonist in George Lucas' original Star Wars trilogy and his final prequel, Star Wars Episode III: Revenge of the Sith. In the original Star Wars trilogy, Vader is embodied by David Prowse, though Sebastian Shaw makes a brief cameo as the unmasked Vader in Star Wars Episode VI: Return of the Jedi. In Star Wars Episode III: Revenge of the Sith
Categoría	Misceláneo
Etiquetas	_ategroup, _cano, _crear3d, _solteco, darth_vader
Contribuido por	Camilo Cano

★ ★ ★ ★ ★

¿Configuraciones?   No
Descargas   1754
Agregado el   9 dic., 2009

♥ Agregar este/a Pieza a "Mis favoritos"

✉ Enviar esta página a un amigo

⟳ ¿Tiene una versión mejorada o corregida de este modelo?
Publicar versión alternativa

Incrustar este modelo 3D en un blog

`<iframe scrolling='no' frameb` ⓘ

in Share   ✕ Post

⚑ Informar sobre contenido inapropiado

Para cada uno de los modelos se indica el nombre, número de pieza y una pequeña descripción del mismo. Además, se definen la categoría en la que está incluido y el creador del modelo. En la parte derecha, los modelos son puntuados hasta con cinco estrellas. Si desea ponerse en contacto con el autor, agregarlo a sus favoritos o puntuar su modelo puede hacerlo desde esta pestaña.

ⓘ También puede buscar modelos a partir de su **Categoría** o del **Proveedor**. En Categorías puede localizar desde Abrazaderas, Diodos, émbolos hasta pasadores o volantes. En **Proveedores** la búsqueda se establece según las marcas comerciales como Norgrem, Festo, Bosh o AMES y los modelos incluidos pueden ser descargados en pieza, ensamblaje o plano y en múltiples formatos. Además, se garantiza que los modelos están disponibles por el proveedor.

4. Pulse sobre la figura de **Darth Vader** con el botón izquierdo del ratón. Observe la ventana emergente.

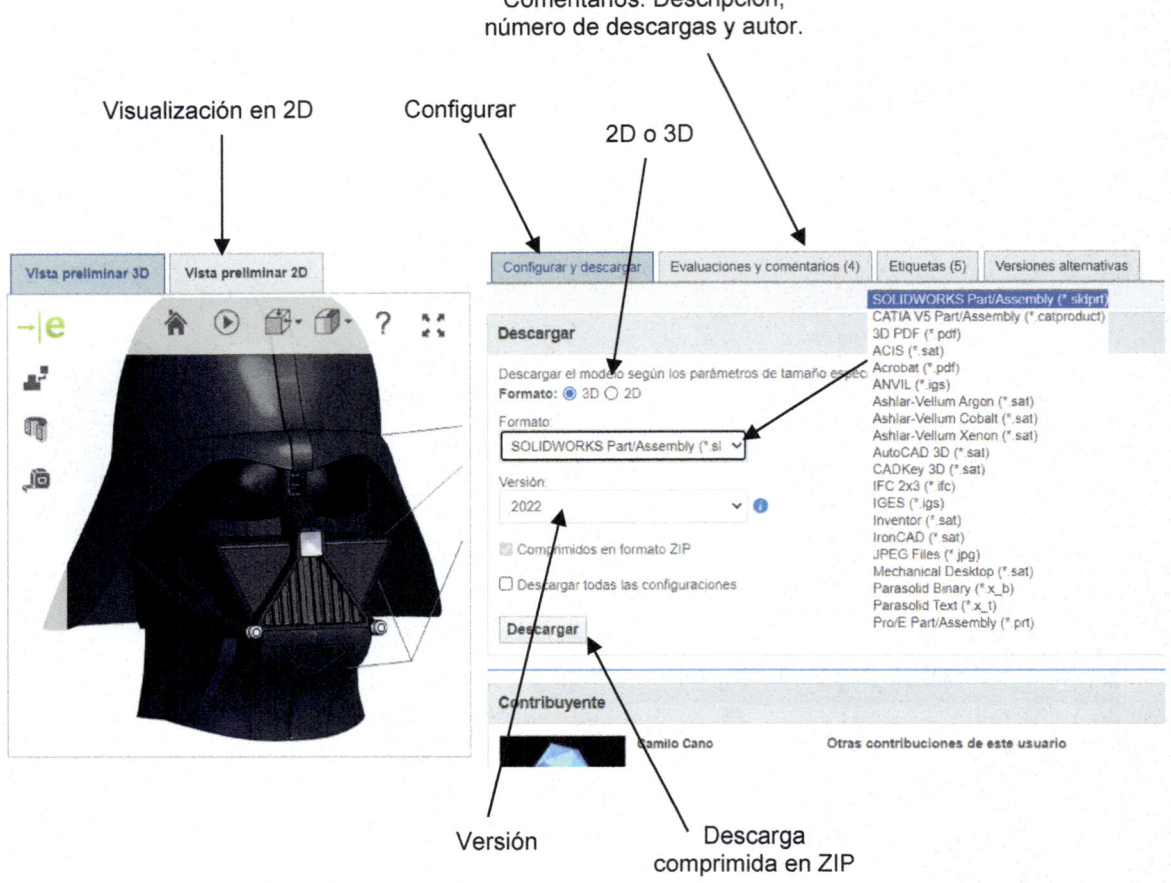

Comentarios. Descripción, número de descargas y autor.

Visualización en 2D

Configurar

2D o 3D

Versión

Descarga comprimida en ZIP

5. Manteniendo el botón izquierdo del ratón pulsado y moviendo el cursor puede **Girar** el modelo sombreado desde la **Vista preliminar 3D**. Mantenga el botón derecho pulsado y mueva el cursor del ratón arriba y abajo para hacer **Zoom** acercar y alejar, respectivamente. Pulse los dos botones del ratón para **Trasladar** el modelo sombreado. Desde la pestaña **Vista preliminar 2D** puede ver los planos asociados al modelo.

6. En la pestaña **Configurar y descargar** active la casilla 3D o 2D si desea descargar el modelo sólido o sus planos. Además, puede seleccionar el formato del modelo y la versión. Active la casilla **Comprimidos en formato ZIP** para descargar el modelo de ensamblaje y todas las piezas comprimidas. Pulse sobre **Descargar** y seleccione la carpeta donde guardar el fichero.

Servicio de proveedores

7. Si tiene una empresa puede usar el servicio de **Proveedores** donde tiene la posibilidad de publicar sus modelos CAD junto con el catálogo de productos. Para localizar este tipo de modelos pulse sobre **Proveedores** desde la página principal de 3D ContentCentral.

8. Para publicar modelos en 3DContentCentral debe seguir cuatro pasos: **Cargar** el modelo, **Revisarlo**, **Publicar** y **Mantener**.

Práctica 44. SolidCAM Fresa

A partir del modelo 3D contenido en los complementos digitales que acompaña el libro, obtenga el fichero NC después de definir las operaciones, herramientas y estrategias de mecanizado de fresado con el complemento de SolidCAM.

⏳ 25 minutos

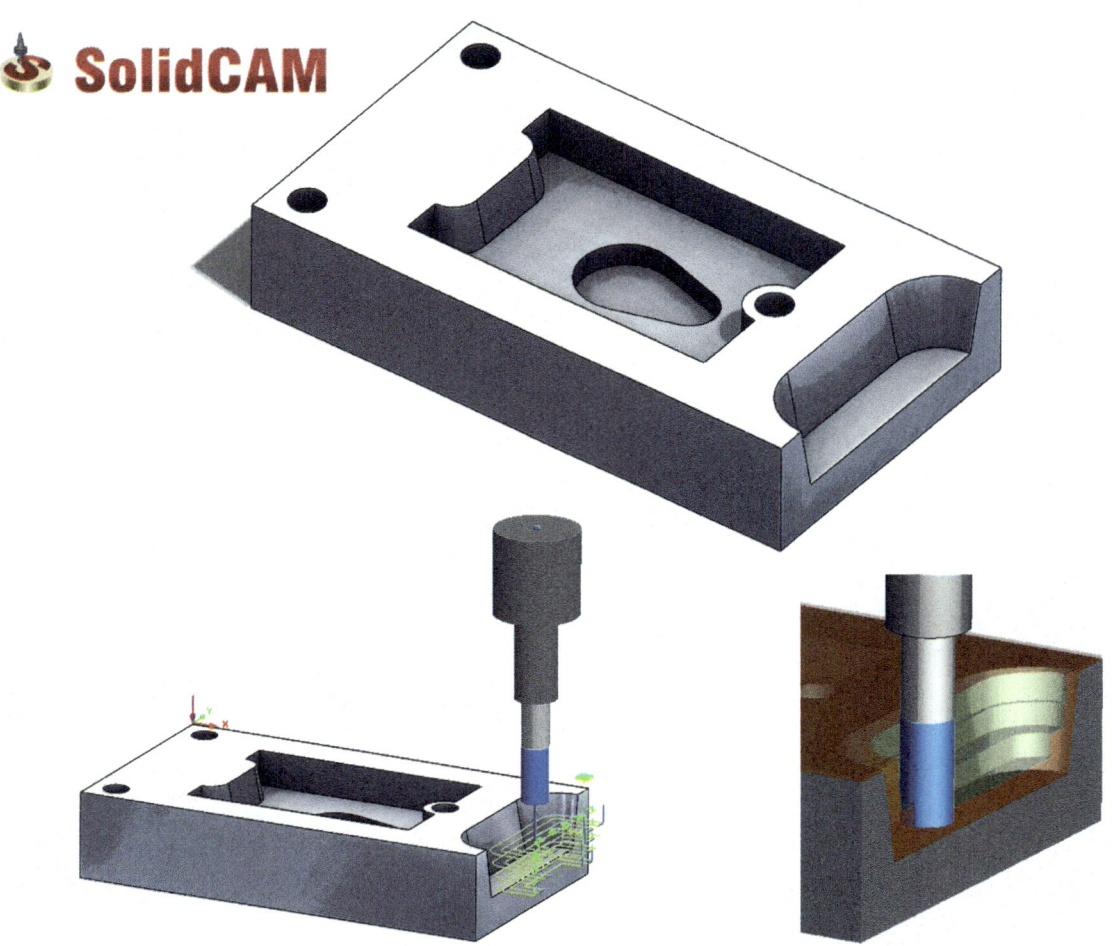

Objetivos del tutorial

- Abrir **el complemento de SolidCAM y definir la máquina de CNC.**
- Definir el bloque de material y el origen.
- Definir el Plan de trabajo, estrategias de mecanizado y los caminos de herramientas.
- Simular y crear fichero NC para exportar al centro de mecanizado.

SolidCAM

SolidCAM es un complemento de CAM (fabricación asistida por ordenador) que permite crear las trayectorias de las herramientas en la definición de un mecanizado. Está perfectamente integrado en SolidWorks facilitando la definición del mecanizado sin salir del entorno de diseño. A diferencia de otros paquetes CAM, no es necesario la importación de geometría 3D, sino que directamente usa el modelo que está diseñando. Algunas de sus ventajas son:

- **Asociatividad total**. Cualquier modificación en el diseño es transformada en el CAM actualizándose las trayectorias de las herramientas.
- **Reducción de tiempo**. Elimina problemas de importación y exportación. Además, la asociatividad total facilita la obtención de mecanizados de forma rápida.
- **Curva de aprendizaje**. El entorno familiar e intuitivo facilita su aprendizaje.
- **Completa visualización**. Se visualiza el material de inicio, las fijaciones, herramientas, mordazas, etc. Las simulaciones crean animaciones realistas con la descripción de los movimientos de las herramientas y el proceso de mecanizado.
- **Fácil postprocesado**. Se dispone de los postprocesadores para cada máquina de CNC y su conversión a código G es rápida. Es recomendable previsualizarlo antes y realizar los ajustes manuales según la máquina a utilizar y las preferencias de cada uno.

Para crear un postprocesado con SolidCAM las etapas genéricas a realizar son:

1. Iniciar SolidCAM y abrir el modelo 3D de la pieza que deseas mecanizar.
2. Definir Máquina CNC y configurar los parámetros de la máquina.
3. Crear las operaciones de Mecanizado (fresado, torneado, taladrado, etc.) y los parámetros específicos de cada operación, como herramientas, estrategias de corte, velocidades de avance y profundidades de corte.
4. Generar trayectorias de herramientas y simular el mecanizado.
5. Generar Código G que la máquina CNC ejecutará para realizar el mecanizado.
6. Verificar postprocesador y ejecutar la simulación final para asegurar el correcto funcionamiento del código G.
7. Enviar a la Máquina CNC.

Inicio   Destacados   iMachining   Soluciones CAM   Aditivo   Vídeos   Historias de éxito   Suscripción   Empresa   Contacto

 Para más información puede consultar la web https://www.solidcam.com/. Puede encontrar vídeos, material didáctico, historias de éxito, seminarios *online*, un foro de consultas e incluso reservar una demo *online*.

Abrir el modelo de pieza y Activar el complemento SolidCAM

1. Pulse la opción **Abrir** del Menú persiana **Archivo** o sobre el icono **Abrir**. Localice el fichero que acompaña el libro.

2. Active el complemento **SolidCAM** desde el Menú de persiana **Herramientas**, **Complementos**. Recuerde que se tienen dos casillas de verificación. La de la derecha permitirá abrir el complemento cada vez que se inicie SolidWorks. La activación de muchos complementos ralentiza los inicios de la nueva sesión. La casilla de la izquierda abre el complemento en la sesión actual.

3. Del PropertyManager aparecen tres árboles: **Árbol de rasgos**, **Árbol de operaciones** y **Árbol de herramientas** (ver figura).

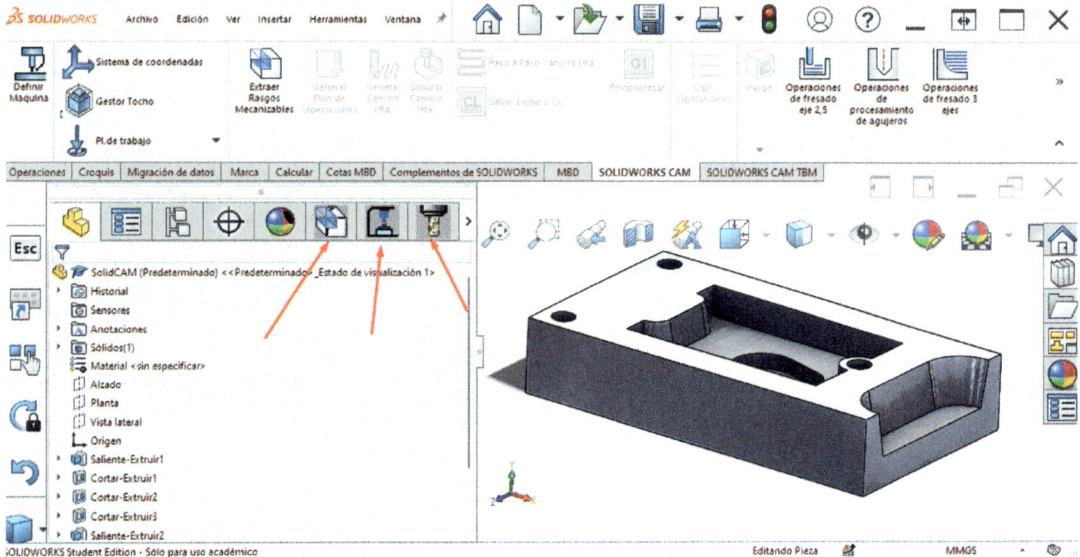

Definir la máquina

4. Pulse **Definir máquina** desde la Barra de Comandos de **SolidCAM**. En Máquina seleccione Mil-Metric (máquina por defecto). En la pestaña **Torreta** seleccione la torreta (Tool Crib 2-Metric). En **Postprocesador** seleccione uno en función de sus necesidades y pulse **Aceptar** para terminar. Desde la web de SolidCAM puede descargar postprocesadores para cualquier máquina. Póngase en contacto con ellos y consulte el siguiente apartado (5).

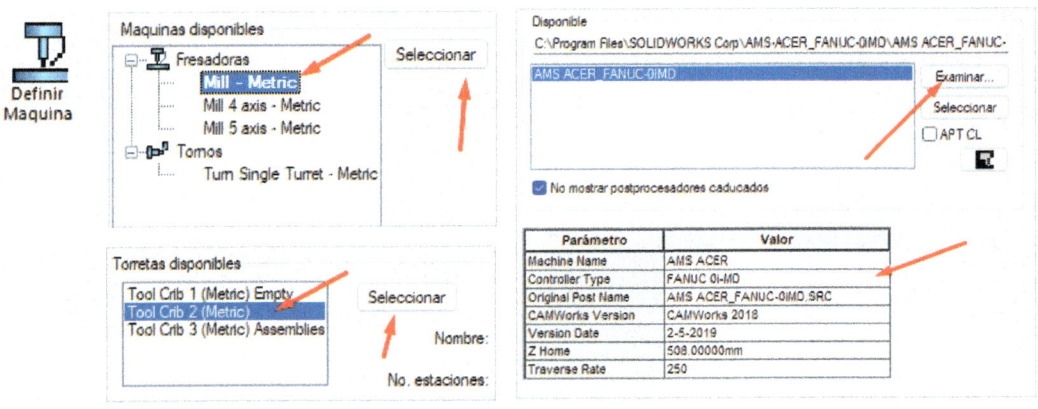

5. Puede descargar postprocesadores desde la web de CAMWorks (https://camworks.com/post-processor-library/). Seleccione el tipo de máquina, el fabricante y el modelo. Pulse sobre **Search** para buscar el postprocesador adecuado a su maquinaria. En la figura se ha buscado un postprocesador para un centro de mecanizado HAAS (*Haas/Fanuc style NC code*). Descargue el postprocesador para poderlo seleccionar.

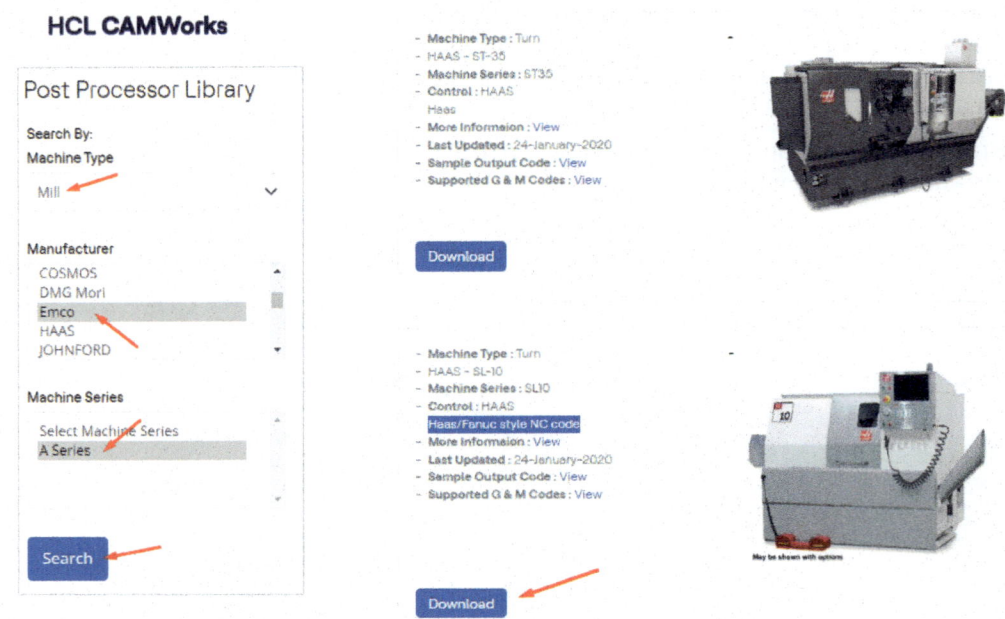

Definición del bloque de material (tocho)

6. Pulse con el botón derecho sobre **Gestor Tocho** y seleccione **Editar definición**. Puede seleccionar un STL que haga la función de tocho o definir la equidistancia de las caras del modelo actual. Seleccione el **Material** (Aleación de aluminio), el **Tipo de tocho** (Caja limitada), el **Sistema de coordenadas** (origen). En nuestro caso vamos a darle un sobre espesor de 1 m en la cara superior (Y+) para hacer posteriormente un planeado. Pulse **Aceptar**. Visualice el tocho (semitransparente) sobre la pieza a mecanizar (ver figura).

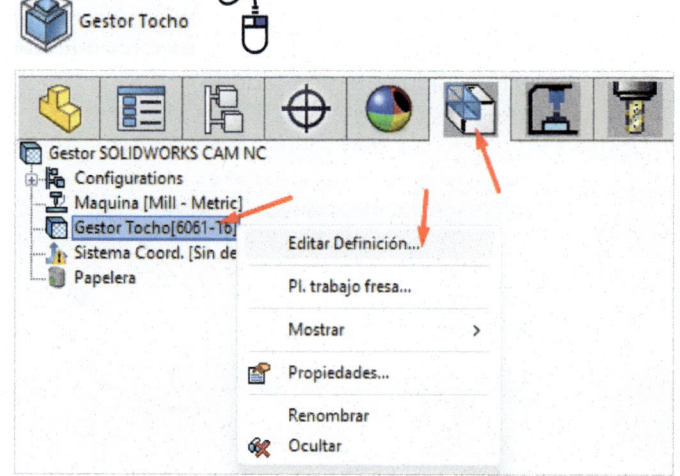

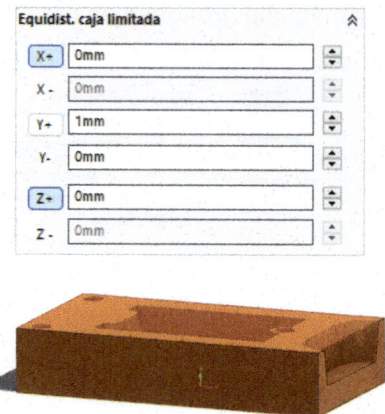

Configuración opciones de CAM y definición del sistema de coordenadas

7. Pulse con el botón derecho sobre **Gestor SOLIDWORKS CAM** y seleccione **Opciones**. Observe y configure los **Rasgos de Fresa**, **Parámetros de simulación**, etc. Pulse **Aceptar**.

8. Para definir el sistema de coordenadas pulse con el botón derecho sobre **Sistema de Coord.** y seleccione la opción **Vértice de caja limitada de tocho**. Seleccione la arista X y la Z según la figura. Pulse **Aceptar**.

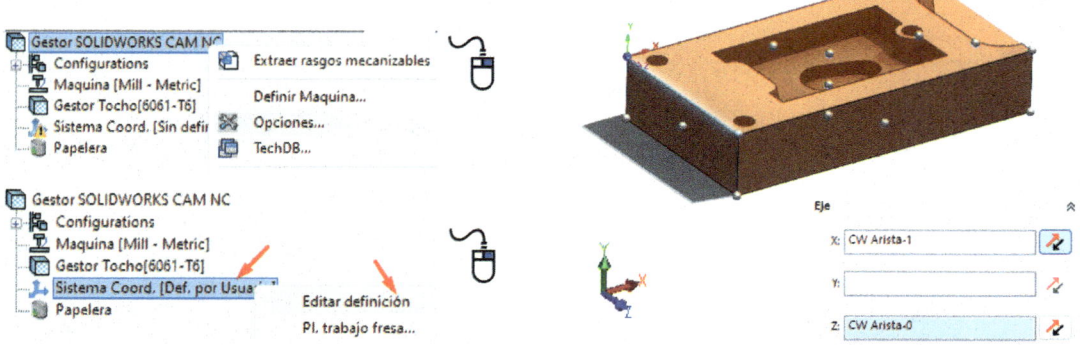

Extraer los rasgos mecanizables

9. Pulse **Extraer Rasgos Mecanizables** desde el Gestor de Comandos de SolidWorks CAM. Aparece el Árbol de rasgos en el que se indican todas las operaciones de mecanizado necesarias para todas las operaciones (cajera, rebaje, agujero, etc.).

10. Pulse sobre uno de los rasgos, por ejemplo, Desbaste 1, y seleccione la opción **Editar definición** en la nueva ventana emergente. Puede editar la herramienta, el avance y la velocidad, la operación de desbaste, entre otras. En el caso de la operación de desbaste, es posible definir el patrón de vaciado, las pasadas y su profundidad, el método de mecanizado (concordancia u oposición, entre otros).

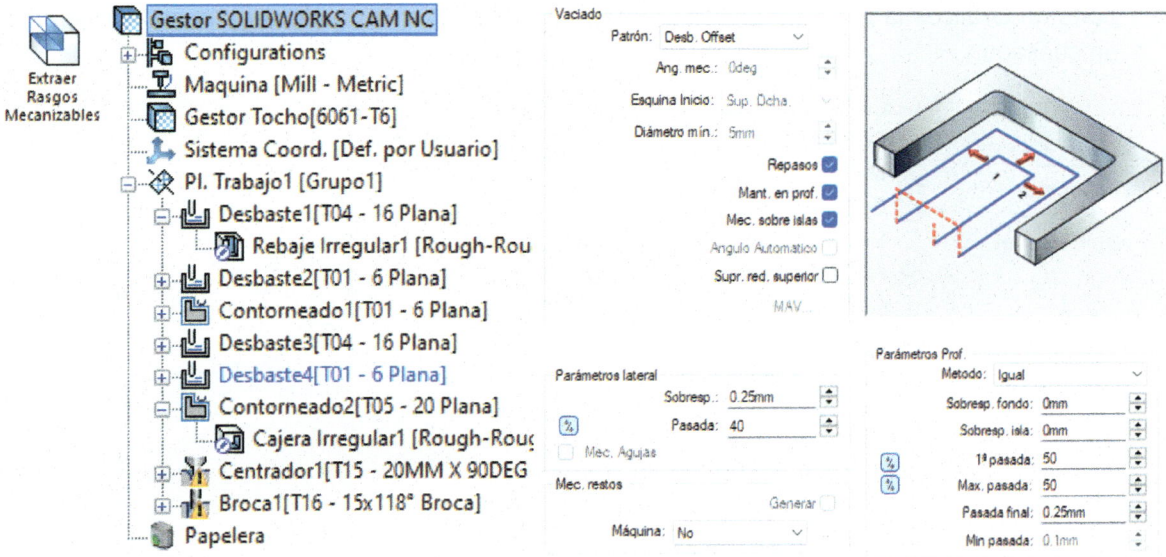

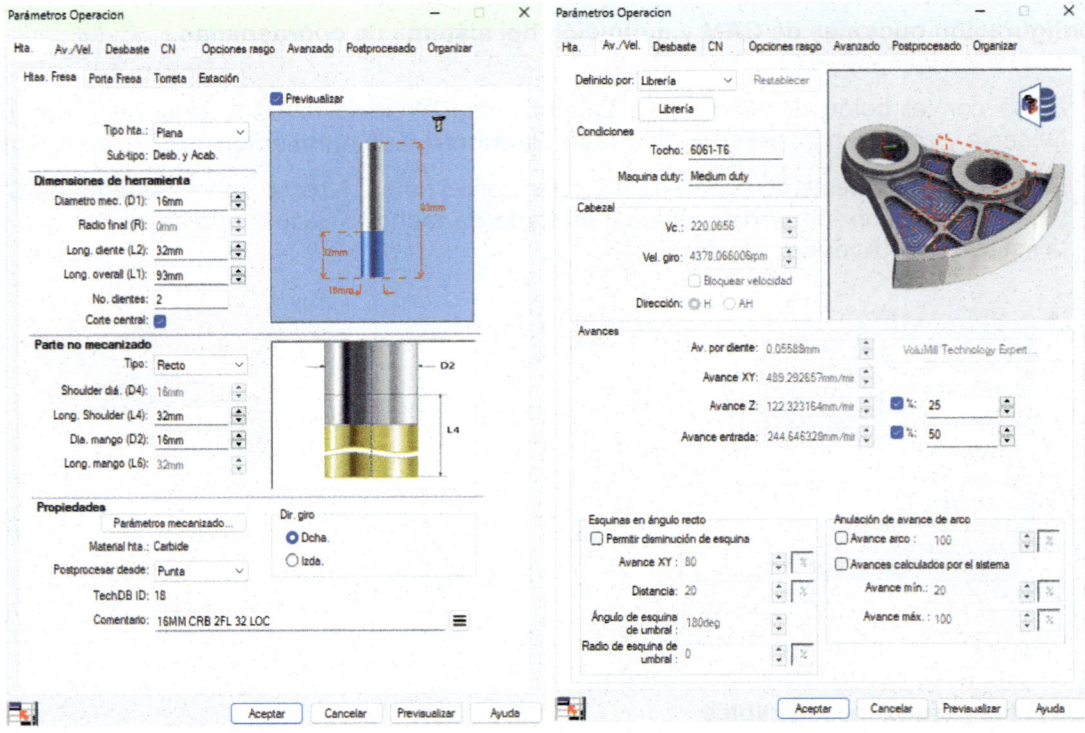

Plan de trabajo y Caminos de herramientas

11. **Generar Plan de Operaciones**. Pulse sobre el icono con el mismo nombre desde el Gestor de Comandos desde SolidWorks CAM para crear las operaciones de mecanizado para todos los rasgos mecanizables. Observe en azul las operaciones de mecanizado creadas (desbastes, contorneadas, centrador y broca).

12. Pulse sobre **Generar camino Hta** desde el Gestor de Comandos desde SolidWorks CAM. Todas las operaciones pasan a tener un color negro. En caso contrario, indica que no se ha definido el camino de herramienta. Si pulsa sobre cada una de ellas, puede observar, en la Zona de Gráficos la previsualización del trazado de la herramienta de corte sobre la operación en cuestión.

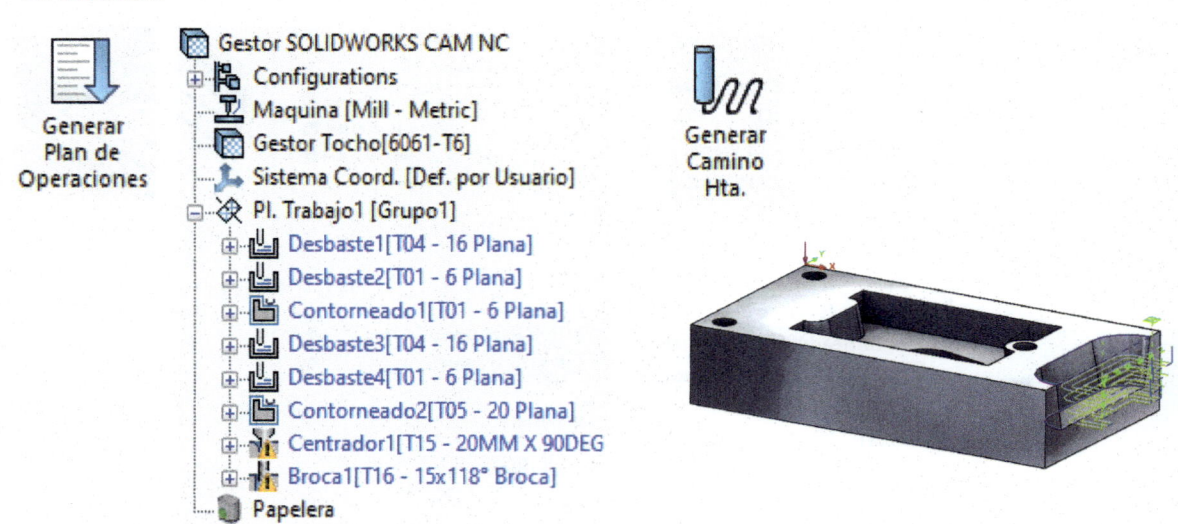

Editar una operación, Generar Trayectoria de Herramienta y Simular Camino

13. Para editar una operación pulse sobre ella con el botón derecho del ratón y seleccione la opción **Editar definición**. Puede editar las características de la herramienta (Tipo de herramienta, diámetro, dirección de giro, etc.), portafresas, torreta y estación. También es posible editar la operación de mecanizado y definir distintas estrategias (ver figura).

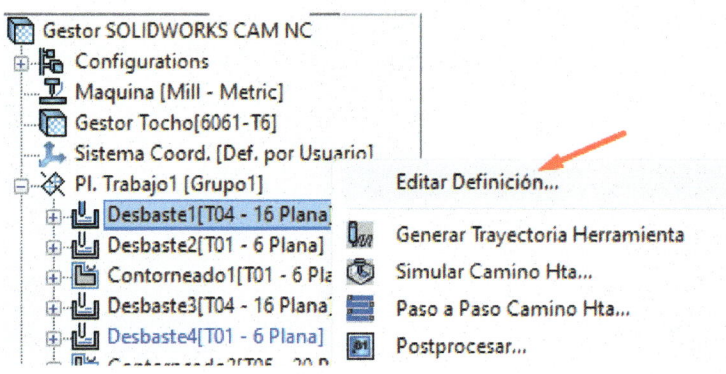

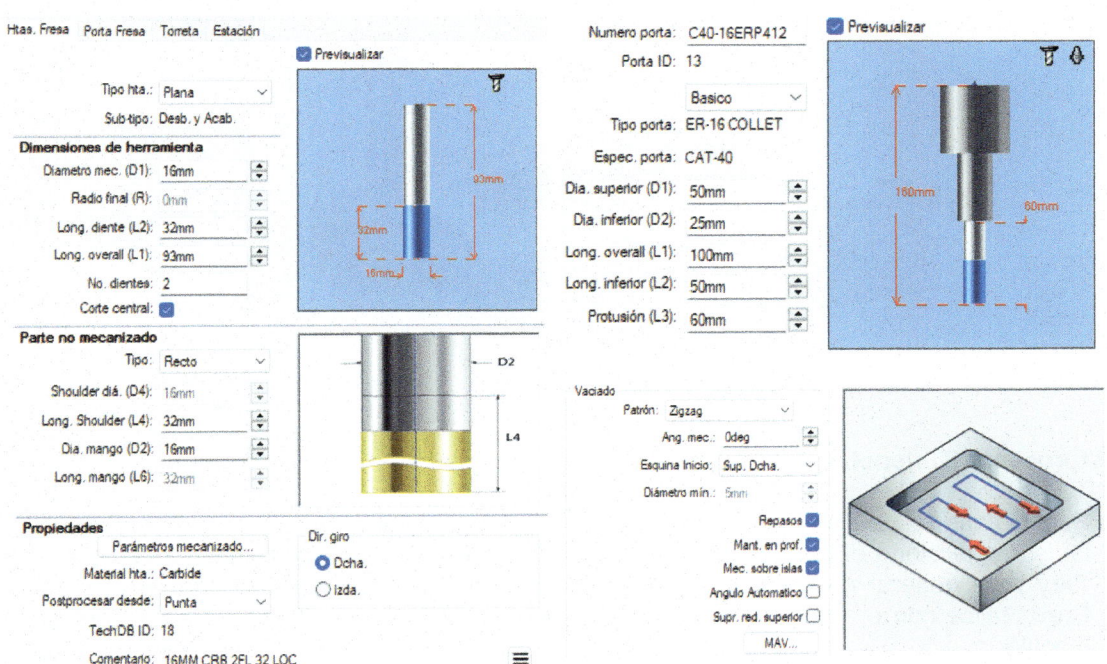

14. Pulse con el botón derecho sobre una de las operaciones de mecanizado creadas y seleccione **Generar Trayectoria de la Hta**. Visualice las distintas pasadas de mecanizado sobre la pieza (trayectorias verdes) y los desplazamientos rápidos de la herramienta sin mecanización (trayectorias azules).

15. Repita la operación anterior pero ahora seleccione **Simular Camino de Hta**. Pulse al **Play** y observe la previsualización del mecanizado de la operación seleccionada.

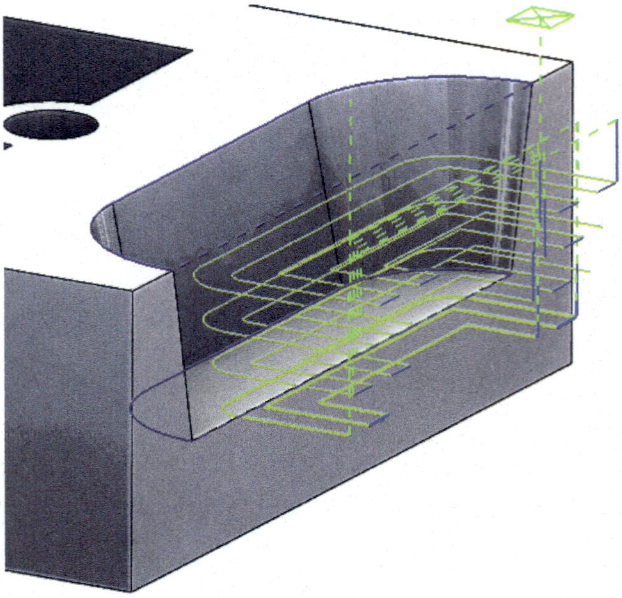

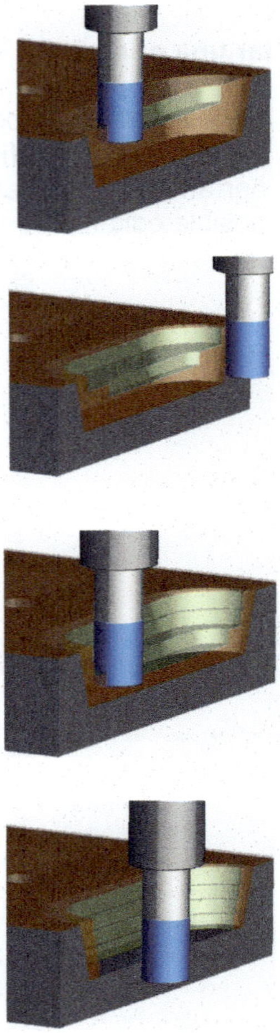

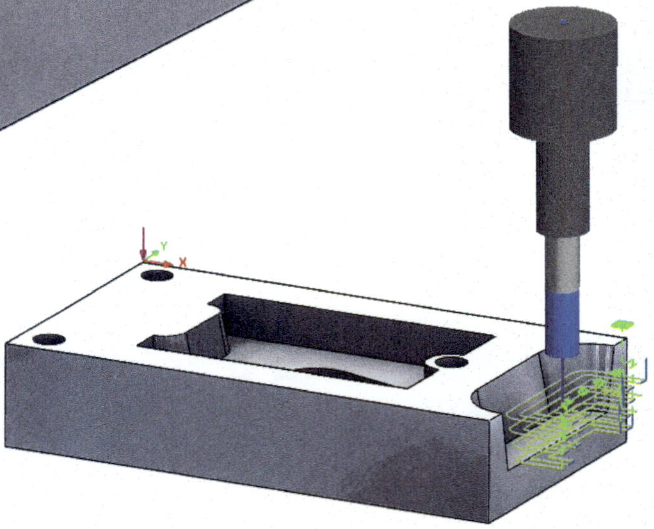

G1

Postprocesar

Postprocesar (Obtención del código G)

16. Para obtener el código G para enviar al centro de mecanizado pulse sobre **Postprocesar**. De la lista seleccione el postprocesador deseado y pulse **Guardar**. A continuación, pulse sobre **Play** para generar el código G. Copie el fichero NC y envíelo a máquina para su revisión. Previsualice con el visor del centro de mecanizado las trayectorias de mecanizado antes de ejecutarlo.

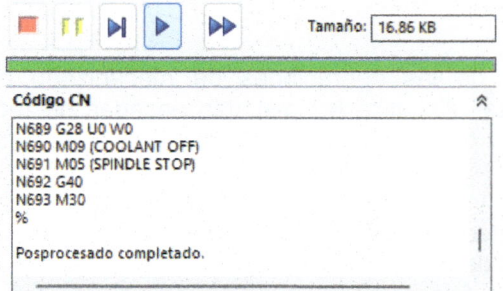

Tamaño: 16.86 KB

Código CN

```
N689 G28 U0 W0
N690 M09 (COOLANT OFF)
N691 M05 (SPINDLE STOP)
N692 G40
N693 M30
%

Posprocesado completado.
```

Parámetro	Valor
Machine Name	Haas SL-10
Controller Type	Haas/Fanuc
Traverse Rate	6350.00000mm

Práctica 45. SolidCAM Torno

A partir del modelo 3D de revolución contenido en los complementos digitales que acompaña el libro obtenga el fichero NC después de definir las operaciones, herramientas y estrategias de mecanizado de torneado. Utilice el complemento de SolidCAM.

⌛ 25 minutos

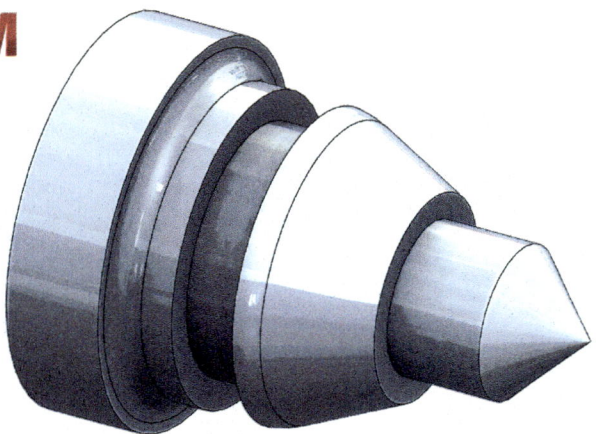

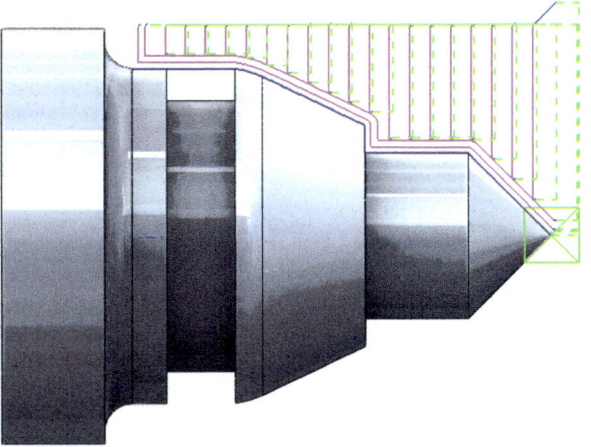

Objetivos del tutorial

- Abrir el complemento de **SolidCAM** y definir el torno de CNC.

- Definir el bloque de material y el origen.

- Definir el Plan de trabajo, estrategias de mecanizado y los caminos de herramientas.

- Simular y crear fichero NC para exportar al torno de CNC.

Abrir el modelo de pieza y Activar el complemento SolidCAM

1. Pulse la opción **Abrir** del Menú persiana **Archivo** o sobre el icono **Abrir**. Localice el fichero que acompaña el libro.

2. Active el complemento **SolidCAM** desde el Menú de persiana **Herramientas**, **Complementos**. Recuerde que tenemos dos casillas de verificación. La de la derecha permitirá abrir el complemento cada vez que se inicie SolidWorks. La activación de muchos complementos puede provocar que su equipo tarde mucho tiempo en abrirse. La casilla de la izquierda abre el complemento en la sesión actual.

3. Del PropertyManager aparecen tres árboles: **Árbol de rasgos**, **Árbol de operaciones** y **Árbol de herramientas**.

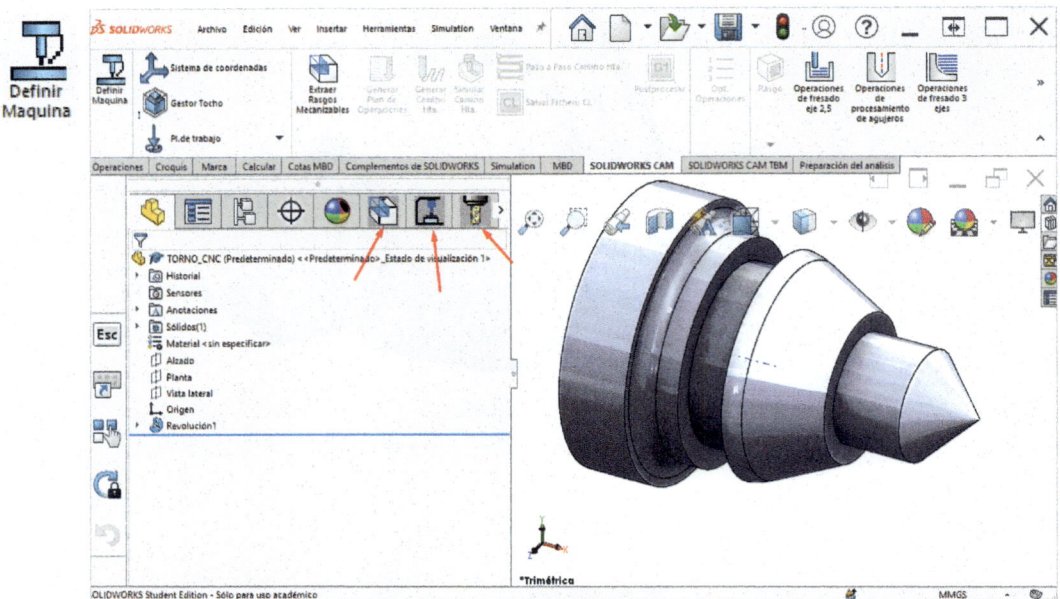

Definir la máquina

4. Pulse **Definir máquina** desde la Barra de Comandos de **SolidWorks CAM**. En Máquina seleccione **Tum Single** desde **Tornos**. En **Postprocesador** seleccione uno en función de sus necesidades y pulse **Aceptar** para terminar. Desde la web de SolidCAM puede descargar postprocesadores para cualquier máquina. Póngase en contacto con ellos y lea el siguiente punto (5).

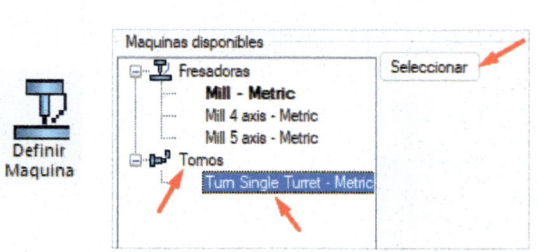

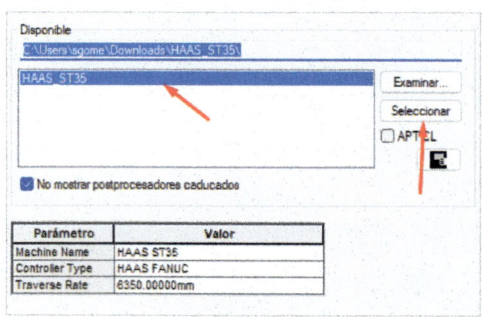

5. Puede descargar postprocesadores desde la web de CAMWorks (https://camworks.com/post-processor-library/). Seleccione el tipo de máquina, el fabricante y el modelo. Pulse sobre **Search** para buscar el postprocesador adecuado a su maquinaria. En la figura se ha buscado un postprocesador para un torno HAAS (*Haas/Fanuc style NC code*). Descargue el postprocesador para poderlo seleccionar.

Definición del bloque de material (tocho) y del plano de trabajo

6. Pulse con el botón derecho sobre **Gestor Tocho** y seleccione **Editar Definición**. Puede seleccionar un STL que haga la función de tocho o definir la equidistancia de las caras del modelo actual. Seleccione el **Material** (Aluminium Alloys), el **Tipo de tocho** (Tocho en barra), el **Sistema de coordenadas** (origen). Puede modificar las dimensiones de la barra en función de sus necesidades. Pulse **Aceptar**. Observe la previsualización del tocho semitransparente y de la geometría a obtener.

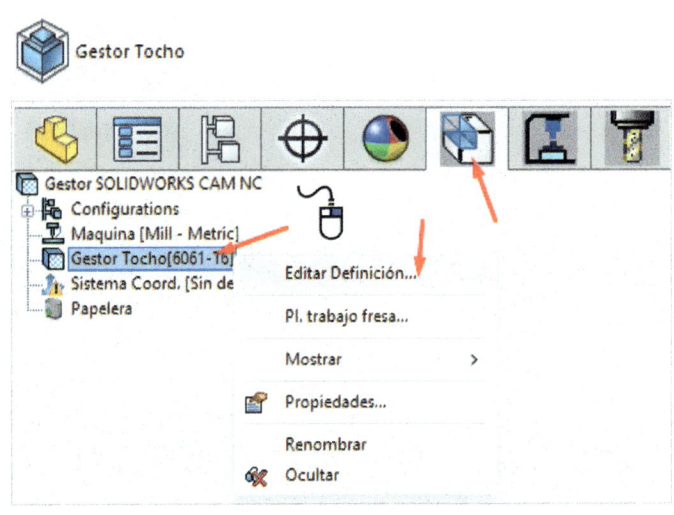

7. Para definir el plano de trabajo y el cero pieza pulse con el botón derecho sobre **Gestor Tocho** y seleccione la opción **Pl. trabajo**. Observe el **plano XZ** de trabajo. Permita que el eje Z sea positivo (no invertir su dirección). Pulse **Aceptar** para continuar.

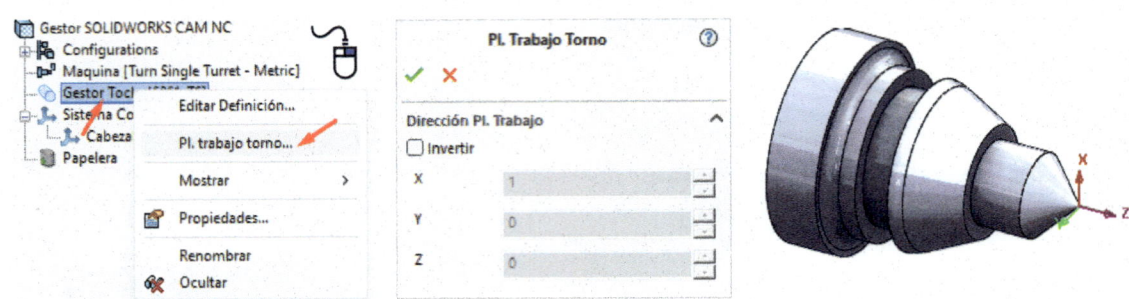

Rasgo torno y Plan de operaciones

8. Pulse con el botón derecho sobre **Gestor SOLIDWORKS CAM** y seleccione **Opciones**. Observe y configure los **Rasgos de Torno**, **Parámetros de simulación**, etc. También puede pulsar sobre **Pl. Trabajo Torno1**. En **Tipo** seleccione un mecanizado exterior seleccionando la opción **Rasgo DE**. En **Estrategia** seleccione desbaste y acabado (**Rough-Finish**). En **Entidades seleccionadas** debe seleccionar las líneas que definen la generatriz de la revolución de la pieza. Seleccione la primera de las líneas (origen del sistema de coordenadas) y la última que va a representar la primera de las operaciones de desbaste. La última de las líneas es la anterior a la operación que requiere una ranura (vea la figura). Las líneas rojas representan las líneas seleccionadas. Observe cómo se hace una unión de las líneas intermedias. Inmediatamente después, seleccione la tercera línea (marcada en rojo cómo en la figura con el número 2). En **Unión** seleccione la opción **Recto** para que se mecanice el final de la pieza sin que se realice la ranura.

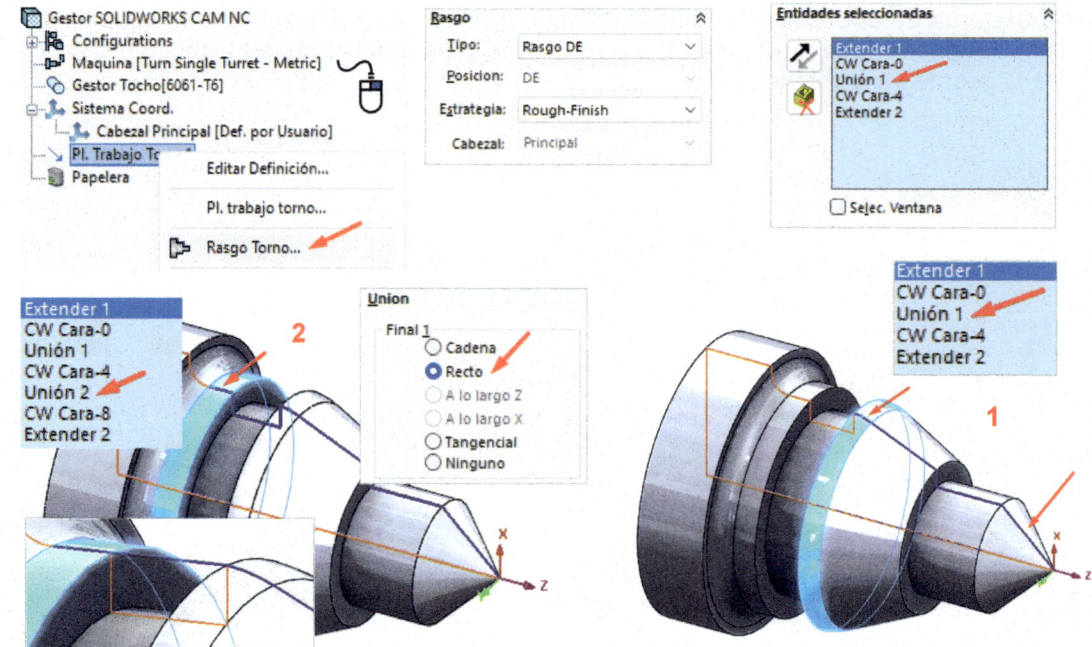

9. Una vez definido el Rasgo, pulse **Rasgo DE** y seleccione la opción **Generar Plan de Operaciones**. Aparecen las operaciones de **Desbaste DE1** y de **Acabado De1**. Pulse con un doble clic del ratón sobre **Desbaste DE1**. También puede acceder a generar el plan de operaciones pulsando sobre el icono con el mismo nombre desde el Gestor de Comandos desde SOLIDWORKS CAM. El Plan de operaciones define las operaciones de mecanizado para todos los rasgos mecanizables (desbaste y acabado). En la ventana emergente puede definir la **Herramienta de corte**, el **PortaHerramientas**, la **Torreta**, entre otros. La **Velocidad de corte** (Vc) se define en función de la librería, pero puede editarse. En la pestaña **Desbaste DE** defina el **Tipo de mecanizado**, ciclo fijo, parámetros de contorneado, el sobreespesor, la compensación de la herramienta, etc. En la práctica se dejarán todos los parámetros indicados. Pulse **Aceptar**.

10. Repita el apartado anterior (9) para definir el acabado.

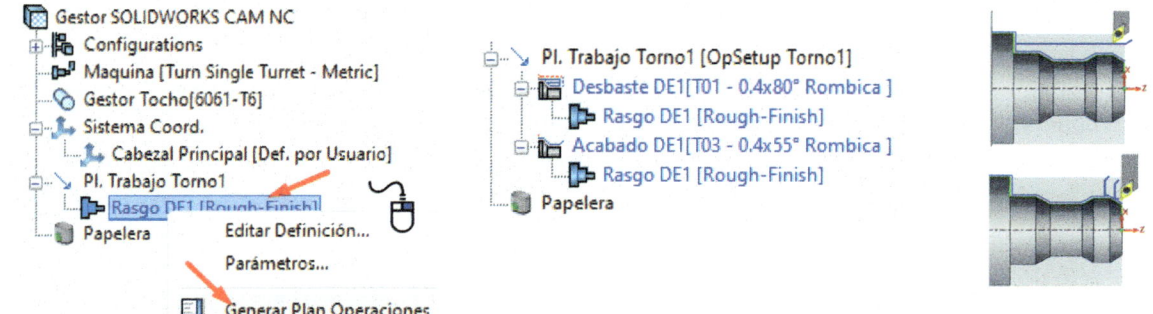

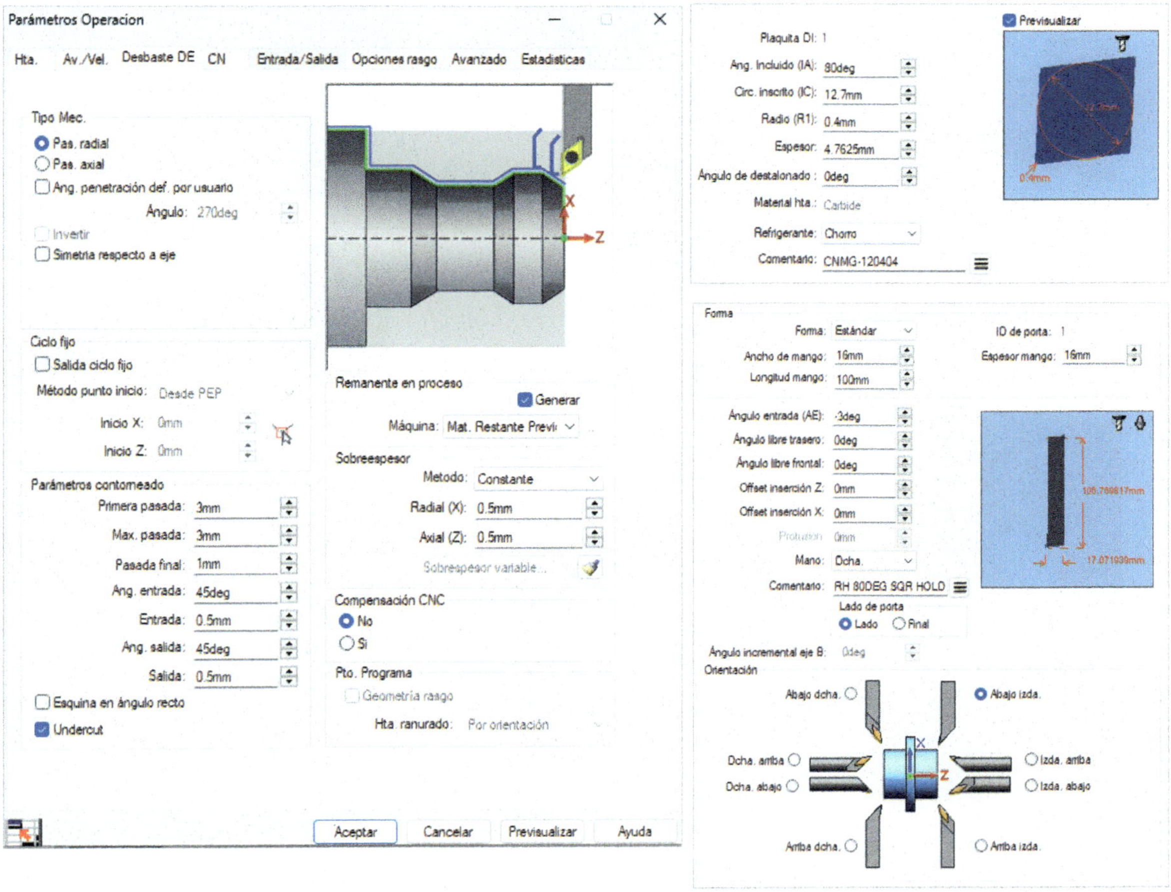

Editar una operación, Generar Trayectoria de Herramienta y Simular Camino

11. Para editar una operación pulse sobre ella con el botón derecho del ratón y seleccione la opción **Editar definición**. Puede editar las características de la herramienta (Tipo de herramienta, diámetro, dirección de giro, etc.), portaherramientas, torreta, etc. También es posible editar la operación de mecanizado y definir distintas estrategias.

12. Pulse con el botón derecho sobre una de las operaciones de mecanizado creadas y seleccione **Generar Trayectoria de la Hta**. De esta forma puede ver las distintas pasadas de mecanizado sobre la pieza.

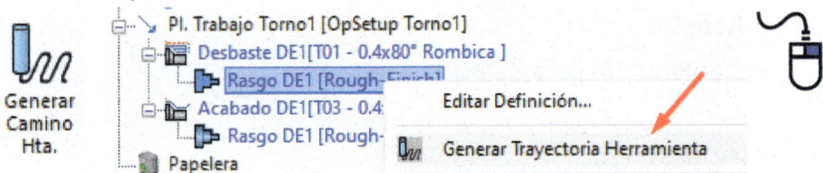

Generar Camino Hta.

13. Repita la operación anterior pero ahora seleccione **Simular Camino de Hta**. Pulse el Play y observe la previsualización del mecanizado de la operación seleccionada.

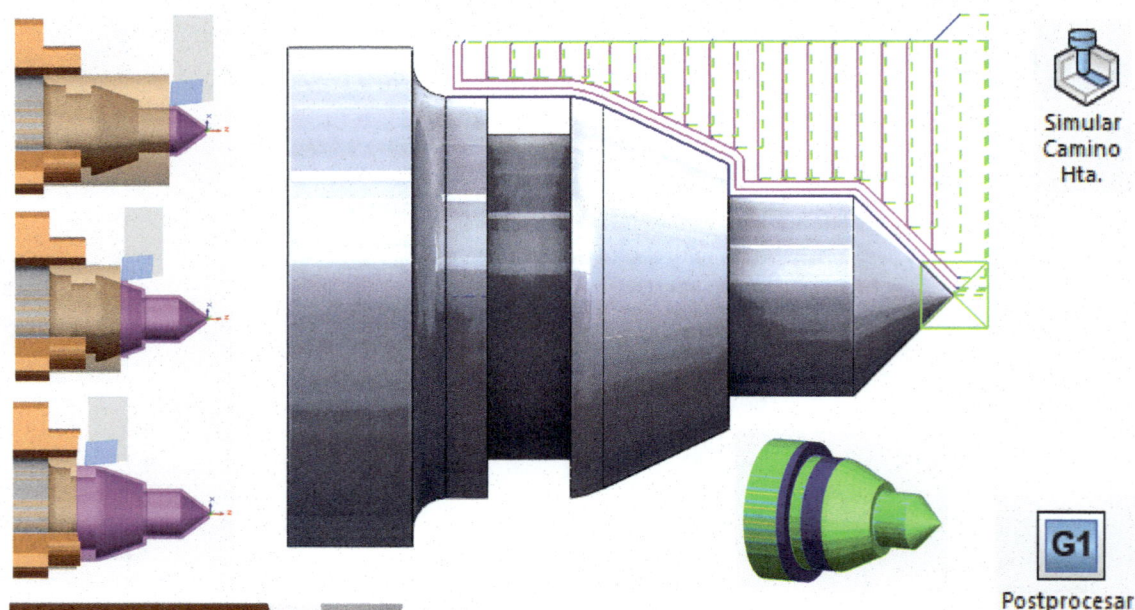

Simular Camino Hta.

G1
Postprocesar

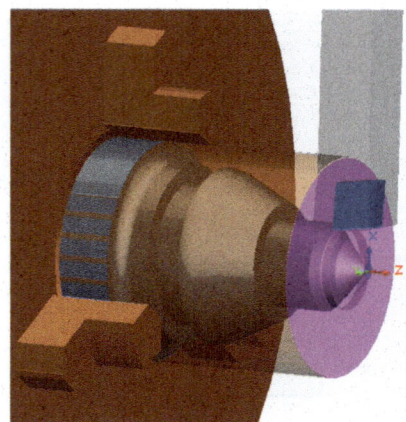

Postprocesar (obtención del código G)

Para obtener el código G para enviar al torno de CNC, pulse sobre **Postprocesar**. De la lista seleccione el postprocesador deseado y pulse **Guardar**. A continuación, pulse sobre el **Play** para general el código G. Copie el fichero NC y envíelo a máquina para su revisión. Previsualice con el visor del centro de mecanizado antes de ejecutarlo.

Práctica 46. Estudio de movimiento I

Cree una animación en formato AVI a partir del movimiento del mecanismo de la figura que acompaña el libro.

⏳ 10 minutos

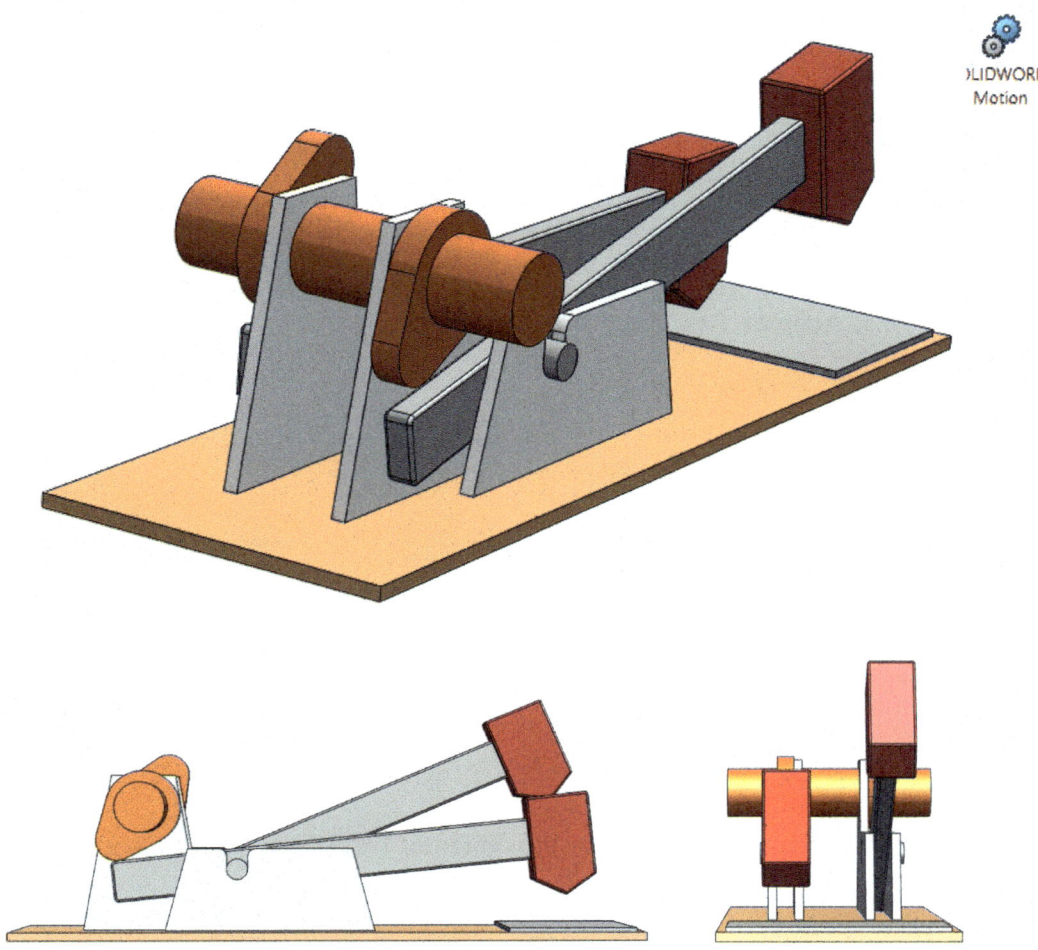

SOLIDWORKS
Motion

Emilio Emanuel Vega

Objetivos del tutorial

- Definir la relación **Leva** y crear un **Estudio de movimiento (MotionManager)**.
- Definir el tiempo de animación e introducir un **Motor rotatorio**.
- Animar el conjunto mecánico y guardar la animación en formato AVI comprimido.

Estudio de movimiento

SolidWorks permite crear movimientos básicos en los ensamblajes a partir de la definición de motores, resortes, gravedad y colisiones. La creación de estos motores y el cálculo de su movimiento permite simular la cinemática de un conjunto mecánico y entender su movimiento teniendo en cuenta la masa y las leyes de la física. Los movimientos definidos pueden ser animados posteriormente para ser grabados en formato AVI para su visualización posterior.

Abrir el modelo de pieza

1. Pulse la opción **Abrir** del Menú persiana **Archivo** o sobre el icono **Abrir**. Localice el ensamblaje que acompaña el libro.

2. Observe que el mecanismo tiene todas las relaciones geométricas de posición excepto la de leva. Para su definición pulse sobre **Relación de posición** desde la Barra de Herramientas de **Ensamblaje**. Seleccione **Leva** desde **Relaciones de posición mecánicas**. En el PropertyManager seleccione las 4 caras de la leva y la cara del empujador según la figura adjunta. Pulse **Aceptar**. Repita la misma operación para el lado derecho del mecanismo.

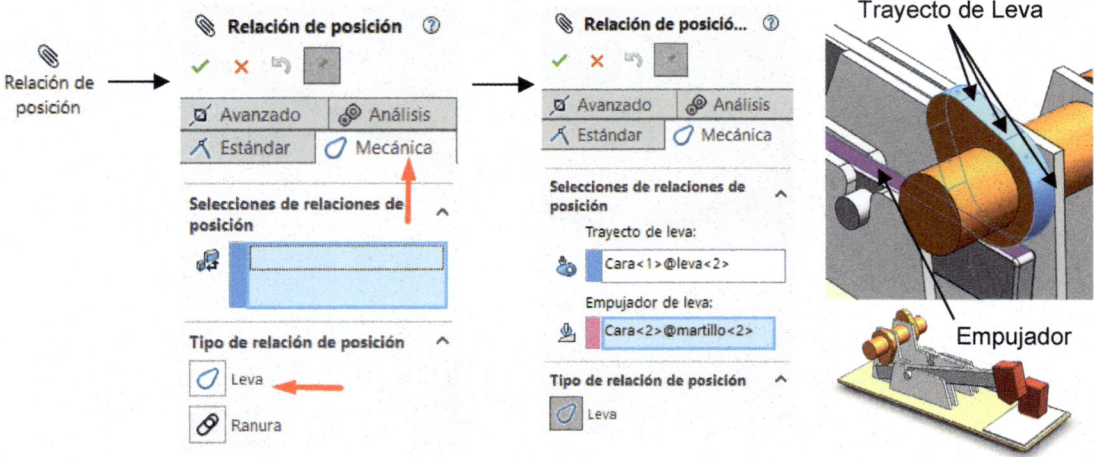

3. Pulse sobre la pestaña **Estudio de movimiento 1** desde la parte inferior de la Zona de Gráficos.

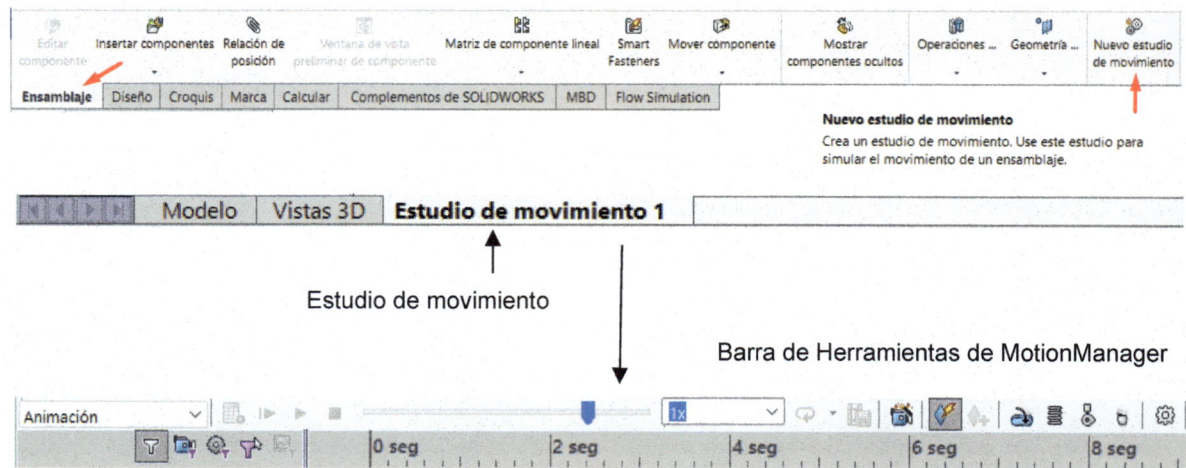

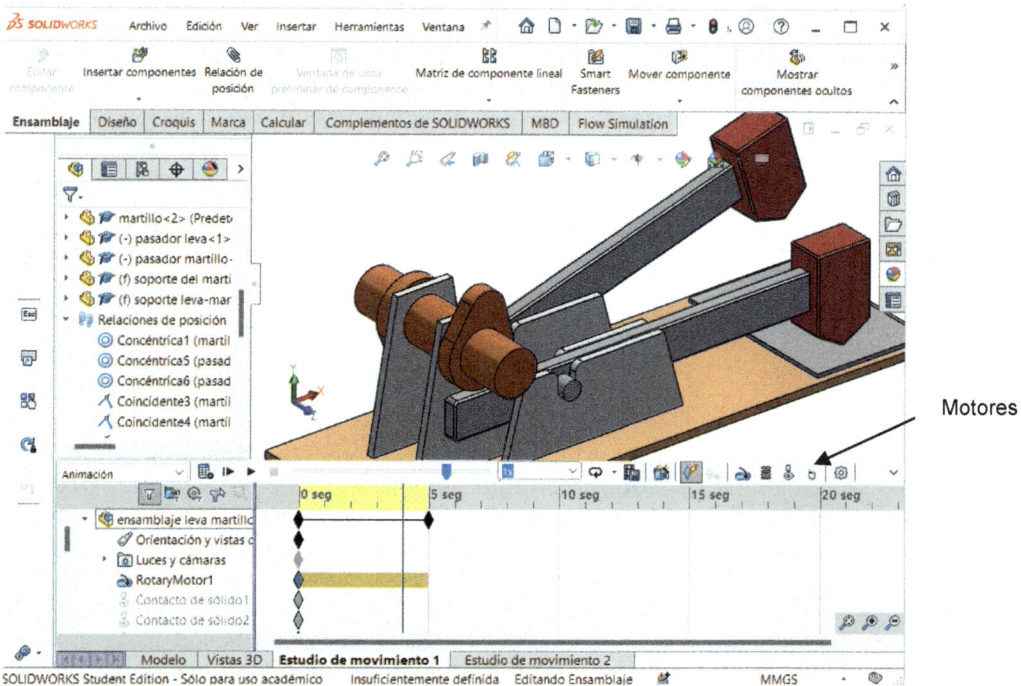

Motores

4. Pulse sobre el icono de **Motor Rotatorio** desde la Barra de Herramientas de **MotionManager**. Seleccione la cara cilíndrica que define el cuerpo de la biela del mecanismo (superficie azul marcada en la figura). Observe el PropertyManager de Motor Rotatorio. Defina la **Dirección** según la imagen y seleccione **Movimiento de Velocidad constante** a 100 RPM. Pulse **Aceptar** para finalizar.

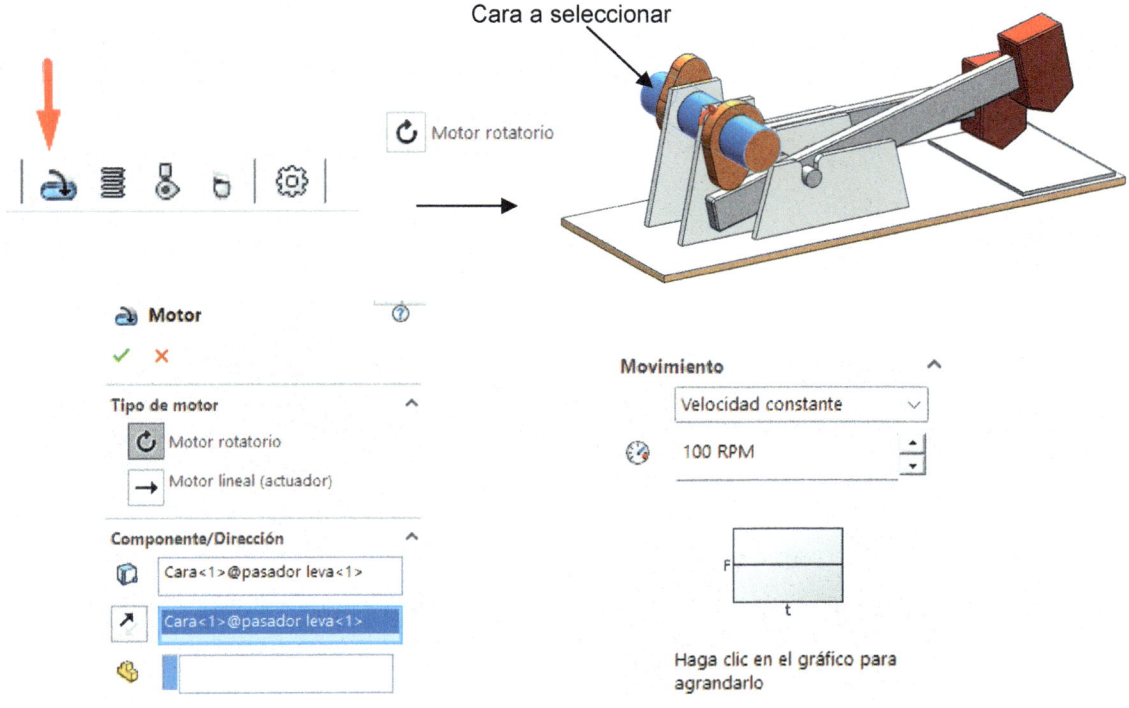

5. Pulse sobre el icono de **Calcular** desde la Barra de Herramientas de **MotionManager** para que SolidWorks calcule el movimiento del mecanismo. A continuación, pulse **Reproducir desde el inicio (Play)** desde la Barra de Herramientas de **MotionManager**. Observe cómo se reproduce la animación del mecanismo y el movimiento alternativo de los martillos.

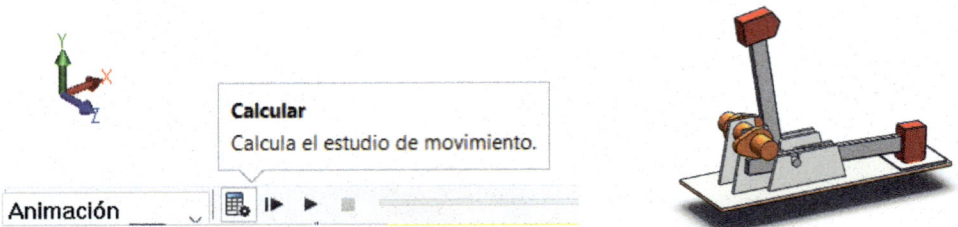

6. Para guardar un vídeo con la animación pulse sobre **Guardar animación como** desde la Barra de Herramientas de **MotionManager**. Indique el nombre del archivo (AVI), el número de **fotogramas por segundo** (para mayor realismo indique entre 20 y 30 fotogramas/segundo). El **Tamaño de la imagen** define las dimensiones finales del vídeo creado: ancho/altura (1507×540). En **Renderizado** seleccione la opción **Pantalla de SolidWorks**. El vídeo creado visualizará el modelo en sombreado. En el caso de seleccionar **Photoview 360** se guarda la animación después de crear el renderizado de la escena con los fotogramas por segundo asignados. En caso de ser 7.5 fotogramas por segundo se crearán 7.5 renderizados por segundo de la animación. Pulse **Guardar**. Puede reproducir el fichero creado con el reproductor de vídeo predeterminado de Windows.

Práctica 47. Estudio de movimiento II

Abra el modelo de ensamblaje que define el mecanismo de la figura e inserte un motor rotatorio con el objeto de animarlo. Cree un vídeo en formato AVI con la animación.

⏳ 20 minutos

SOLIDWORKS
Motion

  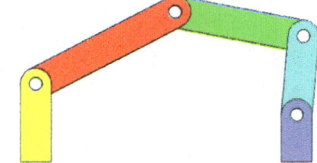

Objetivos del tutorial

- Abrir el modelo de ensamblaje.
- Insertar un **Motor rotatorio** de velocidad constante.
- Animar el mecanismo en el **MotionManager** y guardar la animación en formato AVI.

Abrir el modelo de pieza e insertar motor rotatorio

1. Pulse la opción **Abrir** del Menú persiana **Archivo** o sobre el icono **Abrir**. Seleccione el ensamblaje de la práctica que acompaña el libro. No es necesario activar el complemento **SolidWorks Motion** porque tan solo se realizará una animación del movimiento.

2. Active la opción **MotionManager** desde el Menú de persiana **Ver**. Observe que en la parte inferior de la Zona de Gráficos aparece una pestaña con el nombre de **Estudio de movimiento**. Pulse sobre **Estudio de movimiento**. También puede acceder pulsando sobre **Nuevo Estudio de movimiento** desde el CommandManager de **Ensamblaje**.

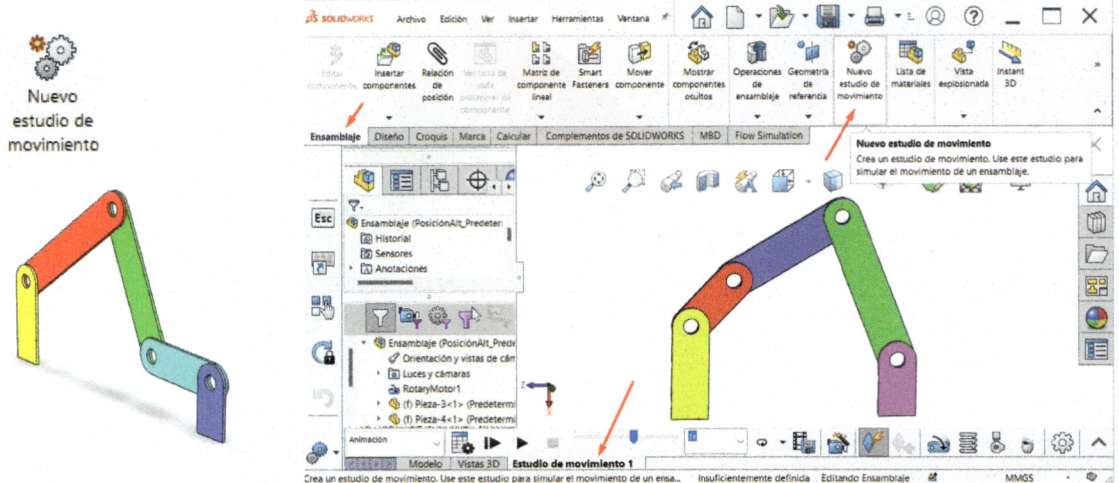

3. Pulse sobre **Motor rotatorio** desde la Barra de Herramientas **MotionManager**. En el PropertyManager pulse sobre **Dirección de motor** y seleccione desde la Zona de Gráficos, la cara interna del taladro de la pieza. En **Movimiento** seleccione **Velocidad constante** (20 RPM). Pulse **Aceptar** para crear el motor.

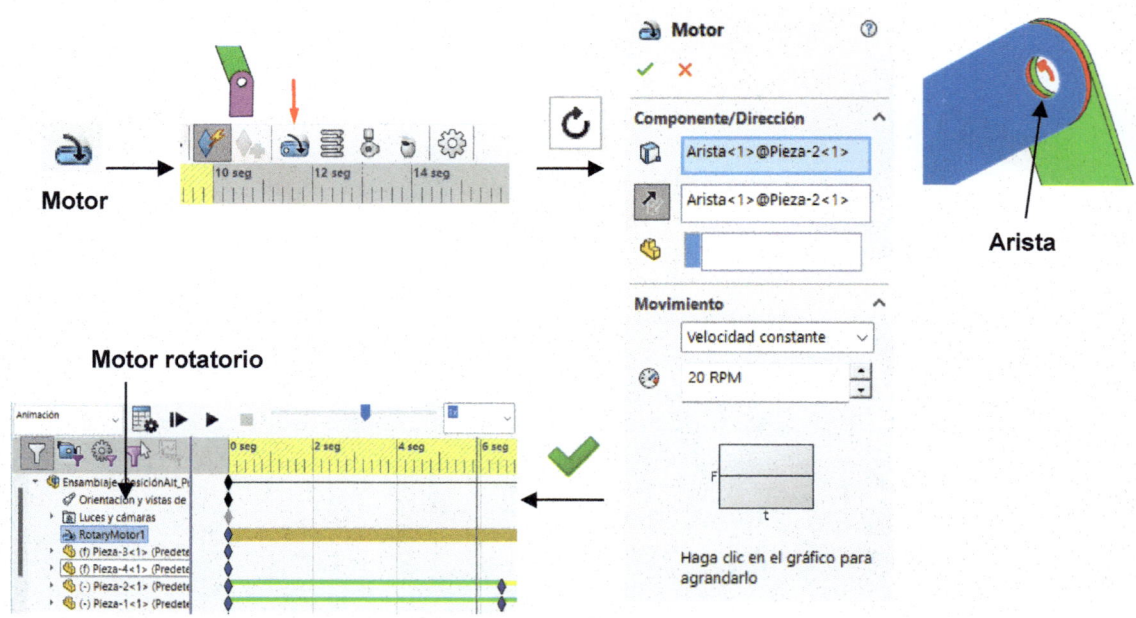

Definir el tiempo de la animación y guardar el vídeo

4. Para definir el tiempo de la animación pulse con el botón derecho del ratón sobre la marca de duración (barra de tiempo) y seleccione **Editar tiempo de marca**. Defina el tiempo de la animación a 10 segundos.

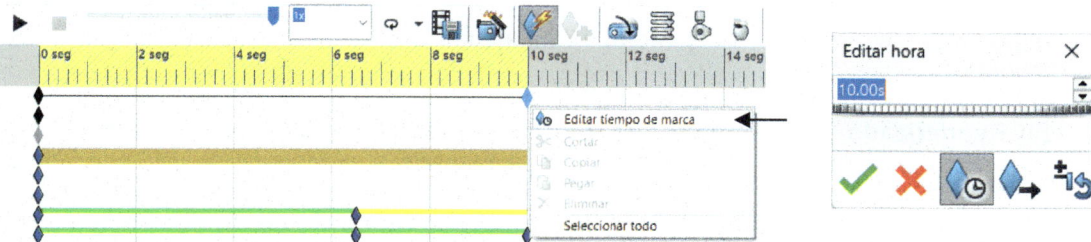

5. Pulse sobre **Calcular** y observe el movimiento del mecanismo. Para guardar el vídeo en formato AVI pulse sobre **Guardar animación**. Indique los datos que acompañan la figura. Para incrementar la resolución del vídeo defina 20 fotogramas por segundo. Pulse **Guardar**. Defina el tipo de compresión de imagen y pulse **Aceptar**. Después de unos segundos se crea el vídeo con el formato definido.

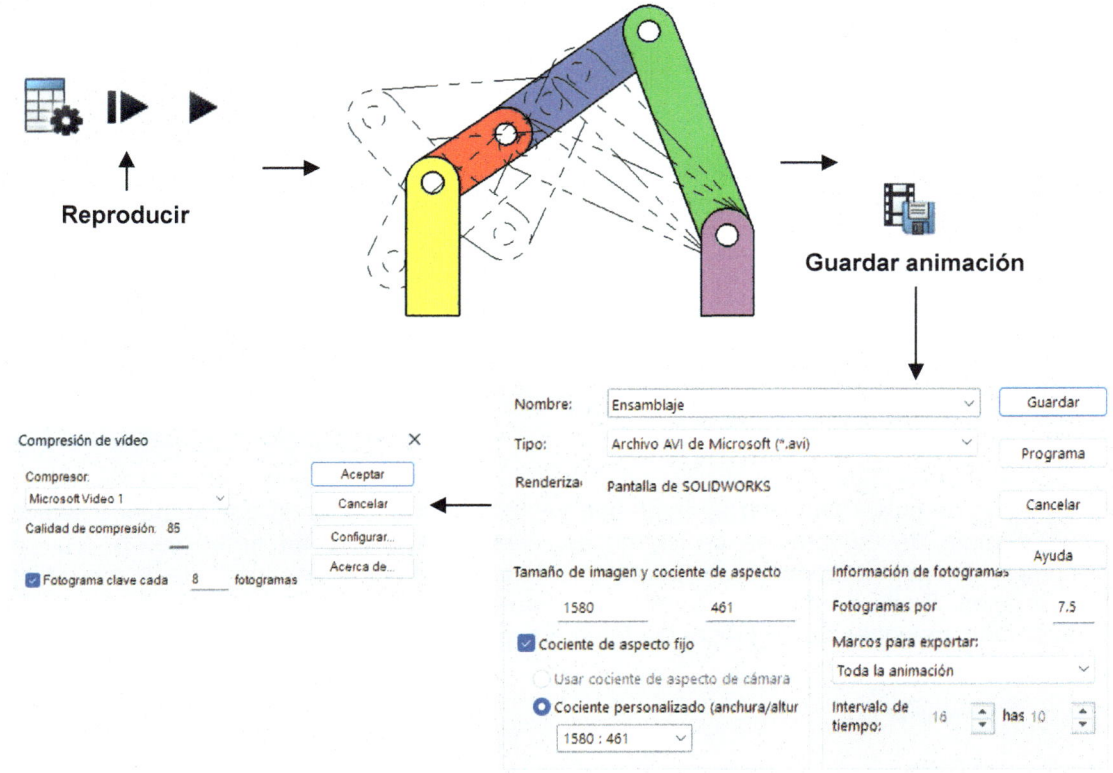

SolidWorks permite guardar el motor insertado en la Biblioteca de diseño y poderlo usar en otras aplicaciones. Para ello pulse con el botón derecho del ratón sobre RotaryMotor1 desde el **MotionManager** y seleccione la opción **Agregar a la biblioteca**. Escriba el nombre del motor y pulse **Aceptar**.

Configurar la animación y comprimir el vídeo

6. En la ventana **Guardar animación en archivo** puede definir el formato de creación del vídeo desde la pestaña **Tipo**. Si desea crear una animación en formato vídeo debe seleccionar **Archivo AVI**. Si desea obtener fotogramas o imágenes independientes seleccione el formato de salida **BMP** o **TGA**. De esta forma, si tiene un vídeo que dura 10 segundos y 7,5 fotogramas por segundo, se guardan 75 imágenes BMP con la transición del movimiento del modelo.

7. En **Renderizado** puede seleccionar **Pantalla de SolidWorks** o **Renderizado (PhotoView)**. Esta última opción esta activa cuando se ha cargado el complemento de **PhotoView**. Debe saber que una pequeña animación de 10 segundos con 7,5 fotogramas por segundo puede llegar a tardar horas en crearse, por lo que es recomendable que evalúe antes el tiempo de renderizado de una imagen independiente.

8. Si activa **Intervalo de tiempo** puede crear una animación que muestre el movimiento de su ensamblaje entre dos intervalos de tiempo definidos.

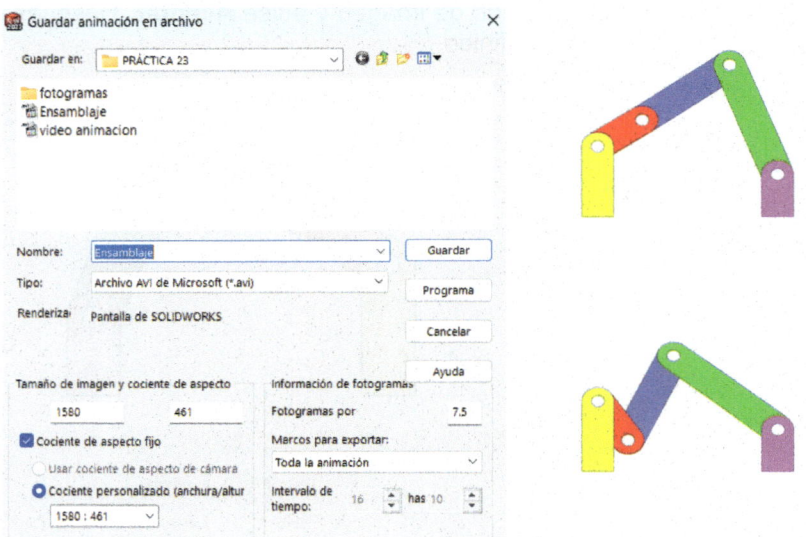

9. Después de pulsar **Guardar** aparece una ventana emergente en la que se puede seleccionar un formato de compresión de vídeo, así como la **Calidad de compresión**. Una mayor compresión permite reducir considerablemente el tamaño del vídeo, pero afecta a la calidad de la imagen. Busque un equilibrio entre el tamaño del vídeo y su calidad. En la figura se han guardado imágenes que representan fotogramas de la animación.

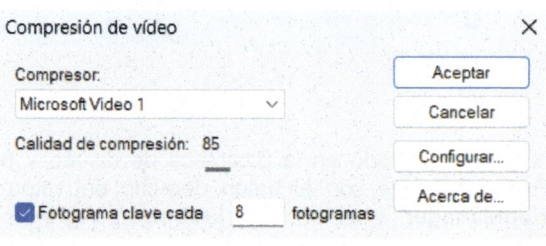

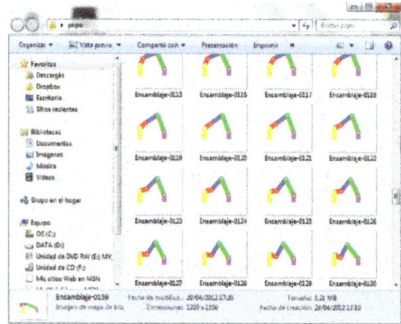

Práctica 48. Estudio de movimiento III

Cree una animación a partir de Estudio de movimiento, donde el robot tenga movimiento de giro sobre el eje Y al tiempo que cambia la orientación de la vista.

⏳ 10 minutos

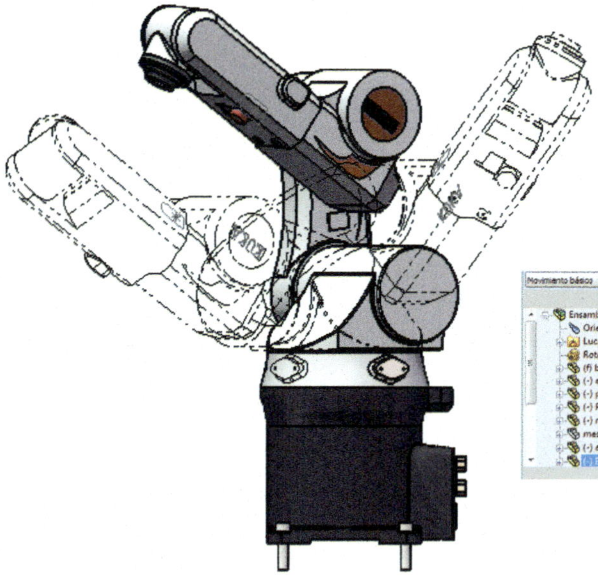

SOLIDWORKS
Motion

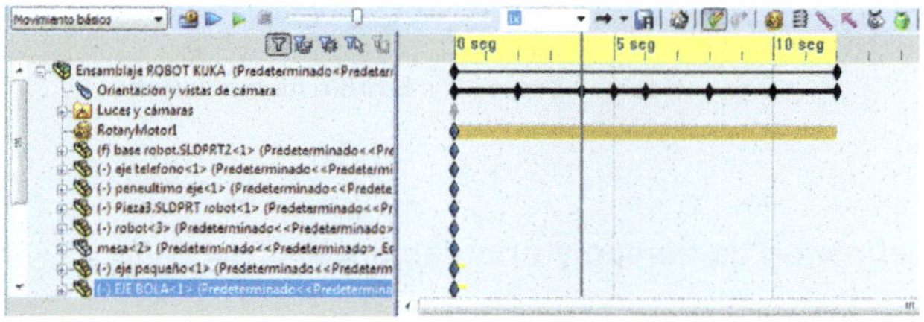

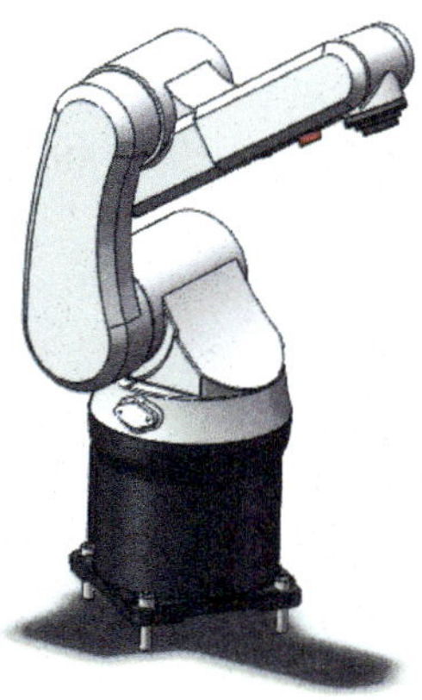

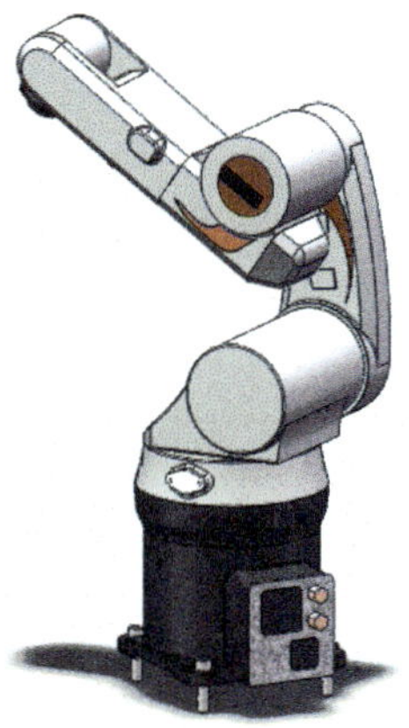

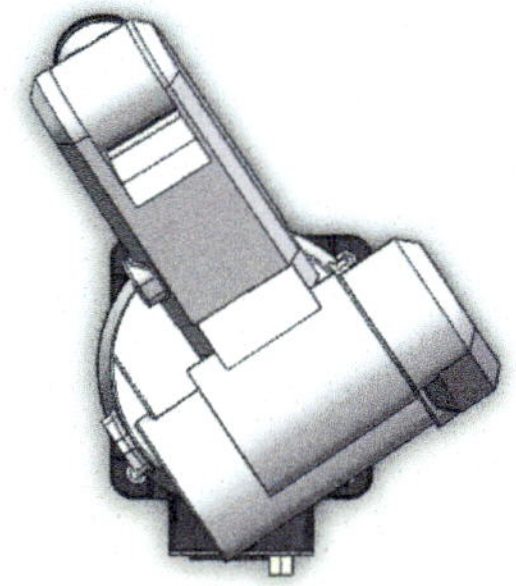

David Abizanda Gacía

Objetivos del tutorial

- Abrir **MotionManager** y definir el tiempo de animación.
- Crear animación por **Orientación y vistas de cámara**.
- Definir la **Rotación del modelo** y guardar el vídeo en formato **AVI**.

Estudio de movimiento (Movimiento básico)

1. Pulse la opción **Abrir** del Menú persiana **Archivo** o sobre el icono **Abrir**. Seleccione el fichero del ensamblaje del robot que acompaña el libro.

2. Para activar **SolidWorks Motion** seleccione **Complementos** desde el Menú de persiana **Herramientas** y active las casillas correspondientes a la aplicación. Pulse **Aceptar**.

3. Pulse sobre **Estudio de movimiento 1** (parte inferior izquierda de la Zona de Gráficos). También puede acceder pulsando sobre **Nuevo Estudio de movimiento** desde el CommandManager de **Ensamblaje**.

Definición de tiempo y orientaciones

4. Seleccione la opción **Movimiento básico** desde la lista que aparece en **Tipo de Estudio**. Pulse con el botón derecho del ratón sobre **Orientación y vistas de cámara** desde el **MotionManager** y active **Bloquear creación de teclas de vista**. De esta forma puede animar el modelo a partir de la definición de tiempos y distintos puntos de orientación.

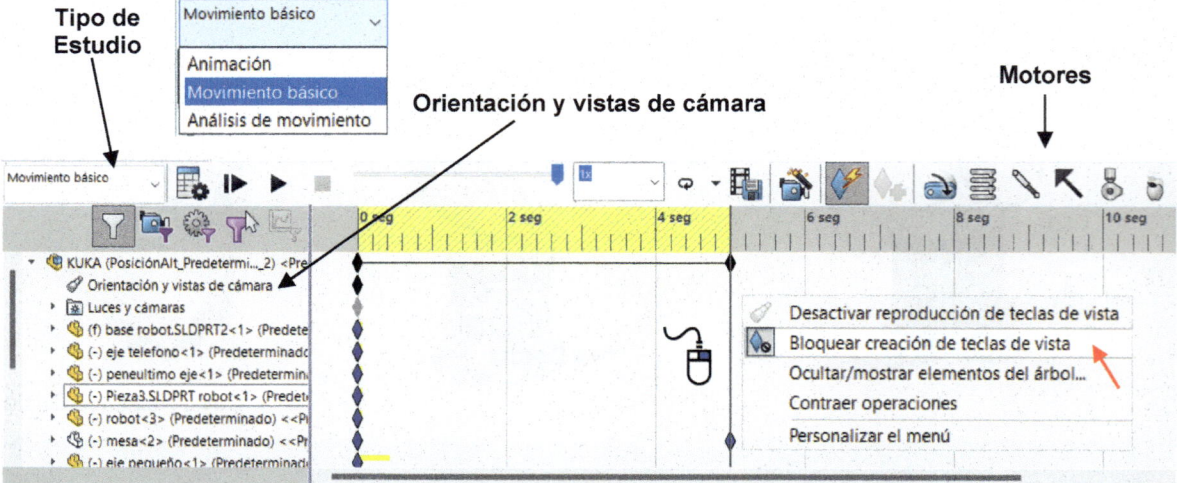

5. Arrastre la línea de tiempos hasta los 5 segundos. A continuación, realice un **Zoom** para ver el detalle del brazo robot. Puede usar también la herramienta **Girar**. Vuelva a arrastrar la barra de tiempos, pero ahora hasta los 10 segundos y realice un zoom con el objeto de visualizar todo el modelo. Pulse sobre el icono **Reproducir** para ver la animación creada. Recuerde que puede visualizar los vídeos con las prácticas realizadas que acompañan el libro.

6. Pulse sobre el rombo de tiempos y seleccione **Modo de interpolación**. Puede seleccionar hasta cinco formas de interpolar (**Lineal**, **Forzar**, **Entrada lenta a una clave**, **Salida lenta a una clave** o **Entrada/Salida lenta a una clave**. Pruebe los distintos tipos para ver el efecto en su modelo. Seleccione **Entrada lenta a una clave**.

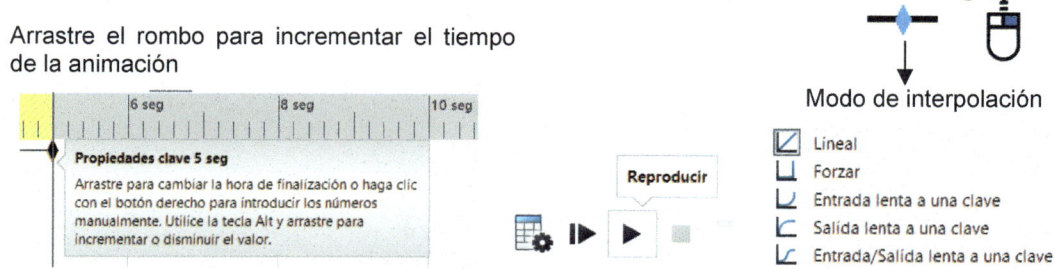

7. Para terminar, vuelva a pulsar con el botón derecho sobre **Orientación y vista de cámara** y desactive **Bloquear creación de teclas de vista**.

Definición de la rotación del modelo y creación de la animación en AVI

8. La animación creada hasta ahora permite visualizar el modelo 3D desde distintos puntos de vista. Se ha creado una animación en la que la cámara se acerca a la herramienta del robot para posteriormente alejarse. Para hacer que el modelo del robot rote durante el transcurso de la animación pulse sobre **Asistente para la animación**. Seleccione **Girar el modelo** y pulse **Siguiente**.

9. En la nueva ventana seleccione **Eje Y** en **Eje de rotación** e indique 2 en **Número de rotaciones**. Active la casilla **Sentido de las agujas del reloj** para que el giro se produzca de derecha a izquierda. Pulse **Siguiente**.

10. En **Duración** indique 10 segundos y en **Tiempo de inicio (segundos)** indique 2. De esta forma, el giro no empieza hasta que no pasan dos segundos. Pulse **Finalizar**.

11. Para guardar el vídeo en formato AVI pulse **Guardar animación**. Configure el tamaño de la imagen, los fotogramas por segundo y pulse **Guardar**. Seleccione un **Compresor de vídeo** y **Aceptar**. Observe que el modelo es animado y cómo, al finalizar el movimiento, se crea el fichero AVI con la animación. Visualice el vídeo creado con el reproductor de Windows.

Otros motores

 SolidWorks dispone de otros motores que pueden ser usados para crear las simulaciones físicas en los ensamblajes (**Motores rotativo y lineal**, **Resorte**, **Contactar** y **Gravedad**).

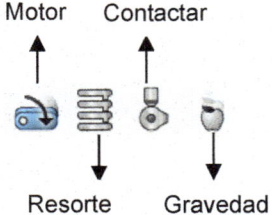

Motor. Permite simular el **Movimiento Rotativo y Lineal** de uno de los componentes del ensamblaje y su transmisión al resto según las relaciones geométricas establecidas.

Resorte Lineal y torsional. Aplica una fuerza de recuperación a un componente del ensamblaje respecto de un punto, de forma que se moverá durante el transcurso de la simulación hasta la nueva posición.

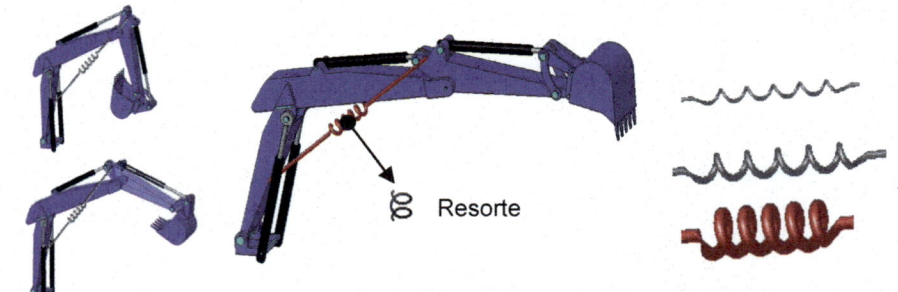

Contactar. Evita que las piezas del ensamblaje penetren entre sí durante el movimiento.

Gravedad. Desplaza los componentes de un ensamblaje por la fuerza de la gravedad.

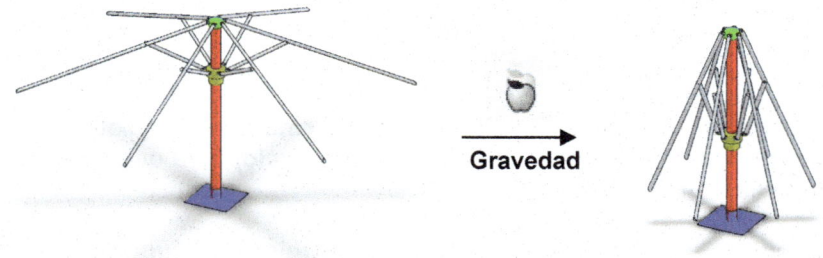

Recuerde que las **Simulaciones Físicas** realizadas dependen no solo del tipo de motor agregado al ensamblaje, sino también de las **Relaciones Geométricas de posición** y de la **Cinemática de colisiones físicas** definidas previamente. Para utilizar los motores debe cargar el complemento de **SolidWorks Motion**.

Práctica 49. Estudio de movimiento IV

Cree un vídeo en formato AVI a partir de un explosionado, colapsado y animación del mecanismo del reloj.

⏳ 10 minutos

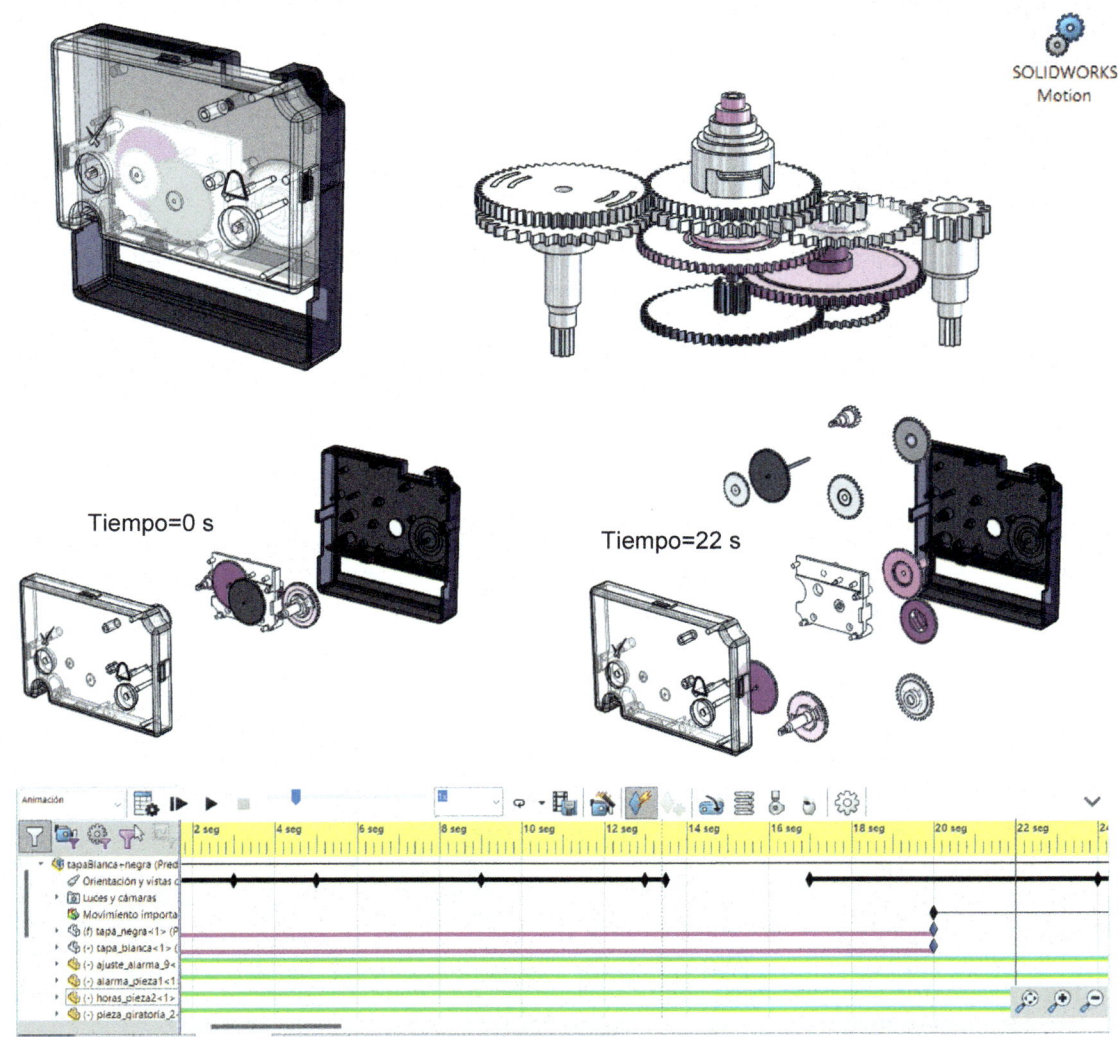

SOLIDWORKS
Motion

Tiempo=0 s

Tiempo=22 s

Leonor María Díaz

Objetivos del tutorial

- Crear un **Explosionado** y **Colapsado** del ensamblaje.

- Definir el tiempo de animación.

- Definir **Motor rotatorio** para establecer simulaciones físicas del conjunto.

Abrir ensamblaje y cargar el complemento SolidWorks Motion

1. Pulse la opción **Abrir** del Menú persiana **Archivo** o sobre el icono **Abrir**. Seleccione el fichero del ensamblaje del reloj que acompaña el libro.

2. Para activar **SolidWorks Motion** seleccione **Complementos** desde el Menú de persiana **Herramientas** y active las casillas correspondientes a la aplicación. Pulse **Aceptar**. Pulse sobre **Estudio de movimiento 1** (Parte inferior izquierda de la Zona de Gráficos) con el botón derecho del ratón. Recuerde que también puede acceder pulsando sobre **Nuevo Estudio de movimiento** desde el CommandManager de **Ensamblaje**. Seleccione **Crear nuevo estudio de movimiento**. Observe el **TrackView** vacío.

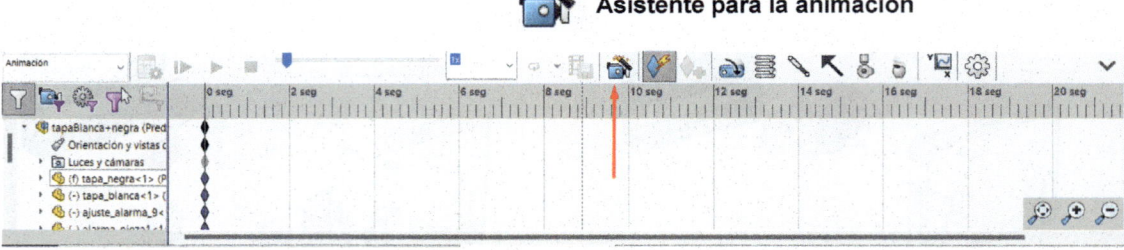

Asistente para la animación

3. Pulse sobre el icono **Asistente para la animación**. El asistente en tres pasos guía en la definición del explosionado del ensamblaje. Active la casilla **Explosionar** y pulse **Siguiente**. La casilla **Eliminar todos los trayectos existentes** borra las animaciones previas definidas. La casilla **Explosionar** solo se activa cuando previamente ha realizado un explosionado en el ensamblaje. En caso contrario, no es posible crear la animación por explosionado o colapsado.

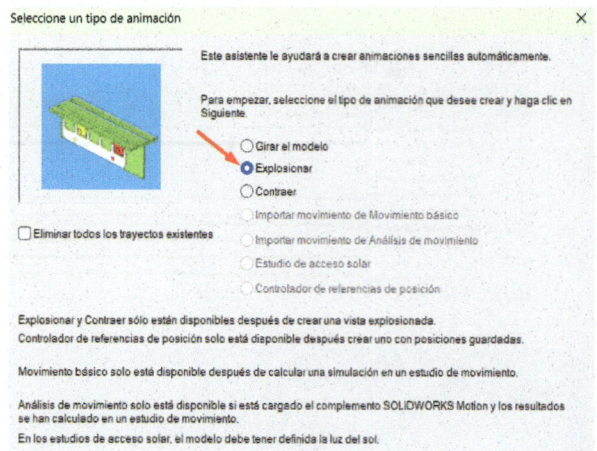

4. En la ventana emergente indique, en **Duración (segundos)**, el tiempo (22 s) que desee que dure el explosionado y en **Tiempo de inicio (segundos)** el tiempo (2 s) que debe transcurrir para que empiece a explosionarse en el ensamblaje. Pulse **Finalizar**.

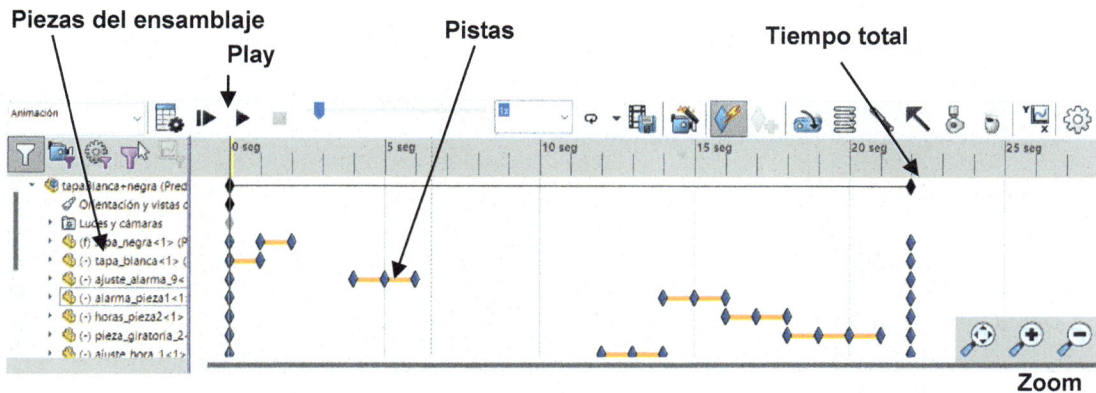

5. Observe el gestor de la animación de **TrackView**. En la parte izquierda se presentan las piezas que conforman el ensamblaje y la indicación de su movimiento a partir de las barras naranjas horizontales. Estas barras indican el momento en el que la pieza empieza a desplazarse y el momento en el que termina su desplazamiento. Observe que siempre hay una única pieza en movimiento puesto que no hay ninguna barra superpuesta (coincidencia temporal en el movimiento). En la parte inferior derecha se encuentran las herramientas de **Zoom**. En la zona superior puede ver la barra de tiempo total en color negro (24 segundos).

Visualización y grabación de la animación creada

6. Visualice la animación creada pulsando la tecla **Reproducir (Play)** o arrastre la **Línea de tiempos** con el botón izquierdo pulsado. Observe que las piezas empiezan a moverse según se ha definido el explosionado.

7. Si desea que dos piezas se muevan al mismo tiempo pulse con el botón izquierdo sobre el rombo que define sus extremos y arrastre la barra hasta aumentar el tiempo. Repita la misma operación con otra pieza y asegúrese que las barras de tiempo son coincidentes en un intervalo de tiempo. En la figura se observa cómo en un intervalo de tiempo se moverán 4 piezas al mismo tiempo.

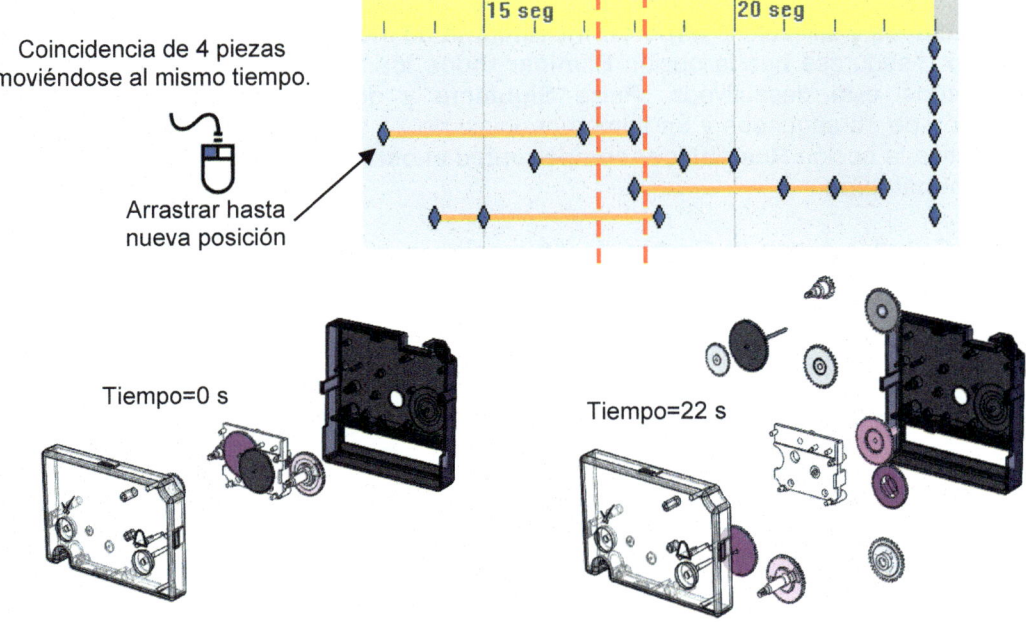

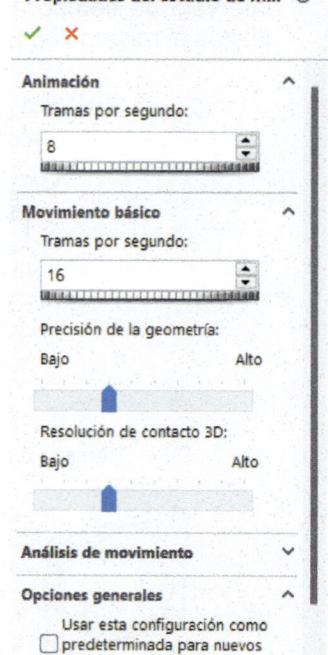

8. Para crear el vídeo AVI con la animación pulse sobre el icono **Guardar animación**. Configure el tamaño de la imagen, los fotogramas por segundo tal y como se ha definido en las prácticas anteriores. Pulse **Guardar** y seleccione un **Compresor de vídeo** y pulse **Aceptar**. Visualice el vídeo creado con el reproductor de Windows.

Orientación y Vista de cámara

9. Arrastre la **Línea de tiempos** hasta el fin de la animación (12 segundos) y pulse con el botón secundario del ratón sobre **Orientación y Vistas de cámara** del **Gestor de Animaciones**. Desactive la opción **Bloquear creación de teclas de vista**.

10. Pulse sobre **Girar** y para ver su modelo desde otro punto de vista. Al terminar la operación de giro observe que aparece una **Imagen clave** sobre **Orientación y vista de cámara**. Vuelva a pulsar sobre **Orientación y vista de cámara** y desbloque la creación de telas de vista (**Bloquear creación de teclas de vista**).

11. Visualice la animación creada. Ahora el modelo se explosiona a medida que cambia el punto de vista de la cámara.

Creación de un colapsado de 10 segundos

12. Pulse **Asistente para animación** desde el **Gestor de animaciones** y seleccione **Colapsar**. Asegúrese que la opción **Eliminar todos los trayectos existentes** está desactivada. Pulse **Siguiente**.

13. Indique una **Duración** de 10 segundos de animación y deje el tiempo indicado en Tiempo de inicio (22 s). 2 segundos como **Tiempo en inicio** del modelo antes de empezar con el colapsado o montaje del ensamblaje. El modelo no empezará a colapsare hasta que no haya terminado de explosionar (22 segundos) más los dos segundos iniciales sin animación. Pulse **Finalizar** y visualice la animación creada.

Importar movimiento de movimiento básico

14. Pulse **Asistente para animación** desde el **Gestor de animaciones** y seleccione **Importar movimiento de movimiento básico**. Asegúrese que la opción **Eliminar todos los trayectos existentes** esta desactivada. Pulse **Siguiente** y defina una duración de 10 segundos y un tiempo de inicio de 24 segundos. Desactive la opción **Restablecer componentes al estado inicial de la simulación**.

15. Pulse **Guardar** desde el **Gestor de Animaciones** y guarde la animación en formato **AVI**.

Propiedades de estudio de movimiento

Permite definir las propiedades de la simulación para el estudio de movimiento. Puede indicar los fotogramas por segundo, la precisión de la geometría y la resolución de contacto. Estos dos últimos conceptos mejoran la calidad final de la animación, pero incrementan el tiempo de cálculo necesario.

Práctica 50. Estudio de movimiento V

Cree el modelo formado por las dos placas (una fija y otra móvil) y un resorte lineal de constante (5<K<20). Evalúe el movimiento armónico cuando actúa la gravedad sobre la placa móvil para distintos valores de la constante del resorte. Utilice el complemento de SolidWorks Motion.

⧖ 20 minutos

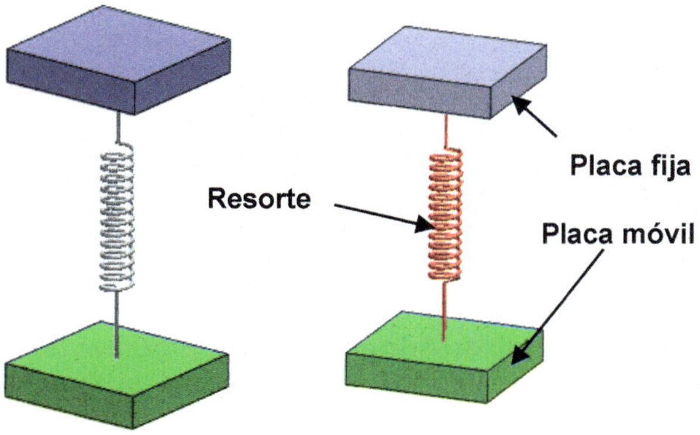

SOLIDWORKS
Motion

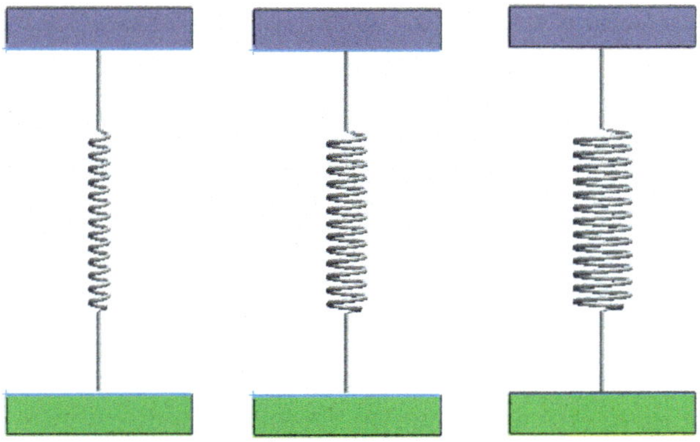

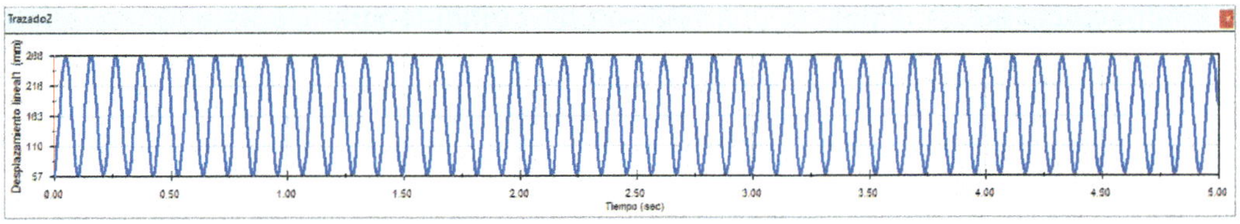

Placa fija

Resorte

Placa móvil

Objetivos del tutorial

- Crear un **Estudio de movimiento** (**MotionManager**).

- Definir el tiempo de animación e introducir un **Resorte Lineal** y **Gravedad**.

- Animar el conjunto mecánico y guardar la animación en formato AVI comprimido.

- Obtener el gráfico de desplazamiento en función del tiempo.

Creación de los modelos y del ensamblaje

1. Pulse la opción **Nuevo** del Menú persiana **Archivo** o sobre el icono **Nuevo**. Seleccione **Pieza** y pulse **Aceptar**. Seleccione el plano de trabajo **Alzado** del **Gestor de Diseño** y pulse sobre **Normal a:** para visualizarlo en su verdadera magnitud.

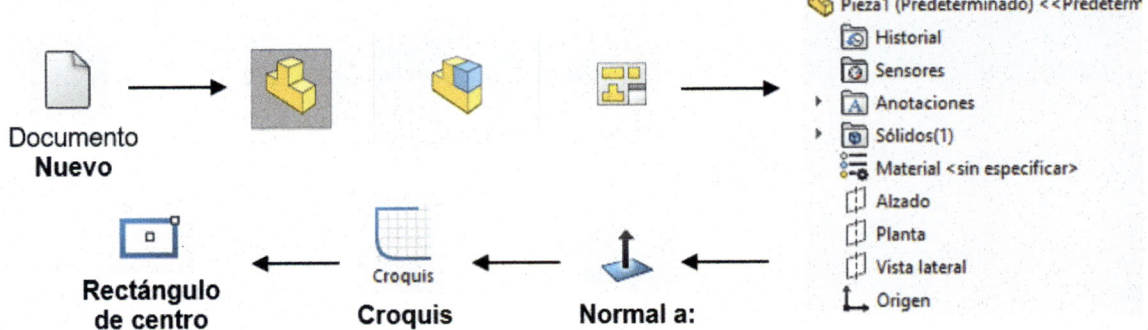

2. Pulse sobre el icono de **Croquis (Administrador de comandos)** y seleccione la Herramienta de croquizar **Rectángulo de centro**. Pulse con el botón izquierdo sobre el **Origen de coordenadas** y arrastre el ratón hacia el exterior para croquizar el rectángulo.

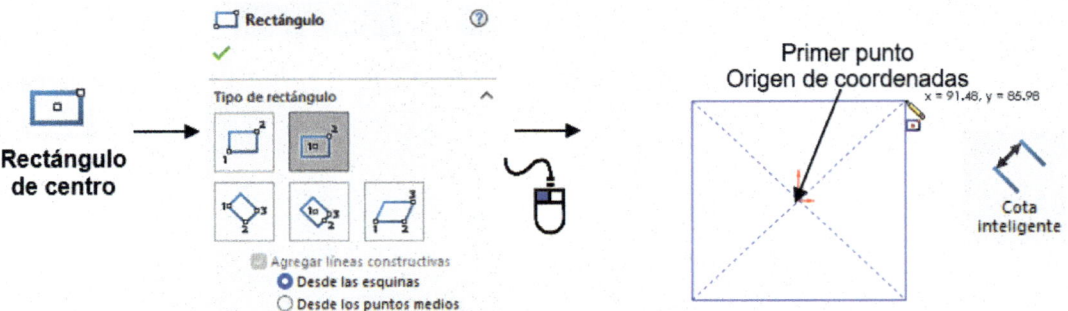

3. Seleccione **Cota inteligente** y pulse con el botón izquierdo sobre uno de los lados del rectángulo. Acote la longitud 120 mm y el ancho de 120 mm. Al iniciar el croquis en el origen de coordenadas se ha impuesto una relación de **coincidencia**. De esta forma, el centro del círculo coincide con el origen de coordenadas. Seleccione **Saliente-Extruir** y cree una extrusión de 20 mm. Guarde el modelo creado pulsando sobre el Menú de persiana **Archivo**, **Guardar como**.

4. Cree un ensamblaje pulsando sobre **Archivo**, **Nuevo**, **Ensamblaje**. Inserte el componente creado. Repita la operación de inserción de componente y vuelva a insertar el mismo componente pulsando sobre el icono **Insertar componente**. Observe como en el Gestor de Diseño aparece el nombre de la misma pieza insertada dos veces. La primera tiene la designación (f), que indica que es fija y no se moverá.

Defina las relaciones de posición entre las dos placas insertadas. Cada una de las caras laterales deben ser paralelas. Para su definición pulse sobre **Relación de posición** desde la Barra de Herramientas de Ensamblaje. En **Entidades para seleccionar** seleccione las caras de cada una de las placas según se indica en la figura y en **Relación de posición estándar** pulse sobre **Paralela**. Observe que los dos modelos de pieza se orientan en el espacio para adoptar esa relación de posición. Pulse **Aceptar**. Repita la misma operación con las otras caras menores (Cara <3> y Cara <4>) para terminar de definir la posición de paralelismo entre los modelos. Pulse **Aceptar**.

5. Para activar **SolidWorks Motion** seleccione **Complementos** desde el Menú de persiana Herramientas. Active las casillas correspondientes a la aplicación y pulse **Aceptar**.

6. Pulse sobre **Estudio de movimiento 1** (parte inferior izquierda de la Zona de Gráficos).

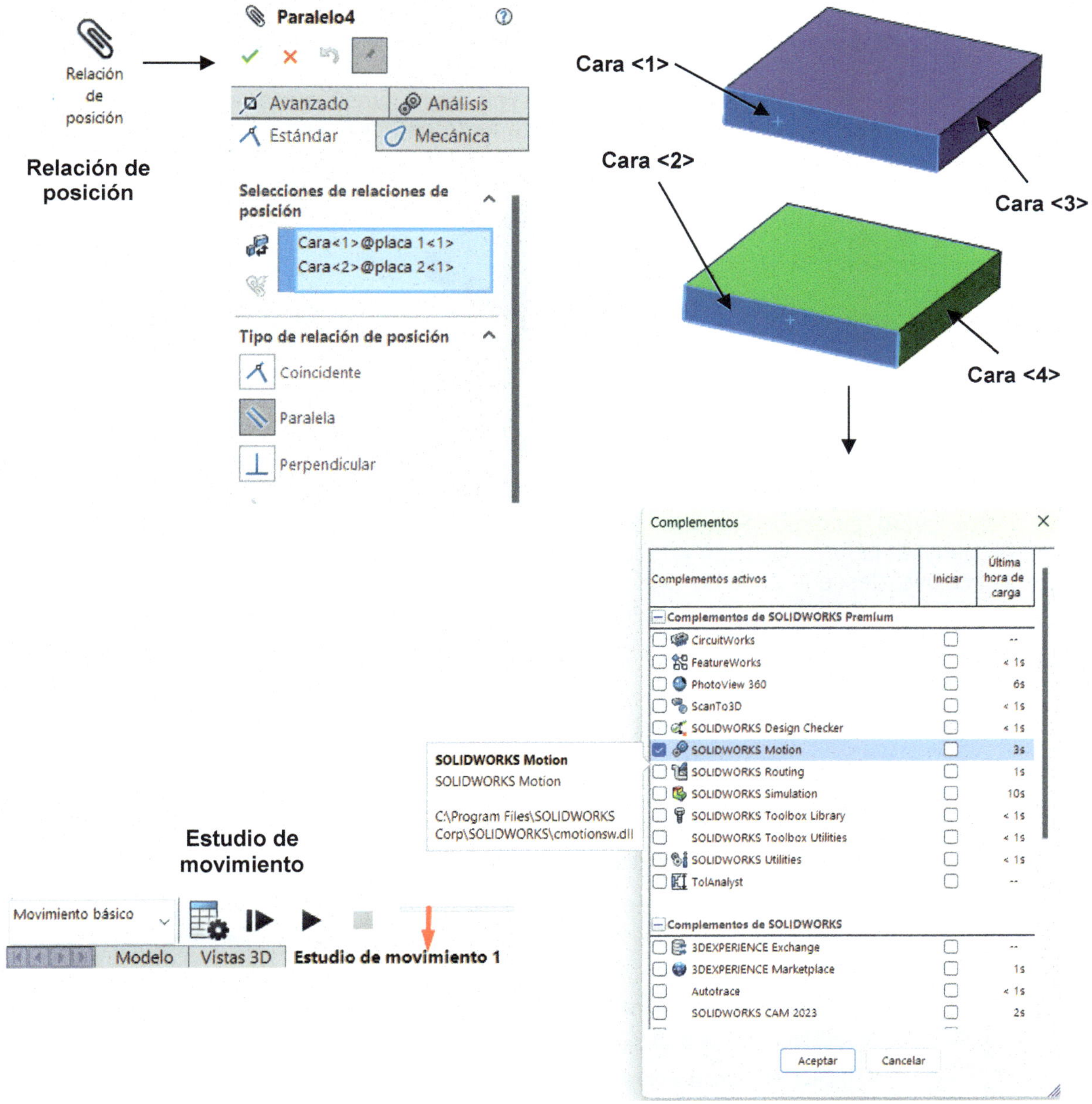

Definición de los motores

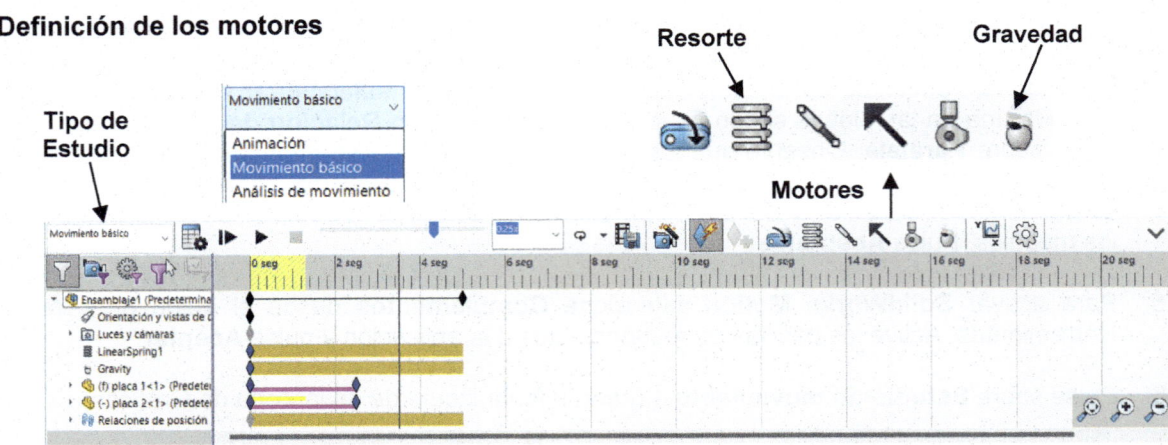

7. Seleccione la opción **Movimiento básico** desde la lista que aparece en **Tipo de Estudio**.

8. Pulse sobre el motor **Gravedad** para definir esa característica en el ensamblaje. En **Referencia de dirección** seleccione la arista recta con dirección en el eje Y. En **Gravedad** indique 9,8 m/s². Pulse **Aceptar**.

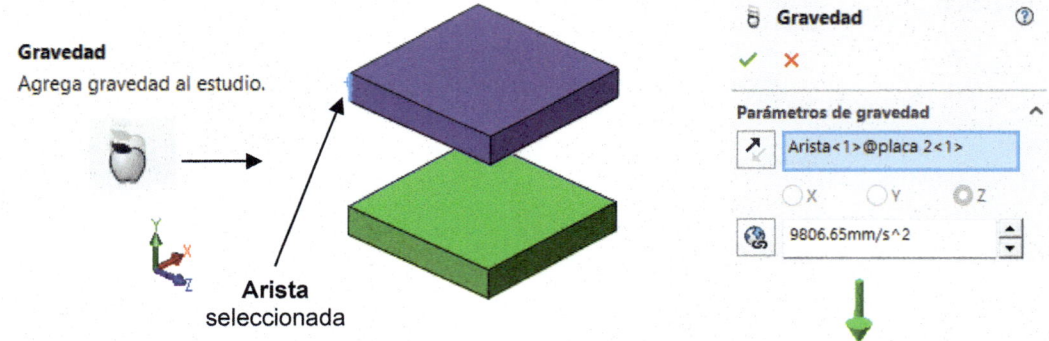

9. Pulse sobre el motor **Resorte** para agregar un resorte entre las dos placas. Desde el PropertyManager seleccione la opción de **Resorte lineal**. En **Puntos extremos del resorte** seleccione, desde la Zona de Gráficos, las dos caras interiores de los modelos. En el resto de las casillas indique los datos de la figura. Pulse **Aceptar** para crear el resorte en su modelo.

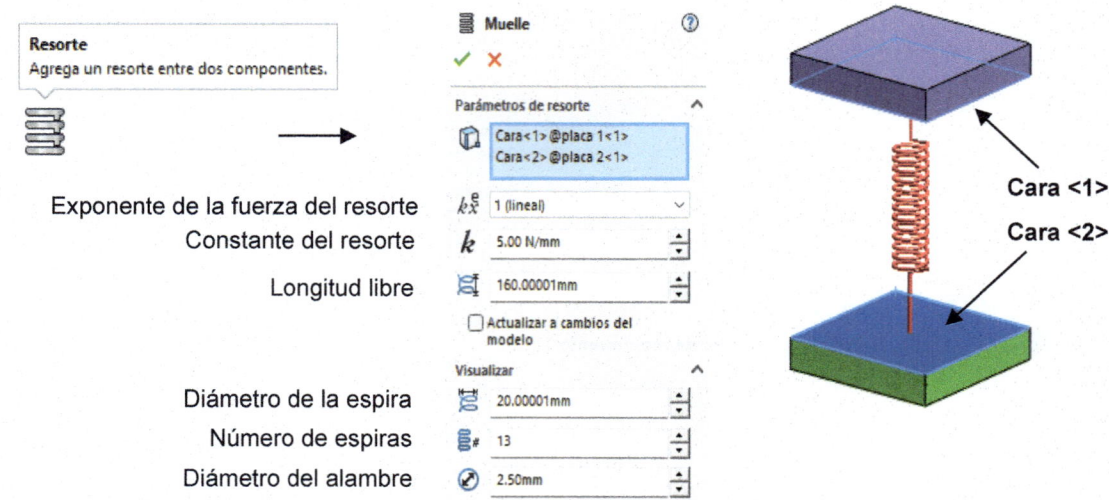

10. Para iniciar el proceso de cálculo del movimiento de las dos placas pulse sobre **Calcular** desde la Barra de Herramientas del **MotionManager**. Asegúrese que en **Tipo de Estudio** selecciona **Movimiento básico**. Observe como SolidWorks empieza a simular el movimiento armónico del resorte como consecuencia de la gravedad.

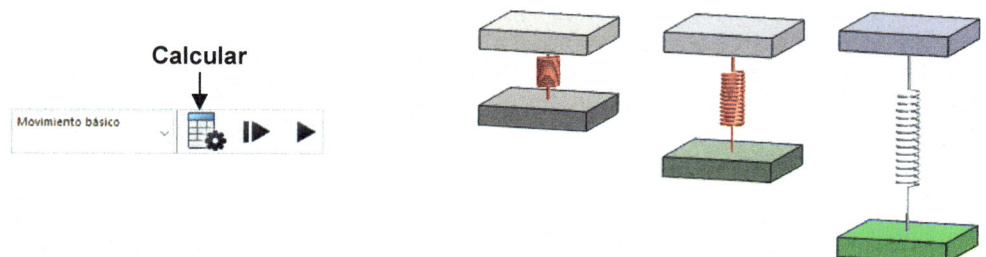

11. Pulse **Play** para visualizar la animación creada. Puede ver como la placa inferior desciende inicialmente a gran velocidad como consecuencia de la gravedad, pero es retenida por el resorte describiendo un movimiento armónico. Si desea visualizar el resorte durante la animación debe seleccionarlo desde el **MotionManager**. En la simulación no se tiene en cuenta el rozamiento.

Resultados y trazados: Ruta de trazo

12. Seleccione la herramienta **Resultados y trazados** desde la Barra de Herramientas del **MotionManager**. En **Tipo de Estudio** seleccione **Análisis de movimiento** para que la simulación sea más realista.

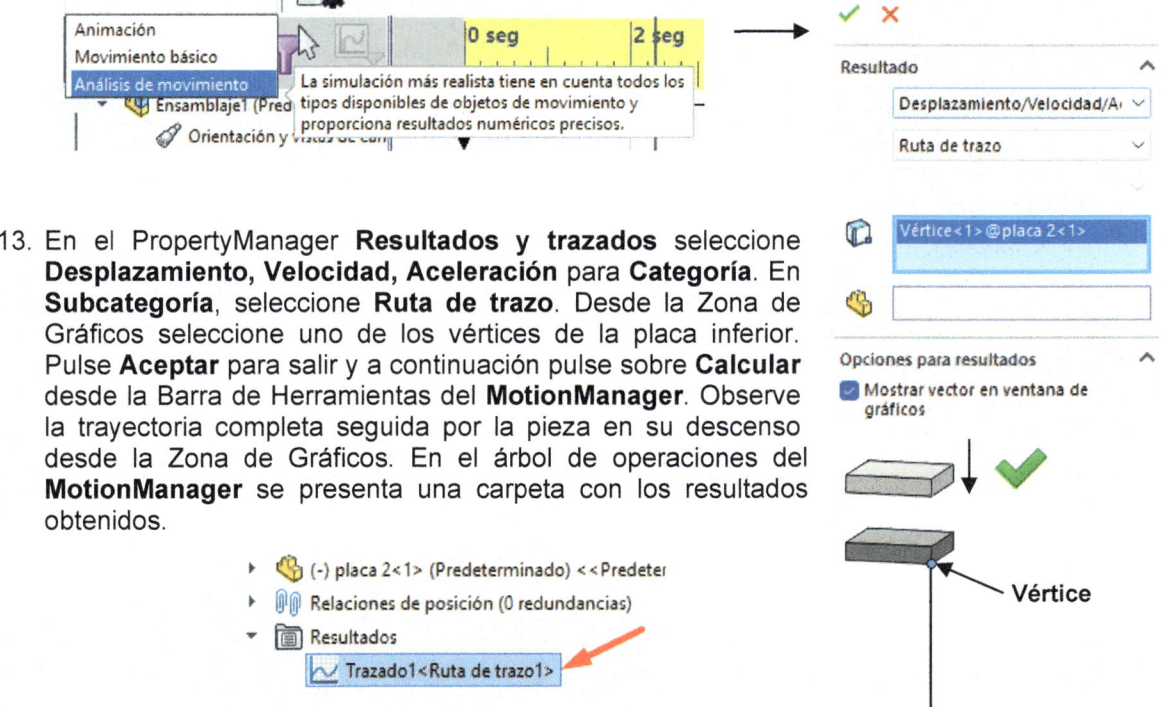

13. En el PropertyManager **Resultados y trazados** seleccione **Desplazamiento, Velocidad, Aceleración** para **Categoría**. En **Subcategoría**, seleccione **Ruta de trazo**. Desde la Zona de Gráficos seleccione uno de los vértices de la placa inferior. Pulse **Aceptar** para salir y a continuación pulse sobre **Calcular** desde la Barra de Herramientas del **MotionManager**. Observe la trayectoria completa seguida por la pieza en su descenso desde la Zona de Gráficos. En el árbol de operaciones del **MotionManager** se presenta una carpeta con los resultados obtenidos.

Resultados y trazados: Desplazamiento lineal

14. Para evaluar el desplazamiento de la pieza vuelva a pulsar sobre **Resultados y trazados**. Seleccione **Desplazamiento, Velocidad, Aceleración** para **Categoría**. En **Subcategoría**, seleccione **Desplazamiento lineal** y **Componente Y**. En **Resultados de trazado** seleccione **Resultado frente a Tiempo**. Desde la Zona de Gráficos seleccione dos vértices, uno de cada una de las placas. Pulse **Aceptar**.

15. Pulse **Calcular** desde la Barra de Herramientas del **MotionManager**. Pulse **Play** y observe el gráfico del trazado obtenido. Se representa el desplazamiento lineal de la pieza verde durante la caída con respecto del tiempo.

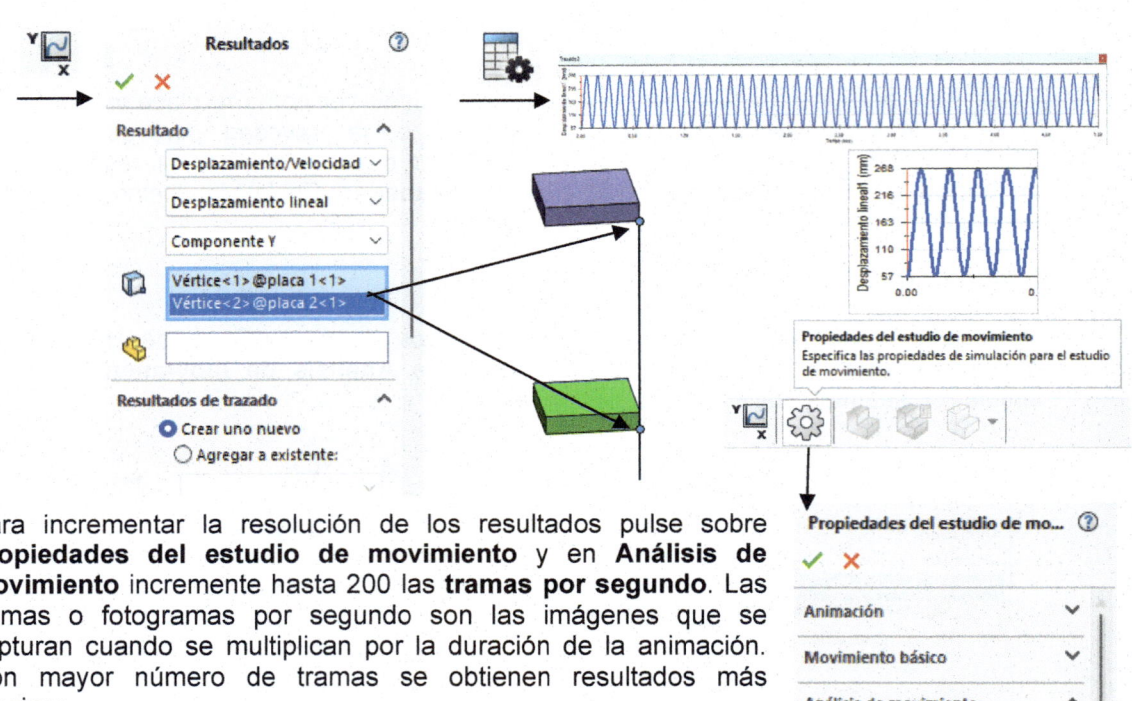

16. Para incrementar la resolución de los resultados pulse sobre **Propiedades del estudio de movimiento** y en **Análisis de movimiento** incremente hasta 200 las **tramas por segundo**. Las tramas o fotogramas por segundo son las imágenes que se capturan cuando se multiplican por la duración de la animación. Con mayor número de tramas se obtienen resultados más precisos.

17. Para exportar los resultados gráficos obtenidos pulse con el botón derecho del ratón sobre el nombre del trazado y seleccione la opción **Exportar a hoja de cálculo**. Los resultados numéricos y gráficos aparecen en una hoja de cálculo en Excel de forma automática.

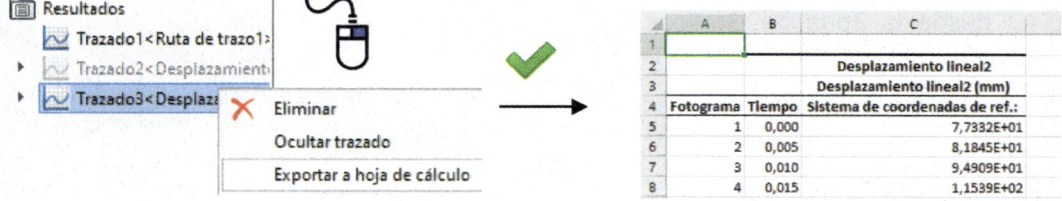

18. Pruebe con distintos valores de la constante del resorte K (apartado 9).

Práctica 51. SolidWorks Motion I

A partir del modelo adjunto con el libro cree una animación donde la pelota es impulsada a una velocidad inicial de 3000 mm/s, cae al suelo como consecuencia de la gravedad y rebota hasta su detención final. Defina un coeficiente de restitución de los materiales de 0,75 para crear el movimiento de rebote amortiguado. Se pide: Crear el trazado seguido por la pelota, el centro de posición de masa y su velocidad en función del tiempo.

⌛ 15 minutos

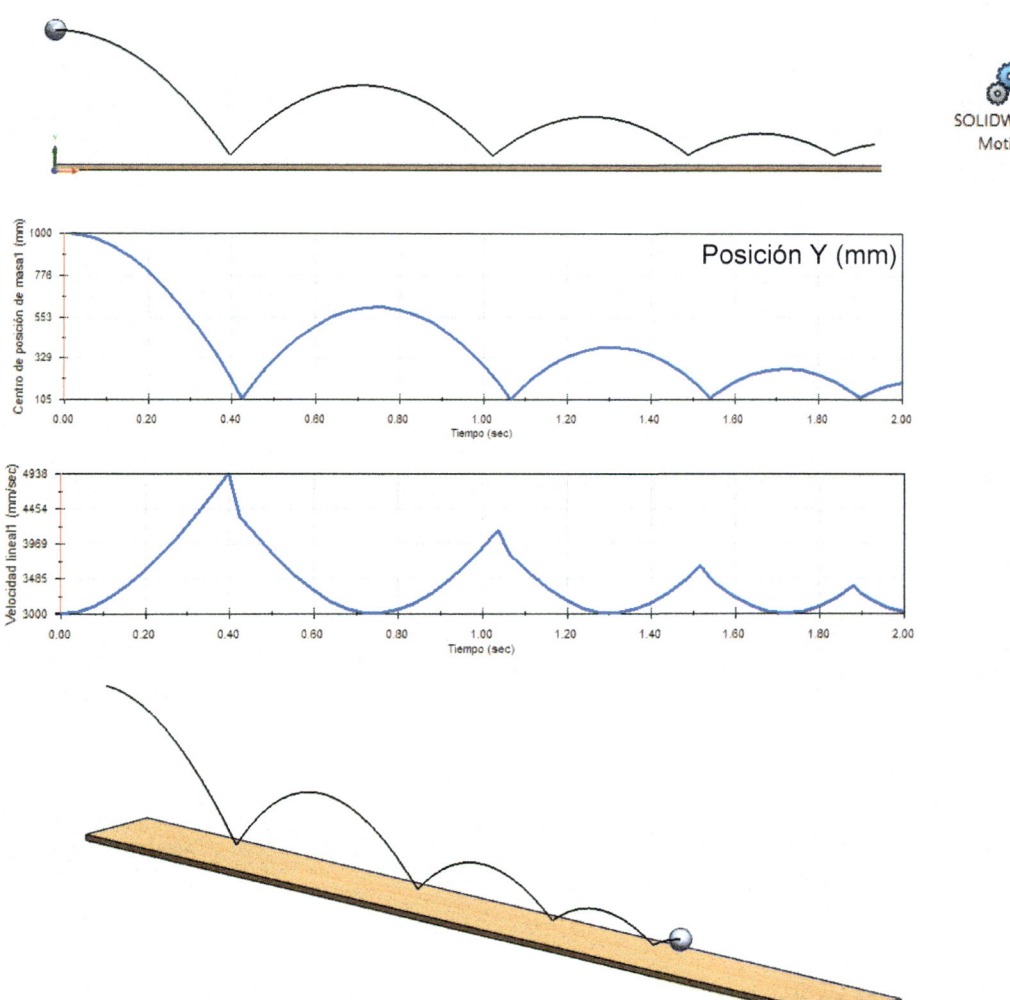

SOLIDWORKS
Motion

Objetivos del tutorial

- Cargar el complemento **SolidWorks Motion** y crear un **Análisis de movimiento**.
- Añadir velocidad inicial a un objeto, **Gravedad** y definir los **contactos**.
- Trazar resultados de desplazamiento y velocidad y exportarlos a Excel.

Abrir el modelo de ensamblaje (bola y suelo)

1. Pulse la opción **Abrir** del Menú persiana **Archivo** o sobre el icono **Abrir**. Localice el ensamblaje de la práctica. Observe que el ensamblaje tiene las relaciones geométricas de coincidencia y distancia con el fin de localizar la pelota en la posición inicial. Antes de seguir debe desactivar las relaciones de coincidente2, coincidente5 y Distancia2. Para hacerlo, seleccione cada una de las relaciones con el botón derecho del ratón y pulse **Suprimir**.

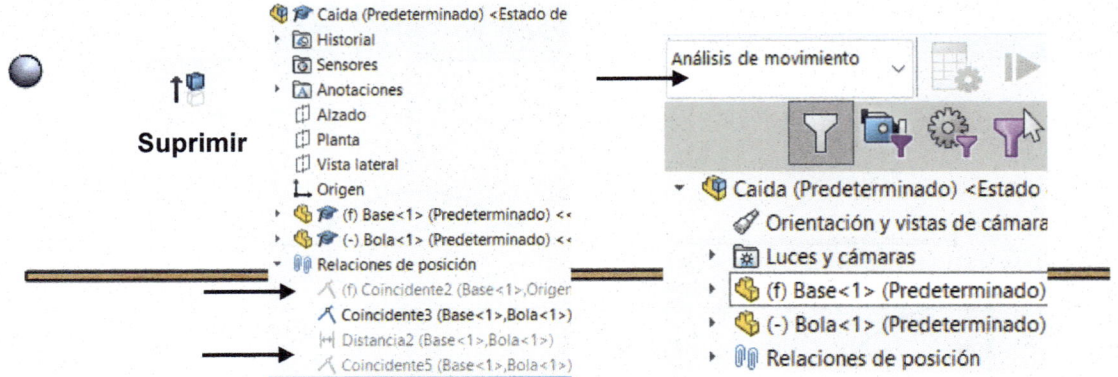

Cargar el complemento SolidWorks Motion, definir las condiciones de contorno y simular

2. Active el complemento de **SolidWorks Motion** desde el Menú de persiana **Herramientas**, **Complementos**. Pulse sobre **Estudio de movimiento 1** desde la parte inferior de la Zona de Gráficos y active la pestaña **Análisis de Movimiento**. También puede pulsar sobre **Nuevo estudio de movimiento** desde **Ensamblajes**.

3. Para añadir la velocidad inicial de 3000 mm/s pulse sobre Bola <1> con el botón derecho y seleccione la opción **Velocidad Inicial**. Indique 3000 mm/s y seleccione la dirección hacia la que se va a dirigir el movimiento de la esfera. Puede seleccionar la arista lateral de la base. Pulse **Aceptar**.

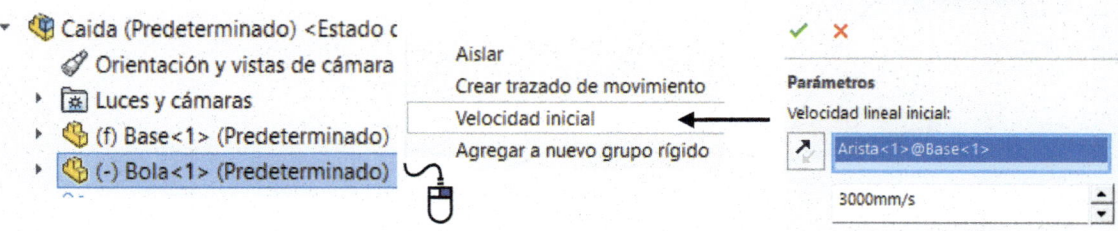

4. Para definir la gravedad pulse sobre el icono de la manzana (**Gravedad**) y seleccione la dirección de la caída de la bola (-Y) y su gravedad (9,8 m/s^2). Pulse **Aceptar**.

5. Pulse sobre **Contactos**, seleccione las dos piezas (suelo y bola) y desactive todas las opciones de materiales dejando únicamente las **propiedades elásticas (Coeficiente de restitución)**. El coeficiente de restitución define la relación entre las velocidades relativas de la esfera antes y después de impactar con el suelo. Indique un valor de 0,75 y pulse **Aceptar**.

Gravedad   **Contactos**

6. Una vez definidas las condiciones de contorno asegúrese tener activado **Análisis de movimiento** y pulse sobre **Calcular** para calcular el movimiento definido. Cuando finaliza el cálculo puede ver el movimiento de caída de la bola. Observe que el movimiento es muy rápido y no se aprecia con detalle.

Visualizar resultados (Propiedades del estudio de movimiento)

7. Para definir mejor la trayectoria seguida por la bola pulse sobre **Propiedades del estudio de movimiento**. En tramas por segundo indique un valor de 300. También puede incrementar la resolución de contacto 3D entre los objetos cuando chocan activando la casilla **Utilizar contacto preciso**. De esta forma, la trayectoria de la bola durante su caída se define con mucho más detalle. Pulse **Aceptar** para definir las propiedades y vuelva a **Calcular**. Observe la mejor resolución de la animación.

8. Para crear el gráfico con la trayectoria de la bola durante su recorrido pulse sobre **Resultados y trazados**. Seleccione la opción **Desplazamiento/Velocidad/Aceleración** y **Ruta de trazado**. Para definir el punto de trazado seleccione, desde la Zona de Gráficos, el origen de coordenadas de la pieza Bola. Pulse **Aceptar** para finalizar. Observe la creación de la trayectoria de la bola durante su caída.

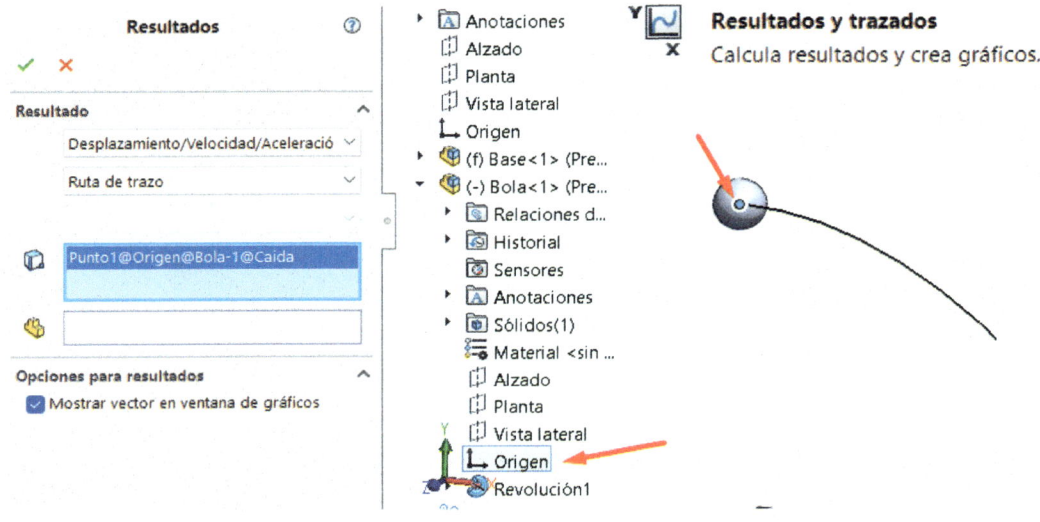

9. Para crear el trazado de velocidad pulse sobre **Resultados y trazados**. Seleccione **Desplazamiento/Velocidad/Aceleración** y **Velocidad lineal (Magnitud)**. Seleccione el origen de coordenadas de la bola tal y como se ha realizado en el apartado anterior. Pulse **Aceptar**. Observe la creación del gráfico de velocidad en función del tiempo.

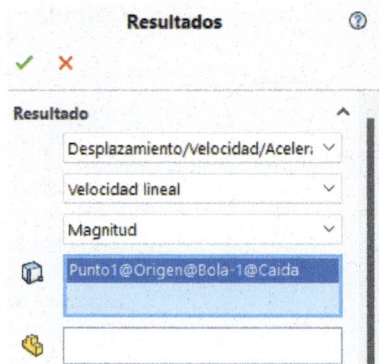

10. Repita el mismo procedimiento, pero ahora seleccione la opción **Centro de posición de masa (mm)**. El gráfico muestra la posición del centro de masa de la bola en función del tiempo.

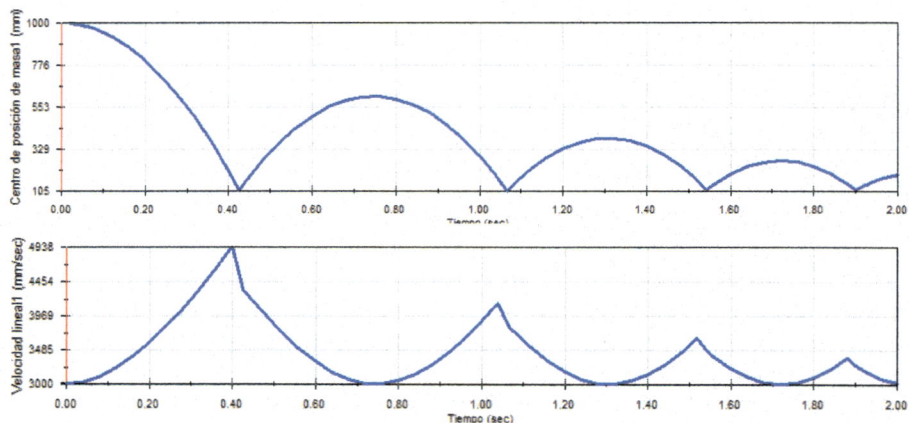

Exportar resultados a Excel

11. Para exportar los resultados a Excel pulse, con el botón derecho del ratón, sobre el trazado deseado y seleccione la opción **Exportar a hoja de cálculo**. En unos segundos se abre Excel y muestra una tabla con los tiempos y la velocidad junto con el gráfico trazado. El trazado tiene más o menos resolución en función del **Número de tramas por segundo** indicado en **Propiedades de estudio de movimiento**.

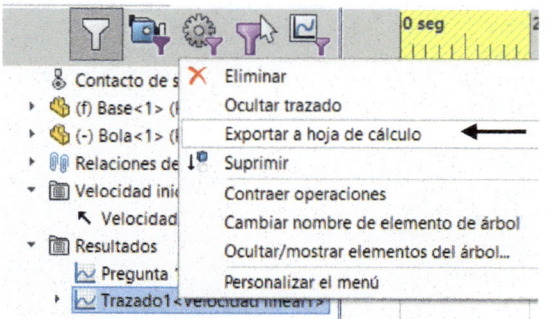

Práctica 52. SolidWorks Motion II

Práctica A. Cree una relación de **posición trayecto** para animar el funcionamiento de un pantógrafo.

Práctica B. A partir de la posición de trayecto de la soldadura robotizada cree una animación.

⏳ 20 minutos

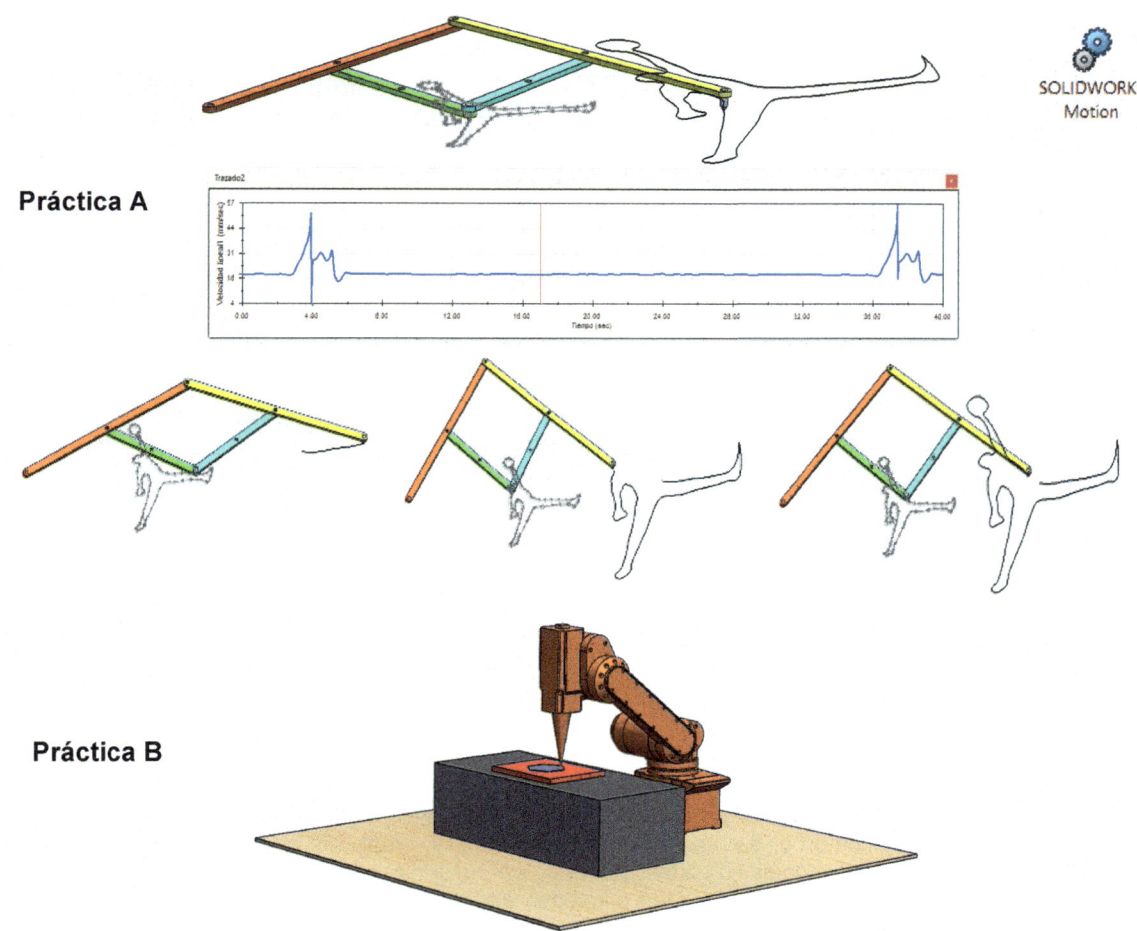

SOLIDWORKS
Motion

Práctica A

Práctica B

Objetivos del tutorial

- Crear una relación de posición trayecto.
- Crear la ruta de trazado del pantógrafo y exportar las coordenadas de la trayectoria.
- Determinar la velocidad lineal del trazador.
- Crear distintos modelos de pantógrafo para distintas escalas de ampliación.
- Crear una animación del movimiento definido por posición de trayecto en un robot.

Motor de relación de posición de trayecto

El Motor **relación de posición de trayecto** crea un motor que sigue la posición de un trayecto definido por una curva. En la práctica A planteada se propone calcar el contorno de un perfil a partir de una imagen JPG y utilizarlo como trayectoria para que un pantógrafo dibuje un nuevo contorno de la imagen a una escala superior. Se propone como práctica de ampliación que determine las dimensiones del pantógrafo para crear un dibujo a escala 2:1, 3:1 y 4:1. En la práctica B se pide calcular el movimiento de un robot al seguir la trayectoria de soldadura de una figura plana con forma hexagonal.

Práctica A
Abrir el modelo de pieza

1. Pulse la opción **Abrir** del Menú persiana **Archivo** o sobre el icono **Abrir**. Localice el ensamblaje de la práctica. Observe que el ensamblaje tiene todas las relaciones geométricas de posición excepto la relación de **Posición de trayecto**. Para su definición pulse sobre **Relación de posición** desde la Barra de Herramientas de **Ensamblaje**. Seleccione **Posición de trayecto** desde **Relaciones de Avanzado**. En el PropertyManager seleccione el vértice de la pieza P4-1 y la ruta definida por el croquis. Pulse **Aceptar** para crear la ruta.

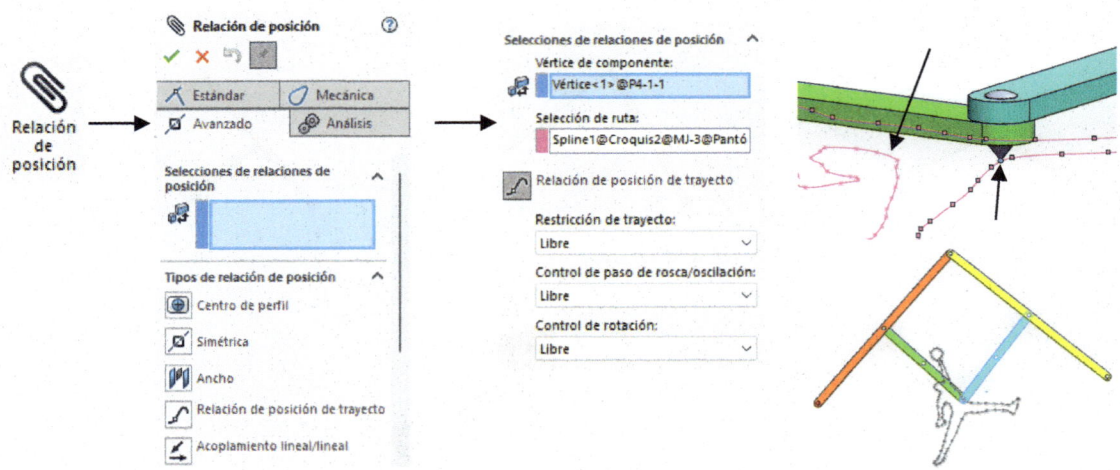

 La función **Imagen para croquis** y la activación del complemento **Autotrace** permiten vectorizar el contorno de una imagen importada y crear un croquis de forma automática. Los croquis creados pueden ser usados con cualquier operación (extrusión, revolución, barrido, etc.) o pueden ser exportados a ficheros DXF/DWG. Para activar **Autotrace** pulse sobre el Menú **Herramientas**, **Complementos** y active la casilla **Autotrace**.

Imagen
para
croquis

2. Asegúrese de tener activo **SolidWorks Motion** desde el Menú de persiana **Herramientas**, **Complementos**. Pulse sobre **Estudio de movimiento 1** desde la parte inferior de la Zona de Gráficos y active la pestaña **Análisis de Movimiento**. También puede pulsar sobre **Crear nuevo estudio de movimiento**. Pulse sobre **Motor rotatorio** y seleccione Motor de **Relación de posición de trayecto**. En **Relación de posición de trayecto** seleccione la relación de posición creada en el apartado 1 con el mismo nombre. En **Movimiento** seleccione **Velocidad constante** y 10 mm/s. Pulse **Aceptar** para crear el motor.

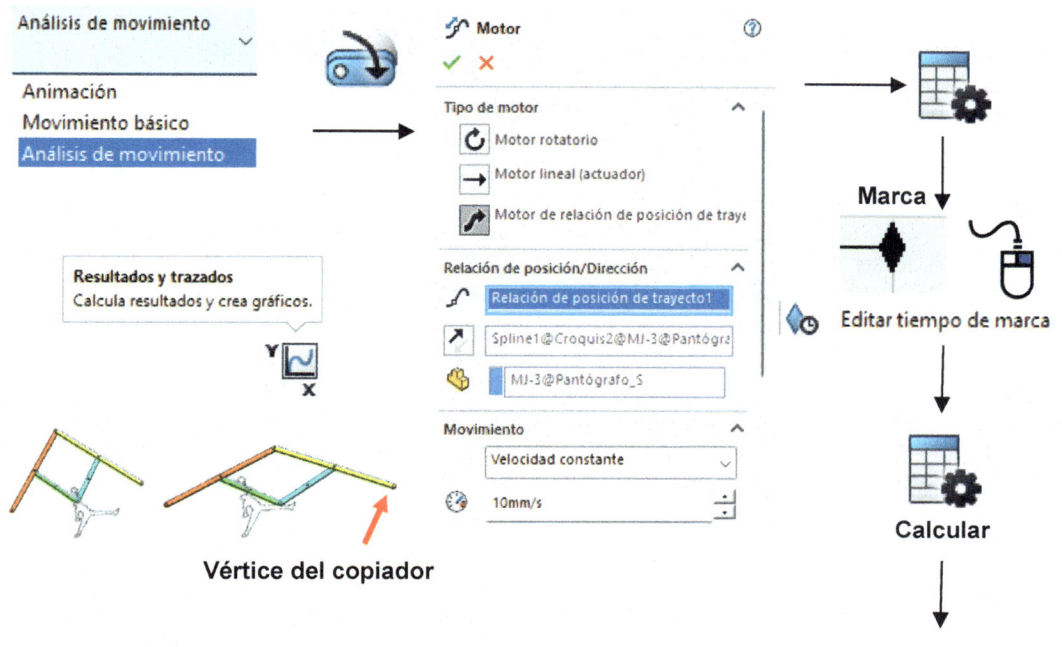

Vértice del copiador

Marca

Editar tiempo de marca

Calcular

3. Pulse con el botón derecho sobre la **Marca** (rombo) y defina un tiempo total de la animación de 40 segundos. Vuelva a **Calcular** y observe cómo el pantógrafo sigue el contorno de croquis. Para que se defina el copiado pulse sobre **Resultados y trazados** y seleccione **Desplazamiento /Velocidad/ Aceleración** y **Ruta de trazado**. Seleccione el vértice del copiador y pulse **Aceptar**. Al recalcular la animación traza el recorrido seguido por el copiador creando un dibujo de mayor escala que el copiado. Modifique las piezas del pantógrafo para crear las escalas 3:1 y 4:1.

4. Para conocer las coordenadas por donde pasa el copiador pulse con el botón derecho del ratón sobre el Trazado creado (**Ruta de trazado**) desde **Resultados** y seleccione la opción **Exportar a archivo CSV**. Se obtiene un documento compatible con Excel con las coordenadas X, Y y Z del trazado.

5. Para obtener el gráfico con la velocidad lineal del trazador en función del tiempo seleccione **Resultados y trazados, Desplazamiento/Velocidad/Aceleración** y **Velocidad lineal (Magnitud)**. Desde la Zona de Gráficos seleccione el vértice del trazador y pulse **Aceptar**. Observe el gráfico obtenido.

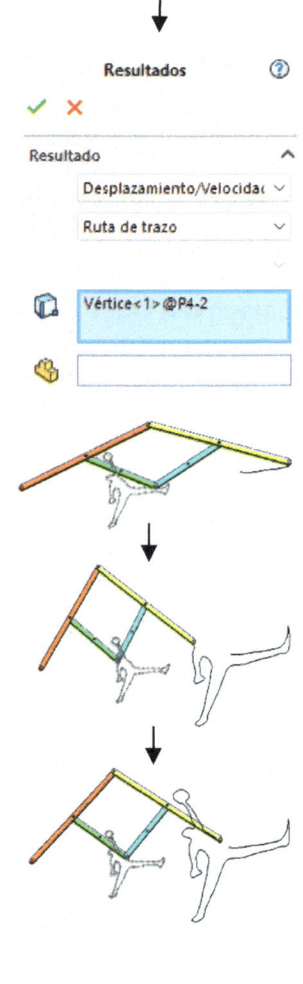

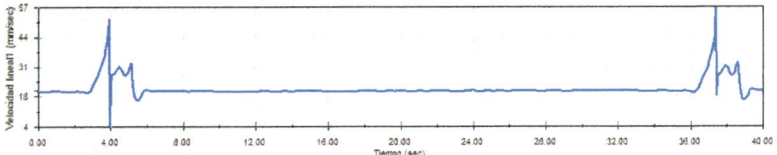

Práctica B
Abrir el modelo de ensamblaje y crear el movimiento del robot soldador

1. Pulse la opción **Abrir** del Menú persiana **Archivo** o sobre el icono **Abrir**. Localice el ensamblaje de la práctica. Observe que el ensamblaje tiene todas las relaciones geométricas de posición incluida la relación de **Posición de trayecto**. El robot soldador sigue una trayectoria plana definida.

2. Asegúrese tener activo el complemento de **SolidWorks Motion** (vea la práctica anterior, apartado 2). Cree un nuevo **estudio de movimiento** (**Nuevo estudio de movimiento** desde **Ensamblaje**).

3. Pulse sobre **Motor rotatorio** y seleccione Motor de **Relación de posición de trayecto**. En **Relación de posición de trayecto** seleccione la relación de posición creada en el ensamblaje. En **Movimiento** seleccione **Velocidad constante** y 10 mm/s. Pulse **Aceptar** para crear el motor. Pulse sobre **Calcular** y observe cómo el robot soldador se mueve siguiendo la trayectoria de soldadura.

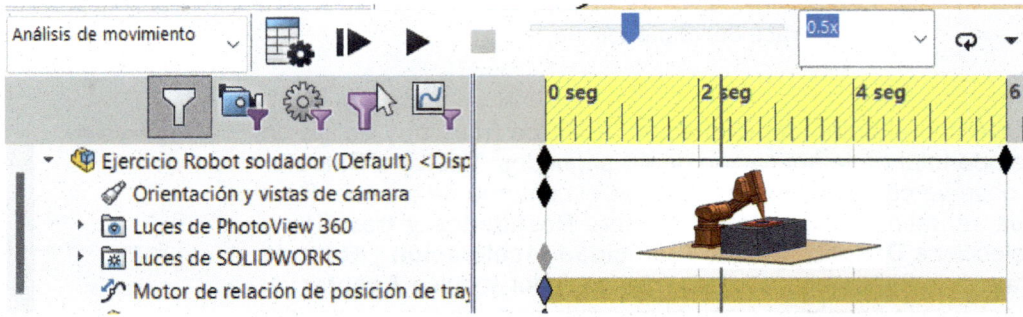

Creación del vídeo

4. Para crear un vídeo en formato AVI con la animación creada pulse sobre **Guardar animación**. Indique el nombre, el tipo de vídeo a crear, el tamaño y cociente de aspecto. También puede definir el número fotogramas por segundo. Pulse **Guardar** para crear el vídeo.

5. Recuerde que también es posible animar un movimiento de cámara para ver la escena desde distinta posición durante la animación. Vea distintos vídeos de ejemplo contenidos en los recursos adicionales.

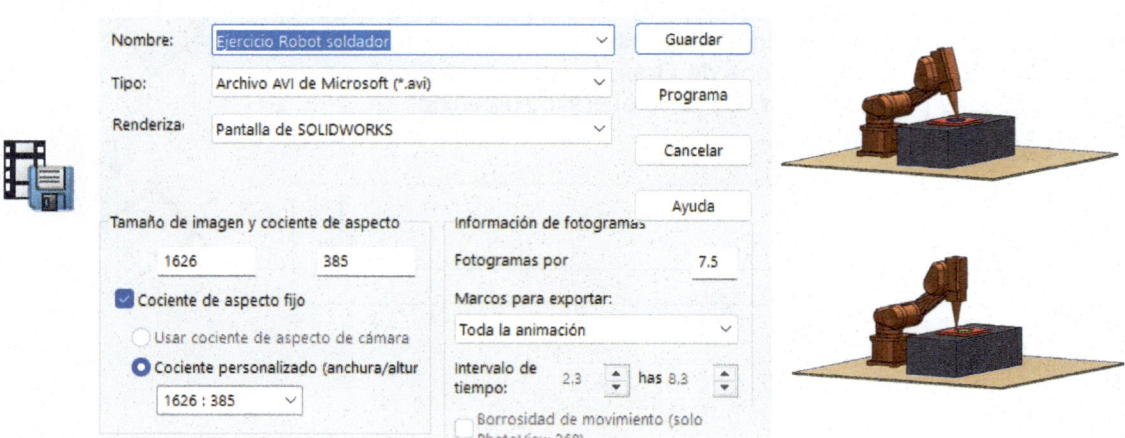

Práctica 53. SolidWorks Motion III

A partir del modelo de péndulo de Newton de la figura examine el movimiento de las cinco esferas cuando una de ellas se separa de las demás e impacta con ellas. La esfera al golpear transmite la energía potencial acumulada por la altura inicial y la transmite en el impacto por su caida. Estudie el movimiento a partir de un choque elástico y otro plástico con el complemento SolidWorks Motion.

⏳ 20 minutos

SOLIDWORKS
Motion

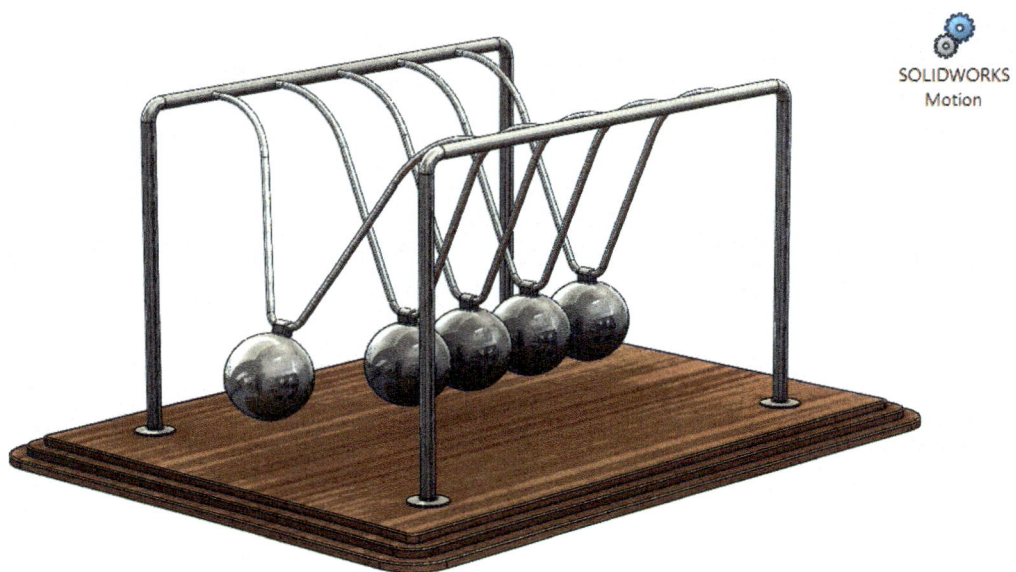

El péndulo de Newton es un dispositivo empleado en la demostración de la Ley de la conservación de la energía. La energía potencial que tiene la primera bola cuando se lanza desde cierta altura se convierte en energía cinética al caer y es transmitida en cada uno de los choques que se producen. Finalmente, la energía se convierte en potencial cuando la última de las bolas asciende por el impacto recibido.

El péndulo de Newton fue diseñado y fabricado por el físico francés Edme Mariotte (XVII) y es nombrado en el texto *Principia Mathematica* escrito por el físico Isaac Newton.

Objetivos del tutorial

- Crear un **Estudio de movimiento** (**MotionManager**) y las condiciones de contorno **Gravedad** y **Contactos** (**Coeficiente de restitución**).

- Incrementar las tramas por segundo de la animación para incrementar su resolución.

Descargar un modelo 3D (Péndulo de Newton)

1. Desde GrabCAD puede descargar alguno de los modelos de péndulo de Newton creados por los usuarios. En nuestro caso hemos descargado el modelo 3D Modeling Newton Craddle de Guit.

2. Pulse la opción **Abrir** del Menú persiana **Archivo** o sobre el icono **Abrir**. Localice el ensamblaje de la práctica descargado. Observe que el ensamblaje tiene las relaciones geométricas de paralelismo entre la cara lateral y el eje vertical de las bolas. De esta forma, se garantiza que, después de golpear, las bolas solo pueden tener un movimiento paralelo a la cara de la base de madera (reduciendo los grados de libertad).

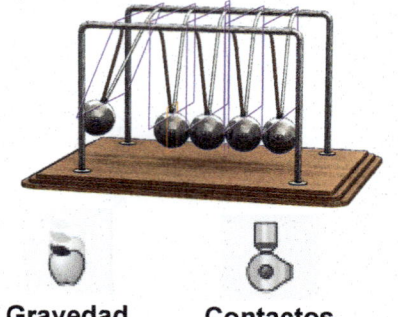

Gravedad   **Contactos**

Cargar el complemento SolidWorks Motion, definir las condiciones de contorno y simular

3. Active el complemento de **SolidWorks Motion** desde el Menú de persiana **Herramientas**, **Complementos**. Pulse sobre **Estudio de movimiento 1** desde la parte inferior de la Zona de Gráficos y active la pestaña **Análisis de Movimiento**. También puede acceder pulsando sobre **Nuevo Estudio de movimiento** desde el CommandManager de **Ensamblaje**.

4. Definición de la gravedad. Pulse sobre **Gravedad** y establezca el valor de 9,8 m/s^2 en dirección -Y. Pulse **Aceptar** para finalizar.

5. Definición de contactos. Pulse sobre **Contacto** y cree los contactos entre cada par de bolas que van a tocarse durante el impacto. Desactive la casilla **Material** y **Fricción**. En **Propiedades elásticas** active la casilla **Coeficiente de restitución** e indique el valor de 1.0. Pulse **Aceptar** para finalizar. Repita el mismo proceso con el resto de las bolas. El coeficiente de restitución=1 genera un choque completamente elástico.

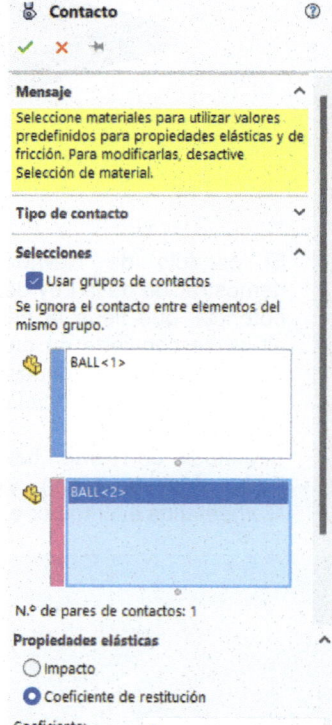

🔩 Solid Body Contact5

🔩 Solid Body Contact6

🔩 Solid Body Contact7

🔩 Solid Body Contact8

6. Propiedades del estudio. Pulse sobre **Propiedades del estudio de movimiento** y defina 90 tramas por segundo. Active la casilla **Utilizar contacto preciso** y, en **Opciones avanzadas**, seleccione el integrador **WSTIFF**. Pulse **Aceptar** para definir las condiciones.

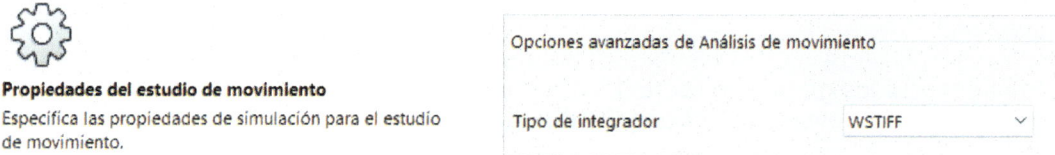

Propiedades del estudio de movimiento

Especifica las propiedades de simulación para el estudio de movimiento.

Opciones avanzadas de Análisis de movimiento

Tipo de integrador   WSTIFF

7. Pulse sobre **Calcular** para 2 segundos. Recuerde que puede definir el tiempo de la animación pulsando con el botón derecho del ratón sobre la clave o arrastrándola hasta el lugar deseado.

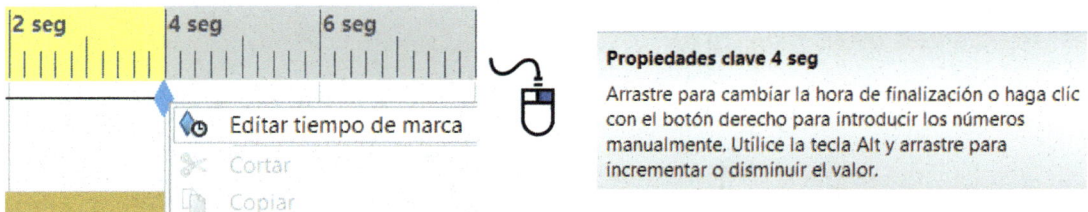

2 seg   4 seg   6 seg

🕑 Editar tiempo de marca

✂ Cortar

📋 Copiar

Propiedades clave 4 seg

Arrastre para cambiar la hora de finalización o haga clic con el botón derecho para introducir los números manualmente. Utilice la tecla Alt y arrastre para incrementar o disminuir el valor.

Pulse **Play** para visualizar la animación creada. Observe que las bolas intermedias, después de cada choque, tienen un pequeño movimiento que desestabiliza el movimiento cuando el tiempo de la animación es mayor a 2 segundos. El movimiento es como consecuencia de pequeños errores en los métodos numéricos utilizados. Esos errores numéricos pueden reducirse cuando se minimizan los grados de libertad que tienen las piezas en su movimiento.

Grados de libertad (Criterio de Gruebler)

A priori, teniendo en cuenta que hay cinco bolas, se tienen cinco piezas móviles con seis grados de libertad cada una de ellas (tres traslacionales y tres rotacionales: el sólido puede moverse a lo largo de los ejes X, Y y Z, y girar con respecto a ellos). En total 30 grados de libertad. En caso de agregar restricciones y/o relaciones de posición entre dos piezas se eliminan grados de libertad entre ellos.

Pero en el modelo de la simulación no solo tenemos las bolas, sino que además están las piezas que las soportan. SolidWorks calcula que se tienen 12 piezas móviles con un total de 72 grados de libertad (GDL). Pero las juntas cilíndricas, las juntas planas y las referencias paralelas eliminan 40, 75 y 4 grados de libertad, respectivamente. En total se tienen 5 GDL reales. Y 52 restricciones redundantes.

8. Para conocer los grados de libertad pulse con el botón derecho del ratón sobre las relaciones de posición de Motion y seleccione **Grados de libertad**.

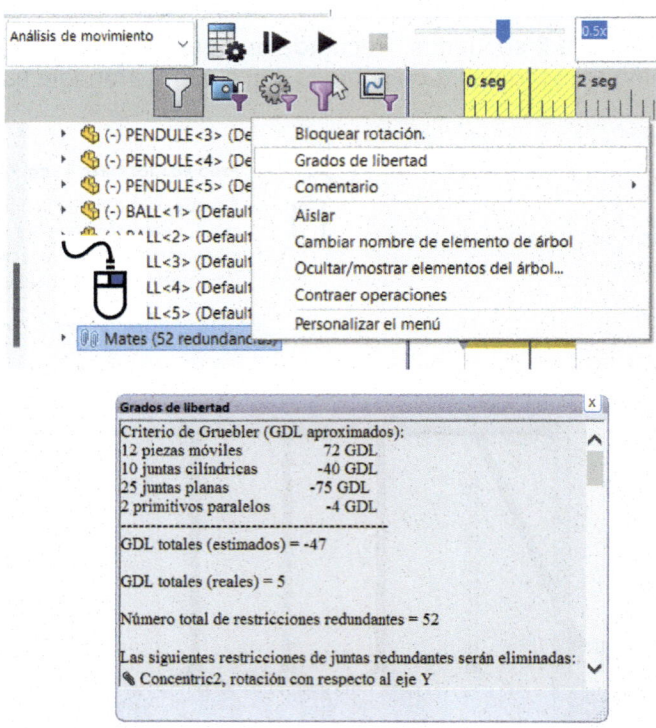

Choque plástico (coeficiente de restitución <1)

9. Repita el paso 5 para redifinir los contactos entre las bolas. En **Propiedades elásticas** active la casilla **Coeficiente de restitución** e indique el valor de 0.1. Pulse **Aceptar** para finalizar. Repita el mismo proceso con el resto de las bolas. Compare el comportamiento definido por el choque plástico con el choque elástico.

Práctica 54. SolidWorks Motion IV

A partir del modelo de ensamblaje de la figura cree un Estudio de movimiento de un segundo (Análisis de movimiento) donde el coche choque contra las cajas. Defina la gravedad, el contacto entre cada uno de los componentes y la fuerza que impulsa al coche en el impacto. Para mostrar con detalle la animación defina más de 1000 tramas por segundo.

⏳ 20 minutos

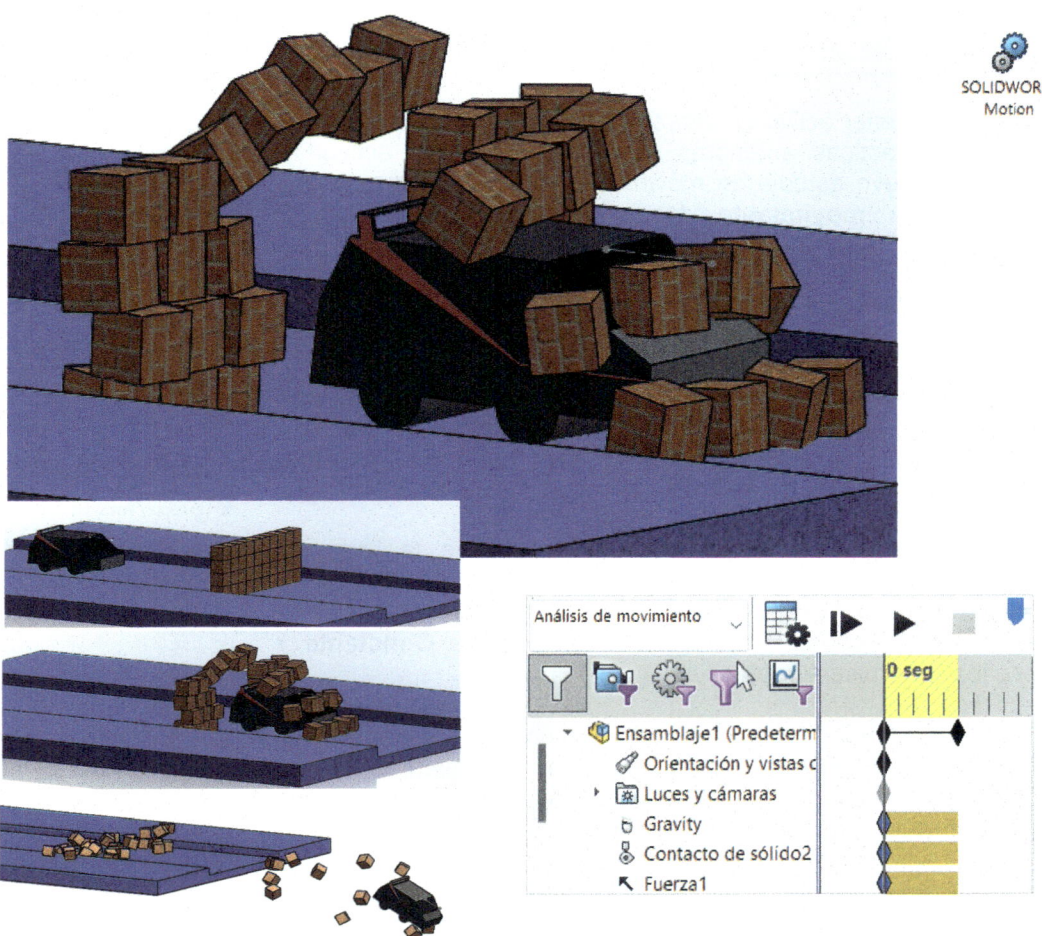

SOLIDWORKS
Motion

Objetivos del tutorial

- Crear un **Estudio de movimiento (Análisis del movimiento) con MotionManager**.
- Definir **Gravedad, Fuerza** y los **Contactos** entre los componentes.
- Animar el impacto con 1000 tramas por segundo y reproducirlo a 0,05×.

Abrir el modelo de ensamblaje y definir las condiciones del impacto

1. Pulse la opción **Abrir** del Menú persiana **Archivo** o sobre el icono **Abrir**. Localice el ensamblaje de la práctica. Observe que el ensamblaje tiene todas las relaciones geométricas de posición definidas. La base es fija y el resto de las piezas (coche y cajas) son flotantes. El muro se ha realizado con una matriz rectangular de cubos.

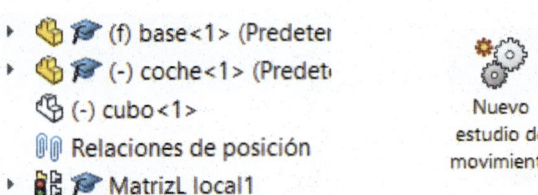

2. Asegúrese tener activo el complemento de **SolidWorks Motion** (vea las prácticas anteriores para recordar cómo activarlo). Cree un nuevo estudio de movimiento pulsando sobre **Nuevo Estudio de movimiento** desde el CommandManager de Ensamblaje. Active el estudio **Análisis de movimiento**.

3. **Definición de la gravedad**. Pulse sobre **Gravedad** y establezca el valor de 9,8 m/s² en dirección -Y. Pulse **Aceptar** para finalizar.

4. **Definición de contactos**. Pulse sobre **Contacto**. Seleccione todos los componentes. Desactive la casilla **Material** y **Fricción**. En **Propiedades elásticas** active la casilla **Impacto** e indique los valores señalados en la figura. Pulse **Aceptar.**

5. Pulse sobre **Fuerza. Solo acción.** Seleccione la línea de croquis indicada en la figura para definir la dirección. En **Fuerza respecto a:** active la casilla **Componente seleccionado** y seleccione el coche. En **Forzar función** active **Constante** y escriba 2N. Pulse **Aceptar.**

6. En **Propiedades del Estudio de movimiento** indique 1000 **Tramas por segundo** en Análisis del movimiento. Así, la animación mostrará con elevada resolución cómo son golpeadas las cajas en el impacto.

7. Pulse sobre **Calcular** y defina una animación de 1 segundo (Tramas clave). Reproduzca la animación creada a una velocidad de reproducción de 0,05× para observar el impacto de las cajas con el mayor detalle posible.

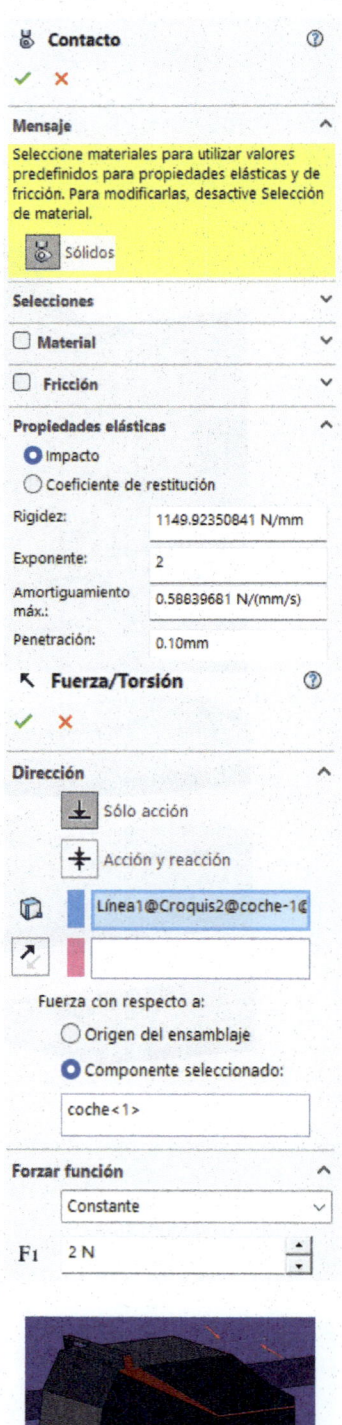

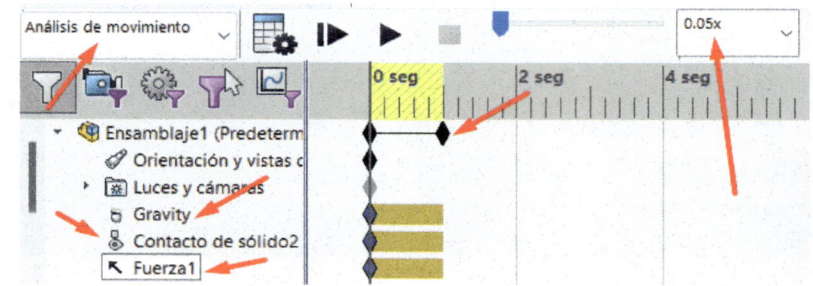

Práctica 55. SolidWorks Motion V

Simulación basada en eventos. A partir del ensamblaje de la figura contenido en los recursos digitales que acompaña el libro cree una animación de la automatización del proceso de empaquetado de cajas a partir de la secuencia definida.

⏱ 50 minutos

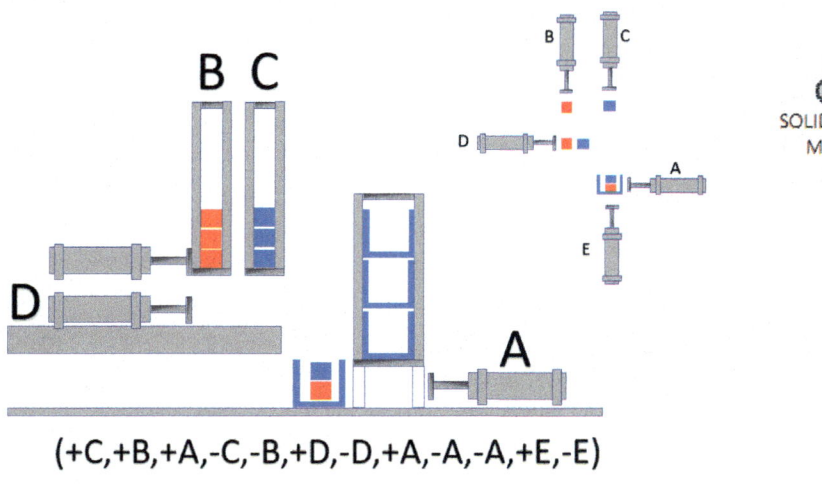

(+C,+B,+A,-C,-B,+D,-D,+A,-A,-A,+E,-E)

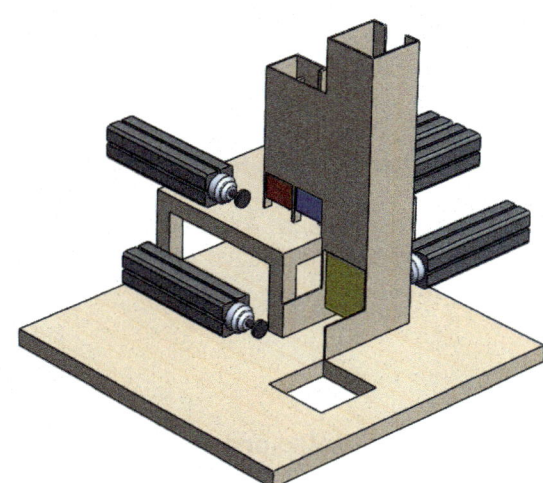

Objetivos del tutorial

- Crear un **Estudio de movimiento SolidWorks Motion** y hacer una **simulación basada en eventos.**
- Crear **Servomotores**, **Sensores**, **Contactos** y definir la **Gravedad**. Definir tareas, desencadenadores y acciones.
- Animar la secuencia de movimientos creada.

Simulaciones basadas en eventos

La siguiente práctica explica cómo crear una simulación basada en eventos. Como crear servo-motores y sensores para definir la lógica de los movimientos a controlar.

En la práctica se incluyen 5 cilindros neumáticos y tres sensores de posición que se encargarán de empaquetar cajas rojas y azules dentro de una caja contenedora amarilla. Para definir cada uno de los eventos inicialmente se crearán los sensores de posición (uno para detectar la presencia de cada una de las cajas de colores) que activarán (+) los motores lineales de los cilindros neumáticos para la realización de la tarea de empujar las cajas. Los motores también actuarán de forma lineal para definir su retroceso (-). Para cada una de las tareas se asigna un tiempo de ejecución.

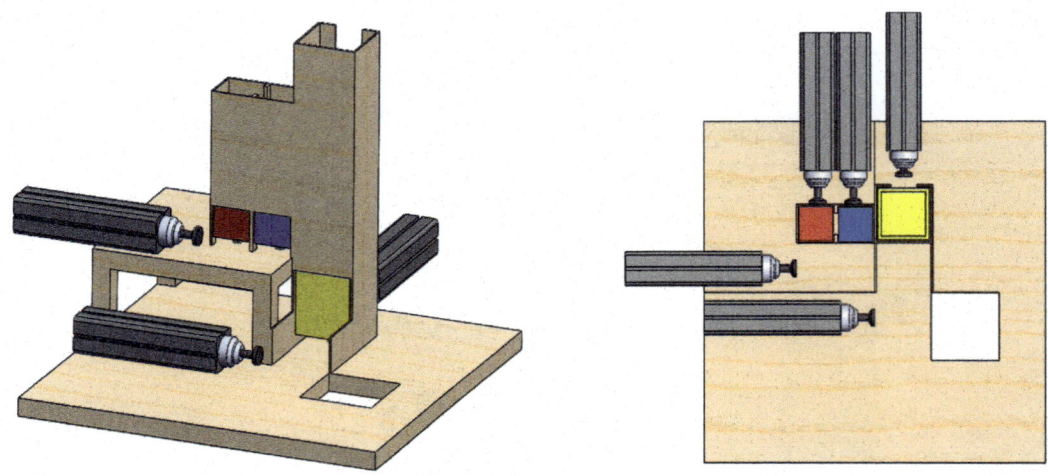

Abrir el ensamblaje, creación de Servomotores, Sensores y definición de la gravedad

1. Pulse la opción **Abrir** del Menú persiana **Archivo** o sobre el icono **Abrir**. Localice el ensamblaje de la práctica. Asegúrese tener activo el complemento de **SolidWorks Motion** y cree un nuevo **estudio de movimiento**.

Servomotores

Los servomotores pueden ser **Lineales** o **Rotacionales**. En la práctica se utilizan los lineales. Al seleccionar un motor lineal debe indicar la cara del componente que se moverá y definirlo como Servo Motor Desplazamiento.

2. Pulse sobre **Motor** y seleccione **Motor lineal**. Seleccione la cara del primer cilindro (cilindro que moverá la caja roja) y en la pestaña de **Movimiento** seleccione la opción **Servo Motor Desplazamiento**. Pulse **Aceptar** para finalizar la creación del primer motor. El motor definido se encarga de hacer salir y entrar el vástago del cilindro neumático. Repita la misma operación para el resto de los cilindros neumáticos. En total debe crear 5 motores lineales. Observe como, de momento, no se indica cuándo debe salir el cilindro ni tampoco cuánto tiempo dura el movimiento de salida y de retroceso.

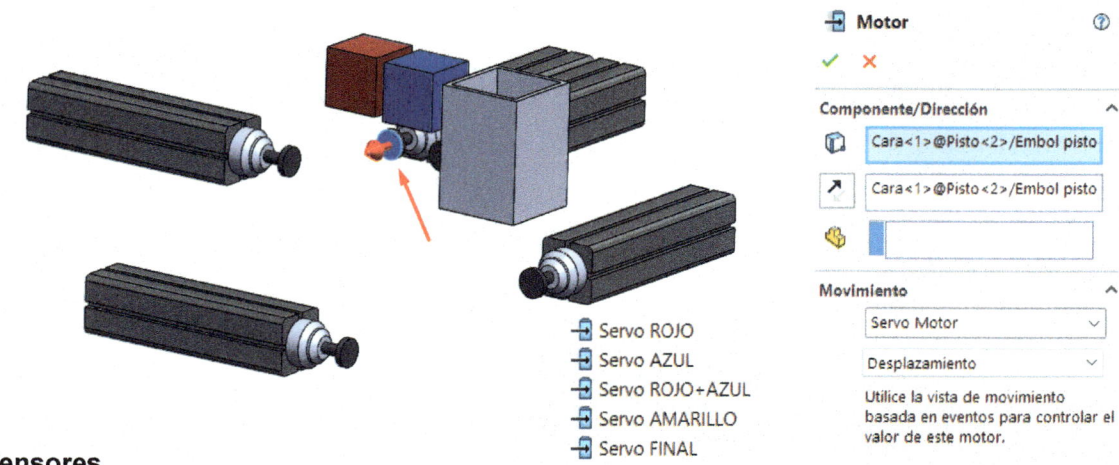

Motor ⑦

Componente/Dirección

- Cara<1>@Pisto<2>/Embol pisto
- Cara<1>@Pisto<2>/Embol pisto

Movimiento

Servo Motor

Desplazamiento

Utilice la vista de movimiento basada en eventos para controlar el valor de este motor.

- Servo ROJO
- Servo AZUL
- Servo ROJO+AZUL
- Servo AMARILLO
- Servo FINAL

Sensores

Los sensores se utilizan para activar eventos o detenerlos. Hay 3 tipos de sensores:

- Sensor de Interferencia para la detección de colisiones.
- Sensor de Proximidad, que detecta el movimiento de un cuerpo que cruza una línea.
- Sensor de Medida utilizado para detectar la posición relativa de un componente en base a una cierta dimensión.

En la práctica se emplean **Sensores de proximidad** con el objeto de mandar la señal de actuación a los cilindros neumáticos.

3. Para crear el primer sensor de posición pulse con el botón derecho del ratón sobre **Sensor** desde el árbol de operaciones de diseño. Seleccione **Agregar sensor**... En el PropertyManager de **Sensor** seleccione **Proximidad** en **Tipo de Sensor**. Seleccione las cajas rojas (Cub_v1 y 5). En **Alcance de sensor de proximidad** indique 3 mm. Pulse **Aceptar**. Repita la misma operación con los otros dos sensores.

Sensor ⑦ ⑦

Tipo de sensor

- Proximidad

Propiedades

Valor: Sin interferencias

- Cara<1>@bancada<1>

☐ Invertir dirección

- Cub_v<1>
- Cub_v<5>

ℓ 3.00mm

☑ Alerta

Notifíqueme si el valor

es verdadero

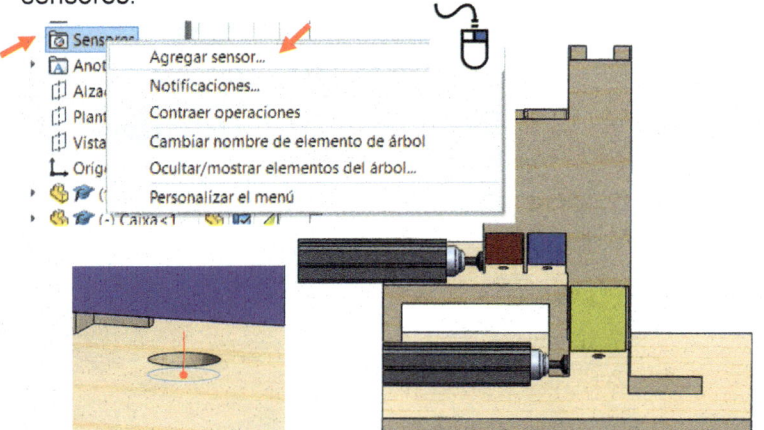

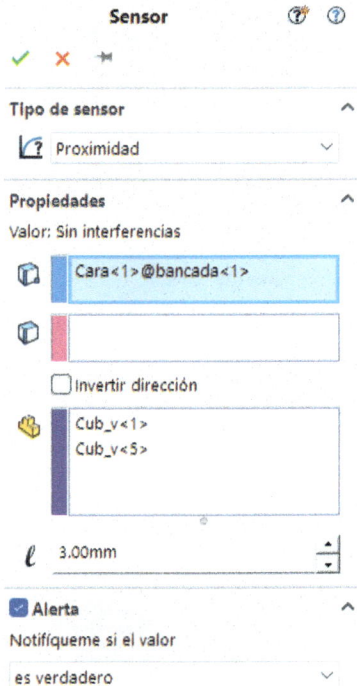

4. Para definir la gravedad pulse sobre **Gravedad**, active el eje Y, escriba 9,81m/s^2 y pulse **Aceptar**.

Definición de eventos

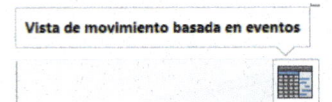

5. Pulse sobre **Vista de movimiento basada en eventos**.

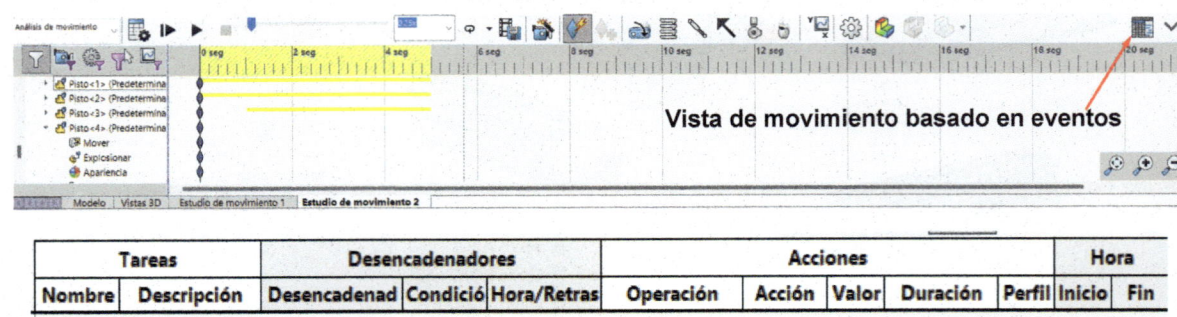

Vista de movimiento basado en eventos

Tareas		Desencadenadores			Acciones					Hora	
Nombre	Descripción	Desencadenad	Condició	Hora/Retras	Operación	Acción	Valor	Duración	Perfil	Inicio	Fin

➕ *Haga clic aquí para agregar*

6. Observe que desaparece el TrackView y aparece el cuadro de definición de Tareas, Desencadenadores, Acciones y Hora de inicio y fin. Para crear la primera tarea pulse sobre **+Haga clic aquí para agregar**. Indique Tarea 1. En **Desencadenante** seleccione el **Sensor Rojo**. Como **Condición** defina **Alerta**. **Ninguna** en **Hora/Retraso** y en **Operación**, seleccione el actuador (ROJO). Finalmente, en **Acción** active la casilla **Cambiar** e indique un calor de desplazamiento de 25 mm durante un tiempo de 1 segundo (**Duración**). Repita el mismo procedimiento con el actuador (AZUL). Con esta primera acción, los dos primeros cilindros empujan las cajas roja y azul después de la señal emitida por sus sensores de proximidad (detectan la presencia de las cajas).

7. Repita el procedimiento definido en el apartado anterior para conseguir que el tercer cilindro desplace la caja amarilla según la secuencia indicada en el enunciado.

Tareas		Desencadenadores			Acciones					Hora	
Nombre	Descripción	Desencadenador	Condició	Hora/Retraso	Operación	Acción	Valor	Duración	Perfil	Inicio	Fin
☑ Tarea 1		🖉Sensor Rojo	Alerta	\<Ninguna\>	🖉(2)	Cambi	25m	1s	↙	0s	1s

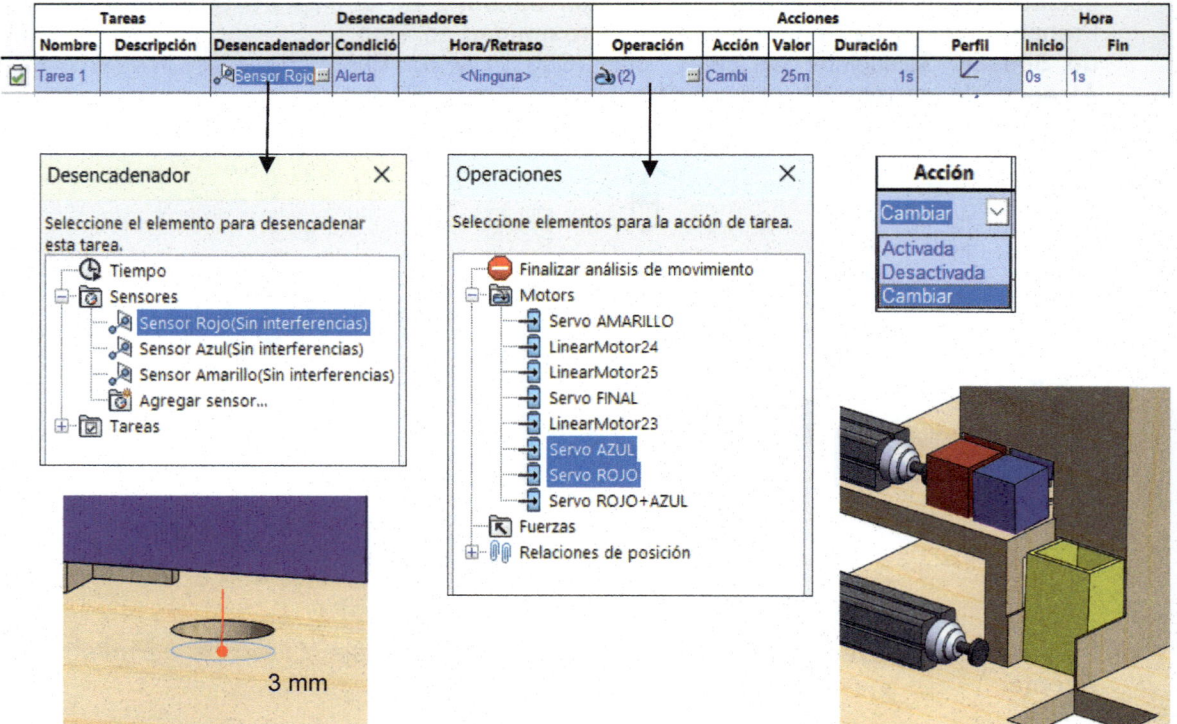

8. En la siguiente tarea fuerce el movimiento del cuarto cilindro (servo ROJO+AZUL) para que arrastre las cajas roja y azul y caigan dentro de la caja amarilla. La activación del Servo AMARILLO nuevamente con una distancia de 40 mm arrastrará la caja hasta el Servo FINAL. El movimiento del último cilindro (Servo FINAL) se produce como desencadenante la de tarea anterior (Tarea 7) y la acción consiste en el desplazamiento del cilindro 40 mm durante un segundo. En todos los casos, los cilindros (servo) tienen retracción para devolverlos a su posición de origen.

En la figura se indican las tareas, desencadenantes, acciones y temporización necesarias para automatizar el proceso de empaquetado de cajas definido en el enunciado. Recuerde que en los contenidos digitales que acompaña el libro tiene el ejercicio resuelto.

Tareas		Desencadenadores			Acciones					Hora	
Nombre	Descripción	Desencadenador	Condició	Hora/Retraso	Operación	Acción	Valor	Duración	Perfil	Inicio	Fin
Tarea 1		Sensor Roj	Alerta	<Ninguna>	(2)	Cambiar	25m	1s	∠	0s	1s
Tarea 2		Tarea 1	Inicio	<Ninguna>	(2)	Cambiar	-25m	0.1s	∠	0s	0.1s
Tarea 3		Sensor Am	Alerta	<Ninguna>	Servo AMARILLO	Cambiar	30m	1s	∠	0.03s	1.03s
Tarea 5		Tarea 3	Fin de	<Ninguna>	Servo ROJO+AZUL	Cambiar	40m	0.2s	∠	1.03s	1.23s
Tarea 6		Tarea 5	Fin de	<Ninguna>	Servo AMARILLO	Cambiar	40m	0.5s	∠	1.23s	1.73s
Tarea 7		Tarea 6	Fin de	<Ninguna>	(2)	Cambiar	-40m	0.2s	∠	1.73s	1.93s
Tarea 8		Tarea 6	Fin de	<Ninguna>	Servo FINAL	Cambiar	40m	1s	∠	1.73s	2.73s
Tarea 9		Tarea 8	Fin de	<Ninguna>	Servo FINAL	Cambiar	-40m	0.2s	∠	2.73s	2.93s

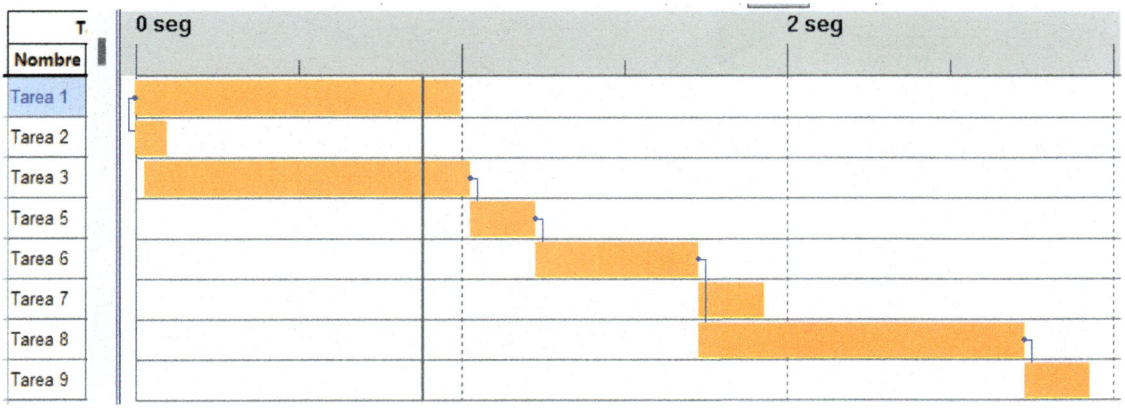

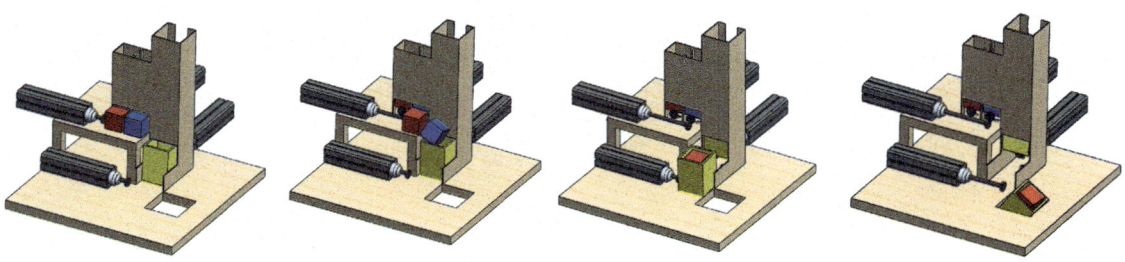

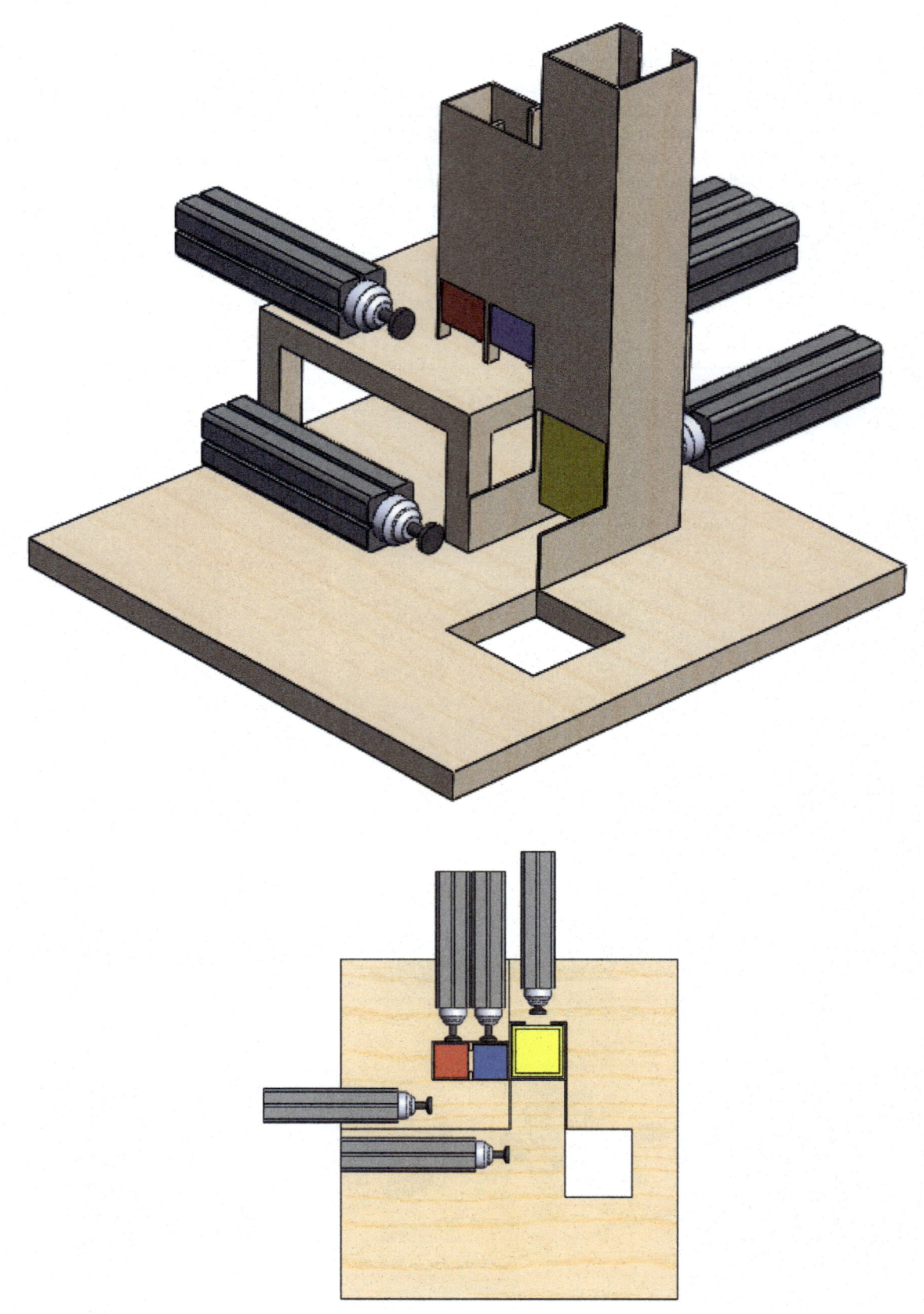

Práctica 56. SolidWorks Motion VI

Emplee la función **Control de relación de posición** para programar el movimiento de un robot y expórtelo para crear un estudio de movimiento.

⧖ 20 minutos

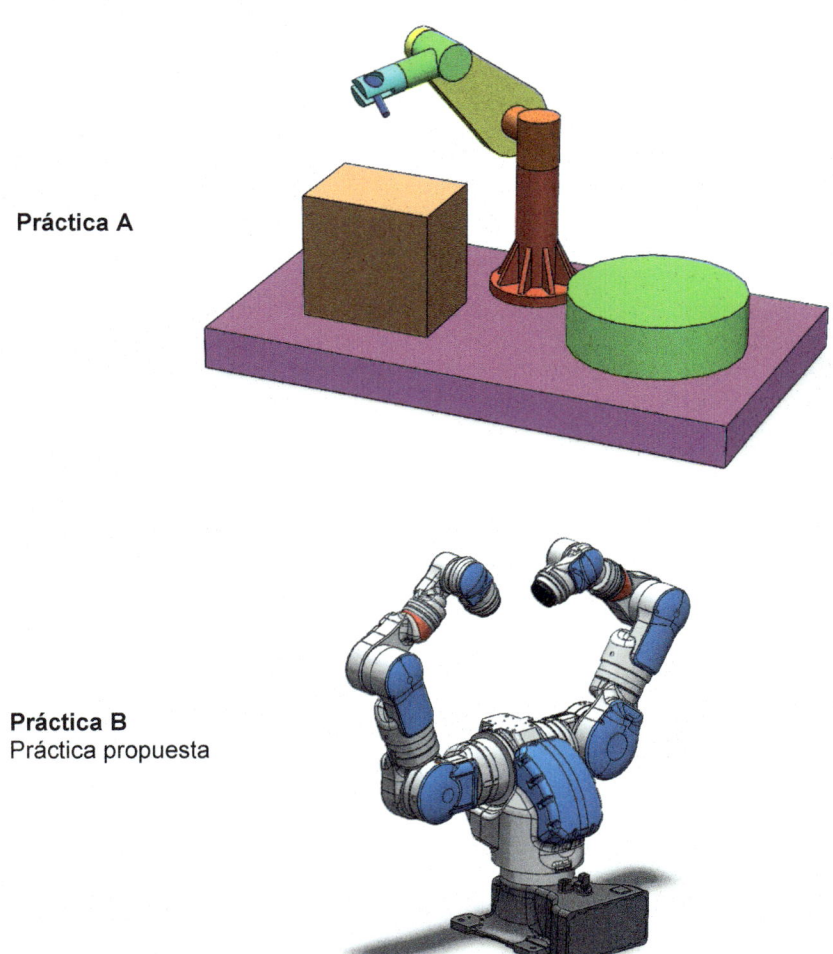

Práctica A

SOLIDWORKS
Motion

Práctica B
Práctica propuesta

Objetivos del tutorial

- Establecer relaciones de posición avanzadas de **Ángulo**.

- Definir las posiciones intermedias del robot a partir del **Control de relaciones de posición**.

- Crear animación del movimiento y guardar un vídeo en formato AVI desde estudio de movimiento.

Control de relaciones de posición

 Control de relaciones de posición es una función que permite manipular relaciones de posición específicas que controlan los grados de libertad de un ensamblaje. Así, es posible guardar y recuperar las posiciones de un ensamblaje y crear animaciones con la interpolación de cada una de ellas. Los grados de libertad que pueden controlarse son: **Ángulo**, **Distancia**, **Ángulo límite**, **Distancia límite**, **Relación de posición de trayecto** (**Distancia a lo largo del trayecto**, **Porcentaje a lo largo del trayecto**), **Ranura** (**Distancia a lo largo de la ranura**, **Porcentaje a lo largo de la ranura**) y **Anchura** (cota, porcentaje).

Práctica 1
Abrir el ensamblaje

1. Pulse la opción **Abrir** del Menú de persiana **Archivo** o sobre el icono **Abrir**. Localice el ensamblaje en los contenidos adicionales del libro. Observe cómo el ensamblaje tiene definidas las relaciones de posición (coincidente y concéntrica).

2. Para mover el robot se deben crear relaciones de posición con **Ángulo límite** y definir los grados de libertad de su movimiento. Para su definición se han creado líneas de croquis en cada uno de los ejes de rotación del robot. Para visualizarlos pulse sobre **Visibilidad** desde la Zona de Gráficos y active **Ver croquis**.

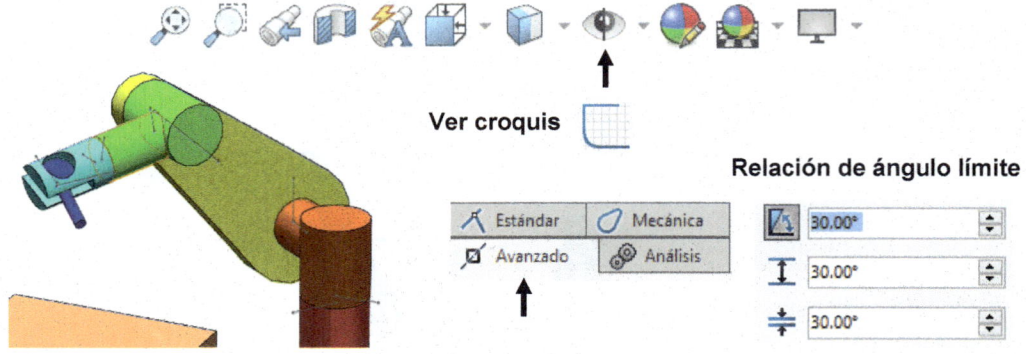

Definir las relaciones de posición (Ángulo límite)

3. Pulse sobre **Relación de Posición** desde la Barra de Herramientas de **Ensamblaje** o desde el Menú de persiana **Insertar**, **Relación de Posición**. Seleccione la relación de posición desde el Menú **Avanzado**. En **Selecciones de relaciones de posición** seleccione las dos primeras líneas de croquis (ver figura). Indique 360 y 30 para **Valor máximo** y **Valor mínimo**, respectivamente. Pulse **Aceptar** para crear la relación de **Ángulo**. Repita la operación para el resto de las uniones móviles.

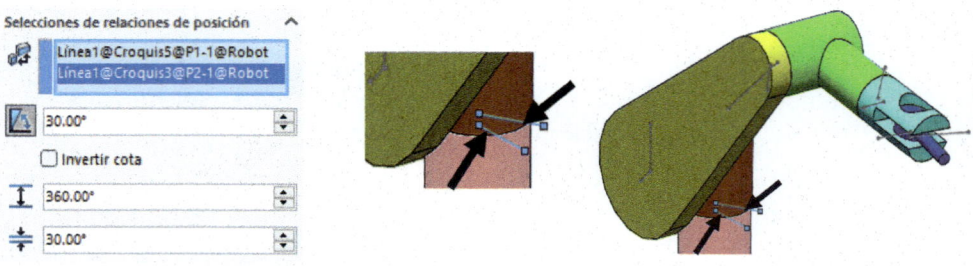

Controlador de relaciones de posición

4. Pulse sobre **Controlador de relaciones de posición** desde la Barra de Herramientas de **Ensamblaje** o desde el Menú de persiana **Insertar**, **Controlador de relaciones de posición**. Desde el PropertyManager pulse sobre **Recopilar todas las relaciones compatibles**. Observe cómo se reconocen las relaciones **Ángulo límite** creadas en el apartado anterior.

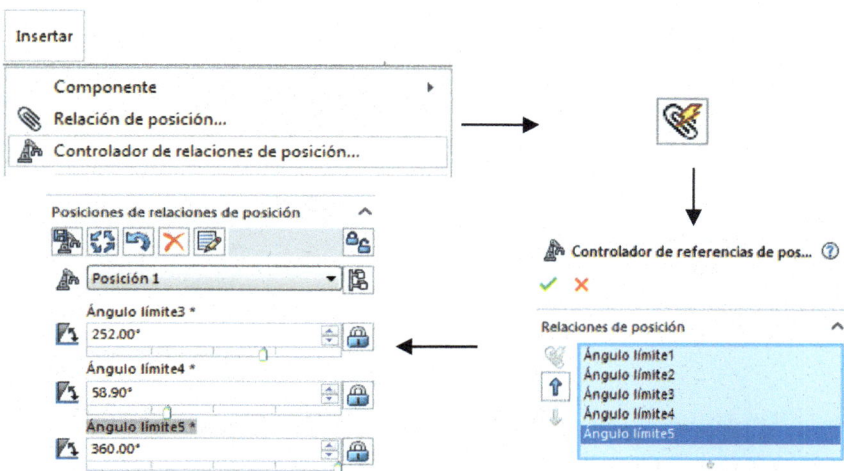

5. Seleccione distintos ángulos para cada una de las relaciones de posición (Ángulo límite 1, 2, 3, 4 y 5). Observe cómo el robot se mueve manteniendo el resto de los grados de libertad. Desplace la barra horizontal para mover los distintos segmentos del robot.

6. Para empezar a grabar cada una de las posiciones del robot mueva los ángulos límite y desplace el robot hasta la primera posición. Pulse sobre **Agregar posición** para grabarla y defina su nombre (Posición 1). Indique su duración en segundos y pulse **Aceptar**.

7. Repita el paso 6 para definir el resto de las posiciones por las que el robot deberá pasar.

8. Pulse sobre **Animación de cálculo** para crear la animación resultante de la interpolación de cada una de las posiciones definidas. Observe que el movimiento del robot es el que realmente desea realizar. Una vez creada la animación puede cambiar el modo de reproducción para reproducir y detener la animación. En **Modo de reproducción**, la opción **Normal** reproduce una vez desde el principio hasta el final y la opción **Bucle** reproduce continuamente, desde el principio hasta el final, hasta pulsar **Detener**. La opción **Reproducción alternativa** reproduce continuamente, desde el principio hasta el final y viceversa, hasta pulsar **Detener**. La opción **Exportar animación** permite guardar un vídeo de la animación realizada.

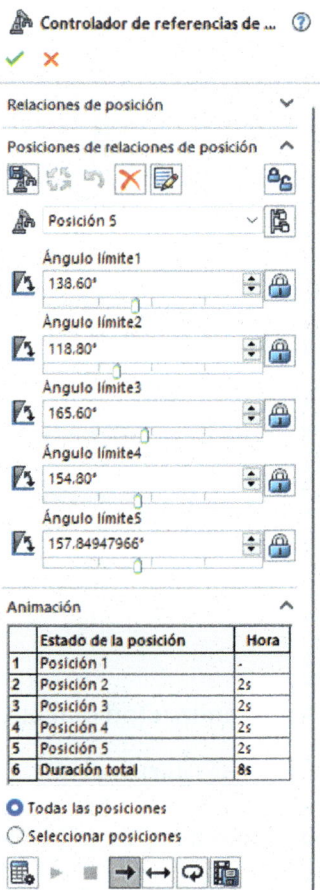

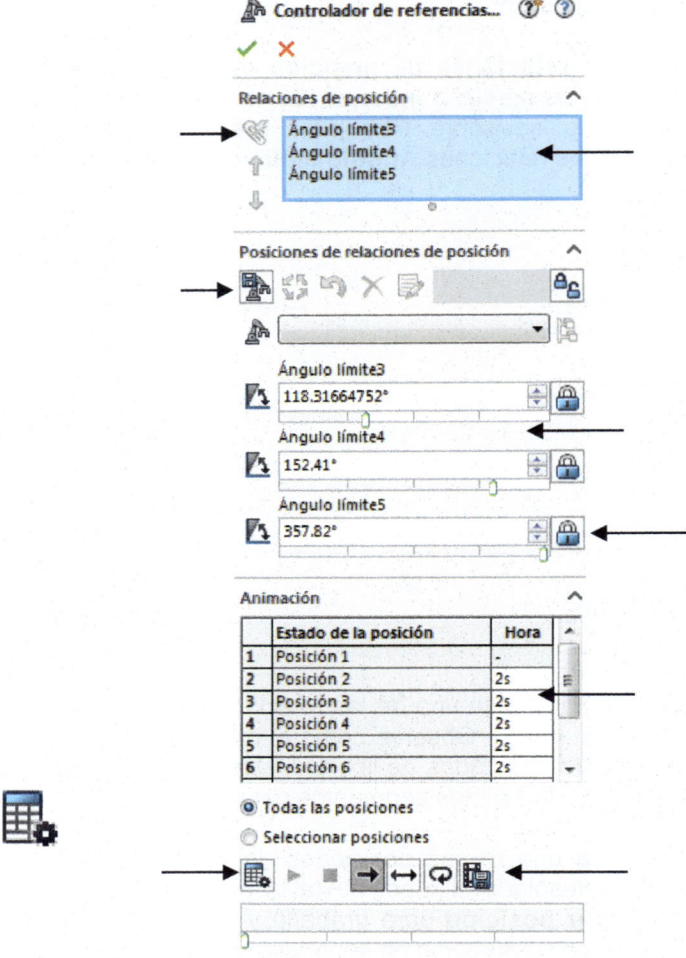

Editar una posición en el Controlador de relaciones de posición

Puede cambiar una relación de posición guardada. Para **Editar una posición en el Controlador de relaciones de posición**, los pasos que debe seguir son:

1. Seleccione **Controlador de relaciones de posición** desde el FeatureManager y pulse sobre **Editar operación**.

2. Desde **Posiciones de relaciones de posición** seleccione la posición por editar y modifique los valores de los ángulos límite, por ejemplo.

Crear animación con el Controlador de relaciones de posición

Una vez definidas las posiciones intermedias puede crear una animación por interpolación teniendo en cuenta los pasos intermedios definidos. Para **Crear animación con el Controlador de relaciones de posición**, los pasos que debe seguir son:

1. Seleccione **Estudio de movimiento** desde la parte inferior izquierda de la Zona de Gráficos y en **Tipo de Estudio** seleccione **Animación**.

2. Pulse sobre **Asistente para animación** desde la Barra de Herramientas del **MotionManager** y, en el cuadro de diálogo, seleccione **Controlador de relaciones de posición**. Pulse **Siguiente**. En **Tipo de importación** seleccione **marcas** y pulse **Siguiente**. Establezca los valores de **Duración** y **Hora de inicio** y pulse **Finalizar**. Observe cómo en la escala de tiempos aparecen las barras de cambio de posición.

3. Pulse sobre **Calcular** desde el MotionManager y observe la animación desde la Zona de Gráficos.

4. Para finalizar, guarde la animación en formato AVI. Pulse sobre **Guardar Animación**. Indique el nombre y el tipo de archivo a crear (.avi). En **Fotogramas por segundo** puede aumentar el número actual (7,5). Recuerde que mayor número de fotogramas por segundo crea una animación con mejor calidad, pero más pesada. Pulse **Guardar** y, a continuación, seleccione el **Compresor de vídeo**. Pulse **Aceptar** para finalizar. Visualice el vídeo creado.

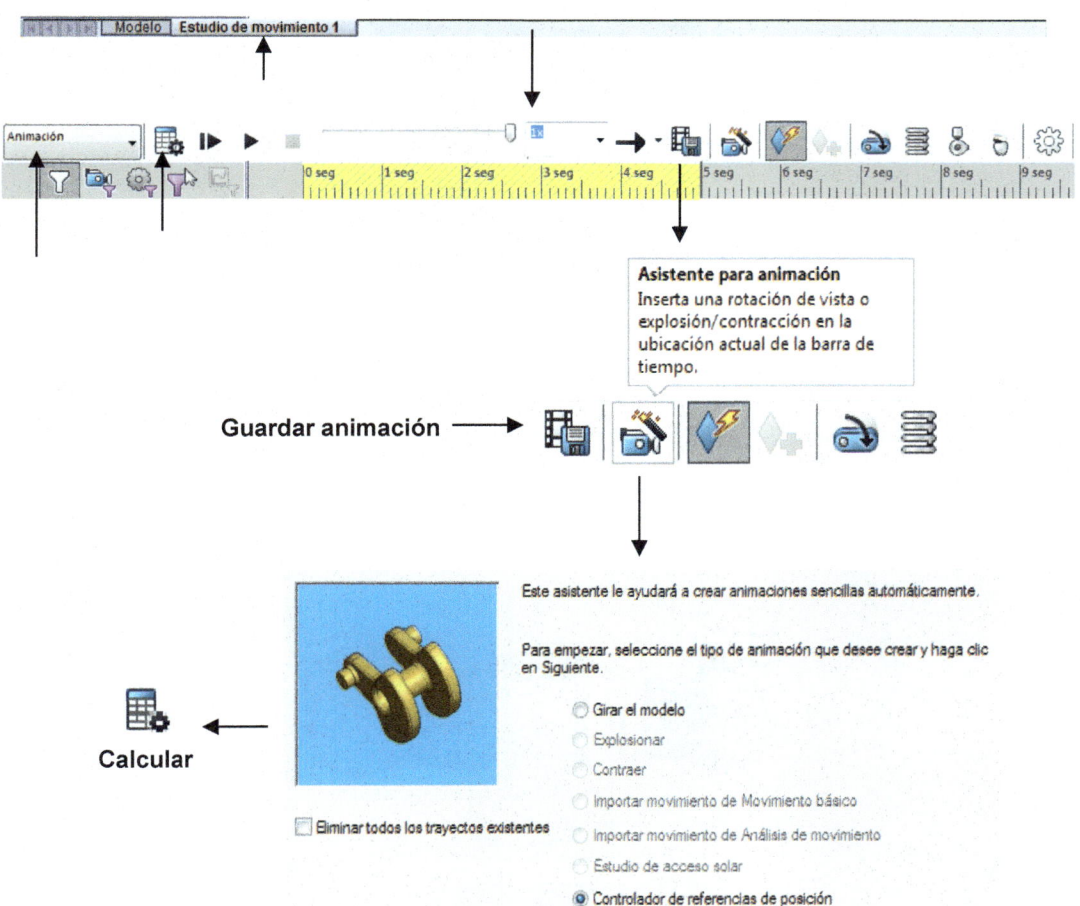

Práctica 2
Descargue el modelo

1. Visite la comunidad Grabcad (www.grabcad.com/library) y en *software* seleccione SolidWorks. Búsque un robot. El modelo de la figura se corresponde con el *Dual Arm Robots* de Fitri Wulansari.

2. Cree las relaciones de posición avanzadas de **Ángulo** y defina los movimientos con **Control de relación de posición**. Cree una **Animación** con el movimiento definido y un vídeo AVI.

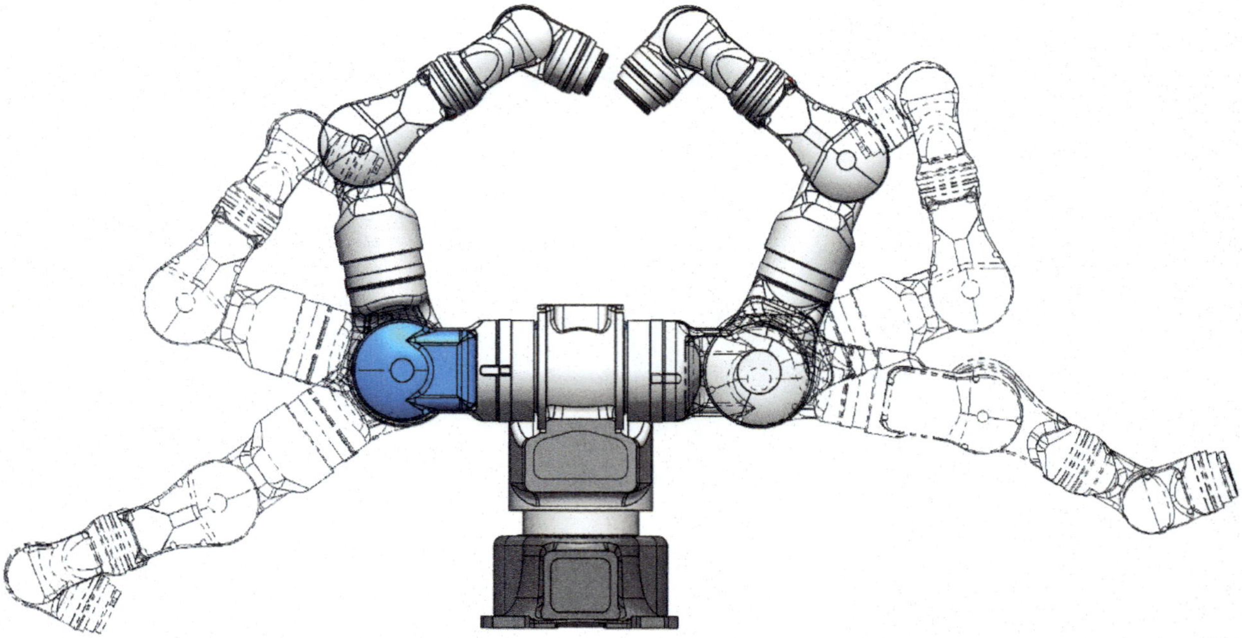

Práctica 57. SolidWorks Motion VII

A partir del modelo de ensamblaje de la figura cree un Estudio de movimiento de 5 segundos (Análisis de movimiento) donde el resorte a compresión empuja la pieza azul retenida inicialmente por el portón representado por la pieza verde. El descenso del portón (pieza verde), como consecuencia de la activación de una fuerza de desplazamiento vertical, libera a la pieza azul empujada por el resorte.

⧖ 20 minutos

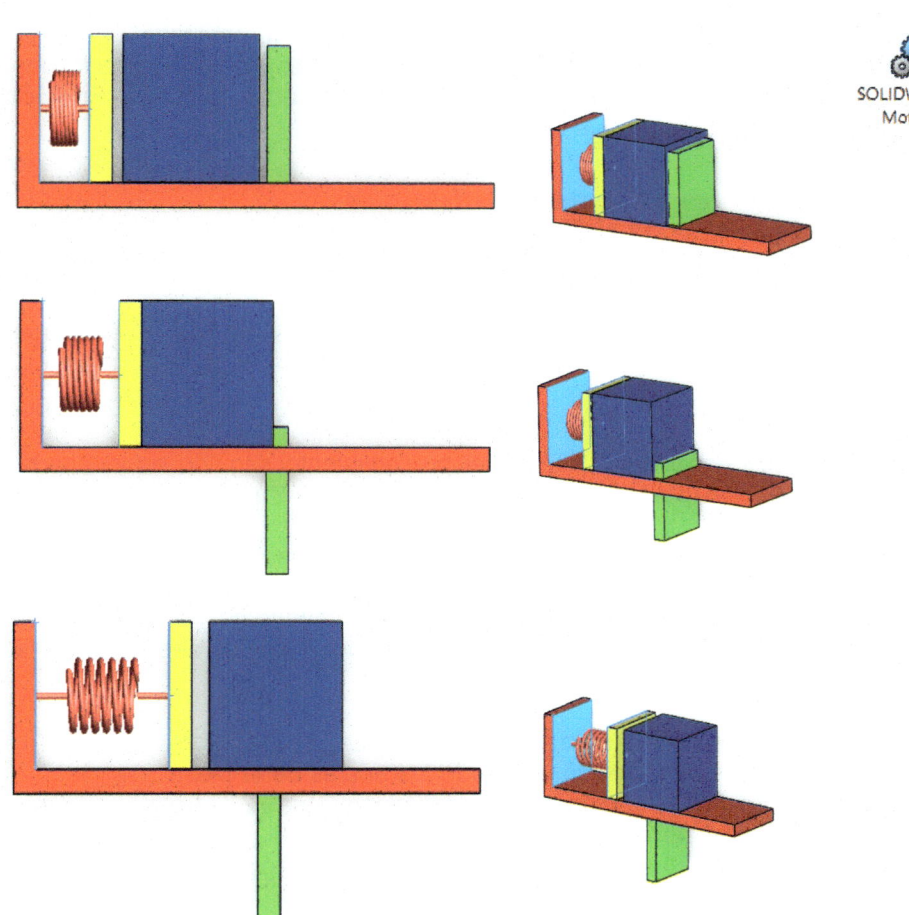

SOLIDWORKS
Motion

Objetivos del tutorial

- Crear un **Estudio de movimiento (SolidWorks Motion)**.
- Definir **Resorte**, **Gravedad**, **Fuerza** y los **Contactos** entre los componentes.
- Animar el movimiento final obtenido.

Abrir el modelo de ensamblaje y definir las condiciones de contorno

1. Pulse la opción **Abrir** del Menú persiana **Archivo** o sobre el icono **Abrir**. Localice el ensamblaje de la práctica. Observe que el ensamblaje tiene todas las relaciones geométricas de posición definidas. Active **SolidWorks Motion** (vea las prácticas anteriores para recordar cómo hacerlo). Cree un nuevo estudio de movimiento pulsando sobre **Nuevo Estudio de movimiento** desde el CommandManager de Ensamblaje. Active el estudio **Análisis de movimiento**.

2. **Definición de la gravedad**. Pulse sobre **Gravedad** y establezca el valor de 9,8 m/s² en dirección Z. Pulse **Aceptar** para finalizar.

3. **Definición de contactos 1**. Entre la pieza empujador (amarilla) y la pieza cubo (azul). Active **Usar grupo de contactos** y seleccione las dos piezas (una en cada una de las casillas). Como **Material** seleccione Acrylic. Active la pestaña **Fricción**, **Fricción estática** y en **Propiedades elásticas** active la casilla **Impacto**. Pulse **Aceptar**.

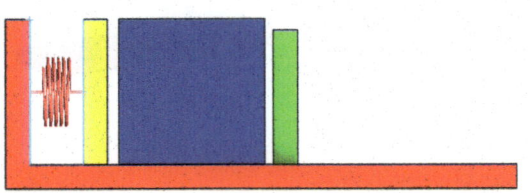
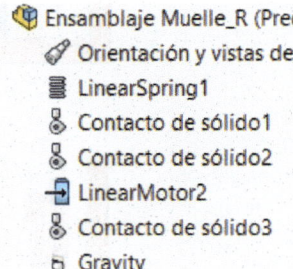

4. **Definición de contactos 2**. Repita el procedimiento seguido en el apartado 3, pero ahora entre la pieza cubo (azul) y la pieza retención (verde). Pulse **Aceptar** para crear el contacto.

5. **Definición de contactos 3**. Seleccione todas las piezas del ensamblaje sin utilizar la opción **Usar grupo de contactos**. Como **Material** seleccione Acrylic. Active la pestaña **Fricción**, **Fricción estática** y en **Propiedades elásticas** active la casilla **Impacto**. Pulse **Aceptar** para crear el contacto. El contacto definido permite que la caja se deslice sobre la base (pieza roja) antes de caer.

6. **Motor de descenso** de la pieza retención (verde). Pulse sobre **Motor (Motor lineal).** Seleccione una de las aristas de la pieza verde que define la dirección de descenso (Eje Z). En **Movimiento** seleccione la opción **Distancia**. Indique un desplazamiento de 30 mm entre el segundo 0 y el segundo 2. Pulse **Aceptar**.

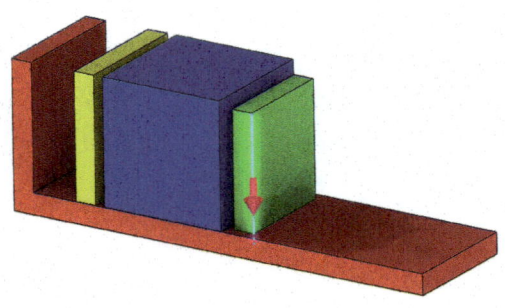

7. Creación del muelle a compresión. Seleccione **Resorte**. En **Parámetros de resorte** seleccione las caras internas de la pieza amarilla y de la base roja (ver figura).

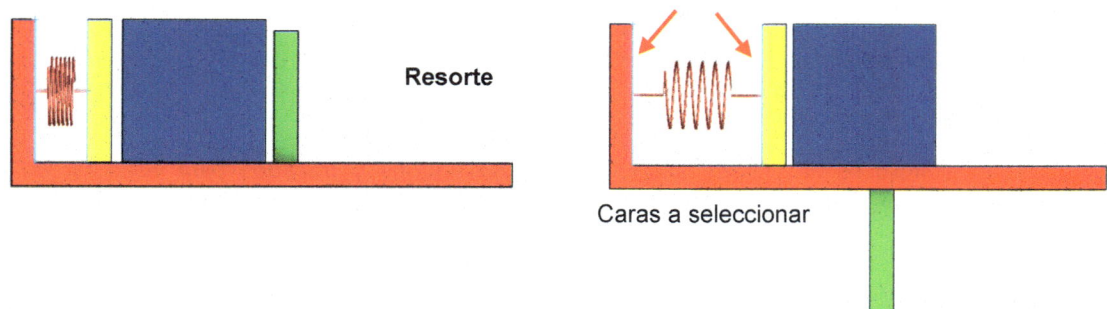

Caras a seleccionar

En **Exponente de expresión de fuerza de resorte** indique 1 (lineal). En **Constante de resorte**, 0.05 N/mm, y en **Longitud libre** indique 40 mm.

Active la pestaña **Amortiguador** y defina los valores del **Exponente de expresión de fuerza de amortiguador** y la **Constante de amortiguamiento**.

La fuerza del resorte se calcula a partir de la distancia entre los dos puntos y las características del resorte según la ecuación:

$$K \cdot (X - X_0)^n + F_0$$

Donde: K (Coeficiente muelle), X (Distancia entre los puntos seleccionados), X_0 (Longitud de del resorte), n (Exponente del muelle) y F_0 (Fuerza de referencia en X_0).

Finalmente, en **Visualización**, puede definir el diámetro de la espiral (4 mm), el número de espiras (5) y el diámetro del alambre (0.50 mm). Los valores indicados van a permitir representar gráficamente el resorte.

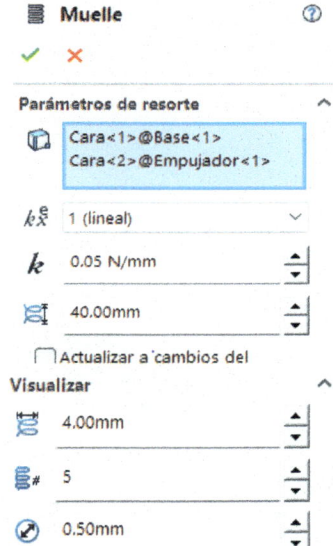

8. Desde **Propiedades del estudio de movimiento** Indique 100 **Tramas por segundo** en Análisis del movimiento. Así, la animación se mostrará con una resolución adecuada.

9. Pulse sobre **Calcular** y defina una animación de 5 segundos (Tramas clave). Reproduzca la animación creada a una velocidad de reproducción de 1×.

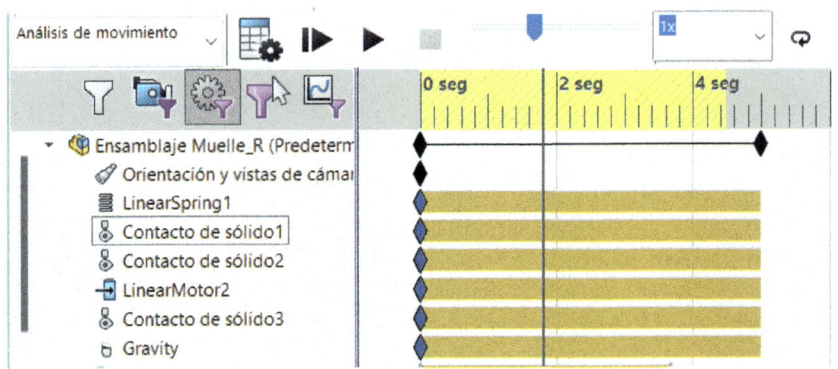

Otras aplicaciones de los resortes

En la simulación de la figura contenida en los complementos adjuntos al libro se ha empleado la **Gravedad**, **Contacto** y **Muelle**. La gravedad provoca que el coche descienda por el desnivel después de definir el contacto entre las ruedas (rojo) y el propio terreno (verde). Se han creado dos muelles de conexión entre el coche y las ruedas. Después de calcular el movimiento (**Análisis de movimiento**) se observa que el coche recorre por el desnivel y se adapta a las irregularidades del terreno a partir de los resortes.

En el ejemplo se ha utilizado la herramienta **Resultados y trazados** para visualizar el desplazamiento lineal y la velocidad de la base del coche en función del tiempo.

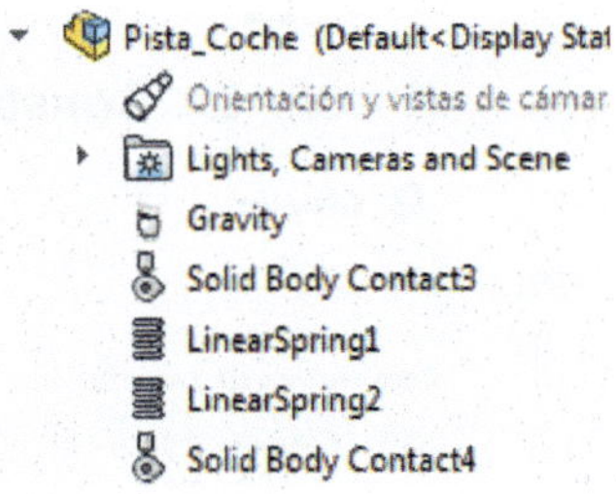

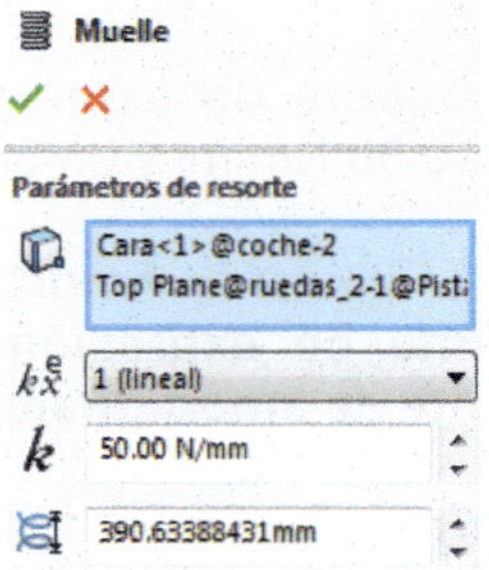

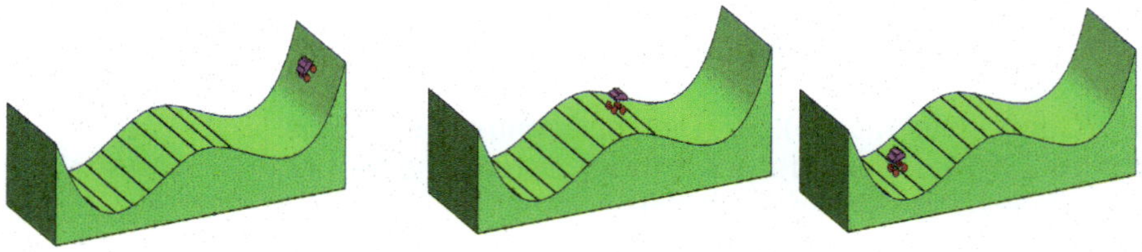

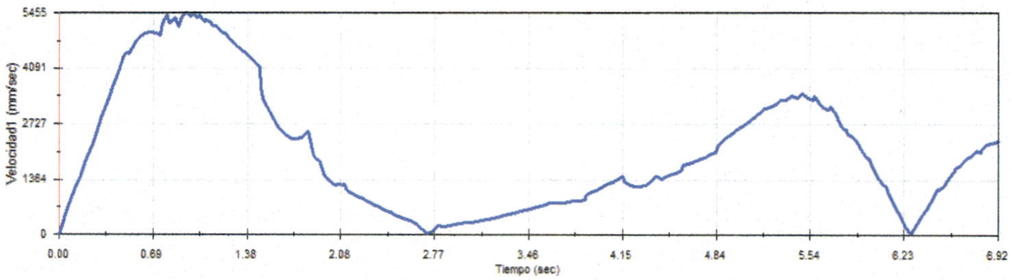

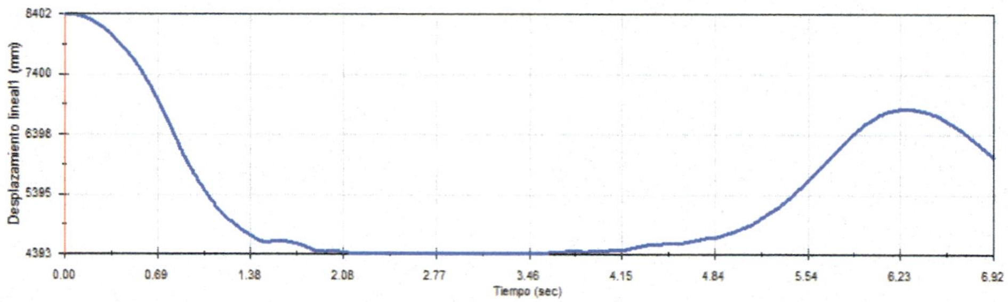

Práctica 58. SolidWorks Motion VIII

A partir del modelo de ensamblaje de la figura cree un Estudio de movimiento (Análisis de movimiento) donde las monedas de diferente diámetro desciendan por la rampa y sean clasificadas según su valor. Defina la gravedad, el contacto entre cada uno de los componentes y, para mostrar con detalle la animación, defina 100 tramas por segundo.

⧗ 20 minutos

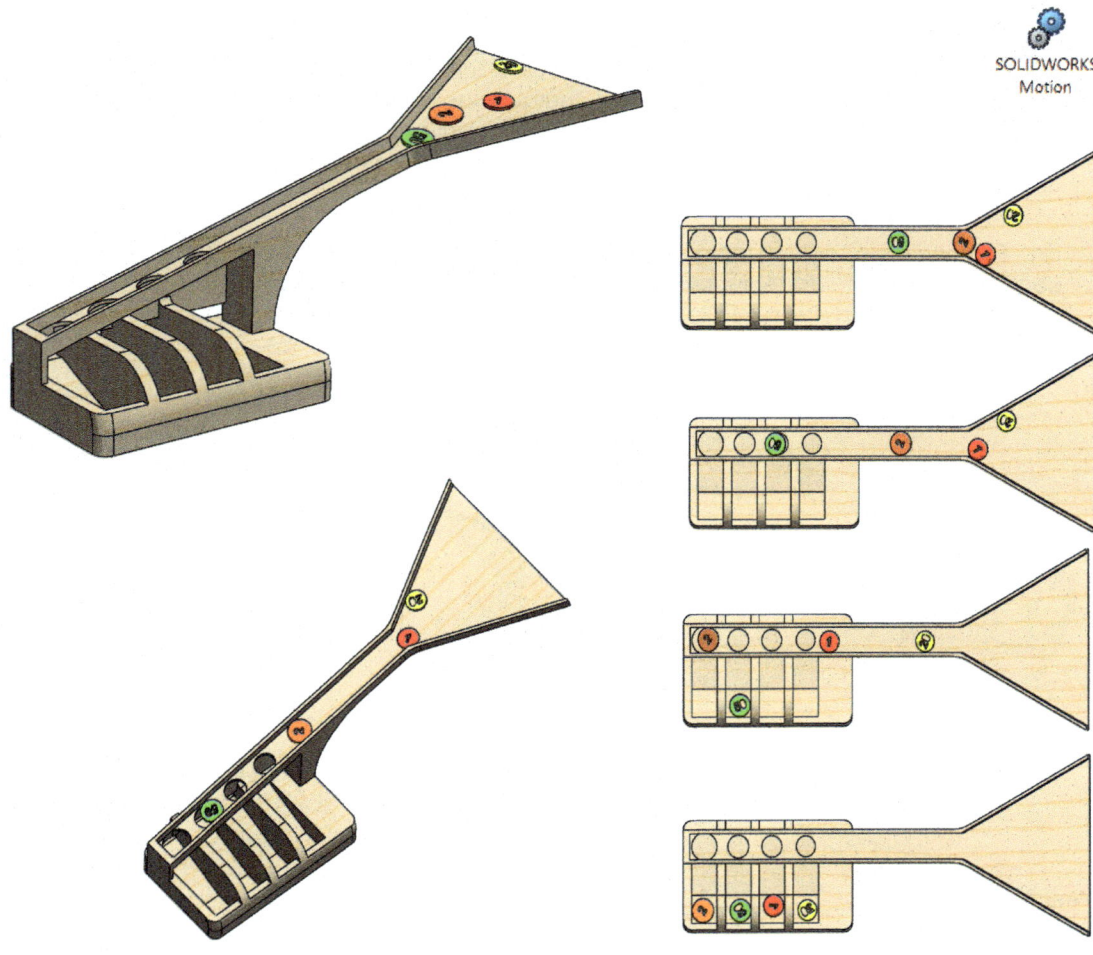

SOLIDWORKS
Motion

Objetivos del tutorial

- Crear un **Estudio de movimiento (SolidWorks Motion)**.
- Definir **Gravedad** y los **Contactos** entre los componentes.
- Crear un vídeo con la animación generada.

Abrir el modelo de ensamblaje y definir las condiciones de la simulación

1. Pulse la opción **Abrir** del Menú persiana **Archivo** o sobre el icono **Abrir**. Localice el ensamblaje de la práctica. Observe que en el ensamblaje la única pieza fija es el separador. Las monedas son flotantes.

2. Asegúrese tener activo el complemento de **SolidWorks Motion** (vea la práctica anterior, apartado 2). Cree un nuevo **estudio de movimiento** y active **Análisis de movimiento**.

3. Pulse sobre **Gravedad** y defina el eje Y como dirección de la gravedad (9,8m/s²). Pulse **Aceptar** para finalizar.

4. Pulse sobre **Contactos**. Desactive la pestaña material y active las pestañas **Fricción** y **Fricción estática** para definir la fricción dinámica y estática, respectivamente. Indique los valores de la figura. En **Propiedades elásticas** active la casilla **Impacto** e indique los valores definidos en la figura. Pulse **Aceptar** para definir los contactos entre las monedas y el separador.

5. En Propiedades del estudio incremente a 100 **Tramas por segundo** para mejorar la resolución y active la casilla **Animar durante la simulación**. Pulse sobre **Calcular** para iniciar el proceso de cálculo de la animación. Después de finalizar los cálculos pulse sobre **Play** para visualizar los resultados.

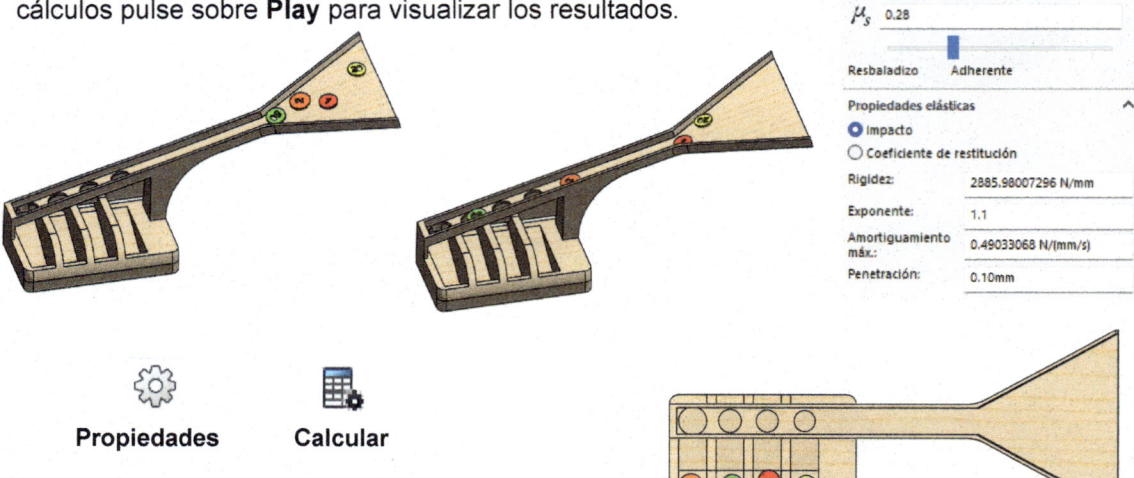

Propiedades   **Calcular**

Creación del vídeo

6. Para crear un vídeo en formato AVI con la animación creada pulse sobre **Guardar animación**. Indique el nombre, el tipo de vídeo a crear, el tamaño y cociente de aspecto. También puede definir el número fotogramas por segundo. Pulse **Guardar** para crear el vídeo.

7. Recuerde que también es posible animar un movimiento de cámara para ver la escena desde distinta posición durante la animación. Vea los distintos vídeos contenidos en los recursos adicionales con los resultados obtenidos.

Práctica 59. SolidWorks Motion IX

Abra el documento de ensamblaje que acompaña el libro y defina el motor rotatorio requerido y las condiciones de contacto para que el mecanismo de Theo Jansen pueda ascender por la rampa. Utilice el complemento SolidWorks Motion.

⏳ 15 minutos

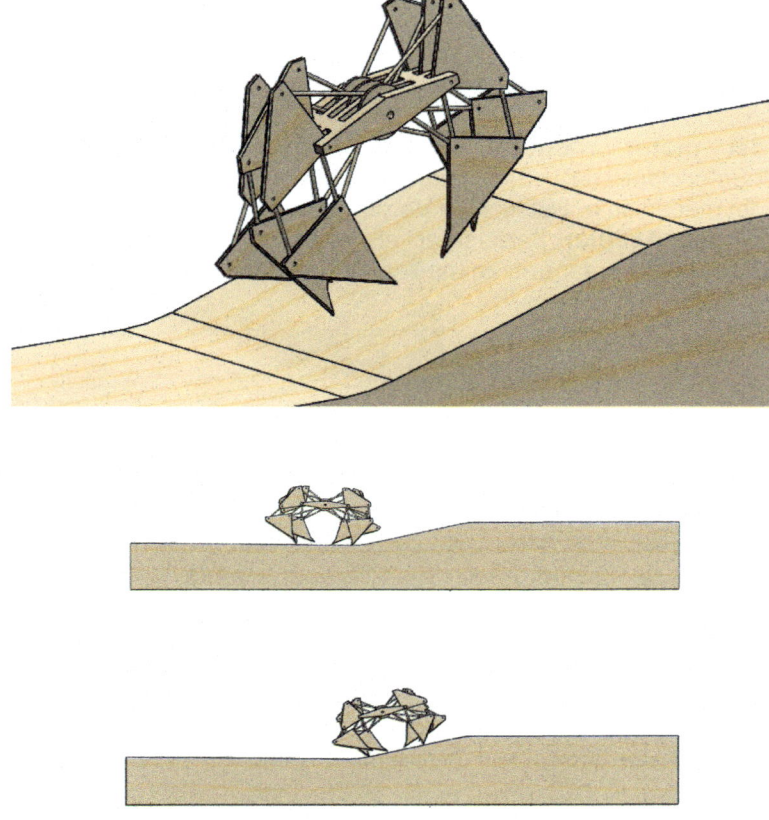

SOLIDWORKS
Motion

Objetivos del tutorial

- Crear un **Estudio de movimiento (SolidWorks Motion)**.
- Definir **Gravedad, Fuerza** y los **Contactos** entre los componentes.
- Crear un vídeo con la animación generada.

Abrir el ensamblaje, definir las condiciones de contorno y simular

1. Pulse la opción **Abrir** del Menú persiana **Archivo** o sobre el icono **Abrir**. Localice el ensamblaje de la práctica. Observe que en el ensamblaje está formado por un mecanismo de Theo Jansen y una rampa.

2. Asegúrese tener activo el complemento de **SolidWorks Motion** (vea las prácticas anteriores). Cree un nuevo **estudio de movimiento** y active **Análisis de movimiento**. En este caso es importante activar análisis de movimiento para definir los contactos entre las patas del mecanismo y el suelo.

3. **Creación de la gravedad**. Pulse sobre **Gravedad** y defina el eje Y como dirección de la gravedad (9,8m/s²). Pulse **Aceptar** para finalizar.

4. **Creación del motor rotatorio**. Pulse **Motor** (**Motor Rotatorio**). Seleccione la cara interna que define el movimiento del mecanismo. Seleccione **Velocidad constante** de 10 rpm. Pulse **Aceptar** para crear el motor. Edite el **Tiempo de marca** para crear una animación de 35 segundos.

 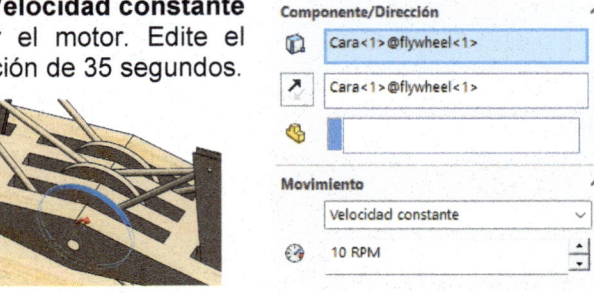

5. Pulse sobre **Contactos**. Active la casilla **Usar grupo de contactos**. De esta forma, el contacto entre los elementos del mismo grupo no se tiene en cuenta. Solo se define el contacto entre los elementos de los diferentes grupos. En el primer grupo seleccione el ensamblaje que define el mecanismo de Theo Jansen. En el segundo grupo seleccione la pieza que define el suelo. Desactive la pestaña **Material** y active las pestañas **Fricción** y **Fricción estática** para definir la velocidad y la fricción dinámica y estática, respectivamente. Indique los valores de la figura. En **Propiedades elásticas** active la casilla **Impacto** e indique los valores definidos en la figura. Pulse **Aceptar** para definir los contactos entre las patas y el suelo.

6. Pulse **Calcular** y observe el movimiento de ascenso del mecanismo de Theo Jansen por la rampa.

Práctica 60. SimulationXpress I

Evalúe el comportamiento mecánico del modelo adjunto conociendo las condiciones de contorno y empleando la herramienta básica SimulationXpress.

⧖ 15 minutos

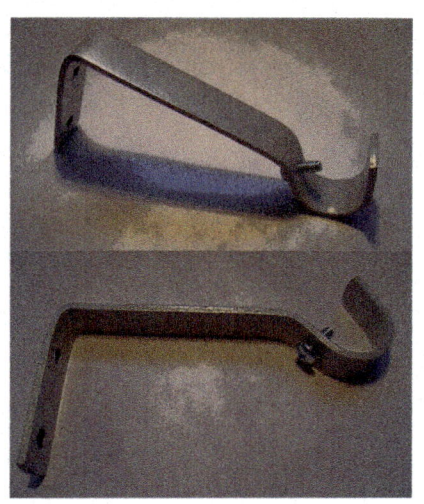

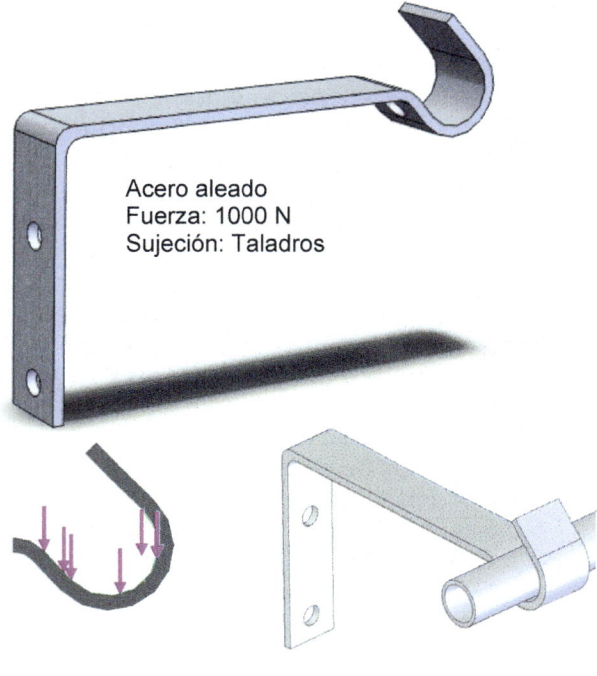

Acero aleado
Fuerza: 1000 N
Sujeción: Taladros

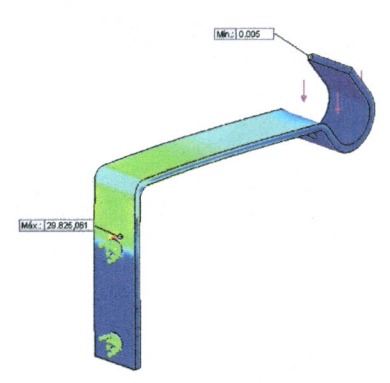

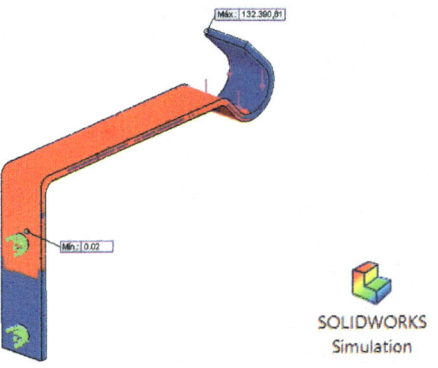

SOLIDWORKS
Simulation

Objetivos del tutorial

- Abrir documento de pieza y ejecutar **SimulationXpress**.
- Definir las condiciones de contorno (**Material**, **Restricciones** y **Cargas**).
- Ejecutar la animación e interpretar los resultados.

SimulationXpress®

La herramienta básica **SimulationXpress®** es una aplicación de **SolidWorks®** de validación de diseño que predice, mediante el **Análisis por Elementos Finitos** (FEA), el comportamiento mecánico de una pieza por análisis de esfuerzo (*stress* análisis). Su aplicación permite conocer los efectos de las fuerzas aplicadas sobre su modelo y descubrir si la pieza llegará a romper o cómo se deformará. De esta forma es posible optimizar diseños rápidamente mediante simulaciones por ordenador sin necesidad de hacer prototipos físicos y pruebas de campo que incrementan el tiempo de lanzamiento del producto y lo encarecen.

La aplicación del análisis de esfuerzos se realiza mediante un proceso rápido en cinco etapas. Debe seleccionar el tipo de **Material**, las **Sujeciones** de movimiento y las **Cargas**, además de **Ejecutar el análisis** y finalmente **visualizar los Resultados**.

SimulationXpress® emplea análisis estático, basado en el **Método de Elementos Finitos**, con el fin de determinar los **Desplazamientos**, las **Deformaciones unitarias** y las **tensiones** del modelo en función de las **Cargas**, **Sujeciones** tipo de **Material**. Se presenta como un **Asistente** de varios pasos en los que se definen las características necesarias para realizar el análisis estructural del modelo seleccionado. Las etapas que debe seguir son:

1. Bienvenida a **SimulationXpress®**
2. Definición de sujeciones
3. Definición de cargas
4. Definición de materiales
5. Ejecución
6. Resultados
7. Optimizar

1 Sujeciones	✓
2 Cargas	✓
3 Material	✓
4 Ejecutar	✓
5 Resultados	✓
6 Optimizar	

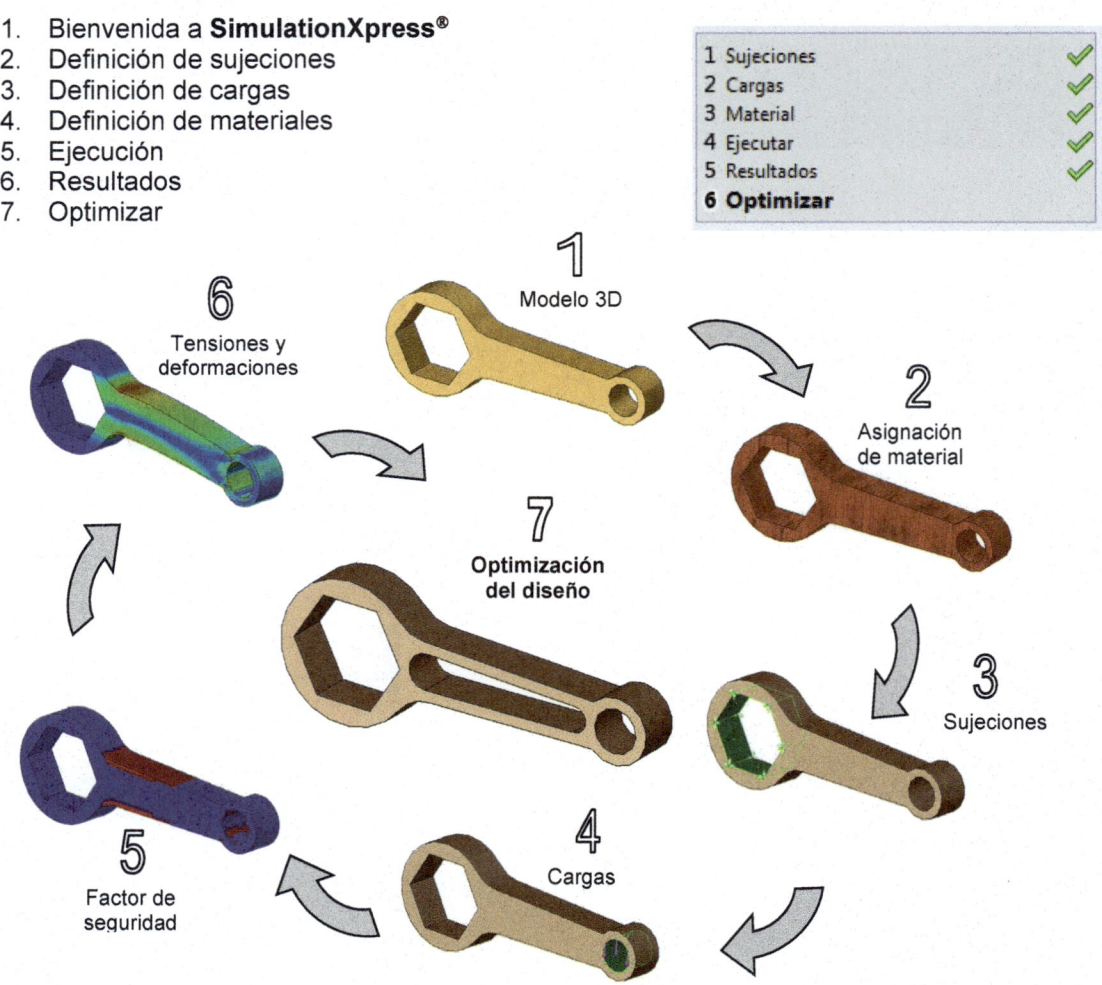

6 — Tensiones y deformaciones
1 — Modelo 3D
2 — Asignación de material
7 — Optimización del diseño
3 — Sujeciones
5 — Factor de seguridad
4 — Cargas

Abrir el modelo de pieza

1. Pulse la opción **Abrir** del Menú persiana **Archivo** o sobre el icono **Abrir**. Seleccione el fichero de la práctica adjunto en los contenidos digitales que acompañan el libro.

2. Pulse sobre el Menú de persiana **Herramientas**, **Complementos**; asegúrese que SolidWorks **Simulation** se encuentra desactivado. La activación de este complemento no permite el uso de la versión simplificada **SimulationXpress**.

3. Pulse sobre el Menú de persiana **Herramientas**, **SimulationXpress**. Observe la ventana emergente de Bienvenida donde se informa sobre la aplicación. En la pestaña **Opciones** seleccione el sistema de unidades empleado en el análisis (**SI** e **Ingles IPS**) y la ubicación de la carpeta donde se guardarán los resultados del análisis. Active la casilla **Mostrar anotación para los valores máximo y mínimo en el trazado de resultados de esfuerzos** para que aparezcan las **Tensiones** y las **Deformaciones máximas** y **mínimas** en cada una de las gráficas de resultados. Pulse **Siguiente** para definir las **Sujeciones**.

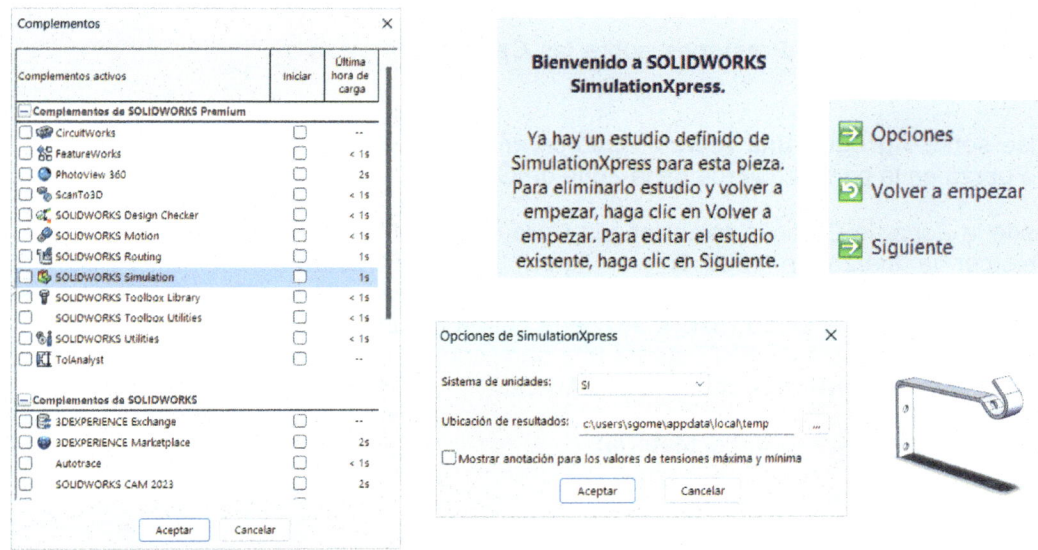

Definición de sujeciones

Las **Sujeciones** impiden el movimiento de la pieza ensayada al ser sometida a las fuerzas que tienden a deformarla. Como mínimo debe seleccionar una **Cara** de la pieza, aunque se admite la selección de **múltiples Caras**.

4. Para crear la **Sujeción** seleccione las caras internas de los taladros pulsando sobre ellas con el botón izquierdo del ratón. Observe las marcas de sujeción fija creadas en el modelo de pieza. Pulse **Siguiente** para continuar.

5. En el Gestor de diseño puede visualizar el árbol en el que se indican las condiciones de contorno definidas.

Sujeción ⑦

✓ ✗ 📌

Tipo

Ejemplo ⌃

Estándar (Geometría fija) ⌃

Cara<1>
Cara<2>

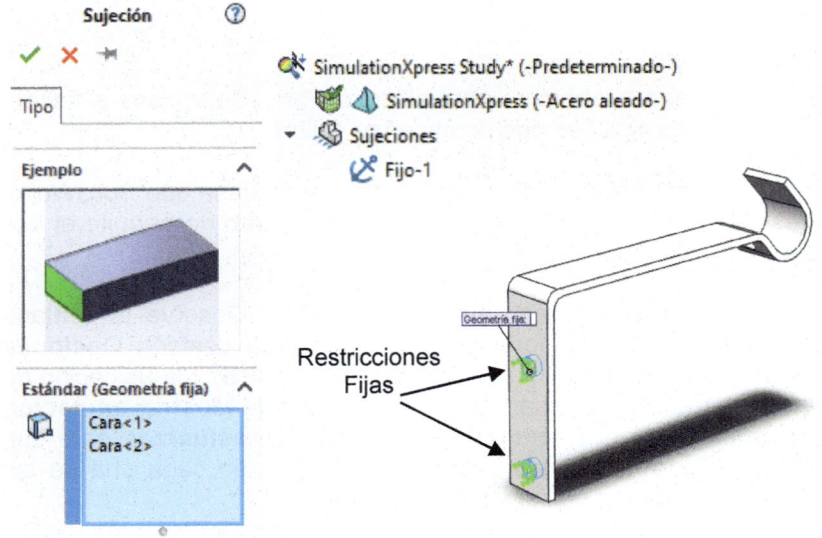

Restricciones
Fijas

SimulationXpress Study* (-Predeterminado-)
  SimulationXpress (-Acero aleado-)
  Sujeciones
    Fijo-1

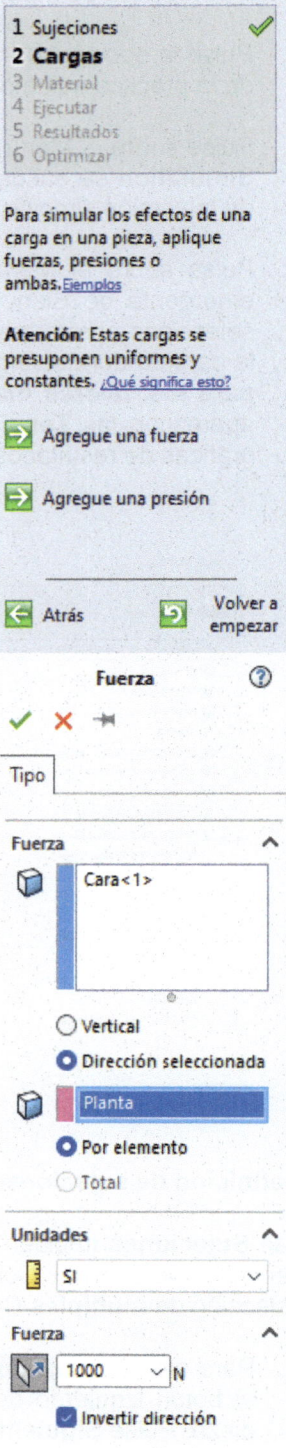

1 Sujeciones ✓
2 Cargas
3 Material
4 Ejecutar
5 Resultados
6 Optimizar

Para simular los efectos de una carga en una pieza, aplique fuerzas, presiones o ambas. Ejemplos

Atención: Estas cargas se presuponen uniformes y constantes. ¿Qué significa esto?

→ Agregue una fuerza

→ Agregue una presión

← Atrás   ↺ Volver a empezar

Fuerza ⑦

✓ ✗ 📌

Tipo

Fuerza ⌃

Cara<1>

○ Vertical
● Dirección seleccionada
  Planta
● Por elemento
○ Total

Unidades ⌃
SI ⌄

Fuerza ⌃
1000 ⌄ N
☑ Invertir dirección

Definición de cargas (Fuerzas o presiones)

Permite aplicar **Fuerzas** y **Presiones** sobre las **Caras** de la pieza a evaluar.

6. Pulse sobre **Agregue una fuerza**. Aparece en PropertyManager de **Fuerza** en la parte izquierda de la Zona de Gráficos.

7. Desde la Zona de Gráficos seleccione la **Cara** curva donde se va a ejercer la fuerza de 1000 N (ver figura). Active **Dirección seleccionada** y seleccione, desde el árbol de operaciones de la Zona de Gráficos, el plano **Planta**. Active la casilla por elemento. En **Unidades** seleccione **SI** (Sistema Internacional) y en **Fuerza** 1000 N, active **Invertir dirección**. Pulse **Aceptar**.

8. Pulse **Siguiente** para definir el **Material**.

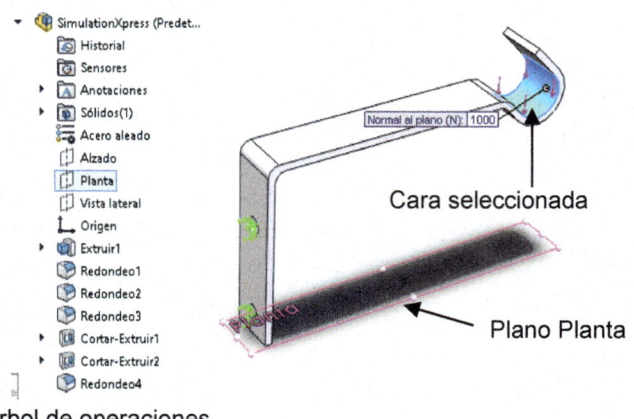

SimulationXpress (Predet...
  Historial
  Sensores
  Anotaciones
  Sólidos(1)
  Acero aleado
  Alzado
  Planta
  Vista lateral
  Origen
  Extruir1
  Redondeo1
  Redondeo2
  Redondeo3
  Cortar-Extruir1
  Cortar-Extruir2
  Redondeo4

Normal al plano (N): 1000

Cara seleccionada

Plano Planta

Árbol de operaciones

ⓘ Las cargas aplicadas por **SimulationXpress** son cargas que se aplican lentamente y de forma constante. Si desea aplicar otro tipo de cargas como choque, fatiga o vibración debe usar **SolidWorks Simulation Professional** o **Premium**.

Definición del material

9. Pulse sobre **Aplicar/Editar material**. Seleccione un **Acero aleado** y pulse **Aplicar**. Observe las propiedades mecánicas asignadas. Las propiedades marcadas en color rojo (módulo elástico, coeficiente de Poisson, Densidad y Límite elástico) son imprescindibles para el tipo de ensayo a realizar. Las propiedades marcadas en azul son deseables. Pulse **Siguiente** para ejecutar la simulación.

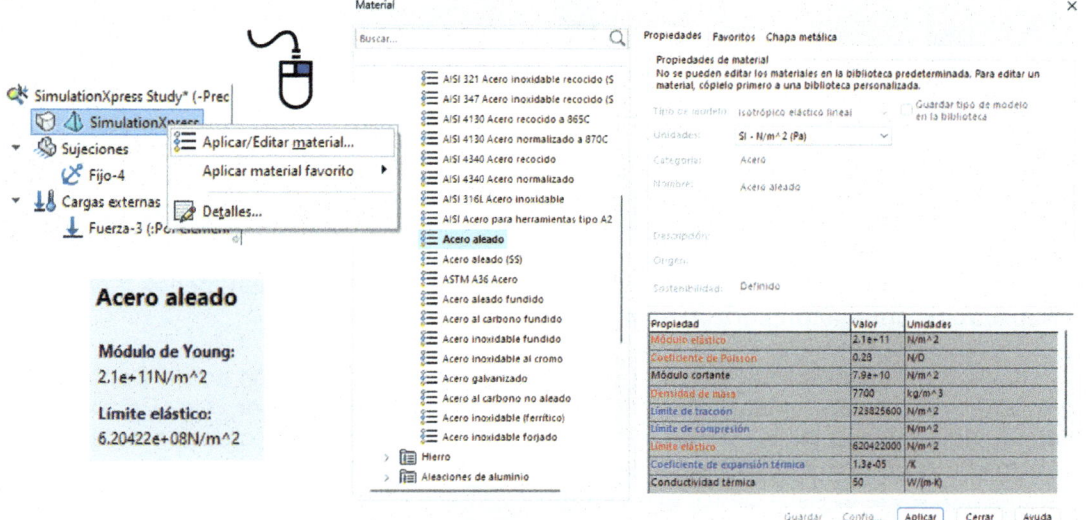

SimulationXpress presupone que el material se deforma de forma lineal con una carga en aumento. Para materiales no lineales, como los plásticos, debe utilizar **Simulation Premium**.

Ejecución de la simulación

10. Pulse sobre **Ejecutar simulación**. Después de unos segundos de mallado y cálculo aparece una animación del modelo en respuesta a las condiciones de contorno definidas. Pulse **Stop** para parar la animación. Si la pieza se deforma como espera pulse **Sí, Continuar**. En caso contrario debería volver a definir las cargas y/o las sujeciones.

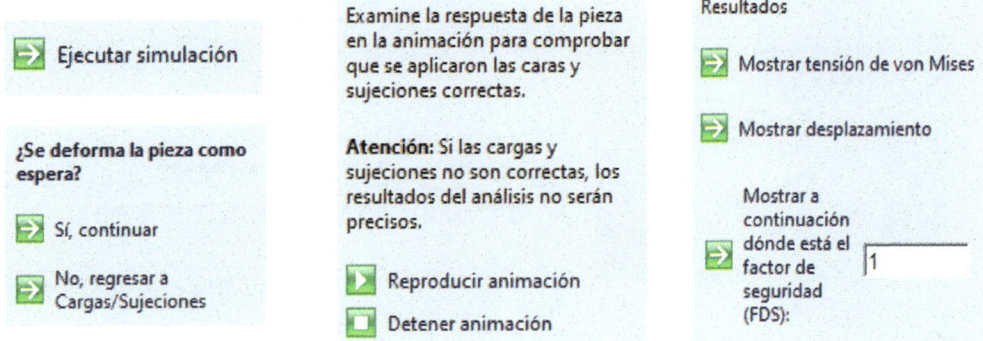

11. El modelo aparece de color azul y rojo. Las zonas rojas muestran las zonas donde se tiene un **factor de seguridad** inferior a 1, siendo el valor más bajo encontrado de 0.020802. Las zonas rojas representan las zonas no seguras del modelo.

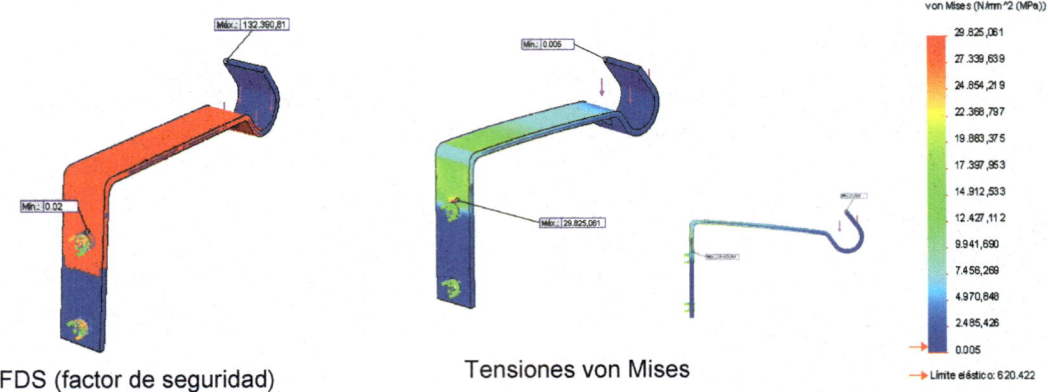

FDS (factor de seguridad)   Tensiones von Mises

12. Pulse sobre **Mostrar tensiones von Mises**. Observe que sobre el modelo aparecen distintos colores que representan gradientes de tensión. Cerca del taladro superior se tiene la mayor tensión (color rojo) mientras que en las zonas más alejadas se tienen menos tensiones. Pulse **Reproducir animación** para ver cómo el modelo es deformado.

13. Pulse sobre **Terminado el examen de resultados** y a continuación sobre **Generar Informe**. Rellene los campos vacíos: **Descripción**, **Conclusión**, **Diseñador**, etc. Establezca la ruta donde desee ubicar el fichero creado y pulse **Generar**. Observe la creación de un documento Microsoft Word con el informe del estudio. Pulse sobre Generar archivo **eDrawings**. Observe el modelo desde el visualizador **eDrawings**.

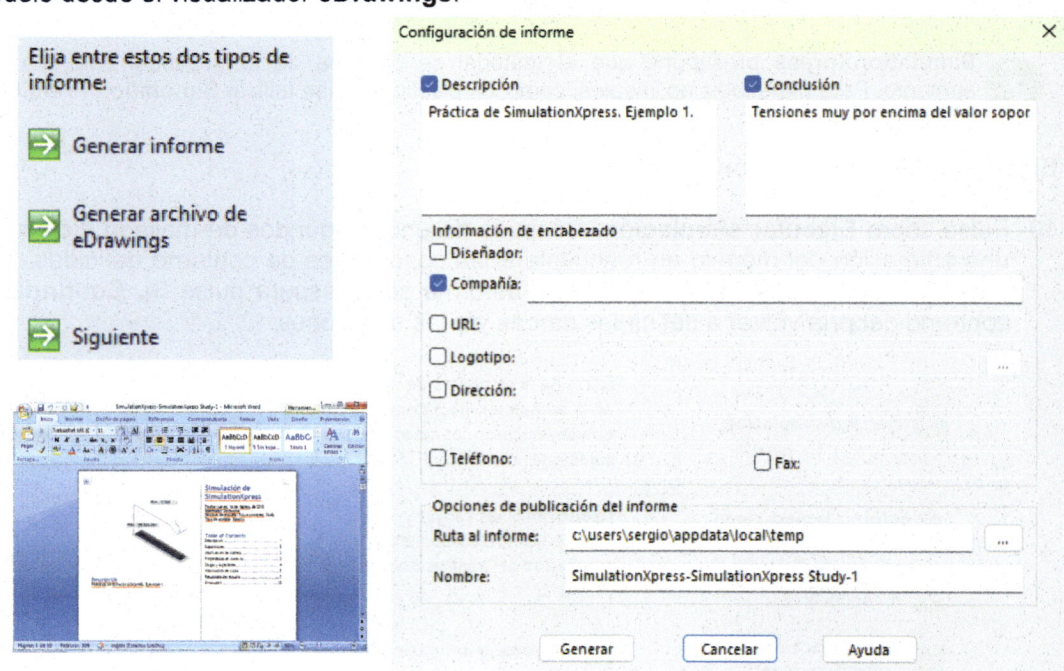

SimulationXpress es una versión reducida de **SolidWorks Simulation**. **SolidWorks Simulation** ofrece opciones ampliadas en todos los pasos del proceso de análisis de diseños y permite realizar análisis de frecuencia (modal), pandeo, térmico, de optimización, no lineal, dinámico lineal, de caída y de fatiga.

Práctica 61. SimulationXpress II

Emplee la aplicación DesignXpress compatible con SimulationXpress con el objetivo de optimizar el espesor del nervio del modelo 3D adjunto para que la pieza tenga un factor de seguridad de 1,5 en las condiciones de contorno definidas y el menor peso posible.

⏳ 15 minutos

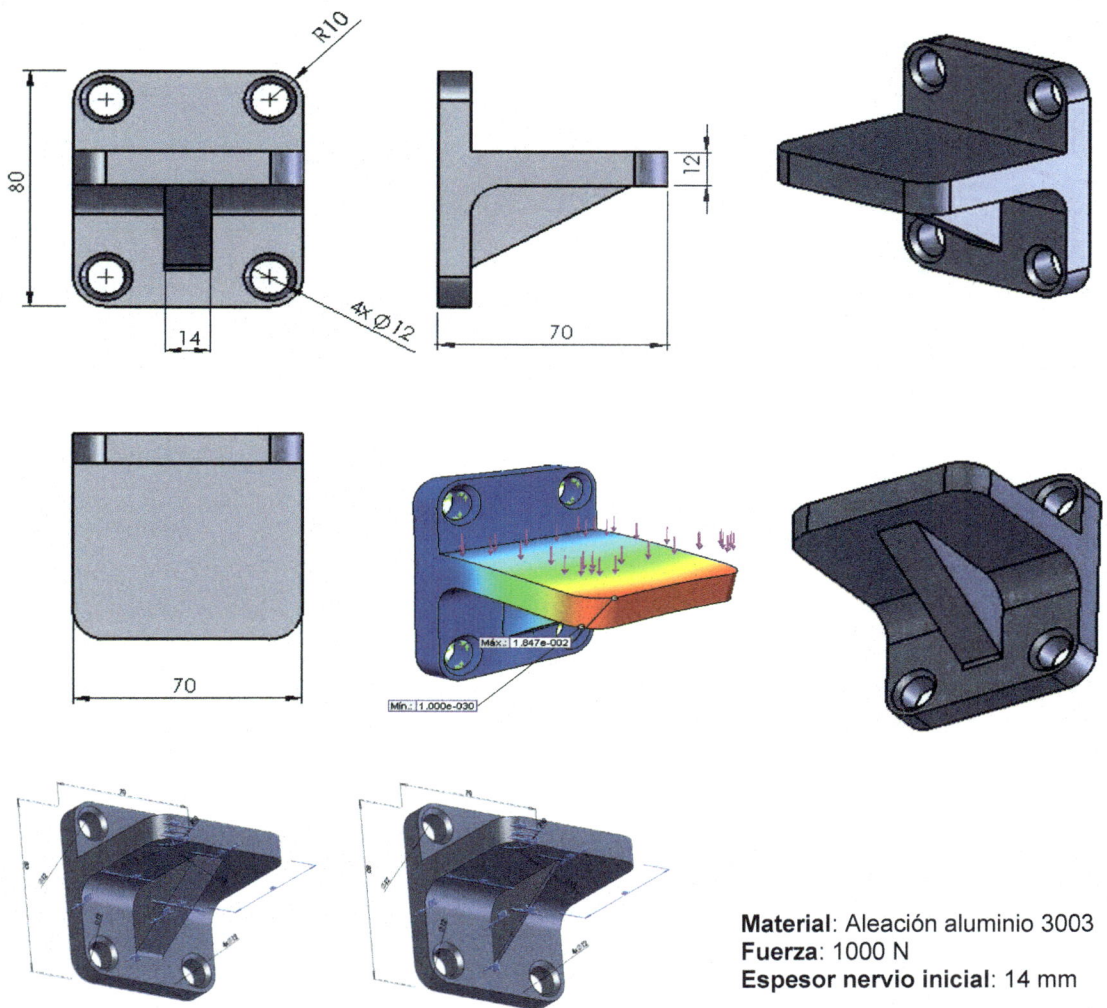

Material: Aleación aluminio 3003
Fuerza: 1000 N
Espesor nervio inicial: 14 mm

Objetivos del tutorial

- Definir las condiciones de contorno y ensayar el modelo con **SimulationXpress**.
- Activar **DesignXpress Study** y optimizar el espesor del nervio.

Abrir el modelo y desactivar SolidWorks Simulation

1. Pulse la opción **Abrir** del Menú de persiana **Archivo** y localice el modelo 3D. Pulse **abrir**.

2. Desactive el complemento **SolidWorks Simulation** en el caso de tenerlo activo. Para ello, desactive la casilla desde el Menú de persiana **Herramientas**, **Complementos**. Los dos aplicativos son incompatibles.

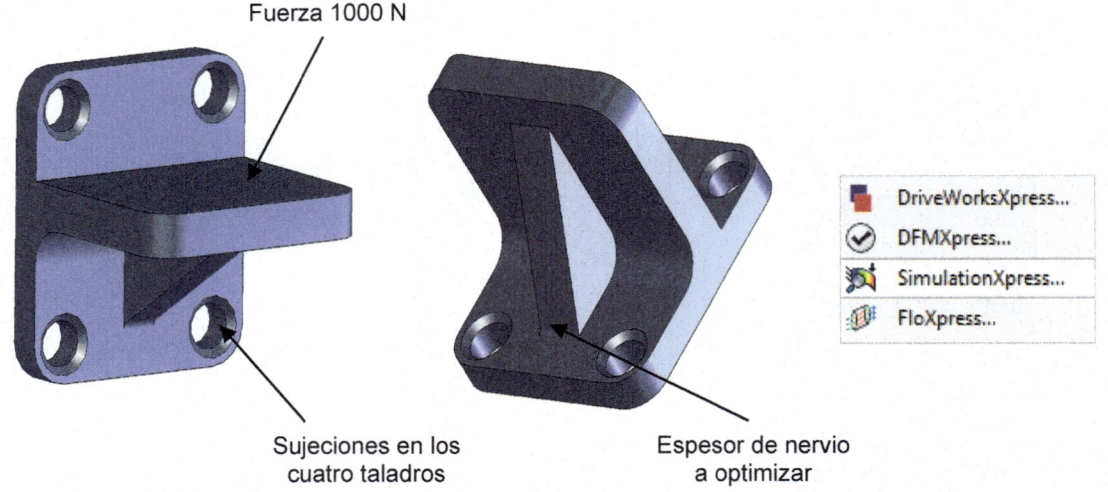

Fuerza 1000 N

Sujeciones en los cuatro taladros

Espesor de nervio a optimizar

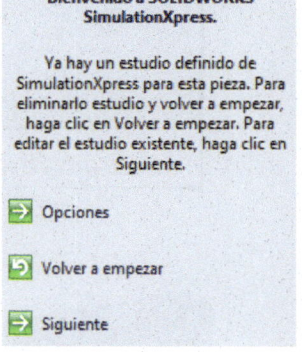

DriveWorksXpress...
DFMXpress...
SimulationXpress...
FloXpress...

Asignar material, restricciones y fuerzas

3. Ejecute **SimulationXpress…** desde el Menú de persiana **Herramientas**, **Productos Xpress**. Observe que el modelo de pieza ya tiene asignado el **Material** (**aleación de aluminio 3003**), las **Restricciones (Sujeciones)** a los cuatro **Taladros** y la **Fuerza** normal a la **Cara** seleccionada y con un valor de 1000 N. Lea la información de **Bienvenida a SimulationXpress**. Pulse **Siguiente** para agregar una nueva sujeción, carga o cambiar el material.

Bienvenido a SOLIDWORKS SimulationXpress.

Ya hay un estudio definido de SimulationXpress para esta pieza. Para eliminarlo estudio y volver a empezar, haga clic en Volver a empezar. Para editar el estudio existente, haga clic en Siguiente.

→ Opciones
↩ Volver a empezar
→ Siguiente

Ejecutar la simulación y analizar los resultados

4. Pulse **Siguiente** y ejecute la simulación. Al finalizar el proceso de cálculo puede ver cómo se deforma el modelo. Recuerde que la deformación observada suele presentarse en una escala mayor a la real. En el caso del modelo evaluado es la parte superior izquierda de la Zona de Gráficos; puede ver la escala de deformación (439.801).

Nombre de modelo: FEA2
Nombre de estudio: SimulationXpress Study
Tipo de resultado: Forma deformada Deformation
Escala de deformación: 439.801

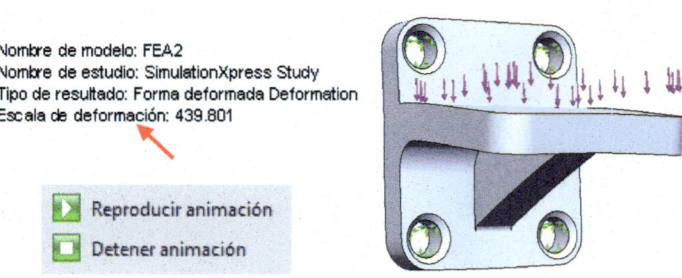

▶ Reproducir animación
■ Detener animación

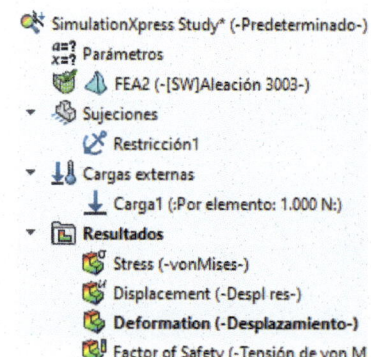

SimulationXpress Study* (-Predeterminado-)
Parámetros
FEA2 (-[SW]Aleación 3003-)
Sujeciones
Restricción1
Cargas externas
Carga1 (:Por elemento: 1.000 N:)
Resultados
Stress (-vonMises-)
Displacement (-Despl res-)
Deformation (-Desplazamiento-)
Factor of Safety (-Tensión de von M

5. Desde el Gestor de Diseño puede ver las tensiones en el modelo, los desplazamientos, las deformaciones y el Factor de Seguridad. Pulse sobre **Detener animación**. La ventana emergente pregunta: **¿Se deforma la pieza como espera?** Responda **Sí, Continuar**. A continuación, puede mostrar la tensión de von Mises, el desplazamiento o el gráfico de factor de seguridad. Pulse sobre cada uno de ellos para visualizarlos. Finalmente, seleccione la opción **Terminado el examen de resultados**.

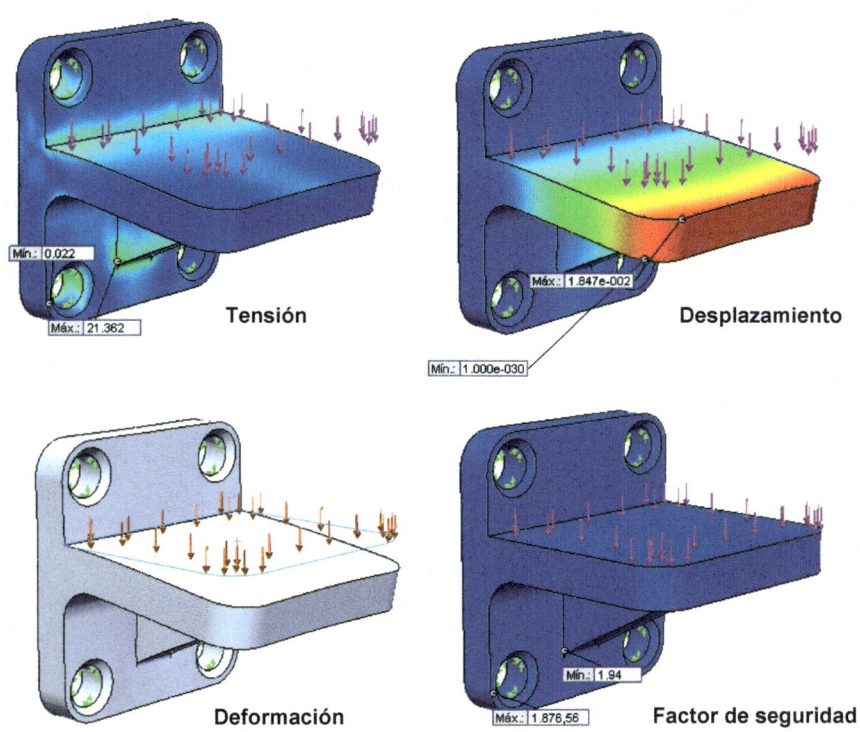

Tensión — Desplazamiento

Deformación — Factor de seguridad

Selección de la cota a optimizar (Variables, Restricciones y Objetivos)

6. Pulse con el botón izquierdo del ratón sobre el punto 6 (**Optimizar**). El asistente informa de que se debe seleccionar una cota para utilizarla como variable en estudio de optimización. Pulse **Edite la cota**.

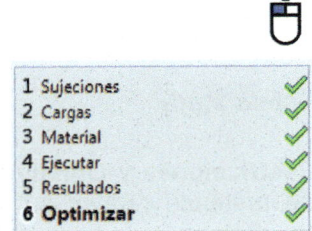

1 Sujeciones	✓
2 Cargas	✓
3 Material	✓
4 Ejecutar	✓
5 Resultados	✓
6 Optimizar	✓

Para optimizar el diseño:

Seleccione primero una cota que se utilizará como variable en el estudio de optimización de diseño. Solo puede definir una variable de diseño que esté vinculada a una cota del modelo.

El estudio de optimización de diseño variará esta cota dentro de un intervalo que especifique en el siguiente paso. Se volverá a calcular la simulación en cada valor de cota. El valor óptimo es el valor de cota que produce el modelo con la masa más baja al mismo tiempo que respeta las restricciones.

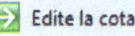 Edite la cota

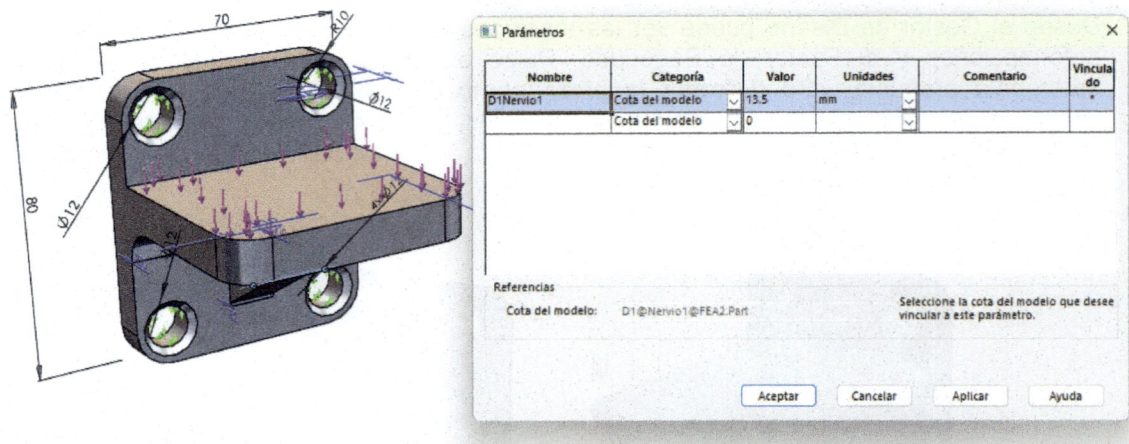

7. Aparece una nueva ventana denominada **Parámetros**. Desde la Zona de Gráficos pulse con el botón izquierdo del ratón sobre la cota a optimizar. La cota a optimizar es el ancho del nervio que mide 14 mm. Al pulsar sobre el valor de cota aparece el registro del nombre en la columna **Nombre** (D1@Nervio1). Pulse **Aplicar** y **Aceptar**. Observe que, en la zona inferior de la Zona de Gráficos, justo al lado de **SimulationXpress Study** puede ver la pestaña **DesignXpress Study**.

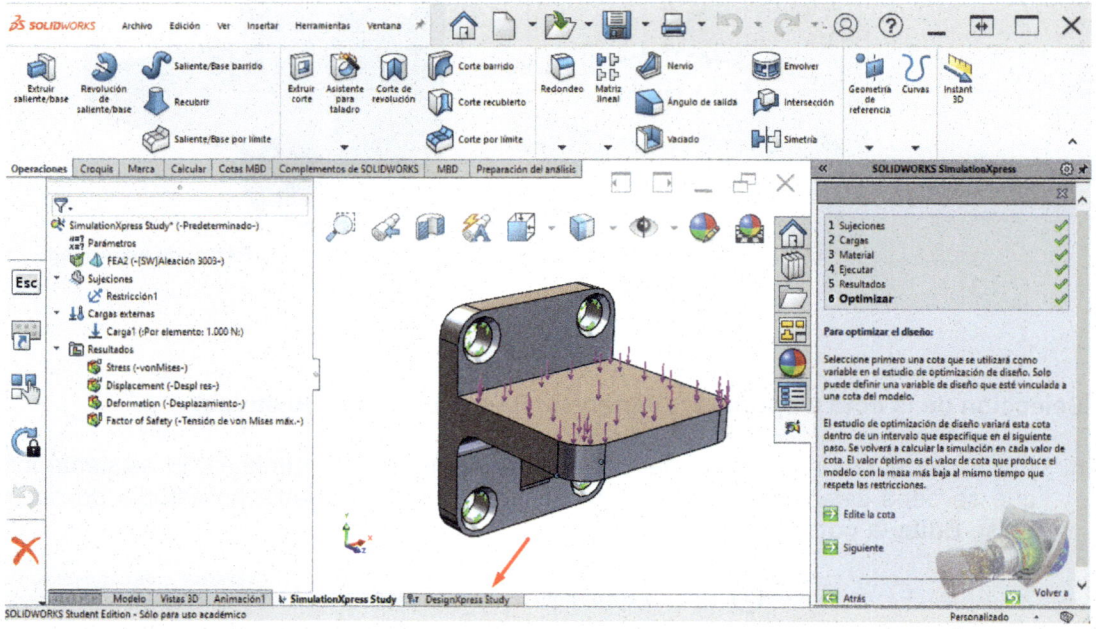

8. En la pestaña **DesignXpress Study** debe definir: **Variables**, **Restricciones** y **Objetivos**. El objetivo es la reducción del peso del modelo, por lo que se pretende reducir su masa (**Minimizar masa**). En **Variables** se ha seleccionado el espesor del nervio. Indique el valor máximo y mínimo admisible para el mismo (Mín.=7mm y Máx.=21 mm). En **Restricciones** seleccione **Factor de Seguridad** e indique un valor de 1.5. Pulse **Ejecutar**.

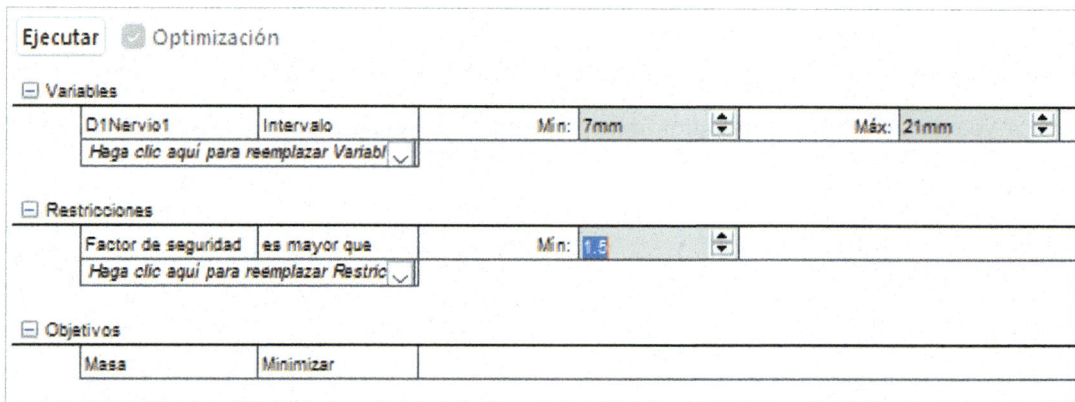

9. Después de unos minutos aparece la **Vista de resultados** en la que se incluye una tabla resumen como la indicada en la figura. La cota optimizada del nervio pasa de 20 mm a 7 mm reduciéndose el peso de 0.29192 kg hasta 0.28035 kg.

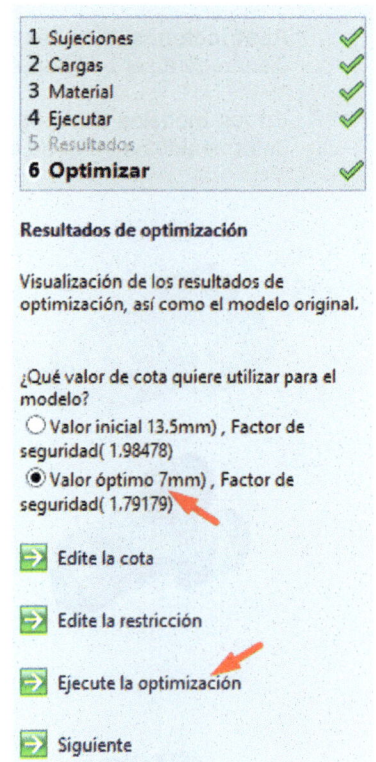

	Inicial	Óptimo
D1Nervio1 (0.007)	13.5mm	7mm
Factor de seguridad	1.984781	1.791794
Masa	0.29192 kg	0.28035 kg

10. Observe la pestaña de **Resultados de optimización**. A continuación, active la pestaña de **Valor óptimo de 7 mm** y pulse **Ejecute la optimización** desde la ventana de **Resultados de optimización**. Observe que la cota que define el espesor del nervio se actualiza al nuevo valor.

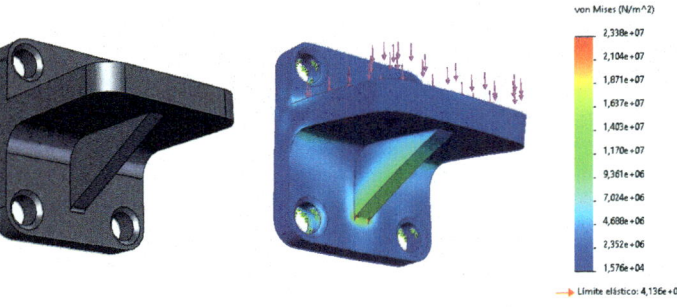

11. Si desea continuar optimizando alguna otra cota del modelo pulse sobre **Siguiente** y repita los pasos 6 y 7. También puede ir al paso **4 (Ejecutar)** y volver a simular el comportamiento de la pieza, pero ahora con el espesor del nervio de 7 mm.

12. Pulse **Guardar como** desde el Menú de persiana **Archivo**. Guarde el modelo simulado como archivo SolidWorks **eDrawings** en la misma carpeta en la que tiene la pieza. Abra el modelo desde **eDrawings** y observe los resultados del análisis.

Estudios de optimización de diseño con SolidWorks Simulation

La versión completa de **Estudios de optimización de diseño** de **SolidWorks Simulation** ayudan a diseñar productos más ajustados a sus necesidades mediante la automatización del proceso de análisis rediseño paramétrico del modelo y nuevo análisis. Todo proceso de optimización se realiza en tres etapas que requieren la definición de **Objetivo**, **Variables** y **Restricciones**.

Objetivo. Es la finalidad o el propósito buscado en el estudio de optimización. Uno de los objetivos más perseguidos por los ingenieros es la reducción de volumen o peso para fabricar el producto aligerado al menor coste.

Variables. Son los parámetros o cotas del diseño que pueden cambiar para que el diseño se ajuste a los requisitos definidos en el objetivo.

Restricciones. Son las condiciones o requisitos mínimos o máximos que debe cumplir el diseño para ser aceptado como óptimo.

En los modelos de la figura se ha conseguido reducir el peso para unos requisitos de carga determinados a partir de la variación de cotas.

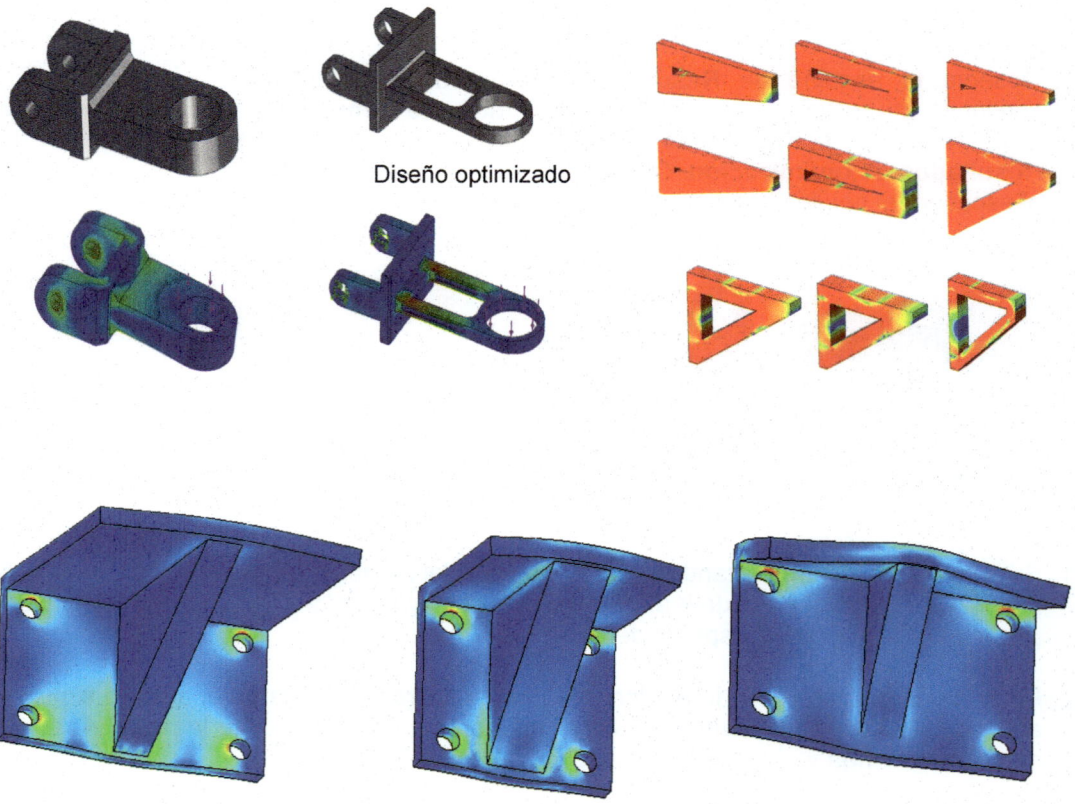

Diseño optimizado

Práctica 62. SolidWorks Simulation I

Evalúe el soporte indicado en la figura sabiendo que será fabricado con un acero aleado. Se encuentra fijo por tres taladros y cargado con una fuerza de 1000 N sobre la cara superior. En la segunda parte de la práctica se propone crear un nuevo material definiendo sus propiedades mecánicas.

⏳ 20 minutos

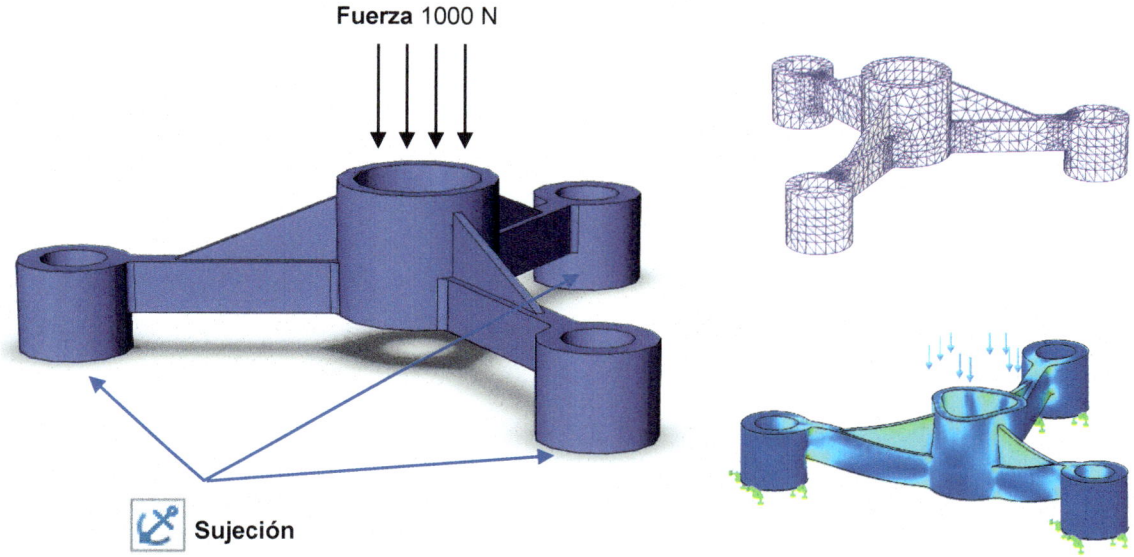

Fuerza 1000 N

Sujeción

Material. Acero aleado.

Modulo elástico de 200000 N/mm^2 (MPa), **Coeficiente de Poisson** 0,3, **Densidad** 7850 kg/m^3 y **Límite elástico** 250 N/mm^2 (MPa).

Malla sólida y malla remallada. **Mallador**: Estándar. **Unidades**: mm. **Tamaño global**: 4 mm. **Tolerancia**: 0,20 mm. **Transición automática**: Desactivado.

Fuerza normal de 1000 N.

SOLIDWORKS
Simulation

Objetivos del tutorial

- Cargar **SolidWorks Simulation** y sus barras de herramientas flotantes.

- Crear un material nuevo para la práctica.

- Aplicar las **Sujeciones** y la **Carga** de fuerza sobre el modelo.

- Definir las características del **Mallado** y remallar aristas.

- **Ejecutar** el estudio. Ver resultados básicos del análisis estático. Evaluar la seguridad del diseño.

Activación de SolidWorks Simulation y selección del análisis

1. Active el complemento **SolidWorks Simulation** desde el Menú de persiana **Herramientas**, **Complementos**.

2. Abra el modelo de la práctica que acompaña el libro. Pulse sobre el Menú de persiana **Archivo**, busque el modelo de la práctica y seleccione **Abrir**.

3. Pulse sobre **Estudio** desde el Menú de persiana **SolidWorks Simulation**. Seleccione la opción **Estático** y escriba el nombre de su simulación en **Nombre del estudio**. Pulse **Aceptar**.

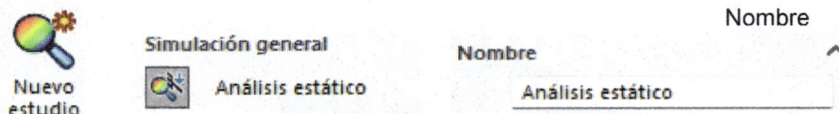

Selección del material (Acero aleado)

Para seleccionar un material ya definido debe buscarlo en la Biblioteca de materiales de **SolidWorks Simulation**:

4. Pulse con el botón derecho del ratón sobre **Material** desde el Gestor de Simulación y seleccione la opción **Aplicar/Editar material**. De la lista de materiales seleccione **Acero aleado**. En la pestaña de **Propiedades** puede ver sus características.

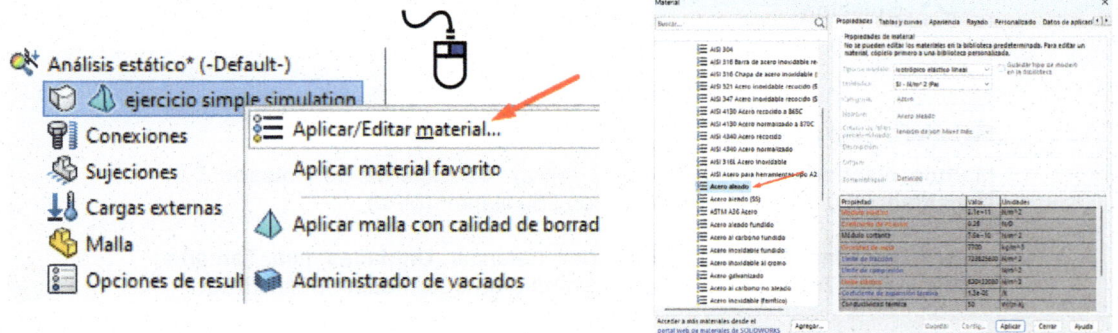

En la última parte del tutorial se define un nuevo material mediante la definición de sus propiedades mecánicas.

Selección de las sujeciones

Debe restringir el movimiento de los tres elementos salientes de la base tal y como se indica en la figura.

5. Pulse sobre **Sujeciones** con el botón derecho del ratón desde el Gestor de Simulación. Seleccione la opción **Geometría fija**. Seleccione, desde la Zona de Gráficos, cada una de las **Caras** internas que definen los tres elementos salientes del modelo. Pulse **Aceptar** para crear la **Sujeción**.

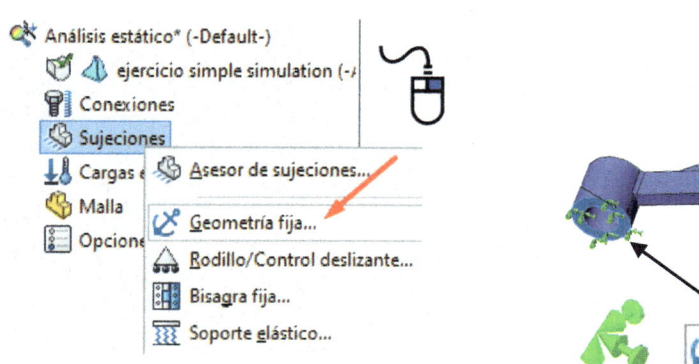

Definición de las cargas

Para definir una **Fuerza** de 1000 N sobre la cara superior del modelo:

6. Pulse con el botón derecho del ratón sobre **Cargas externas** desde el Gestor de Simulación y seleccione **Fuerza** o seleccione el icono de **Fuerza** desde la Barra principal de SolidWorks Simulation. En la pestaña **Tipo** seleccione la cara superior del modelo. Pulse sobre **Normal**. Observe como, sobre la cara del modelo, se representan flechas en dirección de la fuerza aplicada.

7. Seleccione **Sistema Internacional (SI)** en **Unidades** y en la pestaña **Fuerza** indique la fuerza de 1000 N. Active la casilla **Invertir dirección** si desea cambiar la dirección de la fuerza aplicada. Pulse **Aceptar** para crear la **Fuerza.**

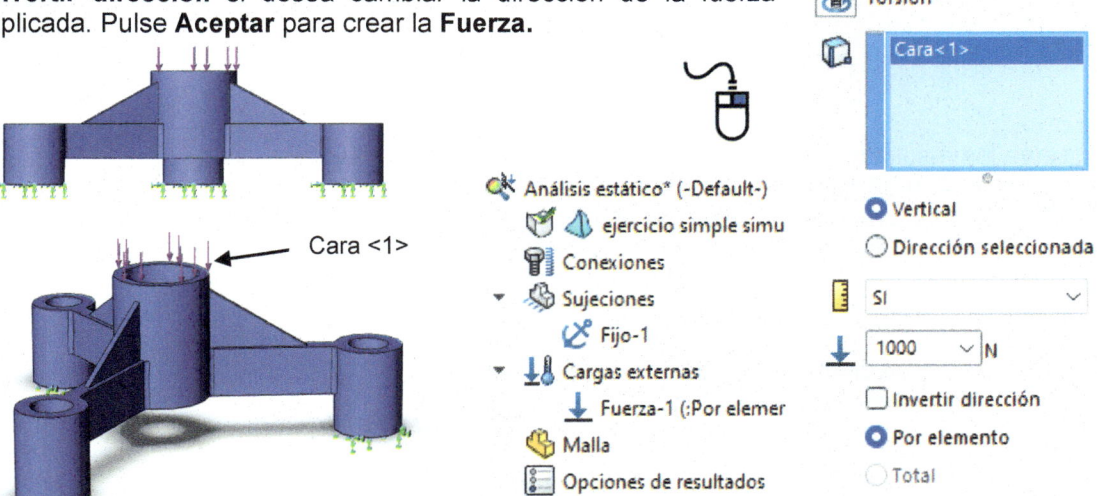

Cara <1>

Definición del mallado

8. Pulse con el botón derecho del ratón sobre **Malla** desde el Gestor de Simulación o pulse sobre el icono **Malla** de la Barra de Herramientas. Seleccione del cuadro de diálogo emergente la opción **Crear malla**. En **Parámetros de mallado** seleccione las opciones con la siguiente configuración: **Mallador**: Estándar. **Unidades**: mm. **Tamaño global**: 4 mm. **Tolerancia**: 0,20 mm. **Transición automática**: Desactivado. Pulse **Aceptar** para crear el mallado en su modelo.

Ejecución y visualización de resultados

9. Pulse con el botón derecho del ratón sobre la primera de las etiquetas de su Gestor de Diseño **(Análisis estático)**. En la ventana emergente seleccione la primera de las opciones, **Ejecutar**.

10. Después de un tiempo de cálculo se crea la carpeta **Resultados** en el Gestor de Simulación. Pulse con un doble clic sobre **Tensiones**, **Desplazamientos** o **Deformaciones unitarias**.

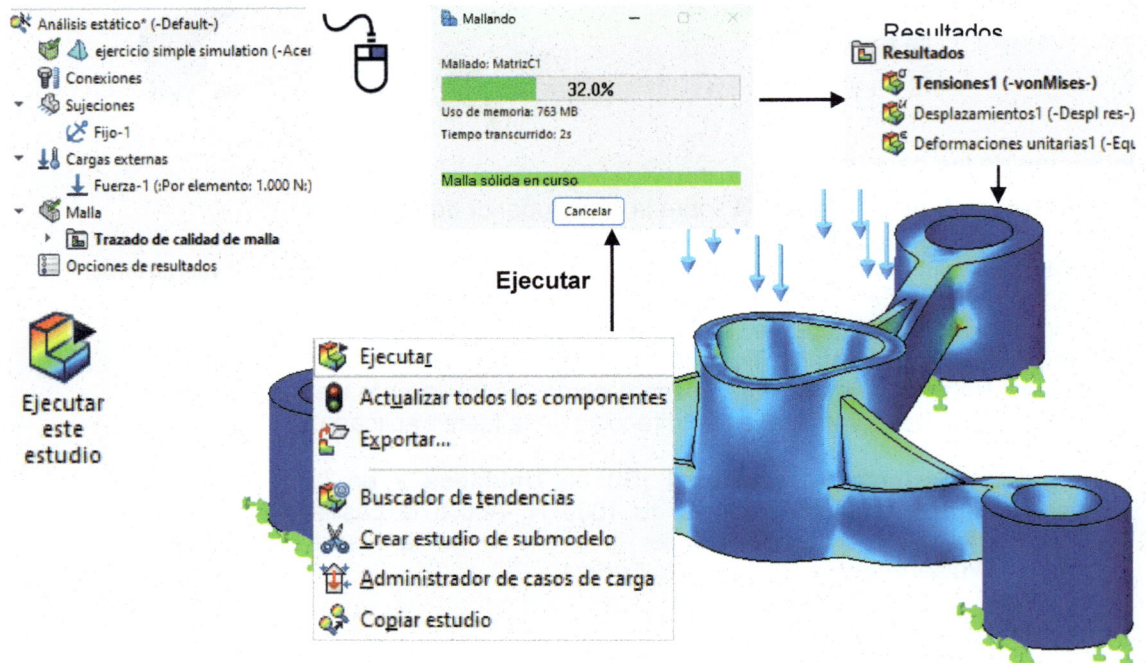

Observe los resultados obtenidos en la Zona de Gráficos. El modelo de la figura tiene una **Escala de deformación** de 160.853. Las zonas de color amarillo, naranja y rojo que son las que superan el valor el límite elástico. Si desea ver el modelo con la deformación real pulse con un doble clic sobre el texto de **Escala de deformación** y seleccione **Escala real** en **Forma deformada**.

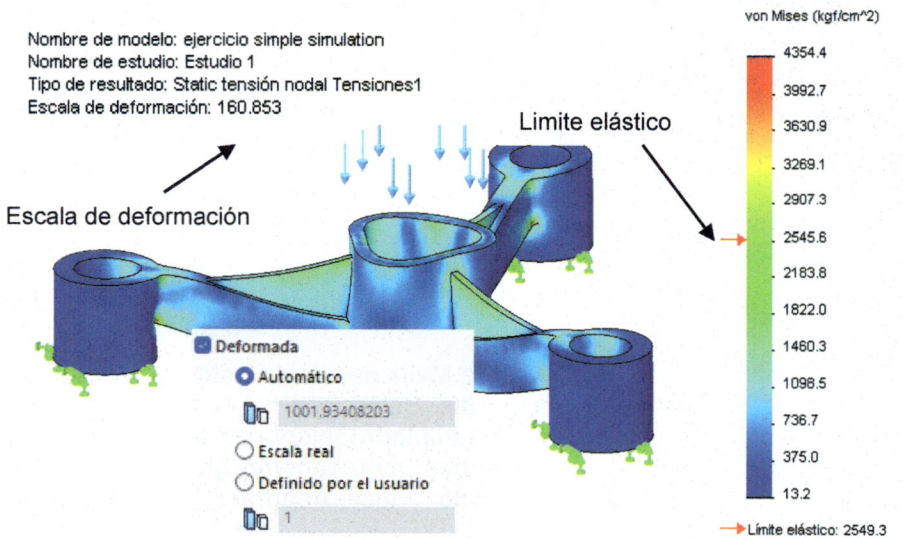

Gire el modelo para visualizar las zonas con mayores tensiones (rojo). Para poder ver al mismo tiempo el resultado de las tensiones en su modelo y el mallado pulse con el botón derecho del ratón sobre el gráfico de tensiones desde el Gestor de Simulación y seleccione **Configuración**. En **Opciones de contorno** seleccione **Malla**.

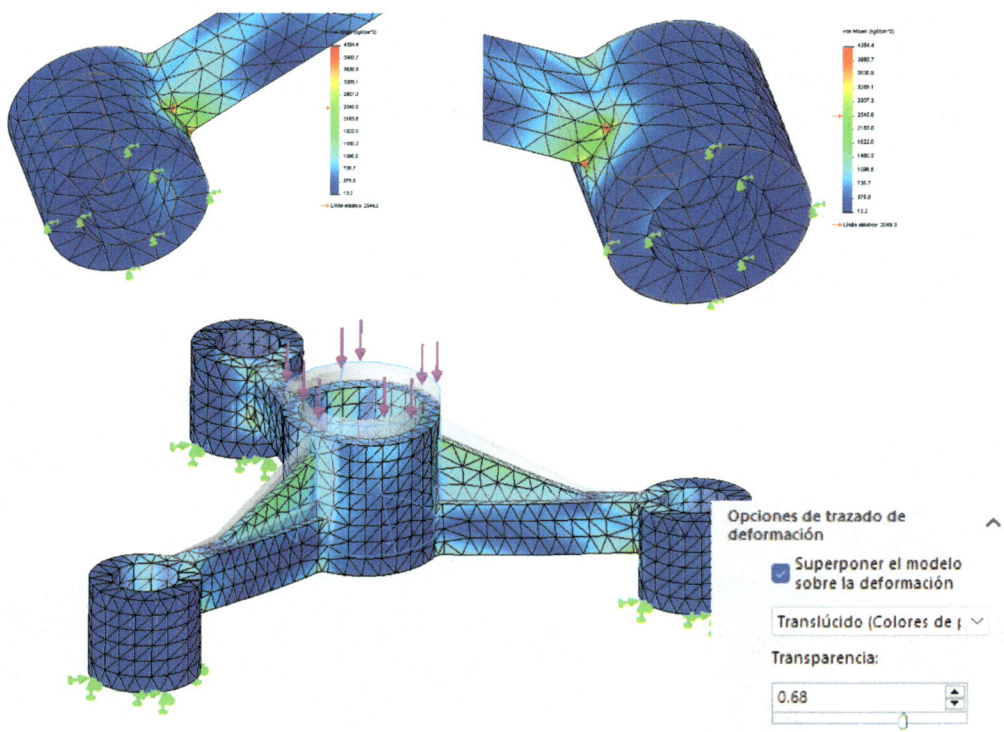

Para superponer el modelo deformado sobre el modelo real active la casilla **Superponer el modelo sobre la deformación**. Edite el color o seleccione un traslucido como color único del material deformado.

Definición del trazado del Factor de Seguridad

Para localizar las zonas del modelo con tensiones von Mises por encima del valor del **Límite elástico** del material seleccionado puede utilizar el trazado del **Factor de Seguridad**.

11. Para definir el trazado de **Factor de Seguridad** pulse con el botón derecho del ratón sobre la carpeta **Resultados** del Gestor de Simulación y seleccione la opción **Definir trazado de Factor de Seguridad**.

12. **Paso 1 de 3**. Seleccione el **Criterio von Mises** para materiales dúctiles y pulse **Siguiente.**

13. **Paso 2 de 3**. Seleccione las **Unidades** N/mm² (MPa) y **Límite elástico** con un **Factor de multiplicación** 1. Pulse **Siguiente**.

14. **Paso 3 de 3**. Seleccione la opción **Áreas por debajo del factor de seguridad**. Pulse **Aceptar**.

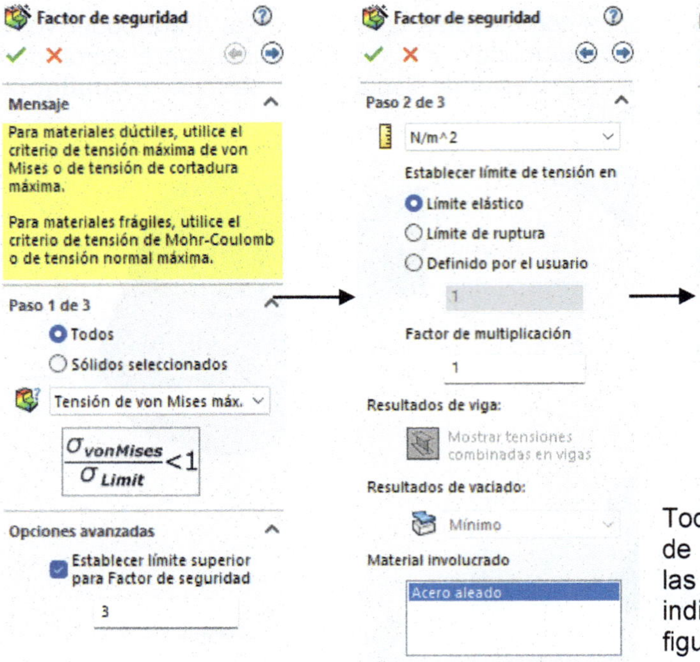

Factor de seguridad
Mensaje
Para materiales dúctiles, utilice el criterio de tensión máxima de von Mises o de tensión de cortadura máxima.
Para materiales frágiles, utilice el criterio de tensión de Mohr-Coulomb o de tensión normal máxima.
Paso 1 de 3
Todos
Sólidos seleccionados
Tensión de von Mises máx.
$\frac{\sigma_{vonMises}}{\sigma_{Limit}} < 1$
Opciones avanzadas
Establecer límite superior para Factor de seguridad
3
Factor de seguridad
Paso 2 de 3
N/m^2
Establecer límite de tensión en
Límite elástico
Límite de ruptura
Definido por el usuario
1
Factor de multiplicación
1
Resultados de viga:
Mostrar tensiones combinadas en vigas
Resultados de vaciado:
Mínimo
Material involucrado
Acero aleado

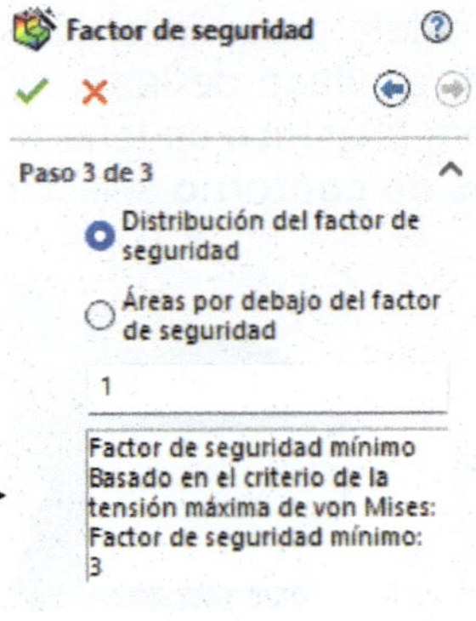

Factor de seguridad
Paso 3 de 3
Distribución del factor de seguridad
Áreas por debajo del factor de seguridad
1
Factor de seguridad mínimo
Basado en el criterio de la tensión máxima de von Mises:
Factor de seguridad mínimo:
3

Todo el modelo aparece de color azul excepto en las tres pequeñas zonas indicadas en la siguiente figura.

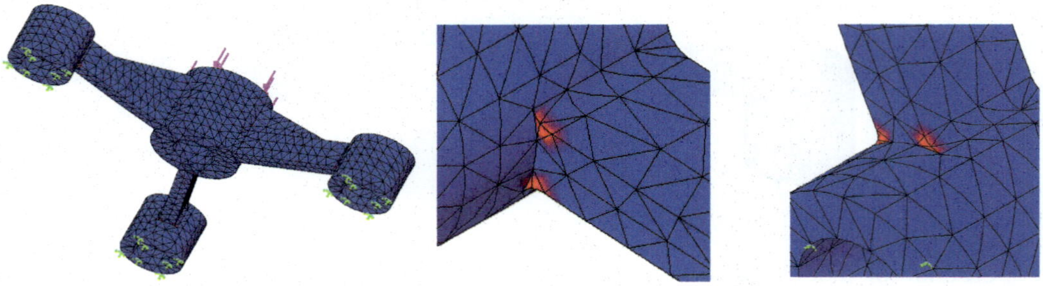

Remallado del modelo

Para mejorar la calidad del trazado del **Factor de Seguridad** es necesario aplicar un **Control de mallado** en las tres aristas del modelo. Para ello:

15. Pulse con el botón derecho del ratón sobre **Malla** y seleccione la opción **Aplicar control de mallado**. Seleccione desde la Zona de Gráficos las tres aristas críticas de su modelo. Defina un **Tamaño del elemento** de 0.5 y un **Ratio a/b** de 1.5 para obtener resultados con mayor definición en la región crítica. Pulse **Aceptar**.

Entidades seleccionadas
Arista<1>
Arista<2>
Arista<3>
Utilizar por tamaño de pieza
Crear malla
extrusion

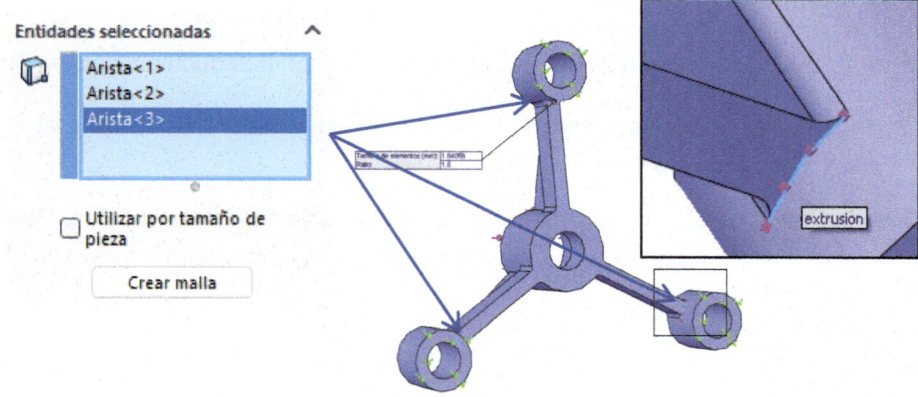

16. Vuelva a pulsar con el botón derecho del ratón sobre **Malla** y seleccione **Crear malla**. Deje los parámetros de la malla como vienen predefinidos y pulse **Aceptar**. Observe el incremento de la densidad de malla en las aristas seleccionadas en comparación con el resto del modelo.

17. Ejecute de nuevo la simulación y observe que mejora la calidad de la definición en los resultados obtenidos.

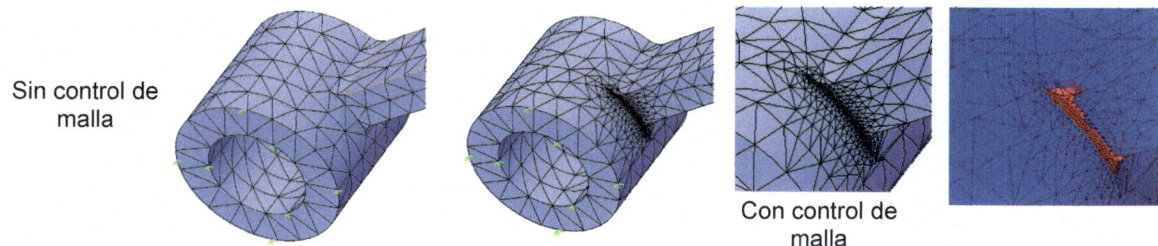

Sin control de malla

Con control de malla

Creación de un nuevo material

Para definir un nuevo material debe copiar uno preexistente de la biblioteca de materiales y editarlo:

18. Pulse con el botón derecho del ratón sobre **Material** desde el Gestor de Diseño y seleccione la opción **Aplicar/Editar material**. De la lista de materiales seleccione **Hierro dúctil**, que es el material más parecido al definido en las propiedades mecánicas del enunciado. Pulse con el botón derecho del ratón y seleccione **Copiar**.

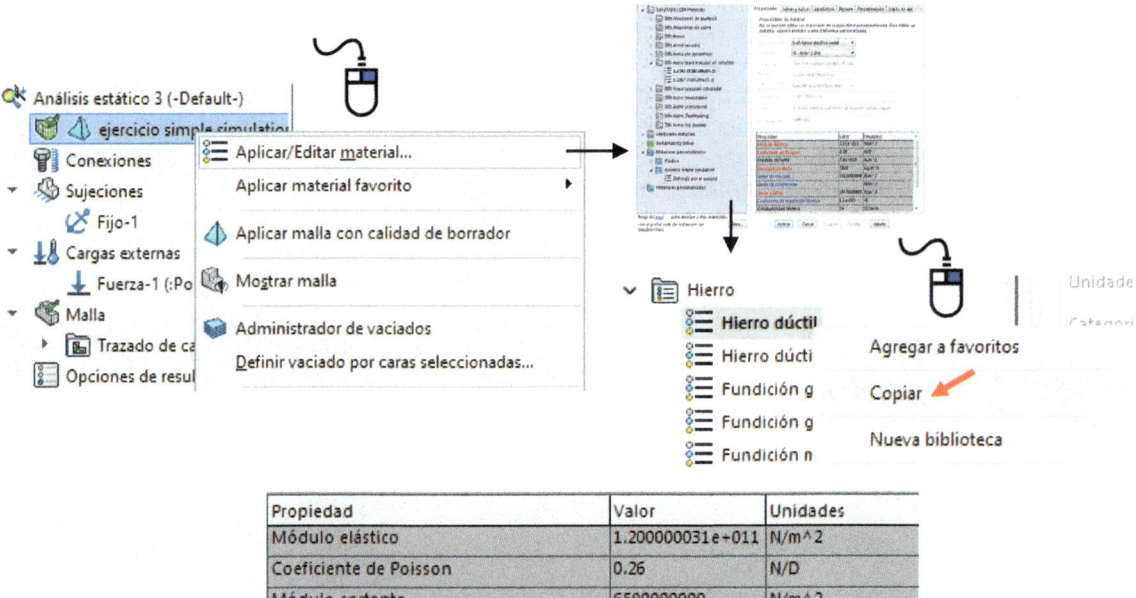

Propiedad	Valor	Unidades
Módulo elástico	1.200000031e+011	N/m^2
Coeficiente de Poisson	0.26	N/D
Módulo cortante	6500000000	N/m^2
Densidad de masa	7250	kg/m^3
Límite de tracción	350000000	N/m^2
Límite de compresión		N/m^2
Límite elástico	220000000	N/m^2
Coeficiente de expansión térmica	1.15e-005	/K
Conductividad térmica	58	W/(m·K)

19. Pulse con el botón derecho del ratón sobre la carpeta de **Materiales personalizados** y seleccione **Nueva categoría**. Cree una categoría de materiales denominada Mis materiales. Pulse sobre la carpeta creada con el botón derecho del ratón y seleccione **Pegar**. De esta forma ha pegado el material Hierro dúctil en su carpeta de materiales.

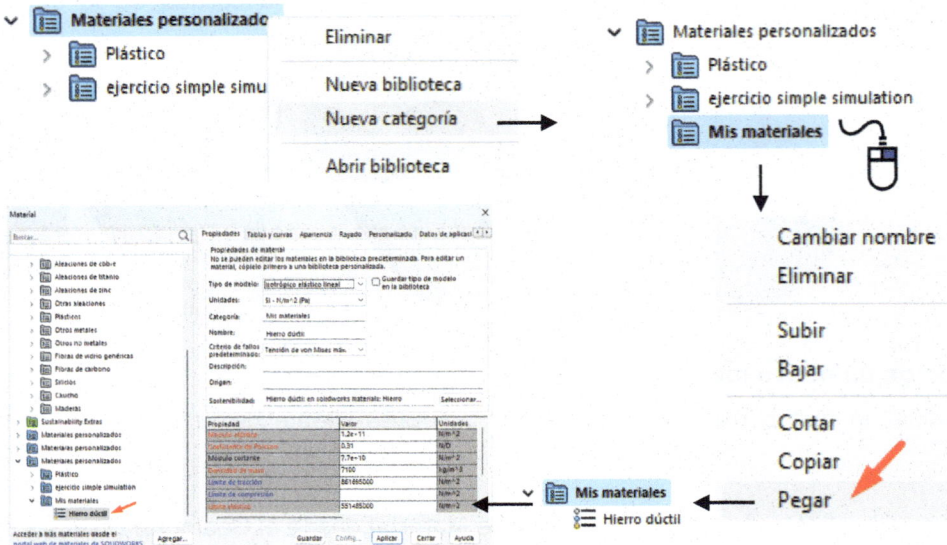

20. Pulse con el botón derecho del ratón sobre el material, cambie el nombre del material y edite sus propiedades. En la pestaña **Propiedades** defina el sistema de **Unidades SI** e indique el **Nombre del material** (Acero ejemplo 1). En el cuadro de propiedades indique un **Módulo elástico** de 200000 N/mm^2 (MPa), **Coeficiente de Poisson** 0.3, **Densidad** 7850 kg/m^3 y **Limite elástico** 250 N/mm^2 (MPa). Pulse **Aplicar**. En este momento ha creado un material con las propiedades mecánicas deseadas. Ahora debe ir al Gestor de Simulación y seleccionar el material creado para el modelo de la práctica 1. Pulse con el botón derecho del ratón sobre el nombre del modelo desde el Gestor de Simulación y seleccione **Aplicar/Editar material**. De la lista de materiales seleccione el recién creado.

21. Vuelva a **Ejecutar** el estudio y compare los resultados con los dos materiales distintos. Recuerde que no es necesario volver a mallar el modelo.

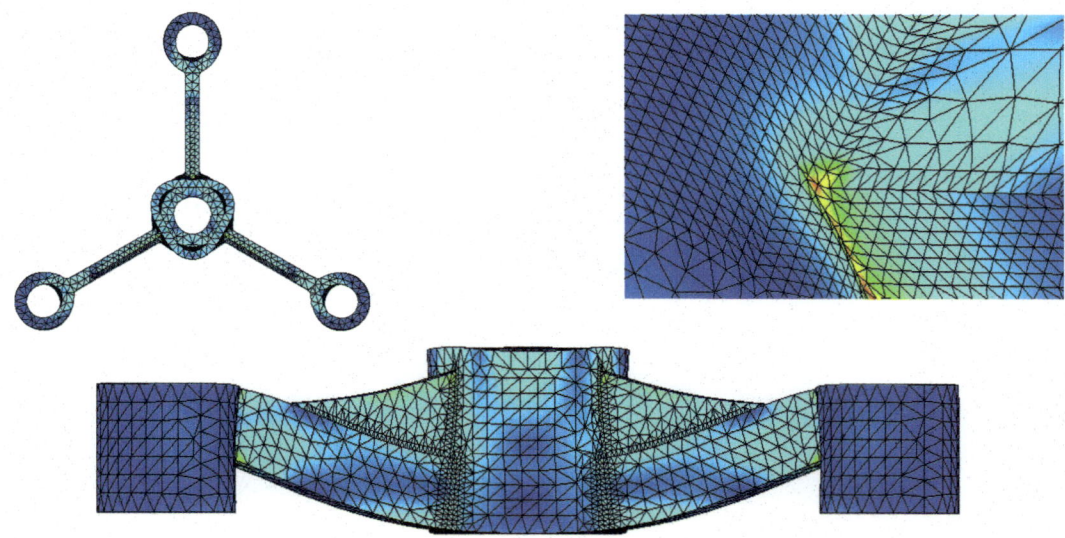

Práctica 63. SolidWorks Simulation II

Evalúe el comportamiento mecánico de la pieza sometida a un ensayo estático de compresión lineal y no lineal (material hiperelástico)

⏳ 25 minutos

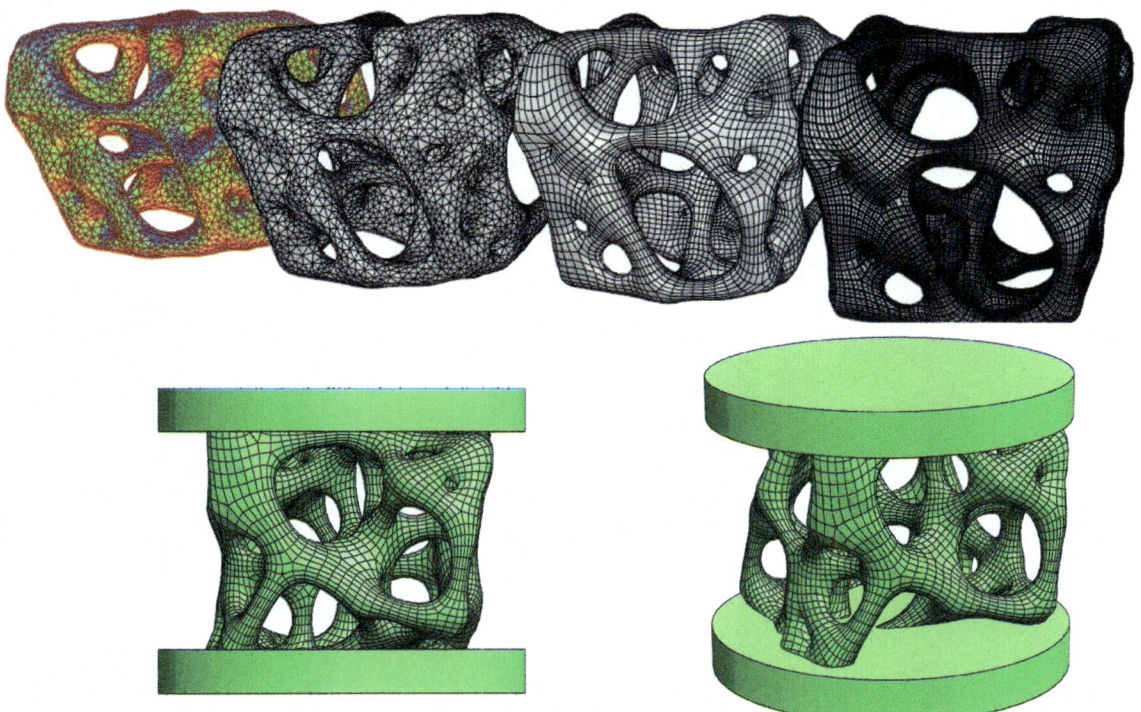

Material. Acero aleado y material hiperelástico.

Malla sólida y malla remallada. **Mallador**: Estándar. **Unidades**: mm. **Tamaño global**: 4 mm. **Tolerancia**: 0,20 mm. **Transición automática**: Desactivado.

SOLIDWORKS
Simulation

Desplazamiento normal de 0,05 milímetros de la cara superior del modelo.

Objetivos del tutorial

- Cargar **SolidWorks Simulation** y sus barras de herramientas flotantes. Crear un estudio de análisis estático. Seleccionar un material elastomérico para la práctica. Aplicar las sujeciones y desplazamiento sobre la cara superior del modelo. Definir las características de la malla.

- Ejecutar el estudio y ver resultados básicos del análisis estático. Seleccionar análisis con grandes desplazamientos.

- Comparar resultados (tensiones versus desplazamientos). Guardar los resultados para su visualización en eDrawings.

Se propone hacer un ensayo a compresión de un modelo poroso diseñado en Grasshopper (Rhinoceros 3D) y exportado como IGES a SolidWorks. Una vez creado el modelo en formato mesh se ha transformado a Quad Mesh y posteriormente a nurbs con la operación Meshtonurbs de Rhinocreos 3D. El modelo, después de guardarse como IGES, puede ser abierto en SolidWorks como sólido.

Práctica A. Ensayo lineal (Acero aleado)

Activación de SolidWorks Simulation y abrir el modelo a analizar

1. Active el complemento SolidWorks Simulation desde el Menú de persiana **Herramientas**, **Complementos**. Abra el modelo que acompaña el libro. Recuerde que el modelo está guardado en formato IGES. SolidWorks pregunta: **¿Desea ejecutar el Diagnóstico de importación en esta pieza?** Indique que **No**. Posteriormente pregunta si **¿Desea proceder con el reconocimiento de operaciones?** Indique que **No**. En este caso, el reconocimiento es muy complejo de hacer por la forma orgánica del modelo importado. Se ha puesto una apariencia de color verde para mejorar la visualización en pantalla.

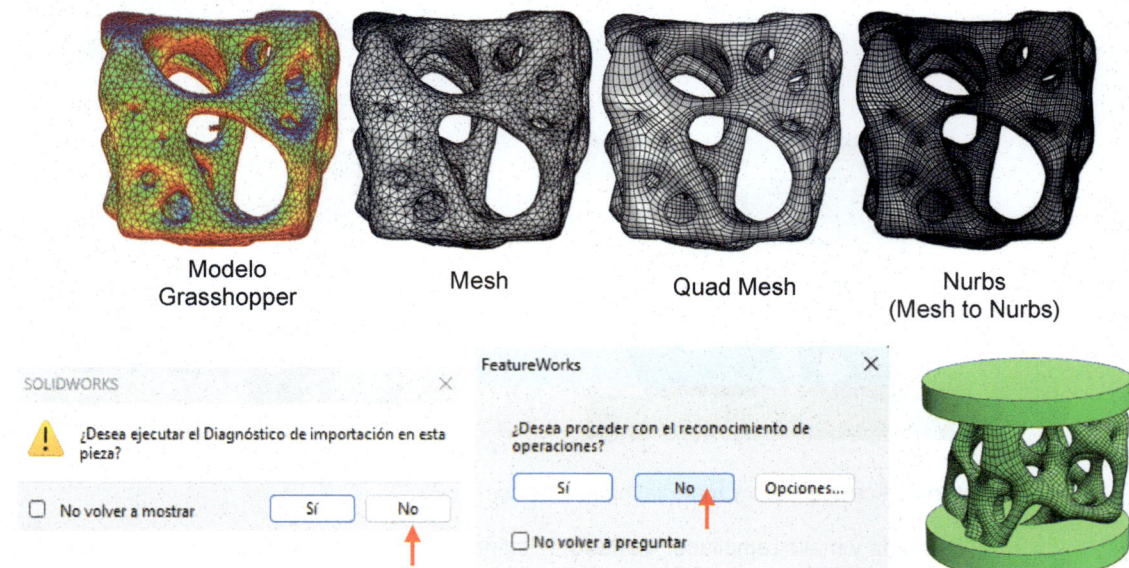

Modelo Grasshopper   Mesh   Quad Mesh   Nurbs (Mesh to Nurbs)

2. Una vez importado el modelo cree las tapas como las indicadas en la figura. Las tapas (cilindros) permitirán seleccionar una cara plana para la definición de la sujeción y de la aplicación de la carga. Con la documentación adjunta al libro también puede encontrar este fichero con la geometría ya creada.

Selección del Análisis estático

3. Pulse sobre **Estudio** desde el Menú de persiana **SolidWorks Simulation**. Seleccione la opción **Estático** y escriba el nombre de su simulación en **Nombre del estudio** (Análisis estático). Pulse **Aceptar**.

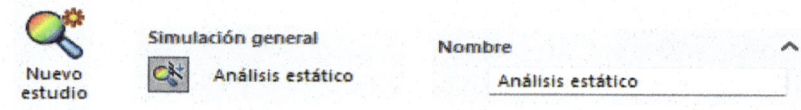

Selección del material (Acero aleado)

4. Pulse con el botón derecho del ratón sobre **Material** desde el Gestor de Simulación y seleccione la opción **Aplicar/Editar material**. De la lista de materiales seleccione **Acero aleado**, desde la carpeta **Acero**. En la pestaña de **Propiedades** puede ver sus características. Observe cómo las propiedades marcadas en rojo están definidas, por lo que será posible realizar el ensayo.

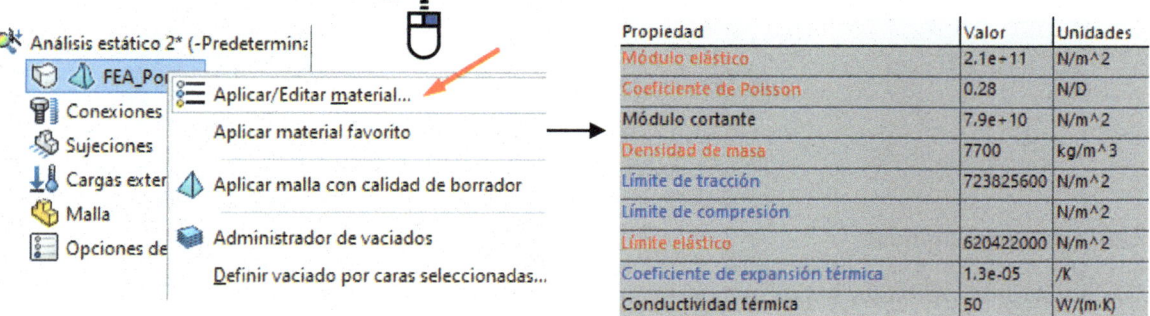

Propiedad	Valor	Unidades
Módulo elástico	2.1e+11	N/m^2
Coeficiente de Poisson	0.28	N/D
Módulo cortante	7.9e+10	N/m^2
Densidad de masa	7700	kg/m^3
Límite de tracción	723825600	N/m^2
Límite de compresión		N/m^2
Límite elástico	620422000	N/m^2
Coeficiente de expansión térmica	1.3e-05	/K
Conductividad térmica	50	W/(m·K)

Definición de las Sujeciones

5. Debe restringir el movimiento en la cara inferior del modelo poroso según se indica en la figura. Pulse sobre **Sujeciones** con el botón derecho del ratón desde el Gestor de Simulación. Seleccione la opción **Geometría fija**. Seleccione, desde la Zona de Gráficos, la **Cara** inferior del modelo poroso. Pulse **Aceptar** para crear la **Sujeción**.

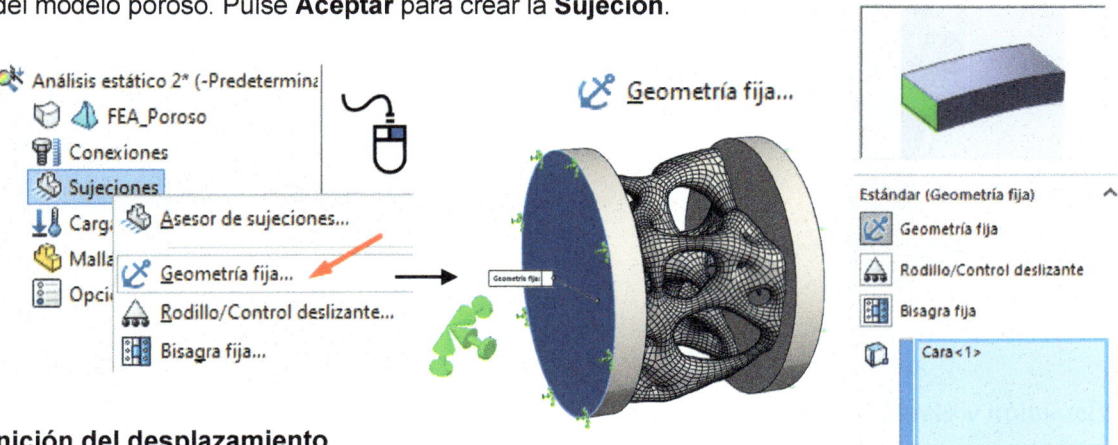

Definición del desplazamiento

6. Para definir un **Desplazamiento** de 0,05 mm sobre la cara superior del modelo pulse con el botón derecho del ratón sobre **Cargas externas** desde el Gestor de Simulación y seleccione **Desplazamiento prescrito**. Pulse sobre **Utilizar geometría de referencia**. En la pestaña **Tipo** seleccione la cara superior del modelo para definir la **Sujeción** y el plano Planta para definir la **Dirección**. Observe que, sobre la cara del modelo, se representan flechas en dirección de la fuerza aplicada. Defina un desplazamiento de 0,05 mm **Normal al plano**. Pulse **Aceptar** para finalizar.

⬇ Desplazamiento prescrito...

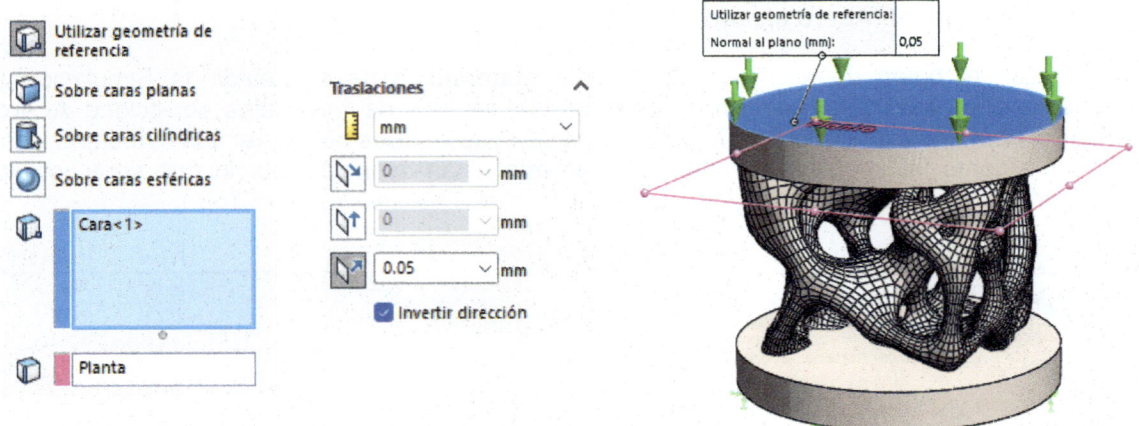

Definición del mallado

7. Para definir la **Malla** sobre el modelo pulse con el botón derecho del ratón sobre **Malla** desde el Gestor de Simulación o pulse sobre el icono **Malla** de la Barra de Herramientas. Seleccione, del cuadro de diálogo emergente, la opción **Crear malla.** En **Parámetros de mallado** seleccione la siguiente configuración: **Mallador**: Malla basada en curvatura de combinado. **Unidades**: mm. **Tamaño global**: 0.1 mm. **Tolerancia**: 0.005 mm. Pulse **Aceptar** para crear el mallado.

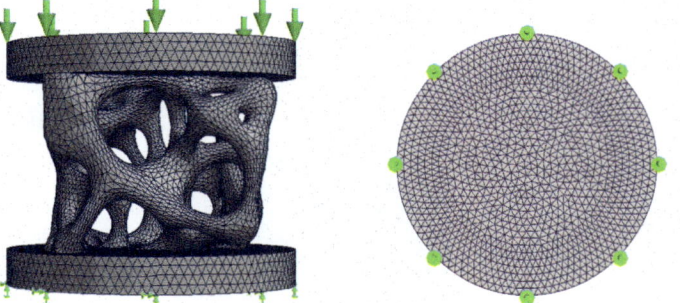

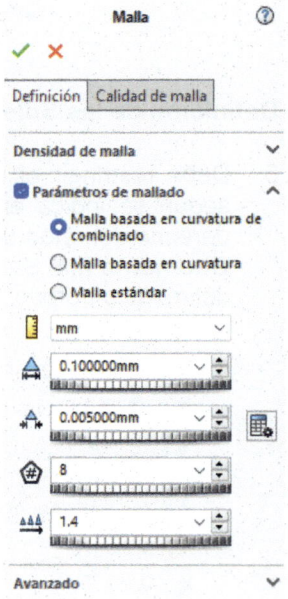

Ejecución y visualización de resultados

8. Pulse con el botón derecho del ratón sobre la primera de las etiquetas de su Gestor de Diseño **(Análisis estático)** y seleccione **Ejecutar**. Después de unos 3 minutos (aprox.) se crea la carpeta **Resultados** en el Gestor de Simulación. Pulse con un doble clic sobre **Tensiones**, **Desplazamientos** o **Deformaciones unitarias**.

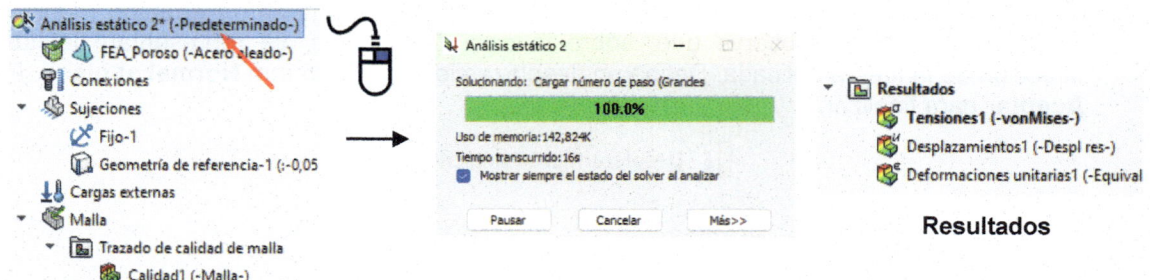

Nombre del modelo: FEA_Poroso
Nombre de estudio: Análisis estático 2(-Predeterminado-)
Tipo de resultado: Desplazamiento estático Desplazamientos1
Escala de deformación: 6,71572

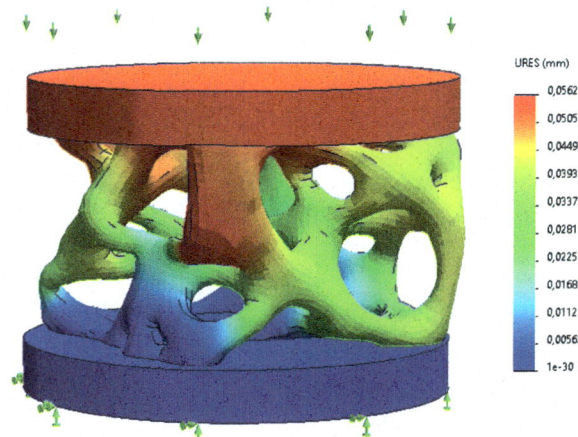

Observe los resultados obtenidos en el gráfico de Desplazamientos. El modelo de la figura tiene una **Escala de deformación** de 6,7. Las zonas rojas se deforman unos 0,05 mm según el trazado de **Desplazamientos**. Puede animar la deformación para verificar si la deformación es correcta.

9. Para comparar el trazado de tensiones con el trazado de desplazamientos seleccione la opción **Comparar resultados** tras pulsar con el botón derecho en la etiqueta de **Resultados**. Seleccione los trazados a comparar y pulse **Aceptar**. Observe que la Zona de Visualización se divide en dos pantallas en las que en una puede seleccionar el trazado de **Tensiones** (von Mises) y en la otra **Desplazamientos**.

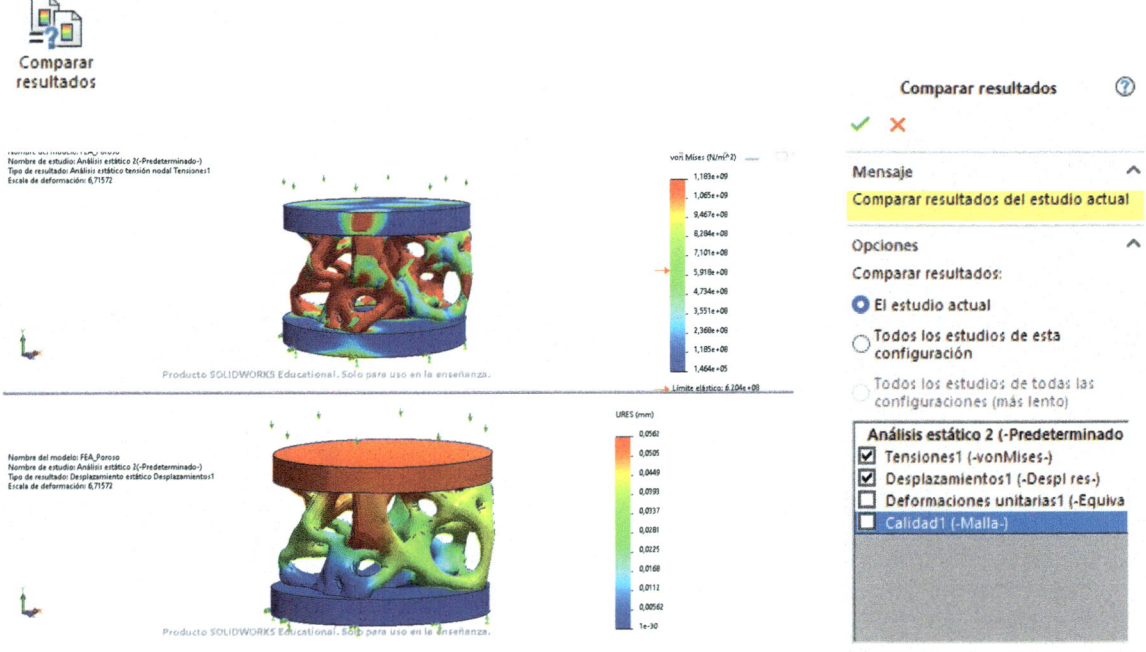

10. Para guardar los resultados de forma que puedan ser visualizados en **eDrawings** pulse sobre Guardar todos los trazados como **eDrawings** pulsando con el botón derecho sobre la etiqueta de **Resultados**. Escriba el nombre y pulse sobre **Guardar**. También es posible guardar los trazados como imágenes JPEG.

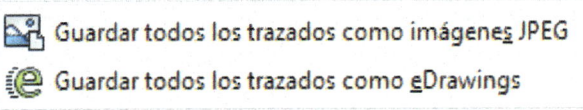

Cálculo de la fuerza de reacción

11. Pulse con el botón derecho del ratón sobre **Resultados** y seleccione la opción **Enumerar fuerza resultante.** En **Opciones** active **Fuerza de reacción**. Seleccione la cara opuesta (cara fija) del modelo ensayado. Pulse sobre **Actualizar**. Observe que se indica la fuerza de reacción en FX, FY y FZ y la fuerza resultante (FR es).

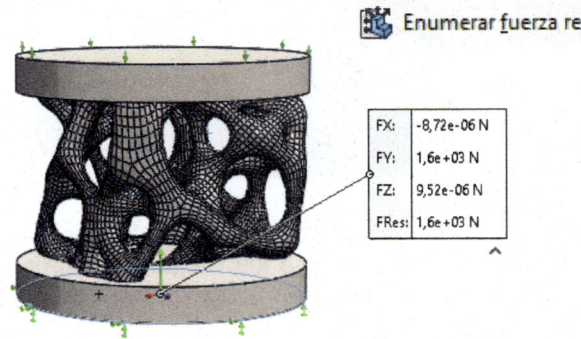

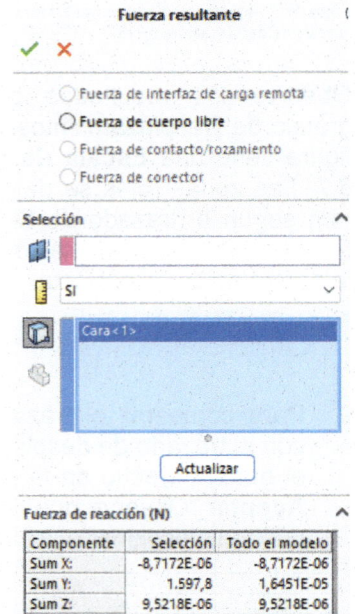

A partir de la fuerza resultante, el área y el desplazamiento utilizado en la deformación es posible calcular el módulo elástico relativo del modelo poroso.

Gráficos de percepción del diseño

Los gráficos de percepción del diseño muestran aquellas partes del modelo que soportan las cargas de manera más efectiva. La información obtenida puede ser utilizada para diseñar modelos aligerados a partir de la reducción o eliminación de las zonas que soportan menos cargas.

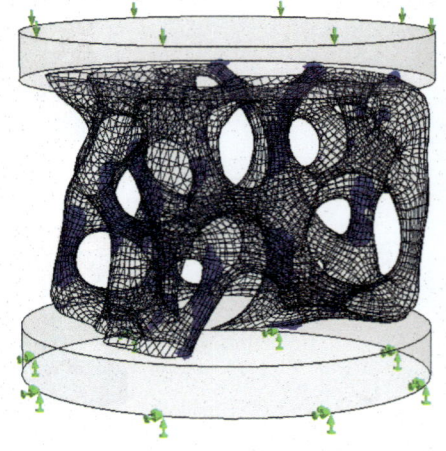

12. Para crear un gráfico de percepción del diseño pulse con el botón derecho del ratón sobre la carpeta **Resultados** y seleccione **Definir trazado de percepción de diseño**.

13. Ajuste el control deslizante para mostrar las regiones traslúcidas o regiones que sostienen las cargas aplicadas de forma menos efectiva. Esas zonas pueden ser eliminadas con el objeto de aligerar aún más la estructura.

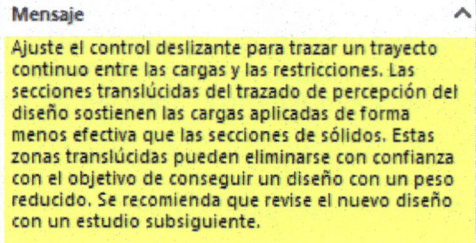

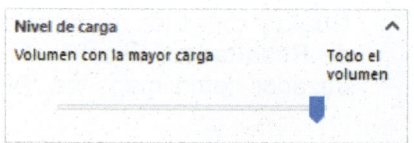

Práctica B. Ensayo no lineal (Material hiperelástico)

Creación del estudio y definición de sus propiedades

1. Cree un estudio no lineal estático. Pulse sobre **Estudio** desde el Menú de persiana **Solid**Works **Simulation**. Seleccione la opción **No lineal estático** y escriba el nombre de su simulación en **Nombre del estudio**. Pulse **Aceptar**.

2. Pulse con el botón derecho del ratón en el icono del estudio y seleccione **Propiedades**. Seleccione las opciones en el cuadro de diálogo **No lineal – Análisis estático** indicadas en la figura (Solución, Fin está establecido en 1. Automático, "autoescalonamiento", seleccionado. Incremento de tiempo inicial está establecido en 0.01). En **Opciones de no linealidad geométrica**, **Usar formulación de grandes desplazamientos** está seleccionado. En **Solver**, Direct Sparse. Especifique las siguientes opciones: Introduzca 1e-08 y 1.0 en el Mín. y las casillas Máx., respectivamente. Pulse en **Opciones avanzadas** e introduzca 0 para **Factor de eliminación de singularidad** (0-1). Para finalizar pulse **Aceptar**.

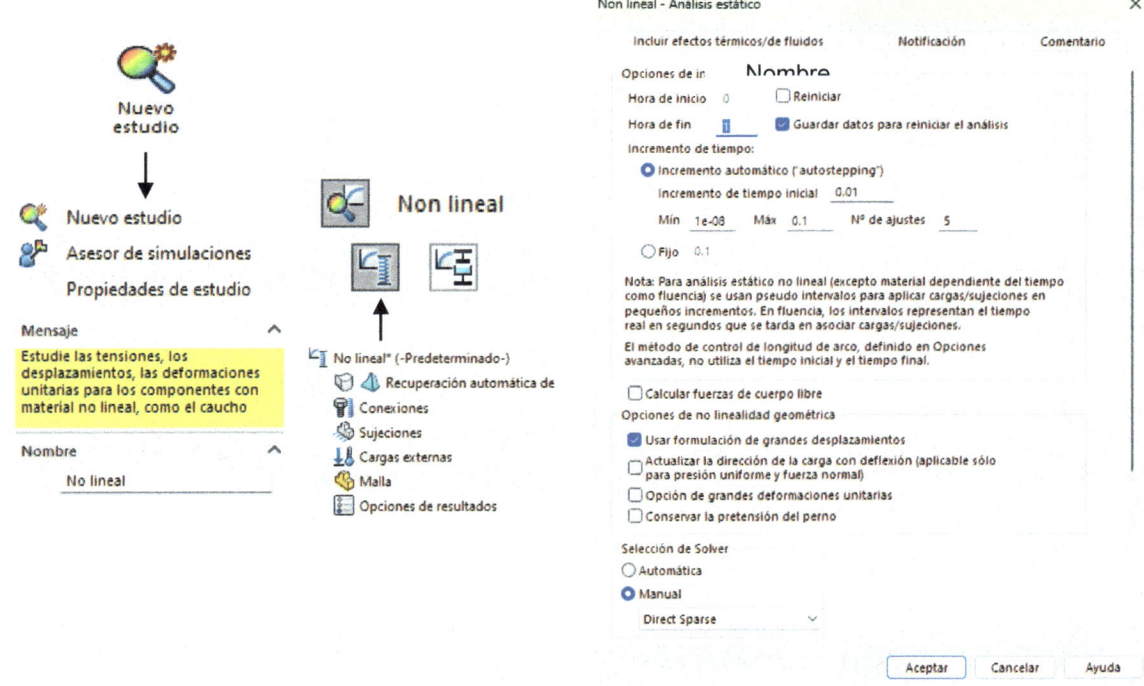

Creación y asignación del material

3. Para crear el material que tenga un comportamiento similar al de una goma elástica (modelo en Hiperelástico - Mooney Rivlin) pulse con el botón derecho del ratón sobre el icono de material y seleccione **Aplicar/Editar material**. Pulse con el botón derecho del ratón sobre la carpeta **Materiales personalizados** y seleccione **Nueva categoría**. Pulse con el botón derecho en la nueva categoría creada y seleccione **Nuevo material**. Indique el nombre de Hiperelástico.

4. En el cuadro **Propiedades de material**, seleccione: **Modelo en Hiperelástico - Mooney Rivlin**. En la tabla de propiedades de material, indique: Coeficiente de Poisson, escriba 0.4995, Primera constante de material (840), Segunda constante de material (210), Densidad de masa (0.04). Pulse **Aceptar**.

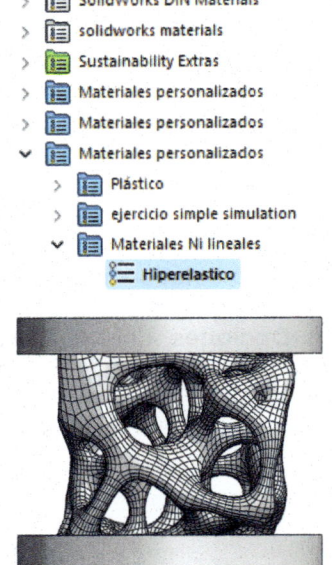

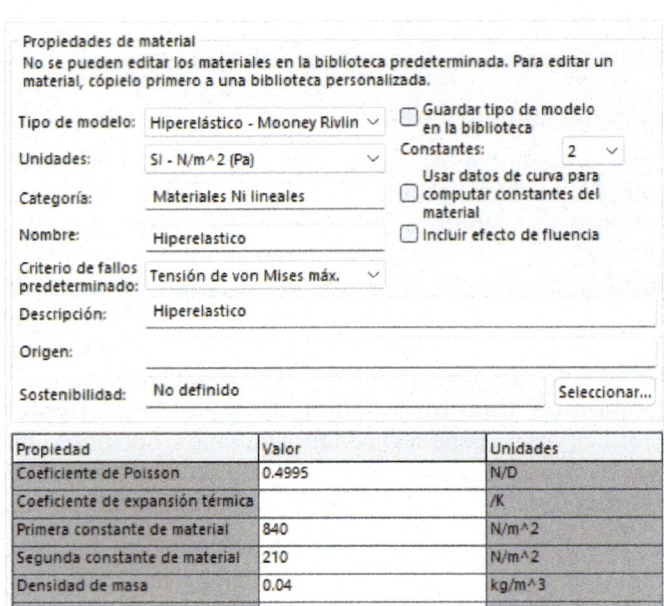

Propiedad	Valor	Unidades
Coeficiente de Poisson	0.4995	N/D
Coeficiente de expansión térmica		/K
Primera constante de material	840	N/m^2
Segunda constante de material	210	N/m^2
Densidad de masa	0.04	kg/m^3

Los materiales hiperelásticos reproducen el comportamiento de materiales como el caucho cuando sufren grandes deformaciones. SolidWorks supone que son materiales elásticos no lineales, isotrópicos e incompresibles. En la Ayuda de SolidWorks puede consultar las ecuaciones de los modelos hiperelásticos.

Creación de sujeción y desplazamiento

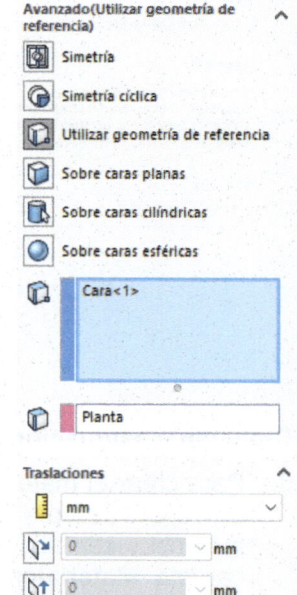

5. Pulse sobre **Sujeciones** con el botón derecho del ratón desde el Gestor de Simulación. Seleccione la opción **Geometría fija**. Seleccione, desde la Zona de Gráficos, la **Cara** inferior del modelo poroso. Pulse **Aceptar** para crear la **Sujeción**.

6. Para definir un **Desplazamiento** de 0,5 mm sobre la cara superior del modelo pulse con el botón derecho del ratón sobre **Cargas externas** desde el Gestor de Simulación y seleccione **Desplazamiento prescrito**. Pulse sobre **Utilizar geometría de referencia**. Seleccione la cara superior del modelo y el plano Planta según se indica en la figura. Observe como, sobre la cara del modelo, se representan flechas en dirección de la fuerza aplicada.

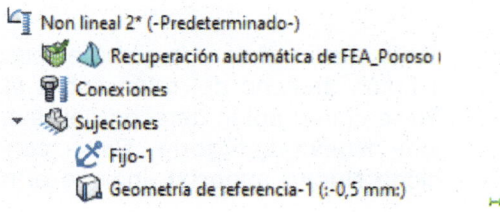

Definición del mallado

7. Para definir la **Malla** pulse con el botón derecho del ratón sobre **Malla** desde el Gestor de Simulación o pulse sobre el icono **Malla** de la Barra de Herramientas. Seleccione del cuadro de diálogo emergente la opción **Crear malla.**

8. En **Parámetros de mallado** seleccione las opciones con la siguiente configuración: **Mallador**: Malla basada en curvatura de combinado. **Unidades**: mm. **Tamaño global**: 0,4 mm. **Tolerancia**: 0,020 mm. Pulse **Aceptar** para crear el mallado en su modelo.

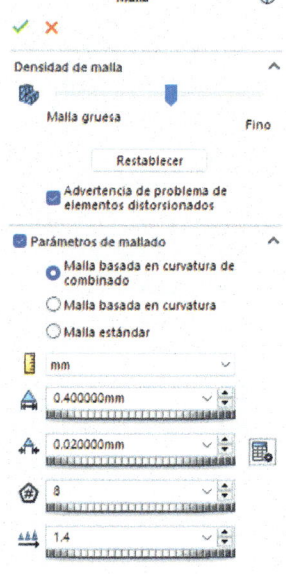

Ejecución y visualización de resultados

9. Pulse con el botón derecho del ratón sobre la primera de las etiquetas de su Gestor de Diseño **(No lineal)** y seleccione la opción **Ejecutar**. También puede pulsar sobre **Ejecutar este estudio** desde las funciones del Command manager de Simulation.

10. Después de unas 3 horas (aprox.) se crea la carpeta **Resultados** en el Gestor de Simulación. Pulse con un doble clic sobre **Tensiones**, **Desplazamientos** o **Deformaciones unitarias** para visualizar los resultados. Observe que en el gráfico del trazado de tensiones se indica el intervalo de la simulación. Puede ir viendo el estado tensional o la deformación para tiempos distintos desde 0 s a 1 s, duración total de la simulación.

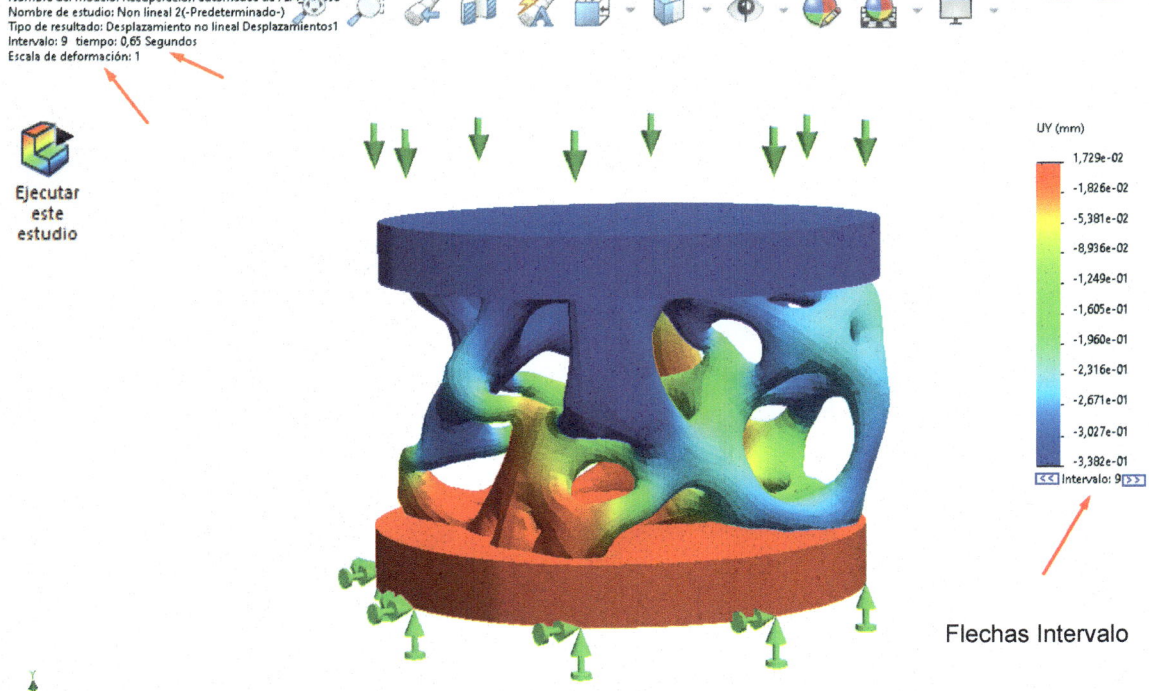

Flechas Intervalo

11. Para trazar el desplazamiento de Y pulse con el botón derecho en la carpeta **Resultados** y seleccione **Definir trazado de desplazamiento**. En **Visualización**, seleccione **Desplazamiento en Y**. En **Deformada**, seleccione **Escala real**. Observe el trazado de deformación en Y. Puede ir viendo el resultado en cada uno de los intervalos pulsando sobre las flechas de intervalo desde la Zona de Gráficos. Para crear una animación del trazado de deformación para cada uno de los intervalos pulse con el botón derecho del ratón sobre Desplazamientos1 del gestor de simulación y pulse **Animar**.

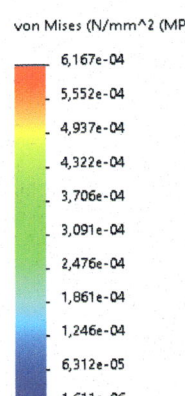

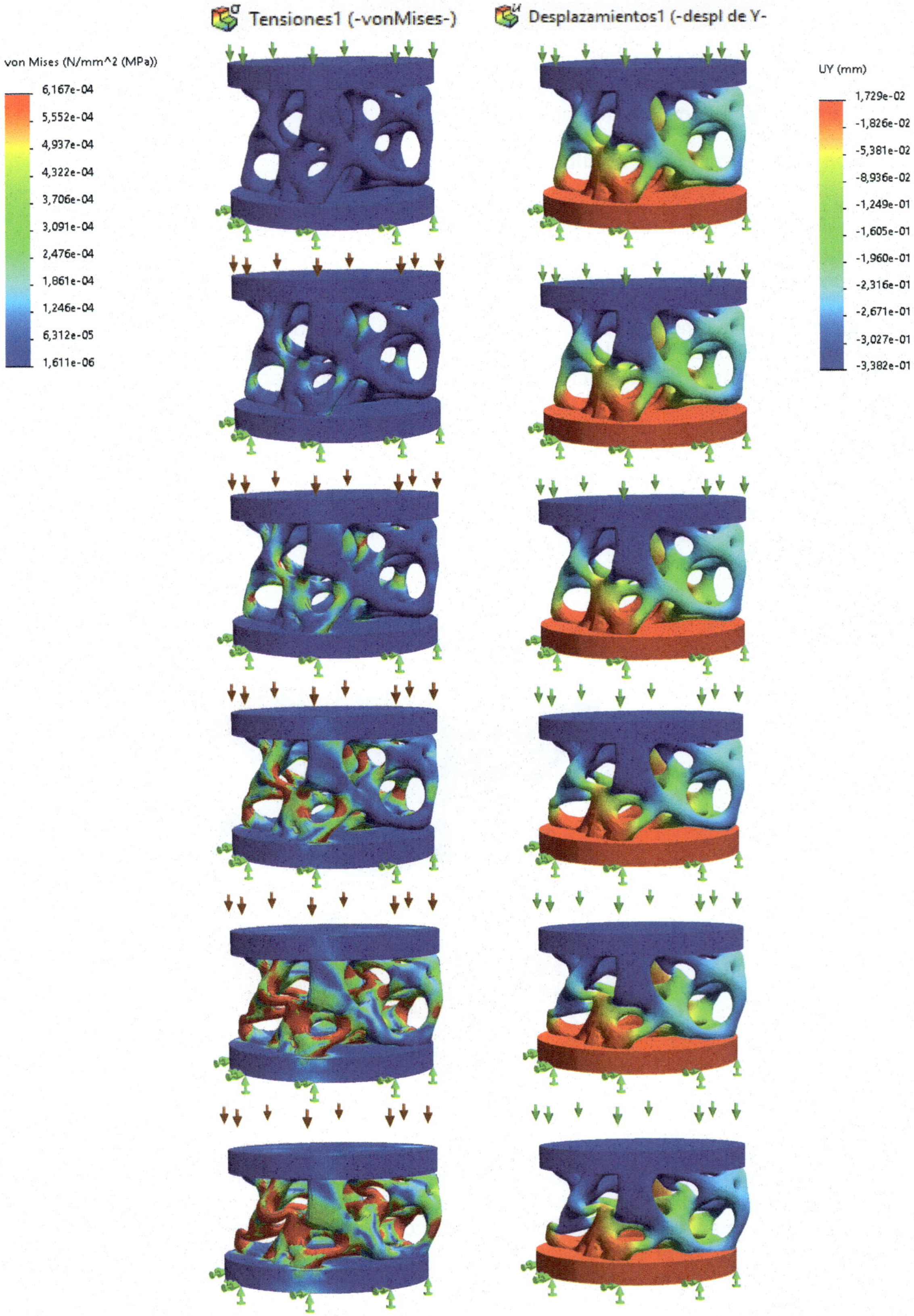

Tensiones1 (-vonMises-)
Desplazamientos1 (-despl de Y-
von Mises (N/mm^2 (MPa))
6,167e-04
5,552e-04
4,937e-04
4,322e-04
3,706e-04
3,091e-04
2,476e-04
1,861e-04
1,246e-04
6,312e-05
1,611e-06
UY (mm)
1,729e-02
-1,826e-02
-5,381e-02
-8,936e-02
-1,249e-01
-1,605e-01
-1,960e-01
-2,316e-01
-2,671e-01
-3,027e-01
-3,382e-01

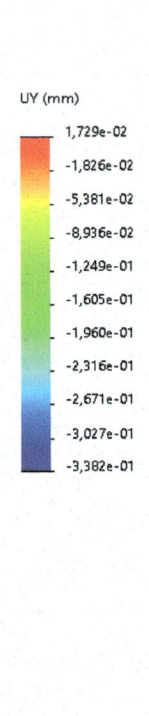

Práctica 64. SolidWorks Simulation III

Evalúe el comportamiento mecánico del modelo de pieza de la figura a partir de las condiciones de contorno definidas. Utilice el complemento SolidWorks Simulation.

⏲ 20 minutos

Sujeción

Fuerza
1000 N

Condiciones de contorno

- Malla sólida. Mallador: Estándar. Unidades: mm. Tamaño global: 3 mm. Tolerancia: 0,15 mm. Transición automática: Desactivado.

- Material. Acero aleado fundido.

- Sujeción fija.

- Fuerza 1000 N.

SOLIDWORKS
Simulation

Objetivos del tutorial

- Definir las condiciones de contorno, mallar y simular.

- Ejecutar el estudio. Ver resultados básicos del análisis estático y Mostrar una anotación mínima y Mostrar una anotación máxima.

- Trazados: de **Iso-superficies** y **Recorte de sección**.

- **Listar selección** y definición del trazado del **Factor de Seguridad**.

- **Generar informe**.

Definición de las Opciones de la simulación y las condiciones de contorno

1. Active el complemento **SolidWorks Simulation** desde el Menú de persiana **Herramientas**, **Complementos**. Abra el modelo de la **práctica**. Pulse sobre el Menú de persiana **Archivo** y seleccione **Abrir**. Localice el modelo de la práctica y pulse **Aceptar.**

2. Para definir el **Tipo de Análisis** pulse sobre **Estudio** desde el Menú de persiana **SolidWorks Simulation**. También puede realizar la selección del estudio pulsando el icono **Estudio** desde la Barra de Herramientas flotante de Simulación. Desde el FeatureManager seleccione la opción **Estático** y escriba el nombre de su simulación en **Nombre del estudio**. Pulse **Aceptar**.

3. Configure las opciones del **Estudio Estático**. Pulse sobre **SolidWorks Simulation** desde el Menú de persiana y seleccione **Opciones**. En **Opciones predeterminadas** puede configurar las **Unidades**, la **Carga/sujeción**, el tipo de **Malla**, los **Resultados**, el **Tipo de trazado** y la **configuración del Informe.** Pulse sobre **Unidades** y seleccione **Sistema de unidades Métrico (MKS)** y las unidades (**mm, Celsius, rad/seg** y **N/m²**).

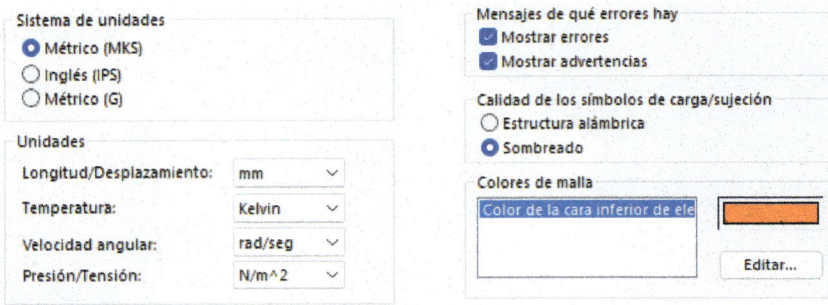

4. En **Trazados** pulse con el botón derecho del ratón en **Resultados del estudio estático** y seleccione **Agregar nuevo trazado**. Seleccione **Factor de seguridad**. De esta forma se ha creado un nuevo gráfico para el **Estudio Estático** y cada vez que resuelva un estudio aparecerán los tres gráficos habituales (**Tensión**, **Deformaciones unitarias** y **Desplazamientos**) y, a partir de ahora, el trazado de **Factor de Seguridad** dentro de la carpeta **Resultados**.

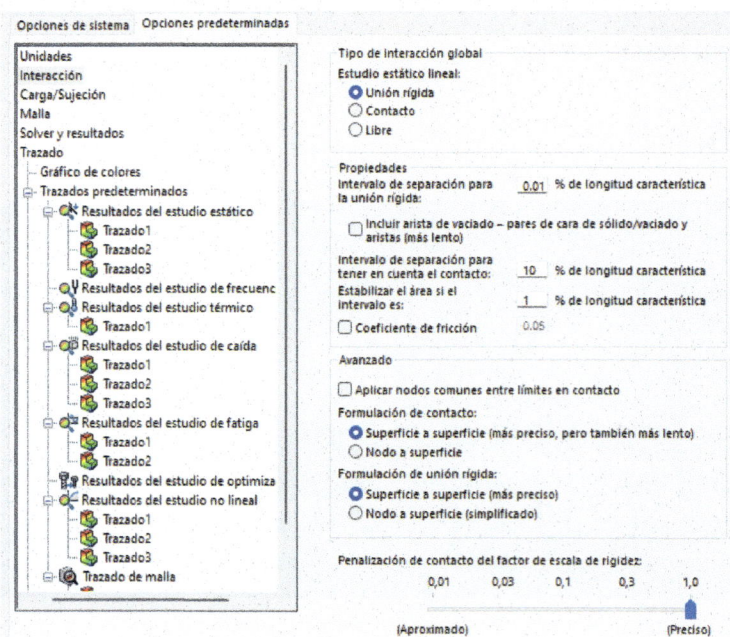

5. En **Trazados**, seleccione la opción **Mostrar una anotación de valor máximo y mínimo** desde **Anotación e intervalo**. De esta forma aparecen etiquetas sobre el modelo indicando los valores máximos y mínimos. Seleccione la opción **Superponer el modelo sobre la forma deformada** e indique un porcentaje de transparencia de su modelo. Además de estas configuraciones recuerde que, desde **Propiedades**, puede modificar parámetros de **Malla** (**Calidad**, **Tipo de mallador**) y seleccionar diferentes *solvers* (**Automático**, **Direct Sparse** y **FFEPlus**).

Tamaño de símbolo
Tamaño de símbolo 100 ⬍ %

20%   500%

Colores de símbolo

Sujeción
Presión
Fuerza
Cargas;/Masa remotas
Cargas en rodamientos
Gravedad
Centrífuga
Conectores
Temperatura
Coeficiente de convección

Editar...

☑ Vista preliminar de símbolos predeterminados, al definir cargas, sujeciones y control de malla

☐ Comprobar si existen definiciones de carga/sujeción en las caras duplicadas (rendimiento más lento)

Solver predeterminado
◉ Automático
○ FFEPlus
○ Direct Sparse de Intel
○ Direct Sparse

Guardar resultados
◉ Carpeta de documentos de SOLIDWORKS
    ☐ En subcarpeta
○ Definida por el usuario
    c:\users\sgome\appdata\local\temp   ...

☐ Conservar los archivos temporales de la base de datos

Para cambiar la carpeta de informes para un estudio existente, modifique la opción bajo las propiedades del estudio.

Buscador de tendencias
☑ Hacer copia de seguridad de los modelos para 'restaurar a iteración'

Resultados intermedios (solo análisis no lineal)
☑ Mostrar resultados intermedios hasta la iteración actual (en ejecución)

Si esta opción está activada, la simulación no lineal se detendrá si cambia a otro documento de SOLIDWORKS o cierra el modelo activo.

☐ Promedio de tensiones en nodos medios (solo malla sólida de alta calidad)

Calidad de malla
○ Borrador
◉ Alta
    Puntos jacobianos: 16 puntos ∨

Tipo de malla
    ☐ Mallar todos los sólidos con malla sólida

Parámetros de mallado
Tipo de mallador:
○ Estándar
○ Basado en curvatura
◉ Basado en curvatura de combinado
Configuración:
    ☐ Transición automática
    N.º predet. de elementos en un círculo: 8 ⬍

Configuración avanzada
    ☐ Mallar de nuevo las piezas fallidas de forma independiente
    ☐ Pruebas automáticas para sólidos
    Número de intentos: 3 ⬍
    Factor de tamaño de elemento global para cada intento   0.8
    Factor de tolerancia para cada intento   0.8

☐ Renderizar perfiles de viga y grosores de vaciado (más lento)

Anotación e intervalo
☐ Mostrar una anotación de valor mínimo
☐ Mostrar una anotación de valor máximo
☐ Mostrar intervalo Mín./Máx. basado sólo en componentes mostrados

Establecer opciones
Opciones de borde: Continuo   ∨
Opciones de contorno: Modelo   ∨ ■

☐ Sólidos excluidos
☐ Sólidos ocultos

Opciones de forma deformada
○ Mostrar resultados en la forma no deformada
◉ Mostrar resultados en la forma deformada

                                        Automático Verdadero (1.0)
Factor de escala de deformación para:
    Estudios con interacción de "Contacto":   ○   ◉
    Estudios con la opción "Gran desplazamiento": ○   ◉
    Todos los demás estudios: ◉   ○
    ☐ Superponer el modelo sobre la forma deformada
        ◉ Translúcido (colores de pieza)
        ○ Translúcido (color único)
        Transparencia: 0% ——————▮ 100%

Opciones del diagrama de vigas
Transparencia: ▮————

Selección del material

6. Pulse con el botón derecho del ratón sobre la primera de las carpetas. Tiene el nombre del fichero. Seleccione **Aplicar/Editar material**. Seleccione un **Acero aleado fundido** desde la biblioteca de materiales de **SolidWorks Simulation**. Pulse **Aceptar**. Observe las propiedades mecánicas del material seleccionado (Acero al carbono no aleado). Las propiedades mecánicas marcadas en **rojo** son necesarias para el estudio seleccionado mientras que las **azules** pueden ser necesarias cuando se emplean cargas específicas como, por ejemplo, la **Temperatura** que necesita el **Coeficiente de Expansión térmica**.

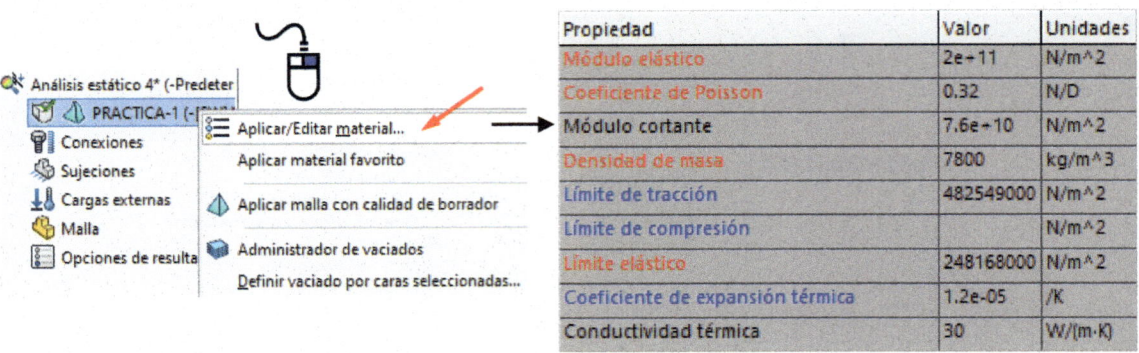

Propiedad	Valor	Unidades
Módulo elástico	2e+11	N/m^2
Coeficiente de Poisson	0.32	N/D
Módulo cortante	7.6e+10	N/m^2
Densidad de masa	7800	kg/m^3
Límite de tracción	482549000	N/m^2
Límite de compresión		N/m^2
Límite elástico	248168000	N/m^2
Coeficiente de expansión térmica	1.2e-05	/K
Conductividad térmica	30	W/(m·K)

Selección de las sujeciones

7. Debe restringir el movimiento de los cuatro taladros de forma que se encuentren totalmente fijos. Pulse sobre **Sujeciones** con el botón derecho del ratón desde el Gestor de Simulación. Seleccione la opción **Geometría fija**. La restricción impuesta define los seis grados de libertad (tres de rotación y tres de traslación) en cero. Seleccione, desde la Zona de Gráficos, cada una de las **Caras** que definen los cuatro taladros del modelo. Active **Vista preliminar** si desea ver el símbolo de sujeción sobre el modelo. Además, puede editar el tamaño y el color del símbolo de restricción en **Configuración de Símbolo**. Las **Flechas** indica la restricción de traslación mientras que los **Discos** las direcciones de rotación. Pulse **Aceptar** para crear la **Sujeción**.

En la sujeción **Inamovible**, a diferencia de la sujeción **Fija**, los grados de libertad restringidos no tienen en cuenta los de rotación y se simboliza mediante una flecha (sin el disco).

Definición de las cargas

8. Para definir una **Fuerza** de 1000 N sobre la cara superior del modelo pulse con el botón derecho del ratón sobre **Cargas externas** desde el Gestor de Simulación (**AnalysisManager)** y seleccione **Fuerza** o seleccione el icono de **Fuerza** desde la Barra principal de **SolidWorks Simulation**. En la pestaña **Tipo** seleccione la cara superior del modelo. Pulse sobre **Normal**. Observe que sobre la cara del modelo se representan flechas en dirección de la fuerza aplicada. Seleccione **Sistema Internacional (SI)** en **Unidades** y active la pestaña **por elemento**. Indique la fuerza de 1000 N. Active la casilla **Invertir dirección** si desea cambiar la dirección de la fuerza aplicada. Pulse **Aceptar** para crear la **Fuerza** actuante sobre el modelo.

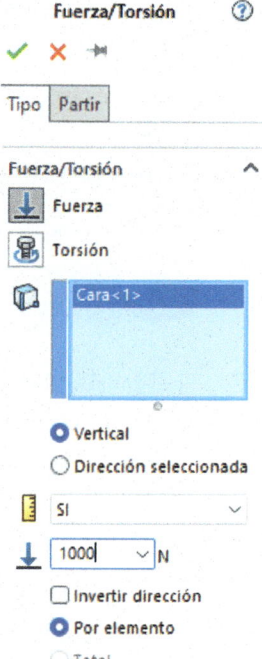

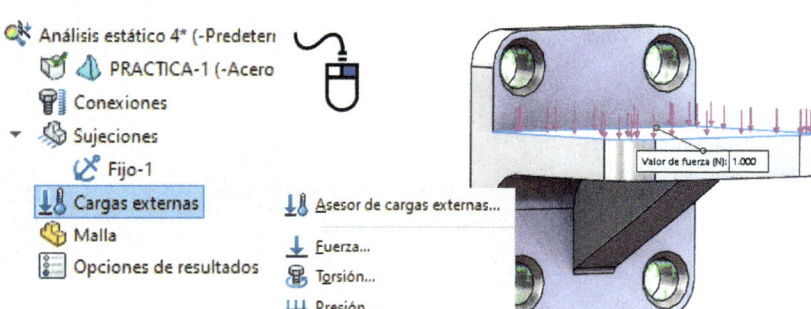

Puede incrementar el tamaño y color de la visualización de las flechas que representan las cargas o las sujeciones sobre el modelo para su mejor visualización. Además de cambiar su color. Pulse con el botón derecho del ratón sobre **Sujeción-1** o **Fuerza/torsión-1**, desde el Gestor de Simulación, y seleccione **Editar definición**. En **Configuración de símbolo** defina el nuevo **Tamaño** y **Edite su color**. Para mostrar u ocultar los símbolos de **Fuerza** o **Sujeción** pulse con el botón secundario del ratón sobre **Sujeciones** o **Cargas Externas** y seleccione la opción **Ocultar todo**.

Definición del mallado

9. Para definir la **Malla** sobre el modelo pulse con el botón derecho del ratón sobre **Malla** desde el Gestor de Simulación o pulse sobre el icono **Malla** de la Barra de Herramientas. Seleccione del cuadro de diálogo emergente la opción **Crear malla.**

10. En **Densidad de malla** pulse **Restablecer** para que **SolidWorks Simulation** determine, de forma automática, el tamaño de los elementos más adecuado a su modelo. En **Parámetros de mallado** seleccione **Mallador**: Estándar (**Malla estándar**), **Unidades**: mm. **Transición automática**: Activado. Pulse **Aceptar** para crear el mallado en su modelo.

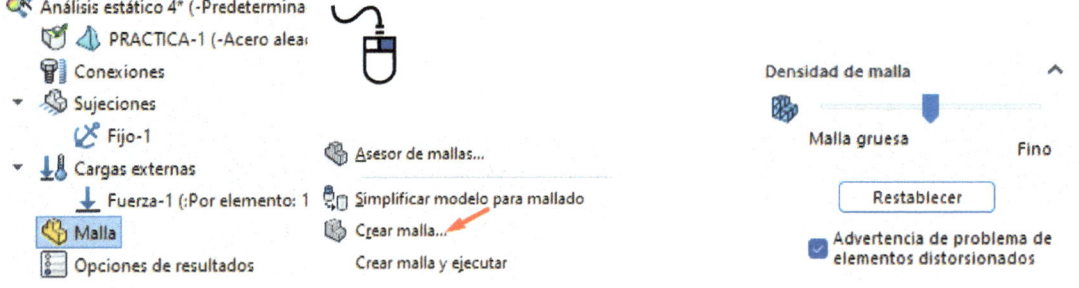

Para ver los detalles de la malla creada puede pulsar con el botón secundario el ratón sobre **Malla** en el Gestor de Simulación y seleccionar la opción **Detalles**. Si pulsa sobre el icono **Ocultar/Mostrar Malla** puede visualizar y ocultar la malla sobre su modelo en cualquier momento.

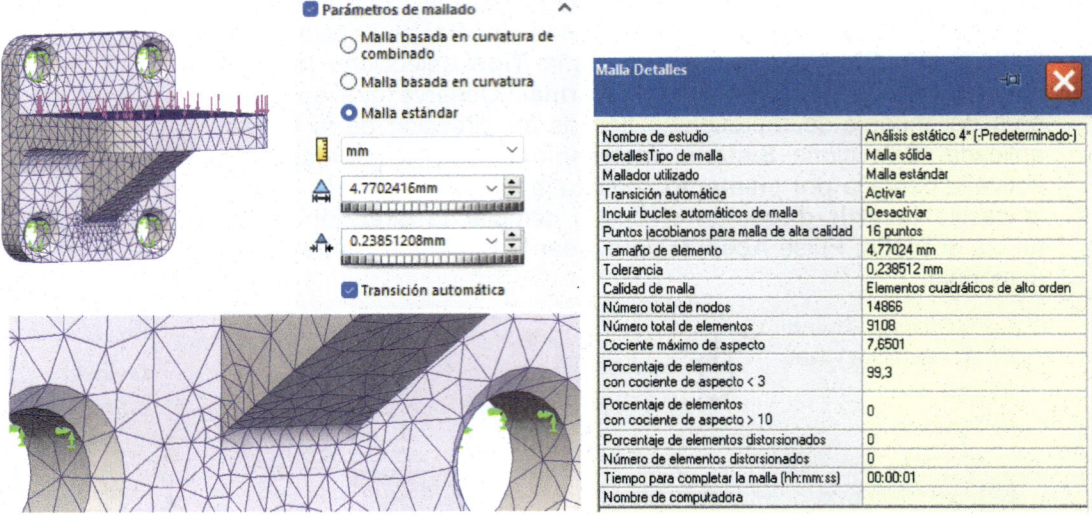

Ejecución y visualización de resultados

11. Pulse con el botón derecho del ratón sobre la primera de las etiquetas del Gestor de Simulación **(Análisis estático).** En la ventana emergente seleccione la primera de las opciones, **Ejecutar**. También puede pulsar el icono **Ejecutar** desde la Barra de Herramientas principal de Simulación. Se inicia el Solver para el estudio seleccionado y en él se indica el tiempo transcurrido, el número de nodos y el número de elementos. Al finalizar se crea la carpeta **Resultados** en el Gestor de Simulación. Realice un doble clic sobre **Tensiones**, **Desplazamientos** o **Deformaciones unitarias**.

Tensión (von Mises)

Para visualizar las tensiones sobre el modelo pulse con un doble clic sobre **Tensión (-von Mises-)** o pulse sobre el icono **Tensión** de la Barra de Herramientas principal. En la Zona de Gráficos se genera el trazado de tensiones sobre el modelo deformado. En la parte superior izquierda de la Zona de Gráficos se indica la escala de deformación (1189).

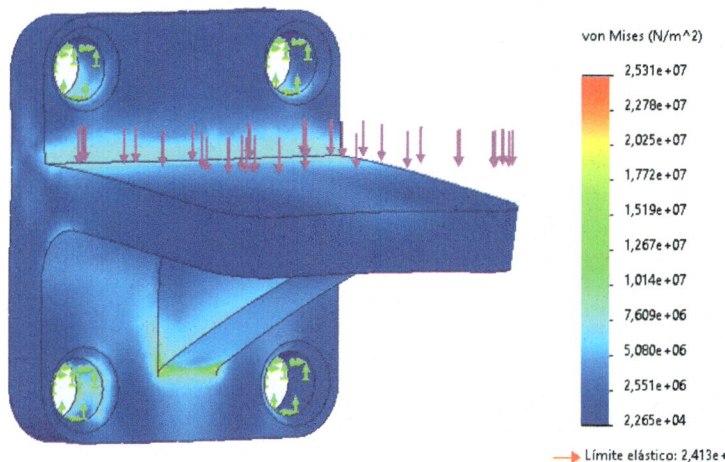

Nombre del modelo: PRACTICA-1
Nombre de estudio: Análisis estático 4(-Predeterminado-)
Tipo de resultado: Análisis estático tensión nodal Tensiones1
Escala de deformación: 1.189,77

Observe que el **Límite elástico** para el material seleccionado es de $2,41 \times 10^8$ N/m², muy inferior a las tensiones a las que se encuentra sometido el modelo. Cambie la fuerza que actúa sobre el modelo e indique un valor de 15000 N.

- a) Pulse con el botón derecho del ratón sobre **Fuerza-1** desde el Gestor de Simulación y seleccione la opción **Editar definición**.
- b) En **Valor de Fuerza** borre los 1000 N e indique un nuevo valor de 15000 N.
- c) Pulse **Aceptar** para crear la nueva carga.
- d) Pulse **Ejecutar** desde la Barra principal de **SolidWorks Simulation**. Observe los resultados.

En la leyenda se indica el degradado de color con la tensión von Mises. La flecha roja indica el límite elástico del modelo. Para tensiones por encima del valor indicado, colores amarillo, naranja y rojo, la pieza soporta tensiones mayores al límite elástico y, por lo tanto, experimenta deformación plástica. Pulse mediante un doble clic con el botón izquierdo del ratón sobre la leyenda y seleccione **Mostrar una anotación mínima** y **Mostrar una anotación máxima**.

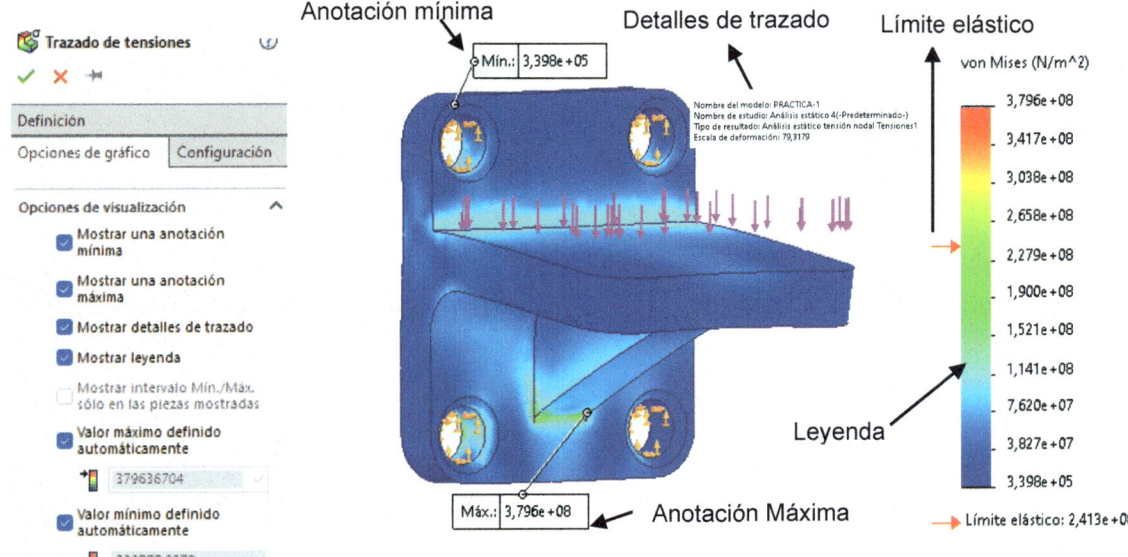

Pulsando sobre la etiqueta de **Tensión** del Gestor de Simulación se accede al menú que permite **Editar la definición**, **Animar**, **Cortar**, entre otras.

Si desea modificar las unidades de la tensión pulse con el botón derecho del ratón sobre **Tensión** y seleccione la opción **Editar definición** y cambie las unidades de la tensión.

En **Forma deformada** puede seleccionar la escala de deformación de su modelo en pantalla.

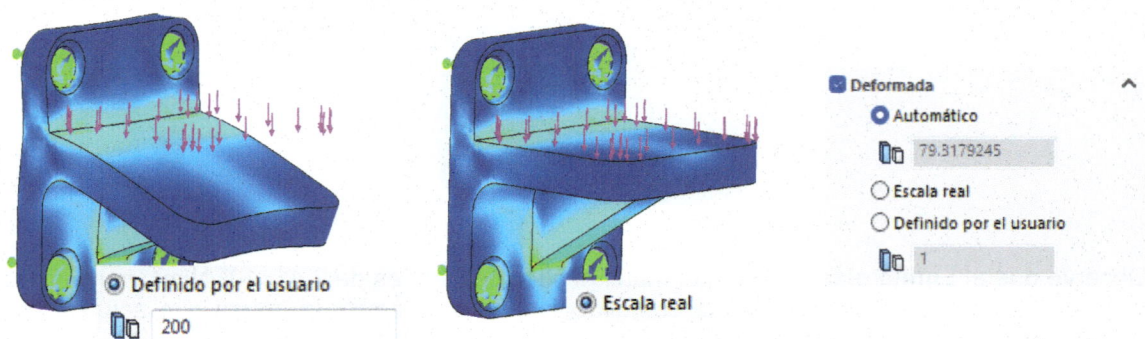

La opción **Animar** crea trazados animados que representan instantáneas de los trazados frente al tiempo. Puede crear animaciones en formato AVI.

Desplazamientos y deformaciones unitarias

Para visualizar los **Desplazamientos** o las **Deformaciones unitarias** sobre el modelo pulse con un doble clic sobre cada uno de los trazados desde el Gestor de Simulación. O pulse sobre su icono desde la Barra de Herramientas principal. En la Zona de Gráficos se genera el trazado con los desplazamientos o las deformaciones unitarias.

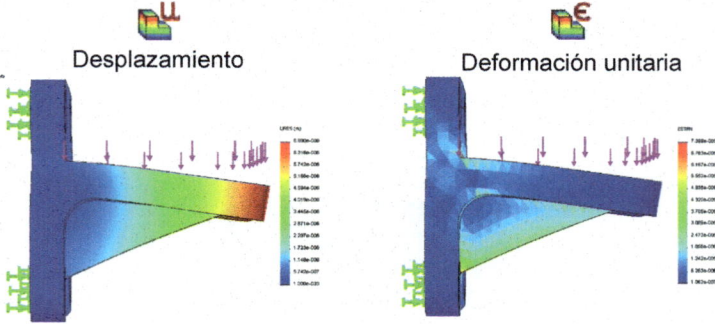

Desplazamiento   Deformación unitaria

Trazado de Iso-superficies

Muestre las partes del modelo que se encuentren bajo tensiones von Mises de entre 8.5000e+007 y 2.35 e+005.

a) Pulse el icono **Iso-superficies** desde la Barra de Herramientas de **SolidWorks Simulation** o pulse con el botón derecho del ratón sobre el trazado **Tensiones1(-vonMises-)** desde el Gestor de Simulación. Seleccione la opción **Iso-superficies**.

b) En valor **ISO 1** indique 49648376 N/m² y en **ISO 2**, 186195264 N/m². Pulse **Aceptar** para visualizar el trazado.

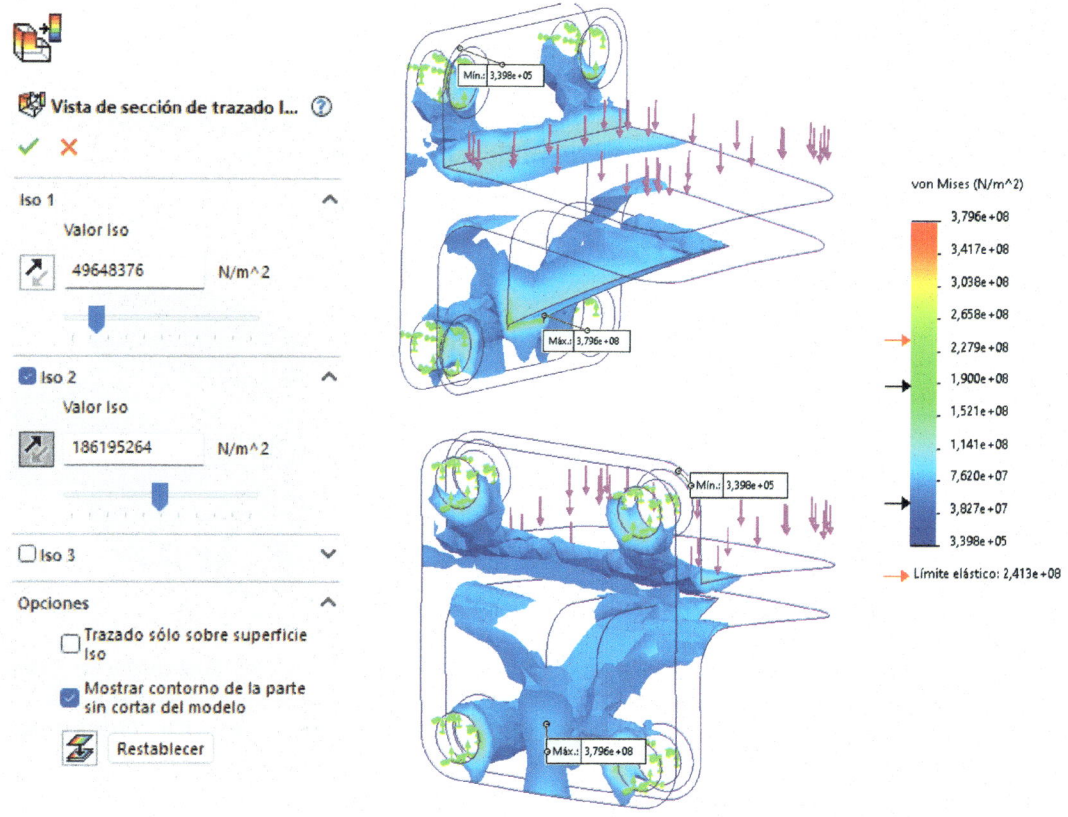

Recorte de sección

Recorte dinámicamente el modelo y visualice las tensiones en las partes internas del mismo. Utilice el plano **Vista lateral** seleccionándolo desde el Gestor de Diseño.

a) Pulse el icono **Recorte de sección** desde la Barra de Herramientas de **SolidWorks Simulation** o pulse con el botón derecho del ratón sobre el trazado **Tensiones1(-vonMises-)** desde el Gestor de Simulación. Seleccione la opción **Recorte de sección.**

b) Seleccione el plano de corte **Vista lateral** y desplace el plano para visualizar las partes internas del modelo.

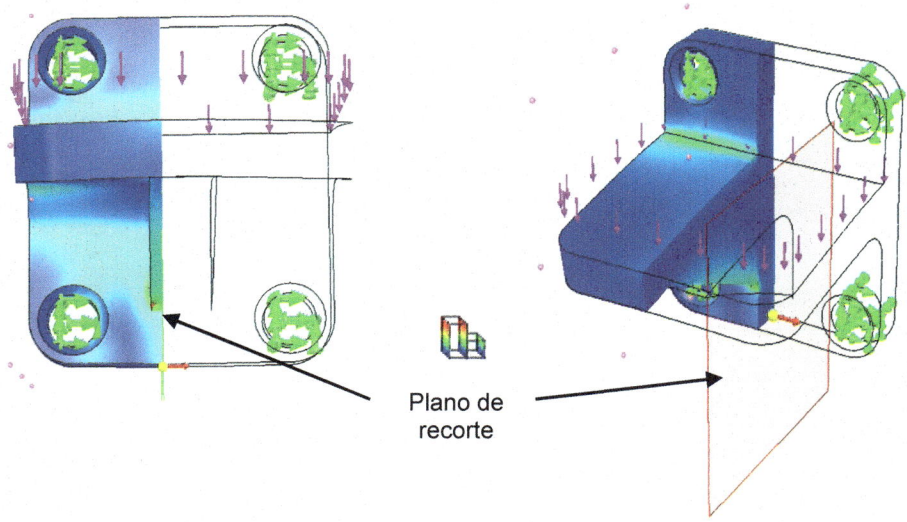

Plano de recorte

Listar selección

Determine las tensiones de la arista principal del modelo y represente un gráfico con la variación de sus valores empleando la herramienta **Identificación de resultados**.

📄 Listar selección

Nombre de estudio: Análisis estático 4(-Predeterminado-)
Tipo de resultado: Análisis estático tensión nodal Tensiones1

Arista

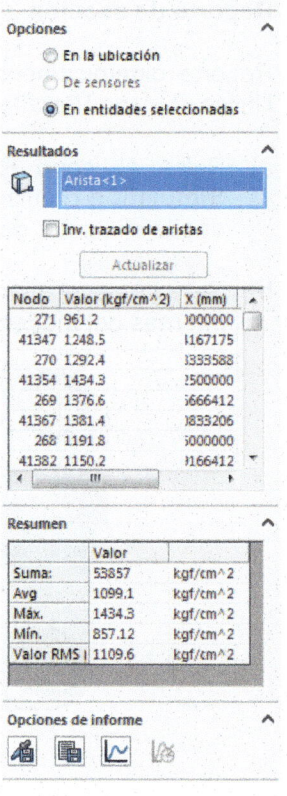

Para determinar las tensiones en una arista principal:

a) Pulse el icono **Listar selección** desde la Barra de Herramientas de **SolidWorks Simulation** o pulse con el botón derecho del ratón sobre el trazado **Tensiones1(-vonMises-)** desde el Gestor de Simulación. Seleccione la opción **Listar selección**. En **Opciones** marque **Entidades seleccionadas**.

b) En **Resultados** seleccione la arista del modelo (Arista <3>) y pulse **Actualizar**. Observe el calor de la tensión en cada uno de los nodos.

c) Pulse en **Plot** para representar la variación de los valores de la tensión en la arista del modelo.

Observe, en el gráfico adjunto, la variación de los valores de tensión en la arista principal del modelo ensayado. Los extremos tienen mayores tensiones que la parte media.

Si selecciona la opción **En la ubicación** puede pulsar con el botón izquierdo del ratón sobre los puntos de su modelo en los que desea conocer el valor de la tensión. De esta forma puede conocer el valor de la tensión en cualquier ubicación.

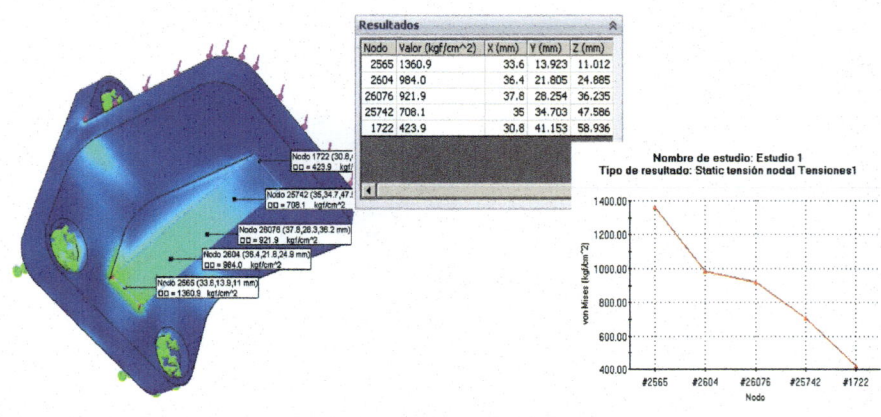

Plot

Definición del trazado del Factor de Seguridad

Localice las zonas del modelo con tensiones von Mises por encima del valor del **Límite elástico** para el material seleccionado. Estas zonas son las que inician la deformación plástica permanente al incrementarse la carga de aplicación.

a) Para definir el trazado de **Factor de Seguridad** pulse con el botón derecho del ratón sobre la carpeta **Resultados** del Gestor de Simulación y seleccione la opción **Definir trazado de Factor de Seguridad**. También puede acceder pulsando el icono **Asistente para Verificación de diseño** desde la Barra de Herramientas principal.

b) En el PropertyManager aparece el **Asistente para Verificación de diseño** que permite estudiar el **Factor de Seguridad** en su modelo mediante un asistente de tres pasos.

c) **Paso 1 de 3**. Seleccione el **Criterio von Mises** para materiales dúctiles y pulse **Siguiente**.

d) **Paso 2 de 3**. Seleccione las **Unidades** N/mm² (MPa) y **Límite elástico** con un **Factor de multiplicación** 1. Pulse **Siguiente**.

e) **Paso 3 de 3**. Seleccione la opción **Áreas por debajo del factor de seguridad**. Pulse **Aceptar**.

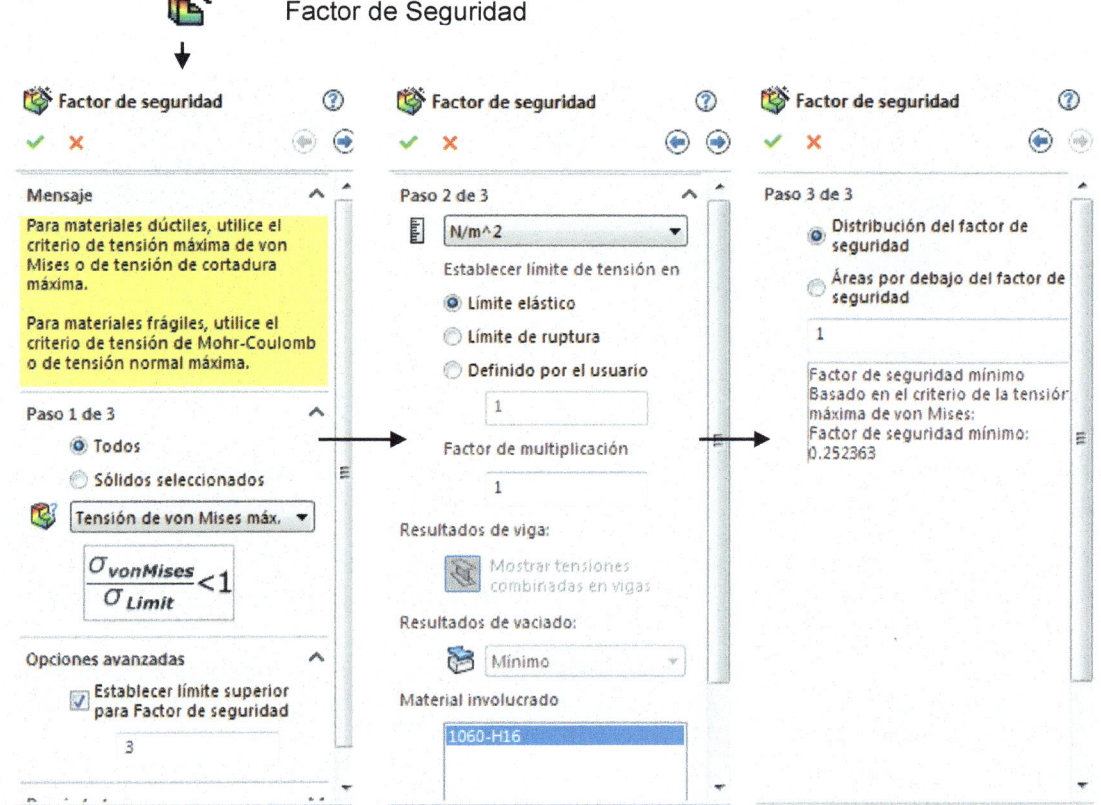

Repita el estudio del **Factor de Seguridad** pero seleccionando las opciones **Límite de ruptura** como **Limite de tensión** en el **Paso 2 de 3**. Para el material seleccionado el límite de ruptura es de 448.082 N/mm² (MPa).

a) Pulse con el botón derecho del ratón sobre el Trazado **Factor de Seguridad (-Tensión de von mises Max-)** y seleccione la opción **Editar definición**.

b) En el **Paso 1 de 3** pulse **Siguiente**.

c) Seleccione la opción **Límite de ruptura** en el **Paso 2 de 3** y pulse **Siguiente**.

d) Seleccione la opción **Áreas por debajo del factor de seguridad** en el **Paso 3 de 3**. Pulse **Aceptar** para visualizar el trazado.

Todo el modelo aparece de color azul excepto en las zonas inferiores del nervio donde existe riesgo de ruptura.

Refinamiento de malla

Observe que en las aristas inferiores del nervio y en la zona superior del mismo las tensiones son las mayores que soporta el modelo bajo las cargas definidas.

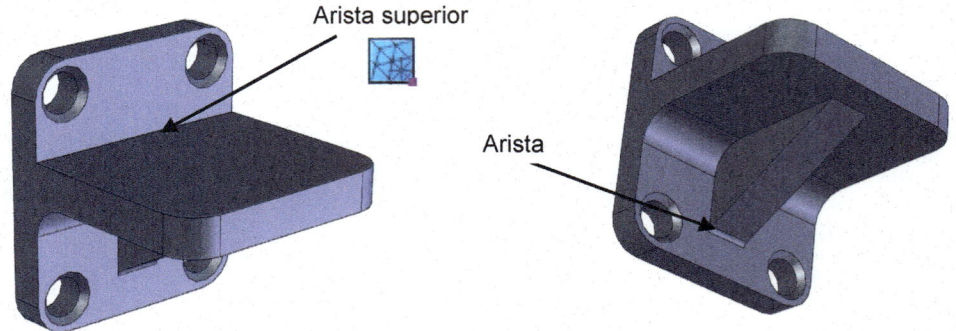

Cree un nuevo estudio y realice un remallado en las aristas indicadas. El remallado debe tener un tamaño menor.

a) Pulse el icono **Nuevo Estudio** y seleccione **Estudio Estático**. En nombre del estudio indique Practica-3R. Pulse **Aceptar**. Observe que en la Barra de Estado aparece la etiqueta con el nombre del nuevo estudio.

b) Copie cada uno de los elementos de definición del estudio. Pulse sobre la etiqueta Practica-1. Seleccione con el botón derecho del ratón sobre el icono PRACTICA-1 del Gestor de Simulación. Pulse sobre **Copiar**.

c) Pegue las características del material en la etiqueta de la nueva práctica. Seleccione la etiqueta de la Practica-1R. Pulse con el botón derecho del ratón sobre el icono PRACTICA.1. Seleccione la opción **Pegar**. Observe que se han copiado las propiedades del material en el nuevo estudio creado.

d) Repita el mismo proceso con las **Sujeciones**, las **Fuerzas** y el **Mallado**.

Para redefinir las características del mallado en las aristas, independientemente del mallado general del modelo, pulse sobre el icono **Aplicar control de mallado** o seleccione, pulsando con el botón derecho del ratón **Malla**, la opción **Aplicar control de mallado**.

a) En **Entidades seleccionadas** seleccione las dos aristas (arista superior e inferior).

b) Seleccione un **Tamaño de elemento** de 0,5 mm y pulse **Aceptar**.

c) Pulse con el botón derecho del ratón sobre **Malla** y seleccione la opción **Crear malla**. Pulse **Aceptar**.

d) Observe el mallado general (3 mm) y el mallado más denso de las aristas.

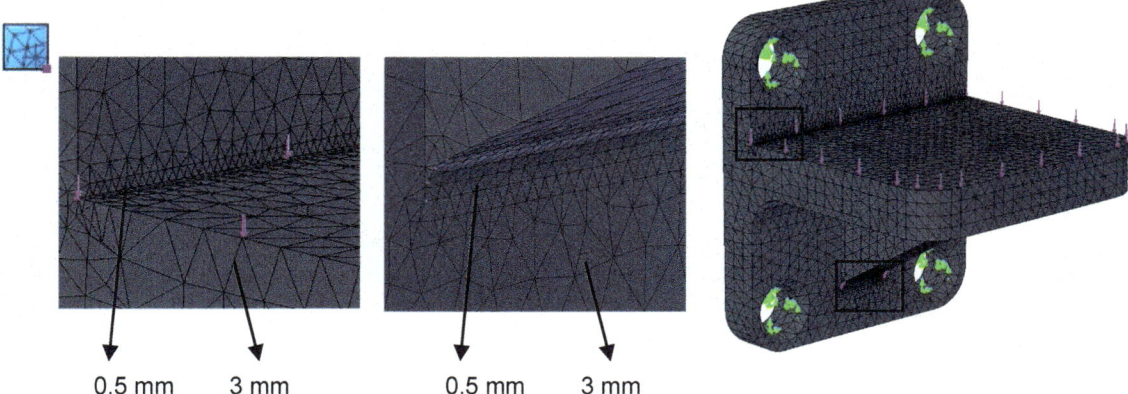

0.5 mm   3 mm   0.5 mm   3 mm

Comparación de estudios

Compare los resultados obtenidos en el trazado de tensiones para el modelo con diferente mallado. Ejecute el análisis para este último estudio y observe que en las zonas de malla refinada aparece una mejor definición del trazado de tensiones. Para comparar los resultados de los dos trazados pulse sobre **Comparar resultados**.

a) Pulse el icono **Compara resultados** desde la Barra de Herramientas de Simulation.

b) Seleccione la opción **Comparar el resultado seleccionado en los estudios**.

c) Seleccione los estudios Practica-1 y Practica 1R. Recuerde que esta última es la que tiene la malla refinada en las aristas. Pulse **Aceptar**.

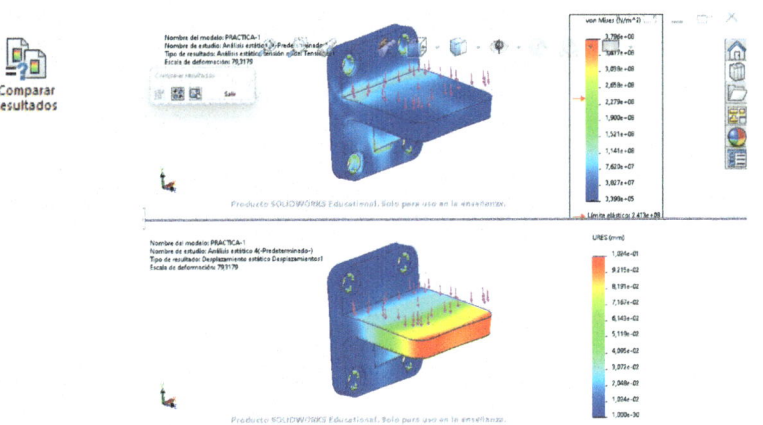

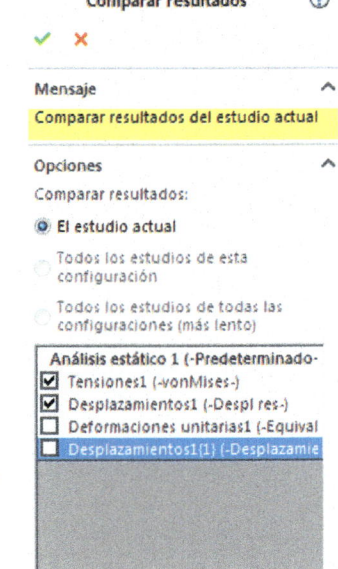

En la figura se comparan los resultados de la tensión y los desplazamientos de la práctica 1.

Generar un informe

Cree un informe con los resultados del análisis en formato DOC o HTML. Para ello, seleccione la opción **Informe** desde la Barra de Herramientas de Simulation.

a) Pulse sobre el icono de **Informe**.

b) En **Opciones del informe** defina el **Estilo del Informe** (Moderno). Seleccione la portada, las suposiciones, las propiedades del material y las conclusiones. Son los apartados que aparecerán en el informe.

c) En **Configuración de documento** indique un nombre para el documento y la ruta donde desea guardarlo.

d) Seleccione **HTML** o **Word**. Pulse **Aceptar**.

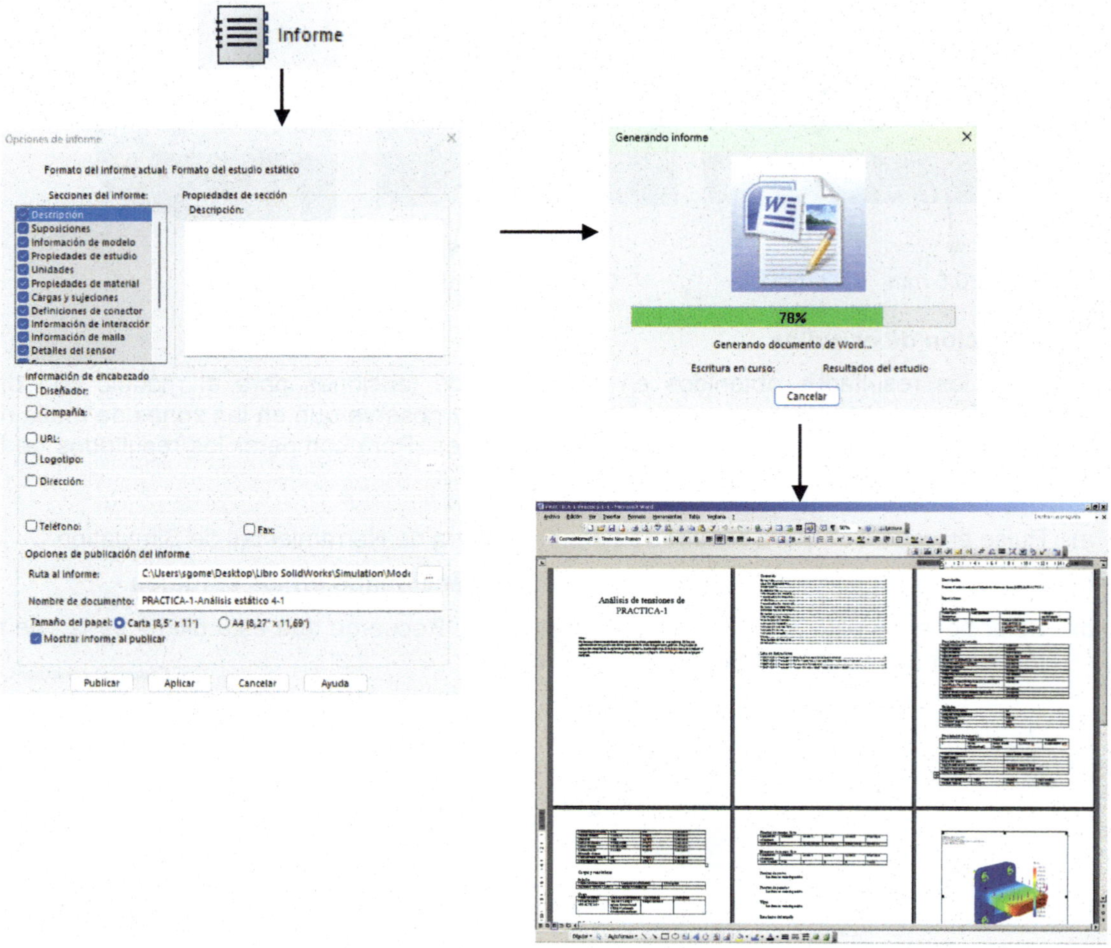

Para crear el informe en formato **Word** debe tener instalada una versión 2003 o superior de Microsoft Office® o superiores.

Práctica 65. SolidWorks Simulation IV

Evalúe el comportamiento mecánico de la pieza de la figura a partir de la definición de los criterios de convergencia de malla, el mallado adaptativo H y el P.

⧗ 20 minutos

Sin métodos adaptativos

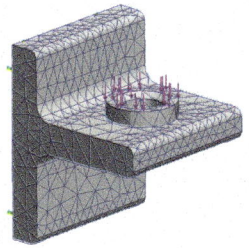   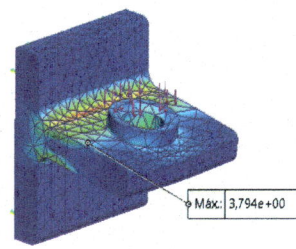

Método Adaptativo P

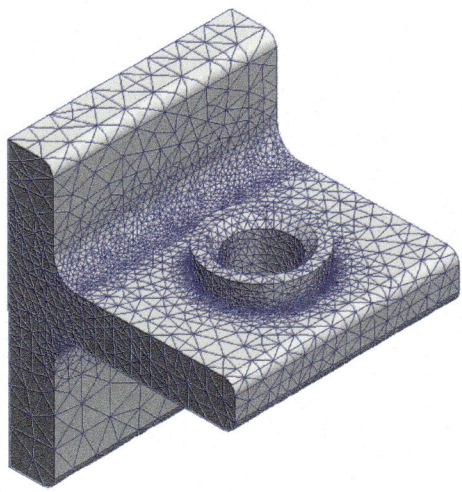

Método Adaptativo H

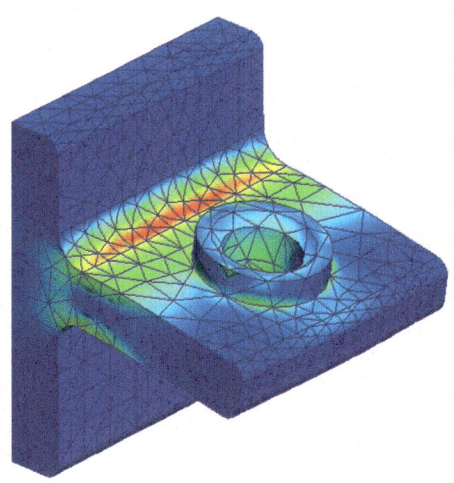

SOLIDWORKS
Simulation

Objetivos del tutorial

- Crear un estudio de análisis estático en un ensamblaje y simular.
- Estudiar la **Convergencia de malla** sin métodos adaptativos.
- Estudiar el método de convergencia de malla del **método H**.
- Estudiar el método de convergencia de malla del **método P**.

Convergencia de malla y métodos adaptativos (H y P)

En simulaciones por elementos finitos (FEA), el mallado implica la discretización de una geometría en elementos más pequeños para facilitar el análisis numérico. La convergencia de malla es un proceso en el cual se evalúa cómo cambian los resultados al variar el tamaño de los elementos. Su estudio es fundamental para determinar la sensibilidad de los resultados frente a la densidad de la malla y encontrar un equilibrio óptimo entre precisión y eficiencia computacional. Un análisis detallado de convergencia de malla garantiza que los resultados obtenidos sean confiables y que los recursos computacionales se utilicen eficientemente.

Para realizar un estudio de convergencia de malla con SolidWorks Simulation, primero se debe preparar el modelo en SolidWorks, definiendo las condiciones de contorno y el material. Posteriormente, seleccione "Mesh" para configurar las opciones de mallado. Ajuste la configuración de la malla, experimentando con diferentes tamaños de elementos y refinamientos locales. Evalúe los resultados. Refina la malla y vuelva a ejecutar el análisis. Compare los resultados entre las distintas simulaciones. Puede anotar en una hoja de cálculo el número de elementos y los resultados obtenidos (tensión máxima von Mises o desplazamientos máximos). Observará que cambian los resultados con cada refinamiento de la malla. Si los cambios son mínimos, es posible que se haya alcanzado la convergencia. Si se notan diferencias significativas, continúe refinando la malla e iterando el proceso hasta obtener resultados semejantes con cada nuevo refinamiento.

En la práctica actual se va a estudiar el proceso de convergencia de malla para un ejemplo sencillo y se explicarán los métodos adaptativos H y P. Métodos que permiten remallar o incrementar el número de elementos en las regiones con altos niveles de error que requieran más precisión en el cálculo, respectivamente.

Primera parte (Convergencia de malla sin métodos adaptativos)

Activación de SolidWorks Simulation y selección del análisis

1. Active el complemento SolidWorks Simulation desde el Menú de persiana **Herramientas**, **Complementos**. Abra el modelo de la práctica que acompaña el libro. Pulse sobre el Menú de persiana **Archivo**, busque el modelo de la práctica y seleccione **Abrir**. Pulse sobre **Estudio** desde el Menú de persiana SolidWorks Simulation. Seleccione la opción **Estático** y escriba el nombre de su simulación en **Nombre del estudio**. Pulse **Aceptar**.

2. Pulse con el botón derecho del ratón sobre **Material** desde el Gestor de Simulación y seleccione la opción **Aplicar/Editar material**. De la lista de materiales seleccione **Acero aleado**.

3. Pulse sobre **Sujeciones** con el botón derecho del ratón desde el Gestor de Simulación. Seleccione la opción **Geometría fija**. Seleccione, desde la Zona de Gráficos, la cara a fijar (ver figura). Pulse **Aceptar** para crear la **Sujeción**.

4. Pulse con el botón derecho del ratón sobre **Cargas externas** desde el Gestor de Simulación y seleccione **Fuerza** o seleccione el icono de **Fuerza** desde la Barra principal de SolidWorks Simulation. En la pestaña **Fuerza** indique la fuerza de 300 N y seleccione la cara según se indica en la figura. Pulse **Aceptar**.

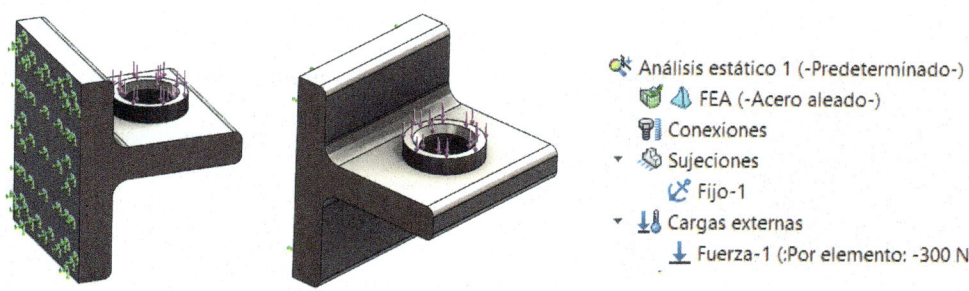

- Análisis estático 1 (-Predeterminado-)
- FEA (-Acero aleado-)
- Conexiones
- Sujeciones
  - Fijo-1
- Cargas externas
  - Fuerza-1 (:Por elemento: -300 N:)

Definición del mallado

5. Pulse con el botón derecho del ratón sobre **Malla** desde el Gestor de Simulación o pulse sobre el icono **Malla** de la Barra de Herramientas. Seleccione del cuadro de diálogo emergente la opción **Crear malla.** En **Parámetros de mallado** seleccione **Malla basada en curvatura** y 20 mm como **Tamaño máximo del elemento**. Pulse **Aceptar** para crear el mallado en su modelo.

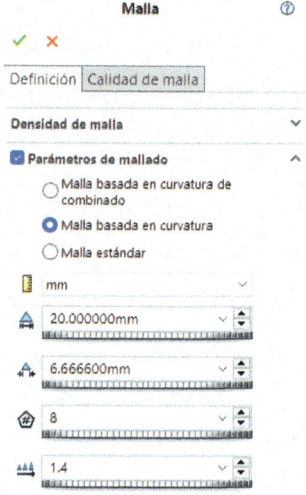

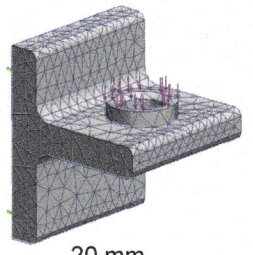

20 mm   12 mm   2 mm

Ejecución y visualización de resultados

6. Pulse con el botón derecho del ratón sobre la primera de las etiquetas de su Gestor de Diseño **(Estudio).** En la ventana emergente seleccione la primera de las opciones, **Ejecutar**. Después de un tiempo de cálculo se crea la carpeta **Resultados** en el Gestor de Simulación. Pulse con un doble clic sobre **Tensiones** y **Desplazamiento**. Pulse con el botón derecho del ratón sobre el trazado de tensiones, seleccione **Opciones del gráfico** y marque la casilla **Mostrar una anotación máxima**. Repita lo mismo con el gráfico de desplazamientos. Anote los valores máximos de la tensión y del desplazamiento.

7. Para conocer el número de elementos de malla generados pulse con el botón derecho del ratón sobre **Malla** y seleccione **Detalle**. Anote el valor de la tensión máxima, el desplazamiento máximo y el número de elementos de malla en una hoja de cálculo.

8. Repita el proceso a partir del apartado 5 definiendo una malla con un tamaño máximo más pequeño (18, 16, 14... 2 mm). Vuelva a simular y vuelva a anotar los resultados. Realice un gráfico con la evolución de la tensión y el desplazamiento en función del número de elementos de malla (ver figura de la página siguiente).

9. Observe los gráficos obtenidos. Los valores de la tensión y de los desplazamientos convergen en un valor constante. A partir de los 3000 elementos de malla se observa una variación mínima en el valor de la tensión y de la deformación. Es decir, aunque la malla se refina, los resultados obtenidos se mantienen casi constantes (convergencia).

Nombre de estudio	Análisis estático 1* (-Predeterminado-)
DetallesTipo de malla	Malla sólida
Mallador utilizado	Malla basada en curvatura
Puntos jacobianos para malla de alta calidad	16 puntos
Tamaño máx. de elemento	20 mm
Tamaño mín. de elemento	6,6666 mm
Calidad de malla	Elementos cuadráticos de alto orden
Número total de nodos	7076
Número total de elementos	4112
Cociente máximo de aspecto	5,7844
Porcentaje de elementos con cociente de aspecto < 3	96,2
Porcentaje de elementos con cociente de aspecto > 10	0
Porcentaje de elementos distorsionados	0
Número de elementos distorsionados	0
Tiempo para completar la malla (hh:mm:ss)	00:00:02
Nombre de computadora	

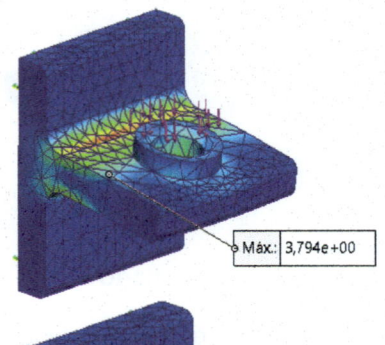

Máx.: 3,794e+00

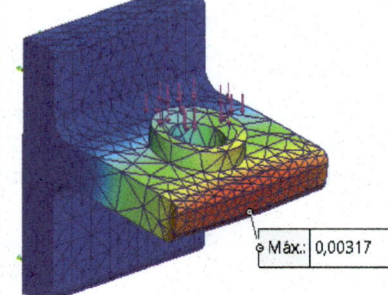

Máx.: 0,00317

Tamaño elemento	Número elementos	von Mises Máx (Mpa)	Desplazamiento Max (mm)
20	2974	3,562	0,00316
18	3725	3,582	0,00317
16	4193	3,605	0,00317
14	4943	3,608	0,00317
12	6590	3,579	0,00318
10	8005	3,579	0,00318
8	10047	3,588	0,00319
6	18578	3,783	0,0032
4	49665	3,808	0,00321
2	357210	3,989	0,00322

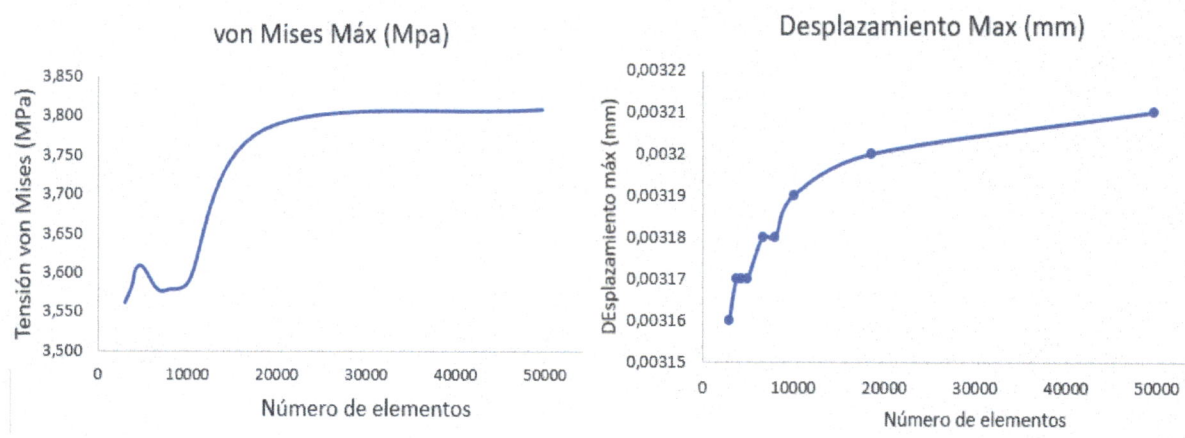

Segunda parte (Convergencia de malla Método H)

El **Método H** realiza un refinamiento automático del tamaño de la malla en las regiones de la pieza dónde se requiere mayor precisión en los resultados. El número de refinamientos se define a partir del número máximo de bucles (5). El refinamiento de malla finaliza cuando se llega al máximo número de bucles definido o cuando la diferencia de la energía de deformación unitaria entre dos iteraciones sucesivas es inferior al 2%. Es recomendable definir el método H a partir de una malla gruesa. De esta forma se definen regiones con elementos de malla grandes y otras regiones con elementos de malla mucho más pequeños (refinados).

10. Para definir el **Método H** pulse con el botón derecho del ratón sobre Análisis estático 1 (del Gestor de Simulación) y seleccione la opción **Propiedades**. En **Solución adaptativa** seleccione la casilla **Método-h**. En **Opciones** del **Método-h** defina el nivel de precisión (Bajo o alto). En un nivel alto (más lento) el programa calcula los resultados respecto a una menor cantidad de errores de energía de deformación. Los ensayos se detienen si la diferencia normal de energía de deformación es igual al 1%. En **número máximo de bucles** indique 5 para hacer 5 refinamientos de malla. Pulse **Aceptar** para finalizar.

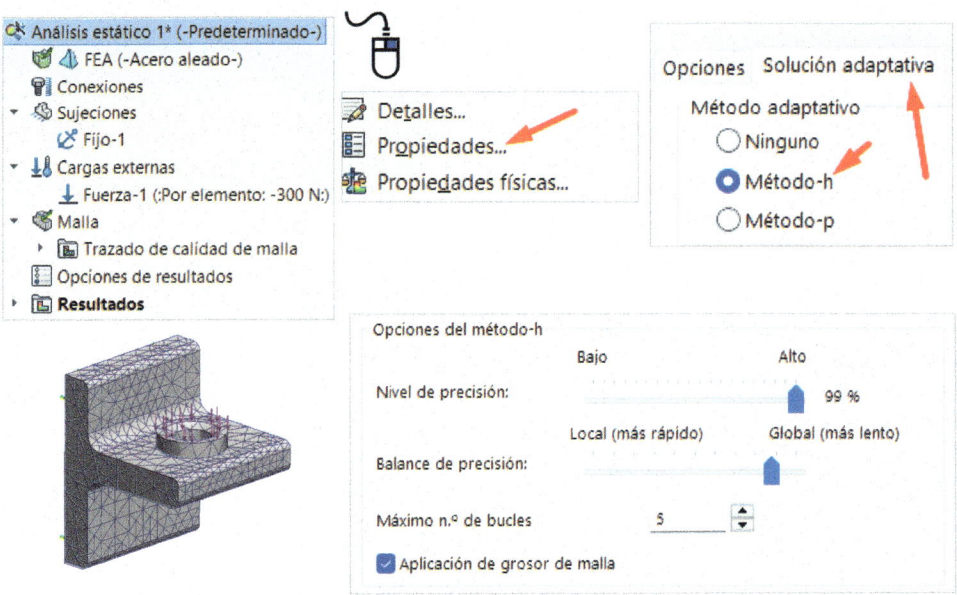

11. Antes de ejecutar el estudio malle con un tamaño máximo del elemento de 20 mm. A continuación, pulse con el botón derecho del ratón sobre la primera de las etiquetas de su Gestor de Diseño **(Estudio)**. En la ventana emergente seleccione la primera de las opciones, **Ejecutar**. Observe cómo se inicia el proceso de cálculo en 5 etapas. En la figura se muestra la etapa 3 de 5 (bucles definidos).

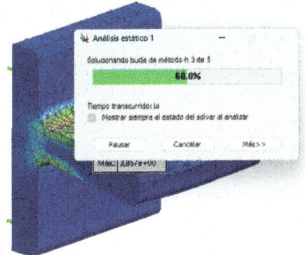

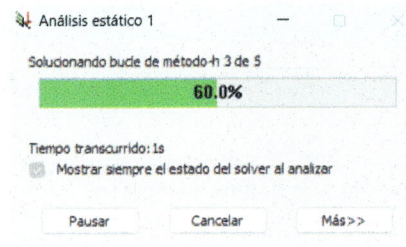

12. Después de un tiempo de cálculo se crea la carpeta **Resultados** en el Gestor de Simulación. Pulse con un doble clic sobre **Tensiones** y **Desplazamiento**. Observe el refinamiento de malla generado en las regiones de mayor tensión.

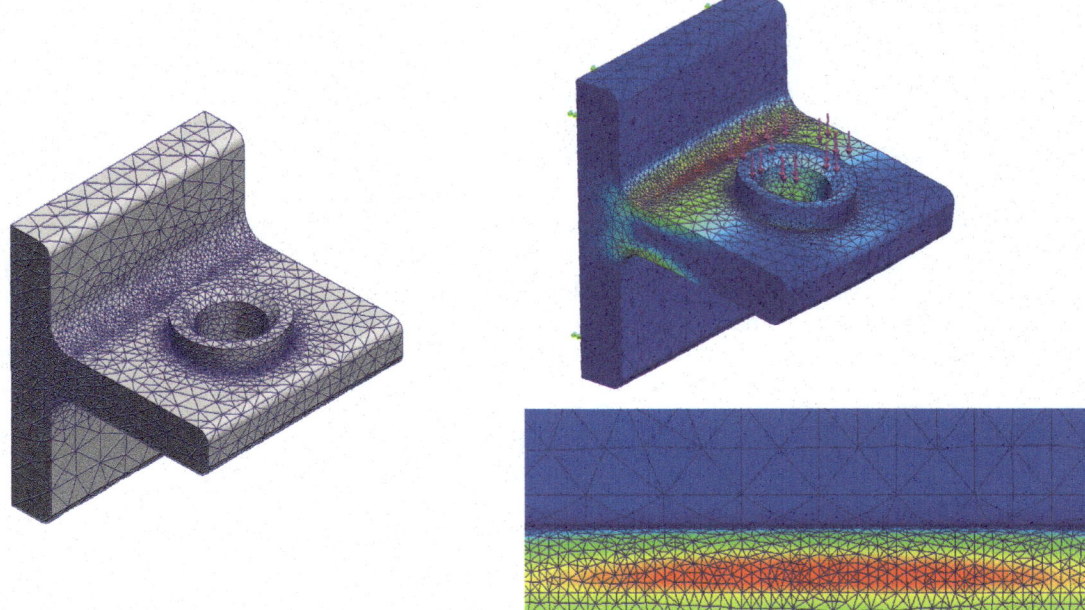

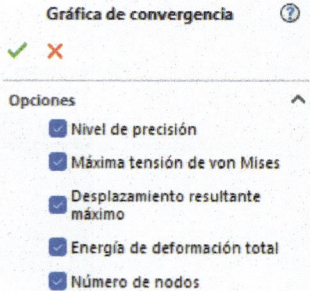

Para ver el gráfico de convergencia del Método h pulse con el botón derecho sobre **Resultados** y seleccione la opción **Definir gráfico de convergencia del método adaptativo**. Se presenta un gráfico donde en ordenadas se indica la tensión o el desplazamiento y en abscisas el número de bucles.

Gráfica de convergencia ⑦

✓ ✗

Opciones ⌃

☑ Nivel de precisión
☑ Máxima tensión de von Mises
☑ Desplazamiento resultante máximo
☑ Energía de deformación total
☑ Número de nodos

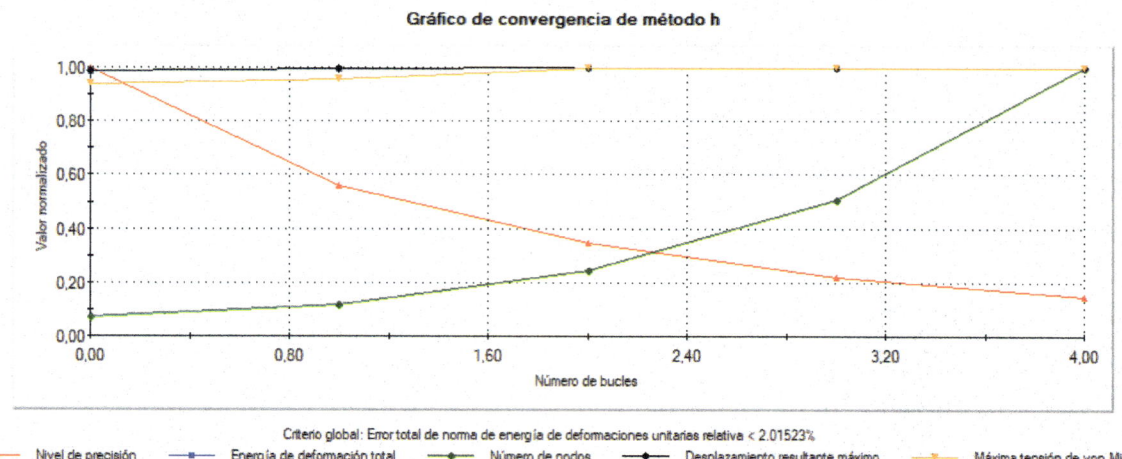

Tercera parte (Convergencia de malla Método P)

El **Método P** no es un método que reduzca el tamaño de los elementos con un refinamiento, sino que incrementa el orden de los elementos (número de nodos de cálculo para un mismo elemento). Con SolidWorks puede mallar con elementos tetraédricos de calidad borrador o de primer orden y también con elementos de segundo orden o de alta calidad. El orden se refiere al número de puntos o nodos del cálculo. Un primer orden (p=1) utiliza un nodo en cada uno de los vértices del tetraedro. En segundo orden (p=2) se tiene un nodo en cada vértice y otro en los centros de las aristas. Así, también se tiene hasta el orden 5. En cualquier caso, la malla permanece exactamente igual.

13. Para definir el Método P pulse con el botón derecho del ratón sobre Análisis estático 1 (del Gestor de Simulación) y seleccione la opción **Propiedades**. En **Solución adaptativa** seleccione la casilla **Método-p**. En **Opciones del método-p** defina cómo detener el proceso (Energía de deformación total, Tensión von Mises, Energía total) cuando cambia más del 0.05% o menos. Establezca un Orden-P inicial de 2 y un máximo de 5. El primero de calcula con elementos de segundo orden y el último con elementos de quinto orden. Pulse **Aceptar**.

14. Observe los resultados obtenidos.

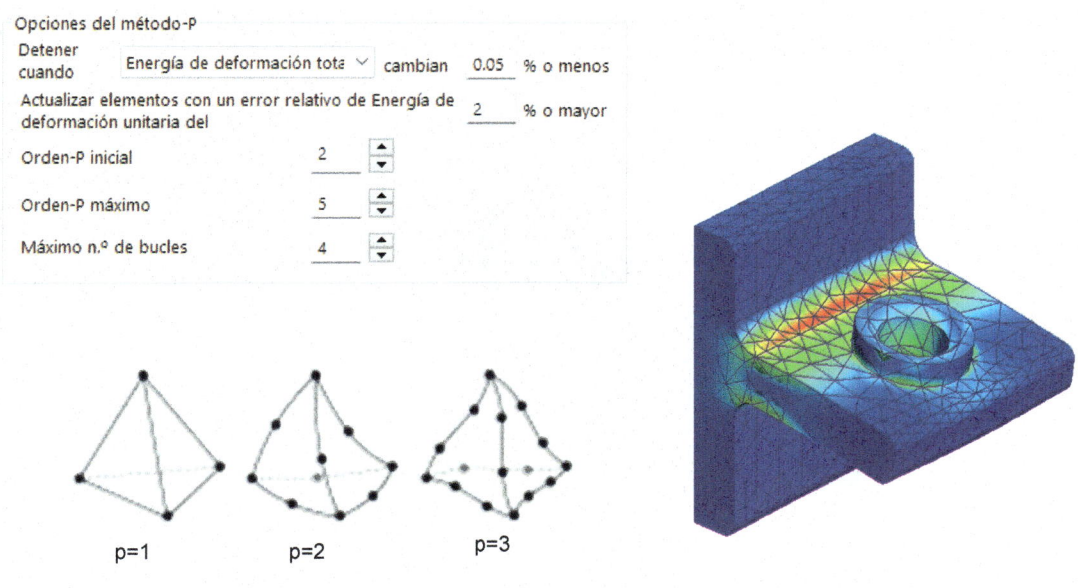

p=1   p=2   p=3

Ref. SolidWorks Corp.

Comparación de los resultados

Si compara los resultados obtenidos con el método estándar y los adaptativos (H y P) observará que el desplazamiento máximo se mantiene prácticamente igual con los tres procedimientos, pero se encuentran diferencias de hasta un 10% con el valor de la tensión. El método estándar con elementos de segundo orden ofrece una solución precisión/tiempo correcta. Puede utilizar los métodos adaptativos cuando requiera de una elevada precisión y disponga de recursos informáticos y tiempo para simular.

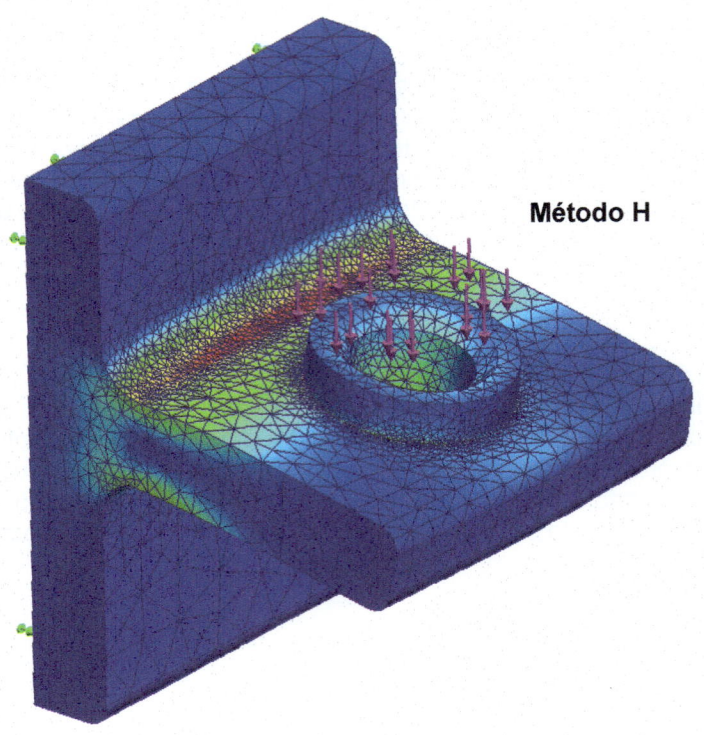

Método H

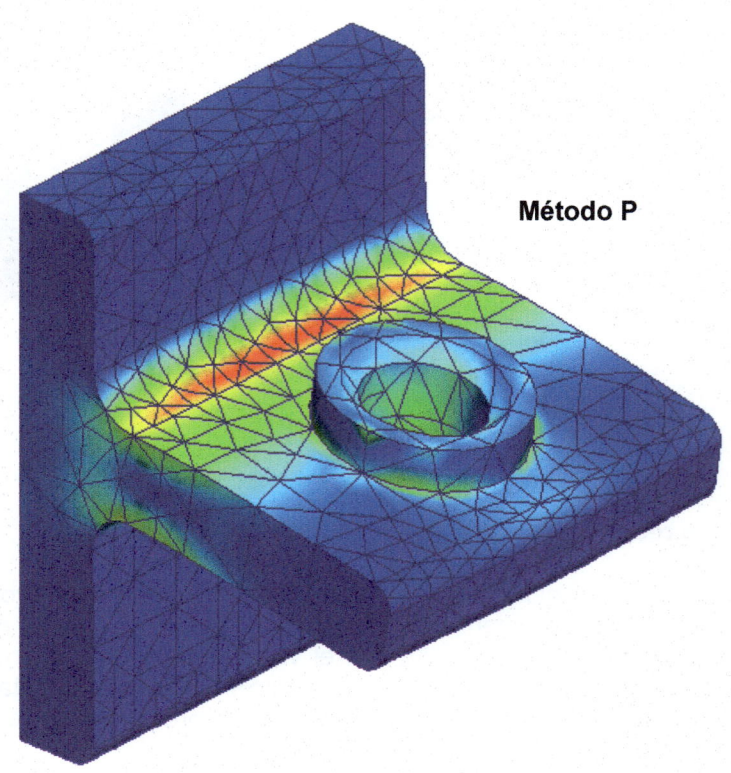

Método P

Práctica 66. SolidWorks Simulation V

Evalúe el comportamiento mecánico del ensamblaje a partir de la definición de la sujeción, la fuerza aplicada y los contactos entre las piezas. Utilice el complemento SolidWorks Simulation.

⏳ 20 minutos

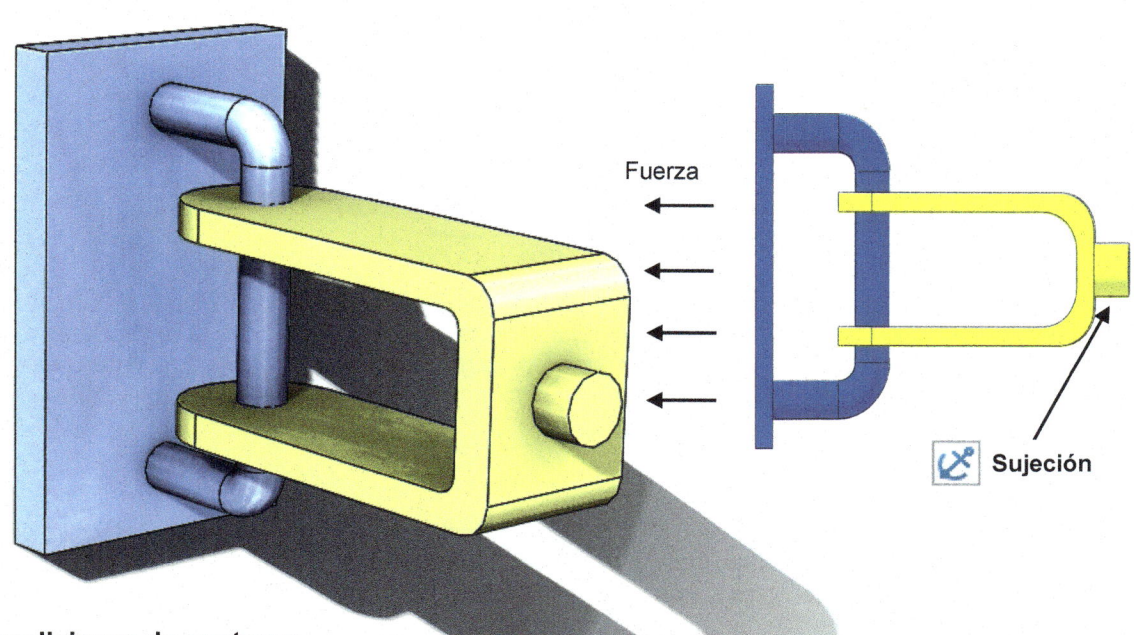

Fuerza

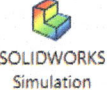 Sujeción

Condiciones de contorno

- Malla sólida. **Mallador**: Estándar. **Unidades**: mm. **Tamaño global**: 4 mm. **Tolerancia**: 0,20 mm. **Transición automática**: Desactivado.

- **Material**. Acero galvanizado y Acero aleado.

- **Sujeción fija**.

- **Fuerza** 2500 N.

- **Contacto global sin penetración**.

SOLIDWORKS
Simulation

Objetivos del tutorial

- Crear un estudio de análisis estático en un ensamblaje.

- Definir las condiciones de contorno (**Materiales**, **Cargas**, **Sujeciones** y **Mallado**).

- Definir contactos (búsqueda automática de interacciones locales).

- Ejecutar el estudio.

- Ver resultados básicos del análisis estático.

Activación de SolidWorks Simulation y abrir el modelo a analizar

1. Active el complemento SolidWorks Simulation desde el Menú de persiana **Herramientas**, **Complementos**. Abra el modelo de ensamblaje. Pulse sobre **Estudio** desde el Menú de persiana **SolidWorks Simulation**. Seleccione la opción **Estático** y escriba el nombre de su simulación en **Nombre del estudio**. Pulse **Aceptar**.

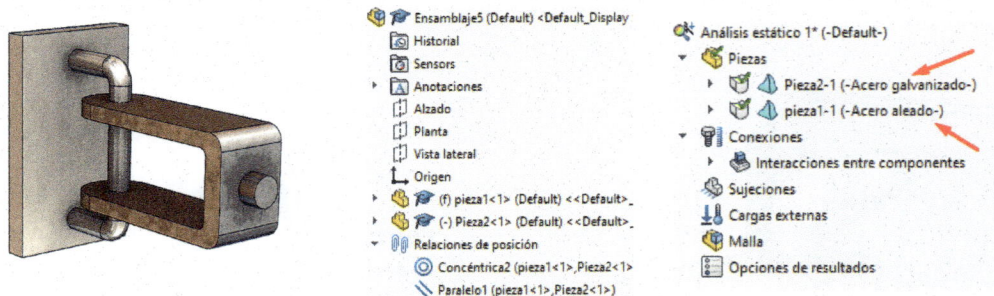

Selección del material

2. Pulse con un doble clic sobre la primera carpeta de piezas desde el Gestor de Simulación. Observe las dos piezas que conforman el modelo de ensamblaje. Pulse con el botón derecho del ratón sobre la primera (Pieza-1-1) y seleccione **Aplicar/Editar material**. Asigne un **Acero aleado**. Repita la misma operación para la pieza-2-1 y asigne un **Acero galvanizado**. Pulse **Aceptar**.

Creación de la sujeción

3. Debe restringir el movimiento de las pieza-2-1 aplicando una sujeción **Fija**. Para ello pulse sobre **Sujeciones** con el botón derecho del ratón desde el Gestor de Simulación. Seleccione la opción **Geometría fija**. Seleccione, desde la Zona de Gráficos, la cara plana del cilindro de la pieza-2-1. Pulse **Aceptar** para crear la **Sujeción**.

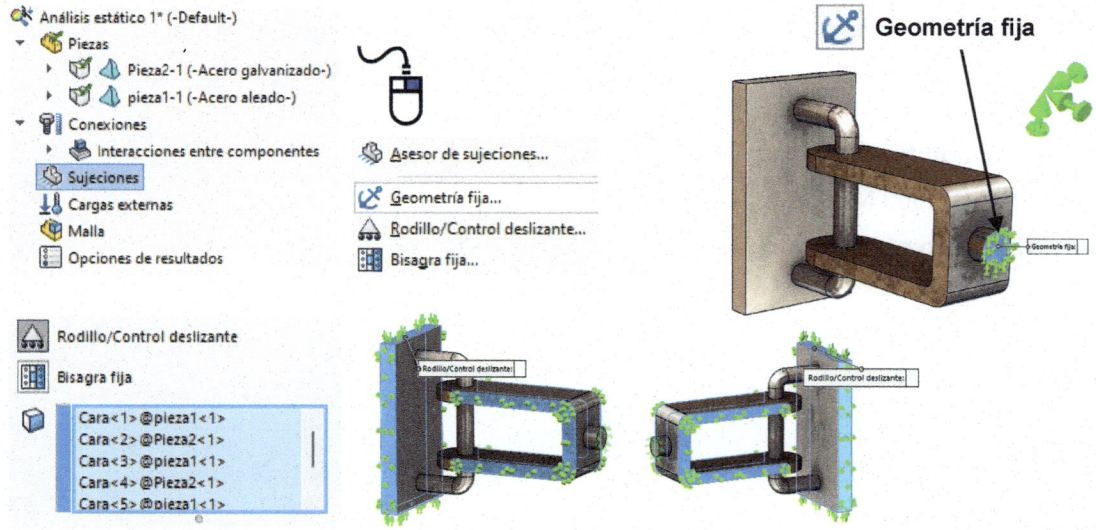

Para evitar el posible movimiento lateral del conjunto cree una relación de **Rodillo/control deslizante** en las caras planas de las dos piezas según se indica en la figura. La opción **Rodillo** no permite que las caras seleccionadas tengan un movimiento transversal.

Definición de las cargas

Para definir una **Fuerza** de 2500 N sobre la cara mayor de la pieza-1-.

4. Pulse con el botón derecho del ratón sobre **Cargas externas** desde el Gestor de Simulación y seleccione **Fuerza** o seleccione el icono de **Fuerza** desde la Barra principal de SolidWorks Simulation.

5. En la pestaña **Tipo** seleccione la cara de la pieza-1-1. Pulse sobre **Normal**. Observe que sobre la cara del modelo se representan flechas en dirección de la fuerza aplicada. Seleccione **Sistema Internacional (SI)** en **Unidades** y en la pestaña **Fuerza (por entidad)** indique la fuerza de 2500 N. Active la casilla **Invertir dirección** si desea cambiar la dirección de la fuerza aplicada. Pulse **Aceptar** para crear la **Fuerza** actuante sobre el modelo.

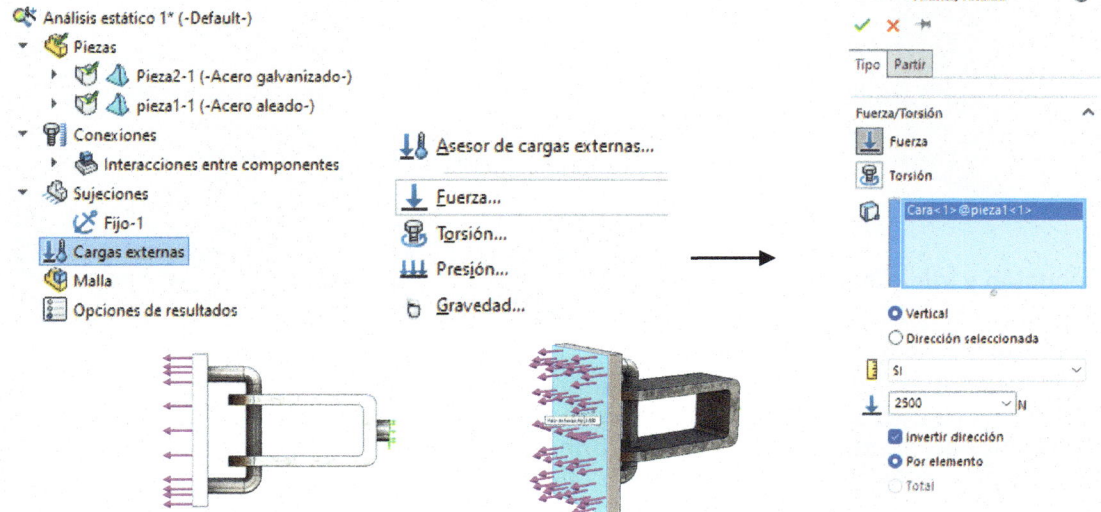

Definición de contactos/conexiones

6. Para definir el **tipo de contacto** entre las dos piezas del ensamblaje, pulse con el botón derecho del ratón sobre **Conexiones** desde el Gestor de Simulación y seleccione **Interacciones locales**. Active la casilla **Buscar automáticamente interacciones locales**, seleccione las dos piezas del ensamblaje y pulse sobre **Buscar interacciones locales**. Pulse **Aceptar**. Aparece un cuadro de diálogo: **¿Desea crear las interacciones locales seleccionadas?** Indique que **Sí** parea crear la interacción local.

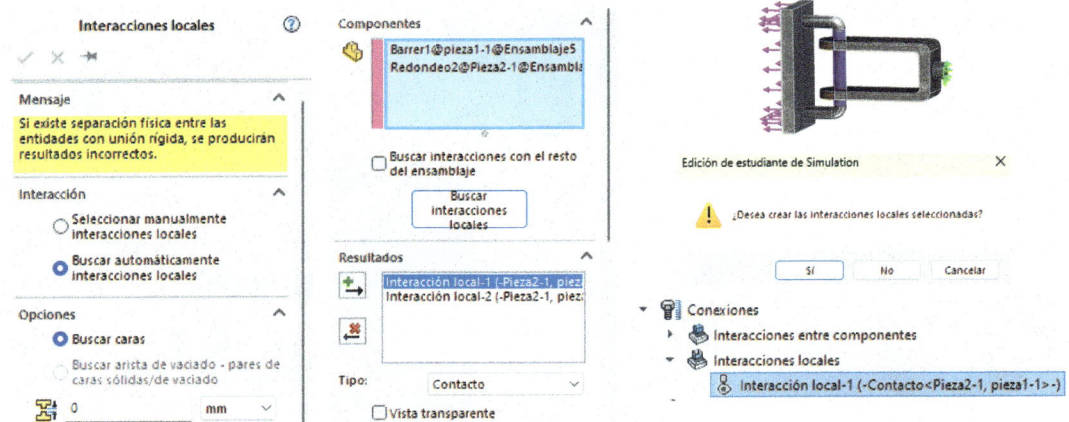

Definición del mallado

Para definir la **Malla** sobre su modelo pulse con el botón derecho del ratón sobre **Malla** desde el Gestor de Simulación o pulse sobre el icono **Malla** de la Barra de Herramientas. Seleccione del cuadro de diálogo emergente la opción **Crear malla.**

7. En **Parámetros de mallado** seleccione las opciones con la siguiente configuración: **Mallador**: Estándar. **Unidades**: mm. **Tamaño global**: 4 mm. **Tolerancia**: 0,20 mm. **Transición automática**: Desactivado. Pulse **Aceptar** para crear el mallado en su modelo.

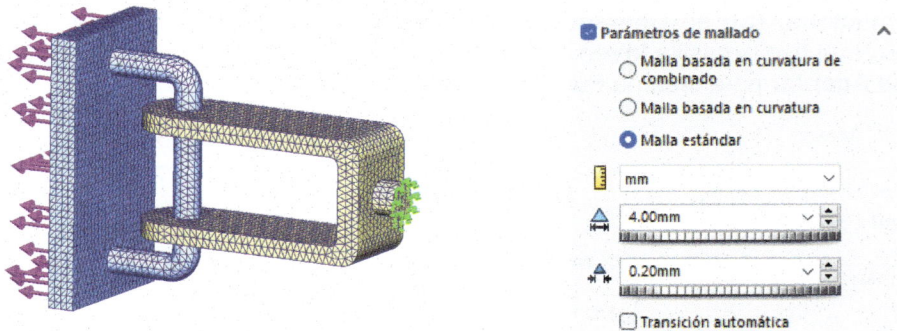

Ejecución y visualización de resultados

8. Pulse con el botón derecho del ratón sobre la primera de las etiquetas de su Gestor de Simulación. En la ventana emergente seleccione la primera de las opciones, **Ejecutar**. Al finalizar se crea la carpeta **Resultados** en el Gestor de Simulación. Realice un doble clic sobre **Tensiones**, **Desplazamientos** o **Deformaciones unitarias**. Observe cómo se deforma el conjunto y cómo se distribuyen las tensiones.

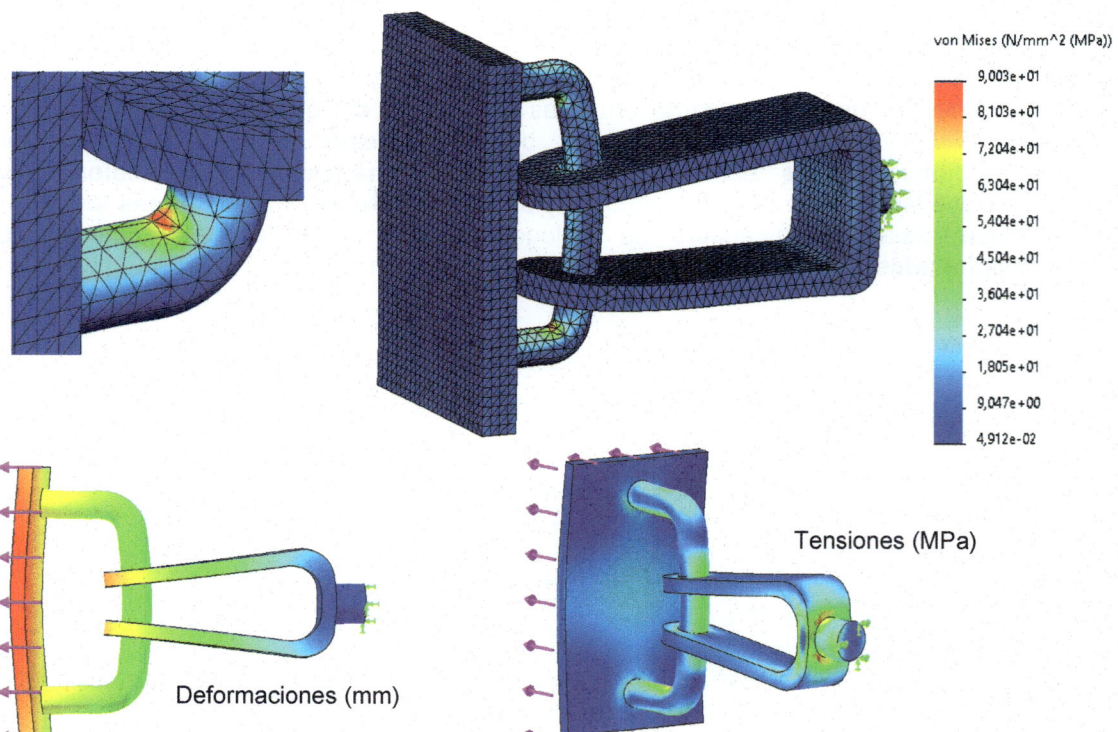

Deformaciones (mm)

Tensiones (MPa)

Práctica 67. SolidWorks Simulation VI

Evalúe el impacto que sufre una esfera de aluminio de diámetro 30 milímetros al golpear con un plano fijo a una velocidad de 500 metros/segundo. Utilice el complemento SolidWorks Simulation.

⏳ 20 minutos

SOLIDWORKS
Simulation

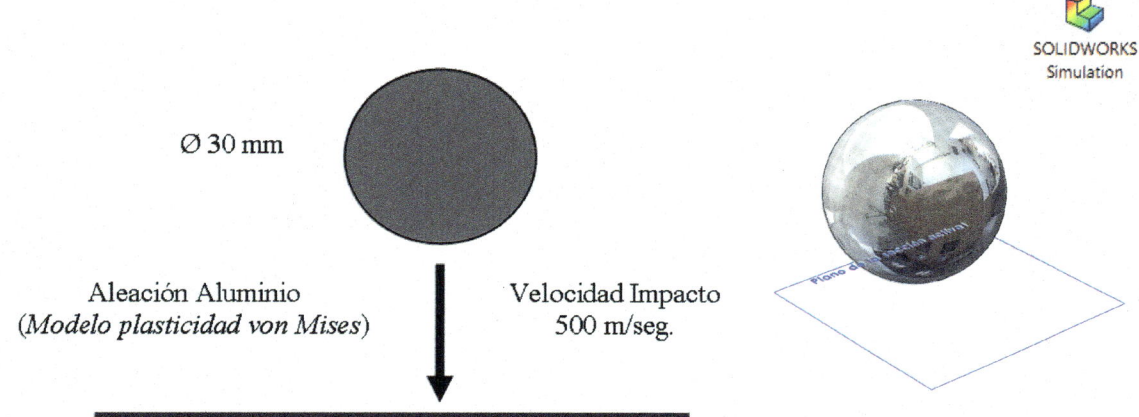

Ø 30 mm

Aleación Aluminio
(*Modelo plasticidad von Mises*)

Velocidad Impacto
500 m/seg.

Condiciones de contorno

- **Malla sólida gruesa**.

- **Material**. Aleación de aluminio que sigue el modelo de plasticidad de von Mises EX (Módulo de elasticidad) en 7.5e10, NUXY (Coeficiente de Poisson) en 0.33, SIGYLD (Límite elástico) en 4.1 e8, ETAN (Módulo tangente) en 1.2e8, DENS (Densidad de masa) en 2700 y **Factor de endurecimiento** en 0.0.

- Velocidad de impacto 500 m/s. Gravedad 9,81 m/s².

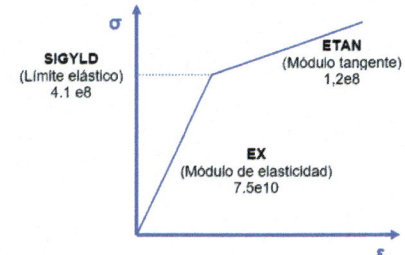

Objetivos del tutorial

- Crear un Estudio de Caída y asignar unas propiedades mecánicas al material del modelo de pieza.

- Definir las características del impacto y del mallado.

- Configurar las opciones de resultados, ejecutar el estudio y evaluar los resultados de caída.

- Representar el desplazamiento axial, UZ en los nodos después del impacto.

Activación de SolidWorks Simulation y abrir el modelo a analizar

1. Active la aplicación de SolidWorks Simulation antes de iniciar un estudio desde el Menú de persiana **Herramientas**, **Complementos**. Active la casilla de la derecha si desea que la aplicación sea activa cada vez que inicie SolidWorks. Active la Barra de Herramientas de Simulación pulsando **Personalizar** desde el Menú de persiana **Herramientas**.

2. Antes de definir el **Estudio de caída** debe abrir la pieza con el modelo a ensayar. Pulse sobre el Menú de persiana **Archivo** y seleccione **Abrir**. Localice el modelo de la práctica y pulse **Aceptar.**

Creación del estudio de caída

3. Para definir el **Tipo de Análisis** pulse sobre **Estudio** desde el Menú de persiana SolidWorks **Simulation**. También puede realizar la selección del estudio pulsando el icono **Estudio** desde la Barra de Herramientas flotante de Simulación. Desde el *FeatureManager* seleccione la opción **Estudio de caída** y escriba *Colisión esfera* en **Nombre del estudio**. Pulse **Aceptar**.

4. Observe como en el Gestor de Simulación se crea el estudio con el nombre indicado y aparecen las carpetas **Pieza2**, **Conexiones**, **Configuración**, **Opciones de resultados** y **Malla**. A medida que se define el análisis se completa el árbol del **AnalysisManager** o Gestor de Simulación.

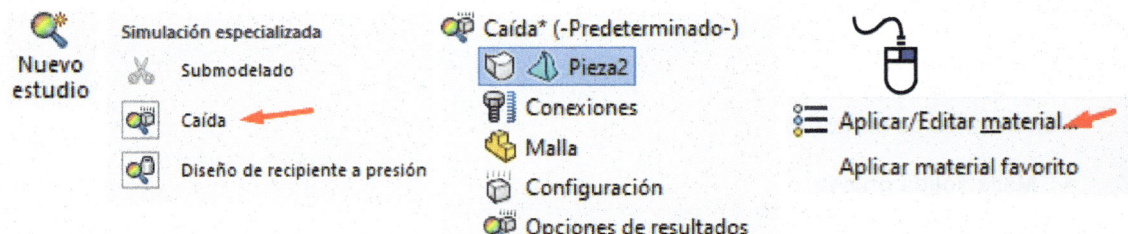

Definición de las propiedades del material

5. Para de definir un material personalizado con plasticidad von Mises puede copiar uno preexistente de la biblioteca de materiales y editarlo.

6. Recuerde que para ello debe pulsar con el botón secundario del ratón sobre **Material** desde el Gestor de Diseño y seleccione la opción **Editar material**. De la lista de materiales seleccione uno que posea propiedades semejantes. Pulse con el botón secundario del ratón y seleccione **Copiar**. Pulse con el botón secundario del ratón sobre la carpeta de **Materiales personalizados** y seleccione **Nueva categoría**. Cree una categoría de materiales denominada (Mis materiales). Pulse sobre la carpeta creada con el botón secundario del ratón y seleccione **Pegar**. De esta forma ha pegado el material en su carpeta de materiales. Edite el material con las propiedades indicadas en el enunciado.

7. En la **Tabla de propiedades** indique que se trata de un material con **plasticidad von Mises (Tipo de modelo)**: **EX** (Módulo de elasticidad) en 7.5e10, **NUXY** (Coeficiente de Poisson) en 0.33, **SIGYLD** (Límite elástico) en 4.1 e8, **ETAN** (Módulo tangente) en 1.2e8, **DENS** (Densidad de masa) en 2700 y un **Factor de endurecimiento** de 0.0. Pulse **Aceptar**.

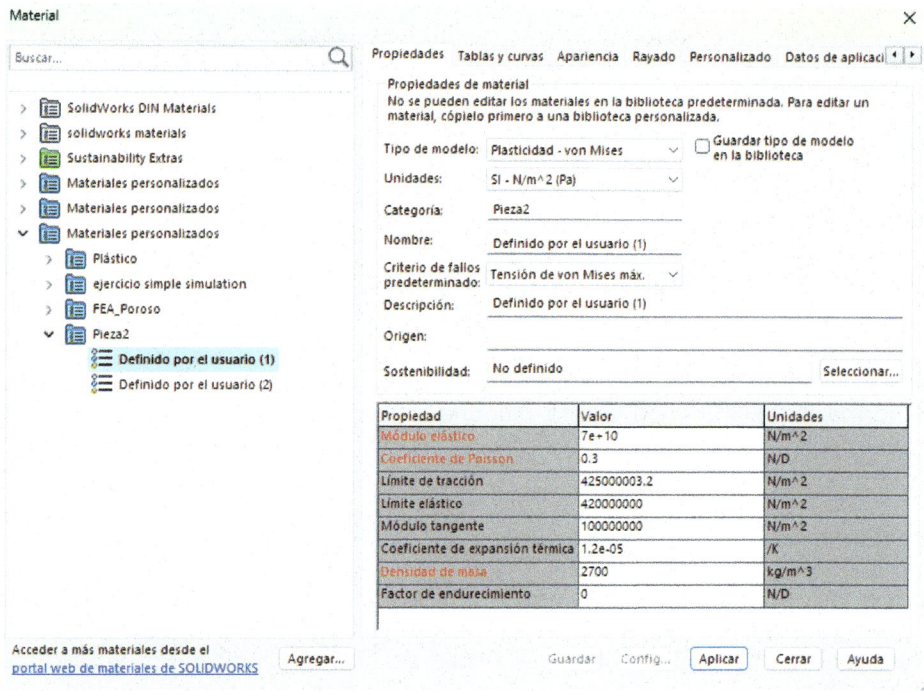

Recuerde que los materiales con **Plasticidad de von Mises** pueden deformarse de forma permanente después del impacto. El **Factor de endurecimiento** (0 a 1) está asociado a la cantidad máxima de deformación que puede soportar un material antes de que ocurra su agrietamiento. En el siguiente gráfico tensión/deformación puede apreciarse el módulo de elasticidad y el módulo tangente para un endurecimiento isotrópico.

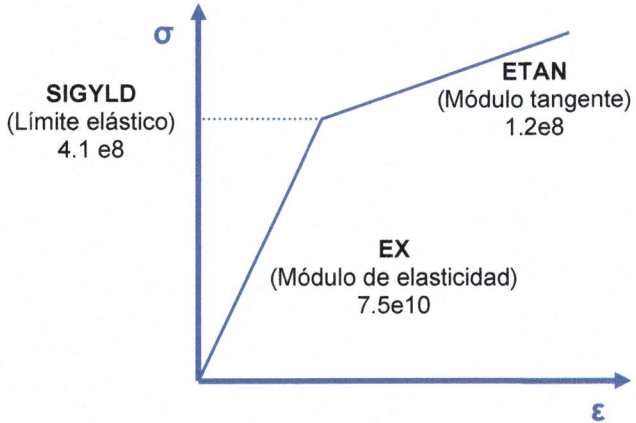

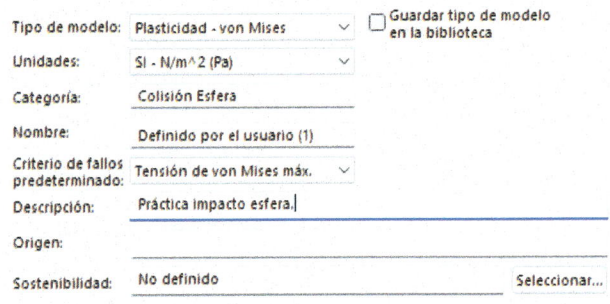

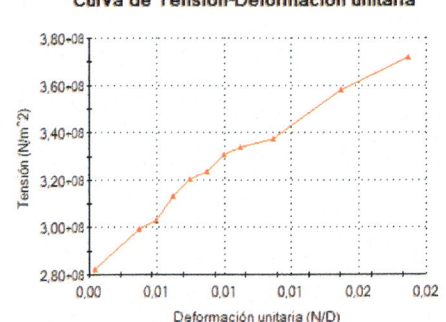

Curva de Tensión-Deformación unitaria

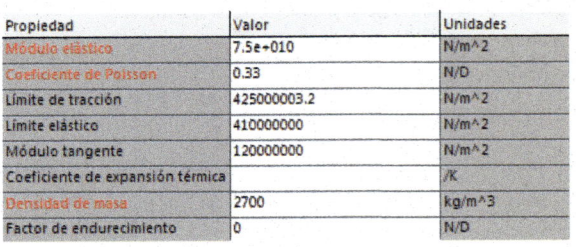

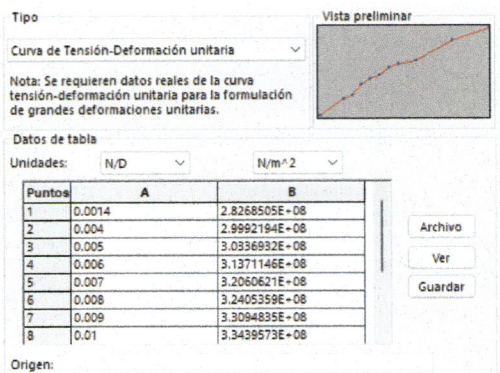

Propiedad	Valor	Unidades
Módulo elástico	7.5e+010	N/m^2
Coeficiente de Poisson	0.33	N/D
Límite de tracción	425000003.2	N/m^2
Límite elástico	410000000	N/m^2
Módulo tangente	120000000	N/m^2
Coeficiente de expansión térmica		/K
Densidad de masa	2700	kg/m^3
Factor de endurecimiento	0	N/D

En caso de definir un material como elástico-lineal con un coeficiente de fricción nulo, el modelo rebotará de forma indefinida y no sufrirá ninguna deformación plástica. El impacto no causará pérdida de energía.

Definición del impacto

8. Para definir las características del impacto pulse con el botón secundario del ratón sobre el icono **Configuración** y seleccione **Definir/Editar**. En el PropertyManager seleccione **Velocidad de impacto** (500 m/sec) y el **Plano de choque** alzado. En la pestaña **Gravedad** seleccione el plano paralelo al alzado (**Plano de Choque**). Asegúrese de que la velocidad de impacto y la gravedad tienen la misma dirección. En caso contrario, pulse **Invertir referencia de velocidad de impacto**. En **Orientación destino** seleccione **Normal dir. gravedad** para que el plano de impacto sea normal a la gravedad. Marque la opción **Suelo rígido**.

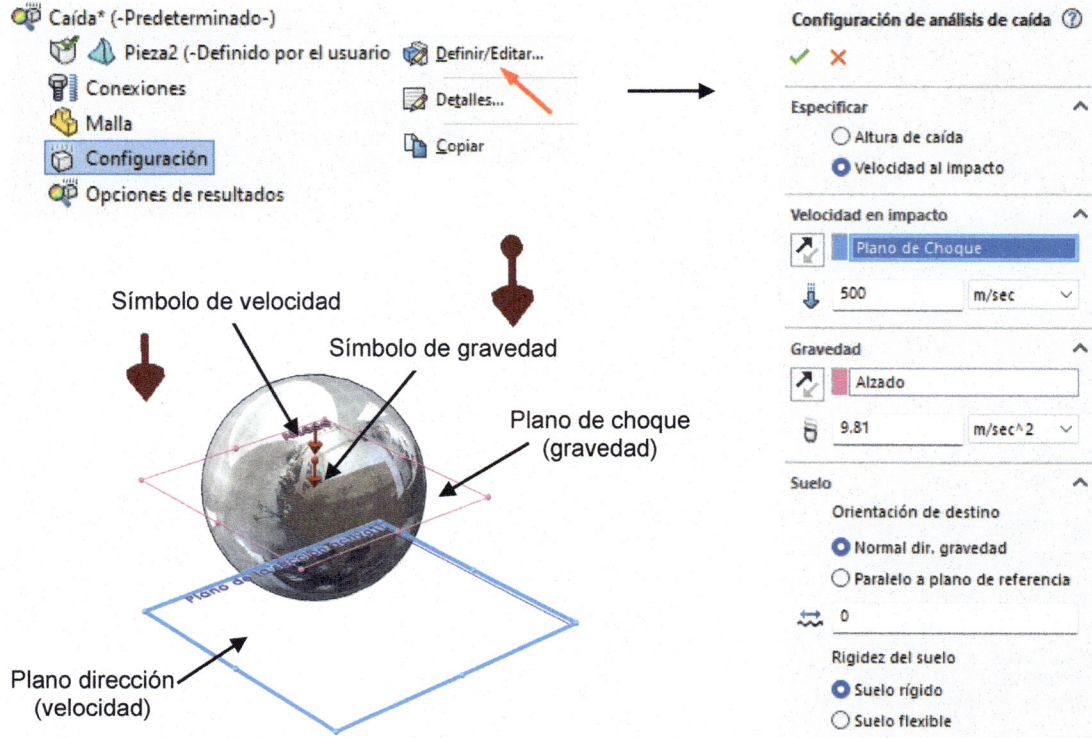

Símbolo de velocidad

Símbolo de gravedad

Plano de choque (gravedad)

Plano dirección (velocidad)

En esta práctica no debe definir las **Condiciones de contacto**, puesto que el modelo únicamente está formado por una pieza.

Configuración de Opciones de resultados

9. Para definir los gráficos que describen cómo se produce el impacto de la esfera en función del tiempo pulse con el botón secundario del ratón sobre la carpeta **Opciones de resultados** y seleccione **Definir/Editar**. En **Tiempo de solución después del impacto** indique 50 microsegundos y en **Guardar resultados** escriba 0. En **Número de trazados** escriba 40. Seleccione **Todos los sensores de datos de seguimiento** en N.º de pasos de gráfico por trazado.

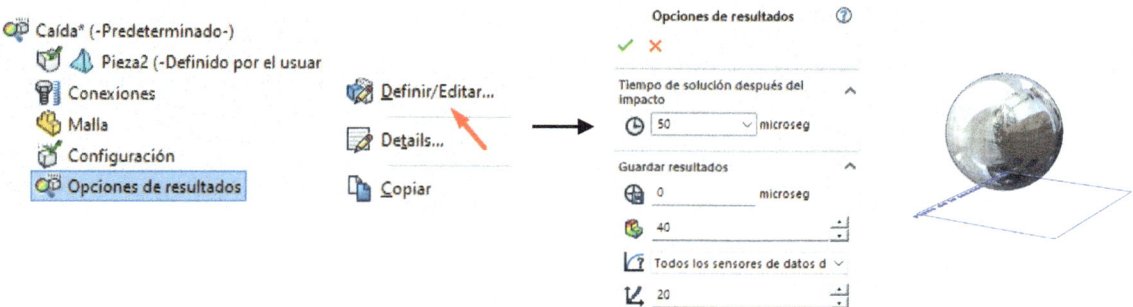

Mallado y ejecución del análisis

10. Pulse con el botón secundario del ratón sobre **Malla** y seleccione la opción **Crear malla**. Desplace el cursor deslizante de **Factor de Malla** hacia la izquierda para definir una malla de pocos elementos (**Malla gruesa**). Pulse **Aceptar**. En estudios de caída y de impacto es conveniente seleccionar una **Malla gruesa** para evitar alargar los tiempos de procesamiento antes de obtener los resultados. En caso de ejecutar el ensayo sin mallar el modelo SolidWorks realiza la operación automáticamente.

Malla gruesa   Malla fina

11. Para ejecutar el análisis de impacto pulse con el botón secundario del ratón sobre el nombre del análisis en el Gestor de Simulación o pulse sobre el icono **Ejecutar** desde la barra principal de Simulación.

 En el caso de que una simulación requiera de más de 60 minutos de procesado SolidWorks muestra un aviso de advertencia.

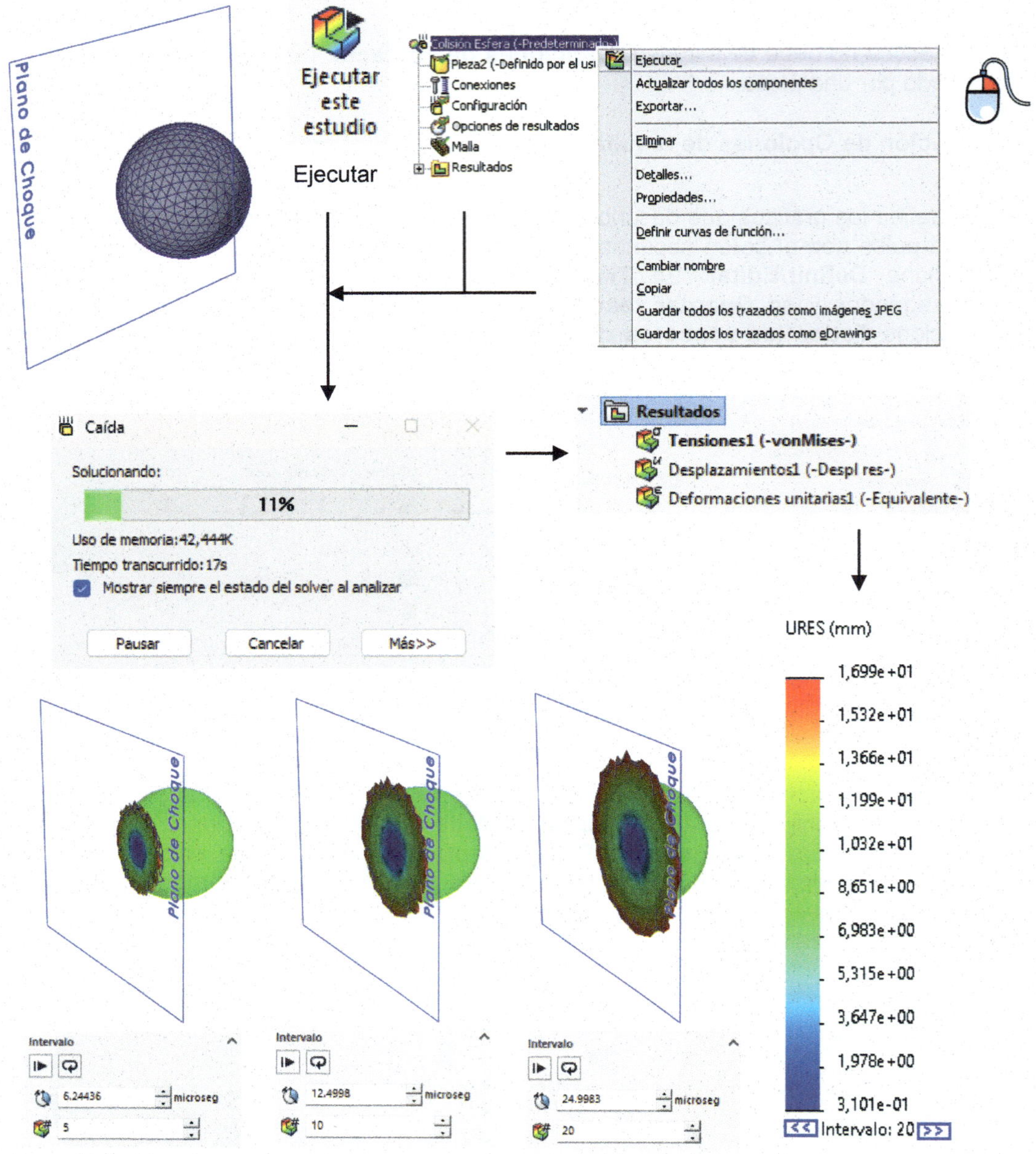

Trazados de desplazamientos de la esfera durante el choque en distintos intervalos (6.4, 12.5 y 24.9). Los colores cálidos (rojo, naranja y amarillo) representan las mayores deformaciones mientras que los colores más fríos (azul y verde) indican pequeñas deformaciones.

Visualización de resultados

Los resultados de caída o impacto incluyen las representaciones de las tensiones, desplazamientos y las deformaciones. Para su visualización:

12. Pulse con el botón secundario del ratón sobre la carpeta **Resultados** desde el Gestor de Simulación. Seleccione **Definir trazado de tensiones**.

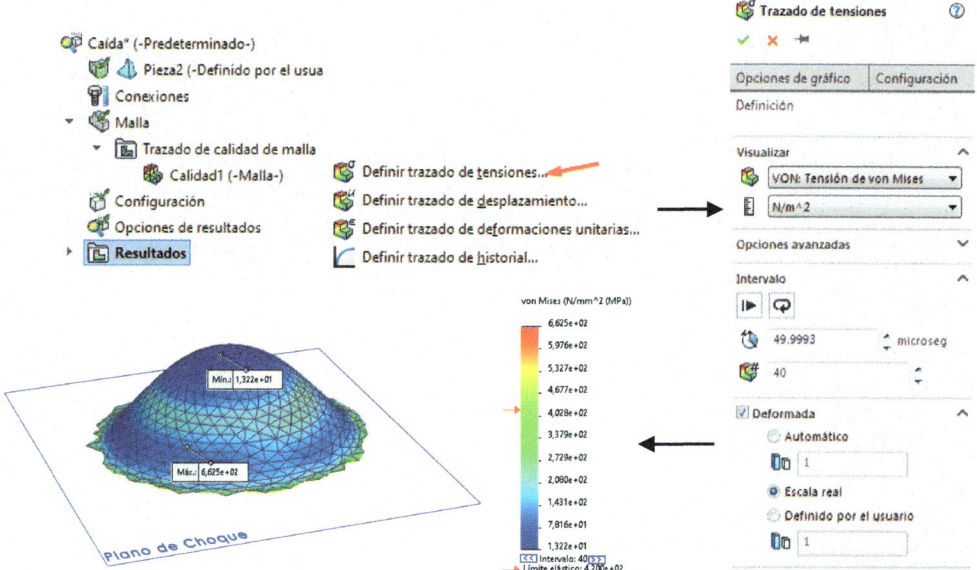

13. En **Componente** seleccione VON: Tensión de von Mises. En **Unidades**, N/mm²(MPA). En **Opciones avanzadas** puede definir dónde desea representar los valores de las tensiones obtenidos. Seleccione la opción **Valores en los nodos** para crear el trazado de tensiones en los nodos. Recuerde que SolidWorks emplea la interpolación lineal para crear un trazado liso.

14. En **Paso de trazado** indique 40. Esta opción define el número de pasos en que se traza el resultado seleccionado. Observe que para un **Paso de trazado** de 40 se tiene un tiempo de 49.9849 microsegundos.

15. En **Deformada** seleccione **Definido por el usuario** e indique un **Factor de escala** de 1 (escala real). Para animar el **Análisis de impacto** realizado pulse con el botón secundario del ratón sobre el Gestor de Simulación y seleccione **Animar**.

Antes de reproducir la animación disminuya su velocidad de representación desplazando el cursor deslizante hacia la izquierda para ver, a cámara lenta, la forma en la que se produce el choque y la deformación.

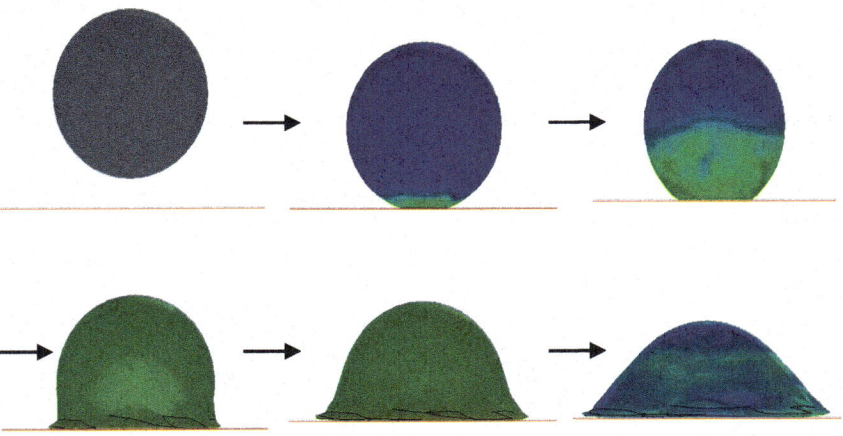

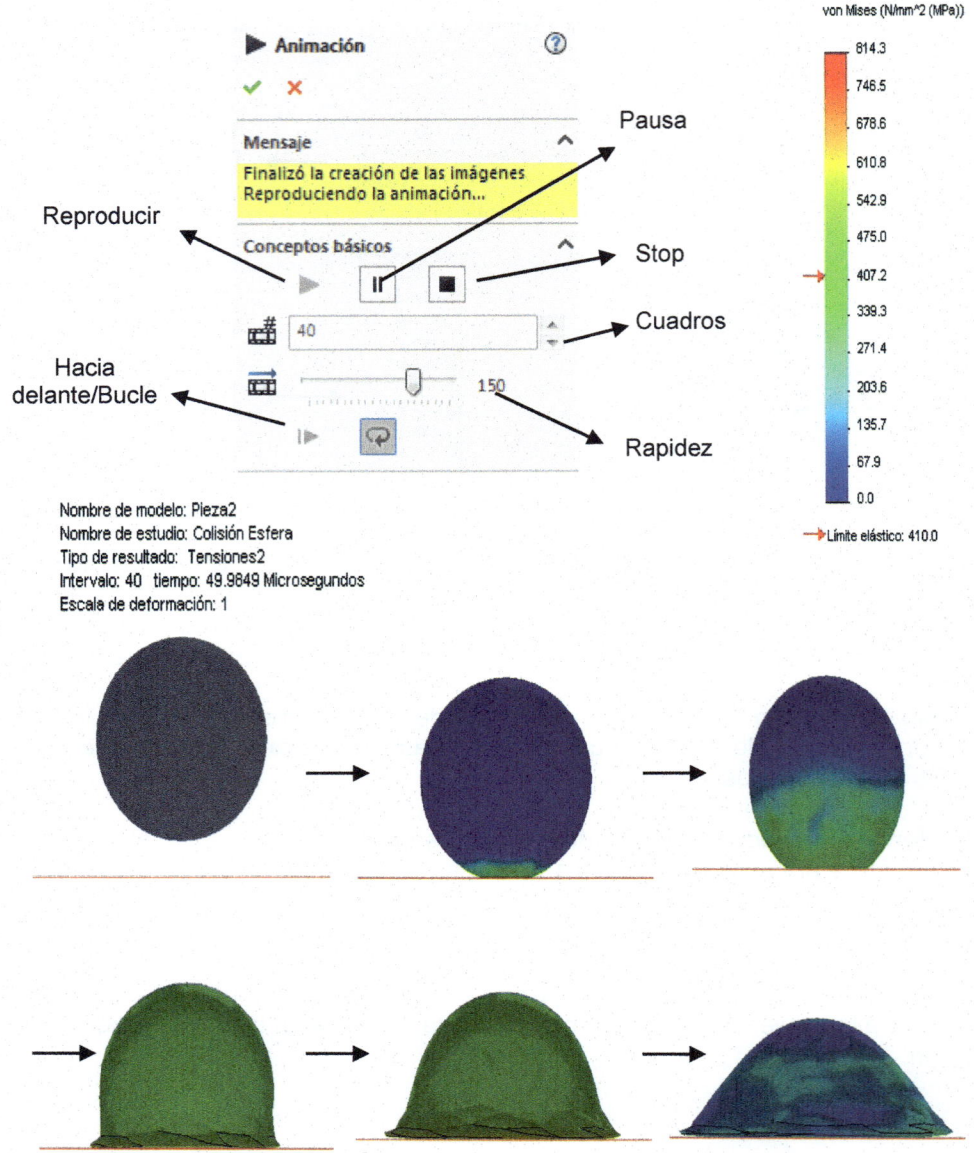

Nombre de modelo: Pieza2
Nombre de estudio: Colisión Esfera
Tipo de resultado: Tensiones2
Intervalo: 40   tiempo: 49.9649 Microsegundos
Escala de deformación: 1

Trazado de desplazamientos

Puede representar los desplazamientos en la dirección de impacto (**Desplazamiento axial, UZ**). El desplazamiento se mide desde el momento en que la esfera golpea el plano de choque rígido antes de producirse la deformación hasta la deformación máxima permanente.

16. Pulse con el botón secundario del ratón sobre la carpeta **Resultados** desde el Gestor de Simulación. Seleccione **Definir trazado de desplazamiento**.

17. Seleccione **UZ: Desplazamiento de Z** en **Componente** y cm en las **Unidades**.

18. En **Paso de trazado** indique 40 y en **Deformada**, seleccione la opción **Definido por el usuario** y escriba 1 en el **Factor de escala**. Pulse **Aceptar**.

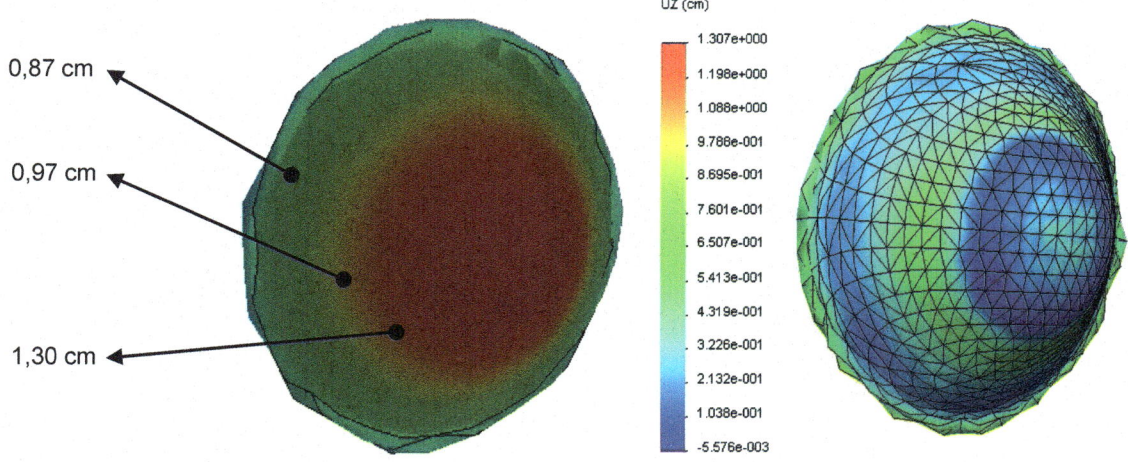

UZ (cm)

1.307e+000
1.198e+000
1.088e+000
9.786e-001
8.695e-001
7.601e-001
6.507e-001
5.413e-001
4.319e-001
3.226e-001
2.132e-001
1.038e-001
-5.576e-003

0,87 cm

0,97 cm

1,30 cm

Gráfica Historia-Tiempo

Puede representar, en un diagrama de ejes cartesianos, los desplazamientos en la dirección de impacto (**Desplazamiento axial, UZ**), en función del tiempo. El desplazamiento se mide desde el momento en que la esfera golpea el plano de choque rígido antes de producirse la deformación hasta la deformación máxima permanente, teniendo en cuenta la recuperación elástica.

Para crear la Gráfica **Historia-Tiempo**:

19. Pulse con el botón secundario del ratón sobre la carpeta **Resultados** desde el Gestor de Simulación. Seleccione **Definir trazado de historial**.

20. Seleccione uno o más nodos de la lista. Observe el nodo sobre el modelo desde la Zona de Gráficos. En **Eje X** (abscisas) seleccione **Tiempo** y en el **Eje Y** (ordenadas), seleccione **Desplazamiento** (**UZ: Desplazamiento en Z**). Seleccione milímetros (mm) en las **Unidades**.

21. Puede representar las gráficas de desplazamiento de hasta 6 nodos al mismo tiempo.

22. Pulse **Aceptar**.

Además de los desplazamientos puede representar la variación de otras variables como la **Tensión**, la **Velocidad traslacional** o la **Aceleración traslacional**, en función del tiempo.

Los gráficos de desplazamientos en función del tiempo se realizan para **Todos los nodos** o puede seleccionar algunos de ellos. Es recomendable seleccionar solo algunos nodos y realizar el desplazamiento en función del tiempo, tal y como se muestra en la figura de la página siguiente.

Gráfica Historia-Tiempo

Respuesta

○ Ubicaciones predefinidas
● Todos los nodos
○ En ubicaciones remotas

Nodo 1
Nodo 2
Nodo 3
Nodo 4
Nodo 5
Nodo 6
Nodo 7

Eje X:

Tiempo

Microsegundos

Eje Y:

Desplazamiento

URES: Desplazamientos res

mm

Gráfica Historia-Tiempo

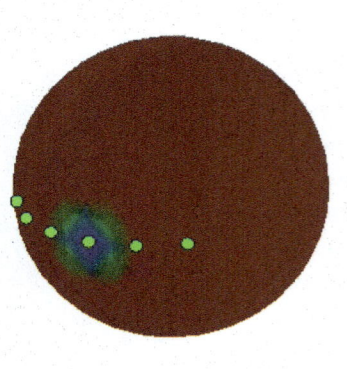

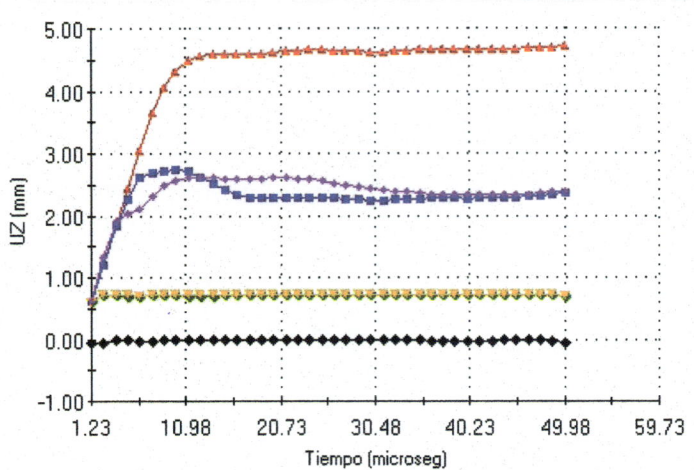

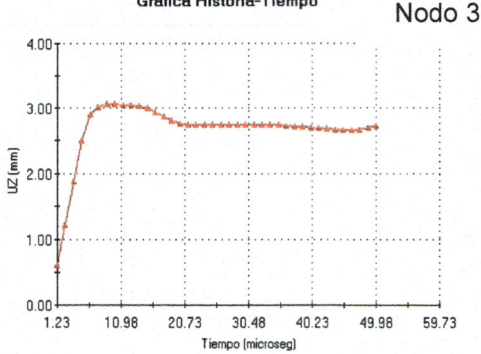

Nodo 37

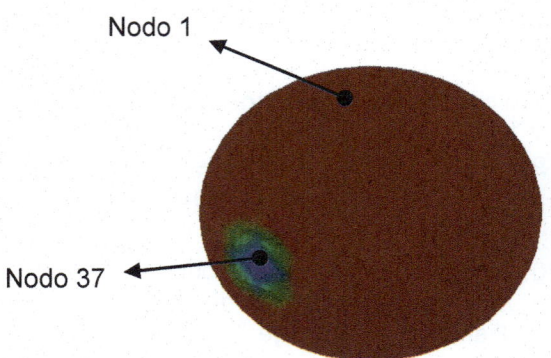

Nodo 1

Nodo 37

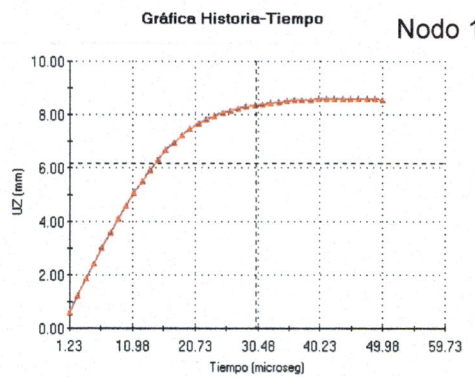

Nodo 1

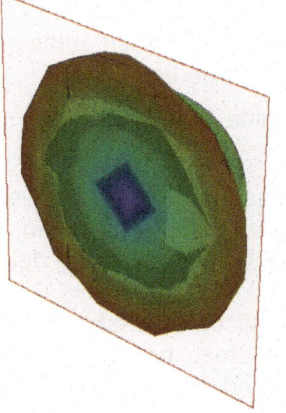

Práctica 68. SolidWorks Simulation VII

Realice un Estudio de diseño para minimizar el peso de la pieza a partir de la definición del objeto, las variables y las restricciones. Utilice el complemento SolidWorks Simulation.

⧗ 20 minutos

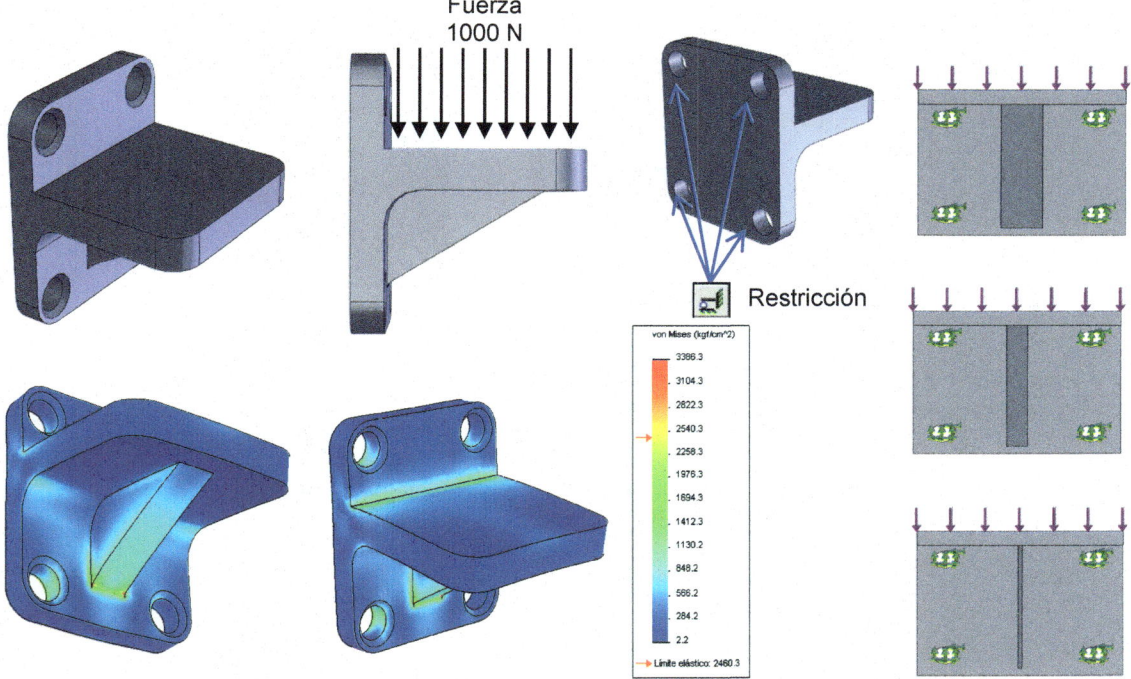

 Restricción

Calidad del estudio: Alta

Variables del diseño: Parámetros de cota del nervio

Restricciones: Tensión von Mises y Factor de seguridad

Objetivo: Reducción de peso

SOLIDWORKS
Simulation

Objetivos del tutorial

- Crear **Estudio de Diseño de optimización**.

- Definir las **Propiedades**, **Variables de diseño**, **Restricciones** y **Objetivo**.

- Visualizar los Resultados de optimización.

Abrir el modelo a analizar y crear el estudio de diseño

1. Active la aplicación de **SolidWorks Simulation** a partir de su activación desde el Menú de persiana **Herramientas**, **Complementos**. Abra el ejercicio que acompaña el libro. Observe que tiene un ensayo estático realizado. Si los resultados no están cargados pulse, con el botón derecho del ratón, sobre **Resultados** y seleccione la opción **Cargar resultados**. Vea el trazado de tensiones y desplazamientos. La tensión von Mises máxima es de 22,6 MPa mientras que la tensión límite elástico es de 620 MPa. La pieza no se deformará plásticamente con esas cargas, por lo que se busca optimizar el diseño reduciendo su peso con **Estudio de diseño**.

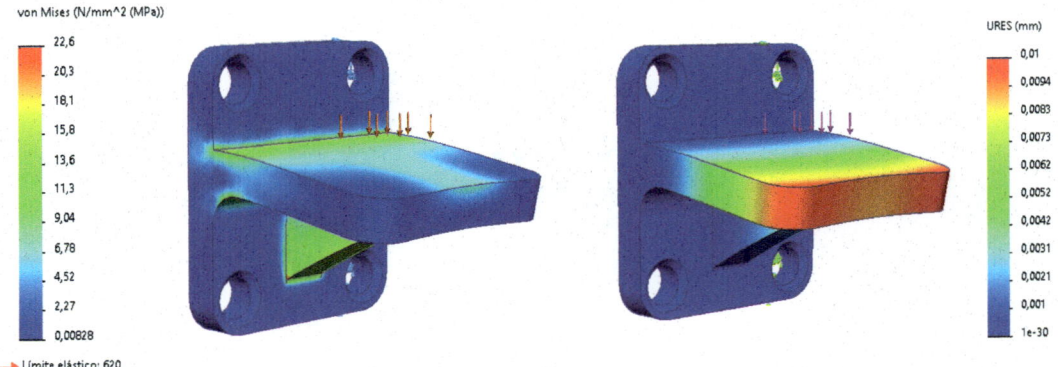

2. Pulse sobre **Nuevo estudio** desde el Menú de **Simulation**. Seleccione **Estudio de diseño** desde **Percepción de diseño**. Pulse **Aceptar**. Observe la aparición de la pestaña Estudio de diseño 1 (ver figura).

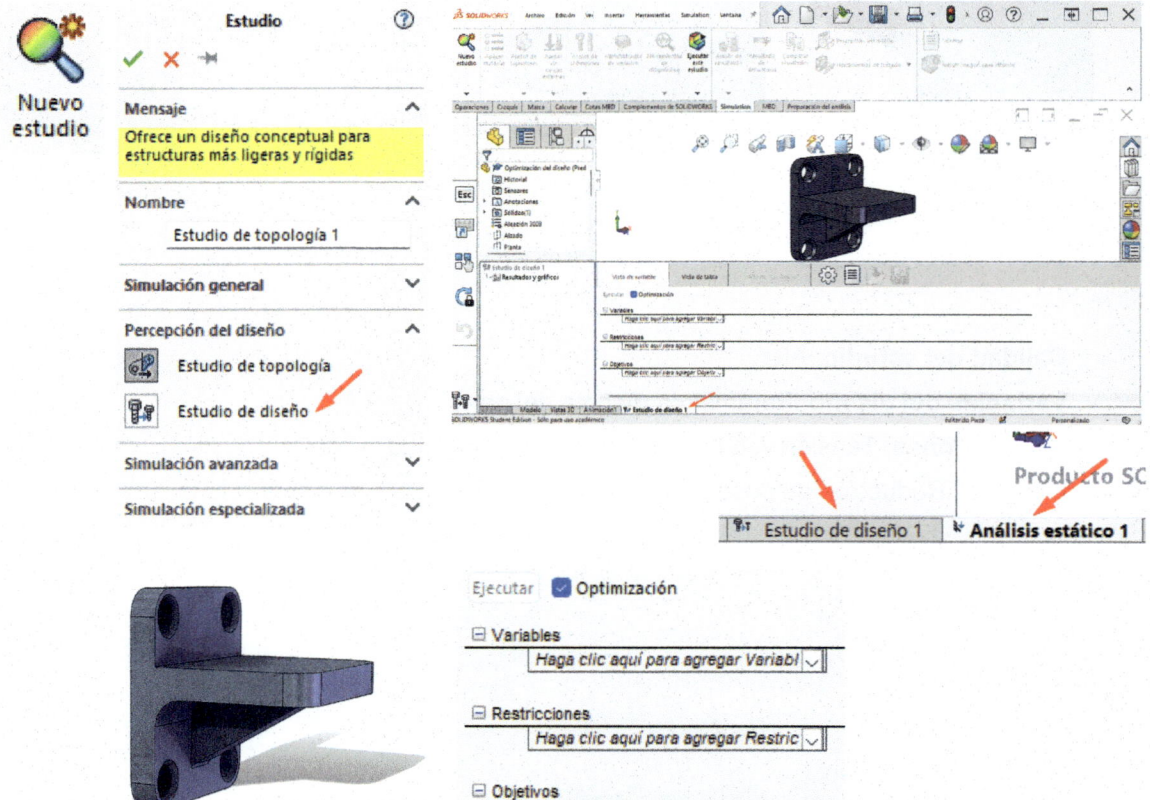

3. Pulse sobre **Opciones** del **Estudio de Diseño** y seleccione **Calidad alta** para evaluar el mayor número posible de escenarios.

Definición de las variables del diseño

Los **Estudios de optimización de diseño** ayudan a diseñar productos más ajustados a sus necesidades mediante la automatización del proceso de análisis rediseño paramétrico del modelo y nuevo análisis. Todo proceso de optimización se realiza en tres etapas que requieren la definición de **Objetivo**, **Variables** y **Restricciones**.

a) **Objetivo**. Es la finalidad o el propósito perseguido en el estudio de optimización. Uno de los objetivos más perseguidos por los ingenieros es la reducción de volumen o peso para fabricar el producto con un menor coste.

b) **Variables**. Son los parámetros o cotas del diseño que pueden cambiar para que el diseño se ajuste a los requisitos definidos en el objetivo.

c) **Restricciones**. Son las condiciones o requisitos mínimos o máximos que debe cumplir el diseño para ser aceptado como óptimo.

4. El modelo debe optimizarse modificando la geometría del nervio. En **Variables** debe seleccionar las cotas que definen el nervio. Pulse sobre **Agregar parámetro** desde la pestaña **Vista de variable**. En el cuadro de **Agregar parámetros** indique el nombre de la variable (Cota 1) y seleccione la cota que define el espesor del nervio desde la Zona de Gráficos (Cota de 14 mm). Pulse **Aceptar** y cierre el cuadro de diálogo de la variable recién creada. Observe que en el cuadro de diálogo **Parámetros** aparece el nombre y la variable creada. Seleccione la variable y pulse **Aceptar**.

Nombre	Categoría	Valor	Unidades	Comentario	Vinculado
Cota 1	Cota del modelo	14	mm		*

5. Desde la pestaña **Vista de variable** defina los **valores máximos** y **mínimos** permisibles para la cota (Mín.=7mm, Máx.=24 mm). También debe definir el **Paso** (7 mm). Observe que se generan 3 escenarios de cálculo (7 mm, 14 mm y 21 mm).

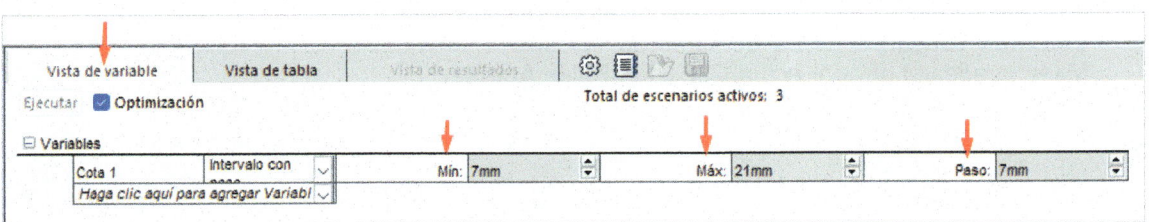

6. Repita el proceso para las otras dos cotas que definen el nervio y que están indicadas en la figura. Desde la pestaña **Vista de variable** defina los **valores máximos** y **mínimos** permisibles para las cotas 2 y 3 según se indica en la figura. Teniendo en cuenta los valores mínimos, máximos y el paso de las tres variables se tienen un total de 45 escenarios posibles (combinaciones de cotas).

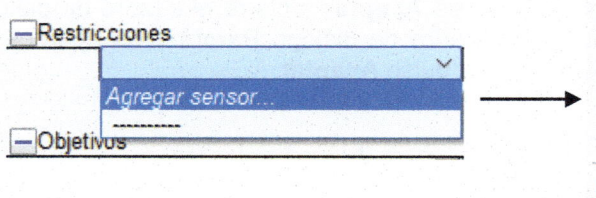

⊟ Variables						
Cota 1	Intervalo con... ⌄	Mín: 7mm	Máx: 21mm	Paso: 7mm
Cota 2	Intervalo con... ⌄	Mín: 17.5mm	Máx: 52.5mm	Paso: 10mm
Cota 3	Intervalo con... ⌄	Mín: 1mm	Máx: 3mm	Paso: 1mm

En la tabla de variables puede ver las tres variables de cota que definen el nervio de la pieza. Para cada una de las variables defina el valor máximo y el valor mínimo admisible. El **Paso** define la variación establecida en cada una de las iteraciones. Un paso pequeño alarga el proceso de optimización creando muchos escenarios de diseño que deben ser simulados.

Definición de las Restricciones de diseño

7. A continuación, defina las **restricciones** o condiciones mínimas que debe cumplir el diseño optimizado para que sea adecuado a los requisitos impuestos. Se utilizan **Datos de simulación** y se va a controlar la tensión von Mises del modelo. Para ello desde la pestaña **Vista de tabla** o **Vista de variable** pulse sobre **Restricciones** con el botón izquierdo del ratón.

8. Seleccione **Agregar sensor**. Desde el PropertyManager de **Sensor** seleccione en **Tipo de sensor**, **Datos de Simulación**. En **Cantidad de datos** seleccione **Tensión** y VON: Tensión de von Mises. En **Propiedades** y en **Alerta** rellene los valores indicados en la figura. El valor de alerta coincide con el límite elástico del material seleccionado. Asegúrese de indicar **es menor que**.

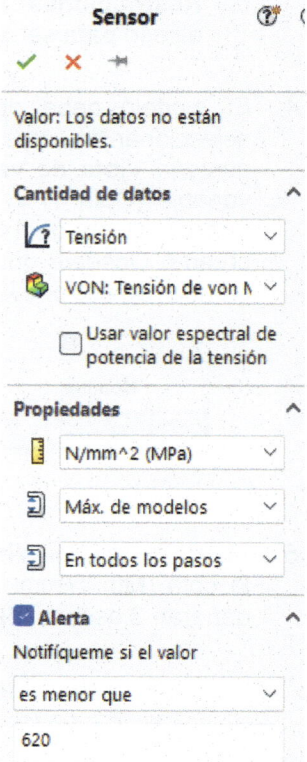

Definición del objetivo

9. El **Objetivo** o finalidad perseguida por el estudio es la reducción del volumen del modelo. Pulse sobre *Haga clic para agregar Objetivo* desde la etiqueta de **Objetivo**. Seleccione **Propiedades de masa** y **Volumen**. Desde la Zona de Gráficos seleccione el modelo. En **Masa** puede ver el valor actual 292.81 g. Pulse **Aceptar**.

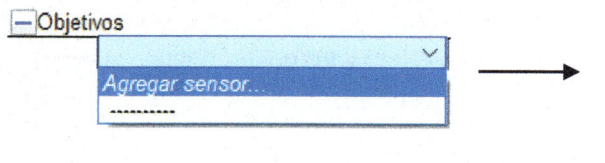

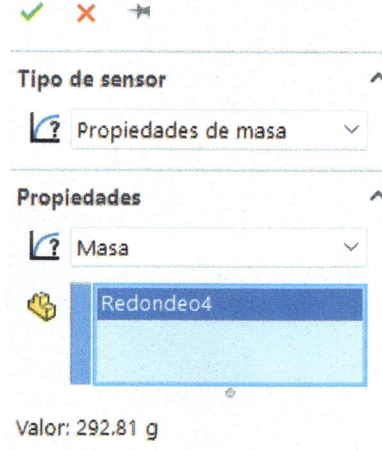

Tipo de sensor

Propiedades de masa

Propiedades

Masa

Redondeo4

Valor: 292.81 g

Ejecución del estudio

10. Una vez definidas las **Variables**, la **Restricción** y el **Objetivo** puede iniciar la ejecución de la simulación. Para iniciar el proceso de optimización pulse **Ejecutar** desde la pestaña del **Estudio de Diseño**. Asegúrese tener activa la casilla **Optimización**.

11. Los resultados finales de la optimización puede verlos directamente en **Vista de resultados** o en **Resultados y gráficos** después de transcurridos unos minutos.

Ejecutar ☑ Optimización   Total de escenarios activos: 45

Variables

Cota 1	Intervalo con paso	Mín: 7mm	Máx: 21mm	Paso: 7mm
Cota 2	Intervalo con paso	Mín: 17.5mm	Máx: 52.5mm	Paso: 10mm
Cota 3	Intervalo con paso	Mín: 1mm	Máx: 3mm	Paso: 1mm
Haga clic aquí para agregar Varia				

Restricciones

Tensión1	es menor que	Máx: 620 N/mm^2	Análisis estático	
Haga clic aquí para agregar Restr				

Objetivos

Masa1	Minimizar

12. En la figura puede ver los resultados obtenidos para los 45 escenarios diferentes simulados. Se hacen combinaciones de las tres cotas y se evalúa la tensión von Mises para que sea menor a la indicada (620 MPa) y el modelo de pieza tenga el menor peso posible. En el caso de estudio de modelo óptimo es el escenario 7 con una cota 1 (7mm), cota 2 (37.5) y cota 3 (1mm). En él se ha obtenido una tensión von Mises inferior a 620 N/mm^2 y un peso de 280.35 g.

		Actual	Inicial	Óptimo (7)
Cota 1		14mm	14mm	7mm
Cota 2		35mm	35mm	37.5mm
Cota 3		2mm	2mm	1mm
Tensión1	< 620 N/mm^2	2,259e+01 N/mm^2 (MPa)	2,259e+01 N/mm^2 (MPa)	4,131e+01 N/mm^2 (MPa)
Masa1	Minimizar	292.81 g	292.81 g	280.35 g

13. Pulse con un doble clic sobre el modelo 7 y observe que el modelo en pantalla cambia a las dimensiones optimizadas. Con el modelo optimizado puede volver a hacer un estudio estático. Las cotas ya se actualizan automáticamente. Tan solo debe de volver a simular. Observe que el estado tensional máximo sigue siendo inferior a la tensión límite elástico aun reduciendo las cotas y el peso final de la pieza.

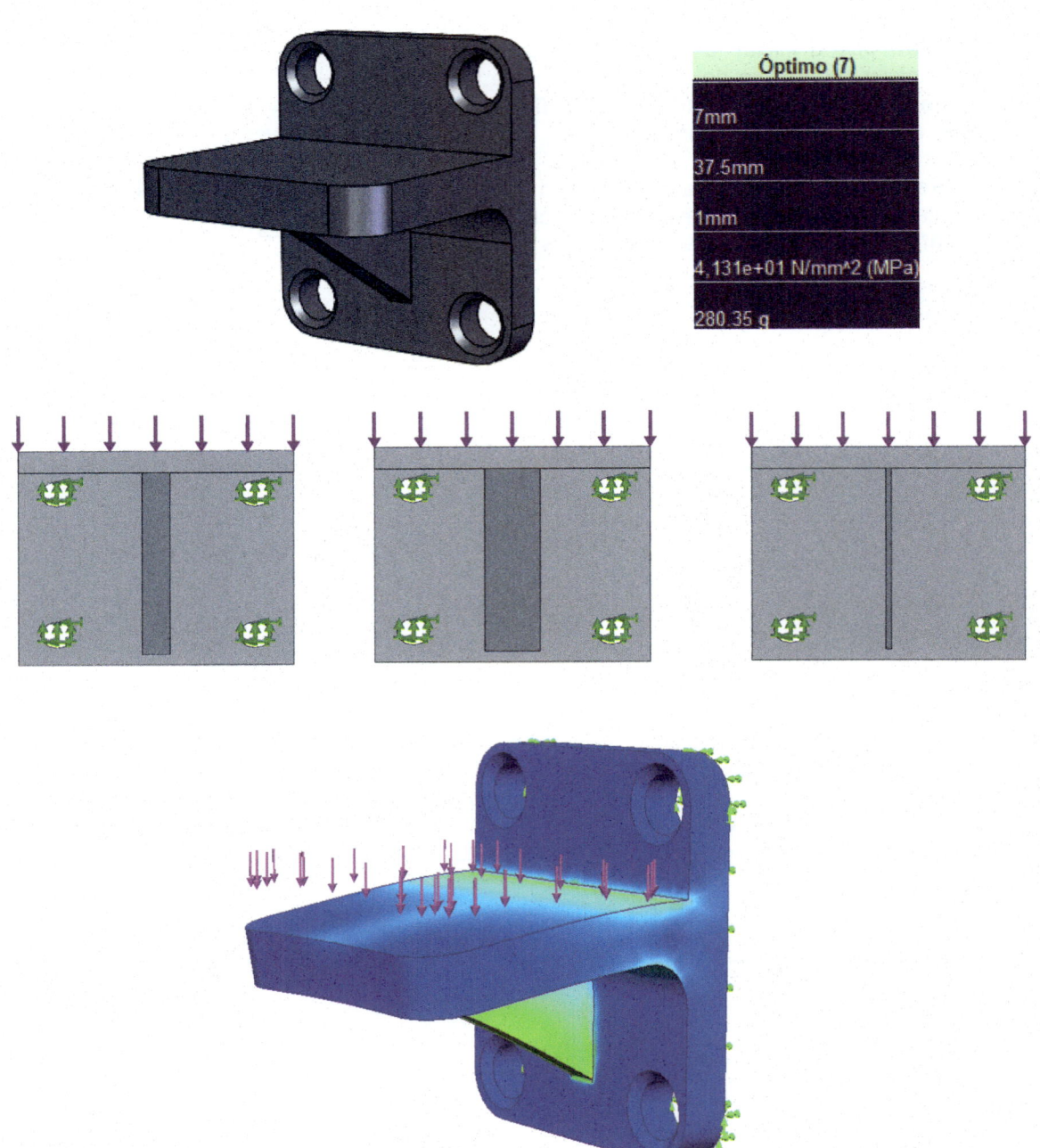

Óptimo (7)
7mm
37,5mm
1mm
4,131e+01 N/mm^2 (MPa)
280.35 g

Práctica 69. SolidWorks Simulation VIII

Realice un estudio de topología para reducir la masa en un 80% (de 33 kg a 6,69 kg) y sin que la tensión sobrepase el 80% del valor del límite elástico del material. Marco de una bicicleta (Práctica A). Optimización del peso de un puente (Práctica B). Utilice el complemento SolidWorks Simulation.

⏳ 60 minutos

SOLIDWORKS
Simulation

Práctica A

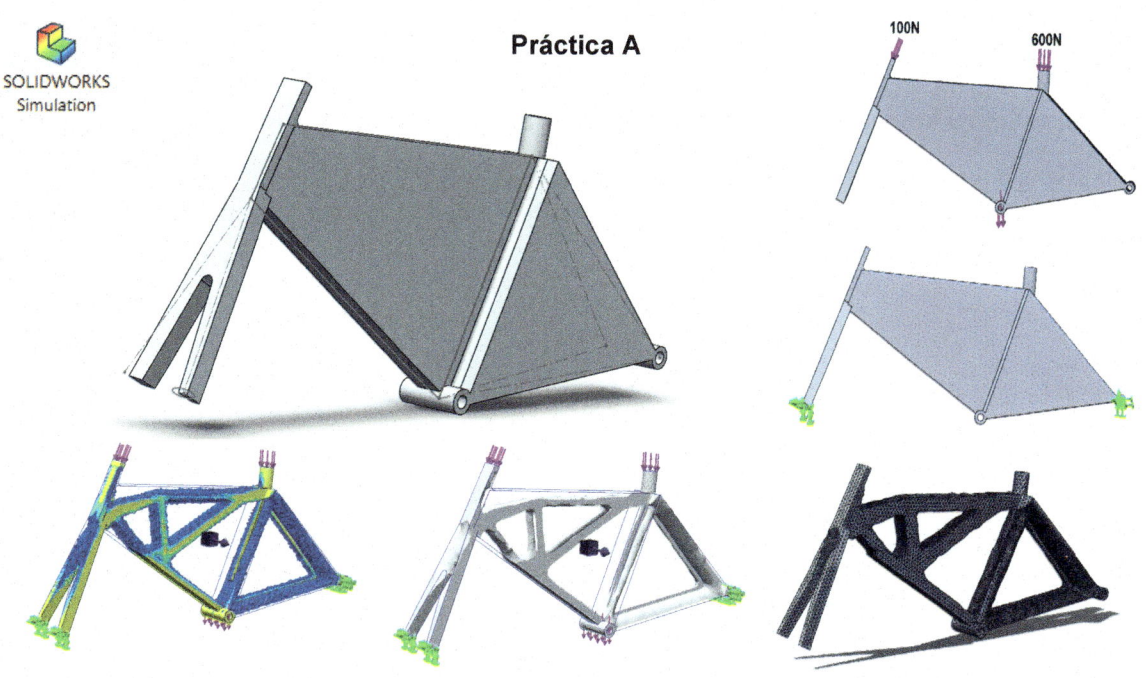

Práctica B

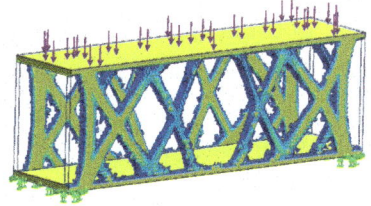

Objetivos del tutorial

- Definir las condiciones de contorno para crear el **Estudio de topología** (**Materiales**, **Sujeciones** y **Cargas externas**).

- Definir los **Objetivos**, las **Restricciones**, la **Simetría** y las **Regiones conservadas**.

Optimización topológica

La optimización topológica es un método de optimización geométrica que emplea algoritmos para conseguir eliminar material sobrante en aquellas regiones donde no se soportan elevadas cargas. Se consiguen modelos aligerados con formas orgánicas que pueden ser fabricados con tecnologías de fabricación aditivas (impresión 3D). Los algoritmos de cálculo optimizan los volúmenes a partir de la definición de las sujeciones, cargas, materiales y condiciones establecidas como simetría o regiones conservadas, además del objetivo final, que suele ser obtener la mayor rigidez al cociente de peso predeterminado.

Práctica A (Bicicleta)

Abrir el modelo y activación del complemento de SolidWorks Simulation

1. Pulse la opción **Abrir** del Menú de persiana **Archivo** y localice el modelo 3D incluido en el libro. El modelo se ha creado a partir de la geometría de la bicicleta de la práctica 18 (observe el croquis no oculto).

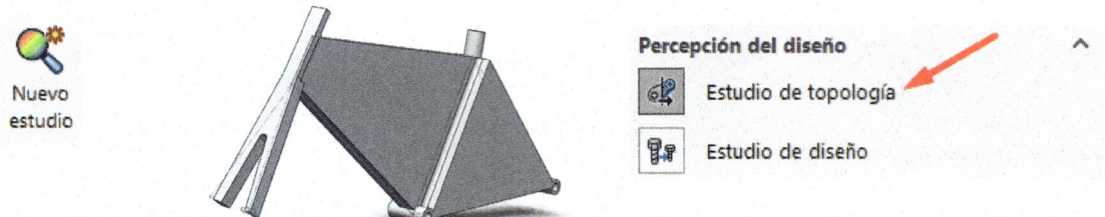

2. Pulse sobre el Menú de persiana **Herramientas**, **Complementos** para activar el complemento de **SolidWorks Simulation**. Desde la Barra de comandos seleccione la pestaña de **Simulation** y pulse sobre **Estudio de topología**. También puede crear un nuevo estudio desde el Menú de persiana **Simulation**. Indique el nombre del proyecto y pulse **Aceptar**. Observe el árbol del gestor de simulación. En las siguientes etapas se definirá el **Material**, las **Sujeciones** y las **Cargas**. Más tarde se definirán los **Objetivos y las restricciones** y el **Control de fabricación**.

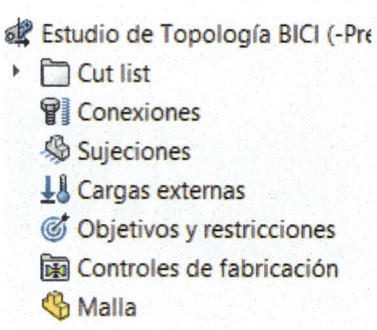

Asignar material, Sujeciones y Cargas externas

3. Pulse con el botón derecho sobre la carpeta **Cut list** y seleccione la opción **Aplicar/Editar material**. Desde el cuadro de asignación de materiales seleccione la aleación de **aluminio 2014-O** con un módulo elástico de $7,24 \times 10^{10}$ N/m², coeficiente de Poisson de 0,33, Módulo cortante $2,8 \times 10^{10}$ N/m², Densidad 2800 kg/m³ y límite elástico de $9,5 \times 107$ N/m². Pulse **Aplicar**.

4. Pulse con el botón derecho del ratón sobre **Sujeciones** (**Geometría fija**) y seleccione las caras inferiores del manillar y la superficie cilíndrica interior del eje trasero. Pulse **Aceptar** para finalizar la asignación.

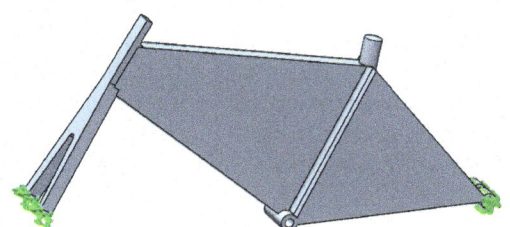

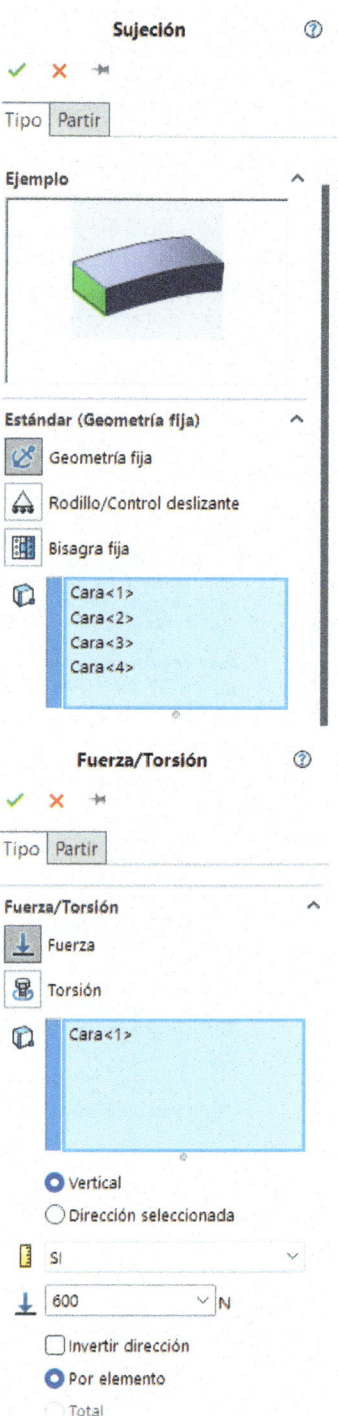

5. Pulse con el botón derecho del ratón **Cargas externas** (**Fuerza**) y selección la cara plana del tubo del sillín. Indique un valor de 600 N. Asegúrese que la carga va en dirección -Y. Pulse **Aceptar** para finalizar la asignación de la carga. Repita el proceso con las dos otras fuerzas de 100 N según se indica en la figura. En los dos casos las fuerzas son normales a las caras seleccionadas.

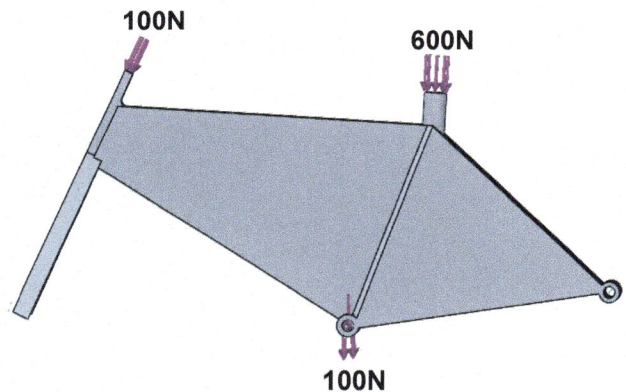

6. Pulse con el botón derecho sobre **Objetivos y restricciones** y seleccione la primera de las opciones (**Mayor rigidez al cociente de peso [predeterminado]**). Esta opción realiza la optimización de forma que se tenga la mayor rigidez posible teniendo en cuenta la cantidad de masa eliminada del diseño original de partida.

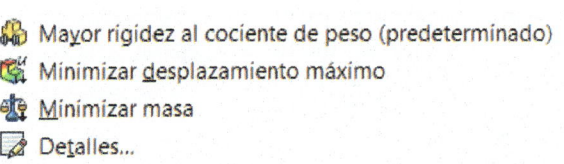

Para este caso, en **Restricción de masa** indique que desea reducir la masa en un 80% (de 33 kg a 6.69 kg) y en **Restricción de la tensión** especifique un valor del 80% del valor del límite elástico. Pulse **Aceptar** para finalizar el objetivo.

7. En **Controles de fabricación** se define la simetría y la región conservada. Pulse con el botón derecho del ratón sobre **Controles de fabricación** y seleccione la opción **Control de simetría**. Active el **Tipo** de simetría (**Media simetría**) y seleccione el Plano1. La simetría fuerza a que el algoritmo elimine material de forma simétrica y compensada.

8. Pulse nuevamente con el botón derecho del ratón sobre **Controles de fabricación** y seleccione la opción **Región conservada**. Seleccione las caras a mantener. Caras en las que no desee que se elimine material. Para cada una de las caras puede definir la profundidad del área conservada. En este caso, esta opción no se ha utilizado. Al activar región conservada el algoritmo eliminará material de las regiones donde no sea necesario, pero evitará eliminar las regiones seleccionadas mediante esta opción.

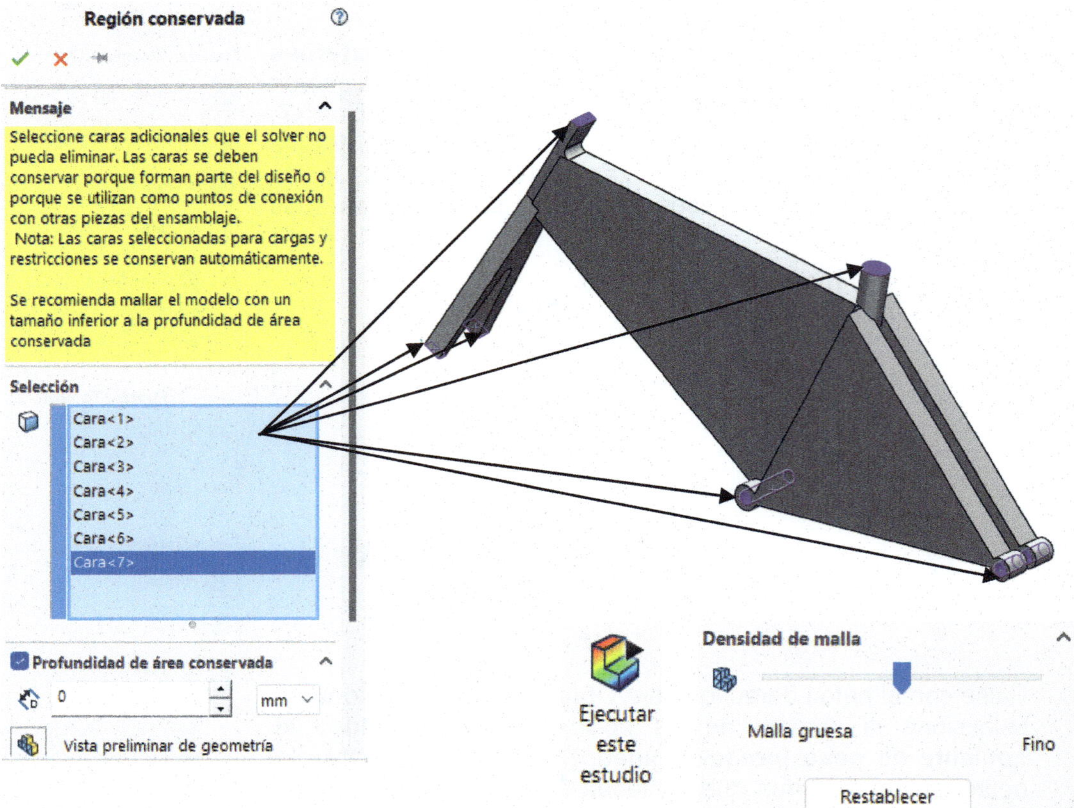

Región conservada

Mensaje

Seleccione caras adicionales que el solver no pueda eliminar. Las caras se deben conservar porque forman parte del diseño o porque se utilizan como puntos de conexión con otras piezas del ensamblaje.
Nota: Las caras seleccionadas para cargas y restricciones se conservan automáticamente.

Se recomienda mallar el modelo con un tamaño inferior a la profundidad de área conservada

Selección

Cara<1>
Cara<2>
Cara<3>
Cara<4>
Cara<5>
Cara<6>
Cara<7>

Profundidad de área conservada

0   mm

Vista preliminar de geometría

Ejecutar este estudio

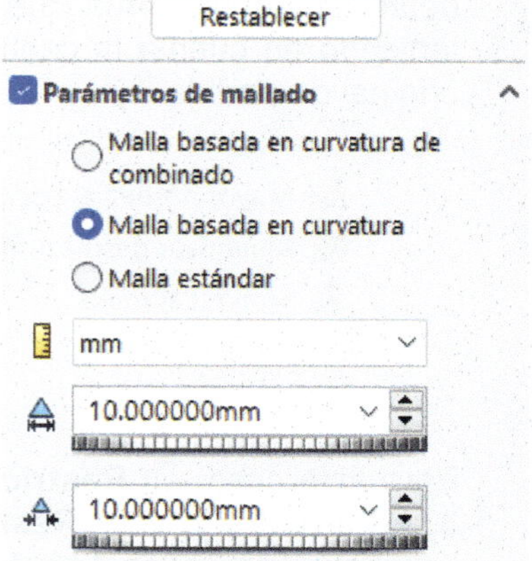

Densidad de malla

Malla gruesa   Fino

Restablecer

Mallar y simular

9. Pulse son el botón derecho sobre **Malla** y seleccione la opción **Crear malla**. Desde el cuadro de diálogo de malla defina una malla basada en curvatura con un tamaño máximo de elemento de 10 mm. Pulse **Aceptar** para finalizar. Observe el mallado creado sobre el modelo.

Parámetros de mallado

○ Malla basada en curvatura de combinado
● Malla basada en curvatura
○ Malla estándar

mm

10.000000mm

10.000000mm

10. Para finalizar, pulse con el botón derecho sobre **Estudio de topología** y seleccione **Simular**. También puede iniciar la simulación pulsando **Ejecutar este estudio** desde el cuadro de diálogo de Simulación.

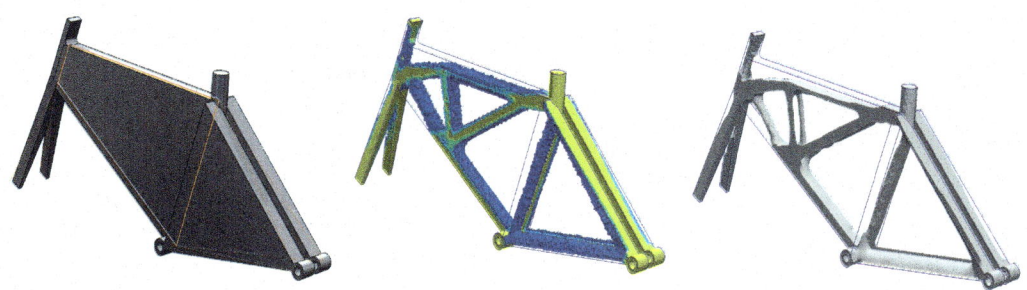

Resultados

11. Una vez finalizados los cálculos puede ver la carpeta **Resultados** y por defecto el resultado **Masa del material**. Pulse con el botón derecho sobre **Masa del material**. Utilice el control deslizable del isovalor para ajustar o eliminar material. SolidWorks informa que la posición predeterminada del control deslizante se aproxima al porcentaje de masa reducida establecido en los objetivos y restricciones. Si desea eliminar más material mueva el control deslizante hacia la derecha (Ligera). Observe el cálculo de la masa. En la imagen, las regiones coloreadas oscuras son las óptimas para ser eliminadas. Las regiones con color amarillo deben mantenerse.

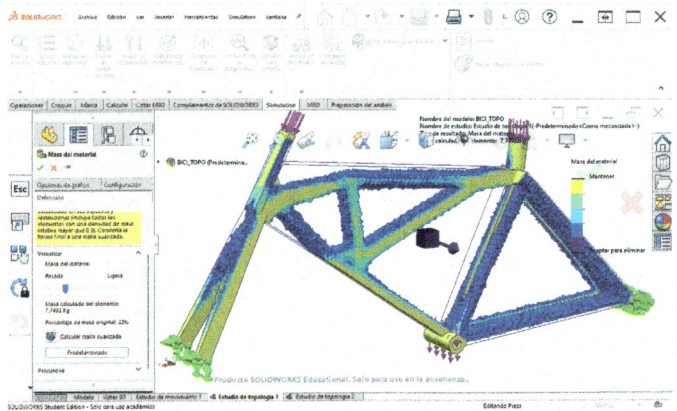

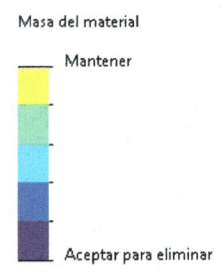

12. Pulse sobre **Calcular malla suavizada** para crear una malla de superficie más fina con la masa del material. En **Opciones de suavizado de malla avanzado** puede definir el grosor final arrastrando el control deslizable (**malla gruesa** o **malla fina**). Pulse **Aceptar** para finalizar.

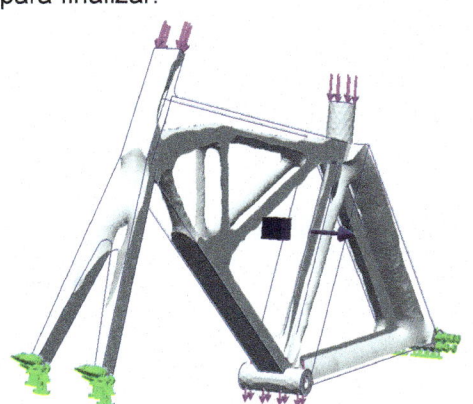

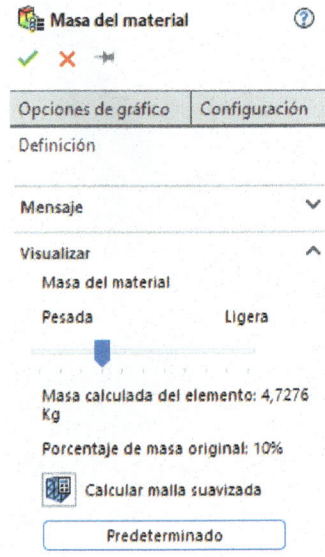

13. Para guardar el modelo 3D de malla creado pulse sobre **Masa del material** con el botón derecho y seleccione **Exportar malla suavizada**. La malla se puede guardar como una nueva pieza (**Nuevo archivo de pieza**). En **Exportación avanzada** seleccione **Conjunto de superficies** para crear un fichero STL que puede ser imprimido en 3D. La exportación como **Sólido** exporta los datos de malla como un cuerpo sólido (formato SW *.sldprt). Esta exportación es más compleja y requiere de mucho más tiempo.

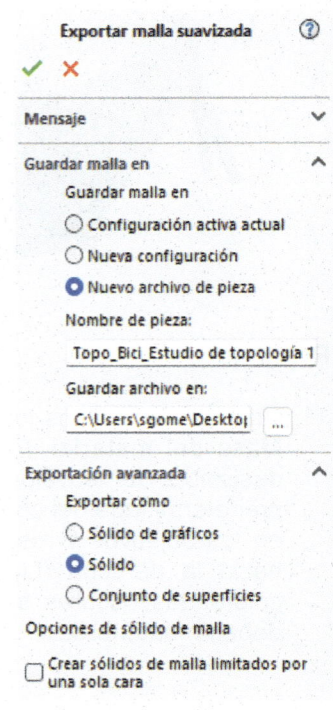

14. Para obtener otros trazados pulse con el botón derecho del ratón sobre **Resultados** (**Tensión de topología**, **Desplazamiento de topología** y **Deformaciones de topología**). En la imagen se ha representado el trazado de tensión de topología con la activación de las **Isosuperficies**.

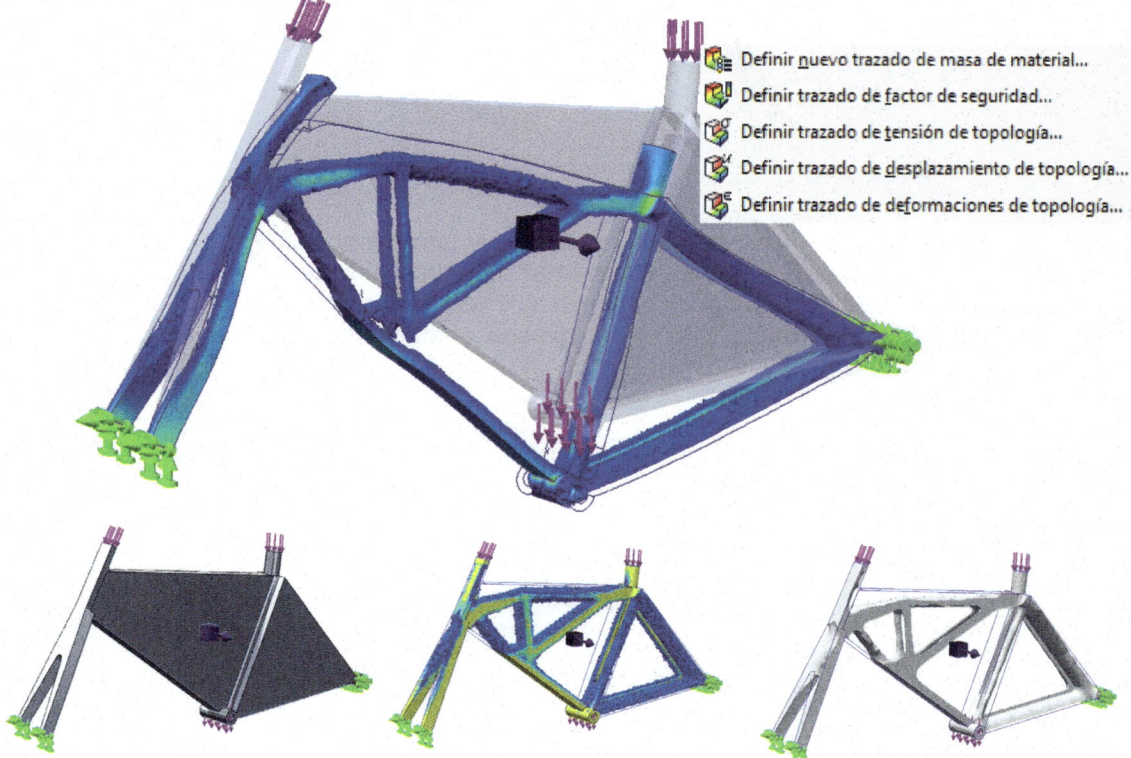

Práctica B (Puente)

Abrir el modelo y activación del complemento de SolidWorks Simulation

1. Pulse la opción **Abrir** del Menú de persiana **Archivo** y localice el modelo 3D incluido en el libro. Pulse sobre el Menú de persiana **Herramientas**, **Complementos** para activar el complemento de SolidWorks **Simulation**. Desde la Barra de comandos seleccione la pestaña de **Simulation** y pulse sobre **Estudio de topología**. También puede crear un nuevo estudio desde el Menú de persiana **Simulation**. Indique el nombre del proyecto y pulse **Aceptar**.

Asignar material, Sujeciones y Cargas externas

2. Pulse son el botón derecho sobre la carpeta **Cut list** y seleccione la opción **Aplicar/Editar material**. Desde el cuadro de asignación de materiales seleccione **Acero aleado**. Pulse **Aplicar**.

3. Pulse con el botón derecho del ratón sobre **Sujeciones** (**Geometría fija**) y seleccione las caras inferiores del puente (ver figura). Pulse **Aceptar** para finalizar la asignación.

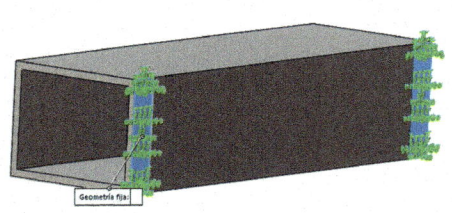
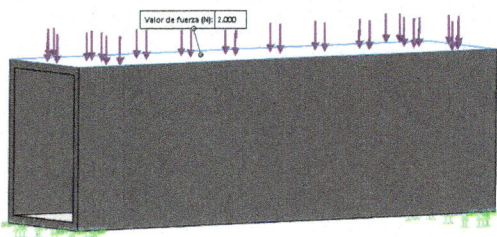

4. Pulse con el botón derecho del ratón **Cargas externas (Fuerza)** y seleccione la cara plana superior del puente (ver figura). Indique un valor de 2000 N. Asegúrese de que la carga es normal a la cara. Pulse **Aceptar** para finalizar la asignación de la carga.

5. Pulse con el botón derecho sobre **Objetivos y restricciones** y seleccione la primera de las opciones (**Mayor rigidez al cociente de peso [predeterminado]**). Esta opción realiza la optimización con el objetivo de obtener mayor rigidez con la menor cantidad de masa. Para este caso, en **Restricción de masa** indique que desea reducir la masa en un 50 % (de 2032,8 kg a 1016,4 kg) y en **Restricción de la tensión** especifique un valor del 80 % del valor del límite elástico. Pulse **Aceptar** para finalizar el objetivo.

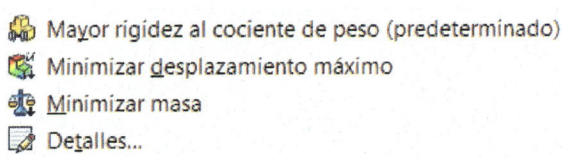

6. En **Controles de fabricación** se definirá la simetría y la región conservada. Pulse con el botón derecho del ratón sobre **Controles de fabricación** y seleccione la opción **Control de simetría**. Active el **Tipo** de simetría (**Simetría de un cuarto**) y seleccione el plano **Planta** y la **Vista lateral**. La simetría fuerza a que el algoritmo elimine material de forma simétrica y compensada.

7. Pulse nuevamente con el botón derecho del ratón sobre **Controles de fabricación** y seleccione la opción **Región conservada**. Seleccione las caras donde se aplican las restricciones de movimiento (**Sujeción**) y la cara interna del puente. Esas caras deben mantenerse.

Mallar y simular

8. Pulse son el botón derecho sobre **Malla** y seleccione la opción **Crear malla**. Desde el cuadro de dialogo de malla defina una malla basada en curvatura con un tamaño máximo de elemento de 28 mm. Pulse **Aceptar** para finalizar. Observe el mallado creado sobre el modelo.

9. Para finalizar, pulse con el botón derecho sobre **Estudio de topología** y seleccione **Simular**. También puede iniciar la simulación pulsando **Ejecutar este estudio** desde el cuadro de diálogo de Simulación. La simulación ha necesitado 1 hora y 39 minutos para su finalización con un Intel(R) Core (TM) i9 CPU @ 2.90GHz de 32 GB de RAM.

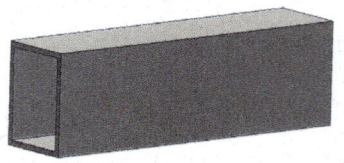 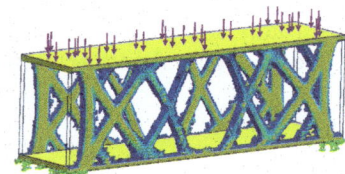 

Resultados

10. Para ver los resultados, pulse con el botón derecho sobre **Masa del material**. Pulse sobre **Calcular malla suavizada** para crear una malla de superficie refinada. En **Opciones de suavizado de malla avanzado** puede definir el grosor final arrastrando el control deslizable (**malla gruesa** o **malla fina**). Recuerde que para guardar el modelo 3D de malla creado pulse sobre **Masa del material** con el botón derecho y seleccione **Exportar malla suavizada**. La malla se puede guardar como una nueva pieza (**Nuevo archivo de pieza**). En **Exportación avanzada** seleccione **Conjunto de superficies** para crear un fichero STL que puede ser imprimido en 3D. La exportación como **Sólido** exporta los datos de malla como un cuerpo sólido (formato SW *.sldprt).

11. Elimine la simetría de la Vista lateral y vuelva a simular. Observe los resultados. En la figura se representa el modelo en formato STL obtenido después de su exportación.

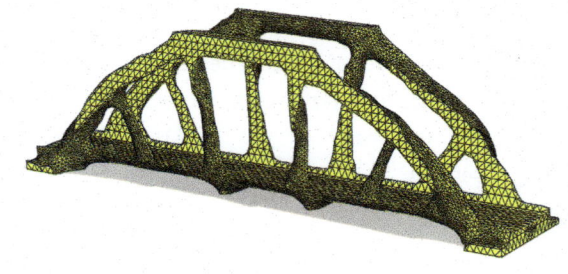

Práctica 70. SolidWorks Simulation IX

Evalúe el comportamiento a fatiga para varios sucesos del eje de la figura sabiendo que está sometido a las cargas indicadas en la tabla. El material es acero aleado (SS) y la malla estándar (Tamaño global: 3 mm. Tolerancia: 0,15 mm. Transición automática: Desactivado). Utilice el complemento SolidWorks Simulation.

⏳ 25 minutos

Fuerza (N)	Dirección	Tipo de carga	Porcentaje de uso (%)
3000	Eje X	LR=-1 (invertida)	55
1800	Eje Z	LR=0 (Base 0)	35
1750	Eje Y	Relación de cargas R=0.25	10

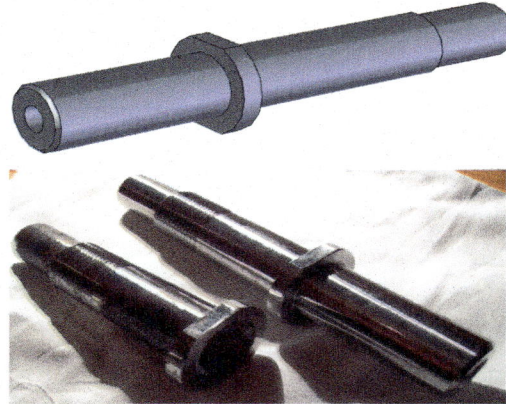

SOLIDWORKS
Simulation

Objetivos del tutorial

- Crear estudios estáticos que definen las **cargas variables de fatiga**.

- Definir materiales con **curvas SN**.

- Definir **Sucesos de fatiga** para un estudio con tres tipos de carga.

Activación de SolidWorks Simulation y abrir el modelo a analizar

1. Pulse la opción **Abrir** del Menú de persiana **Archivo** y localice el modelo 3D incluido en el libro. El modelo se ha creado a partir de la reconstrucción de una pieza real fracturada por fatiga.

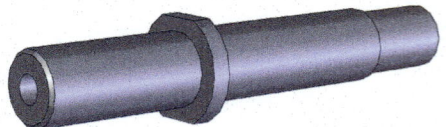 

Creación de los estudios estáticos

2. Para efectuar un **Estudio de Fatiga** de sucesos múltiples primero debe definir cada uno de los sucesos en distintos estudios estáticos. El modelo es un eje sometido a tres sucesos de carga distintos:

Fuerza (N)	Dirección	Tipo de carga	Porcentaje de uso (%)
3000	Eje X	LR=-1 (invertida)	55
1800	Eje Z	LR=0 (Base 0)	35
1750	Eje Y	Relación de cargas R=0.25	10

Pulse sobre **Estudio** desde el Menú de persiana SolidWorks Simulation y seleccione la opción **Estudio Estático** y escriba *Eje X* en **Nombre del estudio**. Pulse **Aceptar**.

Selección del material

3. Pulse con el botón secundario del ratón sobre la carpeta **eje** y seleccione **Aplicar/Editar material**. Seleccione desde la biblioteca de materiales un **Acero aleado (SS)**. Observe sus propiedades mecánicas en el cuadro de **Propiedades** y observe las curvas S-N pulsando la pestaña **Curvas S-N de fatiga**. Marque la opción **Derivar a partir de Mód. de elasticidad del material** y marque la opción **Basado en curvas ASME para aceros al carbono**. Si pulsa sobre **Ver** puede observar las curvas S-N en una nueva ventana y a mayor tamaño. Pulse **Aceptar**.

Definición de sujeciones

4. El eje se encuentra sometido a una fuerza de 3000 N sobre las caras indicadas en la figura. La cara interior del taladro está restringida mediante una restricción de **Geometría fija**. Para crear la **Sujeción** del **Estudio Estático** debe aplicar restricciones al movimiento del modelo en el taladrado. Pulse sobre **Sujeciones** con el botón secundario del ratón desde el Gestor de Simulación. Seleccione la opción **Geometría fija**.

5. Desde el PropertyManager de **Sujeciones** seleccione **Geometría fija** y la cara interior del taladro desde la Zona de Gráficos. Pulse **Aceptar**.

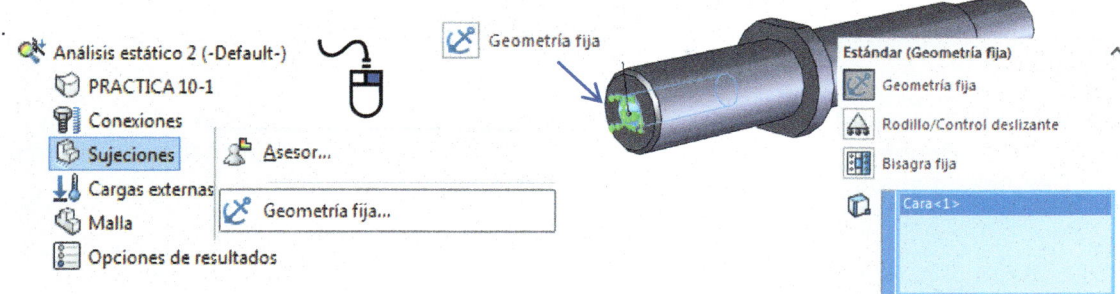

Definición de las cargas

6. Para definir una **Fuerza** de 3000 N sobre el eje pulse con el botón secundario del ratón sobre **Cargas externas** desde el Gestor de Simulación y seleccione **Fuerza**. En la pestaña **Tipo** seleccione las caras del eje indicadas en la figura. Pulse sobre **Dirección seleccionada** y seleccione el plano **Derecha** desde el Gestor de Simulación. Observe que sobre la cara del modelo se representan flechas en dirección de la fuerza aplicada. Seleccione **Sistema Internacional (SI)** en **Unidades** y en la pestaña **Fuerza (por elemento)** indique la fuerza de 3000 N. Active la casilla **Invertir dirección** si desea cambiar la dirección de la fuerza aplicada. Pulse **Aceptar** para crear la **Fuerza** actuante sobre su modelo.

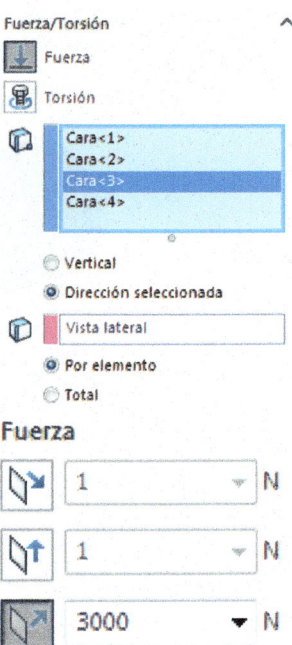

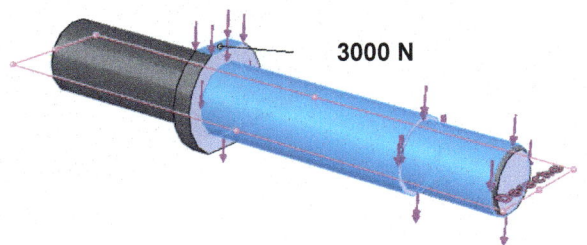

3000 N

Definición del mallado

7. Para definir la **Malla** sobre su modelo, pulse con el botón secundario del ratón sobre **Malla** desde el Gestor de Simulación o pulse sobre el icono **Malla** de la Barra de Herramientas. Seleccione del cuadro de diálogo emergente la opción **Crear malla.**

8. En **Parámetros de mallado** seleccione las opciones con la siguiente configuración: **Mallador**: Estándar. **Unidades**: mm. **Tamaño global**: 3 mm. **Tolerancia**: 0,15 mm. **Transición automática**: Desactivado. La malla creada tiene una densidad considerablemente fina. Pulse **Aceptar** para crear el mallado en su modelo. Las características del mallado deben ser iguales en los tres **Estudios Estáticos** (eje X, Y y Z) para que pueda resolverse bien el **Estudio de Fatiga**. Si emplea diferentes características en el mallado no se solucionará el **Estudio de Fatiga**, apareciendo un error en el mismo.

Ejecución y visualización de resultados

9. Pulse con el botón secundario del ratón sobre la primera de las etiquetas de su Gestor de Simulación. En la ventana emergente seleccione la primera de las opciones, **Ejecutar**. También puede pulsar el icono **Ejecutar** desde la Barra de Herramientas principal de Simulación.

10. Transcurridos unos segundos finaliza el proceso de cálculo y SolidWorks Simulation crea la carpeta **Resultados** en el Gestor de Simulación con los trazados de **Tensiones**, **Desplazamientos** o **Deformaciones unitarias**.

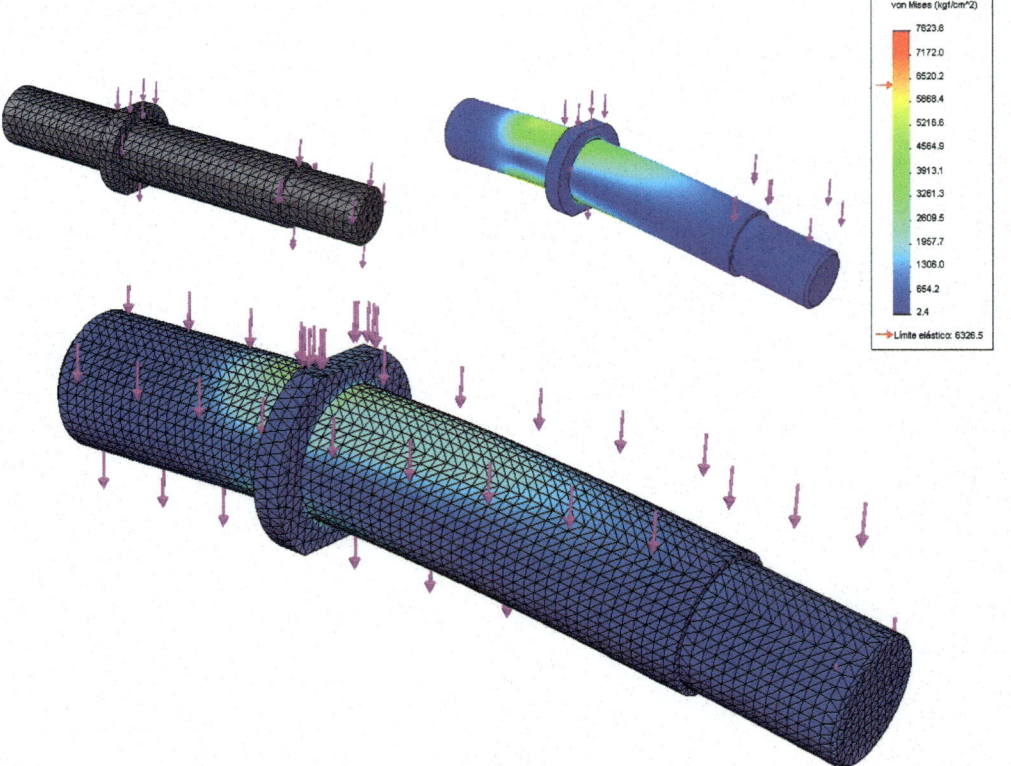

11. Repita los pasos anteriores y defina el **Estudio Estático** para el Eje Z y para el Eje Y. Las Sujeciones son las mismas que las definidas en el **Estudio Estático** del Eje X. Las cargas debe aplicarlas en los ejes Z e Y tal y como se indica en la siguiente tabla. Recuerde que puede usar la opción de copiar-pegar (materiales, sujeciones, fuerzas y características del mallado). También puede clonar su estudio y editarlo.

3000 N	Eje X	LR=-1 (invertida)	55%
1800 N	Eje Z	LR=0 (Base 0)	35%
1750 N	Eje Y	Relación de cargas R=0.25	10%

1800 N

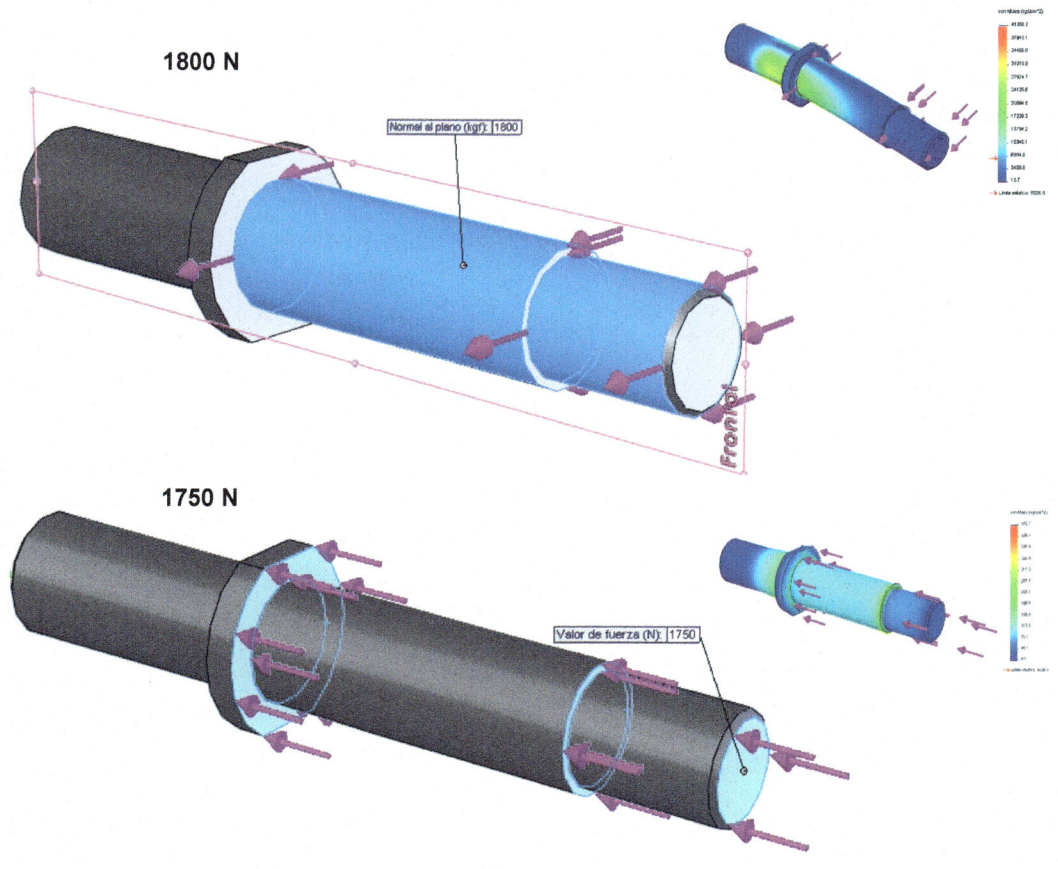

1750 N

Creación del Estudio de Fatiga y definición de las características del ensayo

12. Pulse sobre **Estudio** desde el Menú de persiana SolidWorks Simulation y seleccione la opción **Estudio Fatiga** y escriba *Práctica de fatiga* en **Nombre del estudio**. Pulse **Aceptar**.

13. Pulse con el botón secundario del ratón sobre el nombre del estudio de fatiga (Práctica de fatiga), desde el Gestor de Simulación y seleccione la opción **Propiedades**.

14. Seleccione la opción **Sin interacción** para que cada uno de los tres sucesos que van a definirse no tengan interacción entre ellos. Los sucesos actúan de manera secuencial, uno detrás del otro.

15. En **Calcular tensiones alternas** seleccione **Tensión equivalente (de von Mises)** así se determinará las tensiones alternas equivalentes necesarias para conocer, a partir de los diagramas S-N, el número de ciclos a la rotura.

16. Seleccione el Método de corrección de **Goodman** (método conservador) para las tensiones medias e indique un **Factor de reducción de resistencia a la fatiga** de 0.9.

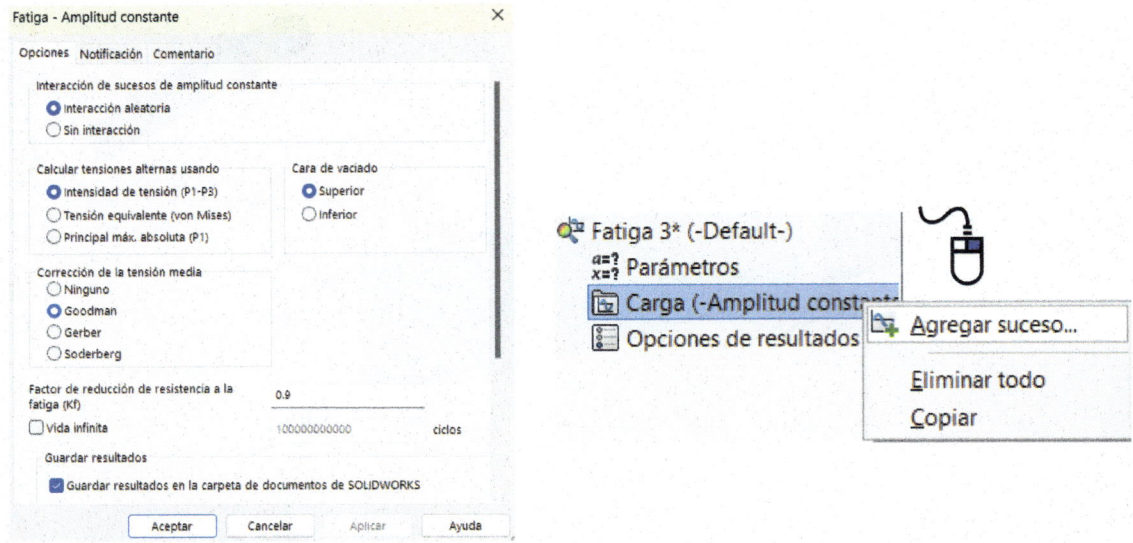

Definición del suceso

17. Debe agregar tres sucesos (constantes) para definir el **Estudio de Fatiga**. Para cada uno de ellos indique el **número de ciclos**, la **distribución de la carga** y asocie las características a los Estudios Estáticos, anteriormente definidos.

18. Para definir el **primer suceso**, pulse con el botón derecho del ratón sobre **Carga**, desde el Gestor de Simulación. Seleccione **Agregar suceso**. En **Número de ciclos** indique 55000. El número total de ciclos es de 100 000. En **Distribución de la carga** puede seleccionar **Completamente invertida** (LR=-1) y en **Asociación de estudio** seleccione el Estudio X definido en la primera parte de la práctica. Pulse **Aceptar**.

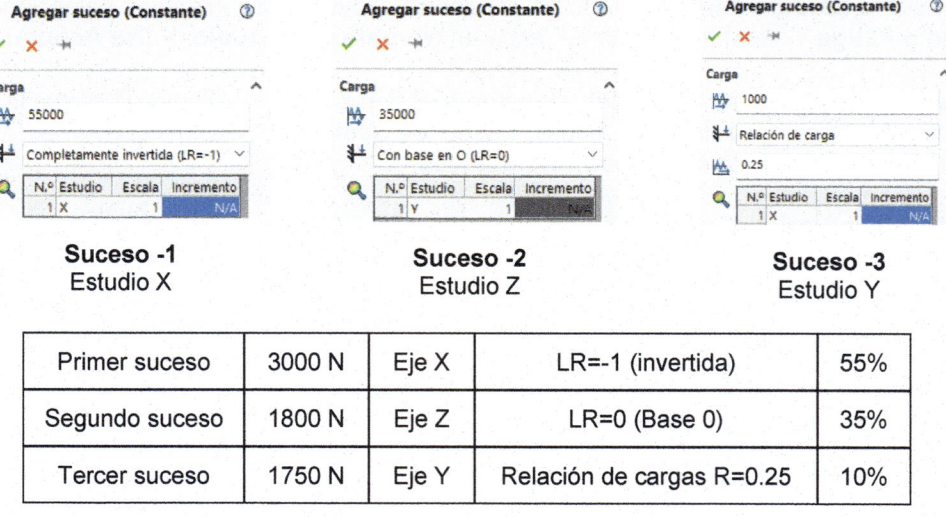

Suceso -1
Estudio X

Suceso -2
Estudio Z

Suceso -3
Estudio Y

Primer suceso	3000 N	Eje X	LR=-1 (invertida)	55%
Segundo suceso	1800 N	Eje Z	LR=0 (Base 0)	35%
Tercer suceso	1750 N	Eje Y	Relación de cargas R=0.25	10%

Defina el **suceso-2** y el **suceso-3** de la misma forma y según se muestra en la figura.

Ejecución del análisis (Trazado de daño)

19. Pulse sobre el icono **Ejecutar** para empezar con el análisis. Puede seleccionar el icono **Ejecutar** o pulsar sobre el nombre de su análisis desde el Gestor de Simulación y seleccionar la opción **Ejecutar**.

20. Pulse doble clic sobre **Resultados1(-Daño-)**. El trazado representa el porcentaje de vida consumidos por la fatiga en cada una de las zonas. Así, por ejemplo, en las zonas verdes se tiene un daño de 1.782e+002, lo que indica que los sucesos de fatiga consumen el 1,78% de la vida del modelo. Si observa la parte interior del taladro podemos encontrar daños superiores a los indicados.

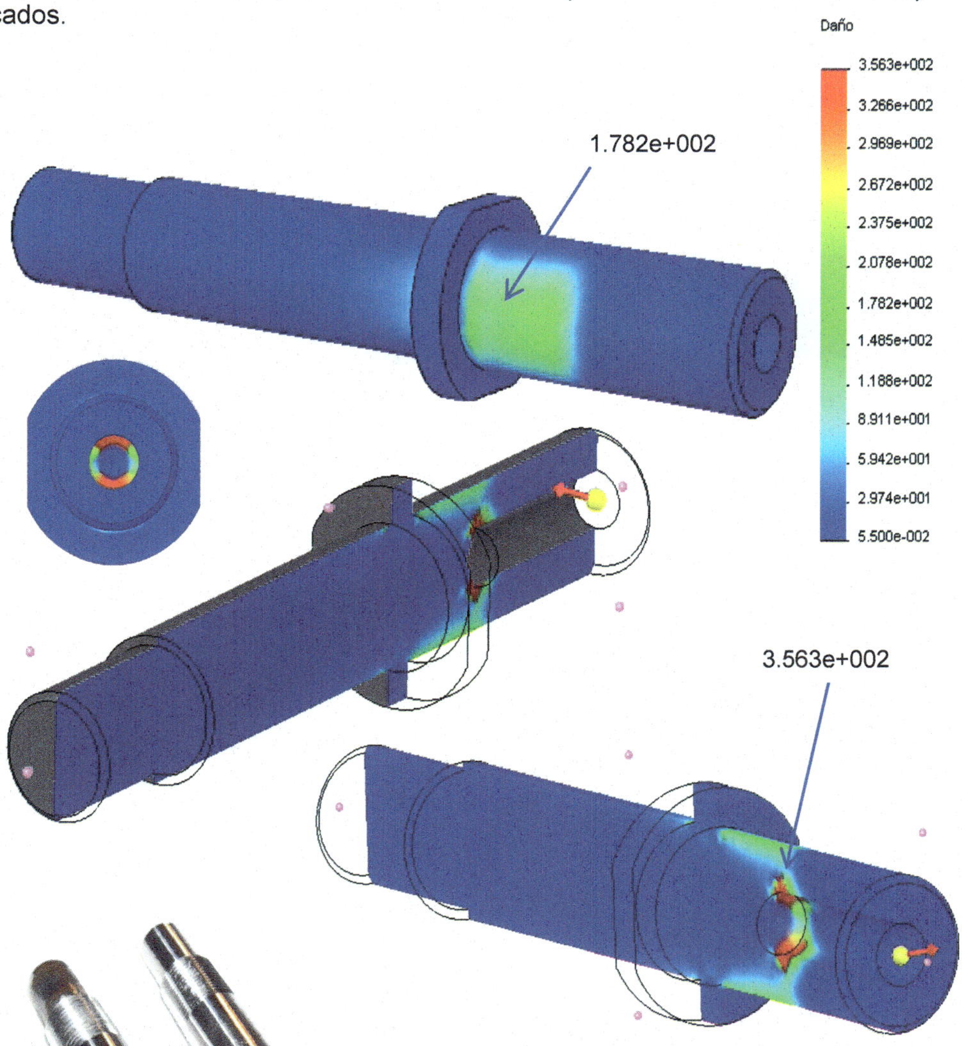

Daño

1.782e+002

3.563e+002
3.266e+002
2.969e+002
2.672e+002
2.375e+002
2.078e+002
1.782e+002
1.485e+002
1.188e+002
8.911e+001
5.942e+001
2.974e+001
5.500e-002

3.563e+002

Es posible que la incubación de la grieta de fatiga se haya realizado en el propio taladro, donde el daño es el máximo por ser un gran concentrador de tensiones. La grieta ha podido progresar hasta provocar la fractura sin, aparentemente, deformación plástica.

Iso-Superficies

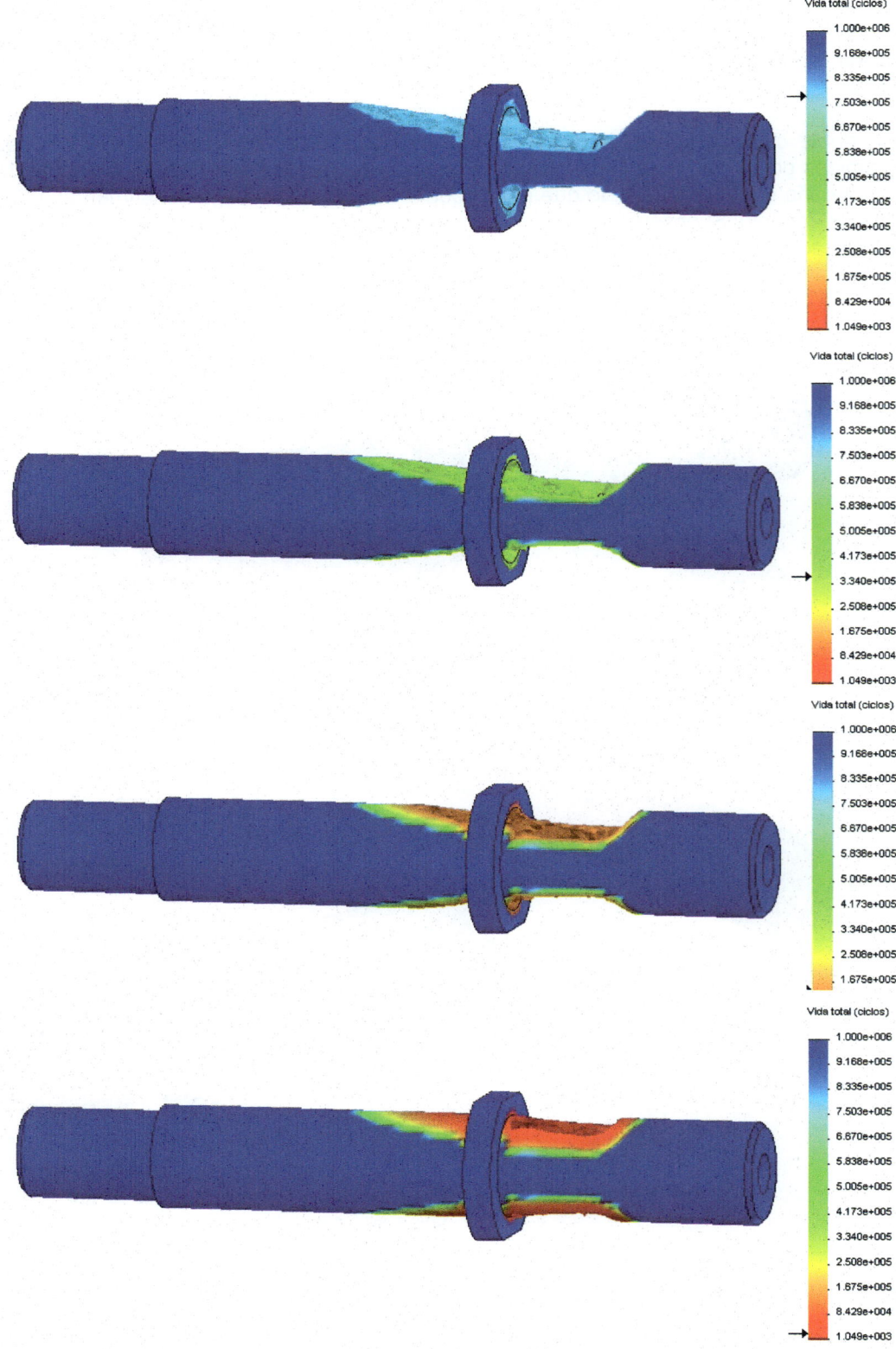

Práctica 71. SolidWorks Simulation X

Evalúe el comportamiento de la viga de acero aleado sometida a las cargas y las sujeciones indicadas en la figura. Utilice una malla estándar. Utilice el complemento SolidWorks Simulation.

⏳ 25 minutos

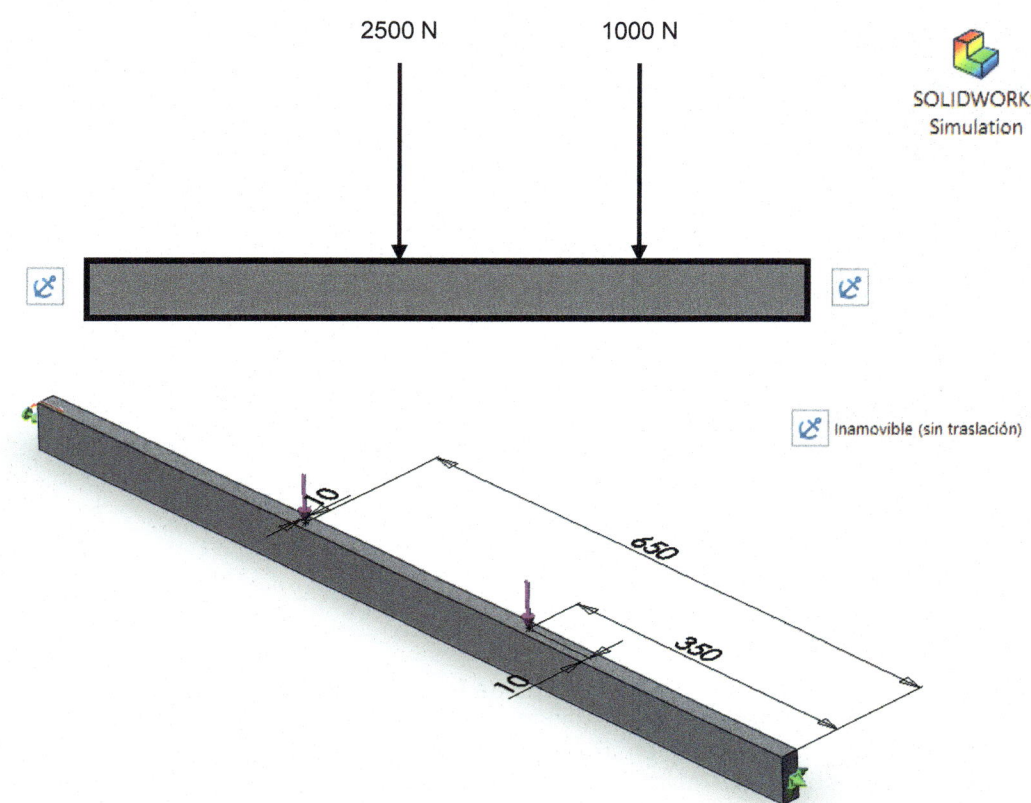

SOLIDWORKS
Simulation

Inamovible (sin traslación)

Objetivos del tutorial

- Crear un **Estudio Estático** de **viga**.

- Seleccionar el **Material**, **Fuerzas** y las **Sujeciones** de los extremos.

- Mallar y ejecutar el estudio.

- Estudiar los **diagramas de corte y momento** y el **listado de fuerzas de viga**.

Abrir el modelo a analizar y definir el estudio

1. Pulse sobre el Menú de persiana **Archivo** y seleccione **Abrir**. Localice el modelo de la práctica en los contenidos digitales que acompaña el libro.

2. Pulse sobre **Nuevo estudio** desde la Barra de Herramientas de **Simulation**. En el PropertyManager defina el Nombre del análisis (Viga) y seleccione **Análisis estático**. Pulse **Aceptar**.

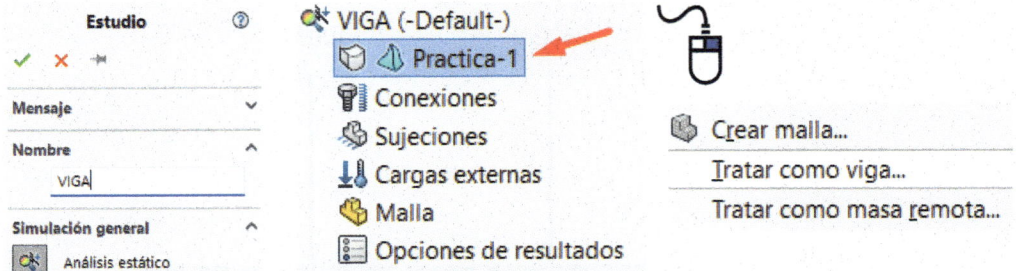

3. En el Gestor de Simulación pulse con el botón secundario sobre Practica-1 o el nombre asignado y seleccione la opción **Tratar como viga**. Al tratarse de un sólido es necesario hacer esta operación previa. Observe cómo cambia el icono que representa al modelo 3D. Aparecen las juntas en los extremos de la estructura.

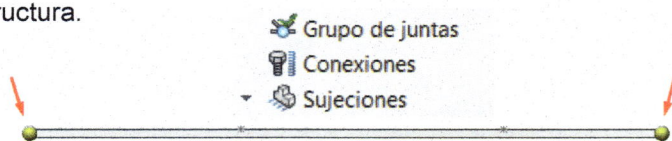

4. Pulse con el botón derecho sobre **Grupo de juntas** y seleccione la opción **Editar**. En el PropertyManager pulse **Calcular** para que aparezcan las juntas en **Resultados**. En nuestro caso aparecen las dos juntas de los extremos. Pulse **Aceptar**.

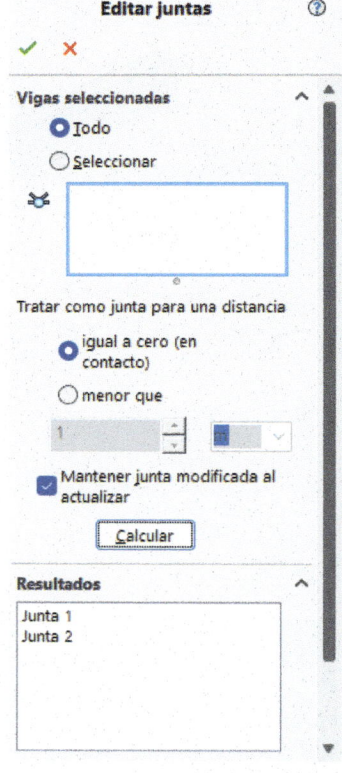

Asignación de materiales

5. Pulse con el botón derecho del ratón sobre el modelo en 3D (Viga) desde el Gestor de Simulación y seleccione la opción **Aplicar/Editar material**.

6. Seleccione un **Acero aleado** desde la biblioteca de SolidWorks. Pulse **Aceptar** para asignar el material a la viga.

Agregar sujeciones

7. Para definir la sujeción de la viga pulse con el botón secundario del ratón sobre **Sujeciones** y seleccione **Geometría fija**. En el PropertyManager seleccione **Inamovible (sin traslación)** en **Estándar**. Seleccione una de las dos juntas y pulse **Aceptar**. Repita la operación con la otra junta.

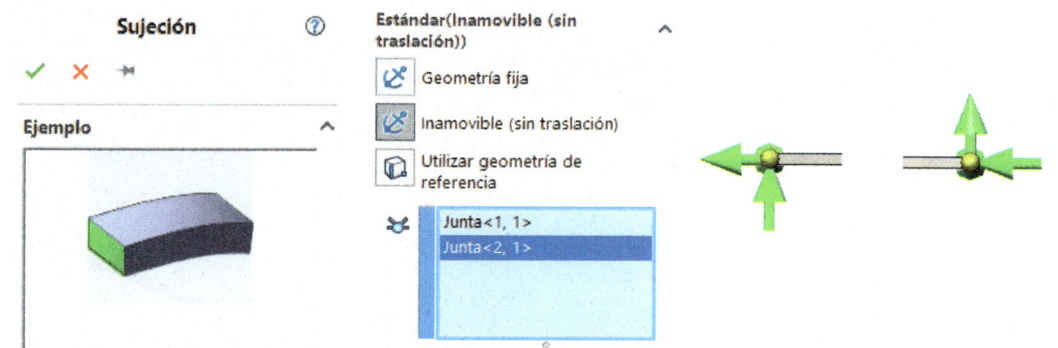

Agregar cargas en los puntos

8. Pulse con el botón derecho del ratón sobre **Cargas externas** en el Gestor de Simulación y seleccione la opción **Fuerza**.

9. En el PropertyManager de definición de **Fuerza** seleccione el **punto 1** desde la Zona de Gráficos pulsando sobre punto 1 del Gestor de diseño. Recuerde que debe expandir el Gestor de Diseño cuando está en la Zona de Gráficos.

10. En **Cara, arista, plano o eje para la dirección** seleccione la arista que define la viga para indicar la dirección de la fuerza aplicada. En **Unidades** seleccione **SI** (Sistema Internacional de Unidades) e indique 1000 N (Newton) en la casilla de **Fuerza**. Pulse **Aceptar** para terminar con la definición.

11. Repita el paso 11-14 para definir la fuerza de 2500 N que actúa sobre el punto 2. Observe que la fuerza de 2500 N es normal a la viga y el resto de las direcciones axial y transversal no están activadas. Tampoco están activados los momentos.

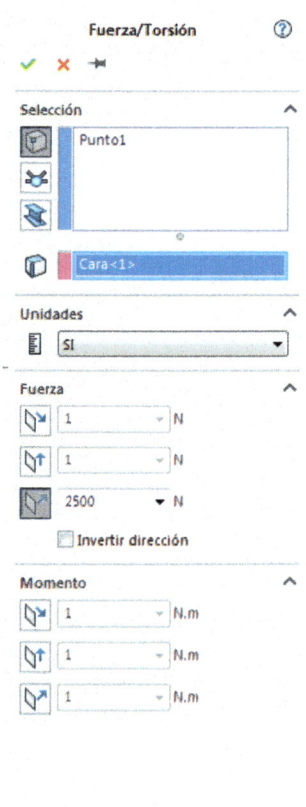

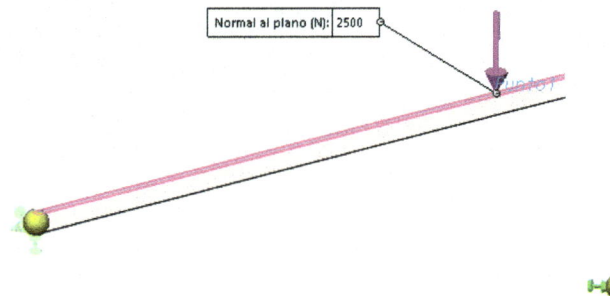

Creación de mallado y ejecución del análisis

12. Pulse con el botón derecho del ratón sobre **Malla** en el Gestor de Simulación. Seleccione **Crear malla**. La viga se divide en un número de elementos de viga.

13. Para ejecutar el análisis pulse con el botón derecho del ratón sobre el nombre del análisis en el Gestor de Simulación y seleccione **Ejecutar**.

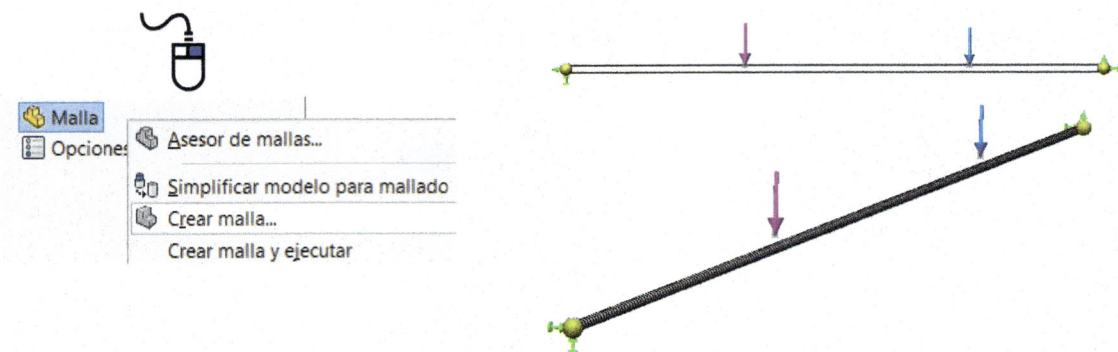

Visualizar los resultados

14. Observe que aparecen los diagramas de **tensiones** y **desplazamientos** en la carpeta **Resultados**. Realice un doble clic con el botón izquierdo sobre cada uno de ellos para visualizarlos en pantalla.

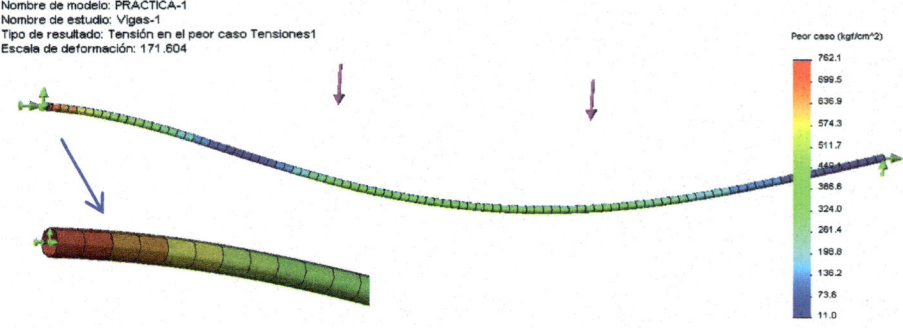

Crear diagrama de corte

15. Para crear un diagrama de corte pulse con el botón derecho del ratón sobre la carpeta **Resultados** y seleccione **Definir diagrama de vigas**.

16. En el PropertyManager de diagrama de vigas seleccione **Fuerza cortante en Dir.1** en la pestaña de **Visualizar**. En **Unidades** marque la opción **N** (Newtons). Pulse **Aceptar** para crear el diagrama.

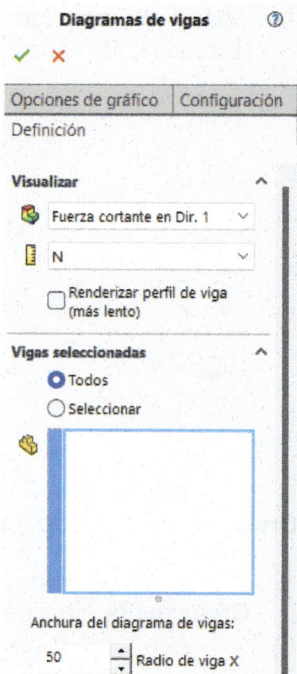

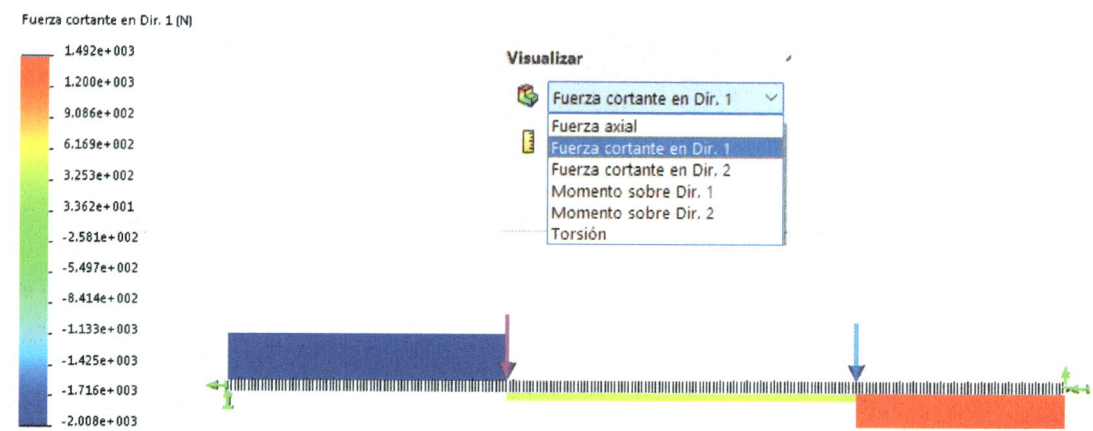

Crear diagrama de momento

17. Para crear un diagrama de momentos pulse con el botón derecho del ratón sobre la carpeta **Resultados** y seleccione **Definir diagrama de vigas**.

18. En el PropertyManager seleccione **Momento en Dir.2** en la pestaña **Visualizar**. La dirección 1 siempre representa el lado más largo de la sección de una viga mientras que la dirección 2 representa la más corta. En **Unidades** marque la opción **N** (Newtons). Pulse **Aceptar** para crear el diagrama.

Dirección 2

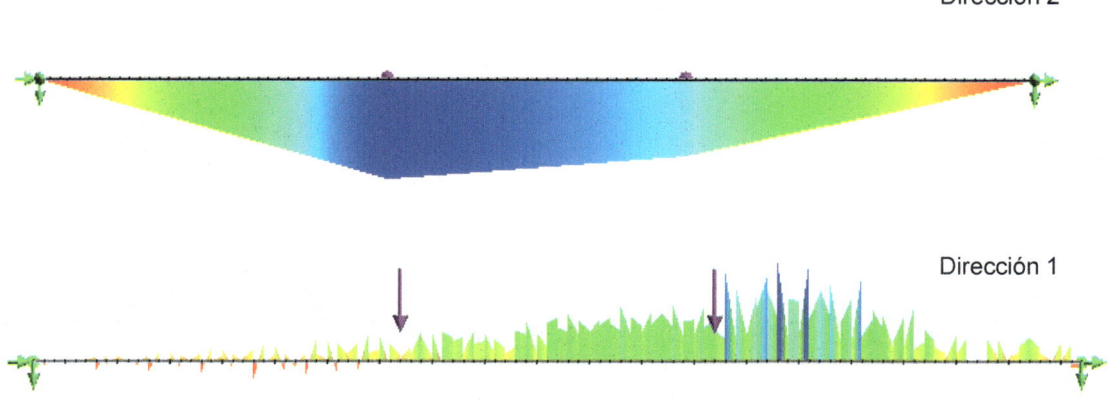

Dirección 1

Listar las fuerzas de viga

19. Para crear un listado con las fuerzas en cada uno de los puntos de la viga pulse con el botón derecho del ratón sobre la carpeta **Resultados** y seleccione **Enumerar fuerzas de vigas**.

20. En el PropertyManager seleccione **Fuerzas** y el sistema de **Unidades** (Newtons).

21. Observe para cada uno de los elementos la condición inicial y final y los valores de fuerza axial, cortante1, cortante2, Momento 1, Momento 2 y torsión. Pulse **Cerrar** para finalizar.

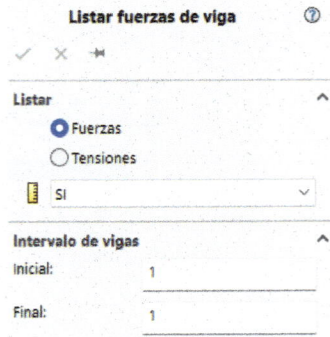

Listar fuerzas de viga

Listar
- Fuerzas
- Tensiones

SI

Intervalo de vigas

Inicial: 1

Final: 1

Listar fuerzas

Nombre de estudio:Análisis estático 1

☐ Mostrar sólo valores extremos

Unidades: SI

☐ Mostrar sólo puntos finales de viga

Nombre de viga	Elemento	Final	Axial (N)	Cortante1 (N)	Cortante2 (N)	Momento 1 (N.m)	Momento 2 (N.m)	Torsión (N.m)
Viga-1(Línea de partición1)								
	1	1	-5,3252e-20	-2.008,1	-2,1771e-13	2,7142e-13	-2.503,3	-4,4136e-14
		2	5,3252e-20	2.008,1	2,1771e-13	-2,6614e-13	2.454,5	4,4136e-14
	2	1	-1,9059e-20	-2.008,1	-2,1772e-13	2,6614e-13	-2.454,5	-4,4133e-14
		2	1,9059e-20	2.008,1	2,1772e-13	-2,6085e-13	2.405,8	4,4133e-14
	3	1	-5,3247e-20	-2.008,1	-2,1772e-13	2,6085e-13	-2.405,8	-4,413e-14
		2	5,3247e-20	2.008,1	2,1772e-13	-2,5556e-13	2.357	4,413e-14
	4	1	-5,3257e-20	-2.008,1	-2,1772e-13	2,5556e-13	-2.357	-4,4141e-14
		2	5,3257e-20	2.008,1	2,1772e-13	-2,5027e-13	2.308,2	4,4141e-14
	5	1	-5,3248e-20	-2.008,1	-2,1772e-13	2,5027e-13	-2.308,2	-4,4131e-14
		2	5,3248e-20	2.008,1	2,1772e-13	-2,4498e-13	2.259,4	4,4131e-14
	6	1	-5,3247e-20	-2.008,1	-2,1772e-13	2,4498e-13	-2.259,4	-4,413e-14
		2	5,3247e-20	2.008,1	2,1772e-13	-2,3969e-13	2.210,6	4,413e-14

Cerrar   Guardar   Ayuda

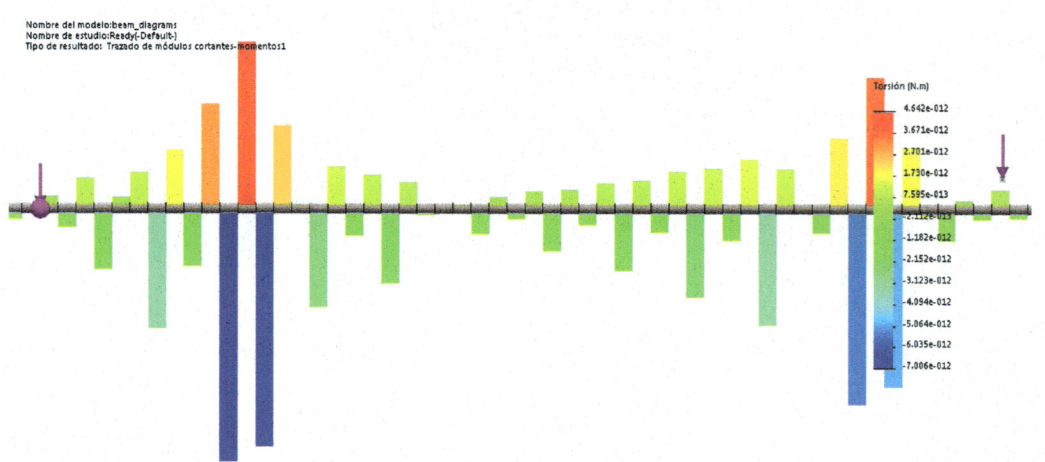

Nombre del modelo:beam_diagrams
Nombre de estudio:Ready[-Default-]
Tipo de resultado: Trazado de módulos cortantes-momentos1

Torsión (N.m)
4.642e-012
3.671e-012
2.701e-012
1.730e-012
7.595e-013
-2.112e-013
-1.182e-012
-2.152e-012
-3.123e-012
-4.094e-012
-5.064e-012
-6.035e-012
-7.006e-012

ℹ Recuerde que los elementos de viga pueden ser tratados en estudios estáticos, de frecuencia, pandeo y no lineales. La solución de grandes desplazamientos puede usarse en vigas.

Práctica 72. SolidWorks Simulation XI

Evalúe el comportamiento de la estructura sometida a la carga de 5000 N y las sujeciones fijas inamovibles en los dos extremos. Defina el material como un acero laminado en caliente y la malla estándar. Utilice el complemento SolidWorks Simulation.

⧖ 20 minutos

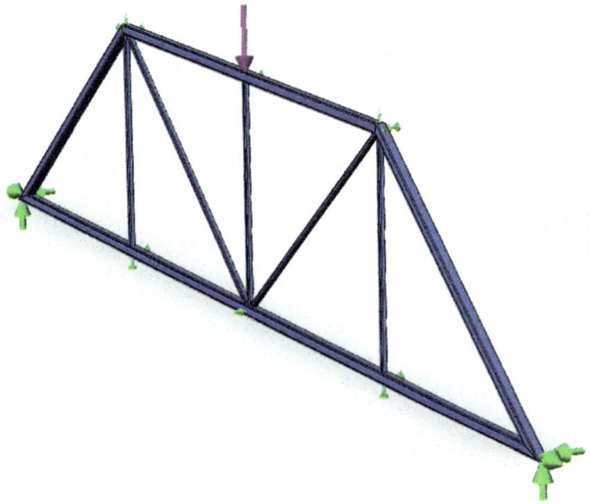

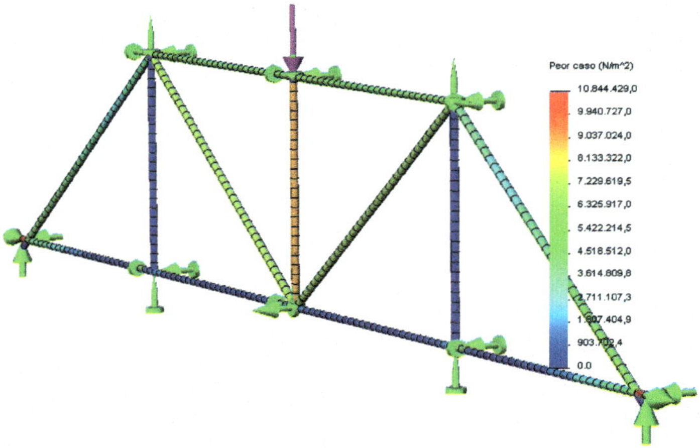

Objetivos del tutorial

- Crear un Estudio Estático definiendo las cabezas de armadura y definir las condiciones de contorno (**Material**, **Fuerzas** y **Sujeciones**).

- Mallar y ejecutar el estudio.

- Crear **Trazados de desplazamiento en UY**, **Fuerzas de reacción** e **Identificar valores**.

- Crear **Diagramas de Viga** y determinar el **Factor de Seguridad**.

Abrir el modelo a analizar y definir el estudio

1. Descargue el modelo de la práctica que acompaña el libro. Pulse sobre el Menú de persiana **Archivo** y seleccione **Abrir**. Localice el modelo de la práctica y pulse **Aceptar.** Pulse sobre **Nuevo estudio** desde la Barra de Herramientas de **Simulation**. En el PropertyManager defina el Nombre del análisis y seleccione **Estático**. Pulse **Aceptar**.

   El modelo descargado se ha creado mediante el empleo de la herramienta **Miembro estructural** incluida en la Barra de Herramientas de **Piezas Soldadas**. Inicialmente debe crear un croquis con el perfil de la estructura y, posteriormente, debe generar el miembro estructural pulsando sobre el icono y seleccionando las entidades de croquis desde la Zona de Gráficos.

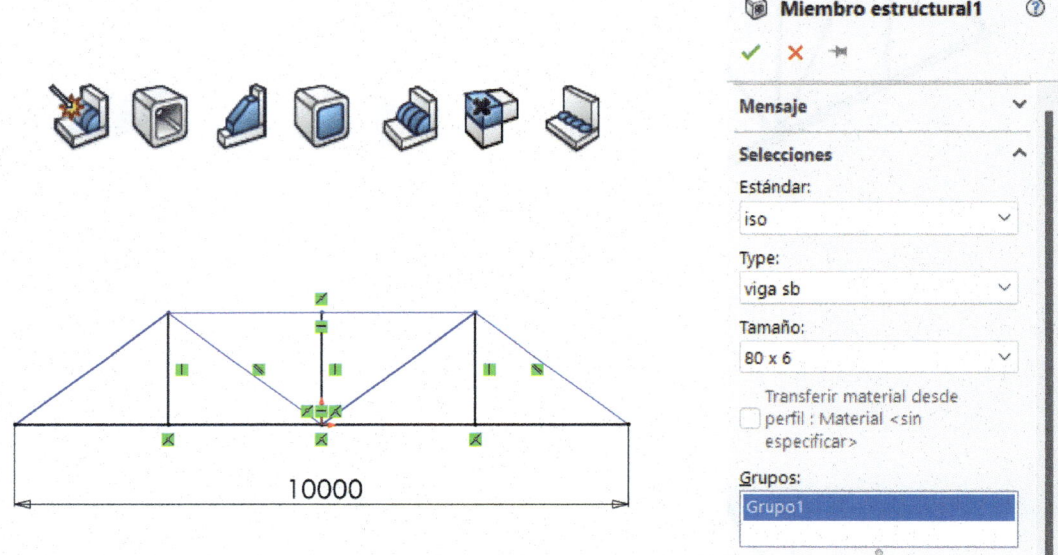

Seleccione los segmentos de croquis y defina sus características desde el PropertyManager de **Miembro estructural** (**Estándar**, **Tipo**, **Tamaño** y **Grupo de croquis**). Debe repetir el proceso para el resto de los elementos estructurales.

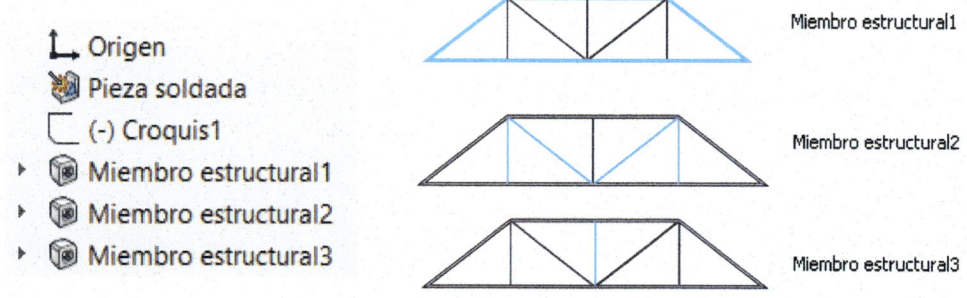

Creación de cabezas de armadura

2. Para definir las **Cabezas de armadura** en la estructura pulse con el botón secundario del ratón sobre cada uno de los sólidos que conforman la estructura y seleccione **Editar definición**. Desde el PropertyManager marque la casilla **Cabeza de armadura** y pulse **Aceptar**.

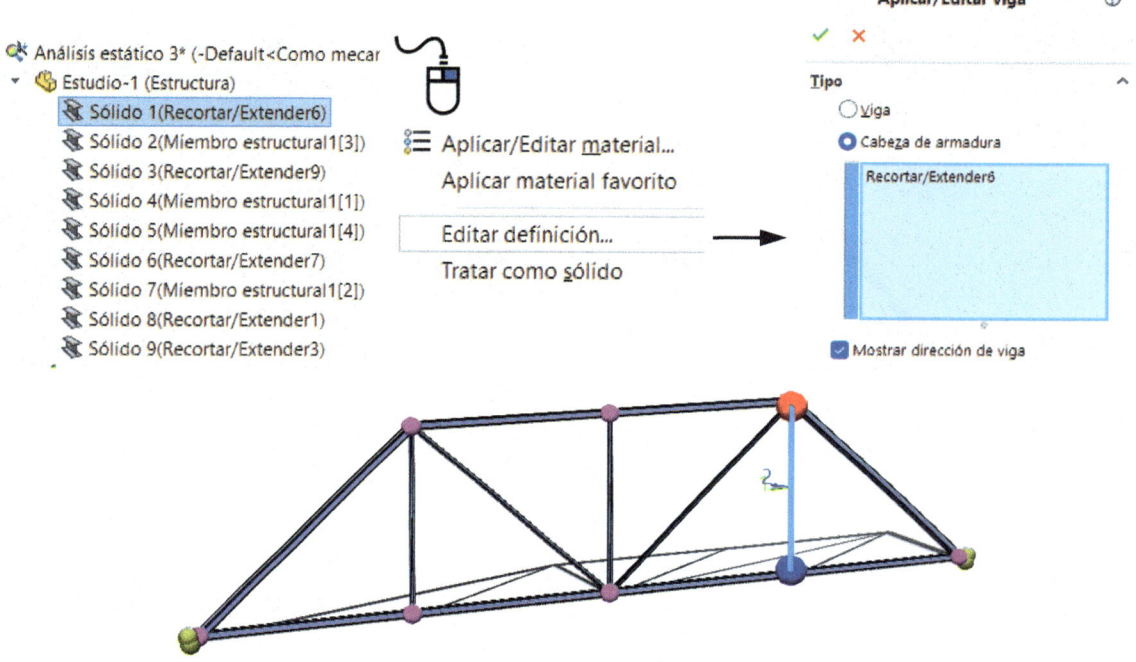

Selección del material

3. Pulse con el botón secundario del ratón sobre la primera de las carpetas (contiene el icono de una estructura metálica). Seleccione **Aplicar/Editar material a todos los sólidos**.

4. Seleccione el material **Barra de acero laminada en caliente** desde la carpeta **SolidWorks Materiales, Aceros**. Pulse **Aplicar** y **Cerrar**.

Definir juntas

5. Pulse con el botón secundario del ratón sobre **Grupo de juntas** desde el Gestor de Simulación y seleccione **Editar**. Seleccione **Todo**, pulse **Calcular** y **Aceptar**. Observe en la pestaña **Resultados** las juntas creadas.

Asignar carga

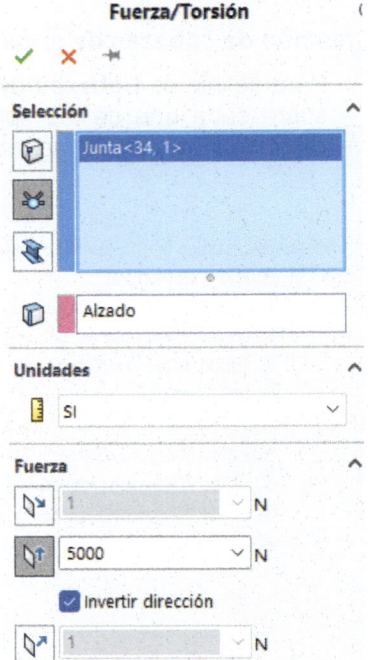

Fuerza/Torsión

6. Pulse con el botón secundario del ratón sobre **Cargas Externas** desde el Gestor de Simulación y seleccione **Fuerza**. Active la casilla de **Juntas** y seleccione desde la Zona de Gráficos la junta superior de la estructura <14, 1>. En **Plano de referencia**, seleccione el **Alzado** desde Gestor de Diseño.

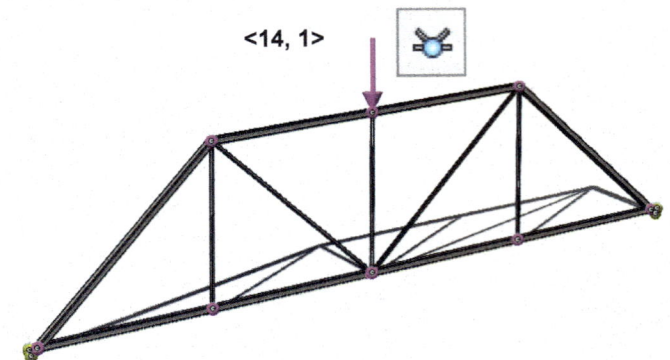

7. En **Unidades** seleccione **SI** y en **Fuerza** indique 5000 N **a lo largo del plano de dirección 2**. Pulse invertir dirección para que la fuerza se apunte hacia abajo. Pulse **Aceptar** para crear la fuerza.

Creación de sujeciones (Fijas e inamovibles)

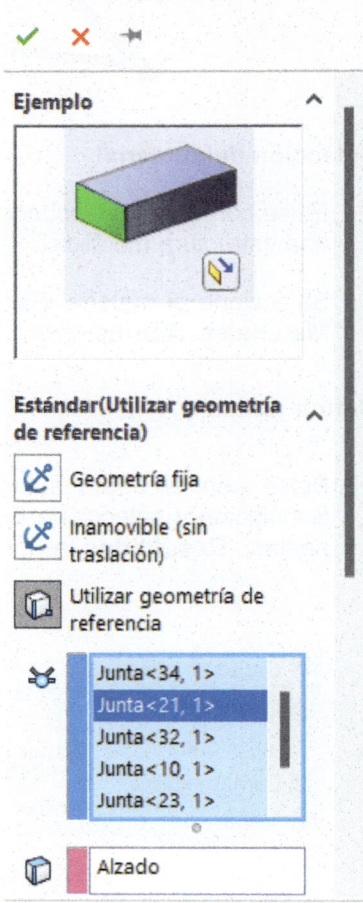

Sujeción

8. Pulse con el botón secundario del ratón sobre **Sujeciones** desde el Gestor de Simulación y seleccione **Geometría fija**. Seleccione cada una de las juntas indicadas en la figura. Pulse **Aceptar**.

9. Seleccione **Utilizar geometría de referencia**. En **Cara, arista, plano o eje para la dirección** indique el plano frontal desde el Gestor de Diseño. En **Traslaciones** pulse sobre **Normal al plano** e indique 0 mm de desplazamiento permitido. Pulse **Aceptar**.

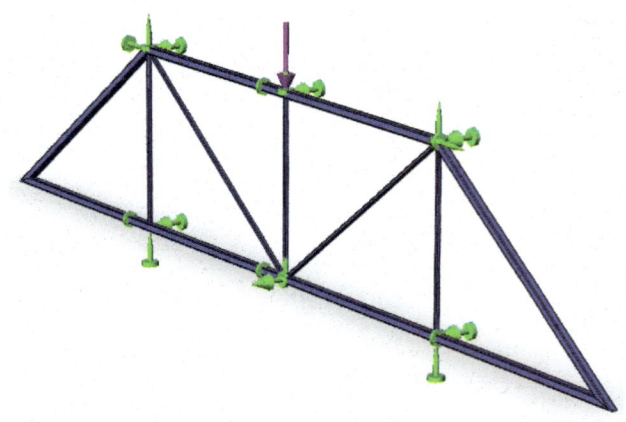

10. Vuelva a repetir el paso 9 pero ahora seleccione **Inamovible (sin traslación)**. Seleccione las dos juntas de los extremos. Pulse **Aceptar**.

Definición del mallado y ejecución

11. Pulse con el botón secundario del ratón sobre **Malla** desde el Gestor de Simulación o pulse sobre el icono **Malla** de la Barra de Herramientas. Seleccione del cuadro de diálogo emergente la opción **Crear malla**. No puede definir las características de la malla en la creación de vigas. Pulse **Aceptar** para crear el mallado en su modelo.

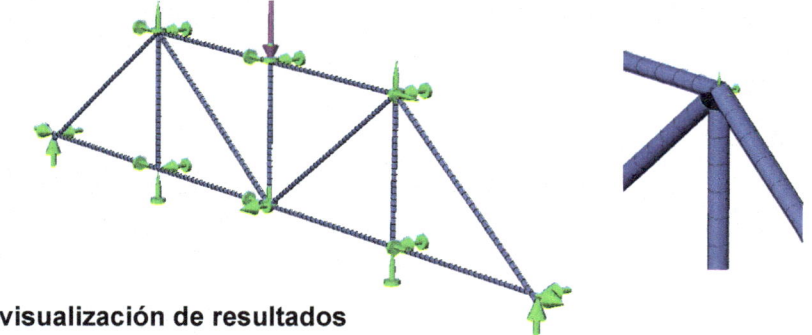

Ejecución y visualización de resultados

12. Pulse con el botón secundario del ratón sobre la primera de las etiquetas de su Gestor de Diseño **(Estudio 1).** En la ventana emergente seleccione la primera de las opciones, **Ejecutar**.

13. Al finalizar se crea la carpeta **Resultados** en el Gestor de Simulación. Realice un doble clic sobre **Tensiones1** o en **Desplazamientos1**.

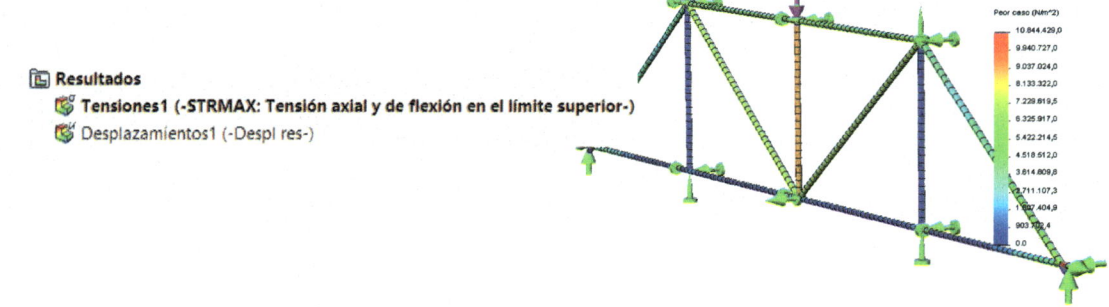

Gráfico de desplazamientos

14. Pulse con el botón secundario del ratón sobre carpeta **Resultados** desde el Gestor de Simulación. En la ventana emergente seleccione **Definir trazado de desplazamientos**.

15. En el PropertyManager seleccione **UY: Desplazamiento de Y** en **Componente** y milímetros en las **Unidades**. En **Forma deformada** seleccione **Escala Real**. Pulse **Aceptar** para crear el trazado.

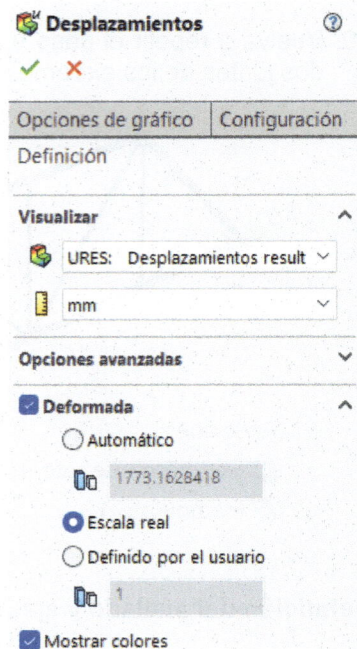

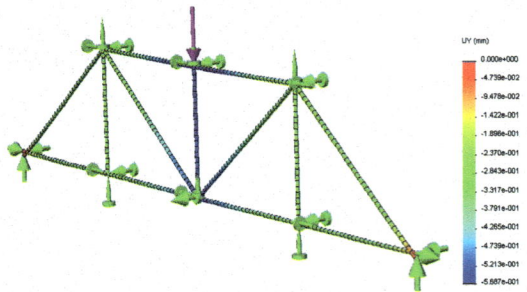

Gráfico de fuerzas de reacción

16. Pulse con el botón secundario del ratón sobre carpeta **Resultados** desde el Gestor de Simulación.

17. Seleccione **Definir trazado de desplazamientos**. En el PropertyManager seleccione **RFY: Fuerza de reacción de Y** en **Componente** y milímetros en **Unidades**. En **Forma deformada** seleccione **Escala Real**. Pulse **Aceptar** para crear el trazado.

Identificar valores de fuerzas de reacción

18. Pulse con el botón secundario del ratón sobre el trazado de **Desplazamientos1** desde el Gestor de Simulación. Seleccione **Identificar valores**.

19. Seleccione los nodos desde la Zona de Gráficos. Observe el valor de la fuerza de reacción para cada uno de los nodos seleccionados. Pulse **Aceptar**.

Diagrama de vigas

20. Pulse con el botón secundario del ratón sobre la carpeta **Resultados** desde el Gestor de Simulación y seleccione **Definir Diagrama de vigas**.

21. En el PropertyManager de **Diagrama de Vigas** seleccione el **Componente** (Fuerza axial, Fuerza cortante en Dir. 1, Fuerza cortante en Dir. 2, Momento en Dir. 1, Momento en Dir. 2 o Torsión). En **Vigas seleccionadas** pulse sobre **Todos** para realizar el trazado sobre todas las vigas o seleccione algunas de ellas desde la Zona de Gráficos. Defina el **Radio de la viga** y pulse **Aceptar**.

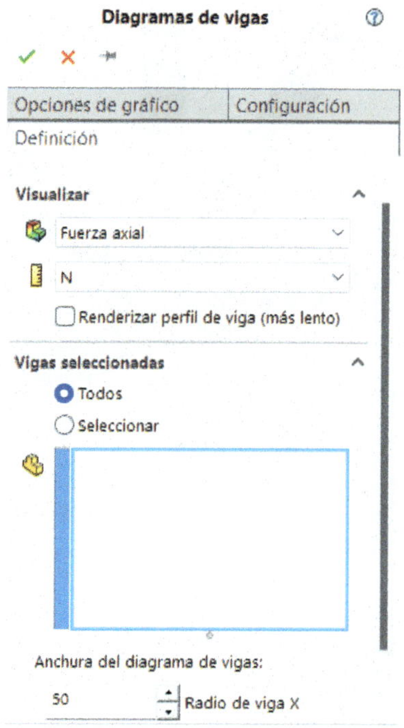

Diagramas de vigas ⑦

Opciones de gráfico	Configuración
Definición	

Visualizar ⌃

🧊 Fuerza axial ⌄

🔢 N ⌄

☐ Renderizar perfil de viga (más lento)

Vigas seleccionadas ⌃

◉ Todos
○ Seleccionar

Anchura del diagrama de vigas:

50 ⇅ ┆ Radio de viga X

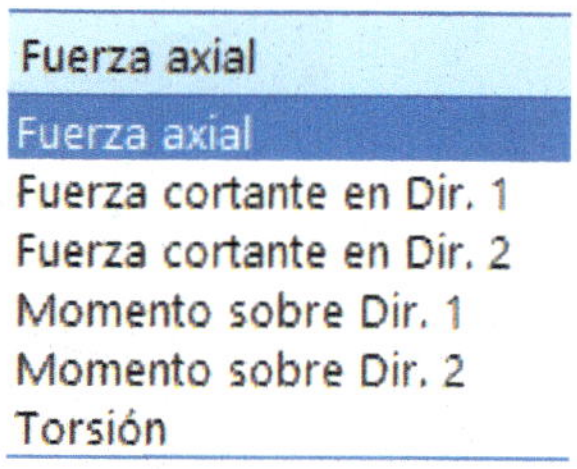

Fuerza axial
Fuerza axial
Fuerza cortante en Dir. 1
Fuerza cortante en Dir. 2
Momento sobre Dir. 1
Momento sobre Dir. 2
Torsión

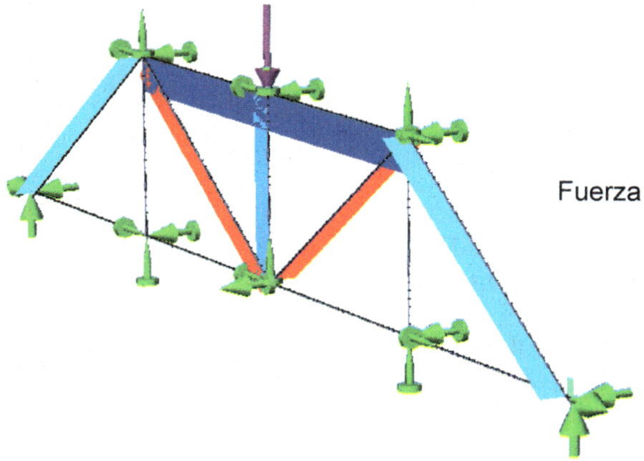

Fuerza axial

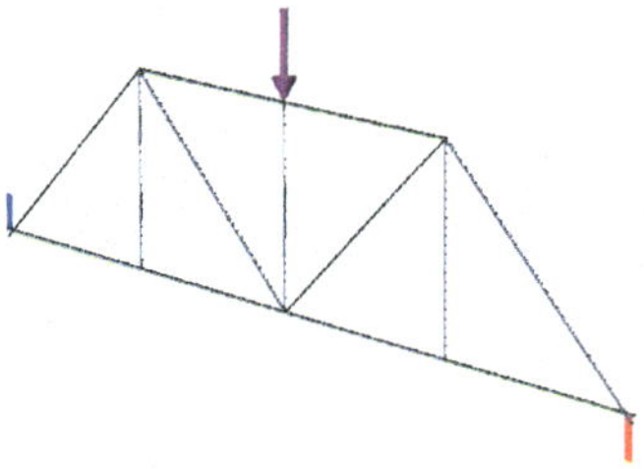

Fuerza Cortante Dir.1 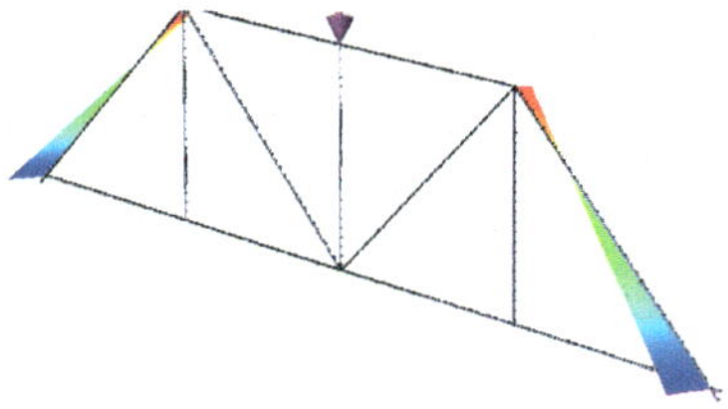   Momento Dir.1 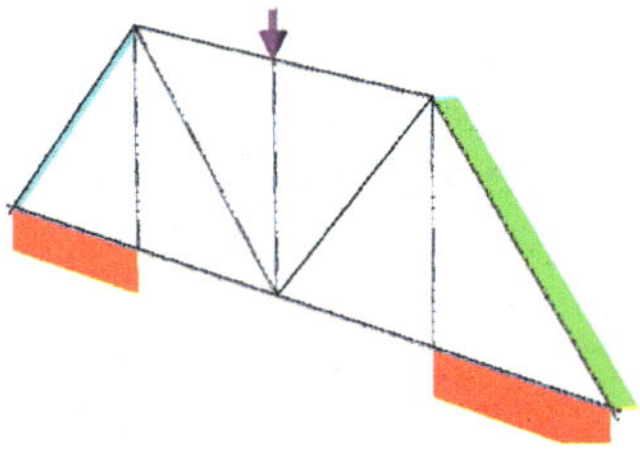   Torsión

Factor de seguridad

22. Pulse con el botón secundario del ratón sobre la carpeta **Resultados** desde el Gestor de Simulación y seleccione **Definir trazado de Factor de Seguridad**.

23. En el **Paso 1/3** seleccione **Todos** los **Componentes** y **Automático** en el **Criterio** de cálculo a utilizar. Pulse Siguiente.

24. En el **Paso 2/3** seleccione 1 como **Factor de multiplicación**.

25. **Paso 3/3**. Seleccione **Áreas por debajo del factor de Seguridad**. Observe desde la Zona de Gráficos las áreas rojas del modelo que se encuentran por debajo del **Factor de Seguridad**.

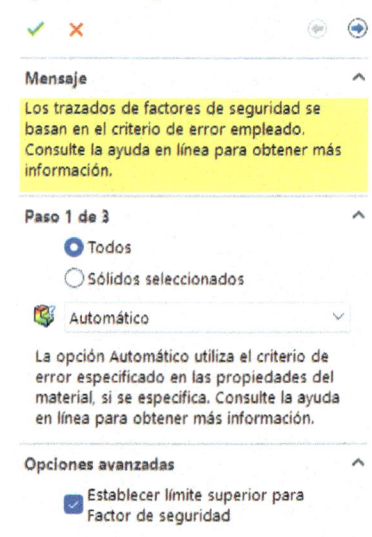

🧊 **Factor de seguridad** ⑦

✓ ✕   ⊛ ⊛

Mensaje ⌃

Los trazados de factores de seguridad se basan en el criterio de error empleado. Consulte la ayuda en línea para obtener más información.

Paso 1 de 3 ⌃

◉ Todos
○ Sólidos seleccionados

🧊 Automático ⌄

La opción Automático utiliza el criterio de error especificado en las propiedades del material, si se especifica. Consulte la ayuda en línea para obtener más información.

Opciones avanzadas ⌃

☑ Establecer límite superior para Factor de seguridad

3

Las áreas en rojo
muestran las regiones
por debajo del factor
de seguridad.

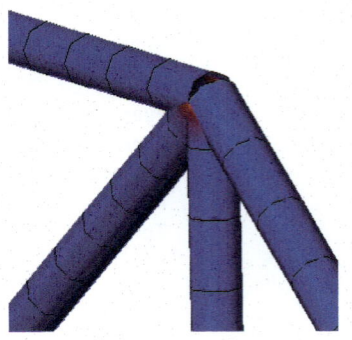
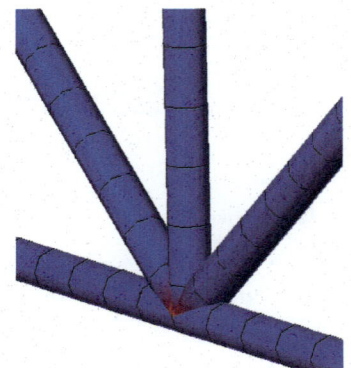

Listar fuerzas de viga

26. Pulse con el botón secundario del ratón sobre la carpeta **Resultados** desde el Gestor de Simulación y seleccione **Enumerar fuerzas de viga**.

27. En el PropertyManager seleccione **Fuerzas** o **Tensiones**. En **Fuerzas** se muestra los valores axiales, de corte y momento en las direcciones 1 y 2, y de tensión alrededor de la dirección axial. En **Tensiones** se indica los valores de la tensión axial, de flexión, cortante, torsional y la de peor resultado.

28. Seleccione las **Unidades** y el **Intervalo de vigas**. Defina un calor para **Inicial** y otro para **Final**. Recuerde que los números se corresponden con la lista de la carpeta de **Vigas** del Gestor de Simulación. Pulse en **Guardar**. Puede guardar la tabla de forma que sea compatible con Excel. Pulse **Aceptar**.

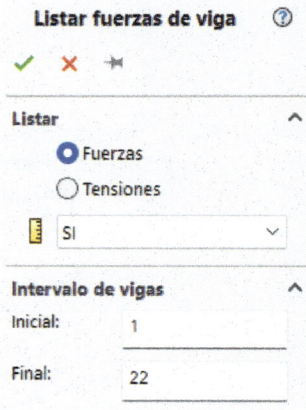

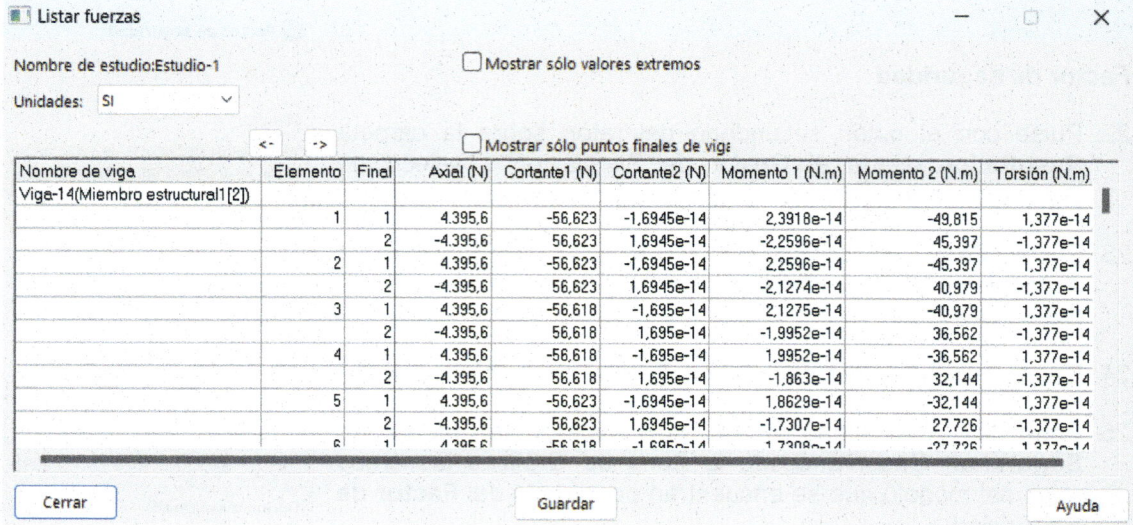

Listar fuerzas — Nombre de estudio: Estudio-1. Unidades: SI

Nombre de viga	Elemento	Final	Axial (N)	Cortante1 (N)	Cortante2 (N)	Momento 1 (N.m)	Momento 2 (N.m)	Torsión (N.m)
Viga-14(Miembro estructural1[2])								
	1	1	4.395,6	-56,623	-1,6945e-14	2,3918e-14	-49,815	1,377e-14
		2	-4.395,6	56,623	1,6945e-14	-2,2596e-14	45,397	-1,377e-14
	2	1	4.395,6	-56,623	-1,6945e-14	2,2596e-14	-45,397	1,377e-14
		2	-4.395,6	56,623	1,6945e-14	-2,1274e-14	40,979	-1,377e-14
	3	1	4.395,6	-56,618	-1,695e-14	2,1275e-14	-40,979	1,377e-14
		2	-4.395,6	56,618	1,695e-14	-1,9952e-14	36,562	-1,377e-14
	4	1	4.395,6	-56,618	-1,695e-14	1,9952e-14	-36,562	1,377e-14
		2	-4.395,6	56,618	1,695e-14	-1,863e-14	32,144	-1,377e-14
	5	1	4.395,6	-56,623	-1,6945e-14	1,8629e-14	-32,144	1,377e-14
		2	-4.395,6	56,623	1,6945e-14	-1,7307e-14	27,726	-1,377e-14
	6	1	4.395,6	-56,618	-1,695e-14	1,7308e-14	-27,726	1,377e-14

Cerrar · Guardar · Ayuda

Práctica 73. SolidWorks Simulation XII

A partir de las cargas y restricciones indicadas en el modelo de la figura determine la tensión (MPa) y la deformación máxima (mm). El cuadro de la bici es de una Aleación aluminio 7079. Utilice el complemento SolidWorks Simulation.

⏳ 20 minutos

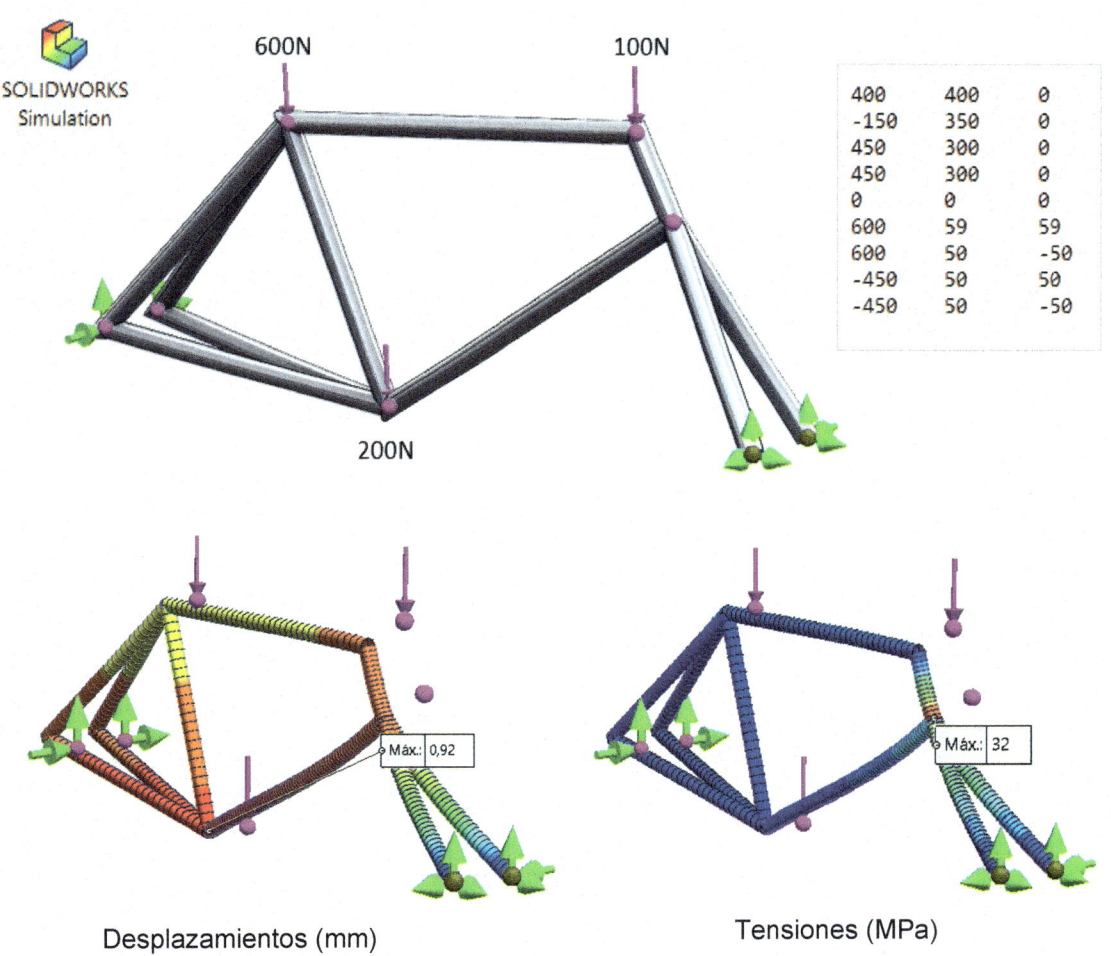

400	400	0
-150	350	0
450	300	0
450	300	0
0	0	0
600	59	59
600	50	-50
-450	50	50
-450	50	-50

Desplazamientos (mm)

Tensiones (MPa)

Objetivos del tutorial

- Crear un **Estudio Estático** de la estructura del marco de la bici y definir las condiciones de contorno (**Material**, **Fuerzas** y **Sujeciones**).

- Mallar y ejecutar el estudio.

- Determinar tensión máxima y desplazamiento máximo.

Abrir el modelo a analizar y definir el estudio

1. Descargue el modelo de la práctica que acompaña el libro. Pulse sobre el Menú de persiana **Archivo** y seleccione **Abrir**. Active el complemento de **SolidWorks Simulation** desde el Menú **Herramientas**, **Complementos**. Pulse sobre **Nuevo estudio** desde la Barra de Herramientas de **Simulation**. En el PropertyManager defina el Nombre del análisis y seleccione **Estático**. Pulse **Aceptar**. El modelo descargado se ha creado mediante el empleo de la herramienta **Miembro estructural** en la práctica 18 mediante las herramientas de **Piezas Soldadas**.

Definición de las condiciones de contorno

2. Para definir el material en todas las barras de la bici pulse con el botón derecho del ratón sobre BICI y seleccione la opción **Aplicar el material a todos los sólidos**. Seleccione una Aleación de aluminio 7079 y pulse **Aceptar**. Observe que se aplica el material a todas las barras que conforman la estructura del marco de la bicicleta.

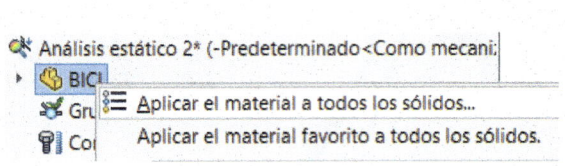

Propiedad	Valor	Unidades
Módulo elástico	7.2e+10	N/m^2
Coeficiente de Poisson	0.33	N/D
Módulo cortante	2.7e+10	N/m^2
Densidad de masa	2700	kg/m^3
Límite de tracción		N/m^2
Límite de compresión		N/m^2
Límite elástico		N/m^2
Coeficiente de expansión térmica	2.5e-05	/K
Conductividad térmica	120	W/(m·K)

3. Para definir las cargas que actúan sobre el marco de la bici pulse sobre **Cargas externas** y seleccione **Fuerza**. En **Selección**, seleccione la Junta <20, 1> desde la Zona de Gráficos (ver figura). Seleccione el plano Planta para definir la dirección de aplicación de la carga e indique un valor de 100 N **Normal al plano**. Active la casilla **Invertir dirección**. Pulse **Aceptar** para finalizar.

4. Repita el mismo proceso para las cargas de 600 N del sillín (junta <8, 1>) y la de 200 N de los pedales (junta <13, 1>).

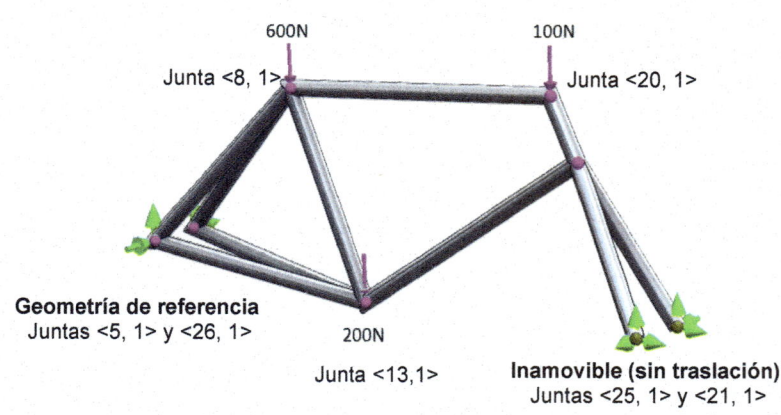

5. Pulse con el botón derecho sobre **Sujeciones**. Establezca una relación de **Inamovible (sin translación)** en la junta <25, 1> y <21, 1> (vea la figura). Pulse **Aceptar** para finalizar.

6. Repita la misma operación, pero ahora seleccione **Utilizar geometría de referencia** con las juntas <5, 1> y <26, 1>. Como plano de referencia seleccione la Planta y active las casillas **A lo largo del plano Dir. 2** y **Normal al plano**, con un desplazamiento de 0. Pulse **Aceptar** para finalizar.

Creación del mallado y simulación

7. Para crear la malla pulse con el botón derecho del ratón sobre **Malla**. Observe que el modelo estructural se malla de forma automática.

8. Para definir con más detalle la malla en las regiones dónde previsiblemente se tendrán las tensiones más altas seleccione la opción **Aplicar control de mallado** pulsando con el botón derecho sobre **Malla**. En **Entidades seleccionadas** marque, desde la Zona de Gráficos, las tuberías 2, 3, 5 y 6. Arrastre el cursor de **Densidad de malla** hasta el valor máximo (Fino) para conseguir un mallado de unos 4 mm por elemento. Pulse **Aceptar**.

9. Para iniciar la simulación, vuelva a pulsar con el botón derecho del ratón sobre **Malla** y seleccione la opción **Crea malla y ejecuta**. Vea los resultados de tensión y deformación obtenidos.

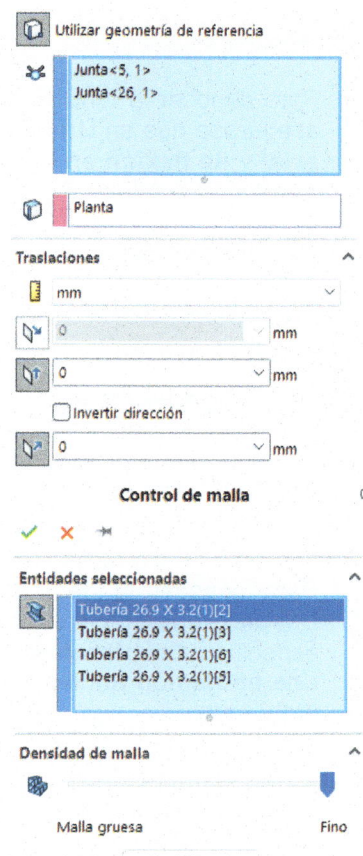

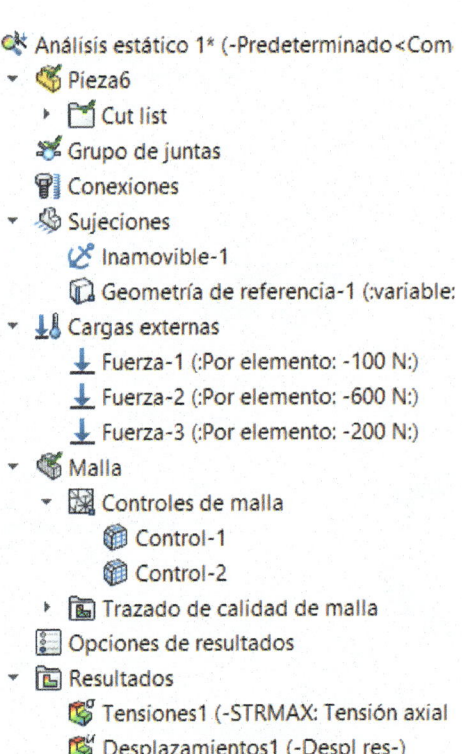

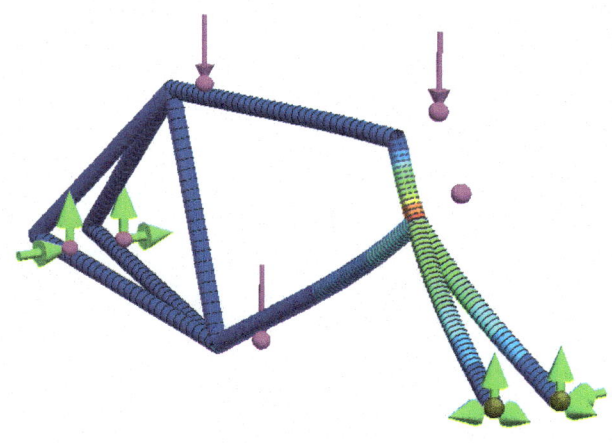

Resultados

10. Para conocer la tensión máxima pulse con el botón derecho sobre el trazado de tensiones y asegúrese que en **Unidades** se establecen **MPa** y en **Tensión de viga** se especifica **Tensión axial y de flexión en el límite superior**. Active la casilla **Opciones de gráfico** y **Mostrar una anotación máxima**. Pulse **Aceptar**. Observe la localización de la tensión máxima (32 MPa).

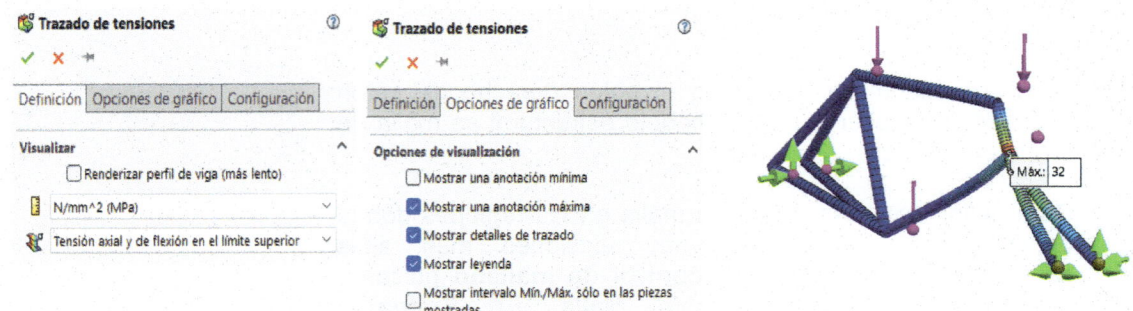

11. Para conocer la deformación máxima pulse con el botón derecho sobre el trazado de **Desplazamientos** y asegúrese que en **Unidades** se establecen **mm** y en **Componente** se especifica **Desplazamientos resultantes**. Active la casilla **Opciones de gráfico** y **Mostrar una anotación máxima**. Pulse **Aceptar**. Observe la localización del desplazamiento máximo (0,92 mm).

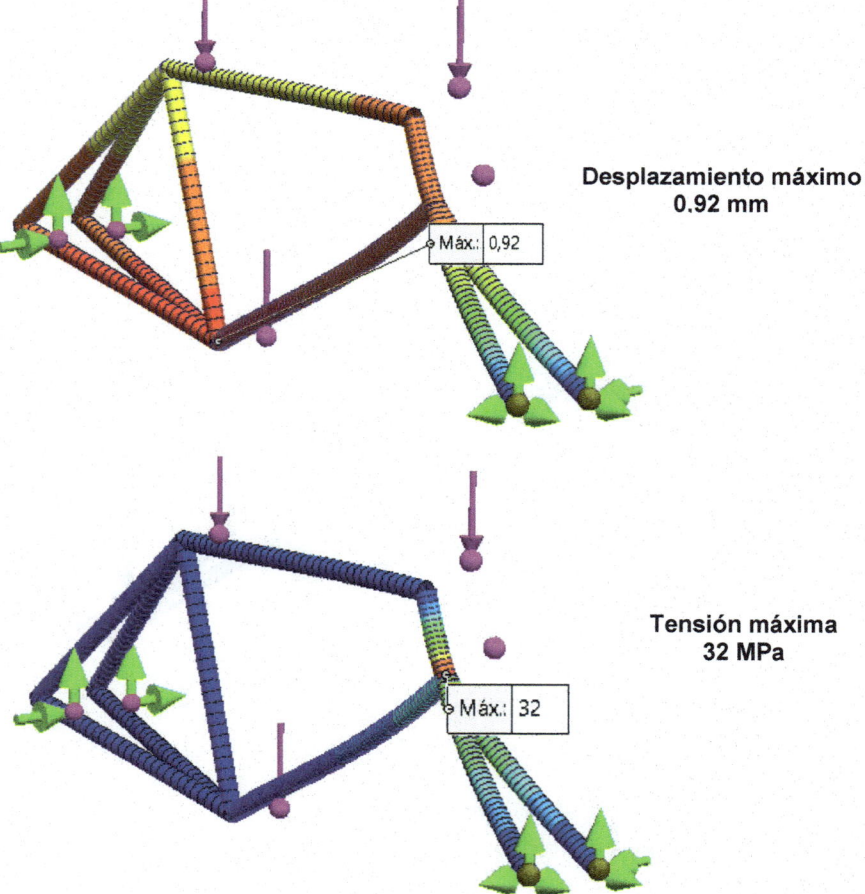

**Desplazamiento máximo
0.92 mm**

**Tensión máxima
32 MPa**

Práctica 74. FloXpress I

Abra el documento de pieza 3D que acompaña el libro y evalúe el comportamiento de un fluido (agua, 0,5 kg/s y 293,2 K) al atravesar el modelo. Utilice FloXpress.

⧖ 20 minutos

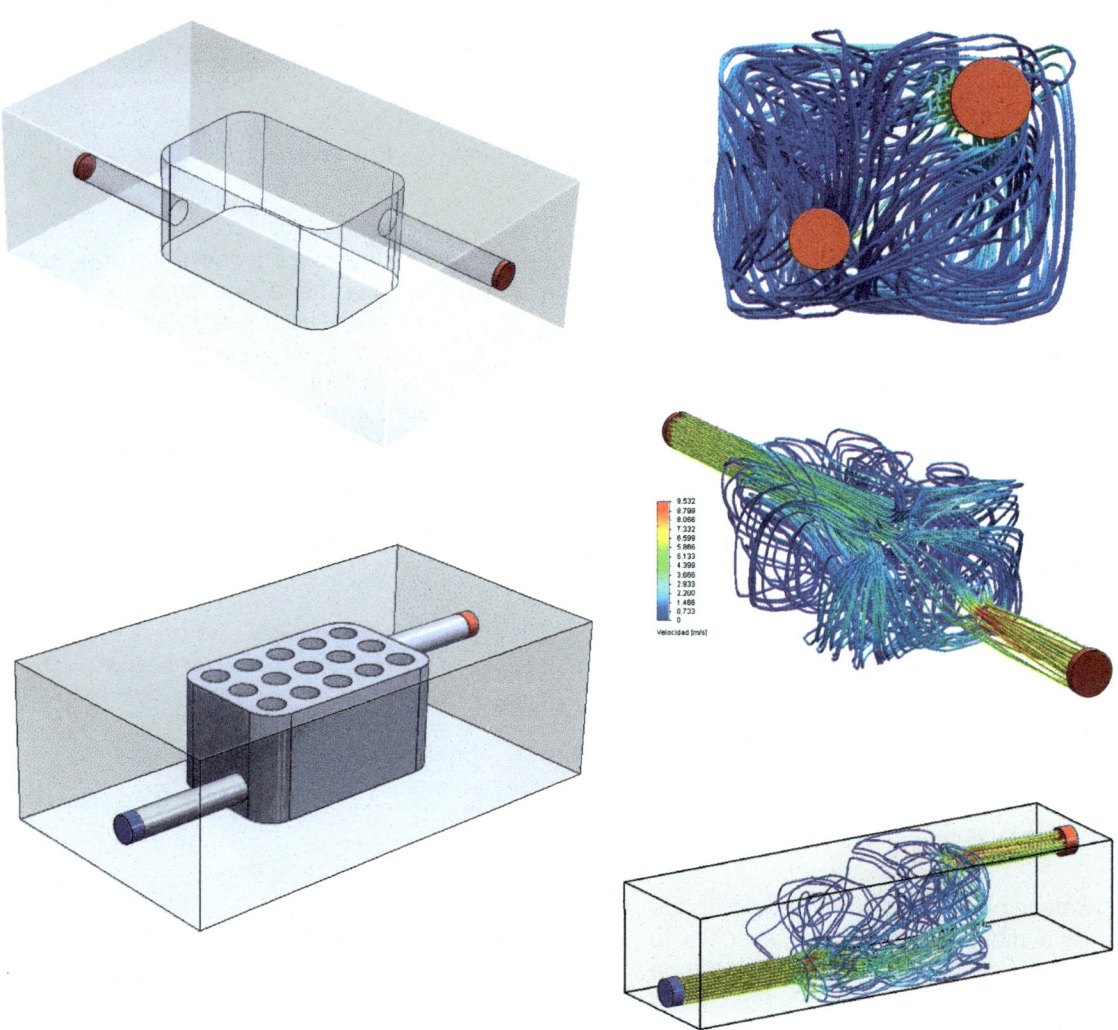

Objetivos del tutorial

- Crear un ensamblaje e insertar las tapas (entrada y salida fluido). Activar **FloXpress**.

- Comprobar la idoneidad de la geometría y definir las entradas y salidas del fluido.

- Definir las condiciones de contorno, simular y ver el resultado.

Abrir el modelo de pieza y crear las tapas

1. Pulse la opción **Abrir** del Menú persiana **Archivo** o sobre el icono **Abrir**. Seleccione el fichero del ensamblaje que acompaña el libro.

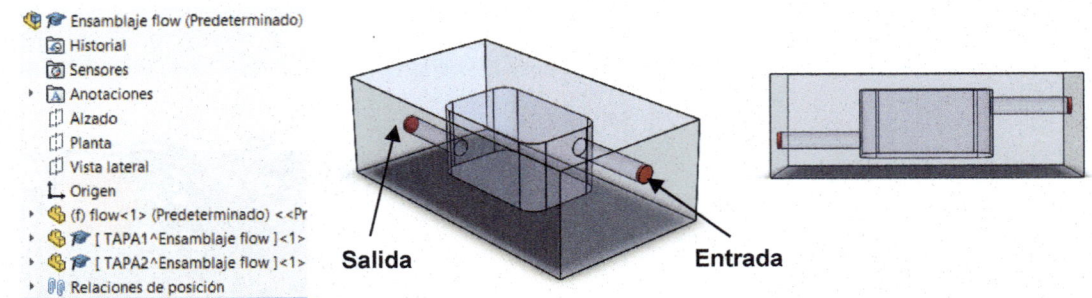

Salida · Entrada

2. Observe el modelo 3D abierto. El modelo consta de una pieza con dos aberturas, una de entrada y otra de salida. Además, para cada una de ellas se tiene una tapa. La aplicación **FloXpress** ayuda a analizar el flujo de agua o aire y a conocer sus trayectorias y velocidades durante el desplazamiento.

3. En el material adicional que acompaña el libro puede abrir el modelo con o sin tapas. En el caso de abrir el modelo sin las tapas, debe crearlas. Para ello pulse sobre **Nueva pieza** desde el Menú de persiana **Insertar**, **Componente**, **Nueva pieza** o desde la Barra de Herramientas **Ensamblaje Insertar componentes**.

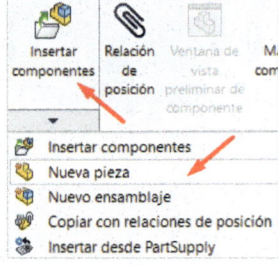

Convertir entidades

Convierte las aristas y las entidades de croquis seleccionadas en entidades idénticas proyectándolas sobre el plano o la cara del croquis.

Cara seleccionada

4. Seleccione la Cara del modelo dónde va a dibujar la tapa. Pulse sobre la Barra de **Croquis** y seleccione **Convertir entidades**. Pulse con el botón izquierdo del ratón sobre la arista que delimita el taladro. Observe como la arista seleccionada aparece en la pestaña **Entidades para convertir**. Pulse **Aceptar**.

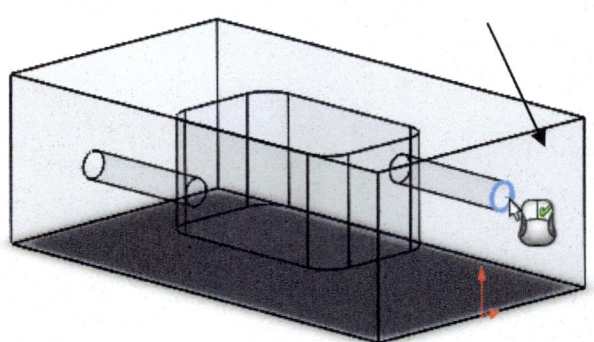

5. Seleccione **Extrusión Saliente** desde la Barra de Herramientas de **Operaciones**. Realice una **Extrusión** de 2 mm de profundidad hacia el interior del modelo. Pulse **Aceptar**.

6. Pulse sobre **Editar componente** para desactivar la operación y terminar la pieza.

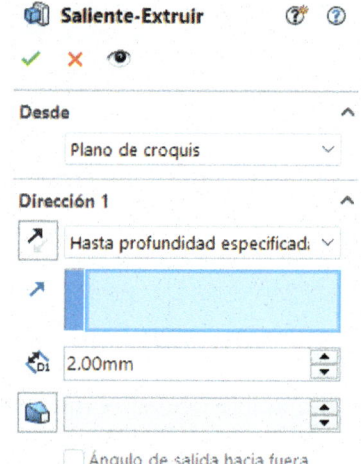

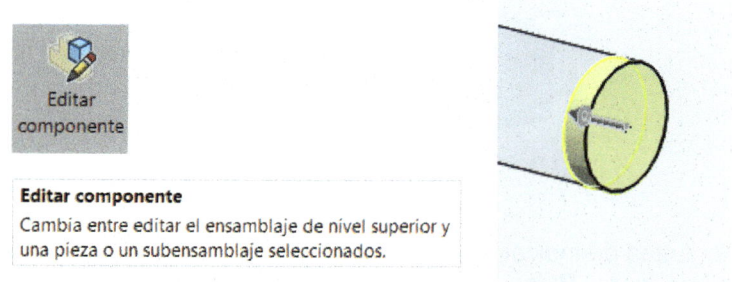

7. Observe que la operación de extrusión aparece en el Gestor de Diseño. Pulse sobre la operación desde el Gestor de Diseño y cambie el nombre pulsando sobre la misma con el botón derecho y seleccionando **Cambiar nombre a la operación**. Indique el nombre Tapa1.

8. Repita los pasos 7-3 y cree una segunda tapa en la parte opuesta del modelo. En el complemento SolidWorks FlowSimulation la creación de las tapas se realiza de forma automatizada a partir de la función **Create Lids (Tools)**.

Definición de las condiciones de contorno

9. Pulse sobre el Menú de persiana **Herramientas, Productos Xpress** y seleccione **FloXpress**. Lea la información presentada en la bienvenida y pulse **Siguiente**. Asegúrese de tener desactivado **SolidWorks FlowSimulation**.

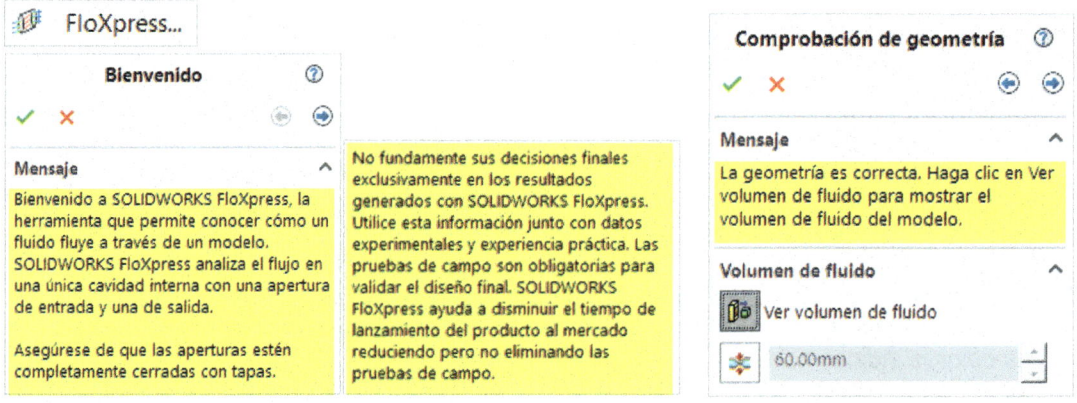

10. En **Comprobación de geometría** puede calcular el volumen de fluido contenido entre las tapas seleccionadas. Si la geometría de cierre de tapas no es correcta SolidWorks informa del error. Para calcular y ver el volumen del fluido pulse sobre **Ver volumen de fluido**. Pulse **Siguiente** para definir el resto de las condiciones de contorno.

11. En **Fluidos** seleccione **Agua**. Si desea realizar simulaciones más reales con otro tipo de fluido (gases reales, líquidos compresibles, fluidos no newtonianos, etc.) debe usar **SolidWorks FlowSimulation**. Pulse **Siguiente** para continuar.

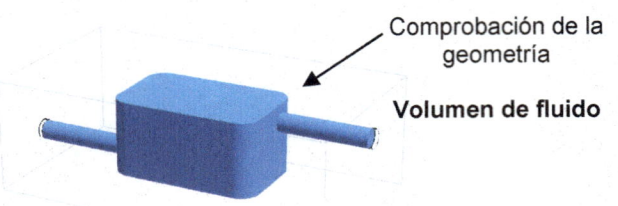

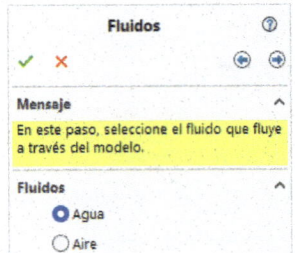

12. Antes de indicar las caras por las que entra y sale el fluido es recomendable ocultar el modelo de pieza. Pulse la pieza con el botón derecho del ratón y seleccione **Ocultar**. Observe que el modelo deja de verse en pantalla y tan solo se visualizan las dos tapas. En **Entrada de flujo** seleccione la **Cara** de entrada de la pieza Tapa1. Active la casilla **Índice de flujo de masa** e indique un calor de 0.5 kg/s. En **Temperatura**, 293.2 K. Pulse **Siguiente**.

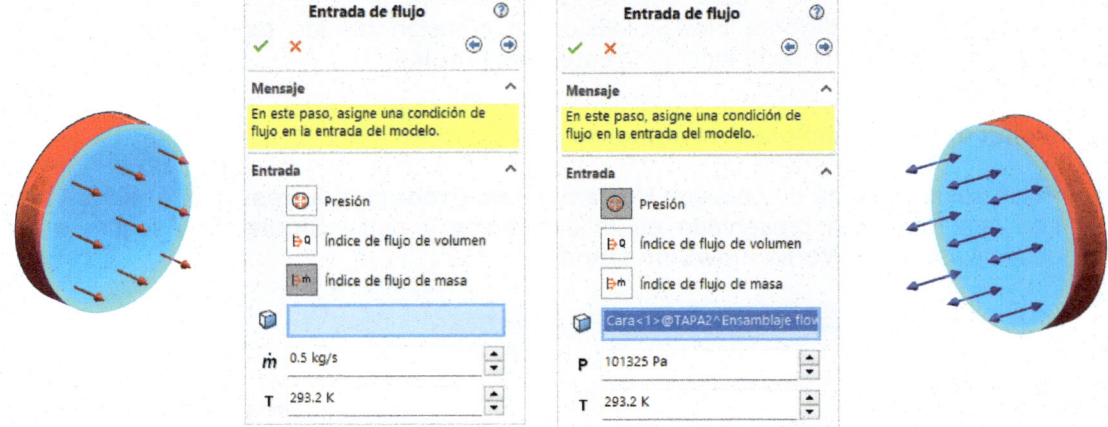

13. En **Salida de flujo** seleccione la cara interior de salida de la tapa2. Active la casilla **Presión** en indique 101325 Pa (Presión atmosférica). Pulse **Siguiente**.

Visualización de los resultados

14. Pulse **Solucionar**. Después de un tiempo aparecen los resultados con las líneas de flujo sobre el modelo. Pulse en **Ver resultados**. Observe las trayectorias de flujo presentadas en colores. Los colores indican cambios de velocidad de flujo.

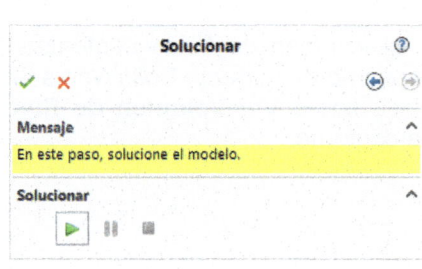

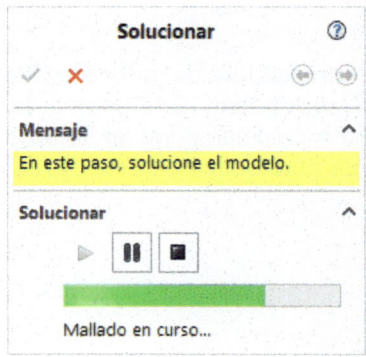

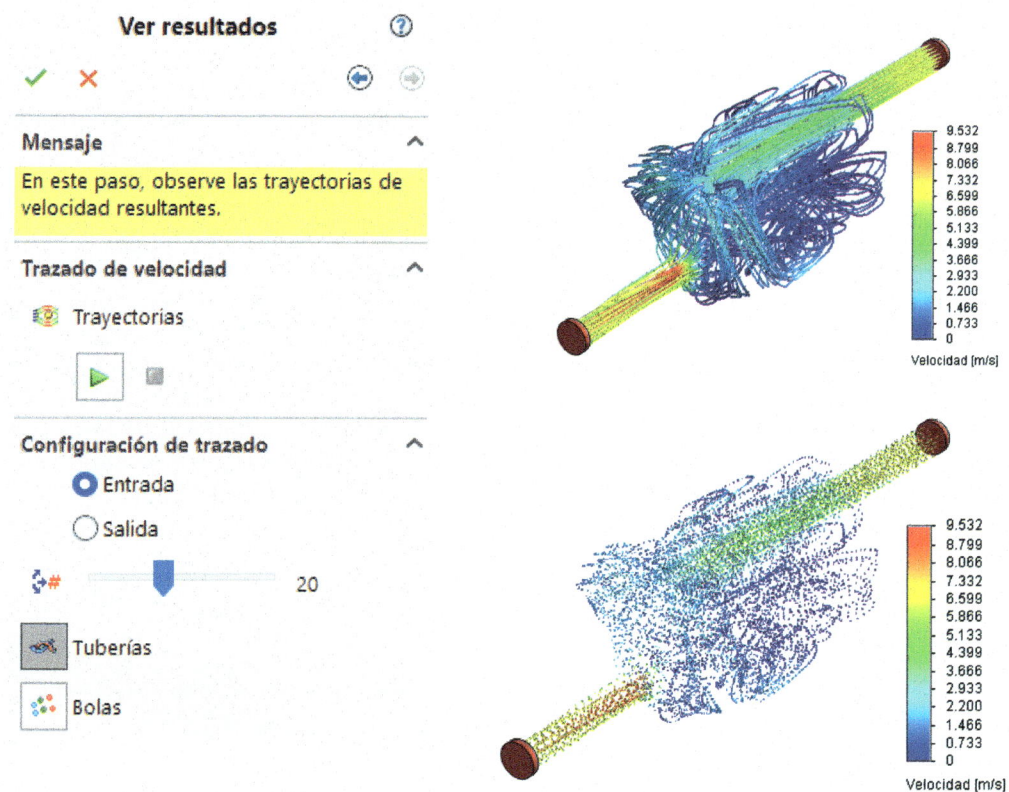

15. Pulse sobre **Tuberías** o **Bolas** para visualizar las líneas de flujo. Pulse **Play** para animar las líneas de flujo. Las opciones **Entrada** y **Salida** representan la forma en la que se mueve el flujo de agua dentro de la cavidad como si lo visualizara desde la perspectiva de la entrada o la salida. En **Informe** puede crear un informe pulsando sobre **Generar informe**.

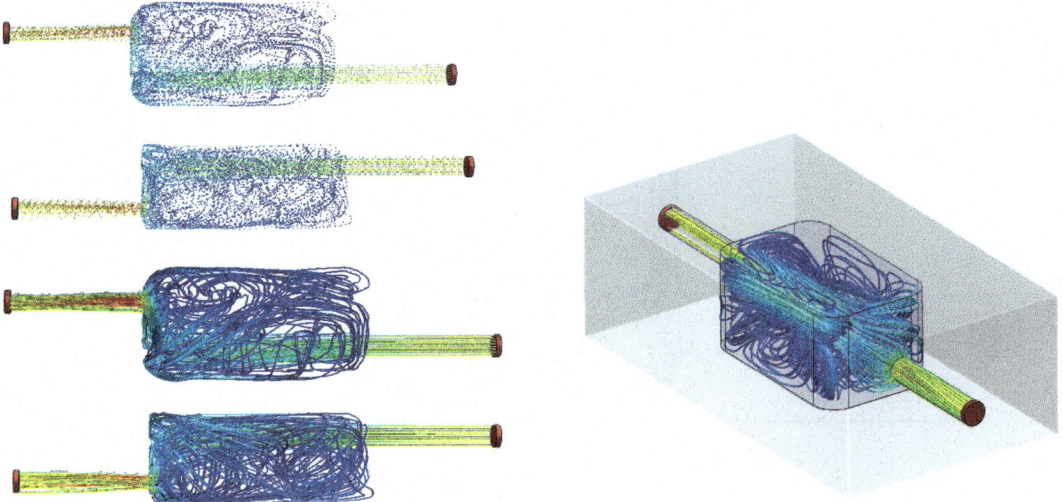

La versión completa de FlowSimulation dispone de diez fluidos de diferentes tipos que incluyen líquidos, gases/vapor, gases reales, líquidos no newtonianos y líquidos compresibles. Además, permite definir fluidos particulares a partir de la definición de sus principales características.

Evaluación del modelo poroso

16. Repita el proceso para el segundo ensamblaje donde se presenta la zona interior con una porosidad constante. La distribución interna de trabéculas (cilindros) dificulta el trazado de flujo libre. Cree un gráfico de trayectorias para visualizar la velocidad del caudal de agua.

SolidWorks informa que no debemos fundamentar nuestras decisiones finales exclusivamente con los resultados obtenidos con las simulaciones **FloXpress**. Son necesarias pruebas de campo y experiencia práctica para validar el diseño final de un producto y reducir de esta forma el *Time to Market* o tiempo de lanzamiento del producto al mercado. La versión **FlowSimulation**, mucho más completa, ofrece resultados más fiables. Aun así, los resultados deben ser cotejados y evaluados con detenimiento antes de tomar alguna decisión importante en el diseño de un producto. Recuerde que **FlowSimulation** requiere una licencia separada de SolidWorks con su coste añadido, mientras que **FlowXpress** viene incluido en SolidWorks como una herramienta básica y gratuita para simulaciones de flujo muy sencillas.

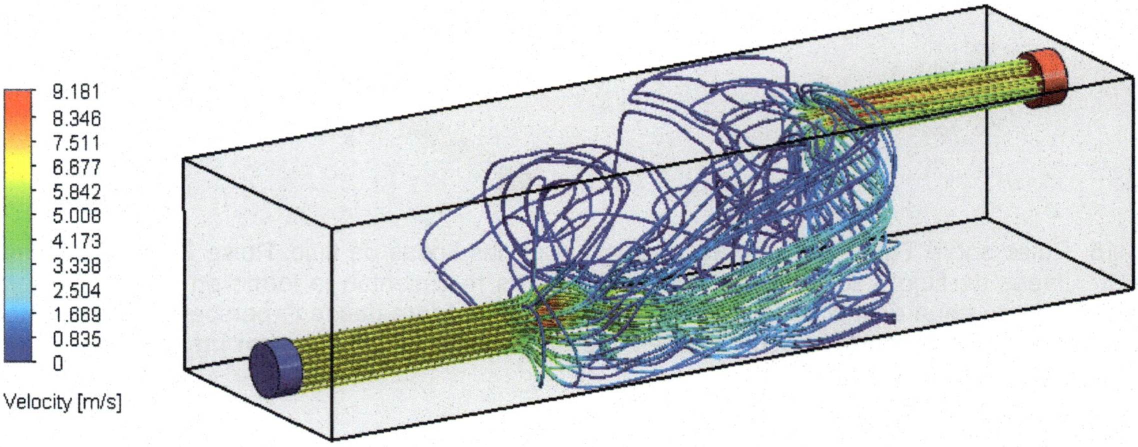

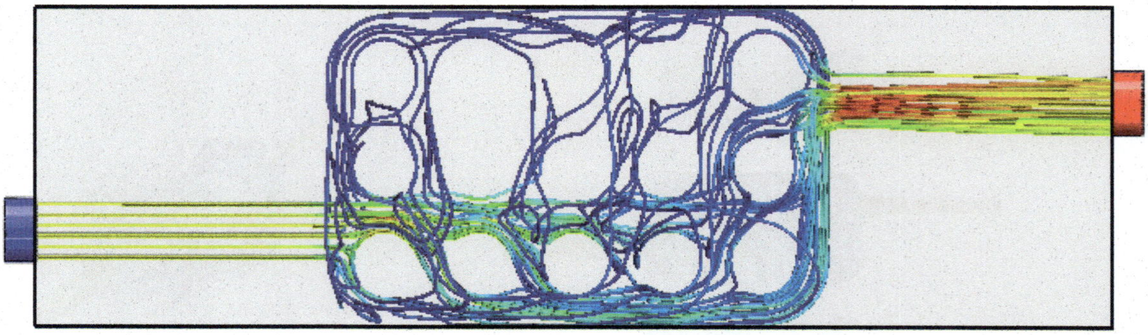

SolidWorks FlowSimulation y las Entidades de caja negra

 La versión completa de **FlowSimulation** permite realizar análisis de enfriadores termoeléctricos, disipadores térmicos o ventiladores a partir de la definición de "cajas negras" creadas previamente. Las cajas negras tienen definidas las entradas y las salidas de forma particular para cada caso.

Práctica 75. FloXpress II

Evalúe el comportamiento de un fluido (aire) cuando entra a 200 000 Pa y 300 K y sale a 1000 000 Pa en el modelo de ensamblaje indicado en la figura. Utilice FloXpress.

⏳ 10 minutos

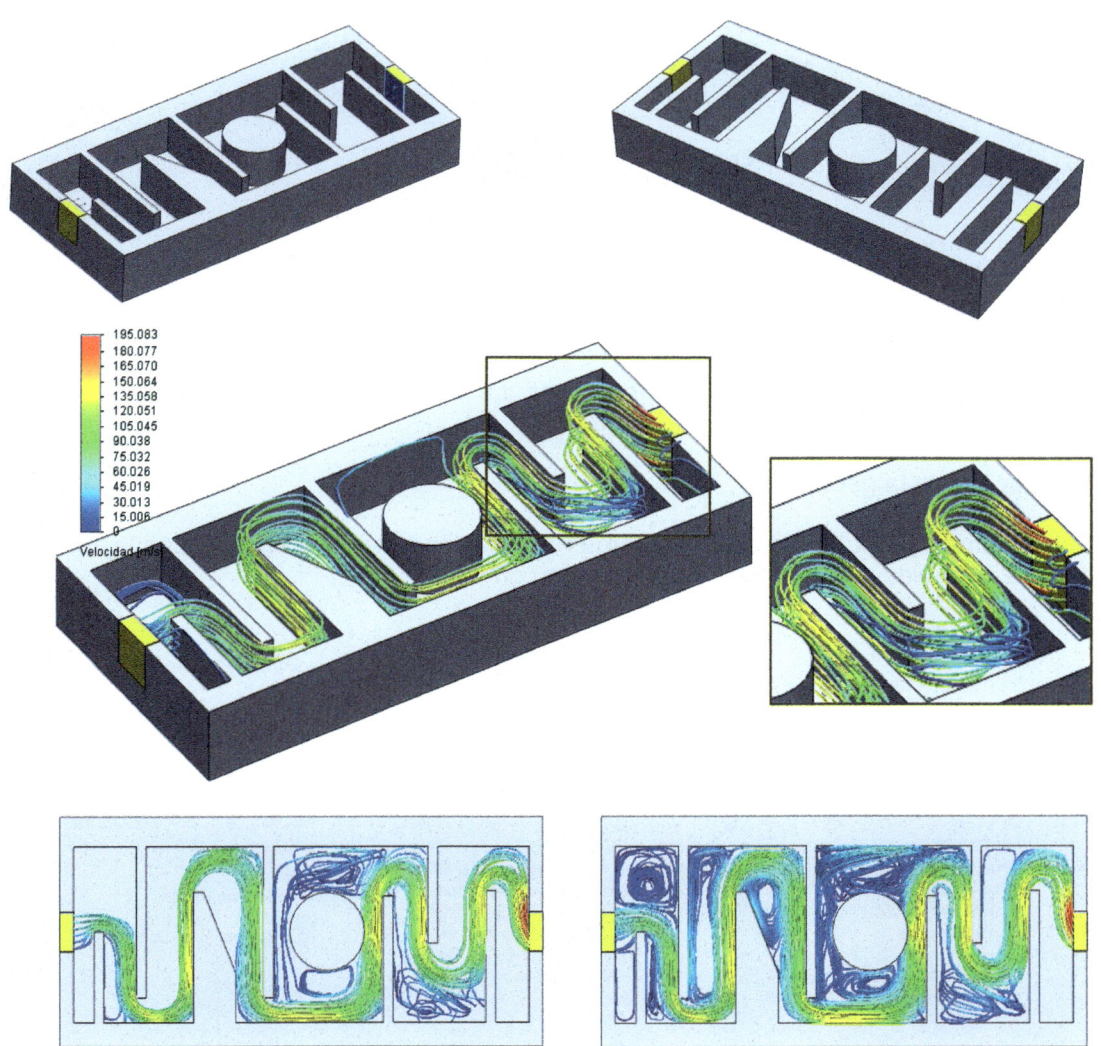

Objetivos del tutorial

- Comprobar la idoneidad de la geometría y definir las entradas y salidas del aire.
- Definir las condiciones de contorno, simular y ver el resultado.

Abrir el modelo de pieza

1. Pulse la opción **Abrir** del Menú persiana **Archivo** o sobre el icono **Abrir**. Seleccione el fichero del ensamblaje que acompaña el libro.

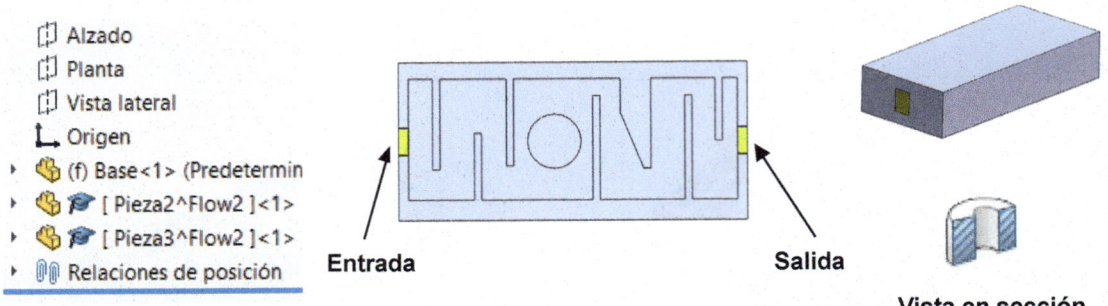

Entrada   Salida

Vista en sección

2. Observe que la orden **Vista en sección** se encuentra activada y puede ver el modelo 3D abierto (seccionado). El modelo consta de dos oberturas poligonales, una de entrada y otra de salida y un pequeño laberinto en su interior por el que se pretende hacer circular el aire.

3. Antes de iniciar la simulación debería tapar las dos aberturas, pero en el modelo que acompaña el libro ya las tiene incorporadas.

Comprobación de la geometría

4. Pulse sobre el Menú de persiana **Herramientas** y seleccione **FlowXpress**. Lea la información adjunta en la bienvenida y pulse **Aceptar** para continuar.

Ver volumen de fluido

5. En **Comprobación de geometría** puede calcular el volumen de fluido contenido entre las tapas seleccionadas. Si la geometría de cierre de tapas no es correcta SolidWorks lo indicará. Para calcular y ver el volumen del fluido pulse sobre **Ver volumen de fluido**. Pulse **Siguiente** para continuar.

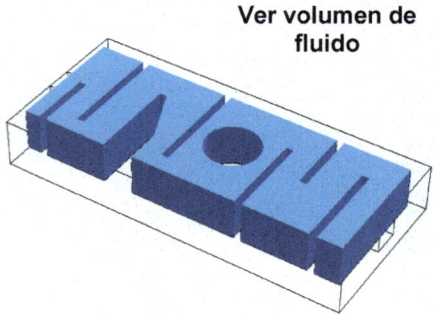

6. En **Fluidos** seleccione **Aire**. Si desea realizar simulaciones más reales con otro tipo de fluido (gases reales, líquidos compresibles, fluidos no newtonianos, etc.) debe usar **SolidWorks FlowSimulation**. Pulse **Siguiente** para continuar.

Definición de las condiciones de contorno

7. En **Entrada de flujo** seleccione la **Cara** de entrada de la pieza Pieza2. Active la casilla **Presión** e indique un calor de 200 000 Pa. En **Temperatura**, 300 K. Pulse **Siguiente**.

8. En **Salida de flujo** seleccione la cara interior de salida de la Pieza3. Active la casilla **Presión** e indique 100 000 Pa. Pulse **Siguiente**.

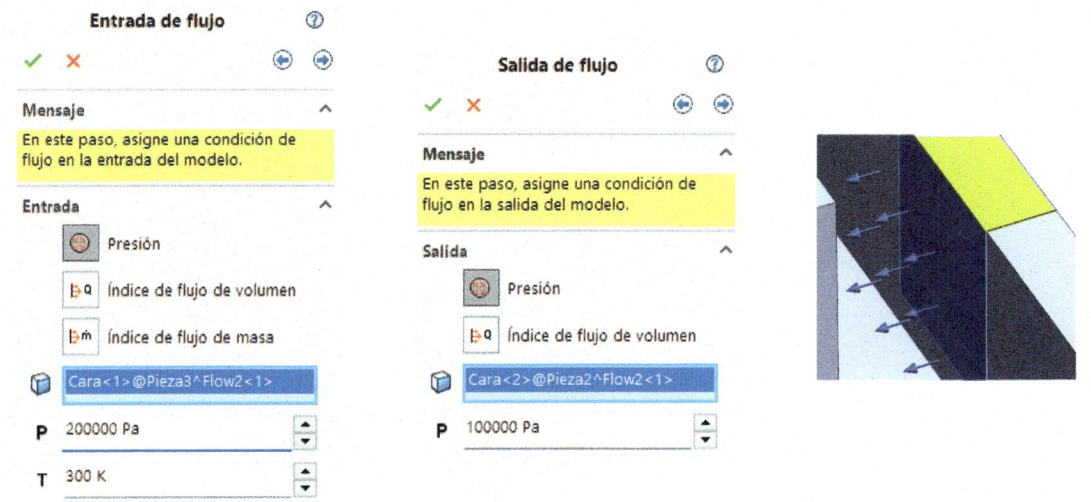

Simulación y visualización de resultados

9. Pulse **Solucionar**. Al finalizar el proceso de cálculo aparecen los resultados en la Zona de Gráficos. Puede ver las líneas de flujo del aire recorriendo el camino entre la entrada y salida. Recuerde que los colores representan cambios en la velocidad de flujo.

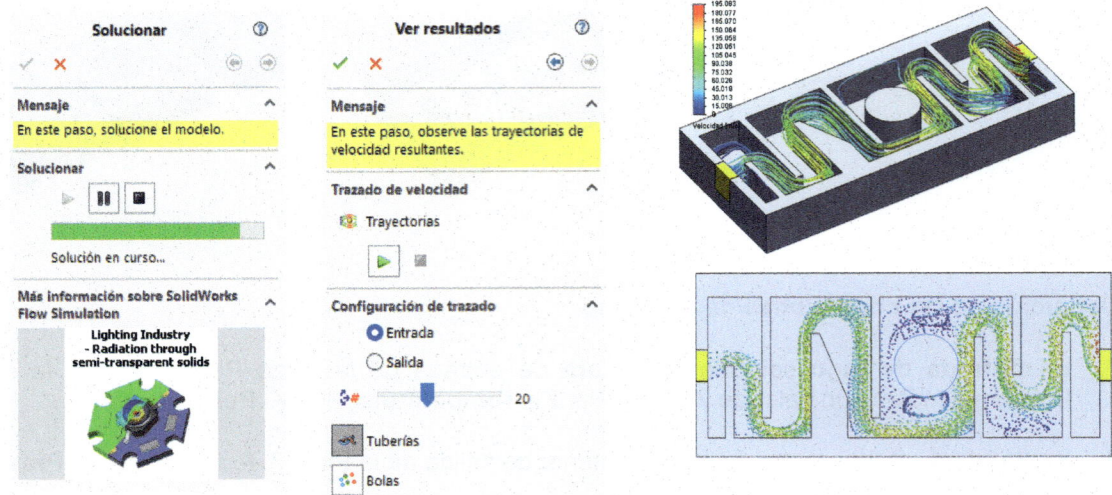

10. Pulse sobre **Tuberías** o **Bolas** para visualizar las líneas con el recorrido del flujo. Pulse **Play** para animar las líneas de flujo. En **Informe** puede obtener capturas de pantalla para crear un informe del estudio realizado.

Capturar Imagen

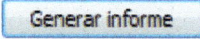

Generar informe

FlowXpress permite captura imágenes y generar informes. Para capturar una imagen en formato JPEG con la trayectoria del flujo pulse sobre **Capture**. Si desea crear un informe en formato Word con toda la información y los resultados del estudio pulse sobre **Informe**.

Práctica 76. SolidWorks FlowSimulation I

Realice una simulación CFD para determinar la resistencia al avance (Drag) y la carga aerodinámica (Lift) del Fórmula 1 Ferrari de 2002. Utilice el complemento FlowSimulation.

⏳ 40 minutos

SOLIDWORKS
Flow
Simulation

Objetivos del tutorial

- Crear una simulación de fluidos externa y definir sus condiciones de contorno (**Wizart**).
- Crear un remallado entre la carrocería y el aire para mejorar los resultados.
- Obtener los gráficos: Resultados (**Cut Plots**, **Surface Plots**, **Probes**, **Isosurface**, **Flow Trajectories** y **Goals Plots**).
- Aplicar las ecuaciones de Drag y Lift para obtener la resistencia al avance y la carga aerodinámica.

Descargar, abrir y editar el modelo de monoplaza a estudiar

1. Desde Grabcad Library https://grabcad.com/library/tag/library) busque y descargue un modelo de monoplaza de Fórmula 1 (F1). En los filtros de selección puede indicar el *Software* SolidWorks y activar *Most liked all time* para descargar los mejores modelos. Nosotros hemos seleccionado el Ferrari 248 F1 de 2002 creado por Fawaz Bukht Majmader. El Ferrari 248 ha sido uno de los monoplazas más exitosos de la historia. Ganó 15 de los 19 grandes premios entre 2002 y 2003. Sus pilotos fueron Michael Schumacher y Rubens Barriquello.

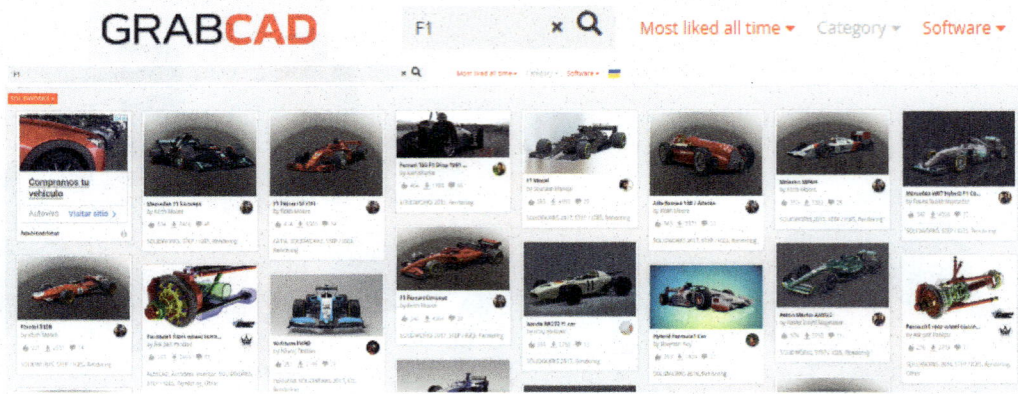

2. Abra el modelo de ensamblaje y compruebe si está a la escala real (1:1). En nuestro caso el modelo se ha escalado (16:1) para conseguir las dimensiones reales del monoplaza. Guarde los cambios.

3. Cree un documento de pieza **Nuevo** y dibuje el suelo con unas dimensiones semejantes a las indicadas en la figura. Cuando inserte el suelo en el ensamblaje del coche permita que los neumáticos penetren ligeramente el suelo.

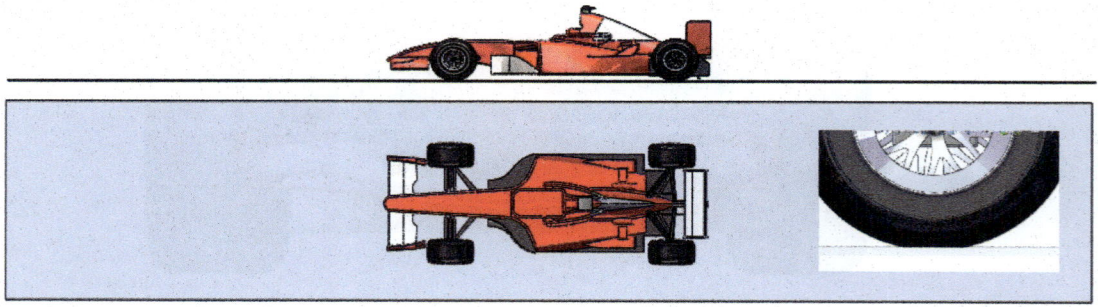

Activar el complemento de FlowSimulation y seguir el Wizart (Paso a paso)

4. Desde el Menú de persiana **Herramientas** seleccione **Complementos** y active **SolidWorks FlowSimulation**.

Observe la activación de **FlowSimulation** en la barra de comandos.

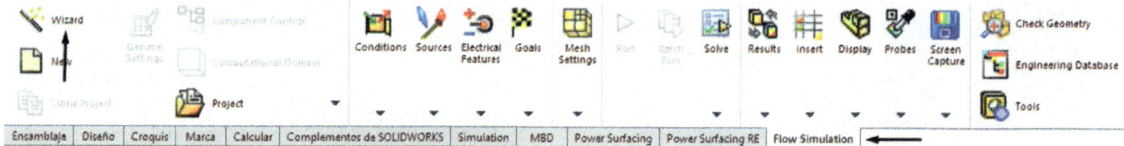

5. Seleccione **Wizart** desde la parte superior izquierda de la Barra de Herramientas. La opción permite definir las condiciones de contorno de la simulación a través de un proceso guiado en 4 pasos. En el primer paso puede definir el nombre del proyecto e indicar comentarios. Pulse **Next** para seguir.

6. En la siguiente ventana defina las unidades. Active **SI** (Sistema Internacional) y en **velocidad** cambie de m/s a km/h. En **temperatura** cambie de K a grados Celsius °C. Pulse **Next**.

7. En **Analysis Type** active la casilla **Fluid Flow** y asegúrese de que el tipo de análisis (**Analysis type**) es externo (**External**) y que las dos casillas **Exclude cavities without conditions** y **Exclude internal space** están activadas. De esta forma, el aire fluirá alrededor de la geometría CAD del monoplaza y evitará introducirse en las cavidades internas. Pulse **Next**.

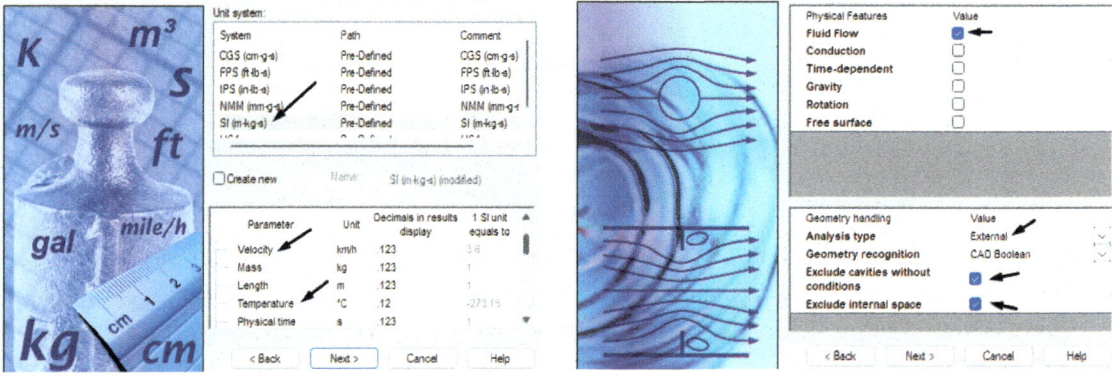

8. En la siguiente ventana se define el fluido con el que se va a trabajar. Seleccione aire (air) desde la opción de **Gases** y pulse sobre **Add** para su selección. Pulse **Next**. En **Wall Condition** se definen las condiciones térmicas y la rugosidad de las paredes. Debe dejar los valores predefinidos. Pulse **Next**.

9. En la pantalla de condiciones ambientales cambie la **temperatura** a 25 °C. En **Velocity parameters** escriba -200 km/h en la **dirección X**. De esta forma se define la velocidad y la dirección que tiene el fluido (aire). Se ha seleccionado la dirección X porque es el sentido en el que se desplaza el monoplaza. El signo negativo de la velocidad indica la dirección (derecha en nuestro caso). Observe el vector dirección en la pantalla antes de pulsar sobre **Finish**.

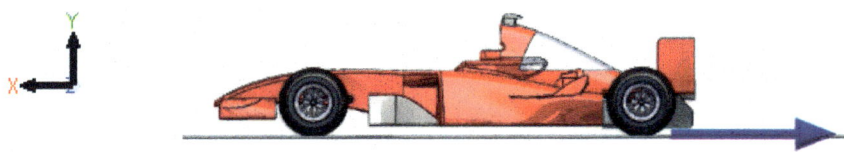

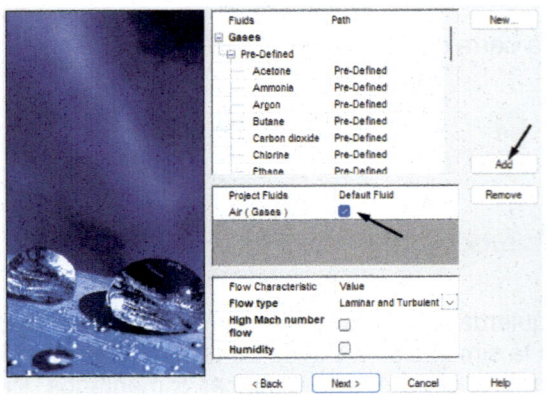 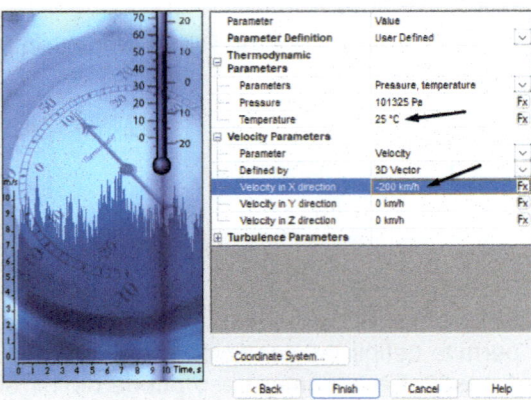

Definición del dominio computacional, los objetivos y el mallado

10. Después de pulsar **Finish** desaparece la ventana del **Wizart** y aparece el modelo del monoplaza dentro de una caja semitransparente. La caja define el dominio computacional donde se realizará el estudio. Para reducir los tiempos de cálculo debe definir el mínimo dominio computacional posible. Para ello, pulse sobre **Computational Domain** y desplace las flechas hasta lograr el volumen de cálculo deseado. En la figura se ha dejado un espacio por delante y otro por detrás del monoplaza. Todo lo que se encuentra dentro del dominio computacional será mallado.

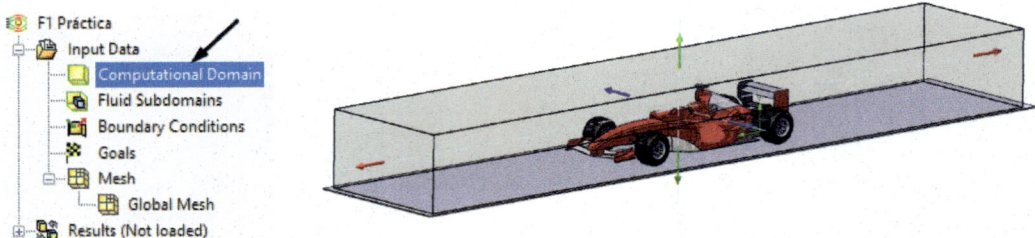

11. En esta práctica no es necesario definir los subdominios del fluido (**Fluid Subdomains**) porque solo hay un fluido. Tampoco es necesario definir las condiciones frontera (**Boundary Conditions**) porque ya se ha definido la velocidad del aire, presión y temperatura en el **Wizart**.

12. FlowSimulation considera el flujo en estado estacionario como un problema dependiente del tiempo. El solucionador itera internamente para buscar un campo de flujo en estado estacionario y saber en qué momento detener los cálculos. Los objetivos (**Goals**) permiten especificar los parámetros físicos de interés del proyecto importantes para estudiar su convergencia y garantizar la solución de estado estacionario en cada uno de ellos. En el caso de estudio se marcarán los objetivos globales (**Global Goals**) medios de **presión estática** y **total**, **Velocidad X**, **Fuerza en X** y en **Y**. Las fuerzas nos informan del **Drag** y del **Lift**.

13. Finalmente debe mallar el dominio computacional. Pulse sobre **Mesh** con el botón derecho del ratón y seleccione **Global Mesh**. Para obtener resultados precisos arrastre hasta el máximo (el 7) el nivel de mallado en automático (**Automatic**). Pulse **Aceptar**.

14. Para visualizar la malla sobre el F1 pulse con el botón derecho sobre **Mesh** y sleccione **Show basic Mesh**.

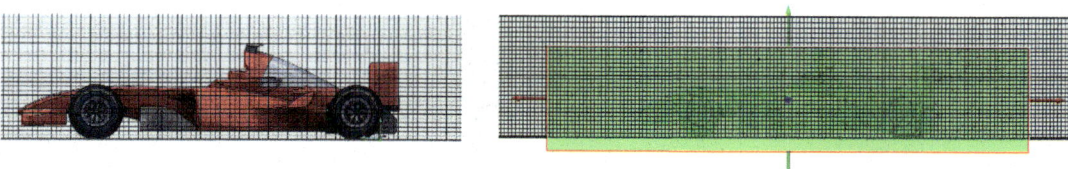

15. Para crear una malla con más detalle entre la superficie del F1 y el fluido seleccione la opción Insertar malla local (**Insert Local Mesh...**) pulsando sobre **Mesh** con el botón derecho. Seleccione las superficies afectadas o active una región en forma de cubo, cilindro o esfera. En el caso de estudio se ha seleccionado una forma de cubo (ver imagen). Finalmente, en la pestaña **Refining Cells**, puede definir el refinamiento de la malla en el fluido o entre el límite del fluido y el sólido. En la práctica se establece esta segunda opción y se define un nivel de refinamiento de malla número 4. Pulse **Aceptar**. Para crear la malla pulse sobre **Mesh** con el botón derecho del ratón y seleccione la opción **Create Mesh**. A continuación, pulse sobre **Run**.

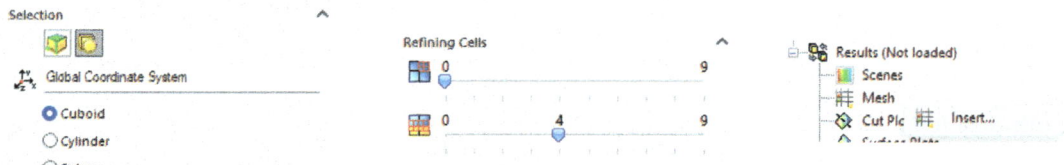

16. Después de crear la malla refinada puede visualizar los elementos volumétricos sobre el modelo 3D. Pulse con el botón derecho sobre **Mesh** desde **Results** y seleccione **Insert...** En **Surface** active la casilla **Use all faces** y en **Section** seleccione el plano **Front Plane**. Pulse **Aceptar**. En la imagen obtenida puede ver los 4 niveles de refinamiento de malla sobre la superficie del F1 (colores rojo, amarillo, verde y azul).

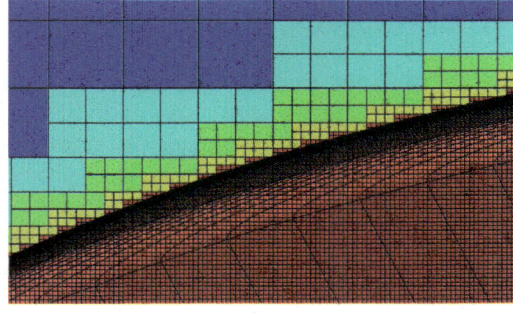

17. Para iniciar los cálculos pulse sobre **Run** de la Barra de Herramientas. Puede definir el número de cores a utilizar en la simulación. Si desea continuar trabajando es recomendable no utilizar todos los Core(s) de su ordenador. Pulse **Run** para iniciar.

18. En la ventana del *solver* puede ver cómo evoluciona la convergencia de los objetivos definidos en la simulación. También puede ver el número celdas totales, las iteraciones y el tiempo de cálculo requerido para cada uno de los objetivos, etc.

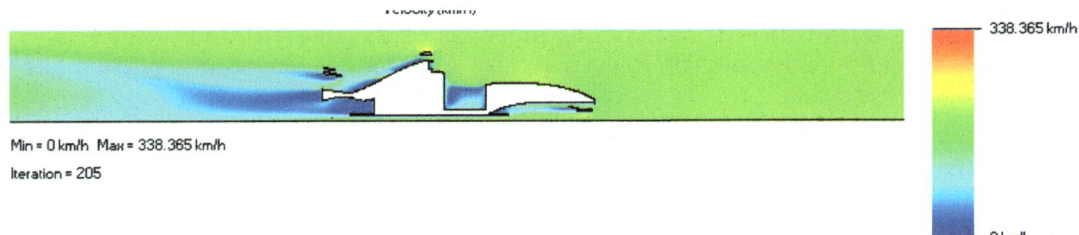

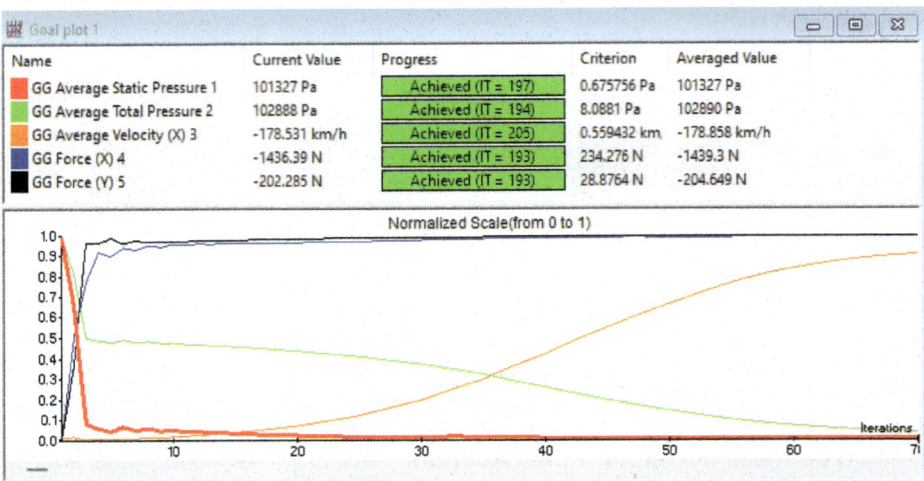

Gráfico de convergencia en función del número de iteraciones para cada uno de los objetivos de estudio (presión estática, presión total, velocidad en X, Fuerza en X y Fuerza en Z). Para cada uno de ellos se presenta el valor obtenido y las iteraciones que han sido necesarias para su cálculo.

Resultados (Cut Plots, Surface Plots, Probes, Isosurface, Flow Trajectories y Goals Plots)

19. Una vez finalizado el cálculo (*Solver is finished*) desde **Results** (en el Gestor de Simulación) puede ver los resultados.

20. En **Cut Plots**, puede visualizar los gráficos de velocidad, presión, vorticidad, cizalla, etc., sobre un plano de corte. Seleccione el plano Front Plane, active la casilla **Contours** y seleccione **Velocity (X)**. Pulse **Aceptar** para previsualizar los resultados de la velocidad del aire alrededor del F1. Si activa **Streamlines** se marcarán las trayectorias o líneas de corriente. Para verlas con mucha más definición active la casilla LIC (**Line Integral Convolution**). Con líneas de corriente puede determinar las regiones donde se generan los vórtices o trayectorias circulares cerradas o helicoidales abiertas de los fluidos. Represente otros valores como la presión, vorticidad, tensión de cizalla, etc.

21. Para desactivar los gráficos **Cut Plots** pulse con el botón derecho sobre ellos y seleccione la opción **Hide**. Si pulsa **Play** podrá ver los resultados en un plano móvil. La opción **Cut Plots** permite crear tantos planos como desee y representar en ellos distintas variables (velocidad, presión, etc.).

22. Pulse sobre **Surface Plots** y seleccione todas las caras (**Use all Surface**) del F1. Active presión relativa y pulse **Aceptar**. Se visualiza la presión que ejerce el aire sobre el vehículo.

Las zonas más afectadas son aquellas que se encuentran perpendiculares a la trayectoria seguida por el aire (ruedas y frontal). Para conocer el valor de la presión relativa sobre alguna zona determinada del F1 pulse sobre **Probes** y desplace el cursor sobre la superficie del monoplaza. Puede observar los valores numéricos de la presión.

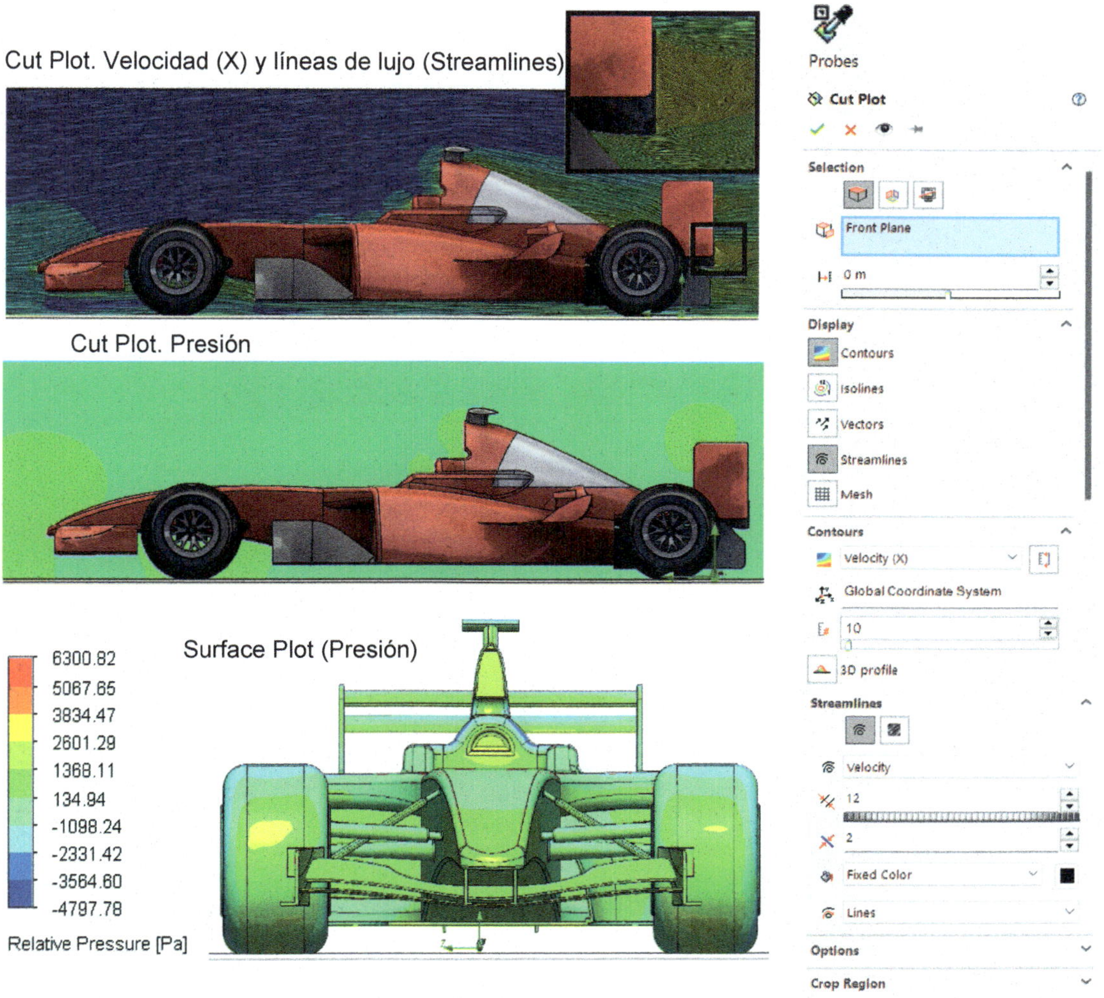

Cut Plot. Velocidad (X) y líneas de lujo (Streamlines)

Cut Plot. Presión

Surface Plot (Presión)

6300.82
5067.65
3834.47
2601.29
1368.11
134.94
-1098.24
-2331.42
-3564.60
-4797.78

Relative Pressure [Pa]

Probes

Cut Plot

Selection

Front Plane

0 m

Display

Contours
Isolines
Vectors
Streamlines
Mesh

Contours

Velocity (X)

Global Coordinate System

10

3D profile

Streamlines

Velocity

12

2

Fixed Color

Lines

Options

Crop Region

23. Pulse sobre **Isosurface** para visualizar superficies con el resultado trazado que tengan un valor determinado. En la figura se representa la isosuperficie para un valor de presión de 101643.679 Pa. Puede crear hasta seis superficies simultáneamente.

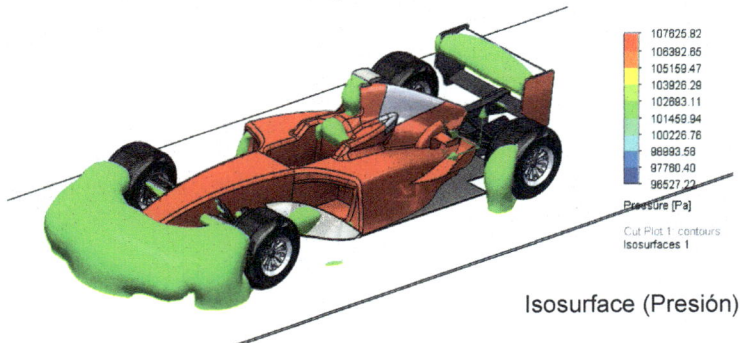

107625.82
106392.65
105159.47
103926.29
102693.11
101459.94
100226.76
98993.58
97760.40
96527.22

Pressure [Pa]

Cut Plot 1: contours
Isosurfaces 1

Isosurface (Presión)

24. Para definir las trayectorias de flujo (**Flow Trajectories**) pulse sobre la misma y seleccione la opción **Insert**. Seleccione un plano perpendicular a la dirección del viento (Right Plane) para indicar por dónde aparecerán las líneas o partículas de flujo. En **Offset** puede definir la posición del plano y en **Number of points** la cantidad de partículas (100) que participan en el estudio de simulación. Para definir la apariencia de las trayectorias seleccione cualquiera de las 7 opciones disponibles. En la imagen se ha seleccionado líneas con flechas (**Lines with Arrows**) y la variable a estudiar es la velocidad en X. Pulse **Aceptar** para finalizar. Observe cómo el aire llega de forma limpia a la velocidad de 200 km/h y, a medida que va entrando en el monoplaza, la velocidad disminuye como consecuencia del rozamiento y los obstáculos que se encuentra. Se observa que los alerones delanteros evitan que gran parte del aire golpee en las ruedas.

Cálculo de la resistencia al avance (Drag)

25. La **resistencia al avance o Drag** es la fuerza que se opone al F1 como consecuencia del contacto con el aire que va en contra de su avance. Se calcula mediante la expresión:

$$\frac{1}{2}\rho A C_D V^2 = Fd \ (DRAG)$$

Donde ρ es la densidad del aire, A el área frontal del monoplaza, C_D el coeficiente Drag, v la velocidad de movimiento y Fd la fuerza de arrastre. La velocidad es de 200 km/h (55,556 m/s), la densidad del aire a 25 °C es de 1,184 kg/m³ a 1 atm. Para calcular el área frontal puede dibujar el perfil frontal y extruirlo. Con la función **Medir** puede determinar el área frontal (1,22 m²). La fuerza de arrastre puede calcularla a partir del **Goal Plots**.

Área:	1.22m^2
Perímetro:	10.26m

26. Pulse con el botón derecho del ratón sobre **Goal Plots** y seleccione la opción **Insert**. Seleccione el objetivo **GG Force (X)** y pulse sobre **Show** para visualizar el valor mínimo, medio y máximo. La fuerza que se opone al avance del monoplaza (X) es de 1439 N (valor medio).

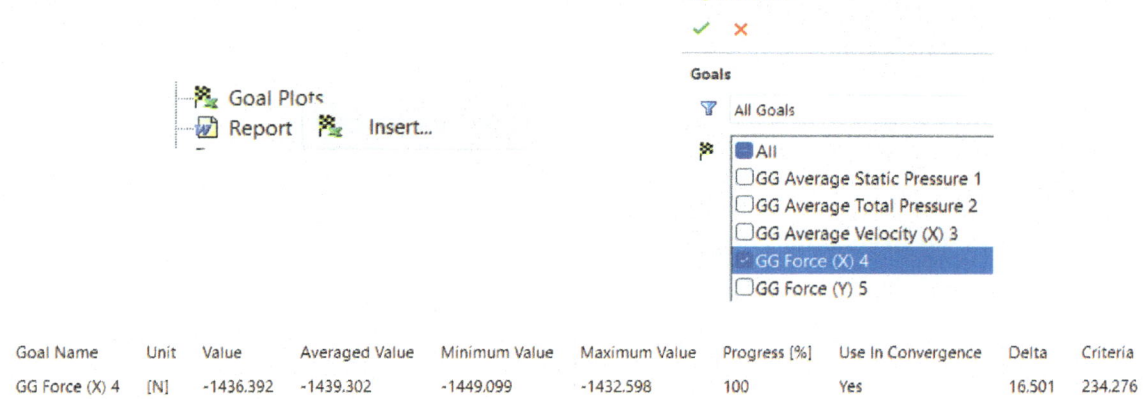

Goal Name	Unit	Value	Averaged Value	Minimum Value	Maximum Value	Progress [%]	Use In Convergence	Delta	Criteria
GG Force (X) 4	[N]	-1436.392	-1439.302	-1449.099	-1432.598	100	Yes	16.501	234.276

27. Para calcular el **Drag** o coeficiente de resistencia al avance aplique la ecuación:

$$C_D = \frac{2 * F_d}{\rho * v^2 * A} = \frac{2 * 1439,099}{1,184 * 55,556^2 * 1,22} = 0,64$$

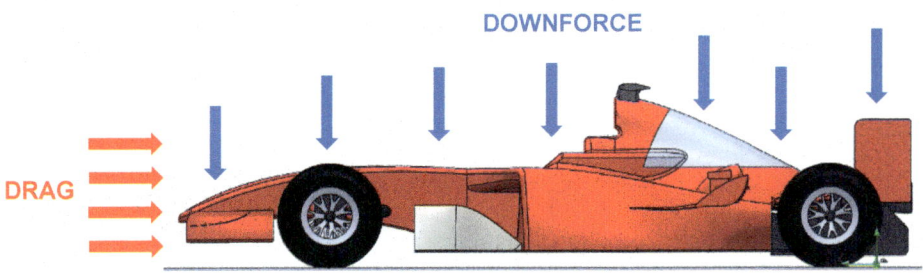

Calculo carga aerodinámica (Lift)

28. **Lift**, **Downforce** o **carga aerodinámica** es la fuerza que actúa de forma perpendicular al suelo y en sentido descendente. Cuanta más carga aerodinámica, más adherencia pero menos velocidad. Se encarga de mantener el coche pegado al suelo y se calcula a partir de:

$$\frac{1}{2}\rho A C_L V^2 = F_L (Lift)$$

Donde ρ es la densidad del aire, A el área frontal del monoplaza, C_L el coeficiente de Lift, v la velocidad de movimiento y FL la fuerza en el eje Y (Fuerza de sustentación o *downforce* en Newtons) que puede calcularse a partir del **Goal Plots**. Pulse con el botón derecho del ratón sobre **Goal Plots** y seleccione la opción **Insert**. Seleccione el objetivo **GG Force (Y)** y pulse sobre **Show** para visualizar el valor mínimo, medio y máximo.

$$C_L = \frac{2 * F_L}{\rho * v^2 * A} = \frac{2 * 204{,}649}{1{,}184 * 55{,}556^2 * 1{,}22} = 0{,}0016$$

Goal Name	Unit	Value	Averaged Value	Minimum Value	Maximum Value	Progress [%]	Use In Convergence	Delta	Criteria
GG Force (Y) 5	[N]	-202.285	-204.649	-215.914	-187.095	100	Yes	28.819	28.876

El coeficiente Lift o de sustentación es adimensional y, cuanto mayor sea, mayor será la fuerza vertical que empuja el F1 hacia el suelo.

Interpretación del Drag y del Lift (Influencias de la densidad, área y velocidad)

La densidad del aire afecta de forma inversa a las fuerzas Drag y Downforce. En los circuitos que están a mayor altura la densidad del aire es mayor y disminuyen las fuerzas (Drag y Lift). Un ejemplo es el circuito Hermanos Rodríguez (México), que se encuentra a una altura de más de 2000 m.

El área empleada en las ecuaciones de Drag y Lift hace referencia al área frontal del monoplaza. Mayor área frontal genera mayor Drag y Lift. Muchas escuderías han intentado jugar con esta variable a través del "Rake" o inclinación del F1 respecto al suelo.

Finalmente, la velocidad de flujo es uno de los factores que más afecta a la carga aerodinámica y a la resistencia al avance. La dependencia con el cuadrado de la velocidad provoca que, en curvas, sea más estable tomarlas a alta velocidad que a baja. A baja velocidad la carga aerodinámica es mucho menor y pueden producirse "trompos" por el menor agarre. Los equipos de F1 buscan el menor C_D posible con el mayor C_L para mantener el coche más pegado al suelo en las curvas, pero buscando resistencia al avance para no perder mucha velocidad en las rectas.

Evolución de la aerodinámica en la Formula 1

Desde que en 1950 la FIA (Federación internacional del Automóvil) creó el primer Campeonato Oficial del Mundo de la Fórmula 1, los monoplazas han ido mejorando en aerodinámica hasta los modelos actuales. En los primeros años, los monoplazas tenían formas simples hasta que en 1954 Mercedes escondió las ruedas bajo un cadenado en el monoplaza W196. En la década de 1960 aparecen los primeros apéndices aerodinámicos, la estilización del frontal de los monoplazas, la implementación de los alerones (equipo Lotus) y la colocación del motor en la parte trasera. En la de 1970, Lotus creó los sistemas de refrigeración frontal y lateral, precursores de los pontones. También se introdujeron las tomas de aire situadas encima del piloto. En 1979, Lotus trató el efecto suelo aumentando la carga aerodinámica y mejorando los tiempos de vuelta mientras que Renault, con su modelo RS01, utilizó el motor turboalimentado. Por otro lado, McLaren, Steve Nichols y Hércules Aerospace crearon el chasis monocasco en forma de V de fibra de carbono con un suelo plano del McLaren MP4/4 que mejoró en aerodinámica y rigidez torsional y permitió a Ayrton Senna un récord en victorias del 93,8% (15 de 16). En la década de 1990 se crearon monoplazas más altos por la parte delantera, con deflectores laterales en la parte frontal. La electrónica llegó para quedarse. Como consecuencia de los fallecimientos de Roland Ratzenberger y Ayrton Senna, la FIA aumentó el tamaño del *cockpit* (zona de protección del piloto) y las paredes laterales. A partir del año 2000 los monoplazas empiezan implementar alas, deflectores, y *winglets*. El Renault R26 de Fernando Alonso es uno de los ejemplos. Del 2010 a 2013, Red Bull Racing introdujo la aleta de tiburón, un elemento aerodinámico que se situaba en la parte superior del monoplaza, entre la entrada de aire situada sobre la cabeza del piloto y el alerón trasero. También se desarrollaron los F-duct, sistemas de redirección del aire que se activan al tapar unos agujeros en el *cockpit* desde el alerón delantero hasta la zona trasera, incrementado la carga aerodinámica. En 2014 aparecen los motores V6 turbo híbridos. El diseño de grandes monoplazas de elevado peso provocó la generación de aire sucio. Este efecto hace que el aire que le llega al monoplaza situado detrás de otro tenga turbulencias y pierda estabilidad en el paso por curva haciendo que el piloto tenga que reducir velocidad. En carrera provoca que el coche de detrás se separe del de delante, los adelantamientos sean más difíciles y disminuya el espectáculo. En los últimos años se ha minimizado la creación de aire sucio, se han fabricado monoplazas con diseños orgánicos donde la protección del piloto ha sido una de las variables de diseño más buscadas. Las simulaciones CFD seguirán ayudando a los ingenieros en la toma de decisiones de diseño de los monoplazas.

Alfa Romeo 158 (1938)

Lotus 72 (1970)

McLaren MP4/4 (1988)

Práctica 77. SolidWorks FlowSimulation II

Un intercambiado de calor de cobre por el que circula un caudal de agua 0,05 kg/s a 20 °C es usado para enfriar un caudal constante de aire caliente que entra a 0,075 kg/s y 177 °C. En ambos casos las salidas son a presión atmosférica. Seleccione una malla con un nivel 3 (*settings*). Como sólido predefinido seleccione cobre (Cooper). Como dominio computacional del cálculo (*computational domains*) puede seleccionar la mitad simétrica del intercambiador para agilizar los cálculos. Recuerde seleccionar los dos subdominios (uno para el aire y el otro para el agua). Se pide: Definir los objetivos (Goals): temperatura mínima, media y máxima para el aire y el agua. Obtener el Cut Plot de temperatura (mitad del intercambiador) con Streamlines. Obtener el gráfico de convergencia de temperatura del fluido. Temperatura del aire media a la salida y temperatura del agua a la salida. Utilice el complemento FlowSimulation.

⏳ 60 minutos

SOLIDWORKS
Flow
Simulation

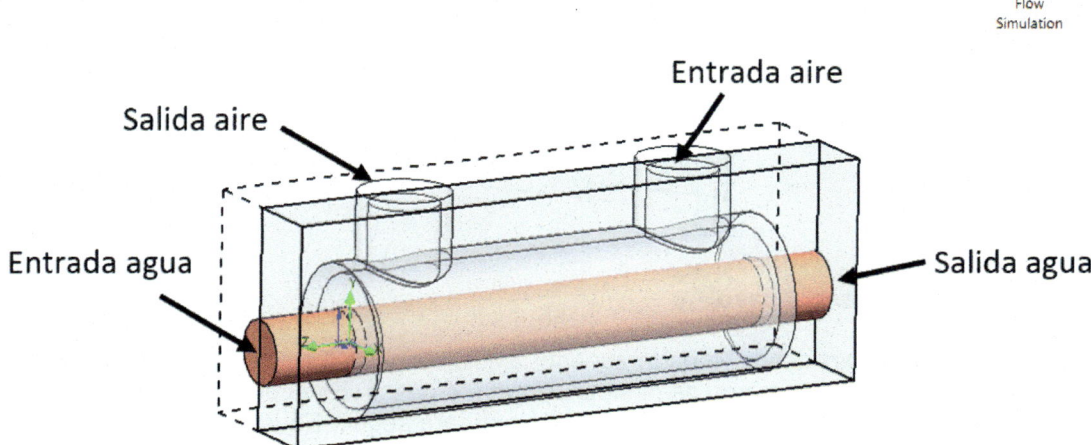

Entrada aire

Salida aire

Entrada agua

Salida agua

Objetivos del tutorial

- Activar el complemento **FlowSimulation** y seguir el **Wizart** paso a paso.

- Definir las entradas y salidas de aire y de agua. Diferenciar los subdominios de los fluidos.

- Definir los objetivos y el mallado.

- Crear trazados para visualizar los resultados.

Activar el complemento de FlowSimulation y agregar tapas

1. Desde el Menú de persiana **Herramientas** seleccione **Complementos** y active **SolidWorks FlowSimulation**.

2. Abra el fichero de la práctica. Observe que se trata de un intercambiador de calor de cobre que es usado para enfriar un caudal constante de aire caliente. El aire entra con un caudal de 0,075 kg/s a una temperatura de 177 °C. Para enfriarlo se introduce el caudal de agua a 0,05 kg/s y 20 °C. En ambos casos las salidas son a presión atmosférica. Las tapas ya están creadas.

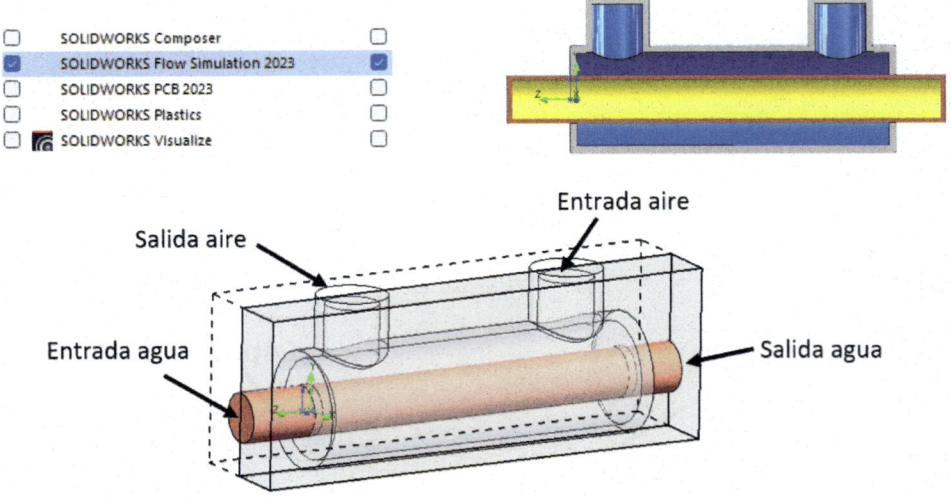

Seguir el Wizart (Paso a paso)

3. Seleccione **Wizart** desde la parte superior izquierda de la Barra de Herramientas para definir las condiciones de contorno de la simulación en 4 pasos. En el primer paso indique el nombre del proyecto y señale comentarios. Pulse **Next** para seguir. En la siguiente ventana defina las unidades. Active **SI** (Sistema Internacional) y pulse **Next**.

4. En **Analysis type** active la casilla **Fluid Flow** y asegúrese que el tipo de análisis (**Analysis type**) es interno (**Internal**) y que la casilla **Exclude cavities without conditions** está activada. Active también la casilla **Conduction** para incluir en el estudio el intercambio de calor. Pulse **Next**.

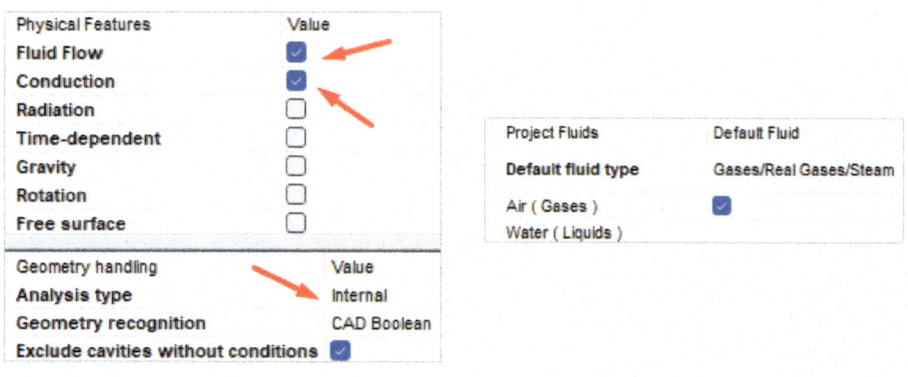

5. En la siguiente ventana se define el fluido con el que se va a trabajar. Seleccione agua (Water) desde la opción de **Liquids** y pulse sobre **Add** para su confirmación. Seleccione también **Air (Gases)**. Pulse **Next**. En la siguiente ventana puede definir el material del intercambiador. Seleccione cobre. En **Wall Condition** se definen las condiciones térmicas y la rugosidad de las paredes. Debe dejar los valores predefinidos. Pulse **Next**. En la pantalla de condiciones ambientales no cambie nada y pulse sobre **Finish**.

Definición de las entradas y salidas

6. Después de pulsar **Finish** desaparece la ventana del **Wizart** y aparece el intercambiador dentro de una caja semitransparente. La caja define el dominio computacional donde se realizará el estudio.

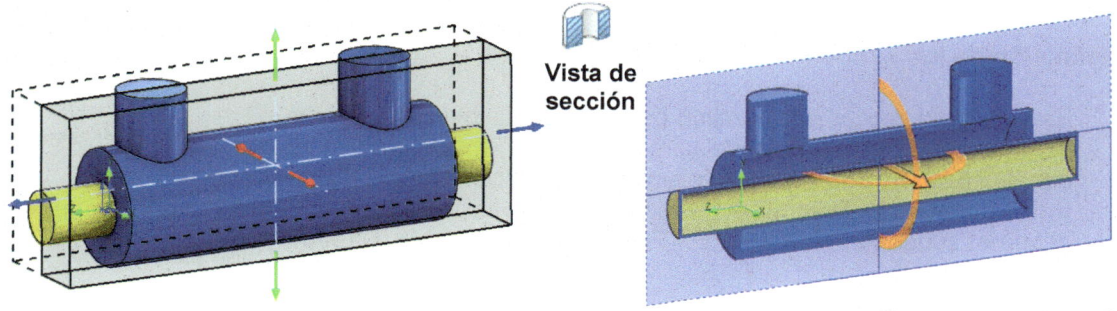

Vista de sección

7. Recuerde que para definir las entradas y las salidas de los fluidos debe seleccionar las caras internas. Para seleccionar las caras internas puede utilizar la función **Vista de sección** o también ocultar el intercambiador y dejar solo las tapas.

8. Pulse con el botón derecho sobre **Boundary Conditions** y seleccione la opción **Insert Boundary conditions**. En **Selection** seleccione la cara interna de la primera entrada de agua (Q_{AGUA}= 0.05 kg/s a T_{AGUA}= 20 °C). En **Type**, **Inlet Mass Flow** (0.075 kg/s) como flujo uniforme. En **Thermodynamic Parameters** indique la temperatura de entrada del agua (20 °C). Pulse **Aceptar**.

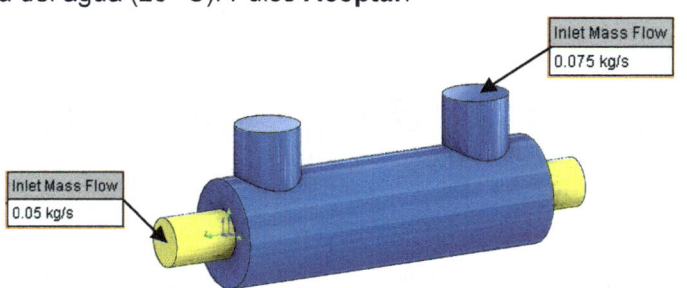

Inlet Mass Flow
0.075 kg/s

Inlet Mass Flow
0.05 kg/s

9. Repita el paso anterior (8) para definir la entrada de aire (Q_{AIRE}=0,08 kg/s T_{AIRE}=180 °C).

10. Para definir las salidas de los fluidos pulse con el botón derecho sobre **Boundary Conditions** y seleccione la opción **Insert Boundary conditions**. En **Selection** seleccione la cara interna que define la salida de agua del intercambiados (tubo amarillo). En **Type**, **Pressure Openings (Environment Pressure)**. **Thermodynamic Parameters** indique 101300 Pa y 20.05 °C. Pulse **Aceptar**.

11. Repita la misma operación (10) para definir la salida del caudal de aire caliente. En **Selection** seleccione la cara interna que define la salida de agua del intercambiador (tubo azul). En **Type**, **Pressure Openings (Environment Pressure)**. **Thermodynamic Parameters** indique 101300 Pa y 20.05 °C. Pulse **Aceptar**.

Definición de los subdominios de los fluidos

12. Es necesario indicar qué dominio pertenece al flujo de agua y qué dominio pertenece al flujo del aire. Pulse con el botón derecho sobre **Fluid Subdomain** y seleccione la opción **Insert Fluid Subdomain**. En **Selection**, seleccione una cara interna que defina el subdominio del aire. En **Fluids**, seleccione **Air (Gases)**. Pulse **Aceptar**.

13. Repita el mismo procedimiento descrito en el apartado anterior (12) para crear el subdominio del agua. Pulse con el botón derecho sobre **Fluid Subdomain** y seleccione la opción **Insert Fluid Subdomain**. En **Selection**, seleccione una cara interna que defina el subdominio del agua. En **Fluids**, seleccione **Water (Liquids)**. Pulse **Aceptar**.

Definición de los materiales

14. Pulse con el botón derecho del ratón sobre **Solid Materials** desde el Gestor de Simualción (**FlowSimlation Analysis**) y seleccione **Insert solid Material**. En selection seleccione la camisa y el tubo. Como material seleccione cobre (**Pre-Defined**, **Metals**, **Copper**). Pulse **Aceptar**.

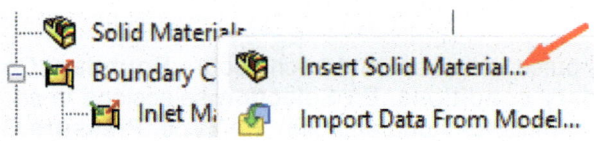

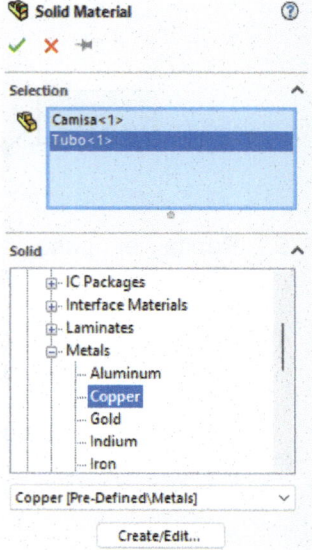

Definición de los objetivos (Goals) y mallado

15. Recuerde que los objetivos (**Goals**) permiten especificar los parámetros físicos de interés del proyecto importantes para estudiar su convergencia y garantizar la solución de estado estacionario en cada uno de ellos. En el caso de estudio se marcarán los objetivos globales (**Global Goals**) desde **Insert Globals Goals**. Indique los valores medios, máximos y mínimos de la temperatura de los flujos de agua y aire en las caras de salida. Active la casilla **Use to convergence control**. En la figura se presenta la definición de la temperatura máxima a la salida del aire caliente.

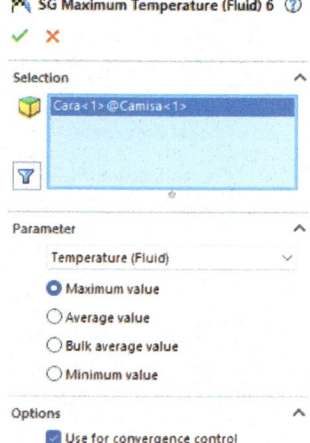

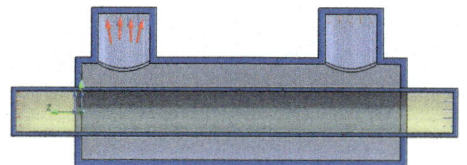

16. Finalmente debe mallar el dominio computacional. Pulse sobre **Mesh** con el botón derecho del ratón y seleccione **Global Mesh**. Para obtener resultados precisos arrastre hasta el valor el 7 el nivel de mallado en automático (**Automatic**). Pulse **Aceptar**.

Ejecutar la simulación

17. Pulse sobre **Run** para iniciar los cálculos. Recuerde que en la ventana del *solver* puede ver cómo evoluciona la convergencia de los objetivos definidos en la simulación. Además de ver el número de celdas totales, las iteraciones y el tiempo de cálculo requerido para cada uno de los objetivos definidos.

Resultados (Cut Plots, Flow Trajectories y Temperatura a las salidas)

El enunciado plantea obtener el **Cut Plot** de temperatura (mitad del intercambiador) con **Streamlines**, obtener el gráfico de convergencia de temperatura del fluido y la temperatura del aire media a la salida y temperatura al agua a la salida.

18. En **Cut Plots**, seleccione el plano **Derecho** y active las casillas **Contours** y **Streamlines**. En **Contours** seleccione **Temperature (Fluid)**. Pulse **Aceptar**. Observe cómo el aire, que inicialmente entra a 170ºC es enfriado por el caudal de agua y como el caudal de agua se va calentando hasta llegar a su salida.

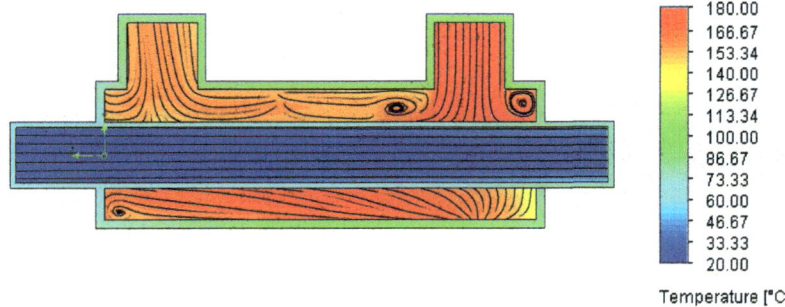

19. Para determinar la temperatura media, mínima y máxima del agua y del aire en las caras de salida pulse con botón derecho del ratón sobre **Surface Parameters**. En **Selection** seleccione la cara interior de cada una de las salidas del agua/aire. En **Parameters** seleccione **Temperature (Fluid)**. Pulse sobre **Vista preliminar detallada** (ojo) para mostrar los resultados en pantalla.

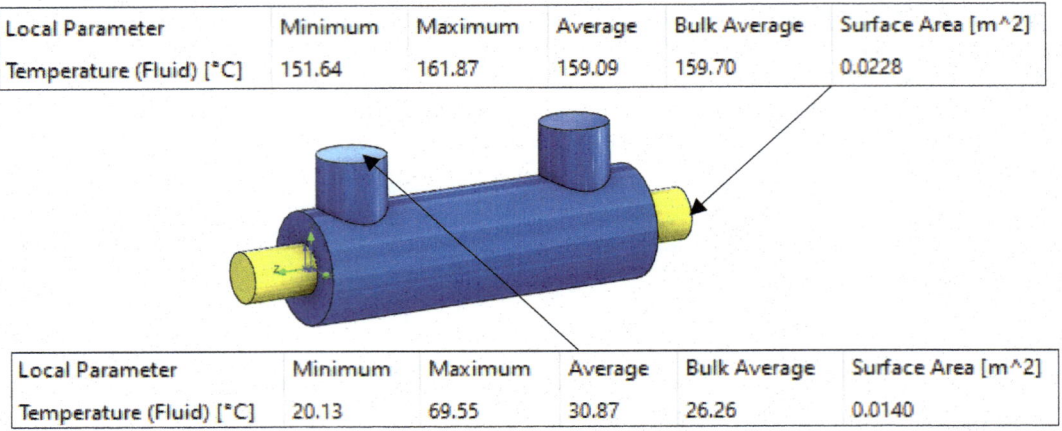

Local Parameter	Minimum	Maximum	Average	Bulk Average	Surface Area [m^2]
Temperature (Fluid) [°C]	151.64	161.87	159.09	159.70	0.0228

Local Parameter	Minimum	Maximum	Average	Bulk Average	Surface Area [m^2]
Temperature (Fluid) [°C]	20.13	69.55	30.87	26.26	0.0140

20. Objetivos de la simulación. Pulse con el botón derecho sobre **Goal Plots** y seleccione todos los objetivos para ver sus gráficos de convergencia. Pulse **Show** para verlos en pantalla.

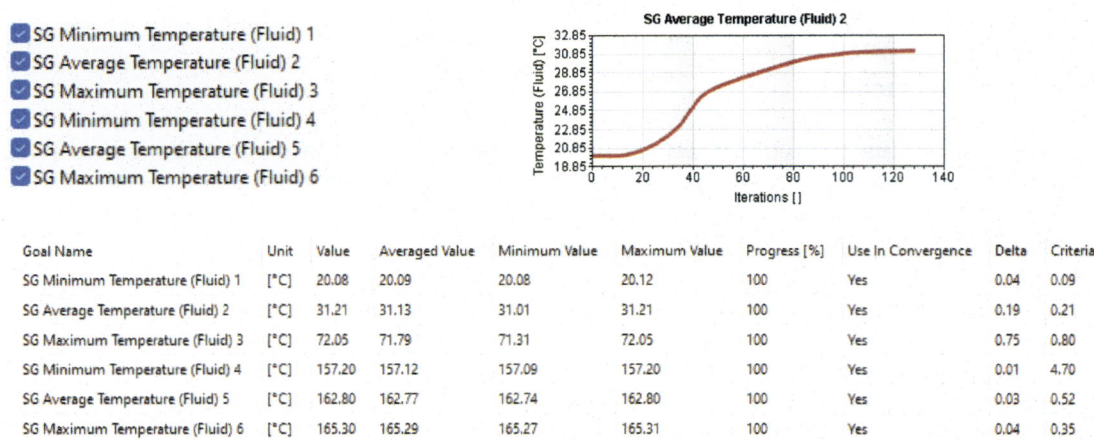

☑ SG Minimum Temperature (Fluid) 1
☑ SG Average Temperature (Fluid) 2
☑ SG Maximum Temperature (Fluid) 3
☑ SG Minimum Temperature (Fluid) 4
☑ SG Average Temperature (Fluid) 5
☑ SG Maximum Temperature (Fluid) 6

Goal Name	Unit	Value	Averaged Value	Minimum Value	Maximum Value	Progress [%]	Use In Convergence	Delta	Criteria
SG Minimum Temperature (Fluid) 1	[°C]	20.08	20.09	20.08	20.12	100	Yes	0.04	0.09
SG Average Temperature (Fluid) 2	[°C]	31.21	31.13	31.01	31.21	100	Yes	0.19	0.21
SG Maximum Temperature (Fluid) 3	[°C]	72.05	71.79	71.31	72.05	100	Yes	0.75	0.80
SG Minimum Temperature (Fluid) 4	[°C]	157.20	157.12	157.09	157.20	100	Yes	0.01	4.70
SG Average Temperature (Fluid) 5	[°C]	162.80	162.77	162.74	162.80	100	Yes	0.03	0.52
SG Maximum Temperature (Fluid) 6	[°C]	165.30	165.29	165.27	165.31	100	Yes	0.04	0.35

21. Para crear una animación con el trazado del agua (**Flow Trajectories**) pulse sobre la misma y seleccione la opción **Insert**. Seleccione la cara de entrada del agua. En **Number of points,** indique la cantidad de partículas (20) que participan en el estudio de simulación. Para definir la apariencia de las trayectorias seleccione **Pipes** y la variable a estudiar **Temperature (Fluid)**. Repita el mismo proceso para la entrada de aire caliente.

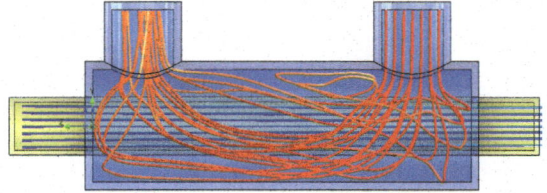

¿De qué otra forma puede mejorar el procedimiento de enfriamiento del aire?

Práctica 78. SolidWorks FlowSimulation III

A partir del grifo mostrado en la figura se pide la realización de un estudio de flujo de los dos caudales de agua caliente y fría, respectivamente (Q1=8 kg/s T1=60 °C y Q2=2 kg/s T2=10 °C). La presión de salida es de una atmósfera. Como objetivos definir la temperatura media, mínima y máxima del fluido, el flujo de transferencia de calor y la densidad mínima. Puede seleccionar una malla automática *settings*=3. Obtenga el Cut Plot de temperatura en el plano simétrico ZY y en el plano YX. Cree una animación de las trayectorias de flujo (Flow Trajectories) con flechas (*arrows*) del ramal frío y del caliente definiendo su color en función de la temperatura. Cree las curvas de las trayectorias de flujo del ramal caliente y defina un XY Plot de presión, temperatura y velocidad. Exporte los resultados a Excel. Determine la temperatura media, mínima y máxima a la salida del grifo. Utilice el complemento FlowSimulation.

⧗ 60 minutos

SOLIDWORKS
Flow
Simulation

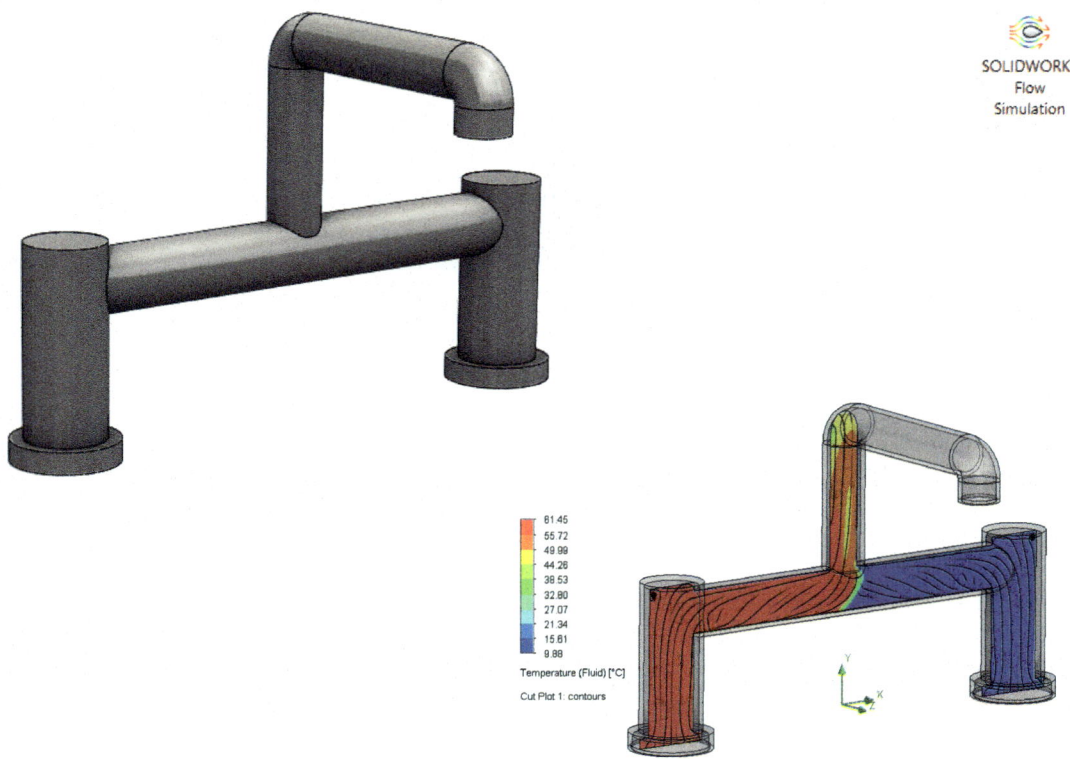

Objetivos del tutorial

- Activar el complemento **FlowSimulation** y seguir el **Wizart** paso a paso.
- Definir las entradas y salidas del agua fría y caliente.
- Definir los objetivos y el mallado.
- Crear trazados para visualizar los resultados.

Activar el complemento de FlowSimulation y agregar tapas

1. Desde el Menú de persiana **Herramientas** seleccione **Complementos** y active **SolidWorks FlowSimulation**.

2. Abra el fichero de la práctica. Observe que se trata de un grifo con una entrada de agua caliente y otra de agua fría. Lo primero que debe hacer es cerrar el volumen de estudio. Para ello se van a poner tapas con la función **Create Lids (Tools)**. Seleccione las caras exteriores donde deba poner la tapa. Pulse **Aceptar**. Repita la misma operación con las otras dos aberturas. Una vez finalizadas las tres operaciones, el modelo queda perfectamente cerrado y ya puede empezar con la definición de las condiciones de contorno.

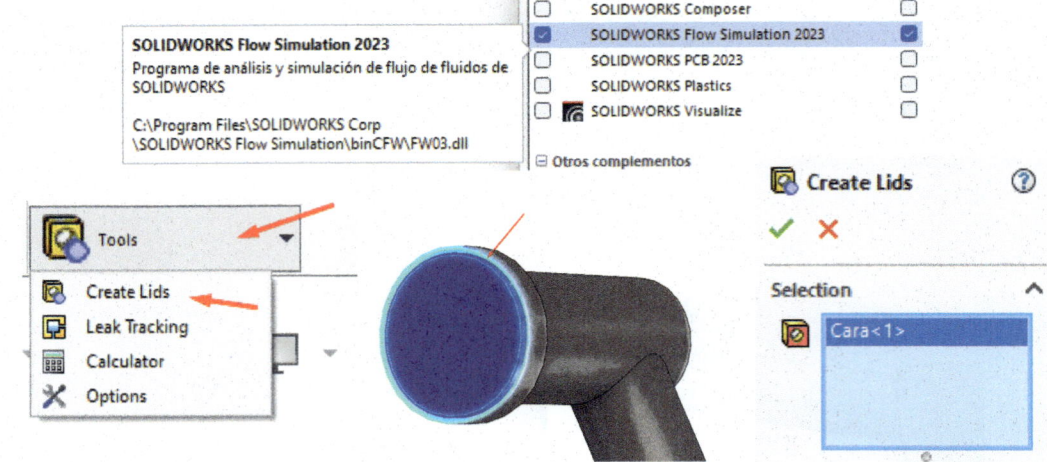

Seguir el Wizart (Paso a paso)

3. Seleccione **Wizart** desde la parte superior izquierda de la Barra de Herramientas para definir las condiciones de contorno de la simulación en 4 pasos. En el primer paso indique el nombre del proyecto. Pulse **Next** para seguir. En la siguiente ventana active las unidades **SI** (Sistema Internacional) y pulse **Next**.

4. En **Analysis type** active la casilla **Fluid Flow** y asegúrese que el tipo de análisis (**Analysis type**) es interno (**Internal**) y que la casilla **Exclude cavities without conditions** está activada. Pulse **Next**. Las simulaciones internas son todas aquellas en las que el dominio computacional de cálculo está encerrado entre dos o más tapas (tubos, conducciones, etc.).

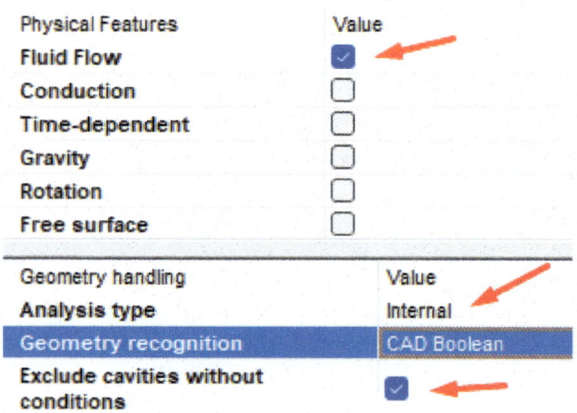

5. En la siguiente ventana se define el fluido con el que se va a trabajar. Seleccione agua (**Water**) desde la opción de **Liquids** y pulse sobre **Add** para su selección. Pulse **Next**. En **Wall Condition** se definen las condiciones térmicas y la rugosidad de las paredes. Debe dejar los valores predefinidos. Pulse **Next**. En la pantalla de condiciones ambientales no cambie nada y pulse sobre **Finish**.

Definición de las entradas y salidas

6. Después de pulsar **Finish** desaparece la ventana del **Wizart** y aparece el grifo dentro de una caja semitransparente. La caja define el dominio computacional donde se realizará el estudio.

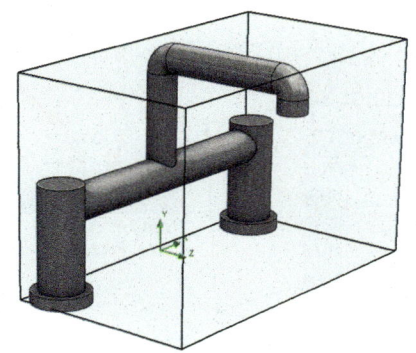
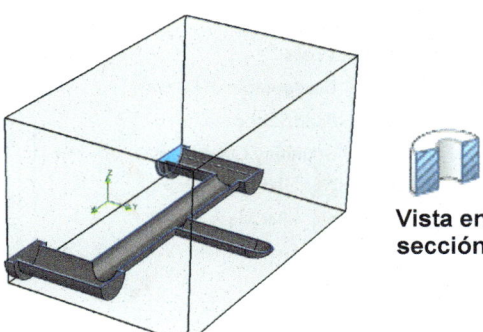

Vista en sección

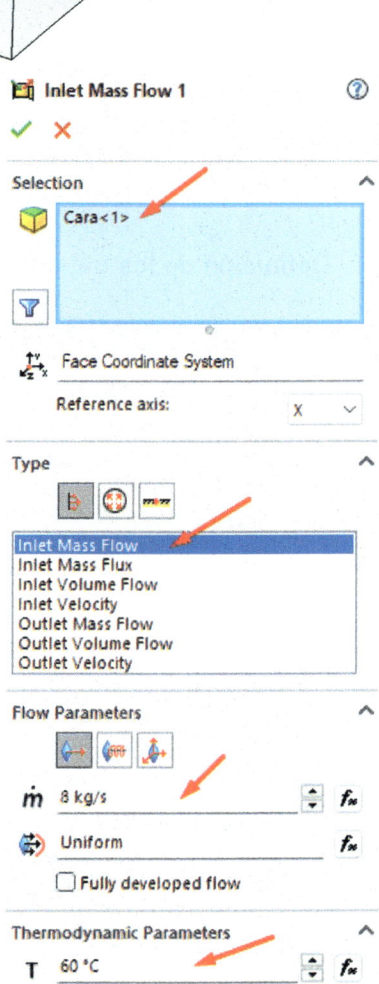

7. Para definir las entradas y las salidas debe seleccionar las caras internas que definen las tapas que se han creado en el apartado 2 (**Lids**). Para seleccionar las caras internas puede ocultar el grifo y dejar únicamente las tapas o seccionar el grifo con la función **Vista de sección**.

8. Pulse con el botón derecho sobre **Boundary Conditions** y seleccione la opción **Insert Boundary Conditions**. En **Selection** seleccione la cara interna de la primera entrada de agua (8 kg/s a 60 °C). En **Type**, **Inlet Mass Flow** (8 kg/s) como flujo uniforme. En **Thermodynamic Parameters** indique la temperatura de entrada del agua (60 °C). Pulse **Aceptar**. Observe la dirección de las flechas rojas que indican el sentido de circulación del flujo.

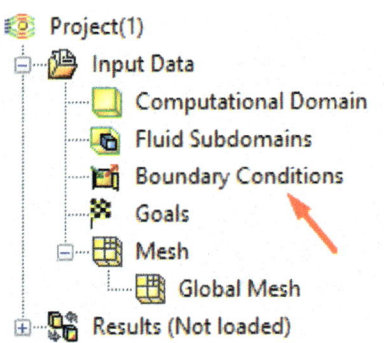

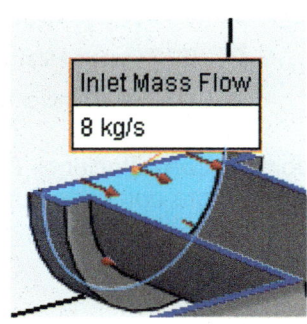

9. Repita el paso anterior (8) para definir la segunda entrada de agua (Q2=2 kg/s T2=10 °C).

10. Para finalizar, defina la salida del fluido. Pulse con el botón derecho sobre **Boundary Conditions** y seleccione la opción **Insert Boundary Conditions**. En **Selection** seleccione la cara interna que define la salida de agua del grifo. En **Type**, **Pressure Openings (Environment Pressure)**. **Thermodynamic Parameters** indique 101300 Pa y 20.05 °C. Pulse **Aceptar**.

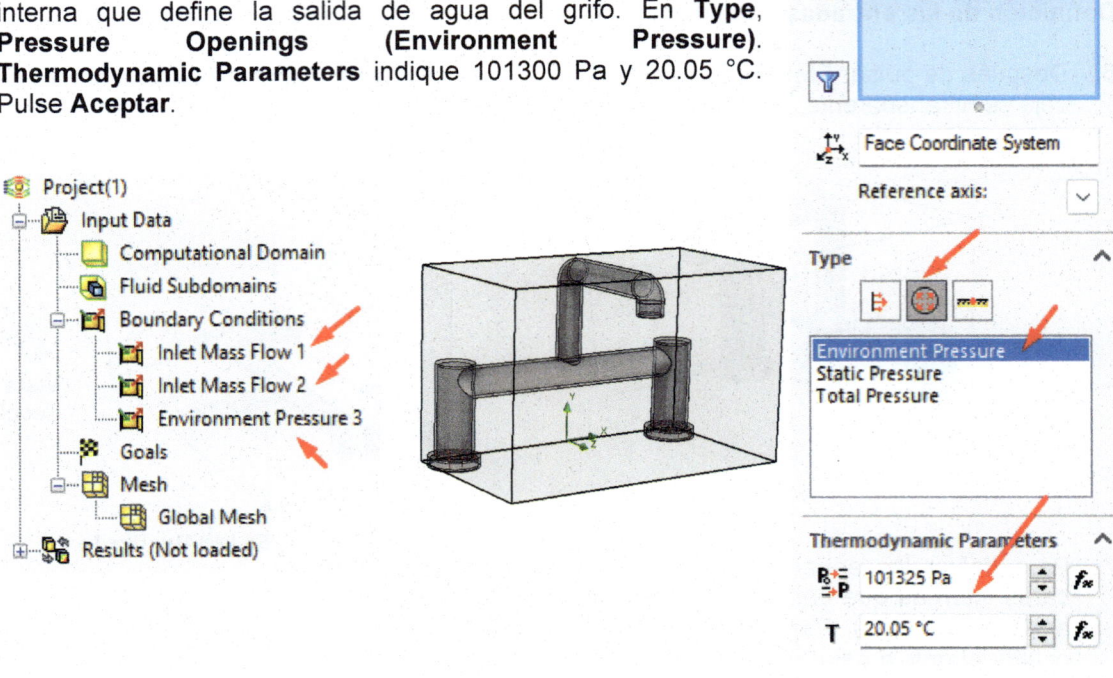

Definición de los objetivos (Goals) y mallado

11. Los objetivos (**Goals**) permiten definir los parámetros físicos de interés del proyecto indispensables para estudiar su convergencia y garantizar la solución de estado estacionario. En el caso de estudio se marcarán los objetivos globales (**Global Goals**) desde **Insert Globals Goals**. Indique los valores medios (**Average value**) de: **Temperature (Fluid)**, **Velocity, Heat Flux** y **Heat Transfer Rate**. Active la casilla **Use to convergence control**. Pulse **Aceptar**.

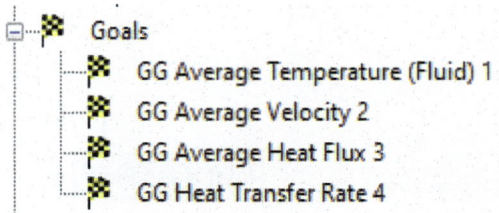

12. Finalmente debe mallar el dominio computacional. Pulse sobre **Mesh** con el botón derecho del ratón y seleccione **Global Mesh**. Para obtener resultados aceptables arrastre hasta el máximo el 7 el nivel de mallado en automático (**Automatic**). Pulse **Aceptar**.

Ejecutar la simulación

13. Pulse sobre **Run** para iniciar los cálculos. En la ventana del *solver* puede ver cómo evoluciona la convergencia de los objetivos definidos en la simulación. También puede ir viendo el número celdas totales, las iteraciones y el tiempo de cálculo requerido para cada uno de los objetivos definidos.

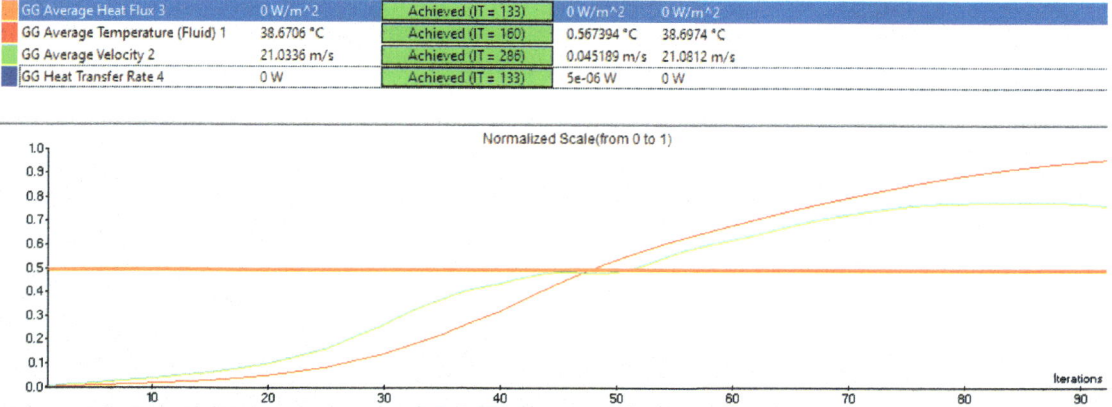

Name	Current Value	Progress	Criterion	Averaged Value
GG Average Heat Flux 3	0 W/m^2	Achieved (IT = 133)	0 W/m^2	0 W/m^2
GG Average Temperature (Fluid) 1	38.6706 °C	Achieved (IT = 160)	0.567394 °C	38.6974 °C
GG Average Velocity 2	21.0336 m/s	Achieved (IT = 286)	0.045189 m/s	21.0812 m/s
GG Heat Transfer Rate 4	0 W	Achieved (IT = 133)	5e-06 W	0 W

Gráfico de convergencia en función del número de iteraciones para cada uno de los objetivos de estudio (presión estática, presión total, velocidad en X, Fuerza en X y Fuerza en Z). Para cada uno de ellos se presenta el valor medio obtenido y las iteraciones que han sido necesarias para su cálculo (IT). Así, por ejemplo, la temperatura media del fluido es de 38,69 °C y ha necesitado 160 iteraciones para la convergencia del resultado.

Resultados (Cut Plots, Surface Plots, Probes, Isosurface, Flow Trajectories y Goals Plots)

14. Una vez finalizado el cálculo (*Solver is finished*) desde **Results** (en el Gestor de Simulación) puede visualizar los trazados.

15. En **Cut Plots**, seleccione el plano **Alzado** y active las casillas **Contours** y **Streamlines**. En **Contours** indique **Temperature (Fluid)**. Pulse **Aceptar**. Observe la forma en la que los dos fluidos (caliente y frío) se mezclan. Para ver los resultados de forma óptima se ha seleccionado una textura semitransparente para el grifo. También puede ocultarlo o seccionarlo con **Vista de sección**.

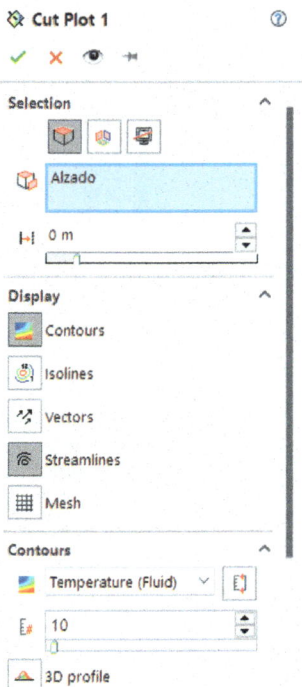

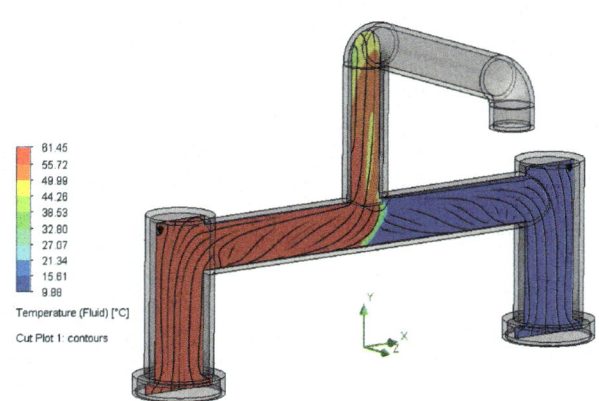

16. Pulsando con el botón derecho sobre el gráfico y seleccionando la opción **Play** puede ver los resultados en un plano móvil. La opción **Cut Plots** permite crear tantos planos como desee y representar en ellos distintas variables (velocidad, presión, etc.). Para seguir, pulse con el botón derecho sobre **Cut Plot** y seleccione **Hide** para ocultar el gráfico.

17. Para crear una animación con el trazado del agua (**Flow Trajectories**) pulse sobre la misma y seleccione la opción **Insert**. Seleccione las caras de entrada del agua fría y caliente. En **Number of points,** indique la cantidad de partículas (200) que participan en el estudio de simulación. Para definir la apariencia de las trayectorias seleccione líneas con flechas (**Lines with Arrows**) y la variable a estudiar **Temperature (Fluid)**. Repita el mismo proceso, pero como variable seleccione **Velocity**.

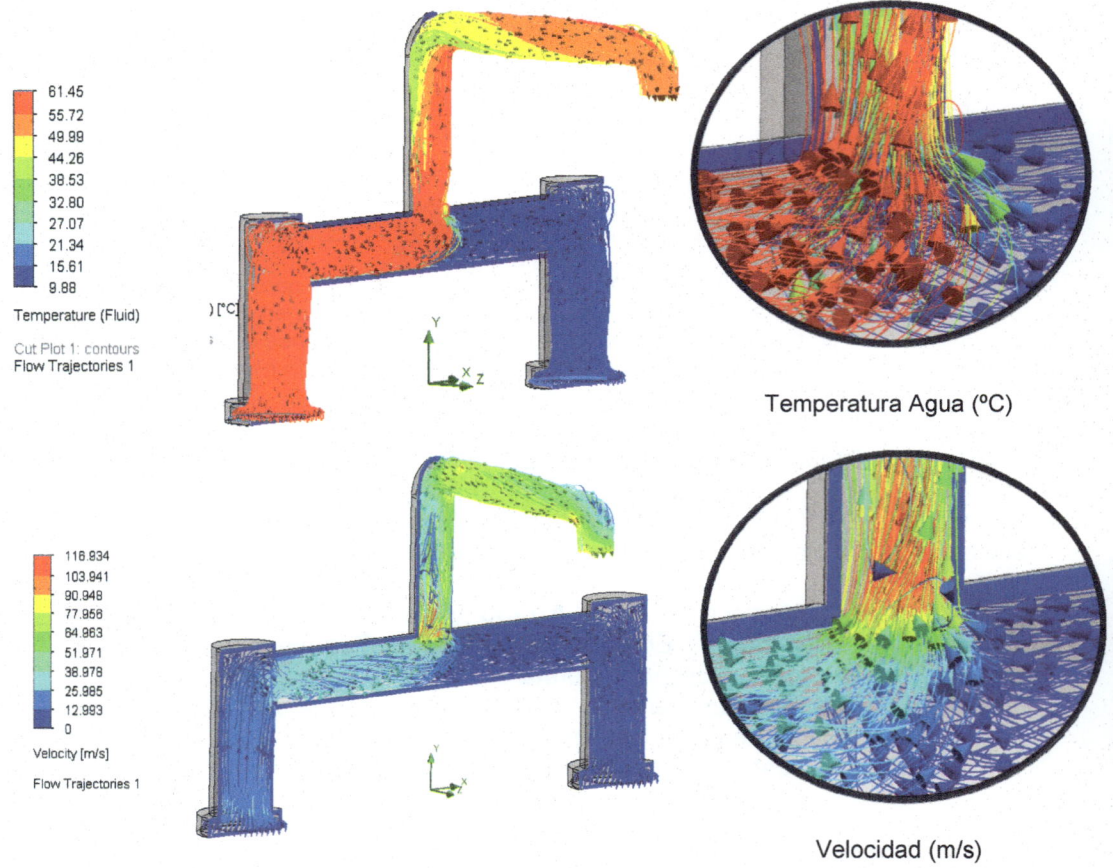

Temperatura Agua (ºC)

Velocidad (m/s)

En el primer trazado puede ver como la temperatura del agua representada por las flechas de flujo. En el segundo trazado se observa el incremento de la velocidad de flujo en las secciones más estrechas.

18. Para crear las curvas de evolución de la temperatura y la velocidad durante todo el trayecto del fluido debe crear una línea de croquis en 3D (**Croquis3D**) y, sobre la misma, representar el cambio de las variables de estudio (**XYPlots**). Para crear la curva de croquis oculte el trazado de trayectorias de flujo creado en el apartado anterior y cree el croquis de la línea a seguir.

19. Para hacer el croquis debe activar el **Gestor de Diseño** del FeatureManager y pulsar sobre **Croquis 3D**. Cree el croquis 3D con el primero de los caminos. Lo puede hacer siguiendo la forma interior del grifo, desde la entrada hasta la salida. Cree un croquis para el agua caliente y otro para el agua fría. En la figura se indica el recorrido seguido por el agua caliente. Recuerde que tiene la geometría 3D resuelta en los materiales digitales que acompañan el libro.

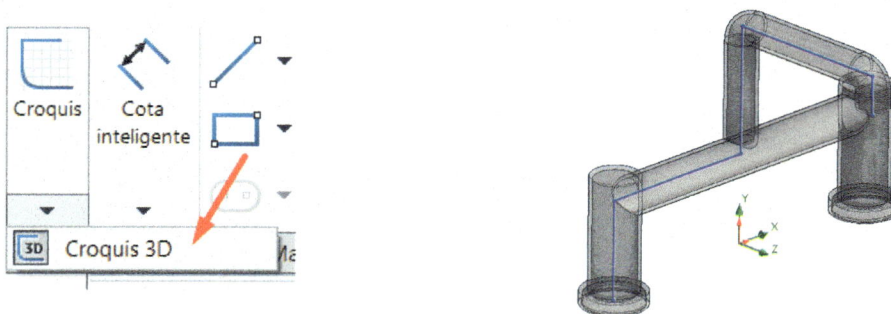

20. Una vez creado el croquis vuelva a **FlowSimulation Analysis** y pulse sobre **XY Plots** con el botón derecho y, a continuación, **Insert**. En **Selection** seleccione el croquis desde el árbol de operaciones de la Zona de Gráficos (ver la figura). En **Parameters** active **Temperature (Fluid)** y **Velocity**. En **Resolución** puede incrementar el número de puntos de control a estudiar. Si desplaza el cursor hacia la derecha obtendrá mayor número de puntos de estudio. Active la casilla **Show** para mostrar los resultados en pantalla o **Export to Excel** para exportar los resultados a Excel. Pulse **Aceptar**.

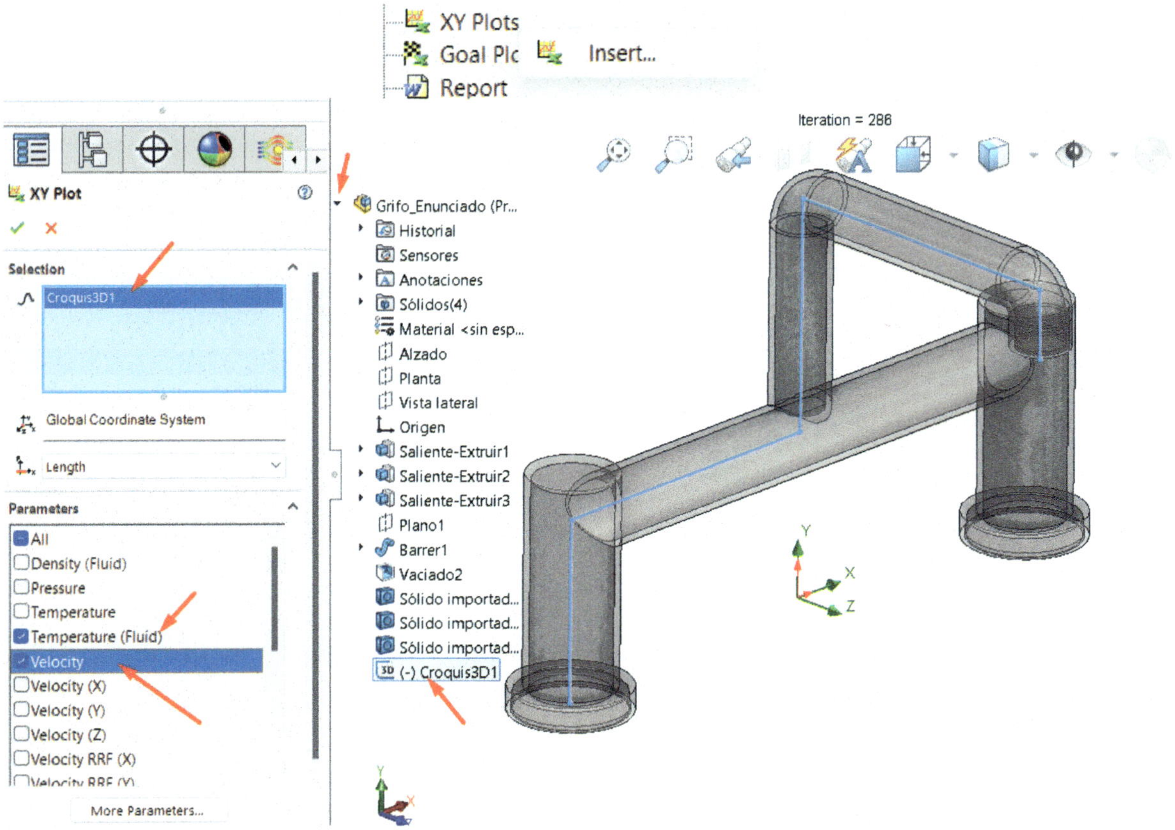

En los gráficos se observa que la temperatura del agua se reduce drásticamente de los 80 ºC cuando se encuentran con el segundo flujo de agua fría. Asimismo, se observa un incremento de la velocidad en el mismo momento como consecuencia de la unión de los dos frentes de flujo y la reducción de la sección.

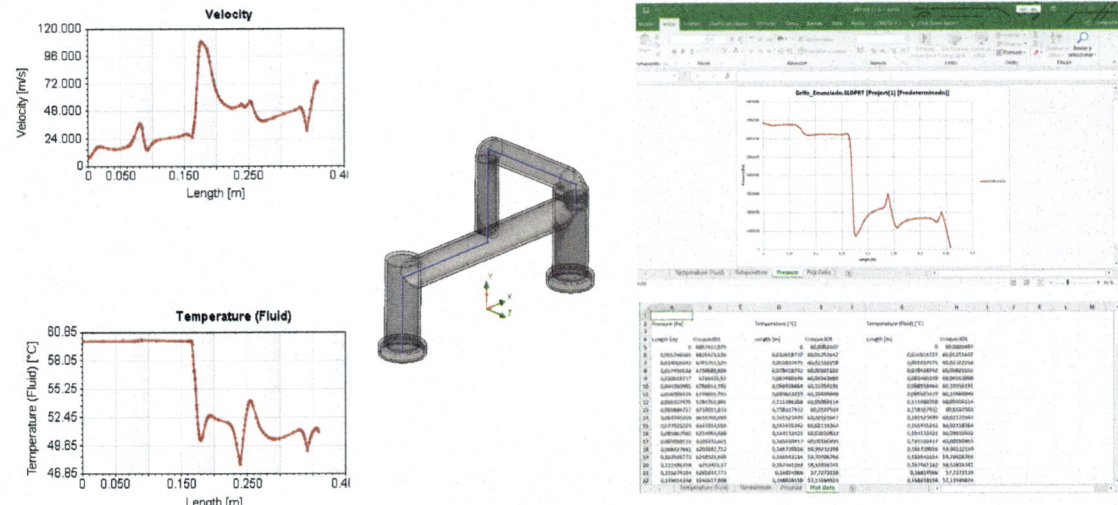

21. Para determinar la temperatura media, mínima y máxima a la salida del grifo pulse con el botón derecho del ratón sobre **Surface Parameters**. En **Selection** seleccione la cara interior de la tapa de salida del agua en el grifo. En **Parameters** seleccione **Temperature (Fluid)**. Pulse sobre **Vista preliminar detallada** (ojo) para mostrar los resultados en pantalla.

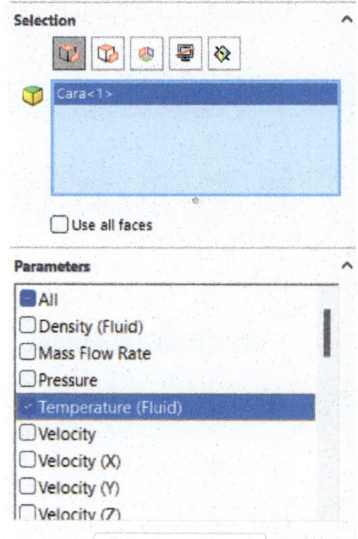

22. Observe los resultados de temperatura mínima, máxima y media en la cara de salida.

Local Parameter	Minimum	Maximum	Average	Bulk Average	Surface Area [m^2]
Temperature (Fluid) [°C]	20.05	54.49	44.67	50.06	0.0002

Práctica 79. SolidWorks FlowSimulation IV

Una corriente de aire con una velocidad de 0,01 m/s a temperatura ambiente es utilizada para enfriar un disipador térmico de aluminio que emite una potencia calorífica de 2 W. Estimar la temperatura del aire a la salida y trazar los gráficos de temperatura del aire. Utilice el complemento FlowSimulation.

⏳ 25 minutos

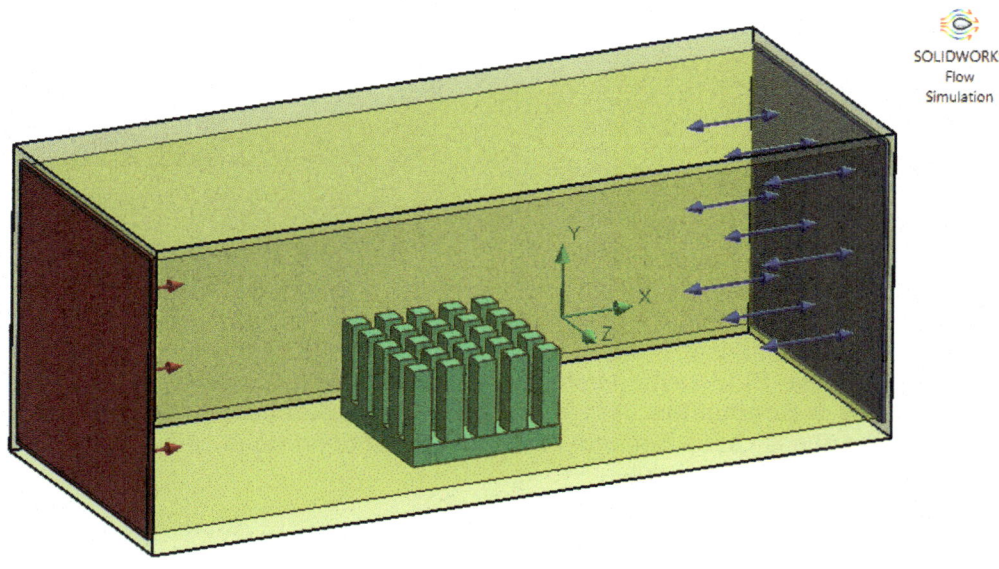

SOLIDWORKS
Flow
Simulation

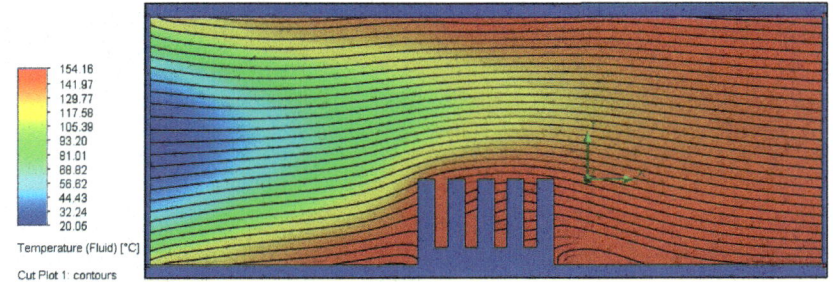

```
154.16
141.97
129.77
117.58
105.39
 93.20
 81.01
 68.82
 56.62
 44.43
 32.24
 20.06
```
Temperature (Fluid) [°C]

Cut Plot 1: contours

Objetivos del tutorial

- Activar el complemento **FlowSimulation** y seguir el **Wizart** paso a paso. Activar las físicas de **Fluid Flow** y **Conduction**.
- Definir la entrada, la salida y la potencia calorífica del disipador térmico.
- Definir los objetivos y el mallado.
- Crear trazados para visualizar los resultados.

Activar el complemento de FlowSimulation y agregar tapas

1. Desde el Menú de persiana **Herramientas** seleccione **Complementos** y active **SolidWorks FlowSimulation**.

2. Abra el fichero de la práctica. Observe que se tiene un disipador térmico aleteado dentro de un tubo cuadrado cerrado por tapas (**Lids**) en los extremos.

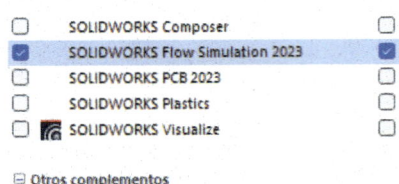

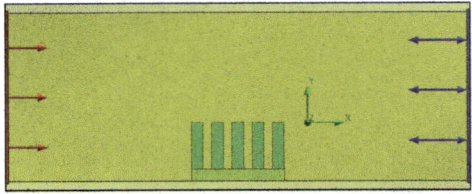

Seguir el Wizart (Paso a paso)

3. Seleccione **Wizart** desde la parte superior de la Barra de Herramientas para definir las condiciones de contorno de la simulación. En el primer paso puede indicar el nombre del proyecto y comentarios. Pulse **Next** para seguir. En la siguiente ventana puede definir las unidades. Active **SI** (Sistema Internacional) y pulse **Next**. En **Analysis Type** active la casilla **Fluid Flow** y **Conduction**. Asegúrese que el tipo de análisis (**Analysis type**) es interno (**Internal**) y que la casilla **Exclude cavities without conditions** esta activada. Pulse **Next**.

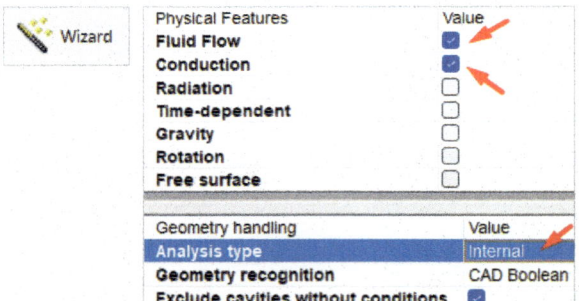

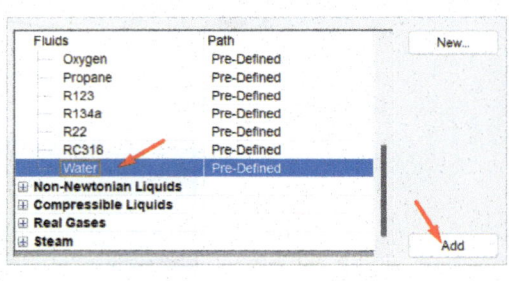

4. En la siguiente ventana se define el fluido con el que se va a trabajar. Seleccione aire (Air) desde la opción de **Gases** y pulse sobre **Add** para su selección. Pulse **Next**. En **Solids** seleccione, desde **Metals**, el aluminio y pulse **Next**. En **Wall Condition** se definen las condiciones térmicas y la rugosidad de las paredes. Debe dejar los valores predefinidos. Pulse **Next**. En la pantalla de condiciones ambientales no cambie nada y pulse sobre **Finish**. Desaparece la ventana del **Wizart**.

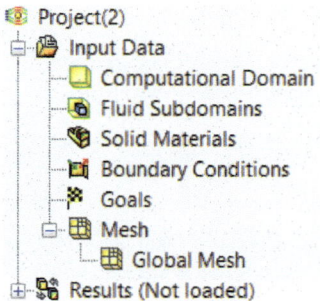

Definición de las entradas y salidas

5. Para definir la entrada y la salida debe seleccionar las caras internas que definen las tapas: roja (entrada) y azul (salida). Para seleccionar las caras internas puede ocultar el tubo cuadrado y dejar únicamente las tapas o seccionar el tubo cuadrado (tubo<1>) con la función **Vista de sección**.

6. Pulse con el botón derecho sobre **Boundary Conditions** y seleccione la opción **Insert Boundary Conditions**. En **Selection** seleccione la cara interna de la entrada (tapa roja). En **Type**, **Inlet Velocity** (0.01 m/s) como flujo uniforme. En **Thermodynamic Parameters** no modifique los valores estándar de temperatura y presión. Pulse **Aceptar**.

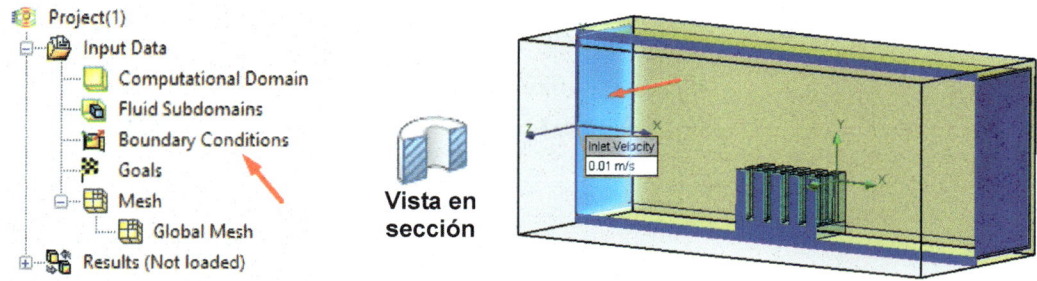

Vista en sección

7. Para finalizar, defina la salida del fluido. Pulse con el botón derecho sobre **Boundary Conditions** y seleccione la opción **Insert Boundary Conditions**. En **Selection** seleccione la cara interna que define la salida de aire. En **Type**, **Enviornment Pressure** (101325 Pa y 293.2 K). Pulse **Aceptar**.

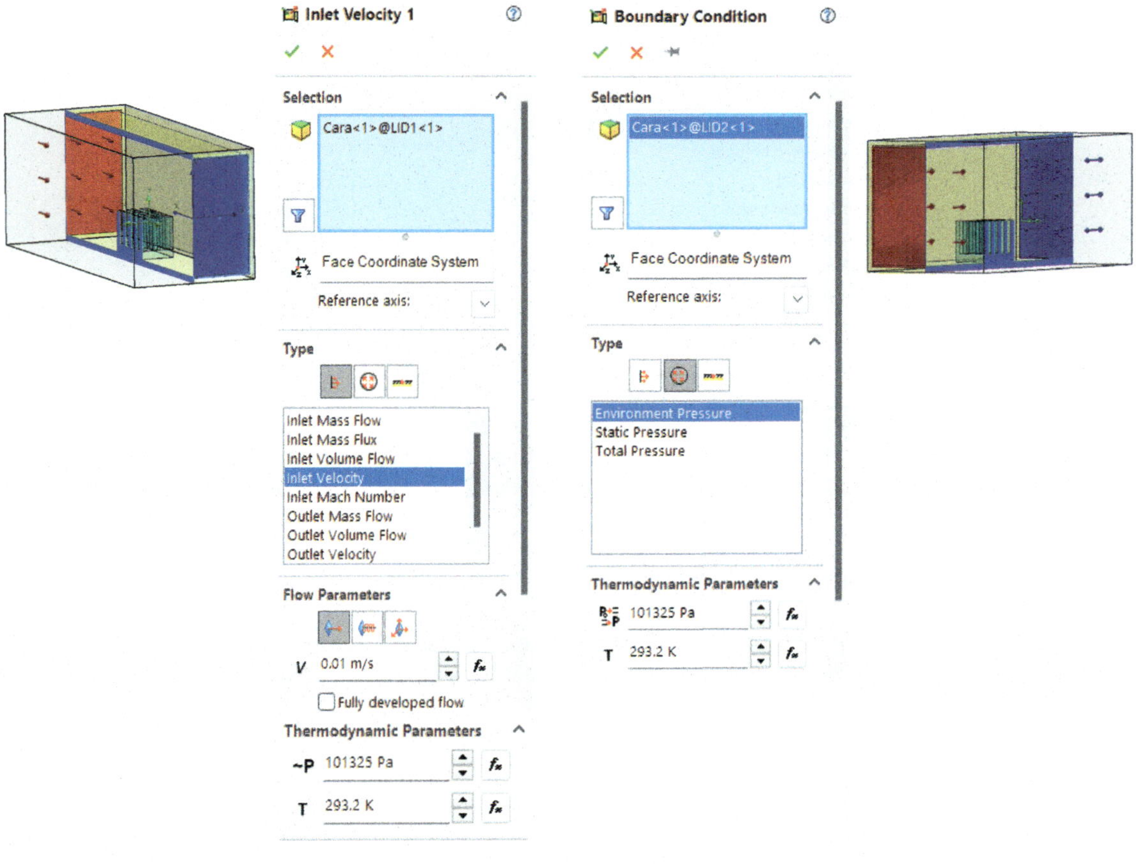

Definición del material del disipador y la potencia calorífica generada

8. Para definir el material pulse con el botón derecho sobre **Solid Materials** y seleccione la opción **Insert Solid Material**. En **Selection** seleccione la pieza que define el disipador térmico (disipador estándar) y en **Solid** seleccione **Aluminium** (**Metals**). Pulse **Aceptar**.

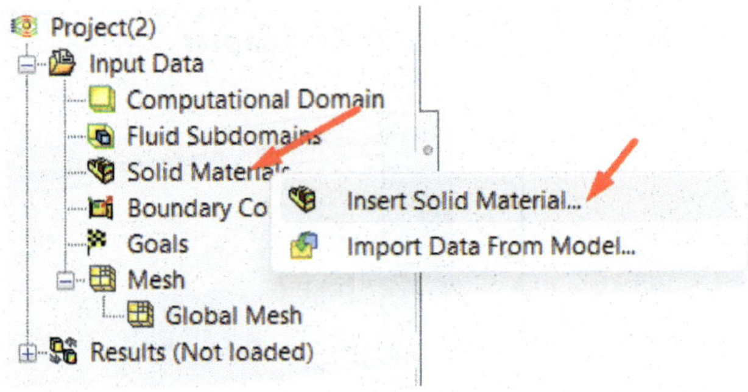

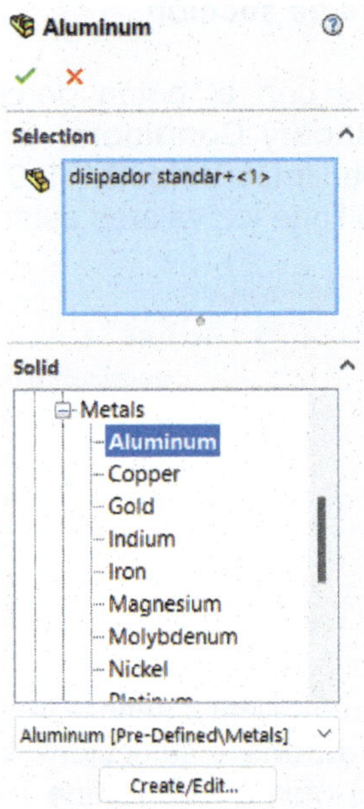

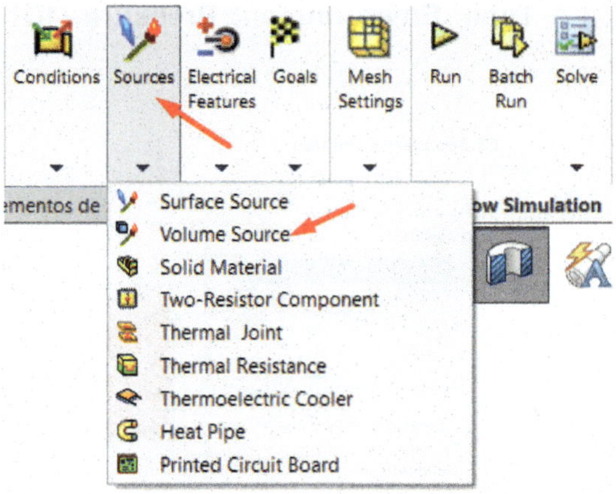

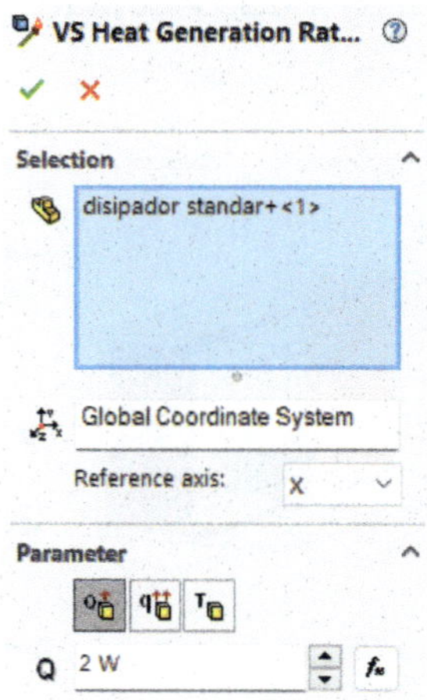

9. Para definir la potencia calorífica emitida por el disipador térmico seleccione, desde **Sources, Volumen Source**. En **Selection**, seleccione el disipador térmico. En **Parameter**, active la primera casilla (**Heat Generation Rate**) y escriba 2 W. Pulse **Aceptar**.

Definición de los objetivos (Goals) y mallado

10. Marque los objetivos globales (**Global Goals**) desde **Insert Globals Goals**. Indique los valores medios (**Average value**) de: **Temperature (Fluid), Velocity** y **Heat Transfer Rate**. Active la casilla **Use to convergence control**. Pulse **Aceptar**.

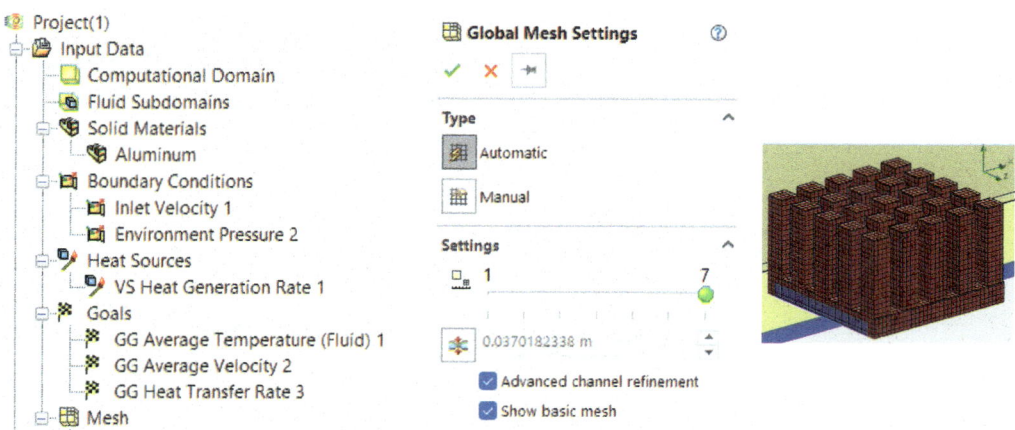

11. Finalmente debe mallar el dominio computacional. Pulse sobre **Mesh** con el botón derecho del ratón y seleccione **Global Mesh**. Para obtener resultados precisos arrastre hasta el máximo el 7 el nivel de mallado en automático (**Automatic**). Active las casillas **Advaced channel refinement** y **Show basic mesh**. La activación de la primera casilla permite mejorar el mallado en las zonas interiores del disipador. La segunda, previsualiza el mallado en pantalla. Pulse **Aceptar**.

Ejecutar la simulación

12. Pulse sobre **Run** para iniciar los cálculos. En la ventana del *solver* puede ver cómo evoluciona la convergencia de los objetivos definidos en la simulación. También puede ir viendo el número celdas totales, las iteraciones y el tiempo de cálculo requerido para cada uno de los objetivos definidos.

Resultados (Cut Plots, Goals Plots y Surface Parameters)

13. Una vez finalizado el cálculo (*Solver is finished*) desde **Results** (en el Gestor de Simulación) puede ver los resultados. En **Cut Plots**, seleccione el plano **Alzado** y active las casillas **Contours** y **Streamlines**. En **Contours** seleccione **Temperature (Fluid)**. Pulse **Aceptar**. Observe la forma en la que el fluido de entrada (20.05 °C) se calienta como consecuencia del calor aportado por el disipador térmico (2 W).

14. Repita el paso 13 pero ahora en **Contours** seleccione **Temperatura (Solid)**. Puede ver la temperatura del disipador térmico. Observe que las zonas en contacto con el aire se enfrían más que el resto.

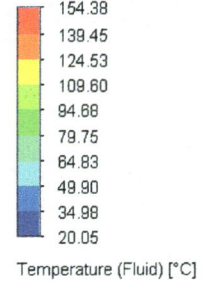

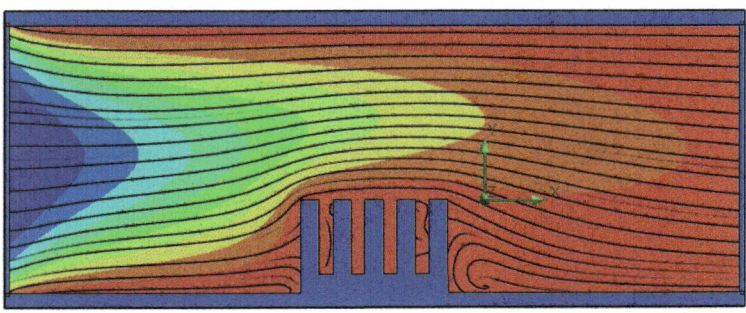

Temperature (Fluid) [°C]

15. Para ver los resultados medios, máximos y mínimos, además de ver si se ha producido convergencia, pulse con el botón derecho del ratón sobre **Goal Plots**. En **All Goals** seleccione **All**. Si desea importar los resultados a una hoja de Excel active la casilla **Excel Workbook**. Pulse Aceptar.

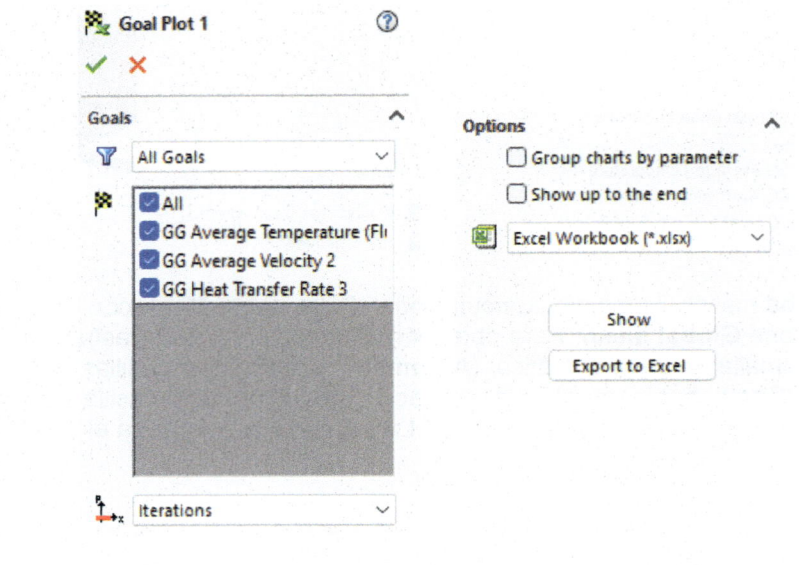

Goal Name	Unit	Value	Averaged Value	Minimum Value	Maximum Value	Progress [%]	Use In Convergence	Delta	Criteria
GG Average Temperature (Fluid) 1	[°C]	130.57	130.11	127.81	130.57	100	Yes	2.76	3.32
GG Average Velocity 2	[m/s]	0.014	0.014	0.014	0.014	100	Yes	1.012e-04	1.089e-04
GG Heat Transfer Rate 3	[W]	2.000	2.000	1.999	2.000	100	Yes	8.496e-04	0.060

16. Para determinar la temperatura media, mínima y máxima a la salida del tubo cuadrado pulse con el botón derecho del ratón sobre **Surface Parameters**. En **Selection** seleccione la cara interior de la tapa de salida (tapa azul). En **Parameters** seleccione **Temperature (Fluid)**. Pulse sobre **Vista preliminar detallada** (ojo) para mostrar los resultados en pantalla.

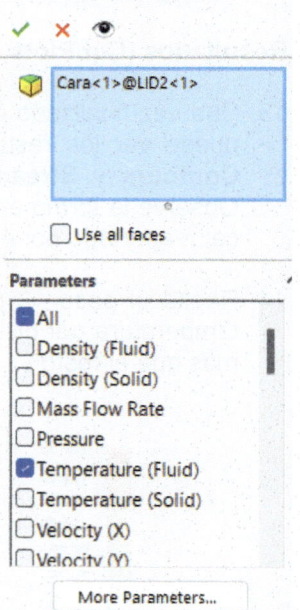

Local Parameter	Minimum	Maximum	Average	Bulk Average	Surface Area [m^2]
Temperature (Fluid) [°C]	141.34	153.55	149.01	146.83	0.0013

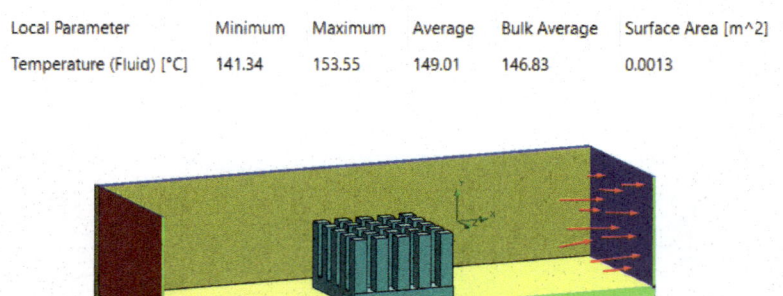

La temperatura del aire se calienta desde la temperatura ambiente de la entrada hasta los 149 °C en la salida.

Práctica 80. SolidWorks FlowSimulation V

Realice una simulación CFD para determinar coeficiente de Drag y el Reynolds de una esfera que se desplaza a una velocidad de 0,003 m/s. Emplee el complemento FlowSimulation. Compare los resultados obtenidos con los teóricos. Utilice el complemento FlowSimulation.

⧗ 20 minutos

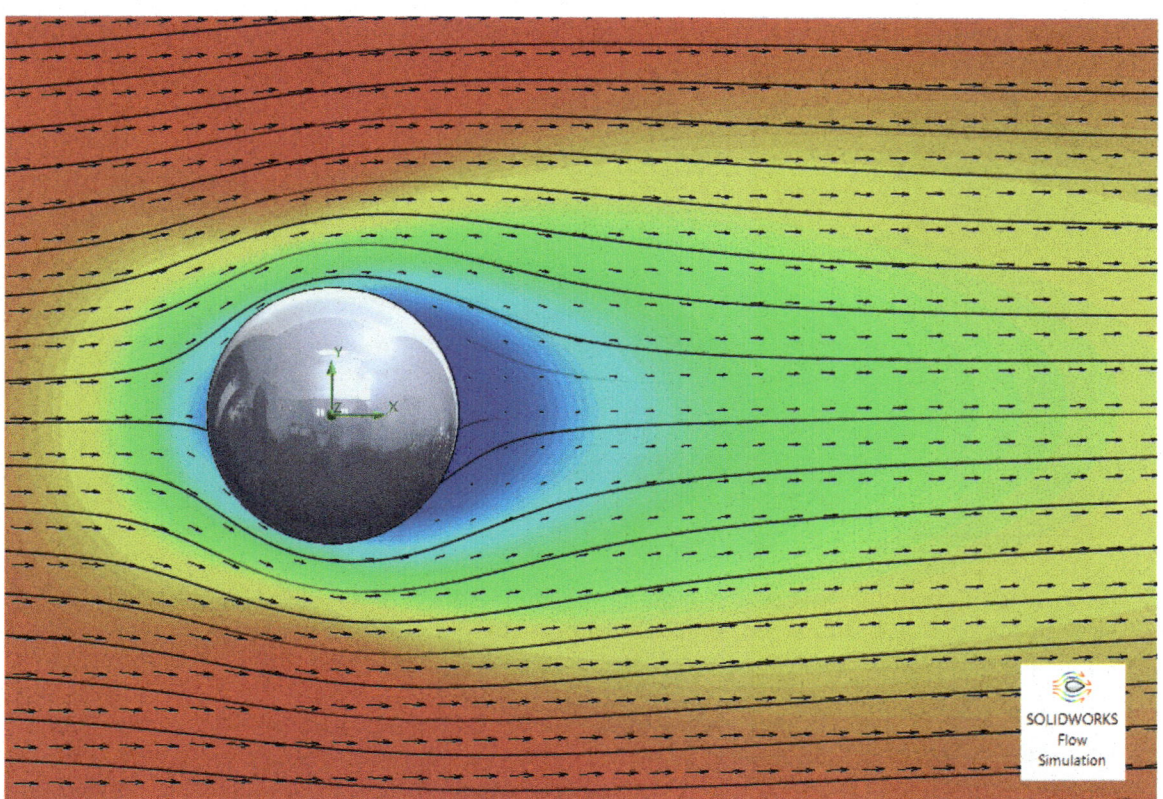

Objetivos del tutorial

- Crear una simulación de fluidos externa y definir sus condiciones de contorno (**Wizart**).

- Crear un remallado entre la carrocería y el aire para mejorar los resultados.

- Obtener los gráficos: Resultados (**Cut Plots**, **Surface Plots**, **Probes**, **Isosurface**, **Flow Trajectories** y **Goals Plots**).

- Aplicar las ecuaciones de **Drag** y **Lift** para obtener la **resistencia al avance** y la **carga aerodinámica**.

Activar el complemento de FlowSimulation y seguir el Wizart (Paso a paso)

1. Desde el Menú de persiana **Herramientas** seleccione **Complementos** y active **SolidWorks FlowSimulation**. Abra el fichero que acompaña el libro. Se trata de una bola de un diámetro de 10 mm. Para más detalles consulte la práctica 76.

2. Seleccione **Wizart** desde la parte superior de la Barra de Herramientas. En el primer paso puede definir el nombre del proyecto e indicar comentarios. Pulse **Next** para seguir. En la siguiente ventana defina las unidades. Active **SI** (Sistema Internacional) y pulse **Next**.

3. En **Analysis Type** active la casilla **Fluid Flow** y asegúrese que el tipo de análisis (**Analysis type**) es externo (**External**) y que las dos casillas **Exclude cavities without conditions** y **Exclude internal space** están desactivadas. Pulse **Next**.

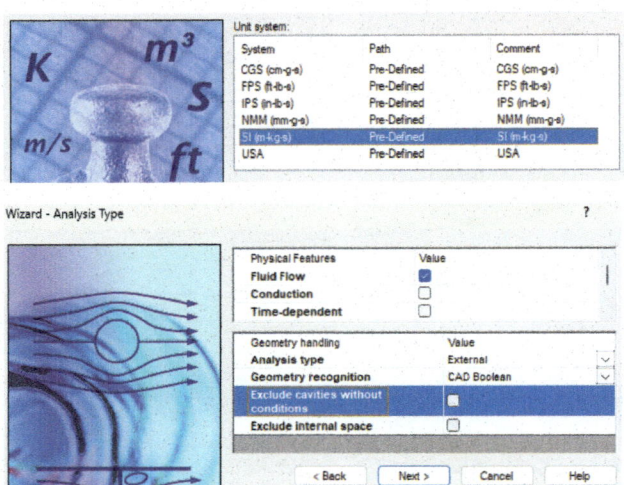

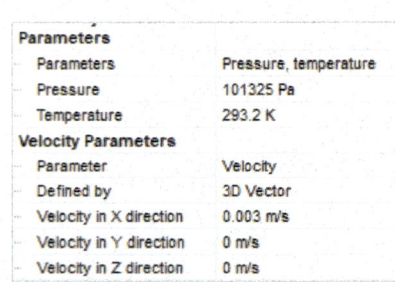

4. En la siguiente ventana seleccione aire (air) desde la opción de **Gases** y pulse sobre **Add** para su selección. Pulse **Next**. En **Wall Condition** se definen las condiciones térmicas y la rugosidad de las paredes. Debe dejar los valores predefinidos. Pulse **Next**.

5. En la pantalla de condiciones ambientales cambie la **temperatura** a 293.2 K. En **Velocity Parameters** escriba 0.003 m/s en la **dirección X**. De esta forma se define la velocidad y la dirección que tiene el fluido (aire). Se ha seleccionado la dirección X porque es el sentido en el que se desplaza la bola. Pulse **Finish** para finalizar.

Definición del dominio computacional, los objetivos y el mallado

6. Después de pulsar **Finish** desaparece la ventana del **Wizart** y aparece la bola dentro de una caja semitransparente. La caja define el dominio computacional donde se realizará el estudio. Para reducir los tiempos de cálculo debe definir el mínimo dominio computacional posible. Para ello, pulse sobre **Computacional Domain** y desplace las flechas hasta lograr el volumen de cálculo deseado. En la figura se ha dejado un espacio por delante y otro por detrás de la esfera.

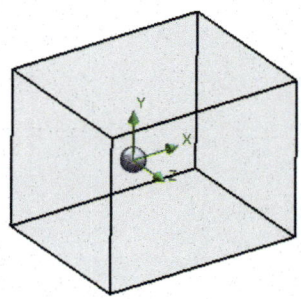

7. Recuerde que los objetivos (**Goals**) permiten especificar los parámetros físicos de interés importantes para estudiar su convergencia y garantizar la solución de estado estacionario en cada uno de ellos. Para definir los objetivos pulse sobre **Goals** con el botón derecho del ratón y, desde **Global Goals**, seleccione **GG Force (X)**. Repita la operación, pero ahora seleccione **Insert Equation Goal...** Indique el nombre **Coeficiente de Drag** y seleccione **Dimensionless LMA** y escriba la ecuación:

GG Force (X) 1}*2/(1.204*0.003^2*3.14159*0.025^2)
$$C_D = \frac{D}{\frac{1}{2}\rho v^2 A}$$

donde D es la fuerza en X (N), ρ (kg/m³) es la densidad del aire, v (m/s) la velocidad y A (m²) el área frontal de la bola.

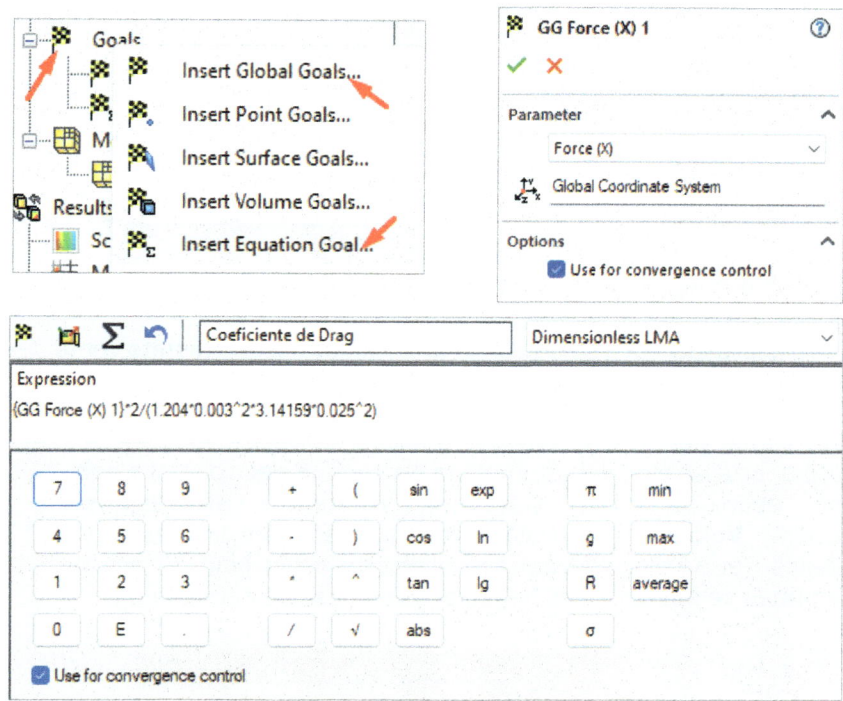

8. Finalmente debe mallar el dominio computacional. Pulse sobre **Mesh** con el botón derecho del ratón y seleccione **Global Mesh**. Para obtener resultados precisos arrastre hasta el máximo el 7 el nivel de mallado en automático (**Automatic**). Pulse **Aceptar**.

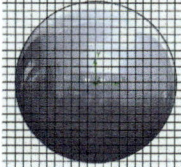

9. Para visualizar la malla sobre el F1 pulse con el botón derecho sobre **Mesh** y seleccione **Show basic Mesh**.

10. Para iniciar los cálculos pulse sobre **Run** desde la Barra de Herramientas. Puede definir el número de cores a utilizar en la simulación. Si desea continuar trabajando es recomendable no utilizar todos los Core(s) de su ordenador. Pulse **Run** para iniciar. El tiempo de cálculo depende de las características de su ordenador. Al finalizar se presentan los valores de fuerza X ($4.5 \cdot 10^{-8}$ N) y el coeficiente de Drag (4.26) calculados después de llegar a la convergencia (IT=89).

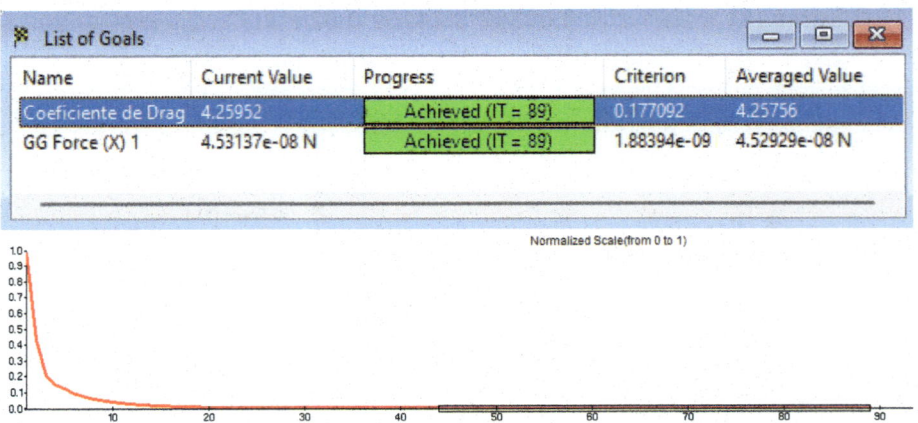

Resultados (Cut Plots, Surface parameters y Goals Plots)

11. Una vez finalizado el cálculo (*Solver is finished*) desde **Results** (en el Gestor de Simulación) puede ver los distintos trazados.

12. En **Cut Plots**, puede visualizar los gráficos de velocidad, presión, vorticidad, cizalla, etc., sobre un plano de corte. Seleccione el plano Alzado, active la casilla **Contours, Vectors** y **Streamlines**. Seleccione **Velocity (X)**. Pulse **Aceptar** para previsualizar los resultados de la velocidad del aire alrededor de la bola. Si activa **Streamlines** se marcarán las trayectorias o líneas de corriente.

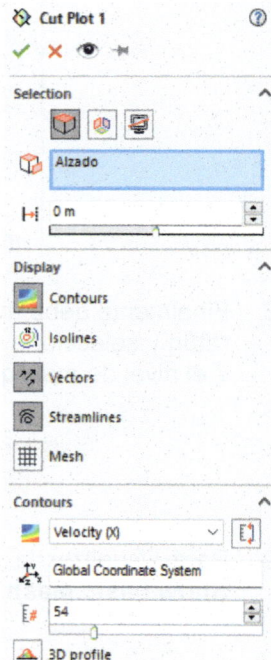

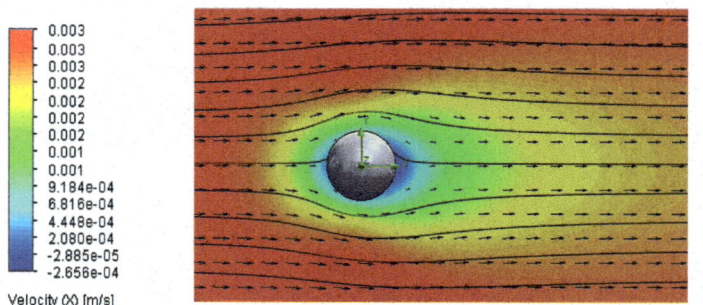

13. Para desactivar los gráficos **Cut Plots** pulse con el botón derecho sobre ellos y seleccione la opción **Hide**. Si pulsa **Play** podrá ver los resultados en un plano móvil.

14. Pulse sobre **Surface Plots** y seleccione la cara que define la bola. En **Parameters** seleccione todos (**All**) y pulse sobre **Export to Excel**. En las siguientes tablas se indican los resultados obtenidos y exportados a Excel.

Local Parameter	Minimum	Maximum	Average	Surface Area [m^2]
Pressure [Pa]	101325	101325	101325	0,007736455
Density (Fluid) [kg/m^3]	1,203705624	1,203705624	1,203705624	0,007736455
Velocity [m/s]	0	0	0	0,007736455
Velocity (X) [m/s]	0	0	0	0,007736455
Velocity (Y) [m/s]	0	0	0	0,007736455
Velocity (Z) [m/s]	0	0	0	0,007736455
Mach Number [ ]	0	0	0	0,007736455
Heat Transfer Coefficient [W/m^2/K]	0	0	0	0,007736455
Shear Stress [Pa]	2,22247E-07	7,74102E-06	4,11E-06	0,007736455
Surface Heat Flux [W/m^2]	0	0	0	0,007736455
Temperature (Fluid) [K]	293,2	293,2	293,2	0,007736455
Relative Pressure [Pa]	-3,6829E-05	1,21971E-05	-9,0846E-07	0,007736455
Surface Heat Flux (Convective) [W/m^2]	0	0	0	0,007736455
Acoustic Power Level [dB]	0	0	0	0,007736455
Acoustic Power [W/m^3]	0	0	0	0,007736455

Integral Parameter	Value	X-component	Y-component	Z-component	Surface Area [m^2]
Heat Transfer Rate [W]	0				0,007736455
Normal Force [N]	1,78707E-08	1,78707E-08	5,03574E-12	-9,5678E-13	0,007736455
Friction Force [N]	2,74432E-08	2,7443E-08	1,14967E-10	-5,733E-14	0,007736455
Force [N]	4,53138E-08	4,53137E-08	1,20003E-10	-1,0141E-12	0,007736455
Torque [N*m]	3,01342E-12	-2,6375E-14	-2,4978E-14	-3,0132E-12	0,007736455
Surface Area [m^2]	0,007736455	-1,5988E-19	2,48816E-19	-1,0673E-19	0,007736455
Torque of Normal Force [N*m]	1,03918E-15	1,00813E-15	-3,5706E-17	2,49614E-16	0,007736455
Torque of Friction Force [N*m]	3,01368E-12	-2,7383E-14	-2,4943E-14	-3,0134E-12	0,007736455
Heat Transfer Rate (Convective) [W]	0				0,007736455
Uniformity Index [ ]	1				0,007736455
Area (Fluid) [m^2]	0,007853982				0,007853982

15. Para ver la fuerza (X) y el coeficiente de Drag definidos como objetivos y confirmar que se ha producido convergencia, pulse con el botón derecho del ratón sobre **Goal Plots**. En **All Goals** seleccione **All**. Si desea importar los resultados a una hoja de Excel active la casilla **Excel Workbook**. Pulse Aceptar.

Goal Name	Unit	Value	Averaged Value	Minimum Value	Maximum Value	Progress [%]	Use In Convergence	Delta	Criteria
GG Force (X) 1	[N]	4,53137E-08	4,52929E-08	4,52572E-08	4,53287E-08	100	Yes	7,15125E-11	1,88394E-09
Drag Coefficient	[ ]	4,259520033	4,257565101	4,254212432	4,260934659	100	Yes	0,006722227	0,177092017

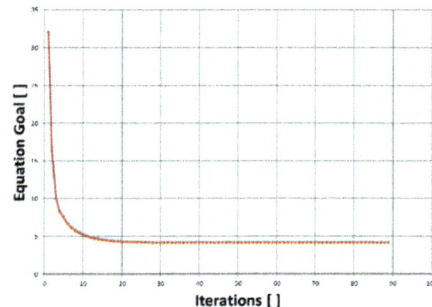

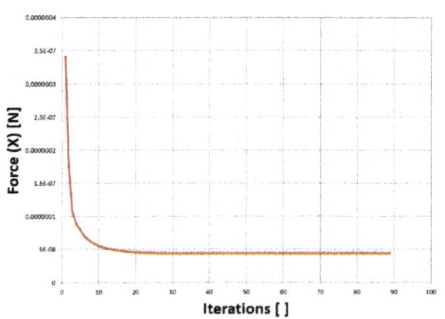

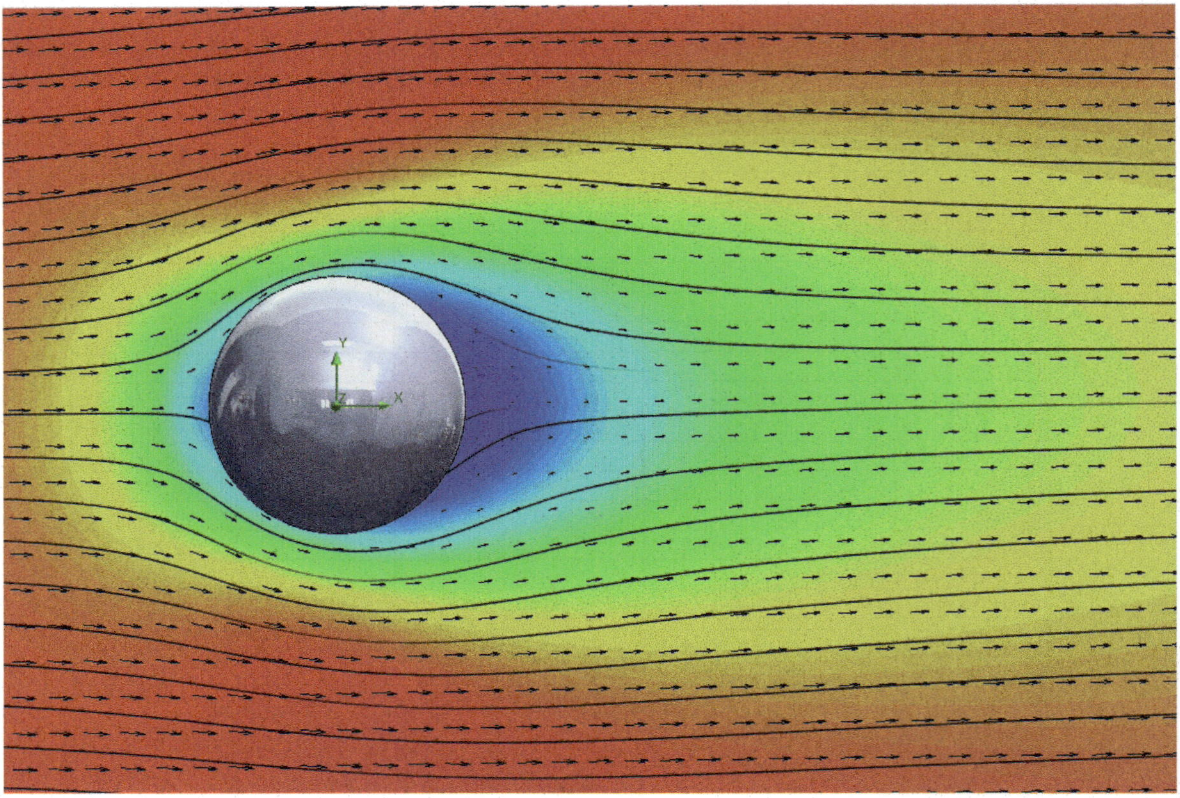

Cálculos teóricos

El coeficiente de Drag se calcula a partir de la ecuación:

$$C_D = \frac{D}{\frac{1}{2}\rho v^2 A} = \frac{4.53138E - 8}{\frac{1}{2}1.204 \cdot 0.003^2 \cdot 0.025^2} = 4.17$$

Donde D es la Fuerza en X (N), ρ (kg/m³) es la densidad del aire, v (m/s) la velocidad y A (m²) el área frontal de la bola.

El número de Reynolds se calcula a partir de la ecuación:

$$Re = \frac{V \cdot d \cdot \rho}{\mu} = \frac{0.003 \cdot 0.05 \cdot 1.204}{1.825 \cdot 10^{-5}} = 9.9$$

Donde μ(kg/ms) es la viscosidad dinámica del aire, d el diámetro de la bola.

El coeficiente de Drag puede ser comparado con el resultado teórico:

$$C_{DExp} = \frac{24}{Re} + \frac{6}{1+\sqrt{Re}} + 0.4 = 4.273$$

0≤Re≤200,000. Se observa una diferencia con los resultados de la simulación de solo el 2,5%.

Práctica 81. SolidWorks FlowSimulation VI

A partir del modelo 3D de la figura estudie el proceso de llenado de los tanques sabiendo que entra un caudal con una velocidad de 0,25 m/s por la entrada. Realice una simulación interna con Free Surface, dependiente del tiempo (8 segundos) y considerando la gravedad después de definir las dos fases (aire y agua). Utilice el complemento FlowSimulation.

⧖ 35 minutos

Presión atmosférica   Entrada (v=0,25 m/s)

SOLIDWORKS
Flow
Simulation

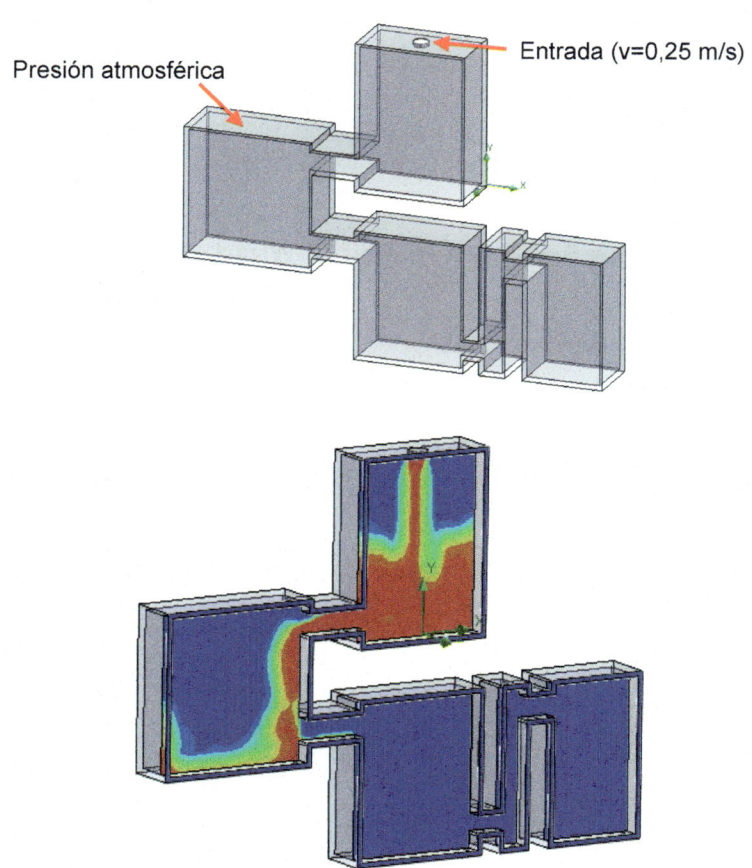

Objetivos del tutorial

- Crear simulación con **Free Surface interna**, dependiente del tiempo y considerando la gravedad.

- Definir la entrada del agua (v=0,25 m/s) y una abertura al exterior (P=101 300Pa).

- Configurar **Calculation control option** para poder animar el proceso de llenado.

- Visualizar los gráficos de **Cut Plot** y de **Isosurface** para conocer cómo se produce el llenado de los tanques.

Free Surface

Se refiere a una condición en la que un líquido o fluido se encuentra en contacto con el aire u otro fluido inmiscible de forma que el líquido puede fluir y cambiar de forma libremente, sin estar confinado por paredes sólidas. Están disponibles los siguientes pares de fluidos: gas-líquido y líquido-líquido. No se permiten cambios de fase, rotación, medios porosos o ventiladores.

El uso de la opción Free Surface en SolidWorks permite simular situaciones donde un fluido se encuentra en contacto libre con el aire o con otro fluido inmiscible, lo que es útil para analizar y visualizar cómo se comporta un líquido en diversas condiciones y geometrías. Algunos ejemplos de aplicaciones de Free Surface en SolidWorks incluyen:

✓ Simulación de flujo de líquidos en recipientes abiertos: Para estudiar cómo se comporta un líquido en un recipiente abierto, como un tanque o una bañera.
✓ Análisis de derrames y salpicaduras: Para entender cómo se propagan y se comportan los líquidos cuando se derraman o se agitan en un entorno abierto.

Activar el complemento de FlowSimulation, definir el Wizart (Paso a paso) y Calculation control option

1. Desde el Menú de persiana **Herramientas** seleccione **Complementos** y active **SolidWorks FlowSimulation**.

2. Abra el fichero de la práctica. Observe que se trata de un conjunto de tanques que inicialmente están llenos de aire y que se irán llenado de agua a partir de una abertura por la que entra un caudal a 0,25 m/s.

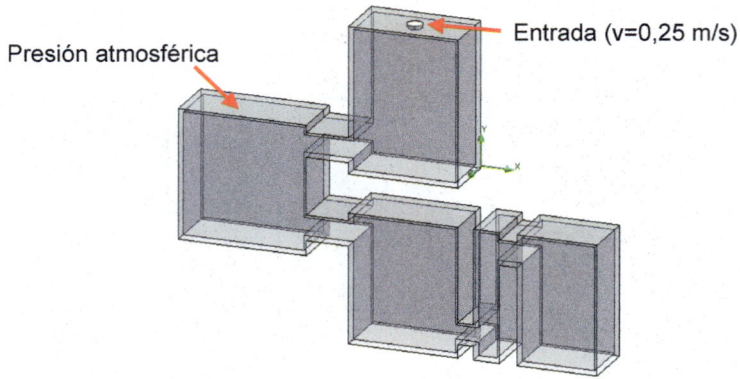

3. Seleccione **Wizart** desde la parte superior de la Barra de Herramientas para definir las condiciones de contorno de la simulación interna. En el primer paso puede indicar el nombre del proyecto. Pulse **Next** para seguir. En la siguiente ventana active **SI** (Sistema Internacional) y pulse **Next**.

4. En **Analysis Type** active la casilla **Fluid Flow** y asegúrese que el tipo de análisis (**Analysis type**) es interno (**Internal**) y que la casilla **Exclude cavities without conditions** está activada. Active también la casilla **Time-dependent** con un tiempo de estudio total de 8 segundos y 0.1 s en **Output time step** (captura de datos). Active la gravedad (**Gravity**) en Y negativo (observe la dirección en la Zona de Gráficos). Finalmente, active también la casilla de **Free surface**. Pulse **Next**.

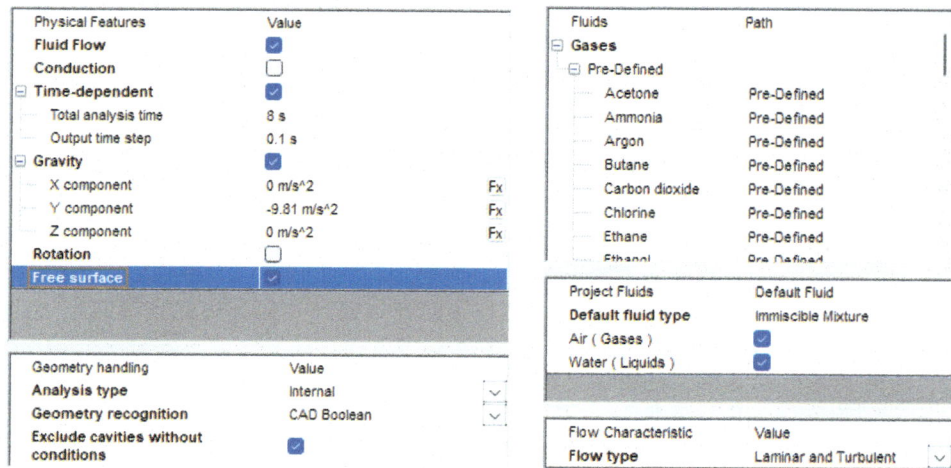

5. En la siguiente ventana se define el fluido con el que se va a trabajar (aire y agua). Seleccione agua (**Water**) desde la opción de **Liquids** y pulse sobre **Add** para su selección. Seleccione también aire **Air (Gases)** y pulse sobre **Add**. Pulse **Next**. En **Wall Condition** se definen las condiciones térmicas y la rugosidad de las paredes. Deje los valores predefinidos. Pulse **Next**. En la pantalla de condiciones iniciales, en **Concentrations**, indique que el fluido inicial es el Aire (**Air**). Pulse sobre **Finish**.

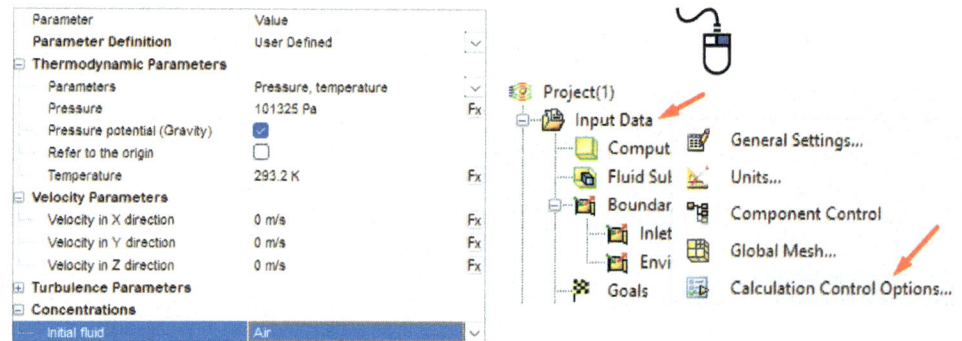

6. Para poder visualizar la animación del flujo con la opción (**Transient Explorer**) es necesario configurar previamente sus parámetros. Para ello, pulse con el botón derecho del ratón sobre **Input data** en el **FlowSimulationAnalysis** y seleccione la opción **Calculation control option**. Desde la pestaña **Saving**, **Selected parameters (Transient Explorer)** active la pestaña **Periodic**. En **Parameters** active las casillas: **Mass Fraction of Air**, **Mass Fraction of Water**, **Volume Fraction of Air** y **Volume Fraction of Water**. Pulse **Aceptar**.

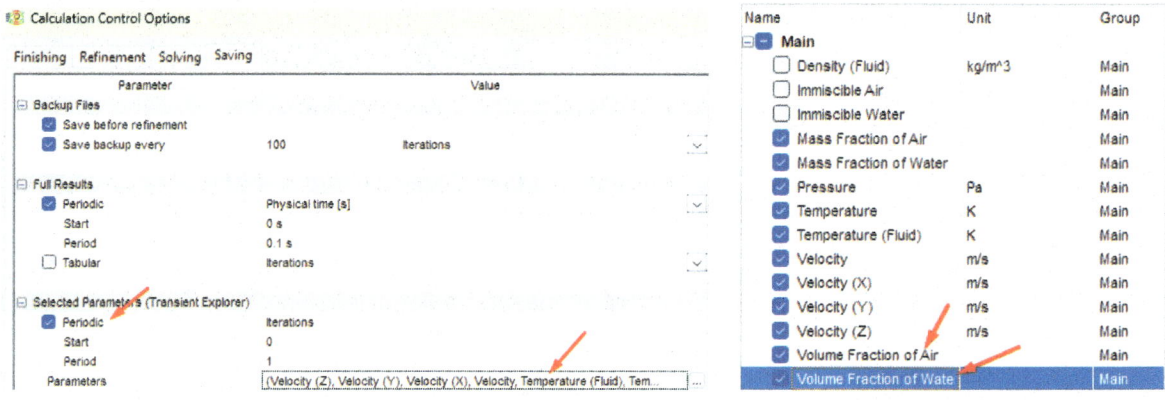

Definición de las entradas, salidas y mallado

7. En el modelo de estudio se ha creado una tapa (**Lids**) por la que va a entrar el agua en los tanques. Para seleccionar la cara interna utilice la función **Vista de sección**. Recuerde que la selección de la entrada debe hacerse por la cara interna de la tapa.

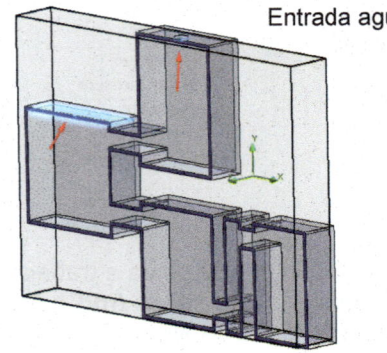

Entrada agua

Abertura medio exterior (presión atmosférica)

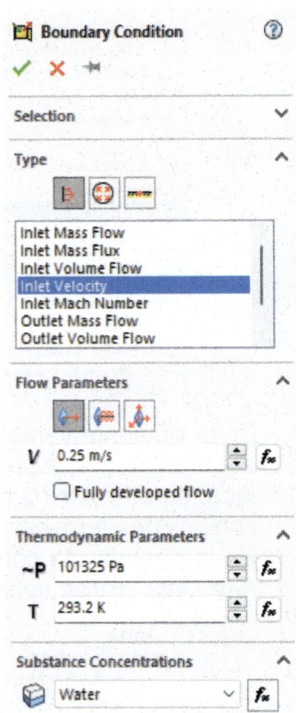

8. Pulse con el botón derecho sobre **Boundary Conditions (Insert)** y seleccione la opción **Insert Boundary conditions**. En **Selection** seleccione la cara interna de la entrada de agua (ver figura). En **Type** seleccione **Inlet Velocity** e indique una velocidad de entrada de 0.25 m/s. En **Substance Concentrations** seleccione agua (**Water**). Pulse **Aceptar**.

9. Pulse con el botón derecho sobre **Boundary Conditions** y seleccione la opción **Insert Boundary Conditions**. En **Selection** seleccione la cara interna que define el contacto del tanque con el medio exterior (ver figura). En **Type**, **Pressure Openings (Enviroment Pressure)** pulse **Aceptar**.

10. Malle el dominio computacional pulsando sobre **Mesh** con el botón derecho del ratón y seleccione **Global Mesh**. Para obtener resultados detallados arrastre hasta el valor 4 el nivel de mallado en automático (**Automatic**). Pulse **Aceptar**.

Ejecutar la simulación

11. Pulse sobre **Run** para iniciar los cálculos. Las simulaciones creadas dependientes del tiempo y las realizadas con la física de **Free Surface** requieren de mucho tiempo de cálculo. Con un Intel(R) i9 2.90GHz de 32 GB de RAM se ha requerido 1 hora y 39 minutos en resolverlo.

Resultados (Cut Plots, Flow Trajectories y Temperatura a las salidas)

12. Para visualizar un plano de corte con la fracción en masa del agua de entrada a los tanques pulse con el botón derecho sobre **Cut Plots (Insert)**. Seleccione el plano **Front Plane** y active las casillas **Contours**. En **Contours** seleccione **Mass Fraction of Water**. Pulse **Aceptar**. Observe cómo la fracción de agua, durante los 8 segundos de la simulación, llena los dos primeros tanques, casi el tercero y no ha empezado a llenar el último (ver figura de la página siguiente)

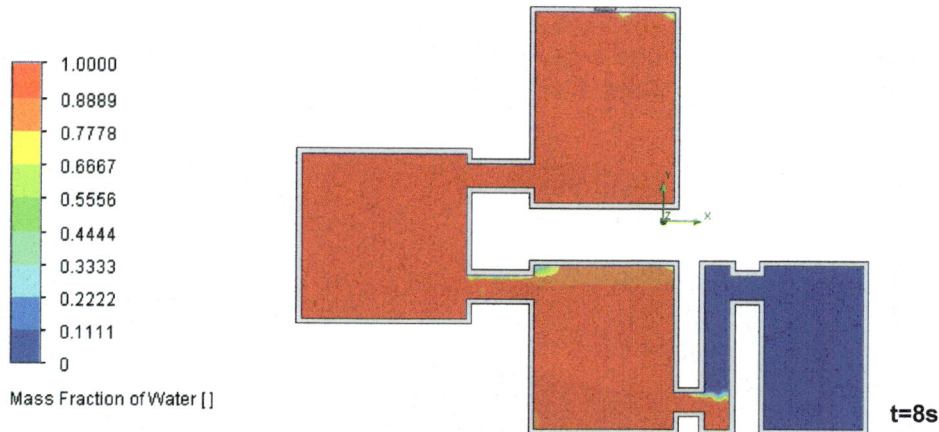

Mass Fraction of Water [ ]

| 1.0000 |
| 0.8889 |
| 0.7778 |
| 0.6667 |
| 0.5556 |
| 0.4444 |
| 0.3333 |
| 0.2222 |
| 0.1111 |
| 0 |

t=8s

13. Para ver la animación del flujo del agua durante los 8 segundos que dura el estudio pulse con el botón derecho del ratón sobre **Results** y seleccione la opción **Transient Explorer**. Pulse al **Play** para ver la animación. Observe cómo en la fase líquida llena el primer tanque y va pasando al resto.

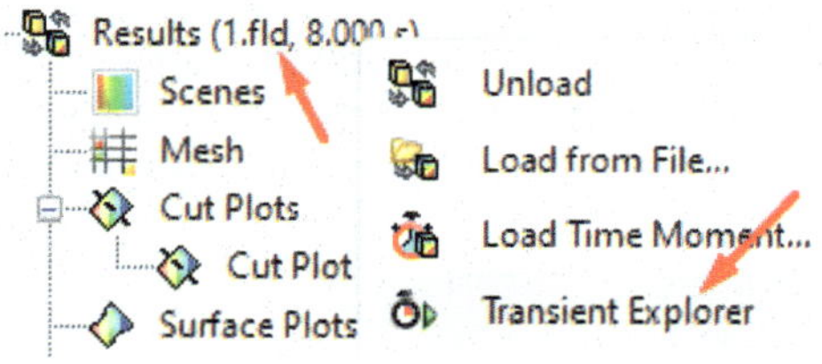

Results (1.fld, 8.000 s)
- Scenes
- Mesh
- Cut Plots
  - Cut Plot
- Surface Plots

Unload
Load from File...
Load Time Moment...
Transient Explorer

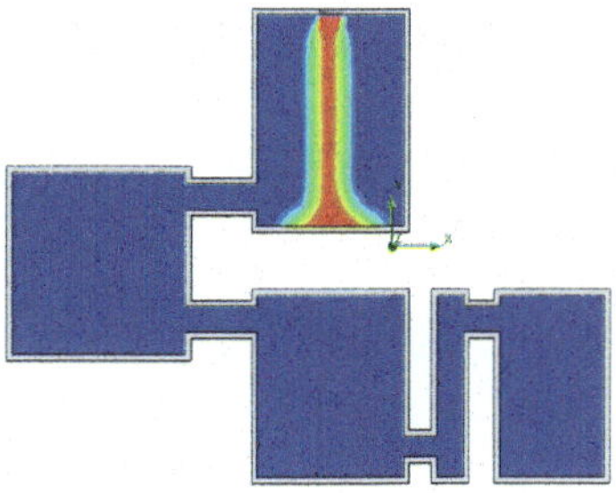

T=0.123 s

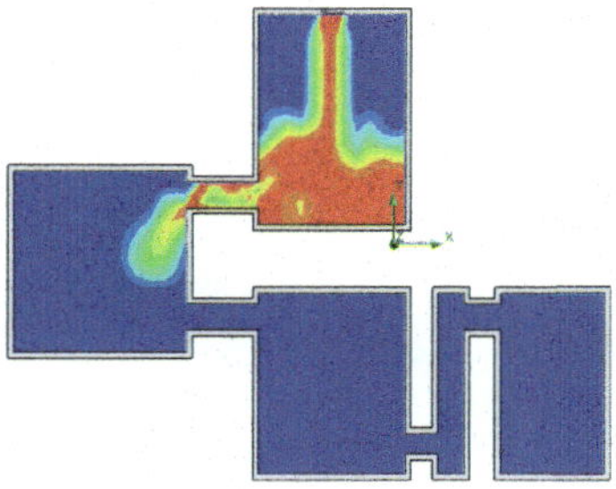

T=0.301 s

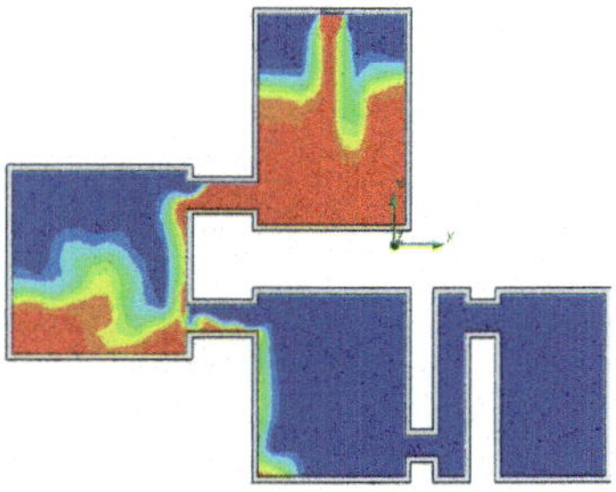

T=0.766 s

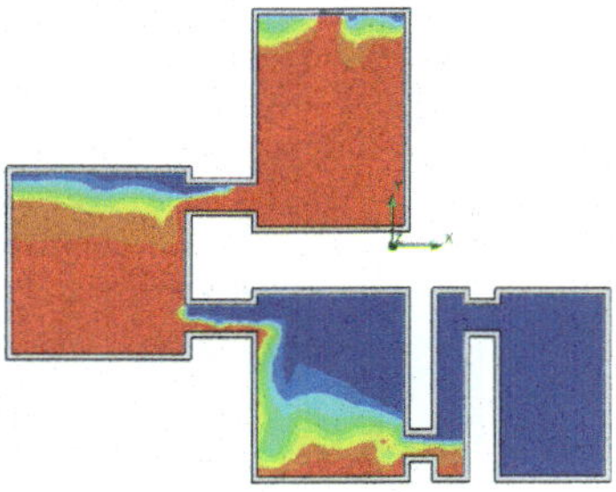

T=1.778 s

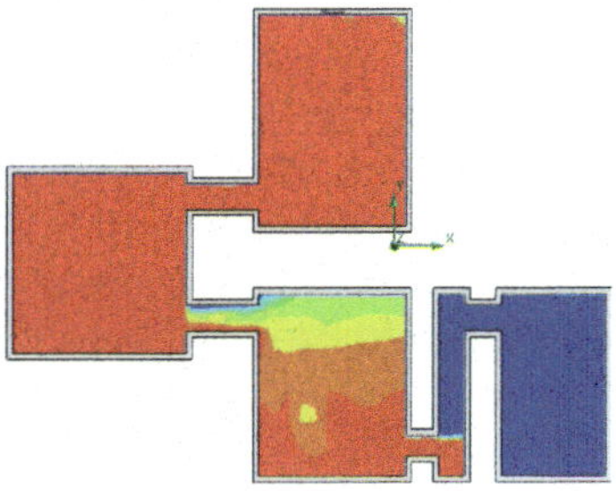

T=5.470 s

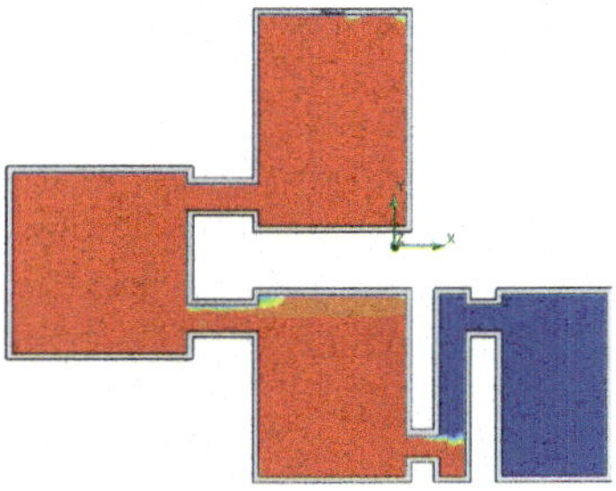

T=8.000 s

14. Pulse sobre **Surface Plot** con el botón derecho del ratón y seleccione **Insert**. En **Selection** active la casilla **Use all faces**. En **Contours** seleccione **Mass Fraction of Water** y pulse **Aceptar**.

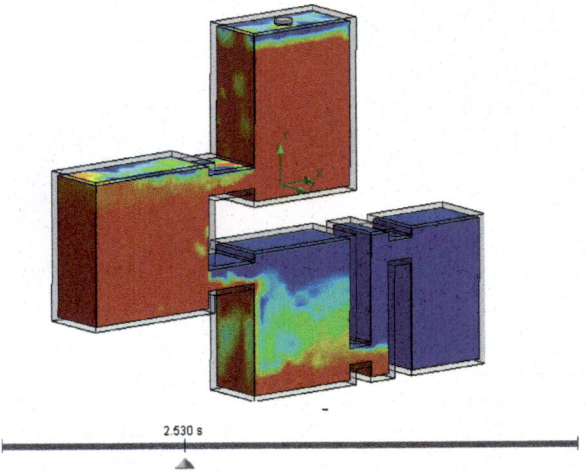

2.530 s

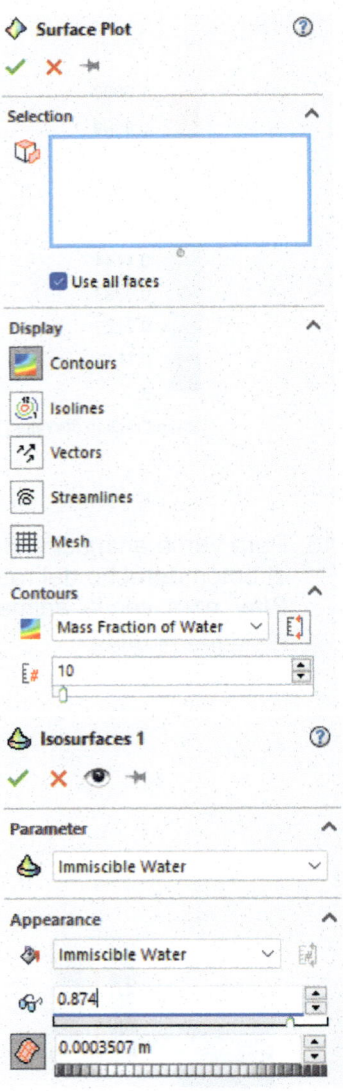

15. Finalmente, puede visualizar las isosuperficies del caudal de agua durante el llenado de los tanques. Para ello, pulse con el botón derecho del ratón sobre **Isosurface** y seleccione **Insert**. En **Parameter** seleccione **Immiscible Water**. En **Appearance** seleccione **Immiscible Water**.

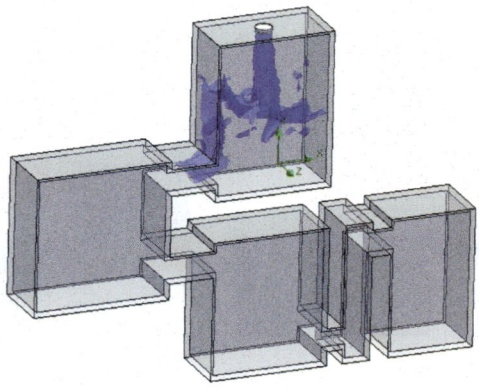

Ejercicio propuesto (Laberinto)

Siguiendo el mismo procedimiento se propone realizar una simulación con Free Surface, dependiente del tiempo y de la gravedad con dos fases inmiscibles (agua y aire) donde la entrada de agua se realice con un caudal X (m³/s) y la salida a presión atmosférica en la parte opuesta del laberinto. Ver figura.

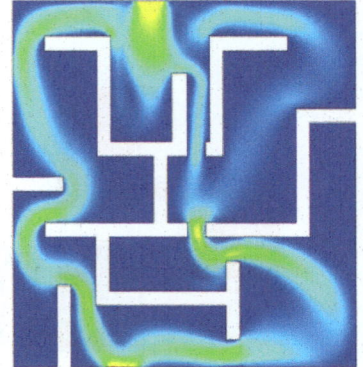

Entrada

Salida

Práctica 82. SolidWorks FlowSimulation VII

A partir del modelo 3D de la válvula de la figura estudie si puede darse cavitación sabiendo que el caudal de entrada del agua es de 3.5 m/s y la salida es a presión atmosférica (101 325 Pa). El agua entra y sale a 85º C. Establezca como objetivos (Goals) la densidad y presión (mínima y media). Cree Cutplots de presión y densidad y XY Plot a partir de la línea de croquis que define el recorrido.

⧖ 25 minutos

SOLIDWORKS
Flow
Simulation

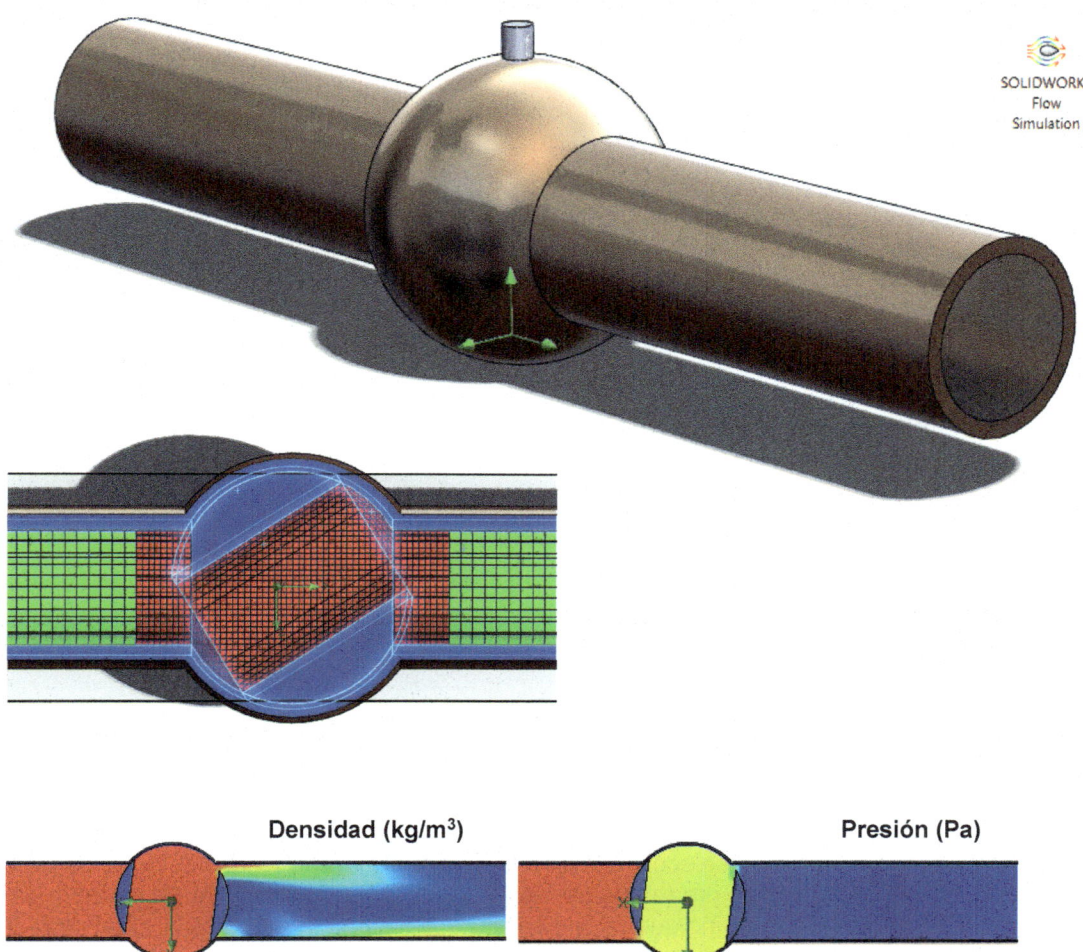

Densidad (kg/m³)   **Presión (Pa)**

Objetivos del tutorial

- Crear simulación **interna** teniendo en cuenta la cavitación.
- Definir la entrada del agua (v=0,01 m/s) y una abertura al exterior (P=101 300Pa) a 85 ºC.
- Visualizar los gráficos de **Cut Plot** de densidad y presión del fluido.
- Crear el **XYPlot** a partir de un recorrido definido con un croquis 2D.

Activar el complemento de FlowSimulation y agregar tapas

1. Desde el Menú de persiana **Herramientas** seleccione **Complementos** y active **SolidWorks FlowSimulation**. Abra el fichero de la práctica. Observe que se tiene una válvula semiabierta con las tapas (**Lids**) en los extremos ya creadas.

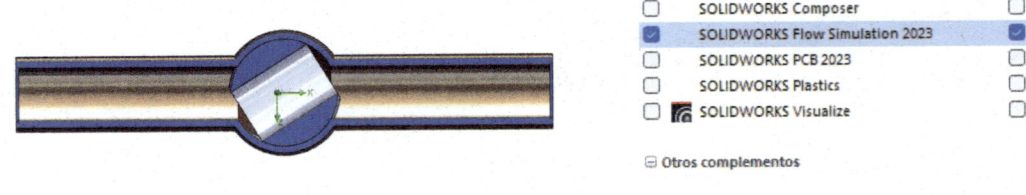

Seguir el Wizart (Paso a paso)

2. Seleccione **Wizart** desde la parte superior de la Barra de Herramientas para definir las condiciones de contorno de la simulación. En el primer paso puede indicar el nombre del proyecto y comentarios. Pulse **Next** para seguir. En la siguiente ventana puede definir las unidades. Active **SI** (Sistema Internacional) y pulse **Next**. En **Analysis Type** active la casilla **Fluid Flow**. Asegúrese que el tipo de análisis (**Analysis type**) es interno (**Internal**) y que la casilla **Exclude cavities without conditions** esta activada. Pulse **Next**.

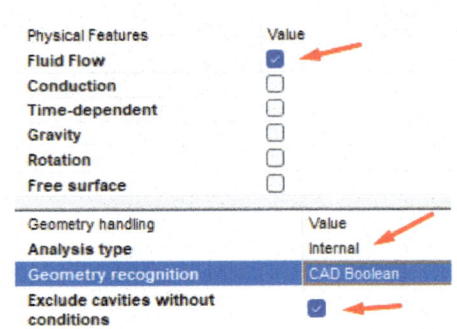

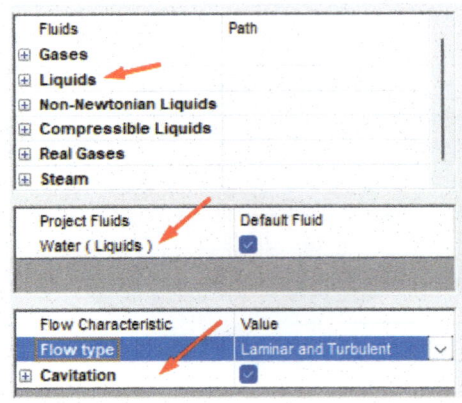

3. En la siguiente ventana se define el fluido con el que se va a trabajar. Seleccione agua (Water) y pulse sobre **Add** para su selección. Active la casilla **Cavitation** para estudiar sus efectos. Pulse **Next**. Deje los valores predeterminados en **Wall Condition** y pulse **Next**. En la pantalla de condiciones ambientales indique la temperatura de 85 ºC y no cambie nada más. Pulse sobre **Finish**. Desaparece la ventana del **Wizart**.

 La cavitación es un fenómeno que ocurre cuando el líquido en movimiento experimenta una reducción de presión que lo lleva al punto de vaporización, formando burbujas de vapor. Esto puede ocurrir en sistemas de tuberías cuando la velocidad del fluido aumenta y la presión disminuye, especialmente en áreas con geometrías complejas, codos, estrechamientos o en la proximidad de bombas o válvulas. La cavitación puede tener efectos perjudiciales en los sistemas de tuberías, como la erosión y el daño a las superficies internas de las tuberías y los componentes, así como el ruido y las vibraciones. Para evitar la cavitación, se pueden tomar varias medidas, como diseñar correctamente el sistema de tuberías para evitar cambios bruscos de sección, curvas cerradas y restricciones que puedan causar reducciones de presión abruptas.

Definición de las entradas y salidas

4. Para definir la entrada y la salida debe seleccionar las caras internas que definen las tapas. Para seleccionar las caras internas puede ocultar la tubería y dejar únicamente las tapas o seleccionar la función **Vista de sección**.

5. Pulse con el botón derecho sobre **Boundary Conditions** y seleccione la opción **Insert Boundary Conditions**. En **Selection** seleccione la primera cara interna En **Type**, **Inlet Velocity** (3,5 m/s y 85 ºC) como flujo uniforme. En **Thermodynamic Parameters** no modifique los valores estándar de temperatura y presión. Pulse **Aceptar**.

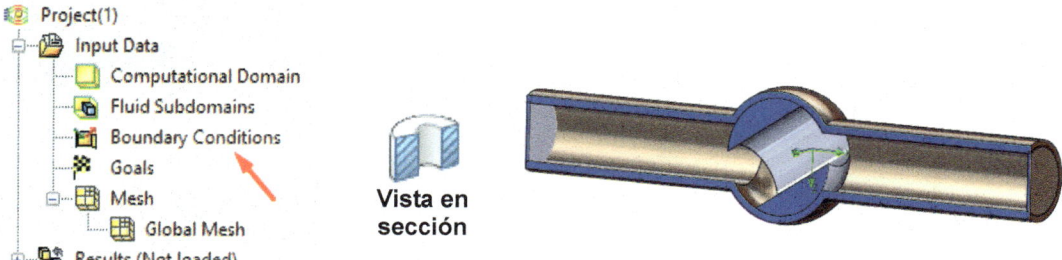

Vista en sección

6. Para finalizar, defina la salida del fluido. Pulse con el botón derecho sobre **Boundary Conditions** y seleccione la opción **Insert Boundary conditions**. En **Selection** seleccione la cara interna que define la salida de aire. En **Type**, **Environment Pressure** (101 325 Pa y 85 ºC). Pulse **Aceptar**.

Definición de los objetivos (Goals) y mallado

7. Marque los objetivos globales (**Global Goals**) desde **Insert Globals Goals**. Indique los valores medios, máximos y mínimos indicados en la figura. Pulse **Aceptar**.

8. Para mallar pulse sobre **Mesh** con el botón derecho del ratón y seleccione **Global Mesh**. Para obtener resultados precisos arrastre hasta el máximo 4 el nivel de mallado en automático (**Automatic**). Active las casillas **Advanced channel refinement** y **Show basic mesh**. La activación de la primera casilla permite mejorar el mallado en las zonas interiores del disipador. La segunda, previsualiza el mallado en pantalla. Pulse **Aceptar**. Puede crear una malla local (**Local Mesh**) para refinar aún más la malla en la región de reducción de la sección. En la figura de la imagen se ha seleccionado una región con forma esférica.

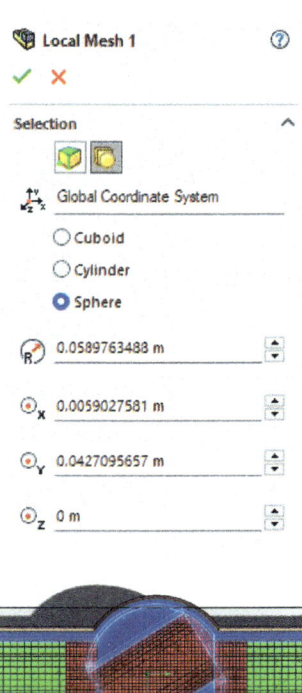

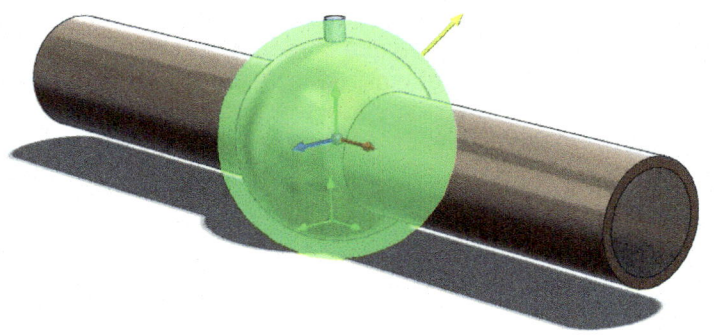

9. En refinar celdas **(Refining Cells)**, puede especificar el refinado de celdas fluidas y/o celdas sólidas y/o celdas de límite sólido-fluido en esta región. En canales **(Channels)** se definen los canales angostos y los parámetros que rigen la malla inicial en los canales dentro de la región local.

10. Para crear la malla pulse con el botón derecho sobre **Mesh** y seleccione **Create Mesh**. Desde **Results**, **Mesh**, puede ver el resultado del mallado sobre el modelo.

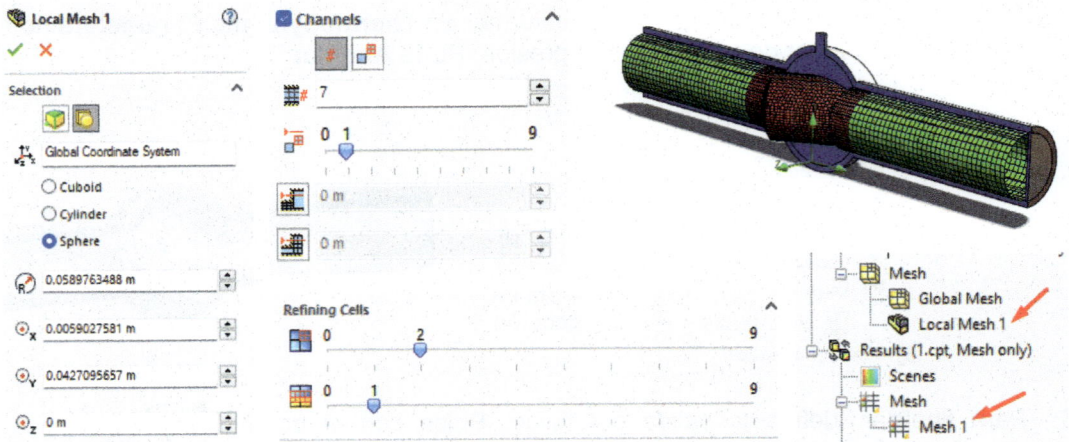

Ejecutar la simulación

11. Pulse sobre **Run** para iniciar los cálculos. En la ventana del *solver* puede ver cómo evoluciona la convergencia de los objetivos definidos en la simulación. Aparece una advertencia que indica que se da una transición de fase de líquido a gas en el agua después de cruzar la válvula (cavitación).

> Warning
>
> Phase transition in the Real gas may occur

Resultados (Cut Plots, Goals Plots y XY Plot)

12. Una vez finalizado el cálculo (*Solver is finished*) desde **Results** (en el Gestor de Simulación) puede ver los resultados. En **Cut Plots**, seleccione el plano **Planta** y active las casillas **Contours** y **Streamlines**. En **Contours** seleccione **Velocity (Fluid)** para ver el incremento de la velocidad. Pulse **Aceptar**.

13. Repita el paso 12, pero ahora en **Contours** seleccione **Density (Fluid)** y **Pressure (Fluid)**. Puede ver la caída de la densidad después de pasar la válvula. Las regiones azules representan bajas densidades (34 kg/m³) y son las zonas donde puede producirse la cavitación por la formación de la fase vapor. Observe que la reducción de sección de la válvula provoca una caída de la presión junto con un incremento de la velocidad de flujo. Cuando en la disminución de la presión se llega a la presión de vapor del agua se crean burbujas de vapor y se da la cavitación generando vibraciones, ruido y, en algunos casos, daño en las tuberías.

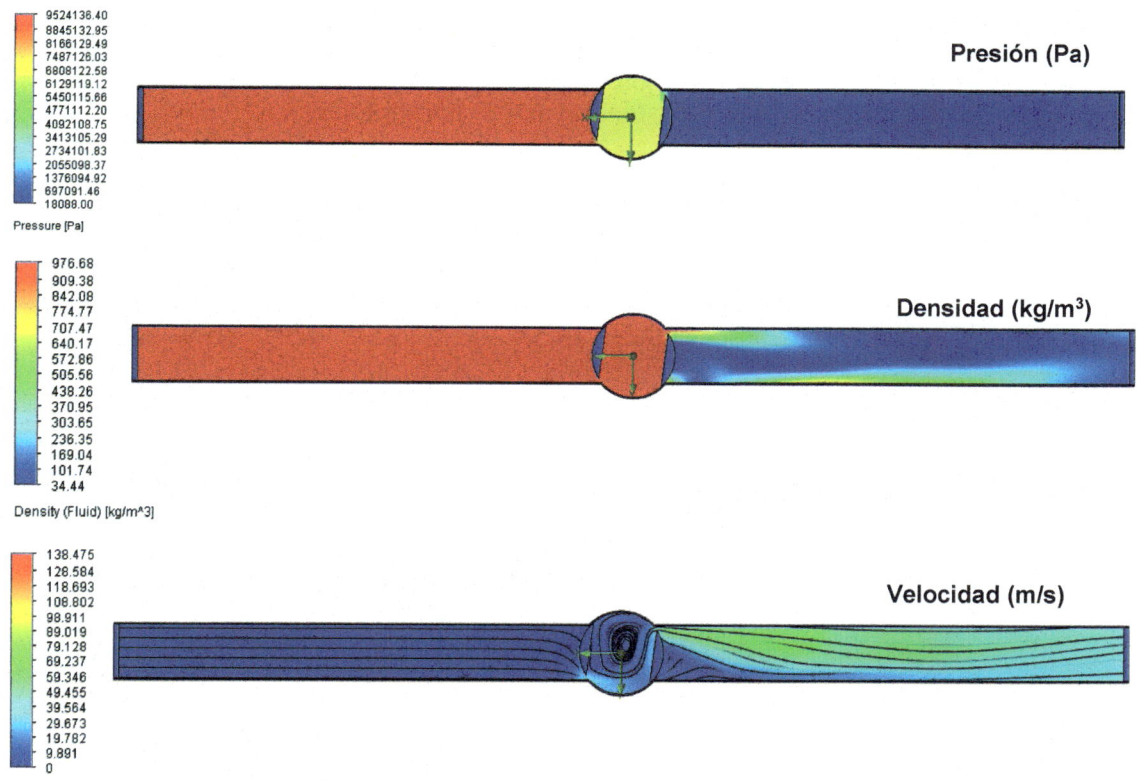

Presión (Pa)

Densidad (kg/m³)

Velocidad (m/s)

14. Para ver los resultados medios, máximos y mínimos, además de ver si se ha producido convergencia, pulse con el botón derecho del ratón sobre **Goal Plots**. En **All Goals** seleccione **All**. Si desea importar los resultados a una hoja de Excel active la casilla **Excel Workbook**. Pulse Aceptar.

Goal Name	Unit	Value	Averaged Value	Minimum Value	Maximum Value	Progress [%]	Use In Convergence	Delta	Criteria
GG Minimum Total Pressure 1	[Pa]	0	0	0	0	100	Yes	0	10329.92
GG Average Total Pressure 2	[Pa]	9619830.52	9606031.35	9556197.00	9664611.44	100	Yes	8178.68	1432500.16
GG Maximum Total Pressure 3	[Pa]	2.02e+07	2.02e+07	2.01e+07	2.02e+07	100	Yes	31188.51	2703852.89
GG Minimum Density (Fluid) 4	[kg/m^3]	35.06	34.91	34.67	35.08	100	Yes	0.41	140.43
GG Average Density (Fluid) 5	[kg/m^3]	616.49	632.88	615.28	665.22	100	Yes	49.94	51.22
GG Maximum Density (Fluid) 6	[kg/m^3]	983.93	983.90	983.82	984.00	100	Yes	0.02	2.19

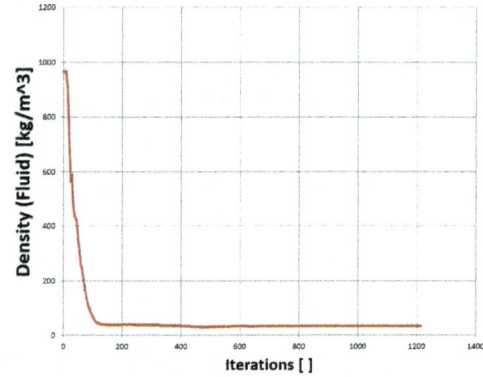

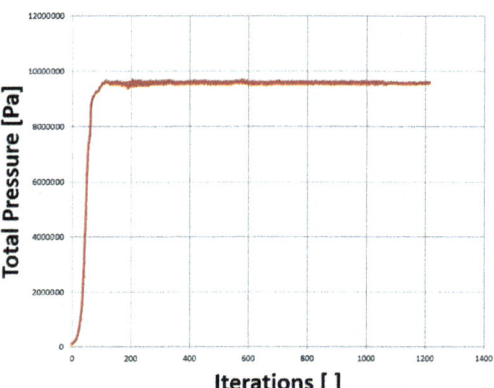

15. A partir de la línea de croquis (Croquis1) creado en el plano medio de la válvula represente la evolución de la densidad, velocidad y presión. Cree un gráfico de trazado pulsando con el botón derecho del ratón sobre **XYPlots** y pulse **Insert**. Seleccione la línea de croquis1 y **Density** (Fluid), **Pressure** y **Velocity**. Pulse sobre **Export to Excel**.

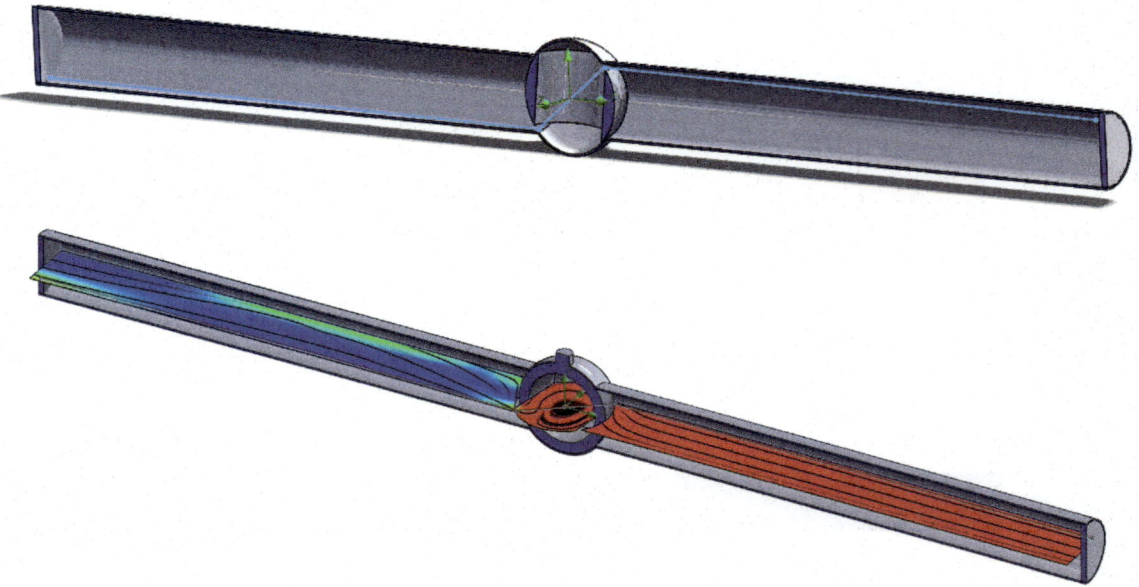

El agua experimenta una reducción de presión que la lleva al punto de vaporización, pudiendo formar burbujas de vapor. Ocurre cuando la velocidad del fluido aumenta y la presión disminuye, especialmente en áreas con geometrías complejas como las válvulas de estudio. La cavitación produce erosión y daño a las superficies internas de las tuberías, además de ruido y vibraciones.

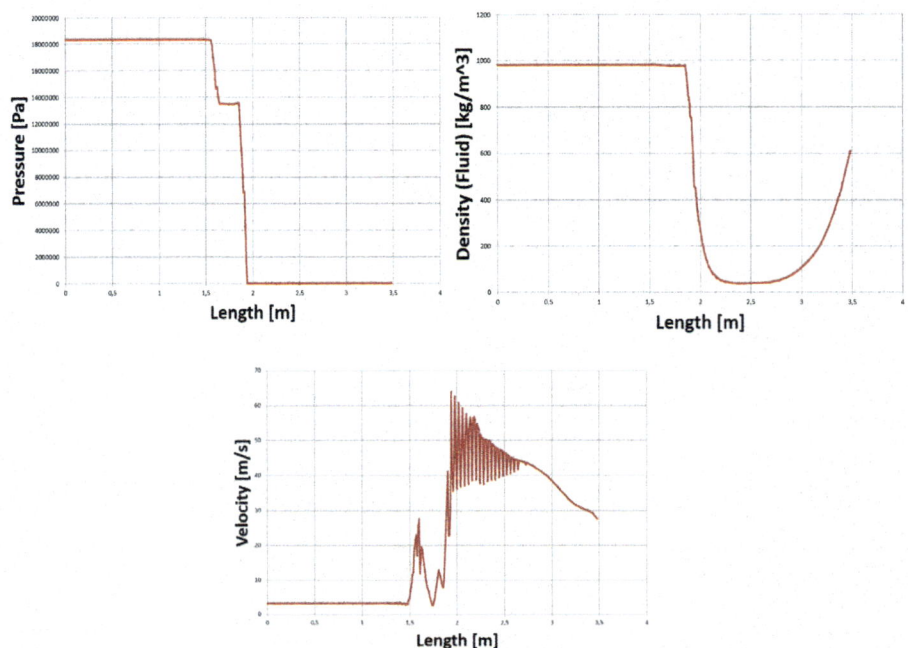

Práctica 83. ChatGPT

ChatGPT y SolidWorks. Aplicación de la inteligencia artificial en el diseño de piezas. Defina un script con ChatGPT 3.5 para diseñar un cubo de dimensiones 100×100×100 mm y ejecútelo con una macro de SolidWorks.

⏳ 20 minutos

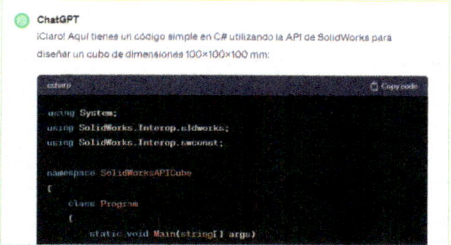

Objetivos del tutorial

- Crear un script con ChatGPT 3.5.
- Copiar y pegar el script en una Macro de SolidWorks.
- Ejecutar la macro para diseñar el cubo.

IA en el diseño tridimensional de piezas

La integración de tecnologías avanzadas de Inteligencia Artificial (IA) en el diseño tridimensional de piezas puede potenciar la eficiencia, la creatividad y la reducción de tiempo (*Time to market*) en el proceso de ingeniería.

Es cierto que, durante estos primeros años de la aparición de aplicativos como ChatGPT, Gemini y otros, el proceso todavía deba mejorarse mucho, pero la idea de cómo puede llegar a ayudarnos es espectacular.

En esta práctica, exploramos cómo ChatGPT 3.5, uno de los modelos de lenguaje avanzado de inteligencia artificial gratuito y al alcance de todos, puede ser utilizado de manera sinérgica con SolidWorks para diseñar modelos 3D. La práctica es muy sencilla y solo pretende mostrar su aplicación práctica.

SolidWorks utiliza principalmente un lenguaje de programación propio llamado SolidWorks API (Interfaz de Programación de Aplicaciones). Esta API ayuda a los usuarios a personalizar y automatizar funciones dentro de SolidWorks mediante la creación de programas o scripts. SolidWorks API se basa principalmente en Microsoft's Component Object Model (COM), y se puede acceder a través de varios lenguajes de programación como Visual Basic for Applications (VBA), C# (C Sharp), y Visual C++. A través de SolidWorks API, es posible escribir un script para realizar automáticamente acciones específicas en SolidWorks, lo que ahorra tiempo y reduce errores.

En esta práctica vamos a pedir a ChatGPT 3.5 que nos ayude a diseñar un cubo en 3D de 100×100×100 mm a partir de la creación de su script.

1. Para registrarse en la plataforma de **OpenAI** y usar ChatGP visite la web de OpenAI (https://www.openai.com/). Busque la información sobre el acceso a la API y cómo registrarte. Explore la documentación oficial de OpenAI para obtener detalles sobre cómo realizar consultas a ChatGPT y cómo interpretar las respuestas.

2. Haga una primera consulta a ChatGPT 3.5: ¿Qué sabes del código de programación para diseñar piezas en SolidWorks? Observe la respuesta.

 You
:¿Qué sabes del código de programación para diseñar piezas en SolidWorks?

 ChatGPT
El código de programación para diseñar piezas en SolidWorks se basa en la utilización de la API (Interfaz de Programación de Aplicaciones) de SolidWorks. SolidWorks proporciona una API que permite a los desarrolladores interactuar con el software y realizar operaciones como la creación, modificación y análisis de modelos.

A continuación, te proporciono una descripción general de cómo puedes usar la API de SolidWorks con ejemplos simples utilizando el lenguaje de programación C#. Ten en cuenta que este es un ejemplo básico, y la API de SolidWorks es extensa, con muchas funciones y capacidades avanzadas.

3. ChatGPT describe el código de programación usado por SolidWorks y proporciona algunos ejemplos para crear una pieza, un croquis, extruir o guardar modelos.

4. Realice una consulta para crear un cubo de 100×100×100 mm: *¿Puedes crear el código para SolidWorks que permita diseñar un cubo de dimensiones 100×100×100 mm?* ChatGPT responde y presenta un código con una posible solución. Además, describe los pasos que sigue el código para realizar la operación 3D:

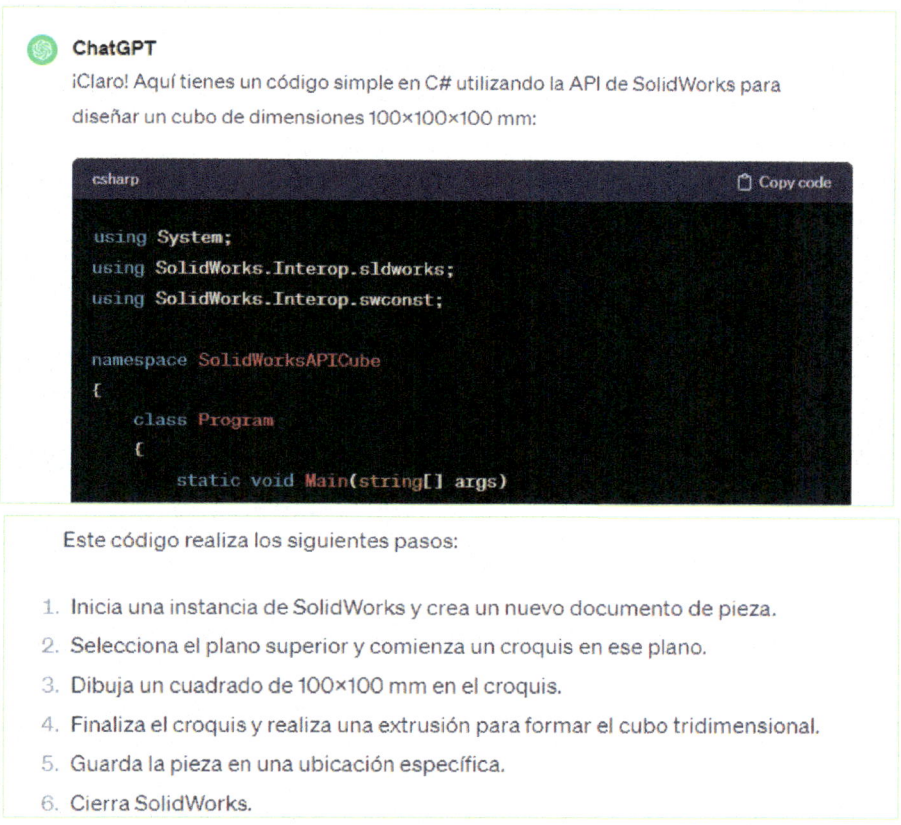

5. Copie (**Ctrl+C**) el código propuesto y, desde SolidWorks, abra la Barra de Herramientas de **Macro** pulsando sobre cualquier icono con el botón derecho y seleccionando **Barras de Herramientas**, **Macro**. Pulse sobre **Nueva macro** e indique con qué nombre desea guardarla (cubo 3D). Pulse **Guardar**.

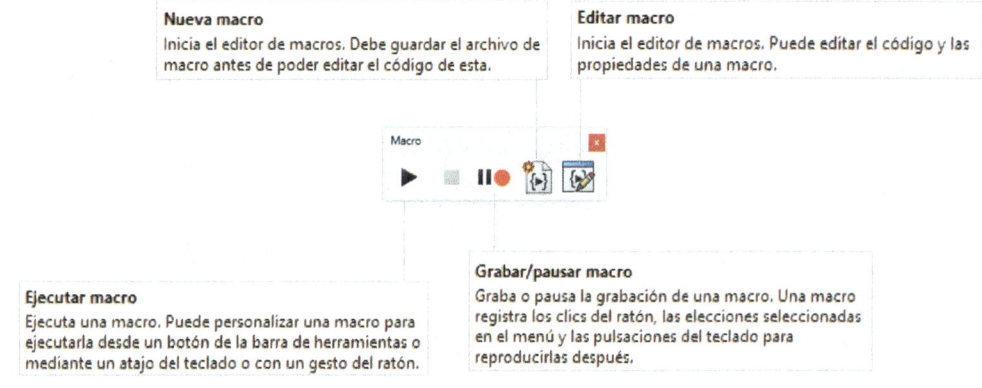

6. Pegue (**Ctrl+V**) el código copiado desde ChatGPT en la ventana de **Microsoft Visual Basic para Aplicaciones**. Pulse al **Play (F5)** para compilar. En caso de tener algún error de compilación repase la línea de código. Si sigue teniendo dudas consulta a ChatGPT para que ofrezca alternativas o cree un nuevo código para crear la pieza.

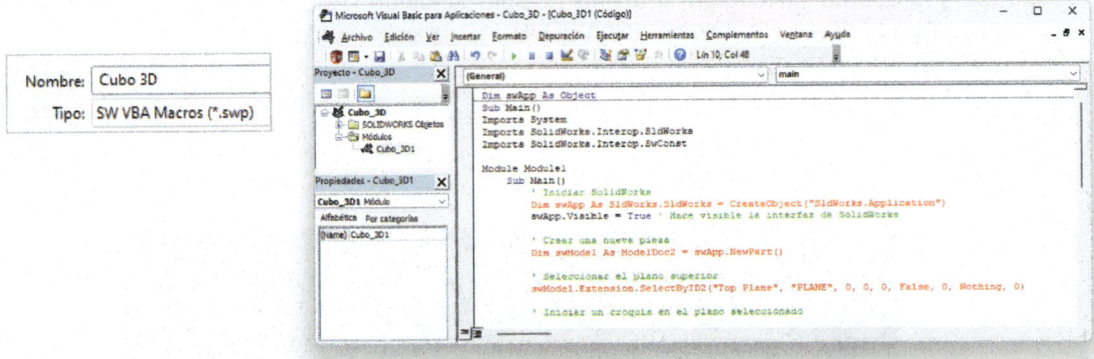

7. Observe que el modelo 3D aparece en SolidWorks. También puede ir a buscar el código pulsando **Ejecutar macro**. Localice el fichero que define la macro de Cubo 3D y pulse **Aceptar**.

8. Puede encontrar sugerencias, fragmentos de código y ejemplos de las funciones de la API en: https://www.solidworks.com/sw/support/api-support.htm

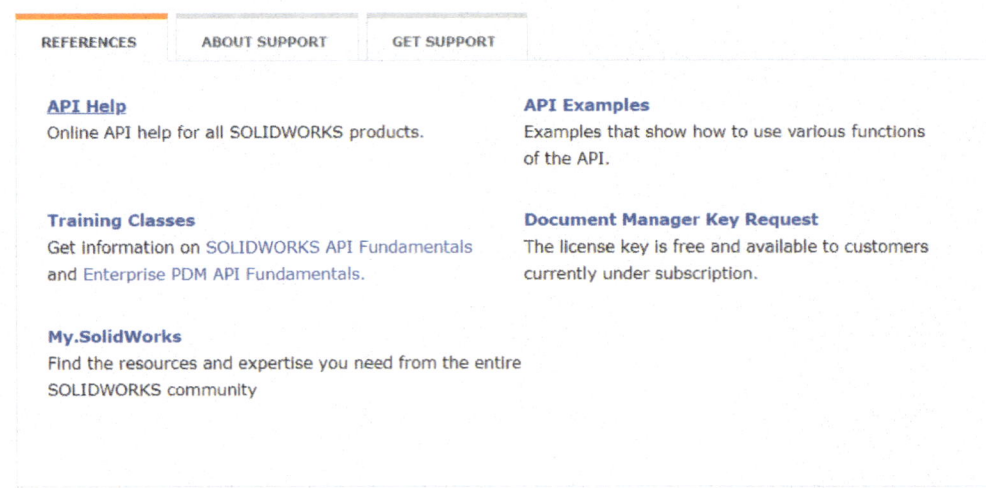